泛珠三角地区地质环境综合调查研究（上册）

FAN ZHUSANJIAO DIQU DIZHI HUANJING
ZONGHE DIAOCHA YANJIU (SHANGCE)

黄长生　刘凤梅　等编著

图书在版编目(CIP)数据

泛珠三角地区地质环境综合调查研究(上册)/黄长生,刘凤梅等编著.—武汉:中国地质大学出版社,2023.7
ISBN 978-7-5625-5222-2

Ⅰ.①泛⋯ Ⅱ.①黄⋯ ②刘⋯ Ⅲ.①珠江三角洲-地质环境-研究 Ⅳ.①X141

中国版本图书馆 CIP 数据核字(2022)第 141558 号

泛珠三角地区地质环境综合调查研究(上册)			黄长生 刘凤梅 等编著
责任编辑:王凤林 周 旭	选题策划:王凤林 张晓红 毕克成		责任校对:徐蕾蕾
出版发行:中国地质大学出版社(武汉市洪山区鲁磨路388号)			邮编:430074
电 话:(027)67883511	传 真:(027)67883580		E-mail:cbb@cug.edu.cn
经 销:全国新华书店			http://cugp.cug.edu.cn
开本:880毫米×1230毫米 1/16		字数:1751千字	印张:55.25
版次:2023年7月第1版		印次:2023年7月第1次印刷	
印刷:武汉中远印务有限公司			
ISBN 978-7-5625-5222-2			定价:596.00元(上、下册)

如有印装质量问题请与印刷厂联系调换

《泛珠三角地区地质环境综合调查研究》
编委会

主　　　编：黄长生　刘凤梅

编　　　委：刘广宁　黎义勇　齐　信　赵幸悦子　赵信文　曾　敏
　　　　　　顾　涛　喻　望　刘怀庆　黎清华　　陈双喜　陈　雯
　　　　　　张宏鑫　余绍文　张彦鹏　王节涛　　王芳婷

主要编写人：黄长生　陈双喜　刘凤梅　王芳婷　侯保全　叶　林
　　　　　　丰双收　李　龙　易称云　张胜男　周　耘

序

以黄长生为首席专家的泛珠三角经济区地质环境综合调查工程团队,在粤港澳大湾区、海南国际旅游岛、珠江-西江经济带和环北部湾经济区等重点地区开展了第四纪地质、环境地质、水文地质和工程地质综合调查评价等工作,建立了粤港澳大湾区珠江口地质环境监测基地、环北部湾海岸带地下水监测网、泛珠三角地区深层地下水科学观测孔,获得了大量调查监测数据,结合前人研究成果资料,汇总集成,归纳总结。团队大幅提高了泛珠三角地区地下水、优质富硒耕地、地质遗迹等资源条件,以及岩溶地面塌陷、崩滑流地质灾害、软土地面沉降、断裂活动性、海岸带变化等重大地质环境问题的调查精度和研究程度,在区域资源环境承载能力评价与国土空间优化开发规划、海岸带含水层调查评价、压性构造带找水优势区域分析理论和方法研究,以及软土地面沉降时空分布规律及预测模型建立等方面,取得了创新性成果。围绕粤港澳大湾区、海南国际旅游岛、珠江-西江经济带和环北部湾经济区规划建设,他们编制并提交了一系列图集与对策建议报告,为国土空间规划和重大工程建设与高质量发展保驾护航,开发"广州地质随身行"APP并投入使用,推动成果便捷化、大众化服务;圈定后备/应急水源地,施工探采结合井,为当地提供了饮用水安全保障,成果应用服务效果显著。

该书总结、集成了多年来泛珠三角地区地质环境工作所取得的成果,特别是2010年以来服务经济区(旅游岛)规划建设的调查评价等研究成果,是21世纪中国地质调查局在泛珠三角地区地质环境综合调查评价工作中所取得的一项具有重要意义的阶段性成果。

前　言

一、围绕国家战略需求部署开展地质调查研究工作

泛珠三角地区是指沿珠江流域的广东、福建、江西、广西、海南、湖南、四川、云南、贵州九省（自治区），加上香港和澳门两个特别行政区在内的11个地区，陆地面积为$199.45\times10^4 km^2$，人口4.46亿人，约占全国陆地总面积的20.78%，约占全国总人口的31.56%（2021年数据）。这11个地区共同合作，共谋发展，其地域规模和战略地位仅次于长江经济带。这些地区在资源、产业、市场等方面有很强的互补性。粤港澳大湾区、珠江-西江经济带、北部湾城市群和海南省国家生态文明试验区是其中的重要经济区，也是泛珠三角地区地质环境综合调查工程的重点研究区。

近10多年来，泛珠三角地区地质环境工作主要经历了3个阶段：2009—2012年，实施珠江三角洲经济区重大环境地质问题与对策研究、北部湾经济区环境地质调查两项计划项目；2013—2014年，开展珠三角-北部湾经济区地质环境调查计划项目；2015—2021年提升为泛珠三角地区地质环境综合调查工程，由中国地质调查局武汉地质调查中心组织实施。

2016—2018年区内投入地质调查工作总经费为7871万元。其中，粤港澳大湾区2270万元，珠江-西江经济带1865万元，北部湾城市群1858万元，国家生态文明试验区（海南）1878万元。由中国地质调查局武汉地质调查中心牵头，以中国地质科学院地质力学研究所、中国科学院岩溶地质研究所、广州海洋地质调查局，以及广东省地质调查院、广东省第四地质队、广西壮族自治区水文地质工程地质大队、海南省地质调查院、中国地质大学（武汉）为主，共计17家单位参与。共投入技术人员130多人，其中正高级职称13人，副高级职称42人，中级职称60人；74人具有研究生学历，其中博士23人，硕士51人。

二、创新新时代地质工作机制

一是建立"中央-地方"协调联动新机制。在海南建立"中央-地方"协调联动新机制，按照统筹资金、统一部署、相互补充、成果共享的机制，探索新时代地质调查"中央引领，地方跟进"的转型升级新模式。准确把握新时期水工环地质工作的形势和要求，精心组织，协调联动，创新构建中央和地方地质工作协调联动机制。按照中央与地方事权财权划分原则，统筹中央与地方财政资金，共同推进泛珠三角地区地质调查工作。

二是在广州建立"地质-规划"联合工作机制。探索地质调查支撑国土空间规划的成果表达与集成范式，实现了地质工作与规划建设的精准对接。建立跨行业工作机制，通过地质、规划、管理、互联网等

行业的有机融合,形成支撑服务区域发展的编图模式,围绕区域开发建设中的实际问题和需求,"对症开方、按方抓药",通过编制应用服务性图集及对策建议报告,打通成果服务"最后一公里"。在支撑服务国家发展战略需求的同时,服务区域经济发展、国土规划建设,促进区内生态文明建设,实现地质调查对国土空间规划的有力支撑。

三是探索成果表达新模式。中国地质调查局组织协调直属有关单位和广东省地质局、广州市国土资源和规划委员会等单位,探索形成支撑国土空间规划地质环境图集编图方法,创新成果表达形式,编制了《支撑服务广州市规划建设与绿色发展的地球科学建议》《粤港澳大湾区自然资源与环境综合图集》。图集中包含国土空间开发利用的地质适宜性评价类图件、城市规划建设应关注的重大地质安全问题类图件、产业发展可充分利用的优势资源类图件、生态环境保护需要重视的资源环境状况类图件,为土地规划、国土空间开发、生态文明建设和重大工程建设、地质灾害防治提供了科学依据,有力支撑了广州市国土空间规划的编制实施和地质资源的合理开发利用,有效服务了宜居、宜业、宜游优质生活圈的规划建设。联合海南省地质局,编制《支撑服务海口江东新区概念性规划地质环境图集与建议》,提交海口市人民政府使用,为江东新区概念性规划提供了支撑,服务于海南生态文明试验区规划建设。

四是探索"互联网+地质"服务模式。为推进地质调查智能化,提升地质调查成果服务能力,支撑"地质云2.0"建设,按照"互联网+"的理念,依托信息化技术,共建共享,跨界融合,成功开发"广州地质随身行"APP。"广州地质随身行"APP基于当今云计算、移动互联网、数据库、GIS地图服务技术,集成基础、水文、工程、环境、灾害等地质调查成果,共包含钻孔30多万个,图件160多张。"广州地质随身行"APP具有野外实时定位,地质资料实地搜索、查询、显示等功能,使用方便快捷,并满足随身携带、移动办公的需求,在应对日常办公、实地考察或者突发事件时,大幅提高了工作效率。该APP的开发运行创新了成果服务模式,实现广州市地质大数据的高度集成,为国土管理和"三防"(防火、防灾、防事故)应急提供了实时、便捷、高效的服务,实现了地质调查成果的高效便捷和大众化服务。

三、积极开展地质科技理论创新

推动了地质科技理论创新,取得了6方面的新认识。一是通过三亚地区现代构造应力场与地下水流场的关系,基于岩石破裂原理,提出"压性构造带找水优势区域分析"方法,丰富了水文地质学理论;二是通过对地下水的监测,建立了北海大冠砂地下水咸化模式,模拟识别高位海水养殖影响下的地下水咸化过程,为高位养殖科学选址提供了依据;三是研究土壤中水位变动下自由基对甲基汞的去甲基化过程,揭示出二价铁对甲基汞迁移转化的作用机理,为水土中汞污染防治提供了理论指导;四是研究硒元素的聚散过程,揭示基岩—风化层—耕作土是硒的聚敛过程,稻根—茎叶—米—壳是弥散过程,硒主要富集在土壤淋积层中,为粤港澳大湾区富硒种植耕作层选择提供了理论依据;五是通过比对国内外典型城市群,提出泛城市群资源环境与经济社会协调发展的中国特色路径;六是通过泛珠三角地区资源环境承载力评价,建立了多尺度资源环境承载能力评价指标体系,为"双评价"打下了基础。

研发地质调查监测新技术,获得了6项专利,提升了地质工作质效。一是分立式量程可调式双环入渗装置,实现了低渗条件的全量程高精度实验;二是宽量程地下水流速流向测试装置,可实现宽量程、高精度、技术兼容性好的地下水流速流向长时序监测;三是便携式流体定深分层采样装置,能同时完成多个层位可设定的定深取样功能,可实现地下水等的快速取样;四是土壤元素野外快速检测手摇压片机,可实现土壤元素监测的快速制样,配合便携式元素分析仪,可实现土壤元素的快速、经济检测,还可用于现场追踪调查;五是水样采集-过滤装置,减少了操作误差,提高了采样的实时性和精度;六是简易钻孔地下水水位测量装置,轻巧便携,提高了精度和效率。

四、取得了一批重要成果

2016—2018年,经过调查经济区的地质环境背景条件,分析区内优势地质资源,研究区内重要环境地质问题,评价区内资源环境承载能力,针对问题和需求,提出了对策及建议。这3年形成的主要成果有:二级项目报告4份,专题研究报告22份,对策及建议17份,专著6部(其中图集5部),论文42篇,硕士毕业论文4篇,专利6项,后备/应急地下水水源勘查基地18处,探采结合井128口。建立了环北部湾海岸带地下水监测网、粤港澳大湾区地质环境综合监测网,联合共建了华南深层地下水运移监测网。建立了水文地质、环境地质、地质灾害调查研究团队共3个。培养杰出地质科技人才1人、优秀人才3人、青年工程首席2人、研究生20多人、技术骨干10多人。取得的成果详见附表。

1. 查明了研究区资源禀赋条件

一是泛珠三角地区地热资源丰富。水热型地热点数量达406处,最高温度达118℃,主要分布于广东潮州—韶关、中山—阳江一带及雷州半岛,广西南部和东部,海南中部、南部及沿海地区。区内地热资源丰富。粤桂地区地热能资源总量合计约$4.9×10^{20}$ J,折合标准煤$168×10^8$ t。全区可采地热总量$9.7×10^{18}$ J,折合标准煤$3.3×10^8$ t。目前广东25%的地热点已开发,但资源利用率低;海南开发利用仅占可采资源量的5%,且开发利用模式单一,大部分仅用于洗浴疗养、旅游服务。地热资源综合开发利用潜力大。建议进一步推动和支持地热发电技术研发,促进地热能梯级开发利用;在广东珠海、中山,海南三亚、保亭,广西合浦盆地等典型地区开展集约化地热能综合利用示范;在广东潮汕—惠州地区、海南陵水开展干热岩勘查,为泛珠三角经济区清洁能源产业发展提供基础支撑。

二是泛珠三角地区富硒土壤资源、优质耕地资源丰富。已查明富硒土壤4250万亩(1亩≈$666.7 m^2$),主要分布在广东肇庆、江门、化州、中山、惠东、台山、普宁,广西武鸣和西乡塘区西部、钦南区中东部、合浦县西部和南康盆地中部、桂平和玉林中部等地及海南文昌—琼海—万宁—琼中—澄迈一带。查明优质耕地1858万亩,圈定富硒优质耕地875万亩,主要分布在广州、江门、南宁、北海、海口、琼海等市。珠三角地区土壤硒含量平均值$0.55 μg/g$,高于我国平均值。富硒土壤是发展特色农业的珍贵资源,建议合理开发利用江门、武鸣、西乡塘区和定安、文昌的富硒土壤资源。

三是泛珠三角地区地下水资源丰富,水质总体优良,开发潜力大。区内地下水天然资源量为每年$1431×10^8 m^3$,可开采资源量为每年$817×10^8 m^3$,主要分布在广东珠三角(珠江三角洲)、韩三角(韩江三角洲)、雷州半岛、茂名盆地,广西中部、西部岩溶地区及合浦盆地、南康盆地,海南琼北盆地及其他滨海平原区。区内共圈定后备/应急地下水水源勘查基地72处,允许开采量大于$647×10^4 m^3/d$。地下水开发利用程度总体较低,开采潜力较大。建议优化珠三角地区水资源供给结构,配套和完善文昌航天城应急水供水设施建设,在开采过程中注重环境保护。

四是泛珠三角地区海岸带资源禀赋优越,开发利用潜力大。大陆海岸线全长7866 km,占全国大陆海岸线总长的43%。初步查明广东、海南湿地资源总面积$108×10^4 km^2$,拥有210多处优质港湾资源。同时,区内近年来有人工岸带增加、自然岸带减少的趋势,局部地段存在海岸侵蚀、航道及港湾淤积、海水入侵、生态退化等环境地质问题。建议加强海岸带资源本底调查评价,加强临港工业区工程地质调查评价,加强海岸带红树林、旅游海滩、生态海岛的环境保护与监测。

五是泛珠三角地区地质遗迹资源丰富,类型较多,特色鲜明。已查省级以上地质遗迹240处,其中世界级6处,国家级47处,省级187(广东158处,广西22处,海南7处)。特色资源主要有丹霞地貌及岩溶、火山、海岛等。目前区内已建成地质公园35个,矿山公园25个。这些仅占已查明地质遗迹的1/4,仍有大量资源有待开发。建议打造一批新的国家地质公园,如广东佛山南海古脊椎动物化石产地、紫洞火山岩地貌,广西江山半岛、伊岭岩,海南峨蔓湾、东方猕猴洞等。地质遗迹利用应遵循开发与保护相结合的原则,避免遭受破坏。

六是泛珠三角地区矿产资源丰富,区域特色明显,海上能源资源开发潜力大。目前共发现矿产150余种,区内拥有广东韶关铅锌矿、桂西南锰矿、桂西南铝土矿、广西河池钨锡锑多金属矿、贺州稀土矿5个资源基地,已探明资源储量铅锌矿 1×10^7 t、锰矿 4×10^8 t、铝土矿 10×10^8 t、锡矿 72×10^4 t、稀土矿 17×10^4 t。

此外,区内海域天然气水合物、石油等战略性能源资源潜力大。建议加快海上战略性资源勘查开发,推动海洋关键技术转化应用和产业化,提高资源探测、开发和利用能力;加强五大资源基地建设,注重矿山环境保护。

2. 查明了研究区主要环境地质问题

研究区内区域工程地质条件总体优良,适宜城镇基础设施建设,局部地区存在环境地质问题。泛珠三角地区区域地壳稳定性与城镇基础设施建设适宜性总体良好,稳定、次稳定区占全区面积的93%;次不稳定区13处,面积3万多平方千米;不稳定区面积 $1454km^2$,位于琼北东寨港、粤东南澳等局部地区。泛珠三角地区工程地质条件较好,总体上适宜城镇与基础设施建设,但也有 $4720km^2$ 的城镇基础设施建设适宜性差。泛珠三角地区是我国崩滑流(崩塌、滑坡、泥石流)地质灾害多发区,粤、桂两省岩溶塌陷发育。此外,在局部地区存在不同程度的水土污染,珠三角、韩三角和雷州半岛局部发育地面沉降,南宁市存在易引发工程地质问题的膨胀土。

3. 在研究区普及了公众的环境地质科学知识

开展了一系列科普宣传活动,包括科普视频、科普挂图和展板的制作以及举办现场科普宣传实践活动。制作完成了海岸带地质环境演化科普宣传多媒体视频、关于海南岛海岸带地质环境演变的科普视频宣传片和泛珠三角地区海岸带地质环境宣传片等多媒体视频。结合环境地质调查工作成果制作了粤港澳大湾区地质调查、地质灾害科普宣传和海岸带知识与生态环境保护内容展板,以及以海岸带地质环境和城市地质为主题的多张科普挂图,并且印刷了《奔跑的海岸线》和防治及应急处置科普宣传册等,在"世界地球日"等活动中对外展出。为了提升科普宣传活动效果,为中山大学、北部湾大学等师生开展了系列专题科普活动;在地质灾害高发区内重点村镇、学校举行了"防灾减灾"科普宣传活动。通过这一系列的科普宣传活动,丰富了公众的地球科学知识,增强了人们的绿色生态发展和环保意识,进一步提高了公众对地质灾害的认知水平和应急处置能力。

目 录

第一篇　地质环境资源问题专题研究

第一章　区域地质背景 …………………………………………………………………………（3）
　一、基岩地质 …………………………………………………………………………………（3）
　二、地貌与第四系 ……………………………………………………………………………（11）
　三、地质构造 …………………………………………………………………………………（30）
第二章　粤港澳大湾区岩溶地面塌陷 …………………………………………………………（34）
　一、地质环境条件 ……………………………………………………………………………（34）
　二、岩溶地面塌陷地质灾害现状和发展趋势 ………………………………………………（42）
　三、岩溶地面塌陷地质灾害防治原则与方法 ………………………………………………（47）
　四、岩溶地面塌陷防治对策及建议 …………………………………………………………（49）
第三章　粤港澳大湾区软土地面沉降 …………………………………………………………（60）
　一、地面沉降发展过程及现状 ………………………………………………………………（60）
　二、地面沉降监测技术评价 …………………………………………………………………（74）
　三、地面沉降成因机理分析 …………………………………………………………………（83）
　四、地面沉降发展趋势预测 …………………………………………………………………（95）
　五、地面沉降防治分区评价 …………………………………………………………………（104）
第四章　降雨型地质灾害成灾机理 ……………………………………………………………（113）
　一、降雨诱发滑坡物理模型试验 ……………………………………………………………（113）
　二、试验系统开发与设计 ……………………………………………………………………（115）
　三、物理模型试验结果及分析 ………………………………………………………………（119）
　四、不同模型对比 ……………………………………………………………………………（172）
第五章　粤港澳大湾区水土环境质量 …………………………………………………………（182）
　一、材料与方法 ………………………………………………………………………………（182）
　二、珠江三角洲土壤硒的来源和迁移富集规律 ……………………………………………（196）
　三、南沙核心区镉元素富集特征及生物有效性研究 ………………………………………（204）
　四、广佛肇经济圈土壤中汞元素生态有效性研究 …………………………………………（219）
　五、珠海市新马墩村农业园区土壤重金属风险评价 ………………………………………（237）
　六、珠江口西岸"水-土-植物"重金属迁移富集规律研究 …………………………………（243）
　七、结论 ………………………………………………………………………………………（246）
第六章　南宁市膨胀岩土成灾机理 ……………………………………………………………（249）
　一、膨胀岩土工程特性分析 …………………………………………………………………（249）
　二、膨胀岩土成灾机理分析 …………………………………………………………………（254）
　三、研究区膨胀岩土分布规律与分区评价 …………………………………………………（265）

四、研究区工程建设地质环境适宜性评价 (269)
　　五、工程建设膨胀岩土危害防治对策 (280)
第七章　环北部湾地下水资源与环境 (286)
　　一、海岸带含水层调查评价方法研究 (286)
　　二、湛江市地下水资源概况 (295)
　　三、湛江市地下水开采历史与现状 (298)
　　四、湛江市地下水环境地质问题评价 (299)
　　五、湛江市地下水环境问题分区评价 (323)
　　六、雷州半岛地下水运动监测 (332)
　　七、大冠沙地区多层含水层地下水咸化模式 (337)
　　八、湛江市地下水资源保护 (348)
第八章　海南岛应急地下水源地 (353)
　　一、构造带找水优势区域分析方法研究 (353)
　　二、应急地下水源地评价 (389)
　　三、应急水源地经济技术条件分析 (408)
　　四、应急水源地开发利用对策 (409)
　　五、应急水源地保护对策 (411)

第一篇

地质环境资源问题专题研究

第一章　区域地质背景

一、基岩地质

(一) 地层

泛珠三角地区地质环境综合调查工程范围包括广东、广西和海南三省(自治区)中的珠江三角洲经济区、北部湾经济区、海南国际旅游岛、珠江-西江经济带和雷州半岛,总面积为 $29.2×10^4 km^2$。赵小明等(2019)结合中南地区沉积岩出露范围、分布特点、沉积相及岩相古地理格局的展布,将该区域划分为3个地层大区、7个地层区、16个地层分区(表1-1,图1-1)。

表 1-1 　调查区地层分区表(据《中南地区地质图说明书》,2019)

地层大区	地层区	地层分区
Ⅱ 扬子地层大区	Ⅱ-1 上扬子地层区	Ⅱ-1-5 湘西地层分区
		Ⅱ-1-6 雪峰山地层分区
	Ⅱ-3 湘桂地层区	Ⅱ-3-1 湘中-桂中地层分区
		Ⅱ-3-2 湘东-桂东地层分区
		Ⅱ-3-3 右江地层分区
		Ⅱ-3-4 十万大山地层分区
Ⅲ 钦杭地层大区		Ⅲ-1-1 钦防地层分区
Ⅳ 武夷-云开地层大区	Ⅳ-1 罗霄-武夷地层区	Ⅳ-1-1 罗霄地层分区
		Ⅳ-1-2 武夷地层分区
	Ⅳ-2 云开地层区	Ⅳ-2-1 大容山地层分区
		Ⅳ-2-2 云开地层分区
	Ⅳ-3 东南沿海地层区	Ⅳ-3-1 粤东地层分区
		Ⅳ-3-2 粤南地层分区
	Ⅳ-4 海南地层区	Ⅳ-4-1 雷琼地层分区
		Ⅳ-4-2 五指山地层分区
		Ⅳ-4-3 三亚地层分区

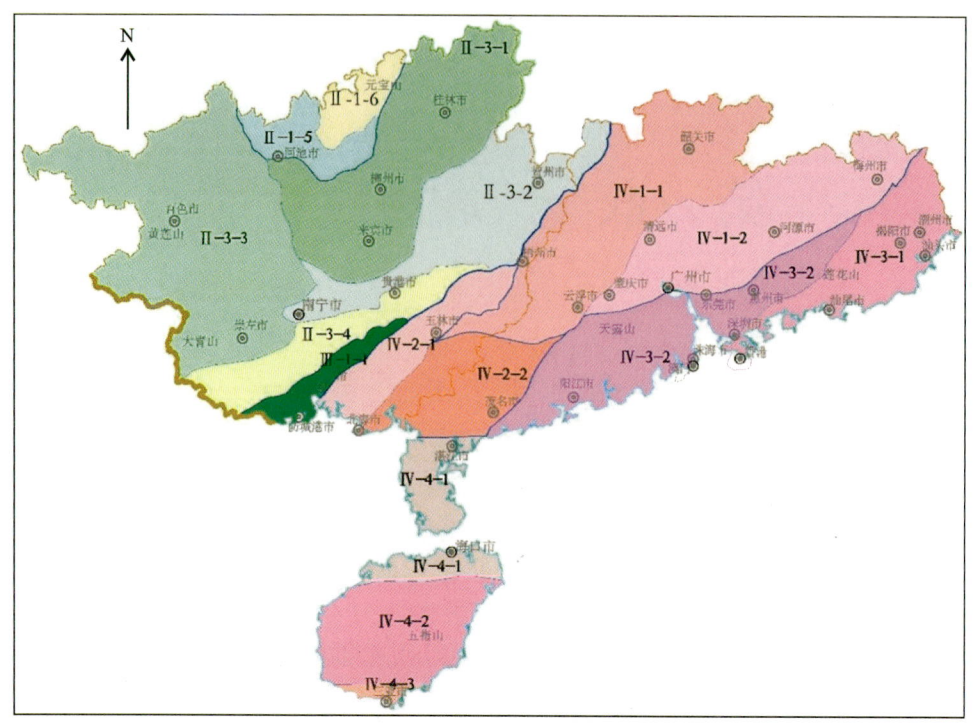

图 1-1　泛珠三角地区地层综合区划示意图(赵小明等,2019)

1. 扬子地层大区(Ⅱ)

1)上扬子地层区(Ⅱ-1)

湘西地层分区(Ⅱ-1-5):该地层分区地层包括青白口系、南华系、下震旦统、寒武系、奥陶系、志留系、中-上泥盆统、石炭系、二叠系、三叠系、下侏罗统、中侏罗统及白垩系—古近系和更新统、全新统。

雪峰山地层分区(Ⅱ-1-6):该地层分区地层包括青白口系、南华系、下震旦统、寒武系、奥陶系、下志留统、泥盆系—石炭系、二叠系、三叠系、下侏罗统、中侏罗统及白垩系—古近系。

2)湘桂地层区(Ⅱ-3)

湘中-桂中地层分区(Ⅱ-3-1):该地层分区地层包括上青白口统、南华系、下震旦统、寒武系、奥陶系、泥盆系、石炭系、二叠系、下侏罗统、白垩系—古近系、更新统、全新统。

湘东-桂东地层分区(Ⅱ-3-2):该地层分区地层包括上青白口统、南华系、下震旦统、寒武系、奥陶系、泥盆系、石炭系、二叠系、三叠系、下侏罗统、中侏罗统及白垩系、古新统、更新统、全新统。

右江地层分区(Ⅱ-3-3):该地层分区地层包括寒武系、泥盆系、石炭系、二叠系、下三叠统、中三叠统、白垩系、古新统、始新统、渐新统及更新统、全新统。

十万大山地层分区(Ⅱ-3-4):该地层分区出露地层包括寒武系、泥盆系、石炭系、中-上二叠统、三叠系、侏罗系及古新统、始新统、渐新统、更新统、全新统。

2. 钦杭地层大区(Ⅲ)

钦杭地层大区在中南地区仅见钦防地层分区(Ⅲ-1-1),分布于钦州、防城地区,出露地层有志留系、泥盆系、石炭系、二叠系、下侏罗统、中侏罗统、白垩系。

3. 武夷-云开地层大区(Ⅳ)

1)罗霄-武夷地层区(Ⅳ-1)

大致以新丰-清远断裂为界进一步划分为罗霄地层分区和武夷地层分区。

罗霄地层分区（Ⅳ-1-1）：该地层分区出露地层有上青白口统、南华系、下震旦统、寒武系、奥陶系、志留系、泥盆系、石炭系、二叠系、下三叠统、上三叠统、侏罗系及白垩系、古近系。

武夷地层分区（Ⅳ-1-2）：该地层分区地层包括古-中元古界、南华系、震旦系、寒武系、奥陶系、泥盆系、石炭系、中二叠统、上二叠统、下三叠统、上三叠统、侏罗系、白垩系、古新统、始新统、全新统。

2）云开地层区（Ⅳ-2）

以博白-梧州断裂为界，可进一步划分为大容山和云开两个地层分区。

大容山地层分区（Ⅳ-2-1）：该地层分区地层包括南华系、下震旦统、中-上寒武统、奥陶系、志留系、泥盆系、石炭系、中二叠统、上三叠统、白垩系及更新统、全新统。

云开地层分区（Ⅳ-2-2）：该地层分区地层包括古-中元古界、南华系、下震旦统、中-上寒武统、下志留统、中-下泥盆统、下石炭统、白垩系、古近系、新近系及少量第四系。

3）东南沿海地层区（Ⅳ-3）

以深圳-五华断裂带为界，分为粤东地层分区和粤南地层分区。

粤东地层分区（Ⅳ-3-1）：该地层分区地层包括中泥盆统、上泥盆统、下石炭统、上二叠统、上三叠统、侏罗系、白垩系、古新统。

粤南地层分区（Ⅳ-3-2）：该地层分区地层包括中元古界、南华系、震旦系、寒武系、泥盆系、石炭系、上三叠统、侏罗系、白垩系、更新统、全新统。

4）海南地层区（Ⅳ-4）

以王五-文教断裂和九所-陵水断裂为界分为3个地层分区。

雷琼地层分区（Ⅳ-4-1）：指王五-文教断裂和遂溪断裂之间的区域，主要出露第四系松散堆积和第四纪火山岩。第四系地层序列自下而上分为秀英组、北海组、八所组、万宁组、琼山组和烟墩组。

五指山地层分区（Ⅳ-4-2）：该地层分区地层包括中元古界、青白口系、震旦系、奥陶系、下志留统、石炭系、二叠系、下三叠统、白垩系及中新统、更新统、全新统。

三亚地层分区（Ⅳ-4-3）：该地层分区地层包括底-下寒武统、奥陶系、下白垩统及更新统、全新统。

（二）侵入岩

泛珠三角地区侵入岩十分发育，特别是在广东沿海地区及海南岛尤为突出，其中海南省侵入岩出露面积最大，约占全岛总面积的49%。在地理上，侵入岩地理上从早至晚由北西向南东往东南沿海逐渐变新的趋势。在岩石特征方面，90%以上为二长花岗岩、正长花岗岩和花岗闪长岩类，少量英云闪长岩、石英闪长岩、闪长岩、辉长岩、角闪岩、辉石橄榄岩、橄榄辉石岩、橄辉玢岩、橄榄钾镁煌斑岩、玻基橄辉岩、金伯利岩等。

在充分研究区内岩浆活动、演化及岩石构造组合特征的基础上，共划分出2个侵入岩浆岩省、6个侵入岩浆岩带、11个侵入岩浆岩亚带（表1-2，图1-2）。

1. 扬子侵入岩浆岩省

1）上扬子侵入岩浆岩带（QⅡ-2）

雪峰山侵入岩浆岩亚带（QⅡ-2-2）：该侵入岩浆岩亚带出露新元古代、中三叠世、晚三叠世侵入岩。新元古代花岗岩分布于罗城、融水一带，主要由本洞、峒马、寨滚、大寨、龙有、平英、田朋、三防、元宝山等岩体构成，分布上明显受北北东向深大断裂的控制。岩石一类为中酸性岩，主要岩性为花岗闪长岩（$Pt_3\gamma\delta$），有少量石英闪长岩（$Pt_3\delta o$）、英云闪长岩（$Pt_3\gamma\delta o$）等，代表性岩体有龙有、大寨、寨滚、蒙洞口和本洞等；另一类为酸性岩，主要岩性为黑云母花岗岩（$Pt_3\gamma\beta$）、黑云母二长花岗岩（$K_1\eta\gamma\beta$）等。岩石化学显示具典型的S型花岗岩特征，主要源于地壳物质的部分熔融。另有少量基性岩（$Pt_3\Sigma$，$Pt_3\Sigma$-N），呈岩块产出。中三叠世和晚三叠世侵入体分布于益阳地区,岩石以二长花岗岩($T_2\eta\gamma$,$T_3\eta\gamma$)为主,部分为花岗闪长岩($T_2\gamma\delta$,$T_3\gamma\delta$),岩体中见有大量的暗色镁铁质微粒包体(如桃江、岩坝桥岩体等),属壳幔混合型(H型)。

表1-2 调查区侵入岩浆岩带划分表

侵入岩浆岩省	侵入岩浆岩带	侵入岩浆岩亚带
扬子侵入岩浆岩省(QⅡ)	上扬子侵入岩浆岩带(QⅡ-2)	
		雪峰山侵入岩浆岩亚带(QⅡ-2-2)
	下扬子侵入岩浆岩带(QⅡ-2)	湘中-桂北侵入岩浆岩亚带(QⅡ-2-3)
		右江侵入岩浆岩亚带(QⅡ-2-4)
华夏侵入岩浆岩省(QⅢ)	武夷-云开侵入岩浆岩带(QⅢ-1)	十万大山-大容山侵入岩浆岩亚带(QⅢ-1-1)
		云开侵入岩浆岩亚带(QⅢ-1-2)
		诸广山侵入岩浆岩亚带(QⅢ-1-3)
	赣南侵入岩浆岩带(QⅢ-2)	始兴侵入岩浆岩亚带(QⅢ-2-1)
	东南沿海侵入岩浆岩带(QⅢ-3)	粤东侵入岩浆岩亚带(QⅢ-3-1)
		粤南侵入岩浆岩亚带(QⅢ-3-2)
	海南侵入岩浆岩带(QⅢ-4)	琼西侵入岩浆岩亚带(QⅢ-4-1)
		琼东侵入岩浆岩亚带(QⅢ-4-2)

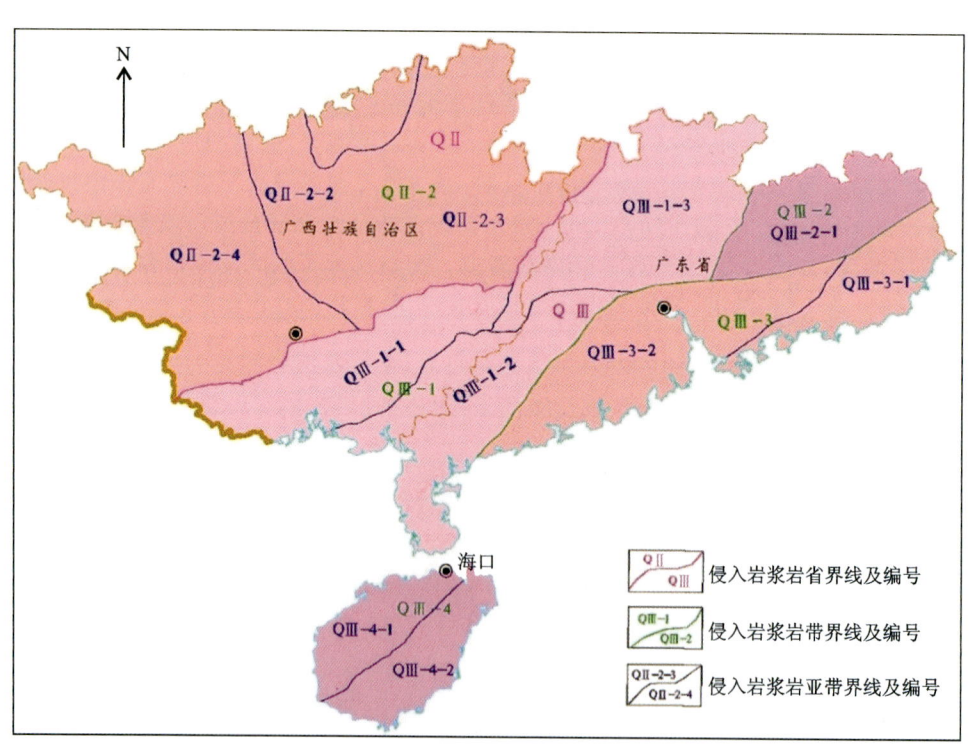

图1-2 泛珠三角地区侵入岩浆岩带划分略图

2) 下扬子侵入岩浆岩带(QⅡ-2)

湘中-桂北侵入岩浆岩亚带(QⅡ-2-3)：该侵入岩浆岩亚带位于雪峰山侵入岩浆岩带与武夷-云开侵入岩浆岩带之间的广阔地域，侵入岩较为发育，主要形成于晚奥陶世—志留纪、中晚三叠世及中晚侏罗世。加里东期花岗岩主要呈面状分布，主要有晚奥陶世花岗闪长岩($O_3\gamma\delta$)和志留纪二长花岗岩($S\eta\gamma$)、花岗闪长岩($S\gamma\delta$)、石英二长闪长岩($S_3\delta\eta o$)等，其中二长花岗岩无论是岩体个数还是出露面积均占据绝对比例。三叠纪侵入岩包括中三叠世二长花岗岩($T_2\eta\gamma$)、花岗闪长岩($T_2\gamma\delta$)和晚三叠世二长花岗岩($T_3\eta\gamma$)，岩石以二长花岗岩为主，部分为花岗闪长岩，大多属过铝质—强过铝质，属壳源重熔型；部分岩体中见有大量的暗色镁铁质微粒包体，属壳幔混合型，地球化学构造环境判别表明其主要形成于同造山环境。中晚侏罗世侵入岩编图单元包括中侏罗世石英二长岩($J_2\eta o$)、花岗闪长岩($J_2\gamma\delta$)、二长花岗岩($J_2\eta\gamma$)、正长花岗岩($J_2\xi\gamma$)，以及晚侏罗世二长花岗岩($J_3\eta\gamma$)、正长花岗岩($J_3\xi\gamma$)，主要分布在湘东北及湘东南地区，以中酸性岩体为主，岩体一般规模不大。岩体沿张性断裂充填。燕山早期花岗岩在形成过程中有明显的地幔物质加入，呈现壳幔相互作用及拉张伸展构造环境。白垩纪侵入岩相对较少，主要编图单元有早白垩世二长花岗岩($K_1\eta\gamma$)、正长花岗岩($K_1\xi\gamma$)、晚白垩世二长花岗岩($K_2\eta\gamma$)及白垩纪苦橄玄武岩($K\omega\beta$)。

右江侵入岩浆岩亚带(QⅡ-2-4)：该侵入岩浆岩亚带是指南丹-河池断裂及十万大山盆地以西的区域，侵入岩不发育，仅零星出露晚泥盆世辉绿岩($D_3\beta\mu$)、二叠纪辉绿岩($P\beta\mu$)、三叠纪辉绿岩($T\beta\mu$)和晚志留世二长花岗岩($S_3\eta\gamma$)、早白垩世二长花岗岩($K_1\eta\gamma$)。

2. 华夏侵入岩浆岩省

1) 武夷-云开侵入岩浆岩带(QⅢ-1)

十万大山-大容山侵入岩浆岩亚带(QⅢ-1-1)：该侵入岩浆岩亚带中生代时岩浆活动最为强烈，可分为早三叠世、中三叠世、晚三叠世及中-晚侏罗世、早白垩世、晚白垩世等期次，其中早、中三叠世中酸性岩占绝对优势，另见少量二叠纪侵入体。主要编图单元包括早二叠世花岗闪长岩($P_1\gamma\delta$)、中二叠世正长花岗岩($P_2\xi\gamma$)、晚二叠世正长花岗岩($P_3\xi\gamma$)、早三叠世二长花岗岩($T_1\eta\gamma$)、中三叠世二长花岗岩($T_2\eta\gamma$)、中侏罗世闪长岩($J_2\delta$)、石英二长岩($J_2\eta o$)、辉绿岩($J_2\beta\mu$)，及晚白垩世花岗闪长斑岩($K_2\gamma\delta\pi$)、花岗斑岩($K_2\gamma\pi$)。

云开侵入岩浆岩亚带(QⅢ-1-2)：位于桂东南与粤西南交界云开大山一带，西侧以岑溪-博白断裂与十万大山-大容山侵入岩浆岩亚带相邻，东侧以吴川-四会深断裂为界与粤东侵入岩浆岩带分开，北侧以贵子坑蛇绿混杂岩带与赣南侵入岩浆岩亚带为界。侵入岩较为发育，见中元古代二长花岗岩($Pt_2\eta\gamma$)、花岗闪长岩($Pt_2\gamma\delta$)，新元古代二长花岗岩($Pt_3\eta\gamma$)；早奥陶世二长花岗岩($O_1\eta\gamma$)；志留纪二长花岗岩($S\eta\gamma$)、英云闪长岩($S\gamma\delta o$)；泥盆纪二长花岗岩($D\eta\gamma$)；中二叠世二长花岗岩($P_2\eta\gamma$)、早三叠世二长花岗岩($T_1\eta\gamma$)、花岗闪长岩($T_1\gamma\delta$)、中三叠世二长花岗岩($T_2\eta\gamma$)；中侏罗世二长花岗岩($J_2\eta\gamma$)、晚侏罗世二长花岗岩($J_3\eta\gamma$)；早白垩世二长花岗岩($K_1\eta\gamma$)、晚白垩世花岗斑岩($K_2\gamma\pi$)及更新世玄武岩($Q p\beta$)。

诸广山侵入岩浆岩亚带(QⅢ-1-3)：该侵入岩浆岩亚带包括的编图单元有晚奥陶世花岗闪长岩($O_3\gamma\delta$)、早志留世二长花岗岩($S_1\eta\gamma$)、花岗闪长岩($S_1\gamma\delta$)、中志留世二长花岗岩($S_2\eta\gamma$)、花岗闪长岩($S_2\gamma\delta$)、晚志留世二长花岗岩($S_3\eta\gamma$)、花岗闪长岩($S_3\gamma\delta$)、石英二长闪长岩($S_3\delta\eta o$)；早侏罗世二长花岗岩($J_1\eta\gamma$)、花岗岩($J_1\gamma$)、中侏罗世二长花岗岩($J_2\eta\gamma$)、晚侏罗世二长花岗岩($J_3\eta\gamma$)，及早白垩世斜长花岗岩($K_1\gamma o$)、二长花岗岩($K_1\eta\gamma$)、晚白垩世花岗斑岩($K_2\gamma\pi$)。

2) 赣南侵入岩浆岩带(QⅢ-2)

始兴侵入岩浆岩亚带(QⅢ-2-1)：该侵入岩浆岩带侵入岩以三叠纪、侏罗纪、白垩纪为主，少量新元古代、寒武纪、志留纪岩体。编图单元包括古元古代花岗闪长岩($Pt_1\gamma\delta$)、新元古代二长花岗岩($Pt_3\eta\gamma$)；早寒武世二长花岗岩($\epsilon_1\eta\gamma$)；晚奥陶世二长花岗岩($O_3\eta\gamma$)；早志留世二长花岗岩($S_1\eta\gamma$)、晚志留世二长花岗岩($S_3\eta\gamma$);晚三叠世二长花岗岩($T_3\eta\gamma$)、花岗闪长岩($T_3\delta$);早侏罗世二长花岗岩($J_1\eta\gamma$),中侏罗世二长花岗岩($J_2\eta\gamma$)、石英二长斑岩($J_2\eta o\pi$),晚侏罗世二长花岗岩($J_3\eta\gamma$);早白垩世二长花岗岩($K_1\eta\gamma$)、花岗岩($K_1\gamma$)和晚白垩世花岗岩($K_2\gamma$)、花岗斑岩($K_2\gamma\pi$)。

3)东南沿海侵入岩浆岩带(QⅢ-3)

粤东侵入岩浆岩亚带(QⅢ-3-1):主要出露中侏罗世二长花岗岩($J_2\eta\gamma$)、晚侏罗世二长花岗岩($J_3\eta\gamma$),早白垩世二长花岗岩($K_1\eta\gamma$)、正长花岗岩($K_1\xi\gamma$)和碱长花岗岩($K_1\chi\rho\gamma$)。

粤南侵入岩浆岩亚带(QⅢ-3-2):该侵入岩浆岩带侵入岩较为发育,以中侏罗世二长花岗岩($J_2\eta\gamma$)、花岗闪长岩($J_2\gamma\delta$),晚侏罗世二长花岗岩($J_3\eta\gamma$),早白垩世二长花岗岩($K_1\eta\gamma$)、花岗斑岩($K_1\gamma\pi$)为主,另有少量中元古代花岗闪长岩($Pt_2\gamma\delta$)、新元古代二长花岗岩($Pt_3\eta\gamma$),早奥陶世二长花岗岩($O_1\eta\gamma$),早志留世花岗闪长岩($S_1\gamma\delta$)、晚志留世二长花岗岩($S_3\eta\gamma$)、末志留世二长花岗岩($S_4\eta\gamma$)和晚三叠世二长花岗岩($T_3\eta\gamma$)。

4)海南侵入岩浆岩带(QⅢ-4)

海南岛侵入岩呈多期次侵入,大面积分布,除太古宙、早古生代、新生代尚未发现有侵入岩之外,其余各时代都有侵入岩分布,尤以三叠纪的最发育,分布最广泛。大致以白沙断裂带为界,划分为琼西和琼东两个侵入岩浆岩亚带。

琼西侵入岩浆岩亚带(QⅢ-4-1):琼西岩浆岩亚带跨儋州、昌江、白沙、东方、乐东等地,出露中元古代花岗岩($Pt_2\gamma$);泥盆纪正长花岗岩($D\xi\gamma$);早二叠世二长花岗岩($P_1\eta\gamma$)、花岗闪长岩($P_1\gamma\delta$)、石英闪长岩($P_1\sigma o$)、中二叠世二长花岗岩($P_2\eta\gamma$)、晚二叠世二长花岗岩($P_3\eta\gamma$)、花岗闪长岩($P_3\gamma\delta$);早三叠世二长花岗岩($T_1\eta\gamma$)、正长花岗岩($T_1\xi\gamma$)、石英正长岩($T_1\xi o$)、花岗斑岩($T_1\gamma\pi$)、中三叠世二长花岗岩($T_2\eta\gamma$)、正长花岗岩($T_2\xi\gamma$)、晚三叠世二长花岗岩($T_3\eta\gamma$);中侏罗世正长花岗岩($J_2\xi\gamma$)、晚侏罗世正长花岗岩($J_3\xi\gamma$)、石英二长岩($J_3\eta o$),及早白垩世二长花岗岩($K_1\eta\gamma$),晚白垩世二长花岗岩($K_2\eta\gamma$)、花岗闪长岩($K_2\gamma\delta$)、花岗闪长斑岩($K_2\gamma\delta\pi$)。

琼东侵入岩浆岩亚带(QⅢ-4-2):琼东侵入岩浆岩亚带跨文昌、屯昌、琼中、保亭、乐东尖峰、三亚等县市,主要形成于二叠纪、三叠纪、侏罗纪及白垩纪。该亚带侵入岩岩石类型、岩石构造组合特点、岩石化学特征及形成构造环境与琼西侵入岩浆岩亚带完全相同。

(三)火山岩

泛珠三角地区火山岩较发育,火山活动时间较长,分布较广,岩石类型繁多,岩相发育齐全,火山机构类型多样,岩石构造组合类型较多,火山活动具有多期性和多旋回性,分布于多个构造岩浆岩带,与成矿的关系较密切。泛珠三角地区最早的火山岩见于新元古代,但因其出露面积太小图面无法表达。新元古代火山岩在广西北部与广东西部均有出露,早古生代火山岩在广西东部、广东西部与海南西部零星出露;晚古生代火山岩主要分布于广西中西部。中生代主要分布于广东东南部与海南岛,此外在湖南东南部、广西中西部与广东西部亦有零星出露;新生代火山活动主要见于广东西部、海南岛,广西区内有小面积出露。

1. 火山岩浆岩带

火山活动具有多期性和多旋回性,根据火山地层建造、火山作用等特征,结合地壳运动与构造旋回,在全国构造岩浆岩带划分方案的基础上,结合中南各省的方案,最终划分为2个构造岩浆岩省、3个构造岩浆岩带、10个构造岩浆岩亚带(表1-3,图1-3)。

表 1-3 中南地区火山岩浆岩带划分表

火山岩浆岩省	火山岩浆岩带	火山岩浆岩亚带
扬子火山岩浆岩省（HⅡ）	上扬子火山岩浆岩带（HⅡ-2）	雪峰山火山岩浆岩亚带（HⅡ-2-2）
		湘桂上扬子火山岩浆岩亚带（HⅡ-2-3）
		右江火山岩浆岩亚带（HⅡ-2-4）
中国东部中新生代火山岩浆岩省（HⅢ）	武夷-云开火山岩浆岩带（HⅢ-1）	南岭东段火山岩浆岩亚带（HⅢ-1-1）
		云开火山岩浆岩亚带（HⅢ-1-2）
		钦州火山岩浆岩亚带（HⅢ-1-3）
	东南沿海火山岩浆岩带（HⅢ-2）	粤东火山岩浆岩亚带（HⅢ-2-1）
		粤中火山岩浆岩亚带（HⅢ-2-2）
		雷琼火山岩浆岩亚带（HⅢ-2-3）
		海南火山岩浆岩亚带（HⅢ-2-4）

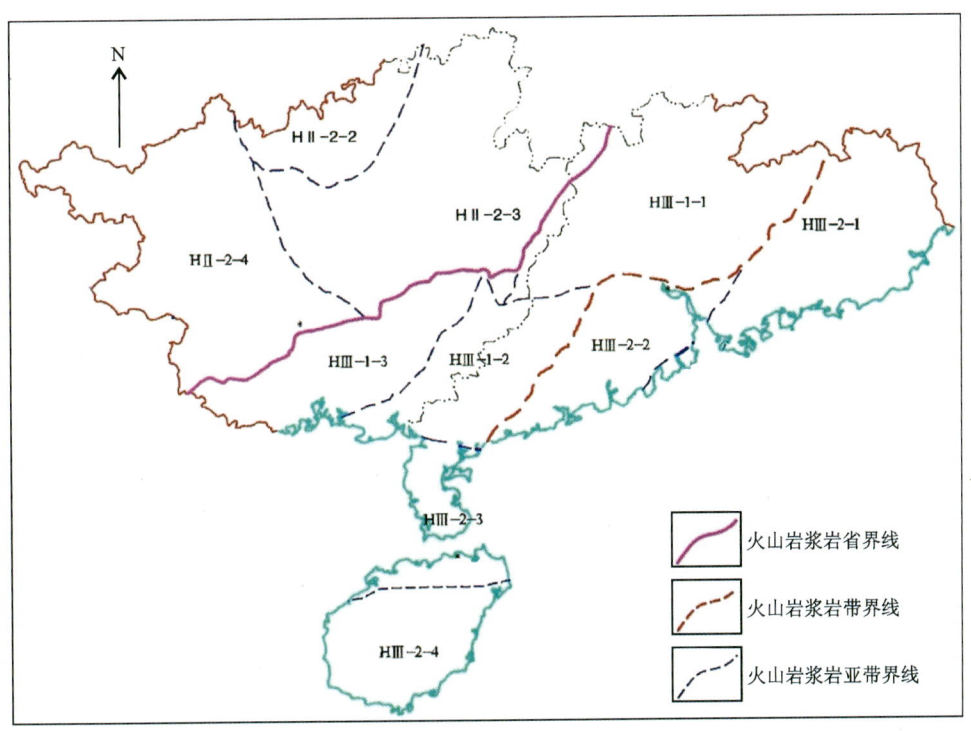

图 1-3 泛珠三角地区火山岩浆岩带划分略图

2. 火山岩类型

1) 扬子火山岩浆岩省（HⅡ）

雪峰山火山岩浆岩亚带（HⅡ-2-2）：主要产于早青白口世四堡群文通组和冷家溪群易家桥组、晚青白口世丹洲群三门街组和板溪群宝林冲组中，属岛弧或陆缘裂谷环境。文通组火山岩主要岩性为基性火山角砾岩、玄武岩、玄武质科马提岩、凝灰岩、细碧岩与角斑岩等，火山碎屑岩有火山角砾岩、沉凝灰岩、集块岩、角砾凝灰岩等，有多次喷发旋回；易家桥组火山岩以变质晶屑岩屑火山凝灰岩为主；三门街组火山岩主要由细碧岩、中基性熔岩、角斑岩、凝灰熔岩、火山角砾岩及大理岩、硅质岩等组成了3个喷发旋回；宝林冲组为一套由安山质集块岩、英安质集块岩、安山质-英安质沉火山角砾岩、熔结凝灰岩构成的火山岩系。

湘桂上扬子火山岩浆岩亚带（HⅡ-2-3）：形成于青白口纪、侏罗纪、白垩纪等多个时代，规模都较小。青白口纪火山岩赋存于广西贺州北部的鹰扬关群，由深灰色变质火山岩（细碧角斑岩）、火山碎屑岩、千枚岩、板岩夹变质铁矿组成。侏罗纪火山岩分布于湘南的道县、江永、宁远、新田、蓝山、宜章、汝城一带，赋存于大岭组、两江口组中，主要为基性—超基性火山岩及潜火山岩，包括玻基橄辉岩、玻基橄辉质火山角砾岩，碱性橄榄玄武（玢）岩、橄榄拉斑玄武（玢）岩（少量）、玄武质火山角砾岩、玄武凝灰质火山角砾岩、玄武质凝灰岩等，少量酸性（铝质A型花岗质）火山-侵入杂岩，形成环境为大陆板块内部的裂谷带。白垩纪相对于侏罗纪活动规模大为减小，局限于湘南局部地区。另外，在广西的断陷盆地中，产中酸性熔岩、火山碎屑岩、火山碎屑-沉积岩为主的岩石组合，其中以酸性火山岩为主，中性火山岩次之，赋存于晚白垩世西垌组中。火山活动以安山岩浆喷发开始，向英安质、流纹质演化，其间可有多次间歇和重复，形成多个喷发韵律；岩性自下而上表现为由火山碎屑沉积岩—凝灰岩—角砾岩（集块岩）—熔岩的纵向变化，反映火山岩由喷发沉积相—喷发相—溢流相的演化过程，从而构成一个较完整的喷发旋回。

右江火山岩浆岩亚带（HⅡ-2-4）：一是泥盆纪—早三叠世大陆裂谷玄武岩-粗面岩组合，二是早-中三叠世后碰撞英安岩-流纹岩组合，三是晚白垩世断陷盆地英安岩-流纹岩组合。早泥盆世火山岩见于田林八渡塘丁组，中泥盆世火山岩产于龙州武德、科甲、靖西孟麻、栋英、那坡平恩一带，早石炭世火山岩分布于那坡、靖西、龙州、崇左的鹿寨组和英塘组中，晚石炭世火山岩见于那坡信塘、岩信等地，中二叠世火山岩分布于百色、田林、西林、隆林、那坡、凭祥等地的四大寨组中，晚二叠世火山岩见于隆林塘马、马雄、西林周邦、那坡那塘一带。早三叠世火山岩主要分布于龙州—凭祥—崇左江州一带的北泗组、崇左布农的罗楼组和灵山太平的南洪组中，岩性为玄武安山岩、英安岩、流纹岩、熔结凝灰岩等，组成1~2个喷发旋回；中三叠世火山岩主要分布于江州、罗白、亭亮一带的板纳组和防城峒中—扶隆坳一带的板八组中，岩性为石英斑岩、流纹岩、凝灰熔岩、碎斑熔岩、珍珠岩等，形成于后碰撞环境；晚白垩世火山岩主要分布于各小型断陷盆地中，由安山岩、英安岩、流纹岩、火山角砾岩、集块岩、凝灰岩等组成2~3个喷发旋回，属钾质型钙碱性系列。属陆内断陷盆地背景。

2）中国东部中新生代火山岩浆岩省（HⅢ）

南岭东段火山岩浆岩亚带（HⅢ-1-1）：该亚带火山岩主要形成于侏罗纪、白垩纪，岩性以玄武岩、安山岩、英安岩、流纹岩为主，属高钾钙碱性系列，形成于活动大陆边缘环境。早侏罗世火山岩主要分布于粤北连平县上坪镇至溶源镇、平远县茅坪村等地，赋存于嵩灵组中，岩性包括玄武岩、玄武质集块角砾岩、凝灰质砂岩、英安质角砾集块岩、流纹岩、流纹质熔结角砾岩、流纹质熔结集块岩、岩屑晶屑凝灰岩与辉绿玢岩等。中晚侏罗世火山岩赋存于吉岭湾组、热水洞组和水底山组，主要岩石类型有流纹质火山碎屑岩、英安-流纹质火山碎屑岩、集块岩、流纹质熔结集块角砾岩、流纹岩、沉凝灰岩及凝灰质砂泥岩等，构成陆缘弧安山岩-英安岩-流纹岩组合。白垩纪火山岩分布于韶关市十里亭镇与曲江县等地，呈北东向或东西向展布，赋存于优胜组、伞洞组中，主要岩性有玄武岩、杏仁状安山岩、岩屑凝灰岩、玻屑凝灰岩夹凝灰质泥质粉砂岩。

云开火山岩浆岩亚带（HⅢ-1-2）：该亚带火山岩主要形成于晚白垩世和新近纪。前者赋存于西垌组、三丫江组中，主要岩性为流纹岩、安山岩、英安岩、熔结凝灰岩、石英斑岩、霏细斑岩、凝灰岩夹沉凝灰岩及凝灰质泥砂岩，构成安山岩-英安岩-流纹岩组合，属钾玄质-高钾钙碱性系列，形成于活动陆缘环境。后者分布于湛江沿海一带，赋存于南康组中，主要岩性包括橄榄玄武岩、集块岩与凝灰岩，属碱性系列，形成于板内伸展环境。

钦州火山岩浆岩亚带（HⅢ-1-3）：主要形成于二叠纪和三叠纪，见于灵山至钦州一带的晚二叠世彭久组和中三叠世板八组中，主要岩性为酸性熔岩、凝灰岩、流纹岩、角砾熔岩和流纹斑岩，属高钾钙碱性系列,形成于同碰撞环境。

粤东火山岩浆岩亚带(HⅢ-2-1):该亚带是中南地区火山岩最为发育的地区,形成时代以侏罗纪、白垩纪为主,赋存于早侏罗世嵩灵组,中侏罗世吉岭湾组,晚侏罗世热水洞组、水底山组、南山村组、早白垩世白云嶂组、官草湖组及晚白垩世优胜组中,岩石类型复杂多样,包括英安岩、安山岩、流纹岩、凝灰岩、英安质熔结凝灰岩、粗面质熔结凝灰岩、安山质晶屑凝灰岩、流纹质熔结凝灰岩及凝灰熔岩、碱长流纹岩、粗面岩、安粗斑岩、二长斑岩、流纹斑岩及花岗斑岩等。构成两个主要的岩石组合类型,即安山岩-英安岩-流纹岩组合和双峰式火山岩组合,属钙碱性系列,形成于活动大陆边缘环境。

粤中火山岩浆岩亚带(HⅢ-2-2):该亚带仅产出白垩纪火山岩,分布于阳春盆地早白垩世南山村组、白鹤洞组中,为一套碱性—酸性火山岩组合,岩性包括酸性熔岩-熔结火山碎屑岩、流纹岩、英安-流纹质含角砾熔岩、英安-流纹质含角砾熔结凝灰岩、英安斑岩、流纹斑岩、安山玢岩及火山碎屑岩等,属钙碱性系列,形成于活动大陆边缘环境。

雷琼火山岩浆岩亚带(HⅢ-2-3):该亚带以发育新生代火山岩为特色,活动时间从古近纪延续至新近纪和第四纪(池际尚等,1988;康先济等,1991),其中又以新近纪和第四纪火山岩最发育,赋存于中新世石马村组,上新世石门沟组,更新世多文组、石卯岭组、道堂组、湖光岩组和全新世地层中。古近纪玄武岩、新近纪火山岩类主要隐伏于地下,少量出露于地表;第四纪火山岩主要出露于地表。岩石类型主要有熔岩类、碎屑熔岩类、正常火山碎屑岩类。熔岩类包括超基性的玻基辉橄岩和橄榄霞石岩,基性的石英拉斑玄武岩、橄榄拉斑玄武岩、橄榄玄武岩、碱性橄榄玄武岩等;碎屑熔岩类仅见集块熔岩类;正常火山碎屑岩类见有集块岩、集块火山角砾岩、火山角砾岩、角砾凝灰岩、凝灰岩、沉凝灰岩等。属拉斑玄武岩系列,形成于陆内裂谷环境。

海南火山岩浆岩亚带(HⅢ-2-4):主要产于澄迈旺商、儋州洛基、通什五指山、保亭同安岭、三亚牛腊岭等陆相火山盆地和琼海阳江、定安雷鸣、白沙-乐东、三亚、藤桥等陆相火山-沉积盆地中,赋存于早白垩世六罗村组、汤他大岭组和岭壳村组。主要岩石类型有(含橄榄石)玄武岩、碱性橄榄玄武岩、玻基辉橄岩、玄武岩、安山岩、玄武安山岩、玄武质粗面安山岩、英安岩、流纹岩、流纹质凝灰熔岩及火山碎屑岩等。海南地质综合勘察院(1995)在同安岭-牛腊岭六罗村组流纹质凝灰熔岩中分别获得锆石 U-Pb 年龄 107Ma 和 Rb-Sr 等时线年龄(121±15)Ma;在汤他大岭组上部英安岩中获得 Rb-Sr 等时线年龄(109.3±7.1)Ma。属高钾钙碱性系列,形成于活动大陆边缘或岛弧环境。

二、地貌与第四系

(一)地形地貌

泛珠三角地区地质环境综合调查工程范围包括广东、广西和海南三省(自治区)中的珠江三角洲经济区、北部湾经济区、海南国际旅游岛、珠江-西江经济带和雷州半岛,总面积为 $29.2×10^4 km^2$。"十二五"期间,主要开展了珠江三角洲经济区、北部湾经济区和海南国际旅游岛 3 个地区的环境地质调查工作。

泛珠三角地区地质环境综合调查工程范围内的广东、广西和海南三省(自治区)位于全国地势第二台阶中的云贵高原的东南边缘,南濒南中国海,整体上北高南低,地势整体向南、略向东倾斜(图 1-4)。区内地形以低于海拔 500m 为主,超过 500m 的分布面积约占区内面积的 21.6%,超过 2000m 的地形分布面积更小,仅约 $2.3km^2$(图 1-5)。北部的广西和广东,地貌上的变化大体一致,北部以山地为主,中部以丘陵为主,南部以平原台地为主。南部的海南岛与粤西的雷州半岛隔海相望,四周低平,中间高耸,以五指山、鹦哥岭为隆起核心,向外围逐级下降,山地、丘陵、台地、平原构成环形层状地貌,梯级结构明显。其中广西地形最高,海拔超过 2000m 的山峰都分布于广西区内,最高地形为广西桂林的猫儿山,海拔

2141m；广东最高地形为位于阳山、乳源与湖南省交界处的石坑崆，海拔1902m；海南岛最高地形为位于海南岛中部偏东的琼中县与通什市交界处的五指山，主峰海拔1867m。

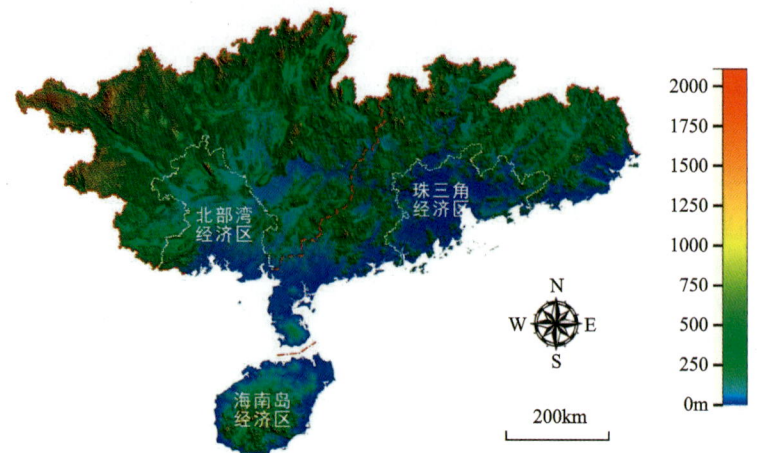

图1-4 泛珠三角景区地形地势图

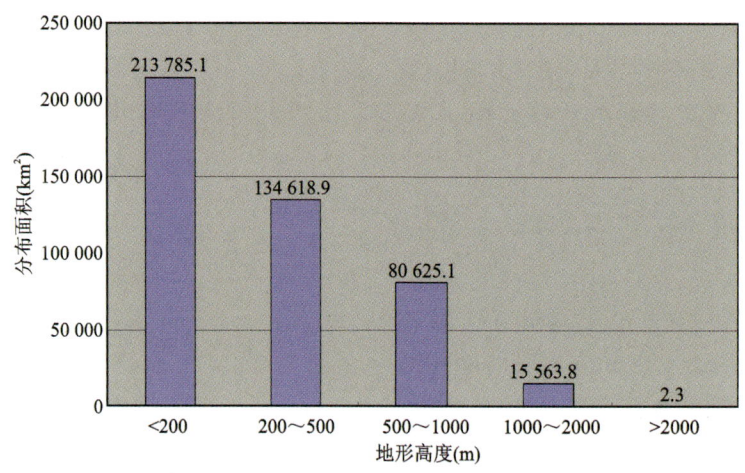

图1-5 粤桂琼三省地形分类柱状图

根据地形高度和发育的地貌类型，按高程可分为山地、丘陵、台地、平原（含盆地）4类，区内以山地、丘陵为主，山多平原少。另外，按照成因和岩性又可以划分出两类具有环境地质意义的地貌类型：碳酸盐岩分布的喀斯特地貌和火山喷出岩分布的火山岩地貌。喀斯特地貌区不仅发育岩溶地下水，还发育喀斯特地面塌陷等环境地质问题。在雷琼火山岩地貌区，玄武岩不仅连通了上下含水层，而且孔洞发育的玄武岩还是区域重要的地下水含水层。

1. 山地

地形地貌上，多将海拔高于500m的地区划分为山地，其中500～1000m的为低山，1000～2000m的为中山，2000～4000m的为高山，高于4000m的为极高山。山地为地质历史时期构造抬升，经后期侵蚀、剥蚀形成，为侵蚀、剥蚀地貌类型。

区内山地分布广泛，分布面积大。主要分布于桂西南、桂西北、桂东北、粤北至粤东等西南至东北部。此外，桂东南和粤西及琼中南地区分布也较为集中。

桂西南主要山脉有十万大山、公母山、四方岭、大青山、六韶山、泗城岭和西大明山等。桂西北主要山脉有金钟山、岑王老山、都阳山、大明山、凤凰山、白花山、镇龙山和青龙山等。桂东北主要山脉有猫儿山、越城岭、海洋山、都庞岭、花山、萌渚岭、大桂山、九万山、摩天岭、大苗山、大南山、天平山、驾桥岭、大瑶山、莲花山等。粤北山地区主要分布有大庾岭、骑田岭支脉、九峰山、滑石山、瑶山等。粤东山地区主要山脉有青云山、九连山、罗浮山、阴那山、莲花山和海岸山等。桂东南和粤西地区分布有云开大山、大容山、六万大山和罗阳山、云雾山等。

广东和广西山脉多为海拔 1000~2000m 的中山,超过 2000m 的高山全部分布于广西区内。山脉大多与地质构造线的走向一致,以北东-南西走向占优势,多呈条带状或片状分布。条带状分布的褶皱山多由硬质砂岩构成;片状分布的山体多由花岗岩、片麻岩或喷出岩构成。由于山地高差大,雨量多,暴流切割强烈,山前洪积、坡积平原普遍发育,且和山地相连形成广大山区。山地的构造形态比较突出,多层地貌在山坡上表现明显,山顶上有一定高度的峰线及局部较平坦的夷平面存在。

位于海南岛琼中南地区山脉的海拔多数在 500~800m 之间,海拔超过 1000m 的山峰有 81 座,成为绵延起伏在低丘陵之上的长垣,海拔超过 1500m 的山峰有五指山、鹦哥岭、俄鬃岭、猴猕岭、雅加大岭和吊罗山等。这些大山大体上分三大山脉:五指山主峰海拔 1867m;鹦哥岭山脉位于五指山西北,主峰海拔 1812m;雅加大岭的山脉位于岛西部,主峰海拔 1519m。山地主要由印支期的中酸性侵入岩组成,部分山体表面覆盖着中酸性喷出岩。

2. 丘陵

丘陵为山地和平原之间的过渡类型,一般海拔在 200m 以上、500m 以下,相对高度一般不超过 200m,起伏不大,坡度较缓,地面崎岖不平,由连绵不断的低矮山丘组成。

区内丘陵大部分分布在山地周围,与山地连接,或零星分布于沿海平原和台地之上。遍布区内各地,其中集中连片分布的有桂南、粤东南沿海区、琼西北、琼西南等地区。按成因及形态的差异可把区内丘陵分成砂页岩丘陵、变质岩丘陵、花岗岩丘陵、喀斯特化丘陵、红色岩系丘陵、火山岩丘陵等。

区内丘陵地势起伏中等,轻切割,坡度 5°~25°,具有切割破碎的形态,干谷、冲沟、凹地都很发育。在其发展史上,由于有广大古剥蚀面存在,所以齐顶丘陵普遍。由古平原切割成的丘陵,其顶部还常保存有河成卵石层。在形态上,丘陵又常受岩性的影响。砂页岩丘陵常呈条带状展布,在构造影响下,又常常呈平行岭谷的褶皱结构形式。红色岩系丘陵,由于岩层处于近水平状态,多形成齐顶丘陵状,常见单面山、陡崖等地貌发育。花岗岩和火山岩丘陵常呈片状分布,具有深厚的风化壳,坡度和缓,呈馒头状。

3. 台地

台地是低平的古剥蚀面,呈微波起伏而顶面齐平的地貌。海拔在 200m 以下,相对高度可分为 5~10m、10~15m、20~25m、35~45m、55~65m、70~80m 等多级,其中以 15~20m 和 40~50m 两级最为明显。台地是在地壳相对稳定时期内,受长期散流侵蚀或暴流和河流侵蚀堆积的结果。区内台地可分为以下几种类型:砂页岩台地、变质岩台地、花岗岩台地、喀斯特化台地、红色岩系台地、红土台地、火山岩台地、坡积洪积台地、阶地等。

区内台地分布也较为广泛,其中粤中、粤西均有大片台地,自电白县以西,经雷州半岛到海南北部的面积最大,这些台地地面坦荡,但河流短小,较为干旱。广西台地主要分布于桂东南,其次为桂西南和桂中地区,桂西北面积最小。海南岛台地则主要分布于琼北、琼西南及海岸附近浅海相堆积台地与海成阶地。

4. 平原

平原多为凹陷或下沉的地区,以堆积为主,其组成物质多为第四纪及近代河流冲积物,海拔高度低于 200m,相对高度 2~12m,切割少,起伏不大,多为平坦的地面。

区内的平原类型有冲积平原、洪积坡积平原、溶蚀谷地、溶蚀平原、溶蚀侵蚀平原、三角洲平原、海积平原、红树林平原等。各平原主要分布于各大小河流沿岸、山间盆地、海滨及河口三角洲地区,在喀斯特地区的闭塞谷地、合成洼地、槽谷亦有溶蚀平原、溶蚀侵蚀平原发育。河流沿岸的河谷平原在各大小河流沿岸均有分布,连片面积最大的有广西的浔江平原等;三角洲平原主要有广东的珠江三角洲平原和韩江三角洲平原等;分布于石灰岩地区的溶蚀侵蚀平原有广西的迁江宾阳平原等;海积平原分布于区内海南岛等处的海岸地区,由沙堤和干潟湖相间组成,地势呈波状起伏,高处为沙堤,低处为沼泽低地。

5. 喀斯特地貌

喀斯特地貌是具有溶蚀力的水对可溶性岩石进行溶蚀作用等形成的地表和地下形态的总称,又称岩溶地貌。除溶蚀作用以外,还包括流水的冲蚀、潜蚀以及坍陷等机械侵蚀过程。广西的喀斯特地貌是中国和世界热带喀斯特发育的典型地区之一,其中广西著名旅游景点的桂林山水旅游区就是典型的喀斯特地貌。但是,喀斯特作用的结果,造成地表坎坷嶙峋,土地瘠薄;地下河系发达,地表水渗漏大,径流少;地下水动态变化大,植被大部分被破坏,旱、涝灾害频繁,影响农业生产。

区内喀斯特地貌主要分布于广西的桂中、桂西北、桂西南和桂东北,广东粤北的连江流域、北江中游及乐昌县西部,其他零散分布于广西东南,广东的翁源、南雄、龙门、河源、龙川、蕉岭、从化、怀集、清远、高要、罗定、云浮、开建、阳春、灵山,以及海南的东方等地。

区内喀斯特地貌类型繁多,千姿百态。按其成因形态,可概括为峰丛洼地、峰林谷地和残峰平原等组合类型。根据地形高度,也可以分为喀斯特山地、喀斯特丘陵、喀斯特台地及喀斯特平原和洼地等类型。

6. 火山地貌

区内火山地貌主要发育于广东的雷州半岛及海南的北部地区,雷州半岛与琼北地区隔海相望,同属陆间裂谷型构造,强烈的新构造运动使琼雷地区成为我国重要的新生代火山活动区域之一。此外,粤东不少地区还发育有中生代的流纹岩、石英斑岩等火山喷出岩形成的火山地形。

1) 侵蚀、剥蚀火山岩山地和丘陵

该类地貌主要见于粤东地区,中生代大量流纹岩、石英斑岩等火山喷出岩形成火山地形,后经上升及长期的侵蚀、剥蚀作用,这些古火山地形已很模糊,现在只能根据岩性及高度把它分为侵蚀、剥蚀火山岩山地和侵蚀、剥蚀火山岩丘陵。珠江三角洲西部的西樵山是一个由新近纪凝灰岩、凝灰集块岩、粗面岩等火山岩构成的古火山丘陵,四围陡峭,山顶平缓,这些平缓的山顶实是一个300m左右的古剥蚀面残余。三水西南镇北面的峰岗也是一个粗面岩构成的火山低丘陵。

2) 火山岩台地

该台地主要分布于雷州半岛的南部、北部及海南岛的北部,是新近纪至第四纪期间多次间歇性喷发的玄武岩熔岩流广泛漫溢形成的广大而缓坡起伏的台地。这些玄武岩与湛江系互成夹层,并有一部分覆盖在北海组之上。在华南高温多雨的气候和强烈的化学风化作用下,这些玄武岩台地多已成为深厚的风化壳,表面形成"赤土"(砖红壤)。部分地区在赤土之上,也可见有玄武岩块、火山渣、浮石等。

3) 火山锥

火山锥是火山喷发的中心,多呈盾状或锥状,孤立突起于平缓的玄武岩台地之上,极易判认,其高度为50～270m,但其相对高度往往只有数十米至百米,其上有大量的火山弹、火山灰、火山砂及浮石等,并成层分布。盾状火山锥的坡度只有7°～10°,而锥状火山锥的坡度则可达30°～40°。一部分火山锥上仍有完整的火山口或破火山口,甚至有的还形成标准的火山口湖,如著名的湛江湖光岩火口湖。

雷州半岛北部的笔架山、城里岭、螺岗岭、交椅岭、龙水岭、坎泥岭,雷州半岛南部的石卯岭、石岭、石公侯岭、仕里岭、石门岭、房参岭、牛寮岭,海南岛北部的马鞍岭、多文岭、旧州岭、雷虎岭、庙岭、笔架岭等皆为典型的火山锥。雷南的青桐及田洋两地皆为巨大的环状火山口,并在巨大火山口内堆积成为火山口盆地。

4）火山岩海岸

火山岩海岸主要是由火山岩或火山碎屑岩组成的海岸,有熔岩流海岸、火山碎屑海岸、火山体海岸等。海南岛儋州市、临高县岸段,及澄迈、琼山局部岸段分布有典型的火山岩海岸。

5）特殊火山地貌

区内第四纪晚期火山活动,具有岩浆黏性变大、所携带气体增多、喷发环境局部变化等特点,发育熔岩隧道、封闭洼地等特殊火山地貌。

(二) 第四系

第四系广泛分布于地表,从丘陵山区至平原盆地,从冰川河流到湖泊海洋,除裸露的前第四纪基岩地区均有覆盖。

泛珠三角地区第四系主要分布于珠江三角洲、雷琼盆地、合浦盆地、南康盆地等区域,这些滨海平原台地区为第四纪沉积物的主要堆积区,沉积物厚度大,一般十米至数十米,最厚可达数百米。山地丘陵区以侵蚀剥蚀作用为主,第四系以残坡积物、冲洪积物为主,主要发育在山间盆地及河流两侧,厚度不大,一般仅数米。

1. 平原区

区内平原区第四系发育较全,下中更新统主要发育于雷琼盆地、合浦盆地、南康盆地等环北部湾地区,以湛江组、北海组碎屑沉积和石卯岭组火山岩为代表,上更新统则以雷琼地区的湖光岩组火山岩、珠江三角洲地区末次间冰期和末次冰期的碎屑沉积为代表,全新统全区均有发育,但属于沉降区的珠江三角洲发育更厚的全新世碎屑沉积,更具代表性。整体而言,雷琼盆地、合浦盆地、南康盆地等环北部湾地区下、中更新统发育,地层厚度大,可达数百米;珠江三角洲地区上更新统和全新统发育,地层厚度相对较小,一般仅 20~40m,钻孔揭露最大厚度仅 60 多米。"十二五"以来,有关单位重点对珠江三角洲地区第四系进行了系统研究,并对环北部湾地区的第四系调查和研究工作进行了系统梳理。下面将对珠江三角洲和环北部湾地区分别阐述。

1）珠江三角洲第四系

珠江三角洲位于中国广东省中南部、南海北岸,地理坐标为东经 112°30′—114°15′,北纬 21°40′—23°25′,是由西江、北江、东江、潭江、绥江、流溪河以及增江等在珠江河口湾内堆积而成的复合三角洲(图 1-6),陆区总面积 8 601.1km^2,其中西江—北江三角洲 8 033.1km^2,约占 93.4%,东江三角洲 568km^2,约占 6.6%。

该地区中心为三角洲平原,东部、西部、北部为低山丘陵环绕。由于地处亚热带季风气候区,区内春季凉爽、多阴雨,夏季高温湿热、暴雨集中而多洪水,夏、秋季多台风,冬季则少严寒且降雨稀少,多年平均降雨量具有从低山丘陵向三角洲平原递减的规律。区内河流众多,绝大部分属珠江水系,其中东江、西江、北江具有集水面积大、径流量大、汛期长、含砂量大的特点。珠江水系下游形成受咸潮影响的河网,并经崖门、虎跳门、鸡啼门、磨刀门、横门、蕉门、洪奇门和虎门汇入南海,多年平均径流量合计 6700×10^{8}m^3/a。

(1) 地层年代。地层年代一直是第四纪研究的热点,它是区域地层对比和划分的重要依据,也是研究本地区海面变化、岩相古地理、古气候等形成发展演化历史的基础。珠江三角洲第四纪地层年代框架的建立主要依赖于 ^{14}C、热释光和光释光 3 种测年方法。

为了准确获得珠江三角洲地区第四纪地层的年代,本次研究采用了 AMS^{14}C 测年和光释光测年两种方法。在 AMS^{14}C 测试材料的选择上,除珠江三角洲地区常用的碳屑、腐木、牡蛎及其他贝壳等外,本次还挑选了沉积物中的孢粉、植物根、种子、沉积有机质和底栖有孔虫、介形虫壳体等更能代表原位沉积的测试材料。

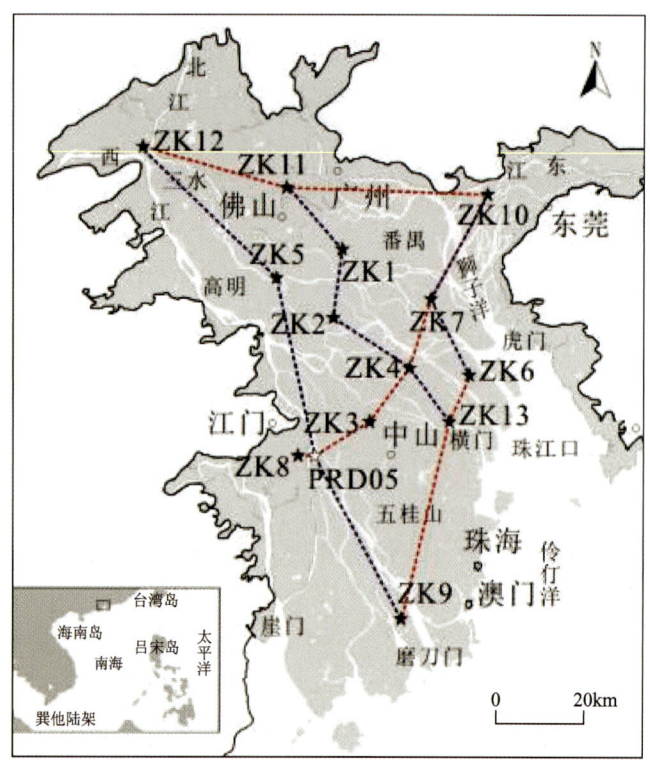

图 1-6 珠江三角洲地理位置及第四系钻孔剖面分布示意图

AMS^{14}C 测年在北京大学第四纪年代测试实验室和美国贝塔实验室完成,并利用 CALIB 7.1 程序对^{14}C 年龄数据进行校正(Stuiver and Reimer,1993)。在校正曲线的选择上,有孔虫、介形虫、牡蛎等无机碳选用 Marine13 校正曲线;孢粉、植物根和种子等选用 IntCal13 校正曲线;而对于淤泥中的沉积有机质,鉴于样品来自海陆交互的珠江三角洲地区,故选用海洋和北半球大气混合曲线。区域海洋碳储库效应参考 Southon 等(2006)对南海的研究,由于唯有香港的数据可能受到核试验的污染,因此选用南海南部和中部的平均值 $\Delta R=(-25\pm63)$a 来进行校正。共获得 AMS^{14}C 年龄数据 69 个,其中 62 个数据分布于全新世,范围为 10 980~693a BP,占测年数据的 78%;6 个数据分布于末次冰期,范围为 45 262~33 008a BP;其余 9 个测年数据超出了 AMS^{14}C 的测年范围。

(2)末次间冰期地层。末次间冰期,珠江三角洲靠近现今海岸线的南端发育海陆交互沉积,三角洲的顶端则发育陆相沉积。可能是受后期的风化剥蚀和侵蚀的影响,末次间冰期地层主要见于三角洲的周边,不整合于下伏基岩之上,上覆末次冰期地层或全新世地层。

三角洲的南端,该时期主要发育黏土、黏土质粉砂、粉砂等细粒沉积,见于 ZK13 孔的 43.82~23.33m 处。该段是一套上细下粗的连续沉积序列,底部为浅灰色—灰色粉细砂,中部为灰色黏土质粉砂,上部为灰黄色、灰白色黏土质粉砂风化层。

三角洲顶端以较粗的砂、含砾砂等粗碎屑沉积为主,见于 ZK11 孔的 19.80~9.70m 段、ZK12 孔的 32.23~18.00m 段,还见于西江西侧 ZK8 孔的 35.85~25.27m 段。

(3)末次冰期地层。末次冰期珠江三角洲发育暴露风化层和河流等陆相沉积。该段地层沉积物以砂等粗碎屑为主,底部常发育砾石等,具明显的河流二元沉积结构特征,地层中少见古生物化石,上部常发育黄、褐等杂色花斑黏土风化层。末次冰期的地层几乎覆盖整个珠江三角洲,构成晚更新世地层的主体,从三角洲顶端至三角洲南端其厚度有逐渐增加的趋势,主要发育于现代西江与东江入海口之间的三角洲腹地。典型地层剖面见于三角洲腹地的 ZK4 孔、ZK1 孔、ZK2 孔等。

(4)全新世地层。整体上,全新世地层以中部的灰色黏土质粉砂为主,分布面积广,地层厚度大,见较丰富的有孔虫、介形虫等滨海相微体古生物化石,是珠江三角洲第四纪有孔虫、介形虫等微体古生物的主要产出层,主要见于ZK9、ZK13、ZK6、ZK7、ZK5、ZK4、ZK1等孔中,从三角洲顶端至中南部发育有逐渐增加的趋势;全新统下部地层主要发育于三角洲中部、南部地区,以含砾粗砂等粗碎屑沉积和含泥炭沉积为特征,是一套上细下粗的沉积序列,细粒沉积中见泥炭、碳屑等,主要见于ZK9、ZK6、ZK13、ZK5等孔中;全新统上部地层在三角洲顶端主要发育中粗砂等河流沉积,主要见于ZK10、ZK11、ZK1等孔中,而在三角洲南段近海岸带地区,仍然以细粒的灰色黏土质粉砂为主,见于ZK7、ZK4、ZK6、ZK9、ZK13等孔中,粒度上也有明显变粗的趋势,见于ZK9、ZK13等孔中。典型钻孔记录见于ZK6、ZK4、ZK1等孔中。

在冰期—间冰期尺度上,珠江三角洲地区发育了末次间冰期的早期三角洲沉积和全新世的三角洲沉积体系,形成了两个沉积层序的海侵体系域和高位体系域,两个层序之间经历了末次冰期的低海平面时期,发育风化暴露层和陆相河流充填沉积,形成了一个Ⅰ型层序界面和下一个层序的低位体系域部分(图1-7)。

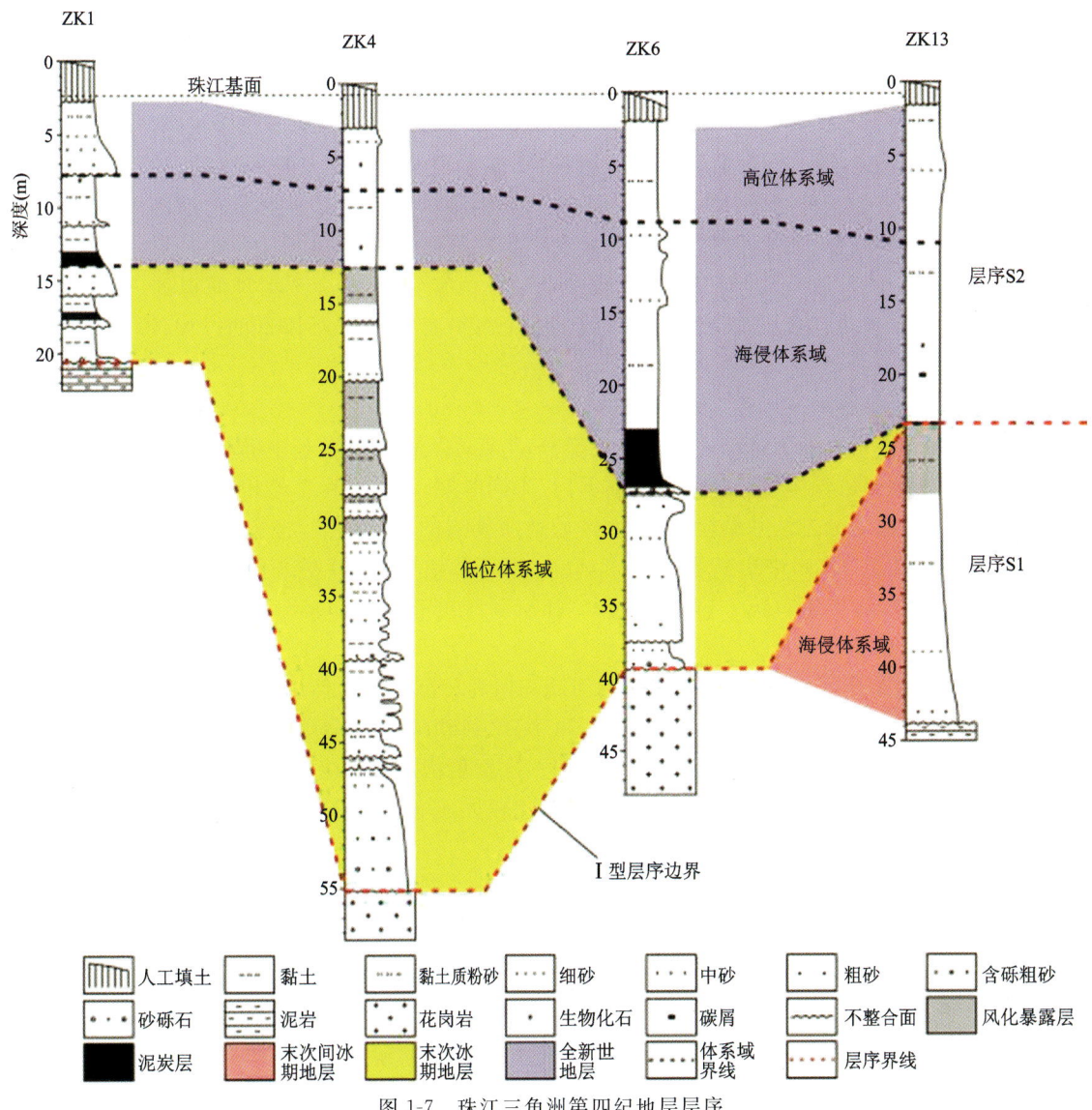

图1-7 珠江三角洲第四纪地层层序

层序S1:地层发育于末次间冰期,海侵体系域见于近海岸线的ZK13孔43.82～23.33m段,为一套上细下粗的海陆过渡相沉积序列,底部为浅灰色—灰色粉细砂,中上部分别为灰色黏土质粉砂和灰黄色、灰白色黏土质粉砂风化层。其中40.00～38.00m段零星发育海相底栖有孔虫和介形虫等微体古生物化石,其生物化石的丰度较全新世海侵地层中的要低得多。由于末次冰期海平面下降,遭受风化剥蚀,ZK13孔中未见高位体系域。而在三角洲的顶端和周边地区,末次间冰期发育的河流等陆相沉积,可根据地层的年代划入各时期的沉积体系。

层序S2:由末次冰期海平面下降后形成的低位体系域和全新世海平面上升形成的海侵体系域与高位体系域组成。末次间冰期后,海平面下降,海水逐渐退出,珠江三角洲地区露出水面,接受风化剥蚀,区内河流回春,下切作用增强。当海平面下降至陆架坡折以下,形成一个Ⅰ型层序界面,随后开始发育一个新的层序。

末次冰期,珠江三角洲地区发育陆相河流沉积和风化暴露层,在顶部形成具有区域特色的花斑黏土风化层。该时期,南海及全球大洋的海平面下降,最低降至末次盛冰期的-120m以下。随着海平面的下降,珠江三角洲地区的侵蚀基准面也随之下降,河流下切作用得到加强,末次间冰期发育的三角洲沉积及早期地层遭受侵蚀风化,并发育陆相河流沉积,形成Ⅰ型层序界面,以及下切河道充填沉积等低位体系域。

全新世以来,随着海平面的上升,珠江三角洲地区开始发育现代三角洲。早全新世,海平面的上升,使珠江三角洲地区发育三角洲平原沉积环境,以含砾粗砂等粗碎屑沉积和含泥炭沉积为特征,上细下粗,细粒沉积中常见泥炭、碳屑等;中全新世,海平面继续上升,并达到最高,形成以灰色黏土质粉砂为特征的三角洲前缘、前三角洲的滨浅海沉积,分布面积广,几乎覆盖了整个三角洲地区,地层厚度大,含较丰富的有孔虫、介形虫等滨海相微体古生物化石,从三角洲顶端至中南部发育呈逐渐增大的趋势;晚全新世,海平面呈下降的趋势,在三角洲顶端开始发育中粗砂等河流沉积,在三角洲南段近海岸带地区,仍然以细粒的灰色黏土质粉砂为主,沉积物粒度较中全新世稍有变大,是一个河进海退的三角洲前缘-三角洲平原沉积序列。珠江三角洲全新世沉积反映了一个海平面先升高、后降低的过程,形成了海侵体系域和高位体系域。

2)环北部湾地区第四系

(1)雷州半岛。雷州半岛为雷琼凹陷的组成部分,第四系大面积分布于中部和南部地区。雷州半岛地区第四纪地层划分方法较多,不同单位、不同部门、不同时期、不同项目各不相同,本次采用《广东省岩石地层》(1996)一书的划分方法并结合1:5万区域地质调查的划分标准,将雷州半岛第四纪地层统一划分为早更新世湛江组(Qz)、中更新世北海组(Qb)、石峁岭组(Qs)、晚更新世湖光岩组(Qh)、田洋组(Qt)、徐闻组(Qxw)、陆丰组(Ql)、下录组(Qxl)和全新统的苞西组(Qbx)、新寮组(Qxl)、灯笼沙组(Qdl)和曲界组(Qq)(表1-4)。

湛江组(Qz):遍布全区,以陆相沉积为主的河流三角洲相沉积。岩性以褐黄色、紫红色、灰黄色、浅灰色—灰白色等杂色的黏土、粉质黏土、砾砂、粗砂、中砂、细砂、粉土不等厚互层为主,局部夹有1~3层玄武岩。颗粒由北向南变细,分选性差,颗粒呈次圆—次棱角状。北部地区具3~13个不完全的四级沉积韵律,南部地区具2~3个不完全沉积韵律,厚度变化较大,一般为3.60~248.69m,北厚南薄,与下洋组呈平行不整合接触。

北海组(Qb):大片出露于雷北地区,岩性可分为上、下两部分,下部为棕黄色、灰白色局部带棕红色砾石、砾砂层,常夹薄层含砾粉土,底部常有1层至数层铁皮层或铁豆砂。砾石成分以乳白色或无色半透明石英为主,少量砂岩,砾径一般为4~10mm,部分达20mm,呈圆状或椭圆状,滚圆度以0级为主,次为1~2。雷北砾石层厚,层次多,砾径大,成分较复杂;而雷南则较薄,趋于单层,砾径小,成分单一。从砾石扁平的倾向看,多数与河流流向呈斜交或近于垂直;上部为棕红色—棕黄色粉质黏土、粉土,具有大孔隙,垂直节理发育。本组厚0.5~20.2m,属洪冲积相沉积,平行不整合覆于湛江组之上。

石峁岭组(Qs):大面积分布于雷州半岛南部。厚度4.3~309.5m,火山口附近厚度较大,远离火山口厚度变薄,岩性为灰色—灰黑色橄榄玄武岩、橄榄粗玄岩、伊丁石化橄榄玄武岩、蛇纹石化玄武岩及灰色—灰黄色层凝灰岩、火山角砾岩等。不整合覆于湛江组之上。

表 1-4 雷州半岛地区第四纪地层一览表

年代地层				代号		厚度(m)		主要岩性	
界	系	统	组(群)						
新生界	第四系	全新统	曲界组	灯笼沙组	Qq	Qdl	0.50~16.57	1.00~26.71	以黏土、粉质黏土、粉土、中砂、粗砂为主,局部为淤泥质黏土、粉砂、细砂	黏土、粉质黏土、淤泥、淤泥质黏土、粉土、粉砂、中砂
			新寮组		Qxl		0.60~41.72		以粉砂、细砂为主,局部为中砂、贝壳砂层	
			苞西组		Qbx		0.50~5.40		海滩岩及生物碎屑岩	
		上更新统	下录组	陆丰组	Qxl	Ql	主要<10.0	1.82~27.30	淤泥、泥炭土、粉质黏土,局部夹薄层砂	粉砂、细砂,局部底部有粉质黏土、中砂
			徐闻组		Qxw		0~28.0		黏土为主,局部为粉质黏土,含玄武岩风化碎块	
			田洋组	湖光岩组	Qt	Qh	15.13~181.28	2.8~>184.0	黏土质硅藻土、硅藻土质黏土、硅藻土和含硅藻黏土,局部夹砂和黏土	火山角砾岩、凝灰岩、玄武岩
		中更新统	石卯岭组	北海组	Qŝ	Qb	4.3~>309.5	0.50~20.2	玄武岩、凝灰岩、火山角砾岩等	上部为粉质黏土、粉土;下部为砾石、砂砾层,底部常有1层至数层铁皮层或铁质砂
		下更新统	湛江组		Qẑ		3.6~248.69		杂色的黏土、粉质黏土、砾砂、粗砂、中砂、细砂、粉土不等厚互层,局部夹1~3层玄武岩	

湖光岩组(Qh):主要分布于螺岗岭—湖光岩、东海岛龙水岭、硇洲岛、雷南西部后步岭—石岭、雷南东部大牛岭—仕礼岭—土秀湖一带。厚度2.8~184.0m,岩性下部灰黄色、灰黑色凝灰角砾岩、火山角砾岩、凝灰岩、玄武岩;上部为伊丁石化橄榄玄武岩、玄武岩、玻基玄武岩等。其矿物成分主要为斜长石、

辉石、橄榄石、火山玻璃、金属矿物、蛇纹石等。

田洋组(Qt):仅分布于徐闻田洋、那练、雷州青桐洋、九斗洋等破火山口湖盆中,地表未出露,为一套含油腐泥岩、硅藻土组成的湖相沉积。岩性主要为黑灰色、灰色含油腐泥,局部夹灰白色硅藻土及植物碎屑。具薄层状构造,结构松软,质较轻,底部夹火山砂。厚15.13~181.28m。覆盖于石卯岭组之上,呈不整合接触。

徐闻组(Qxw):广泛分布于玄武岩台地区,由石卯岭组和湖光岩组火山岩风化残坡积而成,本组岩性单一,主要以褐红色、褐黄色、棕红色或暗红色黏土为主,局部为粉质黏土,含玄武岩风化碎块和灰黑色—褐紫色、紫红色铁豆砂。厚0~28.0m。与下伏石卯岭组呈渐变过渡接触关系,局部平行不整合覆于湛江组之上。

陆丰组(Ql):沿海岸带呈条带状分布,南三岛、东海岛、东里岛、新寮岛等岛屿有大面积分布,其岩性及厚度各处不一,以东部沿海发育最好。岩性为淡红色、土黄色、砖红色、棕红色、褐红色粉砂和细砂,局部为中砂、粗砂,底部偶有粉土、粉质黏土。成分以石英为主,少量暗色矿物和云母碎片,分选性及磨圆度好。重矿物以钛铁矿、锆石、电气石等为主,次为黄铁矿、绿泥石、独居石、十字石等。厚1.82~27.30m。属海风混合堆积。

下录组(Qxl):主要分布于湛江调塾、湛江火车北站、屋山,遂溪下录及雷州田洋、青桐洋一带。岩性为灰色、深灰色、灰黑色淤泥质黏土、泥炭土、粉质黏土夹腐木层,局部夹薄层砂。本组含大量的植物残骸及草本花粉、木本花粉及蕨类花粉化石,厚0.50~41.00m。属湖沼相堆积。

苞西组(Qbx):零星分布于徐闻西海岸孟宇村南、金土村北等地。岩性为海滩岩及生物碎屑岩,厚0.50~5.40m。与下伏湛江组、石卯岭组呈平行不整合接触,其上被新寮组整合覆盖。

新寮组(Qxl):沿海岸呈条带状分布。岩性以黄色、浅黄色、灰黄色、灰白色粉砂和细砂为主,局部为中砂、贝壳砂层。本层含丰富的锆石、钛铁矿,其次含独居石、白钛石、金红石,局部富集形成滨海砂矿床。厚0.60~41.72m。属海风混合堆积。与下伏湛江组、石卯岭组或陆丰组呈平行不整合接触。

灯笼沙组(Qdl):分布于海湾、滨海、海叉、海成阶地等海岸带。岩性以灰色、深灰色、灰黑色淤泥和淤泥质黏土为主,次为黏土、粉质黏土、粉土,局部地段夹粗砂、中砂、细砂及粉砂,偶见碳化植物碎片、碎块及生物碎屑。厚1.00~26.71m。属滨海、三角洲相沉积。与下伏湛江组、北海组、石卯岭组、湖光岩组呈平行不整合接触,与新寮组或曲界组呈渐变过渡关系。

曲界组(Qq):分布于河流、沟谷、坳谷或洼地中,呈树枝状或条带状断续展布。岩性以褐黄色、土黄色、灰黄色、暗灰色、灰褐色黏土、粉质黏土、粉土、中砂、粗砂为主,局部为淤泥质黏土、粉砂、细砂。厚0.50~16.57m。属冲洪积相。与下伏湛江组、北海组、石卯岭组、湖光岩组呈平行不整合接触,与灯笼沙组呈渐变过渡接触。

2)琼北地区

海南岛地处华南地层大区中南-东南地层区,海南岛东北部位于秀英地层分区,区内第四系特别发育,是华南地区第四系发育较为典型的地区之一。其分布受新生代晚期形成的新构造格局的控制,形成的沉积物类型多样,地层层序发育较全,包括更新世—全新世各期沉积;断隆区内,地层层序发育不全,缺失早更新世沉积。

海南岛第四系的调查研究始于20世纪50年代,不同时期不同学者对其提出不同的划分方案。80年代,基于海南岛1:20万水文地质普查工作的需要,广东省地质局海南地质大队对海南岛第四系进行了系统划分,共划分24个非正式地层单位。2014年,海南省地质调查院在充分总结前人工作成果的基础上,根据岩性特征、层序关系、年龄数据等,采用陈哲培等(1997)的划分方案对区内第四系进行划分,共划分9个正式岩石地层单位和4个非正式地层单位。由于不同单位在不同时期对第四系的沉积环境认识不同,导致对第四系的划分标准上存在一定的差异。本次工作系统分析了以往第四纪地质研究成果,在研究第四纪岩相古地理环境和新构造运动的基础上,结合水文地质、工程地质调查工作的需要,对收集的506个钻孔资料进行了重新厘定,并对本次施工的184个钻孔进行了系统整理,对研究区第四纪地层进行了重新划定。共划分 16 个非正式地层单位,其中火山堆积层 4 个,残坡积层 4 个,松散堆积层 8 个(表 1-5)。

表 1-5　海南东北部地区第四纪地层划分

统	代号	成因	岩性
下更新统	Qp_1^{me}	海陆交互沉积	中上部为杂色、青灰色黏土、粉质黏土、黏土质砂夹浅灰色砂,下部为灰色砂砾石、砂等
	Qp_1^{mcl}	海湾、潟湖沉积	杂色黏土、砂质黏土,及灰色、灰黑色细砂、黏土
中更新统	Qp_2^{alp}	冲洪积	褐红色黏土质砂、砂、砂砾、砂质砾石层,下部砾层含玻璃陨石或含铁质结核
	βQp_2	火山堆积	玄武岩
上更新统	Qp_3^{mr}	滨海堆积	灰白色、灰黄色粉细砂、中细砂等
	βQp_3	火山堆积	玄武岩
	νQp_3	火山堆积	凝灰岩、凝灰质砂岩
全新统	βQh_1	火山堆积	玄武岩
	Qh_2^{mcl}	潟湖沉积	上部灰色、灰黄色中粗砂、中细砂,下部灰色、深灰色、灰黑色黏土、淤泥质黏土和松散状细砂
	Qh_3^{mr}	滨海堆积	灰黄色、黄白色粉细砂、中粗砂等
	Qh_3^{mcl}	海湾、潟湖沉积	灰黑色淤泥质黏土、淤泥质砂、中粗砂
	Qh^{alp}	冲洪积	砂、砂质黏土、黏土、黏土质砂、淤泥等
	$Qh^{eld}(\beta)$	残坡积	褐红色粉质黏土或粉质黏土夹碎石
	$Qh^{eld}(ss)$	残坡积	褐黄色、褐红色含砾黏土质砂、碎石土、砂质黏土
	$Qh^{eld}(\gamma)$	残坡积	褐红色、褐黄色、灰黄色砂质、砾质黏性土,局部为碎石土
	$Qh^{eld}(mss)$	残坡积	褐黄色、灰色粉质黏土、砂质黏土、黏土质砂,局部为碎石土

其中,下更新统(Qp_1)在区域地层中被划分为秀英组(Qp_1x),琼北、琼东北沉积环境为滨海潮坪,琼西、琼西北沉积环境为滨海潮坪及湖泊-河流,琼南、琼西南、琼东南沉积环境为湖泊-河流。而研究区沉积环境较为复杂,琼北断陷盆地远离南部、东部边界的地区处于浅海-滨海环境,靠近边界附近应为潮坪、潟湖环境,而边界附近开始接受陆相沉积(如定安一带,分布有次棱角状粗颗粒的砂、黏土质砂)。只划分一种地层无法刻画出含水层及工程地质层的差异性,本次研究根据其成因不同,划分出海陆交互沉积层(Qp_1^{me})和海湾、潟湖沉积层两个非正式地层,研究区琼北断陷盆各种沉积环境连续过渡,不同沉积物混杂堆积,总体划分为海陆交互沉积层(Qp_1^{me}),文昌东北部沿海一带为海湾、潟湖沉积(Qp_1^{mcl})。

全新统在区域地层中被划分为烟墩组(Qh_3y),沉积环境为滨海沙堤-潟湖系列沉积。但沙堤堆积物和潟湖沉积物的分布位置及地貌形态相差很大,而且其岩性、含水性、工程性质差别较大,为较好地刻画出其含水层及工程地质层的差异性,有必要进一步细分。根据其成因不同,划分出滨海堆积层(Qh_3^{mr})和海湾、潟湖沉积层(Qh_3^{mcl})两个非正式地层。

残坡积层在区域地层中没有划分,而不同岩类的残坡积层及其厚度的大小对工程地质层性能以及含水性有较大的不同:①建筑物地基与基础方案的选择,如约 5.0m 的花岗岩残坡积层(砂、砾质黏性土)可作为一般中小型工民建筑物的天然地基浅基础持力层,而玄武岩残坡积层(粉质黏土)具有高压缩性且遇水时强度迅速降低,一般要经过处理后方可作为一般小型工民建筑物的基础持力层;②玄武岩残坡积的粉质黏土一般不含水,而花岗岩残坡积的砂、砾质黏性土一般都含水;③基岩风化残坡积层中的地下水兼具孔隙水和裂隙水的性质,局部具有弱承压性质,含水层覆盖区与上部的松散岩类孔隙潜水联系密切,与平常所说的基岩裂隙水有一定的差别。为了更好地刻画出不同岩类残坡积层的工程地质性能及其含水性,故有必要进一步细分。

本次把厚度普遍大于 5.0m 的区域划分为残坡积层覆盖区,厚度普遍小于 5.0m 的区域为基岩区。第四纪残坡积层覆盖区以残坡积层按年代、成因和母岩岩性划分,残坡积层按年代分层较困难,年代统一为"Q"。如区域地层中划分的多文组(Qp_2d),其岩性主要为玄武岩,表层红土化;根据研究区内钻孔资料,发现其红土厚度普遍大于 5.0m,最大厚度超过 20.0m,因此该区域被划分为玄武岩残坡积层覆盖区,地层代号为 βQ^{ed}。

(1)下更新统(Qp_1)。

海陆交互沉积层(Qp_1^{mc}):为海南岛东北部分布最广的地层,整个琼北断陷盆地除边界及火山口附近局部缺失外,盆地内其他地段基本都有分布。除白莲镇西南部、苍西村西南部、罗豆农场—潭头村一带出露地表外,其余地区多呈隐伏状;海口金牛岭附近,由于上新世晚期的火山活动,地壳抬升,形成以金牛岭为中心的隆起,火山口附近堆积了厚度超过 100m 的玄武岩、凝灰岩,早更新世该区域以剥蚀为主,缺失该地层。多具二元结构,上部以青灰色、灰黄色、黄红色、杂色的黏土、粉质黏土、含砂粉质黏土为主,局部夹砂层,黏土、粉质黏土层发育薄层水平和微斜层理,层间夹粉细砂,偶含贝壳;下部以灰色、灰白色、黄红色、杂色砂砾石、中粗砂、含砾黏土质砂、含砾中粗砂为主,偶见粉细砂,局部含双壳类、腹足类及孢粉化石。埋深总体上由北向南、由东向西变大:滨海平原一带埋深一般 1.2~24.0m;石山镇-永兴镇火山岩台地区埋深最大超过 100m;厚度一般 3.0~38.2m;海口—长流一带厚度较大,普遍超过 15m;长流永桂村、儒显村一带厚度超过 35m。底部多以砂砾石、含砾中粗砂、黏土质砂层为主,与海口组第四段(N_2h^4)粉质黏土、页状黏土、钙质黏土层呈平行不整合接触。

海湾、潟湖沉积层(Qp_1^{mcl}):主要分布于文昌冯坡镇—龙虎山水库、昌洒白土村—宝陵港一带沿海地区,翁田镇以南的沙堤呈带状分布,以北的沙堤缺失,为一套滨海或海湾沉积物,潟湖潮汐口应位于宝陵港、冯坡堆头村一带。岩性为灰色、灰黑色、灰绿色、杂色黏土、砂质黏土、黏土质砂、黏土与中粗砂互层,往昌洒过渡为灰色、灰黑色细砂、黏土,冯坡镇东侧堆头村一带见碳化木。埋深 0.5~40.2m,厚度一般 1.5~31.4m,由西北至东南埋深逐渐变大,沉积物颗粒逐渐变细。该地层下部以黏土、砂质黏土与下伏基岩不整合接触,上部与 Qp_2^{alp}、Qp_3^{mr}、Qh_3^{mr} 呈平行不整合接触。

(2)中更新统(Qp_2)。

冲洪积层(Qp_2^{alp}):主要分布于白莲镇西南、海口长流镇、新海林场、秀英—府城、文昌铺前镇、冯坡镇—抱罗镇、昌洒镇—公坡镇、龙楼镇一带,多出露于地势较高的地区,为一套冲洪积物,岩性为褐红色、褐黄色、砖红色黏土质砂、含砾黏土质砂,在海口、长流一带含铁质结核、结块;龙楼、翁田一带岩性以褐黄色、褐红色粉细砂、黏土质砂、含砾粉质黏土为主,颗粒多呈次棱角状,层理不清,分选性较差,厚度一般 1.0~21.0m。与下伏 Qp_1 杂色黏土呈平行不整合接触,或直接覆盖于基岩风化层上。

火山堆积层玄武岩(βQp_2):主要分布于颜春岭、三江、演丰、灵山—云龙一带,长流镇附近小范围分布,以气孔—微气孔状玄武岩为主,局部可见火山碎屑岩,裂隙—孔洞发育不均一,风化程度强,上部多被风化红土覆盖,厚度一般 2.0~30.0m,下部喷发不整合于 Qp_2、Qp_1 不同沉积层之上,长流镇一带上部被 Qh_1、Qp_3 玄武岩喷发不整合。

(3)上更新统(Qp_3)。

滨海堆积层(Qp_3^{mr}):分布于海口长流—秀英、文昌冯坡—龙马乡—昌洒和东郊一带沿海地区,为一套海成阶地堆积物,岩性以灰白色、灰黄色粉细砂、中细砂为主,含黏土或黏土团块,长流一带出现黏土、黏土夹砂,东部沿海一带,颗粒分选性较好,含有少量钛铁矿,厚度一般 1.5~24.0m,底部以灰白色中细砂与 Qp_2 黏土质砂、Qp_1 杂色黏土为主,呈平行不整合接触或覆盖于基岩风化层上。

火山堆积层玄武岩(βQp_3)：主要分布于龙桥—十字路以及美安镇一带，长流镇东部、东北部的儒显村、长东村一带也有分布，长流镇以北至后海村一带隐伏分布。灰色、深灰色，气孔状、微孔状，气孔发育，孔径一般3～6mm，呈半圆—次圆状。地表局部风化为红土，厚度一般5.0～60.0m，十字路和美安一带最大厚度超过60.0m。

火山堆积层凝灰岩(νQp_3)：主要分布于老城—石山镇一字岭—白莲镇一带，长流镇荣山村、祥堂村一带也有隐伏分布，岩性主要为灰黑色凝灰岩、凝灰质砂岩，主要成分为火山灰、砂，层理发育，厚度一般7.0～50.0m。

（4）全新统（Qh）。

火山堆积层玄武岩(βQh_1)：主要分布于石山—永兴一带，岩性以气孔状、熔渣状玄武岩为主，裂隙较发育，气孔及裂隙无充填或少量充填物。与下伏Qp_1呈喷发不整合接触。厚度一般2.8～94.0m，石山镇马鞍岭和永兴镇雷虎岭周边地区最大厚度超过90.0m。

潟湖沉积层(Qh_2^{mcl})：分布于长流拔南村—富屋村、海口美兰南渡江沿岸，以及海甸岛、东营—灵山镇一带，长流镇荣山一带隐伏分布。一般具二元结构，由上至下颗粒逐渐变细，上部以灰色、灰黄色中粗砂、中细砂为主，含少量砂砾，下部以硬—软塑灰色、深灰色、灰黑色黏土、淤泥质黏土和松散状粉细砂为主。厚度一般2.2～27.0m，东营—海甸岛一带厚度较大，桂林洋一带较薄。多与下伏Qp_1杂色黏土呈平行不整合接触，长流镇荣山一带与Qp_3玄武岩、凝灰岩不整合接触。

滨海堆积层(Qh_3^{mr})：分布于长流—海口—铺前—翁田—昌洒—清澜沿海沙堤、阶地区，为一套滨海沙堤-阶地堆积物，岩性主要为黄白色、灰黄色粉细砂、中粗砂、砂砾石，含贝壳碎屑，文昌东部沿海沙堤一带夹一层钙质胶结含贝壳碎屑中细砂，可见斜层理、交错层理，颗粒分选性一般，磨圆较好。长流一带沙堤由上至下颗粒逐渐变粗，上部以粉细砂、中砂为主，下部砾石含量增加，底部以一层砂砾石、含砾粗砂为界与下伏Qh_2粉细砂、淤泥质黏土呈整合接触。海口、铺前、文昌东部沿海一带，多与Qp_1、Qp_2呈平行不整合接触，或直接覆盖于基岩风化层上。厚度一般2.0～24.6m，木栏头、翁田—昌洒一带沙堤最大厚度超过20m。

海湾、潟湖沉积层(Qh_3^{mcl})：分布于海口港—滨海公园、东营沙头村、桂林洋开发区—高山村、东寨港和八门湾一带。以灰黑色淤泥质黏土为主，上部多为灰色粉质黏土和人工堆填的砂层；东寨港珠溪河入海口附近多具二元结构，上部以淤泥质黏土、淤泥质砂为主，下部为中粗砂、黏土或黏土夹卵砾石，与下伏基岩残坡积层呈不整合接触，塔市一带与Qp_1呈不整合接触。该组在区域上地层厚度变化较大，海口沿海地带厚3.0～15.0m，文昌沿海一带厚12.4～18.5m。

冲洪积层(Qh^{alp})：主要分布于南渡江、铺前镇的珠溪河—潮滩河和文教河沿岸地区，南渡江沿岸以灰色粗砂、含砾中粗砂、砂质黏土为主，厚度一般1.0～10.0m，文教河和珠溪河沿岸以细砂为主，浅黄色—灰黄色，松散，以细粒为主，局部含腐殖质，颗粒多呈次棱角—次圆状，分选性一般。

玄武岩残坡积层[$Q^{dd}(\beta)$]：主要分布于三江、演丰、灵山—云龙、马村—白莲一带，长流镇一带为小范围分布，岩性以褐红色粉质黏土或粉质黏土夹碎石为主，厚度一般1.0～30.0m。

碎屑岩残坡积层[$Q^{dd}(ss)$]：研究区内只有宝芳乡东北部零星出露，其余主要隐伏于文城—清澜镇一带，岩性以褐黄色、褐红色含砾黏土质砂、碎石土、砂质黏土为主，厚度一般1.2～11.2m。

花岗岩残坡积层[$Q^{dd}(\gamma)$]：不连续分布于翁田镇、抱罗镇、公坡镇、文城镇、东阁镇和龙楼镇一带，或隐伏于其他第四系之下，岩性以褐红色、褐黄色、灰黄色砂质、砾质黏性土为主，局部为碎石土，底部夹花岗岩风化碎石、碎块，颗粒呈棱角—次棱角状，厚度变化大，剥蚀区厚度一般1.0～3.0m，堆积区厚度一般3.5～18.0m。

变质砂岩残坡积层[$Q^{dd}(mss)$]：主要分布于宝芳—文城和湖山水库的西侧地区，岩性以褐黄色、灰色的粉质黏土、砂质黏土、黏土质砂为主，局部为碎石土，厚度一般3.3～19.5m。

3) 广西北部湾

系统收集了 1956—2008 年以来研究区内及相关地区的第四纪划分方案(表 1-6),前期的调查和研究资料显示,第四纪以来,调查区内下、中、上更新统和下、中、上全新统均有发育,且自早更新世至早全新世,区内发育 3~4 期火山岩。

根据广西海岸带地貌与第四纪地质调查报告(2008),广西海岸带地区第四纪整体上是一个由陆相沉积环境到海相沉积环境的过程,其中更新世是一个由冲洪积陆相环境到滨海海陆过渡环境、全新世是一个由滨海海陆过渡至滨浅海环境的过程。由此将第四纪地层划分为早更新世冲洪积地层——湛江组,中更新世冲洪积地层——北海组,晚更新世滨海沉积地层——陆丰组,早全新世滨海海陆过渡沉积地层,中全新世滨浅海沉积地层和晚全新世滨浅海沉积地层(表 1-7)。区内第四纪以来发育 3 期火山岩,分布发育于更新世的早期、中期和晚期,其中发育于早更新世的火山岩未单独划分岩性地层单位,而将中更新世和晚更新世发育的火山岩分布划分为石卯岭组和湖光岩组。

2. 山地丘陵区

山地丘陵区海拔较高,地形高差较大,坡度大,以剥蚀侵蚀作用为主,第四系主要发育残坡积、冲洪积、湖泊沉积等,其中残坡积物多呈连片分布,冲洪积、湖泊沉积等仅分布于地势较开阔的山间盆地等局部地区。

1) 第四系类型

(1) 残积物。残积物是岩石风化后、未经搬运而残留于原地的土,而另一部分风化物则被风和降水所带走。它处于岩石风化壳的上部,是风化壳中的剧烈风化带,向下则逐渐变为半风化的岩石。它的分布主要受地形控制,在宽广的分水岭上,由于雨水产生地表径流速度小,在风化产物易于保留的地区,残积物就比较厚,在平缓的山坡上也常有残积物覆盖。风化剥蚀产物是未经搬运的,颗粒不可能被磨圆或分选,没有层理构造。

(2) 坡积物。坡积物是残积物经水流搬运顺坡移动堆积而成的土,是雨雪水流的地质作用将高处岩石的风化产物缓慢地洗刷剥蚀,顺着斜坡向下逐渐移动、沉积在较平缓的山坡上而形成的沉积物,其成分与坡上的残积土基本一致。由于地形的不同,其厚度变化大,新近堆积的坡积土,土质疏松,压缩性较高。它一般分布在坡腰上或坡脚下,其上部与残积物相接。坡积物底部的倾斜度取决于基岩的倾斜程度,而表面倾斜度则与生成的时间有关,时间越长,搬运、沉积在山坡下部的物质就越厚,表面倾斜度就越小。

(3) 洪积物。洪积物是山洪带来的碎屑物质在山沟的出口处堆积而成的,由暴雨或大量融雪骤然集聚而成的暂时性山洪急流,具有很大的剥蚀和搬运能力。它冲刷地表,携带着大量碎屑物质堆积于山谷冲沟出口或山前倾斜平原而形成洪积物。山洪流出沟谷口后,由于流速骤减,被搬运的粗碎屑物质首先大量堆积下来,离山渐远,洪积物的颗粒随之变细,其分布范围也逐渐扩大。它的地貌特征:靠山近处的窄且陡,离山较远宽而缓,形如锥体,故称为洪积扇(锥)。由相邻沟谷口的洪积扇组成洪积扇群。

(4) 冲积物。冲积物是河流流水的地质作用将两岸基岩及其上部覆盖的坡积和洪积物质剥蚀后搬运、沉积在河流坡降平缓地带形成的沉积物,即由于河流的流水作用,将碎屑物质搬运堆积在它流经的区域内,随上游到下游水动力不断减弱,搬运物质从粗到细逐渐沉积下来,一般在河流的上游以及出山口处,沉积粗粒的碎石土、砂土,在中游丘陵地带沉积中粗粒的砂土和粉土,在下游平原三角洲地带沉积最细的黏土。粗粒的碎石土、砂土是良好的天然地基,但如果作为水工建筑物的地基,其透水性好则会引起严重的坝下渗漏;而对于压缩性强的黏土,一般都需要处理地基。

表 1-6　调查区内海岸带第四纪地层划分对比表

资料来源 时间 地区	广西区测队 943队 (1956) 湛江	湛江 地质局 (1961) 雷州半岛	中国科学院 南海海洋 研究所 (1978) 雷琼	广东 水文一队 (1981) 雷州半岛	南海地质 调查大队 (1981) 粤西	广西海洋所、 同济大学 (1986) 广西海岸带	广西区调队 (1986) 广西海岸带	《广西地质志》 (1983) 广西沿海地区	中国科学院 南海海洋 研究所 (1982) 华南沿海地区	《广西海岸带地貌与 第四纪地质调查报告》 (2008) 广西海岸带	距今年代 (万年)
第四纪 全新世 晚期	现代沉积	全新统	桂洲组	现代堆积、近代堆积	现代堆积物灯楼角组	上全新统 沙环头组		全新统	桂洲组	上全新统	
第四纪 全新世 中期						中全新统 乌泥组			华南沿海地区	中全新统	
第四纪 全新世 早期	洪积层		礼乐组			下全新统 南流江组			礼乐组	下全新统	
第四纪 更新世 晚期	湖沼沉积	田洋组 徐闻组	近期火山岩 陆丰组	田洋岩段 湖光岩段	八所组 湖光岩、火山岩	陆丰组 湖光岩火山岩	江平组 第三喷发旋回	江平组	陆丰组 雷虎山火山岩 湖光岩火山岩	陆丰组 湖光岩火山岩	0.3、0.8、1.5、23、100、250
第四纪 更新世 中期	北海系	英峰山火山岩	中期火山岩 北海组	石卯岭段	北海组	北海组 石卯岭火山岩	北海组 第二喷发旋回 白沙江组 湛江组	北海组	北海组 石卯岭火山岩	北海组 石卯岭火山岩	
第四纪 更新世 早期	湛江砂岩	湛江砂岩	早期火山岩湛江组	湛江组	石卯岭火山岩 湛江组 湛江火山岩	湛江组	第一喷发旋回火山岩	南康群上部	湛江组 多文火山岩	湛江组	

表 1-7 广西海岸带地区第四纪地层综合表

地层年代				火山活动		厚度 (m)	地层岩性	动物化石及硅藻	孢粉带与气候期		主要沉积相	距今年龄值			
系	统	组	代号	距今(万年)	期	代号				孢粉带	气候期		^{14}C (a)	TL ($\times 10^4$ a)	U ($\times 10^4$ a)	古地磁
第四系	全新统	上全新统	Qh_3	0.3 0.8 1.5 5.0 23 100 250			0~10	海滩：浅黄色、灰黄色、灰白色中砂、粗砂、细砂，含少量重砂矿物及少量贝壳、珊瑚碎屑。潟滩：灰色、灰黑色淤泥、砂质淤泥、泥质砂，含贝壳碎片	异地希望虫、毕克卷转虫变种、台湾砂杆虫、日本半泽虫、大洋刺房虫、球室虫、艾氏库三角藻、船形耳形、长库土曼介双角花耳形、美山库双角花介、五块虫、三块虫、马蹄螺、柱状小环藻、直链藻、菱形藻、条纹藻形藻、小环藻	水龙骨科(Polypodiaceae)－蕨属(Pleridium)－里白属(Hicriopteris)－杜英科(Elaeocarpaceae)或水龙骨科－蕨属(Atllingia)－常绿栎(Quercusceven-green)孢粉带	热湿气候期	滨海相、三角洲相、浅海相、潟湖相	853±50 1070±160 1140±60 1450±160 1840±70 2130±120 2300±170 2690±100			
		中全新统	Qh_2				3~5	海积及潟湖平原：灰色、深灰色、灰黑色黏土、砂质黏土，含少量植物碎屑及贝屑，有孔虫。三角洲平原：灰黄色、深灰色黏土质砂，含少量贝壳及有孔虫。沙堤：灰白色、灰黄色、白色中砂、粗砂、细砂，含钛铁矿等重矿物	毕克卷转虫、同现刺房虫、异地希望虫、三块虫、美山库双角花介、布氏威契曼介、中华丽花介、直链藻、双壁藻、斜盘藻、条纹弯藻、桥形藻、卵形菱形壳藻、波缘曲壳藻	水龙骨科－蕨属－栲(Castanopsis)或水龙骨科－风尾蕨(Pteris)－常绿栎－松柏(Taxodiaceae)孢粉带	炎热潮湿气候期	浅海相、滨海相、海陆过渡相	3247±41 3580±180 4840±100 5998±110 6393±100 7143±140 7360±100 7699±100 7987±120	0.71±0.035	0.60±0.02	
		下全新统	Qh_1				1~15	浅黄色、灰白色细砂、中砂、粗砂及砂砾层，下部局部夹有灰黑色黏土或灰黑色泥炭	同现刺轮虫、卷转虫变种、五块虫、三块虫、皱新单角介、布氏卵形中华丽花介、双卵辟藻、柱状小环藻、条纹小环藻、亲缘曲壳藻	水龙骨科－蕨属－常绿栎－金毛狗(Cibotium)孢粉带	偏凉干热湿气候期	海陆过渡相、沼泽相、冲积相、残积－坡积相	8520±280 9343±160 9505±300 11 488±380 12 020±150 13 420±390 13 510±170 14 500±200			

第一章 区域地质背景

续表 1-7

<table>
<tr><th colspan="2">地层年代</th><th colspan="2">火山活动</th><th rowspan="2">厚度(m)</th><th rowspan="2">地层岩性</th><th rowspan="2">动物化石及硅藻</th><th colspan="2">孢粉带与气候期</th><th rowspan="2">主要沉积相</th><th colspan="3">距今年龄值</th><th rowspan="2">古地磁</th></tr>
<tr><th>统</th><th>组 / 代号 / 距今(万年)</th><th>期</th><th>代号</th><th>孢粉带</th><th>气候期</th><th>^{14}C (a)</th><th>TL ($\times 10^4$ a)</th><th>U ($\times 10^4$ a)</th></tr>
<tr><td rowspan="2">上更新统</td><td>陆丰组 Ql 0.3 0.8 1.5</td><td rowspan="2">第三期</td><td rowspan="2"></td><td>10</td><td>褐黄色、灰黑色半固结黏土质砂夹铁锰质黏粒，黄褐色砾石，灰黑色黏土含灰黑色碳化木</td><td>个别小多口虫（未定种）Polystomella sp.</td><td>罗汉松属（Podocarpus）-松属（Pinus）-柏科（Dacrydium）-青冈属（Cyclobalanopsis）孢粉带</td><td>凉干气候期</td><td>滨海相</td><td>19 627±710
＞35 000
36 200±740</td><td></td><td>＞1.60±0.2</td><td></td></tr>
<tr><td>湖光岩组 Qh 5.0 23</td><td>40</td><td>上段为灰黄色角砾层，凝灰色黏土的黑色橄榄质玄武岩，橄榄玄武岩。下段为黄褐色、灰黑色，黄褐色玄武质凝灰岩，玄武质火山角砾岩、橄榄玄武岩、火山角砾岩集块，多孔状气孔构造发育</td><td></td><td></td><td></td><td></td><td></td><td></td><td></td><td>布容正向极性期</td></tr>
<tr><td>中更新统</td><td>北海组 Qb 100 250</td><td></td><td></td><td>2～20</td><td>上部为棕红色、红褐色，砖红色灰褐色黏土或黏质砂土，其中夹有5～10cm的褐铁矿结盘。下部为棕黄色、灰白色砂岩层，含黏土砾砂岩，常见有铁质胶结成铁盘，该层发育水平层理斜层理和交错层理</td><td></td><td>上部以草木花粉占绝对优势的禾本科（Gramineae）-蒿属（Artemisia）-桃金娘科（Myrtaceae）孢粉带；下部为无患子科（Sapindaceae）-苏铁属（Cycas）-番荔枝科（Anonaceae）孢粉带</td><td>炎热潮湿气候期</td><td>洪积冲积相</td><td></td><td>22.20±1.11
30.11±1.5
52.55±2.63
90.63±4.53</td><td></td><td>布容正向期</td></tr>
</table>

续表 1-7

地层年代			火山活动		厚度 (m)	地层岩性	动物化石及硅藻	孢粉带与气候期		主要沉积相	距今年龄值			古地磁
系	统	组	代号	距今(万年)	期	代号				孢粉带	气候期		^{14}C (a)	TL ($\times 10^4$ a)	U ($\times 10^4$ a)	
第四系	下更新统	石卯岭组	Q_s^l		第二期	$Q_3\beta_2$	41~100	上段为黑灰色橄榄玄武岩,橄榄粗玄岩,气孔状构造。下段下部为灰绿色、灰黄色、紫灰色玄武质砂岩、凝灰岩。上部为灰黑色橄榄玄武岩、气孔状玄武岩、玻璃质玄武岩							松山反向极性期
第四系	下更新统	湛江组	Q_z		第一期	$Q_3\beta_1$	15~235	上部为灰白色、褐红色、灰黄色等杂色花斑状黏土和砂质黏土,黏土质砂,局部夹土质砂砾。下部铁质砂黏土。顶部为花斑状红色或棕红色砂质黏土壳、局部见铁质薄壳、浅红色、黄色砂砾、砂、粗砂、夹黏土质砂、粉砂、砂质黏土及黏土		上部以草木花粉为主的禾本科(Gramineae)-里白属(Gleichenia)或蒿属(Artemisia)-山龙眼科(Proteaceae)孢粉带。下部以木本花粉为优势的樟科(Lauraceae)-山龙眼科(Proteaceae)孢粉带	热湿偏干气候期	洪积冲积相		124.9±6.2 129.64±6.48 187.77±9.39 221.2±11.1		松山反向期
前第四系								新近系、古近系、中生代、古生代沉积岩、变质岩、花岗岩					397.9±19.8		

(5)湖泊沉积物。湖泊沉积物可分为湖边沉积物和湖心沉积物。湖泊如逐渐淤塞,则可演变成沼泽,形成沼泽沉积物。湖边沉积物主要由湖浪冲蚀湖岸、破坏岸壁形成的碎屑物质组成。近岸带沉积的多数是粗颗粒的卵石、圆砾和砂土,远岸带沉积的则是细颗粒的砂土和黏性土。

2)山地丘陵区第四系分布

山地丘陵区第四系分布有限,对其的调查和研究工作也不多。"十二五"期间,在区内的贵港盆地西北部地区开展了部分工作。区内主要发育孤峰残丘平原、低矮丘陵和河谷阶地;碳酸盐岩广泛分布,碎屑岩主要分布于东北和西南,侵入岩零星分布于中部;冲洪积层主要分布于山麓平原,坡残积层各地均有分布,碳酸盐岩地区的溶余堆积层属Ⅱ类膨胀土。全区水工环地质条件受岩溶发育条件及第四系特征的控制。

区内第四系可分为望高组(Q_{pw})、桂平组(Q_{hg})和临桂组(Ql),其成因、物质组成及结构均有较大差异。

望高组(Q_{pw}):主要分布于碎屑岩镇龙山和龙山山前低山-丘陵坡麓与溶蚀平原的过渡地带,呈裙状或扇状展布,地貌形态多呈垄岗或残丘,属洪积、冲积成因类型,构成基座Ⅱ级阶地。高程60~86m,高出郁江河面16~42m。阶地宽窄不一,以龙头山南侧覃塘—根竹一带宽度最大,达5.5km。常与Ⅰ级阶地(桂平组)平缓相接。

冲积层具有明显二元结构:底部、下—中部在大多数地区是一套厚度不一的黄色、灰黄色、棕黄色砂砾石层,局部夹少量棕黄色亚黏土层。砾石成分复杂,主要为各种砂岩、粉砂岩,少量脉石英及灰岩、白云岩等,在根竹—贵港城区一带,常含花岗岩,浅成侵入岩砾石。砾径2~100cm不等,山前至阶地前沿砾径由大变小,圆度逐渐增加,由次棱角状至次圆状再到圆状,砾间充填不等粒砂和少量黏土,每层顶部有砾石减少、砾径变小而黏土稍增多的现象。上部为褐黄色、黄红色亚黏土层,砂质黏土层,厚1.55~5.25m。阶地呈缓坡土包,多为住宅区或旱地及农作物区。厚度变化较大,为数米至30多米,其时代为更新世。

洪积层,西部狮子河右岸黄练镇官田村至居士村一带和东部覃塘镇六务村至根竹一带为两处典型的洪积扇。黄练镇冲洪积扇由于厚度较薄,黏土含量高,卵砾石含量较少,富水性为中等—贫乏级。覃塘镇六务村冲洪积扇,结构典型完整,厚度10~35m,多数处在20~35m之间,且卵砾石层含量丰富,磨圆度较好,砾石直径从扇顶相至滞水相由大到小,局部呈飘石状,为地下水的赋存提供了较好的孔隙空间。

桂平组(Q_{hg}):主要分布于郁江及其支流的两岸,河流冲积成因,构成Ⅰ级阶地,其宽窄不一,分布于海拔47~52m之间,高于现代河面3~8m。沉积物具二元结构:下部多为浅黄色砾石层、砂砾石层、细砂层;上部为浅黄色、砖红色黏土质砂土层,粉砂黏土层及亚黏土层。

桂平组的沉积物呈松散状,其地貌特征与现代河流的分布密切相关,沉积物特征与广西各地的相应层位可进行对比。本组局部夹厚1~2m的透镜状泥炭层。显示斜层理及水平层理,微向河床下游倾斜。本组厚度1~7.5m,时代为全新世。

临桂组(Ql):是碳酸盐岩经岩溶作用残留的黏土质矿物的松散堆积层,主要分布于峰丛-峰林洼地、坡立谷、溶蚀平原等。多覆盖于碳酸盐岩之上,以其棕红色含铁锰质结核为特征,呈岩溶平地形,堆积物为黄色、黄褐色、棕红色,含铁质、锰质、铝质结核的砂质黏土层、黏土层。由下往上结核数量由少变多。在地形低洼积水处,其上叠加有淤泥、泥炭等沼泽沉积。厚度变化较大,一般厚度1~5m,在三里一带,最厚处大于12m。自上而下可分3层:第一层为黄红色坚硬可塑黏土;第二层为棕红色硬塑—可塑黏土;第三层为黄褐色可塑—软塑黏土。堆积物覆盖于泥盆系—石炭系之上,其形成过程可能贯穿整个第四纪,一般随基岩出露的高低而变化。

三、地质构造

(一)主要断裂

区内主要断裂带是茶陵-郴州-梧州-钦州断裂带。

该断裂带是扬子陆块区与武夷-云开造山系的分界构造带,对应于一级大地构造单元的边界,由于活动历史早期及后期构造层的覆盖,该断裂带在地表断续出露,缺乏连续而清楚的形迹表现。该断裂带从空间展布方面划分,大致分为3段,即北段茶陵-郴州断裂带、中段贺州-梧州断裂带和南段钦州-兴业(灵山-藤县)断裂带。

茶陵-郴州断裂带:总体走向约30°,为倾向南东东的基底断裂带,断裂带茶陵段被茶永盆地叠加覆盖,郴州—临武一带主要由多条北北东向次级逆冲断裂组成。该断裂为一航磁ΔT化极异常梯度带,断裂两侧地球物理特征迥然不同,东部为东坡-骑田岭花岗岩带重力低异常,西部重力高。受该断裂深部活动与构造控制,于东侧千里山—炎陵一带形成走向与地表断裂带一致的北北东向莫霍面陡变带。印支运动时该断裂发生逆冲运动,导致断裂东盘隆升,形成炎陵-汝城隆起带;西盘下降,形成衡阳-桂阳坳陷带,从而造就了湘东南东隆西坳的构造分野。断裂在白垩纪时产生构造反转成为伸展断裂,并为茶永盆地的控盆断裂。

贺州-梧州断裂带:跨越湖南、广西、广东三省(自治区),由一系列平行或斜列的断层组成,总体走向30°~50°,倾向以北西为主,少量倾向南东,倾角40°~80°,以逆冲走滑为主。该断裂活动时间久,为前南华纪扬子陆块区与华夏地块区的分界断裂;早南华世鹰扬关组底部出现火山角砾岩、凝灰岩、细碧角斑岩,应与断裂活动有关;加里东期—燕山期持续活动,加里东期强烈挤压,发生韧性变形;印支期挤压背景下逆冲走滑;燕山期转为伸展,酸性岩浆侵入及脆性变形。

灵山-藤县断裂带:沿十万大山、大容山南北两侧的防城、钦州、灵山、平南至藤县一线分布,由多条平行或斜列的断层组成,其中以灵山-藤县断裂、峒中-小董断裂、南屏-新棠断裂规模最大。该断裂带在陆地上延伸长大于400km,总体走向50°~60°,局部转为20°~80°。断裂标志明显,破碎带或动力变质带宽数米至数百米,局部达2km,构造呈透镜体、糜棱岩、千糜岩、片理化带发育,断裂通过的海西期岩体出现显著的压碎片麻状构造,断裂带切割寒武纪—古近纪地层,断裂附近的岩层强烈揉皱、倒转、硅化,断层角砾岩及擦痕等现象非常普遍,显示强烈的压性特征。性质表现为以逆冲断层为主,倾向南东,倾角40°~80°,各处略有差异。该断裂带具明显的多期活动,早古生代末逆冲,印支期逆冲拉张,局部推覆韧性变形,燕山期拉张,脆性变形。近期断裂活动明显,多次发生地震,最大震级6.75级。

(二)二级断裂

1. 雪峰山断裂带

该断裂带由溆浦-靖州断裂、通道-江口断裂、城步-新化断裂等一系列断裂构成,断裂带大致沿雪峰山背斜核部及东缘呈北北东转北东向延伸,由若干平行的韧性逆冲断层组成,总体向东倾,东部的较老岩系依次向西逆冲推覆,常见板溪群叠覆于震旦系之上,形成多组叠瓦式逆冲断层组合。城步-新化断裂很可能为扬子陆块与钦杭结合带的构造分界。新元古代武陵期运动后断裂西侧为扬子陆缘造山带—江南造山带,东侧为华南残留洋盆。武陵运动后进入区域裂谷发展阶段,板溪期、南华纪、震旦纪及早古生代沉积叠覆在扬子陆缘及华南残留洋盆之上。本断裂明显控制了晚奥陶世—志留纪沉积:断裂以西,天马山组厚一般几十米至百余米,但志留纪与奥陶纪地层为近连续沉积;而断裂以东奥陶纪天马山组厚度达几千米,但天马山组以上地层缺失。断裂带形成的历史至少可以追溯到新元古代,加里东期两者间的陆内海盆消亡,并形成构造岩浆岩带,因此逆冲推覆断裂带始于加里东期,但大规模的逆冲推覆可能主要发生于印支期—早燕山期,晚燕山期则以伸展滑覆为主。

2. 岑溪-博白断裂带

岑溪-博白断裂带是地幔隆起与地幔凹陷的过渡带,重力场反映西北侧为重力高带,东南侧为重力低区。地震测深资料表明,从十万大山—大容山西北侧到云开大山西侧,存在一组北东向切割莫氏面的叠瓦式深断裂,推断断面向南东缓倾,北西盘下地壳向南东俯冲,南东盘向北仰冲,各断裂两盘落差为2.5~3km。断裂带两侧地壳差异较大,东南侧硅镁层较薄(10~13km),西北侧较厚(14~18km)。硅铝层则相反,东南侧较厚(约20km),西北侧相对较薄(16~18km)。断裂带东南侧发育巨大的加里东期陆内碰撞背景下形成的后碰撞深熔花岗岩带,西北侧则为印支期十万大山-大容山花岗岩带,并沿断裂带出现串球状的壳幔混合源同熔花岗岩及中酸性火山岩,而且东南侧动力变质带异常发育,普遍见数百米到数千米宽的千糜岩、糜棱岩及片理化带,博白的黄陵—北流蟠龙一带出现蓝晶石-十字石组合的中压相带,而西北侧几乎未见有强烈的动力变质带。

3. 南丹-昆仑关断裂带

南丹-昆仑关断裂带西北起自黔桂边境,经南丹—都安—昆仑关至横县莲塘,全长大于400km,向东南尚可断续延至六万大山岩体内。断裂带走向北西,由多条平行的断裂组成数千米至20km的断裂带,多倾向北东,局部倾向南西,倾角40°~85°,以逆断层为主,兼具剪切性质,断裂切割寒武纪—古近纪地层、燕山期岩体,与印支期褶皱密切伴生。断裂破碎带宽数米至百余米,以昆仑关一带最为显著,常见角砾岩、糜棱岩、构造透镜体、硅化带、片理化现象等。地貌上形成笔直深切的断层槽谷,并有暗河笔直沿其分布。该断裂属深断裂,具多期活动特点,断裂性质变化较大。

4. 右江断裂带

右江断裂带展布于隆林—田林—百色—南宁一带,延伸大于360km,总体走向北西,由多条北西向断裂组成宽5~10km的断裂带,倾向北东,倾角60°~80°,局部倾向南西,均以逆断层为主。断裂切割寒武系—古近系,断距变化较大(100~900m),断裂带内挤压透镜体、片理化、糜棱岩、硅化岩发育。地貌上形成笔直的右江断层谷地,严格控制了右江一带百色、平果、那龙等古近纪盆地的展布。该断裂带未影响晚古生代的沉积,应形成于印支期,并于喜马拉雅期再次活动,造成百色盆地东北缘三叠系逆冲于古近系之上,该断裂还是广西重要的控震断裂之一,新构造活动较强。

5. 吴川-四会断裂带

该断裂带分为东、西两支,由一系列断层组成,是一个具有多期次活动的构造-岩浆-变质带。在地球物理场上是重力、磁场和莫霍面的分界面。断裂带呈NE20°~40°方向延伸,宽15~20km。断裂带发生强烈挤压破碎,形成破碎角砾岩带、糜棱岩化带、片理化带和硅化带。该断裂带具有多次活动和多期岩浆侵入,加里东期有二长花岗岩侵入,海西期、印支期有同熔型岩体侵入,燕山期有壳幔混熔型岩体侵入,喜马拉雅期有基性—超基性岩浆喷溢。

加里东晚期的广西运动对深断裂影响深刻,形成断裂带西侧为碳酸盐岩夹碎屑岩建造的"广西型",东侧为碎屑岩夹碳酸盐岩、火山岩建造的"广东型"两套泥盆系。印支运动使该断裂带产生韧性剪切、动热变质、多次诱发花岗岩浆侵入,形成早侏罗世和中侏罗世花岗岩,白垩纪花岗岩伴生钨锡矿化,喜马拉雅期该断裂带主要以继承性断块活动为特征。

6. 深圳-五华断裂带

该断裂带位于广东东部,北段是东南沿海岩浆弧与武夷-云开弧盆系的边界,南段是南沿海岩浆弧与粤南岩浆弧的分界断裂。其在广东境内长约460km,西南端延入南海,东北端延入福建,宽度为3~16km,南西段走向55°,北东段走向45°,倾向以北西为主,倾角45°~85°。沿断裂见少量中-新元古代地层,控制了泥盆纪—早三叠世陆表海盆地,晚三叠世至早侏罗世河流相-浅海相沉积岩系,中侏罗世—古近纪内陆湖泊相沉积岩系,中侏罗世—早白垩世陆相火山岩系。切割了侏罗纪—白垩纪侵入岩系。总体来看,该断裂带可能于加里东期形成雏形,持续至印支期—燕山晚期,以燕山期活动最为强烈,且挽近期活动较明显。

7. 王五-文教断裂带

王五-文教断裂带位于海南岛北部,是新生代海南隆起与雷琼裂谷的分野性断裂带,横跨儋州、澄迈、定安、文昌等地区,东、西两端延伸入海,陆上延伸约210km,其构造形迹除了在铜鼓岭北面宝陵港见及外,其余地区地表未见出露,呈隐伏状产出,为物探推测构造带。重力图中,构造带以北,重力场与北部湾一致,其重力高低反映了基底起伏和新近系沉积,构造带以南是重力低异常区。沿构造带发育多个东西向的新生代凹陷盆地,新生代沿该断裂带发生多期次的火山喷发或喷溢作用,地震活动比较强烈,由此表明,王五-文教断裂带具有多期次活动特征。

8. 九所-陵水断裂带

该断裂带断续展布于海南岛南部九所—陵水一带,是五指山造山带与印支-南海地体的分野性构造带,平面上略呈南东凸出的弧状。长大于100km,两端延伸入海。走向30°,倾向300°,倾角50°。早期韧性变形形迹发育于二叠纪花岗岩中,因后期燕山期岩浆作用而呈残迹状断续见于陵水县芒三水库、吊罗山林场和万宁市兴隆等一线广大地区。变形带中心为构造片岩、构造片麻岩(?),两侧总体为糜棱岩化花岗岩。野外宏观尺度上的变形组构有不规则褶皱和鞘褶皱、剪切褶皱、肿缩状石香肠构造、长石"δ"形旋转碎斑系及右行书斜构造等。微观尺度中,长石斑晶韧性变形强烈,呈眼球状、长条状、拖尾状、"δ"形旋转碎斑状。基质中,长石发育变形纹、剪切阶步、扭曲变形;石英基本上以多晶条带产出,晶体呈锯齿状接触,动态重结晶明显;黑云母可见云母鱼、沿解理面剪切活动及膝折等变形组构。变形带发育于二叠纪花岗岩中,沿走向止于白垩纪花岗岩,并见早三叠世富碱侵入岩和中三叠世EMⅡ型镁铁质岩充填。镁铁质岩、富碱侵入岩分别代表了伸展和隆升的构造背景。因此,变形带生成时间应为二叠纪—早-中三叠世。

(三)活动构造与区域地壳稳定性

泛珠三角地区位处环太平洋地震带,地壳活动频繁而强烈,其内分布有多条不同方向的区域性基底断裂,在多阶段多期次构造活动影响下控制着泛珠三角地区的形成和演化。

1. 活动构造

泛珠三角地区在断裂构造上,主要发育有北东向、北西向两组断裂,其中北东向断裂规模较大,现今活动显著,其活动性往西北逐渐减弱;北西向断裂规模较小且断续分布。北东向和北西向断裂为区内主要的发震断裂,而东西向、北东向、北北西向断裂控制了破坏性地震的分布,区域内大部分发震点位于断裂的复合交接部位。区域内的深大断裂有吴川-四会深断裂带、恩平-新丰深断裂带、河源深断裂带、莲花山深断裂带、四堡断裂带、三江-融安断裂带、陆川-岑溪断裂带、博白-梧州断裂带、灵山-藤县断裂、凭祥-大黎断裂带、那坡断裂带、右江断裂带、琼州海峡深断裂带等。

2. 地震

泛珠三角地区的构造活动主要表现在较为强烈的地震活动中。在地震活动上,自有历史记载以来,泛珠三角地区共发生地震百余次,最大震级为8级,见表1-8。

表1-8 泛珠三角地区历史地震表

地震地点	震级	发生时间
广东环江	4.9级	1998年
海南北部湾海域	6.2级	1995年1月10日
广西平果	5.0级	1977年
海南陵水	5.2级	1969年12月20日
广东阳江	6.4级	1969年
广东新丰江	6.1级	1961年
广西灵山	6.8级	1936年
广东南澳	7.3级	1918年2月13日
海南文昌东寨港	8级	1605年

泛珠江三角洲地区的地震活动由陆向海逐渐增强,在内陆呈现西强东弱的趋势,破坏性地震主要分布在粤东、桂西以及海南岛周边。地震活动的特点表现为活动强度较低、频率较高、震源较浅。

3. 区域地壳稳定性

泛珠三角地区区域地壳稳定性区划中稳定区的面积较大,稳定区和基本稳定区的面积合计$44.96 \times 10^4 km^2$,次不稳定区面积仅为$0.22 \times 10^4 km^2$,位于广西百色西部(表1-9)。区域地壳稳定性整体上为稳定,在断裂活动、地震活动及地壳垂直形变等构造活动对稳定性的影响程度较大的区域为基本稳定区,主要位于粤东韩江三角洲、广东广西中南部沿海地区、广西右江地区,以及海南岛北东部、北西部地区。

表1-9 泛珠三角区域地壳稳定性分区表

区域稳定性分区	面积($\times 10^4 km^2$)	比率(%)	区域
稳定	23.03	50.97	广东、阳江局部地区,广西中北部,雷州半岛,海南岛中南部
基本稳定	21.93	48.54	粤东韩江三角洲、广东广西中南部、广西右江地区、海南岛北东、北西地区
次不稳定	0.22	0.49	广西百色西部

第二章　粤港澳大湾区岩溶地面塌陷

粤港澳大湾区地处海陆接合部,历经多次海侵和海退,区内岩溶主要分布于广佛肇地区。广佛肇地区包括广州、佛山和肇庆,是粤港澳大湾区的重要组成部分。广佛肇地区地理位置优越,交通便利,产业先进发达,区位优势明显,是国家重要综合性门户区域。随着广佛肇地区经济的快速发展,人类活动日益强烈,区内岩溶地面塌陷问题也日益突出,目前已发生岩溶地面塌陷地质灾害点达 558 个,严重威胁着人民群众的生命财产安全并制约着地区的高质量发展。为了防治岩溶地面塌陷问题,泛珠三角地区地质环境综合调查工程在岩溶地面塌陷调查的基础上,分析了区内岩溶地质灾害的现状及发展趋势,对工程活动的影响进行评估,对广佛肇地区进行了岩溶地面塌陷易发性分区和重大工程建设区岩溶塌陷易发性评价;针对不同风险等级和工程提出了相应的防治对策与建议,为国土空间优化和促进地区高质量发展提供了重要支撑。

一、地质环境条件

(一)地形地貌及气象水文

1. 地形地貌

广佛肇地区北依南岭,南临南海,全境地势西北高、东南低,以平原为主,丘陵、低山次之。平原区主要分布于三水—佛山—广州一带的珠江三角洲属地和北江、西江、流溪河、增江流域的冲洪积层堆积区。该区地势平坦,多为耕植区和人类居住稠密区,亦为经济发达区和重点经济开发区,人类活动较强烈。丘陵区主要分布于三水一带,海拔在 30~500m 之间,以 50~400m 为主。低山区主要分布于调查或研究区西南部、北部的肇庆地区、东北部的从化地区,海拔 500~1300m 之间,局部属中山区。区内最高峰位于肇庆市怀集县的大稠顶,海拔 1626m,是肇庆市最高峰、广东省第四高峰。

2. 气象水文

研究区属南亚热带季风气候区,受季风的影响,气候温暖湿润,雨量充沛,日照充足。区内冬季受大陆冷高气压影响,有冷空气侵袭,天气较干燥,同时降水较少;夏季吹偏南风,天气炎热,降雨量大。区内降雨量年内分配不均,雨季主要集中在 4—9 月,降雨量占全年的 80% 左右,多年平均降雨量为 1 696.5mm,年最大降雨量为 2 864.7mm(1997 年),年最小降雨量 1 387.1mm(1999 年),日最大降雨量 347.6mm(2006 年 4 月 25 日)。多年平均蒸发量 1432~1738mm,相对湿度达 80%。多年平均气温 21.9℃,极端最高气温 39.4℃(1994 年 7 月 2 日),极端最低气温 0℃(1957 年 2 月 11 日),年日照时数为 1 804.9h 左右,日照率为 43%。雾一般出现在冬季和春季,秋季偶有出现,5—11 月一般无雾,雾多发于凌晨,中午后消散,年平均雾日数为 8.2d。每年 9 月至翌年 3 月多为北风,4 月至 8 月多为东南风,年平均风速为 1.9m/s,最大可达 35.4m/s(1964 年 15 号台风),风频率为 19%,大于 8 级的大风平均日数为3.8d,台风是该地区主要的灾害性天气,夏秋季时有台风侵扰,以6—9月间台风登陆为多,平均每年有3~4次台风侵袭本地区,最多的年份有5次(1964年)。台风常带来暴雨,最大风速主要出现在台风影响过程中。

本区为珠江水系中下游河网区,地势低平,河流交错。区内水系具有径流量大、汛期长、洪峰高、含沙量低、洪咸灾害严重等特点。广东著名的北江、西江均汇集到调查区冲积盆地中,因而,调查区范围水网纵横交错又地势低平,河面宽阔、河汊发育。其共同点是径流量大,汛期长,含沙量低,年径流总量为$3054.96\times10^8 m^3$。同时,调查区东部、西部和北部多属中低山和丘陵区,人类多年努力的成果使其水库密布,库容水亦十分丰富。总之,地表水资源丰富,为地下水主要补给来源。

(二)岩溶地质环境

广佛肇地区位于广东省中部偏南、珠江三角洲的北缘,地处海陆结合部,区内岩溶主要分布在广花和三水两个盆地,地质环境复杂。区内第四系覆盖面积在70%以上,广泛分布于广州的西北部、珠江以南的广大地区和现代河流两岸的河漫滩,主要有各类砂土、黏土、粉质黏土、淤泥、泥炭土等。

区内基岩地层岩性从新近系到前震旦系均有出露,可溶岩地层主要包括石磴子组、壶天组、大埔组、黄龙组、船山组、天子岭组和栖霞组等。

区内岩浆岩有侵入岩和火山岩,侵入岩分布广泛,火山岩较少分布。侵入岩侵入时代有加里东期、海西期—印支期、燕山期等,以燕山期最发育,以酸性花岗岩为主体,各种产状的岩体在空间往往相互交织,构成复杂多样的复式岩体;火山岩分布于南海区西樵山、狮岭,禅城区紫洞、王借岗,从化温泉镇东等地,时代为始新世、中-晚侏罗世,岩性有玄武岩、粗面岩、玄武安山岩、安山岩、流纹岩、熔结凝灰岩等。

本区在构造单元上位于华南褶皱系(一级)粤北、粤东、粤中坳陷带(二级)南部,跨两个三级构造单元的部分地域,即粤中坳陷(三级)除西南隅外的绝大部分和永梅-惠阳坳陷(三级)的西南隅,主要包括花都凹褶断束的东南角、阳春-开平褶断束的东南角、增城-台山隆断束的大部分等构造单元。区内构造形迹复杂,以断裂构造为主,穿过工作区的深大断裂有北东向的恩平-新丰深断裂带、莲花山深断裂带、河源深断裂带,北西向的三洲-西樵山大断裂,东西向的高要-惠来深断裂带。这些深大断裂具多期次活动特征,特别是新近纪以来仍有活动迹象,对本区构造发展与地壳稳定,三角洲的形成、演变起着明显的控制作用。其他典型的断裂构造还有蟠岗断裂,北东向的广从、雷岗、石碣断裂,北西向的沙湾、西江断裂及东西向广三断裂。

1. 可溶岩地质特征

区内发育的可溶岩(含可溶岩)地层包括奥陶纪罗东组($O_1 ld$)、泥盆纪东岗岭组($D_2 d$)、天子岭组($D_3 t$)、融县组($D_3 r$)、长垻组($D_3 C_1 cl$)、石炭纪石磴子组($C_1 s$)、曲江组($C_1 q$)、壶天组($C_2 ht$)、大埔组($C_2 dp$)、黄龙组($C_2 hl$)、船山组($C_2 P_1 \hat{c}$),二叠纪栖霞组($P_1 q$),白垩纪大塱山组($K_2 dl$)和古近纪莘庄村组($E_1 x$)等。

可溶岩按层组类型可分为纯碳酸盐岩组合(非可溶岩夹层含量<5%)、夹层组合(非碳酸盐岩夹层含量5%~40%)、互层组合(非碳酸盐岩夹层含量40%~60%)和间层组合(非碳酸盐岩夹层含量60%~90%)4种。

可溶岩层组类型:纯碳酸盐岩组合包括罗东组($O_1 ld$)、东岗岭组($D_2 d$)、天子岭组($D_3 t$)、融县组($D_3 r$)、石磴子组($C_1 \hat{s}$)、壶天组($C_2 ht$)、大埔组($C_2 dp$)、黄龙组($C_2 hl$)和船山组($C_2 P_1 \hat{c}$);夹层组合包括栖霞组($P_1 q$)、长垻组($D_3 C_1 cl$);互层组合包括莘庄村组($E_1 x$);间层组合包括三水组($K_2 ss$)、白鹤洞组($K_1 bh$)、童子岩组($P_2 t$)、孤峰组($P_2 g$)和曲江组($C_1 q$)(表2-1)。

表 2-1 广佛肇地区可溶岩层组类型岩性特征

层组类型	组	代号	岩性概述
纯碳酸盐岩组合	船山组	$C_2P_1\check{c}$	主要岩性为深灰色、灰白色厚层—块状生物碎屑粉晶—泥晶灰岩、白云质灰岩、角砾状灰岩夹粉晶灰质白云岩
	黄龙组	C_2hl	主要岩性为灰白色、深灰色厚层状粉晶灰质白云岩、白云质灰岩,块状角砾状粉晶灰岩等
	大埔组	C_2dp	主要岩性为灰黑色微晶灰岩,灰白色—深灰色细粉晶白云岩、深灰色块状粉晶灰质白云岩与薄层状微晶灰岩互层
	壶天组	C_2ht	岩性组合为微粒灰岩、白云石化灰岩、角砾状灰岩
	石磴子组	$C_1\check{s}$	主要岩性为灰色、深灰色灰岩,下部与白云质灰岩互层,夹生物灰岩
	连县组	C_1l	灰色、深灰色白云质灰岩和白云岩,夹薄—中厚层灰黑色泥灰岩
	融县组	D_3r	浅棕灰色白云岩化灰岩、深灰色灰岩
	天子岭组	D_3t	主要岩性为浅灰色、深灰色灰岩,中厚层块状,底常以泥灰岩整合于春湾组粉砂质页岩之上
	东岗岭组	D_2d	灰岩、白云质灰岩、白云岩,夹少量泥质灰岩和砂岩透镜体
	罗东组	O_1ld	灰色、灰白色厚层状灰岩和白云质灰岩,灰色、青灰色钙质千枚岩夹泥灰岩透镜体
夹层组合	栖霞组	P_1q	主要岩性是灰岩,夹粉砂岩及碳质页岩
	长垛组	D_3C_1cl	灰白色、灰黑色灰岩、泥质灰岩、钙质页岩,夹粉砂岩、页岩
互层组合	莘庄村组	E_1x	由砾岩、砂砾岩、含砾砂岩,泥质粉砂岩、粉砂质泥岩与泥灰岩、泥岩、钙质粉砂岩等组成的下粗上细的红色地层
间层组合	三水组	K_2ss	为一套位于大塱山组之下的下粗上细的碎屑岩夹碳酸盐岩
	白鹤洞组	K_1bh	以粉砂岩、钙质粉砂岩、粉砂质泥岩、钙质泥岩为主,上部夹泥灰岩和灰岩,下部夹砂岩、含砾砂岩
	童子岩组	P_2t	主要岩性为砂岩、粉砂岩及页岩,夹泥灰岩、碳质页岩、煤层及铝土质岩
	孤峰组	P_2g	主要岩性为粉砂岩,常含泥岩以及菱铁质、硅质、磷质结核(或团块),夹细砂岩、泥岩、泥灰岩
	曲江组	C_1q	主要岩性为硅质岩、砂岩、页岩夹薄层灰岩、粗砂岩及碳质页岩等

按可溶岩埋藏条件分,广佛肇地区可溶岩可分为裸露型、覆盖型和埋藏型。裸露型可溶岩零星分布在全区,出露面积小,地貌为丘陵台地,表面溶沟发育,或薄层风化物覆盖,多经人工开发为露天采石场,由于缺乏上覆土层,而基岩强度高,不会发生地面塌陷;覆盖型可溶岩分布在平原区或丘陵、台地间谷地,占可溶岩面积的95%以上,如西江沿岸地区,隆起的丘脊常为碎屑岩出露,丘间平原部位多为覆盖型可溶岩,覆盖地层主要为第四纪河流洪冲积、三角洲沉积和人工堆积等组成;埋藏型可溶岩常分布在平原或谷地的周边,平原与坡地相交部位,与覆盖型可溶岩相连,少量分布在平原或丘间谷地中间部位,其上覆盖层多为滨海湖泊相、陆相、海陆交互相的砂岩、泥岩、页岩等碎屑岩组成,常成为岩溶水的隔水层。

区内可溶岩主要分布在广花盆地、三水盆地、端州—广利—将军岗、蚬岗—金利、高明—明城、西安—三洲、渔涝—连都—桥头、白诸—莲塘、禄步等地,另外零星布于德庆、从化及增城等地。广佛肇地区可溶岩面积共 2 488.01km²,其中广州市可溶岩面积 860.67km²,占可溶岩面积的 34.59%,佛山市可溶岩面积 734.19km²,占总可溶岩面积的 29.51%,肇庆市可溶岩面积共 893.15km²,占总可溶岩面积的 35.90%。各地区可溶岩分布面积统计见表 2-2。

表 2-2 广佛肇地区各市可溶岩分布面积统计

市	广州	佛山	肇庆	合计
面积(km²)	860.67	734.19	893.15	2 488.01
占比(%)	34.59	29.51	35.90	100

广州地区可溶岩主要分布在广花盆地,增城派潭镇,从化鳌头镇、良口镇、吕田镇等地,为晚古生代及中生代灰岩、白云岩等,以石炭纪和白垩纪可溶岩分布最广,岩溶最发育,发生的塌陷灾害最为严重。可溶岩有呈连续厚度大于 30m 以上的厚—巨厚层状,包括泥盆纪天子岭组,石炭纪长垭组、石磴子组和壶天组,二叠纪栖霞组,三叠纪大冶组、白垩纪白鹤洞组、三水组,存在于各可溶岩区,其岩溶溶蚀的空间大,发育率高,岩溶平面分布广,溶蚀深度大;可溶岩与碎屑岩互层状出现呈不连续互层状和夹层状时,其岩溶溶蚀空间较小,岩溶率低。

广州地区可溶岩基本都处于隐伏状态,以第四纪坡残积或洪冲积层的覆盖型为主,其上盖层厚度 2~70m 不等,从南向北呈递减趋势,分布在平原区或丘陵、台地或谷地。埋藏型可溶岩常分布在平原或谷地的周边、平原与坡地相交部位,与覆盖型可溶岩相连,埋藏深度一般超过 15m。裸露型可溶岩零星分布于良口、吕田、派潭等地。

佛山地区可溶岩主要分布在佛山市南海区(官窑—里水)、三水区(河口—金本、南山镇、大塘镇—芦苞镇等)、高明区(城区、富湾镇、明城镇—龙头镇、高明河两岸等)。在三水盆地,可溶岩从空间上呈"人"字形分布,"人"字形左部为大塘镇—芦苞镇沿线,右部为大塘镇—范湖镇—乐平镇—环市镇沿线。可溶岩主要包括石磴子组、大塱山组、㽏心组和莘庄村组。区内可溶岩多为隐伏型,少量埋藏型,裸露型仅零星分布在三水六和西部、金本街办、范湖东北部和南海松岗北部。

肇庆地区可溶岩主要分布在肇庆市端州、鼎湖西江沿岸地区(坑口街道、沙浦镇、凤凰镇、永安镇)、高要区(金渡镇、蚬岗镇、广利镇、大湾镇、小湘镇、莲塘镇、新桥镇、白诸镇、蛟塘镇、回龙镇及禄步镇局部)、肇庆新区(广利镇、莲花镇)、肇庆高新区(大旺)、四会市东北隅、怀集县(桥头、冷坑、中洲局部等)、封开县(长安镇、渔涝—连都局部)及德庆县(悦城镇局部)。可溶岩分布边界大致受构造控制,多呈条带状分布,主要包括泥盆纪罗东组、东岗岭组、天子岭组、融县组,石炭纪连县组、石磴子组、壶天组、大埔组、黄龙组、船山组。裸露型可溶岩分布于七星岩、神符山、蚬岗、渔涝—连都、桥头及中洲等地;覆盖型可溶岩分布较广泛,主要分布在西江沿岸(端州、鼎湖一带)、烂柯山周边、怀集盆地、封开渔涝—连都等地;埋藏型可溶岩分布较少,主要分布在高要新桥、小湘、蚬岗等地。

2. 岩溶发育特征

可溶岩在不同时代地层中分布状态各不相同,根据其发生岩溶现象的程度可概括为连续厚层状、中薄层状和不连续夹层状 3 种类型。

连续厚层状:包括泥盆纪天子岭组、石炭纪石磴子组和壶天组、二叠纪栖霞组、三叠纪大冶组,该种结构在各可溶岩区均有揭露。石炭纪石磴子组第一、二、三段均为灰岩,白云质灰岩,生物碎屑灰岩等可溶岩连续分布,据深孔钻探揭露,该组厚度普遍超过 300m,平均厚度 210m。壶天组以白云质灰岩为主连续分布,厚度大于 170m。这种连续厚层状可溶岩溶蚀空间大,岩溶发育率高。

中薄层状:灰岩与碎屑岩互层,灰岩呈中薄层状,见于泥盆纪长垭组、石炭纪大赛坝组、测水组、曲江组、二叠纪孤峰组、沙湖组、圣堂组和三叠纪小坪组。

不连续夹层状：可溶岩呈不连续夹层状，与碎屑岩交互出现，另外在广花盆地及其南缘地段，三水盆地的红层灰质砾岩、砂砾岩，由于其碎屑母岩为下伏碳酸盐岩且呈钙质胶结，亦具有一定的可溶性。该类地层包括泥盆纪帽子峰组，二叠纪童子岩组，侏罗纪金鸡组，白垩纪白鹤洞组、三水组、大塱山组，古近纪莘庄村组、㘵心组、宝月组。岩溶溶蚀的空间较小，岩溶率低。

3. 岩溶发育形态

岩溶发育形态主要为溶洞、溶沟、溶槽，另有溶蚀孔洞、溶隙、石芽、石笋、石钟乳以及地下水潜蚀作用下形成的土洞等。在可溶岩与不可溶岩接触面上一般岩溶普遍发育强烈，如广州新白云国际机场主楼可溶岩岩面起伏强烈，溶沟、溶槽十分发育。

1）溶洞

溶洞在各可溶岩层组均有分布，大小不一，形态多样，溶洞形态一般受到构造、岩层、流水作用控制，多呈狭长形。如在花都区炭步镇珠江水泥厂矿山，在多处采矿掌子面见溶洞狭长形态。受岩层控制溶洞出现在不同可溶岩之间的接触面上，在流水溶蚀作用下，常形成近水平穹隆，溶洞长轴方向多呈水平或沿岩层产状分布。受流水作用控制的溶洞形态则与水流速度和水流方向有关。

广州地区溶洞垂高从0.1m到10多米均有，平均垂高为3.5m。从已有钻孔揭露情况看，溶洞最高可达35.55m。钻孔见洞率1.7%～86.0%，平均见洞率为55.9%。岩溶率3.60%～50.72%，平均岩溶率为10.31%。以质纯厚层灰岩、白云质灰岩为主的石炭纪石磴子组和壶天组岩溶率较高，且岩溶率与构造关系密切。溶洞全充填占29%，半充填占50%，未充填占21%。

广州地区岩溶垂向发育与可溶岩埋藏深度相关，岩溶发育深度一般在基岩面以下80m以内，海拔−80～65m，北高南低；在100m深度以内，溶洞发育及含水程度随深度的增加而递减：①埋深0～30m，岩溶率2.88%，为富水带；②埋深30～50m，岩溶率0.72%，为贫水带；③基岩面以下50～80m，岩溶率0.11%，为隔水带。岩溶水纵向连通性好，地下水水力联系极强，易发生地面沉降、地裂缝、地面塌陷等灾害。

肇庆地区钻探揭露溶洞高以0～2m为主，极个别地区发育大型溶洞，如鼎湖区沙浦镇溶洞高达36.90m。溶洞以单层结构为主，其次为双层结构，局部为多层串珠状，发育3～4层溶洞。溶洞顶板厚度一般为0.1～12.8m，以小于3m为主。溶洞填充性分为全充填、半充填和无充填，其中以全充填为主：溶洞埋深较浅时，多为半充填或完全充填，充填物多为细砂、淤泥、粉质黏土、砂质黏性土及碎石，埋深较深时，多为无充填或半充填，全充填的溶洞少。

佛山高明地区钻探揭露溶洞高0.3～20.3m，平均洞高为3.67m，发育高程−41.19～1.75m，发育深度11.8～46.8m，见洞率24.3%～64.86%，线溶1.61%～82.5%，平均线溶率为21.94%。局部钻孔溶洞呈串珠状分布。溶洞以半—全充填为主，部分无充填，充填物为砂、粉质黏土、淤泥、碎石等，均漏水。

2）土洞

土洞为覆盖型可溶岩岩溶的衍生物，土洞发育与可溶岩岩溶分布规律一致。一般分布在可溶岩残积土或可溶岩岩面之上。土洞的形成与覆盖层成分、结构、厚度关系紧密，松散且黏聚力低的砂土层形成的土洞一般较小或不形成土洞，黏土、粉质黏土则较易形成土洞，盖层厚度越大，可能形成的土洞也越大。如白云国际机场主机楼和廊道区分布有岩溶发育的覆盖型石炭纪石磴子组灰岩，在不到1km²范围内，揭露到土洞超过70个，土洞洞径多为0.30～2.00m，最大达9.9m，多呈半充填状态。在从化、增城可溶岩区，盖层较薄且由松散冲洪积层组成，土洞则相对较少。

当上覆土压力过大或震动条件下，可能会产生流变或上部土层坍塌，使上覆土层下陷而造成地面变形甚至塌陷，在土洞发育地段施工时应特别注意。土洞发育对建筑安全亦带来极大的隐患。

3）岩溶发育程度

在综合考虑岩性特征、地质构造、地下水活动等岩溶发育影响因素的基础上，参考物探等其他资料，以线岩溶率和见洞率为划分指标，线岩溶率和见洞率分级值根据调查区平均线岩溶率和钻孔见洞率而定。将可溶岩地区的岩溶发育程度划分为强、中等、弱 3 级。广佛肇地区岩溶发育程度见图 2-1。

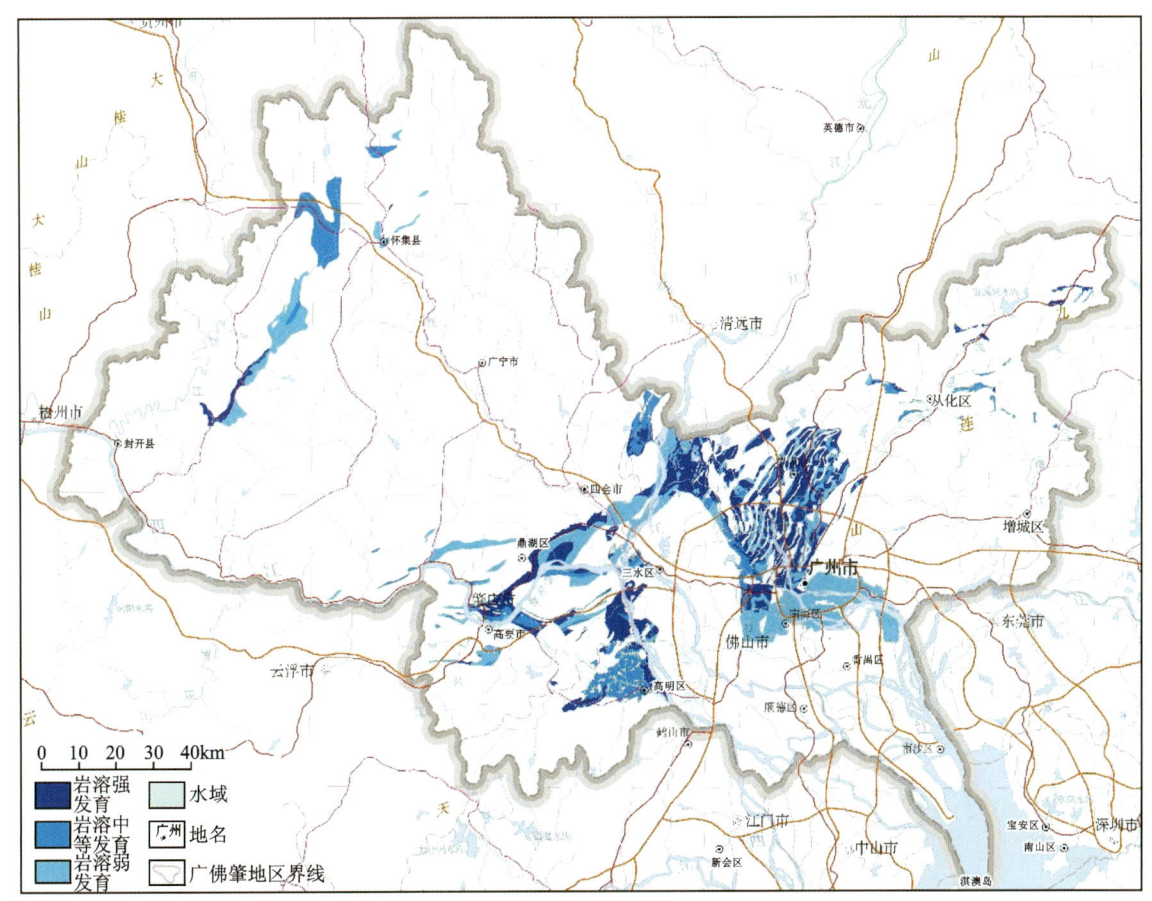

图 2-1 广佛肇地区岩溶发育程度示意图

在广州地区，可溶岩主要发育于广花盆地，岩溶发育程度强的地区面积约 389.07km^2，占广州市可溶岩面积的 45.20%，占地区强发育总面积的 42.63%，主要分布于花都区（赤坭、狮岭、炭步、新华等地）、白云区（江高、人和、金沙洲、新市、石门、同德围等地）、荔湾区局部（桥中—岭南街道等地）、从化区（良口镇、吕田镇及鳌头镇局部）和增城区派潭等地；岩溶发育程度中等的地区面积约 98.97km^2，占广州市可溶岩面积的 11.50%，占地区中等发育总面积的 22.68%，主要分布于花都区、白云区，另外零星分布于从化区（良口镇、吕田镇及鳌头镇局部）、增城区派潭镇一带的狭窄河谷平原；岩溶发育程度弱的地区面积约 372.63km^2，占广州市可溶岩面积的 43.30%，占地区弱发育总面积的 32.71%，主要分布于越秀区、天河区、海珠区及番禺区局部等白垩纪地层区，零散分布于上述花都、白云、荔湾、从化等地的强、中等发育区之间。

在佛山地区，岩溶发育程度强的地区面积约 286.46km^2，占佛山市可溶岩面积的 39.02%，占地区强发育总面积的 31.39%，主要分布于南海区（大沥镇、里水镇局部及狮山镇东北隅）、三水区（西南街道、白坭镇及南山镇—大塘镇—芦苞镇局部）、高明区荷城街道（富湾—市区一带及明城峰江采石坑—高明河两岸局部）等；岩溶发育程度中等的地区面积约 216.65km^2，占佛山市可溶岩面积的 29.51%，占地区中等发育总面积的 49.65%，主要分布于南海区（桂城街道、大沥镇、里水镇及狮山镇局部）、三水区（南山镇、乐平及白坭镇局部）等；岩溶发育程度弱的地区面积约 231.08km^2，占佛山市可溶岩面积的 31.47%，占地区弱发育总面积的 20.29%，主要分布于南海区（桂城街道、大沥镇、里水镇局部）、三水区

(大塘镇、芦苞镇及乐平镇局部)、高明区高明河南北岸的山间盆地山前平原及冲积平原等地,零星布于禅城区(石湾镇街道、祖庙街道局部)及三水区西南街道局部。

在肇庆地区,岩溶发育程度强的地区面积约237.09km²,占肇庆市可溶岩面积的26.55%,占地区强发育总面积的25.98%,主要分布于端州区(七星湖周边、北岭山山前)、鼎湖区(坑口—凤凰—莲花山前、广利和沙浦)、高要区(金利镇、金渡镇山前、蛟塘镇—回龙镇、农中—企岭村一带及西江沿岸)、四会市大沙镇西南及封开县渔涝—连都;岩溶发育程度中等的地区面积约120.75km²,占肇庆市可溶岩面积的13.52%,占地区中等发育总面积的27.67%,主要分布于端州区和鼎湖区沙浦镇西江沿岸、高要区金渡镇山前平原及怀集中洲镇、冷坑镇一带的河谷平原等地;岩溶发育程度弱的地区面积约535.31km²,占肇庆市可溶岩面积的59.93%,占地区弱发育总面积的47.00%,主要分布于鼎湖区凤凰—肇庆新区莲花山前平原、四会市大沙镇东部、肇庆高新区、高要区蚬岗和莲塘、封开渔涝—连都的岩溶低山带及怀集怀城镇、桥头镇等地。广佛肇各市岩溶发育程度面积分布见表2-3。

表2-3 广佛肇各市岩溶发育程度面积统计表

市	岩溶发育程度								合计(km²)
	强(km²)	本市占比(%)	强区占比(%)	中等(km²)	本市占比(%)	中等占比(%)	弱(km²)	本市占比(%)	弱区占比(%)	
广州市	389.07	45.20	42.63	98.97	11.50	22.68	372.63	43.30	32.71	860.67
佛山市	286.46	39.02	31.39	216.65	29.51	49.65	231.08	31.47	20.29	734.19
肇庆市	237.09	26.55	25.98	120.75	13.52	27.67	535.31	59.93	47.00	893.15
小计	912.62	—	100	436.37	—	100	1 139.02	—	100	2 488.01

(三)水文地质条件

1. 地下水分布规律

区内地下水按含水介质特征划分为松散岩类孔隙水、碳酸盐岩类裂隙溶洞水和基岩裂隙水。基岩裂隙水又分为红层裂隙水、层状岩类裂隙水和块状岩类裂隙水。其中,碳酸盐岩类裂隙溶洞水(岩溶水)按出露和埋藏条件的不同可分为3类:裸露型岩溶水、覆盖型岩溶水和埋藏型岩溶水。

含水岩组的富水等级划分主要依据钻孔单孔涌水量和枯季地下径流模数,泉流量作为辅助指标。调查区的富水等级可划分为丰富、中等和贫乏3个等级。

松散岩类孔隙水主要含水层岩性为全新世和更新世细砂、中粗砾砂及卵砾石,厚度一般1.0~7.1m,连续性差,地下水水位埋深0.9~5.6m,单孔涌水量10.14~26.84m³/d,富水性贫乏,地下水水化学类型主要有HCO_3-Ca·Na型、HCO_3-Ca型及Cl-Na·Ca型,矿化度0.035~0.258g/L。

1)松散岩类孔隙水

此类水广泛分布于珠江三角洲平原、西江沿岸平原和山间小盆地及冲沟,含水砂、砾石层普遍有1~2层,古河道有2~3层。微承压,局部为潜水,水量大多中等至丰富,单井涌水量一般100~1000t/d,局部大于1000t/d。含水层一般4.04~15.84m,地下水埋深0.02~3.58m,局部高出地表0.05~0.43m,年变化幅度小于1m。由于受古海侵蚀影响,在南海陈村一线以东存在咸水区。三角洲顶部地下水矿化度小于1g/L,地下水水化学类型为HCO_3-Ca型或HCO_3·Cl-Ca·Na型,但水中低价铁含量普遍超标;而咸水分布区,地下水矿化度3~10g/L,无供水意义。

孔隙淡水在流溪河沿岸、三水西南—南庄、三水河口、白坭、荔村、白诸等零星块段水量丰富,单井涌水量大于1000t/d;而广花盆地、广利—大沙—南头一带西江与北江汇合处,盐步—佛山一带,石龙、端州云路—东岗一带,高要白诸—新桥、大湾等地水量中等,单井涌水量100~1000t/d,而其他地区及山间谷地水量贫乏。

2)碳酸盐岩类裂隙溶洞水

裸露型岩溶水零散分布全区,主要分布在花都、三水、良口、吕田、派潭、端州、高要、渔涝—莲都等地,直接接受大气降水补给,地下水循环交替快,主要特征为集中径流和排泄,水量一般为中等—贫乏。

覆盖型岩溶水主要分布于广花盆地、三水盆地、广利—将军岗、蚬岗—金利、西江沿岸平原、白诸—新桥—莲塘一带、鳌头、良口、吕田、派潭等地。除零星露头外,大部分为第四系所覆盖。主要含水层为二叠系、石炭系和泥盆系中的灰岩、大理岩化灰岩、大理岩、白云质灰岩等,其组成背向斜储水构造,呈条带状。因岩溶发育受到岩性成分、构造条件和地表水与地下水活动及溶洞充填程度影响,富水性极不均匀。其水量一般丰富—中等,水质一般属 HCO_3-Ca 型或 HCO_3-Ca·Mg 型。另外,广州市北部龙归—竹料一带断陷盆地中古近纪—新近纪红层底部为灰质砾岩,具丰富的红色灰质砾岩裂隙溶洞水,水量十分丰富,水质属 HCO_3-Ca·Na 型。

埋藏型岩溶水零星分布于全区,主要分布在鳌头象新、高要马安—莲塘北、小湘、蚬岗等地,上覆泥岩、砂岩等(厚度一般小于15m),水量中等—贫乏,地下水化学类型为 HCO_3-Ca 型。

3)基岩裂隙水

基岩裂隙水可分为红层裂隙水、层状岩类裂隙水、块状岩类裂隙水和玄武岩类裂隙水。

红层裂隙(孔隙)水,包括上白垩统、古近纪红色碎屑岩,较广泛分布于三水、龙归断陷盆地,主要分布在三水盆地中,另外在肇庆马安盆地、怀集盆地等地亦有分布,岩性主要为砂岩、砾岩、粉砂岩夹泥岩、泥灰岩,局部为火山岩和火山碎屑岩,钙铁质胶结,局部有灰质底砾岩。在丘陵地区,红色碎屑岩风化裂隙较发育,泉流量0.01~0.22L/s,单井涌水量12~27t/d,水质属 HCO_3-Ca 型或 HCO_3-Na·Ca 型,矿化度0.018~0.74g/L。

层状岩类裂隙水,包含侏罗系、三叠系、石炭系、泥盆系、寒武系和震旦系的碎屑岩类和浅变质岩类,主要分布在调查区西部、西北部和东部边缘,珠江三角洲内零星分散出露,岩性主要为砂岩、粉砂岩、页岩、砾岩和浅变质岩类千枚岩、片岩等,含裂隙水,水量中等—贫乏,水质属 $HCO_3·Cl$-Na·Ca 型或 $HCO_3·Cl$-Ca·Na 型,矿化度0.17~0.77g/L。

块状岩裂隙水,包括加里东期片麻状花岗质岩石和印支期、燕山期大面积花岗岩类,水量中等—丰富,一般泉流量0.1~1.0L/s,平均地下径流模数5~10L/(s·km²),水量贫乏区主要是四会岩体,地下径流模数3.2~4.7L/s,水质属 HCO_3-Na·Ca 型或 $HCO_3·Cl$-Na 型。

玄武岩类裂隙水,小面积分布于区内中部西樵及三水等地。含水层岩性为玄武岩、粗面岩等,泉流量0.02~1.04L/s,以 HCO_3-Ca 型为主,矿化度小于0.1g/L,水量贫乏。

2.地下水补径排条件

研究区内地下水补给来源主要为大气降水和地表水。区内雨量丰沛,植被发育。基岩山区构造、裂隙发育,有利于大气降水的入渗。平原区冲积层表层多为黏性土,透水性一般较差,不利于大气降水入渗。由于降雨在年内分布不均,不同季节地下水获得的补给量差异比较大,雨季是地下水获得补给最集中的季节。

除了雨补给外,低山丘陵区的水库、山塘、平原及盆(谷)地的地表水,灌溉回归水,周边基岩裂隙水的侧向补给等,都是区内地下水的补给来源。受降雨作用的影响,每年4—9月是地下水的补给期,10月至次年3月为消耗期。基岩出露区断裂发育,地表浅部岩石破碎,节理裂隙发育,有利于大气降水的垂直入渗补给。基岩裂隙水是旱季山区水库、山塘的主要补给源,部分以地下潜流的方式补给第四系孔隙水。山间河谷地带、广花-三水盆地大部地段第四纪松散层分布区,因地形平缓,雨后地表径流缓慢,且地表非连续分布弱透水黏土层,亦有利于地表径流入渗补给。广花盆地隐伏岩溶发育区承压水的补给来源较为复杂,而且承压水在通常情况下往往成为上覆第四系含水层的补给来源。

3. 地下水动态变化特征

地下水动态变化主要受大气降水的影响。降雨对地下水动态变化具有明显的周期性特征,每年2月起随着降雨量的增大,水位开始逐渐上升,到6—9月处于高水位时期(丰水期),9月以后随着降雨量的减少,水位缓慢下降,12月至次年2月处于低水位期(枯水期)。

由于所处自然条件不同,不同类型地下水动态特征各异。低山丘陵区泉流量年变化幅度差异一般在3~5倍之内。岩溶水的径流属溶隙管道型,具有流速大、动态变幅大、对大气降水反应灵敏等特点。孔隙潜水埋藏较浅,水位动态随季节变化,具有受大气降水影响反应迅速、变幅较大等特点,其年变化幅度1~4m,孔隙承压水动态亦受季节影响,但比潜水变化幅度小。

地下水动态监测资料反映,孔隙水月均水位变幅1m左右,与降水大小关系密切;岩溶水水位变幅2m左右,对降雨响应具有一定的滞后效应(图2-2)。第四系孔隙潜水,其动态变化基本与降雨量变化相吻合,受地貌及地表水体分布影响。

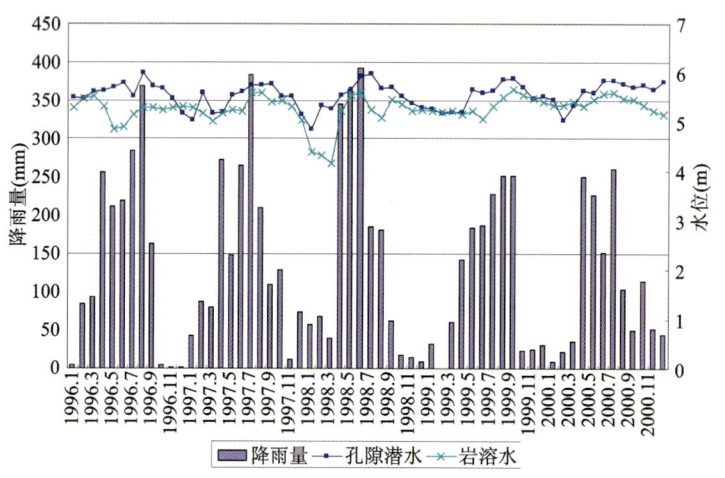

图 2-2 岩溶水、孔隙潜水与降雨量相关图

二、岩溶地面塌陷地质灾害现状和发展趋势

(一)岩溶地面塌陷地质灾害现状

在极端气候和人类工程活动的背景下,近年来,岩溶地面塌陷地质灾害日趋严重。据已收集资料统计,广佛肇地区已发生岩溶地面塌陷地质灾害点共计558个(表2-4,图2-3),包括较新的岩溶塌陷隐患点及部分历史塌陷点(部分因年代久远未核实)。

表 2-4 岩溶地面塌陷分布统计表

市	区(县)	塌陷类型	塌陷数量(起)	诱发原因
广州	从化	自然型/工程活动	81	自然因素,采矿抽水,供水井抽水
	增城	自然型/工程活动	84	自然因素,采矿抽水,供水井抽水
	花都	自然型/工程活动	93	自然因素,露天凹陷采矿抽水,供水井抽水
	白云	煤矿采、空,岩溶型,工程活动	173	人为地下采矿抽排水,工程施工,地下隧道开挖,桩基施工,少部分自然水位波动诱发

续表 2-4

市	区(县)	塌陷类型	塌陷数量(起)	诱发原因
广州	荔湾	岩溶型,工程活动	25	地铁、基坑、桩基施工,管道漏水掏蚀
	越秀	工程活动	6	管道、排水沟漏水,基坑施工
	天河	工程活动	6	管道、排水沟漏水
	海珠	工程活动	3	桩基施工抽水
	黄埔	工程活动	1	工程活动
	小计		472	
佛山	南海	工程活动	8	机井抽水,工程施工,少部分自然塌陷
	禅城	工程活动	3	露天采坑、地下采坑、机井抽水
	高明	自然型/工程活动	28	采坑、自然塌陷
	三水	自然型	3	采坑、自然塌陷
	小计		42	
肇庆	端州	自然型/工程活动	6	自然因素,供水井抽水,桩基施工,荷载
	鼎湖	工程活动	16	供水井抽水,桩基施工
	高要	自然型/工程活动	15	自然因素,供水井抽水,桩基施工
	肇庆新区	工程活动	1	桩基施工,振动、荷载
	怀集	岩溶型,工程活动	6	机井抽水
	小计		44	
	合计		558	

1. 岩溶地面塌陷分布规律

从行政区域分布上,广佛肇地区岩溶塌陷主要分布在广州市。广州市共 472 处,其中从化区 81 处,分布在鳌头镇、良口镇和吕田镇;增城区 84 处,分布在高滩镇、派潭镇;花都区 93 处;白云区 173 处(含江村—新华水源地 148 处,因年代久远未核实);荔湾区 25 处,越秀区 6 处;天河区 6 处;海珠区 3 处;黄埔区 1 处。佛山市共 42 处,其中南海区 8 处、禅城区 3 处、高明区 28 处、三水区 3 处。肇庆市共 44 处,其中端州区 6 处、鼎湖区 16 处、高要区 15 处、肇庆新区 1 处、怀集县 6 处。

从岩溶地面塌陷发生的时间来看,不同历史时期地面塌陷的频率、强度与城市发展历程中人类活动的特征和程度密切对应,体现了塌陷灾害与人类活动的紧密联系。本区历史地面塌陷可划分为以下 3 个阶段。

第一阶段是 20 世纪 70—80 年代,广州浅层地下水集中开发应用期。期间广花盆地内有江村、肖岗、新华、雅岗等 15 个水源地,以抽采浅层地下水为主,大量抽采岩溶地下水诱发地面塌陷 141 起,73 幢平房和楼房出现了宽窄不同的裂隙。其中江村水源地中部的双岗,有 24 栋民房出现裂缝,范围约 400 m^2;向南庄 17 栋民房出现裂缝,范围约 22 500 m^2;雅瑶和三向村有 40 栋房屋出现裂缝,范围约 400 m^2;大凼庄 8 栋民房出现裂缝,范围约 400 m^2;肖岗水源地南部三元里矿泉别墅有 2 幢楼房出现裂缝,面积约 2000 m^2;新华水源地于 1972 年 11 月抽水过程中诱发塌陷 17 处,塌陷范围以抽水孔为中心向外 400m。

第二阶段是 20 世纪 90 年代至 21 世纪初,大量露天凹陷石灰石矿山集中开采时期。该时期为满足珠江三角洲建设对建筑用水泥原料的需求,以私营为主的石灰石矿山露天凹陷或地下开采极度扩张,前

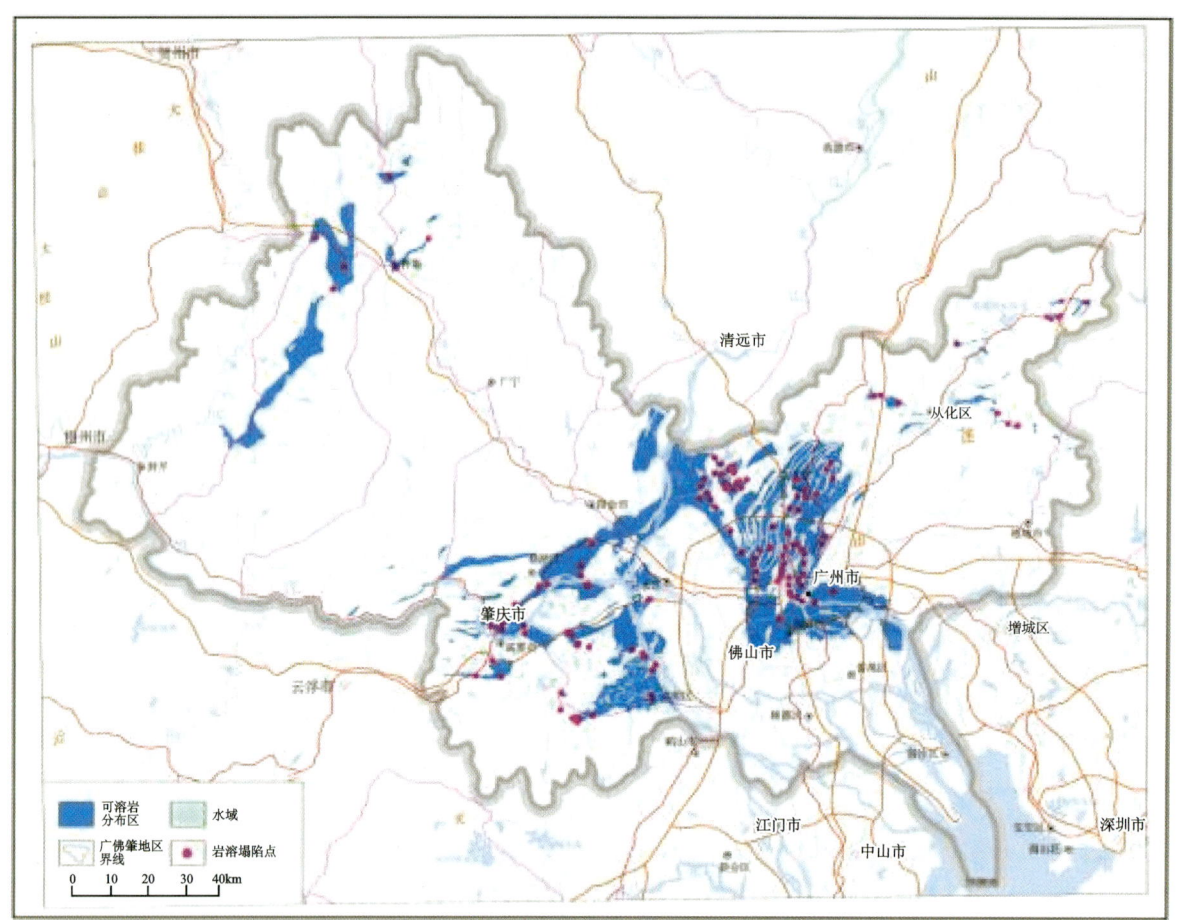

图 2-3 岩溶地面塌陷分布图

后高峰期石灰石矿山增城区派潭镇有 28 家,花都区赤坭和炭步镇有 18 家,从化区旗杆镇、良口镇、吕田镇有 8 家,佛山高明区有 4 家,众多的采石场过量抽排地下水,严重破坏了地下水的平衡,再加上大部分灰岩采石场集中分布,形成较大的区域效应,地面塌陷常成群出现。统计至 2008 年底,广州采石场抽排地下水引发的地面塌陷坑 362 个,占塌陷总数的 80%,造成 3 个自然村合村搬迁,经济损失超过 1 亿元。

第三阶段是 2003 年至今,为跨越式城市建设发展时期。这一阶段以地铁施工为代表的地下空间开发、基础工程施工等城市建设全面展开,同时随着城乡一体化进程的加快,建设项目沿广花盆地的南部边缘向北、向西纵深拓展,工程施工过程中,抽排地下水、机械破坏岩溶区隔水层、机械振动等活动严重干扰了地质环境的自然平衡,诱发的地面塌陷地质灾害越来越多,造成的危害也越来越大。例如,近几年广花盆地南部边缘的荔湾区大坦沙岛和白云区金沙洲一带、佛山南海—禅城一带,由于地下工程抽排地下水和基础工程施工,出现塌陷超过 30 起,塌陷规模较大,且连续发生,造成了较大的经济损失,严重影响了该区域的社会和谐与稳定。

从年际分布上来看,区内岩溶塌陷主要集中发生在 2005—2009 年内,其中 2006 年数量最多。这一时期气候异常,多暴雨和洪水,易于诱发岩溶塌陷灾害。同时由于高速铁路、城市地铁等地下工程建设、石灰矿开采、基础工程桩基施工等因素,造成地下水过量开采,致使岩土体发生变形破坏、岩溶含水层结构改变,诱发大量岩溶塌陷。2009 年广州市全面关停露天矿坑后,矿山排水诱发的岩溶地面塌陷大幅减少。

从年内分布情况来看,各月均有出现,但是 6—9 月最为严重,因为这一时期降雨丰沛,地下水位变幅较大,成为岩溶塌陷发生的主要动力,所以岩溶塌陷尤为严重。

2. 岩溶地面塌陷类型、规模及诱发因素

广佛肇地区岩溶地面塌陷按形成时期分,均为现代塌陷,属新塌陷;根据塌陷发生地的可溶岩类型可划分为碳酸盐岩岩溶塌陷和红层岩溶塌陷两类;按成因类型可划分为自然塌陷(暴雨和重力)和人为塌陷(矿山、抽水、振动和荷载)两类,其中人为塌陷约占塌陷总数的90%以上;调查区的塌陷均为土层塌陷。

自然塌陷受地下水动态演变特征的控制,多发生在旱涝交替强烈的年份,主要是由潜蚀作用形成的,常在隐伏岩溶发育地带形成。在暴雨、洪水、地震、重力等因素作用下,地下水位变幅增大,水动力条件急剧变化,使上覆土层的自然状态被破坏而导致塌陷的发生。大多数自然塌陷的规模以单个及数个塌陷坑为主。

人为塌陷是在岩溶洞穴的基础上由于人类工程活动而引起的塌陷,对工作区岩溶塌陷的诱发因素按单因素进行统计分析(图2-4),矿山排水诱发的岩溶塌陷占30.45%,基础施工诱发的岩溶塌陷占12.60%,地下工程施工诱发的岩溶塌陷占8.14%,爆破振动诱发的岩溶塌陷占3.67%,人工抽水诱发的岩溶塌陷占40.94%,降雨等自然因素诱发的岩溶塌陷占4.20%。

需要说明的是,工作区岩溶塌陷往往是多种因素综合作用的结果,但以其中一种或几种因素为主。例如广州金沙洲岩溶塌陷的形成,其诱发因素是隧道抽排地下水和隧道开挖爆破震动综合作用的结果。

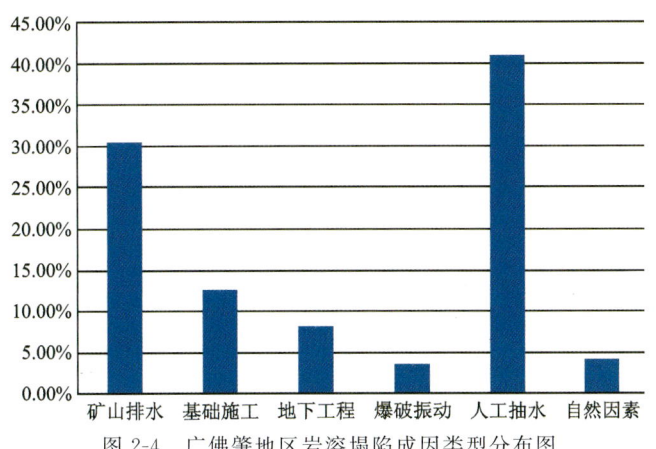

图2-4　广佛肇地区岩溶塌陷成因类型分布图

岩溶塌陷的规模按照塌陷坑的大小和一次塌陷过程中塌陷的数量划分为大型、中型、小型。区内岩溶塌陷地质灾害规模不大,但部分地区位于城镇地区,其危害性相对较大,具有隐蔽性和突发性特点。岩溶塌陷的规模按照塌陷坑的大小、一次塌陷过程中塌陷的数量和影响范围划分为大型、中型、小型。

调查区中—大型岩溶塌陷有10处,分别是金沙洲塌陷、大坦沙塌陷、黄岐二中塌陷、赤坭塌陷、夏茅塌陷、富湾塌陷、沙浦江肇高速塌陷、江村水源地塌陷、鳌头步美-岭南村塌陷和莲花镇莲塘塌陷,其余均为小型塌陷。

(二)岩溶地面塌陷对人类工程活动的影响

人类工程活动诱发岩溶地面塌陷的同时,岩溶地质环境问题也影响着人类工程活动的范围和安全。岩溶地面塌陷不但给建筑物、道路及市政设施构成很大危害而造成经济损失,甚至会造成人员伤亡,带给社会负面效应。岩溶地质环境问题对人类工程活动的影响主要包括以下几个方面。

1. 造成重大经济损失

岩溶地面塌陷往往都发生在人类活动地区,一定程度上给工程建设或农业生产带来经济损失,更为严重的会造成人员伤亡。

区内岩溶地面塌陷一般发生在人类活动强烈的地区,此地区人口相对稠密,建筑设施集中,灾害经济损失和社会影响相对严重。塌陷危害的对象包括居民建筑、道路工程、农田、鱼塘等。单个塌陷坑的灾害损失以小于10万元为主,其中损失小于0.1万元的塌坑数量占32.6%;损失(1～5)万元的塌坑数量占24%;损失(5～10)万元的塌坑数量占28.7%;损失(10～50)万元的塌坑数量占7.8%;损失(50～500)万元的塌陷数量占5.4%;损失大于500万元的塌坑数量占1.5%,主要包括黄岐二中塌陷、金沙洲塌陷、大坦沙塌陷和夏茅塌陷。

2. 增加工程施工难度

岩溶地质环境的复杂性给各类工程施工造成很大的难度,特别是前期勘查费用明显增加、工程复杂等级显著提高、施工工艺更加复杂等,明显增加了施工难度和工程造价,同时也降低了工程建设的安全系数。

中心城区、产业区等地岩溶发育,由于可能存在岩溶地面塌陷地质灾害,造成其施工难度等级普遍提高,施工工艺也相对复杂。

3. 改变建设发展布局

由于岩溶地面塌陷对工程建设具有破坏性强、预测难度大和治理费用高等特点,对工程建设形成很大的阻碍,给路桥规划、功能区定位等建设布局带来极大的挑战。重大工程一般尽可能会避开隐伏岩溶发育地区,在一定程度上降低了土地的利用价值。

4. 带来社会负面效应

岩溶地面塌陷隐蔽性强,其造成的灾害不但危害到工程建设本身,而且对周围的建筑、农田及鱼塘等也形成危害,造成一定的损失,社会关注度高。当地人民群众在遭受到岩溶地面塌陷地质灾害后,对地下工程建设普遍有抵触心理,不利于工程建设及其他工作的推进。

(三)岩溶地面塌陷发展趋势

根据《广佛肇经济圈发展规划(2010－2020年)》,广佛肇地区发展的目标是:提升广佛肇整体发展水平,携领珠江三角洲地区打造布局合理、功能完善、联系紧密的城市群,建成全国科学发展示范区,建设经济圈、生活圈、生态圈协同发展的幸福广佛肇,实现世界级经济、多元化生活、可持续生态的有机统一。因此,未来的广佛肇地区将在各方面迎来巨大变化,人类工程活动程度加剧。

岩溶地质环境问题与人类工程活动之间是相互影响、相互制约的,只有查明区域岩溶地面塌陷发育背景及形成机理,制订合理的防治对策,才能保证工程建设的顺利进行;同时,人类工程活动程度正在不断提高,范围不断扩大,只有合理进行工程设计、施工及监测,才能保证工程活动安全运行,对岩溶地质环境进行一定的保护和治理,可以对地质环境进行适当的改造,使其向有利于人类发展的方向转变。广佛肇地区岩溶地质环境问题的发展趋势:为进一步落实《广佛肇经济圈发展规划(2010－2020年)》,人类工程活动必然增强,岩溶地面塌陷地质灾害将呈现增多的趋势,但是,随着人们对岩溶地面塌陷重视程度的提高,采取相应的工程治理措施,在一定程度上能防止岩溶地面塌陷灾害的发生。

可溶岩地区岩溶地质条件复杂,岩溶发育规律各异,盖层岩性、力学性质也存在很大的差别。分析工程建设对岩溶地质环境的影响时,需结合背景地质条件,具体问题具体分析。

对于岩溶地面塌陷灾害多发、易发区域,查明岩溶发育规律,科学规划,合理施工,防治结合,可有效降低岩溶地面塌陷灾害的风险性。

三、岩溶地面塌陷地质灾害防治原则与方法

(一)岩溶区地质灾害防治原则

浅层岩溶发育、一定厚度的第四系覆盖层以及剧烈活动的地下水是岩溶地面塌陷形成与发展的基本条件,这些基本条件是地质营力长期作用的结果。岩溶地面塌陷的形成条件是客观存在的,并随时间在不断地发展变化,只要条件具备,塌陷就有可能发生。因此采取有效措施、防治地面塌陷具有明显的现实意义。

广佛肇地区岩溶地面塌陷的形成主要受岩溶发育程度,地质构造,覆盖层厚度、结构,地下水动力条件,人类工程活动等因素控制与影响。地下水最易受人类工程活动影响而发生改变。地面塌陷影响因素多,具有累进性、隐蔽性、形成机理复杂和突发性的特点。为有效防治地面塌陷,避免与降低地质灾害带来的损失,达到防灾减灾的目的,根据广佛肇地区岩溶发育特点,从地面塌陷的突发性和累进性特点和长远发展经济的角度出发,广佛肇地区岩溶地面塌陷防治的总体目标是:将"以人为本、以防为主、治理为辅、防治结合"作为防治工作的指导思想,建立并逐步完善岩溶地面塌陷地质灾害监测预报和政府主导的群测群防体系,重点在岩溶地面塌陷发生前采取切实可行的措施,降低人类活动对塌陷的作用,全面做好岩溶地面塌陷地质灾害的监测和防治工作,减少灾害的发生,防止地质灾害对建筑物和生态环境的破坏,保障人民生命财产安全。

(二)岩溶地面塌陷预防和治理措施方法

岩溶地面塌陷地质灾害的防治工作是一个综合性工程,既要从决策层面进行防治,也要在技术层面进行防治。各相关职能部门,包括规划部门、自然资源部门、城市建设管理部门和当地行政部门,应在规划、审批、设计、施工各环节充分发挥其监督管理职能,开展岩溶地面塌陷地质灾害的防治工作。

1. 岩溶地面塌陷预防措施

岩溶地面塌陷预防是岩溶地面塌陷地质灾害防治工作的重点。根据国内岩溶区岩溶地面塌陷的防治经验,结合调查区的具体情况,主要预防措施有监测预警措施、避让措施、工程措施、禁止措施 4 种。

1)监测预警措施

岩溶地面塌陷防治以防为主,采取监测预警措施,以"群测群防""专业监测"的群专结合思想,实施分级监测预警,共同防御。

"群测群防":在人民群众中间普及岩溶地面塌陷地质灾害知识,建立人民群众发现征兆—上报—查验—应急处理机制,预防岩溶地面塌陷地质灾害。岩溶地面塌陷征兆有:井、泉的异常变化,如井、泉的突然干涸或浑浊翻砂,水位骤然降落等;地面形变,即地面产生地鼓,小型垮塌,地面出现环形开裂,地面出现沉降;建筑物作响、倾斜、开裂;地面积水引起地面冒气泡、水泡、旋流等;植物变态、动物惊恐、微微可闻地下土层的垮落声。

"专业监测":在岩溶地面塌陷高易发区的重大工程地区以及人口密集、经济发展迅速的城镇地区,应开展岩溶管道裂隙系统水(气)压力监测,利用光纤传感 GPS、遥测仪、渗压计等技术的地面变形定期监测,建立对水点、地面、建筑物及塌陷征兆现象的监测网。必要时还应建立预警预报制度,以便发现危险时能及时采取应急措施进行治理或避让。

2) 避让措施

在进行各类建设规划过程中,应对岩溶地面塌陷地质灾害的发育现状、易发性、危害程度、各种处理措施的成本及目前的技术经济条件进行评价比较,合理调整建设规划布局。以保护、改善环境条件为前提,对于治理成本大于搬迁成本或受其他因素影响,暂时无法治理的,且岩溶地面塌陷危害大、高易发性的地段,宜采取避让措施。同时,对已出现岩溶地面塌陷发生征兆现象,危险性极大,随时有危险发生的地段,必须立即采取避让措施,将灾点上人员和财物及时迁离危险区,待经过治理,确认安全后方可搬入。

3) 工程措施

在岩溶地面塌陷易发程度较高的地区进行工程建设活动前,尤其是大型或重要工程活动,应强调做好前期分析论证工作,包括项目立项时进行地面塌陷的可能性技术论证分析、可行性研究勘察或初步勘察以及项目实施时的详细勘察等。除钻探外,可利用地质雷达、浅层地震、弹性波CT等多种物探手段查明土洞和岩溶发育情况,开展连通试验探索地下岩溶之间的联系以及水动力条件,采取洞顶岩样及充填物土样进行物理力学性能试验来掌握岩土物理力学性质。在此基础上,制订工程建设防灾减灾应急预案。

4) 禁止措施

严格禁止在岩溶发育区大量抽排地下水,防止因抽排地下水而引起水位急剧升降变化,降低地下水对土体的潜蚀作用。限制地下水开采量、降深以及井距,提高成井工艺。

严禁在岩溶发育区周围开山放炮,防止震动引起地面塌陷。

岩溶发育区内未进行详细工程地质、水文地质勘察时,严禁一切地下工程建设活动。

岩溶发育区内进行地下工程建设活动时,地面严禁大规模人员聚集,防止塌陷事故造成人员伤亡。

2. 岩溶地面塌陷治理措施

地面塌陷机理复杂,往往受多种因素的综合作用与制约,在进行治理时,应抓住其主要控制因素,通过采取积极有效的方法来改变这些控制因素对地面塌陷的不利作用,以达到抑制或消除塌陷的发生与发展、减轻塌陷灾害的目的。从本质上来讲,治理地面塌陷的有效措施或途径无非是减小致塌力,增强抗塌力,避免或尽量减少诱发因素的作用。根据国内的成功经验,其主要治理方法有以下几种。

(1) 回填。通过对地下岩溶管道、土洞的填实封堵,削弱地下水的侵蚀作用和增强土体的抗潜蚀能力。一般用于较浅、范围较大的塌陷坑,主要采用碎石或块石,先大块、后小块回填夯实,阻止塌陷的继续发展。

(2) 灌浆填充。对于较深的土洞或岩溶溶蚀裂隙、管道等不便于适用回填封堵时,可采用砂、黏土和水泥浆或混凝土充填土洞(溶洞),既可降低岩土体的渗透性,削弱地下水的潜蚀作用,又可对松散土体或岩石进行加固,提高抗塌力。

(3) 地表封闭防渗。在岩溶广泛发育范围内施工,对地下水和地表水应采取截流、防渗、堵漏等措施,防止水流进入溶洞中,以避免因此引起地面塌陷。

(4) 结构物跨越。对已发生的岩溶地面塌陷及查明的溶洞(土洞),可采用牢固的跨越结构,如梁、板结构等,使作用在溶洞(土洞)上的荷载通过跨越结构传到两侧稳定的岩土体上,防止建筑物荷载的作用导致地面塌陷。

(5) 桩基加固。施工时一般采用端承桩,再根据每根桩位溶洞发育情况采取不同的处理工艺,对溶洞规模小、漏浆量少的,可采取抛片石、碎块、黏土块、袋装水泥、灌砂浆或混凝土等方法,填堵溶洞;对大溶洞和多层溶洞可将护筒穿过溶洞,嵌套在稳定的岩层上,确保建筑物的稳定与安全。

另外,治理措施还有强夯、恢复水位、钻孔充气等。在实际岩溶地面塌陷治理过程中,由于可溶岩区地貌、地质、地下水条件复杂,采用单一的方法往往收不到理想的效果,必须查明(潜在)塌陷的主导控制因素,针对性地选用一种或多种方法进行综合防治。

在采取上述岩溶地面塌陷防治措施的基础上,各相关职能部门应在规划、审批、设计、施工各环节充分发挥以下监督管理职能。

规划部门在规划阶段应充分结合所规划区域地质环境条件,以避免与地质环境不适宜项目的规划建设。

自然资源部门在建设用地审批前,结合地质部门对该地块地质环境条件的评价,以确定用地的合理性。

建设工程施工前,城市建设管理部门应对工程进行审核,尤其是地下施工工程,应对施工图、抽水方案等进行严格审核,施工方案的设计以充分考虑地质环境条件为前提,尽可能减轻施工对地质环境的破坏,避免或减少地质灾害发生的可能。建设管理部门在项目施工过程中应加强对其监督管理,避免野蛮施工。

当地行政部门如街道等要对区域内的建设项目进行必要的监管,及时发现问题,及时预警,尽可能地避免或减少地质灾害的发生或由此产生的危害。

四、岩溶地面塌陷防治对策及建议

依据《县(市)地质灾害调查与区划基本要求》,地质灾害重点防治区根据地质灾害现状和需要保护的对象确定。因此,本次岩溶地面塌陷防治对策建议以广佛肇地区岩溶地面塌陷易发性分区为基础,对区内人口密集居住区(中心城市、集镇、农村)、重要基础设施(重大交通工程、西江沿岸)、重要经济区、风景名胜区(自然景点、文化遗存、地质遗迹)等方面提出岩溶地面塌陷防治对策及建议。

(一)岩溶地面塌陷易发性分区

珠三角经济区岩溶塌陷风险划分为3类地区:风险大区、风险中等区、风险小区(图2-5)。

风险大区:面积415km²,占岩溶坳陷面积的21.91%,主要分布于广州市白云区、花都区,佛山市高明区,肇庆市端州区、鼎湖区等地。中、大规模的岩溶塌陷地质灾害基本上都发生在该地区。该地区一般为乡镇、城市,工农业发达,人口密集,机场、地铁、高速公路、城际轻轨等重大交通设施分布其中。频繁的人类(工程)活动诱发岩溶塌陷地质灾害的概率较高,灾害可能造成的经济、人员损失较大。

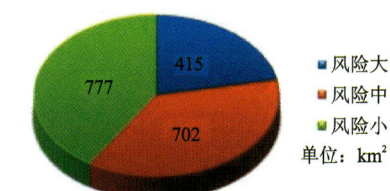

图2-5 岩溶塌陷风险划分

风险中等区:面积702km²,占岩溶坳陷面积的37.06%,主要分布于广州市花都区,肇庆市鼎湖区、高要区、怀集县和四会市,深圳市龙岗区等地。该地区已发生的岩溶塌陷地质灾害多为中型、小型,工农业相对发达,人类(工程)活动相对集中,岩溶塌陷地质灾害可能对周围地区的经济和人员造成一定的损失。

风险小区:面积777km²,占溶岩坳陷面积的41.03%,分布较广泛,在广州市、佛山市、深圳市、肇庆市、江门市、惠州市等地区均有。该地区可能发生岩溶塌陷地质灾害。

从珠三角各地区来看,广州市、肇庆市、佛山市岩溶塌陷风险面积分布较大,分别为648km²、574km²、274km²,风险大的地区面积分别为194km²、102km²、93km²,占各地区可溶岩地区面积的百分比分别为29.94%、17.77%、33.94%。目前,广佛肇经济一体化、城际轻轨、高速铁路、高速公路等重大工程已经或者计划开展实施,应对可能存在的岩溶塌陷地质灾害提前做好工程防治预案。

依据《1∶5万岩溶塌陷调查规范(送审稿)2014》,将岩溶发育程度、土层厚度、土层结构、第四系底部土层岩性、年变化幅度和塌陷坑(土洞)密度(反映地质灾害发生潜能的指标)作为岩溶地面塌陷易发性评价因子。利用层次分析法确定各致灾因子权重;将参与评价的各因子(图层)量化数值分配到不同的评价单元上,采用综合指数法计算出各单元地质灾害易发程度指数,再将叠加后的网格数据化进行岩溶地面塌陷易发性分区。岩溶地面塌陷易发性分区结果经专家介入审核,不符合实际的应重新调整权重评价。

本区岩溶地面塌陷易发程度分为3个区(图2-6)。

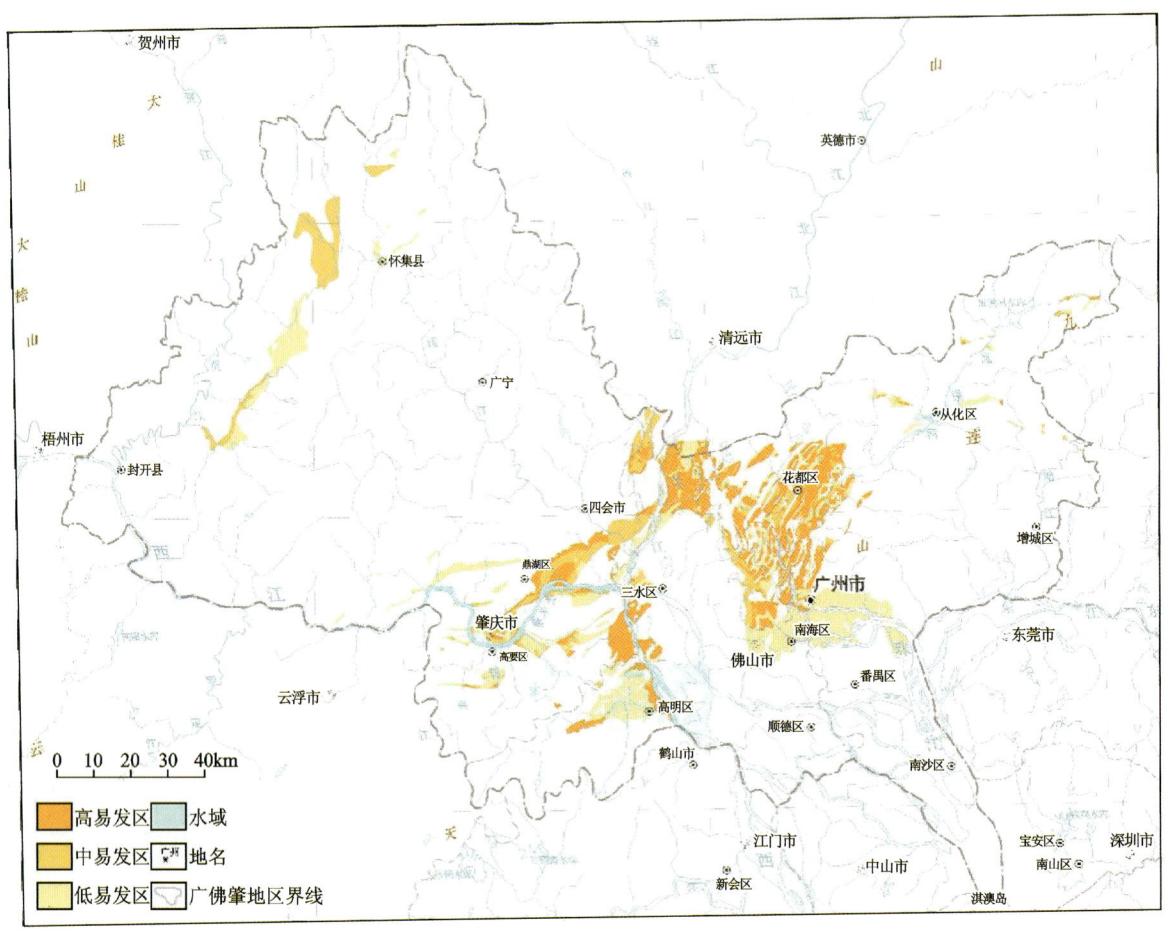

图2-6 岩溶地面塌陷易发性分区图

岩溶地面塌陷高易发区面积997.63km², 占可溶岩地区面积的40.10%, 主要分布在广州市花都区、从化区、增城区, 佛山市南海区、三水区、高明区, 肇庆市怀集县、高要区、鼎湖区等地。区内岩溶发育程度强, 人类工程活动强烈, 主要工程活动有地下工程拓展、石灰石矿开采、基础工程施工和地下水开采等, 已发生的大部分岩溶地面塌陷均发生在该地区内。

岩溶地面塌陷中易发区面积462.08km², 占可溶岩总面积的18.57%, 主要分布在广州市花都区, 佛山市南海区、三水区, 肇庆市鼎湖区、怀集县等地。区内岩溶发育程度中等—弱, 人类工程活动一般, 已发生的岩溶地面塌陷部分发生该地区内。

岩溶地面塌陷低易发区面积1 028.30km², 占可溶岩总面积的41.33%, 主要分布在肇庆市高要区、怀集县, 广州市花都区, 佛山市三水区、南海区、高明区。区内岩溶发育程度弱, 人类工程活动相对较低, 少有岩溶地面塌陷地灾发生。

(二)重大工程建设区岩溶塌陷易发性

《广佛肇经济圈发展规划(2010—2020年)》指出,发展任务之一是建设一体化的基础设施体系,强化交通运输体系,打造国际级综合交通枢纽,强化经济圈对外交通连接,构建一体化区域交通格局。由此,区内大量交通基础设施工程处于规划、在建及扩建阶段,包括机场、高速铁路、城际轨道、高快速路、城市主干道等。

目前,区内重要的交通工程有京广、南广、贵广、广茂、广深等铁路,广佛肇、广珠城际轻轨,广州、佛山地铁,沈海(G15)、京港澳(G4)、珠三角环线(G94)、广昆(G80)等高速公路,107、106、105、321、324、325等国道,此外,尚有众多的省道和地方公路网,纵横交错;区内北江、西江及东江汇合成珠江,具以南沙港为首的众多港口;区内有广州白云机场、佛山沙堤机场,可与国内各主要城市通航。

根据《广佛肇交通基础设施衔接规划(2011—2020年)》及最新进展,目前仍处于规划及建设中的国家铁路包括南沙疏港铁路、柳广铁路,城际轨道包括广佛环线、广佛江珠城际、佛莞城际、肇顺南城际、穗莞深城际及穗莞深琶洲支线,城市轨道包括佛山2号线一期、佛山3号线、广州14号线一期、广州12号线、广州11号线、广州8号线北延段、广州21号线、广州18号线等,公路包括广佛肇高速、佛清从高速及众多干线和支线公路等。另外,还有大量港口与航道工程仍处于建设之中。重大交通线路沿线具有人口密集、产业集中、人类工程活动强的特点,因此,本次主要分析重大交通工程沿线及具重大战略意义的油气管道工程沿线的岩溶塌陷易发性情况。

1. 重大交通工程沿线岩溶塌陷易发性

1)国家铁路及城际轨道

区内已运营的国家铁路有京广、南广、贵广、广深、广汕、广茂、广珠及广深港,规划建设线路有柳广铁路、南沙疏港铁路;已运营城际轨道有广佛肇城际、广惠城际、广珠城际,规划建设线路包括广佛环线、广佛江珠城际、佛莞城际、肇顺南城际、穗莞深城际及穗莞深琶洲支线。

对线路作800m缓冲半径即1.6km范围缓冲区,其岩溶地面塌陷易发性见图2-7。经统计分析可知,线路沿线1.6km内的岩溶地面塌陷高易发区面积170.13km²,主要分布于京广铁路、广佛西环(拟建)、南广贵广铁路(鼎湖、三水段)、广茂铁路、广佛肇城际(端州、鼎湖段和三水、南海段);岩溶地面塌陷中等易发区面积113.27km²,主要分布于广茂铁路(端州、鼎湖、高要白诸、四会和三水段)、贵广铁路怀集段、广佛肇城际(端州、鼎湖、三水和南海段)、京广武广铁路局部(花都、白云局部段)及拟建的柳广铁路四会段、广佛江珠城际南海大沥段;岩溶地面塌陷低易发区面积161.58km²,广泛分布于南广贵广铁路(禅城、南海段)、广汕广深铁路(越秀、天河段)及拟建的柳广铁路(高要、四会段)、肇顺南城际(南海、高明段)、广佛江珠城际南海桂城段、广佛环线局部及柳广铁路局部。

区内国家铁路及城市轨道穿越岩溶地段总长度约317.93km,其中已建铁路约222.36km,穿越岩溶塌陷高易发地段长度约101.48km,中易发地段长度约61.75km,低易发地段长度约59.13km;待建线路约95.57km,穿越岩溶塌陷高易发地段长度约22.15km,中易发地段长度约17.08km,低易发地段长度约56.34km。

2)主要高快速路沿线岩溶塌陷易发性

区内建成已投入运营的高快速路众多,主要包括大广、广河、花莞、佛清从、汕湛、二广、怀罗、广昆、沈海、珠三角环线、广州绕城、佛山一环、广明、珠江西线、江珠高速北延线及南沙港快速,另外还有国道105、106、107、321、324、325,规划建设中的线路主要有广佛肇高速及佛清从高速。

对线路作500m缓冲半径即1km范围缓冲区,其岩溶地面塌陷易发性见图2-8。经统计分析可知,重要高快速路工程沿线1km内的岩溶地面塌陷高易发区面积182.71km²,主要分布于珠三角环线高速局部段(花都、三水及四会段)、广州绕城高速局部段(花都、白云段)、佛山一环局部段(里水、大沥段)、广昆高速局部段(高要蚬岗、金利段及三水西南街道段)、沈海高速局部段(南海大沥段)、二广高速局部段(四会、南海及白云段)、广清高速局部段(花都、白云段)、广乐高速局部段(花都、白云段)、京港澳高速局部段(白云钟落潭段)、大广高速局部段(从化良口段)和在建的广佛肇高速局部段(鼎湖、四会段)以及国道105局部段(吕田、白云段)、国道106局部段(花都、白云段)、国道321局部段(端州、鼎湖、南海段)

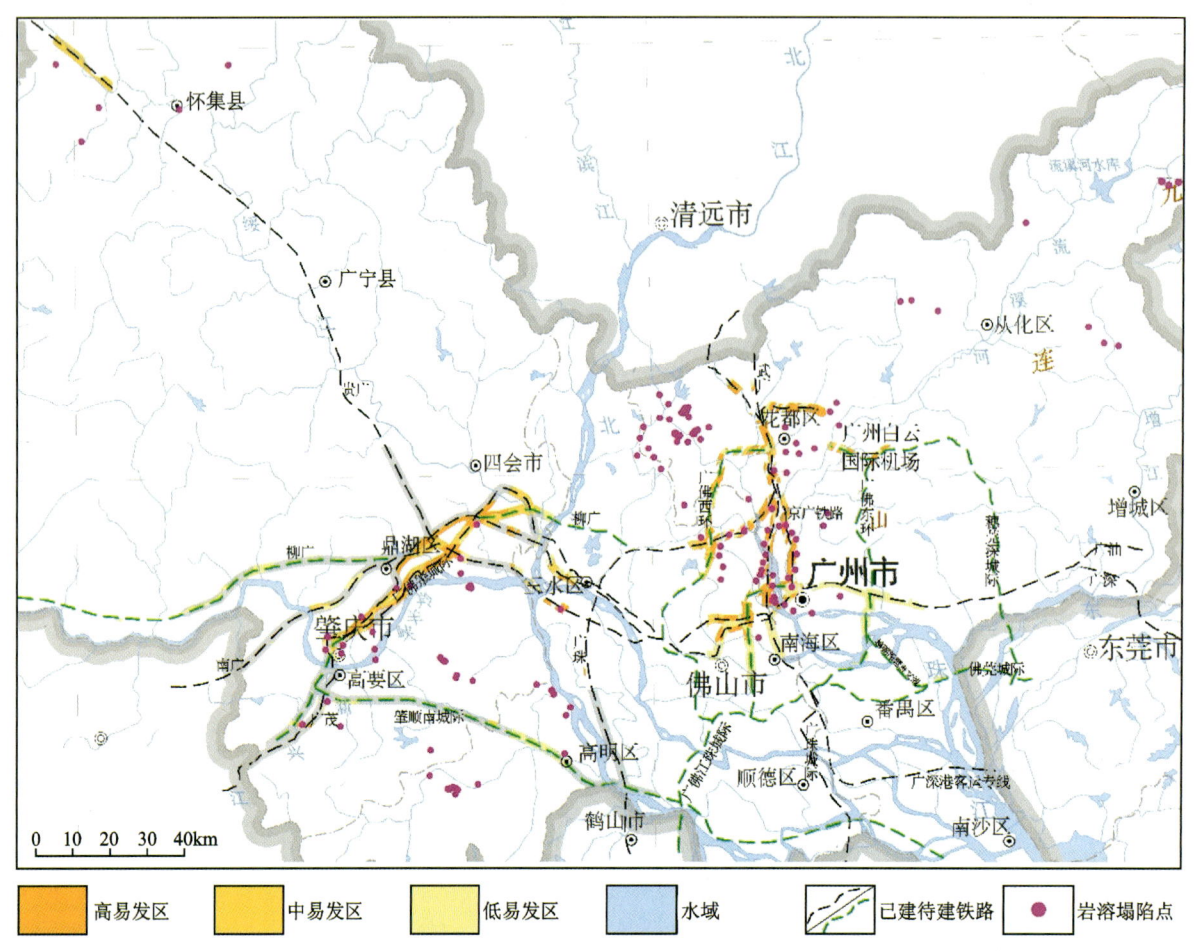

图 2-7 国家铁路及城际轨道沿线岩溶塌陷易发性分区图

等;岩溶地面塌陷中易发区面积94.15km²,主要分布于珠三角环线高速局部段(蚬岗、沙浦、花都段)、广州绕城高速(白云段)、佛山一环局部段(里水、大沥段)、花莞高速局部段(花都、白云段)、汕昆高速局部段(怀集段)、怀罗高速(封开段)、广州环城高速局部段、内环路局部段和国道105(吕田、白云段)、国道106局部段(花都、白云段)、国道321局部段(端州、鼎湖、三水及南海段)、国道325局部段(大沥段)等;岩溶地面塌陷低易发区面积181.37km²,广泛分布于广州环城高速、内环路、华南快速、广园快速、佛山一环、广州绕城高速、珠三角环线高速、广明高速、大广高速等高快速路局部段及国道105(太平、街口、良口、吕田段)、国道106局部段(花都、白云段)、国道321局部段(高要、端州、三水及南海段)、国道325局部段(大沥段),另外在建的广佛肇高速高要、四会段亦在其中。

区内主要高快速路穿越岩溶地段总长度约477.46km,其中高速公路约331.18km,穿越岩溶塌陷高易发地段长度约127.73km,中易发地段长度约61.25km,低易发地段长度约142.20km;国道约115.42km,穿越岩溶塌陷高易发地段长度约44.12km,中易发地段长度约30.54km,低易发地段长度约40.76km;在建线路约30.86km,穿越岩溶塌陷高易发地段长度约9.79km,中易发地段长度约19.37km,低易发地段长度约1.70km(图2-8)。

3)城市轨道沿线岩溶塌陷易发性

区内城市轨道主要为广州地铁及佛山地铁。目前,广州地铁已经开通运营线路13条(总长约391km),在建设线路10条(总长约322km),拟建线路7条(总长约130km);佛山地铁目前已运营线路为广佛线(全线约38.5km),在建设线路为佛山2号线一期(约32.3km)及3号线(约66.5km),拟建线路4条(总长约91.3km)。

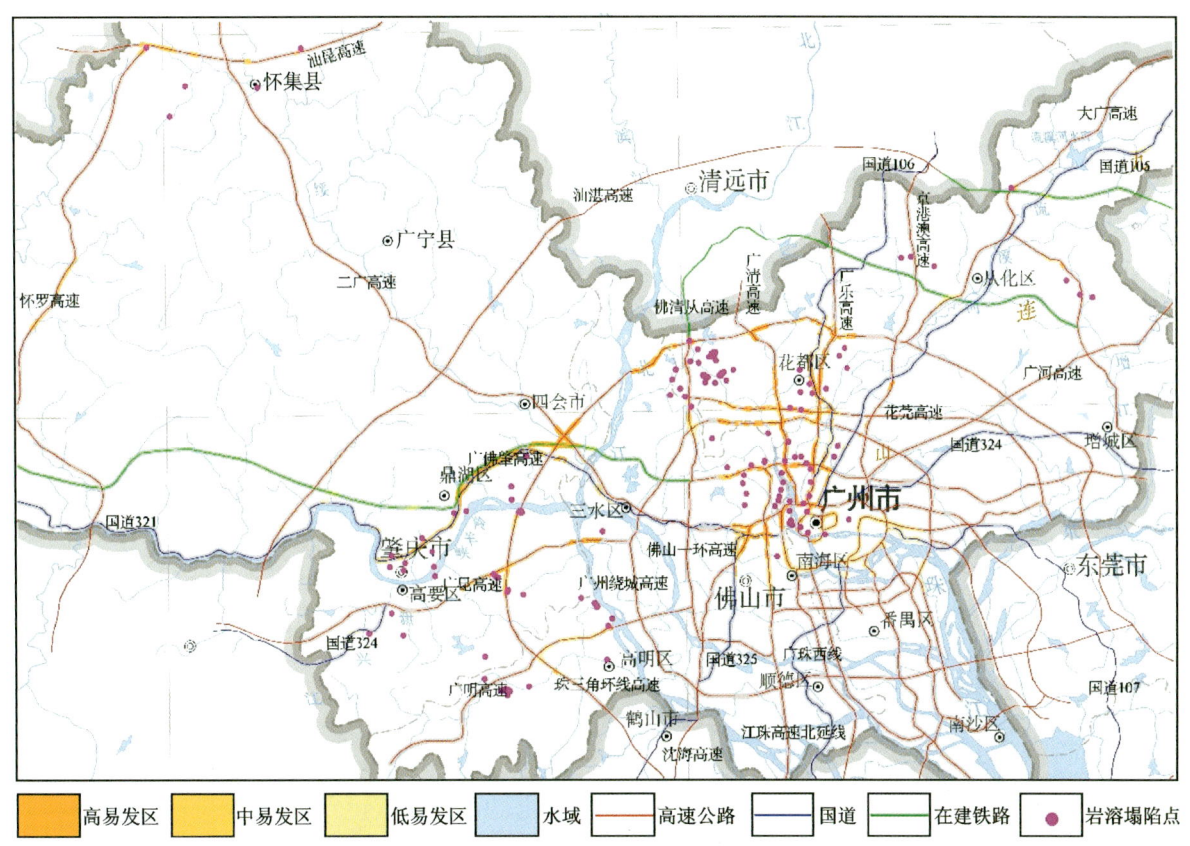

图 2-8 主要高快速路沿线岩溶塌陷易发性分区示意图

对线路做 500m 缓冲半径即 1km 范围缓冲区,其岩溶地面塌陷易发性见图 2-9。

经统计分析可知,城市轨道沿线 1km 内的岩溶地面塌陷高易发区面积 71.92km²,主要分布在已运营的广州地铁 2 号线、3 号线、5 号线、6 号线、9 号线局部段及在建的广州地铁 8 号线北延段、佛山 3 号线局部段等;岩溶地面塌陷中易发区面积 26.65km²,主要分布在已运营的广州地铁 1 号线、2 号线、3 号线、5 号线、广佛线及在建的广州地铁 8 号线、11 号线局部段等;岩溶地面塌陷低易发区 182.41km²,广泛分布在已运营的广州地铁 1 号线~6 号线,广佛线及在建的广州 8 号线、11 号线、21 号线和佛山 2 号线、3 号线等。

区内城市轨道穿越岩溶地段总长度约 381.85km,其中已运营线路约 170.15km,穿越岩溶塌陷高易发地段长度约 32.85km,中易发地段长度约 15.80km,低易发地段长度约 121.50km;在建线路约 71.55km,穿越岩溶塌陷高易发地段长度约 17.65km,中易发地段长度约 7.32km,低易发地段长度约 46.58km;拟建线路约 140.15km,穿越岩溶塌陷高易发地段长度约 34.01km,中易发地段长度约 13.66km,低易发地段长度约 92.48km。

图 2-9 城市轨道沿线岩溶塌陷易发性分区示意图
1.高易发区;2.中易发区;3.低易发区;4.水域;5.已运营线路;
6.在建线路;7.拟建线路;8.岩溶地面塌陷点

2. 油气管道工程沿线岩溶塌陷易发性

对油气管道线路作 500m 缓冲半径即 1km 范围缓冲区,其岩溶地面塌陷易发性见图 2-10。经统计分析可知,输油/气管道沿线 1km 内的岩溶地面塌陷高易发区面积 0.019km²,主要分布在花都区新华街道、炭步、花山段,高要区蚬岗、沙浦段,四会区东城街道、大沙段,三水区芦苞、大塘段,高明区荷城街道、明城段等;岩溶地面塌陷中易发区面积 0.004km²,零散分布在高要区蚬岗、沙浦段,四会区大沙段,花都区新华街道、炭步、花山段等;岩溶地面塌陷低易发区 0.02km²,分布在高要区白诸、莲塘、蚬岗、沙浦段,三水区乐平、芦苞、大塘段,花都区新华街道、炭步、花山、花东段,从化区鳌头段等。

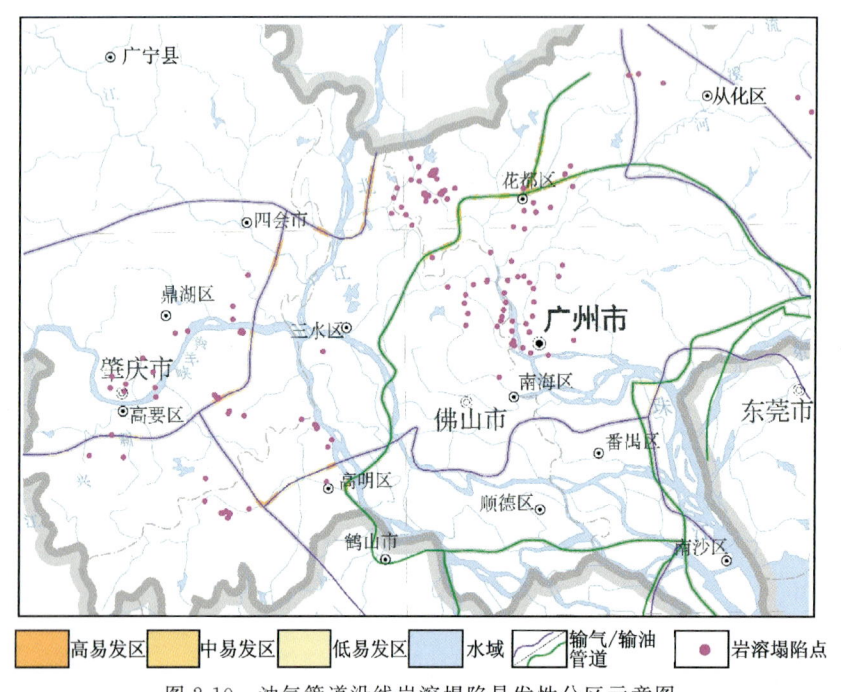

图 2-10 油气管道沿线岩溶塌陷易发性分区示意图

区内油气管道穿越岩溶地段总长度约 114.41km,其中输油管道约 39.89km,穿越岩溶塌陷高易发地段长度约 22.45km,中易发地段长度约 6.19km,低易发地段长度约 11.25km;输气管道约 74.52km,穿越岩溶塌陷高易发地段长度约 25.94km,中易发地段长度约 3.74km,低易发地段长度约 44.84km。

(三)岩溶地面塌陷防治对策建议

根据广佛肇地区岩溶地面塌陷地质灾害易发性分区情况,将岩溶地面塌陷高易发区划为重点防治区,中等易发区划为次重点防治区,低易发区划为一般防治区。根据《广佛肇经济圈发展规划(2010—2020年)》,广佛肇经济圈重点建设地区分成 4 个类别:城市中心区、重点产业区、优质生活休闲区和农村建设示范区。以下对 4 个类别重点建设区及部分重点塌陷防治区提出防治对策及建议。

1. 城市中心区

城市中心区包括广州城市中心区、佛山城市中心区、肇庆城市中心区,是经济、文化、行政的核心区域,是城市发展规划中的重点地。根据上述岩溶塌陷防治分区,区内涉及岩溶地面塌陷重点防治区、次重点防治区及一般防治区。

区内人口密集,交通基础设施密集,人类工程活动强烈。岩溶地面塌陷主要发生在肇庆端州、鼎湖、广州白云、荔湾等地,诱因为地下工程、机井过量抽排地下水和基础工程施工。其中,大坦沙、夏茅等地发生过大型岩溶地面塌陷。本区应结合监测预警措施、避让措施、禁止措施和工程措施进行综合防治。

(1)监测预警措施：发动群众开展岩溶地面塌陷群测群防工作，重点对供水管、生活污水管等供排水工程进行渗漏排查，避免因供排水工程漏水对土体产生渗蚀作用而引起地面塌陷。在岩溶地面塌陷高易发区内的重要建筑物及交通基础设施周围，如京广线、沙堤机场、广佛肇轻轨等建议开展专业监测，利用多种手段(GPS、遥测仪、渗压计)进行岩溶管道水(气)压力监测，以便发现危险时能及时采取应急措施进行治理或避让。在已发生岩溶地面塌陷的不稳定地区竖立地质灾害警示牌。对于一般防治区，以监测预警措施为主，做好岩溶塌陷地质灾害宣传警示，群测群防，不可因易发性低而掉以轻心。

(2)避让措施：以保护、改善环境条件为前提，城市功能区划布局要根据地质环境条件及城市功能要求合理布局。对新建城区，要认真考虑岩溶地面塌陷的影响和塌陷产生的地质环境条件，应尽量避开基本被重点防治区覆盖区域。选择岩溶地面塌陷易发程度低且有局部为非岩溶区设计布置重要建筑物，在岩溶发育和岩溶地面塌陷高易发区内宜设计成公园等公共绿化带，避免人员、设施过于密集。

对已出现岩溶地面塌陷发生征兆现象、随时有危险发生的地段，必须立即采取避让措施，将人员和财物及时迁离危险区。

(3)禁止措施：禁止在大坦沙、夏茅、星湖周围、北岭山山前等岩溶塌陷高易发区进行大降深抽排地下水，降低地下水对土体的潜蚀作用，合理开发地下水，控制地下水开采量。若建设生产过程中难以避免需进行抽排水活动，应制订合理的抽排水方案，经评审、报建和审批后才能实施，并在实施过程中加强检查、监督；禁止在岩溶塌陷高易发区周围开山放炮，防止振动引起塌陷；禁止在未开展水文地质、工程地质勘察前进行地下工程建设。

(4)工程措施：对于无法避让的工程建设和大规模市政施工，必须进行可行性研究或初步勘察，减少盲目性，有针对性地进行有效处理，确保工程建设一开始就处于良好的环境条件。地质勘查工作应严格执行有关技术法规，详细勘察应查明建筑物范围或对建筑物有影响地段的各种岩溶洞隙及土洞的形态、位置、规模、埋深、围岩和岩溶堆填物性状，地下水埋藏特征，评价地基稳定性。基础工程施工时，做好分析、论证，对地下水的抽(排)等施工设施要慎重选用，防止因施工方法、设备不当而诱发地面塌陷。拟建物桩基础持力层应选强度好、层位稳定的微风化灰岩，建议拟建物采用桩基础，桩型可选用预制桩或钻(冲)孔灌注桩。

采取有效措施防止地下水排泄对周边造成不良影响。地下车库、商场、市政管网等地下空间开发时，若地基浅部有一定厚度的砂层分布，地下水丰富，开挖时建议做好止水、支护措施，支护方案做到既能止水，又能起到挡土的作用，建议采用排桩或结合锚杆、锚索支护，进行抗浮验算。该地区内建筑物应建成低层普通建筑物。区内应做好绿化工作，在多种树木和草皮美化环境的同时减轻地表水对土体的渗蚀作用。

2. 重点产业区

重点产业区包括东部创新产业发展区、北部空港经济发展区、南部临港产业发展区、西部现代制造发展区。该区为各高端制造业、高新技术产业、知识密集型服务业集聚区，为广佛肇经济发展的重要引擎。根据上述岩溶塌陷防治分区结果，区内涉及岩溶地面塌陷重点防治区、次重点防治区及一般防治区。重点防治区分布在花都、白云、四会、高要、三水、高明等地。

该地区人类工程活动主要为工程建设、加工业，部分地区开采地下水供水。土地利用类型为工业用地、居民地和农田。在赤坭、富湾等地曾发生过大型岩溶地面塌陷，造成较大危害。防治建议综合考虑监测预警措施、避让措施、工程措施和禁止措施。

(1)监测预警措施：在面上开展岩溶地面塌陷群测群防工作，重点对灌溉渠、供水管等供排水工程进行渗漏排查，避免因供排水工程漏水对土体产生的渗蚀作用引起塌陷。在已发生岩溶地面塌陷的不稳定地区，如蚬岗、富湾、赤坭等地的陷坑周围竖立地质灾害警示牌并进行岩溶管道水(气)压力监测，开展岩溶地面塌陷专业监测，及时发现险情并预警。

(2)避让措施:在各地允许建设区内,生产和生活等重要建筑应尽量避开岩溶地面塌陷高易发区和已发塌陷区,重要工农产业可以规划在非可溶岩及低易发区分布的南部临港产业区、东部创新产业发展区、西部现代制造发展区的四会北侧及佛山中南部地区。另外,在发现有岩溶地面塌陷征兆后,应对随时有危险发生区域的人员进行疏散,有必要的还应将周围财物、设施搬迁至安全地区。

(3)工程措施:由于建设用地利用的需要,区内必须进行工程建设时,建议拟建物采用桩基础,桩型可选用预制桩或钻(冲)孔灌注桩,可选择微风化灰岩做桩端持力层。在砂层厚度大的地区,桩基成孔时易塌孔,建议做好护壁措施。建设的建筑建议为低层普通建筑物。

(4)禁止措施:禁止在已发岩溶地面塌陷地区进行大降深抽排地下水,控制抽水量。若建设生产过程中难以避免需进行抽排水活动,应制订合理的抽排水方案,经评审、报建和审批后才能实施,并在实施过程中加强检查、监督。在淤泥质土等软土区和砂层分布区,应控制周围振动强度,包括机械和人工振动,防止由于土层液化和触变引起地面塌陷。禁止在未开展水文地质、工程地质勘察前进行地下工程建设。

3. 优质生活休闲区

本区依托区域高品质生态资源或三市边界特殊区位,建设区域性优质生活休闲区,重点打造以白云山、万亩果园、番禺北部、岭南天地、南庄、云中海、南国桃园、南国影视城、顺峰山风景区、西樵山旅游区、三水迳口华侨经济区(南山镇)、高明皂幕山、七星岩—鼎湖为中心的珠三角生活休闲区和全国性旅游度假区。本区涵盖多处岩溶塌陷高易发区,如明城、沙浦、芦苞、大塘、狮山、里水、赤坭、狮岭、鳌头、良口、吕田等。

区内地貌类型以河谷平原、丘陵为主,曾发生多起岩溶地面塌陷,多由工程活动诱发引起,如沙浦镇因江肇高速工程施工诱发岩溶地面塌陷,影响面积达数百平方千米,塌陷群造成桩基平台偏移、水塘干涸(成鱼全部流失),养猪场陷落、家畜被淹埋,造成重大经济损失。

防治建议综合考虑监测预警措施、避让措施、工程措施和禁止措施。

(1)监测预警措施:在面上开展岩溶地面塌陷群测群防工作,在已发生岩溶地面塌陷的不稳定地区,竖立地质灾害警示牌并进行岩溶管道水(气)压力监测,开展岩溶地面塌陷专业监测,及时发现险情并预警。

(2)避让措施:在各地允许建设区内,生产和生活等重要建筑应尽量避开上述地区的岩溶塌陷高易发区和已发塌陷区,重要建筑物可以规划在非可溶岩及低易发区分布地区。另外,在发现有岩溶地面塌陷征兆后,应对随时有危险发生区域的人员进行疏散,有必要的还应将周围财物、设施进行搬迁至安全地区。

(3)工程措施:加强工程项目建设程序管理,严格执行地质灾害危险性评估制度。区内必须进行工程建设时,建议拟建物采用桩基础,桩型可选用预制桩或钻(冲)孔灌注桩,可选择微风化灰岩作桩端持力层。在砂层厚度大的地区,桩基成孔时易塌孔,建议做好护壁措施。建设的建筑建议为低层普通建筑物。

(4)禁止措施:禁止在已发生岩溶地面塌陷地区进行大降深抽排地下水,控制抽水量,若建设生产过程中难以避免需进行抽排水活动,应制订合理的抽排水方案,经评审、报建和审批后才能实施,并在实施过程中加强检查、监督。在淤泥质土等软土区和砂层分布区,应控制周围振动的强度,包括机械和人工振动,防止由于土层液化和触变引起地面塌陷。禁止在未开展水文地质、工程地质勘察前进行地下工程建设。

4. 农村建设示范区

建设具有广佛肇协作特色的社会主义新农村,在肇庆西部和北部德庆、封开、怀集、广宁的广大农村地区,以莫村镇、渔涝镇、南丰镇、岗坪镇、桥头镇、江屯镇、石涧镇为重点,实施以城带乡新机制,大力发展乡村特色经济,培育新农村建设示范区。区内仅渔涝—桥头、岗坪—大岗—冷坑、中洲一带分布可溶岩。其中,岗坪—大岗—冷坑、中洲一带岩溶塌陷易发性以中—高为主,渔涝—桥头一带易发性低—中。

区内地貌类型以河谷平原、丘陵为主,隐伏岩溶发育,已发生岩溶地面塌陷多处,其中自然塌陷共21宗,100余处,主要分布于怀集县冷坑、大岗、怀城、中洲等地,如怀集县大岗镇2005年1—2月底,集义、谭英、谭珠发生大量岩溶地面塌陷达62处,主要发生在房屋、道路及旱地内;矿山抽排水、农田灌溉过量抽取地下水和建筑基坑排水先后导致14宗群发性地面塌陷发生,主要分布于长安、大岗、怀城、冷坑,如长安镇金星村2006年7月,矿山开采大量透水导致10天内出现38个塌陷坑,涉及范围$5.5\times10^4 m^2$,威胁74户486人人员安全,中洲邓屋中心村2006年6月由于过量抽取地下水诱发岩溶塌陷,损毁房屋20多间,直接经济损失100万元,威胁人口300人。

本区岩溶地面塌陷防治对策应以监测预警措施和禁止措施为主,以工程、避让措施为辅。

(1)监测预警措施:加强地面塌陷地质灾害防治知识的宣传与普及,提高各乡村等高、中易发区的群众对岩溶地面塌陷的认识,群测群防做好防治工作。以预防岩溶地面塌陷和岩溶区地下水污染为目的,合理利用地下水资源,同时,控制矿山、水产养殖场、村庄等机井的地下水开采量,协调生产和地质环境关系。加强隐伏岩溶发育规律性研究,建立并完善地面岩溶塌陷预警、预报系统,为政府决策提供技术支持。在已发生岩溶地面塌陷的不稳定地区竖立地质灾害警示牌。

(2)禁止措施:禁止在已发生岩溶地面塌陷地区、重要建筑物及重要交通干线的影响范围内进行大降深抽排地下水,控制抽水量,若建设生产过程中难以避免需进行抽排水活动,应制订合理的抽排水方案,经评审、报建和审批后才能实施,并在实施过程中加强检查、监督。禁止在未开展水文地质、工程地质勘察前进行地下工程建设。

(3)工程措施:加强工程项目建设程序管理,严格执行地质灾害危险性评估制度。建设的建筑建议为低层普通建筑物。对已有塌陷待其稳定后,采用碎石或石块先大块、后小块回填,进行填堵夯实。

(4)避让措施:对因岩溶塌陷造成民宅破坏严重的危房就地拆迁安置,另外,在发现有岩溶地面塌陷征兆后,应对随时有危险发生区域的人员进行疏散,有必要的还应将周围财物、设施搬迁至安全地区。

5. 其他重点防治区

1)广州金沙洲地区

多年来,有关部门在处置金沙洲地质灾害过程中,通过不断探索、总结,取得了一些成功经验,为今后应对该区域或类似地区地质灾害提供有益的参考意见。

(1)监测预警措施:为最大限度地防止地质灾害发生,必须加强地质灾害监测工作,做到及早发现问题,及早采取预防措施。加强区内地下水动态监测是做好岩溶地面塌陷、地面沉降地质灾害预报预警的重要手段之一。根据地下水位动态变化,结合监测点附近的地质环境条件,对可能发生的地质灾害作出预报预警;通过设置一定的点位,用水准仪、百分表及卫星雷达干涉等手段进行量测。卫星雷达干涉测量是近年研发的地面沉降监测新技术,具有监测面广、监测结果快速、准确等突出优势。通过长期、连续监测地面和建筑物的变形及其发展状况,进一步判断监测点或附近地面变形是否为地面塌陷的前兆,科学地做出岩溶地面塌陷预报预警,对于提早预防、治理地质灾害非常重要。

(2)工程措施:重视工程建设的地质勘察工作,地质勘察工作应严格执行有关技术法规,查明拟建区各种岩溶洞隙及土洞的形态、位置、规模、埋深、围岩和岩溶堆填物性状,地下水埋藏特征;评价地基稳定性;重要工程宜采取1柱1孔或1柱多孔进行勘察,对建筑物基础以下和近旁的物探异常点或基础顶面大于2000kN的独立基础,均应布置验证勘探孔。当发现有危及工程安全的洞体时应采取加密钻孔或采用无线电波透视、井下电视、波速测试等措施加以查明。对断裂构造交会部位或宽大裂隙带,隐伏溶沟、溶槽、漏斗分布地段应查明溶洞和土洞群的位置。建筑物不宜采用天然地基,金沙洲浅部厚层软土广泛分布,局部分布可液化砂土,工程建设不宜采用天然地基,应根据具体工程结合场地实际选用合理的基础设计,保证工程质量,减少或消除地质灾害隐患。

岩溶区工程建设不宜采用摩擦桩基础,宜采用钻(冲)孔桩基础,桩基础对建筑物抗灾能力具有重要作用。

(3)避让措施:把城市地质成果纳入到金沙洲城市规划中,或根据最新成果调整金沙洲本轮城市规划布局。根据划分的地质灾害高、中、低易发区,从维护社会和谐稳定,保护、改善地质环境条件,预防地质灾害的危害及提高金沙洲宜居程度的角度出发,合理调整金沙洲的规划布局;有关部门必须高度重视金沙洲脆弱的地质环境条件,从规划审批的源头严格审查拟建工程项目,该区原则上不宜审批地下工程建设项目,特别是大型重要地下工程建设项目应考虑避让,充分考虑工程建设可能对区内地质环境的影响,从源头上把好关,防止工程施工引发岩溶地面塌陷、地面沉降等地质灾害;新的城市建设区应尽量避开易塌陷区域,特别是避免将人口密集的重要建筑物(如学校、医院、高层住宅、养老院及大型商场等)布局到地质灾害高易发区,对于无法更改用地性质的特定地块,有关部门应积极协调,通过补偿或激励机制等经济手段合理降低已批准地块的开发强度(楼盘层数),以控制人口密度;把工业区和生活区布置在地下岩溶和土洞相对不发育、地下水活动较弱的地段,岩溶发育和易塌的区域宜布置为绿化带,避免布局人口密集区。同时做好防治工作,做到人类工程活动不恶化建设区域的地质环境条件;后期的规划建设宜把断裂带经过的未开发区,特别是已出现严重地质灾害的未开发区域规划为带状绿地,强制降低断裂经过地段的开发强度、增加绿化率,在达到预防地质灾害的同时也提高了金沙洲地区的宜居指数;对荣基里、钟村等位于岩溶区的旧有建筑密集的村庄,可考虑征地拆迁或结合新农村建设的契机,重新规划建设具有预防岩溶地面塌陷、地面沉降地质灾害的建(构)筑物。

(4)禁止/防治措施:为保障隧道及高铁运行安全以及保证金沙洲地质环境安全,根据原住房和城乡建设部出台的《城市轨道交通运营管理办法》,将隧道结构外边线外侧50m范围内设立为安全控制保护区。沿线控制保护区内,若实施下列行为,要依法申请行政许可,分别是:新建、改建、扩建或者拆除建筑物和构筑物;钻探、取土、地面堆卸载、基坑开挖、爆破、桩基础施工、顶进、灌浆、锚杆作业;开挖水渠、打井取水;敷设管线或者设置跨线等架空作业;经行政主管部门认定的可能影响隧道运营安全的其他行为,设立执法队伍,对保护区进行巡查,并对进入保护区内的工程进行监督,检查工程是否按照审定的方案实施;为美化环境,可将安全控制保护区设置为景观绿化带;合理规范人类工程活动作用的形式与强度,防止地表水下渗潜蚀土体,防止无序抽排地下水诱发地面塌陷,做好工程震动监测、评价工作,防止工程施工因机械振动而诱发地面塌陷。

2)佛山高明富湾地区

对富湾岩溶地面塌陷高易发区(即荷城街道泰兴村委会以北、王臣村委会以东的区域,该区域地下分布有隐伏岩溶,随着工业园区的开发利用,容易遭受或引发岩溶地面塌陷,特别是富湾李家村和安华路岩溶地面塌陷地质灾害隐患点)防治要点包括:监测预警,控制和限制土地建设开发利用,禁止强采超采地下水、随意切坡,对已发灾害进行工程治理或搬迁避让。

高度重视,充分认识地质灾害防治工作的重要性,牢固树立"安全第一、预防为主"的观念,切实加强对地质灾害防治工作的组织领导。增强责任意识,全面落实地质灾害防治工作责任制,完善相关工作机制,落实防灾责任人、监测人,明确监测责任,严格执行汛期24h值班、灾点监测、险情巡查和灾情速报制度,层层抓好落实;充分调动广大群众自觉参与地质灾害群测群防工作的主动性和积极性,建立完善地质灾害群测群防体系,充分利用群测群防网络,确保指挥有力,信息畅通,将群测群防每一项工作落到实处,要督促各地质灾害点的负责人和监测人员加强巡查与监测,并做好监测记录;对已发放的防灾明白卡和避险明白卡逐个进行检查清理,要求防灾负责人和受地质灾害威胁的群众必须熟悉明白卡的内容,对已经遗失或残缺不全的明白卡要及时补发;要检查地质灾害危险区范围内的警示标志是否完好,对残缺不全或已不存在的警示标志要及时补上;对在巡查和监测中发现有异常变化的,各镇(街道)主管人员必须到现场核实,如确定险情严重的,必须立即按应急预案要求进行处置,同时逐级上报主管部门。

完善地质灾害监测系统,建立地质灾害信息系统,提高地质灾害防治的综合能力;加大地质灾害防治工作的宣传力度,扎实地做好宣传、培训工作,普及地质灾害防治基本知识,要把宣传教育的重点放在地质灾害易发区的城镇和农村,落实到基层干部以及灾害隐患点的居民、村民,增强防范意识,提高地质灾害的应急处置能力,切实做到常备不懈,万无一失,安全度汛。

6. 重大交通工程沿线

在"广佛肇一体化""珠江-西江经济带""粤港澳大湾区"开发建设的大背景下,广佛肇地区已建成一批重大基础交通工程设施,包括武广客运专线、贵广铁路、三茂铁路、南广铁路、广佛肇城轨、广梧高速、广贺高速、珠三角外环高速(江肇高速)等国家铁路和城际轨道及高快速路,目前仍处于规划及建设中的国家铁路包括南沙疏港铁路、柳广铁路,城际轨道包括广佛环线、广佛江珠城际、佛莞城际、肇顺南城际、穗莞深城际及穗莞深琶洲支线,城市轨道包括佛山2号线一期、佛山3号线、广州14号线一期、广州12号线、广州11号线、广州8号线北延段、广州21号线、广州18号线等,公路包括广佛肇高速、佛清从高速及众多干线、支线公路等。另外,还有大量港口与航道工程仍处建设之中。

这些重大交通工程作为广佛肇地区发展的生命线,安全运营是保证其对广佛肇乃至粤港澳大湾区发挥作用的关键。这批重大工程建设时沿线两侧一定范围内已发生多起岩溶地面塌陷地质灾害,如武广客运专线金沙洲隧道、江肇高速沙浦段等。在可溶岩地区,岩溶地面塌陷地质灾害是影响生命线正常运行发挥作用的隐患之一。

对于重大交通工程沿线的岩溶地面塌陷重点/次重点防治区地质灾害防治措施,建议综合考虑监测预警措施、禁止措施、避让措施和工程措施。

(1)监测预警措施:在面上宣传与普及岩溶地面塌陷地质灾害防治知识,提高群众对地面塌陷的认识,群测群防做好防治工作;在重大工程沿线及西江沿岸周围利用GPS、遥测仪、渗压计等监测手段布设岩溶裂隙溶洞水长期监测孔,群测群防与专业监测相结合,建立岩溶地面塌陷监测网,以便监测周围地下水位的动态变化,随时对岩溶地面塌陷进行预警预报。

(2)禁止措施:在高速公路、城际轨道线、铁路沿线、城市轨道及油气主干线路等周围1km范围内应禁止大规模地抽排地下水及矿山开山放炮等;在未经详细工程地质、水文地质勘查时,严禁一切地下工程建设活动;禁止在其500m范围内建设中高层建筑物。

(3)避让措施:城市建设规划中应把重要工业、商业、居民区设计在沿线和沿岸500m以外;在发现有岩溶地面塌陷征兆后,应对周围区域人员予以疏散,有必要的还应将周围财物和设施搬迁至安全区域。对于未来的广佛肇城际轨道延长段线路应尽量选址在非可溶岩区,避开岩溶发育区或岩溶地面塌陷易发区;在岩溶地面塌陷易发区进行施工时,应充分做好地质勘查工作,制订详细的施工方案和应急预案,防止岩溶地面塌陷的发生,将岩溶地面塌陷地质灾害的危害降到最低。

(4)工程措施:对于正在建设及规划待建的广佛肇高速、柳广铁路、广佛环线、广佛江珠城际、佛莞城际、肇顺南城际、佛山2号线一期、佛山3号线、广州14号线一期、广州12号线、广州11号线、广州8号线北延段、广州21号线、广州18号线等工程应加强地质勘查,查明沿线地区土洞、溶洞发育情况并对其稳定性进行评价;基础工程施工时,做好分析、论证,选择合适的桩基础方案,防止诱发地面塌陷。同时,对在建或已建成投入使用的重大工程周围可能出现的岩溶地面塌陷地质灾害,必须建立一套切实可行的工程应急预案,其塌陷防治工程手段包括回填、灌浆填充、地表封闭防渗、结构物跨越、桩基加固等。在周围规划建设时,必须进行地质灾害危险性评估和场地地质灾害勘查,落实防治措施。西江航道沿岸在进行地下工程建设时,应开展详细的水文地质、工程地质勘查,并提供岩溶地面塌陷地质灾害应急预案。

综上所述,岩溶地面塌陷地质灾害的防治工作是一个综合性工程,既要从技术层面进行防治,也要在决策层面进行防治。各相关职能部门,包括规划部门、自然资源部门、城市建设管理部门和当地行政部门,应在规划、审批、设计、施工各环节充分发挥其监督管理职能,开展岩溶地面塌陷地质灾害的防治工作。

第三章　粤港澳大湾区软土地面沉降

粤港澳大湾区内因受历史时期多次海退海侵等影响,大面积分布第四纪堆积物,以海相、滨海相为主,由淤泥、淤泥质土、黏土等组成的软土在区内广泛分布。区内软土层厚度大、压缩性高,人类活动日益强烈,导致区内软土地面沉降日趋严重,威胁着工程建筑、交通管线的安全稳定及人民正常生产、生活安全。泛珠三角地区地质环境综合调查工程通过野外地面沉降专项调查,结合已有地面沉降监测数据,综合分析得出地面沉降分布现状;把区内地面沉降划分为软土自重固结型和人类活动诱发型两大类型;深入分析了地面沉降产生机理,并对地面沉降进行了发展趋势预测;在分析区内软土的特征和地面沉降产生机理的基础上,对区内地面沉降易发危险性和沉降现状进行了防治分区评价,将区内地面沉降防治划分为重点防治区、次重点防治区和一般防治区,为区内软土地面沉降灾害防治、工程建设和国土空间优化等提供了有力支撑。

一、地面沉降发展过程及现状

(一)地面沉降类型划分

粤港澳大湾区内地面沉降按影响因素划分为两大类:一是软土自重固结型地面沉降;二是人类活动诱发型地面沉降。局部地区的地面沉降以单一类型为主,绝大部分地区的地面沉降是两者综合作用的结果。

1. 软土自重固结型地面沉降

广泛分布的软弱土层,本身存在着蒸发、有机质氧化、土体蠕动等作用,其固结状态欠佳。在自重压力作用下,孔隙水压力将逐渐消散,地层将缓慢固结,导致微量的地面沉降。这类沉降多发生于珠江八大口门外缘,尤其是近期促淤成陆区地带。以广州市南沙区新垦—中山横门、珠海横琴一带最为典型。因近代人工围淤强烈,当软土长期暴露于地表,其上部数十厘米至 2m,就极易蒸发固结形成地表硬壳层。目前,南沙区新垦镇在大范围围垦填海造地,零星新建建筑物地坪沉降严重,如广州市南沙区新垦镇广州钢板有限公司办公楼,2018 年测得周围地面均下沉 20.0~30.0cm,排水管拉裂(2014 年 9 月 23 日测得下沉量为 10.0cm)。

2. 人类活动诱发型地面沉降

人类活动诱发型地面沉降包括人为工程建设加载诱发型、开发利用地下水诱发型两类地面沉降。
1)人为工程建设加载诱发型
人为工程建设加载诱发型地面沉降根据增加荷载的种类又分为人工静载诱发型、机械动载诱发型地面沉降。

(1) 人工静载诱发型。人工静载诱发型地面沉降主要是在软弱类土上部附加静荷载,如构筑(建筑)物、堆土等物体的重力作用,致使下部软弱类土受压产生固结效应。这种类型主要位于 20 世纪七八十年代建设的较低矮的建筑物区域,受当时条件限制,建筑物以天然基础或简易基础为主,建筑物荷载直接加载于软土层上。

据调查,广州市南沙区万顷沙镇沙尾一村九涌东路 364 号,多年来在围墙荷载及自重应力共同作用下产生地面沉降。围墙开裂,地台下沉,已经下沉 8～11cm。

(2) 机械动载诱发型。机械动载诱发型地面沉降主要是在软弱类土上部加载动荷载,如道路和堤坝等地,在过往车辆的动荷载作用下,路面(或堤坝)整体下沉,雨季被水浸淹,或者路面与具有桩基础的桥梁(或水闸)间存在明显不均匀沉降,导致路面(堤坝)与桥梁(水闸)衔接处下沉拉裂,形成陡坎,经多次修补后,路面与桥梁间形成斜坡。此种现象在全区公路沿线均有分布。例如广州市南沙区万顷沙镇七涌东水闸引桥路面,在过往车辆的压力、自重压缩下下沉,与采用桩基础的七涌水闸产生相对位移,垂直距离达 13cm,形成小陡坎。

2) 开发利用地下水诱发型

开发利用地下水在评价区内主要表现为以水产养殖业为主的区域大量开采地下咸水供水产养殖和少量工程建设排水。而地下水开采区主要为三角洲平原上的水产养殖区,平原区软弱类土分布广泛并且厚度大,故本类型实际上是在开发利用地下水与软弱类土自重固结共同作用下产生的。平原区大量抽采地下水引起水位下降,加速软弱土层中水分排出,致使原来一直缓慢自重固结的软弱类土固结速度加快,加速地面沉降。故区内抽排地下水诱发型地面沉降主要分布于平原上大面积水产养殖区。

评价区第四纪松散堆积层以软土为主,少量砂砾、中粗砂,地下水赋存条件差,地下水富水性贫乏。区内地下水开采主要用于水产养殖,具有十分明显的季节性,地下水短期内大量集中开采导致含水层中地下水疏干,含水层固结压密。含水层中地下水疏干后,由软土层向外缓慢释水,加速软土固结,形成地面下沉现象。地下水开采量较大的地区主要位于中山市板芙镇西部—横栏镇、江门市大鳌镇、万顷沙南端,珠海市斗门区乾务镇、金湾区红旗镇、中山市坦洲镇等以水产养殖业为主的区域。

(二) 地面沉降的产生及发展过程

地面沉降(land subsidence)是指在自然因素或人为因素的作用下,因地层压实或变形而引起的地面标高降低的一种环境地质现象。地面沉降,又称地面下沉或地陷,主要发生于大型沉积盆地和沿海平原地区的工业发达城市及油气田开采区,具区域性,可影响的范围广泛,以缓慢的、难于觉察的向下垂直运动为主,只有少量的或基本没有水平位移,具有不可逆特性。珠江三角洲地区地面沉降主要类型为软弱类土固结引发的沉降,可称为软基沉降。综合分析前期相关成果,结合本次专项调查可明显看出,该区地面沉降主要伴随着区域经济快速发展和大量工程建设开展而产生并发展起来。截至目前,地面沉降的发展过程可分为发现阶段、初步发展阶段和快速发展阶段 3 个时期。

1) 发现阶段

1978—1982 年,广东省地质局水文工程地质二大队开展了 1∶20 万广州—江门幅区域水文地质普查,首次对区内的地面沉降不良工程地质现象做了较为全面的记录。该报告在工程地质条件方面分别从以下几个部分表述该区地面沉降现象:①水利工程建坝须注意软弱夹层,以保证基础稳定;新修大型排灌工程需加固基础,否则易产生不均匀沉降,扬水时可产生管涌,使站基不均匀沉降。②平原区淤泥层厚,民用建筑和高层建筑一般应选用大基础或深埋基础,避免地基不稳而不均匀下沉。③港口和沿海岸带沉积淤泥、粉砂淤泥及粉细砂等,易产生液化和塑流,从而使地面产生不均匀沉陷。

以上是珠江三角洲地区最早涉及地面沉降现象的论述,说明从 20 世纪 70 年代开始,珠江三角洲地区已在局部开始出现少量地面沉降现象。

2) 初步发展阶段

20世纪90年代中期,广东省地质局水文工程地质一大队开展1:50万广东省环境地质调查,论述了珠江三角洲软土平原区地面沉降现象。该报告提出三角洲平原区由于淤泥质黏性土产生高压缩变形而破坏建筑物或引起工程不均匀沉陷,斗门黄金冲等地2~6层民房和碉楼因软土地基而产生歪斜甚至倒塌;广州—佛山段广泛分布松散粉细砂和淤泥,极易产生沙土液化及淤泥触变,致使建筑物产生不均匀沉陷;珠海市淤泥、淤泥质软土厚度(10~45m)较大,广泛分布,土体力学强度低,在斗门等地部分建筑发生楼房歪斜、墙裂等问题。

3)快速发展阶段

20世纪90年代末至21世纪初,由于人类活动对地质环境影响的加剧,珠江三角洲地区地面沉降进入快速发展阶段。例如珠海市金湾高尔夫球场,软土地基采用砂桩排水固结,2001年11月—2003年7月间产生不均匀地面沉降,两年内最大沉降量达2.20m。

近年来,珠江三角洲地面沉降问题受到各级政府的重视,2010—2013年广东省地质局开展了珠江三角洲及周边地区地面沉降地质灾害监测工作:一是根据调查区内地面沉降的分布状况,把沉降类型分为软基沉降和人为工程建设引起地面沉降两大类,并对珠江三角洲地面沉降发育程度进行分区;二是开展部分地面沉降监测工作,根据监测结果,2012年12月—2013年6月,平原区沉降量以5~25mm为主,最大达105.86mm。

总体上,珠江三角洲地区地面沉降现象从发现至今已有约40年的历史,由初期开始发现地面沉降至现今沉降可达210mm,认为本地区地面沉降现象正处于快速发展时期。

(三)地面沉降现状、分布特征及危害

1. 地面沉降现状

珠江三角洲评价区地面沉降现象发现虽然较早,但其监测工作起步晚,监测数据甚少,未形成系统资料。根据以往地面沉降监测成果及本次补充调查成果,得出工作区地面沉降现状图(图3-1)。

结合前人工作成果和区内地层分布情况,对工作区地面沉降分布状况进行统计分析,可明显得知:地面沉降主要分布于西江、小榄水道、鸡鸭水道、洪奇沥水道、横门水道、蕉门水道、磨刀门水道、鸡啼门水道、平塘海等河流水道流域,坦洲、三灶湾等第四纪沉积物较厚的三角洲或滨海平原区及南水、三灶、横琴等山间谷地。总体呈南、北两块段,北部中山块段总体呈北西-南东向,南部珠海块段呈北东-南西向展布,与区内软弱类土分布情况基本一致。地面沉降区地势较平坦,人类活动频繁。而基岩丘陵台地区沉降量小,地面沉降灾害几乎可以忽略。

累计沉降量大于50cm的区域主要分布于中山市港口镇—民众镇一带以及横门水道两岸,珠海市磨刀门水道两岸、坦洲镇—白蕉镇、金湾区三板村—白藤湖及海华新村—美达街一带,江门市新会区礼乐镇—大鳌镇一带,分布面积530.35km²;累计沉降量10~50cm的区域广泛分布于广州市南沙区万顷沙、中山市、珠海市,分布面积1 924.12km²;累计沉降量0~10cm的区域分布于江门市外海街办、古镇一带,分布面积475.24km²。

2. 地面沉降分布特征

根据本次地面沉降专项调查,结合前人地面沉降工作的成果,综合分析可知:本区地面沉降主要分布于西江河网水道流域的三角洲平原及黄埔、神湾、乾务、南水、三灶、横琴等山间谷地,基岩丘陵台地区地面沉降现象极少,基本可以忽略。

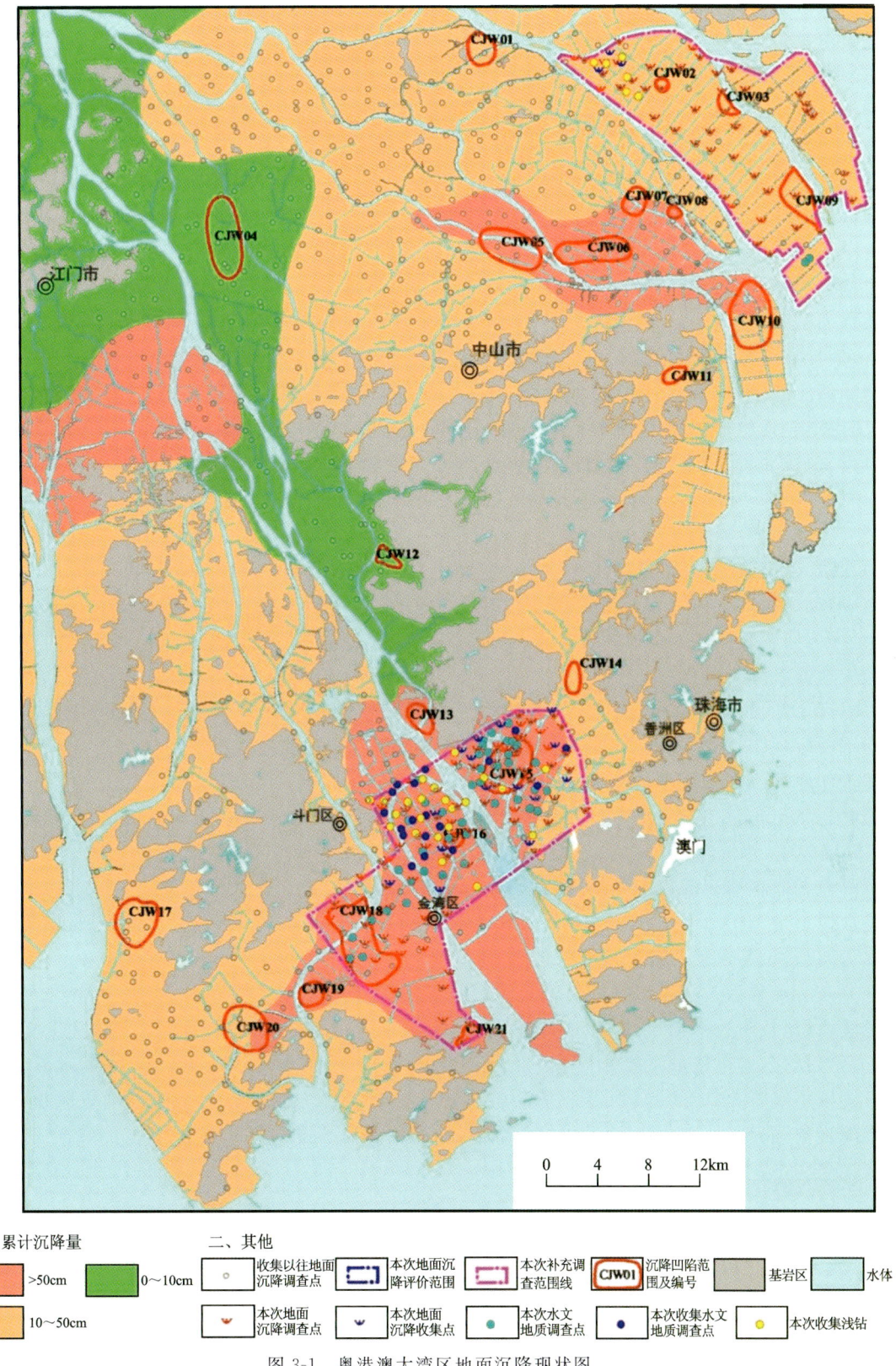

图 3-1 粤港澳大湾区地面沉降现状图

1) 地面沉降灾害点分布特征

通过本次野外地面沉降专项调查及收集资料获得的 959 个地面沉降灾害点的空间分布情况,可明显看出:本区地面沉降灾害点从北至南主要分布在顺德区南部、江门市东部、南沙区南部和中山市各镇的三角洲平原区,珠海市白蕉—红旗—乾务—平沙一带珠江三角洲平原区及珠海市沿海平原区,局部分布在山间谷地的城镇、村庄等较平坦的低洼地带,丘陵台地区基本未见地面沉降灾害发生。从地面沉降灾害点的分布图上不难看出,地面沉降灾害点均位于第四系堆积物厚度较大的软土分布区和欠固结填土分布区,并且仅分布于居民区、公路沿线、工业园等人类活动较为频繁的地段。而农田、鱼塘、林地等区域由于地面沉降为区域性统一下沉,多为农田或低洼地段被水淹没,地面沉降表现出片状或面状,相对固定构筑物与地面沉降强烈对比点少,一般少发生单个地面沉降灾害点,故灾害调查点分布稀疏。

从地面沉降灾害点的沉降严重程度和产生破坏程度等方面来说,人类活动程度越强烈,软弱类土厚度越大,累计地面沉降量就越大,造成的财产损失也越大。珠海市白蕉镇、红旗镇、三灶镇、横琴镇的主要交通线路沿线(包括国道和省道)、居民聚集区、工业园等区域,如新青科技园、三灶工业园等,经济活跃,人类活动较强烈,同时该区域分布的软土厚度较大(10~40m),在多因素的共同作用下,地面沉降灾害较严重,造成大量经济损失。例如珠海市金湾区三灶镇高尔夫球场(C1115 调查点),表现为地台下沉,已累计下沉 25cm,2013 年调查中测得下沉量为 10cm,墙角与地面交接带管线遭拉裂破坏,维护费用大。

平沙镇、斗门镇等区域,以种植业和水产养殖业为主,地表建筑较少且以低矮民房为主,地面上部增加荷载少,加之大部分区域靠近花岗岩台地,区内软土厚度一般小于 20m,地面沉降灾害点沉降幅度相对较小,多为墙壁裂缝和墙角地面裂缝,对当地民众造成的财产损失相对减少。

2) 年地面沉降量分布特征

根据评价区目前已经获取水准点的水准测量结果和 GPS 监测结果,结合野外调查结果,得出评价区地面沉降分区图(图 3-2)。区内年地面沉降量及其面积和所占陆地面积比例统计见表 3-1。

评价区地面沉降分区面积由大到小,年沉降量分别为小于 10mm、10~20mm、20~30mm、30~40mm、40~50mm、50~60mm、60~70mm、70~80mm、大于 80mm,平原区地面沉降以年沉降量 10~50mm 区域为主,年沉降量大于 80mm 区域最少(图 3-2)。评价区内中山和珠海三角洲平原与滨海平原区年沉降量普遍在 20mm 以上,沉降量大于 40mm 的区域,主要呈条带状分布于中山市小榄水道中下段—民众镇一带和中山市坦洲镇往西南方向延伸至高栏港,包括珠海西区的大部分平原区,另在评价区东北部万顷沙镇、民众镇、横门岛、坦洲北部、神湾镇南部、乾务镇西南联丰围、三灶镇东北海华新村等地小面积分布。评价区总体上以地面沉降轻微(年沉降量小于 10mm)区域为主,这一区域主要分布于评价区丘陵、台地及附近平原区,以林地为主,人口稀少,工程活动少。地面沉降较轻微(年沉降量小于 20mm)区域次之,这一区域主要分布于评价区西北部和中北部平原区及丘陵台地周围区域,区内软弱类土厚度较小或者人口密度较小,工程活动不频繁。平原区人口密度较大,人类活动较频繁,普遍存在地面沉降现象,局部地段地面沉降严重,对当地民众生活和经济造成危害和损失。

3. 主要沉降区分布特征

区内地面沉降现象总体上受地层、地貌分布的控制,地面沉降区被丘陵台地分割成块状,似蜂窝状分布。为了进一步突出评价区地面沉降特征,根据评价区地面沉降分布形态,参考《地面沉降监测技术要求》(DD 2006—02)中对年均沉降量的划分,年均沉降量小于 10mm 为最轻微,10~30mm 为轻微,30~50mm 为严重,以此类推。本次以 30mm 为起始年沉降量,根据独立闭合的区域仅有唯一一个年沉降量峰值为原则,划分评价区地面沉降区。根据这一方法,评价区及其外围共呈现 19 个大小不一的沉降区(表 3-2)。

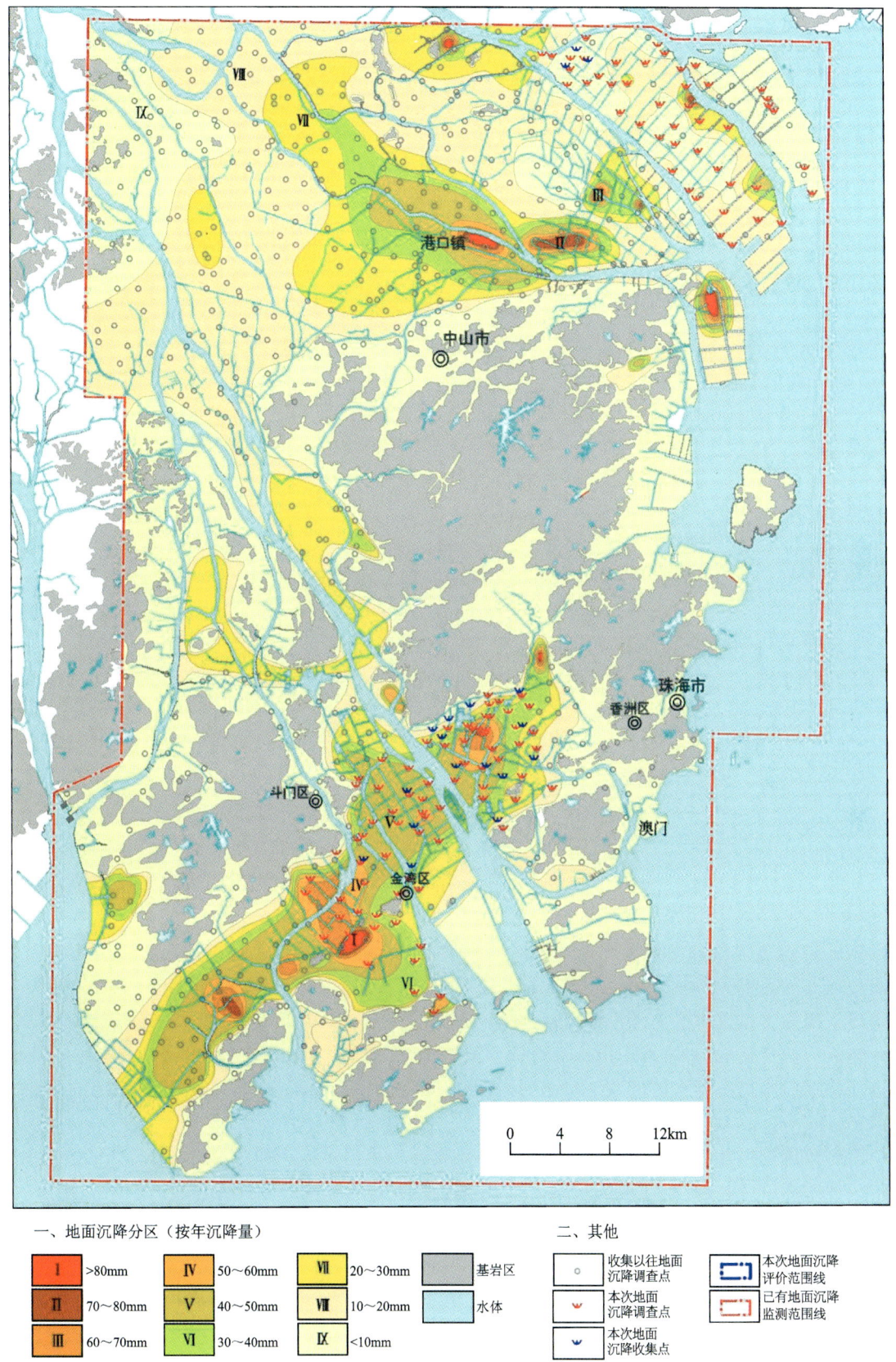

图 3-2 珠江三角洲评价区地面沉降分区图

表 3-1 珠江三角洲评价区年沉降量分区统计表

区域代号	年地面沉降量(mm)	面积(km²)	占陆地面积比例(%)	主要分布范围
Ⅰ	>80	4.20	0.16	集中分布于中山市黄圃镇乌珠山东侧、港口镇东北沙港中路和横门岛北部,及中山市坦洲镇北侧广澳高速路口、珠海市红旗镇红灯村东侧至珠海大道一带工业园区
Ⅱ	70~80	9.23	0.36	除了上述Ⅰ区外围,在南沙区万顷沙镇龙珠新村东侧蕉门水道西岸九涌、中山市民众镇新联村—罗家围、民众镇南边接源村东侧、坦洲镇西侧群联村小学周边、珠海市平沙镇东南侧平乐大道等地呈独立区块分布
Ⅲ	60~70	26.83	1.05	除了上述Ⅱ区外围,在中山市民众镇新伦村东侧、珠海市红旗镇小林西侧联港工业园区、三板村及乾务镇新青村一带均有分布
Ⅳ	50~60	38.87	1.52	成片分布于Ⅲ区外围,在中山市神湾镇南部定溪村工业园、珠海白蕉镇灯三村、三灶镇东北部海华新村—金海岸一带
Ⅴ	40~50	180.44	7.05	除上述Ⅳ区外围,成片分布于中山市小榄水道中下游流域和呈长条状沿北东-南西向分布于中山市坦洲—斗门白蕉灯笼沙—白藤湖—红旗镇广发村—乾务镇大海环—平沙镇东风分场、前东分场一带及块状分布于斗门联丰围富山工业区、万顷沙十六涌南萌镇东北侧
Ⅵ	30~40	144.14	5.63	呈条带状分布于Ⅴ区外围,中山市板芙镇白坦新村南侧小块分布
Ⅶ	20~30	366.90	14.33	分布于Ⅵ区外围,及中山市古镇曹三村至泗益围、西江板芙—神湾段两岸、莲洲镇附近、红旗镇与三灶镇交接红西七围、大门航道一带,鹤州北垦区一带
Ⅷ	10~20	694.14	27.11	大面积分布于评价区西北部鸡鸭水道—小榄水道—拱北河—江门大鳌镇一带,中北部黄圃水道—横门水道一带,丘陵台地山脚边缘地带
Ⅸ	<10	1 095.66	42.79	广泛分布于评价区低山、丘陵、台地区的山间谷地和周边平原上

根据区内地形地貌分布情况和地面沉降监测情况与分布图,评价区地面沉降可以分为五大区域:①西北角均安—北部黄圃镇台地区—东北部洪奇沥—蕉门水道一带;②中北部小榄水道—鸡鸭水道—蕉门水道—横门水道流域三角洲平原区;③中西部珠海市平沙镇西部—斗门镇—井岸镇—莲江镇一带丘陵台地区—西江流域,中东部中山市神湾镇—沙溪镇—南萌镇—中山市区等丘陵山区;④中南部磨刀门水道—鸡啼门水道—南水河流域三角洲平原区;⑤东南部珠海市区—横琴岛丘陵台地区—三灶-南水台地区。

1)西北角均安—北部黄圃镇台地区—东北部洪奇沥—蕉门水道一带

本区位于评价区北部,是评价区北部边界,地貌为三角洲平原围绕剥蚀残丘、台地,第四系松散堆积物及厚度变化较大,从几米至50多米不等,软弱类土厚度一般在0~20m之间,最大31m,均呈近台地厚度小、近河流厚度大的分布趋势。区内地面沉降现象分布连续,沉降程度不均一,年沉降量一般在0~20mm之间,局部大于30mm。以本区年地面沉降量分区情况为基础,根据前述地面沉降区划分方法,可划分出地面沉降区共3个(表3-2),从北至南,分别位于中山市黄圃镇乌珠村乌珠山东侧、南沙区万顷沙镇龙珠新村东侧蕉门水道西岸九涌一带、南沙区万顷沙镇蕉门水道西岸十六涌一带,其中乌珠村乌珠山东侧地面沉降最严重,最大年沉降量达158.06mm;其余两处沉降区最大年沉降量分别为74.24mm、41.10mm,分别位于南沙区万顷沙镇九涌东水闸、南沙区万顷沙镇广州JFE钢板有限公司东门。

第三章　粤港澳大湾区软土地面沉降

表 3-2　珠江三角洲评价区地面沉降区一览表

序号	编号	位置		沉降区					
				沉降面积（km²）	起算年沉降量（mm）	最大沉降量		软弱土厚度（m）	地下水开采情况	附近人类工程活动特征
						地点	年沉降量（mm）			
1	CJW01	中山市黄圃镇乌珠村乌珠山东侧	北部平原台地区	3.57	30	中山市黄圃镇东北乌珠村乌珠山东侧	158.06	5～10	无开采	中山市北部垃圾综合处理基地占地100余亩，拥有较多大型机械设备，大型垃圾车往来频繁
2	CJW02	南沙区万顷沙镇龙珠新村东侧蕉门水道西岸九涌一带		1.28		南沙区万顷沙镇九涌东水闸	74.24	20～30	无开采	以水产养殖业为主，无大型工程建设活动
3	CJW07	南沙区万顷沙镇蕉门水道西岸十六涌一带		3.37		南沙区万顷沙镇广州JFE钢板有限公司东	41.1	20～30	无开采	原为滩涂，现已建设为工厂，车辆往来频繁
4	CJW03	中山市港口镇东北沙港中路至沙港东路一带	中北部三角洲平原区	8.08	50	中山市港口镇沙港东路18号	89.74	10～30	无开采	位于港口镇东北侧，道路两边近建设了大量厂房，机械设备和人员较多，机械设备产生的振动较大
5	CJW04	中山市民众镇南边接源村东侧		8.30		中山市民众镇接源村	75.22	10～30	无开采	该区域建设了"珠三角钢材城"，大型厂房林立，钢材等原材料堆积，大型机械设备运转，重型车辆往来频繁
6	CJW05	中山市民众镇新伦村东侧		2.63	40	中山市民众镇生活污水处理厂	64.34	30～40	无开采	该村东南建设了中山市民众镇生活污水处理厂，拥有大型污水处理设备
7	CJW06	中山市民众镇新联村罗家闸一带		0.66		中山市民众镇新联村	74.76	30～40	无开采	该村南侧河涌边建设水闸，该区域大型机械和车辆往来频繁，改变了土层荷载

续表 3-2

序号	编号	位置		沉降区						
				沉降面积（km²）	起算年沉降量（mm）	年沉降量（mm）	最大沉降量		软弱土厚度（m）	地下水开采情况	附近人类工程活动特征
							地点			
8	CJW08	中山市火炬开发区横门岛中北部临海工业园一带		8.35		86.72	中山市火炬开发区临海工业园				临海工业园所在地原为滩涂，填土后荷载改变，排水固结，园区厂房已初具规模并已进入生产
9	CJW09	南朗镇东北部县道 X573 一带	中部丘陵台地区	0.97	30	45.6	中山市南朗镇华南现代医药科技园		—	—	以种植业为主，道路上车辆往来频繁
10	CJW10	中山市板芙镇白坦新村至蚝门周边一带		1.71		32.56	中山市板芙镇工业园大道		<5	无开采	原来以渔业养殖和农业种植为主，现规划为工业园，出现大量工程建设活动
11	CJW11	中山市神湾镇定溪村工业园		1.92	30	55.54	中山市神湾镇定溪村工业园		—	—	原来以渔业养殖和农业种植为主，现规划为工业园，出现大量工程建设活动
12	CJW15	珠海市斗门区富山工业区		8.19		58.32	珠海市斗门区富山工业区管委会		<10	无开采	原来以渔业养殖和农业种植为主，现规划为工业园，出现大量工程建设活动
13	CJW12	中山市坦洲镇北侧广澳高速路口周边	中南部三角洲平原区	2.05	40	211.72	中山市坦洲镇爱 ME 公园小区		<10	无开采	广澳高速路口周边新开发了大量的房地产，大量建筑工地的施工加速了地面沉降
14	CJW13	中山市坦洲镇西侧群联村小学周边一带		9.29	50	77.06	中山市坦洲镇群联村		5~30	开采强度高	地处农村，以渔业养殖和农业种植为主，无大型工程建设活动
15	CJW14	珠海市白蕉镇灯笼沙		1.08		67.95	珠海市白蕉镇灯三村		30~44	开采强度高	地处农村，以渔业养殖和农业种植为主，无大型工程建设活动

第三章　粤港澳大湾区软土地面沉降

续表 3-2

序号	编号	位置		沉降区					
				沉降面积(km²)	起算年沉降量(mm)	年沉降量(mm)	最大沉降量		软弱土厚度(m)	地下水开采情况	附近人类工程活动特征
							地点			
16	CJW16	珠海市红旗镇西南侧三板村一红灯村一带	中南部三角洲平原区	29.51	50	123.26	珠海市金湾区红旗镇新恒生电器有限公司	10~47	开采强度高	三板村周边以渔业养殖为主；红灯村东侧至珠海大道已建成连片的工业园区，以工业生产为主
17	CJW17	珠海市红旗镇西南侧小林村西侧联港工业园区		2.62		62.38	珠海市金湾区联港工业区	10~40	开采强度高	工业园区建有大量厂房，部分厂房尚在建设当中，以工业生产为主
18	CJW18	珠海市平沙镇东南侧平乐大道一带		8.49		79.94	珠海市金湾区台湾农民创业园永呈园艺	10~20	无开采	平乐大道两侧主要以花卉开园林培育种植为主，珠海大道、平乐大道上运输车辆往来频繁
19	CJW19	珠海市三灶镇东部海华新村—金海岸一带	南部台地地区	1.58	30	60.42	珠海市金湾区海华小区	10~30	无开采	地处海海岸带，原为海滩，后人工填海开发房地产、工业园

注：1亩≈666.67m²。

2) 中北部小榄水道—鸡鸭水道—蕉门水道—横门水道流域三角洲平原区

本区地貌为三角洲平原，地形平坦，第四系松散堆积物较厚，也是评价区地面沉降分布主要两区块的之一，其分布范围大，年沉降量大，影响重大。本区同时也是软弱类土厚度较大的地区，软弱类土厚度一般在10～30m之间，民众至横门水道入海口一带大于30m，最大43.89m。区内地面沉降区连成片状，年沉降量普遍大于20mm，中山市港口镇—民众镇一带地面沉降严重，局部年沉降量大于50mm。

以本区年地面沉降量分区情况为基础，根据前述地面沉降区划分方法，在本平原区内初步形成4个沉降区（表3-2）：中山市港口镇东北沙港中路至沙港东路一带、中山市民众镇南边接源村东侧、中山市民众镇新伦村东侧、中山市民众镇新联村—罗家围一带。其中中山市港口镇东北沙港中路至沙港东路一带沉降最严重，最大年沉降量达89.74mm，位于中山市港口镇沙港东路18号；其余沉降区最大年沉降量分别为75.22mm、64.34mm、74.76mm，分别位于中山市民众镇接源村、中山市民众镇生活污水处理厂、中山市民众镇新联村。

3) 中西部珠海市平沙镇西部—斗门镇—井岸镇—莲江镇一带丘陵台地区—西江流域，中东部中山市神湾镇—沙溪镇—南蓢镇—中山市区等丘陵山区

中部地区地貌以低山、丘陵和台地为主，仅在西江两岸和山间谷地表层及滨海平原区分布松散堆积物，基底主要由花岗岩类、浅变质岩类等岩石组成，岩土工程地质条件较好。区内地面沉降现象普遍轻微，年沉降量一般小于10mm，局部大于30mm。沉降量略大区域（年沉降量大于20mm）主要分布于沿海岸线或河道两岸，或交通要道沿线，被丘陵台地分割成独立块段。

以本区年地面沉降量分区情况为基础，根据前述地面沉降区划分方法，在中山市火炬开发区横门岛中北部临海工业园一带、南蓢镇东北部县道X573一带、板芙镇南侧白坦新村至蚝门围一带、神湾镇定溪村工业园和珠海斗门区富山工业区出现5个沉降区（表3-2），其中中山市火炬开发区横门岛中北部临海工业园一带地面沉降最严重，最大年沉降量达86.72mm，位于火炬开发区临海工业园，其余沉降区最大年沉降量分别为45.60mm、32.56mm、55.54mm、58.32mm，分别位于中山市南蓢镇华南现代医药城科技园、中山市板芙镇工业大道、中山市神湾镇定溪村工业园、珠海市斗门区富山工业区管委会。

4) 中南部磨刀门水道—鸡啼门水道—南水河流域三角洲平原区

本平原区为珠海市地面沉降灾害区，地面沉降分布面积广，沉降量大，危害较大。本区同时也是软土厚度较大的地区，软土厚度一般在10～40m之间，局部大于40m。区内地面沉降区连成片状，年沉降量为10～80mm，普遍大于30mm，局部大于50mm，最大超过80mm。年地面沉降量呈现出从四周山区台地往中间河流平原逐渐增加的趋势。

以本区年地面沉降量分区情况为基础，根据前述地面沉降区划分方法，在本三角洲平原区内初步形成6个沉降区：中山市坦洲镇北侧广澳高速路口周边、中山市坦洲镇西侧群联村小学周边一带、珠海市白蕉镇灯笼沙、珠海市红旗镇西南侧三板村—红灯村一带、珠海市红旗镇西南侧小林村西侧联港工业园区、珠海市平沙镇东南侧平乐大道一带（表3-2）。其中中山市坦洲镇北侧广澳高速路口周边、珠海市红旗镇西南侧三板村—红灯村一带地面沉降最严重，最大年沉降量分别达211.72mm和123.3mm，分别位于中山市坦洲镇爱ME公园小区、珠海市金湾区红旗镇新恒生电器有限公司，其余沉降区最大年沉降量分别为77.06mm、67.95mm、62.38mm、79.94mm，分别位于中山市坦洲镇群联村、珠海市白蕉镇灯三村、珠海市金湾区联港工业区、珠海市金湾区台湾农民创业园永呈园艺。

5) 东南部珠海市区—横琴岛丘陵台地区—三灶-南水台地区

本区地貌以花岗岩丘陵、台地为主，岩土工程地质条件较好。区内地面沉降分布于山间谷地人工填土区、海岸线或河道两岸，地面沉降微弱，一般年沉降量小于10mm，仅在珠海保税区由于在马骝洲水道沿岸软土区和大门航道滨海平原区进行大量工程建设出现年地面沉降量达10～20mm的区域，在三灶镇东北部金海岸—海华小区一带出现年沉降量大于30mm的区域。

以本区年地面沉降量分区情况为基础，根据前述地面沉降区划分方法，本区仅一个地面沉降区位于三灶镇东北部的海华新村—金海岸一带，最大年沉降量达60.42mm，局部累计沉降量高达148cm。

4. 多年地面沉降量变化对比

1）典型点地面沉降量变化对比

较典型的地面沉降灾害点是珠海市金湾区海华新村—美达街一带，住宅小区20世纪90年代初建设，至2013年地面累计沉降量140cm，至2018年地面累计沉降量达148cm，楼房地面悬空，埋设于地下的管道拉断，居民在楼梯出入口已修补台阶多达7级，地面沉降灾害给民众的生活带来不便。楼房废弃，财产损失严重，还对生命安全造成严重威胁。

平沙镇、斗门镇等区域以种植业和水产养殖业为主，地表建筑物较少且以低矮民房为主，地面上部增加荷载少，加之大部分区域靠近花岗岩台地，区内软土厚度一般小于20m，地面沉降灾害点沉降幅度相对较小，多为墙壁裂缝和墙角地面裂缝，对当地民众造成的财产损失相对减少。

2）区域地面沉降量变化对比

(1) 2007—2010年区域地面沉降状况。通过收集以往地面沉降InSAR监测成果，广州南沙区位处珠江入海口，植被茂盛，水体丰富，影像的相干性较差，不过仍然有部分沉降区域被检查到，中山市横门岛临海工业园区临海并且分布软弱类土，随着工业园建设，地面沉降现象愈发明显。

珠海市位于广东省珠江口的西南部，东与香港隔海相望，南与澳门相连，西邻新会、台山市，北与中山市接壤。由图3-3可以看出，该区域大部分分布不稳定的软土层，地面沉降较为明显，最大形变达3cm/a，由于澳门也在影像的覆盖区域内，因此把澳门的部分沉降区域一并展示。年沉降量大于30mm的区域主要分布于珠海市红旗镇、小林镇、坦洲镇，中山市民众镇、阜沙镇，江门市横栏镇一带。

(2) 2014年区域地面沉降状况。通过收集以往地面沉降InSAR监测成果，年沉降量10~25mm的区域主要分布于中山市港口镇东北沙港中路至沙港东路、民众镇东边新伦村东南侧、新华村东南侧，江门市礼乐镇东部、横栏镇西侧等地，年沉降量25mm的区域主要分布于白藤湖一带（图3-4）。

5. 地面沉降造成的主要危害

严重的地面沉降对评价区的经济建设及其生态环境均造成很大的影响。由于评价区位于沿海，地面标高较低，地面沉降将会进一步丧失地面标高，沿海大片低地将被海水淹没。地面沉降还导致地面开裂、地下井管变形、防洪工程功能降低、国家测量标志失效、下水道排水不畅、桥梁净空减少、水质恶化等。地面建筑如高楼、公路、码头、机场等也都会受到不同程度的影响。

评价区地面沉降的主要危害如下。

(1) 损失地面标高，造成雨季地表积水，防泄洪能力下降，抵抗风暴潮的能力降低。地面沉降往往使陆地地面高程下降，海平面相对上升，导致海水入侵和风暴潮灾害加剧。同时，海堤、防波堤大幅度沉降，且发生局部开裂，防御能力降低。同时风暴潮灾害也日益严重，潮位越来越高，而且高潮次数也不断增加，风暴潮造成的损失愈来愈大。珠海市白蕉镇泗喜村村民楼房建于1993年，地面下沉导致水浸屋，于2009年将地面填土抬升了60cm，方能防止大雨或风暴潮时遭水浸；珠海市斗门区白蕉镇桄夹村曙光北，民居建于1987年，20世纪90年代后期开始浸水，现水浸高度已达40cm。评价区也普遍存在比较严重的滞汛积水问题，地面沉降加重雨季地表积水和洪水危害。

(2) 地面、地下管网遭到破坏。给水供气管道随地面不均匀沉降而弯曲变形，导致管道漏水漏气，进而折断，直接影响市民生活及工业生产，给当地民众的生命财产安全造成巨大威胁或损失。例如珠海市斗门区白蕉镇珠海市晶洋钻石砂轮有限公司楼房建于2003年，总体下沉已达113cm，2010年至今已下沉约20cm。据访，由于管道线路拉裂、拉断，需每2年维修一次管线和台阶，花费约8万元/次。

(3) 公路安全受到威胁。地面沉降造成公路路基不均匀下沉，道路安全受到威胁。例如珠海市斗门区X584县道灯笼沙段，由于路面地基下沉，路面与桥梁间形成陡坎，经多次修补后形成斜坡，对道路安全造成不利影响。

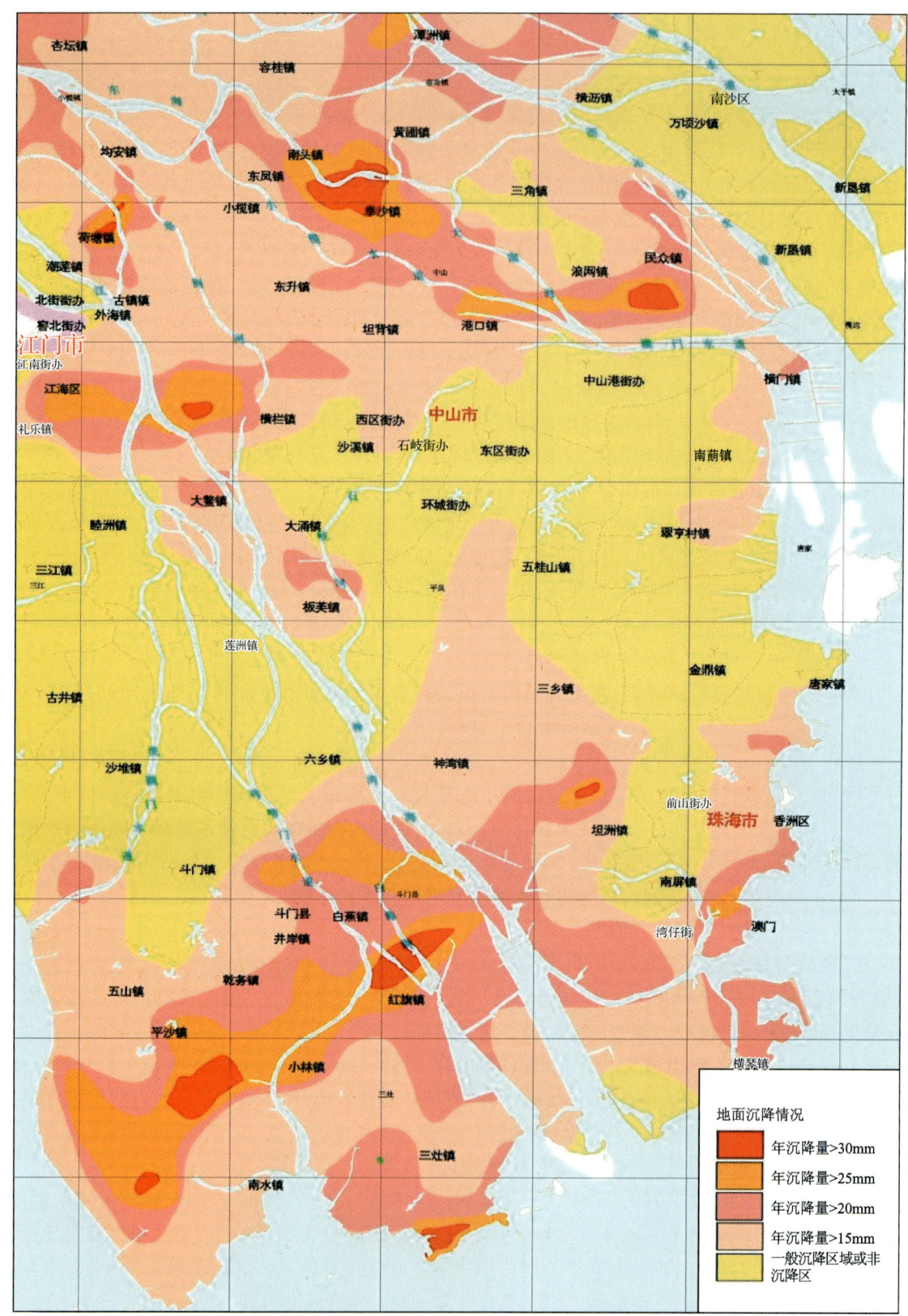

图 3-3 珠江三角洲评价区 2007—2010 年地表平均形变速率示意图

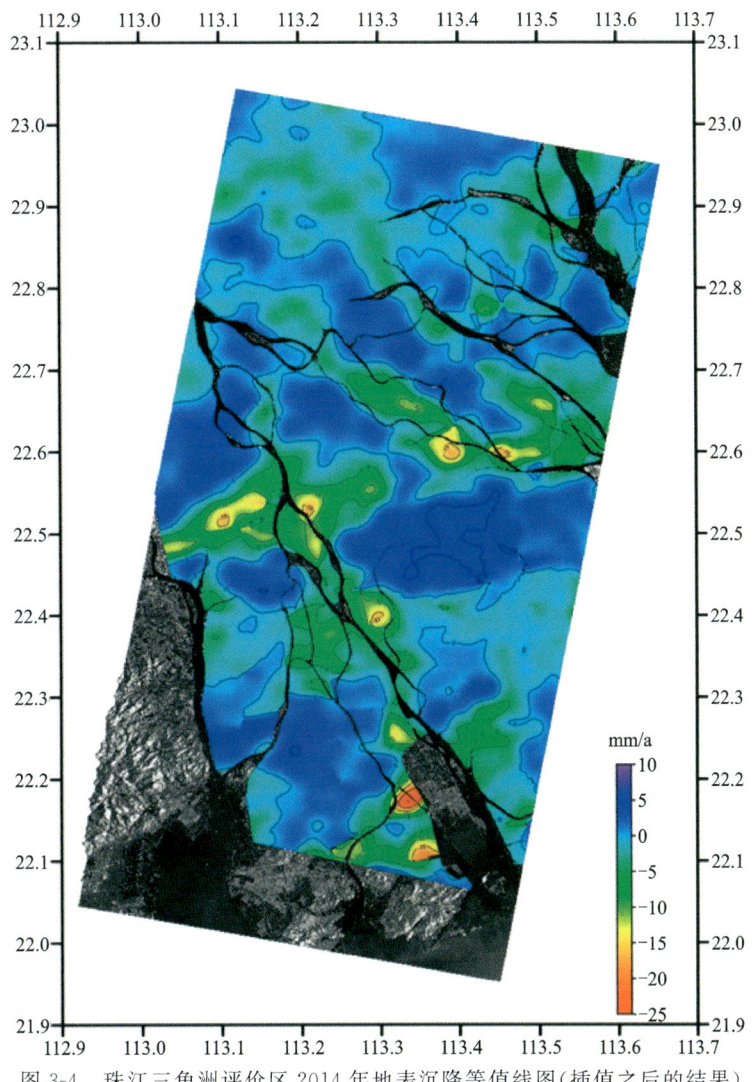

图 3-4 珠江三角洲评价区 2014 年地表沉降等值线图（插值之后的结果）

(4) 河堤下沉，河道防洪排涝能力降低，桥下净空变小影响泄洪和航运。地面沉降对本来就地势低洼的三角洲、滨海平原区所产生的危害表现为降低了泄洪功能和抵御洪涝灾害的能力，大幅度增加了低洼湿地面积，使耕地沼泽化，生态环境恶化；为防止河水外溢，沉降区河岸一再加高，使河床相对抬高，形成地上悬河，如西江磨刀门水道一段，河床已明显高出附近农田 1～2m；而且拦河堤坝等防洪设施因沉降而发生破坏，造成城市御洪能力下降，出现严重的水患威胁，其危害将是巨大的。而且地面沉降造成桥梁错断、桥下净空减小等，严重影响了运河航运和交通安全，如珠海市斗门区灯笼沙一带西江河堤 20世纪 50 年代修建的桥梁由于下沉、破坏均已无法使用，均于 90 年代至 21 世纪初重新修建。

(5) 浅层地下水位相对变浅引起一系列环境问题。在滨海地区，地面沉降活动使陆地地面高程下降，海平面相对上升，海水入侵，浅层地下水位变浅，水质恶化，引起一系列环境问题。

(6) 地面高程资料大范围失效。地面沉降还导致观测和测量标志失效，地面高程资料是国民经济建设和发展的重要基础资料，在水文、地震、环保、地质、市政建设等行业广泛利用，且必不可少，而大范围的高程损失及其不均衡动态变化，给相关工作带来严重的影响和干扰，如使河流水位、海洋潮位、地形高程失真，给城市规划和建设造成困难，同时也加大了相关工作的经费投入。

(7) 造成建筑物下沉、开裂、倾斜、变形，威胁其安全使用。地面下沉造成建造于地面上基础未达稳定层位的房屋，在随着地面一同下沉的过程中，由于自重加速下沉，形成矮脚楼，雨季易遭洪水淹没，造成水灾。例如珠海市金湾区红旗镇三板村民居整体下沉，窗户至地面距离仅 20～30cm。另外，地面沉降的不均一性,使建筑物产生拉裂、倾斜,甚至变成危楼,无法安全使用。例如珠海市斗门区白藤湖街道办边民房南南西一角已下沉约10cm,楼房整体向南南西倾斜;珠海市平沙镇前进五队某住宅墙壁裂隙宽1~3cm,房子向北倾斜约4°,地面沉降相对高程约20cm,危害结构安全。

(8)海堤高度下降,海水倒灌,海港建筑物破坏,装卸能力降低。地面下沉导致沿海堤坝一起下沉或因沉降不均一而产生破坏,削弱堤坝防浪能力,造成港口建筑物损坏,影响沿海地区安全和发展。

二、地面沉降监测技术评价

通过对收集的前人成果资料进行归纳整理,评价区地面沉降监测技术手段主要包括水准监测、GPS监测和InSAR监测3种,下面分别对地面沉降监测技术进行评价。

(一)地面沉降水准监测

1. 地面沉降水准监测网

水准监测网由173个水准监测点组成。其中8个为基准点,9个国家水准点,129个单独水准方法观测的监测点标识,27个为GPS和水准方法共同适用的监测墩标石。水准监测点位置分布及水准观测网路线如图3-5所示。

2. 地面沉降水准监测及结果

采用正常高系统,按照国家1985国家高程基准起算,地面沉降水准监测网充分联测已有的国家一、二等水准点。此次地面沉降水准监测初次观测时水准监测基点与监测点均采用一等水准测量方法观测,采用其中一个比较稳定的已有国家二等水准点的成果做起算,旨在建立监测网的基准数据,作为沉降监测网的初始值。考虑到地面沉降的影响,选择位于基岩区或地质状况稳定地区,并且将保存最完好的国家二等基本水准点"Ⅱ阳定70基上"作为水准监测网初次观测的起算点。地面沉降水准监测网按一等水准进行初始观测后的基岩水准点,将作为地面沉降水准监测网的首次监测以及后续的定期常规监测的高程起算。

水准监测首次监测和后续的定期常规监测将采用二等水准测量方法进行。水准监测网初次观测按一等水准测量的精度要求,水准网复测按二等水准测量的精度要求,观测均采用单路线往返观测。每千米水准测量的偶然中误差M_Δ和每千米水准测量的全中误差M_w不应超过表3-3规定的数值。

根据本次收集资料,对区内地面沉降水准监测进行了初次观测和首次监测,监测结果精度可靠。初次观测时间为2012年12月,首次监测时间为2013年6月,间隔6个月时间。根据水准测量获取的数据,得出评价区第一期地面沉降量。

(二)地面沉降GPS监测

1. GPS监测网点分布

根据本次收集资料,珠江三角洲GPS监测网共33个,其中32个位于评价区及外围,对25个GPS监测点开展了监测,其中24个位于本次评价区(图3-6)。区内GPS监测网已布设成连续网,可采用5台接收机进行同步监测,每点的连接点数不少于4个点。GPS监测网中,最简独立闭合环或复合路线的边数小于等于4。GPS监测网相邻点间平均距离约15km,相邻点间最小距离为6.5km,最大距离为37.7km。评价区另有3个国家C级GPS监测点未参与联测。区内GPS监测点埋设位置如图3-6所示。

图 3-5 珠江三角洲评价区已有地面沉降水准监测网络图

表 3-3 水准监测网的测量精度要求

单位:mm

测量等级	一等	二等
M_Δ	0.45	1.0
M_w	1.0	2.0

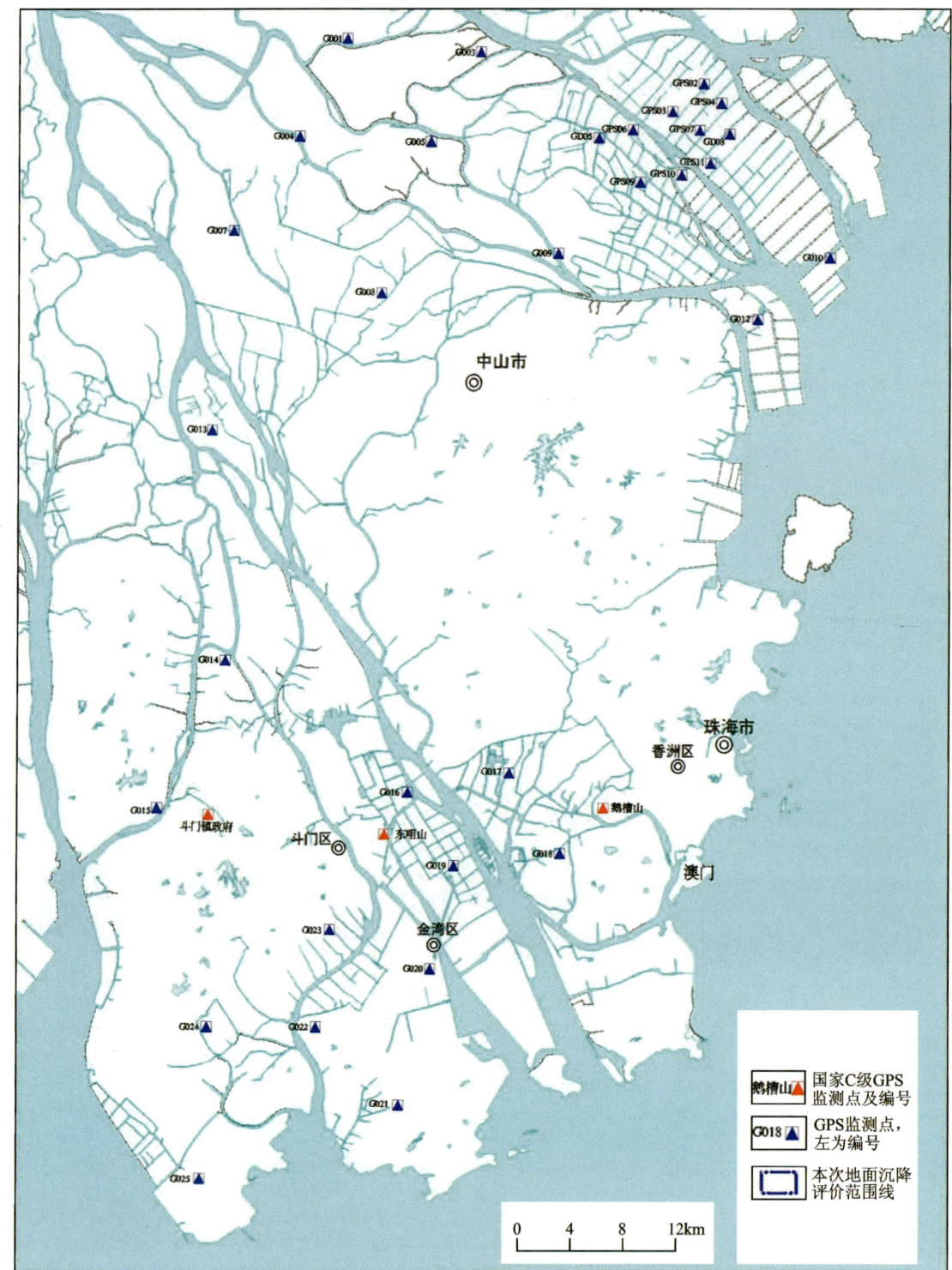

图 3-6 珠江三角洲评价区已有地面沉降 GPS 监测网点分布图

2. 地面沉降 GPS 监测和结果

评价区共进行了 2 次 GPS 监测,时间分别是 2012 年 12 月和 2013 年 7 月。

根据本次收集的资料,评价区地面沉降,2 次 GPS 监测间隔 6 个月。GPS 监测点沉降量如表 3-4 所示。

表 3-4 GPS 监测点沉降量统计表

序号	点号	纬度	经度	沉降量（正数表示沉降值,mm）	备注
1	G001	22°44′41.03″	113°17′36.65″	13.85	监测点
2	G003	22°44′09.16″	113°23′28.37″	92.42	监测点
3	G004	22°40′49.90″	113°15′29.82″	2.87	监测点
4	G005	22°40′37.92″	113°21′17.30″	−5.35	监测点
5	G007	22°37′08.13″	113°12′36.52″	12.37	监测点
6	G008	22°34′42.18″	113°19′07.12″	17.42	监测点
7	G009	22°36′14.74″	113°26′48.45″	5.44	监测点
8	G010	22°36′04.12″	113°38′36.30″	21.07	监测点
9	G012	22°33′39.45″	113°35′28.82″	75.38	监测点
10	G013	22°29′19.31″	113°11′40.05″	4.42	监测点
11	G014	22°20′17.64″	113°12′16.16″	30.9	监测点
12	G015	22°14′29.02″	113°09′17.80″	−6.71	监测点
13	G016	22°15′07.15″	113°20′19.41″	19.45	监测点
14	G017	22°15′52.68″	113°24′44.26″	42.81	监测点
15	G018	22°12′42.51″	113°26′56.62″	15.9	监测点
16	G019	22°12′14.10″	113°22′21.54″	43.22	监测点
17	G020	22°08′10.77″	113°21′19.23″	33.77	监测点
18	G021	22°02′49.92″	113°19′56.67″	44.25	监测点
19	G022	22°05′54.13″	113°16′18.56″	46.64	监测点
20	G023	22°09′42.99″	113°16′55.07″	36.39	监测点
21	G024	22°05′54.74″	113°11′29.42″	22.77	监测点
22	G025	21°59′56.72″	113°11′11.08″	26.39	监测点
23	G026	22°28′28.56″	113°01′44.93″	25.98	监测点
24	GD05	22°40′46.37″	113°28′34.36″	0	基准点
25	GD08	22°40′55.08″	113°34′15.58″	0	基准点

根据评价区地面沉降水准测量和 GPS 监测结果,结合野外地面沉降专项调查,可绘制出评价区 2012 年 12 月至 2013 年 6 月地面沉降量等值线图(图 3-7)。

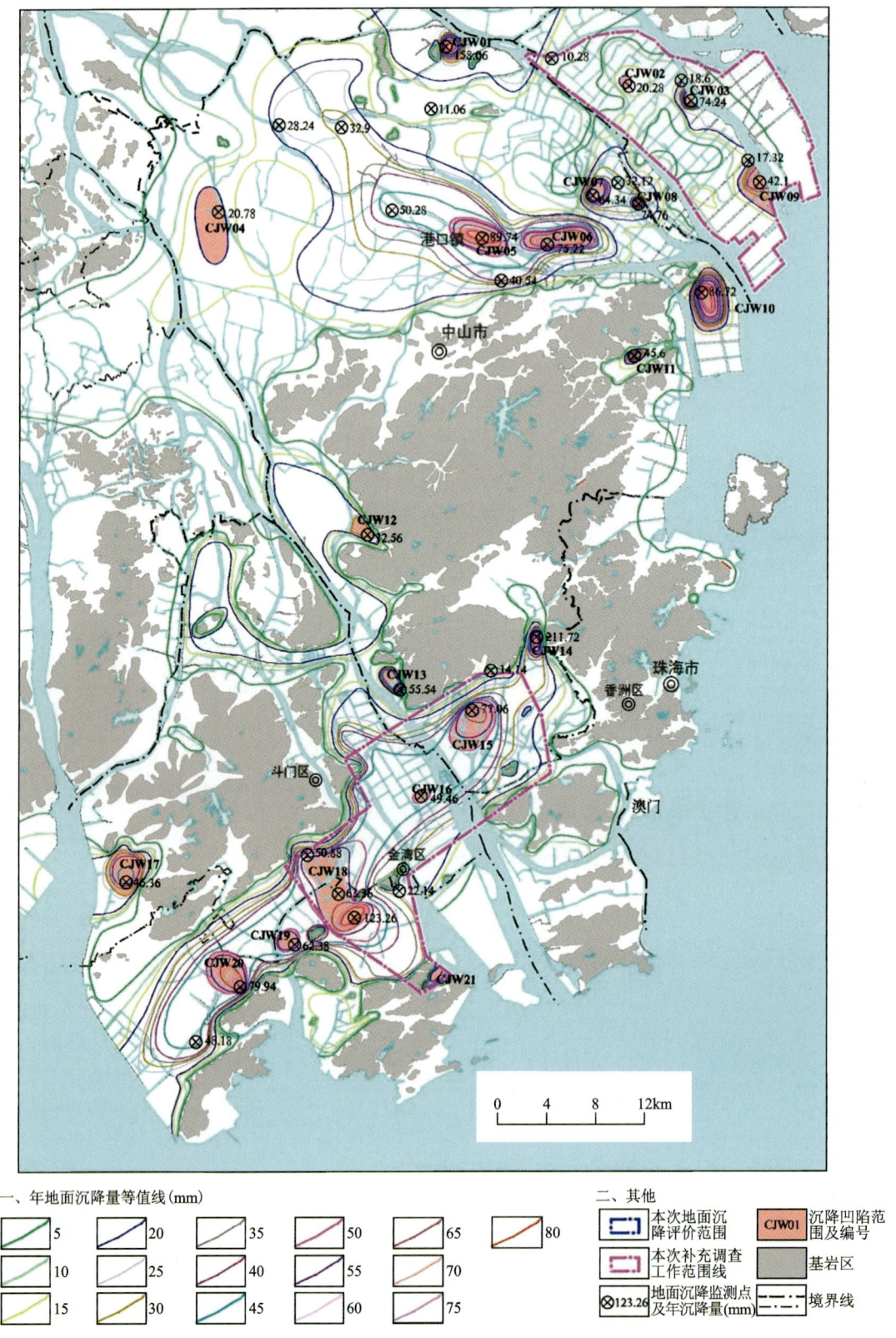

图 3-7 珠江三角洲重点区年地面沉降量等值线图

从地面沉降监测结果来看，评价区三角洲平原和滨海平原区地面沉降量普遍在 15mm/a 以上，沉降量达到 40mm/a 以上的区域分布情况为：在北部中山块段主要位于中山市小榄水道中、下段两侧平原区—民众镇新群村一带，及民众镇新伦村和新联村、黄圃镇珠村东侧、万顷沙九涌和十六涌与蕉门水道交汇区、横门岛北部、南蓢镇东北部等地；在南部珠海块段主要位于中山市坦洲镇，往西南延伸至高栏港，包括珠海斗门区和金湾区的大部分区域。地面沉降监测区从北往南、由西往东，可明显看到 19 个大小不一的沉降区，沉降区位置及相关信息统计如表 3-5 所示。

表 3-5　地面沉降区沉降漏斗位置及相关信息统计表

序号	编号	沉降区位置	附近人类工程活动特征	监测点编号及半年沉降量
1	CJW01	中山市黄圃镇乌珠村乌珠山东侧	中山市北部垃圾综合处理基地占地 100 余亩，拥有较多大型机械设备，大型垃圾车往来频繁	JC073，地面沉降量达 79.03mm
2	CJW02	南沙区万顷沙镇龙珠新村东侧蕉门水道西岸九涌一带	以水产养殖业为主，无大型工程建设活动	JC014，地面沉降量达 37.12mm
3	CJW03	中山市港口镇东北沙港中路至沙港东路一带	位于港口镇东北侧，道路两边新近建设了大量厂房，车辆和人员较多，机械设备产生的振动较大	JC090，地面沉降量达 44.87mm
4	CJW04	中山市民众镇南边接源村东侧	该区域建设了"珠三角钢材城"，大型厂房林立，钢材等原材料堆积，大型机械设备运转，重型车辆往来频繁	JC096，地面沉降量达 37.61mm
5	CJW05	中山市民众镇新伦村东侧	该村东南建设了中山市民众镇生活污水处理厂，拥有大型污水处理设备	JC053，地面沉降量达 32.17mm
6	CJW06	中山市民众镇新联村—罗家围一带	该村东南侧河涌边建设水闸，该区域大型机械和车辆往来频繁，改变了土层荷载	JC050，地面沉降量达 37.38mm
7	CJW07	南沙区万顷沙镇蕉门水道西岸十六涌一带	原为滩涂，现已建设为工厂，车辆往来频繁	JC006，地面沉降量达 20.55mm
8	CJW08	中山市火炬开发区横门岛中北部临海工业园一带	临海工业园所在地原为滩涂，填土后荷载改变，排水固结，园区厂房已初具规模并已进入生产	JC101，地面沉降量达 43.36mm
9	CJW09	南蓢镇东北部县道 573 一带	以种植业为主，道路上车辆往来频繁	JC102，地面沉降量达 22.8mm
10	CJW10	中山市板芙镇白坦新村至蚝门围一带	原来以渔业养殖和农业种植为主，现规划为工业园，出现大量工程建设活动	JC109，地面沉降量达 16.28mm
11	CJW11	中山市神湾镇定溪村工业园	原来以渔业养殖和农业种植为主，现规划为工业园，出现大量工程建设活动	JC111，地面沉降量达 27.77mm
12	CJW12	中山市坦洲镇北侧广澳高速路口周边	广澳高速路口周边新开发了大量的房地产，大量建筑工地的施工加速了地面沉降	JC114，地面沉降量达 105.86mm

续表 3-5

序号	编号	沉降区位置	附近人类工程活动特征	监测点编号及半年沉降量
13	CJW13	中山市坦洲镇西侧群联村小学周边一带	地处农村,以渔业养殖和农业种植为主,无大型工程建设活动	JC112,地面沉降量达38.53mm
14	CJW14	珠海市白蕉镇灯笼沙	地处农村,以渔业养殖和农业种植为主,无大型工程建设活动	JC121,地面沉降量达33.98mm
15	CJW15	珠海市斗门区联丰围富山工业区	原来以渔业养殖和农业种植为主,现规划为工业园,出现大量工程建设活动	JC145,地面沉降量达29.16mm
16	CJW16	珠海市红旗镇西南侧红灯村—三板村一带	三板村周边以渔业养殖为主;红灯村东侧至珠海大道已建成连片的工业园区,以工业生产为主	JC141,地面沉降量达31.68mm;JC142,地面沉降量达61.63mm
17	CJW17	珠海市红旗镇西南侧小林村西侧联港工业园区	工业园区建有大量厂房,部分厂房尚在建设当中,以工业生产为主	JC140,地面沉降量达31.19mm
18	CJW18	珠海市平沙镇东南侧平乐大道一带	平乐大道两侧主要以花卉园林培育种植为主,珠海大道、平乐大道上运输车辆往来频繁	JC135,地面沉降量达39.97mm
19	CJW19	珠海市三灶镇东部海华新村—金海岸一带	地处海岸带,原为海滩,后人工填海开发房地产、工业园	JC145,地面沉降量达30.21mm

根据评价区地面沉降监测点及附近地层情况和人类工程活动情况,对监测结果简单进行分析,认为本区地面沉降的成因是:软弱类土自重固结而产生的自然地面沉降,一般年沉降量为10~30mm;在软土地区抽取地下水加剧了地面沉降,年沉降量可达40~80mm,如中山坦洲群联村和三板村—灯笼村一带;在软土地区填土、进行工程建设活动,软土荷载的改变加剧了地面沉降,年沉降量可达60~210mm,如中山市坦洲北部广澳高速路口周边、珠海三灶镇东部海华新村—金海岸等地。

评价区地面沉降监测刚起步,尚有许多不足之处:此次监测点布点密度不够,水准路线稀疏,监测周期只有1次,间隔6个月时间,时间和空间分辨率都很低,难以捕捉到沉降最严重的区域及划定沉降发生的范围,仅能对地面沉降现状作概况分析,难以满足精确监测本区域的地面沉降现状的需求。

(三)地面沉降 InSAR 监测

地面沉降按引发因素可分为天然地面沉降和人为地面沉降。天然地面沉降一般为山体滑坡等自然现象,随着珠江三角洲地区经济的快速增长、人口的迅猛增加、城市化水平的日益提高,人类经济-工程活动对地质环境的作用和影响越来越大,所引发的地面沉降问题已直接给地区经济社会发展带来了严重的危害和阻碍,许多地段已产生了严重的地面沉降,对建筑、交通、水利及地下管线等工程设施造成较为严重的破坏,目前地面沉降广泛存在,并有加剧的趋势。用传统的监测技术如水准测量进行地面沉降监测,在日益严重的大范围地面沉降的情形下,已经变得越来越难以胜任。

星载合成孔径雷达图像(synthetic aperture radar,SAR)具有全天候、大范围、高地面分辨率和不受大气影响等优点,已经成为地形测绘、灾害监测、资源普查、变化检测等很多微波遥感应用领域的重要信息获取手段。雷达干涉测量(synthetic aperture radar Interferometry,InSAR)技术成功地综合了合成孔径雷达成像原理和干涉测量技术,利用传感器的系统参数、姿态参数和轨道之间的几何关系等精确测量地表某一点的三维空间位置及微小变化,是地面沉降监测的一种新型工作手段。

已有的国内外地表形变和监测应用研究表明,InSAR测量技术对于地表形变调查与监测具有覆盖范围广、周期短、快速、准确的优势,便于发现地面沉降监测盲区。

1. 2007—2010年InSAR监测成果

采用2007—2010年将近4年的InSAR数据(图3-8~图3-10),首次系统地监测了珠江三角洲的地表形变,特别是位于软土区的深圳市、珠海市、广州南沙区、中山市等,发现形变特别严重。深圳市的沉降主要发生在沿海区,特别是宝安区填海,该区域沉降比较明显,平均形变达到15mm/a,发生沉降的原因主要是填海和地铁施工等市政工程。

2. 2014年InSAR监测成果

根据珠江三角洲地区2014年5—7月的地表沉降等值线图(图3-11),年沉降量大于10mm的沉降区中心区分布于以下地区:中山市小榄水道—鸡鸭水道—洪奇沥水道三角洲平原区,江门市礼乐镇—大鳌镇—中山市横栏镇—板芙镇—珠海市莲洲镇等西江两岸平原区一带,中山市坦洲北广澳高速路口周边、白蕉镇北侧、金湾区红旗镇—白藤湖一带,小林西侧联港工业园区及金湾高尔夫球场一带。其中中山市港口镇东北沙港中路至沙港东路,中山市民众镇东边新伦村东南侧、新华村东南侧、江门市礼乐镇东部、横栏镇西侧、板芙镇西侧等地地面沉降趋势为每年10~25mm,形成沉降区,特别是白藤湖一带年沉降量达25mm。

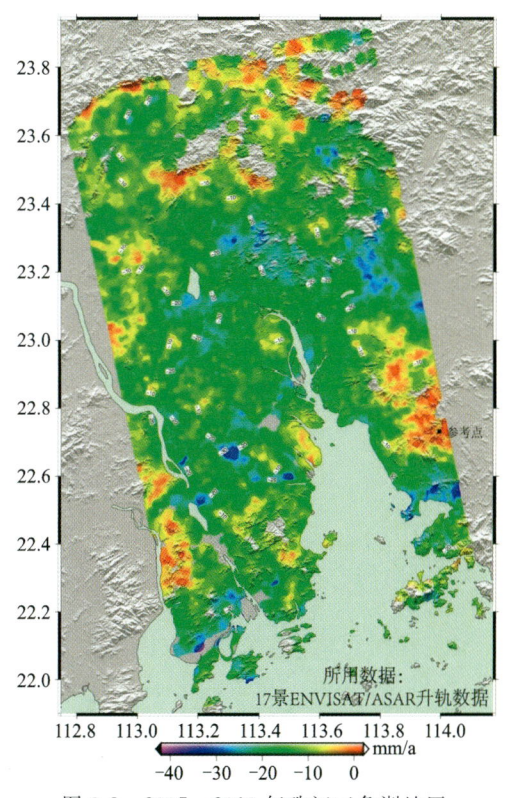

图3-8 2007—2010年珠江三角洲地区地表平均形变速率图

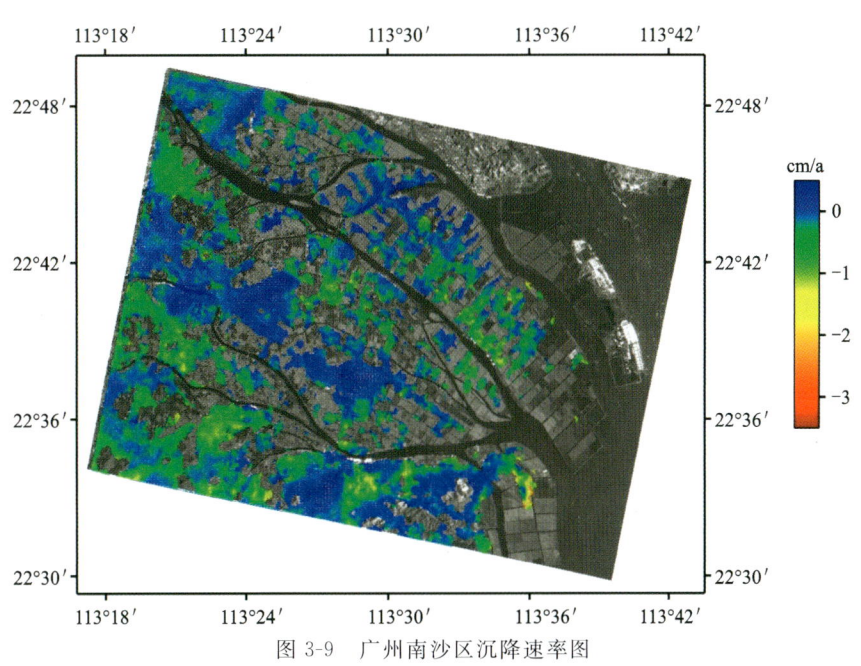

图3-9 广州南沙区沉降速率图

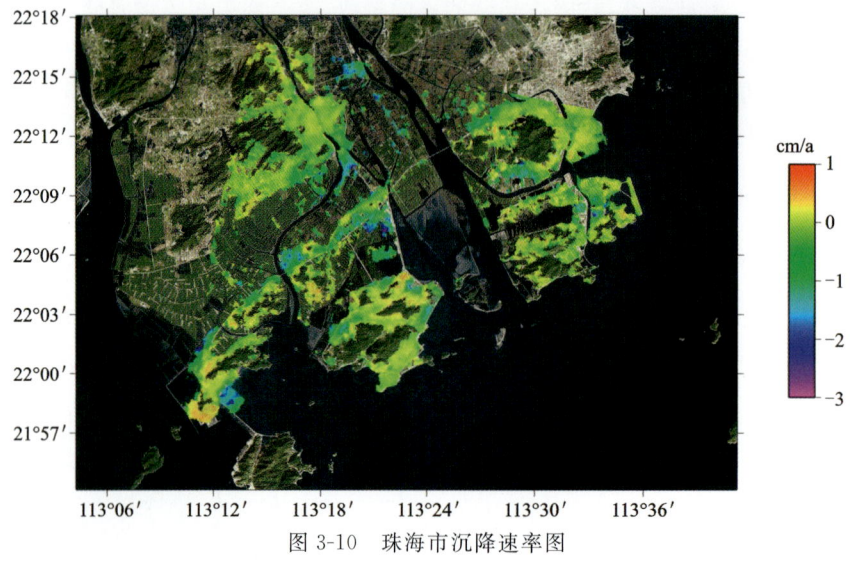

图 3-10　珠海市沉降速率图

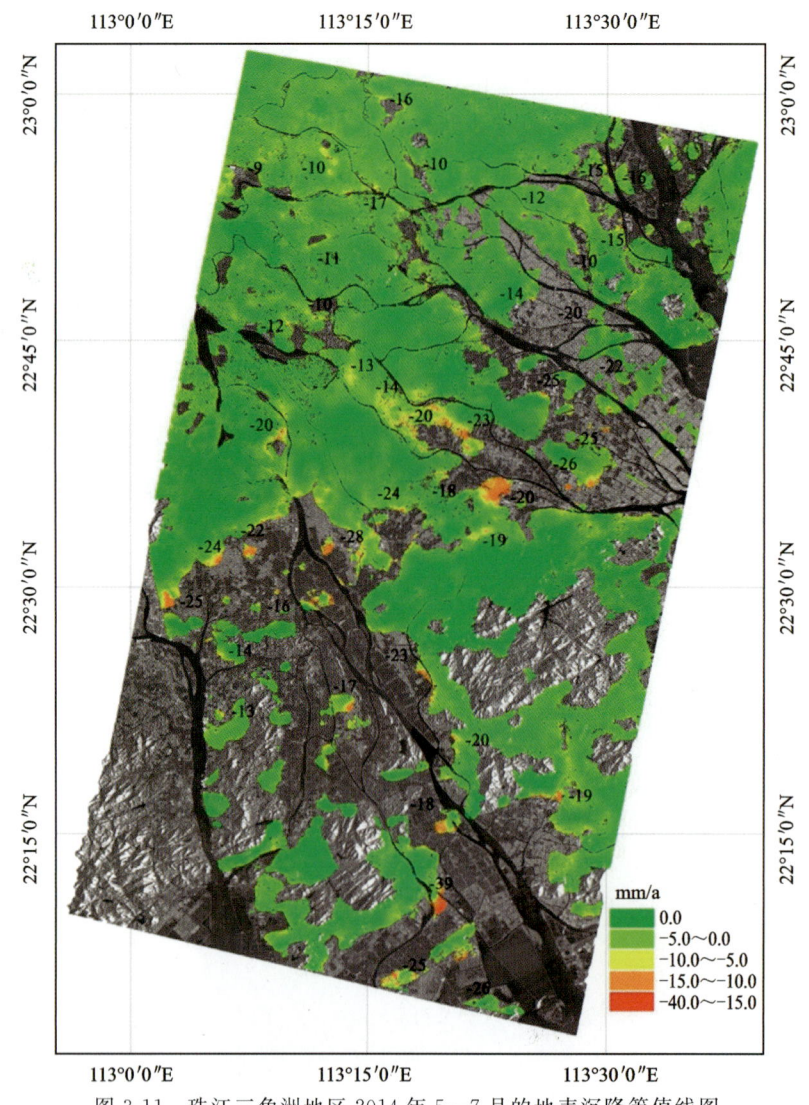

图 3-11　珠江三角洲地区 2014 年 5—7 月的地表沉降等值线图

三、地面沉降成因机理分析

(一)地面沉降成因机理概述

通常地面沉降分为瞬时沉降、固结沉降和次固结沉降3个阶段,区内地面沉降也是如此。根据前述第一节野外调查划分的地面沉降类型,区内诱发地面沉降的作用力可归纳为5个方面:软土自重应力;上部大面积填土产生附加应力;地下水水位下降产生附加应力;交通线路车流量产生的动态附加应力;上部建筑物产生的附加应力。

评价区内软弱类土在上述5种应力作用下产生地面沉降的机理分析如下。

1. 软土自重应力致其压密固结

在天然状态下,软土在自身重力作用下蠕变,从而产生缓慢的压缩固结。在某一深度处土体的竖向有效自重应力为其上部土层厚度与有效重度之积。

2. 上部大面积填土产生附加应力致软土压密固结

区内围海造地填土和工程建设填土自20世纪80年代开始一直持续至今,大面积填土产生的附加应力作用于其下软弱类土体之上,其作用力为厚度与有效重度之积。

3. 地下水水位下降的附加应力致软土压密固结

根据区内地下水开发利用现状,地下水水位下降主要因水产养殖大量开采地下咸水而形成,局部为工程建设排水。由于区内地下水以潜水—微承压水为主,地下水水位下降主要改变土体应力结构。从宏观上说,水位下降改变了潜水—微承压水的水头压力,局部因水位降落形成漏斗,致使储存地下水的含水层孔隙压力产生变化,形成压力降低趋势,同时土体有效应力相应增大,从而导致地层土体被压密;从微观上说,超采地下水引起地下水水位下降,使原本由地下水承受的应力不断转嫁至土壤颗粒骨架上,同时由于地下水溶解、离子交换等作用,土壤颗粒受到侵蚀,致使颗粒本身强度降低,同时所受应力增加,加速土层压缩固结过程。

4. 交通线路车流量产生的动态附加应力致软弱类土压密固结

在软土地区建设交通线路时,如果路基直接置于土体之上,那么土体所受的附加应力主要来源于两部分:上部路基的自重和长期车流碾压产生的动态附加应力。其中长期车流碾压产生的动态附加应力是引起公路地面沉降的主要因素,刚性较大的路面结构会对车辆动态荷载产生扩散作用,路面沉降表现得较为均匀,但会呈波状起伏;而对于刚性较小的路面结构,车辆动态荷载对局部路面产生冲击力,直接破坏路面,致使路面坑洼不平。

车辆动态荷载作用的计算模型有等效静荷载模型、移动荷载模型、随机荷载模型等多种,一般区域性的地面沉降调查评价可用等效静荷载模型计算。

5. 上部建筑物产生的附加应力致软弱类土压密固结

在软土上直接以天然地基作为简易基础支撑平台建设住宅,经过较长时间,住宅下沉形成"矮脚楼",是区内上部建筑物产生的附加应力致软弱类土压密固结的典型。由于住宅基础之下的软土一般未经处理,在上部建筑物静荷载作用压力下,软弱类土被压密固结而产生沉降。

(二)开采地下水与地面沉降的关联性分析

1. 地下水开采概况

珠江三角洲评价区由于其特殊的地理环境和形成历史,区内地下水以咸水—半咸水为主,故区内生活用水均来自地表水,主要为西江水。开采地下咸水,仅用于区内水产养殖中的咸水养殖。根据野外水文地质调查和访问情况,评价区地下水开发利用有机井、民井两种形式,机井主要位于三角洲平原区,民井主要位于丘陵台地区,并且多已废弃。根据本次90个野外水文地质调查点情况,民井一般为石砌老井,井径一般60~100cm,井深一般3~10m,取水层位较浅;机井一般为小口径PVC管,井径一般9~12cm,井深一般20~35m。在珠海地区少量井深40~50m,主要开采深度一般10~30m,在南部珠海市三角洲平原一带开采深度一般23~35m,在中北部中山市三角洲平原一带开采深度一般10~20m,相对来说南部深,北部浅。区内地下水开采井的分布情况如图3-12所示。根据野外调查访问,地下水开采时间主要集中在每年4月和8月两个时段,这时期为一年两季对虾养殖的初期,对地下咸水需求量巨大,其他时段仅少量开采地下水补给虾塘。由于地下水开采主要用于水产养殖,特别是对虾养殖,其开采量随区内水产养殖面积和养殖种类变化而变化。

2. 地下水开发利用强度

通过调查访问可知,一般情况下评价区内水产养殖区按照水产养殖种类不同可分为鱼塘和虾塘。其中,鱼塘用于各种鱼类养殖,以淡水养殖为主,少量咸水养殖;虾塘主要用于对虾养殖,为咸水养殖,需一定咸度水源。由于区内地下水开采仅为咸水养殖(以养虾为主,少部分养鱼)供水,故可依据水产养殖的种类及其养殖面积估算出区内地下水开发利用强度。总体上,虾塘密集区域咸水需求量巨大,地下水开发利用强度高(如红旗镇沙脊村—三板村一带);虾塘、鱼塘交错分布区域,地下咸水需求量略减少,地下水开发利用强度中等;鱼塘为主,少量虾塘区域或因地下水资源量减少无法满足开采需求。

小区域(如中山市坦洲部等地)的地下水开发利用强度低,抽取海水供水;无需开采地下水区域及无水产养殖区域,地下水开发利用强度极低或无地下水开发利用。依据上述情况,珠江三角洲评价区地下水开发利用强度共分为4类:地下水开发利用强度高、地下水开发利用强度中等、地下水开发利用强度低、地下水开发利用强度极低。分区情况如图3-12所示。

由图3-12可知,评价区地下水开发利用区域主要位于中南部,分布于广州市南沙区万顷沙,中山市大鳌镇、横栏镇、港口镇、板芙镇、坦洲镇,珠海市金湾区红旗镇、斗门区白蕉镇、乾务镇、莲洲镇等大面积水产养殖区,总体上评价区地下水开发利用强度较低。

3. 地下水动态特征

地下水补给、径流、排泄及开发利用是影响地下水动态的主要因素。根据多年调查研究成果,评价区地表水系发育,降雨量丰富,加之海水潮汐顶托影响,地下水动态总体稳定。根据在珠江三角洲重点区收集的地下水水位动态监测井的数据可知,评价区地下水水位较稳定,总体上变幅不大,仅中山市坦洲群联小学西校区(ZGH013)附近水位年变幅为4.8m;江门市新会区大鳌镇泰丰围(GC107)附近水位年变幅为2.3m。局部地下水动态变化大,分析其原因为该区地下水赋存量贫乏,地下水补给、径流缓慢,致使地下水在大量开采后难以恢复,表现为水位变化幅度大。

4. 开采地下水与地面沉降的关联性分析

将区内已有地面沉降量等值线与地下水开发利用情况进行对比,可明显看出在地下水开发利用强度高的地区年地面沉降量大增,如红旗镇广发村—三板村、灯笼沙—白蕉、坦洲群联村及周边等地,地面

第三章 粤港澳大湾区软土地面沉降

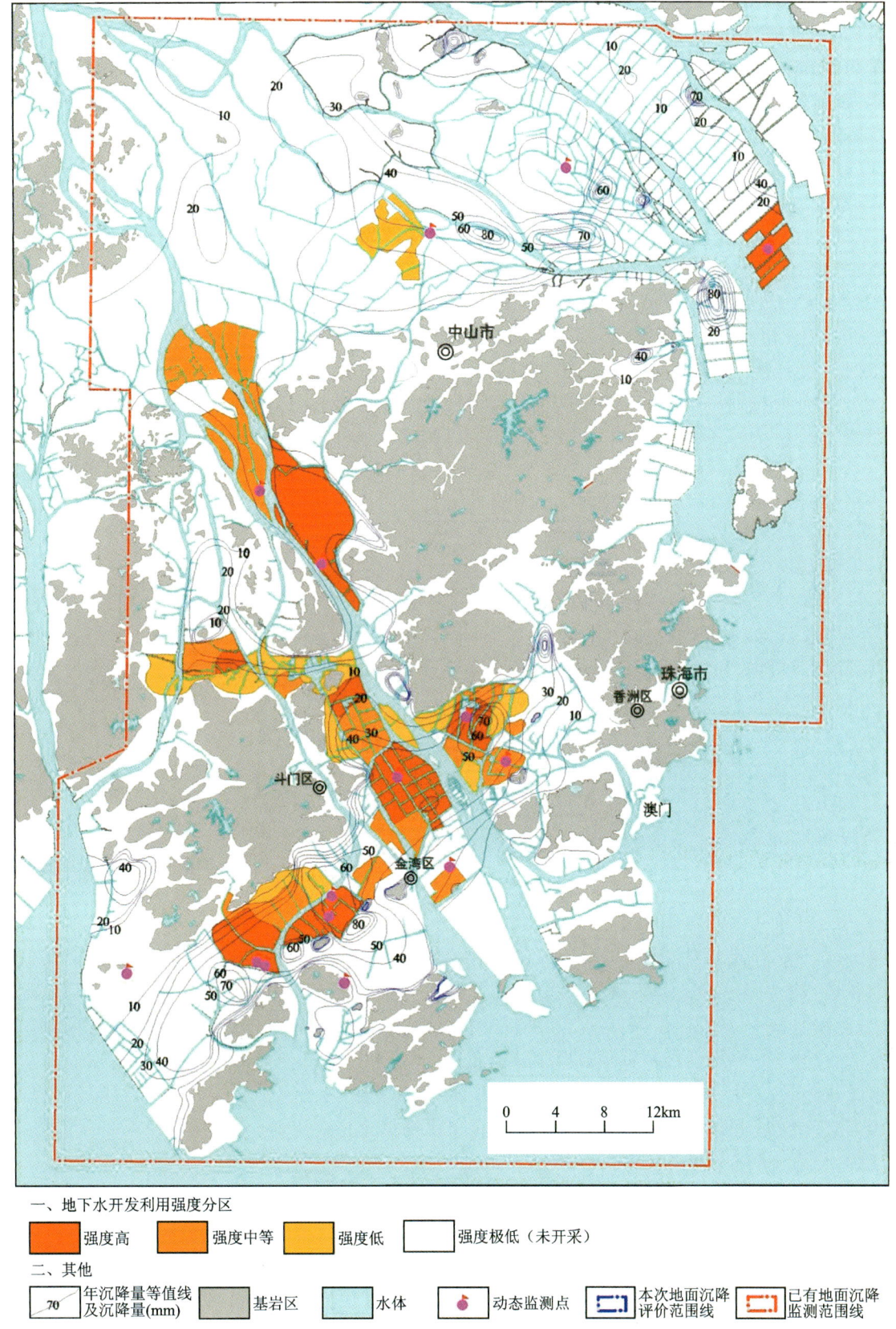

图 3-12 珠三角评价区地面沉降及地下水开采强度对比图

沉降量与周边地区相比明显大增,特别是中山市坦洲镇群联村及周边一带,软弱类土厚度一般在8～15m之间,相对厚度不大,但由于地下水开采程度强烈,局部甚至无地下水可采,结合附近形成最大半年沉降量为38.53mm的沉降区域,反映了地下水开采对地面沉降的促进作用。总体上,区内超采地下水加速地面沉降的影响区主要位于南部珠海地区,北部中山地区由于近年来严格管控地下水开发利用,对地面沉降影响较小。

(三)软土与地面沉降的关联性分析

软土是评价区分布最广泛的土体之一。珠江三角洲评价区因受历史时期多次海退海侵等的影响,大面积分布第四纪堆积物,以海相、滨海相为主,由淤泥、淤泥质土、软黏土等组成的软土在区内广泛分布。根据第四纪沉积相的沉积物粒度、微量元素、生物化石、腐木层、贝壳层等综合反映的沉积相特征,本区第四系从下至上依次为河流相为主、海相为主、海河交互相、海相为主4个沉积相,反映出两个沉积旋回,可划分出相应的地层单元。根据两次沉积旋回对应的地层单位和地层柱状图上沉积韵律对比,划分出如图3-13所示的沉积关系。

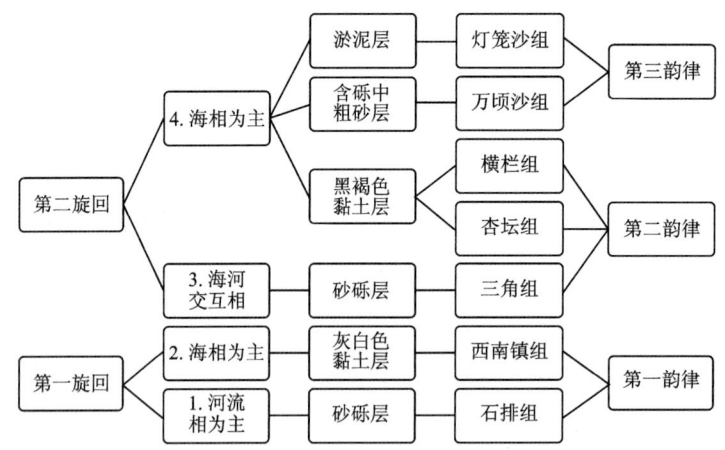

图3-13 珠江三角洲评价区内第四纪地层沉积关系图

依区内第四系沉积韵律和两个沉积旋回及3次海侵的演化规律,再根据形成时间、成因、工程地质性质等,软土垂向上大致分为3层。

第一软土层:以全新世海积-冲洪积相(Q^{al}、Q^{m})为主,少量中晚全新世冲积-洪积相(Q^{hl})沉积分布于山间谷地平原。第一软土层为现代沉积物,以深灰色—灰黑色淤泥为主,其次为淤泥质砂土、淤泥质黏性土、淤泥质黏土、淤泥质砂等,局部包含薄层细砂,富含贝壳,呈流塑—软塑状,极易触变流动。在珠江三角洲广泛分布,自三角洲顶端至前缘厚度增大。

第二软土层:为中全新世海积及早全新世冲积沉积,以海积为主。第二软土层为近代沉积物,含贝壳碎片,深灰—灰黑色淤泥,常夹粉细砂层,多埋藏于第一软土层之下,其分布范围比第一软土层小,分布不连续,与第一软土层常为连续沉积,分层界线不明显。

第三软土层:为晚更新世末期海河交互相、晚更新世—早全新世冲积相沉积。岩性以淤泥质黏土、粉砂质淤泥为主,深灰—灰黑色。主要分布于三角洲中部和前缘的底部,多缺失,仅局部残留。

珠江三角洲顶端和中部以第一层和第二层软土为主,三角洲前缘局部地段三层软土均有分布;滨海平原区则以第一层、第二层软土为主。总体来说,第一层、第二层软土在珠江三角洲分布广泛,第三层分布不连续,仅局部揭露。

软土在垂直方向、水平方向上的分布规律皆与三角洲海侵次数、范围与延续时间密切相关,其分布范围与各时期海侵也基本一致,厚度变化大,不少地方缺失,顶板埋深差别大,厚度变化由老至新大致稳定。全新世时期,珠江三角洲地区经历两次较大的海侵,这两次海侵范围遍布全区,因而在全区范围内沉积了较厚和较稳定的淤泥层;因近代海侵后海水并未全部退出全区或海退历时较短,紧急又进行了第三次海侵,使得这两层淤泥在三角洲前缘常为连续沉积,彼此没有明显的分层标志。现代三角洲前半部可能还有数次规模较小、历时短的海侵与海退,因而在第一层淤泥中还常常夹薄层的杂色黏土。

1. 软土的分布特征

根据野外调查结合前人研究成果资料初步分析,珠江三角洲评价区软土分布广泛,除去丘陵台地等基岩出露区外,平原区均有分布,其分布范围受地理条件和基地岩石埋深的控制。

1) 软土总厚度分布特征

评价区软土分布范围可分为南、北两块段,北部中山块段软土厚度大并且范围广,南部珠海块段软土沉积厚度总体上四周丘陵区薄,中间三角洲平原区厚度大。评价区软土越靠近丘陵台地其厚度越小,越靠近河流、海滨,其厚度越大,且厚度受地形地貌和基底构造的控制,一般在 2.0～43.8m 之间,最厚 47.2m,层底埋深一般为 5.0～41.7m,标高一般 −43.8～5.4m,评价区分布软土厚度以 18.5～35.5m 为主,8.5～18.5m 次之,再次分别为 3.5～8.5m,小于 1.5m,1.5～3.5m,厚度大于 35.5m 范围最小。

软土厚度小于 1.5m 的区域沿区内丘陵台地边缘分布;软土厚度为 1.5～3.5m 的区域,仅局部分布。厚度小于 3.5m 的区域主要呈不规则形状分布于评价区西北角江门、中部中山板芙和中南部斗门、南水、三灶、横琴、南屏、坦洲、香洲等地的丘陵台地边缘,平原环绕的孤山周围也少量分布。软土厚度在 3.5～8.5m 之间的区域,主要呈条带状沿厚度小于 3.5m 分布区的外围展布,仍主要位于台地区及附近平原上。软土厚度在 8.5～18.5m 之间的区域主要分布于北部中山块段,主要位于西侧均安镇—拱北河—横栏镇—板芙镇一带及民众镇西部和南头镇等地;南部珠海块段主要呈条带状沿斗门白蕉镇—井岸镇—乾务镇—平沙镇—南水镇展布,大林山—三灶镇和横琴镇山间谷地及坦洲大部分区域均有分布。软土厚度在 18.5～35.5m 之间的区域分布范围最广,在北部中山块段的中东部东凤镇—阜沙镇—港口镇—三角镇—万顷沙一带成片分布;在西侧古镇、横栏—大鳌、板芙等地呈条形分布;在南部珠海块段主要呈块状或条带状分布于磨刀门水道西岸白蕉镇—灯笼沙—鸡啼门水道—三灶湾—联港工业园—大海环一带、平沙镇东风分场—前西农场—南水河一带及马骝洲水道附近,大门航道附近零星分布。

2) 第一、二、三软土层分布特征

根据前述软土划分,可知评价区北部软土以双层为主,南部软土以单层为主,第三软土层仅局部揭露。第二软土层北部以浅埋为主,中南部以中深埋为主,南部以深埋为主。

区内第一软土层遍布区内的所有平原、谷地等第四系沉积区,分布范围最广,几乎遍布第四纪地层分布区。评价区范围内中山市、江门市东部、广州市南沙区南部、佛山市顺德区南部等三角洲平原区及珠海市平沙镇、红旗镇、三灶镇西北部、白蕉镇、坦洲镇、南屏镇、横琴镇、莲洲镇南部等地三角洲平原和山间谷地均有分布。第二软土层分布范围次之,其分布情况在评价区北部连续成片,仅在东凤—黄圃、小榄—古镇、礼乐—大鳌、横栏、港口、民众—万顷沙等地缺失;在评价区南部主要呈两块集中分布于西江与黄杨河间三角洲平原区白蕉—灯笼沙一带及平沙农场—南水西部—小林—红旗—三灶湾—金湾高尔夫球场一带,东部南屏镇前山河河谷一带小面积分布。第三软土层仅在评价区北部三角镇南部、灯笼沙建军围和金湾高尔夫球场等地小面积块状分布,该区也是区内第四系沉积厚度最大的区域。另外,鹤州至横洲岛三角洲、滩涂区 2000 年后才开始断续露出水面,由于人类工程活动少,目前资料缺乏,区内软土层厚度仅根据周边区域情况作估算,故未对其进行软土层划分,统一归为第一软土层。

在垂直方向上,软土厚度变化总体由前期构造运动形成的基底控制。以第一软土层为最厚,第二软土层次之,第三软土层最薄。其中,第一软土层揭露最广,厚度最大,一般沉积顶板埋深 0～11.4m,底板埋深 5～38m,底板标高 −35.0～5.4m,厚度一般 2.0～36.0m,最厚达 47.2m(金湾高尔夫球场)。第二软土层厚度次之,一般沉积顶板埋深 4.60～38.08m,底板埋深 9.0～41.7m,厚度一般 1.10～21.1m,最厚达 34.6m。评价区第三软土层仅在三角镇结民圩、建军围、金湾高尔夫球场等局部地段揭露,沉积顶板埋深 38.0~60.1m,沉积底板埋深 45.9~62.8m,厚度一般 2.7~4.5m,区外最厚达 20.4m。由图 3-14 可明显看出,评价区软土形成较晚,厚度大,多为现代沉积物。第三软土层与第二软土层分界清晰明显,第二软土层与第一软土层界线则不甚明显,局部相连。

2. 软土的力学性质

1) 软土的一般力学性质

软土主要是由天然含水量大、压缩性高、承载能力低的淤泥沉积物及少量腐殖质组成的土,主要由黏粒和粉粒等细小颗粒组成,黏粒的黏土矿物和有机质颗粒表面带有大量负电荷,与水分子作用非常强烈,因而在其颗粒外围形成很厚的结合水膜,且在沉积过程中由于粒间静电荷引力和分子引力作用,形成絮状和蜂窝状结构。所以,软土含大量的结合水,并且由于存在一定强度的粒间连结而具有显著的结构性,呈饱和状态,这都使软土在其自重作用下难以压密,而且来不及压密。因此,软土必然具有高孔隙性和高含水量,而且一般呈欠压密状态,以致其孔隙比和天然含水量随埋藏深度变化很小,因而土质特别松软。根据前面论述,结合对区内软土主要物理力学指标进行统计分析(表 3-6、表 3-7),软土一般具有下列性质。

(1) 高含水率和高孔隙性。软土的天然含水率一般为 45%~70%,最大值 96.9%。液限一般为 40%~60%,天然含水量随液限的增大成正比增加。天然孔隙比在 1~2 之间,最大达 2.792。其饱和度一般大于 95%,因而天然含水量与其天然孔隙比呈直线变化关系。软土的高含水率和高孔隙性特征是决定其压缩性和抗剪强度的重要因素。

(2) 高压缩性。软土均属高压缩性土,其压缩系数 a_{1-2} 一般为 $0.70\sim1.50\mathrm{MPa^{-1}}$,最大达 $4.28\mathrm{MPa^{-1}}$,它随着软土的液限和天然含水量的增大而增高。由于土质本身的因素,软土在建筑荷载作用下的变形具有大而不均匀、稳定历时长的特征。

(3) 抗剪强度低。软土的抗剪强度低且与加荷速度及排水固结条件密切相关,不排水三轴快剪所得,软土的黏聚力 c 一般为 2~7kPa,最小为 1.0kPa;十字板剪切试验所得抗剪强度一般为 5.3。

(4) 承载力小。软土的承载能力差,其标贯试验修正后 $N_{63.5}$ 一般为 0.8~4 击/30cm,最小值 0.6 击/30cm。综合抗剪强度为 31.86kPa,最小为 0.3kPa,其灵敏度 S_t 一般在 2~20.0 之间。

总的来说,软土抗剪强度值很小,且与其侧压力大小无关。排水条件下的抗剪强度随固结程度的增加而增大。软土承载力随标贯试验击数的减小而减小,一旦受到外部荷载作用,随即变形。

(5) 较显著的触变性和蠕变性。由于软土的组成成分细小,且含水率高,抗剪强度低,一旦受到外部荷载的作用,其形态随即发生变化,变化的速率随软土组成成分的不同而不同。

(6) 渗透性弱。软土的渗透系数一般在 $(1\sim10)\times10^{-5}$ cm/s 之间,而大部分滨海相和三角洲相软土地区,由于该土层中夹有数量不等的薄层或极薄层粉、细砂、粉土等,故在水平方向的渗透性较垂直方向要大得多。由于软土渗透系数小、含水量大且呈饱和状态,这不但延缓土体的固结过程,而且在加荷初期,常易出现较高的孔隙水压力,对地基强度有显著影响。

软土在普遍具有上述特性的同时,因组成成分及其含量的不同,其性质相应随之变化,总体上,由淤泥质砂土、淤泥质黏性土至淤泥,其液限、含水率、孔隙比、压缩系数均逐渐增大,压缩模量、黏聚力、标贯试验则逐渐增大。

2) 分层软土特性

本区软土在具有上述一般特性的同时,还具有独特性。根据前述软土分类,区内 3 层软土,成分下杂上纯且较稳定,力学强度随深度增加而提高。

从理论上说,沉积年代新、质纯且夹层少、孔隙比大、含水量高、压缩系数大的软土层,孔隙水压力易降低和易产生压缩,因此其力学强度低。图 3-15 反映了金湾高尔夫球场别墅区软土深度、年龄和强度的线性关系。

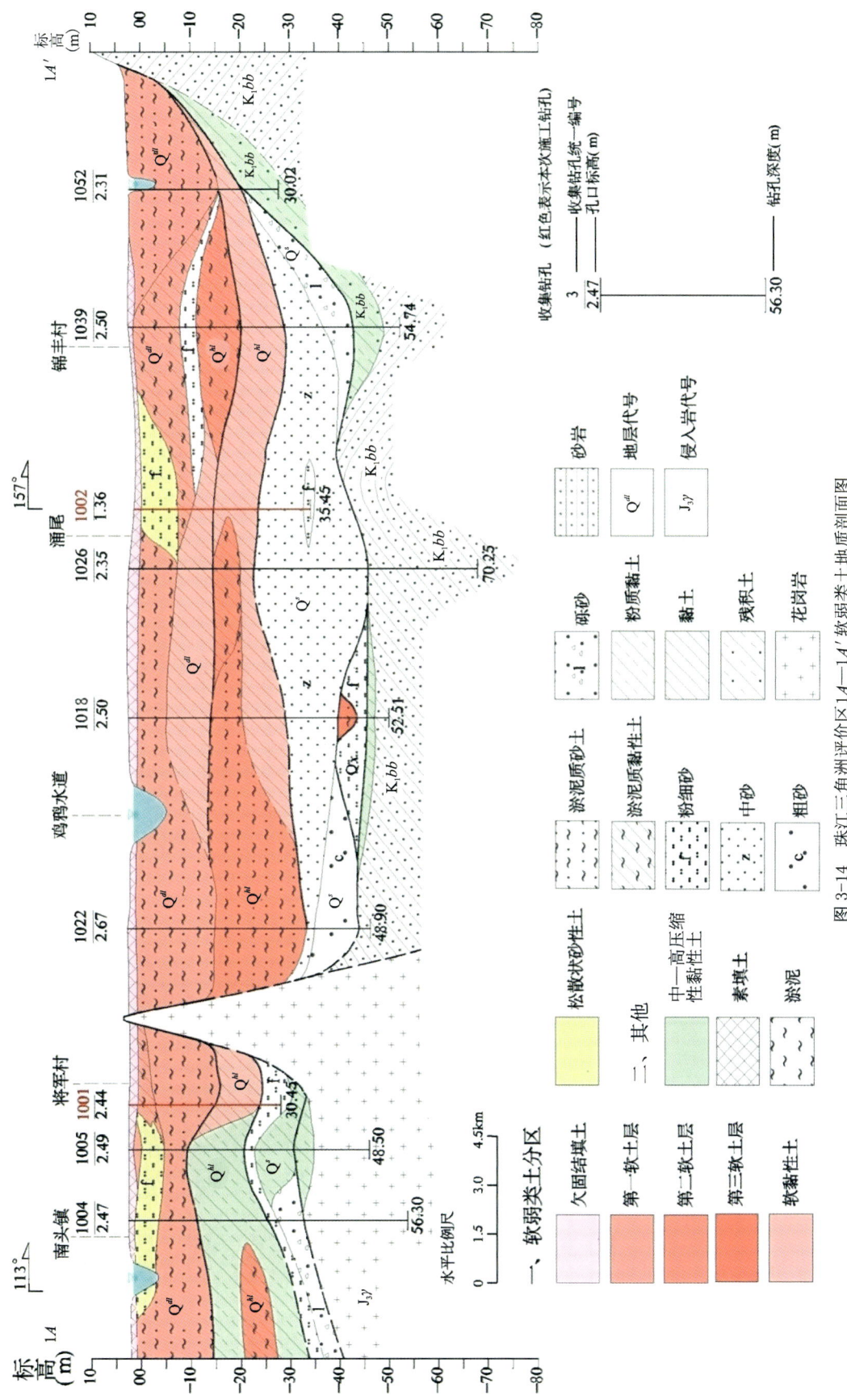

图 3-14 珠江三角洲评价区 1A—1A' 软弱类土地质剖面图

表 3-6　第一软土层主要物理力学指标统计表

岩性名称	力学指标统计值	液限 w_L (%)	液性指数 I_L	天然含水率 w (%)	孔隙比 e	压缩系数 a_{1-2} (MPa^{-1})	压缩模量 E_s (MPa)	黏聚力 c (kPa)	标贯试验 $N_{63.5}$ (击/30cm)	十字板剪切试验 原状土抗剪强度 (kPa)	灵敏度 S_t
淤泥	最大值	97.7	3.49	96.9	2.792	4.28	4.25	19.6	4.5	—	—
	最小值	32.9	0.67	31.3	0.988	0.55	0.69	1.0	0.6	0.3	
	平均值	51.8	1.7	67.1	1.862	1.87	1.73	4.1	1.4	16.2	13.3
	统计个数	146	150	150	149	150	150	149	138	13	13
淤泥质黏性土	最大值	58	1.95	79.6	2.257	3.87	7.35	21.6	4.2	41.9	15.1
	最小值	30.4	0.39	16.9	0.563	0.38	0.53	1.0	0.6	16.2	13.3
	平均值	41.6	1.43	45.2	1.312	1.01	2.42	8.2	1.7	29.1	14.2
	统计个数	37	41	41	41	41	41	40	36	2	2
淤泥质砂土	最大值	—	—	22.8	0.635	0.22	15.12	—	17	6.5	
	最小值			11.1	0.489	0.07	6.67		2.8	1.9	
	平均值			16.2	0.564	0.15	11.19		8.3	4.0	
	统计个数	—	—	7	7	7	7	—	4	3	

表 3-7　第二软土层主要物理力学指标统计表

岩土名称	力学指标统计值	液限 w_L (%)	塑限 w_p (%)	液性指数 I_L	塑性指数 I_p	湿密度 ρ_0 (g/cm³)	含水率 w (%)	孔隙比 e	饱和度 S_r (%)	内摩擦角 φ (°)	凝聚力 c (kPa)	压缩系数 a_{1-2} (MPa^{-1})	压缩模量 E_s (MPa)	标贯击数 (击/30cm)	土粒相对密度 G_s
淤泥	最大值	48.7	27.3	1.22	21.4	1.74	53.5	1.696	95.1	9.6	11.8	2.74	2.58	3.2	2.72
	最小值	39.8	19.4	1.1	19.1	1.47	42.1	1.215	70.3	3.6	4.2	0.86	0.98	0.7	2.71
	平均值	45.5	24.7	1.19	20.8	1.62	49.35	1.522	88.6	5.4	7.15	1.55	1.93	1.8	2.71
	统计个数	4	4	4	4	4	4	4	4	4	4	4	4	4	1
淤泥质黏性土	最大值	53.3	29.9	1.99	23.8	1.81	58.7	1.698	100	20.1	23	2.47	3.96	5.7	2.73
	最小值	30.4	18.2	0.97	12.2	1.6	19.9	1.037	84.3	3.5	4.2	0.57	1.97	1.2	2.65
	平均值	41.2	22.5	1.2	18.6	1.72	44.5	1.185	93.9	7.2	8.84	1.04	2.55	2.5	2.7
	统计个数	11	11	11	11	11	11	11	11	11	11	11	11	9	2

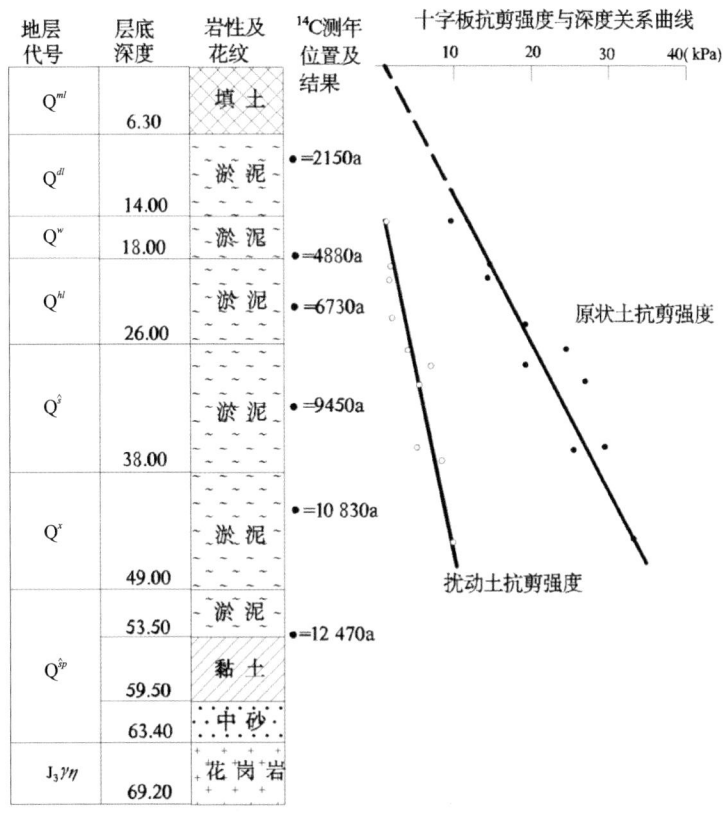

图 3-15 金湾高尔夫球场别墅区软土深度、年龄和强度的线性关系
(据《珠江三角洲经济区 1：25 万生态环境地质调查成果报告》，2006)

根据本区软土的分类及其岩性，对其主要物理力学指标表 3-7、表 3-8 进行统计分析。第一软土层岩性较第二软土层复杂，第一软土层与第二软土层相比，淤泥的液限、天然含水率、液性指数、孔隙比、压缩系数由大到小，压缩模量、黏聚力、标贯由小到大；而淤泥质黏性土液限、天然含水率、孔隙比、压缩系数土由大到小，压缩系数、压缩模量、黏聚力、标贯则相反，由小变大。

第一软土层为现代沉积物，软—流塑，含水率 11.1%～96.9%，滨海多呈稀淤泥，标贯 $N_{63.5}$ 一般 0.6～17 击/30cm，承载力一般小于 60kPa。

第二软土层含水率一般为 19.9%～58.7%，标贯 $N_{63.5}$ 一般 0.7～5.7 击/30cm。相比第一软土层，第二软土层因沉积时间较早，失水，压缩固结，承载力略好。

第三软土层揭露较少，岩性以淤泥质砂为主，目前获得的物理力学性质极少，暂未单独列出。

3. 与软土相关的环境地质问题

根据前述内容，软土具有天然含水率高、天然孔隙比高、压缩性高、抗剪强度低、固结系数小、承载力小、较显著的触变性和蠕变性、渗透性弱等特性，容易引发环境地质问题，如地面沉降、农田沼泽化等。

1）地面沉降。软土在外部荷载及自身重力的作用下，易压缩固结，形成地面沉降现象，特别是不均匀地面沉降。加之软土固结系数小，固结时间长，难以采用工程方法短时间固结，故其引发的地面沉降现象具有持续性、渐变性、长期性。软弱类土的下沉，特别是不均匀下沉，给当地民众带来巨大损失：①地面沉降造成路面、堤坝下沉，使路面由于浸水而道路难行，使堤坝防洪能力降低而造成洪灾；②局部未采用天然基础而进行地基处理的人工构筑物的位置相对较稳，地面沉降致使埋设于地下的管道、线路等设施随着周围软土同时下沉，与地表构筑物产生相对位移、拉裂甚至拉断造成经济损失；③地面不均匀沉降造成民房、学校等建筑物的基础发生上下错位而不稳定，造成建筑物倾斜或受力不均衡而开裂，严重时形成危房,造成大量经济损失。

(2)农田沼泽化。软土易下陷形成凹地,导致大气降水、地表溪水等水体聚集,加之软土天然含水率高、渗透性弱,水体难以渗透进入地下水或排泄,长此以往,易形成沼泽湿地,从而影响农业耕地的正常使用。农田沼泽化易发生在地势平坦或低洼、水渠密布等有利于地表水聚集的地区,如马骝洲水道两岸、横琴岛中心沟等地。

4. 软土与地面沉降的关联性分析

对比区内已有年沉降量等值线和软土分布情况(图3-16),中山块段和珠海块段河流平原区沉降量等值线的分布和展布趋势与软土厚度分布情况总体趋势是一致的,年沉降量大于35mm分布范围与软土厚度大于20m区域分布范围基本一致,仅在中山市小榄水道、鸡鸭水道和横门水道交汇带、中山市坦洲镇、珠海市白蕉镇、平沙镇东南部和斗门富山工业园区略有出入。在珠海红旗镇红灯村一带软土厚度增大,沉降量略有增加。说明区内软土是地面沉降产生的主要影响因素,并且其厚度是影响地面沉降速率的关键因子。

(四)上部荷载与地面沉降的关联性分析

地面沉降作为一种地质灾害,其发生需要物质基础(地质、水文地质条件),与此同时要具备诱发因素(外部作用力,主要为人类活动),其中物质基础是地面沉降发生的先决条件,外部作用是地面沉降产生的动力,两者缺一不可,两者共同作用产生地面沉降。

区内软弱类土分布广泛、厚度大,具高压缩性,是地面沉降产生的先决条件,是物质基础。一方面,软弱类土在人类工程活动施加外部荷载作用下压缩固结,加上软弱类土自重固结,产生地面沉降;另一方面,局部地区大量开采地下水,导致水位急剧下降,加速软弱类土失水,改变土体内部应力结构引起地面下沉,已被公认是人类活动中造成大幅度、急剧地面沉降的重要原因。上部荷载也是重要影响因素之一。

区内大量工程建设,建筑物林立和大面积人工填土使地层承受的静荷载大增,地层受到的压力增加,加速地层压密固结。这类作用类型主要由上部建筑物荷载和大面积人工填土荷载组成,主要位于城镇、工业园、乡村等建筑区及公路、桥梁、堤坝等线性工程周边。此外,区内经济活跃,交通发达,车辆往来十分频繁,机械动荷载剧增,加之工程建设、大型机械车辆等运行产生振动等因素持续作用,土体的蠕变也可引起地面的缓慢变形,加速地面沉降。受动荷载影响巨大的区域主要为交通要道沿线和工业园区等车辆流量大且重型机械较多的地区。把区内已有年沉降量等值线和工程建设密度、道路等荷载分布情况进行对比,由图3-17中可以看到,在软弱类土厚度相似的区域,上部建筑物密度较大区域年沉降量略大。例如中山市板芙镇白坦新村、珠海市金湾区红旗镇至小林联港工业园一带、三灶镇东北部海华新村等地建筑物众多,区内人工填土厚度一般2.0~4.4m,最大8.6m,大面积略厚的填土大大增加地层荷载,加快土体固结压缩,加速区内地面沉降。

车流量大或大型车辆往来频繁交通线路沿线地区年沉降量也呈增加趋势,如评价区北部中山市黄圃镇乌珠村东侧垃圾综合处理基地占地100余亩,拥有较多大型机械设备,大型垃圾车往来频繁,区内年沉降量远远大于周围地区;中山市坦洲镇北侧广澳高速路口周边新开发了大量的房地产,大量建筑工地的施工加速了附近地面沉降,年沉降量最大211.72mm;珠海市平沙镇东南侧平乐大道一带、珠海大道沿线及小林村西侧联港工业园区、乾务镇新青工业园等沉降区,车辆往来频繁,车辆动态荷载及重型车辆产生的震动促进区内软弱类土固结,加速地面沉降发生,是区内地面沉降严重区。

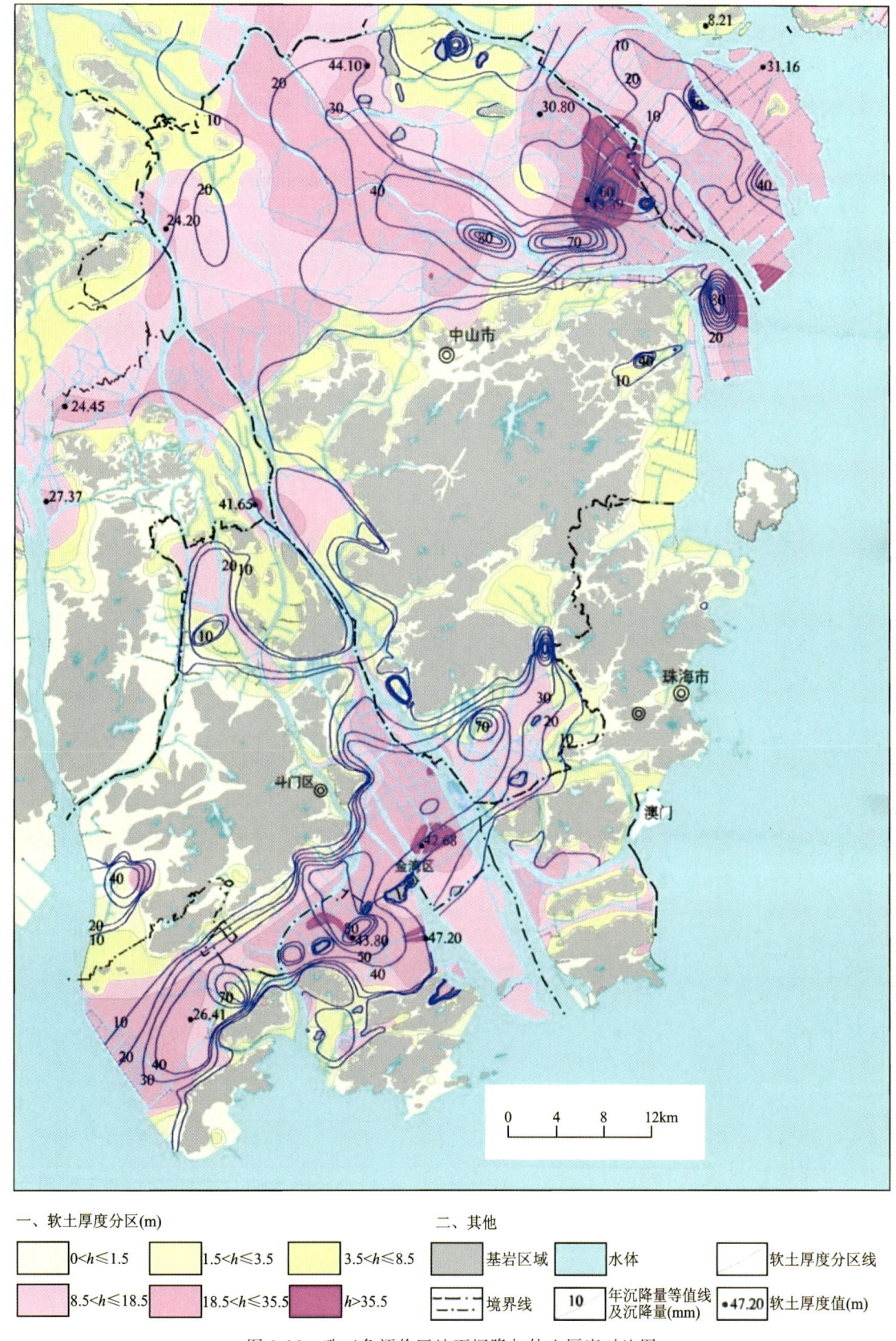

图 3-16 珠三角评价区地面沉降与软土厚度对比图

图 3-17 珠三角评价区年地面沉降与上部荷载分布情况对比图

(五)地面沉降综合影响因素分析

区内地面沉降现象由多因素共同作用影响而产生,只是不同区域的各种影响因素之间的比重不同而已,故沉降量等值线与其影响单因素一般呈现分布趋势一致性,又难以完全吻合,仅局部地段以某类影响因素为主,出现高度吻合。

图 3-18 显示出,区内地面沉降一般由多个因素共同作用形成,局部地段以单一因素为主。整体上,区内地面沉降影响因素首先为软弱类土分布范围及其厚度,软土分布范围决定地面沉降分布区域,其厚度决定了地面沉降分布趋势。其次为地层上部荷载分布情况,由于近年来建设的房屋普遍采用桩基础,故上部荷载道路沿线路基以自重和车辆动态荷载为主,以荷载因素为主的地面沉降主要位于道路沿线。最后为地下水开发利用强度,这一影响因素局部存在,并且随水产养殖的种类而变化,可变性大。

四、地面沉降发展趋势预测

(一)地面沉降模拟计算

1. 珠三角地区沉降监测点拟合

根据《珠三角及周边地区地面沉降地质灾害监测成果报告》,珠江三角洲地区分布着范围广、厚度大的淤泥类软土层,软土分布地区或厚填土地区地面沉降现象发育,地面沉降除与原生地质环境有关外,还与人类经济及工程活动密切相关。

依据土力学理论,荷载堆积引起的地面沉降是与孔隙水压力消散相联系的压密固结,也是渗透固结作用的结果。对任一含水土体而言,若假设介质骨架颗粒本身不可压缩,则当上覆荷载瞬时增加时,多孔介质骨架和孔隙水将共同承担来源于上覆荷载的附加应力,即荷载对地面沉降的影响主要是通过增加附加应力来表现的。

根据太沙基有效应力原理,荷载对地面沉降的影响主要通过附加应力的增加来表现,考虑软土自重荷载及工程建设荷载的影响进行计算。总应力应为自重应力与附加应力之和,其计算方法如下。

自重应力平均值=(上层土的自重+本层土的自重)/2
附加应力平均值=(上层土的附加应力+本层土的附加应力)/2
总应力=自重应力平均值+附加应力平均值

对于黏性土,黏土层的渗透系数、孔隙率、压缩模量以及回弹系数等都影响其变形性。渗透系数的大小直接影响土层的排水速度,反映了土体固结随时间的变化特征。黏土层的渗透系数很小,透水性差,受压后孔隙水的排出需要很长时间。此外,初始孔隙比也是影响土体变形性的一个主要因素。

珠三角地区共有地面沉降水准监测点 173 个(含实验区监测点以及原有国家水准点)。由于部分水准监测点位于基岩处,剔除部分点为负值的沉降量观测值,最后用于拟合计算的水准监测点共 122 个,点位见图 3-19。根据研究区土工试验报告中提供的资料,确定各水准测量点的工程地质参数,包括孔隙比、压缩系数、重度、渗透系数。各水准测量点处的软土厚度值依据前面所建立的三维软土空间格架图得到,相关参数取值见表 3-8。由于数据较多,表中仅列出部分水准测量点的工程地质参数以作示意。另外黏土层渗透系数为 1.23×10^{-8} cm/s,淤泥层渗透系数为 $(1.54\sim3.54)\times10^{-8}$ cm/s,淤泥质粉砂层渗透系数为 $(1\sim3)\times10^{-8}$ cm/s。

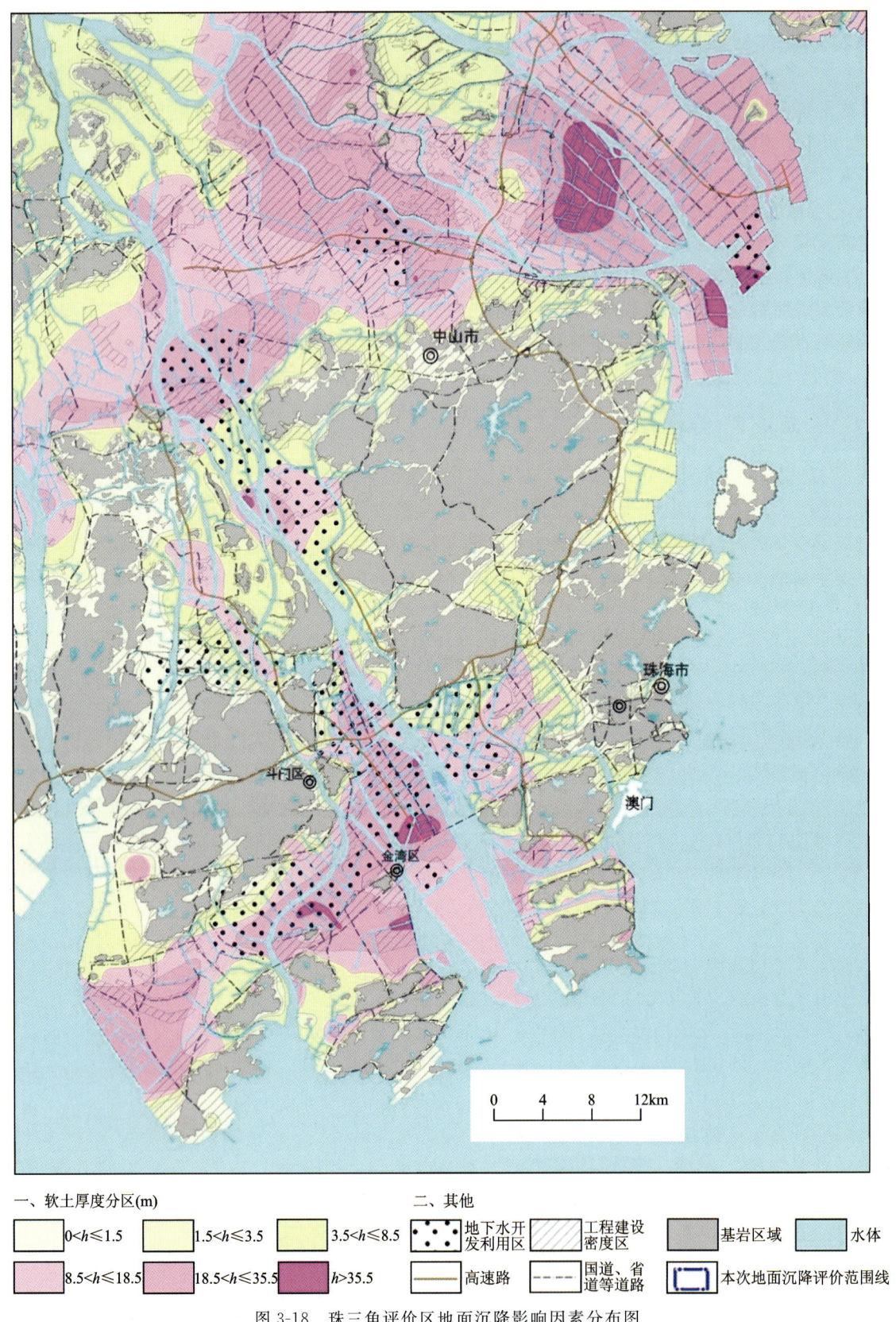

图 3-18　珠三角评价区地面沉降影响因素分布图

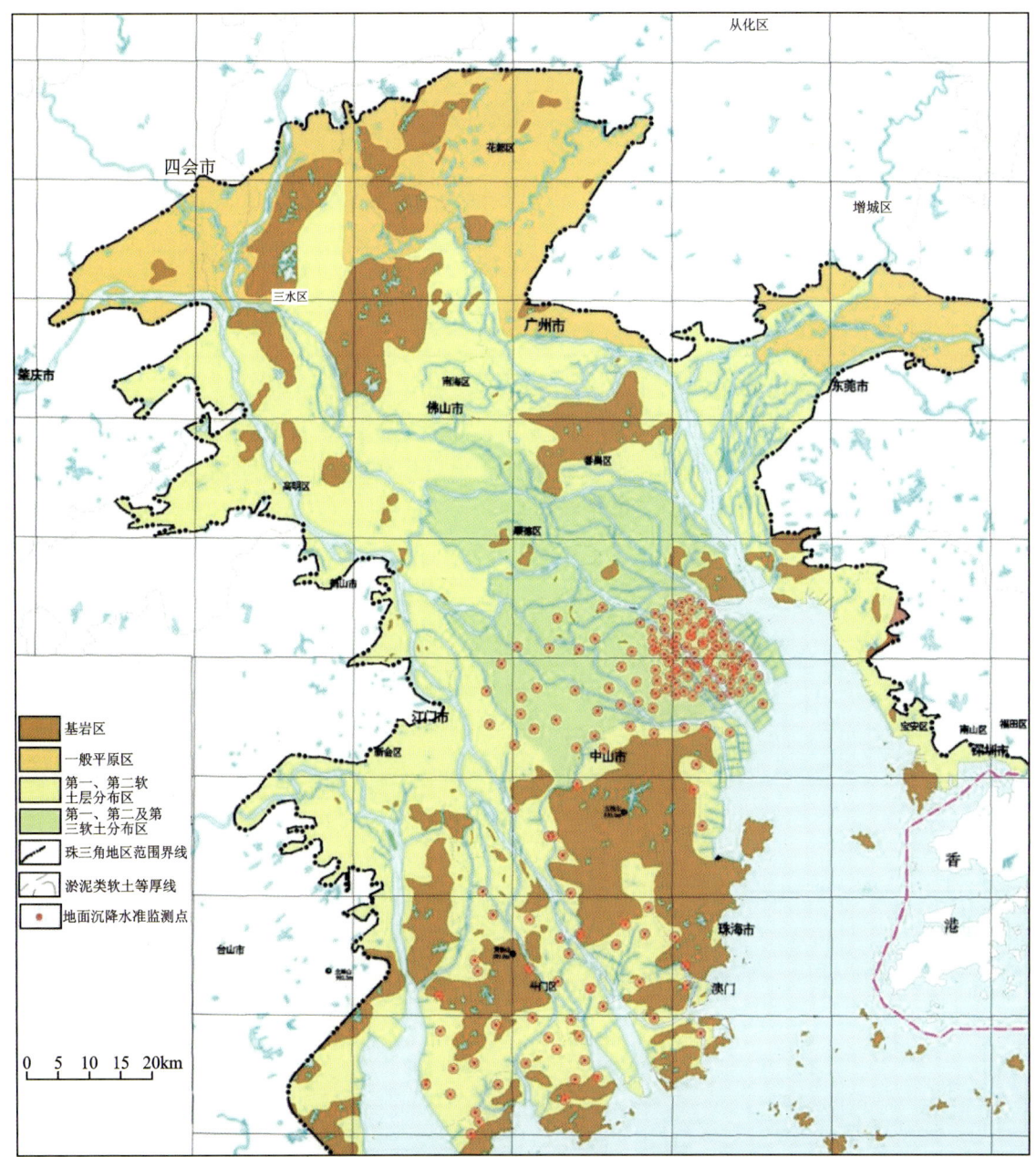

图 3-19 珠三角地区沉降拟合计算点

表 3-8 珠三角地区地面沉降部分水准测量点工程地质参数

点号	黏土			淤泥			淤泥质粉砂		
	孔隙比 e	压缩系数 (MPa^{-1})	厚度 (m)	孔隙比 e	压缩系数 (MPa^{-1})	厚度 (m)	孔隙比 e	压缩系数 (MPa^{-1})	厚度 (m)
Ⅲ263	1.420	0.12	1.32	1.528	1.07	6.160	1.575	0.110	7.47
GPS04	1.290	0.27	1.71	1.500	0.60	17.07	1.750	0.110	5.78
GPS09	1.454	0.12	1.39	1.412	0.50	24.48	1.364	0.116	4.41
GPS10	1.454	0.35	1.88	1.412	0.63	22.15	1.364	0.116	4.24

续表 3-8

点号	黏土			淤泥			淤泥质粉砂		
	孔隙比 e	压缩系数 （MPa^{-1}）	厚度 （m）	孔隙比 e	压缩系数 （MPa^{-1}）	厚度 （m）	孔隙比 e	压缩系数 （MPa^{-1}）	厚度 （m）
JC002	1.706	0.12	1.92	1.373	0.45	14.95	0.883	0.067	10.28
JC005	1.706	0.11	1.90	1.373	0.45	13.24	0.883	0.067	9.71
JC006	1.706	0.22	1.49	1.373	1.37	13.17	0.883	0.167	8.59
JC007	1.706	0.12	1.53	1.373	0.45	13.65	0.883	0.067	8.33

珠三角地区共有钻孔资料477个,共有监测点173个,初次观测时间为2012年12月,首次监测时间为2013年6月,间隔时间6个月。沉降计算首先将根据钻孔资料划分标准层,并建立了珠三角地区三维软土格局图,选取差分法作为沉降计算方法,各工程地质参数依据土工试验资料及相关文字报告给定,并以已有监测点作为拟合点。计算结果见表3-9。

表 3-9 沉降计算值与实际沉降量对比表

点号	最终沉降量 （m）	实际沉降量 （m）	点号	最终沉降量 （m）	实际沉降量 （m）	点号	最终沉降量 （m）	实际沉降量 （m）
Ⅲ263	0.008	0.011	JC068	0.018	0.008	JC123	0.014	0.011
GPS04	0.012	0.010	JC069	0.013	0.003	JC138	0.025	0.025
GPS09	0.014	0.011	JC071	0.015	0.006	JC139	0.019	0.023
GPS10	0.016	0.007	JC072	0.024	0.006	JC140	0.030	0.031
JC002	0.011	0.009	JC075	0.024	0.008	JC141	0.032	0.032
JC003	0.012	0.006	JC076	0.020	0.016	JC142	0.055	0.062
JC004	0.011	0.003	JC077	0.014	0.014	JC147	0.015	0.011
JC005	0.011	0.005	JC078	0.014	0.008	JC148	0.015	0.018
JC006	0.019	0.021	JC079	0.015	0.010	Ⅱ穗定71基上	0.009	0.004
JC007	0.011	0.009	JC081	0.017	0.005	Ⅱ崖磨0010	0.007	0.003
JC008	0.016	0.017	JC082	0.016	0.012	JC116	0.009	0.005
JC009	0.011	0.004	JC083	0.016	0.007	JC118	0.010	0.005
JC012	0.012	0.010	JC084	0.015	0.004	JC124	0.010	0.013
JC014	0.031	0.037	JC086	0.026	0.025	JC125	0.009	0.014
JC015	0.013	0.003	JC087	0.015	0.014	JC126	0.008	0.013
JC016	0.011	0.009	JC088	0.012	0.010	JC127	0.009	0.004
JC032	0.011	0.005	JC089	0.021	0.022	JC130	0.013	0.023
JC033	0.011	0.004	JC090	0.034	0.045	JC132	0.007	0.007
JC034	0.014	0.010	JC091	0.014	0.017	JC134	0.014	0.024
JC035	0.014	0.007	JC092	0.013	0.010	JC135	0.019	0.040
JC036	0.013	0.003	JC093	0.015	0.009	JC136	0.011	0.011

续表 3-9

点号	最终沉降量（m）	实际沉降量（m）	点号	最终沉降量（m）	实际沉降量（m）	点号	最终沉降量（m）	实际沉降量（m）
JC038	0.012	0.006	JC094	0.014	0.005	JC143	0.013	0.017
JC039	0.012	0.004	JC095	0.015	0.014	JC144	0.011	0.008
JC040	0.012	0.005	JC096	0.039	0.038	JC145	0.018	0.029
JC041	0.012	0.003	JC097	0.022	0.020	JC146	0.011	0.016
JC044	0.011	0.004	JC100	0.032	0.029	JC017	0.008	0.003
JC046	0.014	0.009	JC101	0.031	0.043	JC018	0.008	0.007
JC048	0.017	0.011	JC102	0.020	0.023	JC019	0.008	0.010
JC049	0.017	0.016	JC106	0.012	0.003	JC020	0.008	0.005
JC050	0.031	0.037	JC108	0.010	0.003	JC022	0.008	0.002
JC051	0.013	0.010	JC109	0.017	0.016	JC023	0.008	0.002
JC052	0.018	0.015	JC110	0.013	0.012	JC024	0.008	0.002
JC053	0.034	0.032	JC111	0.025	0.028	JC025	0.008	0.003
JC055	0.020	0.016	JC112	0.034	0.039	JC026	0.008	0.005
JC056	0.018	0.005	JC113	0.009	0.007	JC027	0.008	0.005
JC057	0.018	0.013	JC114	0.043	0.106	JC028	0.008	0.002
JC059	0.017	0.004	JC115	0.009	0.007	JC030	0.008	0.002
JC060	0.017	0.011	JC119	0.014	0.010	JC070	0.013	0.014
JC061	0.015	0.004	JC120	0.015	0.013	JC073	0.025	0.079
JC062	0.016	0.009	JC121	0.026	0.025	JC074	0.015	0.012
JC066	0.018	0.010	JC122	0.014	0.013			

由图 3-20 可知，大部分点软土沉降计算量与实际监测值较吻合，但沉降计算值变化幅度较小，没有实际监测值变化幅度大。

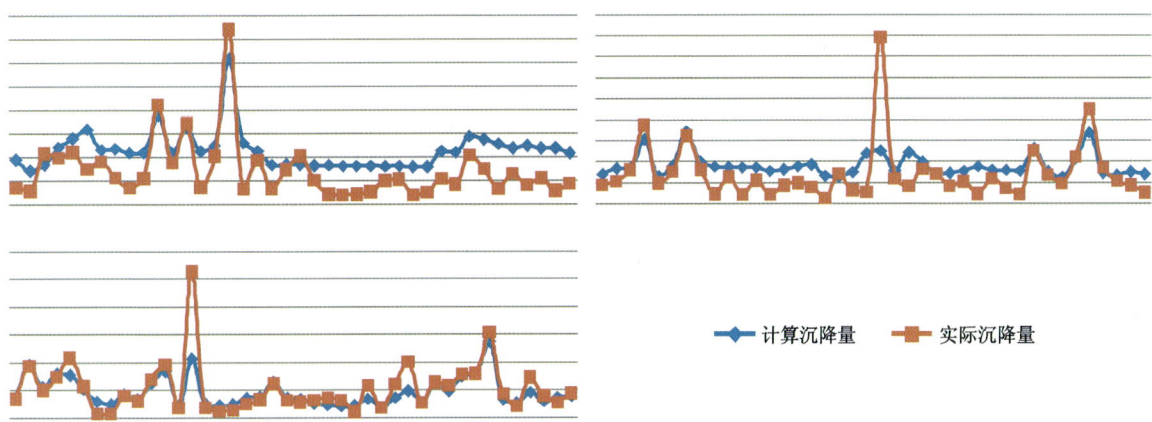

图 3-20　沉降计算值与实际监测值关系

2. 珠三角地区沉降现状等值线拟合

按上述计算水准监测点处地面沉降量的方法,通过编程计算珠三角地区2013年沉降量,并通过插值得到珠三角地区沉降现状计算等值线图,与现有的2007—2010年沉降分区图进行比较(图3-21)。

通过分析发现,沉降计算量的沉降中心虽没有与2007—2010年间沉降中心重合,但亦位于其附近,没有太大的偏差。2007—2010年间沉降中心主要有斗门区红旗镇北部、中山市民众镇南部、中山市阜沙镇等,而计算值的沉降中心均位于附近,故可认为计算值有其合理性。2007—2010年间沉降中心处沉降量主要为大于30mm,而2013年沉降计算值沉降中心处沉降量达80mm。

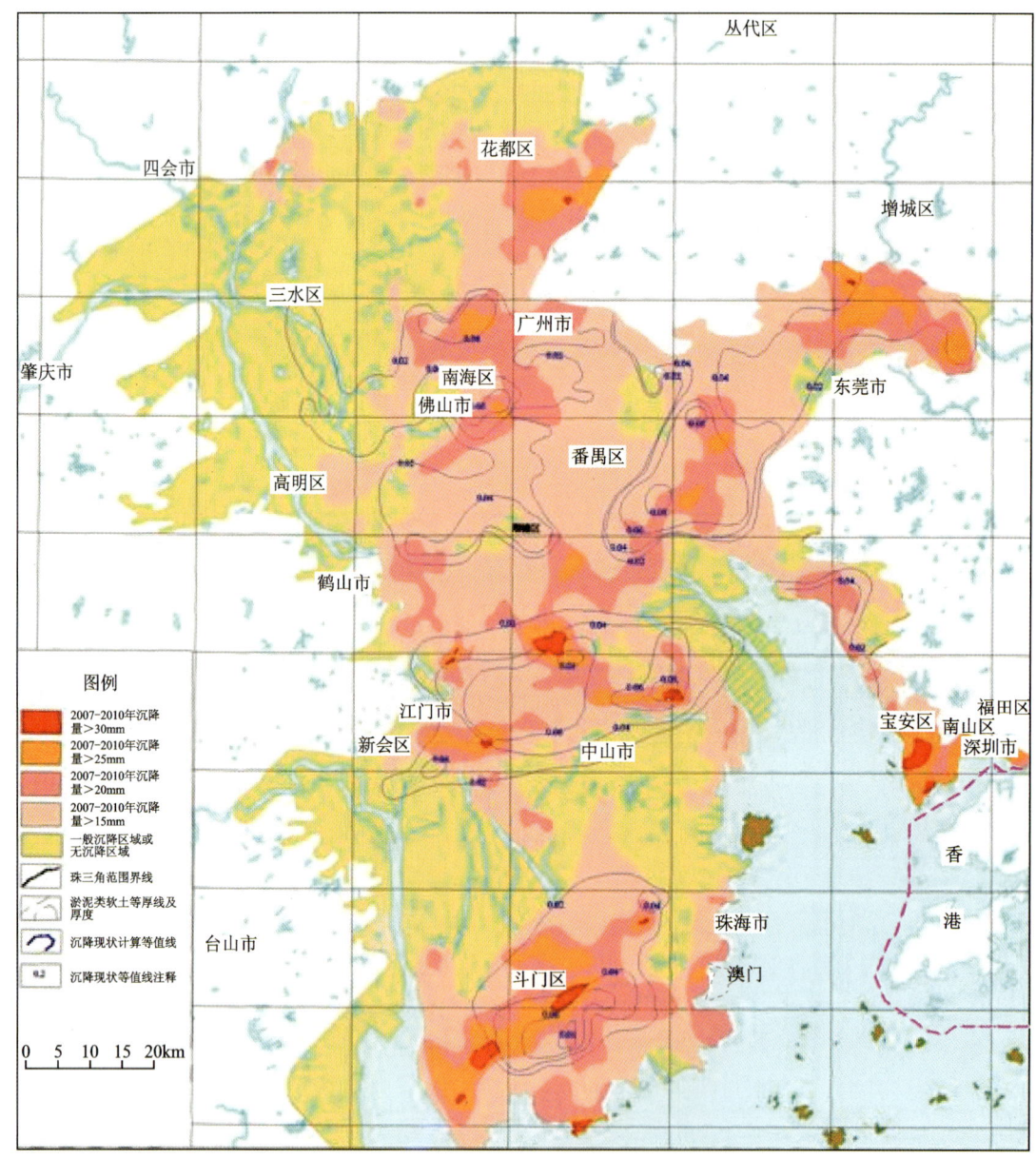

图3-21 珠三角地区沉降计算值与2007—2010年间沉降量(mm)对比图

(二)地面沉降发展趋势预测

珠江三角洲地面沉降的出现主要与区内广布的工程地质性质较差的软土有关,而软土地面沉降类型主要可分为两种：自重固结引发的地面沉降和荷载施加引发的地面沉降。为研究这两种因素对地面沉降的影响，此节将分别对自重固结引发的沉降量及荷载施加引发的沉降量进行预测。

1. 自重固结沉降发展趋势预测

根据《珠三角及周边地区地面沉降地质灾害监测成果报告》，在对整个珠三角地区进行标准层划分及软土空间格架建立后，在此基础上，根据土工试验资料对各层各区软土赋参数，并进行插值，得到每个单元点处的工程地质参数。软土自重固结沉降计算方法采用差分法，在计算时忽略工程建设荷载的影响，总应力即为自重应力平均值。分别计算出每个标准层的沉降量并求和得到最终沉降量，得到珠三角地区2020年软土自重固结沉降量等值线图（图3-22）。

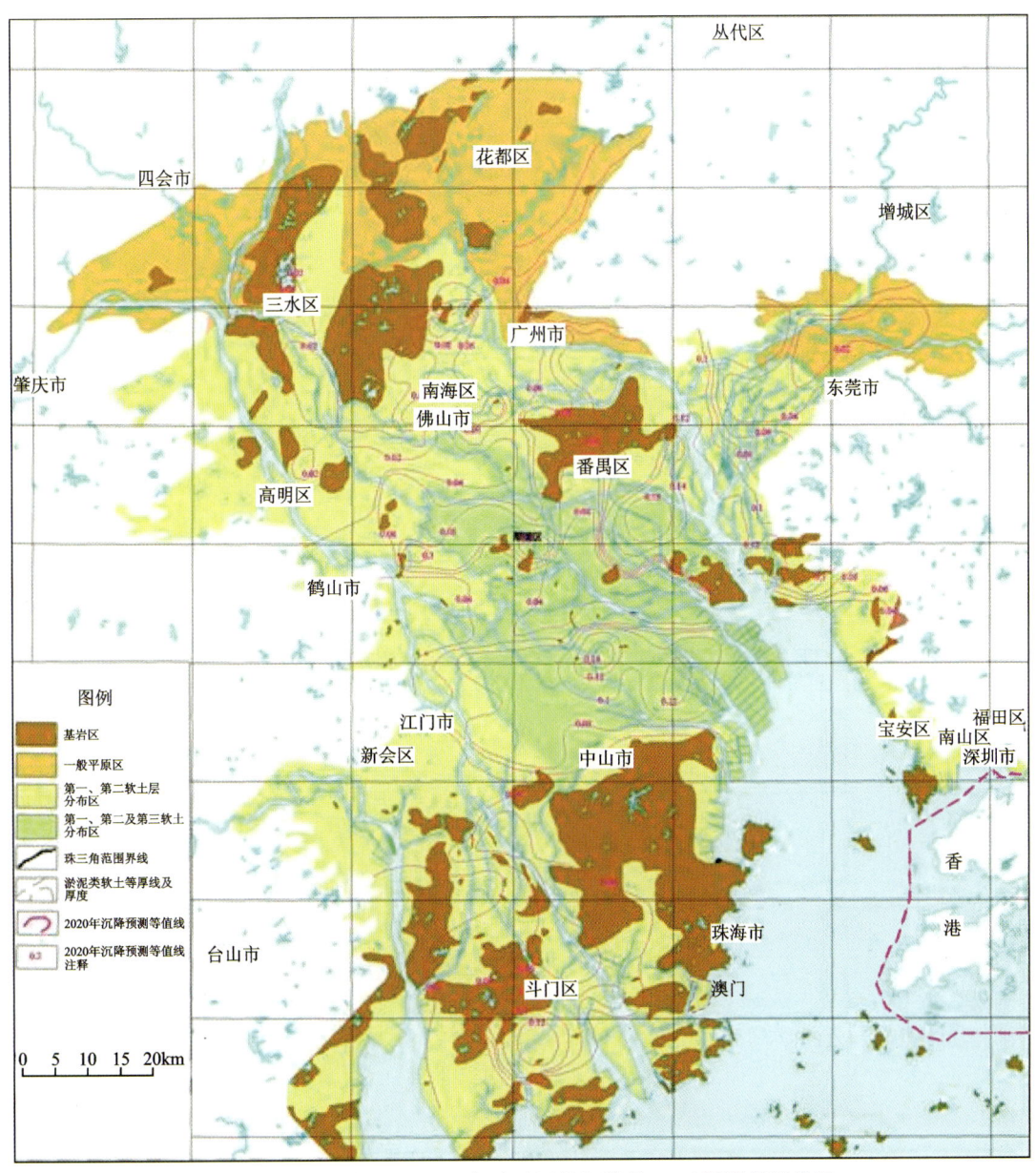

图3-22 珠三角地区2020年自重固结沉降量(mm)预测等值线图

计算结果显示，至2020年珠三角地区大部分区域软土自重固结沉降量均大于20mm，自重固结沉降量最大处达180mm。在斗门区的乾务镇至红旗镇一带、中山市的阜沙镇至民众镇一带及广州市番禺区的石楼镇至鱼窝头镇一带沉降量大于100mm。

2. 工程建设引发地面沉降发展趋势预测

地表建筑物和交通工具等动、静荷载的影响,造成区域性地面沉降。随着城市的大规模建设,建筑物对地面沉降的影响作用凸显出来。近年来,很多学者开始意识到城市建设荷载也是地面沉降的一个不可忽略的重要因素。珠三角地区地面沉降主要是由于软土的存在引起,因而地表荷载的影响不容忽视。

在对整个珠三角地区进行标准层划分及软土空间格架建立后,在此基础上,根据土工试验资料对各层各区软土赋参数,并进行插值,得到各单元工程地质参数。荷载引起的软土沉降量计算方法采用差分法。此次研究为荷载影响下软土沉降量,故软土自重应力不参与计算,总应力即为该层土附加应力平均值。综合考虑荷载按 45kPa 取值。分别计算出每个标准层的沉降量并求和得到最终沉降量,得到珠三角地区 2020 年荷载影响下地面沉降预测图(图 3-23)。

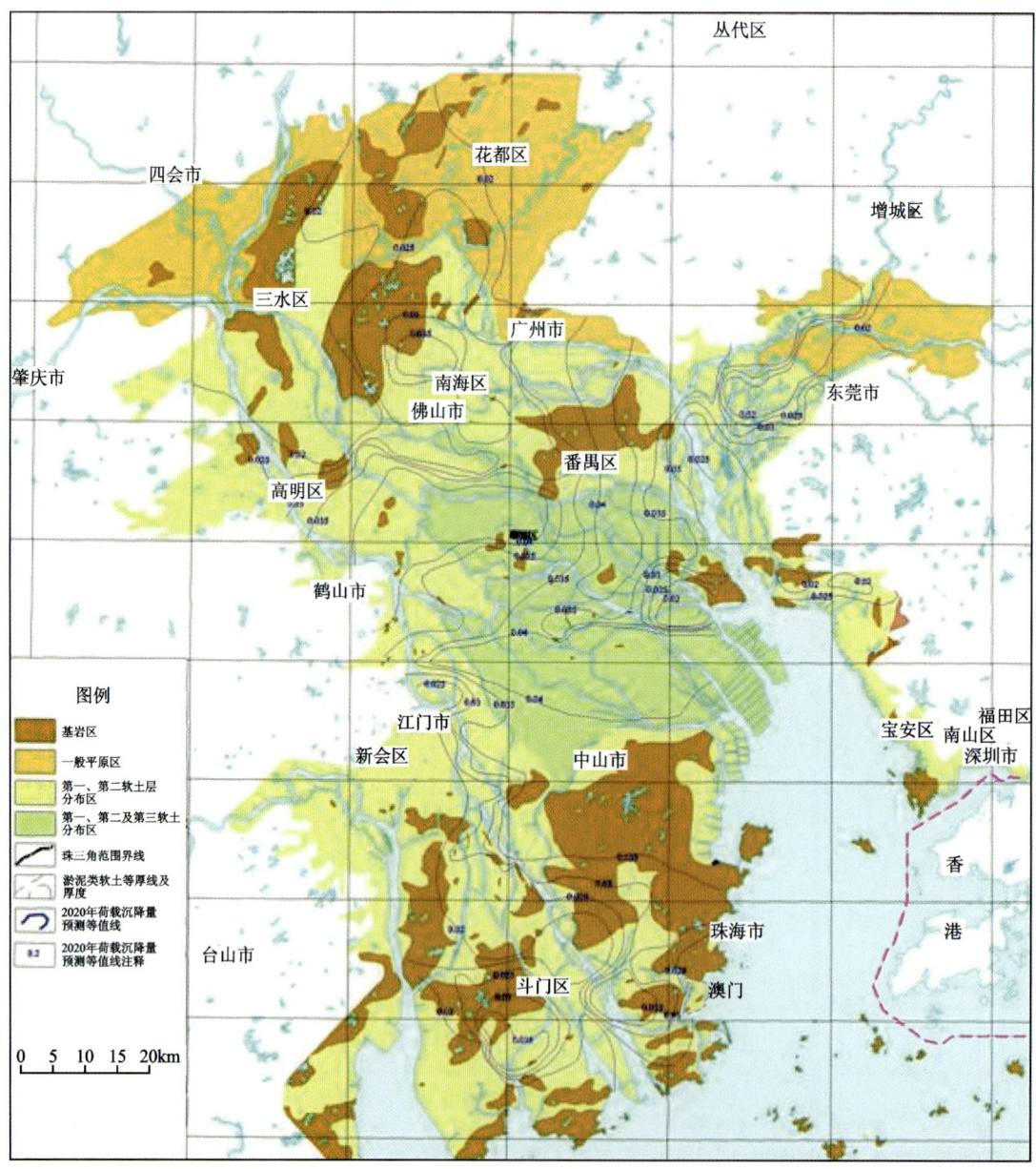

图 3-23　珠三角地区 2020 年荷载影响下地面沉降(mm)预测图

计算结果显示,2020年珠三角地区荷载引起的地面沉降量多介于 20～40mm 之间,在中山市小榄镇至民众镇一带沉降量大于 40mm,主要原因是此部分地区软土厚度较大,人类活动干扰较多。

3. 珠三角地区地面沉降发展趋势预测

在分别对珠三角地区软土自重固结及荷载引起的沉降量进行预测后,将不同因素影响下的沉降量重新进行插值,求和得到 2020 年珠江三角洲地区地面沉降的预测值(图 3-24)。图中结果显示,至 2020年,珠三角大部分地区(除基岩区)沉降量均大于 20mm,在斗门区的乾务镇至红旗镇一带、中山市东升镇至新垦镇一带大部分地区沉降量超过 100mm,应引起足够重视。

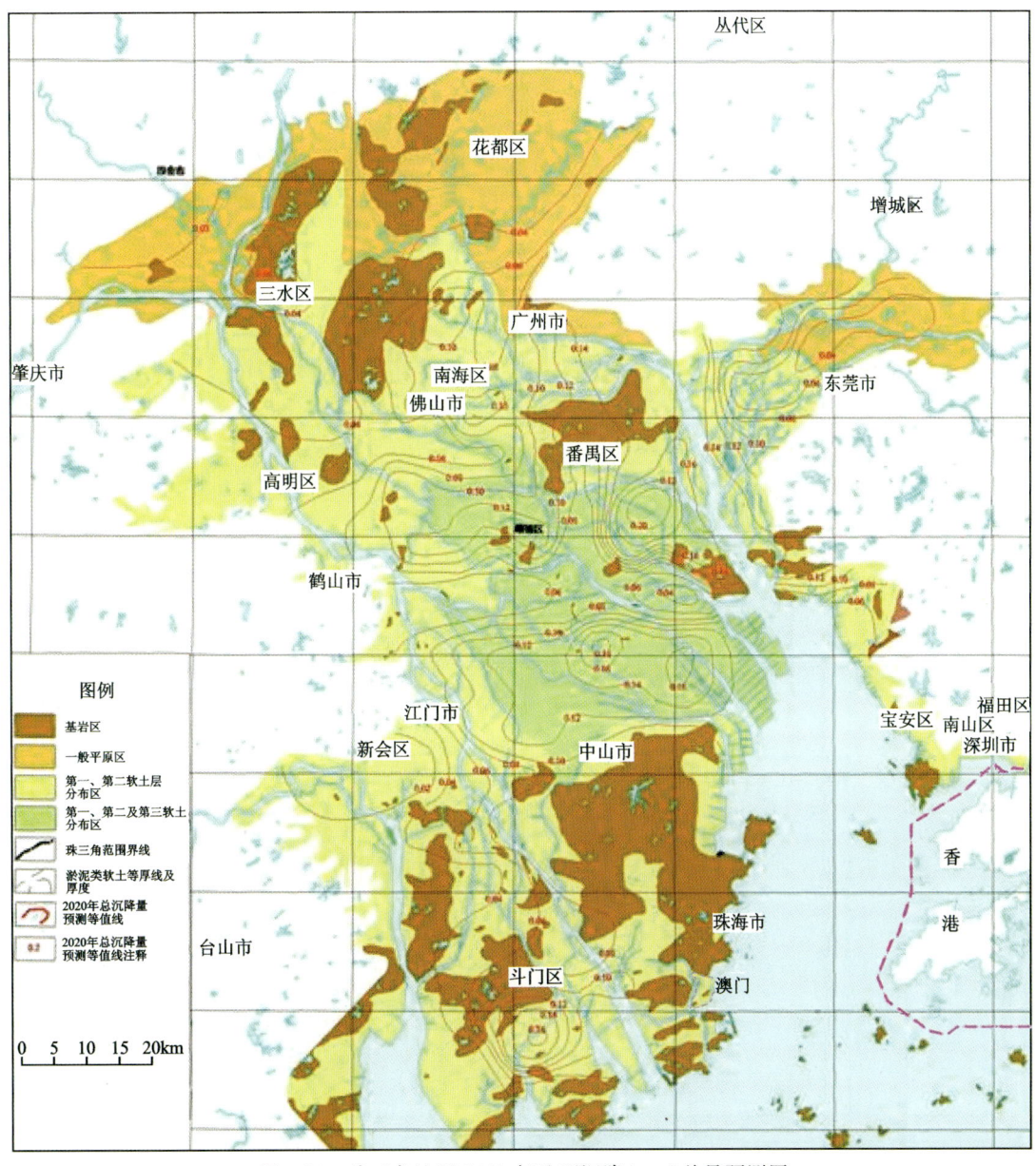

图 3-24 珠三角地区 2020 年地面沉降(mm)总量预测图

总体来看,评价区内引发地面沉降的外部因素和地面沉降产生的地质、水文地质条件短期内都不会发生大的逆转,在以后一段时间内继续存在,故综合分析认为区内地面沉降将继续发展,在未来一定时期内仍然存在地面沉降现象。

五、地面沉降防治分区评价

(一)分区综合评价

1. 易发性

根据选取的地面沉降易发性评价指标和分级情况,采用 MapGIS 分别绘制了软弱类土厚度、地下水开发利用强度及建筑物密度 3 项参数量级赋值图,根据所得 3 张单因子分区及量级赋值图,叠加在一起,将 3 项指标值相加即为各区域的综合得分,再将各区域地面沉降依据最后的综合得分划分为 3 个等级(表 3-10),得出地面沉降易发性分区图(图 3-25)。

表 3-10 易发性等级划分表

综合指数	易发性
0～3	易发程度低
4～6	易发程度中等
7～13	易发程度高

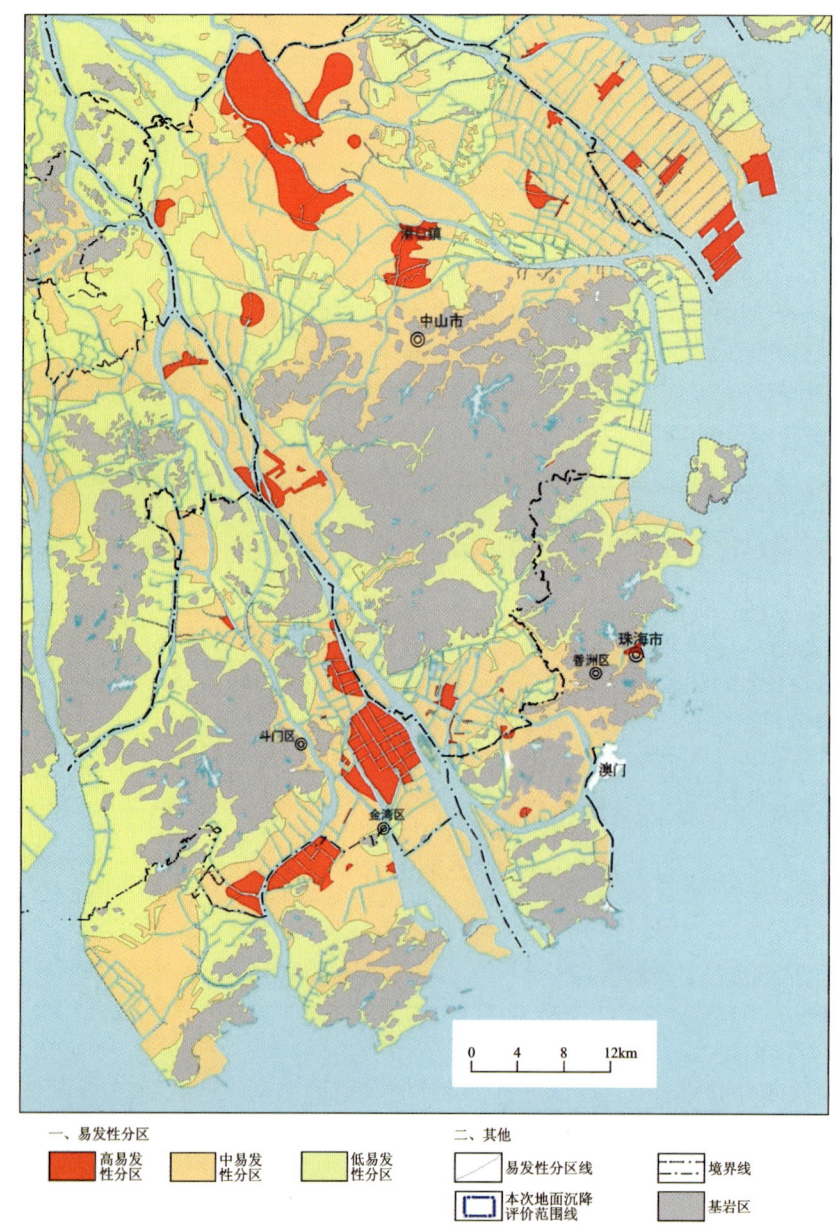

图 3-25 珠三角评价区地面沉降易发性分区图

2. 危险性

根据选取的地面沉降危险性评价指标和分级情况,采用 MapGIS 分别绘制了人口密度及工程重要性的量级赋值图,将所得的单因子分区及量级赋值图叠加在一起,根据两项指标值选择最大值作为最后得分值,将区内地面沉降依据最后的综合得分划分为 3 个等级(表 3-11),得出地面沉降危险性分区图(图 3-26)。

表 3-11　危险性等级划分表

综合指数	危险性
0~1	危险性小
2	危险性中等
3	危险性高

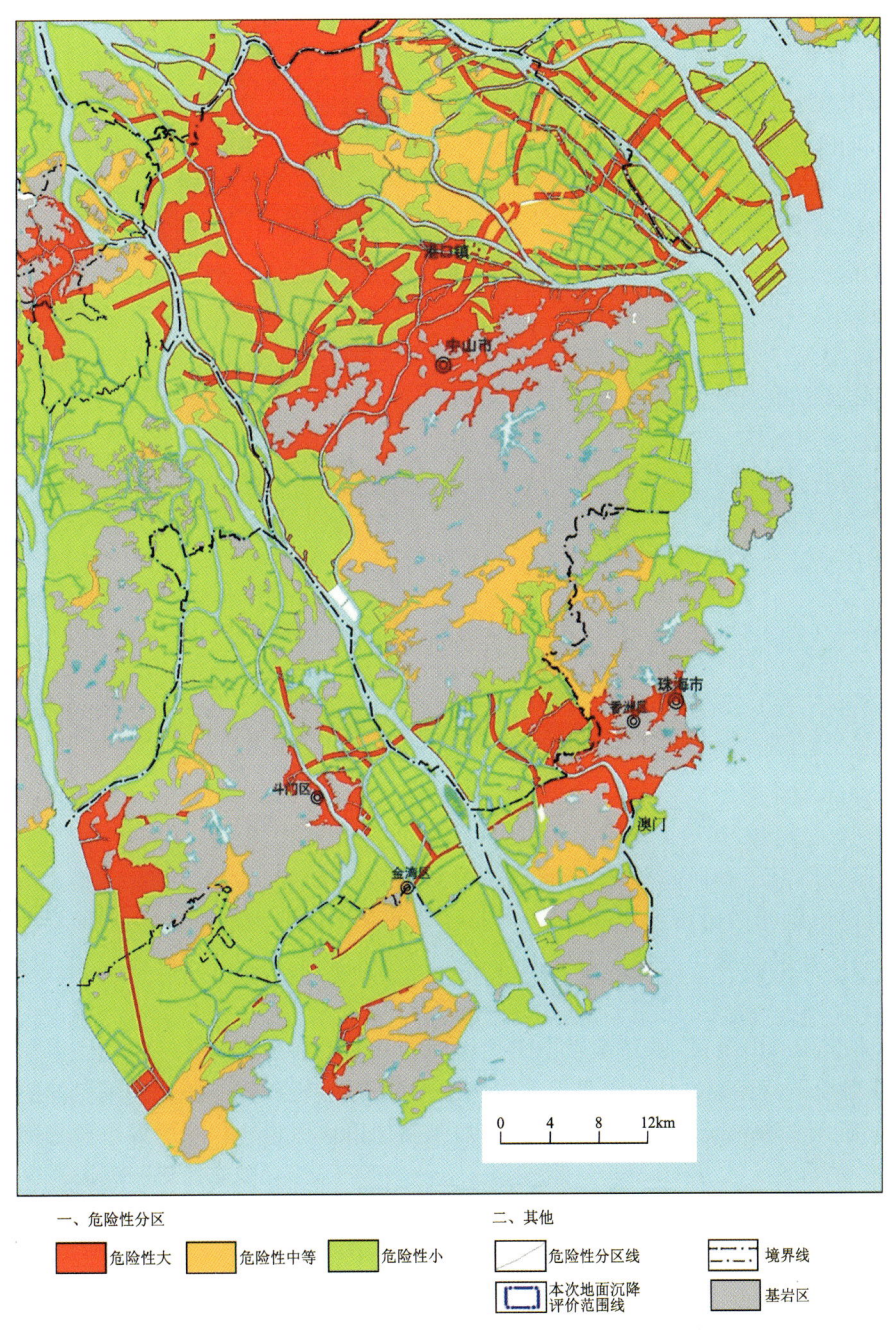

图 3-26　珠三角评价区地面沉降危险性分区图

3. 易发危险性

将前面所得的易发性、危险程度分区图叠加在一起，得到地面沉降易发危险性分区图（图3-27）。根据叠加结果，评价区易发危险性可分为高易发危险性大、高易发危险性中等、高易发危险性小、中易发危险性大、中易发危险性中等、中易发危险性小、低易发危险性大、低易发危险性中等、低易发危险性小共9个类型。

图3-27 珠三角评价区地面沉降易发危险性分区图

由图可知，评价区以中易发危险性小为主，分布广泛，低易发危险性小次之，各类型分布范围、面积和所占比例见表3-12。

表 3-12 珠三角洲评价区易发危险性统计表

分区	面积(km²)	占总面积比例(%)	主要分布区域
高易发危险性大区	101.67	3.5	在中山市小榄水道两岸平原区东凤镇—小榄镇段、港口镇中南部呈块状分布,斗门区灯笼沙江珠高速沿线和磨刀门西岸堤坝条带状分布,在中山市古镇西部、横栏镇、民众镇北部铁路沿线、南沙区南沙港、珠海市红旗镇灯笼村、南屏工业园—广珠西线高速出口一带、坦洲镇区西南角小面积分布
高易发危险性中等区	18.31	0.60	仅在阜沙镇西阜东村、民众镇民众一黑沙村、广州南沙市区、红港村和磨刀门西岸的白蕉镇区、东湖村、金湾区红旗镇—高尔夫球场、珠海保税区零星分布
高易发危险性小区	83.61	2.80	块状分布于磨刀门西岸白蕉镇—灯笼沙、鸡啼门水道两侧三板村—大海环村和坦洲镇群联村、万顷沙南端等地,大鳌镇北、板芙镇西部小面积分布
中易发危险性大区	479.15	16.40	块状分布于中山市南头—黄圃镇、小榄镇—东升镇—横栏镇—中山市区一片和珠海市香洲区吉大—拱北—南屏工业园—坦洲镇区一带,斗门新青工业园、红旗镇小林联港工业园、临港工业园—高栏港经济区等地,及区内众多高速、铁路、堤坝沿线,三灶镇西部和北部小面积分布
中易发危险性中等区	181.06	6.20	呈不规则块状分布于阜沙镇—三角镇—港口镇—民众镇一带、大鳌镇、斗门区—新青工业园一带、平沙镇区、金湾区—红旗镇一带、珠海保税区等地,在万顷沙红江村、三灶、南水、横琴镇等地零星分布
中易发危险性小区	738.07	25.20	广泛分布于区内三角洲平原和滨海平原区,包括中山市中部—万顷沙大片区域、横栏—大鳌—板芙西江两岸、坦洲镇中西部;珠海市斗门区连州镇南部—白蕉镇中部、鹤州北垦区—横洲岛三角洲—马骝洲水道南岸、三灶湾垦区、白藤湖—大海环三角洲平原区、平沙农场—临港工业园等地
低易发危险性大区	102.59	3.50	位于江门市东部—中山市横栏、黄圃镇—三角镇北—南沙横沥镇等地高速、铁路、城轨、堤坝沿线,珠海市斗门西部富山工业园—高栏港高速沿线、新青工业园、小林联港工业园、南水临港工业园、三灶航空产业园等近台地工业园区,及斗门、坦洲山区高速沿线,珠海大道沿线金湾区、南水、南屏段
低易发危险性中等区	141.59	4.80	分布于江门东部,中山黄埔—三角、斗门镇区、乾务镇区,珠海斗门新青村北部、金湾区、珠海保税区北部、横琴镇东部、三灶镇东部等山谷边缘的城镇
低易发危险性小区	1 082.91	37.00	广泛分布于江门市东部—中山市横栏,黄圃镇—三角镇北—南沙横沥镇等台地附近,中山市港口镇横门水道两岸平原和珠海市西、南、东部的山间谷地和周围平原区

各区的分布及特征评述如下。

(1)高易发危险性大区。在中山市小榄水道两岸平原区东凤镇—小榄镇段、港口镇中南部呈块状分布,斗门区灯笼沙江珠高速沿线和磨刀门西岸堤坝条带状分布,在中山市古镇西部、横栏镇、民众镇北部铁路沿线、南沙区南沙港、珠海市红旗镇灯笼村、南屏工业园—广珠西线高速出口一带、坦洲镇区西南角小面积分布,面积约 101.67km²。该区软弱类土厚度大,一般在 20~40m 之间,局部大于 40m,软弱类土承载力低,压缩性大,受压易固结。该区为工业园、城镇或高速公路沿线,建筑物密集,故地面沉降易发性高。同时区内人口密度大或者工程重要性高,危险程度大。

(2)高易发危险性中等区。仅在阜沙镇西阜东村、民众镇民众村—黑沙村、广州南沙市区、红港村和磨刀门西岸的白蕉镇区、东湖村、金湾区红旗镇—高尔夫球场、珠海保税区零星分布,面积约 18.31km²。区内软弱类土厚度一般 30~40m,金湾区红旗镇—高尔夫球场一带软弱类土厚度超过 40m,软弱类土厚度大且承载力差,稳定性差,易固结沉降,故地面沉降易发性高。该区近年来随着经济的快速发展,建筑、工厂等增加的同时,人口也随之增大,该区为一般城镇,危险性中等,故划分为高易发危险性中等区域。

(3)高易发危险性小区。块状分布于磨刀门西岸白蕉镇—灯笼沙、鸡啼门水道两侧三板村—大海环村和坦洲镇群联村、万顷沙南端等地。成片分布于磨刀门西岸白蕉镇—灯笼沙、鸡啼门水道两侧三板村—大海环村和坦洲镇群联村、万顷沙南端等地,大鳌镇北、板芙镇西部小面积分布,面积约 83.61km²。区内软弱类土厚度一般 20~40m,局部软弱类土厚 10~20m,广发村—三板村、建军围等局部大于 40m,软弱类土厚度大,承载力差,稳定性差,易固结沉降。同时,板芙镇西部、广发村—三板村一带、灯笼沙一带咸水养殖业发达,大量抽采地下咸水,加速地面沉降产生,故地面沉降易发性高。但该区以耕地、鱼塘为主,人口密度较小,危险性小,故划分为高易发危险性小区域。

(4)中易发危险性大区。块状分布于中山市南头—黄圃镇、小榄镇—东升镇—横栏镇—中山市区一片和珠海市香洲区吉大—拱北—南屏工业园—坦洲镇区一带、斗门新青工业园、红旗镇小林联港工业园、临港工业园—高栏港经济区等地,及区内众多高速、铁路、堤坝沿线,三灶西部和北部小面积分布,面积约 479.15km²。中山市南头—黄圃镇、小榄镇—东升镇—横栏镇—中山市区一片、珠海市香洲区吉大—拱北—南屏工业园—坦洲镇区一带、斗门新青工业园、三灶西部和北部、高栏港经济区、坦洲及白蕉镇高速沿线软弱类土厚度一般小于 20m,但该区为重要城镇、工业园或高速公路沿线,建筑密度大,且高层建筑多,上部荷载较大,白蕉和坦洲局部受地下水开采影响,总体上地面沉降易发性中等;同时区内人口密度大,工程重要程度高,地面沉降危险程度高,故划分为中易发危险性大区。鹤洲北垦区高速公路和珠海大道沿线—红旗镇小林联港工业园、临港工业园等地软弱类土厚度达 20~30m,局部达 40m,虽然区内建筑物密度小,总体上地面沉降易发性中等,但该区为工业园或交通要道,危险性大,故划分为中易发危险性大区。

(5)中易发危险性中等区。呈不规则块状分布于阜沙镇—三角镇—港口镇—民众镇一带、大鳌镇、斗门区—新青工业园一带、平沙镇区、金湾区—红旗镇一带、珠海保税区等地,在万顷沙红江村三灶、南水、横琴镇等地零星分布,面积约 181.06km²。该区大部地区软弱类土厚度一般 5~20m,中山市阜沙镇—三角镇—港口镇—民众镇一带,大鳌镇和珠海保税区、红旗镇、辛勤工业园东部等地局部软弱类土厚度为 20~30m,本区为一般城镇区,人口密度中等,故综合评价为中易发危险性中等区。

(6)中易发危险性小区。广泛分布于区内三角洲平原和滨海平原区,包括中山市中部—万顷沙大片区域、横栏—大鳌—板芙西江两岸、坦洲镇中西部,珠海市斗门区连州镇南部—白蕉镇中部、鹤州北垦区—横洲岛三角洲—马骝洲水道南岸,三灶湾垦区、白藤湖—大海环三角洲平原区,平沙农场—临港工业园等地,面积约 738.07km²。中山市横栏—大鳌—板芙西江两岸、坦洲镇中西部、珠海市斗门区连州镇南部—白蕉镇中部、白藤湖—大海环三角洲平原区软弱类土厚度一般 5~20m,同时受地下水开发利用的影响,故易发性中等;中山市中部—万顷沙大片区域、鹤州北垦区—横洲岛三角洲、平沙农场—临港工业园软弱类土厚度在 20~30m 之间,马骝洲水道南岸、三灶湾附近软弱类土厚 30~40m,最大达

47.2m,易发性中等。本区大部分为分散居民区或耕地、鱼塘等,部分为地下水开采区,该区均无重大工程,故综合评价为中易发危险性小区。

(7)低易发危险性大区。位于江门市东部—中山市横栏、黄圃镇—三角镇北—南沙横沥镇等地高速、铁路、城轨、堤坝沿线,斗门西部富山工业园—高栏港高速沿线、新青工业园、小林联港工业园、南水临港工业园、三灶航空产业园等近台地工业园区,及斗门、坦洲山区高速沿线,珠海大道沿线金湾区、南水、南屏段,面积约102.59km²。本区主要位于工业园区和交通要道沿线,软弱类土厚度一般小于5m,局部5~10m,无地下水开发利用,易发性低,但危险程度高,故综合评价为低易发危险性大区。

(8)低易发危险性中等区。分布于江门东部,中山黄埔—三角、斗门镇区、乾务镇区,珠海斗门新青村北部、金湾区、珠海保税区北部、横琴镇东部、三灶镇东部等山谷边缘的城镇,面积约141.59km²。本区软弱类土厚度一般小于5m,局部5~10m,无地下水开发利用,地面沉降易发性低,危险性中等,故综合评价为低易发危险性中等区。

(9)低易发危险性小区。广泛分布于江门市东部—中山横栏、黄圃镇—三角镇北—南沙横沥镇等台地附近,中山区港口镇横门水道两岸平原和珠海市西、南、东部的山间谷地和周围平原区,面积约1 082.91km²。该区范围广,区内软弱类土厚度变化大,0~20m不等。区内一般无地下水开发利用,多为林地、耕地或分散居民区,故地面沉降易发性低,统一划分为低易发危险性小区。

总体上,评价区丘陵台地及边缘区域易发性低,中部三角洲平原和东部滨海地带易发性高至中等,危险性相对较低。

(二)地面沉降防治分区的划分

根据上述分区原则和评价指标,按表3-13划分地面沉降防治分区。地面沉降易发危险性和现状危害程度是地面沉降防治两个不可分割的主要部分,是并列、同等重要的,无论易发危险性大还是现状危害程度大,都对当地民众生命财产安全造成威胁,故地面沉降防治区等级划分条件只要满足其中一个方面即可,并且取大值。把地面沉降易发危险性分区图(图3-27)和地面沉降现状危害程度图(图3-28)叠加在一起,根据上述分级原则分区,得出评价区地面沉降防治分区图(图3-29)。由图3-29可明显看出,评价区防治区划以次重点防治区为主,重点防治区较少,一般防治区最少,并且基本呈一般防治区包围基岩沿其周边分布、次重点防治区包围重点防治区的趋势。

表3-13 地面沉降防治分区等级划分表

地面沉降防治分区	重点防治区	次重点防治区	一般防治区
易发危险性	高易发危险性大、高易发危险性中等、中易发危险性大	高易发危险性小、中易发危险性中等、中易发危险性小、低易发危险性大	低易发危险性中等、低易发危险性小
地面沉降现状危害程度	危害程度大	危害程度中等	危害程度小

1. 重点防治区

重点防治区在北部成片分布于中山市南头镇—黄圃镇—小榄镇中南部—古镇镇中部—横栏镇北部—东升镇—港口镇—中山市区及区内高速、铁路、城际轨道、堤坝沿线,黄圃镇乌珠村东侧、民众镇接源村—新群村、黑沙村—民众村、新伦村东侧、南沙街办南沙港等地局部分布;在南部块段主要呈不规则块状断续沿北东向分布,主要有中山市坦洲镇北部广澳高速路口周边地区、中山市坦洲镇西侧群联村—联昌街周边一带、中山市坦洲镇区及附近区域,珠海市区吉大—拱北—前山河沿岸—南屏—南屏工业园一带、广珠西线高速沿线、斗门区白蕉镇白蕉新村—东头围、灯三村、天成新村、东湖村一带、金湾区红旗镇中部红灯村—三板村—沙脊村一带往北延伸至斗门区乾务镇新青村—新青工业园—黄金冲村—白藤湖—

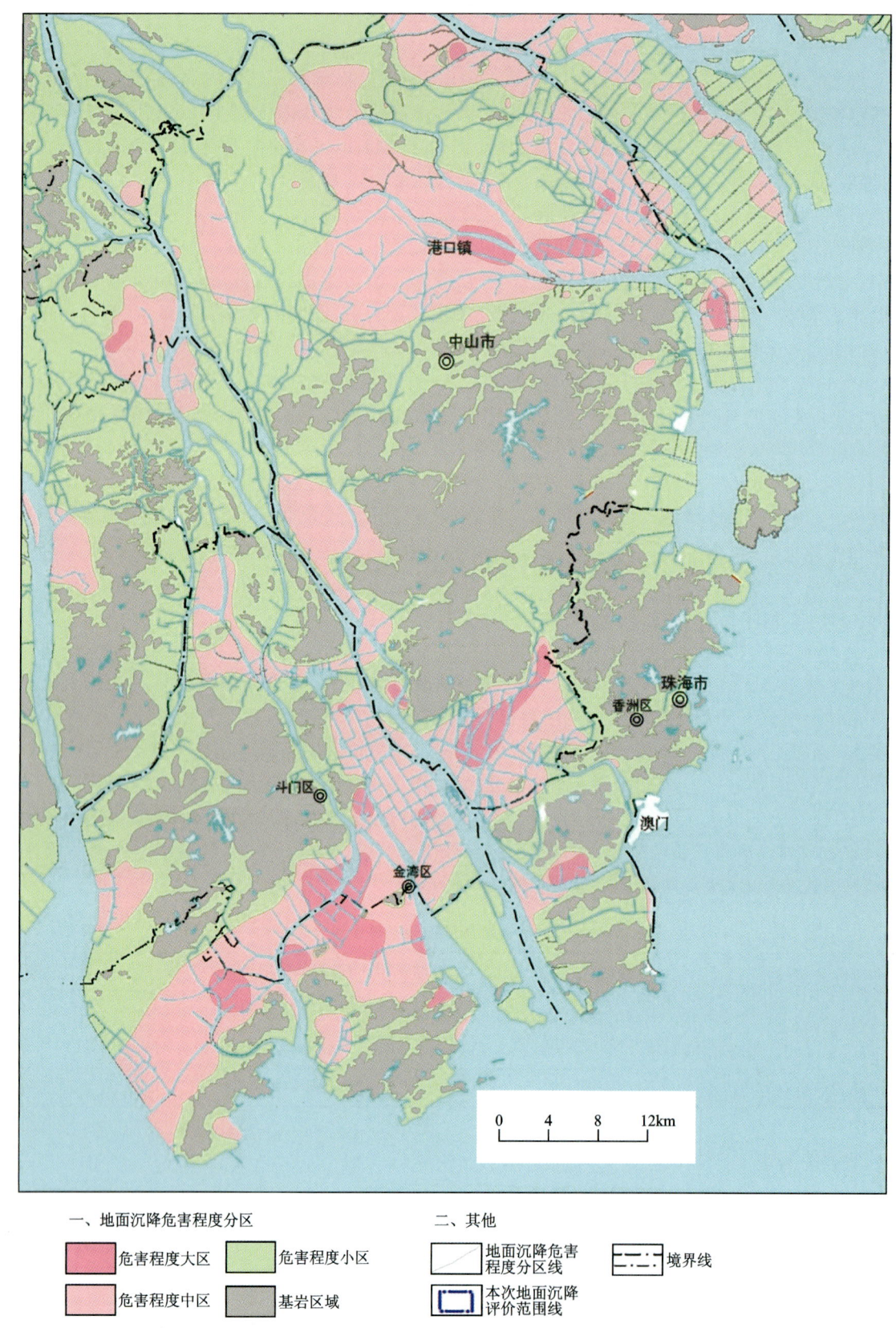

图 3-28 珠三角地区地面沉降现状危害程度分区图

图 3-29 珠三角重点区地面沉降防治分区图

群兴新村往西延伸至小林西侧联港工业园、平沙镇东南部平乐大道(X582)南段两侧大海环—莲湾一带及南水镇西南部临港工业园区和东南角工业园区、磨刀门水道两岸堤坝、江珠高速、西部沿海高速、珠海大道和高栏港高速南段沿线。此外,在三灶镇海华新村—金海岸和西北部航空产业园区、珠海保税区和横琴镇西部小面积分布。地面沉降重点防治区总面积约692.43km^2,区内人类工程活动频繁或者地下水开发利用强度大,同时,近年地面沉降速率较大,局部地段累计沉降量超过100cm,给当地民众生活造成严重不便,威胁生命财产安全。如中山市港口镇东北侧道路两边建设了大量厂房,车辆和人员较多,机械设备产生的振动较剧烈;坦洲北部广澳高速路口周边新开发了大量的房地产,存在大量建筑工地,红灯村东侧至珠海大道已建成连片的工业园区,珠海大道、平乐大道上运输车辆往来频繁,而坦洲镇群联村、红旗镇三板等区域水产养殖业发达,长期开采大量地下水,其地面沉降速率均已超过50mm/a。

2. 次重点防治区

次重点防治区是评价区内重要防治分区,广泛分布于三角洲平原区、滨海平原区和山间谷地,面积约1 223.72km^2。

次重点防治区总体上可分为8片:黄圃镇东部—阜沙镇—港口镇北部—民众镇—万顷沙镇平原区,礼乐镇东部—大鳌镇—板芙镇西江两岸,中山市坦洲镇中南部—珠海南屏工业园,珠海市湾仔保税区—马骝洲水道西南岸三角洲平原和横琴镇东部山间谷地,珠海莲湾镇南部西滘村一带,斗门区白蕉镇绝大部分地区—鹤州北垦区至清水湾三角洲—黄杨河井岸镇段沿岸—友谊河两岸—金湾区红旗镇—金湾高尔夫球场—三灶湾垦区—大门航道一片及三灶东、南部山间谷地,乾务镇南部—鸡啼门水道两岸三角洲平原—平沙镇中南部三角洲平原和滨海平原和临港工业园近丘陵平原区,乾务镇西部富山工业园区。本区部分地段如民众东部、灯笼沙和金湾高尔夫球场一带软弱类土厚度很大,一般大于30m,最大47.2m,是评价区地面沉降高易发区,多为耕地、鱼塘,局部分散居民区,划为次重点防治区。乾务镇西侧富山工业园、莲湾镇南部西滘村、斗门区井岸镇等地软弱类土厚度较小,但分布工业园区和重要城镇,危害程度大,划为次重点防治区。黄圃镇东部—阜沙镇—港口镇北部—民众镇—万顷沙镇平原区、莲湾镇南部、乾务镇南部至平沙镇中南部、坦洲南部、珠海保税区等三角洲平原区,软弱类土厚十几米至20多米,局部地段开采地下水,多为耕地、鱼塘,少量分散居民区,划分次重点防治区。次重点防治区地面沉降现象较明显,近年沉降速率一般为20~50mm/a,对民众生活造成一定影响。

3. 一般防治区

一般防治区一般分布于基岩台地外围和山间谷地,面积约1 013.07km^2。一般防治区主要位于江门东部、中山北部黄圃镇—三角镇一带台地周围平原区及珠海市西北部、南部和东部丘陵台地间谷地及周围平原,包括虎跳门水道两侧平原,斗门镇和乾务镇附近山间谷地,平沙镇西部,南水镇、三灶镇台地附近,横琴镇中部和北部、洪湾水道两侧等谷地,位置较分散。区内软弱类土厚度一般小于5m,局部5~10m,一般为耕地、林地、鱼塘等,少量居民区,是人类工程活动较少的区域。一般防治区地面沉降现象少,近年地面沉降速率一般可忽略,局部地区有少量沉降。

第四章 降雨型地质灾害成灾机理

粤港澳大湾区地貌以山地、丘陵为主,山多平原少。山地与丘陵区内地质灾害发育,典型的有滑坡、崩塌、泥石流等。地铁、城市快轨和高速公路等道路工程在穿越地质灾害等脆弱地质环境时,极易诱发地质灾害,造成重大经济损失和人员伤亡。区内属亚热带季风气候,气候温和,雨量充沛,降雨量年分配不均,多集中在每年的4—9月,占全年降雨量的77.4%。特大暴雨多发生在5—8月;最大日降雨量可达334.6mm/d,20年一遇暴雨强度达到80mm/h。区内岩土类型主要是花岗岩,中厚层状的砂岩、粉砂岩、页岩和泥岩,风化作用较强烈,地表几乎全都是强风化层。发育的地质灾害类型主要为小型滑坡,且基本上全部是降雨诱发的浅层土质滑坡。花岗岩区地质环境差,外加居民用地紧张,出现了大量人工建房削坡现象,在降雨季节特别是降雨集中期,花岗岩区大量滑坡灾害发生,给人们的生命财产造成了极大危害。在基本查明地质环境条件和重大环境地质问题的基础上,进行了典型降雨型地质灾害物理模型研究。研究试验区边坡在流固耦合作用下的变形破坏规律,探索不同开挖条件下诱发滑坡的降雨过程与降雨阈值,并且基于模型试验建立试验区地质灾害预警标准及与之适应的边坡开挖安全标准。

一、降雨诱发滑坡物理模型试验

(一)降雨相似准则

制作小比例尺的已知现象(模型),使它能够代表未知现象(原型),并把模型试验结果转换到原型上,这就要求必须以相似理论为依据。本项目中的物理模型除满足土工模型试验相似原理外,还需满足降雨过程及雨水入渗径流相似性。目前土工模型试验相似理论较成熟,而降雨相似性研究较少。在水工模型的流体力学研究领域,有学者研究了泄洪雾雨影响范围模拟、径流侵蚀的降雨模拟,针对流体的几何相似、运动相似、动力相似开展研究,通过使对流体起主导作用的外力满足相似条件来反映流体的运动状态。

当作用在流体上的力主要是黏性力时水流运动相似使用雷诺准则,当作用在流体上的力主要是重力时水流运动相似使用佛汝德准则,当作用在流体上的力主要是压力时水流运动相似使用欧拉准则,一般情况下同时满足两个或两个以上作用力相似是难以实现的。下面通过分析降雨入渗-径流过程流体的主导作用力来选择降雨相似准则。

边坡中降雨入渗属于非饱和渗流过程,在非饱和土中,液体-气体两相在孔隙中运动,固-液-气三相接触面上的表面张力对其流动过程起重要作用,支配土壤水在液态下整体转移的是重力和水的表面张力。

坡面径流的主要作用力为表面张力、重力和流动阻力。正常雨滴直径变幅为0.1~3.5mm。低强度降雨主要由小雨滴组成,高强度降雨(暴雨)主要由大雨滴组成。重力与表面张力大小进行比较时,水工模型试验表明,水深若小于1.5cm,表面张力作用大于重力作用,表面张力为主导作用力。对于坡面流的研究显示,坡面流水深仅为 0.5～2.5mm,因此主导相似准则为反映惯性力与表面张力之比的韦伯(We)准则;流动阻力与表面张力大小比较时,研究表明,无论坡面流为层流或紊流,均可采用韦伯准则作为主导准则。

综合渗流分析与径流分析结果表明,可以采用韦伯准则作为降雨诱发滑坡模型试验的降雨相似准则。韦伯相似准则是主导作用力为表面张力的水流运动相似准则,即韦伯数相等,表现为水流惯性力与表面张力的比值相等。

$$We = \frac{\rho u^2 l}{\sigma} \tag{4-1}$$

式中,ρ 为水流密度,kg/m^3;u 为特征流速,m/s;l 为特征长度,m;σ 为水的表面张力系数,N/m。

假设原型与模型水流密度、表面张力系数一致,则雨强比尺 λ_u 与模型比尺 λ_l 的关系为:

$$\lambda_u = \lambda_l^{-\frac{1}{2}} \tag{4-2}$$

若模型比尺 λ_l 为 10,则雨强相似比尺 λ_u 为 0.32;若模型比尺 λ_l 为 8.5,则雨强相似比尺 λ_u 为 0.34。

时间比尺 λ_t 与模型比尺 λ_l 的关系为:

$$\lambda_t = \lambda_l^{\frac{3}{2}} \tag{4-3}$$

由此可得降雨量比尺 λ_p 与模型比尺 λ_l 的关系为:

$$\lambda_p = \lambda_u \times \lambda_t = \lambda_l \tag{4-4}$$

(二)模型试验参数相似比

根据模型试验的相似原理和量纲分析方法,依据边坡原型尺寸和模型箱的尺寸选取合适的几何相似比,并取土的基本物理参数(含水量和干密度)相似比为 1,通过模型相似率计算其他参数的相似比。共进行 3 组模型试验,分别为强风化碎屑岩 S1-1 模型试验、强风化碎屑岩 S1-2 模型试验和全风化花岗岩 H1 模型试验,模型箱尺寸设计边坡高度均为 2m。表 4-1 和表 4-2 列出了试验原型和模型间的几何、物理、荷载参数之间的相似关系。

表 4-1　原型与模型相似关系(强风化碎屑岩模型 S1-1、S1-2)

参数	原型	模型	相似比
边坡高度 H(cm)	2000	200	10
干密度 γd(g/cm^3)	1.20	1.20	1
土压力 σ(kPa)	—	—	10
降雨强度 i(mm/h)	—	—	0.32
降雨量 p(mm)	—	—	10

表 4-2　原型与模型相似关系(全风化花岗岩 H1)

参数	原型	模型	相似比
滑坡高度 H(cm)	1700	200	8.5
干密度 γd(g/cm^3)	1.50	1.50	1
土压力 σ(kPa)	—	—	8.5
降雨强度 i(mm/h)	—	—	0.34
降雨量 p(mm)	—	—	8.5

二、试验系统开发与设计

降雨型地灾静力模型试验的主要目的是:模拟不同环境因素(包括坡面入渗、降雨等)的变化,研究试验区非饱和边坡在降雨条件下的变形破坏机理。模型试验系统主要包括以下部分。

(1)模型试验槽(或模型箱):模型箱尺寸为 6.0m×2.0m×2.8m(长×宽×高)。
(2)环境模拟系统:包括降雨发生器、供水系统等。
(3)量测系统:对边坡变形、土压力、含水率及流量监测系统以及坡面径流等进行实时监测。

(一)边坡形态与填料性质设计

依据试验目的,在室内要实现降雨诱发的滑坡缩尺试验,既要保证室内边坡物理模型在降雨时能重现失稳过程,又要保证室内土样与原状土样具有足够的相似性,故室内边坡的形态与强度参数设计尤为重要。

主要依据模型箱尺寸与原型边坡形态设计模型边坡的几何形态。模型试验包括两种土质坡体的模型构建,即强风化碎屑岩坡体和全风化花岗岩层坡体。试验在模型试验大厅大型钢结构静力物理模型试验箱中进行,该模型箱尺寸为 6.0m×2.0m×2.8m,初步设计模型尺寸为 2.0m×2.0m×2.0m,由于原型边坡平均坡度约60°,故模型边坡的坡度选为60°,如图 4-1 所示。

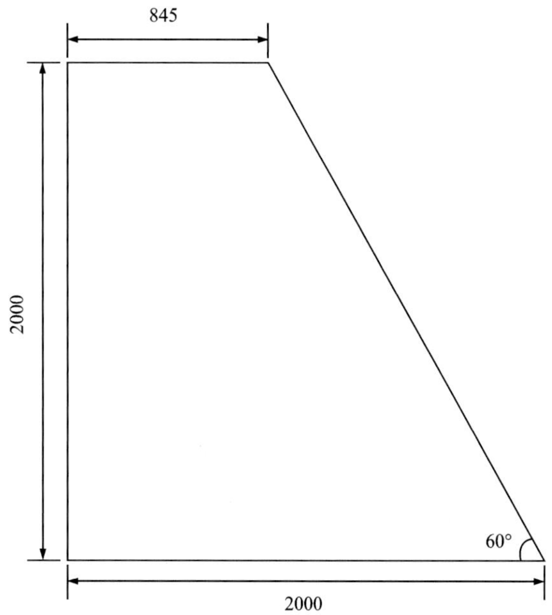

试验填料参数通过试算的方法确定,下面采用极限平衡法对设计边坡进行稳定性试算。

图 4-1 初步设计模型图(单位:mm)

1. 原状土参数

按饱和参数计算,原状土计算参数见表 4-3。

表 4-3 原状物理力学参数

岩性	天然重度 (kN/m³)	饱和重度 (kN/m³)	饱和不排水剪		饱和排水剪	
			内摩擦角(°)	凝聚力 C(kPa)	内摩擦角(°)	凝聚力 C(kPa)
全风化	18.2	19.4	11.9	26.6	28.7	21.8
强风化	17.0	17.4	10.7	20.0	27.9	17.5

经计算强风化边坡按不排水剪和排水剪参数计算边坡稳定性系数分别为 3.347、3.346;全风化边坡按不排水剪和排水剪参数计算边坡稳定性系数分别为 4.217、3.862,计算结果表明,原状土缩尺模型不能重现降雨诱发滑坡。

2. 重塑土参数

按重塑土经验参数计算,重塑土计算参数见表 4-4。

表 4-4　重塑土折减后物理力学参数

岩性	天然重度 (kN/m³)	饱和重度 (kN/m³)	饱和不排水剪		饱和排水剪	
			内摩擦角(°)	凝聚力 C(kPa)	内摩擦角(°)	凝聚力 C(kPa)
全风化	18.2	19.4	20	8	28	7
强风化	17.0	17.4	20	6	28	5

经计算强风化边坡按不排水剪和排水剪参数计算边坡稳定性系数分别为 1.218、1.241；全风化边坡按不排水剪和排水剪参数计算边坡稳定性系数分别为 1.390、1.442；重塑土计算结果已接近极限平衡状态,计算结果表明,按照初步设计的几何形态,采用重塑土制作边坡缩尺模型,可在室内重现降雨诱发滑坡灾害。

(二)主要观测仪器设备

1. 模型槽

降雨地灾模型试验在钢结构模型试验箱中进行,该模型箱尺寸为 6.0m×2.0m×2.8m(图 4-2)。模型槽的框架由角钢焊接而成,而后在框架的两侧、背面及底部内衬 10mm 厚钢板,正面内衬 15mm 厚的有机玻璃板。有机玻璃板内侧表面按 10mm×10mm 刻画水平、竖直网格线以便跟踪土体内部的位移变化。

图 4-2　大型静力物理模型试验设备

2. 人工模拟降雨系统

人工模拟降雨采用"管网式模拟系统",即采用多点布设的雾化喷头实施人工降雨。具体为将 PE 塑料管按照横"S"形盘旋固定于模型槽上方,每隔 500mm 外接一枚可调节雾化喷头,共计 16 枚。单个雾化喷头的喷洒范围约为 $\phi 0.5m$,按 4×4 布设喷头,可基本实现雨量均匀喷洒。模型箱底部设置 2 个 $\phi 0.1m$ 的排水口,以便及时排出土坡底部的积水。在进水口和排水口处分别安装流量计,记录每次降雨的进水量和排水量,以反算实际的入渗强度。模型侧面、底面不排水,在坡顶与坡面均匀降雨。PE 塑料管、可调节雾化喷头、流量表、雨量计等集成人工降雨模拟系统。

3. 土压力测试系统

本次土压力测试采用北京瑞恒长泰科技有限公司生产的 HC-16 型,以微加工硅膜片为核心原件,电感式微型土压力传感器测试土压力,传感器的技术指标见表 4-5。

表 4-5　HC-16 型微型土压力传感器技术指标

型号	量程	分辨率	综合误差	外形尺寸	接桥方式
HC-16	50kPa	≤0.001%F·S	<0.1%F·S	$\phi 15\times 10$	全桥

4. 基质吸力及含水率监测系统

土体中基质吸力监测系统为测试负压的基质吸力传感器,探头选用高进气值的陶瓷探头。在测试负压时,陶瓷探头起到"进水阻气"的作用,探头通过管路与外接张力计连接,管路中充灌脱气水,试验前小心检查管路的气闭性。探头在土中按一定间隔布置以监测该点的基质吸力变化。基质吸力及含水率测试系统如图 4-3 所示。

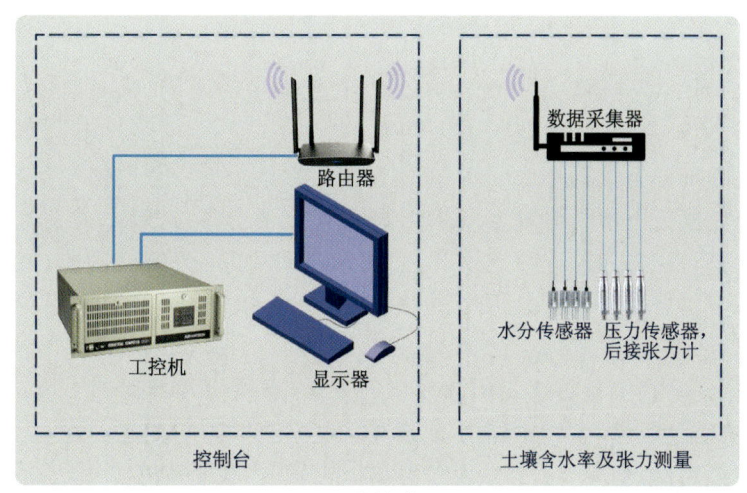

(a) 系统拓扑图

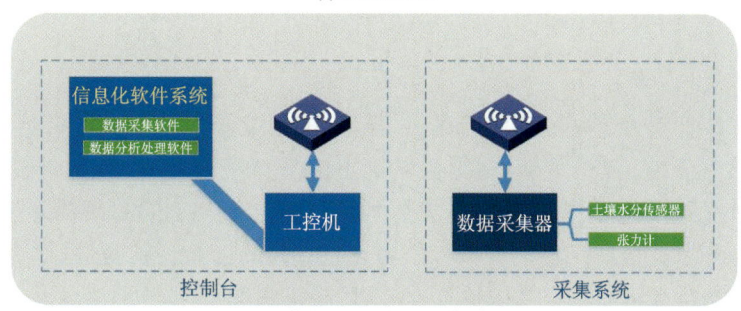

(b) 土壤水分及张力测量系统框图

图 4-3　基质吸力及含水率测试系统

5. 土体位移监测系统

边坡表面位移采用金海泉位移传感器进行测量,数据通过 BZ2205C 静态电阻应变仪实现自动采集。内部采用位移标志与水平白砂条标志观测土坡内部不同部位、不同深度处的水平位移。

(三)模型尺寸及其测点布设

设计测试方案如图4-4所示。

(四)模型试验内容及过程

1.土样制备

本试验土样分别取自广东肇庆封开县某省道一侧与某国道一侧两处滑坡体,经调查,土样可分别归类为强风化碎屑岩、全风化花岗岩。两处滑坡各取土6m³,经物流托运至长江科学院。根据基本物理性质指标配制模型试验坡体,共进行了6组模型试验。

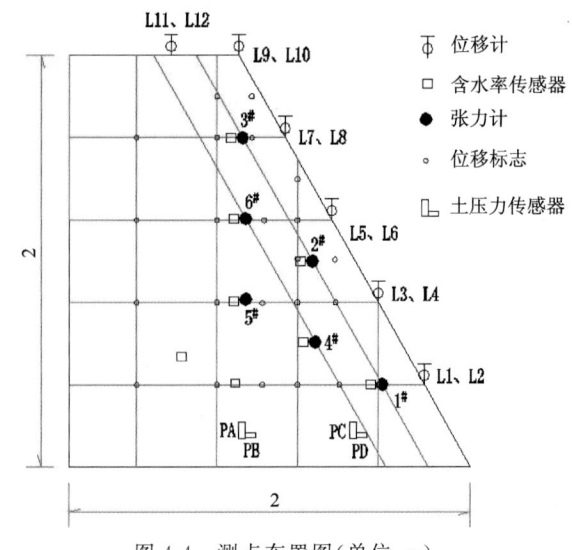

图4-4 测点布置图(单位:m)

2.土样填筑

受试验条件限制,为尽可能消除或减少边界效应,在模型槽的两侧、背面钢板以及正面有机玻璃板上均匀涂抹薄层硅油,减少土样与侧壁的摩擦。

整个坡体填筑过程可分为以下几个步骤:土体过筛—称量上槽—分层铺筑并夯实—埋设位移标及分层线—削坡。为有效保证土体的均匀性,采用控制干密度的分层填筑法,按每20cm一层填筑,计算出每层所需的填土体积,根据先前测得的土体重度、含水率及预定的干密度要求,换算成土体质量,称取每层所需土量并夯击至所需高度,填筑时采用铁锹均匀夯击。填筑过程中注意保护土压力传感器、基质吸力探头和位移标识点(大头针),保证挡土板垂直且不移位。为保证边坡土体与堤身下土体具有同样的均匀性和密度,采用先垂直填筑再逐步削减成坡的方式,获得设计坡比的土坡。土样填筑完毕成型后,在顶部及侧面边坡铺设塑料薄膜以防止水分蒸发。

当填土至土压力传感器、基质吸力探头及位移测点位置时,要特别小心,既要保证周围土体密实均匀,又要防止破坏传感器。

3.埋设仪器

按使用说明连接好土压力计与位移传感器,并调零;模型试验中位移测点采用大头针尖(长度小于5mm)制成,为使观测点清晰、容易辨别,在大头针尖上套上薄层白色塑料管,埋设时使针尖紧贴玻璃壁,测点周围土体轻轻按紧,不留空隙,防止上部土体坍塌,掩盖测点。通过观测埋设在土体内部的测点运动情况反映土体的实际位移场变化。玻璃板上画出的10mm×10mm网格,作为控制测点布设和坐标读取的参考基准。将自来水在真空泵内抽气4h以后制备脱气水,张力计使用前采用注射器手动施加负压的方法检查气闭性。

仪器埋设完毕即开始进行位移、含水率、土压力和基质吸力的监测,一方面通过监测确定仪器在施工过程中的完好性,另一方面观察施工过程中各参数的变化。模型装填完毕后放置12h以上,将各监测仪器数据趋于稳定后的读数作为降雨前的初始读数。

4.模拟降雨

PE塑料管始端接输水系统,末端用堵头封闭;横穿于模型槽上方并用铁丝固定在其横梁上。设计并实施不同的降雨过程,试验直至边坡垮塌为止。降雨系统的降雨强度主要通过控制水阀压强及流量大小来实现。具体为试验前控制水阀旋转角度标定降雨强度初始值,并通过随机布设的雨量器来监测降雨均匀度。由于降雨喷头出厂设置规格不是很统一,在监测过程中逐步调节喷头喷雾大小,以使降雨尽可能均匀,最后再通过流量表读数反算降雨强度,其计算公式为:

$$i = \frac{\Delta Q}{t \cdot S}$$

式中,i 为单位时间段内的降雨强度,mm/min 或 mm/h;ΔQ 为相邻两次流量表读数之差,即每次降雨量,m³;t 为每次降雨开始到结束所用时间,min 或 h;S 为试验区面积,m²。

强风化碎屑岩 S1 模型进行两组降雨试验,全风化花岗岩 H1 模型进行一组降雨试验,实际降雨过程及对应原型雨强如表 4-6 所示。

表 4-6 模型试验降雨过程及对应原型雨强

试验编号	模拟降雨过程					降雨强度比尺关系	降雨强度比尺大小	模拟雨强(mm/d)	原型雨强(mm/d)	原型累计降雨量(mm)
	日期	时间	时长(min)	降雨流量(m³)	降雨强度(mm/h)					
S1-1	11.09	15:00—15:30	30	0.048 9	25	$\lambda_u = \lambda_l^{\frac{1}{2}}$	0.32	600	192	125
	11.09	16:30—17:00	30	0.041 8	20			480	153.6	225
	11.09	18:00—18:07	7	0.008 0	24			576	184.32	253
	11.10	9:30—10:00	30	0.035 9	18			432	138.24	343
	11.10	10:30—11:12	42	0.058 5	24			576	184.32	511
S1-2	11.08	10:51—12:19	88	0.095 8	24			576	184.32	352
	11.08	14:37—14:56	20	0.035 1	39			936	299.52	482
H1	11.22	11:15—11:45	30	0.020 1	10		0.34	240	81.6	42.5
	11.22	12:20—12:50	30	0.039 1	19			456	155.04	123.25
	11.22	14:40—15:04	24	0.019 7	12			288	97.92	164.05
	11.23	14:30—16:00	90	0.068 2	11			264	89.76	304.3

5. 试验数据采集

土压力传感器、位移计、基质吸力与含水率传感器数据分别为每 30s、10s、12s 采集一次。
(1)采用土压力传感器监测边坡应力变化过程。
(2)采用位移计监测边坡表面位移过程。
(3)采用基质吸力与含水率传感器监测坡体内部水分迁移过程。

三、物理模型试验结果及分析

(一)强风化碎屑岩 S1-1 模型试验

S1-1 模型实际测试方案如图 4-5 所示,边坡模型按照 20cm 一层分层填筑,所有监测点均设计在分层层面处,其中在 5 个不同高程共布置 12 个位移计 L1~L12,L1、L3、L5、L7、L9、L11 测试边坡表面水平位移，L2、L4、L6、L8、L10、L12测试边坡表面竖向位移；在6个不同高程分别布置6个张力计与含水率传感器，1#~3#张力计距离坡表埋深为5cm，1#~3#含水率传感器位于相应张力计内侧8cm，4#、6#张力计距离坡表埋深为25cm，4#、6#含水率传感器位于相应张力计内侧8cm，5#张力计距离坡表埋深为45cm，5#含水率传感器位于相应张力计内侧8cm，另外7#、8#、9#、10#含水率测点可采用钻孔取样进行含水率测试，7#、8#、9#、10#含水率测点分别距离坡表65cm、25cm、45cm、65cm；在第一层土方填筑完成后埋设2组共4个土压力传感器PA、PB、PC、PD，土压力传感器PA、PB位于位移计L9下方，土压力传感器PA测试竖向土压力，土压力传感器PB测试水平土压力，土压力传感器PC、PD位于位移计L3正下方，土压力传

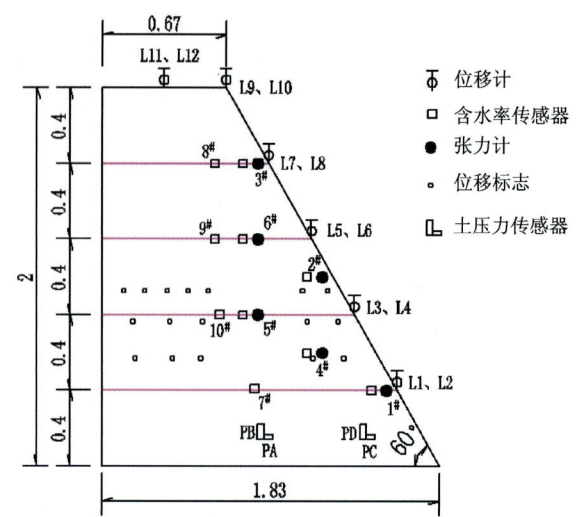

图4-5 强风化碎屑岩S1-1模型测试方案（单位：m）

感器PC测试竖向土压力，土压力传感器PD测试水平土压力；在观测窗口共布置17个位移标志与3层水平白砂条标志。

S1-1模型试验降雨过程为间歇型长时间降雨，共施加5场降雨后发生滑坡。第1场降雨强度25mm/h，历时30min，累计降雨量12.5mm；间隔60min后进行第2场降雨，强度为20mm/h，历时30min，降雨结束后累计降雨量22.5mm；间隔60min后进行第3场，降雨强度为24mm/h，历时7min，降雨结束后累计降雨量25.3mm；间隔923min后进行第4场降雨，强度为18mm/h，历时30min，降雨结束后累计降雨量34.3mm；间隔30min后进行第5场降雨，强度为24mm/h，历时42min，降雨结束后累计降雨量51.1mm。

1. 斜坡状态对降雨入渗响应分析

1) 变形演化过程分析

定义边坡水平位移指向坡外为正，竖向位移向下为正。

（1）图4-6为L7、L9、L11测点变形（水平向）对降雨入渗响应的过程曲线（S1-1）。从图中可以看出，位移计L7、L9、L11位于边坡上部，受到降雨的影响，L7、L9测点发生明显的水平位移，L11测点水平位移基本为零，即L11测点位于变形范围之外。

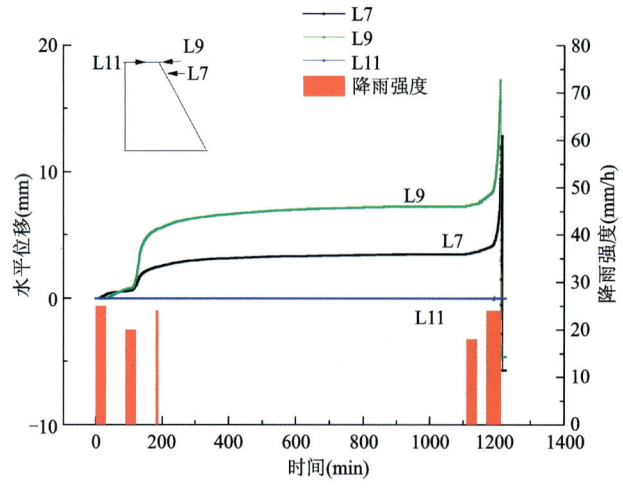

图4-6 L7、L9、L11测点变形（水平向）对降雨入渗响应过程曲线（S1-1）

①第1场降雨开始13min后L7测点首先开始水平变形,第1场降雨持续约30min,停止后L9测点开始出现水平变形,初期变形速率较小,L7测点为0.005 6mm/min,L9测点为0.011 4mm/min。

②第2场降雨后,累计降雨量22.5mm(对应原型降雨量225mm),边坡变形加速,L7测点为0.033mm/min,L9测点为0.099mm/min。第2场降雨完成半小时后,边坡顶出现宏观裂缝,L9测点水平位移为5mm;随后边坡变形速率放缓,但未停止。

③第3场降雨持续7min,对边坡变形速率影响较小,尽管降雨停止,雨水持续入渗,边坡变形持续发展,L7测点水平位移速率为0.001 3mm/min,L9测点水平位移速率为0.002 6mm/min。

④第4场降雨开始后,边坡变形再次加速,降雨期间L7测点水平位移速率为0.006 2mm/min,L9测点水平位移速率为0.068mm/min。

⑤第5次降雨后,边坡发生急剧变形,L7测点水平位移速率达0.166mm/min,L9测点水平位移速率为0.289mm/min,边坡上部水平位移超过1cm后,滑坡发生。

(2)图4-7为L8、L10、L12测点变形(竖直向)对降雨入渗响应的过程曲线(S1-1)。从图中可以看出,位移计L8、L10、L12位于边坡上部,受降雨的影响,L8、L10测点发生明显竖向位移,L12测点竖向位移基本为零,即L12测点位于变形范围之外。

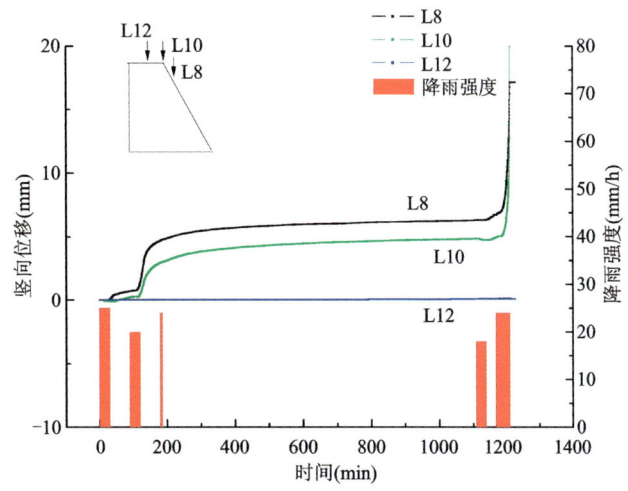

图4-7　L8、L10、L12测点变形(竖向)对降雨入渗响应过程曲线(S1-1)

①随着降雨的入渗,第1场降雨开始26min后L8测点首先开始竖向变形,第1场降雨持续约30min,停止后L10测点开始出现竖向变形,初期变形速率较小,L8测点为0.011mm/min,L10测点为0.014mm/min。

②第2场降雨后,累计降雨量22.5mm(对应原型降雨量225mm),边坡变形加速,L8测点为0.120mm/min,L10测点为0.073mm/min。第2场降雨完成半小时后,边坡顶出现宏观裂缝,L8测点竖向位移约为5mm;随后边坡变形速率放缓,但未停止。

③第3场降雨持续7min,对边坡变形速率影响较小,尽管降雨停止,雨水持续入渗,边坡仍然变形,L8测点竖向位移速率为0.002 6mm/min,L10测点竖向位移速率为0.002 7mm/min。

④第4场降雨开始后,边坡变形再次加速,引起L8测点竖向位移速率为0.017 2mm/min,L10测点竖向位移速率为0.010mm/min。

⑤第5次降雨后,边坡发生急剧变形,L7测点竖向位移速率达0.356mm/min,L9测点竖向位移速率为0.455mm/min,边坡上部竖向位移超过1cm后,滑坡发生。

(3)图4-8为L1、L3、L5测点变形(水平向)对降雨入渗响应的过程曲线(S1-1)。从图中可以看出,位移计L1、L3、L5位于边坡中部及下部,受到降雨的影响,L5测点发生明显水平位移,L1、L3测点靠近坡脚,L1、L3测点水平位移较小。

①受降雨影响，L5测点发生明显变形。随着降雨的入渗，第1场降雨持续约30min，停止后L5测点开始出现水平变形，L5测点初期变形速率为0.0137mm/min，随后L5测点变形速率持续减小，第2、第3场降雨没有改变其位移速率减小的特征，直至第4场降雨，其变形速率开始增加，第5场降雨后，累计降雨量51.1mm（原型511mm），L5测点变形速率陡增，达到0.204mm/min，累计水平变形超过5mm后，发生滑坡。

②L1测点变形相对较小，直到第2场降雨开始后，L1测点出现水平变形，变形速率为0.0023mm/min，第2场降雨结束后L1测点水平变形速率增加到0.0079mm/min，第3场降雨结束后，其变形速率减小为0.0003mm/min，第4场降雨开始，L1测点水平变形速率增加到变形速率0.0056mm/min，随后第5场降雨持续40min后，L1测点水平变形达1mm后，边坡失稳（图4-8）。

③L3测点变形较小，L3测点在第2场降雨结束后水平变形陡增到0.44mm，随后基本不变直到滑坡发生（图4-8）。

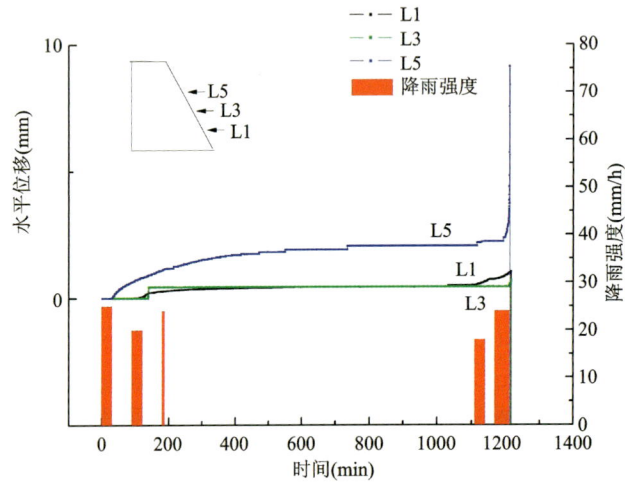

图4-8　L1、L3、L5测点变形（水平向）对降雨入渗响应过程曲线（S1-1）

(4) 图4-9为L2、L4、L6测点变形（竖向）对降雨入渗响应的过程曲线（S1-1）。从图4-9中可以看出，位移计L2、L4、L6位于边坡中部及下部，受到降雨的影响，L6测点发生明显的竖直位移，L1、L3测点靠近坡脚，L1、L3测点竖向位移较小。

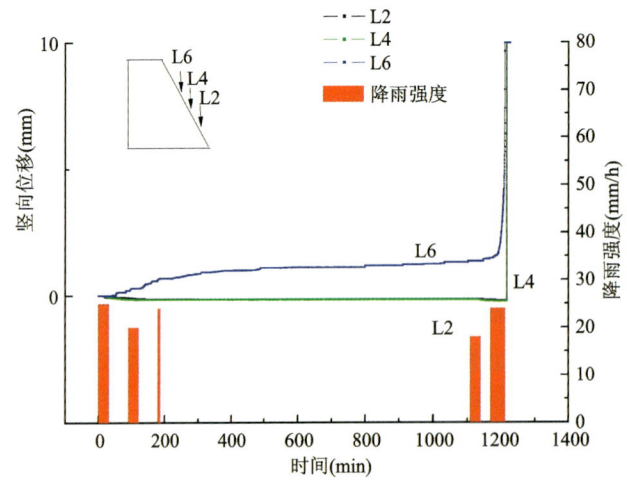

图4-9　L2、L4、L6测点变形（竖向）对降雨入渗响应过程曲线（S1-1）

①随着降雨的入渗，第1场降雨后L6测点首先开始竖向变形，竖向变形速率为0.0034mm/min，直到第2场降雨完成，受第2场降雨入渗影响，L6测点竖向变形速率增加到0.0067mm/min，随后L6测点缓慢

变形,变形速率为 0.000 7mm/min,第 4 场降雨完成后,L6 测点竖向变形速率增加到 0.005 4mm/min,受到第 5 场降雨作用,其变形速率陡增至 0.297 1,L6 测点竖向变形超过 2mm 后,发生滑坡。

②第 1 场降雨开始后,L2、L4 测点出现竖向位移,其量值为负,表明 L2、L4 测点出现向上位移,坡脚隆起,位移较小,前两场降雨完成后,L2、L4 测点位移基本不变,直至第 4 场降雨完成,L2、L4 测点继续隆起,第 5 场降雨后发生滑坡,整个过程 L2、L4 测点竖向位移均较小,滑坡前最大竖向位移不超过 0.3mm,且 L4 测点竖向位移比 L2 测点稍大。

试验中,降雨开始后雨水入渗,边坡发生变形,降雨停止后,边坡变形放缓;再次降雨,边坡变形加剧,再次停止降雨后,边坡变形放缓,随着水分往深部入渗变形持续发展,直到变形逐渐停止,再次长时间降雨,变形急剧加速,诱发滑坡发生。试验结果表明,降雨对边坡变形破坏影响十分明显,雨水入渗直接引起斜坡变形,特定降雨条件下降雨量达到一定程度,斜坡进入急剧变形阶段,诱发滑坡;测点位移对降雨的响应稍有滞后,滞后程度与降雨过程及斜坡稳定程度有关。

2）基质吸力变化过程分析

按两阶段降雨分析基质吸力变化过程,第 1 场、第 2 场、第 3 场降雨为第 1 阶段,第 4 场、第 5 场降雨为第 2 阶段。

(1)图 4-10 为 $1^{\#}$、$2^{\#}$、$3^{\#}$ 测点基质吸力对降雨入渗响应过程曲线(S1-1),张力计读取观测点孔隙压力,当孔压为负时,基质吸力为孔压的绝对值。$1^{\#}$、$2^{\#}$、$3^{\#}$ 张力计距离边坡表面埋深为 5cm,分别位于坡面下部、中部和上部。

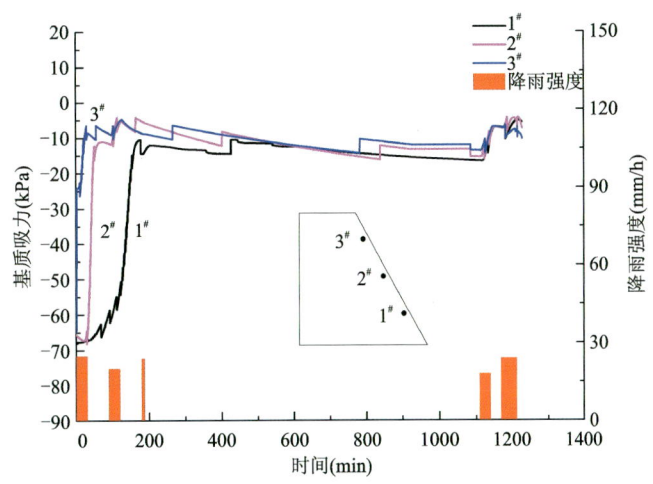

图 4-10 $1^{\#}$、$2^{\#}$、$3^{\#}$ 测点基质吸力对降雨入渗响应过程曲线(S1-1)

第 1 阶段降雨:位于边坡上部的 $3^{\#}$ 张力计距离喷头较近,降雨开始后该处基质吸力由 -65.1kPa 迅速下降到 -24.1kPa,随着降雨入渗,该处基质吸力持续下降,直至 -10.0kPa 后基本稳定,图中出现的波动现象是由于斜坡变形引起的传感器与土体错动松开导致。位于边坡中部的 $2^{\#}$ 张力计随降雨的变化稍有滞后,第 1 场降雨快要结束时,$2^{\#}$ 测点基质吸力由 -68.0kPa 较快地变到 -10.0kPa,随后基本稳定。位于边坡中部的 $1^{\#}$ 张力计变化稍慢,第 2 场降雨完成后,$1^{\#}$ 测点基质吸力由 -68.0kPa 变化到 -10.0kPa 稳定后,共耗时约 170min。

第 2 阶段降雨:经历第 4 场与第 5 场降雨后,$1^{\#}$、$2^{\#}$、$3^{\#}$ 张力计读数继续减小,降至约 -5.0kPa 时发生滑坡。

(2)图 4-11 为 $4^{\#}$、$5^{\#}$、$6^{\#}$ 测点基质吸力对降雨入渗响应过程曲线(S1-1)。$4^{\#}$、$5^{\#}$、$6^{\#}$ 张力计距离坡表埋深分别为 25cm、45cm、25cm。

第 1 阶段降雨:前 3 场降雨完成 260min 后,距离边坡表面 25cm 的 $4^{\#}$、$6^{\#}$ 测点基质吸力开始减小,$4^{\#}$ 测点基质吸力变化速率为 0.04kPa/min,$6^{\#}$ 测点基质吸力变化速率为 0.1kPa/min。该阶段尽管没

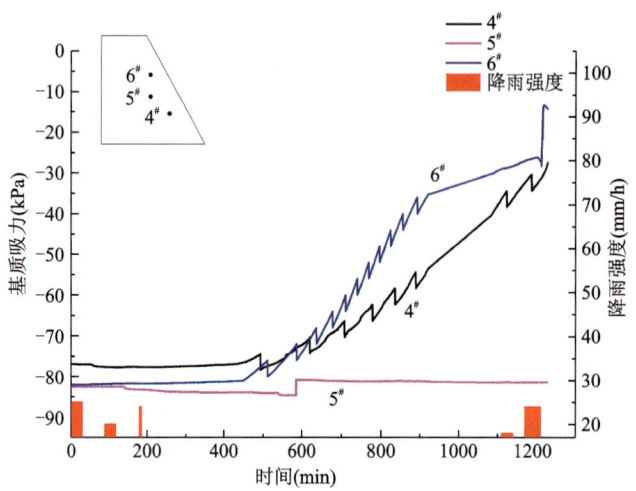

图 4-11 4#、5#、6#测点基质吸力对降雨入渗响应过程曲线(S1-1)

有降雨,但水分往深部入渗并未停止,土壤含水率升高,基质吸力降低。在开始降雨后 920min,6#测点基质吸力变化速率减小到 0.036kPa/min,4#测点基质吸力变化速率仍保持约 0.04kPa/min。

第 2 阶段降雨:第 4 场、第 5 场降雨完成后,4#、6#测点基质吸力减小到−27.0kPa,滑坡发生;5#测点由于埋深较大,直到滑坡发生,该处基质吸力基本未变化,表明滑坡发生前水分入渗深度没有达到 45cm。

基质吸力随着降雨入渗而变化,降雨入渗湿润峰到达测点之前基质吸力保持不变,之后基质吸力随着水分入渗持续减小,达到峰值后基本稳定,停止降雨后浅层测点受到蒸发影响吸力略微增大,再次降雨时,吸力继续减小,直至浅层土体饱和,测点吸力接近 0kPa。

3)含水率演变过程分析

(1)图 4-12 为 1#、2#、3#测点含水率对降雨入渗响应过程曲线(S1-1)。1#、2#、3#含水率传感器距离边坡表面 13cm,分别位于边坡下部、中部、上部。

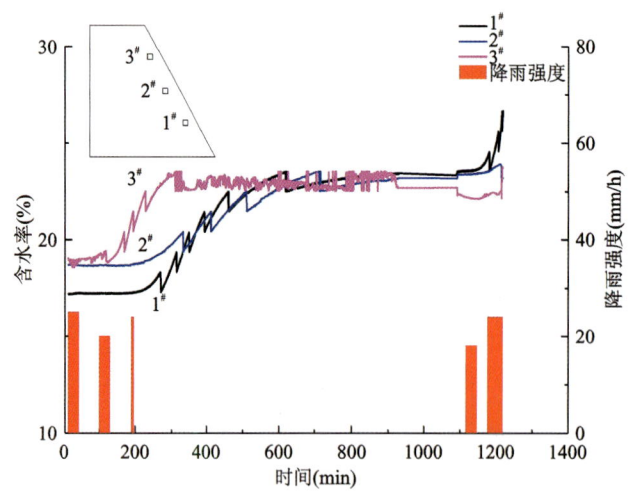

图 4-12 1#、2#、3#测点含水率对降雨入渗响应过程曲线(S1-1)

①第 2 场降雨开始后,距离喷头较近的 3#测点含水率首先开始增加,由初始的 18.8% 增加到 23.0% 后基本保持稳定,耗时 309min,随后变化不明显,直至第 4 场、第 5 场降雨后发生滑坡。

②位于边坡中下部的 1#、2#测点含水率变化稍有滞后,第 200min(第 3 次降雨完成)1#、2#测点含水率开始变化,1#测点含水率从初始 17.2% 增加到 23.4% 后基本稳定,1#测点含水率从初始的 18.7% 增加到 23.2% 后基本稳定,经历第 4 场、第 5 场降雨后,1#、2#测点含水率继续增加,最终发生滑坡。

③滑坡发生前1#、2#、3#测点含水率基本一致,表明距离坡表13cm位置已达到稳定入渗。

(2)图4-13为4#、5#、6#测点含水率对降雨入渗响应过程曲线(S1-1)。4#、5#、6#含水率传感器离坡面距离分别为33cm、53cm、33cm,分别位于边坡下部、中部、上部。降雨开始300min后,4#、6#测点含水率开始变化,6#测点含水率从初始的14.6%增加到15.2%,4#测点含水率从初始的15.5%增加到15.7%,随后基本稳定。第4场、第5场降雨后,4#、6#测点含水率继续增加,6#测点含水率增加到16.2%,4#测点含水率增加到17.0%后发生滑坡,5#测点由于埋设较深含水率基本未变。图中数据的波动起伏受传感器与土壤接触影响,未反映含水率实际变化情况;从试验数据可以看出,边坡深部含水率变化速率较慢。

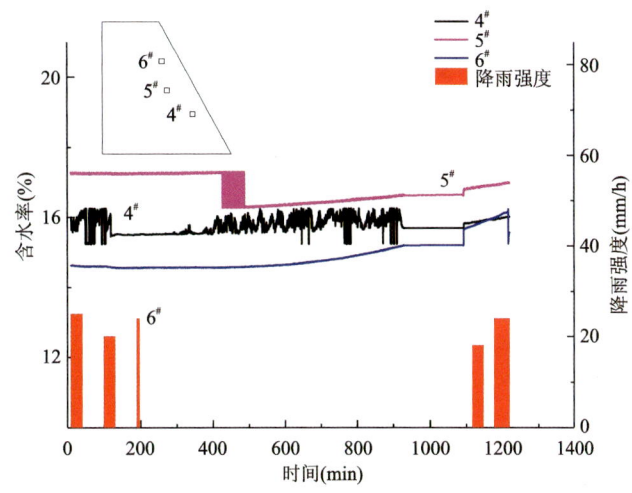

图4-13 4#、5#、6#测点含水率对降雨入渗响应过程曲线(S1-1)

含水率的演变过程与基质吸力较类似,含水率随着降雨入渗而变化,降雨入渗湿润峰到达测点之前含水率保持不变,之后含水率随着水分入渗持续增加,达到峰值后基本稳定,停止降雨后水分入渗并未停止,再次降雨时,雨水入渗量增加,含水率也持续增加,滑坡发生后,传感器出露于滑面之外,含水率急剧上升。

4)土压力变化过程分析

(1)图4-14为土压力PA与PB对降雨入渗响应过程曲线(S1-1)。受降雨影响位于坡顶下方的土压力发生变化。

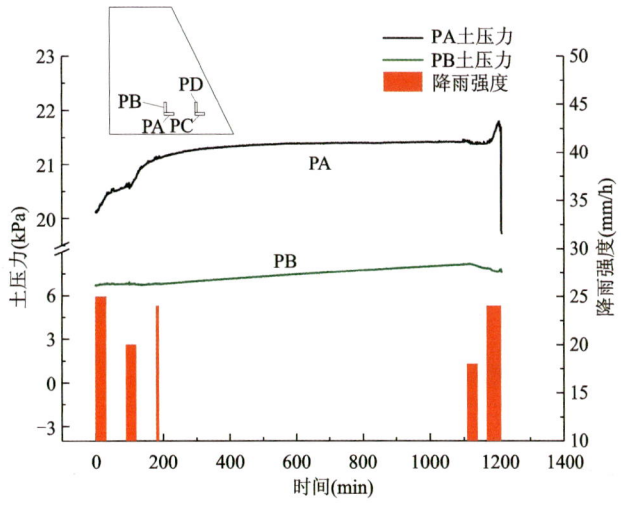

图4-14 土压力PA与PB对降雨入渗响应过程曲线(S1-1)

①第1场降雨后,PA测点竖向土压力由初始的20.1kPa增加到20.5kPa;第2场降雨完成后PA测点竖向土压力增加到20.6kPa;第3场降雨完成后PA测点竖向土压力增加到21.1kPa;降雨停止后缓慢增加,直到基本稳定在21.4kPa;第4场、第5场降雨后,PA测点竖向土压力继续变化,PA测点竖向土压力陡降,增加到21.8kPa后发生滑坡。

②PB测点水平土压力前期变化较慢,前3场降雨完成后由初始的6.7kPa增加到6.8kPa;降雨停止后随着雨水继续入渗,PB测点水平土压力持续增加,直至第4场降雨前,增加至8.2kPa;第4场降雨后边坡发生明显变形,导致边坡土体松动,PB测点水平土压力减小,第5场降雨后PB测点水平土压力减小至7.7kPa,发生滑坡。

(2)图4-15为土压力PC与PD对降雨入渗响应过程曲线(S1-1)。受降雨影响位于坡面中间正下方的土压力同样发生变化。

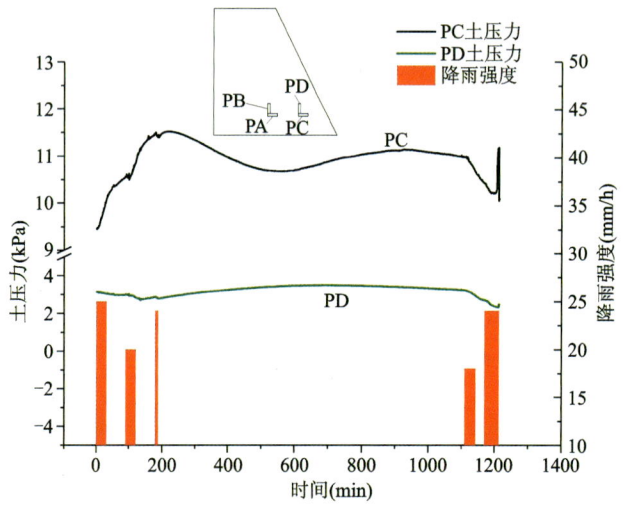

图4-15 土压力PC与PD对降雨入渗响应过程曲线(S1-1)

①第1场降雨后,PC测点竖向土压力由初始的9.5kPa增加到10.3kPa,第2场降雨完成后PC测点竖向土压力增加到10.7kPa,第3场降雨完成后PC测点竖向土压力增加到11.5kPa;此时边坡浅层土体变形明显,坡顶开裂,受土体位移松动影响,PC测点竖向土压力下降到10.7kPa,随着边坡变形稳定,PC测点竖向土压力基本稳定在11.1kPa。第4场、第5场降雨后边坡发生剧烈变形,PC测点竖向土压力降低到10.3kPa,随后发生滑坡。

②PD测点水平土压力前期变化较慢,前3场降雨完成后,因降雨引起边坡变形,PD测点水平土压力由初始的3.2kPa减小到2.8kPa,雨水继续入渗,传感器与土体持续压密,PD测点水平土压力持续增加3.5kPa,随后基本稳定,直至第4场降雨前后边坡发生明显变形,导致边坡土体松动,PD测点水平土压力减小,第5场降雨后PB测点水平土压力减小至2.4kPa,发生滑坡。

降雨发生后边坡土压力变化绝对值较小,但也随降雨入渗具有比较明确的规律。降雨开始后,边坡土压力随着土壤饱和度增加相应增大,降雨强度大时增加速率快,降雨强度小时增加速率慢,降雨停止后土压力缓慢增加直至稳定,再次降雨时雨水继续入渗,土压力持续增加,滑坡发生后土压力计上面土方减少,土压力骤降。

2. 入渗过程对边坡变形影响分析

1)基质吸力与位移的关系

图4-16为典型基质吸力与位移变化的关系曲线(S1-1)。从图中可以看出如下规律,斜坡基质视分布场发生变化会引起斜坡变形,斜坡边坡表面变形趋势与浅层土体基质吸力变化趋势较为一致。降雨开始后,浅层土体基质吸力迅速消散时边坡表面变形迅速增加,降雨停止后浅层土体基质吸力逐渐稳

定,边坡表面变形速率放缓逐渐停止,再次降雨时,浅层吸力继续消散,边坡表面变形持续增加,直至雨水入渗达到一定程度,滑坡发生。降雨停止时,雨水往深部入渗,深层土体吸力消散,这也是降雨停止后斜坡变形未停止的原因,不过深部土体吸力变化引起边坡表面变形较小。

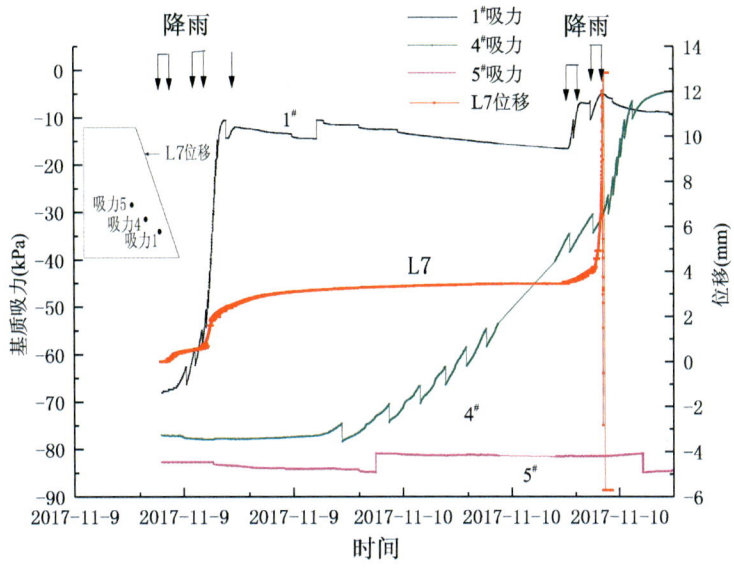

图 4-16　典型基质吸力与位移变化的关系曲线(S1-1)

2)含水率与位移的关系

图 4-17 为典型含水率与位移变化的关系曲线(S1-1)。从图中可以看出含水率变化与位移变化也具有较好的一致性。已有研究成果表明,含水率的演变过程与基质吸力密切相关,边坡水分场变化引起的边坡表面变形也与基质吸力类似。降雨开始后,浅层土体含水率迅速增大,边坡表面变形迅速增加,降雨停止后浅层土体含水率逐渐稳定,边坡表面变形速率放缓逐渐停止,再次降雨时,浅层含水率继续增加,边坡表面变形持续增加,直至雨水入渗达到一定程度,滑坡发生。降雨停止时,雨水往深部入渗,深层土含水率增加,边坡表面仍会缓慢变形。

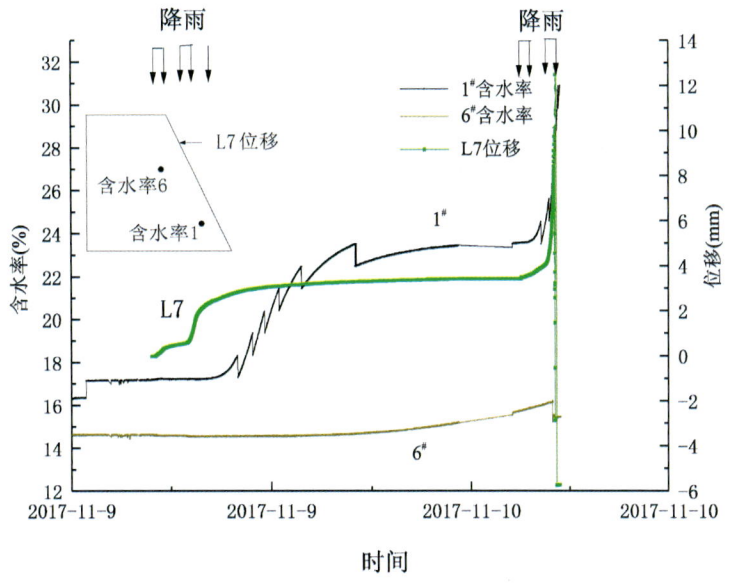

图 4-17　典型含水率与位移变化的关系曲线(S1-1)

3)入渗深度(湿润峰推移)与变形演化的关系

降雨入渗后土体含水率会发生改变,通过测点含水率的变化判断水分入渗深度。图 4-18 为降雨入渗深度与典型位移变化的关系曲线。从图中可以看出,随着降雨入渗,湿润峰逐渐往深部推移;降雨开始后,湿润峰迅速在浅层推移,降雨停止后,湿润峰继续往深部发展,发展到一定程度后,湿润峰推进速度放缓。再次开始降雨时,湿润峰推进速度增加,但深部湿润峰推移速度慢于浅部。随着湿润峰的推进,边坡变形也不断发展,当降雨入渗深度至 35cm 后,边坡表面位移急剧增加,图 4-18 所处试验条件下,雨水入渗深度超过 35cm 后发生滑坡。

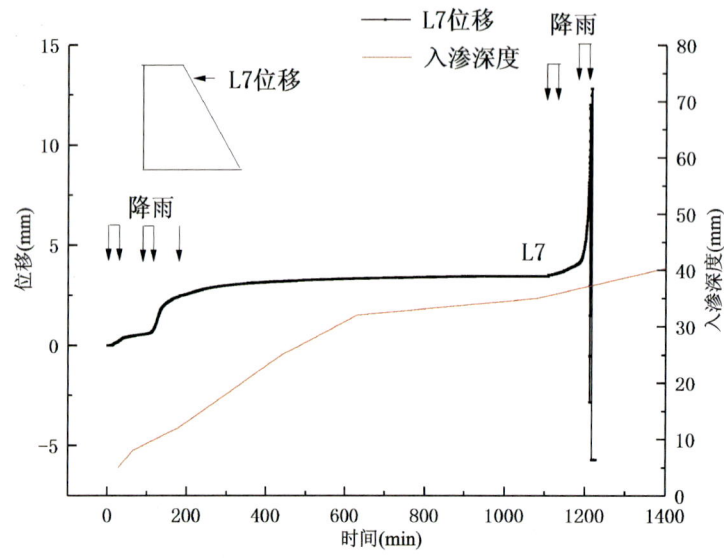

图 4-18　降雨入渗深度与典型位移变化的关系曲线(S1-1)

3. 边坡破坏过程与破坏模式分析

如图 4-19 所示,强风化碎屑岩 S1-1 模型破坏经历如下 4 个阶段:第 1 阶段——坡脚侵蚀,坡顶出现宽约 5cm 横向贯通深层裂缝;第 2 阶段——随着降雨持续,坡顶裂缝扩展至坡面上方边角部位,与水平面夹角呈 45°,靠近模型箱一侧土坡发生局部浅层滑移,滑移面约占整个坡面的 1/5,滑移深度约 5cm;第 3 阶段——坡面出现零散裂纹,部分有凸起现象;第 4 阶段——裂纹上部大块土层在自重作用下"跳跃式"越过裂纹下部坡体并脱离坡面,而裂纹下部土体并未出现滑动;此次滑坡坡顶宽度损失率约为 15.1%,而坡面滑动最大深度较小,滑动最大深度 18cm,滑体平均厚度约 10cm,滑坡堆积区前沿距坡脚约 80cm。

4. 小结

本次模型试验降雨过程为间歇型长时间降雨,共施加 5 场降雨后发生滑坡。第 1 场降雨强度 25mm/h(原型雨强 192mm/d),历时 30min,累计降雨量 12.5mm(原型降雨量 125mm);第 2 场降雨强度 20mm/h(原型雨强 153.6mm/d),历时 30min,降雨结束后累计降雨量 22.5mm(原型降雨量 225mm);第 3 场降雨强度 24mm/h(原型雨强 184.3mm/d),历时 7min,降雨结束后累计降雨量 25.3mm(原型降雨量 253mm);第 4 场降雨强度 18mm/h(原型雨强 138.2mm/d),历时 30min,降雨结束后累计降雨量 34.3mm(原型降雨量 343mm);第 5 场降雨强度 24mm/h(原型雨强 184.3mm/d),历时 42min,降雨结束后累计降雨量 51.1mm(原型降雨量 511mm)。随着降雨的入渗边坡变形、含水率、基质吸力、土压力均发生明显变化,其响应过程相对于降雨有一定的滞后性,且变化规律与降雨有良好的相关性。25mm/h 的雨强(原型雨强 192mm/d)直接诱发该模型边坡发生变形,累计降雨量 51.1mm(原型降雨量 511mm)时发生滑坡,滑动最大深度 18cm,滑体平均厚度约 10cm,滑坡堆积区前沿距坡脚约 80cm。

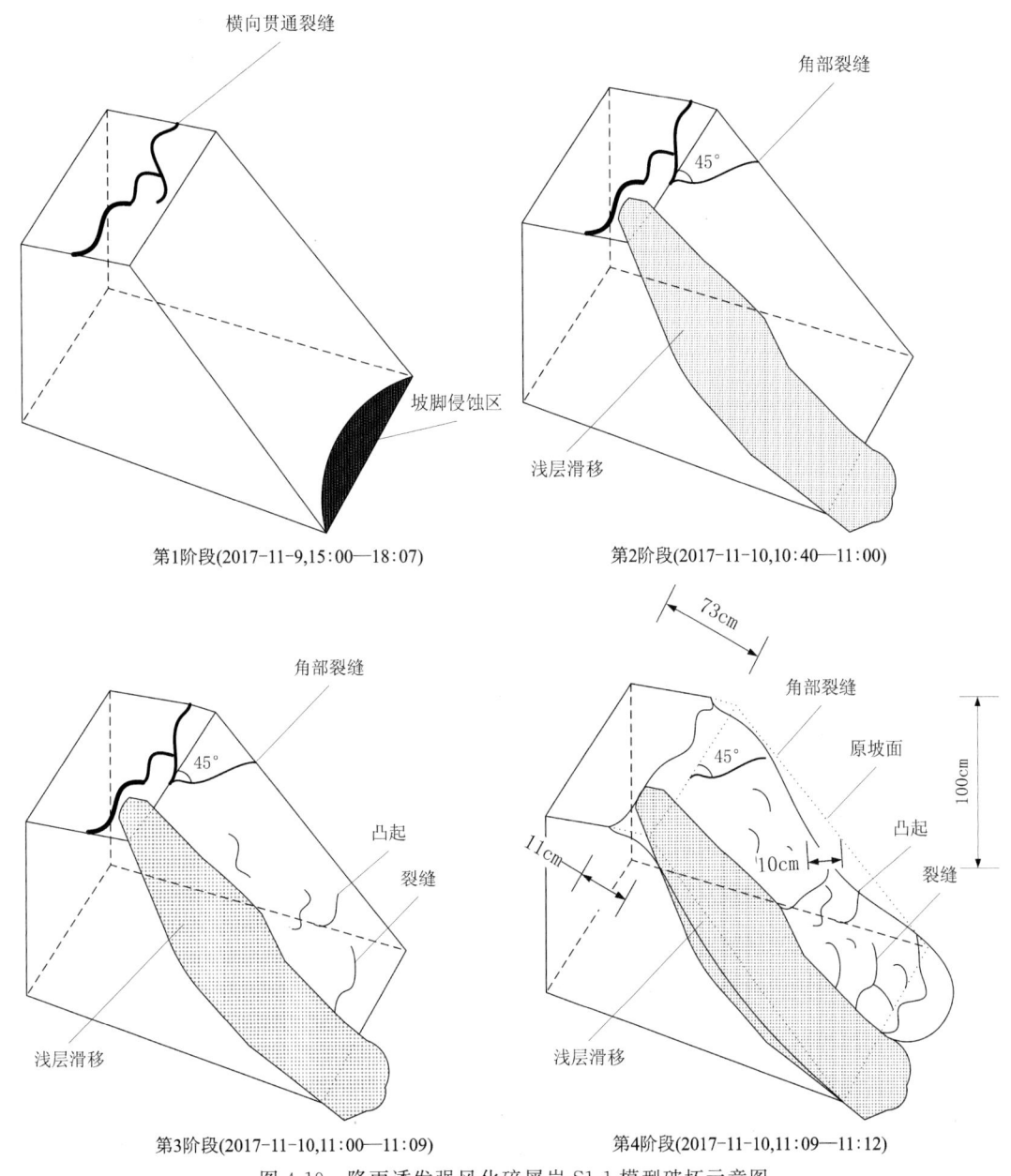

图 4-19 降雨诱发强风化碎屑岩 S1-1 模型破坏示意图

(二)强风化碎屑岩 S1-2 模型试验

S1-2 模型实际测试方案如图 4-20 所示,在 5 个不同高程共布置 12 个位移计 L1~L12,L1、L3、L5、L7、L9、L11 测试边坡表面水平位移,L2、L4、L6、L8、L10、L12 测试边坡表面竖向位移;在 6 个不同高程分别布置有 6 个张力计与含水率传感器,$1^{\#}\sim 3^{\#}$ 张力计距离边坡表面埋深为 20cm,$1^{\#}\sim 3^{\#}$ 含水率传感器位于相应张力计同标高内侧 8cm,$4^{\#}$、$6^{\#}$ 张力计距离边坡表面埋深为 40cm,$4^{\#}$、$6^{\#}$ 含水率传感器位于相应张力计同标高内侧 8cm,$5^{\#}$ 张力计距离边坡表面埋深为 60cm,$5^{\#}$ 含水率传感器位于相应张力计同标高内侧 8cm;另外,$7^{\#}$、$8^{\#}$、$9^{\#}$、$10^{\#}$ 含水率测点可采用钻孔取样进行含水率测试,$7^{\#}$、$8^{\#}$、$9^{\#}$、$10^{\#}$ 含水率测点分别距离边坡表面 80cm、40cm、60cm、80cm;在第一层土方填筑完成后埋设 2 组共 4 个土压力传感器 PA、PB、PC、PD,土压力传感器 PA、PB 位于位移计 L9 正下方,土压力传感器 PA、PC 测试竖向土压力,土压力传感器 PB、PD 测试水平土压力,土压力传感器 PC、PD 位于坡面中点正下方;在观测窗口共布置 20 个位移标志与 3 层水平白砂条标志。

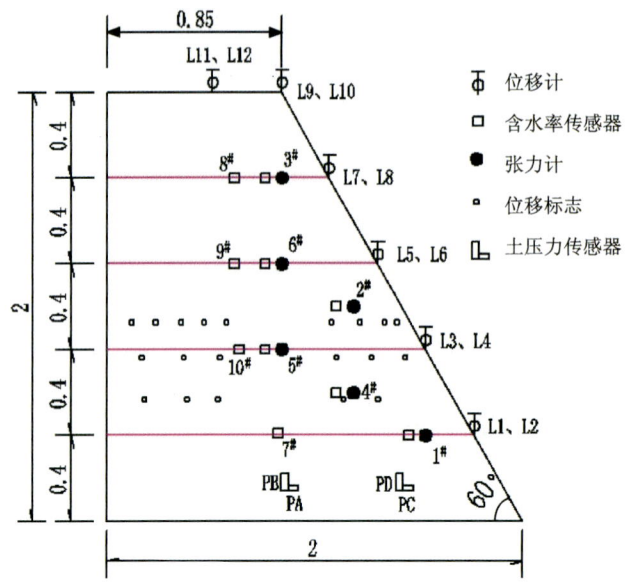

图 4-20　强风化碎屑岩 S1-2 模型边坡测试方案(单位:m)

S1-2 模型试验降雨过程为强暴雨,共施加 2 场降雨后发生滑坡。第 1 场降雨强度 24mm/h,历时 88min,累计降雨量 35.2mm;间隔 138min 后进行第 2 场降雨,强度为 39mm/h,历时 20min,降雨结束后累计降雨量 48.2mm。

1. 边坡状态对降雨入渗响应分析

1)变形演化过程分析

(1)图 4-21 为 L7、L9、L11 测点变形(水平向)对降雨入渗响应的过程曲线(S1-2)。从图中可以看出,位移计 L7、L9、L11 位于边坡上部,受到降雨的影响,L7、L9、L11 测点发生明显水平位移。

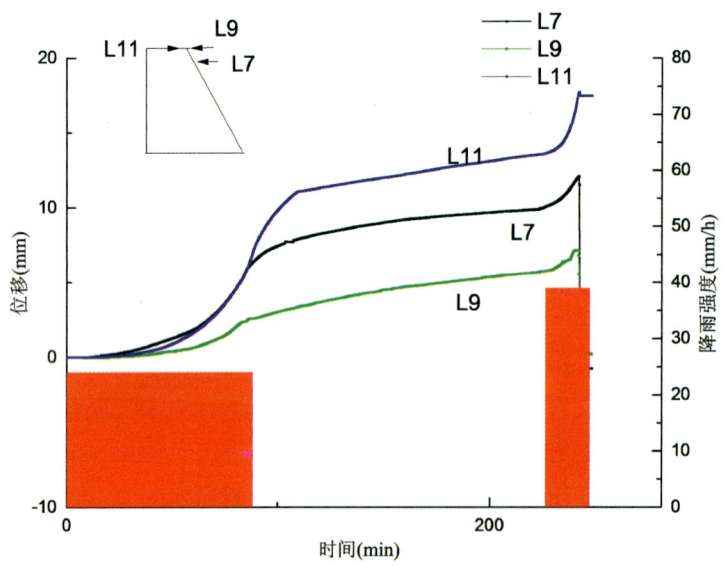

图 4-21　L7、L9、L11 测点变形(水平向)对降雨入渗响应过程曲线(S1-2)

①随着降雨入渗,第 1 场降雨 10min 后 L7、L9、L11 测点均开始水平变形,第 1 场降雨持续约

88min,累计降雨量 35.2mm(对应原型降雨量 352mm),由于第 1 场降雨持续时间长,累积降雨量大,第 1 场降雨即导致边坡发生加速变形,L7 测点最大位移速率为 0.169mm/min,L9 测点最大位移速率为 0.071mm/min,L11 测点最大位移速率为 0.232mm/min,降雨停止后,边坡变形速率放缓,3 个测点变形速率基本稳定在 0.022mm/min。

②第 2 次降雨后,边坡发生急剧变形,L7 测点水平位移速率达 0.182mm/min,L9 测点水平位移速率达 0.152mm/min,L11 测点水平位移速率达 0.485mm/min,边坡上部水平位移超过 1.2cm 后,滑坡发生。

(2)图 4-22 为 L8、L10、L12 测点变形(竖直向)对降雨入渗响应的过程曲线(S1-2)。从图中可以看出,位移计 L8、L10、L12 位于边坡上部,受到降雨的影响,L8、L10 测点发生明显竖向位移,L12 测点竖向位移相对较小。

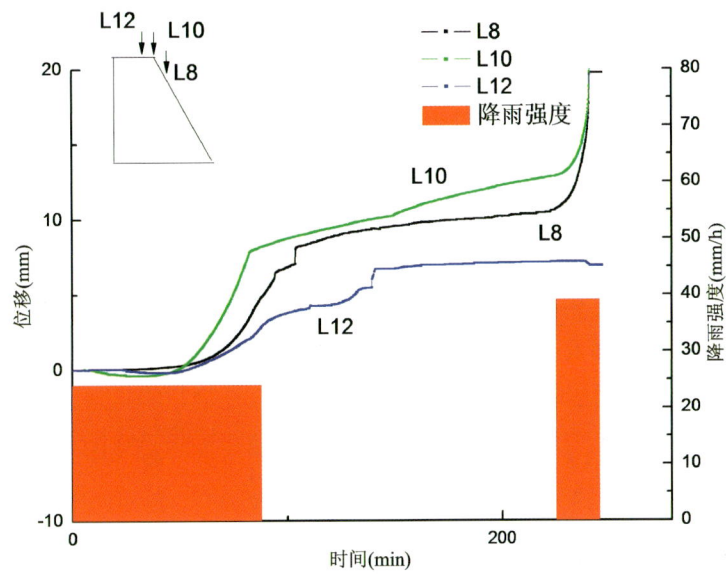

图 4-22　L8、L10、L12 测点变形(竖向)对降雨入渗响应过程曲线(S1-2)

①随着降雨入渗,第 1 场降雨 33min 后 L10 测点首先开始竖向变形,约 30min 时 L8、L12 测点开始变形,第 1 场降雨持续约 88min,60min 时 3 个测点均有较明显的变形,L12 测点初期变形速率相对较小,为 0.061mm/min,L8 测点为 0.113mm/min,L10 测点为 0.147mm/min。第 1 场降雨停止后,3 个测点含水率均有小幅度上升,此时坡顶出现横向宽裂缝,坡肩伴有纵向深裂缝发生。

②第 2 场降雨开始后,边坡变形加速,L8 测点变形速率为 0.157mm/min,L10 测点变形速率为 0.217mm/min,L8 测点竖向位移为 10.45mm;L10 测点竖向位移为 13.72mm,边坡上部竖向位移超过 1.3cm 后,滑坡发生。

(3)图 4-23 为 L1、L3、L5 测点变形(水平向)对降雨入渗响应的过程曲线(S1-2)。从图中可以看出,位移计 L1、L3、L5 位于边坡中部及下部,受到降雨的影响,L5 测点发生明显水平位移,L1、L3 测点靠近坡脚,L1、L3 测点水平位移较小。

①随着降雨入渗,第 1 场降雨持续约 88min,30min 左右 3 个测点开始出现水平位移,变形缓慢,L5 测点初期变形速率为 0.015 4mm/min,随后 L5 测点变形速率开始增大,雨停后变形速率有所减缓,第 2 场降雨开始后位移变化陡增,约 0.127mm/min,累计降雨量 48.2mm(原型 482mm),累积水平变形超过 4.09mm 后,发生滑坡。

②第 1 场降雨开始后 30min,L1 测点出现水平变形,变形速率为 0.005 7mm/min,第 2 场降雨开始后 L1 测点水平变形速率增加到 0.008 3mm/min,L1 测点水平变形达 1.19mm 后,边坡失稳。

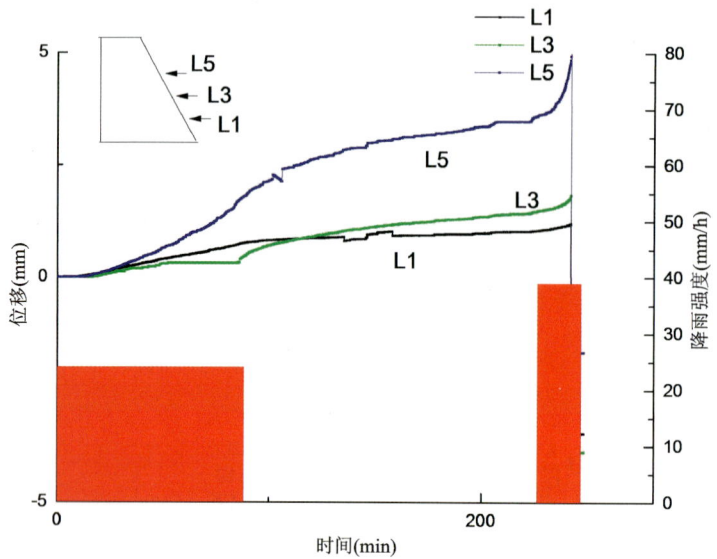

图 4-23 L1、L3、L5 测点变形(水平向)对降雨入渗响应过程曲线(S1-2)

③L3 测点在第 1 场降雨开始后水平变形缓慢增加到 1.63mm,第 2 场降雨开始后 18min,由于强降雨作用,发生滑坡。

(4)图 4-24 为 L2、L4、L6 测点变形(竖直向)对降雨入渗响应的过程曲线(S1-2)。从图中可以看出,位移计 L2、L4、L6 位于边坡中部及下部,受到降雨的影响,L6 测点发生明显竖直位移,L2、L4 测点靠近坡脚,竖向位移较小。

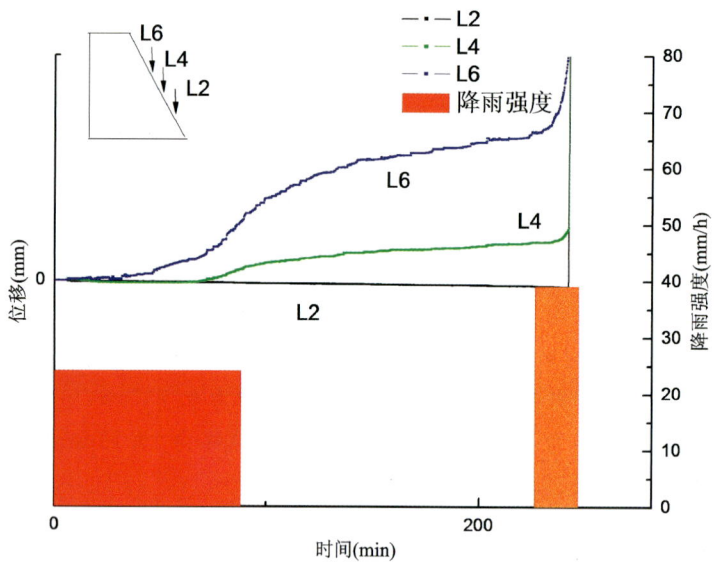

图 4-24 L2、L4、L6 测点变形(竖向)对降雨入渗响应过程曲线(S1-2)

①随着降雨入渗,第 1 场降雨开始后 12min,L6 测点首先开始竖向变形,竖向变形速率为 0.004 5mm/min,43min 之后变形速率开始增加,达到 0.018 9mm/min,停止降雨后变形速率有所减缓;直到第 2 场降雨开始,L6 测点竖向变形速率增加到 0.041 7mm/min,竖向变形超过 3.52mm 后,发生滑坡。

②第 1 场降雨前 67min,L2、L4 测点竖向位移量值为负,表明 L2、L4 测点出现向上位移,表现出坡脚隆起特征,位移较小,前两场降雨完成后,L2 测点位移基本不变,68min 时 L4 测点开始有明显下降,变形速率为 0.018mm/min,雨停后变形缓慢;第 2 场降雨开始 18min 发生滑坡,整个过程 L4 测点竖向位移较小,滑坡前最大竖向位移不超过 0.9mm,且 L4 测点竖向位移比 L2 测点大。

2)基质吸力变化过程分析

图 4-25 为 1#、2#、3# 测点基质吸力对降雨入渗响应过程曲线(S1-2)。1#、2#、3# 张力计距离边坡表面埋深为 20cm，分别位于坡面下部、中部和上部，由于距离边坡表面较远，第 1 次降雨结束后基质吸力均未发生明显下降，随着降雨入渗，约 225min 时，1#、2#、3# 测点基质吸力开始缓慢下降，图中出现的波动现象是斜坡变形引起的传感器与土体错动松开导致的。位于边坡上部的 3# 张力计距离喷头最近，在第 2 次降雨开始后 7min，3# 张力计较迅速发生响应，由 −73.6kPa 下降到 −71.2kPa，下降幅度不大，此时雨水刚刚入渗到此处，位于边坡下部和中部的 1#、2# 张力计变化缓慢，随着第 2 场强降雨结束，1# 测点基质吸力由 −74.8kPa 下降到 −74.4kPa，2# 测点基质吸力由 −70.8kPa 下降到 −70.6kPa，此时发生瞬间滑坡，短时强降雨条件下，水分入渗深度不是很大时也能诱发滑坡。

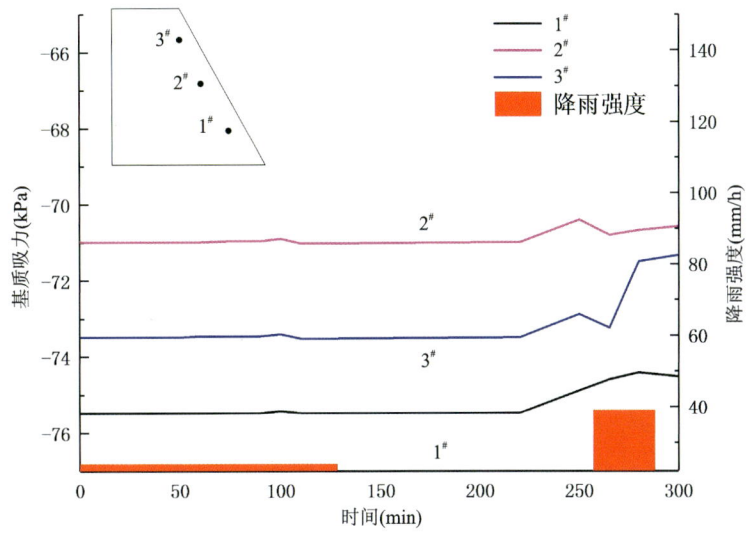

图 4-25　1#、2#、3# 测点基质吸力对降雨入渗响应过程曲线(S1-2)

图 4-26 为 4#、5#、6# 测点基质吸力对降雨入渗响应过程曲线(S1-2)。4#、5#、6# 张力计距离边坡表面埋深分别为 40cm、60cm、40cm。从图中可见，在如此短时间内的强降雨并不会造成该处基质吸力的下降，表明雨水并没有入渗到坡体 40cm 以内。

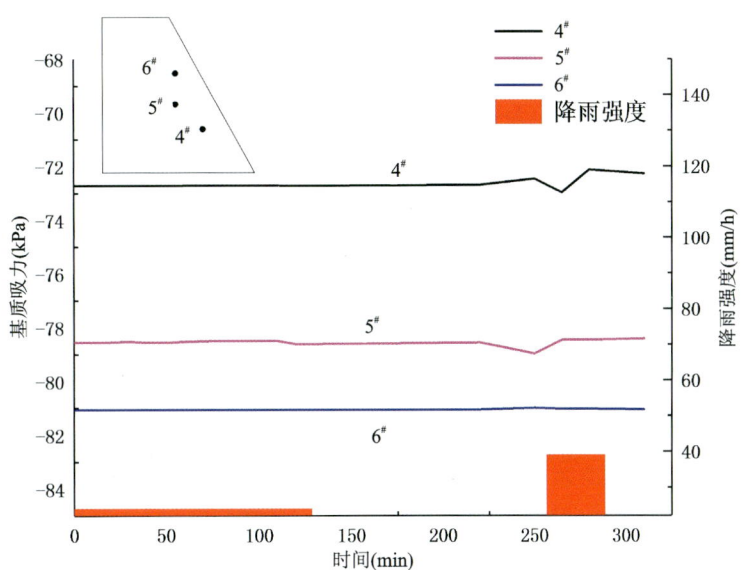

图 4-26　4#、5#、6# 测点基质吸力对降雨入渗响应过程曲线(S1-2)

3)含水率演变过程分析

图 4-27 为 1#、2#、3# 测点含水率对降雨入渗响应过程曲线(S1-2)。1#、2#、3# 测点距离坡表埋深为 28cm,分别位于坡面下部、中部和上部,由于距离边坡表面较远,雨水入渗未到达坡体内部,总体来看含水率未出现明显变化。表明滑坡前水分入渗深度小于 28cm,大于 20cm,且靠近 20cm 位置,推测本次滑坡水分入渗深度约为 23cm。

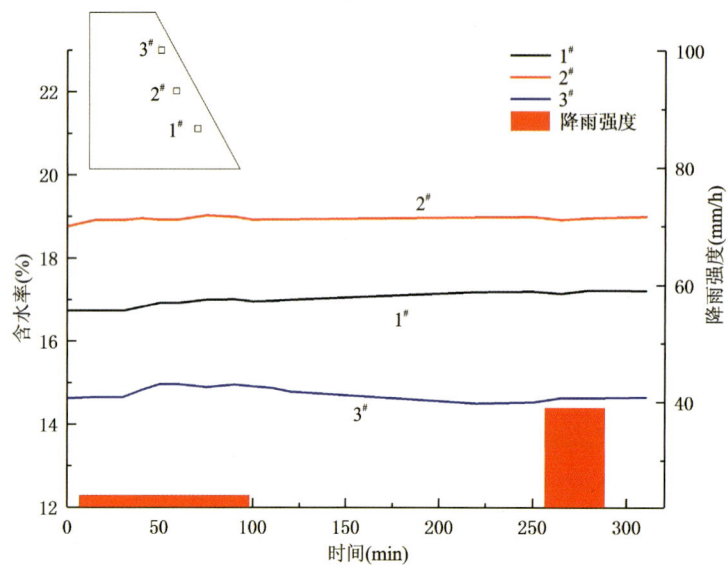

图 4-27　1#、2#、3# 测点含水率对降雨入渗响应过程曲线(S1-2)

图 4-31 为 4#、5#、6# 测点含水率对降雨入渗响应过程曲线(S1-2)。4#、5#、6# 张力计距离边坡表面埋深分别为 40cm、60cm、40cm。从图中可见,在如此短时间内的强降雨并不会造成含水率的明显增大,表明滑坡前雨水并没有入渗到坡体内部较深部位。

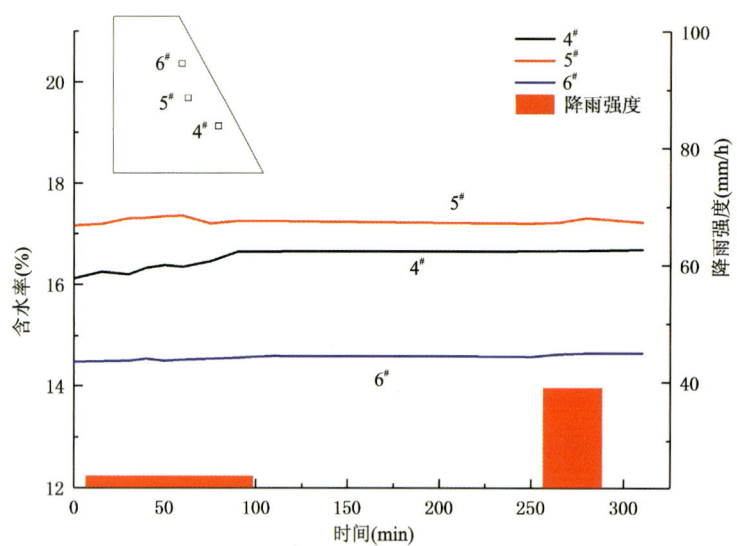

图 4-28　4#、5#、6# 测点含水率对降雨入渗响应过程曲线(S1-2)

4)土压力变化过程分析

图 4-29 为土压力 PA 与 PB 对降雨入渗响应过程曲线(S1-2)。土压力传感器受降雨影响位于坡顶下方的竖向土压力发生变化。第 1 场降雨后,PA 测点竖向土压力由初始 22.4kPa 增加到 24.3kPa,随后缓慢增加到 25.0kPa 后基本稳定,第 2 场强降雨开始后,PA 测点竖向土压力继续变化,增加到后

25.3kPa后,边坡发生剧烈变形,导致土压力传感器周围土体松动,PA测点竖向土压力陡降至23.3kPa,随后发生滑坡。PB测点压力计距离边坡表面距离较远,受降雨及边坡变形影响较小,整个过程PB测点压力计读数基本未变化。

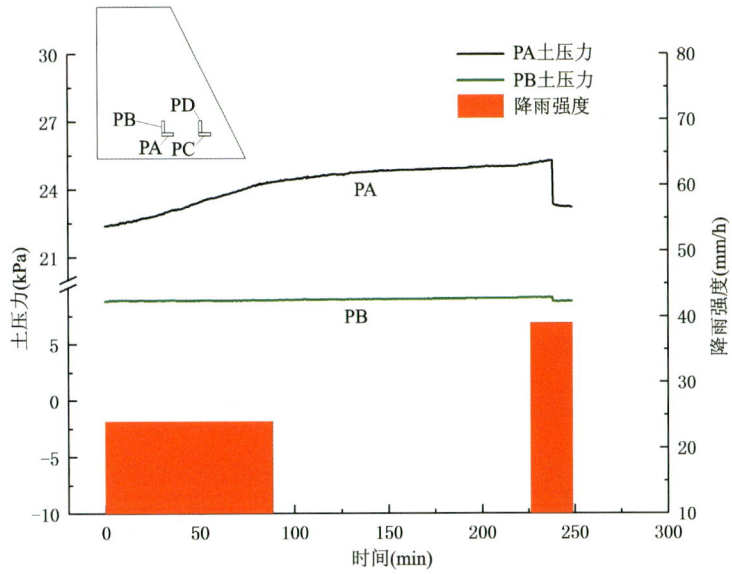

图 4-29 土压力 PA 与 PB 对降雨入渗响应过程曲线(S1-2)

图 4-30 为土压力 PC 与 PD 对降雨入渗响应过程曲线(S1-2)。受降雨影响位于坡顶下方的土压力发生变化。第 1 场降雨后,PC 测点竖向土压力由初始 10.7kPa 增加到 13.1kPa,随后缓慢增加到 13.6kPa 后基本稳定,第 2 场强降雨开始后,PC 测点竖向土压力继续变化,增加到后 14.0kPa 后,边坡发生剧烈变形,导致土压力传感器周围土体松动,PC 测点竖向土压力陡降至 10.3kPa,随后发生滑坡。PD 测点土压力传感器受边坡变形影响较明显,降雨引起边坡变形导致压力传感器与土体接触松动,第 1 场降雨后,PD 测点水平向土压力由初始 4.0kPa 减小到 3.2kPa,随着水分入渗、土体密实,PD 测点水平向土压力略微增加到 3.4kPa,第 2 场强降雨开始后,PD 测点水平向土压力继续变化,减小到 3.2kPa 后发生滑坡。

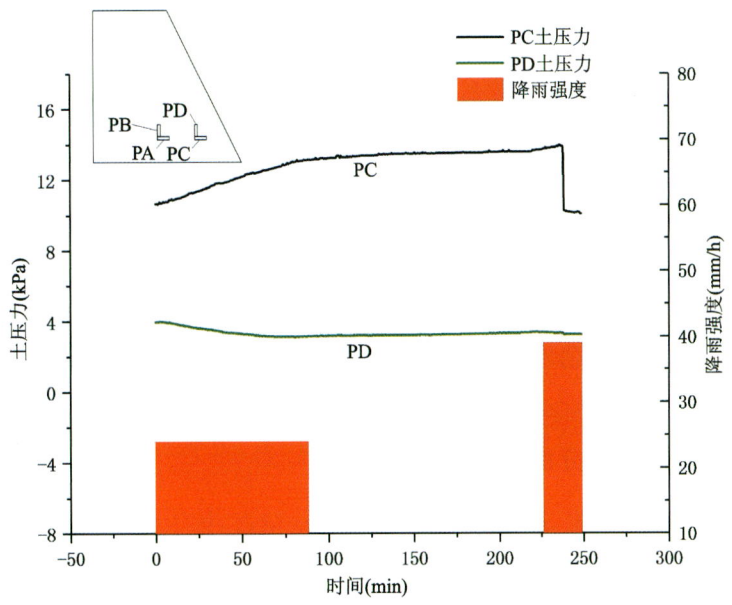

图 4-30 土压力 PC 与 PD 对降雨入渗响应过程曲线(S1-2)

2. 入渗过程对边坡变形影响分析

1) 基质吸力与位移的关系

图 4-31 为 1#、2#、3# 测点基质吸力与坡面位移关系曲线(S1-2)。从图中可以看出,第 1 场降雨开始后,坡面位移计 L1、L5、L7 均发生明显变化,与坡表距离最近的 1#、2#、3# 张力计埋深 20cm,由于埋设较大,其对降雨过程的响应滞后较多,表明深部土体吸力的变化与坡表位移变化关系不显著,这与前文得到的结论"深部土体吸力变化引起坡表变形较小"也是一致的。

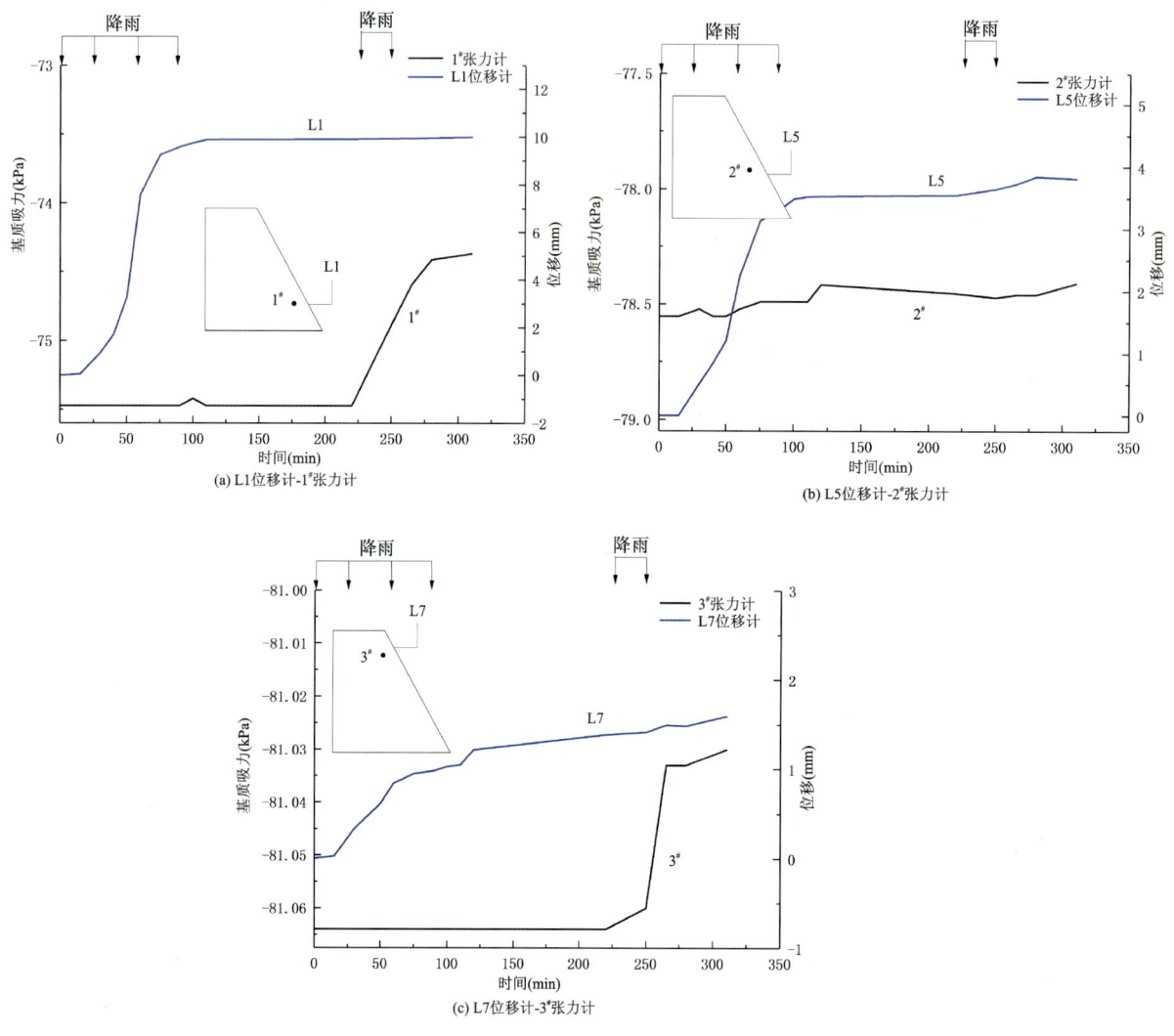

图 4-31 基质吸力与位移关系(S1-2)

2) 含水率与位移的关系

由于本次模型中含水率传感器埋置较深,水分基本未入渗至含水率传感器,所获数据不能用于分析含水率与位移的关系。

3. 斜坡破坏过程与破坏模式分析

如图 4-32 所示,强风化碎屑岩 S1-2 模型破坏经历 3 个阶段:第 1 阶段——坡面冲蚀沟形成,随着降雨持续,坡脚出现侵蚀裂隙;第 2 阶段——坡顶出现零散横向裂隙,并不断加宽,最宽约 3cm,继而贯通,约 30min 强降雨后,横向裂缝分叉扩展至坡面,纵向裂缝形成,坡脚裂隙扩展缓慢;第 3 阶段——降雨强度增加至 39mm/h,20min 左右出现整体深层崩塌式滑坡,暴雨冲刷下坡体自坡顶拉裂缝处瞬间(约 5s)

整体垮塌,上部坡体并伴随有倾倒破坏;经测量此次滑坡坡顶宽度由原来的86cm减少至73cm,破坏率达15.1%,滑动面最深处出现在距坡顶约80cm处,滑动最大深度23cm,滑体平均厚度约15cm,滑坡堆积区前沿距坡脚约130cm。

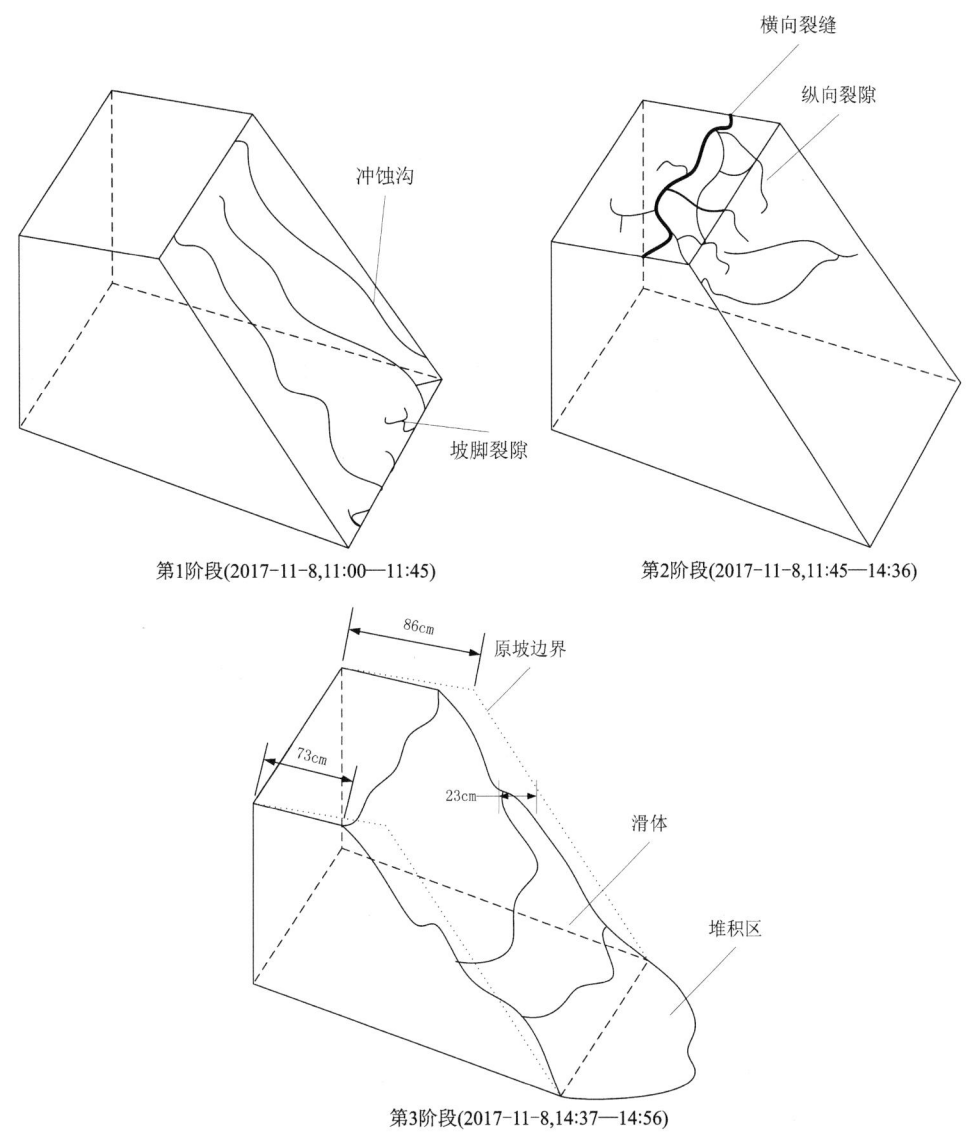

图4-32　降雨诱发强风化碎屑岩S1-2模型破坏示意图

4. 小结

本次模型试验降雨过程为间歇型短时间强降雨,共施加2场降雨后发生滑坡。第1场降雨强度24mm/h(原型雨强184.32mm/d),历时88min,累计降雨量35.2mm(原型降雨量352mm);第2场降雨强度39mm/h(原型雨强299.52mm/d),历时20min,降雨结束后累计降雨量48.2mm(原型降雨量482mm)。随着降雨入渗,边坡变形、土压力均发生明显变化,且变化规律与降雨有良好的相关性。由于降雨强度极大,含水率、基质吸力几乎未作出反应,其响应过程相对于降雨有较大的滞后性。39mm/h的雨强(原型雨强299.52mm/d)直接诱发该模型坡顶横向裂缝急剧扩展,并形成纵向裂缝,进而发生中上部垮塌变形,累计降雨量48.2mm(原型降雨量482mm)时坡体发生瞬间滑塌,滑动最大深度23cm,滑体平均厚度约15cm,滑坡堆积区前沿距坡脚约130cm。

(三)强风化花岗岩 H-1 模型试验

H-1 模型实际测试方案如图 4-33 所示,由于边坡模型按照 20cm 一层分层填筑,所有监测点均设计在分层层面处,边坡开挖前在 3 个不同高程共布置 8 个位移计 L1～L8,L1、L3、L5、L7 测试坡表竖向位移,L2、L4、L6、L8 测试边坡表面水平位移。边坡开挖后在开挖面 2 个不同高程布置 4 个位移计 L9～L12,L9、L11 测试边坡表面竖向位移,L10、L12 测试坡表水平位移。在 6 个不同高程分别布置有 6 个张力计与含水率传感器,张力计距离坡表埋深如图 4-33 所示,与张力计相对应的同样位置埋设 6 个含水率传感器 1#～6#。1#张力计与含水率传感器距坡表埋深 15cm,2#张力计与含水率传感器距坡表埋深 5cm,3#张力计与含水率传感器距坡表埋深 10cm,4#张力计与含水率传感器距坡表埋深 20cm,5#张力计与含水率传感器距坡表埋深 40cm,6#张力计与含水率传感器距边坡表面埋深 30cm。在第一层土方填筑完成后埋设 2 组共 4 个土压力 PA、PB、PC、PD,土压力传感器 PA、PB 位于位移计 L5 正下方,土压力 PC、PD 位于位移计 L11 正下方,其中土压力 PB、PD 测试竖向土压力,土压力 PA、PC 测试水平土压力。在观测窗口共布置 14 个位移标志与 3 层水平白砂条标志。

模型 H-1 开挖历时 0.67h,开挖完成约 48h 后开始降雨,第 1 次降雨强度 8mm/h,历时 60min,间隔 80min 后开始第 2 次降雨,雨强 10mm/h,历时 30min,间隔 15min 后开始第 3 次降雨,雨强 12mm/h,历时 30min,随后开始第 4 阶段降雨,雨强 16.25mm/h,历时 30min,随后开始第 5 阶段降雨,直至滑坡发生,历时约 120min。降雨范围为整个坡面,如图 4-34 所示。

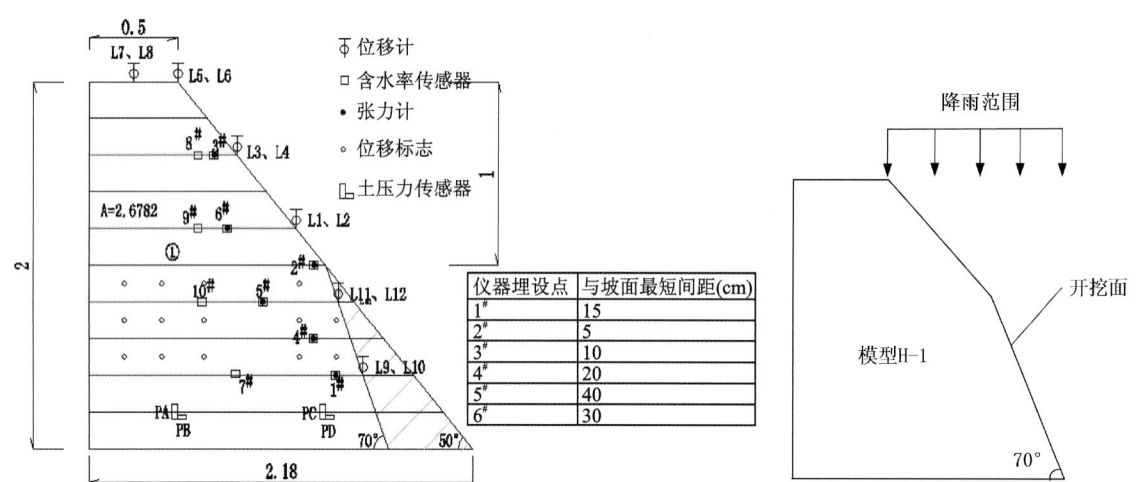

图 4-33 强风化花岗岩 H-1 模型测试方案(单位:m)　　图 4-34 模型 H-1 降雨范围示意图

1. 开挖响应分析

定义边坡水平位移指向坡外为正,竖向位移向下为正。

图 4-35 为 L1、L3、L5、L7 测点竖向变形对开挖的响应过程曲线。位移计 L1 位于开挖面与原坡面交界处上方 20cm,L5 位于坡肩处,L7 位于边坡顶部,该模型开挖面与原坡面交界处距离坡顶垂直距离为 1m。从图中可以看出,开挖引起的竖向位移均为正值,总体上较小,最大不超过 0.1mm;距离开挖面最近的 L1 测点竖向位移相对较大,L7 测点处于坡顶后缘处,位移量最小;测点竖向位移大小与其离开挖面的距离负相关,距离开挖面近的测点位移大,距离开挖面远的测点位移小。开挖过程中 L1 位移急剧增大,可见受到开挖扰动最大;开挖完成后一段时间内坡体竖向位移稳中略有增加,说明开挖坡体位移变化随时间变化有一定的滞后现象,且变形速率明显减缓,验证了开挖是引起坡体扰动变形的诱发原因。

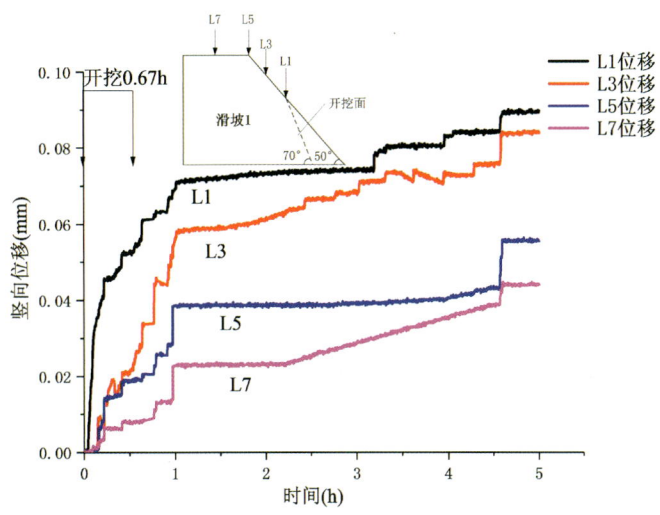

图 4-35　模型 H-1，L1、L3、L5、L7 测点竖向变形对开挖的响应过程曲线

图 4-36 为 L2、L4、L6、L8 测点水平变形对开挖的响应过程曲线。位移计 L2 位于开挖面与原坡面交界处，L5 位于坡肩处，L8 位于边坡顶部。从图中可以看出，开挖引起的水平位移总体上较小，但比竖向位移大，其中 L2 测点发生明显水平位移，约为相应竖向位移的 2 倍，最大位移约 0.23mm；L4、L8 测点位移量最小；开挖过程中，除 L8 外，水平位移整体上随着时间增加而不断增大。L2 位移因距离开挖面最近，其位移急剧增大，受到开挖扰动最大；开挖完成后一段时间内 L2 位移继续缓慢增加，说明开挖坡体位移变化随时间的变化有一定滞后现象，而其他测点水平位移基本保持不变，可见距离开挖面较远处的坡体在水平方向上受到的扰动相对较小，却大于竖向位移。

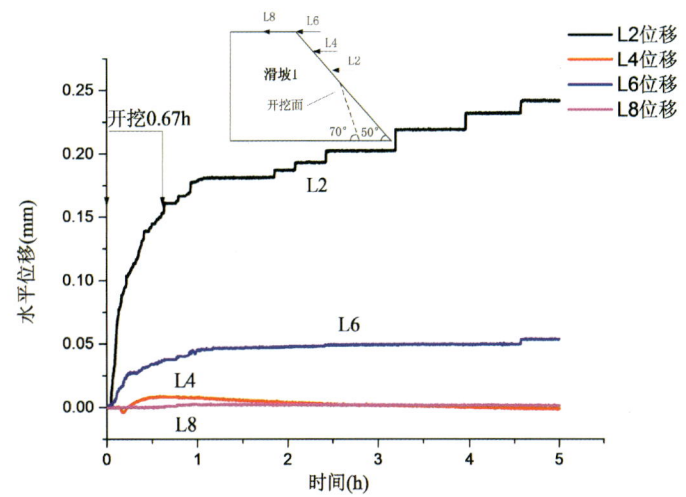

图 4-36　模型 H-1，L2、L4、L6、L8 测点水平变形对开挖的响应过程曲线

2. 降雨响应分析

1）斜坡状态对降雨入渗响应分析

(1) 变形演化过程分析。图 4-37 为 L1、L3、L5、L7 测点竖向变形对开挖-降雨联合作用的响应过程曲线。从图中可以看出，位移计 L5 位于坡肩处，L7 位于边坡顶部，此次降雨覆盖范围为坡体表面，坡顶几乎未受降雨影响。可以看出，降雨过程诱发的坡体位移是极其显著的，而几乎未受降雨影响的 L5、L7 测点位移变化接近于 0，距离开挖面较近的 L1、L3 测点受到开挖与降雨的联合作用变形异常显著。其在开挖后位移量一直呈缓慢递增趋势，但位移量极其微小。直到降雨开始后，L3 测点先于 L1 出现急剧

变形,随着降雨入渗,在第3次降雨时,即降雨强度增加到12mm/h时,L1测点也发生急剧竖向位移,且变化速度更快。开挖破坏了整个坡体的应力平衡,坡体进入应力调整阶段,整个坡体伴随着微小的变形,变形量从开挖面到坡顶呈现逐渐减小的趋势。开挖使得应力释放,产生浅层的蠕动变形。随着降雨开始并逐渐入渗,开挖面以上坡体扰动加剧,尤其是距离开挖面垂直上方60cm处的局部坡体率先下移,大量裂缝出现,雨水沿着裂缝渗入土体内部,降低了土体抗剪强度,随着降雨强度不断加大,裂缝不断扩展,开挖面上部土体处于悬空状态,然后瞬间塌落。降雨诱发的位移短时间内急剧增大,最大高达38mm。降雨是诱发土体滑动的主要原因。

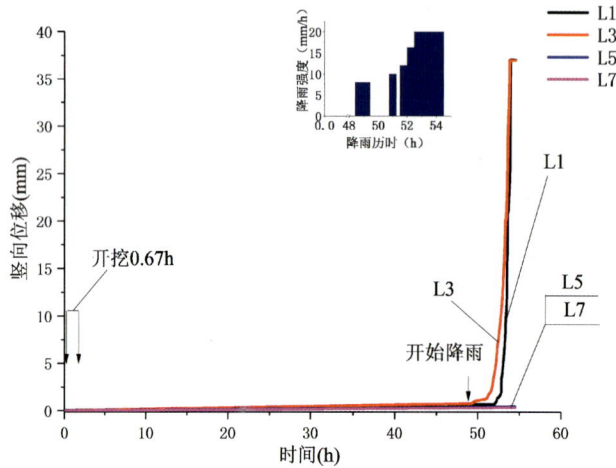

图 4-37　L1、L3、L5、L7测点竖向变形对开挖-降雨联合作用的响应过程曲线

图4-38为L2、L4、L6、L8测点水平变形对开挖-降雨联合作用的响应过程曲线。从图中可以看出,位移计L6位于坡肩处,L8位于边坡顶部。与相应的竖向位移类似,降雨过程诱发的坡体水平位移是极其显著的,而几乎未受降雨影响的L6、L8测点位移接近于0,距离开挖面较近的L2、L4测点受到开挖与降雨的联合作用变形异常显著,可见其在开挖后位移量一直呈缓慢递增趋势,但位移量极其微小。直到降雨开始后,L4测点先于L2出现急剧变形,随着降雨入渗,在第3次降雨时,即降雨强度增加到12mm/h时,L2测点也发生急剧水平位移,且变化速度更快。相对于竖向位移,水平位移明显要小些,最大约为23mm。

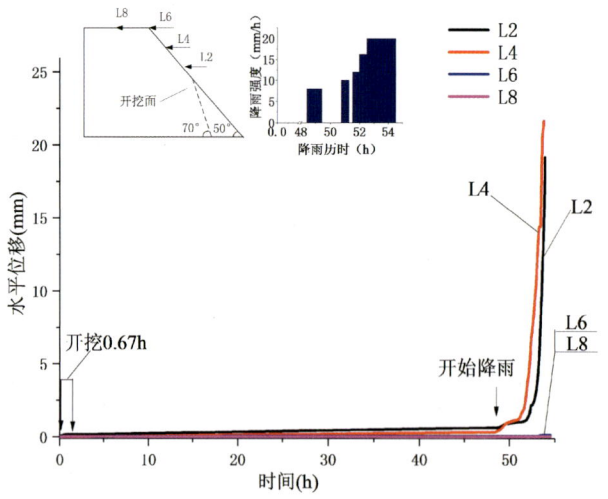

图 4-38　L2、L4、L6、L8测点水平变形对开挖-降雨联合作用的响应过程曲线

图4-39为L9、L11测点竖向变形对降雨入渗的响应过程曲线。L9位于坡脚上方约40cm处,L11位于开挖交界线下方20cm处。随着降雨开始,L11位移呈现逐渐增大趋势,L9位移变化不明显,L11

位移始终明显大于 L9;随着第 3 次降雨开始(降雨强度为 12mm/h),L11 位移变化明显加快,此时 L9 位移持续保持原来状态,直到第 4 次降雨(降雨强度为 16.25mm/h)开始后 15min,L9 位移突然呈台阶状急剧增大,由 0.05mm 增大到约 2.5mm。值得注意的是,L9、L11 测点位移并不是线性连续增大,而是存在一个短暂的稳定平台,此后,随着降雨持续的增加,位移继续扩大。图中可见,从降雨开始,L11 与 L9 之间的位移差越来越大,即随着与开挖交界面处的距离的增大,竖向位移明显减小。

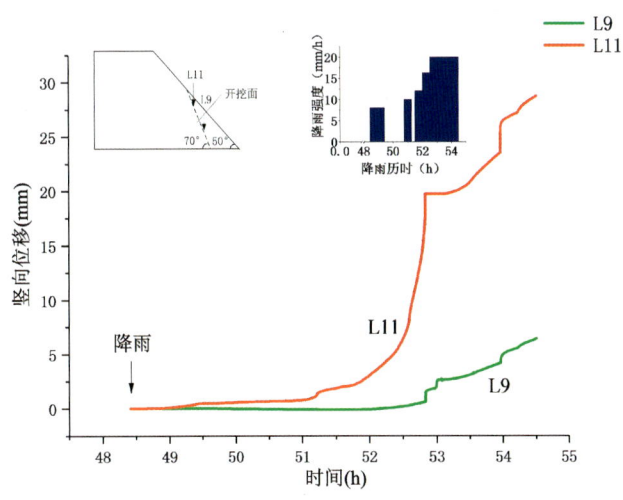

图 4-39 L9、L11 测点竖向变形对降雨入渗的响应过程曲线

图 4-40 为 L10、L12 测点水平变形对降雨入渗响应过程曲线。从图中可以看出,L10 位于坡脚上方约 40cm 处,L12 位于开挖交界线下方 20cm 处。随着降雨开始,L10、L12 位移呈现逐渐增大趋势,L12 位移明显大于 L10;随着第 3 次降雨开始(降雨强度为 12mm/h),L12、L10 位移变化明显加快,且 L12 位移增大速率大于 L10;直到第 4 次降雨(降雨强度为 16.25mm/h)开始后 15min,L12 位移几乎呈线性急剧增大,由 2.5mm 增大到约 8.5mm,而 L10 位移却近乎稳定,这是由于坡体滑落后堆积于坡脚处,L12 位移在经历一个短暂的稳定平台后,随着降雨持续的增加,位移继续扩大,此时,尽管降雨强度已达到设定最大(20mm/h),L12 位移增大速率并未明显增大,反而呈减小趋势。表层坡体滑落后,随着降雨强度增大,水平位移不再明显增大,即坡体外倾变缓。L12 与 L10 之间的位移差越来越大,即随着与开挖交界面处的距离不断增大,水平位移明显减小。

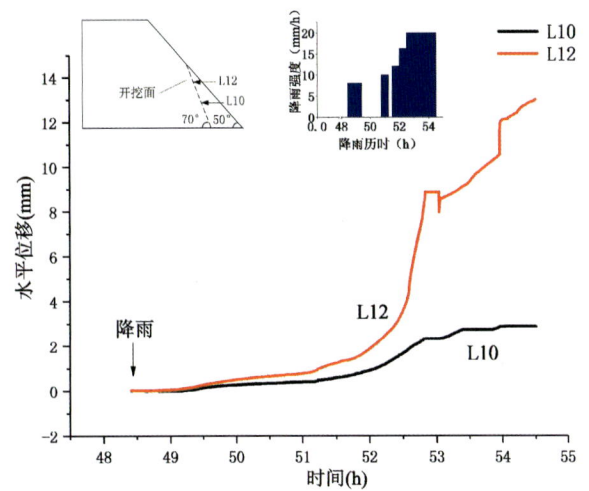

图 4-40 L10、L12 测点水平变形(水平向)对降雨入渗的响应过程曲线

(2)基质吸力变化过程分析。图 4-41 为测点的基质吸力对降雨入渗的响应过程曲线。2# 张力计埋

深最浅,为 5cm,位于开挖面与原坡面交界处,5#张力计埋置最深,为 40cm,3#、1#张力计分别位于坡体的上部、下部,埋深分别为 10cm、15cm。从图中可以看出,第 1 次降雨开始后,位于最表层的 2#张力计立即作出反应,基质吸力由－70kPa 下降到－68kPa,此后,降雨暂停,雨水继续入渗,2#基质吸力维持原速率不断降低,然后保持稳定。随着第 2 次降雨开始,2#基质吸力稍微增加,埋深最大的 5#张力计率先迅速下降。观察坡体变形状态发现,第 1 次降雨后,位于 2#与 6#张力计之间的坡体出现多条横向裂缝,雨水顺着裂缝进入坡体内部,诱发 5#基质吸力呈线性迅速下降;2#、3#基质吸力跟随其后,不断下降。截至降雨结束,坡体大规模塌落,第 5 次降雨开始 30min 后,3#基质吸力率先降低至 0 左右,并维持稳定;2#基质吸力下降速率明显快于 5#。观察坡体滑落过程,可见部分裂缝被封堵,雨水入渗通道关闭,5#基质吸力下降到－11kPa 左右,坡体整体滑塌。

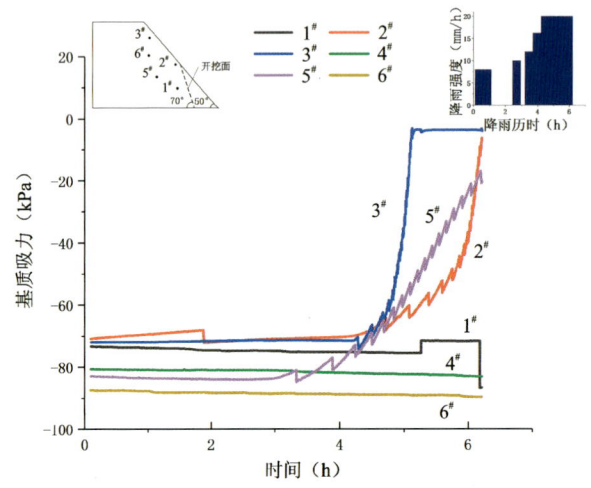

图 4-41　模型 H-1 测点的基质吸力对降雨入渗的响应过程曲线

(3)含水率演变过程分析。图 4-42 测点含水率对降雨入渗的响应过程曲线。从图中可以看出,仅最表层的 2#传感器对降雨入渗作出了反应,其他相对浅层的传感器所示含水率并未发生明显变化,这可能与其埋设方位有关。可见,随着降雨强度不断增大,在第 5 次降雨(降雨强度 20mm/h)持续约 45min 时,2#测点含水率急剧增大,继续降雨,2#测点含水率增加趋势变缓,直到降雨结束时,含水率达到 27%。

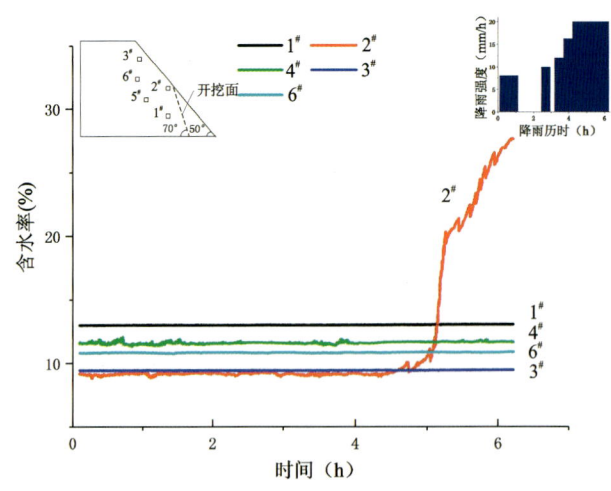

图 4-42　模型 H-1 测点的含水率对降雨入渗的响应过程曲线

(4)土压力变化过程分析。图 4-43 为土压力 PA 与 PB 对降雨入渗的响应过程曲线。受降雨影响位于坡顶下方的竖向土压力发生变化。随着降雨入渗,开始时竖向土压力呈减小趋势,但不明显,由

22.3kPa 减小到 21.8kPa，随着雨强增大到 16.25mm/h，约从 4h 开始土压力下降加快，上部局部土体塌落，土压力最终下降到 21kPa。受到雨水入渗影响，水平土压力呈缓慢增大的趋势，降雨强度的持续加大并未显著引起水平土压力的急剧变化。

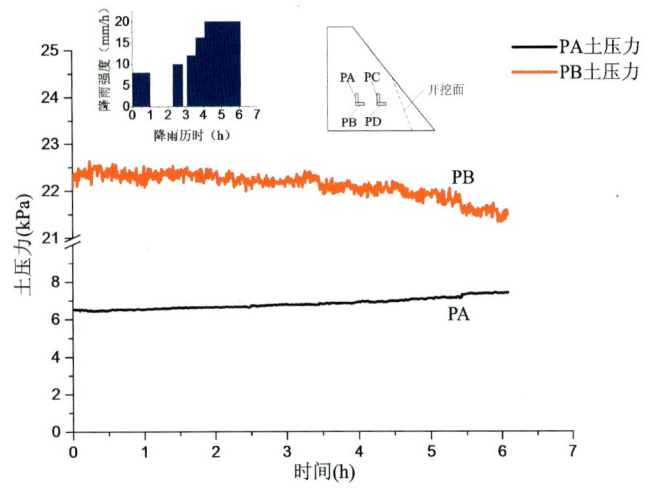

图 4-43　模型 H-1 测点 PA 与 PB 土压力对降雨入渗的响应过程曲线

图 4-44 为土压力 PC 与 PD 对降雨入渗的响应过程曲线。从图中可以看出，测点 PD 土压力基本未发生变化。开始时，雨强较小，土压力变化不明显，随着雨强由 10mm/h 增大到 16.25mm/h，表层土体逐渐饱和，然而表层局部土体塌落，土压力变化不大；整个降雨过程中由于土体饱和度增加水平土压力有微小的增加。

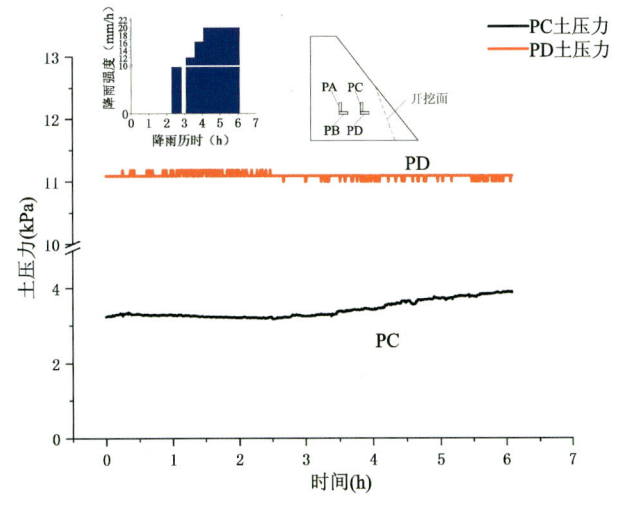

图 4-44　模型 H-1 测点 PC 与 PD 土压力对降雨入渗的响应过程曲线

2) 入渗过程对边坡变形影响分析

(1) 基质吸力与位移的关系。图 4-45a、b 分别为典型基质吸力与竖向、水平位移变化的关系曲线。从图中可以看出，开挖引起的竖向位移极其微小，随着降雨开始，表层土体不断接近饱和，基质吸力有些许消散但较为缓慢，与之对应的位移并未出现明显变化，可见位移具有一定的滞后效应。当降雨强度增大到 16.25mm/h，此时基质吸力出现拐点，位于最表层的 2# 测点基质吸力急剧下降。相应地，位于开挖交界面上方 20cm 处的 L1、L2 位移迅速增大，最大约 38mm；L9、L10 位移在降雨结束时分别约为 7.5mm、7mm。从滑坡过程看，坡体主要集中于开挖交界面以上大面积塌滑，而接近坡脚处滑落量较小。埋深较大的 4# 张力计在降雨结束后 7h 才接触到水分，埋深 30cm 的 6# 张力计始终未发生明显变化，可见雨水并未渗入到坡体 30cm 处。

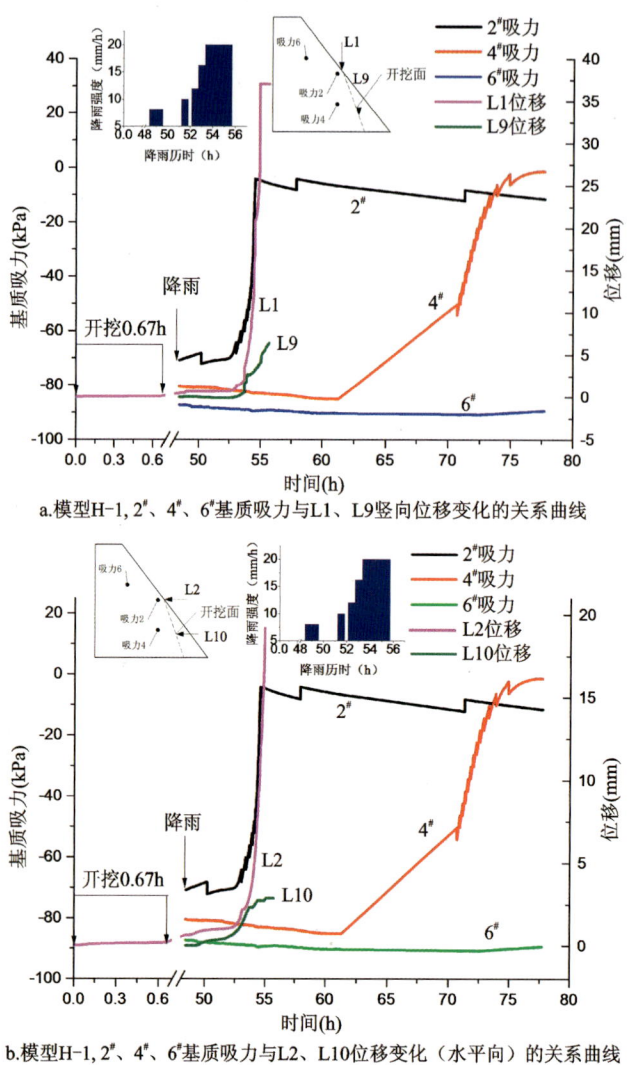

图 4-45　模型 H-1 典型基质吸力与竖向、水平位移变化关系曲线

(2) 含水率与位移的关系。图 4-46a、b 分别为典型含水率与竖向、水平位移的变化关系曲线。从图中可以看出，随着降雨开始，雨水首先到达埋设最浅的 2#，随之 L1、L9、L2、L10 位移急剧增大，直到第 5 次降雨结束，坡体塌落，2# 含水率达到最大，约为 23%，之后逐渐降低；在降雨过程中 4#、6# 含水率变化不明显。

(3) 入渗深度（湿润峰推移）与变形演化的关系。雨水入渗后土体含水率会发生改变，通过测点含水率变化的时间点判断水分入渗深度。图 4-47 为降雨入渗深度与典型位移变化的关系曲线，从图中可以看出，随着雨水入渗，湿润峰不断向土体内部推移，降雨开始后约 3h 内，湿润峰呈线性推进，当进行到第 3 次降雨时，即降雨强度增大到 12mm/h，湿润峰推进速度明显加快，L4 位移显著增大，当降雨历时约 4.5h 时，此时降雨强度达到 20mm/h，湿润峰位于 10.8cm，随着降雨持续，湿润峰推移速率放缓，最终降雨结束时水分入渗深度达到 14.5cm。从图中发现，当湿润峰推移速率减缓，L4 位移增大幅度并未同时减小，约滞后 0.5h，然后随着降雨继续增大。另外，从本次试验中的张力计读数可知，埋深 40cm 的 5# 测点吸力明显消散，是由于除雨水从边坡表面入渗外，还可以直接由裂缝处直接渗入边坡深部，本次试验的雨水入渗最大深度约 40cm。

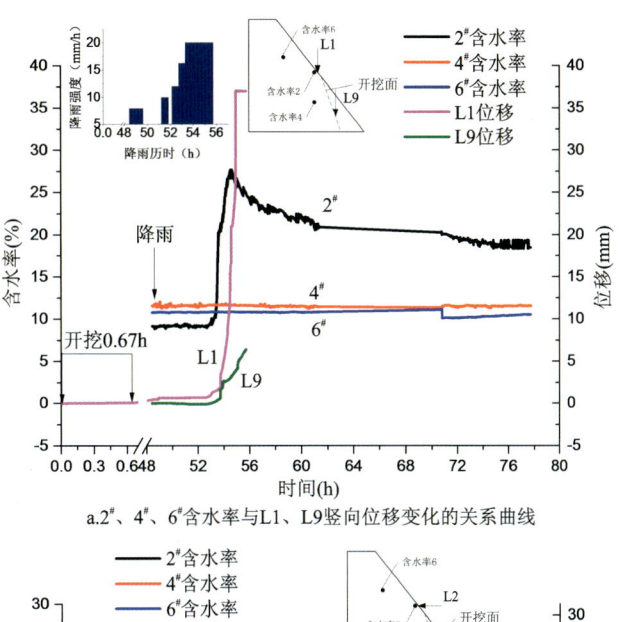

a. $2^{\#}$、$4^{\#}$、$6^{\#}$含水率与L1、L9竖向位移变化的关系曲线

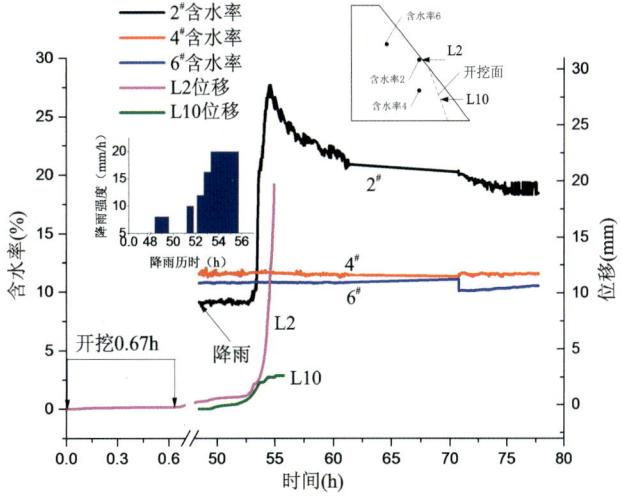

b. $2^{\#}$、$4^{\#}$、$6^{\#}$含水率与L2、L10水平位移变化的关系曲线

图 4-46　典型含水率与位移变化的关系曲线

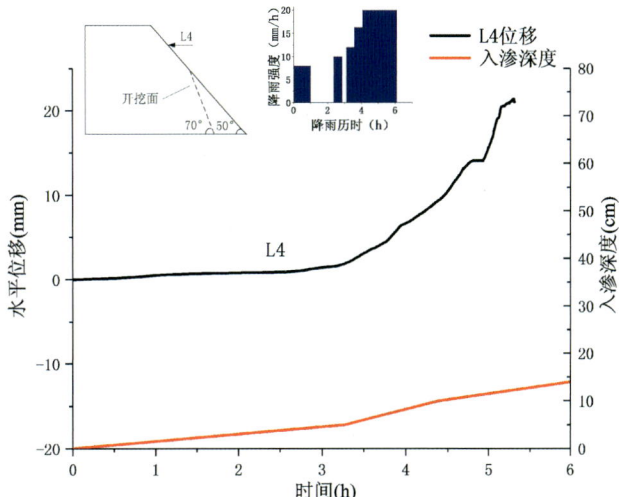

图 4-47　模型 H-1 降雨入渗深度与典型位移变化的关系曲线

3) 滑坡过程与破坏模式分析

如图 4-48 所示,强风化花岗岩 H-1 模型破坏经历以下 3 个阶段。

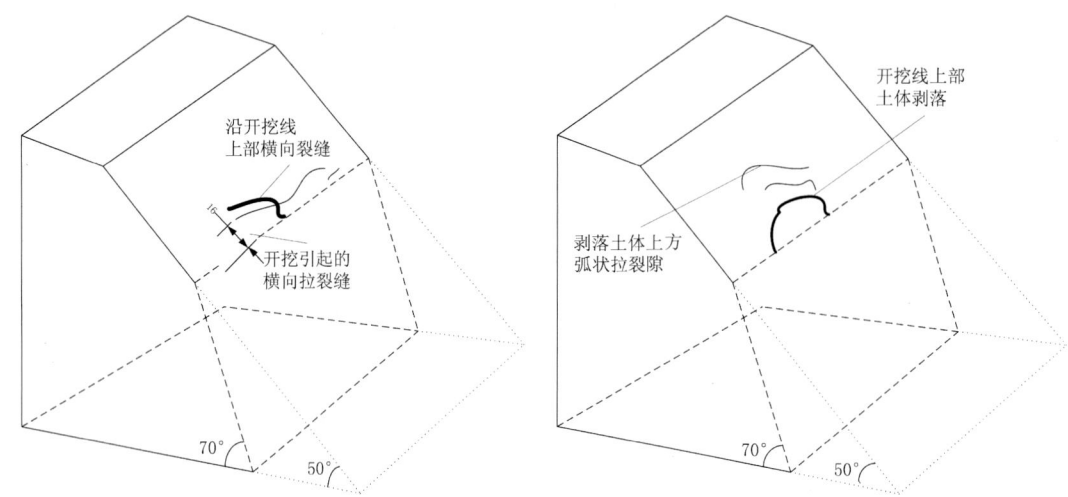

第1阶段(10∶25—11∶25)

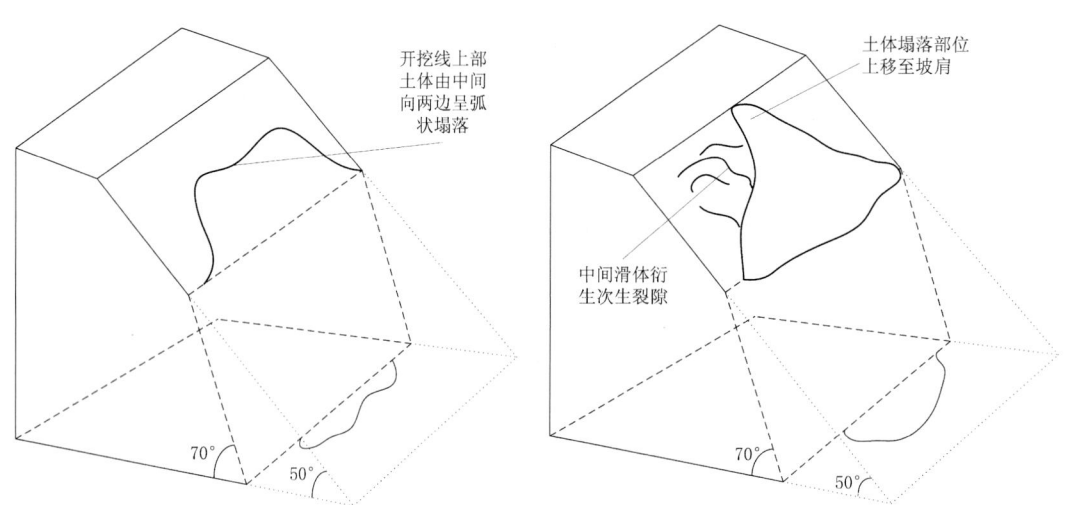

第2阶段(12∶45—13∶15,13∶30—14∶00)

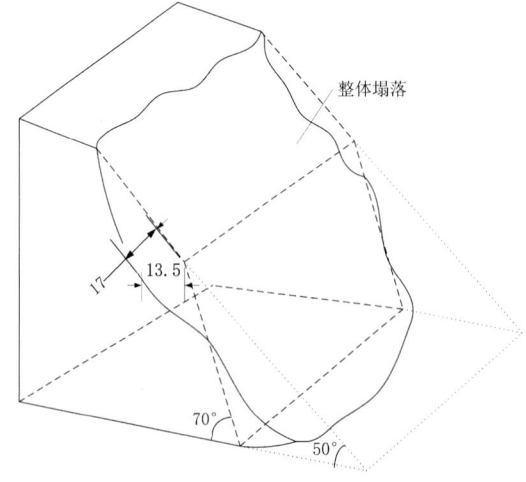

第3阶段(14∶00—16∶30)

图 4-48 降雨条件下开挖边坡 H-1 模型破坏过程示意图

第1阶段：由开挖诱发的位于开挖面与原坡面交界处横向裂缝在雨水入侵作用下不断扩展，直至产生局部块状滑落，且交界处上部约16cm处出现横向弧状拉裂缝。

第2阶段：随着降雨入渗，由裂缝引起的局部滑体逐渐扩大，并呈尖状向坡顶扩展，直至贯穿坡面。

第3阶段：滑坡面由中间向两边及深度方向扩展，形成二次滑坡。整个过程可以看出，开挖导致的横向裂缝及开挖临空面是诱发滑坡的主要原因，随着降雨增强，雨水沿着裂缝通道进入坡体深部，原坡体含水率迅速上升，并趋于饱和状态，周围土体软化，抗剪强度下降，在临空状态下当抗剪强度小于下滑力时，局部滑塌发生。进一步地，上部土体处于临空状态，也会相继滑落，之所以形成三角状滑落，或许是模型槽的边界效应导致。当降雨量足以使得整个坡面表层土体处于饱和状态时，整体滑坡发生。

（四）强风化花岗岩 H-2 模型试验

H-2模型实际测试方案如图4-49所示，边坡开挖前在3个不同高程共布置6个位移计，L3、L5、L7测试边坡表面竖向位移，L4、L6、L8测试边坡表面水平位移。边坡开挖后在开挖面3个不同高程布置6个位移计，L1、L9、L11测试边坡表面竖向位移，L2、L10、L12测试边坡表面水平位移。在6个不同高程分别布置有6个张力计与含水率传感器，张力计距离边坡表面埋深如图所示，与张力计相对应的同样位置埋设6个含水率传感器$1^{\#} \sim 6^{\#}$。$1^{\#}$张力计与含水率传感器距边坡表面埋深15cm，$2^{\#}$张力计与含水率传感器距边坡表面埋深5cm，$3^{\#}$张力计与含水率传感器距边坡表面埋深10cm，$4^{\#}$张力计与含水率传感器距边坡表面埋深20cm，$5^{\#}$张力计与含水率传感器距边坡表面埋深30cm，$6^{\#}$张力计与含水率传感器距边坡表面埋深20cm。在第一层土方填筑完成后埋设2组共4个土压力PA、PB、PC、PD，其中土压力PB、PD测试竖向土压力，土压力PA、PC测试水平土压力，土压力PA、PB位于位移计L5正下方，土压力PC、PD位于位移计L11正下方。在观测窗口共布置14个位移标志与3层水平白砂条标志。

模型H-2开挖历时1h，开挖完成约4h后开始降雨，第1阶段降雨强度9mm/h，历时60min，随后开始第2阶段降雨，雨强10mm/h，历时30min，接着开始第3阶段降雨，雨强12mm/h，历时30min，随后开始第4阶段降雨，雨强16.25mm/h，历时30min，间隔95min后开始第5阶段降雨，直至滑坡发生，历时约60min。降雨范围为整个坡面及一半坡顶，如图4-50所示。

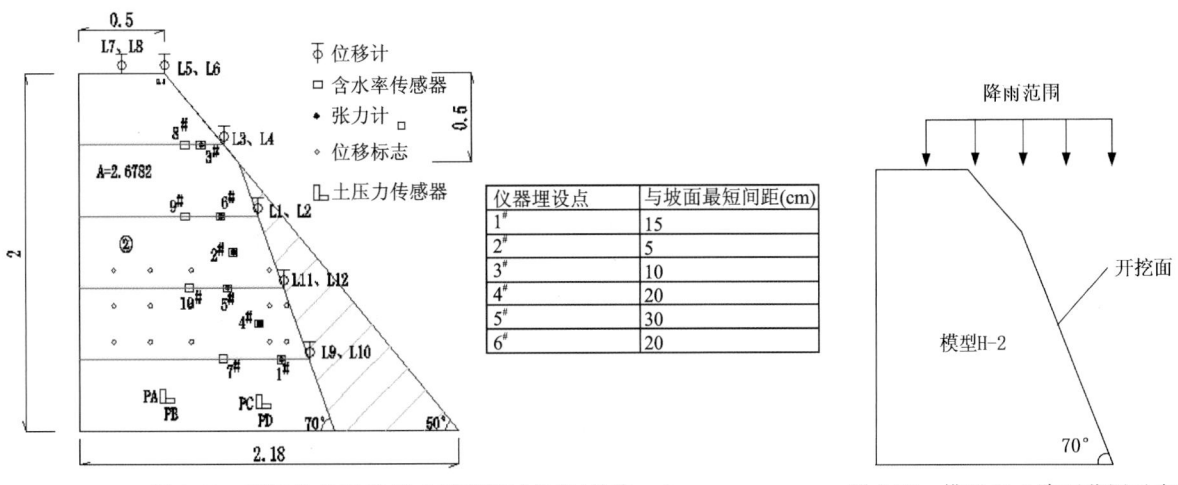

图4-49 强风化花岗岩H-2模型测试方案（单位：m）　　图4-50 模型H-2降雨范围示意图

1. 开挖响应分析

图4-51为L3、L5、L7测点竖向变形对开挖的响应过程曲线。位移计L3位于开挖面与原坡面交界处上方，L5位于坡肩处，L7位于边坡顶部，该模型开挖面与原坡面交界处距离坡顶垂直距离为0.5m。

从图中可以看出,开挖引起的竖向位移总体上较小,最大不超过1mm;L3测点发生明显竖向位移,L7测点处于坡顶后缘处,初始位移量最小,而后L5和L7测点竖向位移变化趋势大致相同,最终L7测点竖向位移最小;所示竖向位移整体上呈现随着开挖面与原坡面交界线竖向距离增加而增大的趋势。开挖过程中3个测点位移都有小幅的急剧增大,可见开挖对坡面有扰动;开挖完成15min后L3测点位移发生又一次剧变可见开挖对邻近开挖面的L3测点的扰动最大,另两个测点一段时间内坡体竖向位移稳中略有增加,说明开挖坡体位移变化随时间变化有一定的滞后现象,且变形速率明显减缓,验证了开挖是引起坡体扰动变形的诱发原因。

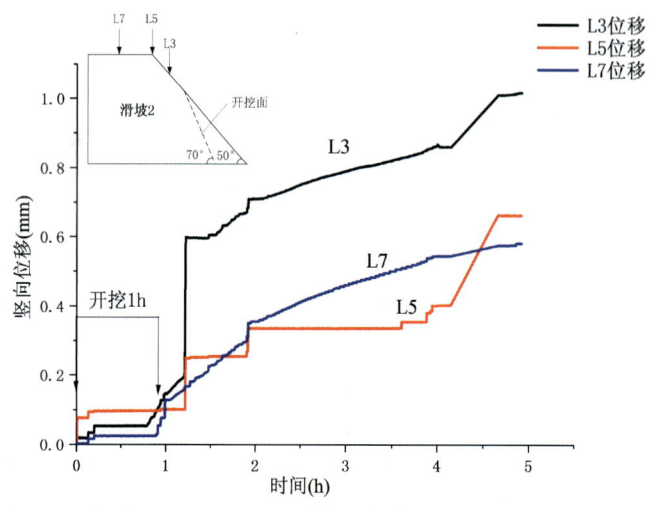

图 4-51　模型 H-2,L3、L5、L7 测点竖向变形对开挖的响应过程曲线

图 4-52 为 L4、L6、L8 测点水平变形对开挖的响应过程曲线。位移计 L4 位于开挖面与原坡面交界上方,L6 位于坡肩处,L8 位于边坡顶部。从图中可以看出,开挖引起的水平位移总体上较小,相对竖向位移要小得多,其中 L4 测点发生明显水平位移,最大位移约 0.12mm;L6、L8 测点位移量最小。开挖过程中,水平位移整体上随着时间增加而不断增大。L4 位移因距离开挖面最近,其位移急剧增大,受到开挖扰动最大;开挖完成后一段时间内 L4 位移继续缓慢增加,边坡变形未随开挖停止而立刻停止,而其他测点水平位移相对 L4 测点则变化较小,距离开挖面较远处的坡体在水平方向上受到的扰动相对较小。

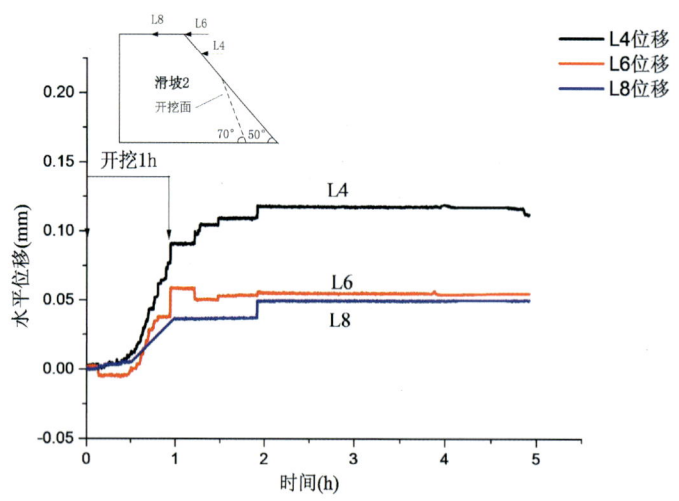

图 4-52　模型 H-2,L4、L6、L8 测点水平变形对开挖的响应过程曲线

2. 降雨响应分析

1) 斜坡状态对降雨入渗响应分析

(1) 变形演化过程分析。图 4-53 为 L3、L5、L7 测点竖向变形对开挖-降雨联合作用的响应过程曲线。位移计 L5 位于坡肩处,L7 位于边坡顶部,此次降雨覆盖范围为坡体表面及一半坡顶。从图中可以看出,降雨过程诱发的坡体位移是极其显著的,与模型 H-1 相比模型 H-2 坡顶局部受到降雨影响,所以 L7 测点位移发生较小的变化,由于 L5 测点在坡顶与坡面交会处,其位移变化比 L7 测点更为显著。距离开挖面较近的 L3 测点受到开挖与降雨的联合作用变形异常显著,3 个测点在开挖后位移量一直呈缓慢递增趋势,但位移量极其微小。直到降雨开始后,3 个测点开始发生缓慢的位移变化,随着降雨强度达到 16.25mm/h,3 个测点先后发生较大的位移变化,L3 测点总是先于 L5、L7 出现变形,随着降雨入渗,当降雨强度增加到 20mm/h 时,L3 测点发生急剧竖向位移,随后 L5 测点也发生急剧竖向位移。开挖破坏了整个坡体的应力平衡,坡体进入应力调整阶段,整个坡体伴随着微小的变形,变形量从开挖面到坡顶呈现逐渐减小的趋势。开挖使得应力释放,产生浅层的蠕动变形。随着降雨开始并逐渐入渗,开挖面坡体变形加剧,尤其是距离开挖线垂直下方 20cm 处的局部坡体率先下移,大量裂缝出现,雨水沿着裂缝渗入土体内部,降低了土体抗剪强度,随着降雨强度不断加大,裂缝不断扩展,局部坡体不断向前推移,滑坡发生。降雨诱发的位移短时间内急剧增大,最大达 18mm。降雨是诱发土体滑坡的主要原因。

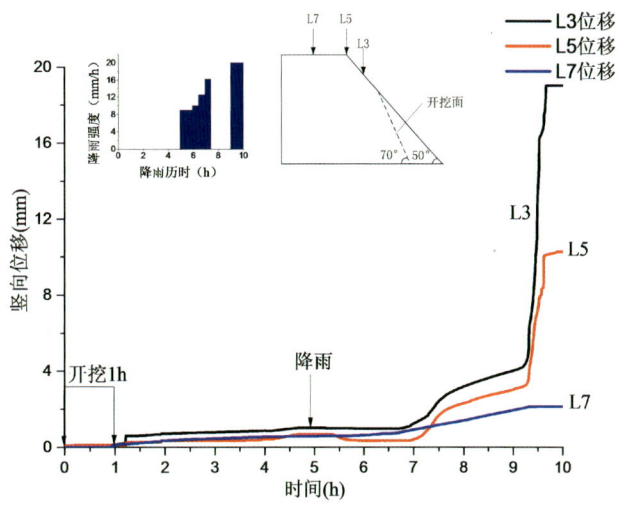

图 4-53　模型 H-2 L3、L5、L7 测点竖向变形对开挖-降雨联合作用的响应过程曲线

图 4-54 为 L4、L6、L8 测点水平变形对开挖-降雨联合作用的响应过程曲线。位移计 L6 位于坡肩处,L8 位于边坡顶部。与相应的竖向位移类似,降雨过程诱发的坡体水平位移是极其显著的。尽管模型 H-2 坡顶局部受到降雨影响,L8 测点水平位移变化几乎为 0;由于 L6 测点在坡顶与坡面交会处,其位移变化比 L8 测点明显。距离开挖面较近的 L4 测点受到开挖与降雨的联合作用异常显著,可见其在开挖后位移量一直呈缓慢递增趋势,然而位移量极其微小。直到降雨开始后,与竖直位移的变化同步,L4、L6 测点开始发生缓慢的位移变化,随着降雨强度达到 16.25mm/h 时,两个测点先后发生较大的位移变化,L4 测点总是先于 L6 出现变形。随着降雨入渗,当降雨强度增加到 20mm/h 时,L4 测点发生急剧水平位移。相对于竖向位移,水平位移明显要小些,最大约为 13mm。从图中可以看出,水平位移与竖向位移的变化几乎是同步的。

图 4-55 为 L1、L9、L11 测点竖向变形对降雨入渗的响应过程曲线。从图中可以看出,测点 L9 距坡底垂直距离 40cm,测点 L11 距坡底垂直距离 80cm,测点 L1 距坡底垂直距离 120cm。随着降雨开始,L11 位移呈现逐渐增大趋势,L9、L1 位移变化不明显,L11 位移始终明显大于 L9、L1;随着第 3 次降雨

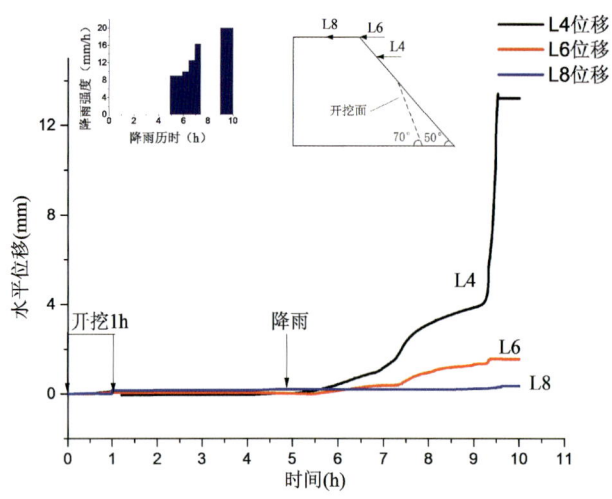

图 4-54　模型 H-2，L4、L6、L8 测点水平变形对开挖-降雨联合作用的响应过程曲线

开始(降雨强度为 12.5mm/h)，L11、L9 位移变化明显加快，直到第 4 次降雨(降雨强度为 16.25mm/h)刚开始，L9、L11 位移先后突然呈台阶状急剧增大，由 3.5mm 增大到约 15mm。随着降雨的入渗，当第 4 次降雨(降雨强度为 16.25mm/h)结束时，L1 测点位移发生同样的台阶状急剧增大。

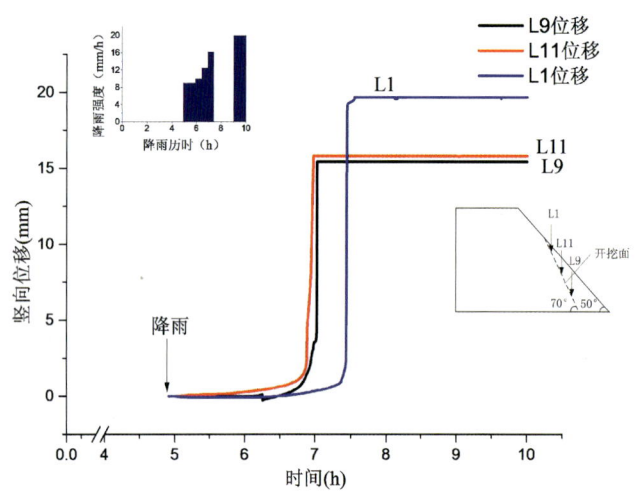

图 4-55　模型 H-2，L1、L9、L11 测点竖向变形对降雨入渗的响应过程曲线

图 4-56 为 L2、L10、L12 测点水平变形对降雨入渗响应过程曲线。从图中可以看出，测点 L10 距坡底垂直距离 40cm，测点 L12 距坡底垂直距离 80cm，测点 L2 距坡底垂直距离 120cm。随着降雨开始，L2、L10、L12 位移呈现逐渐增大趋势，L10 的位移明显快于 L12、L2；随着第 3 次降雨开始(降雨强度为 12.5mm/h)，L10、L12 位移变化明显加快，且 L10 位移增大速率大于 L12、L2；直到第 4 次降雨(降雨强度为 16.25mm/h)开始，L10 位移几乎呈线性急剧增大，由 3mm 增大到约 14mm，而 L12 位移却近乎稳定。随着降雨持时的增加，位移继续扩大，L2、L12 依次急剧增加。降雨先导致了下部土体的滑坡，继而牵引上部土体失稳，滑坡发生。

(2)基质吸力变化过程分析。图 4-57 为测点的基质吸力对降雨入渗的响应过程曲线。2#张力计埋深最浅，为 5cm，位于开挖面与原坡面交界处，5#张力计埋置最深，约为 30cm，3#、1#张力计分别位于坡体的上部、下部，埋深分别为 10cm、15cm。从图中可以看出，随着降雨入渗，位于最表层的 2#张力计和埋深 10cm 的 3#张力计最先出现响应。从开始降雨到第 3 次降雨结束，2#基质吸力由 −74kPa 下降到 −68kPa，3#基质吸力由 −87kPa 下降到 −82kPa。第 4 次降雨开始后，位于最表层的 2#张力计和埋深 10cm 的 3#张力计几乎同时开始发生突变，基质吸力迅速消散。此后，降雨暂停，雨水继续入渗，直至第

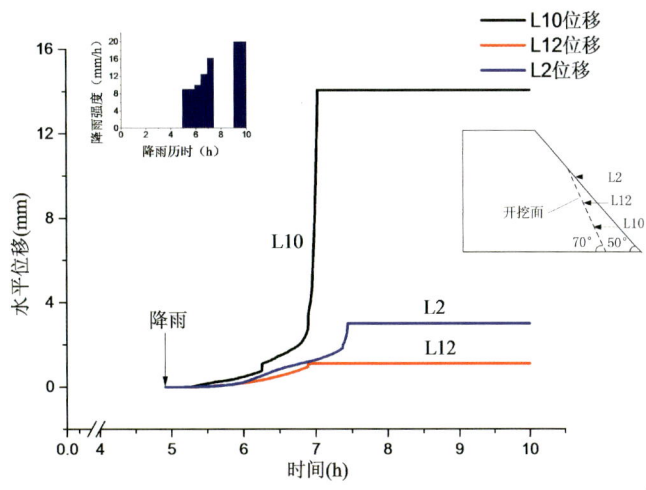

图 4-56　模型 H-2,L2、L10、L12 测点水平变形对降雨入渗响应过程曲线

5 次降雨结束其他张力计未作出反应。降雨停止后继续观察雨水入渗情况,6#、1#、4# 张力计依次做出反应,而埋深最大的 5# 张力计始终没有变化,可见雨水并未渗入到坡体 30cm 处。观察坡体变形状态发现,第 3 次降雨后,位于 2# 张力计位置的坡体出现横向裂缝。第 4 次降雨期间,位于 2# 张力计的坡体的横向裂缝继续扩展,坡体很快发生垮塌,位于垮塌面以下的张力计埋设深度变浅。此后位于 3# 张力计的位置出现张裂缝,雨水顺着裂缝进入坡体内部,加剧了雨水的入渗,随着第 5 次降雨开始坡顶出现大量裂缝,坡体发生大规模塌落,直至降雨结束,只有 2#、3# 张力计发生变化。降雨结束后,由于坡体已经产生大量裂缝,加剧了雨水的渗透,降雨结束时由于滑坡导致 6# 张力计暴露于坡面,6# 基质吸力呈线性迅速下落,从 -78kPa 迅速下落至 -4kPa,随后雨水继续入渗,1#、4# 基质吸力相继开始下降。

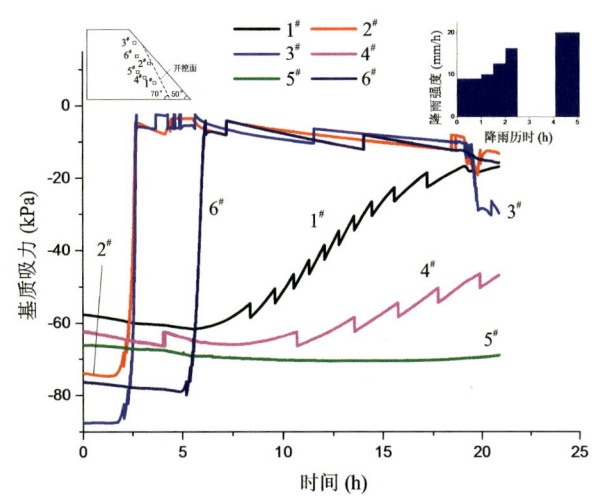

图 4-57　模型 H-2 测点的基质吸力对降雨入渗的响应过程曲线

(3)含水率演变过程分析。图 4-58 为测点的含水率对降雨入渗响应过程曲线。2# 含水率传感器埋深最浅,为 5cm,位于开挖面与原坡面交界处,5# 含水率传感器埋置最深,为 30cm,3#、1# 含水率传感器分别位于坡体的上部、下部,埋深分别为 10cm、15cm。从图中可以看出,直到第 4 次降雨完成,所有含水率传感器读数几乎没有变化。第 4 次降雨完成后暂停降雨 1.6h,在此期间 3# 含水率传感器读数从 10.5% 增长到 15%。第 5 次降雨开始后,2# 含水率传感器位置发生垮塌,含水率传感器裸露,含水率读数直线下降到 2.5%,此时 2# 含水率传感器的读数已经没有参考意义。降雨停止后,随着雨水的入渗,6# 传感器含水率从 12.4% 增长到 13.8% 并维持不变,1# 传感器接着发生变化,从含水率 14.2% 缓慢增长至 15.8%。参照基质吸力的变化规律,可见含水率的变化和基质吸力变化同步。第 3 次降雨后,位

于 2# 含水率传感器的坡体出现横向裂缝。第 4 次降雨期间,位于 2# 含水率传感器位置的坡体横向裂缝继续扩展,坡体很快发生垮塌,2# 含水率传感器裸露,位于垮塌面附近的含水率传感器的埋设深度变浅。此后在 3# 含水率传感器的位置出现张裂缝,雨水顺着裂缝进入坡体内部,加剧了雨水的入渗,随着第 5 次降雨开始坡顶出现大量裂缝,坡体发生大规模塌落,直至降雨结束,只有 2#、3# 含水率传感器发生变化。降雨结束后,由于坡体已经产生大量裂缝,加剧了雨水的渗透,6#、1# 含水率传感器相继发生变化;4# 测点含水率变化不明显。

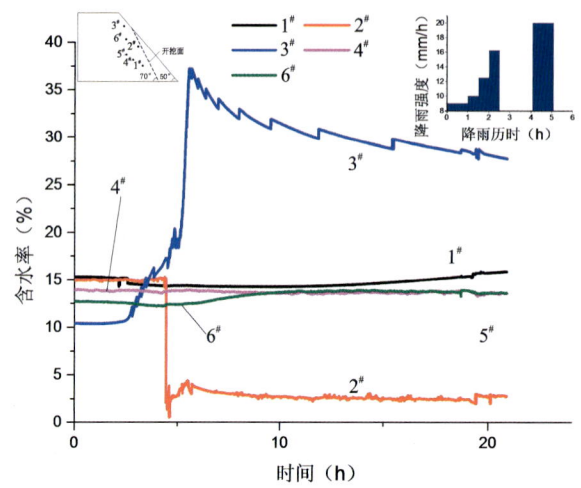

图 4-58　模型 H-2 测点含水率对降雨入渗的响应过程曲线

(4)土压力变化过程分析。图 4-59 为测点 PA 与测点 PB 土压力对降雨入渗响的应过程曲线。由图中可以看出,随着降雨入渗,位于坡顶下方的测点 PB 水平土压力逐渐增大,对于降雨强度的逐级加大并没有出现突变现象,说明降雨入渗缓慢,测点 PA 水平土压力有微小的增加;第 5 次降雨进行到 30min,测点 PB 水平土压力由 23kPa 迅速下降到 21.5kPa,这与上部土体崩落有关,此时测点 PA 土压力有 0.3kPa 的突变,降雨前后 PA 水平土压力大约增加了 0.5kPa。

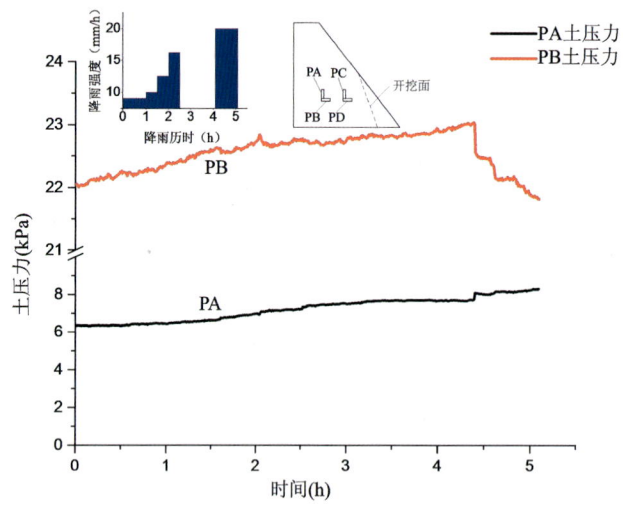

图 4-59　模型 H-2 测点 PA 与测点 PB 土压力对降雨入渗的响应过程曲线

图 4-60 为测点 PC 与测点 PD 土压力对降雨入渗响应过程曲线。从图中可以看出,位于原始坡面下的测点 PD 竖向土压力随着降雨入渗与土体崩落,存在下降与上升的循环波动中,波动范围大约 1kPa。测点 PC 水平土压力波动幅度更为剧烈,随着降雨强度增大,水平土压力呈现明显增大;降雨暂停后,边坡变形土体松动引起水平土压力明显减小;随着土体自密实与第 5 次降雨的开始,水平土压力

逐渐升高，由3kPa增加到6kPa；当降雨引起边坡变形及垮塌时，水平土压力下降。

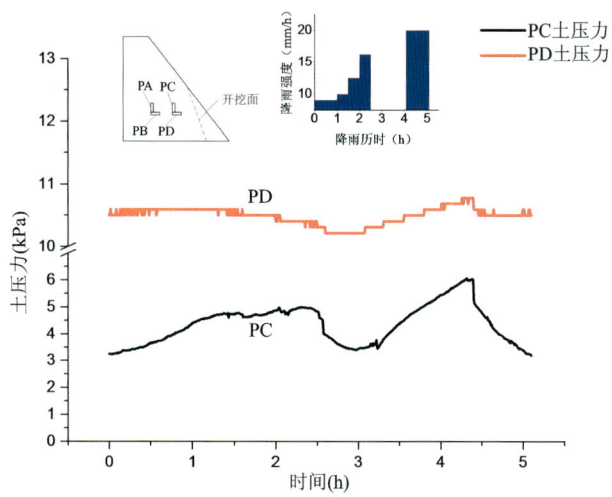

图4-60　模型H-2测点PC与测点PD土压力对降雨入渗的响应过程曲线

2）入渗过程对边坡变形影响分析

(1)基质吸力与位移的关系。图4-61、图4-62分别为典型基质吸力与竖向、水平位移变化的关系曲线。从图中可以看出，开挖引起的竖向位移极其微小，随着降雨开始，表层土体不断接近饱和，基质吸力有些部分消散但较为缓慢，与之对应的位移并未出现明显变化，可见位移具有一定的滞后效应。当降雨强度增大到16.25mm/h时，基质吸力出现拐点，位于最表层的2#测点和3#测点基质吸力急剧下降。相应地，位于开挖交界面下方30cm处的L1、L2位移迅速增大，最大约15mm；位于开挖交界面上方10cm处的L3、L4位移分别从0.9mm增长3.1mm，从1.7mm增长到3.5mm，随着雨水的持续入渗，在降雨达到20mm/h时产生急剧变化，最大位移分别达到20mm、14mm。坡体主要集中于开挖面产生大面积滑塌，继而引发坡肩产生大量裂缝，从而产生更大面积的滑塌。

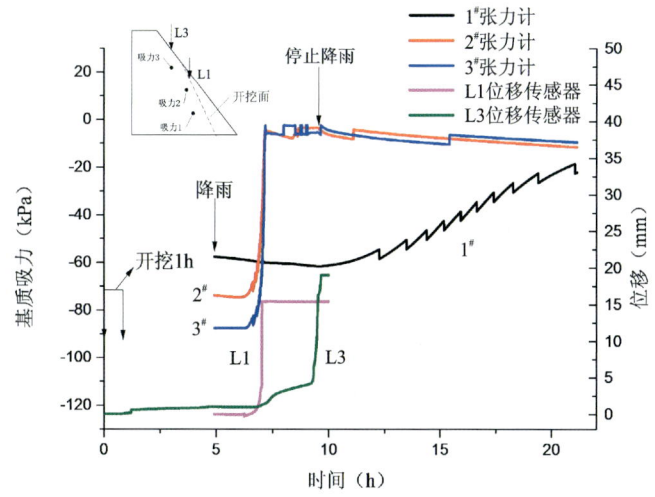

图4-61　模型H-2,1#、2#、3#基质吸力与L₁、L₃竖向位移变化的关系曲线

(2)含水率与位移的关系。图4-63、图4-64分别为典型含水率与竖向、水平位移的变化关系曲线。从图中可以看出，随着降雨开始，雨水首先几乎同时到达埋设较浅的2#、3#，随之L1、L3、L2、L4位移急剧增大，直到第5次降雨结束，坡体塌落，3#含水率达到最大，约为37%，之后逐渐降低。

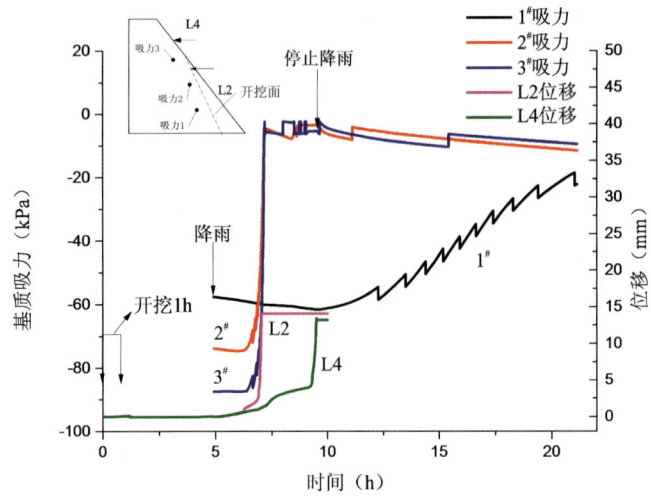

图 4-62 模型 H-2,$1^{\#}$、$2^{\#}$、$3^{\#}$ 基质吸力与 L_2、L_4 水平位移变化的关系曲线

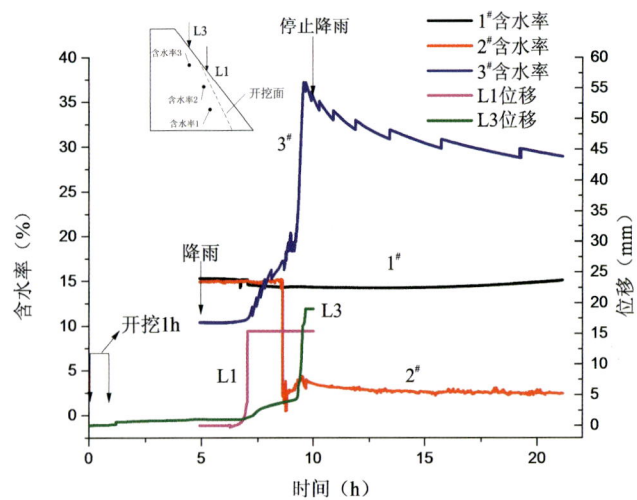

图 4-63 模型 H-2 典型含水率与位移变化(竖直向)的关系曲线

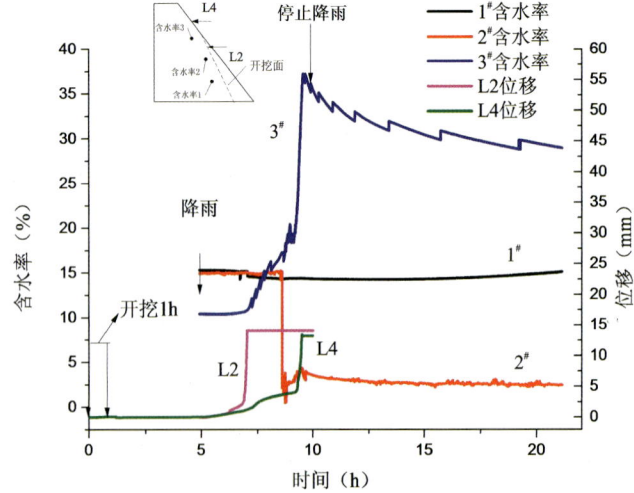

图 4-64 模型 H-2 典型含水率与水平位移变化的关系曲线

（3）入渗深度（湿润峰推移）与变形演化的关系。雨水入渗后土体含水率会发生改变，通过测点含水率变化的时间点来判断水分入渗深度。图 4-65 为降雨入渗深度与典型位移变化的关系曲线，从图中可以看出，随着雨水入渗，湿润峰不断向土体内部推移，降雨开始后约 3h 内，湿润峰呈线性推进，当进行到第 3 次降雨时，即降雨强度增大到 12.5mm/h，湿润峰推进速度出现突变，考虑是含水率传感器附近出现裂缝加速了雨水的入渗。与此同时，L4 位移显著增大，当降雨历时约 4h 时，此时降雨强度达到 20mm/h，湿润峰位于 20mm，随着降雨持续，湿润峰推移速率放缓，最终降雨结束时水分入渗深度达到 22mm。从图中可以看出，随着入渗深度的增大，L4 发生急剧增大，滑坡发生。

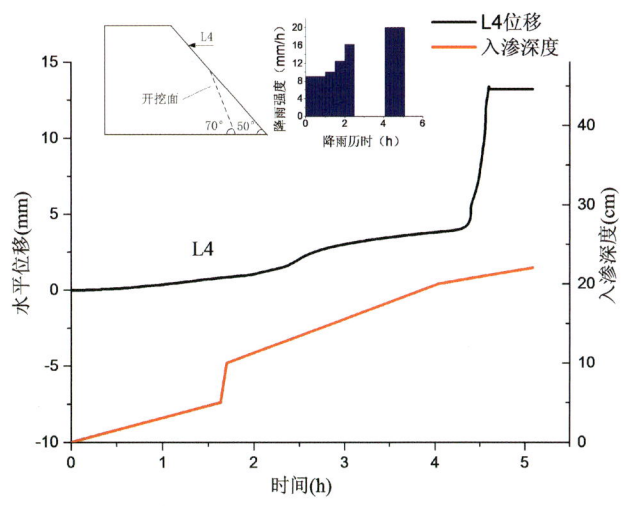

图 4-65　模型 H-2 入渗深度（湿润峰推移）与变形演化的关系

3. 滑坡过程与破坏模式分析

开挖后 H-2 模型破坏过程如图 4-66 所示，强风化花岗岩 H-2 模型破坏经历以下 3 个阶段。

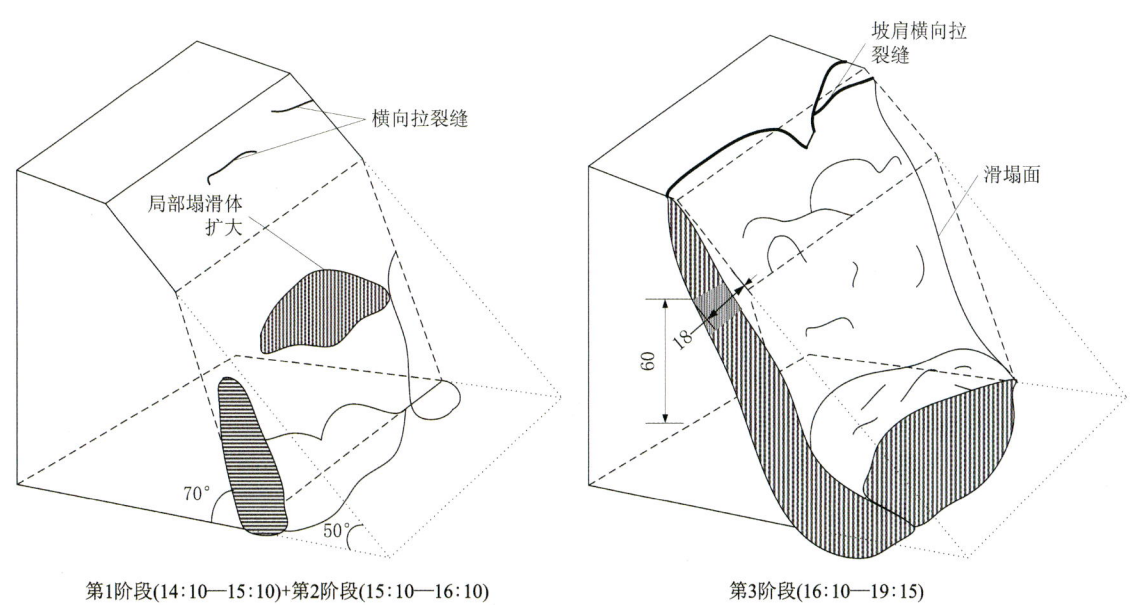

图 4-66　降雨诱发开挖边坡 H-2 模型破坏过程示意图

第 1 阶段：随着降雨开始，坡脚土体润湿并出现局部塌落，开挖面有局部块体垮塌，靠近模型槽一边出现横向拉裂缝，并不断向开挖面中间扩展。

第 2 阶段：拉裂缝处土体塌落，开挖面出现局部土体塌落，原坡面上部出现横向拉裂缝。

第3阶段：开挖面下部土体垮塌，坡肩横向裂缝不断扩展，最终开挖面上部土体开裂、滑落。随着降雨强度增大到16.25mm/h，土体表层已接近饱和，相对于开挖高度为1m的H-1模型，开挖高度为0.5m的H-2模型临空面更大。因此，其向前推移的趋势也更加明显，可以清楚地看到，坡肩出现较宽的横向拉裂缝，雨水沿着裂缝渗入土体内部，致使坡肩土体逐渐饱和、抗剪强度逐渐消散，土重迅速增大，进而开挖面上部土体塌落。经测量，开挖面最大滑坡深度约18cm，距开挖面与原始坡面交线处约60cm，滑坡堆积区前沿距坡脚约70cm。

（五）强风化花岗岩 H-3 模型试验

H-3 边坡模型实际测试方案如图 4-67 所示，边坡开挖前在 3 个不同高程共布置 6 个位移计 L3—L8，L3、L5、L7 测试坡表竖向位移，L4、L6、L8 测试坡表水平位移。边坡开挖后在开挖面 3 个不同高程布置 6 个位移计，L1、L9、L11 测试坡表竖向位移，L2、L10、L12 测试坡表水平位移。在 6 个不同高程分别布置有 6 个张力计与含水率传感器，张力计距离坡表埋深如图 4-67 所示，与张力计相对应的同样位置埋设 6 个含水率传感器 1#—6#，1# 张力计与含水率传感器距坡表埋深 15cm，2# 张力计与含水率传感器距坡表埋深 5cm，3# 张力计与含水率传感器距坡表埋深 10cm，4# 张力计与含水率传感器距坡表埋深 20cm，5# 张力计与含水率传感器距坡表埋深 30cm，6# 张力计与含水率传感器距坡表埋深 20cm；在第一层土方填筑完成后，埋设 2 组共 4 个土压力 PA、PB、PC、PD，土压力 PA、PB 位于位移计 L5 正下方，土压力 PC、PD 位于位移计 L11 正下方，其中土压力 PB、PD 测试竖向土压力，土压力传感器 PA、PC 测试水平土压力。在观测窗口共布置 14 个位移标志与 3 层水平白砂条标志。

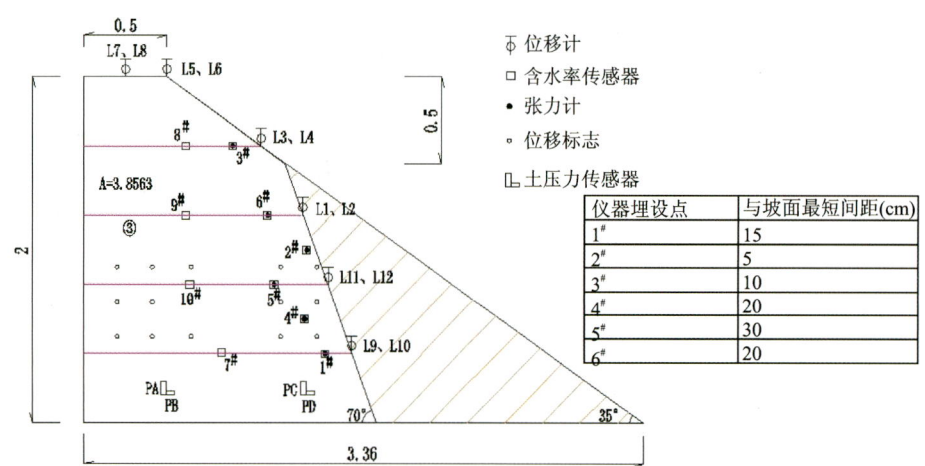

图 4-67 强风化花岗岩 H-3 模型测试方案（单位：m）

模型 H-3 开挖历时 2h，开挖完成约 65h 后开始降雨，第 1 阶段降雨强度 8mm/h，历时 60min，随后开始第 2 阶段降雨，雨强 10mm/h，历时 30min，接着开始第 3 阶段降雨，雨强 12.5mm/h，历时 30min，间隔 22min 后开始第 4 阶段降雨，雨强 16.25mm/h，历时 30min，随后开始第 5 阶段降雨，直至滑坡发生，历时约 165min。降雨范围为整个坡面及一半坡顶，如图 4-68 所示。

1. 开挖响应分析

图 4-69 为 L3、L5、L7 测点竖向变形对开挖的响应过程曲线。由于采集器原因模型 H-3 开挖后至降雨前位移数据缺失。从图中可以看出，位移计 L3 位于开挖面与原坡面交界处上方，L5 位于坡肩处，L7 位于边坡顶

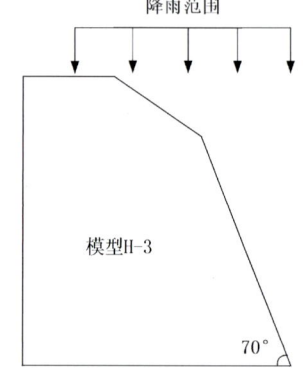

图 4-68 模型 H-3 降雨范围示意图

部,该模型开挖面与原坡面交界处距离坡顶垂直距离为 0.5m。可以看出,开挖引起的竖向位移总体上较小,最大不超过 1.4mm;L3 测点发生明显竖向位移,L7 测点处于坡顶后缘处,初始位移量最小,而后 L3 和 L5 测点竖向位移变化趋势大致相同,最终 L7 测点竖向位移最小;所示竖向位移整体上呈现随着开挖面与原坡面交界线竖向距离增加而增大的趋势。开挖过程中 3 个测点位移都有小幅的急剧增大,可见开挖对坡面有扰动,验证了开挖是引起坡体扰动变形的诱发原因。

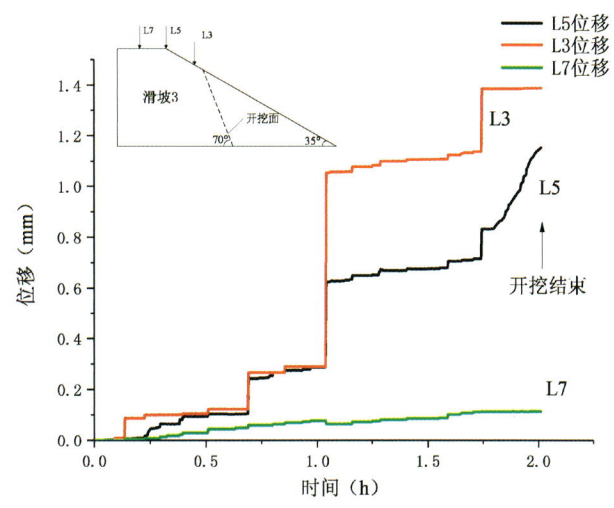

图 4-69　模型 H-3,L3、L5、L7 测点竖向变形对开挖的响应过程曲线

图 4-70 为 L4、L6、L8 测点水平变形对开挖响应的过程曲线。从图中可以看出,位移计 L4 位于开挖面与原坡面交界上方,L6 位于坡肩处,L8 位于边坡顶部。可以看出,开挖引起的水平位移总体上较小,相对竖向位移要小,最大不超过 1.2mm。开挖过程中,3 个测点的变化趋势相同,水平位移整体上随着时间增加而不断增大。L4 位移因距离开挖面最近,其位移急剧增大,可见受到开挖扰动最大,而 L6、L8 测点水平位移逐级减小,距离开挖面较远处的坡体在水平方向上受到的扰动相对较小。

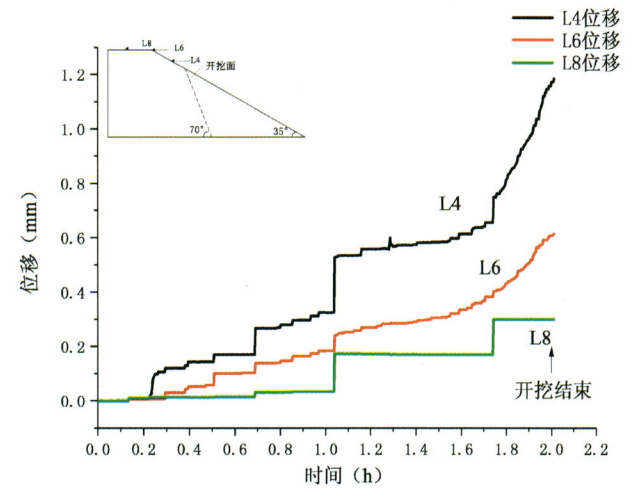

图 4-70　模型 H-3,L4、L6、L8 测点水平变形对开挖响应的过程曲线

2. 降雨响应分析

1)斜坡状态对降雨入渗响应分析

(1)变形演化过程分析。定义边坡水平位移指向坡外为正,竖向位移向下为正。

图 4-71 为 L3、L5、L7 测点竖向变形对开挖-降雨联合作用的响应过程曲线。从图中可以看出,位

移计L5位于坡肩处,L7位于边坡顶部,此次降雨覆盖范围为坡体表面及坡顶一半的面积。从图中可以看出,降雨过程诱发的坡体及坡肩位移是极其显著的,而几乎未受降雨影响的L7测点位移接近于0,距离开挖面较近的L3测点受到开挖与降雨的联合作用异常显著。降雨开始后,L5测点先于L3出现急剧变形,随着降雨入渗,在第5次降雨时,即降雨强度增加到20mm/h时,L3测点也发生急剧竖向位移,且变化速率更快,最终位移量超过40mm。开挖破坏了整个坡体的应力平衡,坡体进入应力调整阶段,整个坡体伴随着微小的变形,变形量从开挖面到坡顶呈现逐渐减小的趋势。开挖使得应力释放,产生浅层的蠕动变形。随着降雨开始并逐渐入渗,开挖面以上坡体扰动加剧,尤其是距离开挖面垂直上方的局部坡体率先下移,大量裂缝出现,雨水沿着裂缝渗入土体内部,降低了土体抗剪强度,随着降雨强度不断加大,裂缝不断扩展,开挖面上部土体处于悬空状态,然后瞬间塌落,降雨诱发的位移短时间内急剧增大。降雨是诱发土体深层滑动的主要原因。

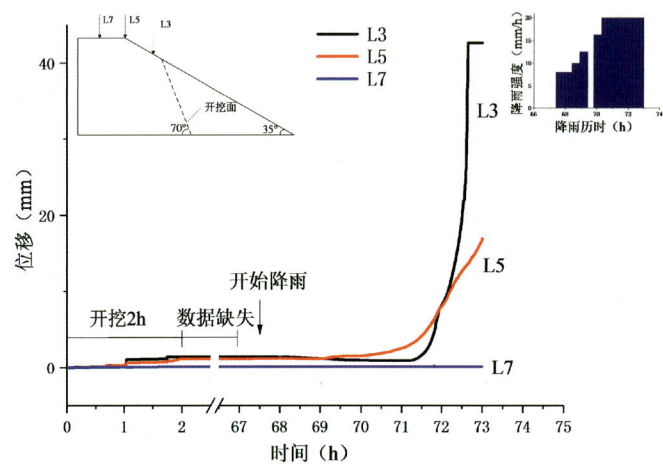

图4-71 模型H-3,L3、L5、L7测点竖向变形对开挖-降雨联合作用的响应过程曲线

图4-72为L4、L6、L8测点水平变形对开挖-降雨联合作用的响应过程曲线。从图中可以看出,位移计L4位于开挖面上部10cm处,L6位于坡肩处,L8位于边坡顶部。与相应的竖向位移不同的是,降雨过程诱发的坡体水平位移相对较小,几乎未受降雨影响的L8测点位移接近于0,距离开挖面较近的L4测点受到开挖与降雨的联合作用较为显著。降雨开始后,L4测点先于L6出现显著变形,随着降雨入渗,在第5次降雨时,即降雨强度增加到20mm/h,L6测点发生微小水平位移,并且变化缓慢。相对于竖向位移,水平位移明显较小,最大约为15mm,仅为最大竖向位移的35.8%。L6测点最大位移约1mm,仅为L4最大水平位移的6.67%。降雨对滑坡水平位移的加剧起了至关重要的作用。

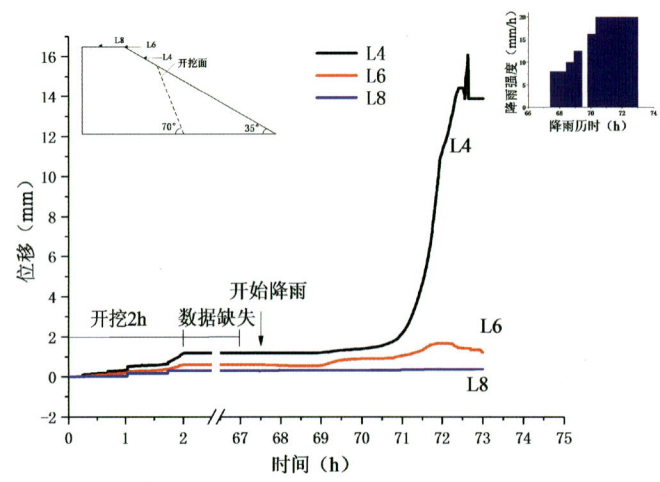

图4-72 模型H-3,L4、L6、L8测点变形(水平向)对开挖-降雨联合作用的响应过程曲线

图 4-73 为 L1、L9、L11 竖向测点变形对降雨入渗响应过程曲线。从图中可以看出,L1 距坡底垂直高度 120cm,L9 距坡底垂直高度 40cm,L11 距坡底垂直高度 80cm。随着降雨开始,L1、L9、L11 位移几乎呈现同步逐渐增大趋势;随着第 5 次降雨(降雨强度为 20mm/h)开始后 30min,3 个测点位移变化明显加快,L1、L9、L11 位移由 5.3mm 分别增大到 23mm、25mm、18mm。

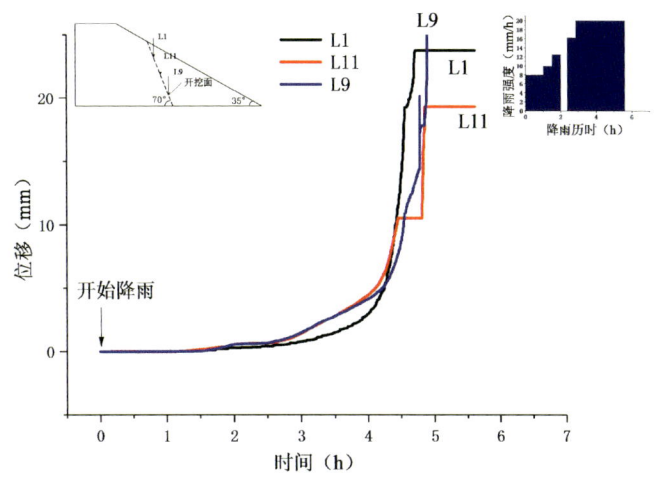

图 4-73　模型 H-3,L1、L9、L11 测点竖向变形对降雨入渗的响应过程曲线

图 4-74 为 L2、L10、L12 水平测点变形对降雨入渗的响应过程曲线。从图中可以看出,L2 位于开挖面的 120cm 高处,L10 位于坡脚上方约 40cm 处,L12 位于开挖交界线下方 20cm 处。随着降雨开始,L2、L10、L12 位移呈现逐渐增大的趋势,L12 位移明显大于 L10;随着第 3 次降雨开始(降雨强度为 12mm/h),L2、L12 位移变化几乎一致,且位移增大速率大于 L10;直到第 5 次降雨(降雨强度为 20mm/h)开始后 15min,L2、L12 位移几乎呈线性急剧增大,而 L10 位移延迟 30min 后也呈线性急剧增大,最终 L12 位移量达到 23mm,比 L2 约大 3mm,比 L10 约大 8mm。尽管从表面上看,L2、L10、L12 位移计处于同一局部土体,然而其位移量并不同,说明雨水入渗具有不均匀性,进而产生的下滑力致使不同土块产生不同水平位移。

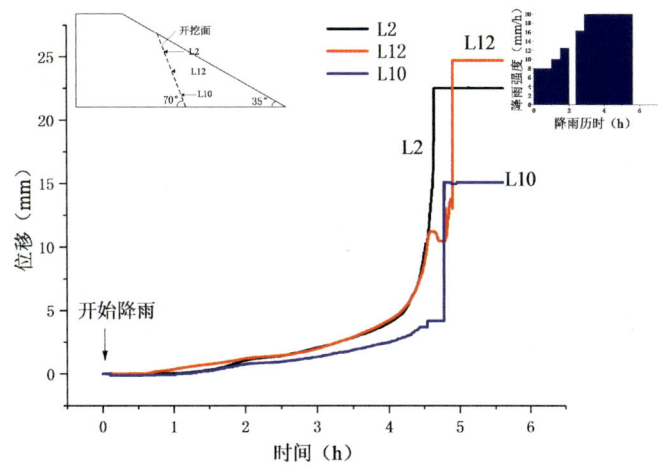

图 4-74　模型 H-3,L2、L10、L12 测点变形(水平向)对降雨入渗的响应过程曲线

(2)基质吸力变化过程分析。图 4-75 为测点的基质吸力对降雨入渗的响应过程曲线。2# 张力计埋深最浅,为 5cm,位于开挖面与原坡面交界处,5# 张力计埋置最深,为 30cm,3#、1# 张力计分别位于原坡体与开挖坡体的上部、下部,埋深分别为 10cm、15cm。从图中可以看出,刚开始降雨时,由于雨强很小,雨水并未渗入土体浅层,直到第 2 次降雨(降雨强度为 10mm/h)结束后,位于最表层的 2# 张力计立即

作出反应,基质吸力由-72kPa 到-66kPa。此后,继续加大降雨强度至 12.5mm/h,雨水继续入渗,2#基质吸力迅速降低,大约在第 4 次降雨(降雨强度为 16.25mm/h)开始后 20min,2#基质吸力基本上全部消散,土体表层处于饱和状态。随着第 5 次降雨(降雨强度为 20mm/h)开始,埋深 10cm 的3#基质吸力迅速下降,约 30min 内由-80kPa 到-5kPa,尽管 1#张力计埋深为 15cm,然而由于上部土体塌落于 1#张力计埋置上方,阻碍了渗水路径,因此可以看到,埋深 20cm 的 6#基质吸力先于 1#开始消散,其消散速率要明显慢于 2#、3#。截至降雨结束,坡体 20cm 处基质吸力均未发生明显变化,可知水分极有可能并未渗入到 20cm 深的坡内。

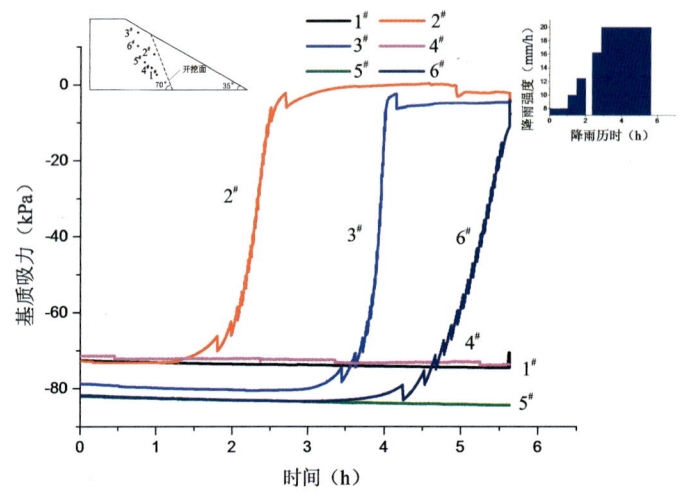

图 4-75 模型 H-3 测点的基质吸力对降雨入渗的响应过程曲线

(3)含水率演变过程分析。图 4-76 为测点的含水率对降雨入渗响应过程曲线。与基质吸力相对应,埋深最浅的 2#含水率先于 3#开始变化,但是变化速率较 3#慢些,这是由于 3#含水率处于降雨强度为 20mm/h 条件下,2#含水率变化时对应的降雨强度为 16.25mm/h。可见,雨强对前期位移增大速率有很大的作用,随着雨强达到最大后 1h,2#与 3#含水率增大速率均变缓,在降雨历时 5.5h 时,2#、3#含水率达到最大,分别为 43%、34%,降雨停止后含水率呈现不同程度的降低;埋深较深的 1#、4#含水率传感器基本未发生变化,推断水分很有可能未抵达土体内部。

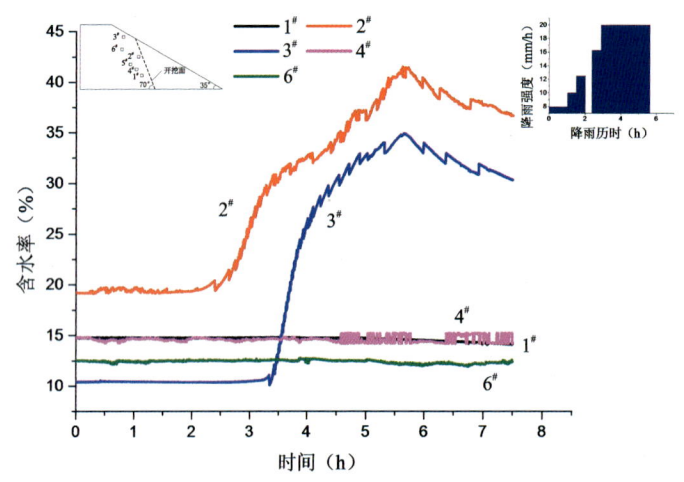

图 4-76 模型 H-3 测点的含水率对降雨入渗的响应过程曲线

(4)土压力变化过程分析。图 4-77 为测点 PA 与测点 PB 土压力对降雨入渗的响应过程曲线。受降雨影响,位于坡肩下方的土压力发生变化。整个降雨过程中,土体内部水平方向土压力有微小增加。

随着降雨入渗,竖向土压力呈缓慢增加趋势,由刚开始的 23kPa 增加到 24kPa,期间降雨强度从

8mm/h 增大到 20mm/h,经历 260min,土压力并未出现突然的变化,这是由于雨水入渗增加的土体容重与土体滑落减少的重量几乎相等,图中未明显地表示。随着强降雨的继续入渗,竖向土压力不增反降,可见此时有大面积土体滑落,最终稳定于 23.5kPa 左右,试验结束。

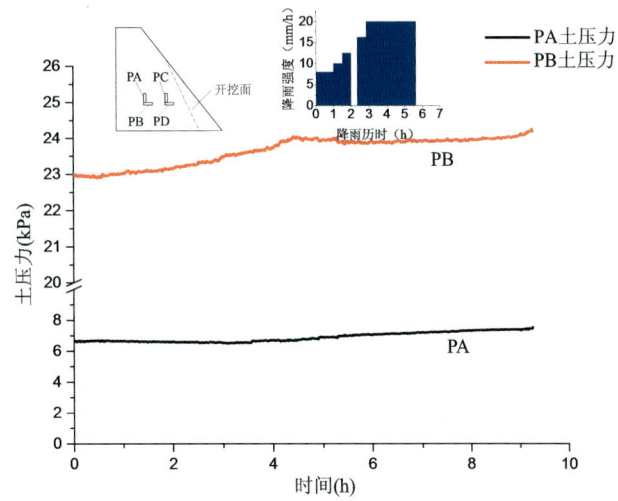

图 4-77 模型 H-3 测点 PA 与 PB 土压力对降雨入渗的响应过程曲线

图 4-78 为测点 PC 与测点 PD 土压力对降雨入渗响应过程曲线。受降雨影响,位于开挖面下方的测点 PC 土压力发生变化。从图中可以看出,随着降雨入渗,测点 PD 土压力变化并不明显,测点 PC 土压力随着降雨强度的增大呈现先增大后减小的趋势。约在第 5 次降雨开始时,雨强达到最大,为 20mm/h,雨水入渗量使得土压力传感器前后方土体局部出现空洞,导致水平方向土压力几乎降为 0。

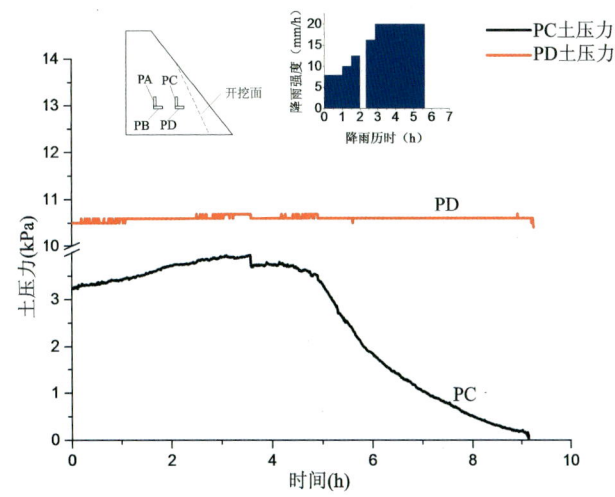

图 4-78 模型 H-3 测点 PC 与 PD 土压力对降雨入渗的响应过程曲线

2)入渗过程对边坡变形影响分析

(1)基质吸力与位移的关系。图 4-79、图 4-80 分别为典型基质吸力与竖向、水平位移变化的关系曲线。从图中可以看出,随着降雨开始,表层土体不断接近饱和,2#基质吸力有些许消散但变化较为缓慢,随着降雨强度增大到 10mm/h,2#基质吸力发生突变,而 L1、L3 位移并未出现明显变化,直到降雨强度逐渐增大到 16.25mm/h 时,L1 开始缓慢增大,浅层土体已经接近饱和,在上部土体下滑力作用下不断下沉,可见位移变化具有一定的滞后效应。第 5 次降雨(降雨强度 20mm/h)之前 2#基质吸力已接近 0,之后随着强暴雨的入渗,埋设于 10cm 深层的 3#张力计由 −80kPa 在半小时内迅速变为 −8kPa,埋设 20cm 深处的 6#基质吸力于第 5 次降雨开始后 1h 开始急剧下降,最终 3 个测点基质吸力趋于几乎一致。位于原坡面上方20cm处的L3位移在降雨结束前30min迅速增大,最大约42mm;L1位移计最大为24mm。整体上看,位移变化相对于基质吸力变化有明显的滞后效应,说明从土体内水分入渗到产生滑坡是一个渐进的发展过程;当土体基质吸力下降到某一个值时,局部土体抗剪强度不足以抵消下滑力作用,位移才会有明显变化。相应地,水平位移与典型基质吸力的关系与竖向类似。不同的是,水平位移相对较小,降雨结束时L2位移约22.5mm,L4位移约11mm,降雨结束后20min,L4位移达到最大,此后有微小回落,试验结束。综合来看,水分的运移与坡体位移存在一个时间差,降雨强度增加可以加快位移的变化,促使水分的入渗,竖向位移几乎为相应水平位移的2倍。

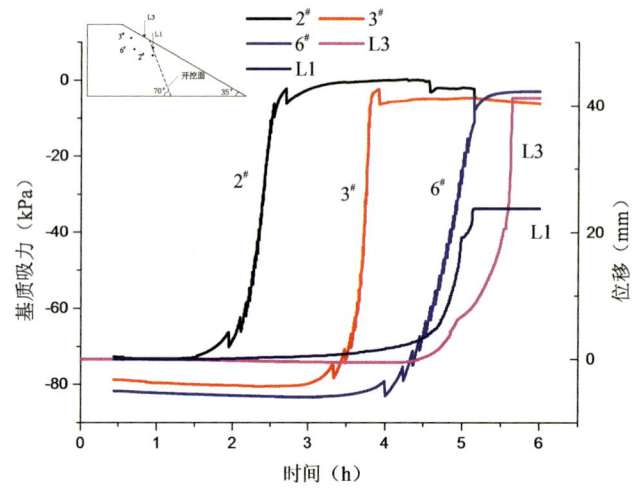

图4-79　模型H-3,2#、3#、6#基质吸力与竖向位移变化的关系曲线

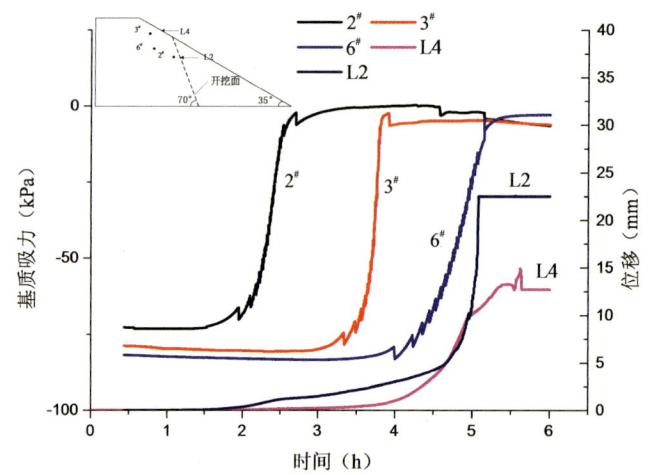

图4-80　模型H-3,2#、3#、6#基质吸力与水平位移变化的关系曲线

(2)含水率与位移的关系。如图4-81和图4-82所示分别为典型含水率与竖向、水平位移的变化关系曲线。从图中可以看出,含水率与位移变化也具有较好的一致性。随着降雨开始,雨水首先到达埋设较浅的2#,随着雨强加大到16.25mm/h,3#含水率也开始迅速增大,随之L1位移缓慢增大,直到第5次降雨结束,坡体塌落,2#、3#含水率达到最大,分别约为41%、33%,此时L1位移达到最大,L3位移持续增大,直到降雨结束后30min与传感器坡体脱落,试验结束。埋深较深(20cm)的6#含水率基本未发生变化。

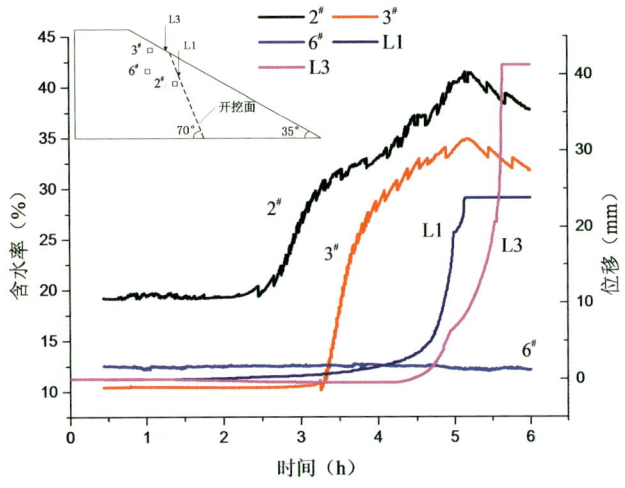

图 4-81　模型 H-3,2#、3#、6# 含水率与竖向位移变化的关系曲线

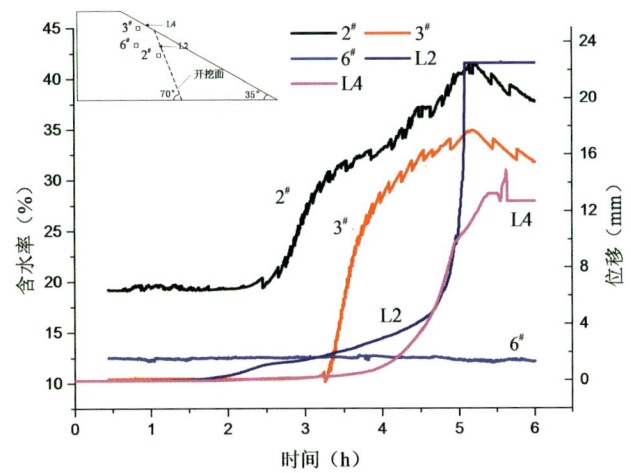

图 4-82　模型 H-3,2#、3#、6# 含水率与水平位移变化的关系曲线

（3）入渗深度（湿润峰推移）与变形演化的关系。雨水入渗后土体含水率会发生改变，通过测点含水率变化的时间点判断水分入渗深度。图 4-83 为降雨入渗深度与典型位移变化的关系曲线，从图中可以看出，随着雨水入渗，湿润峰不断向土体内部推移，降雨开始后约 2.5h 内，湿润峰呈线性推进，当进行到

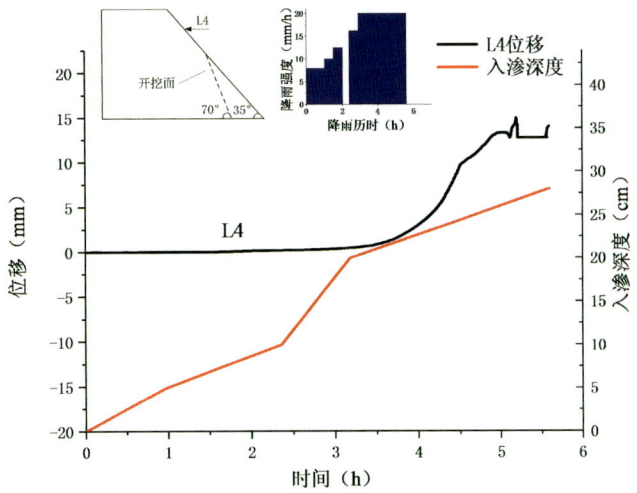

图 4-83　模型 H-3 降雨入渗深度与典型位移变化的关系曲线

第 4 次降雨时,即降雨强度增大到 16.25mm/h,湿润峰推进速度出现突变考虑是含水率传感器附近出现了裂缝,加速了雨水的入渗,到第 5 次降雨开始后 0.5h,降雨强度达到 20mm/h,L4 位移显著增大,湿润峰推移到坡内 23cm,随着降雨持续,湿润峰推移速率放缓,最终降雨结束时水分入渗深度达到 28cm。从图中发现,随着第 5 次降雨持续,L4 位移与湿润峰推移具有较好的一致性。降雨强度小于 16.25mm/h 时,湿润峰推移并未引起位移的协同反应。

3. 滑坡过程与破坏模式分析

降雨诱发开挖边坡 H-3 模型破坏过程如图 4-84 所示,强风化花岗岩 H-3 模型破坏经历以下 4 个阶段。

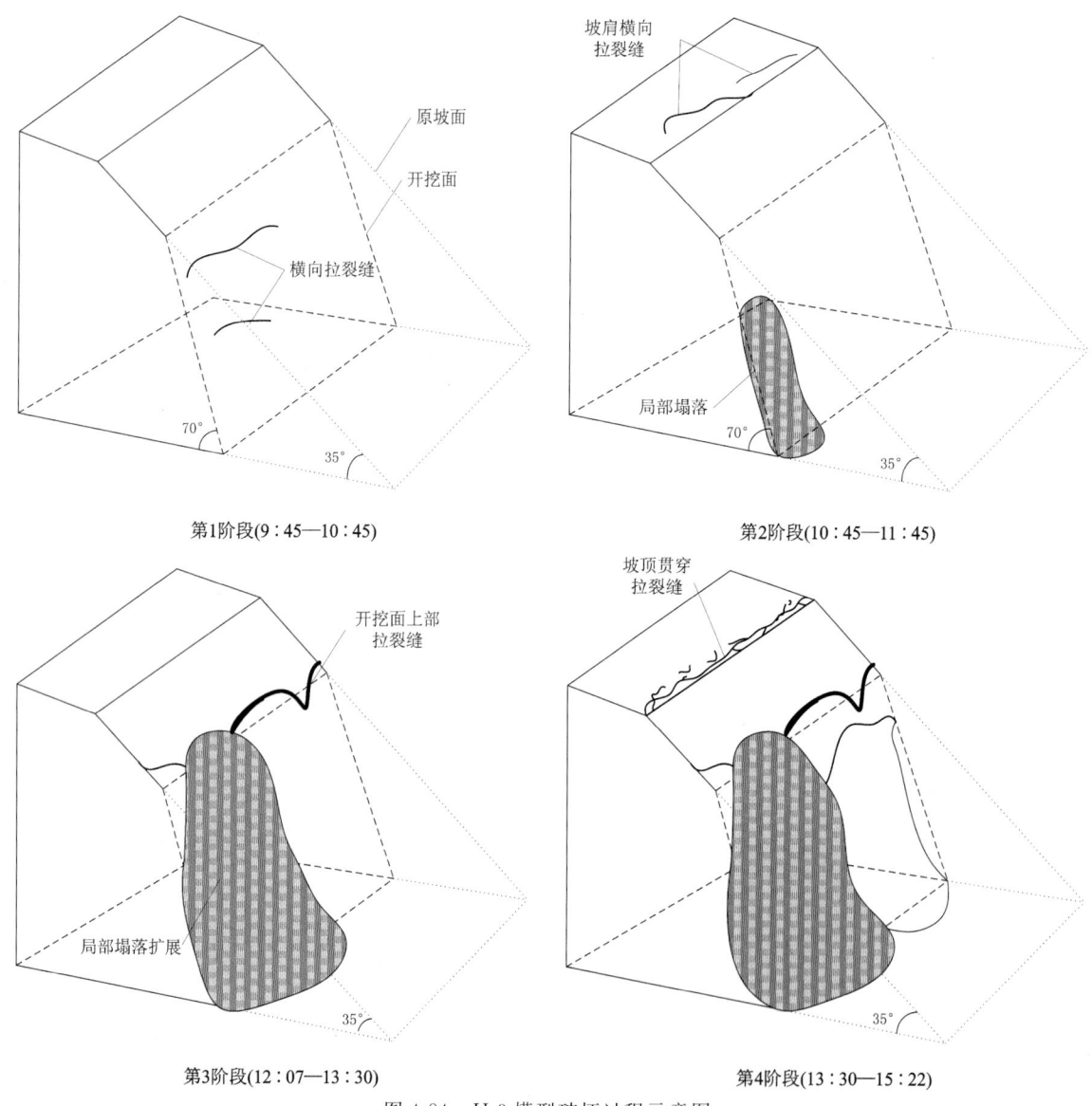

图 4-84 H-3 模型破坏过程示意图

第 1 阶段:降雨强度为 8mm/h,持续时间约 1h,随着降雨入渗,开挖面出现细微横向裂纹,继而扩展成较宽裂缝,两条裂缝分别位于开挖交界线下方 15cm 与 1.1m 处。

第 2 阶段:降雨强度由 10mm/h 增大到 12.5mm/h,持续时间为 1h,随着降雨强度增大,开挖面一侧出现大面积浅层塌滑,该塌滑区域恰好位于两条裂缝发生部位,雨水入渗裂缝是诱发滑坡的主要原因,表层坡肩出现横向裂缝。

第 3 阶段:降雨强度由 16.5mm/h 增大到 20mm/h,持续时间约 83min,此时降雨强度达到最大,开挖面塌滑区上方土体由于处于临空状态,且受雨水入渗不均影响,土体后缘出现横向"S"形弯曲状裂缝,坡肩横向裂缝贯通。

第4阶段:降雨强度一直维持20mm/h到滑坡结束,持续时间112min,此时降雨强度对应强暴雨级别,在降雨入渗及冲刷作用下,开挖面坡体未塌落部分以"蠕滑"的形式不断向前方推移,滑动最深处与原坡面垂直距离约26cm,滑坡堆积区前沿距坡脚约120cm,坡肩裂缝向坡顶后缘扩展。整体上看,原坡面未开挖部位没有出现明显的塌落,只是在坡上部出现宽约3cm、长约50cm的裂缝。

(六)强风化花岗岩 H-4 模型试验

H-4边坡模型实际测试方案如图4-85所示。边坡开挖前在3个不同高程共布置6个位移计L3—L8,L3、L5、L7测试边坡表面竖向位移,L4、L6、L8测试边坡表面水平位移。边坡开挖后在开挖面3个不同高程布置6个位移计,L1、L9、L11测试边坡表面竖向位移,L2、L10、L12测试边坡表面水平位移;在6个不同高程分别布置有6个张力计与含水率传感器,张力计距离边坡表面埋深如图4-85所示,与张力计相对应的同样位置埋设6个含水率传感器$1^{\#}$—$6^{\#}$;$1^{\#}$张力计与含水率传感器距边坡表面埋深15cm,$2^{\#}$张力计与含水率传感器距边坡表面埋深5cm,$3^{\#}$张力计与含水率传感器距边坡表面埋深10cm,$4^{\#}$张力计与含水率传感器距边坡表面埋深25cm,$5^{\#}$张力计与含水率传感器距边坡表面埋深30cm,$6^{\#}$张力计与含水率传感器距边坡表面埋深20cm。在第一层土方填筑完成后埋设2组共4个土压力PA、PB、PC、PD,土压力PA、PB位于位移计L5正下方,土压力PC、PD位于位移计L11正下方,其中土压力PB、PD测试竖向土压力,土压力PA、PC测试水平土压力。在观测窗口共布置14个位移标志与3层水平白砂条标志。

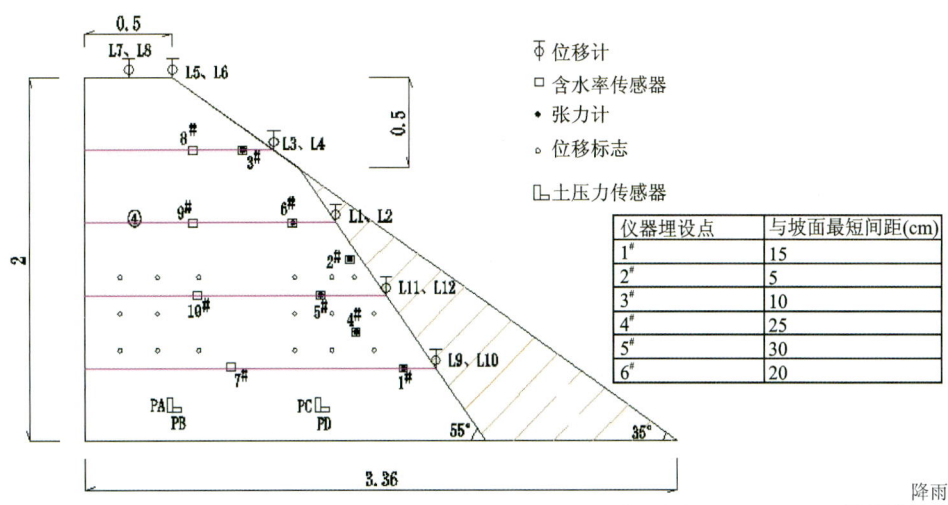

图4-85 强风化花岗岩H-4模型测试方案(单位:m)

模型H-4开挖历时3h,开挖完成约47h后开始降雨,第1阶段降雨强度8mm/h,历时60min,随后开始第2阶段降雨,雨强10mm/h,历时30min,间隔45min后开始第3阶段降雨,雨强12.5mm/h,历时30min,随后开始第4阶段降雨,雨强16.25mm/h,直至发生泥状溜滑,历时约4h。降雨范围为整个坡面及一半坡顶,如图4-86所示。

1. 开挖响应分析

图4-87为L3、L5、L7测点竖向变形对开挖的响应过程曲线,图4-88为L4、L6、L8测点水平变形对开挖响应的过程曲线。从图中可以看出,两条过程曲线基本为水平直线,开挖未引起边坡出现明显变形。这是由

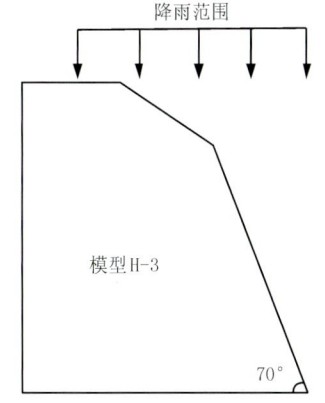

图4-86 模型H-3降雨范围示意图

于模型 H-4 静置时间最长,且边坡原始坡角及开挖坡度均较小,边坡开挖前后稳定性均较好,开挖对边坡的扰动作用小。表明当边坡天然坡角与开挖坡度均较小时,开挖对边坡的扰动效应小,开挖后的边坡仍能保持较好的稳定状态。

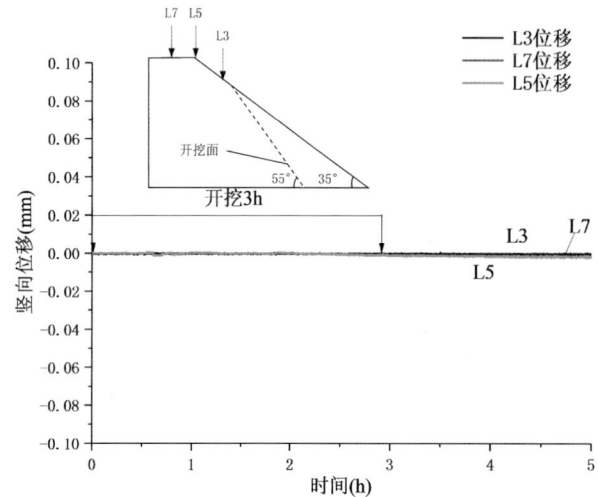

图 4-87　模型 H-4,L3、L5、L7 测点竖向变形对开挖的响应过程曲线

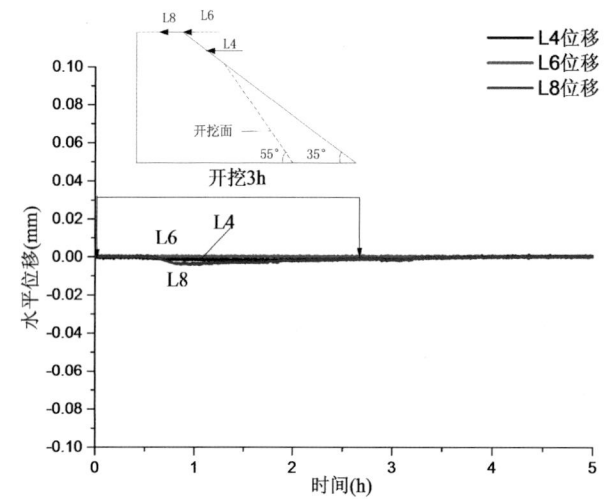

图 4-88　模型 H-4,L4、L6、L8 测点水平变形对开挖的响应过程曲线

2. 降雨响应分析

1)斜坡状态对降雨入渗响应分析

(1)变形演化过程分析。图 4-89 为 L3、L5、L7 测点竖向变形对开挖-降雨联合作用的响应过程曲线。从图中可以看出,位移计 L5 位于坡肩处,L7 位于边坡顶部,此次降雨覆盖范围为坡体表面,坡顶一半受降雨影响。可以看出,降雨引起的坡体位移是极其显著的,而几乎未受降雨影响的 L7 测点位移较小。距离开挖面较近的 L3 测点在开挖后位移量一直呈缓慢递增趋势,位移量极其微小,开挖后在降雨作用下变形较显著。第 1 阶段降雨开始后,L3 测点稍先于 L5 出现加速变形,第 2 阶段降雨结束后暂停降雨 0.7h,这期间 L3、L5 测点变形趋于稳定,随着第 4 阶段降雨开始(即降雨强度达到 16.25mm/h)2.3h 后,L3、L5 测点先后发生急剧变形,L3 测点位移增大到 10mm,L5 测点位移增大到 16mm。随着降雨开始并逐渐入渗,开挖面以上坡体扰动加剧,尤其是距离开挖面垂直上方 10cm 处的局部坡体率先下移,大量裂缝出现,雨水沿着裂缝渗入土体内部,降低了土体抗剪强度,随着降雨强度不断加大,裂缝不断扩展,边坡逐渐溜滑,未出现瞬时崩塌滑坡。降雨诱发的位移短时间内急剧增大,最大高达 16mm。

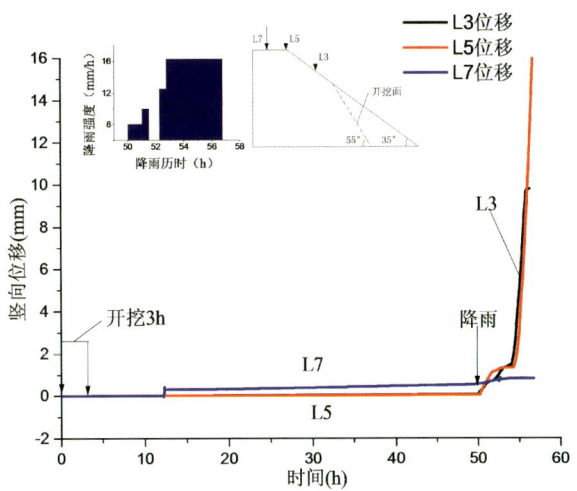

图 4-89　模型 H-4,L3、L5、L7 测点竖向变形对开挖-降雨联合作用的响应过程曲线

图 4-90 为 L4、L6、L8 测点水平变形对开挖-降雨联合作用的响应过程曲线。从图中可以看出,位移传感器 L6 位于坡肩处,L8 位于边坡顶部。与相应的竖向位移类似,雨水引起的坡体水平位移是极其显著的,而几乎未受雨水作用的 L8 测点位移接近于 0,距离开挖面较近的 L4 测点在开挖后位移量一直呈缓慢递增趋势,然而位移量极其微小,开挖完成后在降雨的作用下变形显著。第 4 阶段降雨开始(即降雨强度达到 16.25mm/h)1.3h 后,L4、L6 测点先后发生急剧变形,L4 测点位移增大到 9.2mm,L6 测点位移增大到 7mm。相对于竖向位移,水平位移明显要小些,最大约为 9.2mm。

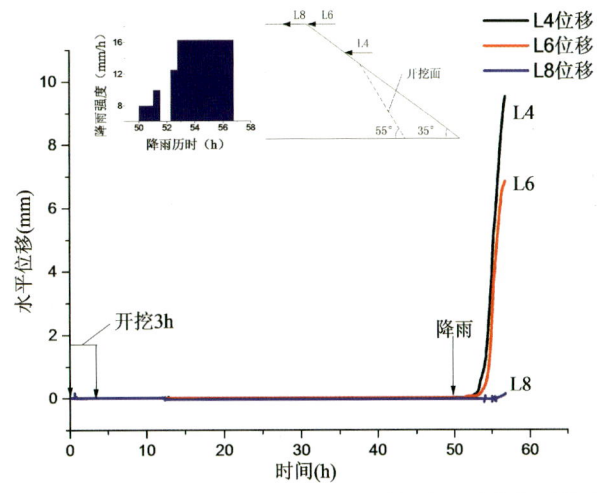

图 4-90　模型 H-4,L4、L6、L8 测点水平变形对开挖-降雨联合作用的响应过程曲线

图 4-91 为 L1、L9、L11 竖向测点变形对降雨入渗的响应过程曲线。L9 距坡底垂直距离 40cm,L11 距坡底垂直距离 80cm,L1 距坡底垂直距离 30cm。从图中可以看出,随着降雨开始,L11 和 L1 位移先后呈现逐渐增大趋势,L9 位移则发生了负增长,考虑是由于降雨入渗而产生浅层蠕动变形,L9 位移位于最底部产生了局部隆起。随着第 3 阶段降雨开始(降雨强度为 12.5mm/h),L11 位移变化明显加快,此时 L1 位移紧接着发生明显变化。持续保持原来状态,直到第 4 阶段降雨(降雨强度为 16.25mm/h)开始后 1.7h,L11 位移,突然呈台阶状急剧增大,由 4mm 增大到约 19mm,值得注意的是,L1、L11 测点位移并不是线性连续增大,而是存在一个短暂的稳定平台。此后,随着降雨持续的增加,位移继续扩大。由图 4-91 中可见,L11 位移变化虽然稍稍早于 L1,但最终变形量 L1 为 28mm、L11 为 22mm,从第 4 阶段降雨开始 2h 后,L1 与 L11、L9 之间的位移差越来越大,即随着与开挖交界面处的距离增大,竖向位移明显减小。

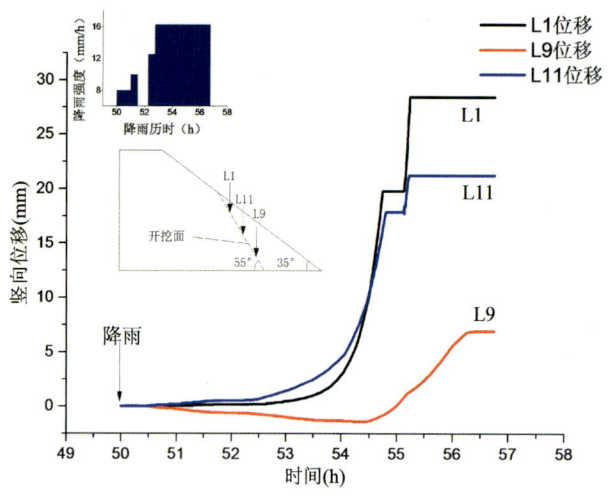

图 4-91　模型 H-4 L1、L9、L11 测点变形(竖直)对降雨入渗的响应过程曲线

图 4-92 为 L2、L10、L12 水平测点变形对降雨入渗的响应过程曲线。从图中可以看出,L10 距坡底垂直距离 40cm,L12 距坡底垂直距离 80cm,L2 距坡底垂直距离 30cm。随着降雨开始,L2、L12 位移呈现逐渐增大趋势,L2 位移明显大于 L12,L10 的位移几乎没有变化。直到第 4 阶段降雨(降雨强度为 16.25mm/h)开始后 1.7h,3 个测点位移急剧增大。由图 4-92 可见,随着与开挖交界面处的距离的增大,水平位移的响应速度明显减小。

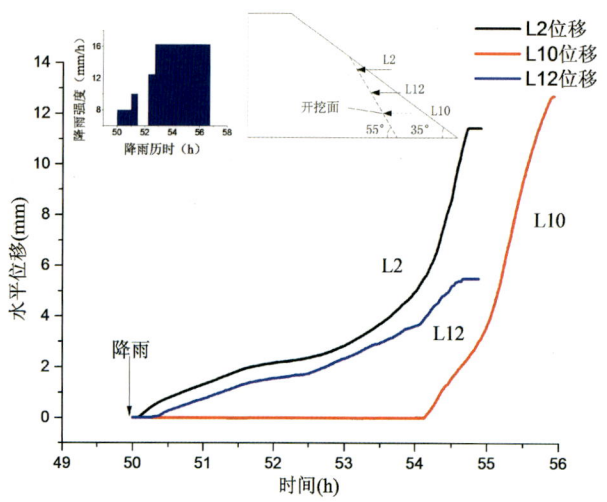

图 4-92　模型 H-4 L2、L10、L12 测点水平变形对降雨入渗的响应过程曲线

(2)基质吸力变化过程分析。图 4-93 为测点的基质吸力对降雨入渗的响应过程曲线。2# 张力计埋深最浅,为 5cm,位于开挖面与原坡面交界处,5# 张力计埋置最深,为 30cm,3#、1# 张力计分别位于坡体的上部、下部,埋深分别为 10cm、15cm。从图 4-93 中可以看出,第 1 阶段降雨开始后,位于最表层的 2# 张力计立即作出反应,基质吸力由 -91kPa 下降到 -89kPa。此后,降雨暂停,雨水继续入渗,但由于表层土体在雨水作用下变形,导致 2# 张力计与土体接触出现异常,张力计出现异常升高,之后的数据未能反映真实情况。第 4 阶段降雨开始 0.5h 后,3# 基质吸力开始呈线性迅速下降,第 4 阶段降雨 3.5h 后,1# 和 6# 张力计开始产生突变。随后边坡逐渐溜滑,溜滑发生时 3# 张力计、6# 张力计读数接近 0kPa,该部位土体趋于饱和,埋深 25cm 的 4# 张力计与埋深 30cm 的 5# 张力计读数基本未发生变化,表明溜滑时水分未入渗到 25cm 深。

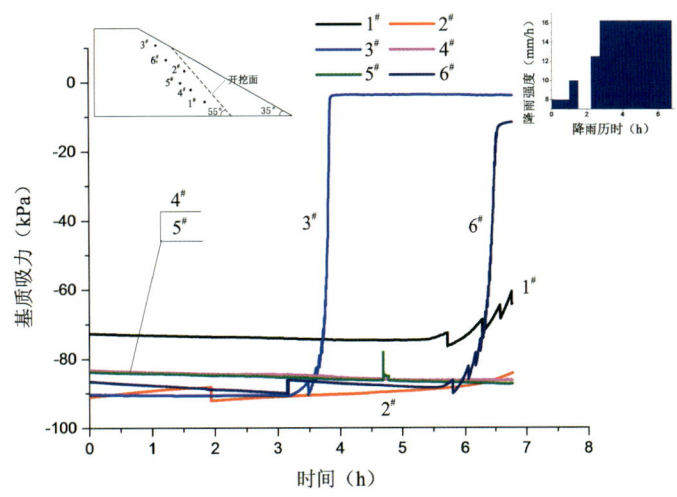

图 4-93 模型 H-4 基质吸力对降雨入渗的响应过程曲线

(3)含水率演变过程分析。图 4-94 为测点的含水率对降雨入渗的响应过程曲线。2#含水率传感器埋深最浅,为 5cm,位于开挖面与原坡面交界处,5#含水率传感器埋置最深,为 30cm,3#、1#含水率传感器分别位于坡体的上部、下部,埋深分别为 10cm、15cm。从图 4-94 中可以看出,直到第 4 阶段降雨开始 0.5h 后,3#含水率传感器读数开始呈线性迅速上升,从 13%增长到 30%并维持不变。第 4 阶段降雨 3.5h 后,1#和 6#含水率传感器读数开始产生突变,2#含水率传感器由于边坡变形与埋设原因,采集数据未能反映真实情况,4#含水率传感器埋设深度 25cm,其读数基本未变化,水分未入渗到 25cm 深处。

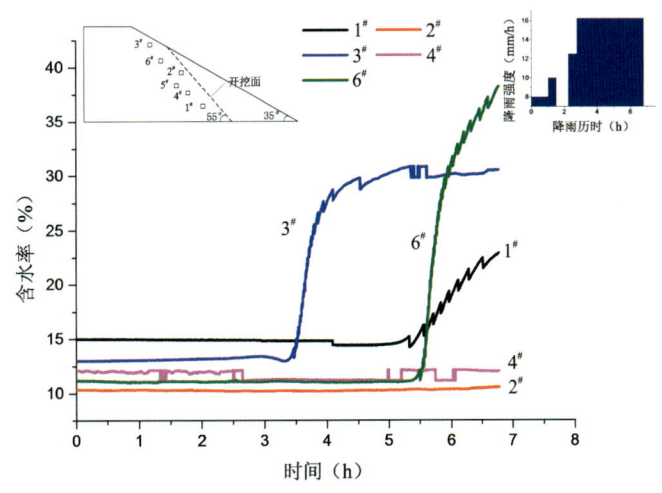

图 4-94 模型 H-4 含水率对降雨入渗的响应过程曲线

(4)土压力变化过程分析。H-4 模型试验开展过程中,土压力传感器出现故障,采集到的相应数据有较大误差,因此未采用。

2)入渗过程对边坡变形影响分析

(1)基质吸力与位移的关系。图 4-95、图 4-96 分别为典型基质吸力与竖向、水平位移变化的关系曲线。从图中可以看出,开挖引起的竖向位移极其微小,随降雨开始,表层土体不断接近饱和,基质吸力有些许消散但较为缓慢,与之对应的位移并未出现明显变化,可见位移具有一定的滞后效应。当降雨强度增大到 16.25mm/h 时,此时基质吸力出现拐点,位于表层的 3#张力计基质吸力急剧下降。相应地,位于开挖交界面下方 30cm 处的 L1 位移迅速增大,最大位移约 28mm。随着雨水的持续入渗,L3、L4 位移急剧变化,最大位移分别达到 7mm、12mm。坡体主要集中于开挖面附近且产生大变形继而引发坡肩产生大量裂缝。

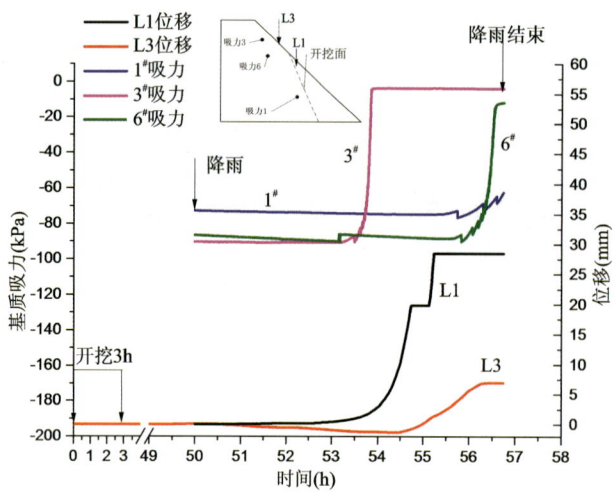

图 4-95　模型 H-4 基质吸力与竖向位移变化的关系曲线

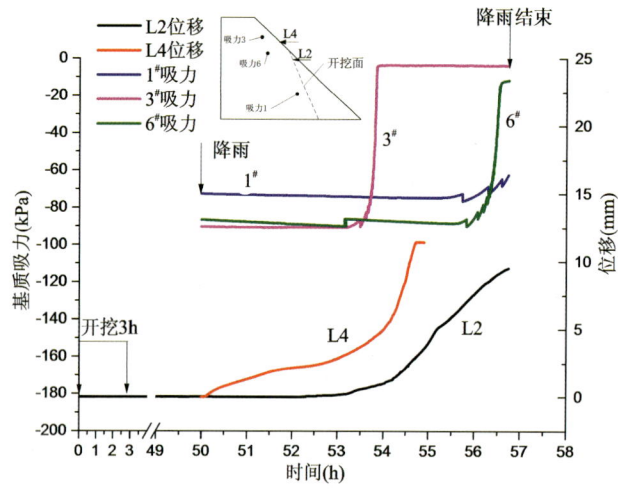

图 4-96　模型 H-4 基质吸力与水平位移变化的关系曲线

(2)含水率与位移的关系。图 4-97、图 4-98 分别为典型含水率与竖向、水平位移的变化关系曲线。从图中可以看出,随着降雨开始,雨水几乎同时到达埋设较浅的 3# 含水率传感计位置,随之 L1、L3、L2、L4 位移急剧增大,直到第 4 阶段降雨结束,坡体逐渐溜滑,3# 含水率达到最大,约为 30%,之后保持稳定。

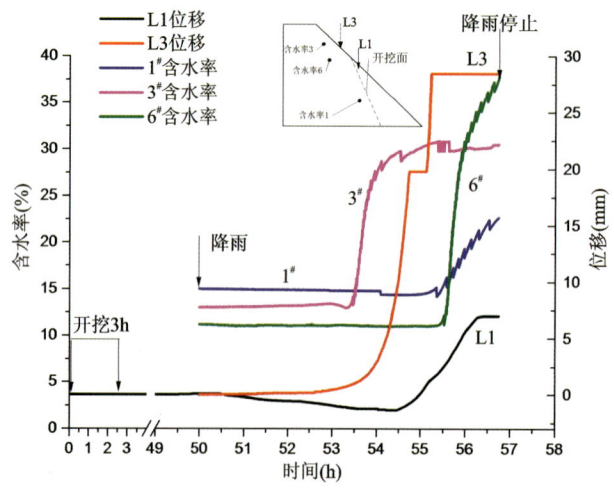

图 4-97　模型 H-4 典型含水率与位移变化(竖直向)的关系曲线

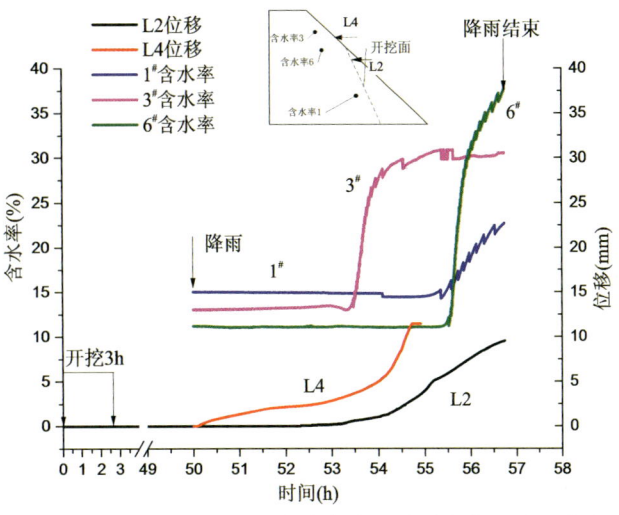

图 4-98　模型 H-4 典型含水率与水平位移变化的关系曲线

（3）入渗深度（湿润峰推移）与变形演化的关系。雨水入渗后土体含水率会发生改变，通过测点含水率的变化判断水分入渗深度。图 4-99 为降雨入渗深度与典型位移变化的关系曲线。从图中可以看出，随着雨水入渗，湿润峰不断向土体内部推移，降雨开始后约 5.5h 内，湿润峰呈线性推进。当进行到第 4 次降雨时，即降雨强度增大到 16.25mm/h 时，湿润峰推进速度出现突变，考虑是含水率传感器附近出现了裂缝加速了雨水的入渗。与此同时 L4 位移显著增大，当降雨历时约 6h 时，此时降雨强度 16.25mm/h，入渗深度 20mm，随着降雨持续，湿润峰推移速率放缓，最终降雨结束时水分入渗深度达到 22mm。从图 4-99 中发现，随着入渗深度的增大，L4 测点位移急剧增大，边坡逐渐溜滑。

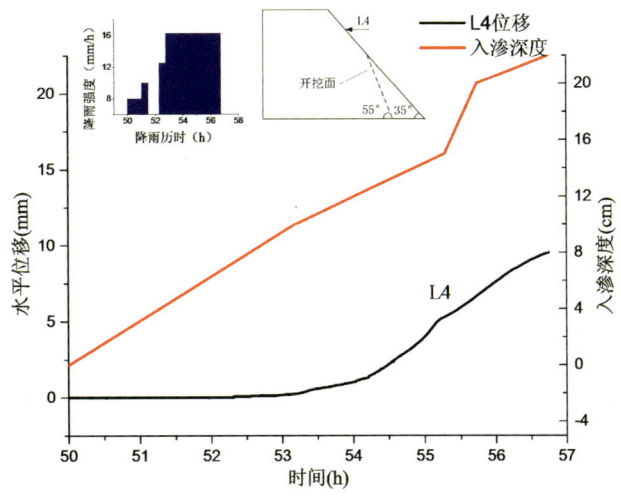

图 4-99　模型 H-4 降雨入渗深度与典型位移变化的关系曲线

3.滑坡过程与破坏模式分析

降雨条件下开挖边坡 H-4 模型如图 4-100 所示，强风化花岗岩 H-4 模型破坏经历以下 4 个阶段。

第 1 阶段：降雨强度为 8mm/h，历时 1h，开挖面上部距离原坡面交界线处 20cm 出现弧形边裂缝，并不断向中间扩展，原坡面上部 10cm 处出现细微裂缝。

第 2 阶段：降雨强度为 10mm/h，历时 30min，随着降雨强度增大，坡脚处存有积水，坡脚出现垂直剪切裂缝，局部土体受水浸入后，在上部土体挤压后有明显鼓胀。

第 3 阶段：降雨强度由 12.5mm/h 增大到 16.25mm/h，历时 75min，此时开挖面上部拉裂缝不断扩展,随着雨水入渗,上部土体相较于下部土体含水率更大,较为软化,因此在重力作用下推移下部土体,开挖面一侧出现局部层状塌滑,开挖面交界处上部原坡面有较宽横向裂缝出现,坡顶也出现细微横向拉裂缝。

第4阶段:降雨强度维持16.25mm/h不变,历时195min,在长时间强降雨条件下,坡体表现出极其软化的特性,较深层土体也逐渐饱和,整个开挖面土体并没有垮塌,而是像泥石流那样逐渐溜滑,最终堆积于坡脚处。未开挖坡体没有出现明显溜滑,而是出现若干条宽深裂缝,可见在强降雨长历时、开挖坡度55°及原坡度(35°)条件下不足以产生崩塌滑坡。最终经测量,溜滑最深处距离原坡面约30cm,溜滑体堆积前缘距离原坡脚约50cm。

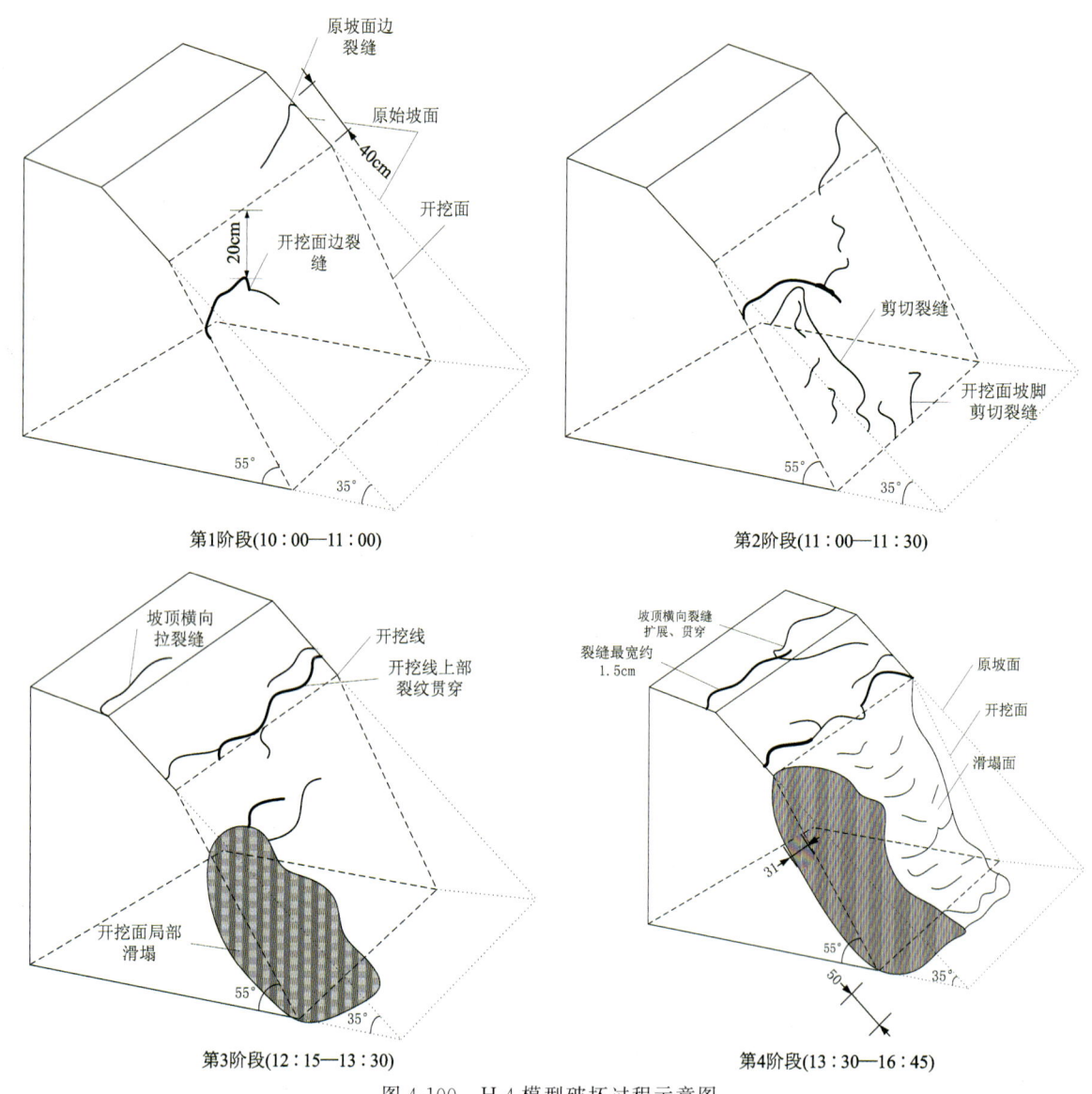

图 4-100　H-4 模型破坏过程示意图

四、不同模型对比

开挖阶段边坡几何形态变化,应力场改变引起变形。开挖完成后不久开始降雨,边坡受固结作用与水分入渗作用,在应力场与渗流场耦合作用下发生变形。按开挖与降雨两个阶段分别分析不同开挖高度、开挖坡度及不同原始坡度时边坡典型测点的变形响应。

(一)不同开挖高度

按开挖与降雨两个阶段分析不同开挖高度时边坡典型测点的变形响应。

1. 不同开挖高度引起典型测点位移对比分析

图 4-101 为不同开挖高度时典型测点竖向位移随时间的关系曲线。模型 H-1 开挖高度 1m,模型 H-2 开挖高度 1.5m,从图 4-101 中可以看出,对于开挖高度较小的模型 H-1,开挖结束时测点 L5 竖向位移 0.019mm,开挖引起的累积竖向位移 0.056mm;对于开挖高度较大的模型 H-2,开挖结束时测点 L5 竖向位移 0.097mm,开挖引起的累积竖向位移 0.663mm。分析表明,当开挖高度增加时,坡面平均坡度增加,边坡稳定性降低,且开挖对边坡的扰动加剧,边坡的竖向变形响应更显著。

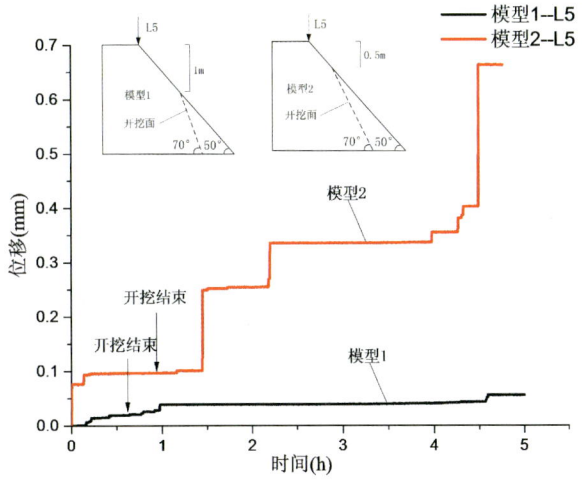

图 4-101 不同开挖高度时测点 L5 竖向位移对比图

图 4-102 为不同开挖高度时典型测点水平位移随时间的关系曲线。模型 H-1 开挖高度 1m,模型 H-2 开挖高度 1.5m,从图 4-102 中可以看出,对于开挖高度较小的模型 H-1,开挖结束时测点 L6 水平位移 0.037mm,开挖引起的累积水平位移 0.054mm;对于开挖高度较大的模型 H-2,开挖结束时测点 L6 水平位移 0.035mm,开挖引起的累积水平位移 0.055mm。分析表明,本试验中开挖引起的水平位移较小,当开挖高度不同时,测点 L6 水平位移十分接近。

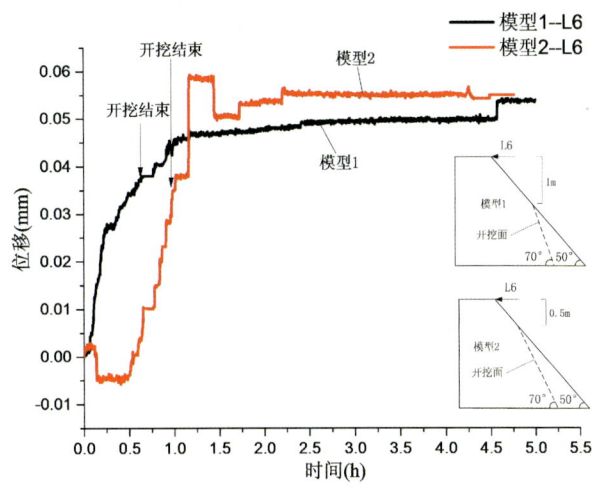

图 4-102 不同开挖高度时测点 L6 水平位移对比图

试验结果表明,开挖高度不同对边坡稳定性的影响程度不同,当开挖高度变大时,坡面平均坡度增加,稳定性降低,且开挖对边坡的扰动加剧,边坡竖向变形响应显著增加。本试验中不同开挖高度时边坡水平变形量较接近。

2. 不同开挖高度时降雨入渗变形响应对比分析

图 4-103 为不同开挖高度时典型测点竖向位移随降雨量的关系曲线。模型 H-1 开挖高度 1m,模型 H-2 开挖高度 1.5m,从图 4-103 中可以看出,模型 H-1 在累计降雨量达到 60mm 后开始出现明显的竖向变形,模型 H-2 在累计降雨量达到 140mm 后开始出现明显的竖向变形,模型 H-2 的变形响应要滞后于模型 H-1,这是由于开挖高度增加后,坡表受水面积变小,坡面入渗量相应减少,相同降雨量条件下开挖高度大的边坡竖向变形响应滞后时间相对较长。滑坡 1 发生时累计降雨量为 421mm,测点 L3 竖向位移 36.2mm,滑坡 2 发生时累计降雨量为 321mm,测点 L3 竖向位移 18.0mm。表明当开挖高度增加时,边坡稳定性降低,诱发滑坡发生所需的降雨量下降,滑坡灾害发生前边坡竖向位移值较小。

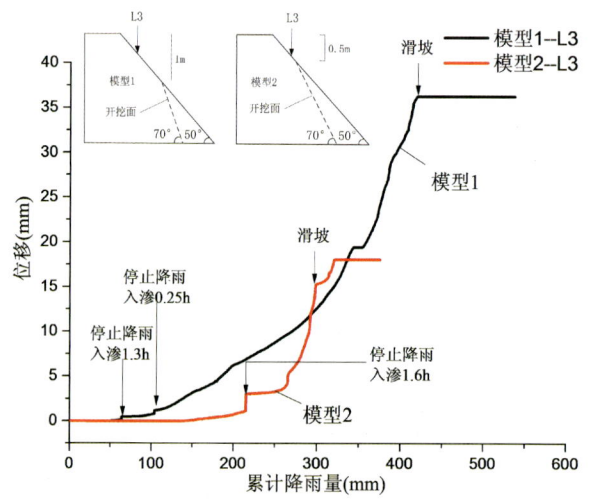

图 4-103　不同开挖高度时测点 L3 竖向位移对降雨的关系曲线

图 4-104 为不同开挖高度时典型测点水平位移随降雨量的关系曲线。模型 H-1 开挖高度 1m,模型 H-2 开挖高度 1.5m。从图 4-104 中可以看出,降雨前期,模型 H-2 的位移-降雨量曲线斜率较小,表明当开挖高度增加时,由于坡面受水面积减小,降雨前期坡表水分入渗量少,边坡水平变形响应相对较小。随着降雨继续入渗,开挖高度较大的模型 H-2 稳定性迅速下降,水平向变形急剧增加,滑坡发生前模型 H-2 测点 L4 水平位移超过模型 H-1。滑坡 1 发生时累计降雨量为 421mm,测点 L4 水平位移 21.3mm。滑坡 2 发生时累计降雨量为 298mm,测点 L4 水平位移 13.4mm。表明当开挖高度增加时,边坡稳定性降低,诱发滑坡发生所需的降雨量下降,滑坡灾害发生前水平位移值较小。

试验结果表明,开挖高度不同时降雨诱发滑坡变形过程及滑坡发生前的临界条件不同,开挖高度增加时,坡面受水面积减小,前期降雨入渗量较少导致边坡变形响应减弱,但开挖高度增加后,边坡稳定性降低,滑坡发生所需降雨量减小,滑坡灾害发生前变形临界值减小。

模型 H-1 与模型 H-2 开挖坡度均为 70°,原始坡角均为 50°,降雨过程基本一致,开挖高度不同,试验中模型 H-1 开挖高度 1.0m,模型 H-2 开挖高度 1.5m,其破坏模式较为一致,基本均为浅层滑动,两者滑动面可见一定的圆弧状态。

按照设计的相似比,在两个不同开挖高度下按滑坡原型加速变形启动降雨强度、滑坡灾害发生累计降雨量、滑坡加速变形启动时雨水入渗深度、滑坡发生时雨水入渗最大深度、最大滑动深度、滑距、破坏模式统计见表 4-7。从表中可以看出,开挖高度 8m 的边坡加速变形启动降雨强度、滑坡启动时,雨水入渗深度、最大滑动深度、滑距分别为 100.8mm/d、41.6cm、1.36m、5m;开挖高度 12m 边坡加速变形启动

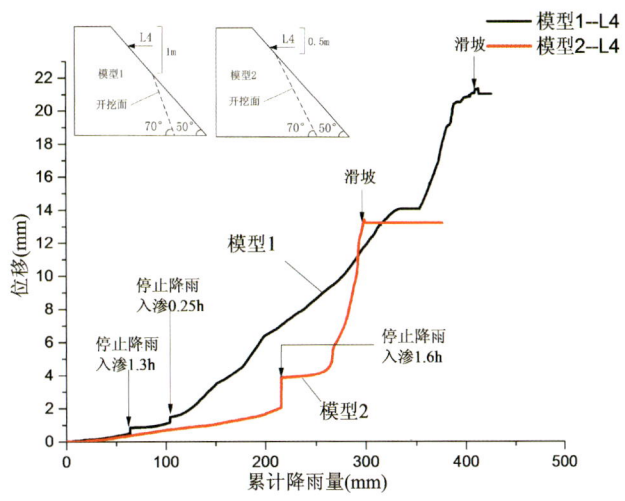

图 4-104 不同开挖高度时测点 L4 水平位移对降雨响应的对比图

降雨强度、滑坡启动时,雨水入渗深度、最大滑动深度、滑距分别为 105mm/d、48cm、1.44m、5.6m。不同开挖高度的边坡这组数据基本一致,开挖高度大的边坡加速变形启动降雨强度稍大,滑坡启动时雨水入渗深度稍大,最大滑动深度稍大、滑距稍大,这是由于在本试验中,开挖坡面距坡顶较近,当开挖高度增加时,开挖面向坡肩靠拢,坡面受水面积减小,入渗量相应减小,诱发滑坡变形的强雨强度、雨水入渗深度、滑动深度及滑距均稍大。

表 4-7 不同开挖高度下降雨诱发滑坡结果对比

原型开挖高度(m)	8	12
滑坡加速变形启动降雨强度(mm/d)	100.8	105
滑坡灾害发生累计降雨量(mm)	421	298
滑坡加速变形启动时雨水入渗深度(cm)	41.6	48
滑坡发生时雨水入渗最大深度(cm)	320	176
最大滑动深度(m)	1.36	1.44
滑距(m)	5	5.6
破坏模式	浅层滑塌	浅层崩塌

注:表中提出的降雨强度和降雨量阈值是基于本次试验与提出的降雨相似条件给出的,可供降雨诱发滑坡预警参考,精确的降雨阈值有待深入研究。

而对于不同开挖高度的边坡,诱发滑坡灾害的累计降雨量及滑坡发生时雨水入渗最大深度有比较显著的差异,开挖高度 8m 的边坡诱发滑坡灾害的累计降雨量与滑坡发生时雨水入渗最大深度分别为 421mm、320cm,开挖高度 12m 的边坡则为 298mm、176cm,开挖高度大的边坡由于稳定性差,诱发其滑坡所需的累计降雨量及雨水入渗深度均较小。

结果表明,试验中不同开挖高度边坡加速变形启动降雨强度、破坏模式与特征较为接近,开挖高度 8m 边坡加速变形启动降雨强度 100.8mm/d,开挖高度 12m 边坡加速变形启动降雨强度 105mm/d,表明降雨强度达到该值时开挖边坡存在失稳的可能,该降雨条件是危险的,精确的降雨阈值有待深入研究。诱发不同开挖高度边坡致灾所需的累计降雨量及雨水入渗深度有明显的差异,开挖高度大的边坡致灾所需累计降雨量及雨水入渗深度均较小,开挖高度 8m 边坡致灾累计降雨量 421mm,开挖高度 12m 边坡致灾累计降雨量 298mm。

(二)不同开挖坡度

1. 不同开挖坡度引起的典型测点位移对比分析

由于本次试验中开挖的初始条件不同,未能获得不同开挖坡度引起的测点位移对比数据。

2. 不同开挖坡度时降雨入渗变形响应对比分析

图 4-105 为不同开挖坡度时典型测点竖向位移随降雨量的关系曲线。模型 H-3 开挖坡度 70°,模型 H-4 开挖坡度 55°,从图中可以看出,模型 H-3 与模型 H-4 前期竖向变形规律较为一致,当降雨量超过 400mm 后,曲线斜率变大,竖向变形开始加速。开挖坡度较大的模型 H-3 变形加速十分剧烈,当累计降雨量达到 591mm 时发生滑坡,滑坡前测点 L3 竖向位移 41.2mm。而开挖坡度较小的模型 H-4 变形加速相对缓慢,当降雨量超过 630mm 后测点 L3 竖向变形达到 6.98mm,且变形逐渐放缓,边坡达到新的平衡,未出现致灾性滑坡。表明开挖坡度较大时边坡稳定性差,随着降雨入渗边坡稳定系数下降,累计降雨量达到一定程度时会诱发滑坡;而边坡开挖坡度小时边坡稳定性较好,同种强度降雨可能不会诱发致灾性滑坡。

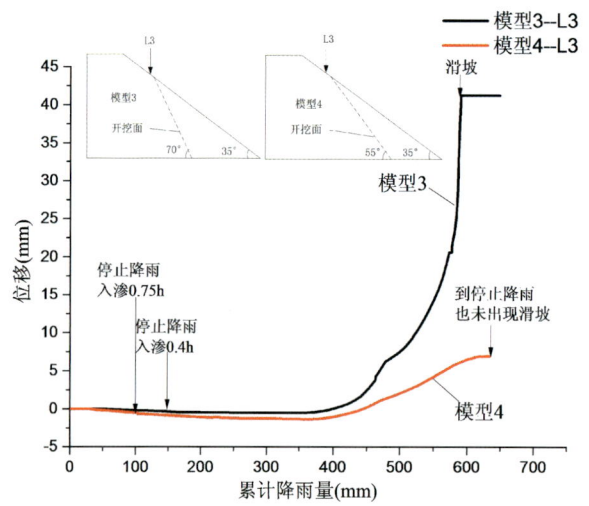

图 4-105 不同开挖坡度时测点 L3 竖向位移对降雨关系曲线

图 4-106 为不同开挖坡度时典型测点水平位移随降雨量的关系曲线。模型 H-3 开挖坡度 70°,模型 H-4 开挖坡度 55°,从图中可以看出,与竖向位移类似,模型 H-3 与模型 H-4 前期水平变形规律较为一致,当降雨量超过 350mm 后,曲线斜率变大,水平变形开始加速。开挖坡度较大的模型 H-3 变形加速十分剧烈,当累计降雨量达到 591mm 时发生滑坡,滑坡前测点 L4 水平位移 14.6mm。而开挖坡度较小的模型 H-4 变形加速相对缓慢,当降雨量超过 630mm 后,测点 L4 水平位移达到 8.95mm,随后变形逐渐放缓,未出现致灾性滑坡。表明不同开挖坡度时边坡水平变形与竖向变形规律类似,开挖坡度较大时边坡稳定性差,降雨引起的水平变形大,累计降雨量达到一定程度时会诱发滑坡;而边坡开挖坡度小时边坡稳定性较好,降雨引起的水平变形小,同种强度降雨可能不会诱发致灾性滑坡。

试验结果表明,开挖坡度是决定边坡在降雨情况下是否会发生滑坡的重要因素。开挖坡度大时边坡自身稳定性差,降雨入渗引起的边坡变形大,当累计降雨量达到一定程度时会诱发滑坡;开挖坡度小时边坡自身稳定性好,降雨入渗引起的边坡变形小,同类降雨可能不会诱发致灾性滑坡。

模型 H-3 与模型 H-4 开挖高度均为 1.5m,原始坡角均为 35°,降雨过程基本一致,开挖坡度不同,试验中模型 H-3 开挖坡度 70°,模型 H-4 开挖坡度 55°,其破坏模式不同,开挖坡度较大的模型 H-3 为深层滑动,开挖坡度较大的模型 H-4 为逐渐溜滑,未出现瞬时崩塌。表明在试验中开挖坡度为 55°时,未

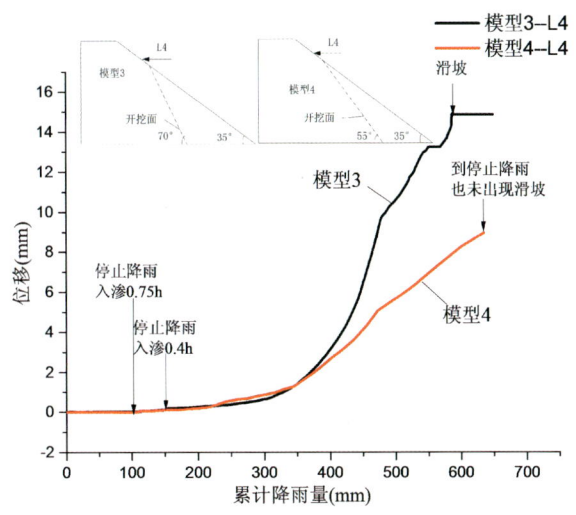

图 4-106　不同开挖坡度时测点 L4 水平位移对降雨响应的对比图

引起导致重大灾害的快速滑坡。

按照设计的相似比,在两个不同开挖坡度下按滑坡原型加速变形启动降雨强度、滑坡灾害发生累计降雨量、滑坡加速变形启动时雨水入渗深度、滑坡发生时雨水入渗最大深度、最大滑动深度、滑距、破坏模式统计见表 4-8。从表中可以看出,开挖坡度 70°时诱发边坡破坏的累计降雨量、滑坡启动时雨水入渗深度分别为 591mm、184cm,挖坡度 55°时诱发边坡破坏的累计降雨量、滑坡启动时雨水入渗深度分别为 630mm、180cm。不同开挖坡度的边坡这组数据基本一致,但最终导致的结果又有显著的差异,开挖坡度为 70°时降雨诱发了明显的滑坡,而开挖坡度为 55°时,降雨导致边坡出现大变形,未发生瞬时崩塌,随降雨量增加,最终边坡呈现泥流状溜滑。开挖坡度为 70°时滑坡加速变形启动降雨强度为 136.5mm/d,开挖坡度为 55°时滑坡原型加速变形启动降雨强度为 168mm/d,开挖坡度较小的边坡触发其加速变形所需的降雨强度较大。开挖坡度为 70°时滑坡最大滑动深度、滑距分别为 2.08m、9.6m,开挖坡度为 55°时最大滑动深度、滑距分别为 2.48m、4m,当开挖坡度较小时,边坡较稳定,持续降雨会导致边坡深层变形,坡表溜滑,影响范围较小。

表 4-8　不同开挖坡度下降雨诱发滑坡结果对比

原型开挖坡度(°)	70	55
滑坡加速变形启动降雨强度(mm/d)	136.5	168(溜滑、未滑坡)
滑坡灾害发生累计降雨量(mm)	591	630
滑坡加速变形启动时雨水入渗深度(cm)	120	92
滑坡发生时雨水入渗最大深度(cm)	184	180(溜滑、未滑坡)
最大滑动深度(m)	2.08	2.48
滑距(m)	9.6	4
破坏模式	深层滑动	溜滑

注:表中提出的降雨强度与降雨量阈值是基于本次试验与提出的降雨相似条件给出的,可供降雨诱发滑坡预警参考,精确的降雨阈值有待深入研究。

结果表明,试验中不同开挖坡度边坡破坏模式有明显区别,开挖坡度较大时降雨容易诱发致灾性滑坡,而开挖坡度较小时降雨导致的边坡破坏模式为逐渐溜滑,边坡破坏影响范围较小。开挖坡度为 70°的边坡加速变形启动降雨强度 136.5mm/d,开挖坡度为 55°边坡加速变形启动降雨强度 168mm/d,表明强雨强度达到该值时开挖边坡存在失稳的可能,该降雨条件是危险的,精确的降雨阈值有待深入研究。

(三)不同原始坡角

1. 不同开挖方量引起典型测点位移对比分析

图 4-107 为不同开挖方量时典型测点竖向位移随时间的关系曲线,其中由于采集器原因模型 H-3 开挖完成后的数据缺失。模型 H-2 原始坡角 50°,边坡单位长度开挖方量 0.535m³,模型 H-3 原始坡角 35°,边坡单位长度开挖方量 1.197m³。从图中可以看出,对于开挖方量较小的模型 H-2,开挖结束时测点 L5 竖向位移 0.097mm,开挖引起的累积竖向位移 0.663mm;对于开挖方量较大的模型 H-3,开挖结束时测点 L5 竖向位移 1.384mm。分析表明,当开挖量增加时,边坡卸荷扰动效应明显,在重力作用下边坡竖向变形明显增加。

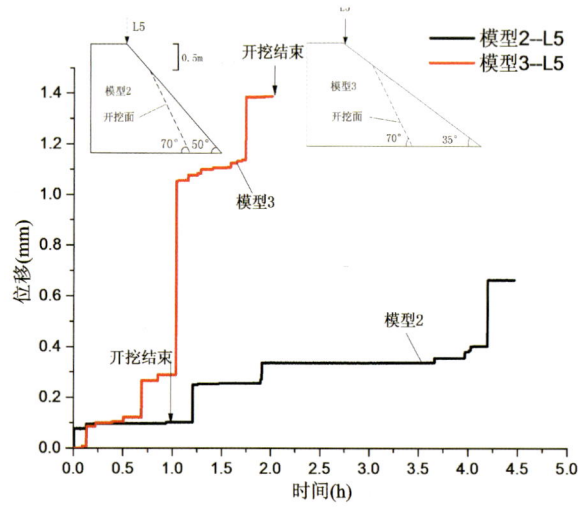

图 4-107 不同开挖方量时测点 L5 竖向位移对比图

图 4-108 为不同开挖方量时典型测点水平位移随时间的关系曲线。模型 H-2 原始坡角 50°,边坡单位长度开挖方量 0.535m³,模型 H-3 原始坡角 35°,边坡单位长度开挖方量 1.197m³。从图中可以看出,对于开挖方量较小的模型 H-2,开挖结束时测点 L6 水平位移 0.037mm,开挖引起的累积水平位移 0.054mm;对于开挖方量较大的模型 H-3,开挖结束时测点 L5 水平位移 0.612mm。分析表明,当开挖量增加时,边坡卸荷扰动效应明显,在重力作用下边坡水平变形同样明显增加。

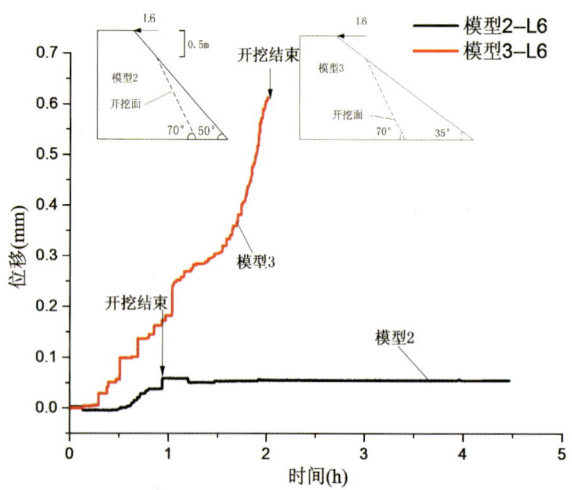

图 4-108 不同开挖方量时测点 L6 水平位移对比图

试验结果表明,开挖方量不同时边坡变形响应有十分显著的区别,当开挖方量变大时,边坡卸荷扰动效应十分显著,在重力作用下边坡竖向变形与水平变形均明显增加。

2. 不同原始坡角时降雨入渗变形响应对比分析

图 4-109 为不同原始坡角时典型测点竖向位移随降雨量的关系曲线。模型 H-2 原始坡角 50°,边坡单位长度开挖方量 0.535m³,模型 H-3 原始坡角 35°,边坡单位长度开挖方量 1.197m³。从图中可以看出,模型 H-2 在累计降雨量达到 140mm 后开始出现明显的竖向变形,模型 H-3 在累计降雨量达到 360mm 后开始出现明显的竖向变形,模型 H-3 的变形响应要滞后于模型 H-2。这是由于模型采用填筑方式制作,填筑边坡存在固结密实现象,填筑完后的边坡在土体固结作用下会自密实,不同坡形边坡在固结完成后最终密实度存在差异,原始坡角较小的边坡最终密实度大,模型 H-3 密实度大于模型 H-2,模型 H-3 雨水入渗相对较慢,导致原始坡角较小的模型 H-3 竖向变形响应滞后时间比模型 H-2 长。滑坡 2 发生时累计降雨量为 321mm,测点 L3 竖向位移 18.0mm,滑坡 3 发生时累计降雨量为 591mm,测点 L3 竖向位移 41.2mm。表明本试验中原始坡角小的边坡,密实度相对较大,水分入渗相对困难,诱发滑坡所需的降雨大,滑坡灾害发生前竖向位移也较大。

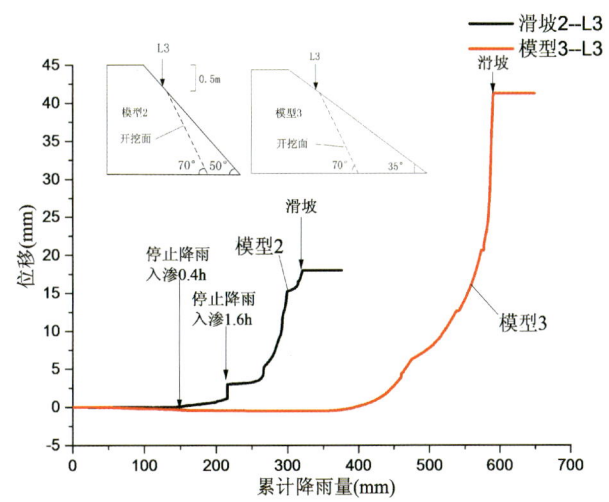

图 4-109 不同原始坡角时测点 L3 竖向位移对降雨响应的对比图

图 4-110 为不同原始坡角时典型测点水平位移随降雨量的关系曲线。模型 H-2 原始坡角 50°,边坡单位长度开挖方量 0.535m³,模型 H-3 原始坡角 35°,边坡单位长度开挖方量 1.197m³。从图中可以看出,模型 H-3 的位移-降雨量曲线斜率相对较小,表明原始坡角较小的边坡密实度大,坡表水分入渗量少,边坡水平变形响应相对较小,且原始坡角较小的模型 H-3 水平变形响应也滞后于模型 H-2。滑坡 2 发生时累计降雨量为 298mm,测点 L3 竖向位移 13.4mm,滑坡 3 发生时累计降雨量为 591mm,测点 L4 水平位移 14.6mm。分析表明,本试验中原始坡角小的边坡,密实度相对较大,水分入渗相对困难,诱发滑坡所需的降雨大,滑坡灾害发生前 L4 测点水平位移值稍大。

试验结果表明,本试验中原始坡角小的边坡,密实度相对较大,水分入渗相对困难,诱发滑坡所需的降雨大,滑坡灾害发生前边坡临界变形值较大。这是由于室内采用填筑方式制作模型,边坡填筑完成后存在的固结现象会导致不同坡形的边坡最终密实度存在差异,这与现场边坡的实际情况存在一定的差别,故现场不同坡角边坡开挖后对降雨入渗的响应可能不同于室内试验结果。

模型 H-2 与模型 H-3 开挖坡度均为 70°,开挖高度均为 1.5m,降雨过程基本一致,原始坡角不同,试验中模型 H-2 原始坡角 50°,模型 H-2 原始坡角 35°,其破坏模式存在一定的区别,原始坡角较大时破坏模式为浅层滑塌,原始坡角较小时破坏模式为较深层滑动,两者滑动面可见一定的圆弧形态。

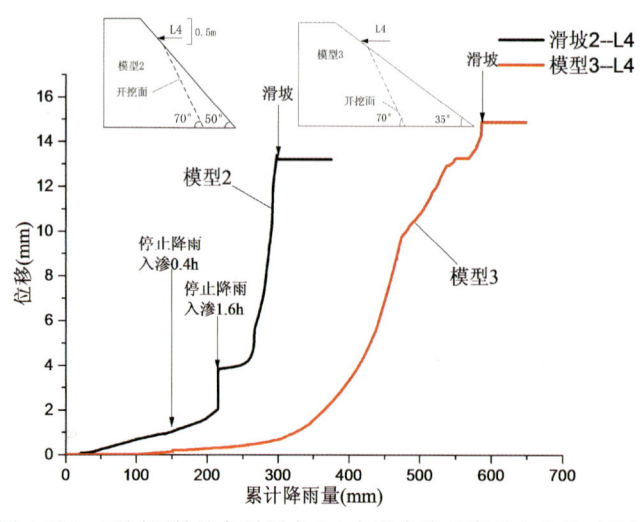

图 4-110　不同原始坡角时测点 L4 水平位移对降雨响应的对比图

按照设计的相似比,在两个不同原始坡角下按滑坡原型加速变形启动降雨强度、滑坡灾害发生累计降雨量、滑坡加速变形启动时雨水入渗深度、滑坡发生时雨水入渗最大深度、最大滑动深度、滑距、破坏模式统计见表 4-9。从表中可以看出,原始坡角为 50°时滑坡原型加速变形启动降雨强度、滑坡灾害发生累计降雨量、滑坡加速变形启动时雨水入渗深度、最大滑动深度、滑距分别为 105mm/d、298mm、48cm、1.44m、5.6m;而原始坡角为 35°时分别为 136.5mm/d、591mm、120cm、2.08m、9.6m。原始坡角为 35°时的这组数据均比原始坡角为 50°时大,这是由于当原始坡角小时,试验中填筑的边坡开挖坡面与原始坡面间的土方量较大,试验中这部分土方对开挖边坡产生的压密效应比卸荷效应大,导致原始坡角 35°时开挖出的最终边坡比原始坡角 50°时开挖出的最终边坡稍密实,故诱发其滑坡所需的降雨强度及降雨量较大,其滑坡深度及滑坡影响范围也较大,致灾后果更严重。原始坡角为 50°滑坡发生时雨水入渗最大深度 176cm,原始坡角为 35°滑坡发生时雨水入渗最大深度 184cm,尽管不同原始坡角开挖出的边坡密实度存在区别,但当边坡开挖坡度与开挖高度相同时,滑坡发生时雨水入渗最大深度较接近,即试验几何形态相同时,滑坡发生时的含水率分布情况接近,表明影响边坡稳定性的最主要原因是边坡的几何形态与内部含水率的分布。

表 4-9　不同原始坡角下降雨诱发滑坡结果对比

原始坡角(°)	50	35
滑坡加速变形启动降雨强度(mm/h)	105	136.5
滑坡灾害发生累计降雨量(mm)	298	591
滑坡加速变形启动时雨水入渗深度(cm)	48	120
滑坡发生时雨水入渗最大深度(cm)	176	184
最大滑动深度(m)	1.44	2.08
滑距(m)	5.6	9.6
破坏模式	浅层滑塌	较深层滑动

试验结果表明,不同原始坡角的开挖边坡加速变形启动降雨强度、滑坡灾害发生累计降雨量、最大滑动深度、滑距存在差异。当试验中填筑的边坡原始坡角小时,开挖坡面与原始坡面间的土方对开挖边坡产生的压密效应比卸荷效应大,开挖出的最终边坡稍密实,故诱发其滑坡所需的降雨强度及降雨量较大,其滑坡深度及滑坡影响范围也较大,致灾后果更严重。原始坡角为 50°的边坡加速变形启动降雨强

度105mm/d,原始坡角为35°的边坡加速变形启动降雨强度136.5mm/d。表明降雨强度达到该值时开挖边坡存在失稳可能,该降雨条件是危险的,精确的降雨阈值有待深入研究。原始坡角为50°的边坡致灾累计降雨量298mm,原始坡角为35°的边坡致灾累计降雨量591mm。不同原始坡角开挖边坡滑坡发生时雨水入渗最大深度较接近,表明试验中几何形态相同时滑坡发生时的含水率分布情况接近,影响边坡稳定性的最主要原因是边坡的几何形态与内部含水率的分布。

第五章 粤港澳大湾区水土环境质量

随着工业化及城市化的发展,环境问题日益突出,其中重金属对环境的破坏尤为严重。近年来,重金属污染事件频频发生,存在公共健康安全隐患,同时也制约着城市的可持续发展和生态文明建设。粤港澳大湾区是我国工业化和城市化进程最快的地区之一,工业和产业发达,是我国经济的重要增长极,也是"一带一路"对外开放的重要门户。粤港澳大湾区工业化和城市化的进程中人类活动日益强烈,重金属污染带来的水土环境问题也日益突出。泛珠三角地区地质环境综合调查工程通过选取广佛肇经济圈,珠江口西岸中山市、珠海市以及广州市典型地区作为珠江三角洲典型研究区,开展硒元素的来源和迁移富集规律及水土污染专题研究;同时为了提升区域调查研究的精度,本次研究探索构建了海岸带土壤重金属生态有效性测试技术与方法。本次研究重点对有益元素 Se 和 Cu、Pb、Zn、Cr、Ni、As、Hg、Cd 共 8 种重金属元素进行调查,研究这些元素的空间分布特征、生态有效性和其在"水-土-植物"的迁移富集规律,并进行生态风险评估,为水土环境问题的防治提供理论和调查依据,同时为大湾区的经济高质量发展、产业结构优化和当地富硒农业的科学发展提供支撑服务。

一、材料与方法

(一)研究区域

本研究选取广佛肇经济圈,珠江口西岸中山市、珠海市以及广州市典型地区作为珠江三角洲典型研究区,开展水土污染专题研究。其中,南沙新区是广东省广州市市辖区,2012 年 10 月,南沙新区成为全国第六个国家级新区。南沙新区位于广州市最南端、珠江虎门水道西岸,是西江、北江、东江三江汇集之处,地处珠江出海口和大珠江三角洲地理几何中心,是珠江流域通向海洋的通道,总面积约 803 km^2,常住人口 69 万人。区域属于南亚热带季风性海洋气候,年平均气温 22.2℃,年平均降雨量 1 646.9mm,年雷暴日数为 78.3d,属于强雷暴区。南沙核心区地貌类型有低丘、海陆交互相平原和滩涂。低丘主要分布在黄山鲁,为区内最高点,海拔 295.3m;海陆交互相平原分布在黄阁、横沥一带,地层特征是上部为淤泥或淤泥质土(砂),下部为河流沉积的砂层;海湾滩涂、海涂也叫滩涂,主要集中分布在区内东南的万顷沙、龙穴岛及新垦的沿岸,呈带状分布,与海岸平行延伸,宽广平缓。珠三角地区作为我国重要的经济带,也是最早的经济开放开发区。南沙新区依托珠三角地区,近几十年来经济快速发展,2011—2016年,南沙新区的国内生产总值从 488.25 亿元快速增长至 1 279.15 亿元,增长了 13.8%。2017 年 3 月,国家提出粤港澳大湾区发展规划,南沙新区的身份是大湾区的几何中心,也是广州发展"一带一路"以及"海上丝绸之路"的支点,南沙新区在大湾区中肩负着粤港澳国际化战略平台的重任。中山市地处珠江三角洲中南部,珠江口西岸,是我国沿海开放城市之一,近年来大力推进"工业强市"战略,工业化发展加剧,经济增速较快,伴随而来的是水土污染问题逐渐凸显。珠海市新马墩村以农业种植为主,规划发展生态农业,主打无公害水果蔬菜生产、岭南田园水乡风情体验,集农业观光、农业体验和乡村休闲度假功能于一体,该区为珠江三角洲平原地貌,海拔约 2m,属亚热带地区,季风性气候特征明显,终年气温较高,气候湿润,雨量充沛,年平均降雨量大于 1600mm。土壤发育在第四纪沉积物上,为海陆交互作用形成,表层土壤以含砂质黏土为主,土质疏松,灌溉水取自磨刀门水道,水源充足,园区复种指数高,地力消耗大,不少农户为了提高产量,存在过量使用化肥的习惯。江门市新会区崖门镇位于珠江三角洲西南部,地处潭江下游,崖门水道东岸,属亚热带季风气候,年降雨量 1780 多毫米,平均气温21.8℃,农、林、牧、渔业发达,属于华南双季稻农作区,闽粤桂台平原丘陵双季稻亚区,十分适合水稻生长。地势西高东低,中东部主要以三角洲和山谷冲积平原为主,是耕地的主要分布区,耕地以种植水稻为主,优质稻比例约占总产量的 90%以上,绝大多数为国家一级稻谷与二级稻谷;丘陵地主要分布在西部的古兜山脉,西部丘陵区地表出露地层岩性主要为晚侏罗世黑云母二长花岗岩,表层已强烈风化成松散土状;中东部平原区主要出露黄褐色砂质黏性土,成土母质主要为花岗岩风化物;靠近崖门水道两岸局部出露有第四纪全新世淤泥质黏土、淤泥质粉细砂层,为河流冲积物和海相沉积物,研究区以水稻土、赤红壤分布面积最广,灌溉水源为上游水库水。

(二)野外采样方法

1. 面上调查采样

系统采集表层土壤和深层土壤样品,表层土壤和深层土壤样品采集分开进行。野外采样工作参照《多目标区域地球化学调查规范(1∶25 万)》(DZ/T 0258—2014)进行。其中各典型区表层土壤样品分布如图 5-1~图 5-4 所示。

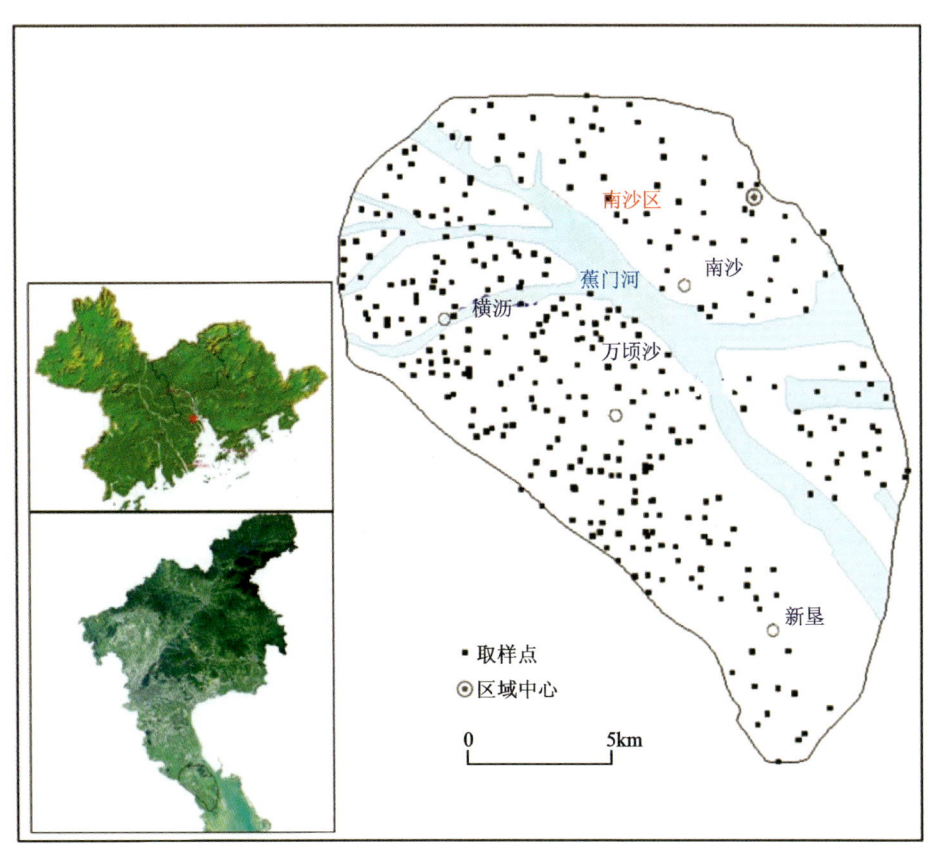

图 5-1 南沙核心区土壤样品采样点位置示意图

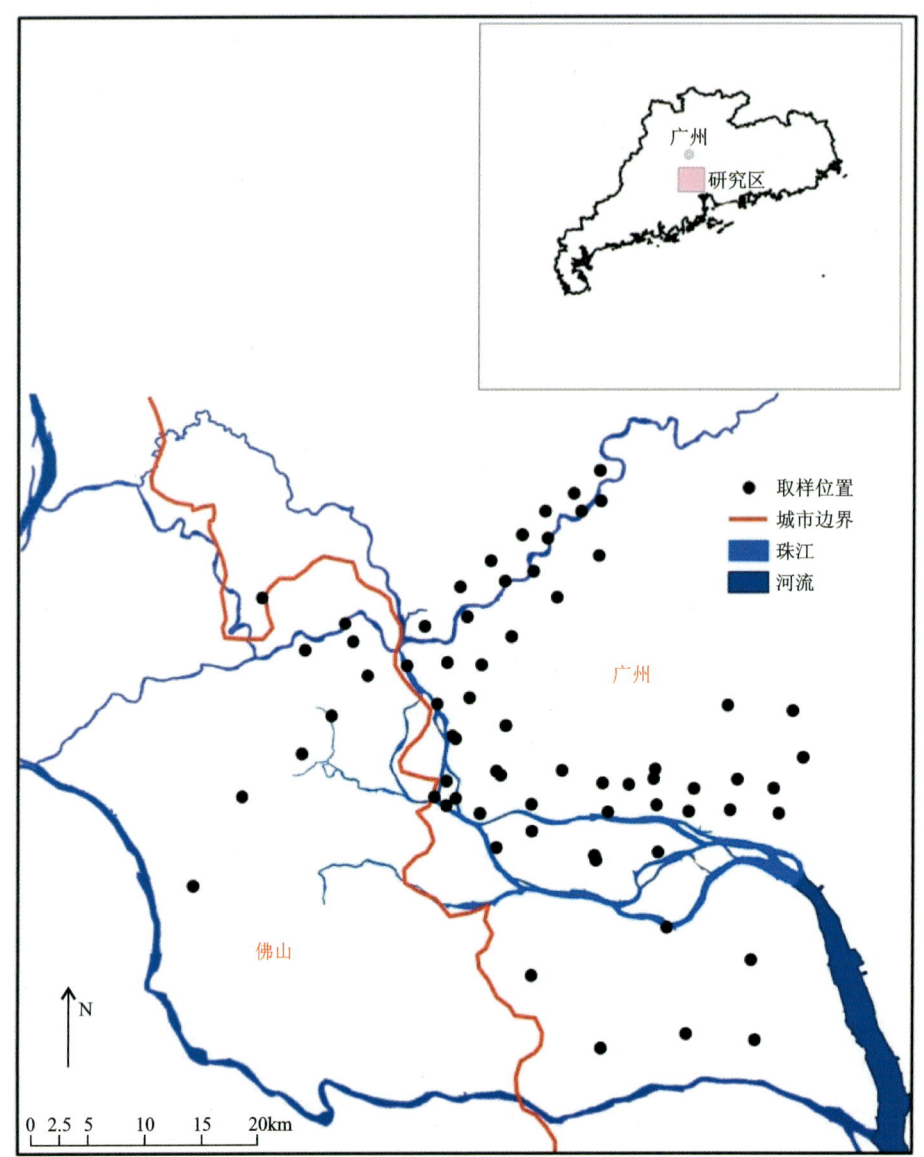

图 5-2 广佛肇经济圈研究区采样布置图

点位布设及采样密度：表层土壤采样点以 1∶5 万标准图幅为基本单位，按采样小格(0.5km× 0.5km)布点。采样点根据采样小格的地质背景、土地利用情况和地形地貌特征进行布设，以具有代表性和平面分布均匀性为原则。平原区主要布设在小格中间；河网密集区和水库分布区主要布设在陆地的几何重心附近，格子内没有陆地则不布置样品；在山区、丘陵区和台地区主要布置在沟口、谷地和洼地处，最大控制格子内残坡积物质形成的土壤。采样密度一般为 4 个样/km²。

样品编号：表层土壤样品在 1∶5 万地形图上，以偶数方里网格划分出单位格子(采样大格，1km× 1km)，在每个单位格子中划分 4 个小格(采样小格，0.5km×0.5km)，根据样品编号表对单位格子按照自左向右再自上而下的顺序进行连续编号 A、B、C、D。

采样位置：采样点主要选择在农田、园地、林地、草地及山地丘陵土层较厚地带采样，避开明显点源污染的地段及新近搬运的堆积土、垃圾土和田埂；采样点需距离主干公路、铁路 100m 以上。在城镇区采样前进行调查和访问，确定拟采集土壤的来源及土地使用情况；老城区在历史较长的公园、林地以及其他空旷地带采样；新城区(或开发区)在尚未开发利用的农用地中采样。

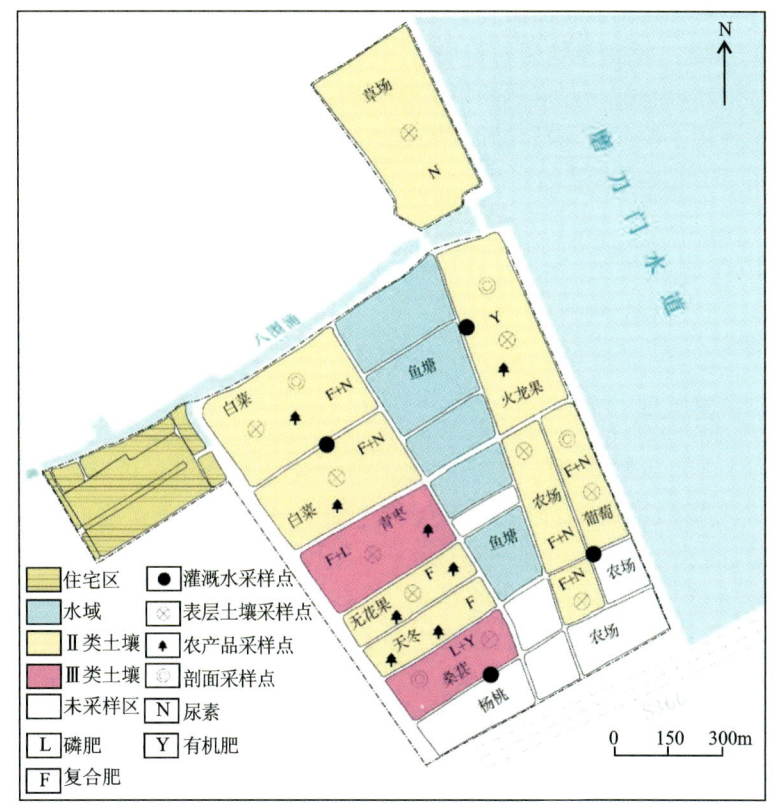

图 5-3 珠江市新马墩村农业园区采样点位置示意图

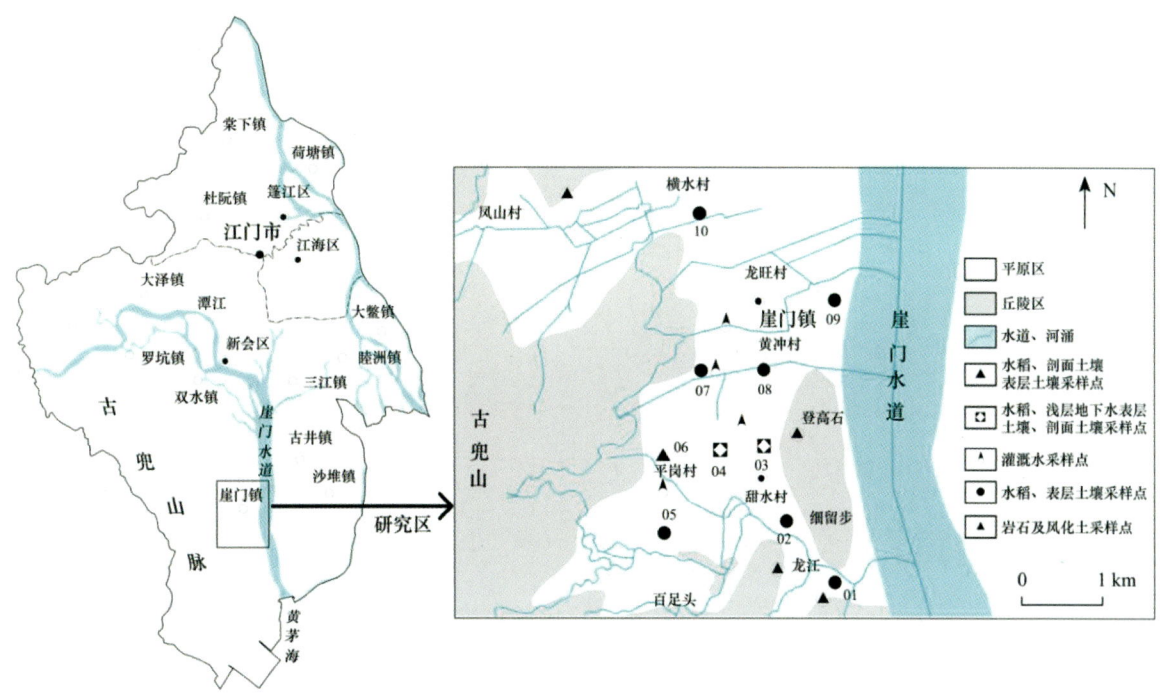

图 5-4 新会区崖门镇采样点位置示意图

采样层位及深度：表层土壤样的采集层位为 A 层及 B 层上部，统一采集地表至 20cm 深处的土柱。

采样方法：表层土壤用木制采样工具采集土壤柱，土柱规格为长方体或正方体。采样时去除样品中的杂草、草根、砾石、肥料团块等杂物，清除与采样工具接触部分的土壤。采样时以 1 处为主（作为定点位置），在采样点周围 50m 范围内或在采样小格中沿路线多处（3～5 处）采集子样组合为一个样品，以增加土壤样品的代表性。野外采集的样品用全新密封袋装取。

采样记录：采样记录统一采用土壤采样记录卡，在采样现场用代码和简明的文字记录样品的各种特征及采样点周围景观的环境特征。深层样品还附有第四纪地层柱状图，描述从地表至深部"土壤柱状"特征，标明分层界线，描述土壤颜色、粒径、砾石成分、有机质、生物碎屑、铁（锰）结核和钙质结核含量等特征。记录中要求用2H或3H铅笔填写野外现场须填写的内容，其他内容允许在室内根据地形图、地质图和土壤类型分布图填写，均于当日完成。

重复采样：重复样采集由不同小组、不同时间在原采样坑附近采集，并用不同的GPS重新测量点位坐标，重新观察记录。采样质量与原采样点要求一致，记录内容除增加填写原样号外，其他的与表层土壤样品采集方法一致。

2. 第四纪沉积物剖面采样

广州市南沙核心区4组岩芯分别代表了上三角洲平原相（2组）、下三角洲平原相（1组）和三角洲前缘相（1组）（图5-5），岩芯从珠江三角洲上游到下游由陆地到海洋的趋势展布，其中NSGC27和NSGC05分别位于广州市南沙区黄阁镇和横沥镇，对应的沉积相为上三角洲平原相，NSGC11位于广州市南沙区万顷沙镇，对应的沉积相为下三角洲平原相，NSGC39位于广州市龙穴岛，为三角洲前缘相。岩芯取样采取分层取样的方法，即按照沉积物质或岩性将剖面分层，每一层中再视层厚酌情等间距取样，岩芯的深度到半风化基岩为止，各岩芯的深度及采样数量见表5-1。对各岩芯主量元素、重金属元素全量、赋存形态分数等指标进行分析，运用主成分分析和相关性分析等多种手段，探讨地质背景、沉积环境与元素全量及其形态的耦合关系。该研究对冲积平原区土壤重金属的区域潜在生态风险评价具有重要参考价值。

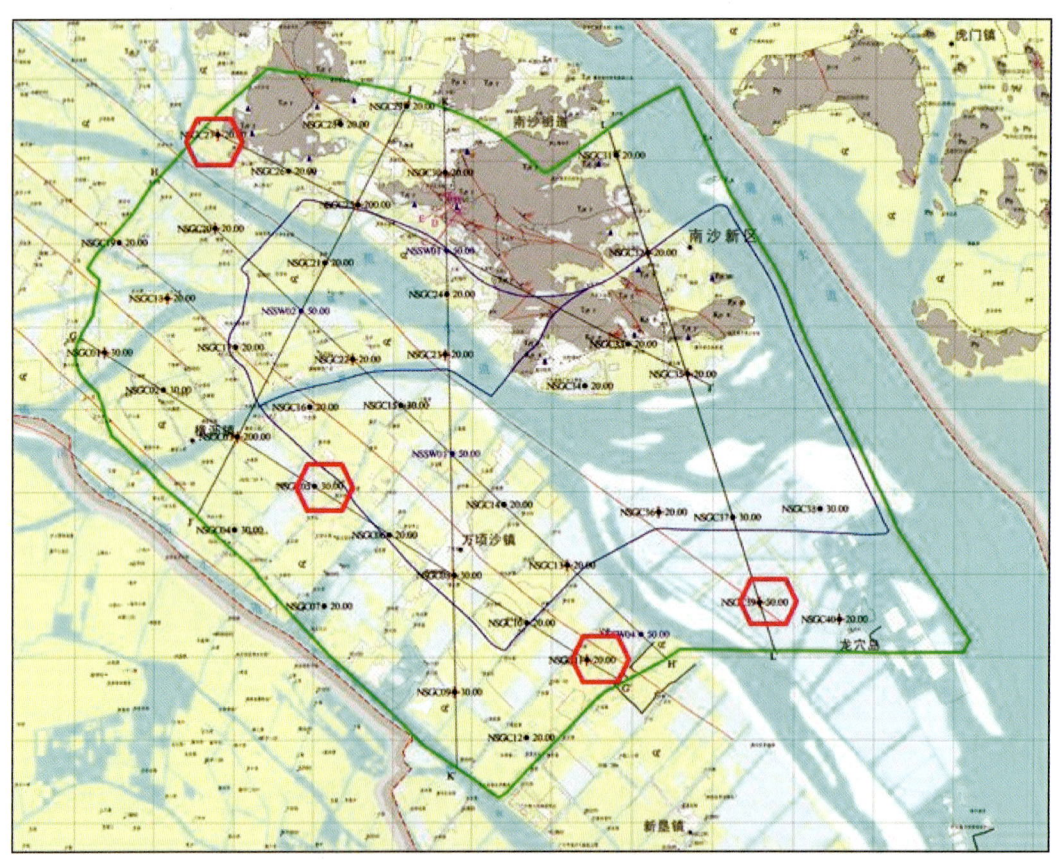

图5-5　广州市南沙核心区野外钻孔采样点分布示意图

表 5-1　广州市南沙核心区第四纪沉积物岩芯一览表

岩芯号	经度	纬度	钻孔位置	钻孔深度(m)	采样个数	沉积环境
NSGC27	113°29′02.12″	22°48′17.61″	南沙区黄阁镇	74.42	24	上三角洲平原相
NSGC05	113°30′39.18″	22°43′18.91″	南沙区横沥镇	37.75	17	上三角洲平原相
NSGC11	113°34′34.12″	22°39′56.88″	南沙区万顷沙镇	52.33	23	下三角洲平原相
NSGC39	113°36′51.94″	22°41′31.25″	龙穴岛	87.09	21	三角洲前缘相

珠海市新马墩村选取桑果园、火龙果园、蔬菜基地、葡萄园4个土壤剖面,剖面柱状如图5-6所示,采集土壤剖面样品共计18件,用以探究重金属元素在垂向不同深度的分布特征及垂向不同深度的土壤颗粒组成特征。土壤剖面样品的采样长度间隔依据钻孔不同深度岩性特征,将钻孔柱状样品按照岩性进行分层采样,将同一层样品均匀化后取重金属元素分析样及颗粒分析样,每一层取样约2kg,其中1kg供重金属元素含量分析用,另1kg供颗粒分析用。依据《水质　采样技术指导》(HJ 494—2009)及《水质采样　样品的保存和管理技术规定》(HJ 493—2009),采集研究区灌溉水渠水样4件,各1000mL。采集研究区使用量较大的化肥(磷肥、尿素、复合肥)样品6件,每件样品1kg。

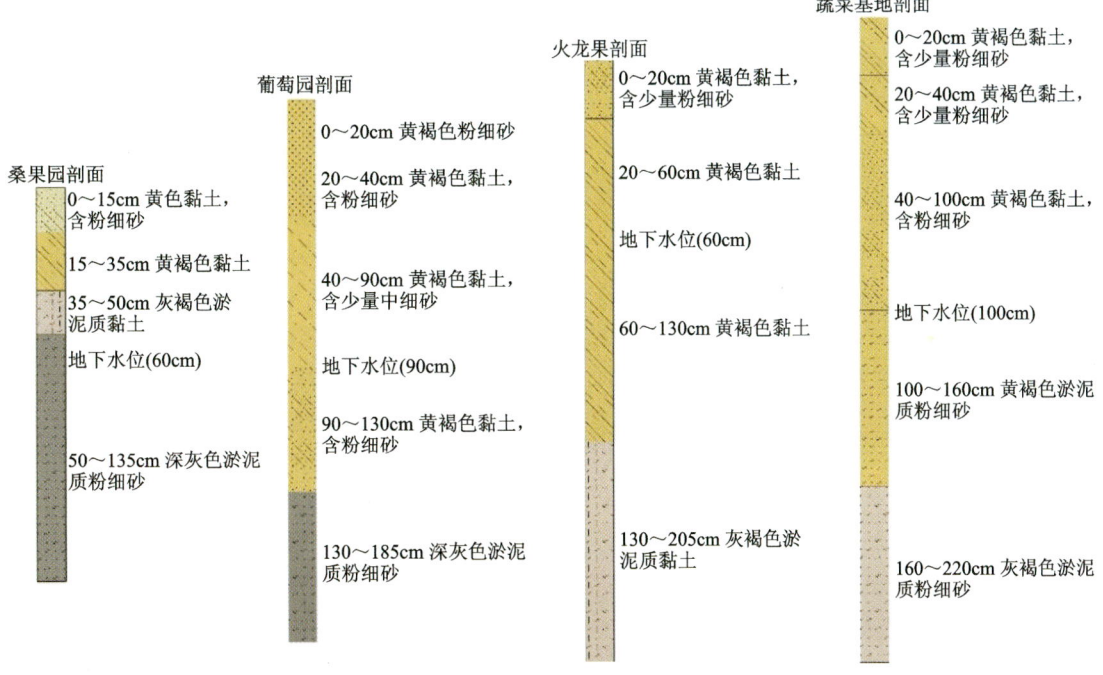

图 5-6　珠海市新马墩村研究区4个土壤剖面柱状图

3. 植物样采集

2016年12月研究人员对珠海市新马墩村农业园进行了实地调查和采样,采集研究区典型农产品可食部分样品8件(白菜2件、无花果2件、天冬2件、青枣1件、火龙果1件),每件植物样品由3～5份相同植物混合而成。2017年7月早稻成熟时节采集江门市新会区崖门镇周边水稻田水稻不同部位(根、茎叶、稻壳、大米)样品,水稻为即将收割的水稻,每件样品为一块稻田内4件子样的混合样,采样点与表层土壤采样点对应,共计采集样品40组。采集与制备方法参照《生态地球化学评价动植物样品分析方法》(DZ/T 0253.3—2014),用自来水将采集的植物可食部分及水稻根、茎叶、果实样品多次冲洗干净后,再用蒸馏水冲洗干净、晾干,称其鲜样质量,捣碎,置于60℃烘箱烘干。烘干样用高速破碎机制成粉状,用纸袋外套塑料袋封装保存。

(三)样品分析方法

遵照《森林土壤 pH 值的测定》(LY/T 1239—1999)规范,称取 10.0g 试样,置于 50mL 的高型烧杯中,并加入 25mL 水,用磁力搅拌器搅拌 5min 或玻璃棒搅拌 2min,然后静置 30min 到 2h,pH 值选用离子选择电极法/pH 计测定;阳离子交换容量(CEC)和土壤有机质含量均遵照《森林土壤 pH 值的测定》(LY/T 1239—1999)规范,分别用乙酸铵交换法和重铬酸钾容量法测定;钾、钙、钠、镁、铝、铜、锌、铁、锰遵照《区域地球化学样品分析方法》(DZ/T 0279.2—2016)规范,准确称取 0.100 0g 样品置于 30mL 聚四氟乙烯坩埚中,用几滴水润湿,加入 5mL 硝酸、5mL 氢氟酸、1mL 高氯酸,盖上坩埚盖,置于控温电热板上,110℃加热 1h,再将电热板温度提高至 200℃,继续加热至高氯酸白烟冒尽,关闭加热电源,稍冷片刻,趁热加入 5mL 1∶1 王水和 5mL 去离子水,取下后转移至 25mL 塑料试管中,定容、摇匀,待澄清后用电感耦合等离子体发射光谱法/热电 ICAP6300 测定;砷、汞遵照《土壤总汞的测定标准》(NY/T 1121.10—2006)规范,采用原子荧光光谱法测定,所用仪器型号分别为北京吉天 AFS-830a 和廊坊物理化学研究所 XGY-1011;铅、镉遵照《区域地球化学样品分析方法》(DZ/T 0279.3—2016)规范,采用电感耦合等离子体质谱法/热电 X2 测定;钛、铅、二氧化硅、钡、锶遵照《区域地球化学样品分析方法》(DZ/T 0279.1—2016)规范,采用粉末压片-X 荧光光谱法/荷兰 AxiosMax 测定;硼遵照《区域地球化学样品分析方法》(DZ/T 0279.1—2016)规范,采用交流电弧发射光谱法测定。

Cd 元素的形态分析遵照《生态地球化学评价样品分析技术要求(试行)》(DD 2005—03),采取电感耦合等离子体发射光谱法/热电 ICAP6300 分析了元素的水溶态、离子交换态、碳酸盐结合态、腐殖酸态、铁锰氧化物态、强有机态和残渣态 7 种赋存形态。每种形态的提取剂分别为:用蒸馏水作为提取剂提取水溶态;离子交换态采用氯化镁溶液[$c(MgCl_2 \cdot 6H_2O) = 1.0 mol/L, pH = 7.0 \pm 0.2$]提取;碳酸盐态采用醋酸钠溶液[$c(CH_3COONa \cdot 3H_2O) = 1.0 mol/L, pH = 5.0 \pm 0.2$]提取;腐殖酸态采用焦磷酸钠溶液[$c(Na_4P_2O_7 \cdot 10H_2O) = 0.1 mol/L, pH = 10.0 \pm 0.2$]提取;铁锰氧化物态采用盐酸羟胺-盐酸混合溶液[$c(HONH_3Cl) = 0.25 mol/L, c(HCl) = 0.25 mol/L$]提取;强有机态采用过氧化氢[$\varphi(H_2O_2) = 30\%, pH = 2.0 \pm 0.2$]提取;残渣态采用氢氟酸[$\rho(HF) = 1.15 g/mL$]提取。不同形态分析方法的准确度以土壤中元素全量分析作为标准,与各形态之和做比较,计算其相对偏差[$RE = (C_总 - C_全)/C_全 \times 100\%$],要求 $RE \leqslant 40\%$(式中:$C_全$ 为元素全量,$C_总$ 为元素总量)。形态分析的准确度采用同一份样品重复测定 8 次,计算各形态重复分析的相对标准偏差(relative standard deviation,RSD),要求 $RSD \leqslant 30\%$。

(四)海岸带土壤重金属生态有效性测试技术方法

1. 确定样品总量的溶样条件

1)酸溶 ICP-AES 制样流程

依据含量高低称取不同量 0.10~0.25g 试样于 30mL 聚四氟乙烯坩埚中:用少量水润湿,先加入 10mL HCl,在 200℃电热板上蒸至尽干;再加入 5mL HNO_3、5mL HF、2mL $HClO_4$ 至试样完全溶解,在 220℃电热板上蒸发至干。提取:加入 1mL 1∶1HCl 微热 1min,最后加水定容至 10mL,加热至盐类完全溶解;依据含量转入 25mL 或 100mL 容量瓶中,用 5%HCl 定容。

2)高压密闭罐溶样 ICP-MS 测定

高压密闭罐溶样 ICP-MS 测定微量元素,密闭高压溶样 ICP-MS 制样流程为:称取 50mg 样品于聚四氟乙烯坩埚中,少量水润湿后,加入 1.5mL HNO_3、1.5mL HF、0.5mL $HClO_4$,置于 140℃电热板上蒸至湿盐状;再加入 HNO_3、HF 各 1.5mL,加盖并用钢套密封,于 190℃烘箱中 48h,冷却后取出坩埚,于 220℃电热板上蒸发至干,加入 3mL HNO_3 蒸至湿盐状;加入 3mL HNO_3(1+1),加盖并用钢套密封,置于150℃烘箱中12h,冷却后取出,用2% HNO_3 定容于25mL塑料瓶中。

3)酸溶-AFS制样流程

依据含量高低不同称取0.3~0.5g试样于25mL比色管中,用少量水润湿,先加入10mL(1+1)王水(HCl:HNO_3=3:1),在沸水浴中煮沸1h,期间晃动一次;原溶液在优化条件下测定Hg,分取2mL并加入还原剂定容至10mL,测定As。

2. 确定了ICP-MS、ICP-AES及AFS仪器的优化测定条件

采用标准物质样品进行测试,优化ICP-MS、ICP-AES、AFS仪器测定条件,其仪器条件如表5-2~表5-4所示,并用标准样品进行监控,测样80余件(仪器运行机时约300h)。

表5-2 ICP-MS仪器测定条件

项目	工作参数	项目	工作参数
射频功率(W)	1350	扫描方式	跳峰
采样锥/截取锥(mm)	1.0/0.4Ni锥	测量点/峰	3
冷却气流量(L/min)	Ar,13	重复测定次数	3
载气流量(L/min)	Ar,1.02	质谱计数模式	脉冲/模拟
样品提升量(mL/min)	1.0	质量分辨率(u)	0.65~0.8
采样深度(mm)	7.8	氧化物产率(%)	<0.5
采样模式	定量	双电荷(%)	<2

表5-3 ICP-AES测定谱线选择及线性范围

谱线	线性
Cu(324.7nm)	0~200μg/mL
Pb(220.3nm)	0~500μg/mL
Zn(213.8nm)	0~100μg/mL
Cd(214.3nm)	0~100μg/mL
Cr(205.5nm)	0~200μg/mL
Ni(221.6nm)	0~100μg/mL

表5-4 AFS测定仪器条件选择

元素类别	Hg	As
光电倍增管负高压(V)	280	280
灯电流(mA)	20	50
载气流量(mL/min)	600	600
屏蔽气流量(mL/min)	1000	1000
原子化器高度(mm)	8	8
读数时间(s)	12	12
延迟时间(s)	2	2
载气类型	氩气	氩气
读数方式	峰面积	峰面积
测量方式	校准曲线	校准曲线

3. 探索了重金属全量与有效态提取率的关系

土壤重金属污染是长期积累的过程。进入土壤中的重金属在土壤中以物理化学过程形成不同的化学形态，土壤理化性质影响重金属的变化过程。

本研究将土壤中 Cu、Pb、Zn、Cr、Ni、Cd、As 和 Hg 全量与各元素有效态提取率（即有效态 Cu、Pb、Zn、Cr、Ni、Cd、As 和 Hg 占全量的比重）进行相关性分析，以研究重金属全量对有效态提取率的影响，结果如图 5-7 所示。

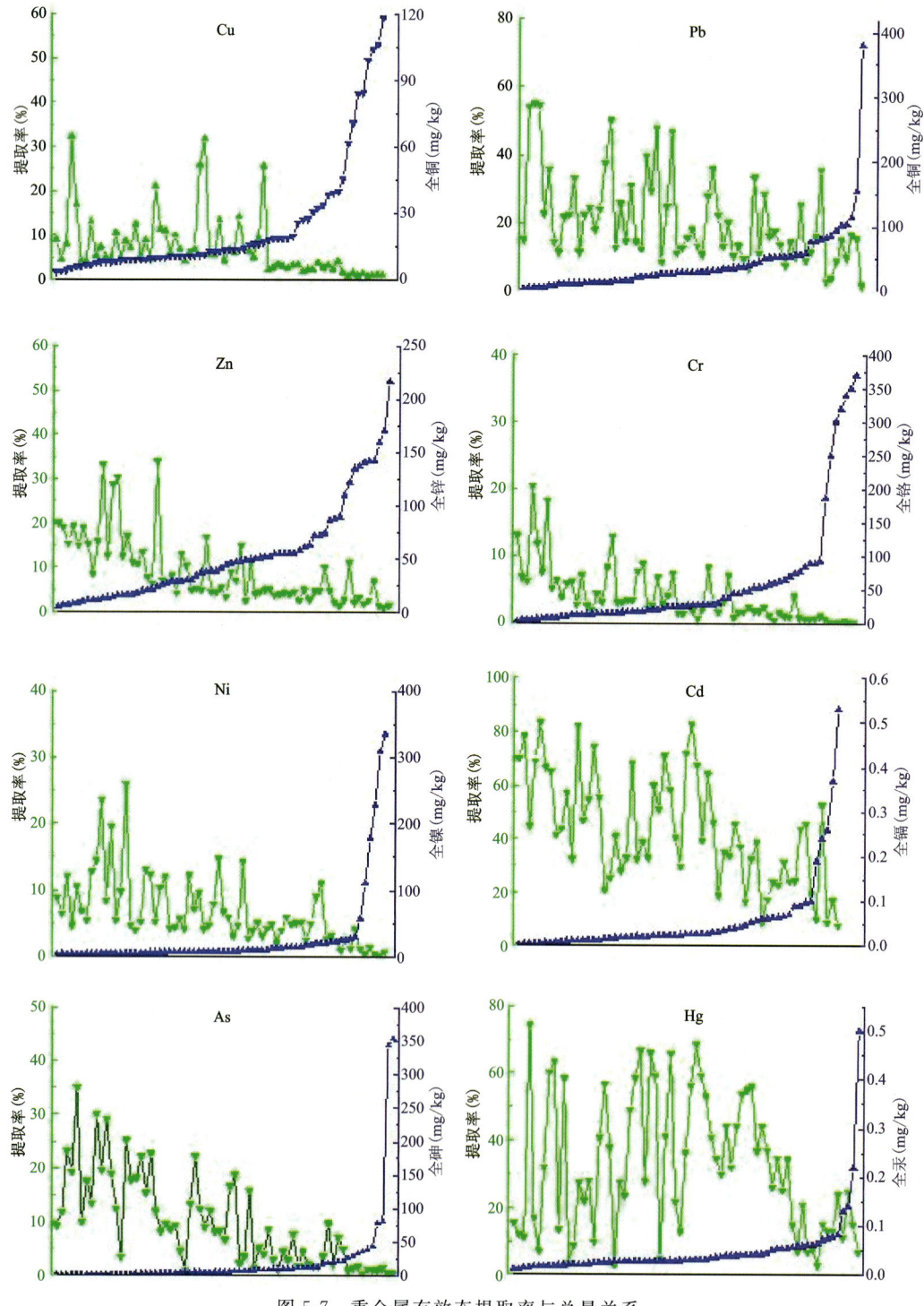

图 5-7 重金属有效态提取率与总量关系

在全量与有效态提取率方面,Cd、Hg与其他6种元素类似,但趋势不明显。

总体来讲,在一定范围内,6种元素全量与有效态提取率之间呈现负相关。大致在Cu(15mg/kg)、As(25mg/kg)、Cr(25mg/kg)、Ni(25mg/kg)、Zn(50mg/kg)、Pb(50mg/kg)时出现转折点,Cu、As、Cr和Ni有效态提取率在5%以下,Zn、Pb有效态提取率大致在15%以下。

Cd和Hg与其他6种元素大体类似,全量与有效态提取率呈现负相关,但趋势不明显。异常主要表现在低含量范围时有效态提取率波动大(Hg<0.05mg/kg时,提取率为3%~80%;Cd<0.20mg/kg时,提取率为5%~80%),随着全量的增加,提取率是否降低有待进一步研究。

4. 探索了pH、采样深度与有效态提取率的关系

为了研究剖面土壤重金属全量、土壤深度和pH之间的相关性,选用SPSS22.0对土壤金属全量和pH相关性进行数据分析。

由表5-5可知,大部分元素含量与pH呈现出负相关性。由图5-8看出,土壤的酸碱性随深度的增加有升高趋势。综合可知,土壤剖面随着深度的增加pH变大,同时土壤重金属总量变小。

表5-5 重金属全量与pH之间的相关性

		Cu	Pb	Zn	Cr	Ni	Cd	As	Hg	pH
Cu	皮尔森(Pearson)相关	1	−0.258	0.744**	0.948**	0.933**	−0.094	−0.337*	0.373**	−0.219
	显著性(双尾)		0.065	0.000	0.000	0.000	0.506	0.015	0.006	0.119
	n	52	52	52	52	52	52	52	52	52
Pb	皮尔森(Pearson)相关	−0.258	1	0.064	−0.243	−0.309*	0.593**	0.285*	0.452**	0.009
	显著性(双尾)	0.065		0.654	0.083	0.026	0.000	0.041	0.001	0.947
	n	52	52	52	52	52	52	52	52	52
Zn	皮尔森(Pearson)相关	0.744**	0.064	1	0.690**	0.670**	0.204	−0.246	0.537**	−0.155
	显著性(双尾)	0.000	0.654		0.000	0.000	0.146	0.079	0.000	0.273
	n	52	52	52	52	52	52	52	52	52
Cr	皮尔森(Pearson)相关	0.948**	−0.243	0.690**	1	0.940**	−0.063	−0.214	0.341*	−0.164
	显著性(双尾)	0.000	0.083	0.000		0.000	0.659	0.128	0.013	0.246
	n	52	52	52	52	52	52	52	52	52
Ni	皮尔森(Pearson)相关	0.933**	−0.309*	0.670**	0.940**	1	−0.076	−0.359**	0.278*	−0.141
	显著性(双尾)	0.000	0.026	0.000	0.000		0.590	0.009	0.046	0.319
	n	52	52	52	52	52	52	52	52	52

续表 5-5

		Cu	Pb	Zn	Cr	Ni	Cd	As	Hg	pH
Cd	皮尔森（Pearson）相关	−0.094	0.593**	0.204	−0.063	−0.076	1	0.065	0.741**	−0.019
	显著性（双尾）	0.506	0.000	0.146	0.659	0.590		0.649	0.000	0.895
	n	52	52	52	52	52	52	52	52	52
As	皮尔森（Pearson）相关	−0.337*	0.285*	−0.246	−0.214	−0.359**	0.065	1	0.010	−0.238
	显著性（双尾）	0.015	0.041	0.079	0.128	0.009	0.649		0.946	0.089
	n	52	52	52	52	52	52	52	52	52
Hg	皮尔森（Pearson）相关	0.373**	0.452**	0.537**	0.341*	0.278*	0.741**	0.010	1	−0.208
	显著性（双尾）	0.006	0.001	0.000	0.013	0.046	0.000	0.946		0.139
	n	52	52	52	52	52	52	52	52	52
pH	皮尔森（Pearson）相关	−0.219	0.009	−0.155	−0.164	−0.141	−0.019	−0.238	−0.208	1
	显著性（双尾）	0.119	0.947	0.273	0.246	0.319	0.895	0.089	0.139	

注：*. 相关性在 0.05 层上显著（双尾）；**. 相关性在 0.01 层上显著（双尾）。

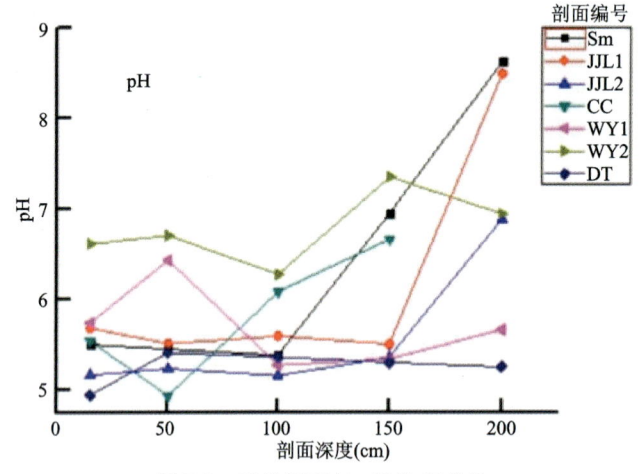

图 5-8 采样深度与 pH 的相关性

5. 重金属全量在垂直方向上的分布特征

将表 5-5 中 $n=52$ 土壤与岩石进行分析，探索表层土壤与岩石的相关性。由表 5-6 可知 Cu、Zn、Ni 和 Cr 的表层土壤与岩石显著相关，同时元素之间也显著相关。可间接说明，表层土壤的含量主要受土壤基体的影响。

为了探讨重金属全量在垂直方向上的分布，选取 6 组剖面样品。由图 5-9 可知，重金属含量从深层到表层含量逐步增大，表现出一定的富集现象，但不明显。

表5-6 2017年表层土壤与岩石的皮尔森(Pearson)相关性

元素	Cu	Pb	Zn	Cr	Ni	Cd	pH	Cu岩	Pb岩	Zn岩	Cr岩	Ni岩	Cd岩	pH岩
Cu	1	0.006	0.509**	0.805**	0.790**	0.016	−0.139	0.472**	−0.112	0.300	0.662**	0.708**	0.206	0.184
Pb	0.006	1	0.133	0.153	−0.224	0.206	−0.088	0.023	0.274	0.039	−0.253	−0.213	0.138	0.133
Zn	0.509**	0.133	1	0.615**	0.600**	0.651**	−0.104	0.281	−0.209	0.433**	0.614**	0.550**	0.329*	0.366*
Cr	0.805**	0.153	0.615**	1	0.833**	0.144	−0.126	0.547**	−0.053	0.356*	0.727**	0.739**	0.330*	0.244
Ni	0.790**	−0.224	0.600**	0.833**	1	0.044	−0.051	0.423**	−0.287	0.397**	0.828**	0.933**	0.286	0.283
Cd	0.016	0.206	0.651**	0.144	0.044	1	0.060	0.041	−0.097	0.014	0.186	0.057	0.127	0.356*
pH	−0.139	−0.088	−0.104	−0.126	−0.051	0.060	1	−0.063	−0.375*	0.118	−0.024	0.026	0.111	0.179
Cu岩	0.472**	0.023	0.281	0.547**	0.423**	0.041	−0.063	1	−0.147	0.171	0.495**	0.408**	0.204	−0.068
Pb岩	−0.112	0.274	−0.209	−0.053	−0.287	−0.097	−0.375*	−0.147	1	−0.367*	−0.243	−0.272	−0.177	0.050
Zn岩	0.300	0.039	0.433**	0.356*	0.397**	0.014	0.118	0.171	−0.367*	1	0.450**	0.427**	0.581**	−0.095
Cr岩	0.662**	−0.253	0.614**	0.727**	0.828**	0.186	−0.024	0.495**	−0.243	0.450**	1	0.884**	0.386*	0.237
Ni岩	0.708**	−0.213	0.550**	0.739**	0.933**	0.057	0.026	0.408**	−0.272	0.427**	0.884**	1	0.313*	0.320*
Cd岩	0.206	0.138	0.329*	0.330*	0.286	0.127	0.111	0.204	−0.177	0.581**	0.386*	0.313*	1	0.229
pH岩	0.184	0.133	0.366*	0.244	0.283	0.356*	0.179	−0.068	0.050	−0.095	0.237	0.320*	0.229	1

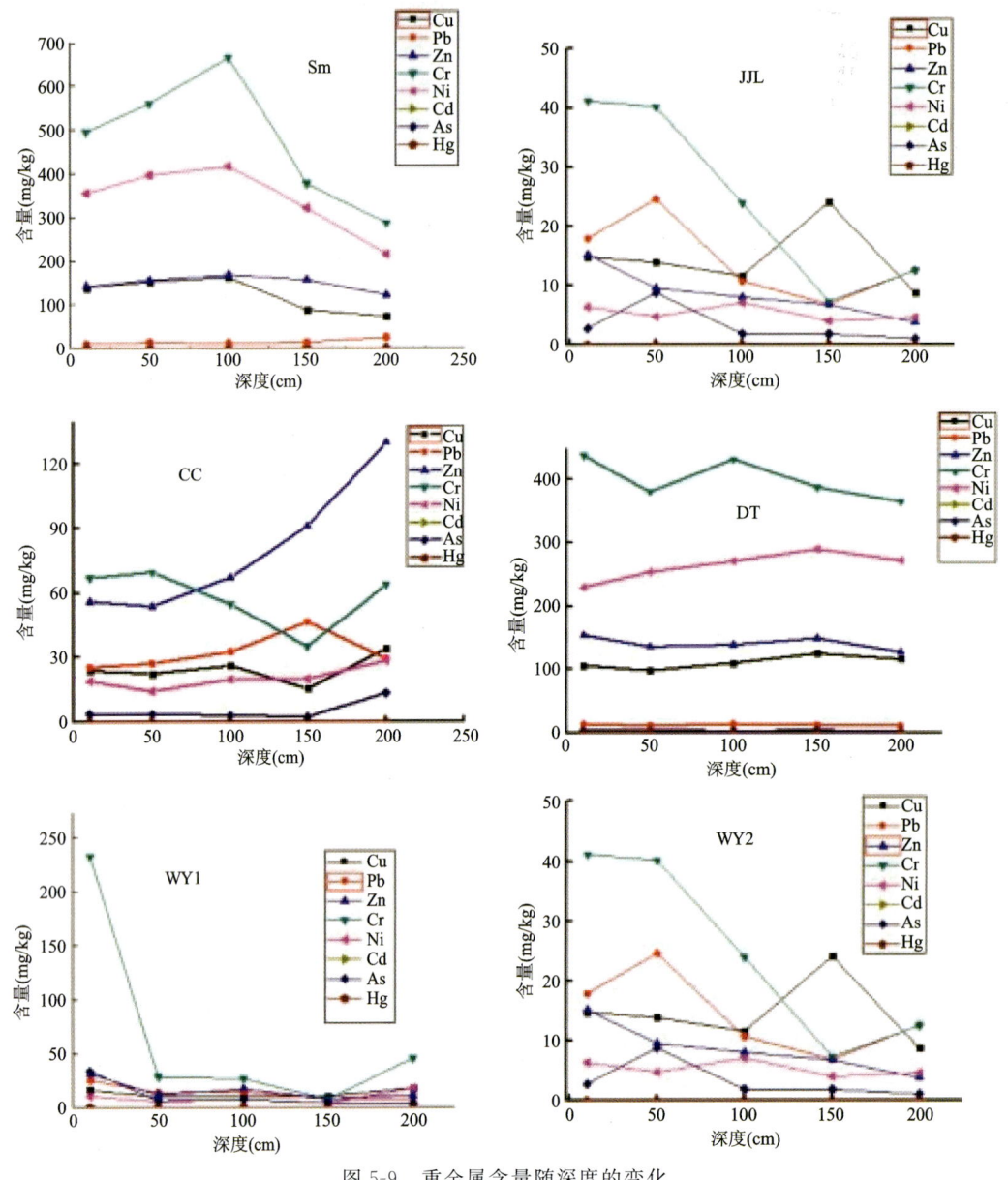

图 5-9 重金属含量随深度的变化

6. 重金属提取率在垂直方向上的分布特征

选取 6 组剖面（石马村组 Sm、金鸡岭组 JJL、长昌组 CC、瓦窑组 WY 和道堂组 DT）研究采样深度与有效态提取率的相关性。研究发现 Cu、Pb、Zn、Cr、Ni 采样深度越深，有效态提取率越高，而 As、Hg 和 Cd 表现不明显。

（五）污染评估

1. 累积指数（I_{geo}）法

Müller（1969）最初提出的地质累积指数对沉积物中的金属污染程度进行了评估。I_{geo} 值由以下等式定义：

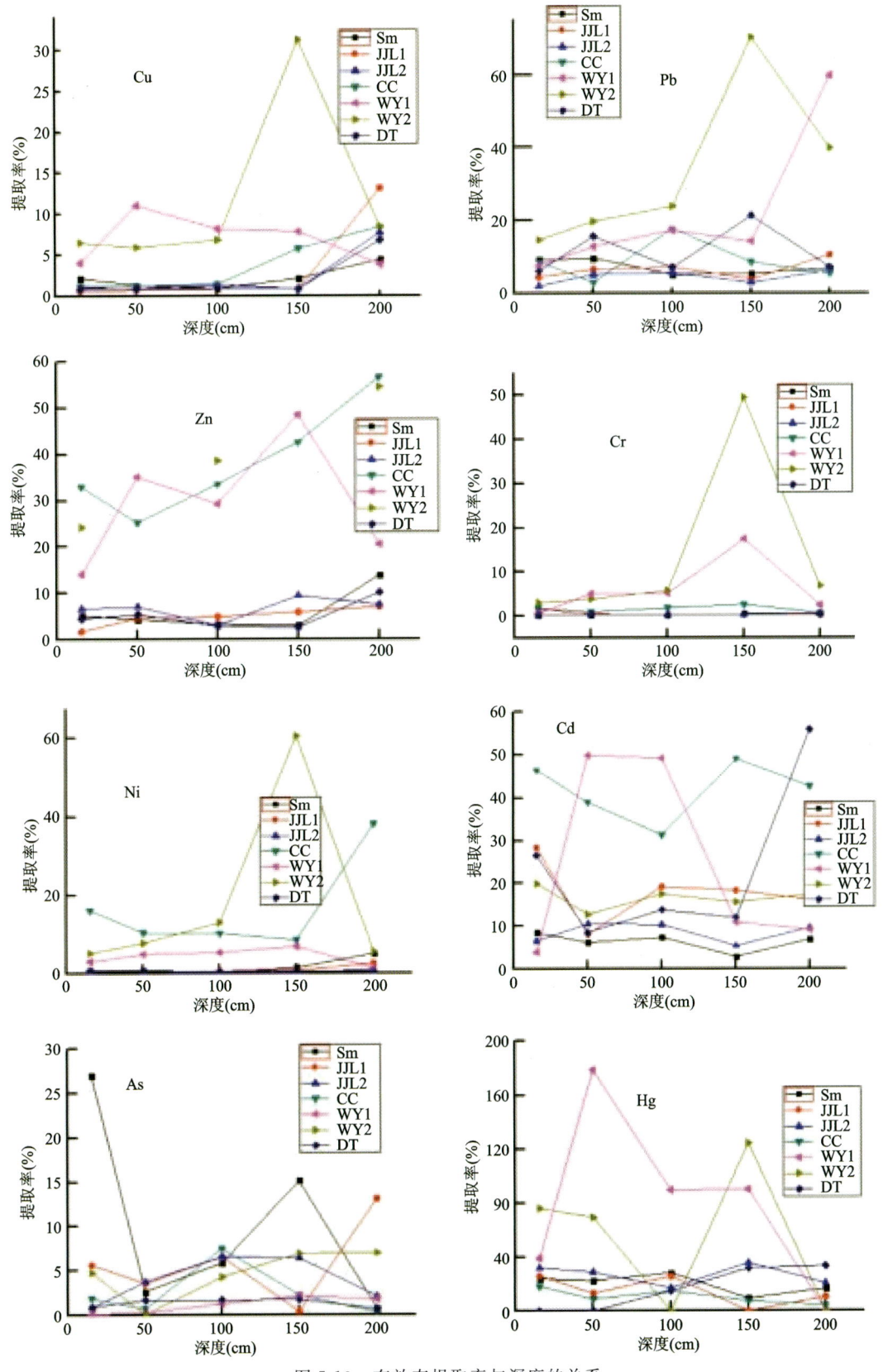

图 5-10 有效态提取率与深度的关系

$$I_{\text{geo}} = \log_2 \frac{C_n}{1.5B_n}$$

式中，C_n 为样品中重金属元素 n 的含量(mg/kg)；B_n 表示金属的地球化学背景值(mg/kg)；因子 1.5 用于计算背景值的可能变化。在这项研究中，B_n 值是广东省的土壤背景值，这里取 0.056mg/kg。根据地质累积指数 I_{geo} 把沉积物中的重金属污染程度分为 7 分级别，其中：0 类($I_{\text{geo}} \leqslant 0$)，未受污染；第 1 类($0 < I_{\text{geo}} \leqslant 1$)，未受污染至中度污染；第 2 类($1 < I_{\text{geo}} \leqslant 2$)，中度污染；第 3 类($2 < I_{\text{geo}} \leqslant 3$)，中度至重度污染；第 4 类($3 < I_{\text{geo}} \leqslant 4$)，重度污染；第 5 类($4 < I_{\text{geo}} \leqslant 5$)，重度到极度污染；第 6 类($I_{\text{geo}} \geqslant 5$)，极度污染。

2. 潜在生态危害指数(E_r)法

潜在生态危害指数法以沉积学理论为基础，最初由 Hakanson 提出，不仅考虑了各元素的富集程度，还考虑了其独特的毒性和综合生态风险。E_r 计算方法如下：

$$E_r = \frac{C_i}{B_i} T_0$$

式中，T_0 为毒性因子，假设 Cd 为 30，C_i 为土壤中 Cd 的测量浓度(mg/kg)；B_i 为土壤中 Cd 的地球化学背景浓度(mg/kg)。将 E_r 分为 5 个等级：低风险($E_r < 40$)、中等风险($40 \leqslant E_r < 80$)、相当大风险($80 \leqslant E_r < 160$)、高风险($160 \leqslant E_r < 320$)、非常高潜在生态风险($E_r \geqslant 320$)。

二、珠江三角洲土壤硒的来源和迁移富集规律

(一)崖门镇地区水稻田土壤-植物系统中硒元素分布特征及迁移规律研究

硒是生态环境中一个重要的微量元素，其丰缺与人和动植物的健康有着密切关系，硒元素生物地球化学循环过程及健康风险评价一直是研究热点。研究富硒地区土壤-植物系统中硒的分布特征及迁移规律，对识别硒元素生物地球化学循环过程、指导富硒农产品开发种植具有重要意义。据《广东省珠江三角洲经济区多目标区域地球化学调查报告》表明，珠三角地区土壤硒较为丰富，表层土壤硒含量范围为 0.102～1.886mg/kg，平均值 0.789mg/kg，富硒优质土壤主要分布在江门、肇庆、惠州等地市。本书选取江门市新会区崖门镇作为研究区域，采集水稻田土壤、水稻不同部位样品和当地水样，利用原子荧光光谱、发射光谱和质谱等分析技术，测定样品中的 Se、Cu、Pb、Zn、Cr、Ni、Cd、As、Hg 等元素含量，深入开展土壤-植物系统中硒元素分布特征研究及迁移规律研究，为当地硒资源的开发利用、优质粮工程实施、沿海和潭江流域优质稻米产业带发展提供科学依据。

1. 水土中硒元素含量特征

研究区表层土壤、剖面土壤、浅层地下水、灌溉水样品中 Se、Cu、Pb、Zn、Cr、Ni、Cd、As、Hg 共 9 种元素含量描述性统计结果列于表 5-7。

表 5-7 研究区土壤和水体硒及重金属含量描述性统计

样品类型	测试参数	Se	Cu	Pb	Zn	Cr	Ni	Cd	As	Hg
表层土壤样品 ($n=10$)	平均值 (mg/kg)	0.506 0	26.920 0	51.590 0	55.970 0	30.230 0	13.387 0	0.220 0	5.439 0	0.198 1
	变异系数 (%)	47.524 1	42.677 6	78.907 1	29.004 2	47.925 7	43.291 2	21.320 1	46.749 9	50.459 6

续表 5-7

样品类型	测试参数	Se	Cu	Pb	Zn	Cr	Ni	Cd	As	Hg
剖面(0~20cm)土壤样品(n=3)	平均值(mg/kg)	0.350 0	21.070 0	27.000 0	48.500 0	22.330 0	10.960 0	0.200 0	4.970 0	0.190 0
	变异系数(%)	17.290 0	33.450 0	38.970 0	42.950 0	35.700 0	38.850 0	30.410 0	28.900 0	55.010 0
剖面(20~40cm)土壤样品(n=3)	平均值(mg/kg)	0.423 3	10.466 7	26.133 3	27.733 3	13.966 7	6.580 0	0.150 0	3.260 0	0.160 7
	变异系数(%)	50.682 0	30.223 8	41.991 4	39.959 6	3.383 6	21.348 1	17.638 3	34.536 1	69.757 7
剖面(40~60cm)土壤样品(n=3)	平均值(mg/kg)	1.556 7	10.446 7	31.566 7	36.166 7	26.933 3	9.893 3	0.166 7	4.480 0	0.202 0
	变异系数(%)	57.717 0	34.389 6	1.856 2	19.493 3	33.078 6	30.431 1	18.330 3	75.203 0	93.840 3
剖面(60~80cm)土壤样品(n=3)	平均值(mg/kg)	0.986 7	8.150 0	26.233 3	35.833 3	23.966 7	10.016 7	0.146 7	5.420 0	0.143 0
	变异系数(%)	55.672 6	29.038 8	40.604 5	30.315 2	34.054 4	55.336 3	20.829 9	98.082 0	76.913 5
浅层地下水样品(n=2)	平均值(mg/kg)	0.000 3	0.003 0	0.001 4	0.011 35	0.014 5	0.001 5	0.000 2	<0.000 1	<0.000 05
	变异系数(%)	0.000 0	64.710 0	70.710 0	70.400 0	4.880 0	18.860 0	47.140 0	—	—
灌溉水样品(n=4)	平均值(mg/kg)	0.000 4	0.001 9	0.000 4	0.012 1	0.002 5	0.000 9	<0.000 1	0.000 5	<0.000 05
	变异系数(%)	20.412 4	40.320 0	70.710 0	46.470 0	14.950 0	20.290 0	—	74.830 0	—

注:n 为样品组数,"—"表示无相关数据。

研究区 10 个表层土壤样品中的硒含量范围为 0.23~1.04mg/kg,平均 0.506 0mg/kg,变异系数为 47.5%。尽管表层土壤中的硒含量变异系数偏高,但样品中的硒均值明显高于中国表层土壤中的硒平均含量(0.29mg/kg)。根据我国学者研究成果,将我国土壤中的硒按照质量分数高低划分为:缺硒土壤(<0.125mg/kg)、少硒土壤(0.125~0.175mg/kg)、足硒土壤(0.175~0.45mg/kg)、富硒土壤(0.45~2.0mg/kg)和高硒土壤(2~3.0mg/kg)。研究区 10 组表层土壤中有 5 组硒含量达到富硒土壤标准,占比 50%,其余 5 组均达到足硒土壤标准。研究区 3 个典型剖面的 12 件土壤样品中的硒含量为 0.28~2.59mg/kg,平均值 0.83mg/kg,变异系数为 82.55%。12 组剖面土壤中,有 7 组达到富硒土壤标准,占比 58.3%,另外 5 组达到足硒土壤标准。以上表层土壤和剖面土壤硒含量结果表明,研究区土壤硒含量丰富,有利于富硒土地资源的形成。

与土壤硒含量相比,浅层地下水与灌溉水样品中的硒含量均较低。两个浅层地下水样品中的硒含量均为 0.000 3mg/L,4 件灌溉水样品中的硒含量平均值为 0.000 4mg/L。

2. 水土中重金属含量特征

富硒土地资源的开发,除了土壤中的硒达到富硒水平外,还需要考虑研究区水土环境质量状况。表层土壤中重金属分析结果表明,Cu、Zn、Cr、Ni、Cd、As 和 Hg 共 7 种重金属含量均未超过农用地土壤污染风险筛选值《土壤环境质量 农用地土壤污染风险管控标准(试行)》(GB 15618—2018),只有两组采集于公路附近的表层土壤铅含量达到 137mg/kg 和 113mg/kg,略微超过《土壤环境质量 农用地土壤污染风险管控标准(试行)》(GB 15618—2018)中的农用地土壤污染风险筛选值 100mg/kg,但未超过《土壤环境质量 农用地土壤污染风险管控标准(试行)》(GB 15618—2018)农用地土壤污染风险管制值 500mg/kg。

剖面土壤中 8 种重金属含量均未超过《土壤环境质量 农用地土壤污染风险管控标准(试行)》(GB 15618—2018)农用地土壤污染风险筛选值。剖面 03 点、04 点浅层地下水分析结果,参照《地下水质量标准》(GB/T 14848—2017),7 种重金属 Cu、Pb、Zn、Ni、Cd、As、Hg 都为 I 类,也都低于《农田灌溉水质标准》(GB 5084—2005)限值,Cr 含量也较低,两件浅层地下水样品 Cr 总量平均值为 0.014 5mg/L,远低于《农田灌溉水质标准》(GB 5084—2005)中六价铬的限值 0.1mg/kg。所采集的 4 件灌溉水样中铜、铅、锌、铬、镉、砷和汞 7 种重金属含量均达到《农田灌溉水质标准》(GB 5084—2005),镍含量也较低,平均值为 0.000 9mg/L,达到《地下水质量标准》(GB/T 14848—2017)I 类地下水标准。

从以上数据分析可见,研究区表层土壤、剖面土壤中重金属含量整体上低于《土壤环境质量农用地土壤污染风险管控标准(试行)》(GB 15618—2018)农用土壤地土壤污染风险筛选值,浅层地下水和灌溉水满足《农田灌溉水质标准》(GB 5084—2005),总体较为安全,土壤硒含量较高,适宜发展富硒水稻种植。

3. 硒元素迁移特征

1)岩石-土壤硒元素迁移特征

研究区新鲜花岗岩及对应点风化土中 Se 含量见表 5-8。研究区 4 件岩石样品均为晚侏罗世黑云母二长花岗岩,Se 含量范围为 0.019~0.025mg/kg,变异系数(13.84%)较小,平均含量仅为 0.020 75mg/kg,低于地壳丰度(0.05mg/kg)。该分析结果与其他研究者关于该地区岩石中 Se 的研究结果一致。例如,刘子宁等研究表明,江门市台山地区岩石 Se 含量为 0.01~1.34mg/kg,Se 含量较低的岩石主要为富硅岩以及花岗岩,其中 3 件花岗岩样品 Se 含量分别为 0.03mg/kg、0.01mg/kg、0.01mg/kg。《广东省珠江三角洲经济区局部生态地球化学评价报告》表明,江门市台山地区花岗岩中 Se 偏低,Se 含量范围为 0.02~0.25mg/kg,平均值为 0.06mg/kg,中位值为 0.04mg/kg,变异系数较大,达到 77%;岩石中的 Se 含量与岩性和形成时代密切相关,在该地区采集的花岗岩样品涵盖了三叠纪、白垩纪、侏罗纪等时代的地层,花岗岩形成时代差异较大,故 Se 含量变异系数较大。

表 5-8 岩石和风化土中 Se 含量

花岗岩样品	Se 含量(mg/kg)	风化土样品	Se 含量(mg/kg)
花岗岩 1	0.025	风化土 1	0.30
花岗岩 2	0.019	风化土 2	0.12
花岗岩 3	0.020	风化土 3	0.17
花岗岩 4	0.019	风化土 4	0.34

相比于岩石中的 Se,研究区所采集的花岗岩对应的 4 个风化土样品中 Se 含量平均值为 0.232 5mg/kg,是岩石平均含量的 11.2 倍。根据这个研究数据,基本上可以推断岩石风化成土过程是 Se 元素富集过程。研究区温暖湿润气候条件下花岗岩体遭受长期而又强烈的风化作用,形成土壤母质,在长期水岩相互作用下,盐基离子大量淋失,活性元素(如 Ca、Na、Mg、K、Si 等强迁移与易迁移元

素)的淋失较快,稳定性元素的淋失较慢,结果会造成稳定性元素富集,易溶性元素亏损。因此,风化土中稳定性元素 Se 显著高于新鲜花岗岩中 Se,又由于风化淋溶程度及母岩 Se 含量差异,4 个风化土中 Se 含量的差异较大。研究区表层土壤 Se 含量平均值为 0.506mg/kg,为风化土 Se 平均含量的 2.2 倍。其主要原因是,研究区风化土变为水稻土的过程中,风化淋溶作用持续进行,加之稻田的水耕熟化作用,促使 Se 在表层土壤中累积,使得表层土壤中 Se 高于风化土中 Se。当然土壤发育程度及稻田的水耕熟化作用是存在差异的,10 个表层土壤中 Se 含量变异系数较大,达到 47.5%。由上可知,研究区岩石风化成土过程为 Se 元素富集过程,主要受风化淋溶作用控制。

2)土壤剖面硒的迁移特征

针对研究区所处地质环境特点及地貌形态,在研究区上、中、下游选择了 3 条剖面来剖析,06 剖面、04 剖面、03 剖面分别位于研究区上、中、下游,成土母质均为花岗岩残积土。研究区 3 个典型土壤剖面中 Se 含量分布如图 5-11 所示。3 个剖面 Se 含量呈现出相似的特征,从上到下,先增大后减小。Se 含量平均值由大到小顺序为:03 号剖面＞06 号剖面＞04 号剖面,平均值分别为 1.325mg/kg、0.60mg/kg、0.565mg/kg,处于下游的 03 号剖面土壤 Se 整体含量较高。梁若玉等报道了地形条件也能影响地表 Se 的重新分配,03 号剖面地势相对低洼,相对位置处于 06 号剖面、04 号剖面下游,在低洼处易接受其他物质,故 Se 常趋向积聚,含量较高。

3 个剖面同一深度 Se 含量由大到小的顺序为:40~60cm＞60~80cm＞20~40cm＞0~20cm,平均值分别为:1.557mg/kg、0.987mg/kg、0.423mg/kg、0.353mg/kg,平均值由上到下呈现出先增大后减小的特征,表现为 Se 在中下部富集,即出现 Se 在中下部淋溶淀积层富集的现象。与文帮勇等的研究结果类似,可能与研究区降雨量大、淋溶作用强有关。

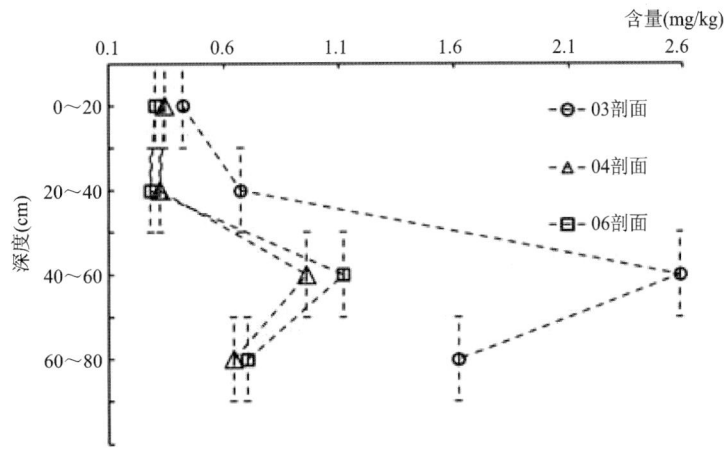

图 5-11 剖面不同深度土壤硒含量垂向分布

从图 5-12 剖面颗粒组成可以看出,研究区土壤剖面粗粒组(粒径＞0.075mm)含量占比较大,含量范围为 48.2%~89.4%,平均值为 73%;细粒组(粒径＜0.075mm)含量范围为 10.6%~51.8%,平均值为 27%。3 个剖面土壤均以粗粒土为主,剖面渗透性好,研究区降雨量大,淋溶作用较强,土壤中 Se 较易向下迁移,3 个剖面土壤 Se 主要在中下部淋溶淀积层富集。

综上所述,土壤 Se 元素迁移,径流方向上主要向下游迁移,在低洼处富集;垂向土壤剖面硒元素主要向下部迁移,在中下部淋溶淀积层富集。

4. 水稻硒元素迁移特征

研究区采集的水稻样品各部分 Se 含量统计结果列于表 5-9。根据《富硒稻谷》(GB/T 22499—2008)标准,当大米 Se 含量为 0.04~0.3mg/kg 时,判定为富硒大米,所采集的 10 件样品中大米 Se 含量平均值为 0.058mg/kg,达到了富 Se 大米标准。从水稻各部位 Se 含量平均值来看,研究区水稻不同部位 Se 含量为:根＞茎叶＞大米＞稻壳。

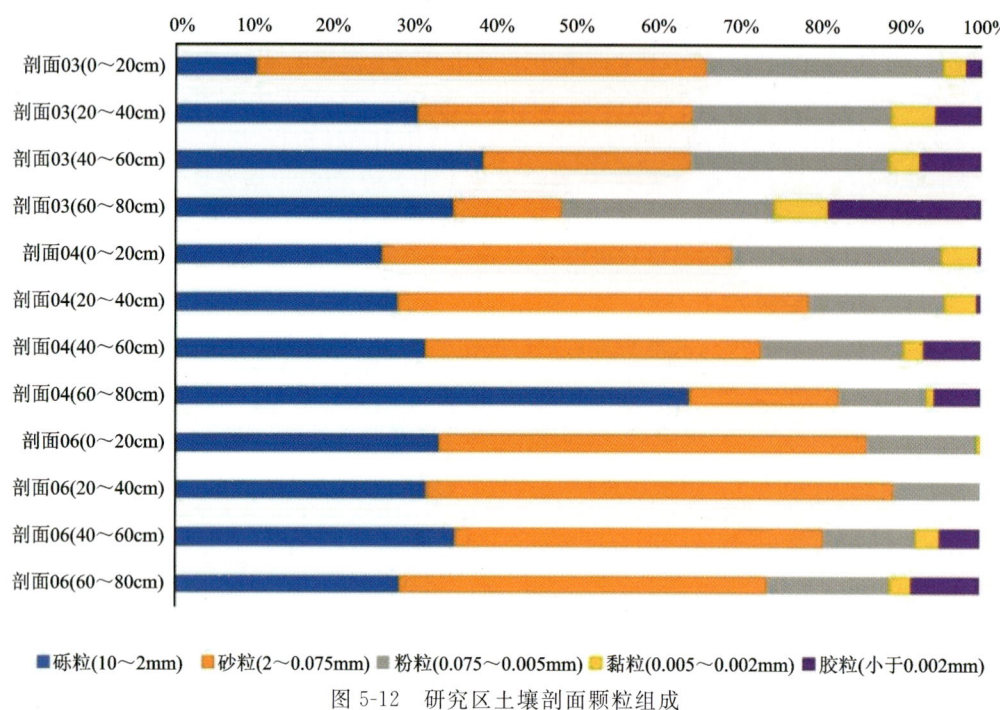

图 5-12 研究区土壤剖面颗粒组成

表 5-9 水稻不同部位硒含量

样品介质	Se 含量(mg/kg)		
	平均值($n=10$)	最大值($n=10$)	最小值($n=10$)
水稻根	0.320	0.360	0.300
水稻茎叶	0.075	0.090	0.054
大米	0.058	0.072	0.045
水稻稻壳	0.053	0.072	0.038

植物迁移系数用来反映某种元素在植物体中的迁移能力,它是植物地上部分某元素含量与其根部该元素含量的比值。通过计算,水稻地上部分 Se 含量低于水稻根部 Se 含量,平均迁移系数为 0.19,远小于 1,说明 Se 在水稻中不容易从根部向地上部分迁移。水稻根部 Se 含量较高,是因为水稻生长过程中,根部聚集了大量的微生物,增强了根部对 Se 的吸收能力,因此根部对 Se 的富集作用最强。只有在根部累积了大量的 Se,才能进一步向茎和叶及果实部位迁移。

5. 土壤-水稻系统中硒元素迁移特征

将水稻各部分 Se 含量与对应点的表层土壤 Se 含量进行对比分析,探讨该研究区水稻对 Se 元素的富集能力。从富集系数(即水稻各部位的硒含量与对应点土壤硒含量的比值)来看,研究区水稻根、茎叶、稻壳、大米富集系数平均值分别为 0.657、0.165、0.120、0.126,可见研究区水稻不同部位对 Se 的富集能力并不一致,其中根的富集系数远大于其他 3 个部分,说明土壤 Se 较易向水稻根部迁移,在根部富集,较不易进入水稻茎叶及大米部位。水稻各部分富集系数均小于 1,尤其是水稻茎叶、稻壳、大米富集系数远小于 1,说明土壤中 Se 含量高于水稻各部分 Se 含量,土壤中的 Se 是研究区土壤-植物系统中 Se 的物质循环基础。

(二)珠三角沿海地区土壤硒的来源和富集成因初探

本专题结合对珠三角沿海地区的台山、中山、珠海等市优质富硒土壤开展的野外地质调查和室内整理工作,总结了珠三角地区土壤硒的含量分布与成土母质的关系,探讨了该区域土壤中硒的来源及富集影响因素,为合理开发利用珠三角地区的硒自然资源、变资源优势为经济优势、发展地方经济提供了理论依据。

1. 珠三角沿海地区富硒土壤的分布特点

《粤港澳大湾区自然资源与环境图集》对研究区土壤 Se 含量进行了系统分级,依据 Se 的含量由高到低初步将珠三角地区土壤划分为优质富 Se 土壤、富 Se 土壤和非富 Se 土壤 3 个级别,并在此基础上绘制了珠三角经济区富 Se 土壤资源图。前人研究结果表明,珠三角地区岩石普遍富 Se,且 Se 含量与岩性和形成时代密切相关,具体表现为地层时代越老 Se 含量越高,同时岩性上浅变质泥岩到泥质粉砂岩到花岗岩中 Se 含量逐渐降低。传统观点认为土壤 Se 含量取决于成土母质,即成土母质类型控制了区域上土壤 Se 的含量高低分布。然而,不同成土母质类型土壤剖面 Se 含量分布实际上可能存在明显的差异,对于珠三角沿海地区来说,不同岩性的成土母质所形成的土壤中 Se 含量是否也如传统观点认为的决定了土壤中 Se 的含量分布,目前还不清楚。因此,为更好地理解本区优质富 Se 土壤的分布特点及其与成土母质之间的关系,本书将研究区富 Se 土壤资源图和区域地质图进行了对照。结果表明,珠三角沿海地区主要优质富 Se 土壤的分布并不在沉积地层出露区,反而与区域上花岗岩岩体(例如古兜山、五桂山、唐家岩体等)出露区高度吻合,而非富 Se 土壤则主要分布于第四系沿海滩涂区域。

珠三角沿海地区优质富 Se 土壤的分布特点表明,该地区土壤 Se 含量可能并不主要受控于其成土母质中的 Se 含量,Se 在珠三角沿海地区土壤中的富集过程受到其他因素影响,具有复杂性。

2. 珠三角沿海地区土壤硒来源分析

土壤中硒的来源很大程度上与成土母质密切相关。研究区西部、北部寒武系出露区与优质富硒土壤区具有一定的吻合度,可能是由于寒武系中相对较高的 Se 含量所致。然而,珠三角沿海地区大面积富 Se 土壤分布与花岗岩出露区相吻合,暗示珠三角沿海地区土壤硒来源更可能主要与该区燕山期花岗岩类相关。

珠三角地区整体属于武夷-云开造山带,长期处于大陆边缘隆起区,因而成为岩浆活动的主要场所。珠三角沿海一带及部分海岛广泛分布各类燕山期花岗岩,组成规模不等的杂岩体,主要包括古兜山、五桂山、唐家岩体等。研究区位于粤西鹤山-台山稀有金属-钨锡成矿带内,区域上广泛出露的燕山期二长花岗岩、黑云母花岗岩以及钠长石化高分异淡色花岗岩被认为与铌钽、锡矿床的形成有密切成因联系。已有资料表明,珠三角沿海一带燕山期花岗岩中相对富集铌钽、锡等元素,且存在锡、铌钽的残积和坡积砂矿。众所周知,硒与锡等元素在地球化学亲和性分类上同属于亲硫元素,因而它们之间具有相似的地球化学性质,在土壤、岩石中的含量往往密切相关。例如,湖南省桃源县内具有沃溪等一批大、中型金-锑-钨-锡矿床,已有研究表明,该地区土壤硒含量高,尤其是赋矿层位形成的土壤中硒含量高达 $294.45 \sim 1103.86\mu g/g$。付建明等对华南中生代花岗岩成因和钨锡成矿进行了系统总结,将华南燕山期花岗岩分为 3 类:壳源重熔型、壳幔混合型以及铝质 A 型花岗岩,并认为锡多金属矿床的形成与壳幔混合型和铝质 A 型花岗岩关系密切,而非传统壳源 S 型花岗岩,强调了幔源岩浆对锡成矿作用的贡献。华南晚中生代大规模岩浆作用形成的动力学机制普遍被认为可能与古太平洋板块向华南陆块的俯冲作用有关。晚侏罗世时期,华南陆块内广泛发育双峰式火山作用、巨型链状火山岩带和 A 型花岗岩带以及多期基性岩浆活动,这表明华南晚中生代处于伸展背景,晚燕山期,尤其是晚侏罗世到早白垩世($160\sim 140Ma$)造山后高钾钙碱性花岗岩的侵位与华南大规模锡矿形成密切相关。在野外地质调查过程可见珠三角沿海地区花岗岩类中普遍存在暗色微粒包体(图 5-13)。已有研究也显示,这些花岗岩在形成过程中可能存在幔源岩浆的加入,这与最近对研究区花岗岩开展的同位素年代学和地球化学结果相一致,该研究表明,粤东沿海地区花岗岩形成时代在 146~141Ma 之间,形成于拉张构造背景下,且与锡的成矿密切相关。

一方面,初步的土壤元素地球化学分析显示,珠三角沿海地区土壤硒的含量与铬(Cr)、镍(Ni)、钒(V)等具有明显的相关性,这些元素均为典型的幔源元素,在地幔地核中的含量远高于地壳,同样暗示地幔物质可能对区域上土壤中硒的来源具有重要贡献。显然上述这些证据均表明燕山期中酸性岩体为区内锡、铌钽等的含矿母岩,且很可能是区内土壤中硒的主要源岩。由于酸性花岗质岩浆自身携带有亲硫亲铁元素,在岩浆上升侵位过程中这些元素会与岩浆中的热、气、水、卤族元素发生化学反应,形成含矿热液。珠三角沿海地区花岗岩类多侵入寒武纪地层中,已有研究均表明,寒武纪地层中绢云母千枚岩,粉砂质板岩等岩石具有区内相对最高的硒含量。当酸性岩浆因侵入而与围岩接触时,通常在两者侵入接触部位产生不同程度的接触变质作用,造成亲硫元素的进一步活化迁移,此时富 SiO_2 和 H_2O 的岩浆热液会与较强化学活泼性的寒武系围岩(如绢云母千枚岩、板岩等)发生化学交代作用,形成绿泥石、滑石等,同时也会将围岩中硒、锡、钒等元素萃取出来,成为含矿热液。最初,岩浆和这些含矿热液处在深部封闭或半封闭高温高压环境下,岩浆热液中含有较多的游离氧和挥发性物质,因而活动性强,使其向上迁移,在随后的上侵迁移过程中,岩浆热液仍不断从围岩中萃取硒等元素,最后在适宜的构造薄弱带(如断层)中发生聚集,使得本区广泛分布的花岗岩成为土壤的富硒源岩。笔者在野外地质调查过程中在花岗岩断层发育处也见有矿化蚀变现象(图 5-13),包括有钠长石化、云英岩化等,并有单质硫的大量析出(图 5-13),硫和硒属同一主族,化学性质相似,同样暗示硒的局部富集可能与花岗岩类关系密切。区内众多含锡岩体为区域上富硒土壤的形成提供了物质来源,创造了良好的条件。这一推断得到了近年来多目标地球化学调查结果的支持,例如在广东省、广西壮族自治区以及云南省均发现有连片出露的富硒富锗优良土壤,锗与锡属同一主族元素,因此,富锗富硒土壤本质上可能与华南中生代的锡矿床相关。

图 5-13　珠三角沿海地区花岗岩类野外照片

另一方面,珠三角沿海地区拥有丰富的地热资源,新一轮开展的珠三角经济区环境地质综合调查结果显示,区内地热资源总量可达 $14\,000 \times 10^{15}$ J,可能与火山活动密切相关的热(温)泉在研究区多地出露,地下热水可开采热量约每年 5.5×10^{15} J,包括水温介于 90~150℃ 的中温地热田多处,例如中山市虎池围温泉(水温 99℃)、中山市三乡泉眼温泉(水温 95℃)等;另有 25~90℃ 的低温地热田数十处,主要分布于中东部的广州、佛山、东莞、深圳,西南部的中山、珠海、江门的恩平和台山等地。在火山作用及与之相关的喷气活动产物中,硒是典型的富集元素。因此,区域上现今还在进行的这些热水作用(热、温泉)也可能为本区土壤中的硒提供一定的物质来源。

3. 珠三角地区土壤硒的富集影响因素

1)气候因素

珠三角沿海地区属典型的亚热带海洋性季风气候,年平均气温 21~26℃,7月气温最高,平均气温可达 32℃,降雨量 1000~2500mm,年相对湿度 75%~85%,在这种炎热潮湿的气候条件下,岩石的化学风化作用极为强烈,与沉积地层相比,区内花岗岩遭受的风化作用影响更为强烈,区内沉积岩以细粒碎屑沉积岩(如页岩、板岩、粉砂岩等)为主,黏土矿物含量相对较高,抗风化能力相对较强,而花岗岩类岩性以黑云母二长花岗岩为主,岩石中长石含量高,可达 50%~70%(图 5-13),这些长石在湿热气候下极容易发生高岭土化和(或)绢云母化,导致岩石疏松,风化壳厚度大,也使得水循环作用在花岗岩出露区更为流畅,杂质元素从花岗质岩石体系中大量活化并分离移出。与此同时,珠三角地区夏季台风频繁,暴雨和大暴雨天气也较多,地面受强烈冲刷,加速了杂质元素如钾、钠等的移出,从而使硒等相对不活跃元素发生相对富集。

一方面,在湿热气候条件下,花岗岩风化过程中一价、二价阳离子组成的盐类被大量淋失,岩石风化后剩下三价的铁、铝等化合物,尤其是铝的氧化物及其盐类易发生水解产生氢离子,使土壤相对酸化,因此,珠三角地区土壤普遍酸性较强,有些甚至呈酸性反应,pH 值在 6.0 以下。pH 值作为影响土壤硒含量的重要因素之一,主要影响了硒的存在形态和迁移活性,土壤 pH 值越大,土壤硒的甲基化越多,硒的移动性也越强,此外硒在酸性条件下以亚硒酸盐形式存在,淋溶迁移性弱,而碱性条件下主要以硒酸盐形式存在,容易迁移。由于湿热气候造成珠三角地区土壤酸化,土壤甲基化较少,硒以亚硒酸盐形式存在,在淋溶作用中的移动性处于较低水平,从而使区内土壤中硒相对富集。

2)土壤颗粒粒度及矿物组成因素

(1)土壤颗粒粒度的影响。土壤颗粒粒度和矿物组成也会对硒含量产生影响,细粒的黏土矿物被认为是土壤保留硒的主要矿物组分。研究区表层土壤粒度偏细,内含大量黏土矿物,这些黏土矿物易于吸附固定硒元素,从而使土壤中的硒产生进一步富集。刘子宁等对台山地区 171 件作物根系土的土壤粒度与硒含量关系进行了梳理,结果表明,随着土壤质地由粗砂土逐渐变细转为壤土,土壤中硒的含量也随之由 $0.28\mu g/g$ 提高至 $0.54\mu g/g$,表明细粒、含黏土矿物组分更多的土壤更易于吸附固定硒元素,促使硒元素在土壤中进一步富集。

(2)土壤中铁-锰(铝)氧化物的吸附。金属氧化物对表生环境中硒的行为有明显影响,由于其独特的结构和优异的性质,对自然环境中硒和有害重金属元素均具有较强的吸附固定能力,进而影响它们在土壤中的浓度以及迁移能力。章海波等对香港富硒土壤研究时发现,土壤中硒的含量与土壤中铁和铝的含量之间呈显著相关性。土壤中各形态的硒都能与铁锰(铝)的复合氧化物发生反应而沉淀下来,因而铁锰(铝)的金属氧化物对硒有着很强的吸附能力,甚至强于黏土矿物。

珠三角沿海地区土壤类型以赤红壤和水稻土为主,铁锰(铝)氧化物作为该类土壤中的最常见氧化物之一,具有稳定的电荷零点、比表面积大、表面活性强的特点,成为良好的对硒和重金属元素的吸附载体矿物,甚至相关的复合矿物材料已被广泛应用于环境污染修复之中。铁氧化物形态以及 pH 值是铁锰(铝)氧化物对土壤硒的吸附行为的重要影响因素。已有研究显示,随着晶形向无定形态转变,铁氧化物比表面积增大,吸附量也增加。此外,在 pH 值约为 5.0 的酸性土壤中铁锰氧化物的吸附能力最强,与此同时,随着土壤体系 pH 值(>5.5)升高,吸附容量明显降低,铁锰氧化物在不同 pH 条件下吸附性能的差别可能受电荷零点及所带电荷性质的影响。在热力学和动力学方面,Freundlich 模型可描述铁氧化物对硒的吸附行为,而假二级动力学方程则描述了对其吸附过程。因此,珠三角沿海地区土壤中铁锰(铝)氧化物的吸附作用也是硒得以富集的重要因素之一。

3）地貌因素

研究区优质富硒土壤圈定区主要在丘陵、低山区，而非富硒土壤则集中分布于三角洲平原区、海滨一带，表明地貌因素对区域上土壤硒的富集也可能起到了一定的作用。除不同地貌区因成土母质岩性不同导致的自身硒含量差异因素外，珠三角沿海地区的三角洲平原区、滩涂区以第四系为主，主要为海陆交互相堆积物，海水的潮汐作用以及对这些松散沉积地层反复的冲刷作用可能会影响区内土壤硒的富集。此外，海水的入侵过程也会带来大量一价、二价阳离子组成盐类，从而使土壤中硒含量相对减少。类似的情况也在其他地区出现。例如，对浙江省瑞安市土壤硒含量的研究显示，瑞安市土壤硒含量与地貌特点关系明显，具体表现为东部沿海滩涂为硒缺乏区，滨海平原区为硒不足区，而西部山区则为富硒土壤区。总体来看，珠三角地区土壤硒富集的本质是亚热带海洋性季风气候湿热条件下壳幔混合和（或）铝质 A 型花岗岩强烈化学风化与富集改造的结果，土壤硒元素富集的实质是杂质元素从成土母质（花岗质岩石体系）中大量活化并分离移出，从而使土壤中硒元素发生相对富集的过程。

4. 珠三角地区下一步富硒土壤寻找方向

近年来，随着人们对硒元素在生态环境效应中的认识逐步加深，对富硒土壤的综合调查及其开发价值的研究也逐渐开展。我国越来越多的富硒土壤逐渐被发现和发掘，并在这些富硒地区发展了优质特色农产业，推动了当地经济发展。在珠三角地区寻找更多优质富硒土壤，对粤港澳大湾区绿色生态发展、建设特色农业现代化产业基地等均具有重要意义。依据上述对珠三角地区土壤硒来源和富集影响因素的分析，笔者认为下一步应加大对珠三角地区燕山期花岗岩，尤其是晚侏罗世二长花岗岩作为成土母质所形成的土壤调查，并将区域上构造发育、地热资源丰富的地方作为重点进行调查。珠三角地区第四纪松散沉积物无论在岩石还是土壤中均具有较低的硒含量，不具备形成富硒土壤的有利条件。

三、南沙核心区镉元素富集特征及生物有效性研究

珠江三角洲平原区是由西江、北江、东江从上游携带的泥沙在湾内不断堆积而形成，经历了 3 次海侵和 3 次海退交替，以珠江口至狮子洋为界，分为西江、北江三角洲和东江三角洲两部分。整体上具有相同的发展模式，经过了基本一致的演变过程。土壤地球化学调查结果发现，在珠江三角洲冲积平原区的浅层（0.2m 以浅）和深层（1.5m 深）都分布有大面积的 Cd 高含量区，但在区域上体现出显著的差异。在地球化学上体现出不同的三角洲沉积区具有不同的元素组合特征。Cd 的高含量区主要分布于西江、北江三角洲沉积区，东江三角洲沉积区和潭江三角洲沉积区基本上是 Cd 的背景区。广东省 1∶25 万水系沉积物测量结果表明（陈显伟等，1996），在西江、北江流域分布着大片的 Cd 高含量区，这些高含量区大部分与地质背景有关，少部分与矿山开采有关（如广东凡口铅锌矿等）；东江流域则基本上没有 Cd 的高含量分布区，表明珠江三角洲平原 Cd 的高含量与三角洲沉积物的物质来源有明显的关系。

三角洲地区的河流发挥着一系列生态功能，如水运、水产养殖、农业灌溉、家庭用水和旅游业。河流携带的沉积物可以作为污染物的储存库，其质量影响着水文联系、水质、水生动物种群和植被特征。当大量重金属污染物排放到水生环境中，其绝大部分都富集在泥沙颗粒上，以泥沙颗粒为载体迁移转化。西江、北江三角洲大部直接受 3 次海侵影响，普遍存在海侵形成的细粒级、黏粒级沉积物。沉积物中细粒级、黏粒级组成越高，越有利于微量元素的富集，其原因一方面是细粒级组分多为富含微量元素的黏土矿物及部分暗色矿物，另一方面，沉积物中细粒级组分越多，对微量元素的吸附保持能力越强。因此，在河流搬运条件下，金属的迁移和转化过程主要受河水动力条件和泥沙吸附特性的支配，这种迁移转化过程与水动力条件、泥沙的浓度、泥沙的粒径、泥沙和重金属的极性、pH 值、竞争吸附、温度等因素息息相关。重金属在沉积物中累积，可能直接污染原水，对当地鱼类种群造成亚致死效应或死亡，或被作物吸收积累；也可能通过沉积物再悬浮、吸附或解吸反应、还原或氧化反应和生物降解向水中释放，这些过程改变了金属在环境中的溶解浓度，威胁到生态系统和人类健康。

对珠江三角洲而言,西江和北江上游物源区母岩矿物组成中重金属元素含量丰富,在河流搬运过程中携带大量富含 Cd 的河流沉积物,这种沉积物具有较强的主极化能力,能被河流沉积物中细粒级物质吸附,依靠河流动力搬运迁移。在三角洲沉积区内,一方面流速减缓,水动力条件减弱,另一方面地球化学环境发生变化,促使 Cd 与西江、北江沉积物质在三角洲同步沉积。

(一)统计分析

数据采用 Excel 2010 进行描述性统计分析。为了解读重金属或取样点之间的相互关系,使用统计软件 SPSS20.0 进行了 Pearson 相关矩阵(PCM)、层次聚类分析(HCA)和主成分分析(PCA)。PCM 用于识别金属之间的关系,并确认多元分析的结果;HCA 被用来根据物理化学参数或重金属富集水平来确定不同地点之间的空间变异,欧几里得距离被用来作为相异度矩阵,而离差平方和法被用来作为一种联结方法;PCA 用于确定污染源(自然源和人为源),通过创建多个新的变量或因子简化复杂的数据集,每个变量代表数据集中一组相互关联的变量。虽然 PCM、HCA 和 PCA 被应用于数据集,提供了关于金属污染物来源的定性信息,但它不足以提供关于每种来源类型的贡献的定量信息。为克服这一问题,采用多元回归法对数据集进行进一步分析。在本研究中,利用因子分析-多元线性回归(FA-MLR)来量化每种来源对南沙珠江口沉积物的贡献。利用 MapGIS 软件,采用 Kring 泛克里格法建立的 GRD 数学模型进行离散数据网格化,采用高等级平滑等值线处理,绘制等值线图,清晰显示研究金属的空间分布格局。

(二)沉积物元素污染评估

应用地质累积指数 I_{geo} 对研究区进行污染评估,选取广东省土壤背景值作为金属的地球化学底值,进一步解释高浓度重金属在沉积物中的富集。各元素 I_{geo} 中值由大到小依次为 Cd>Cu>Mn>Ni>Co>Zn>As>V>Cr>F>Hg>Si>Pb>Se(图 5-14,表 5-10),所有 Se 的 I_{geo} 值都低于 0,表明在研究区的沉积物中,Se 未有明显富集;Pb、Hg 和 Cr 变异系数很高,I_{geo} 值的中值和均值均低于 1,表明在研究区的沉积物中,Pb、Hg 和 Cr 以未受污染至中度污染为主,局部地区受点源影响,Pb 达到重度污染,Hg 达到中度至重度污染,Cr 的 I_{geo} 值最大(7.19),采样点位于广州市南沙区黄阁镇梅山工业园废弃空地,达到极度污染水平;As、Co、Zn 污染程度以未受污染—中等污染为主,其中 As、Co 的 I_{geo} 最大值均小于 2,表明局部受中度污染,Zn 的 I_{geo} 最大值达 3.56,局部受重度污染;Ni、Mn、Cu 的 I_{geo} 值范围分别

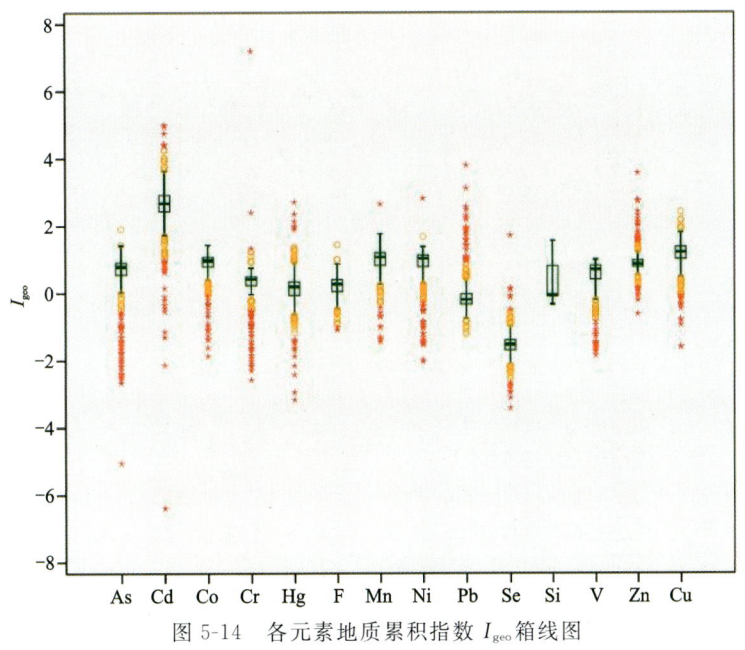

图 5-14 各元素地质累积指数 I_{geo} 箱线图

为$-2.04\sim2.81$、$-1.45\sim2.65$、$-1.61\sim2.41$,表明土壤受中度污染至重度污染;Cd 在所有目标金属中的变异系数最小,I_{geo}最大值达 4.99,同时也是 I_{geo}均值(2.54)和中值(2.68)最高的,表明在研究区域 Cd 的污染状况最为严重,人类活动对地质累积指数的影响较大,65%以上地区的土壤 I_{geo}值在 2～3 范围内(图 5-15),表明该区域污染程度中度—重度,17%以上达到重度污染($3<I_{geo}\leq4$),局部达到重度—极度污染($4<I_{geo}\leq5$)。Cd 的 I_{geo}在所有目标金属中的变异系数最小($CV=37.5\%$),表明南沙新区 Cd 污染情况不仅是所有重金属元素中最严重的,也是最为普遍的。南沙核心区 Cd 污染呈现非常高风险($160\leq E_r<320$)占 52%以上(图 5-16),而危险($E_r\geq320$)超过 36%,主要分布在横沥、万顷沙、新垦等镇。总体而言,人类工程活动对地质累积指数的影响较大,造成了中度—重度污染,同时,Cd 污染分布具有普遍性,Cd 的潜在生态风险构成了相当大的威胁。

表 5-10　各元素地质累积指数 I_{geo}描述统计量($n=348$)

元素	最大值	最小值	均值	中位值	标准差 σ	变异系数 CV
As	1.90	−5.05	0.48	0.78	0.86	1.79
Cd	4.99	−6.39	2.54	2.68	0.95	0.375
Co	1.43	−1.87	0.81	0.97	0.48	0.59
Cr	7.19	−2.59	0.22	0.41	0.71	3.21
Cu	2.41	−1.61	1.09	1.21	0.50	0.46
F	1.43	1.43	1.43	0.26	0.32	1.60
Hg	2.70	−3.18	0.11	0.18	0.62	5.68
Mn	2.65	−1.45	0.94	1.06	0.48	0.52
Ni	2.81	−2.04	0.79	1.02	0.64	0.81
Pb	3.79	−1.22	−0.03	−0.20	0.64	−19.00
Se	1.70	−3.43	−1.55	−1.54	0.45	−0.29
Si	1.55	−0.34	0.20	−0.08	0.50	2.45
V	0.98	−1.86	0.46	0.69	0.58	1.27
Zn	3.56	−0.63	0.91	0.85	0.41	0.45

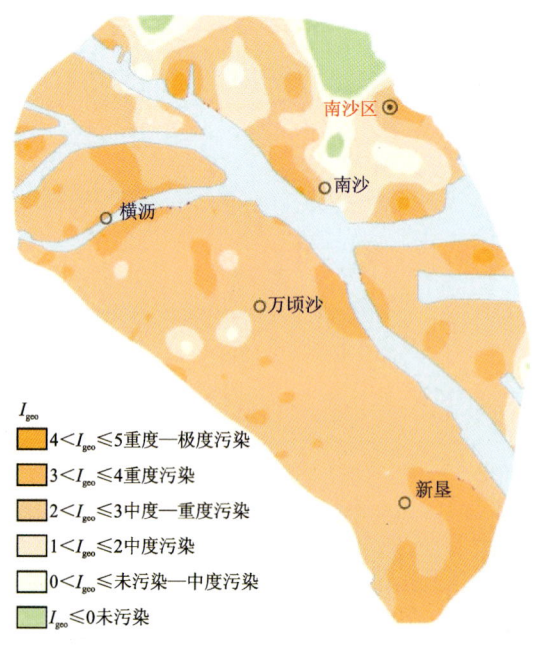

图 5-15　南沙新区地质累积指数 I_{geo}的土壤 Cd 评价

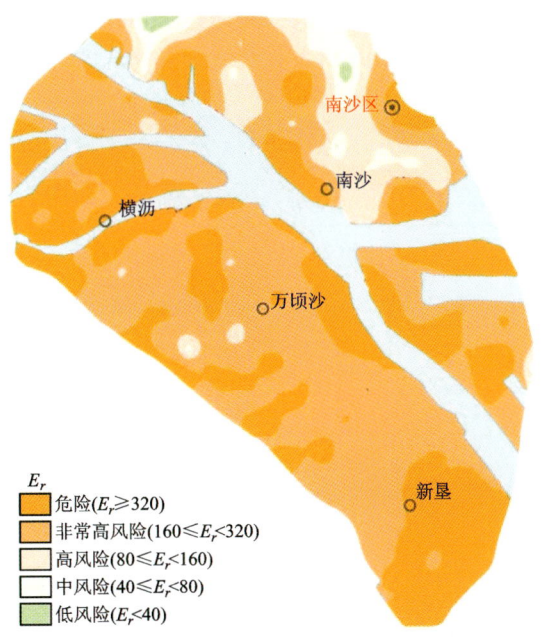

图 5-16 南沙新区潜在生态风险指数 E_r 的土壤 Cd 评价

也就是说，在三角洲自然沉积的地质背景和人类活动的双重影响下，南沙新区的土壤可被认为是中度—重度 Cd 污染，因此，有必要揭示城市周边农田土壤镉污染的影响因素和影响程度，强化生产环节的源头治理和过程控制，防止土地重金属含量继续增高，同时调整种植结构，避免重金属通过食物链影响人体健康。

(三) 沉积物镉元素含量的空间分布

1. 面上调查

1) 各元素含量分布特征

南沙核心区面上调查共测试分析 383 组土壤样，其中表层土壤样品 348 组，剖面土壤共 5 个点，每点取样 7 组，共计 35 组，沉积物主要由三角洲冲积平原黏土和细砂组成，局部地区可见粗砂及淤泥，各元素描述统计量见表 5-11。所有沉积物样品中 pH 值为 4.05~8.43，土壤整体为中性偏酸，局部呈弱碱性，蕉门水道西边横沥、万顷沙、新垦和蕉门水道东边南沙新区 pH 值较低，龙穴岛 pH 值偏高，沿蕉门水道两岸 pH 值偏高(图 5-17)，pH 最低值(4.05)分布在红壤地区，为酸性土，且红壤地区因下伏花岗岩全风化残坡积层，pH 值普遍低于其他类型土壤，均值 5.89，中值为 5.44(表 5-12)。蕉门水道西边横沥、万顷沙、新垦阳离子交换量普遍高于东边(图 5-18)，且潮土、水稻土及沼泽土比其他类型土壤高 2~4 倍，具有更好的土壤肥力。南沙核心区有机质含量中值和均值分别为 1.82% 和 1.94%，且越靠近南边珠江口的新垦和龙穴岛，含量越低(图 5-19)。在所有重金属元素中，Cr 元素变异系数达 4.71，表明研究区局部地区有严重的 Cr 富集，这种富集受人类工程影响，最大值达 11 070mg/kg，位于广州市南沙区黄阁镇梅山工业园。

2) 镉元素分布规律及影响因素

根据表层土壤镉含量绘制等值线图(图 5-20)，图面显示：蕉门水道西南岸横沥镇、万顷沙镇、新垦镇及龙穴岛土壤 Cd 含量普遍高于蕉门水道北东岸南沙，与地形地貌、地层岩性相对应，蕉门水道西南岸三角洲冲积平原，地势平坦开阔，相对高差小于 2m，属海陆交互相海冲积灯笼沙组($Q^{3mc}dl$)；蕉门水道北东岸以低丘地貌为主，第四纪地层为冲洪积相残积土。沿水道两侧分布有多处土壤 Cd 高含量极值点。土壤对 Cd 的吸附-解吸受土壤类型、土壤溶液组成及土壤化学及矿物学特性影响，包括 pH 值、有机质含量、阳离子交换量、铁锰氧化物含量等,但在本次采样中,蕉门水道北东岸土壤 Cd 含量普遍偏低,有机质却普遍偏高,Cd 含量与 pH 值、有机质及阳离子交换量之间存在相关性,但相关系数分别为 0.25、0.159 和 0.171,均属于极弱相关。不同的土壤类型 Cd 含量有不同的差别,表现为滨海沙土＞沼泽土＞水稻土＞潮土＞新积土＞红壤(图 5-21)。

表 5-11　各元素含量描述统计量($n=348$)

元素	pH	阳离子交换量(cmol/kg)	有机质(%)	Cd(mg/kg)	As(mg/kg)	Co(mg/kg)	Cr(mg/kg)	Cu(mg/kg)
最大值	8.43	27.54	12.17	2.68	49.86	28.28	11 070	135.50
最小值	4.05	2.83	0	0	0.40	2.88	12.60	8.38
均值	6.63	14.49	1.94	0.57	20.87	19.25	124.91	57.05
中值	6.88	15.84	1.82	0.54	22.95	20.54	100.67	58.84
标准差 σ	1.08	4.84	1.06	0.31	7.06	4.36	588.36	15.91
变异系数 CV	0.16	0.33	0.54	0.54	0.34	0.23	4.71	0.28
元素	F(mg/kg)	Hg(mg/kg)	Mn(mg/kg)	Ni(mg/kg)	Pb(mg/kg)	Se(mg/kg)	Si(mg/kg)	V(mg/kg)	Zn(mg/kg)
最大值	1 732.70	0.76	2 629.56	151.93	747.50	3.75	80.70	193.50	838.39
最小值	302.09	0.01	153.61	5.25	23.21	0.11	21.81	26.98	45.72
均值	755.79	0.14	838.13	40.18	61.23	0.42	33.91	143.16	139.99
中值	771.50	0.13	873.96	43.87	46.94	0.40	26.15	158.14	127.84
标准差 σ	159.12	0.07	223.20	12.88	57.68	0.22	13.62	39.65	61.95
变异系数 CV	0.21	0.50	0.27	0.32	0.94	0.53	0.40	0.28	0.44

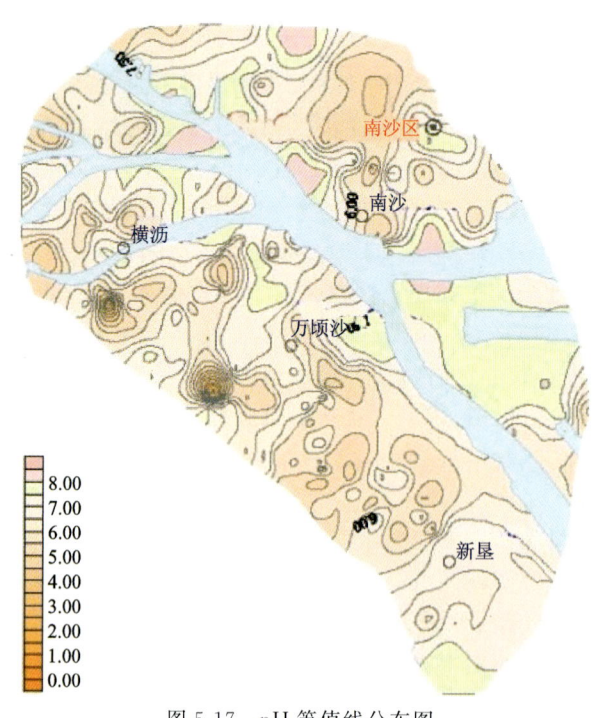

图 5-17　pH 等值线分布图

表 5-12 不同土壤类型 pH、CEC 有机质描述统计量（$n=348$）

	滨海沙土($n=4$)			潮土($n=47$)			红壤($n=27$)		
	pH	阳离子交换量	有机质含量	pH	阳离子交换量	有机质	pH	阳离子交换量	有机质
最大值	8.30	5.52	4.05	8.28	19.65	12.17	8.43	13.81	6.87
最小值	6.88	3.13	0.20	4.60	2.83	0.43	4.05	4.10	0.53
均值	7.59	4.51	1.82	6.76	14.29	2.46	5.89	7.06	2.62
中值	7.59	4.69	1.51	6.92	16.22	2.19	5.44	6.63	2.45
标准差	0.64	0.87	1.60	1.04	4.71	1.62	1.19	2.35	1.38
变异系数	0.08	0.19	0.88	0.15	0.33	0.66	0.20	0.33	0.53
	水稻土($n=158$)			新积土($n=32$)			沼泽土($n=77$)		
	pH	阳离子交换量	有机质	pH	阳离子交换量	有机质	pH	阳离子交换量	有机质
最大值	8.13	27.54	3.53	8.28	20.80	7.04	8.43	19.99	5.82
最小值	4.28	7.98	0.77	4.63	4.50	0	5.84	5.94	0.55
均值	6.17	17.52	1.71	7.16	9.41	2.46	7.50	13.54	1.64
中值	6.15	17.43	1.48	7.40	8.24	2.50	7.56	14.06	1.52
标准差	0.98	2.89	0.57	1.00	4.10	1.31	0.37	3.31	0.79
变异系数	0.16	0.17	0.33	0.14	0.44	0.53	0.05	0.24	0.49

注：阳离子交换量单位 cmol/kg，有机物含量单位％。

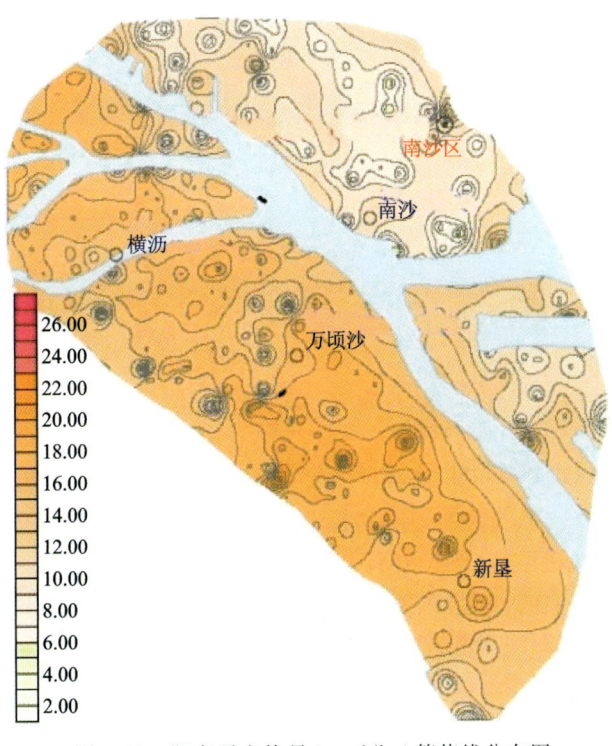

图 5-18 阳离子交换量（cmol/kg）等值线分布图

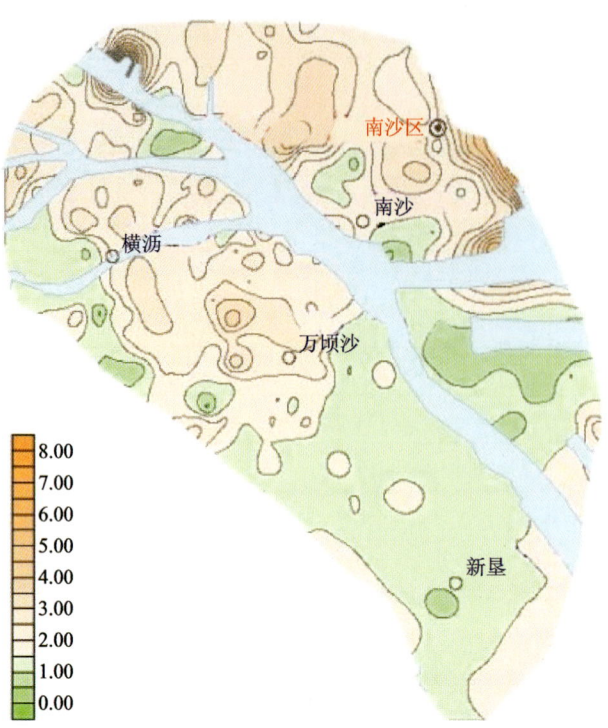

图 5-19 有机质含量(％)等值线分布图

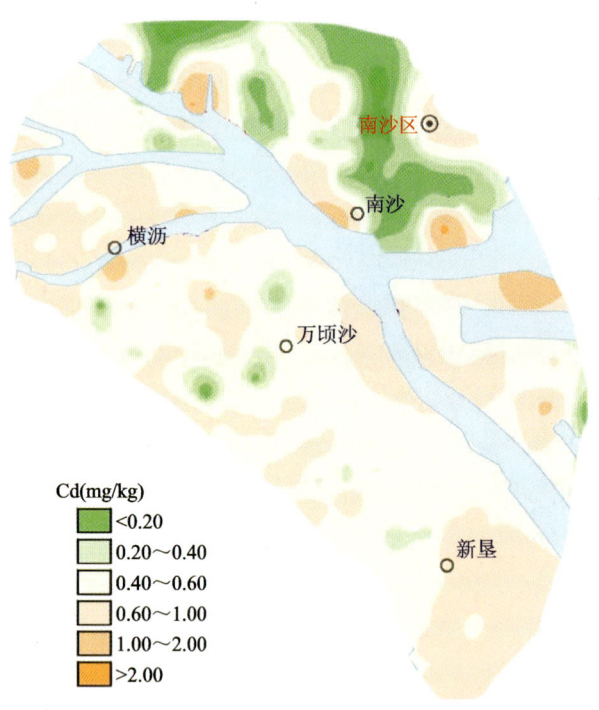

图 5-20 表层土壤 Cd 全量等值线分布图

面上调查深部剖面土壤样品分析结果显示,残坡积层剖面 Cd 含量 0.06～0.17mg/kg,pH 值 4.95～5.21,阳离子交换量 3.49～5.64cmol/kg,有机质含量 0.11％～0.98％,均远低于冲积层,不具可比性,现将冲积层分析结果绘制成图 5-22,结果显示:Cd 整体变化趋势为越往深层土壤,Cd 含量越低,这与阳离子交换量和有机质含量逐渐降低相一致,与 pH 值呈增高趋势相反;浅层土壤(0～20cm)Cd 含量变异系数较 20cm 以深土壤变异系数更大,Cd 分布不均,而在深部不同剖面在同一埋深的 Cd 含量趋于一

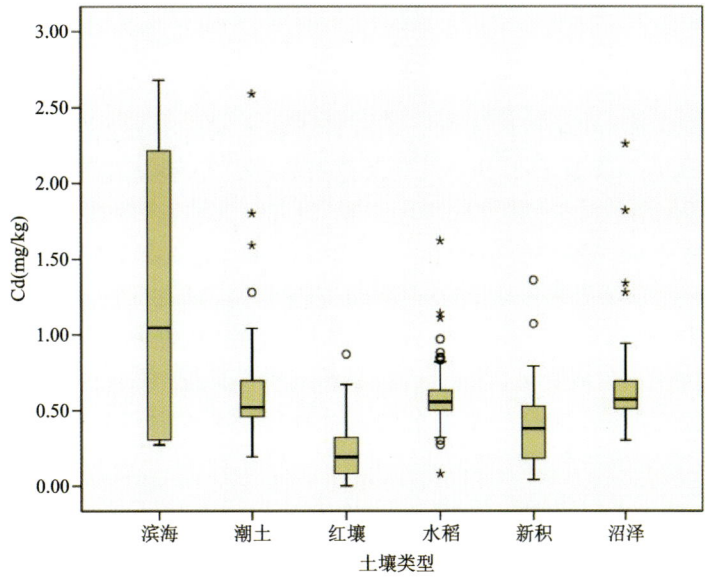

图 5-21 不同土壤类型中 Cd 含量箱线图

致,尤其是在 20～50cm 和 150～200cm 处更为明显,与 pH 值和有机质的变化趋势一致;NS113PM 为 Cd 含量随降深降低最为显著的剖面,在 150～200cm 埋深处为所有剖面 Cd 含量最低点,与阳离子交换量、有机质含量普遍较低,pH 值普遍较高相对应。以上结果初步表明,研究区土壤形成现有 Cd 分布格局的最主要影响因素是地形地貌、地质条件与河流搬运作用,其次,土壤类型和土壤化学特征也会对 Cd 的分布造成影响。

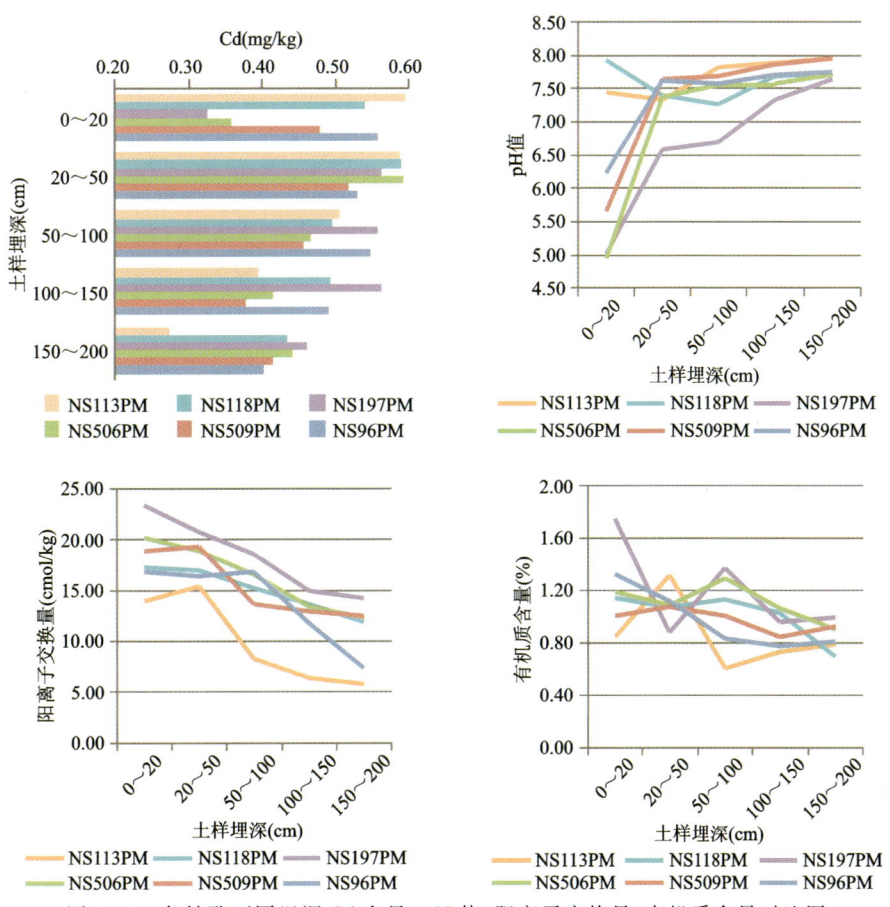

图 5-22 各钻孔不同埋深 Cd 含量、pH 值、阳离子交换量、有机质含量对比图

2. 第四纪沉积物剖面

1) 岩芯特征

NSGC27 揭露的第四纪沉积物厚度为 42.35m,岩芯从上至下可分为 7 层:表层 0~1.2m 是由碎石、粗砂砾及黏性土组成的杂填土;1.2~9.5m 为灰色淤泥质黏土,呈潮湿、可塑状,切面光滑,黏土含量大于 45%,局部含少量粉细砂;9.5~10.3m 为贝壳层,贝壳较完整,含较多粗砂及少量泥炭土;10.3~17.3m 为深灰色淤泥质砾砂,呈饱和、中密状,砾径 2~5mm,分选差,磨圆差,砾含量 35%,粗颗粒 30%,中砂颗粒含量 10%,余下为黏粉粒填充,局部含少量贝壳;17.3~28.25m 为灰色淤泥质黏土,切面较光滑,局部含少量粉细砂;28.25~41.0m 为灰色粗砂,呈饱和、中密状,分选性、磨圆度好,粗砂含量约为 55%,中砂含量约为 40%,砾含量为 5%,含少量粉细粒及黏粒;41.0~42.35m 为青灰色砂质黏性土,属花岗岩残积土,原岩结构已被破坏,长石已风化为黏土,可见少量未风化石英颗粒,粒径 1~3mm,岩芯呈土柱状,硬塑;岩芯底部为全风化花岗岩。

NSGC05 揭露的第四纪沉积物厚度为 32.53m,岩芯从上至下可分为 7 层:表层 0~1.08m 是由粉质黏土、砾质黏性土及碎石等组成的杂填土;1.08~12.65m 为灰黑色淤泥,呈流塑—软塑状,切面光滑,含少量粉细砂,局部含有少量贝壳碎屑;12.65~15.63m 为灰色细砂,呈饱和、松散状,砂质较均匀,含少量黏粉颗粒;15.63~20.80m 为浅灰黄色粉质黏土;20.80~26.0m 为浅灰黄色粉土;26.0~27.7m 为浅灰色中砂,中砂颗粒含量约 45%,细砂颗粒含量约 25%,黏粒颗粒含量约 30%,分选性差,磨圆度好;27.7~32.53m 为灰白色砂质黏性土,坚硬,属花岗岩风化残积土,原岩结构已破坏,可见少量未风化石英颗粒,长石已风化为黏土,岩芯呈土状;岩芯底部为中风化花岗岩。

NSGC11 揭露的第四纪沉积物厚度为 48.22m,岩芯从上至下可分为 6 层:表层 0~1.28m 为褐色杂填土,由碎石、粗砂及黏性土组成,土质不均匀,黏性差;1.28~12.6m 为褐色、灰色淤泥质黏土,呈饱和、软塑状,切面光滑,黏性较好;12.6~15.55m 为土黄色中砂,砂质较均匀,分选性好,中砂颗粒含量约 65%,粉细砂颗粒含量约 25%,粗砂含量约 3%,黏粒颗粒含量约 7%,颗粒呈次圆状,磨圆度好;15.55~24.8m 为灰色黏土,呈软—可塑状,黏性较好,切面光滑,局部含少量粉砂;24.8~32.8m 为灰色淤泥质粗砂,饱和、中密状,淤泥含量约 35%,粗砂含量 15%,中砂含量 15%,砾砂含量 5%,局部可见少量贝壳碎屑,分选性差,颗粒呈次棱角状;32.8~48.22m 为灰色中砂,砂质较均匀,中砂颗粒含量约 50%,细砂颗粒含量约 35%,黏粒颗粒含量约 15%,分选性好,呈次圆状;岩芯底部为强—中风化花岗岩。

NSGC11 揭露的第四纪沉积物厚度为 37.70m,岩芯从上至下可分为 6 层:表层 0~3.7m 为灰褐色杂填土,由碎石、砾质黏性土及少量建筑垃圾组成;3.7~4.8m 为灰色淤泥,呈饱和、软塑状;4.8~19.00m 为灰色淤泥质砂,砂含量约 55%,砂质较均匀,分选性差,以细颗粒为主,黏粉粒含量约 45%;19.00~20.09m 为灰色细砂,成分以石英为主,细砂颗粒含量约 65%,中砂颗粒含量约 20%,黏粉粒含量约 15%,分选性差;20.09~31.25m 为灰色淤泥质土,土质均匀,黏性较好,含少量粉细砂,切面有光泽;31.25~34.65m 为灰色淤泥质粉砂,中密,砂质不均匀,分选性差,黏粉粒含量约 65%,中颗粒含量约 35%,偶见贝壳;34.65~37.70m 为灰色含卵石砾砂,中密,成分为石英,以砾砂为主,砾砂含量约 40%,粒径 3~5mm,卵石含量约 25%,粒径 20~35mm,粗砂含量约 35%,分选性差,卵石呈次圆状,砂砾呈次棱状—次圆状;岩芯底部为中风化花岗岩。

2) Cd 元素含量特征

总体上看(图 5-23),Cd 元素含量随埋深的增加有降低的趋势,埋深 0~10m 岩芯土壤中 Cd 元素含量普遍较高,一般大于 $300\mu g/kg$,含量最高的甚至达到了 $664\mu g/kg$,埋深 30m 以下岩芯土壤中 Cd 元素含量普遍较低,一般小于 $180\mu g/kg$;其次 Cd 元素含量在纵向上交替变化,与岩芯沉积物粒度的变化有较好的对应,呈现以砂性土为主的粗粒级沉积物中 Cd 元素含量偏低,而在以黏性土为主的细粒级沉积物中 Cd 元素富集的规律;同时,以淤泥质黏土为主的细粒级沉积物中,有机质含量与阳离子交换量均相应地较高，Cd元素全量与阳离子交换量、有机质含量、SiO_2含量呈显著性正相关，埋深30m以下阳离子交换量与有机质含量普遍较低，对应的Cd含量也较低，表明深层土壤Cd元素富集主要受海相沉积物的影响，海陆交互作用改变了土壤粒度组分、有机质含量、阳离子交换量等，从而影响了Cd的迁移富集。

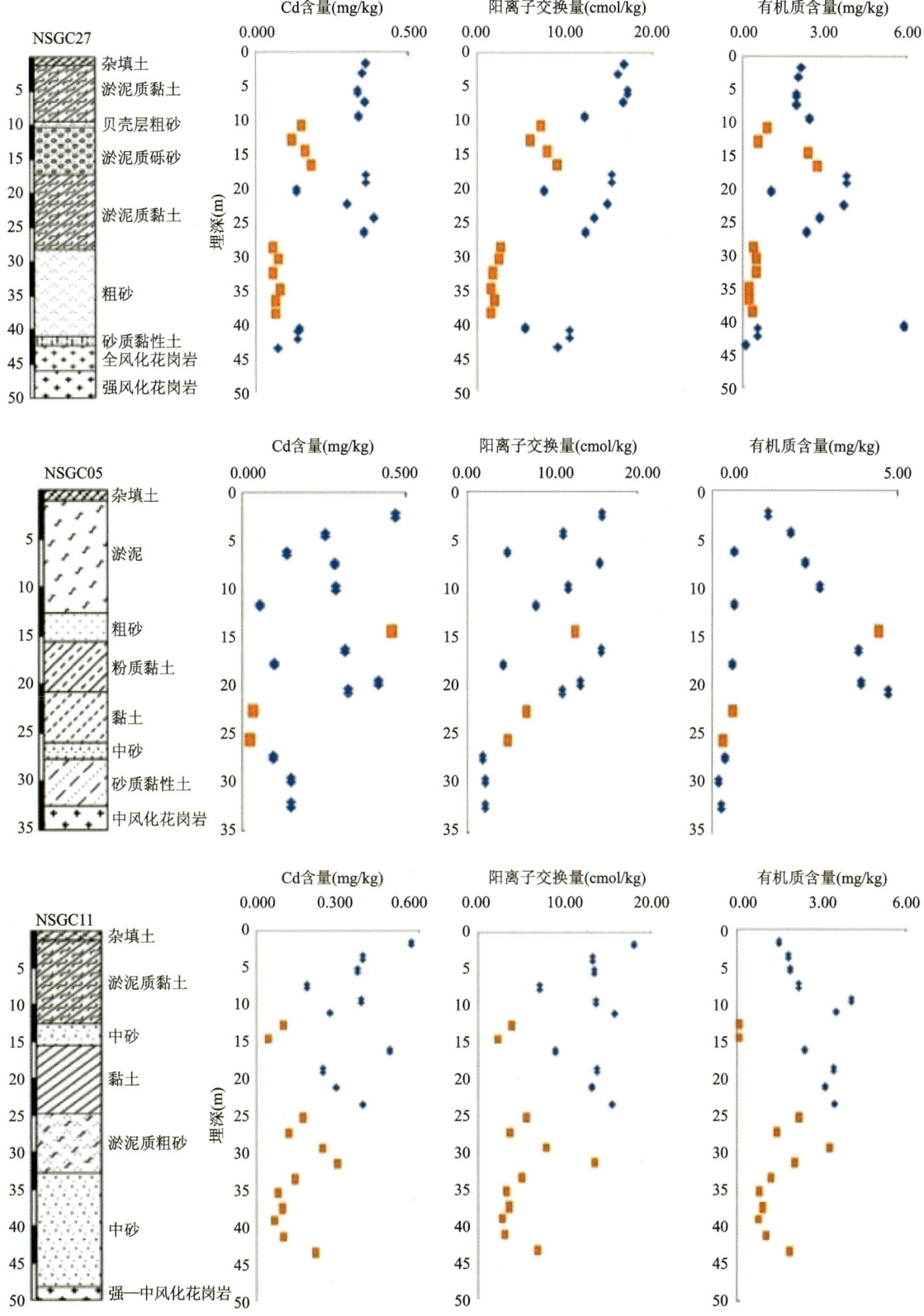

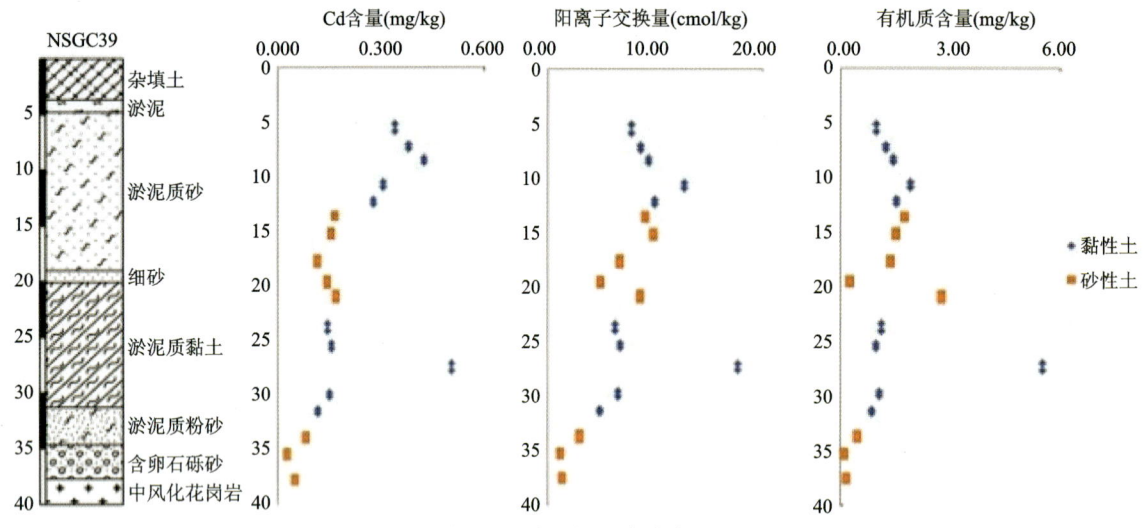

图 5-23 岩芯镉元素分布图

4 个岩芯土壤 Cd 全量大多高于广东省土壤背景值,其中 NSGC27 岩芯 Cd 含量范围为 55～388μg/kg,NSGC05 岩芯 Cd 含量范围为 28～560μg/kg,NSGC11 岩芯 Cd 含量范围为 54～664μg/kg,NSGC39 岩芯 Cd 含量范围为 29～573μg/kg,Cd 相对于地壳丰度富集明显,各钻孔均值及中值均显著高于全国土壤背景值、广东土壤背景值、地壳丰度和珠江沉积物(表 5-13)。

表 5-13 各岩芯及其他地区重金属 Cd 含量　　　含量单位：μg/kg

钻孔号	样品数	最小值	最大值	平均值	中位数	标准差	变异系数
NSGC27	24	55	388	209	160	126	0.601
NSGC05	17	28	560	273	305	170	0.624
NSGC11	23	54	664	299	286	167	0.577
NSGC39	21	29	573	238	165	148	0.625
全国土壤背景值				97			
广东土壤背景值				56			
地壳丰度				80			
珠江沉积物				90			

3. 土壤 Cd 富集的影响因素

1)地形地貌和第四系地质条件

调查结果显示浅层土壤 Cd 含量在平面上的展布情况与地形地貌和第四纪地质条件有良好的对应关系,表现为在地貌类型为海陆交互相平原区与滩涂、第四纪地层为海陆交互相海冲积灯笼沙组($Qh_3^{mc}dl$)的地区土壤 Cd 含量明显高于地形地貌为低丘、第四纪地层为冲洪积相残积土(Q^{el})的地区(图 5-24、图 5-25)。同时,Cd 元素含量与岩芯沉积物粒度的变化有较好的对应,呈现以砂性土为主的粗粒级沉积物中元素含量偏低,而在以黏性土为主的细粒级沉积物中元素富集的规律,在以淤泥质黏土为主的细粒级沉积物中,有机质含量与阳离子交换量均相应地较高,表明海相沉积物有助于 Cd 元素富集。

2)河流搬运

河流在接受和运输污染物方面发挥着重要作用,因为它们一方面是接受点源(工业、采矿)和非点源(城市生活、农业、大气降水)污染物的水域,另一方面是大河或大海的源头。自 20 世纪 80 年代以来,随着珠江三角洲经济的快速发展,大量的重金属污染物被排放到当地的河流中。河源金属投入品大多来自冶金化工发达的韶关、佛山、广州等大城市的点源。2000年以来,媒体报道了多起珠江支流重金属污染突发事件。研究区水道两侧分布有多处土壤Cd高浓度极值点,各钻孔岩芯Cd元素全量的差异呈现出一定的规律,从钻孔在水平面上的分布来看,NSGC05和NSGC11 Cd含量较高,NSGC27和NSGC39 Cd含量较低(图5-26),反映了河流搬运过程中河流沉积物对元素分布的制约。总体而言,NSGC05和NSGC11接受更多来自西江和北江河流搬运沉积物的堆积,NSGC27和NSGC39则相对接受更多来自东江的沉积物质堆积。Cd的高含量区主要分布于西江、北江三角洲沉积区,东江三角洲沉积区和潭江三角洲沉积区基本上是Cd的背景区。因此,研究结果表明,除人类活动外,河流搬运作用与三角洲沉积也是造成本研究区域土壤Cd污染程度较高的原因。

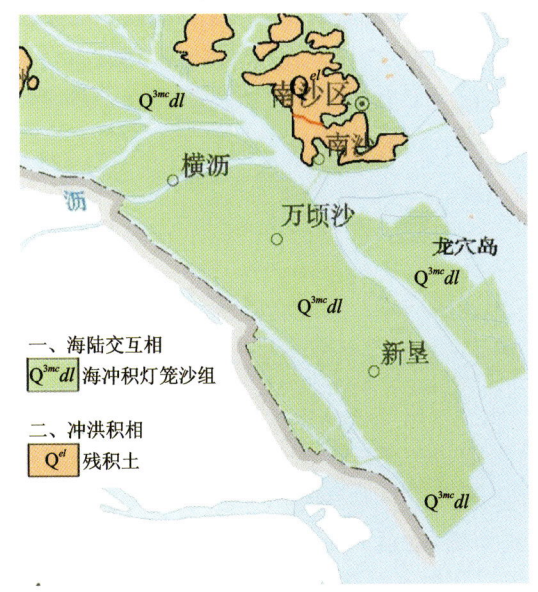

图5-24 南沙核心区第四纪地质图

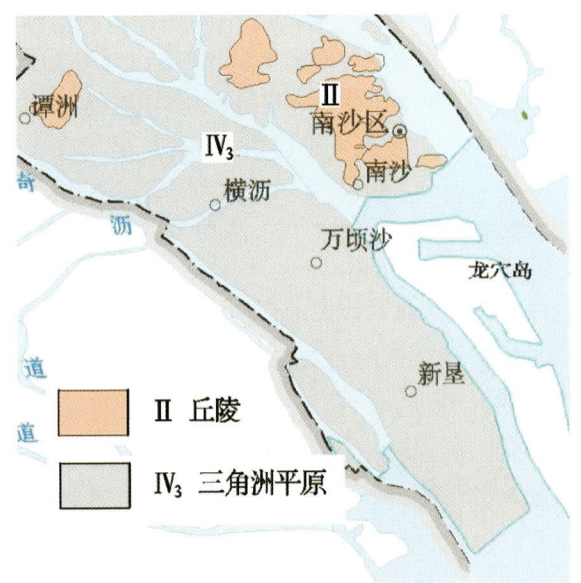

图5-25 南沙核心区地貌图

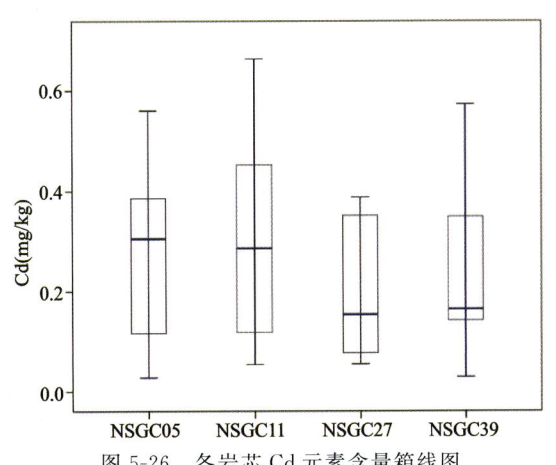

图5-26 各岩芯Cd元素含量箱线图

3)土壤理化性质

样品在地形地貌与土壤成因类型存在差异时,Cd含量与pH值、有机质及阳离子交换量之间存在相关性,但相关系数分别为0.25、0.159和0.171,均属于极弱相关。而在同一点采集的土壤剖面中可见Cd含量随剖面的变化趋势与有机质及阳离子交换量的变化趋势正相关,与pH值变化负相关,表明pH值、有机质及阳离子交换量也是影响土壤Cd分布的主要因素。即研究区土壤形成现有Cd分布格局的最主要影响因素是地形地貌、地质条件与河流搬运作用,其次土壤类型和土壤化学特征也会对 Cd 的分布造成影响。

4)人类工程活动

广东省土壤背景值为 0.056mg/kg,《土壤重金属风险评价筛选值珠江三角洲》(DB 44/T 1415—2014)显示珠江三角洲土壤环境背景值增加了 1 倍,为 0.11mg/kg,而南沙核心区 1.5～2.0m 土壤 Cd 均值 0.42mg/kg,比珠江三角洲土壤环境背景值增加了 3 倍,自然地质因素决定了研究区土壤 Cd 浓度整体偏高。浅层土壤 Cd 浓度高于 1.5～2.0m 土壤 Cd 浓度,均值达 0.54mg/kg;同时,变异系数 CV 反映了某一属性在各采样点的平均变异程度,一般认为,当 $CV \leqslant 10\%$ 时,总样本属于低空间变异性,当 $10\% < CV < 100\%$ 时,空间变异性中等,当 $CV \geqslant 100\%$ 时,空间变异性强。研究区整体空间变异性中等,水稻土变异系数为 28%,而新积土受人类工程活动影响程度更大,变异系数在 65% 以上。并且,浅层土壤(0～20cm)Cd 含量变异系数较 20cm 以深土壤变异系数更大,而在不同剖面深部,同一埋深的 Cd 含量趋于一致。以上结果说明,地表土壤中可能在一定程度上由于人为输入受到了 Cd 的污染,在自然地质条件背景下,人类活动的影响具有随机性。

(四)镉形态特征

1. 各形态含量及比例

镉的形态特征相对比较复杂,NSGC05 和 NSGC11 岩芯 Cd 的形态分布特征较为相似,各形态的比例相差不大;NSGC27 和 NSGC39 岩芯 Cd 的形态分布特征较为相似,各形态的比例分布较稳定(图 5-27),4 个剖面之间形态比例分布的差异与 Cd 全量之间的差异对应,进一步反映了 NSGC05 和 NSGC11 的物质来源与 NSGC27 和 NSGC39 物质来源的差异。重金属离子进入土壤后,大部分与其中的无机组分和有机组分发生吸附、络合、沉淀等作用,形成碳酸盐、腐殖酸、铁锰氧化物结合态和有机质硫化物结合态等形式,只有少部分以水溶态和离子交换态存在,水溶态和离子交换态可有效地影响土壤微生物的代谢活性而被称为有效态金属。在所有岩芯剖面中水溶态比例均较低,离子交换态比例较高,且 10m 以浅 Cd 元素有效态占比较低,但 Cd 全量较高,深部 Cd 全量较低,但 Cd 元素有效态占比较高,有效 Cd 占总 Cd 的比例范围是 21.75%～26.54%,平均为总 Cd 的 24.83%,土壤中 Cd 有较强的活性。

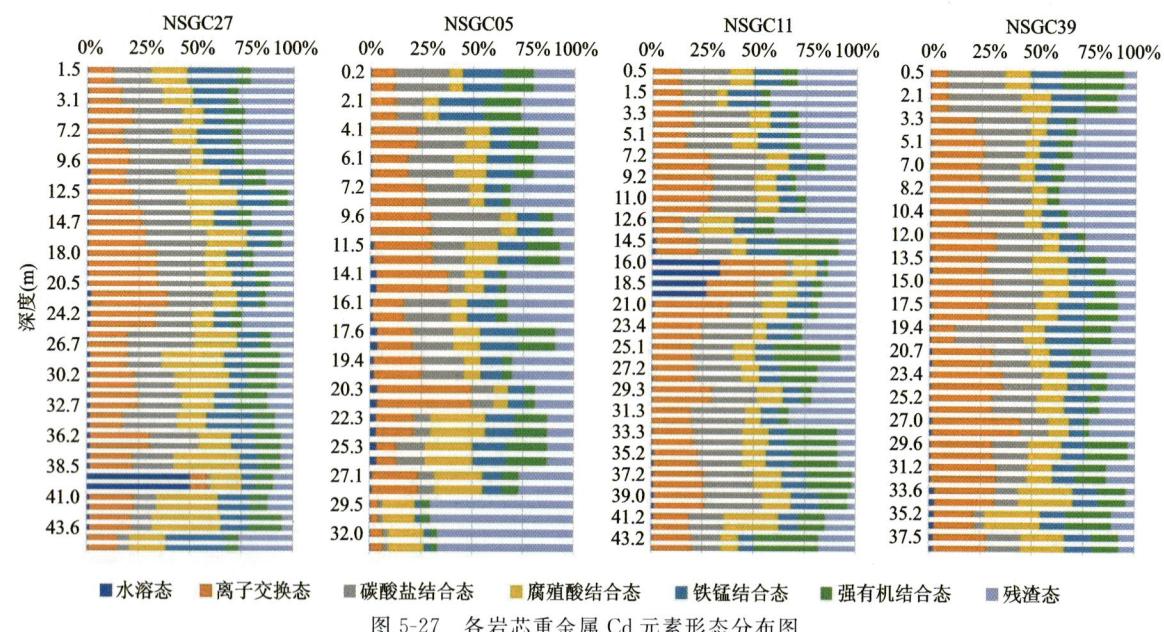

图 5-27 各岩芯重金属 Cd 元素形态分布图

2. 元素的活性

沉积环境对于元素的活动性具有一定制约,不同的沉积环境下元素的赋存形态特征不同。前人研究认为,环境中重金属的水溶态、离子交换态、碳酸盐态对环境的变化较为敏感,活动性较强,中性条件下可释放出来,易于迁移和吸收,而铁锰氧化物态、强有机态和残渣态在环境中的性质相对稳定,其活动性较弱。因此,用水溶态、离子交换态、碳酸盐态以及腐殖酸态之和的比例来表征元素的活动性。将 Cd 全量、活动态和有效态进行因子分析-多元线性回归(FA-MLR)(表 5-14),发现土壤总 Cd 与土壤有效态 Cd 有中等显著的正相关关系,土壤总 Cd 与土壤活动态 Cd 有极显著的正相关关系,土壤总 Cd 与活动态 Cd 的一元线性回归如图 5-28 所示。土壤中 Cd 有较强的活性。

表 5-14 各岩芯镉全量、活动态和有效态相关系数一览表

	NSGC27			NSGC05			NSGC11			NSGC39		
	Cd 全量	活动态	有效态	Cd 全量	活动态	有效态	Cd 全量	活动态	有效态	Cd 全量	活动态	有效态
Cd 全量	1.000	0.941	0.78	1.000	0.917	0.772	1.000	0.903	0.678	1.000	0.981	0.788
活动态	0.941	1.000	0.875	0.917	1.000	0.92	0.903	1.000	0.899	0.981	1.000	0.865
有效态	0.78	0.875	1.000	0.772	0.92	1.000	0.678	0.899	1.000	0.788	0.865	1.000
水溶态	−0.063	0	0.267	0.555	0.7	0.876	0.345	0.623	0.878	0.39	0.49	0.647
离子交换态	0.827	0.899	0.917	0.782	0.927	0.999	0.841	0.958	0.891	0.793	0.868	1.000
碳酸盐结合态	0.847	0.908	0.654	0.774	0.775	0.478	0.749	0.537	0.12	0.895	0.837	0.458
腐殖酸结合态	0.758	0.697	0.402	0.843	0.736	0.639	0.831	0.904	0.747	0.843	0.855	0.592
铁锰结合态	0.774	0.546	0.315	0.778	0.557	0.33	0.795	0.494	0.169	0.676	0.624	0.24
强有机结合态	0.796	0.689	0.527	0.622	0.384	0.173	−0.004	−0.162	−0.202	0.389	0.288	−0.085
残渣态	0.932	0.782	0.654	0.8	0.616	0.538	0.893	0.638	0.338	0.868	0.84	0.777

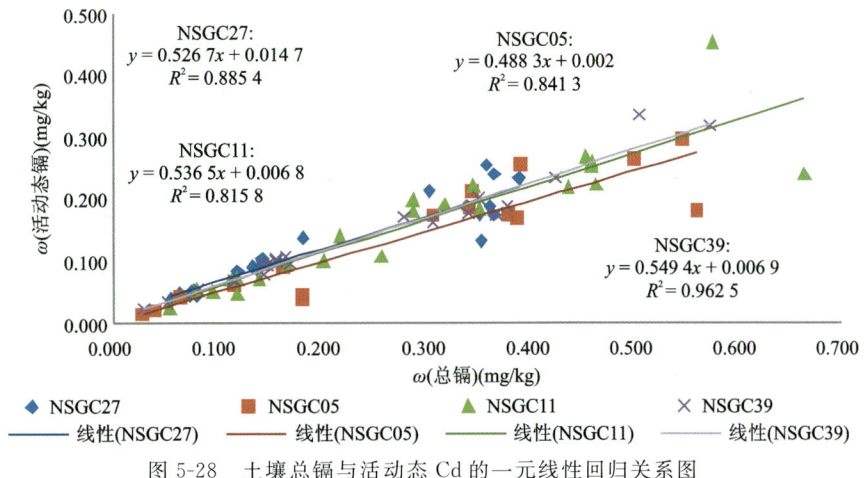

图 5-28 土壤总镉与活动态 Cd 的一元线性回归关系图

3. 土壤镉形态与理化性质相关性分析

变异系数可以反映统计数据的波动幅度,从各岩芯 Cd 元素形态变异系数来看(表 5-15),水溶态变异系数平均水平高,其离散程度更大,NSGC27 和 NSGC11 分别高达 321.79% 和 264.81%,其余形态变异系数较稳定。图 5-29 同样显示 NSGC27 和 NSGC11 均出现了水溶态异常点,NSGC27 在埋深 40.7m

处 Cd 水溶态含量为 0.074mg/kg,占 Cd 全量的 50.45%,对应的 pH 值为 3.51;NSGC11 在埋深 16.2m 和 18.8m 处 Cd 水溶态含量分别为 0.188mg/kg 和 0.074mg/kg,分别占 Cd 全量的 33.38% 和 26.54%,对应的 pH 值分别为 4.03 和 4.21,其余样品基本呈中性—弱碱性,水溶态含量均小于 0.006mg/kg。大多数人认为 pH 变化是影响 Cd 迁移转化的最重要因素之一,采集钻孔样品中测试土壤样品酸碱度基本呈中性—弱碱性,与 Cd 相关系数均为负值,但相关性不显著,尽管如此,pH 变化与 Cd 水溶态之间的相关系数绝对值均>0.6($P<0.01$),二者之间呈显著性负相关,pH 增大,水溶态 Cd 含量降低(图 5-29)。以上结果说明,pH 变化对 Cd 迁移转化的影响不完全体现在对 Cd 全量的影响上,更重要的是改变了 Cd 的有效态,从而影响了 Cd 的生态有效性。

表 5-15 各岩芯镉形态均值及变异系数一览表

形态	均值(%)				变异数(%)			
	NSGC27	NSGC05	NSGC11	NSGC39	NSGC27	NSGC05	NSGC11	NSGC39
水溶态	3.07	1.44	3.15	0.89	321.79	83.19	264.81	70.9
离子交换态	22.13	20.31	22.69	25.65	31.5	51.47	25.69	32.81
碳酸盐结合态	20.43	16.17	19.86	20.95	35.29	53.01	32.56	33.04
腐殖酸结合态	18.06	13.37	11.56	12.93	42.07	47.76	35.56	44.02
铁锰结合态	13.01	11.86	10.22	10.82	42.07	45.07	29.66	33.37
强有机结合态	8.83	10.2	12.3	11.39	43.99	57.61	79.45	59.94
残渣态	14.46	26.66	20.22	17.36	53.79	65.73	53.56	59.92

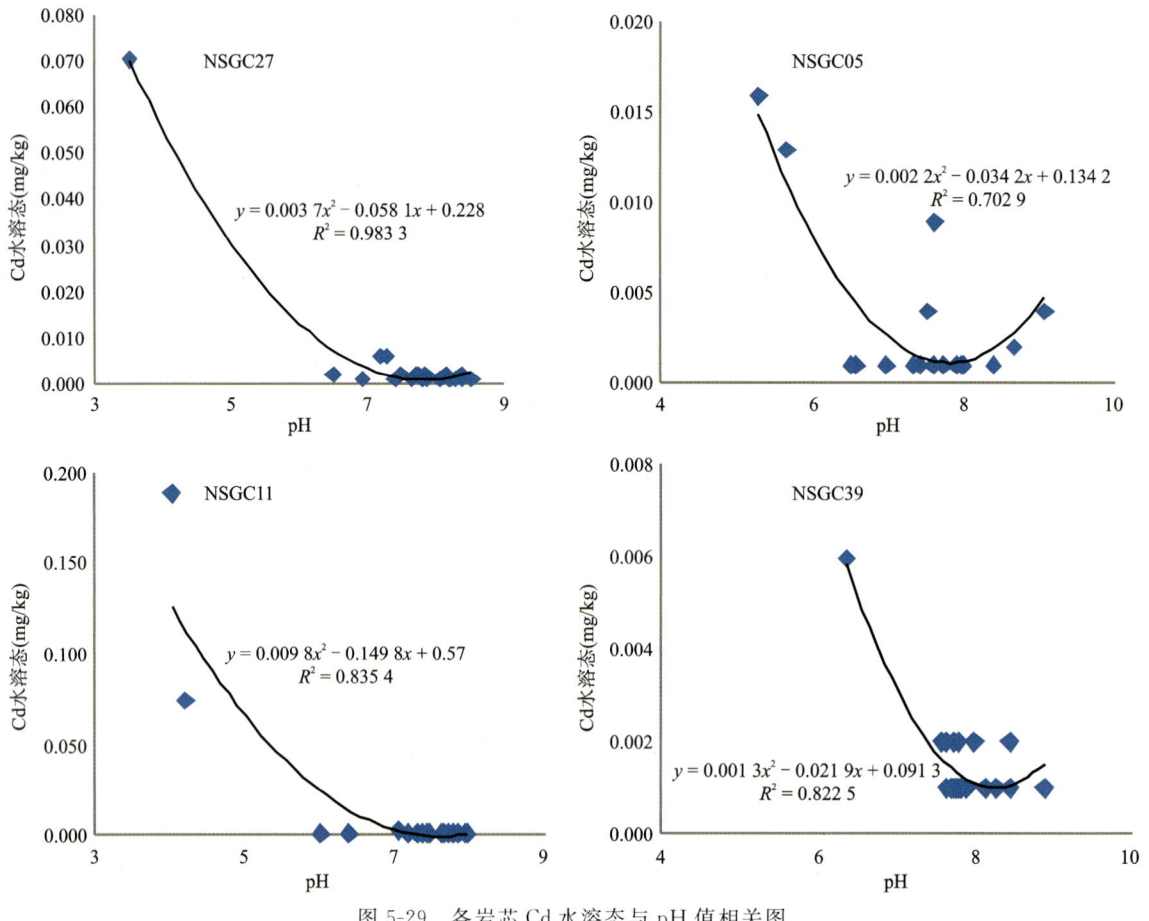

图 5-29 各岩芯 Cd 水溶态与 pH 值相关图

水土系统中固液相间 Cd 的分布主要受固-液界面吸附解吸反应控制。土壤对 Cd 的吸附-解吸受土壤类型、土壤溶液组成和土壤化学及矿物学特性影响,除上述 pH 值外,还包括有机质含量、阳离子交换量、铁锰氧化物含量等(图 5-30),离子交换态与有机质呈显著性相关,说明海陆交互作用也是影响镉富集的一项主要因素。

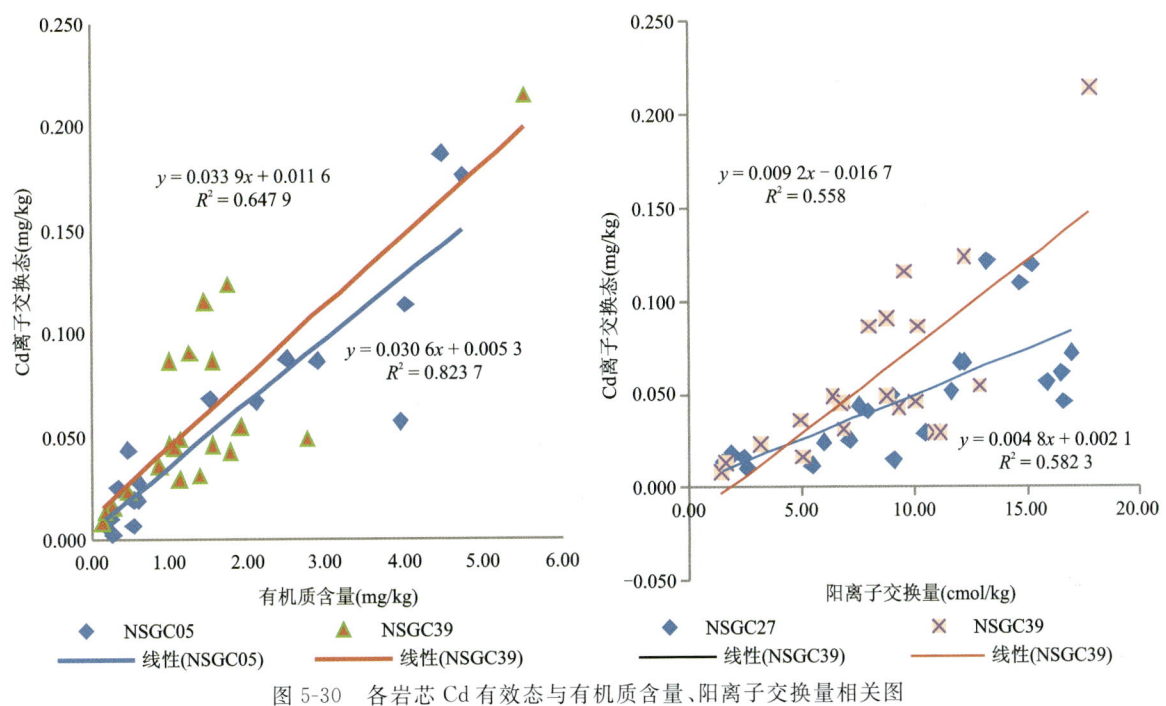

图 5-30　各岩芯 Cd 有效态与有机质含量、阳离子交换量相关图

四、广佛肇经济圈土壤中汞元素生态有效性研究

(一)广佛肇的汞污染情况及土壤理化性质

本项目调查范围主要依据珠三角经济区土壤汞污染比较集中的区域,沿珠江与流溪河流域共采集地表(0~20cm)土样 69 个,采集的土壤主要分析八大重金属(Hg、Cu、Pb、Ge、Cd、Zn、Ni)、土壤 pH 值及有机质含量等项目的检测。土壤中 Hg 含量的平均值为 0.69mg/kg,最大值为 4.50mg/kg,最小值为 0.03mg/kg(表 5-16)。以《土壤环境质量标准》(GB 15618—1995)二级标准作为评价标准,研究区域 Hg 的超标率为 42%,研究区域 Hg 含量平均值是广东省土壤汞背景值的 8.8 倍。根据测定的 pH 值显示,土壤样品的 pH 值在 4.82~8.27 之间,整体呈中性。Hg 含量箱线如图 5-31 所示,调查区域 Hg 的污染较严重,且出现了离散值和极端异常值,表明土壤 Hg 含量已经受到了人类活动的影响。

表 5-16　研究区土壤中重金属检测结果

样点编号	统计参数	pH	Hg	Cu	Pb	Zn	Ge	Ni	Cd	As 水田	As 旱地	有机碳
背景值 (除 pH 外,其他 单位为 mg/kg)	全国土壤[a]	—	—	22	26.0	74.1	61.0	26.9	—	—	—	—
	广东省土壤[b]	—	0.078	17	36	47.3		14.4	0.056	8.9		
	广州市土壤[a]	—	—	21.81	47.08	62.04	60.38	18.12				
	广州郊区土壤[a]	—	—	24.02	58.02	162.6	64.65	12.35				

续表 5-16

样点编号	统计参数	pH	Hg	Cu	Pb	Zn	Ge	Ni	Cd	As 水田	As 旱地	有机碳
场地土壤（除 pH 外，其他单位为 mg/kg）	最大值	4.82	0.03	15	13.8	33.2	17.6	6.53	0.07	2.49		0.39
	最小值	8.27	4.50	104	247	274	116	68.4	2.12	122		4.72
	平均值	7	0.69	40.97	64.49	119.12	51.16	20.12	0.41	19.08		1.48
超标率(%)	本研究区c		42.0	4.3	0	2.9	0	1.45	15.9	13.0		—
	全国土壤普查		1.6	2.1	1.5	0.9	1.1	4.8	7	2.7		—
《土壤环境质量标准》(GB 15618—1995)（Ⅱ类）（除 pH 外，其他单位为 mg/kg）	pH<6.5	—	0.3	50	250	200	250	40	0.3	30	40	
	pH 在 6.5～7.5	—	0.5	100	300	250	300	50	006	25	30	
	pH>7.5	—	1.0	100	350	300	350	60	1.0	20	25	

注：a. 卓文姗等，2009；b. 刘飞，2015；c. 参照Ⅱ类标准。

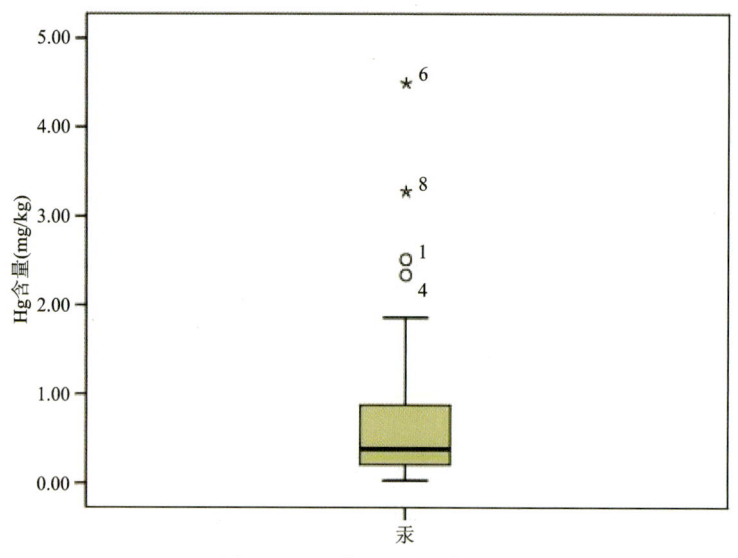

图 5-31　土壤 Hg 含量箱线图

使用普通克里金插值法，绘制研究区域重金属的空间分布图，如图 5-32 所示。高汞区的范围较大，浓度由研究区域四周向中间逐渐升高，峰值区集中在研究区域中部。根据现场勘查，峰值区主要出现在工业园区、学校和公园，如车墩工业区、天河公园、暨南大学等区域总 Hg 含量都较高，表明受到了人为因素的干扰。矿山的大规模开采以及金属冶炼必然会产生大量的含汞废渣和冶炼炉渣，造成土壤汞污染；此外，人类生活产生的大量含汞垃圾如温度计、电池以及一些废弃的电子产品也会使土壤遭受汞的污染。

在整个研究区域，涉及的公园区有 11 个点，该区汞浓度波动较大，可能原因为人类活动直接导致了城市土壤汞污染；工业区的 12 个土壤样品中汞浓度普遍偏高，证实研究区工业污染是汞污染的重要途径之一。在交通区采集的 23 个土壤样品中汞浓度普遍偏低，一方面可能汽车尾气沉降不是采样区汞污染的主要来源；另一方面由于采样困难，采集的土壤可能来源于外来土。其中我们发现与高浓度邻近的种植区 21 个土壤中汞浓度普遍偏低，一方面表明农药化肥不是研究区汞污染的主要来源，另一方面可能是种植区的生物增长对汞的迁移转化具有重要的影响作用，如增强汞的生物吸收、促进甲基汞的形成与降解等，但其产生与降解机制还不清晰。结合广州市水文气候因素及文献资料，我们推测种植区有甲

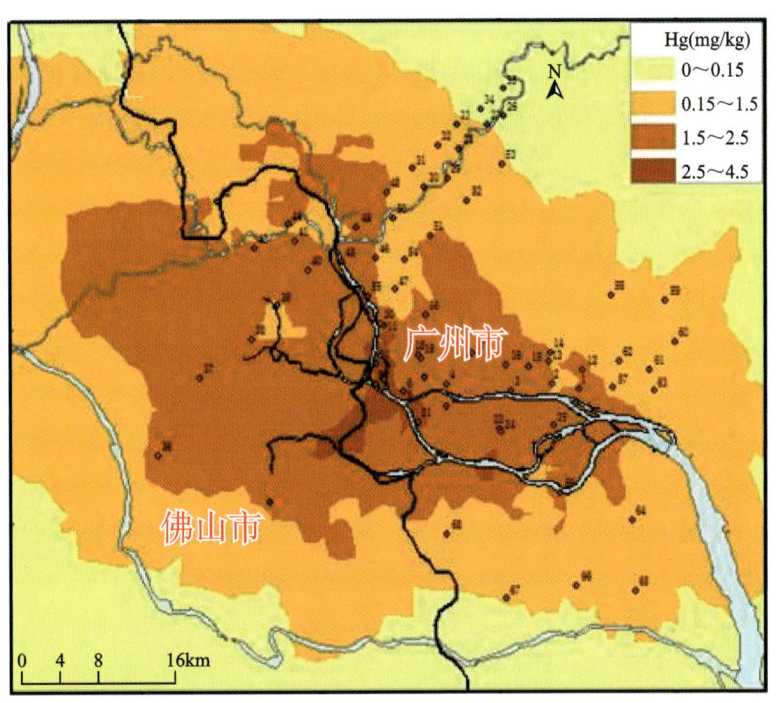

图 5-32 土壤中汞元素空间分布图

基汞的产生,研究区特殊水文地质条件如长期处于干湿交替环境下,种植区的农田土壤不同形态汞之间发生了迁移转化,但其迁移转化机理及影响因素还有待进一步研究。值得关注的是,在远离城区的高山上采集的两个对照背景点汞浓度均较高,表明研究区土壤母质汞可能是汞的主要来源,那么沉积在土壤母质的汞是否在适宜条件下能发生迁移转化并重新释放?目前,国内外的相关研究对单一影响因子的研究已有众多关注,而对共存重金属元素或其他阴、阳离子对汞毒性的抑制或协同作用的影响研究较少。加强多因素协同作用影响研究,可以降低汞的毒性,或避免汞与某些重金属共存,从而更好地为汞污染的防治提出切实有效的措施。本项目在实验中发现,Hg 与 pH 和有机碳的相关性不明显;Pb 与 Hg 浓度成正比;Cr 与 Hg 浓度成反比,土壤中的 Fe 和 Cu 含量及存在的环境条件显著地影响土壤中汞的迁移转化。土壤中其他重金属空间分布如图 5-33 所示。

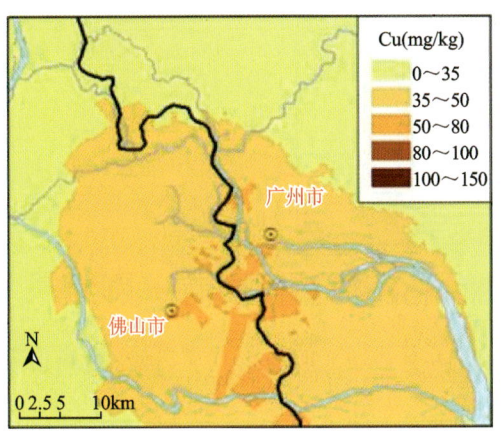
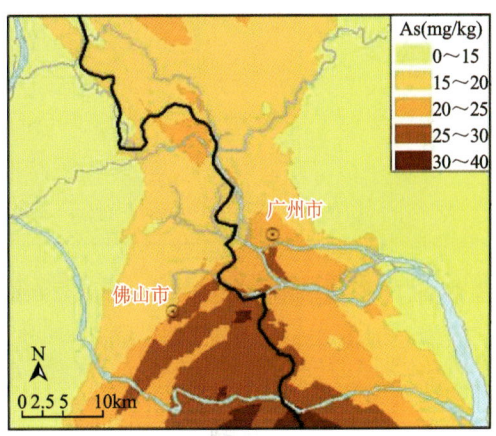

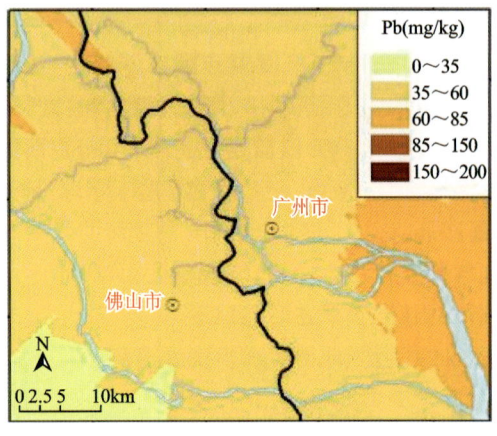
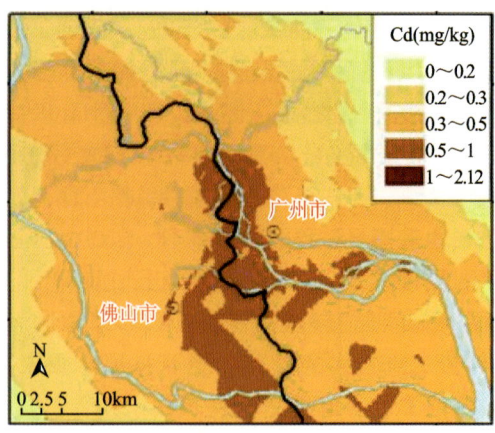
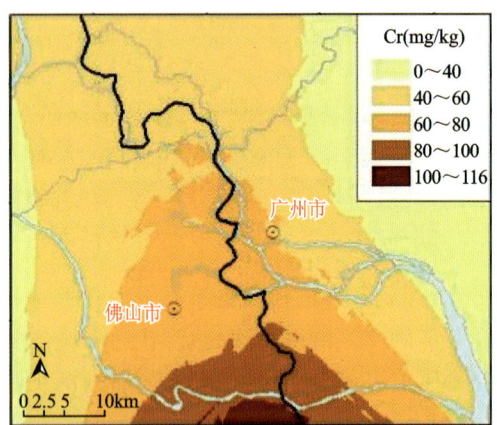
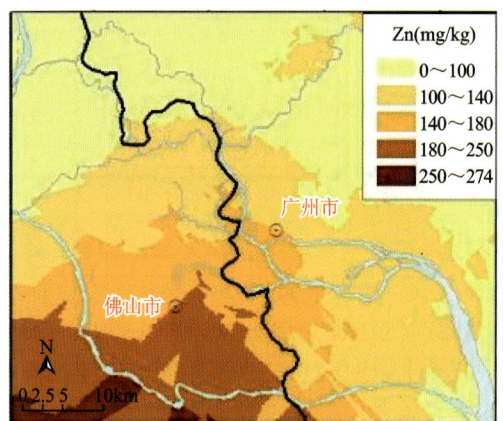
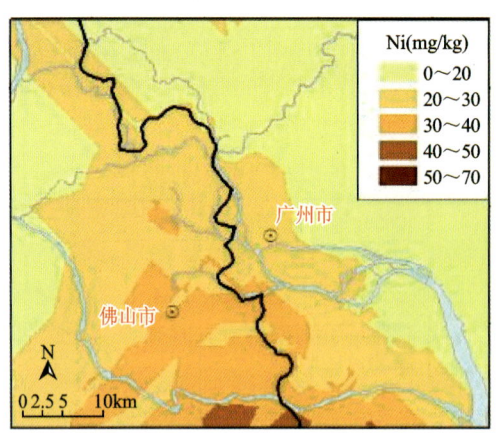

图 5-33　土壤其他重金属空间分布图

由图 5-33 可知,高 As 区的范围较大,集中出现在研究区南部;Cu 的污染程度较轻,偏高值零星分布在研究区中偏南部;Cd 高值区在研究区中部以及南部。3 种元素的高值区有部分重合的地方,均在广州市和佛山市交界处,属于广州市的番禺区和佛山市的顺德区。根据实际调查研究,重合区域有大量的公园,如广州文化公园、国家湿地公园等,人为活动产生的各种垃圾会造成一定的污染。Pb 整体受污染程度最小,未超过国家二级标准。稍高浓度主要出现在采样区域的东边,该地区包含有工业园区以及化工区,工业园区的各种工厂产生的废水、废气、废渣中存在的 Pb 沉降到土壤中造成土壤 Pb 的累积。土壤中 Zn、Cr 和 Ni 均呈岛状分布,浓度从研究区域北方向南方逐步递增。Zn 的峰值区主要出现在佛山市的顺德区,而 Cr 和 Ni 的峰值区出现在广州市和佛山市的交界处,即广州市的番禺区和佛山市的顺德区。结合《土壤环境质量标准》(GB 15618—1995),只有 Zn 的峰值超过了国家二级标准 250mg/kg。

(二)土壤中汞元素生态有效性分析

重金属不同结合形态表现出不同的环境行为和毒性,根据空间分布图,选取土壤汞含量较高的工业区、公园及学校土壤样品进行赋存形态的研究,此外,汞易通过食物链的方式进入人体内,因此对种植区也进行了研究。形态汞与总汞的关系如图 5-34 所示,各功能区汞的不同形态分布状况如图 5-35 所示。公园及学校、工业园区土壤中 5 种形态的排列顺序均为:残渣态>有机结合态>碳酸盐结合态>可交换态>铁锰氧化物结合态;种植区的排列顺序为:残渣态>有机结合态>可交换态>碳酸盐结合态>铁锰氧化物结合态。可交换态因容易被生物体吸收并在其体内迁移转化,称为生物可利用态;碳酸盐结合态、铁锰氧化物结合态、有机

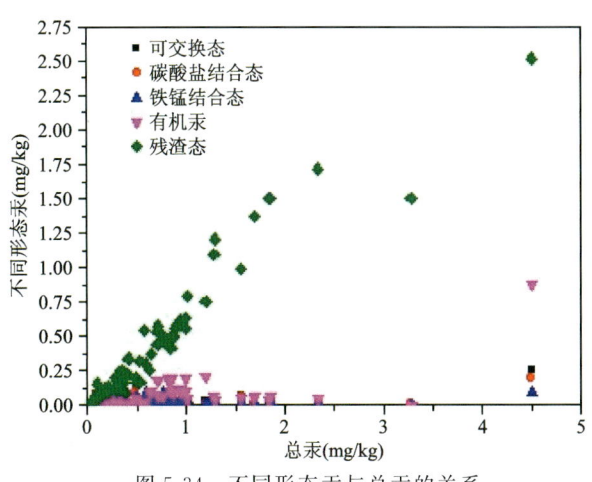

图 5-34 不同形态汞与总汞的关系

结合态可以在外界条件发生变化时,如土壤 pH 发生改变或土壤中氧含量改变时会转化为活性态汞从而危害土壤环境,因此将三者归为生物潜在可利用态;残渣态通常不能被生物吸收,是生物无法利用的一部分。工业园区生物可利用态、生物潜在可利用态、残渣态占比平均值分别为 5.49%、22.55%、71.97%;公园及学校生物可利用态、生物潜在可利用态、残渣态占比平均值分别为 5.29%、23.65%、71.05%;种植区生物可利用态、生物潜在可利用态、残渣态占比平均值分别为 11.43%、26.88%、61.69%。数据表明土壤中以残渣态的汞为主要存在形式,在正常条件下不易被释放出来;此外,工业园区、公园及学校、种植区的生物可利用态和潜在可利用态总占比分别为 28%、29%、38.31%,种植区汞的生物有效性相对较强,存在进入食物链影响食品安全的风险。

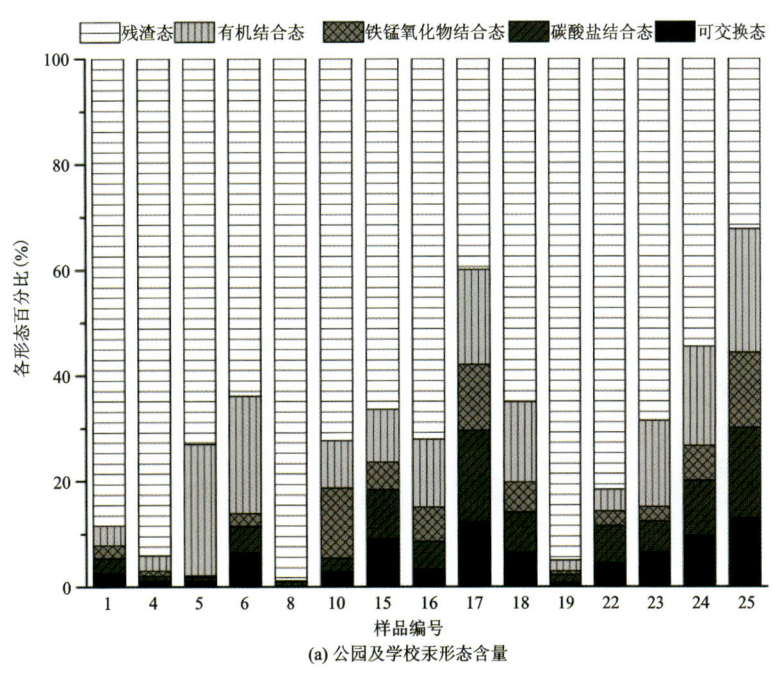

(a) 公园及学校汞形态含量

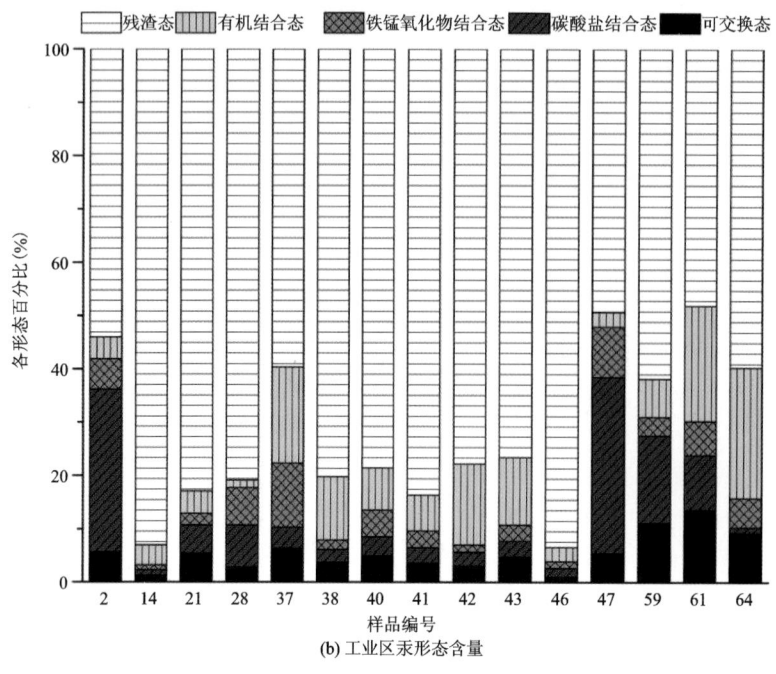

(b) 工业区汞形态含量

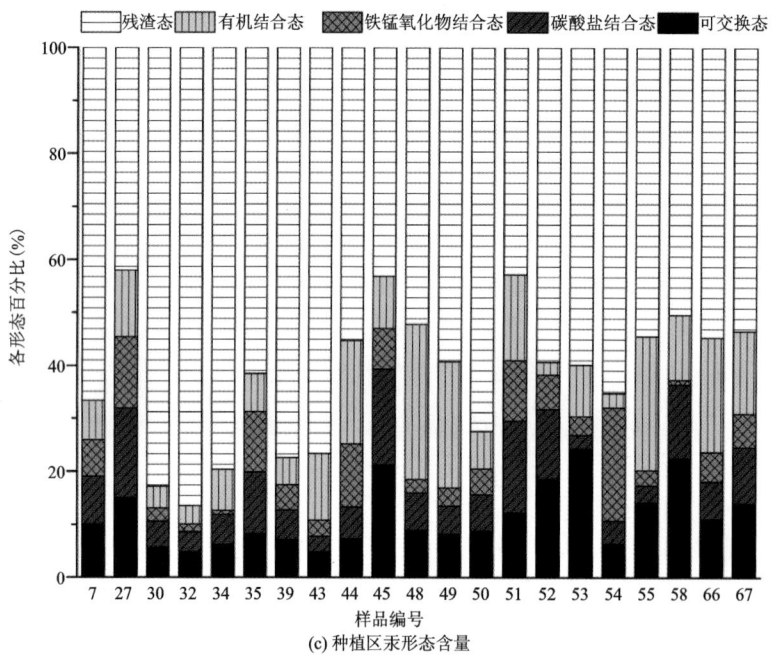

(c) 种植区汞形态含量

图 5-37　各功能区汞形态含量分布图

（三）土壤汞污染生态风险评估

为了解研究区重金属污染的整体情况，采用潜在生态危害法对土壤 Hg 的污染程度进行评价。土壤汞潜在生态风险评价结果见表 5-17。潜在生态危害指数的平均值为 54.84，大于 40，该区域汞的潜在生态危害整体上表现为中等生态风险水平。其中，有 56.52% 的样品是轻微风险，26.09% 的样品处于中等风险，11.59% 的样品为较强风险，剩余 4.35% 和 1.45% 的样品分别为很强风险和极强风险。近一半的样品已经处于中等以上强度风险，应严格监控该地区汞含量的变化，以防造成更严重的生态危害。

表 5-17 潜在生态风险评价表

项目	样品数	单项潜在生态危害指数 E_r			样品所占比例(%)				
		最小值	最大值	平均值	轻微风险	中等风险	较强风险	很强风险	极强风险
Hg	69	2.28	359.68	54.84	56.52	26.09	11.59	4.35	1.45

为了更进一步确定现在和未来污染土壤可能产生的健康风险,通过人体暴露汞污染的暴露途径计算可能的暴露量,通过计算暴露在土壤镍污染的暴露量、风险水平及各途径的贡献率,结果见表5-18。

表 5-18 汞暴露点浓度计算结果　　　　　　　　　　单位:m/(kg·d)

名称	经口摄入土壤		皮肤接触土壤		吸入土壤颗粒物	
	致癌效应 OISERo	非致癌效应 OISERnc	致癌效应 DCSERca	非致癌效应 DCSERnc	致癌效应 PISERca	非致癌效应 PISERnc
汞	1.57×10^{-6}	1.21×10^{-5}	—	—	6.71×10^{-9}	2.54×10^{-9}

污染土壤中污染物致癌风险可以通过呼吸吸入等摄入量与致癌风险斜率因子的乘积相加后得出。场地土壤中非致癌污染物的风险采用危害商表述,即不同途径污染物摄入量与毒理学参考剂量的比值之和。当某种污染物的浓度超过这种物质的毒理学参考剂量时,可能对场地上的人群产生非致癌性的伤害。土壤各暴露途径的健康风险和危害商计算公式见表5-19。

表 5-19 致癌风险计算方法

不同暴露途径下的致癌风险(CR)	计算公式
经口摄入土壤中单一污染物 CROIS	CROIS=OISERca×Csur×SFo
皮肤接触土壤中单一污染物 CRDCS	CRDCS=DCSERca×Csur×SFd
吸入受污染土壤颗粒物中单一污染物 CRISP	CRISP=PISERca×Csur×SFi
单一土壤污染物经所有暴露途径 CRn	CRn=CROIS+CRDCS+CRISP
不同暴露途径下的非致癌危害商(HQ)	计算公式
经口摄入土壤中单一污染物 HQOIS	HQOIS=OISERnc×Csur/RfDo/SAF
皮肤接触土壤中单一污染物 HQDCS	HQDCS=DCSERnc×Csur/RfDd/SAF
吸入受污染土壤颗粒物中单一污染物 HQISP	HQISP=PISERnc×Csur/RfDi/SAF
单一土壤污染物经所有暴露途径 HQn	HQn=HQOIS+HQDCS+HQPIS

经过上述计算,土壤汞污染物在不同暴露途径下的致癌风险和非致癌危害计算结果见表5-20。根据我国《污染场地风险评估技术导则》(HJ 25.3—2014),单一污染物的可接受致癌风险水平为10^{-6},单一污染物的可接受危害商为1。

风险贡献率 PCR_j 根据公式计算:

$$PCR_j = \frac{CR_j}{CR_n} \times 100\%$$

非致癌危害贡献率 PHQ_j 根据公式计算:

$$PHQ_j = \frac{HQ_j}{HQ_n} \times 100\%$$

从表5-20可以看出,土壤汞无致癌风险和非致癌危害。研究区土壤汞无致癌风险和非致癌危害,但具有潜在生态风险。

表 5-20 土壤汞致癌风险与非致癌危害计算结果

暴露途径		1 经口摄入土壤	2 皮肤接触土壤	3 吸入土壤颗粒物	所有暴露途径下的风险总和
致癌风险	符号	CR_1	DR_2	CR_3	CR_n
	数值	—	—	—	$<1.0\times10^{-6}$
	贡献率	—	—	—	—
非致癌危害	符号	HQ_1	HQ_2	HQ_3	HQ_n
	数值	0.907 5	0	7.461×10^{-4}	0.980 2<1
	贡献率	99.9%	0.00%	0.1%	

(四)土壤中甲基汞非生物降解机理

1. 土壤降解甲基汞的影响因素

通过分析广州市土壤中汞的空间分布,对比在远离城区的高山上采集的两个对照背景点的汞浓度,发现背景点汞浓度均较低,表明研究区土壤母质汞不是汞的主要来源。实验中发现,Hg 与 pH 和有机碳相关性不明显,Pb 与 Hg 浓度成正比,Cr 与 Hg 浓度成反比,土壤中的 Fe 和 Cu 含量及存在的环境条件显著地影响土壤中汞的迁移转化。

为了排除土壤 pH 值及有机碳含量对甲基汞降解的影响,从所采取的 69 件土样中挑选 pH 值与 TOC 含量都非常接近的土壤样品(共计 13 件),测定其甲基汞含量、铁含量及铜含量。因为土壤汞含量不同,而甲基汞的含量与汞含量密切相关,所以甲基汞的含量不能用于评判土壤甲基汞的污染程度,而是以甲基化率(methylationrate,甲基汞与总汞含量的百分比)来表示。13 件代表土样的总汞(THg)甲基化率如表 5-21 所示。所选 13 件样品的 THg 平均含量高达 0.67mg/kg,最高为 1.86mg/kg。根据《土壤环境质量 农用地土壤污染风险管控标准(试行)》(GB 15618—1995),53.8%的入选样品中 pH 值在 6.5~7.5 时超过了Ⅱ级(0.5mg/kg),对当地人体健康存在潜在风险。同时,通过数据分析发现,汞甲基化率与 Fe(Ⅱ)($R^2=0.701$)和 Cu($R^2=0.347$)存在着负相关性(图 5-36),表明土壤中的 Fe(Ⅱ)及 Cu 可能对甲基汞含量(MeHg)的降解有促进作用。

表 5-21 13 件代表土样的汞、甲基汞含量及甲基化率

样品	总汞(mg/kg)	甲基汞含量(mg/kg)	甲基化率(%)
GZS-09	0.81	6.97	0.86
GZS-10	0.77	3.77	0.49
GZS-12	1.86	2.79	0.15
GZS-17	0.21	2.14	1.02
GZS-19	1.85	14.43	0.78
GZS-20	0.10	0.79	0.79
GZS-28	0.09	0.72	0.80
GZS-39	0.53	3.45	0.65
GZS-49	0.39	1.33	0.34
GZS-59	0.21	0.82	0.39

续表 5-21

样品	总汞(mg/kg)	甲基汞含量(mg/kg)	甲基化率(%)
GZS-60	0.65	1.69	0.26
GZS-63	0.99	0.59	0.06
GZS-67	0.20	0.42	0.21
Ave	0.67	3.07	0.52

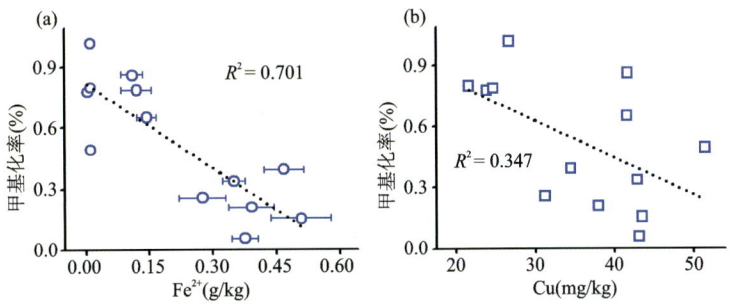

图 5-36 土壤样品中甲基化速率与(a)铁(Ⅱ)、(b)铜含量的相关性

为了确定土壤中的甲基汞是否存在降解过程,我们直接用研究土样进行甲基汞的降解实验。土样降解甲基汞的实验在不同条件下进行(图 5-37)。在有氧条件下,反应后体系中甲基汞的含量明显减少(图 5-37a),说明土样确实能够降解甲基汞。而在厌氧条件下,甲基汞降解量很少,说明氧气在甲基汞降解过程中起重要作用。与此同时,在有氧条件下,灭菌排除微生物的作用后,甲基汞的降解量与不灭菌的体系中降解量非常接近,说明甲基汞的降解不是微生物导致的。在灭菌控制实验中(为了排除 $HgCl_2$ 对甲基汞含量的影响),没有发现甲基汞的产生,排除了实验中所加的灭菌剂 $HgCl_2$ 转化为甲基汞的可能。因此,可以得出结论:土壤降解甲基汞是一个需要氧气参与的化学过程。

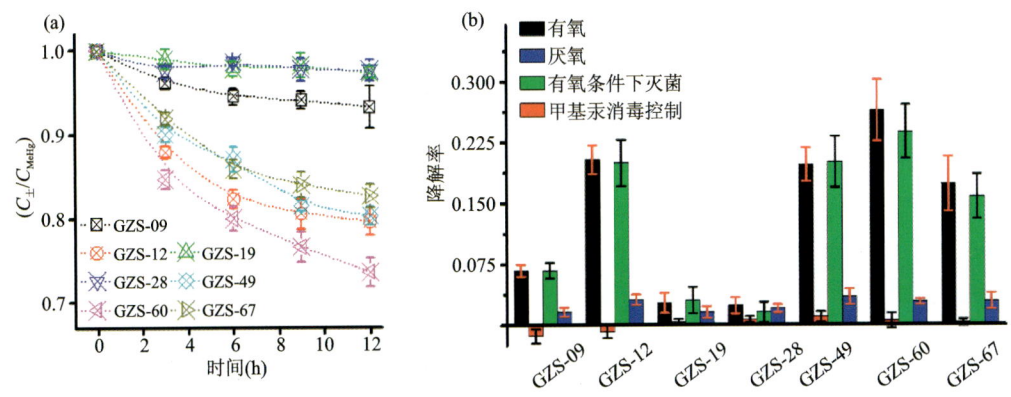

图 5-37 土壤样品降解甲基汞 12h($C_\text{土}=50$g/L,$C_\text{MeHg}=2$μg/L)
(a)含氧的条件下甲基汞的降解动力学曲线;(b)不同环境条件下的 MeHg 降解

对比土样降解甲基汞的降解率(图 5-38a)以及土壤中总铁的含量(图 5-38b),发现土壤降解甲基汞的量与土样铁含量呈明显的反相关关系。近来大量研究表明,还原性铁氧化过程能产生自由基(主要是羟基自由基)降解污染物,Man Tong 等的工作也证明了实际环境中的铁贡献了羟基自由基(·OH)的产生,因此可以猜测,土壤降解甲基汞这一过程可能是自由基导致的。为了验证这一猜想,进行了自由基捕获实验:在土样降解实验中,加入乙醇来捕获羟基自由基,实验结果如图 5-38a 所示。在自由基被淬灭后,甲基汞的降解率明显减少,这说明土壤降解甲基汞过程可能有自由基的作用。

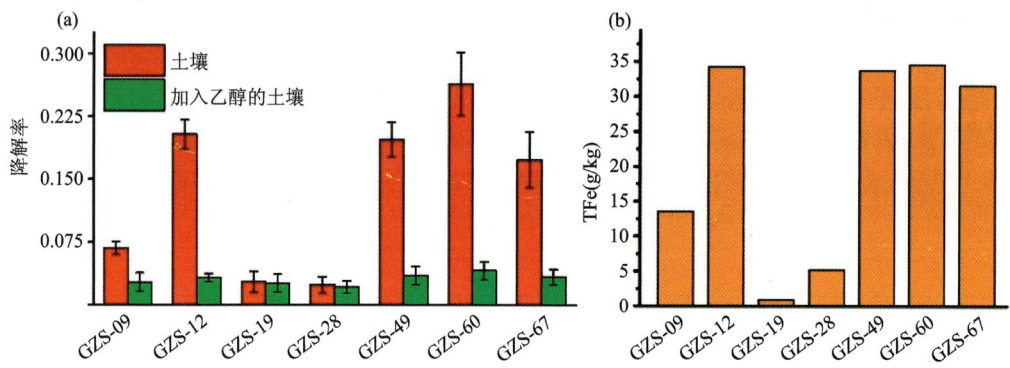

图 5-38 土壤样品降解甲基汞 12h($C_\pm=50g/L$,$C_{MeHg}=2\mu g/L$)后 C/C_0(a)及土壤铁含量(b)

在进一步验证猜想之前,再次确定了假设的前提:土样中能否产生自由基。通过 ESR 定性地检测土样氧化过程中是否能产生羟基自由基(·OH),表征结果如图 5-39 所示,在代表土样氧化过程中,ESR 检测到了 1∶2∶2∶1 的·OH 特征图谱,有力地证明了土样可以产生·OH,说明了关于"土样中自由基贡献了甲基汞降解"这一猜想的合理性。

2. 土柱模拟及降雨影响

汞及其化合物都是有毒污染物,并且其毒性取决于其化学形态。甲基汞是毒性最强的汞化合物之一,主要形成

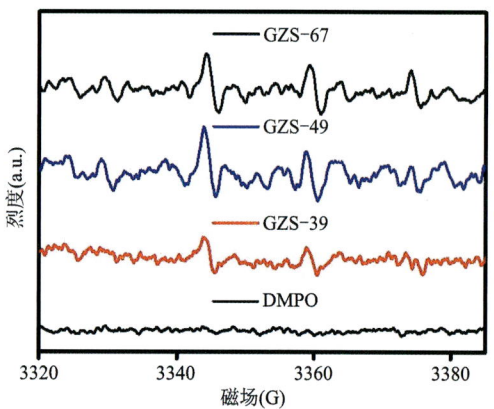

图 5-39 土壤氧化产生·OH 的 ESR 证据

于土壤及水体,容易被水生生物摄入从而进入食物链。这种有机态有生物放大作用,而人类摄入甲基汞的主要途径有食用被甲基汞污染的鱼类以及稻米(中国贵州省汞矿区居民的主要摄入途径)。甲基汞暴露于饮食中对健康的危害更大,因为甲基汞比无机汞(HgⅠ)的毒性更强,且其在水生生物中的生物富集作用强于无机汞。因此,甲基汞在水生生态系统及陆生生态系统中的生物地球化学循环被广泛报道,并主要归结为无机汞的甲基化及甲基汞的去甲基化。生物富集可利用的甲基汞的量是这两个过程的净差值:无机二价汞(HgⅡ)的甲基化过程及甲基汞的去甲基化过程。近年来,人们对生物甲基化机制的理解有了很大进步,包括确定细菌和古生菌里的基因 hgcA 和 hgcB 能够导致甲基汞的形成。甲基汞的去甲基化分为生物过程和非生物过程。其中生物去甲基化主要分为两种途径:一种称为"还原途径",即有机汞裂解酶(MerB)和汞还原酶的联合作用可将甲基汞转化为零价汞(Hg0)和甲烷(CH_4);而另一种称为"氧化途径",即甲基汞被降解为二价汞(HgⅡ)及 CO_2 和/或 CH_4,使得产生的 HgⅡ 有再次反应为甲基汞的可能。关于非生物去甲基化过程:地表水中甲基汞的光降解过程是水生环境中甲基汞主要的汇。但目前人们对甲基汞在土壤环境中的非生物降解过程及其影响机制的理解还较为局限。

研究工作中,我们证实了一个甲基汞的非生物降解过程:由于研究区广东省属热带气候海洋性亚热带季风气候,研究区土壤在雨季经常处于淹水状态,从而给 ROS 导致的甲基汞转化提供了氧化环境。该部分的研究结果表明,氧化条件下羟铁云母及溶解态的铜离子能降解甲基汞。然而,该部分的甲基汞降解实验都是在实验室的理想条件下进行的,所研究的这一甲基汞降解过程能否在实际环境下发生还未可知。在实际土壤环境中,有很多因素可能会影响或者抑制这一含铁黏土矿物起决定性作用的甲基汞降解过程。近来,袁松虎课题组证明了不同含二价铁的黏土矿物都能被空气氧化而产生·OH。同时,通过向地下 23m 深的含水层注入含氧水进行注入-提取实验,确定了含二价铁的黏土矿物是地下沉积物产生的羟基自由基的主要贡献者。然而在实地环境中产生的这种羟基自由基能否降解在实际环境中共存的污染物还未证实。目前有多种方法用来模拟实际环境,其中土柱实验被广泛运用于模拟实际

土壤环境中物质的迁移转化及生物地球化学行为。土柱实验不仅可以用来评价污染物的迁移转化，还可以用来模拟实地的水位波动情况。

广州市是中国一线工业化、城市化、人口密集的大都市，该市受重金属污染严重，其中汞污染问题更是严重。如前所述，当地土壤为铁含量高的红壤土。热带气候海洋性亚热带季风气候使得当地地下水位波动，广州表层土经常经历干湿交替。这些特殊的水文地质条件给羟铁云母降解甲基汞这一反应提供了基本条件，而这一过程是否能在实际土壤环境中发生还有待验证。与此同时，降雨作为必备条件，广州雨水也有着当地特性，其特性对甲基汞降解过程有何影响也需要进一步探究。因此，我们展开了一系列的土柱实验来检验甲基汞降解过程是否能发生，并按照广州当地雨水特性设置对照组来探究当地雨水特性对这一过程的影响，这些影响机制也通过此实验来进一步探究。此外，为了完整地讨论甲基汞在土壤中的归趋，在这部分工作中，我们也对羟铁云母降解甲基汞的产物进行了捕集分析。

1）实验内容和方法

（1）主要试剂：甲基汞标准物质和氯化汞标准物质均购买于国家标准物质网。苯甲酸钠（BA，99.5%）及对羟基苯甲酸（p-HBA，99%）均从国药集团购买。DMPO（5,5-dimethyl-1-99pyrroline-N-oxide）、DPD（N,N-diethyl-pphenylenediamine）购买于美国 Sigma-Aldrich 公司。羟铁云母（Annite，铁含量17.3%）及绿磷铁铜矿（Hentschelite，铜含量15.1%）购买于 https://www.dakotamatrix.com/，且两种矿物通过 XRD 表征验证分别确认为羟铁云母和绿磷铁铜矿（图5-40）。去离子水（18.2MΩ·cm）来自超纯水仪（HealForceNWultra-purewatersystem）。其他试剂皆为分析纯。

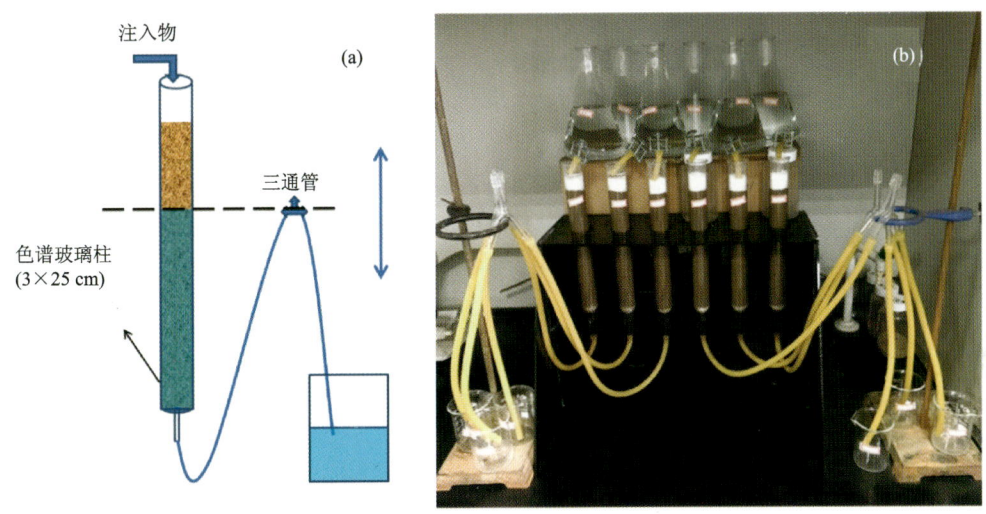

图 5-40 土柱实验装置示意图（a）（非等比例）及照片（b）

（2）土柱实验。选取研究土壤中甲基化率最高的3个土样进行土柱实验。将代表土样（GZS-9、GZS-10、GZS-19，土样基本参数见表5-22）在25℃左右风干，过筛（<4mm），手动使其均质化，待用。土柱实验分别用原土以及均匀混入了3%羟铁云母的土样开展。混有3%羟铁云母的土样是用194g风干土样加入6g研磨过筛后的羟铁云母后混合摇匀，翻转振荡10h。每一个土柱实验中，140g土样被填入玻璃色谱柱（2.5cm×25cm，壁厚2mm），玻璃柱上方连接一个体积为1L的玻璃进水池，下方出口通过一个三通管连接大气。所有土柱水流都是从上往下流动的模式，储水池内溶液通过重力作用流入土柱。通过上下调节三通管的高度来控制土柱内部水位的高度。土柱中水流保持平均(12.8±2.8)mL/d 的速度。在降低三通管高度52～72h后，玻璃柱内液面由视觉观测从(22±1)cm降到(0±1)cm，然后在三通管升高的12～16h后，玻璃柱内水面再次上升到(0±1)cm（图5-42）。玻璃柱中土壤填充高度为(19±1)cm，孔隙容积大约35mL。所有土柱实验都在避光黑暗处进行。

表 5-22 代表样基本特性

土壤样	主要矿物成分(%)			含量(mg/kg)		
	石英	水钙沸石	羟铁云母	MeHg	Hg	TFe
GZS-09	61.64	32.00	5.00	6.97×10^{-3}	0.81	1.35×10^4
GZS-10	72.81	25.13	0	3.77×10^{-3}	0.77	1.52×10^3
GZS-19	59.62	39.57	0	1.26×10^{-2}	1.36	5.5×10^2

一共进行了3组土柱实验,每组6根土柱,从左往右标记为柱1、柱2、柱3、柱4、柱5、柱6,其中各组的主要操作参数见表5-23。第一组土柱实验(No.S1)的实验目的是证实在实地雨水渗透导致的水位波动条件下,土壤中的羟铁云母能否降解甲基汞。第一组实验中所用的土样是研究区域土样中甲基汞含量最高的3个土样。储水池中盛有去离子水,由重力作用滴入6个土柱。柱1、柱3、柱5中分别填充土样GZS-9、GZS-10、GZS-19,而柱2、柱4、柱6分别填充混入了3%羟铁云母的土样GZS-9、GZS-10、GZS-19。第二组土柱实验(No.S2)的实验目的是检验广州地区当地酸雨对所研究的甲基汞降解过程的影响。蓄水池中的溶液用0.1mol/L的氢氧化钠和0.1mol/L的氯化氢分别调节pH到4.0、4.5、5.0、5.5、7.0及10.0。由于缓冲溶液有捕获硫酸根自由基及羟基自由基的能力,该组实验中没有加入缓冲溶液,以免影响实验结果。不同量的氯化钠溶液也被加入到每个储水池中,以保证每个储水池中的氯离子浓度保持一致,从而排除氯离子对实验结果的影响。该组不同的pH值是参照广州酸雨范围而设置的。第三组土柱实验(No.S3)旨在论证广州雨水中的主要离子组分对土壤中甲基汞降解过程的影响。储水池中的溶液分别为0.063mol/L Na_2SO_4、0.045mol/L $NaNO_3$、0.035mol/L $CaCl_2$、0.065mol/L NH_4Cl及0.007mol/L $CuCl_2$。其中溶液离子浓度的设置与广州雨水中各阴阳离子含量保持一致。与第二组实验一样,在第三组实验的蓄水池中,分别加入不同量的氯化钠溶液,以保证每个储水池中的氯离子浓度保持一致。

表 5-23 3组土柱实验的主要参数

编号		柱1	柱2	柱3	柱4	柱5	柱6
S1	入水	去离子水					
	柱填充	GZS-9	混有3%羟铁云母的GZS-9	GZS-10	混有3%羟铁云母的GZS-10	GZS-19	混有3%羟铁云母的GZS-19
S2	入水	pH=4.0	pH=4.5	pH=5.0	pH=5.5	pH=7.0	pH=10.0
	柱填充	混有3%羟铁云母的GZS-19					
S3	入水	0.063mol/L Na_2SO_4	0.045mol/L $NaNO_3$	0.035mol/L $CaCl_2$	0.065mol/L NH_4Cl	0.04mol/L $CuCl$	去离子水
	柱填充	3%富羟铁云母的GZS-19					

取溶液样时,直接从土柱出水端取出渗出液。取出的样品进行溶解氧DO(polarographic DO probe,Thermo Electric)及pH值(Ross Sure-Flow,Thermo Electric)的测定。出水被收集,测量总体容积,并以此估算土柱中液体的平均流速。在每次测样前都进行溶解氧探头的校正,pH电极每天进行校正。实验中,在预定时间间隔观测土柱内部水位并做好记录。在土柱实验结束后,从玻璃柱中取出整个土柱,并在(25±1)℃避光条件下风干。将土柱从上至下平均分为4截(从土柱底端开始:0~5cm,6~10cm,11~15cm,16~20cm),然后每一截混合均匀,使其均质化之后测定甲基汞含量。

(3)批实验。为了进一步研究羟铁云母降解甲基汞的机制,我们开展了一系列在溶液或浑浊液中进行的批实验:将2g/L羟铁云母与100mL的2μg/L MeHg混合加入到试剂瓶中(250mL),并在室温

(25±1)℃下进行磁力搅拌。所有反应容器都用锡箔纸包裹,以防止甲基汞的光降解过程对实验造成干扰,锡箔纸顶端扎出细小孔洞,使得反应体系与大气连通。在预定时间间隔取出大约5mL悬浊液用于甲基汞的测定。为了探究雨水pH值的影响机制,进行了特定pH值(与土柱实验pH值设置保持一致)的批实验,同样用0.1mol/L HCl及NaOH来调节反应液为目标pH值。捕获剂实验是通过在相同的体系中分别另外加入1mol/L乙醇、10mmol/L叔丁醇及10mmol/L苯甲酸(benzoicacid)来开展。产生的·OH量通过测定BA(苯甲酸)向p-HBA(对羟基苯甲酸)的转化这一探针反应来计算。

零价汞的捕集是根据前人文献所采用的方法进行的。向密封反应容器中持续通入空气,出气口通入零价汞捕集液。控制实验在相同的实验装置中进行,而溶液为没有加入羟铁云母的甲基汞溶液,从而测试通入的空气气流能否把溶解的汞带入到零价汞捕集液(0.6%高锰酸钾、2.5%硫酸、2.5%硝酸)中。

(4)分析与测试。测定甲基汞、羟基自由基、过氧化氢、总铁及二价铁的含量。

2)土柱实验结果

(1)甲基汞在土柱中的降解。由于所有土柱中水流都是自上而下的模式,水流由重力作用流经土柱,这样的实验设置更接近于实际环境中的雨水渗透,而不是地下水位波动,因而更适合用来检验广州地区这种常因降雨而导致水位在表层土高度波动的实际情形下,甲基汞是否能降解的问题。为了验证上一章甲基汞降解过程能否在实际土壤环境中发生,用第一组土柱实验来评估甲基汞在实际土壤中的降解行为。当玻璃柱内水位在底端及顶端间波动时,在混有羟铁云母的土柱中出现了明显且不同的甲基汞降解现象(图5-41),实验结果表明,混有羟铁云母的土柱在经历了大约13d的水位波动后,3个土柱的4个不同高度段出现了从0.33到0.97的不同降解率。在同一个土柱中,甲基汞的降解率在4个不同高度段间变化,这一现象可能是不同水位溶解氧含量不同导致的,在下一节中会详细探讨。很明显,同一个土样,加入了羟铁云母后甲基汞降解明显,而在不加羟铁云母的土柱中,甲基汞几乎没有降解(降解率从-0.05到0.32)。在3个未加矿物的土柱中,土样中原本就含有羟铁云母的柱1中甲基汞降解率明显高于土样未检出羟铁云母含量的柱3和柱5(土样羟铁云母含量见表5-23)。这进一步证明了,在广州雨季降雨渗透导致表层土经历水位波动时,土壤中羟基自由基导致的甲基汞过程能够发生。

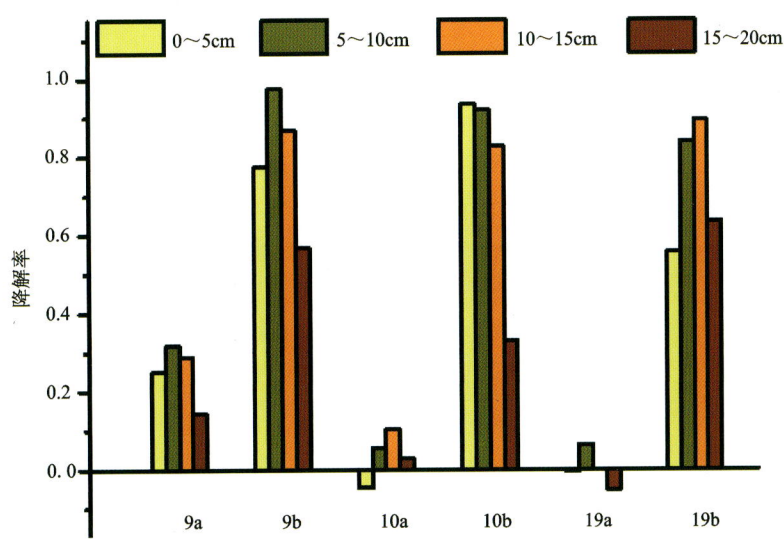

图5-41 在经历大约14d的水位波动后土柱不同高度段甲基汞含量
(a)未外加羟铁云母的土样;(b)混入了3%的羟铁云母的土样

在用土样GZS-9、GZS-10、GZS-19开展的第一组土柱实验中,出水的溶解氧含量被检测,并分为a组(土样未外加羟铁云母的柱1、柱3、柱5)及b组(土样混入3%羟铁云母的柱2、柱4、柱6)进行对比,结果如图5-42所示。有趣的是,在每一个土柱中,不论a组还是b组,出水的DO值都是随着淹水干水循环次数的增加而爬升。以柱a为例,在1~4个淹水干水循环中排干水之后,土柱出水的DO值从

1.2mg/L 到 1.3mg/L，到 2.0mg/L 再到 2.5mg/L(图 5-42a)。这一现象与实际环境的地下水位波动非常相似。也就是说，当水位下降时，接近水位出水被氧化的孔隙水可能被带动下移，然后在排水阶段的氧化条件下与含有二价铁的矿物等还原性物质进行反应。而当水位抬升时，缺氧孔隙水也可能随之抬升，从而从土壤孔隙中的滞留空气中吸收氧气。这种循环会在水位波动带引发一系列的氧化还原反应。从图 5-44 可以看到，出水的 DO 值随着连续的水位抬升/下降的循环而增加，但是加入了 3% 羟铁云母的 b 组出水 DO 值始终比 a 组低。这说明在水位波动的循环中，羟铁云母逐渐发生了氧化。出水 DO 值越来越高，说明在水位波动过程中，羟铁云母中的二价铁逐渐被氧气消耗了。图 5-44d 表明，在土柱实验结束后，每一个土柱中二价铁(Fe^{2+})的含量都明显减少，这不仅再次验证了水中的氧气消耗了羟铁云母中的二价铁，而且还与上一章中所讨论的甲基汞降解机制保持一致。甲基汞在土柱的不同高度段呈现出不同的降解率(图 5-41)，这一结果可能是在不同高度，氧气-水-羟铁云母接触的时间不同导致的。对比图 5-41 及图 5-42，不难发现出水 DO 值、二价铁消耗量及甲基降解率呈正相关关系。因此，淹水的土壤环境以及溶解氧都是必需的，因为这样才能为 ROS 导致的甲基汞降解提供一个氧化环境。在雨季，富含氧气的雨水将氧气带到含有羟铁云母的土壤中，导致羟铁云母的氧化，进而导致甲基汞的降解。而当水位保持静止不动时，由于缺乏氧气，这一过程很难发生。

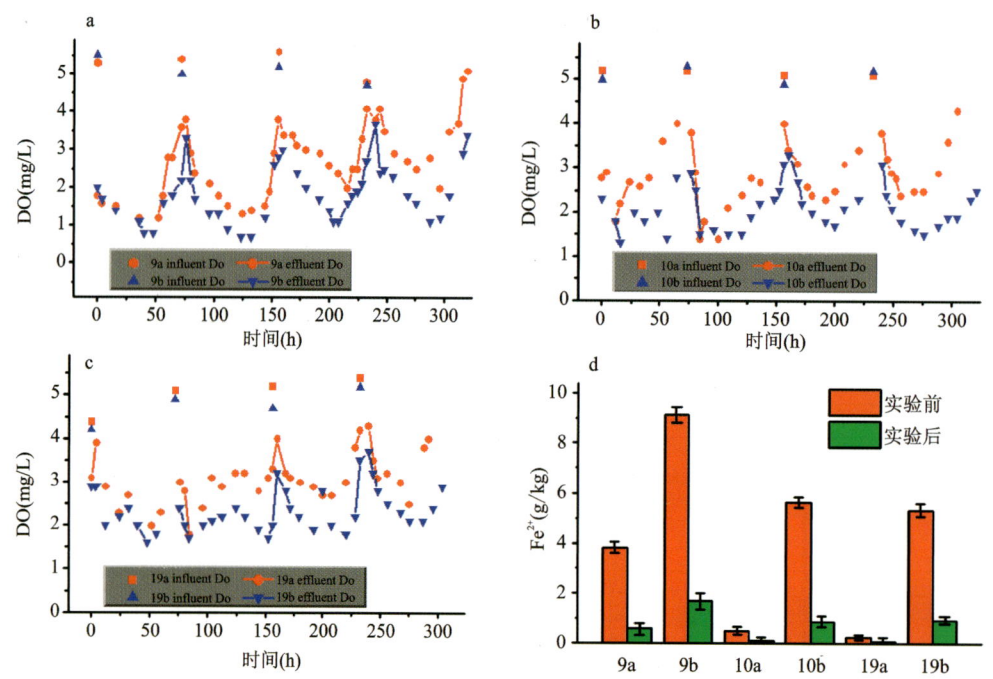

图 5-42　水位波动过程中各土柱出水溶解氧(DO)变化(a~c)及土柱实验前后土壤中二价铁(Fe^{2+})含量(d)

第一组土柱实验中土柱内水位高度及出水 DO 值的对比如图 5-43 所示。土柱水位一个周期的波动是指一个完整的高—低—高水位周期。在第一组土柱实验 320h 的实验期间，柱内的水位从高水位(20cm)下降到高水位约 20cm 以下(0cm)，然后再上升回到高水位，振荡了 3.5 次。有趣的是，出水溶解氧的振荡方向与水位振荡方向呈现相反的趋势，这说明水位的振荡促进了氧气向水的输送。水位在土柱底端及顶端之间波动时，大量的氧气溶解到了孔隙水中，从而使得出水 DO 值随着水位波动周期的增加而升高。值得说明的是，出水的 DO 值是溶解氧的"净"含量，反映的是从气相转移到液相的氧气量减去土柱中氧气消耗的量，而实际上到底有多少氧气转移到了液相还是未知的。然而，可以确定的是，水位下降时可以将氧气带入土壤底层，因此这些氧气可以被带入空隙水，与 0~20cm 的土壤中的还原性物质(如羟铁云母)反应。

(2) 广州酸雨对土柱中甲基汞降解的影响。在第二组土柱实验中，不同 pH 值下土柱中甲基汞的降解行为如图 5-44a 所示：甲基汞的降解率随着 pH 值的升高而降低。在 pH=4.0 的土柱中，甲基汞的降

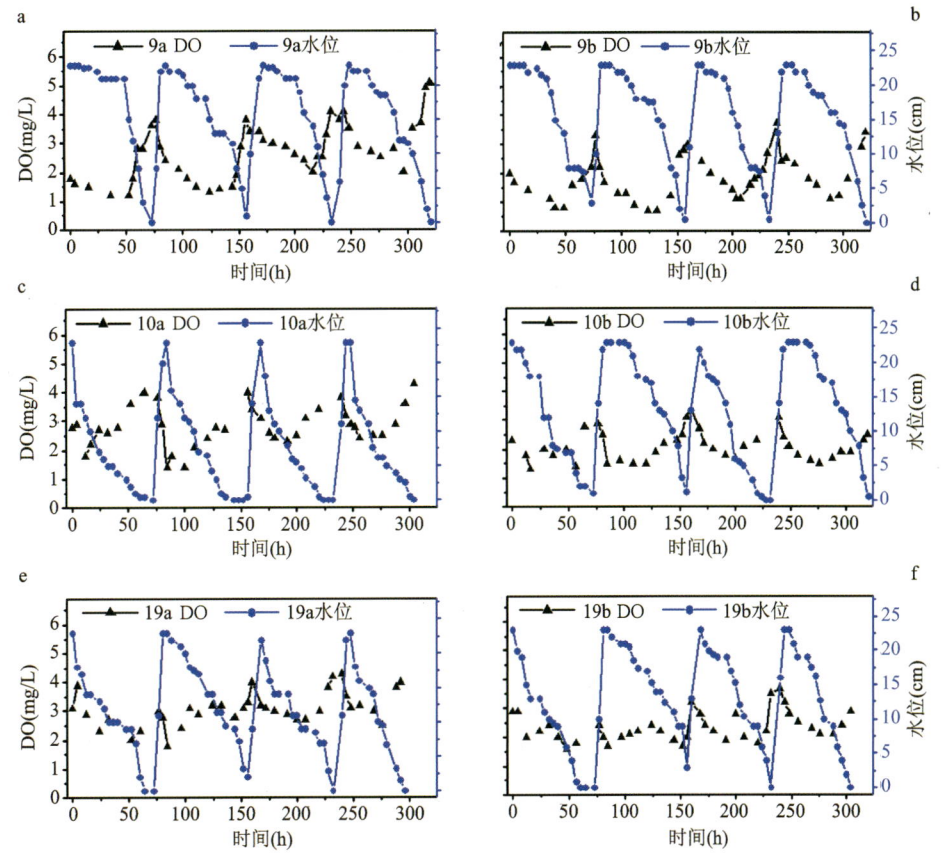

图 5-43 土柱水位波动过程中柱内水位高度及出水 DO 值对比
a.柱 1;b.柱 2;c.柱 3;d.柱 4;e.柱 5;f.柱 6

解率从 0.61 到 0.99;在 pH=7.0 的土柱中,甲基汞的降解率在 0.28~0.58 之间;而当入水溶液 pH=10.0 时,甲基汞的降解率只有 0.18~0.28。尽管土柱中不同高度甲基汞的降解率不同,但是进水 pH 值高会导致土柱中甲基汞降解率低这一规律还是十分明显的。甲基汞的降解是羟铁云母氧化产生过氧化氢分解为·OH 导致的,那么不同 pH 导致不同降解率这一现象也说明这一降解机制可能也受 pH 影响。至于环境 pH 是如何影响这一降解机制的,还需要进一步验证。然而,从第二组土柱实验中可以得到,广州地区的酸雨是有利于水位波动时土壤中羟铁云母降解甲基汞过程的。

在第二组土柱实验期间,出水 pH 也被监测。监测结果表明,土壤有较强 pH 缓冲能力,而随着水位振荡次数的增加,这种缓冲能力减弱(图 5-44b):进水 pH 为 4.0~10.0,出水 pH 值在实验刚开始时在 6.3~7.2 之间变化,而实验结束时出水的 pH 值在 5.5~8.3 之间。值得注意的是,不管入水的 pH 是酸性还是碱性的,最终出水的 pH 值都稍微高于入水 pH 值,这说明土壤中甲基汞降解过程消耗了氢离子(H^+)。

(3)广州雨水成分对土柱中甲基汞降解的影响。广州雨水主要的离子组分对甲基汞降解过程的影响在第三组土柱实验中进行了探究。上一章的工作证明铜离子能够促进羟铁云母对甲基汞的降解,这里也开展了铜离子对土柱中甲基汞降解影响的土柱实验。SO_4^{2-}、Ca^{2+}、NH_4^+、NO_3^- 及 Cu^{2+} 对 3% 羟铁云母土柱降解甲基汞的影响可以通过与入水为去离子水的空白组(Blank)对比得知,各土柱中甲基汞降解率如图 5-45 所示。实验结果表明,Cu^{2+} 能够明显促进甲基汞降解率(0.59~0.76),而其他雨水主要离子组分影响下的甲基汞降解率与空白对照组无明显差异(SO_4^{2-}:0.42~0.64;Ca^{2+}:0.26~0.68;NH_4^+:0.41~0.71;空白组:0.28~0.69)。这一实验结果也将"铜能够促进羟铁云母降解甲基汞"的结论从理论实验推广到了实际土壤,证明铜离子在实际的土壤环境中能促进甲基汞的降解。

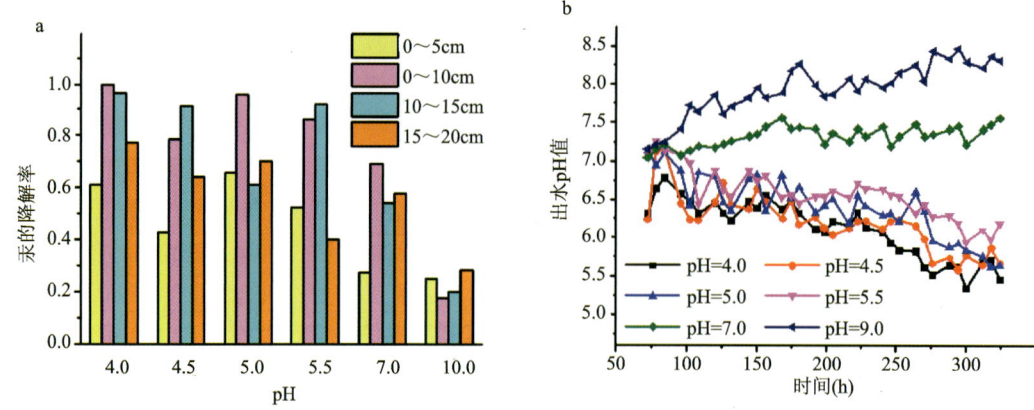

图 5-44 第二组土柱实验的不同高度甲基汞降解率(a)及出水 pH 值(b)

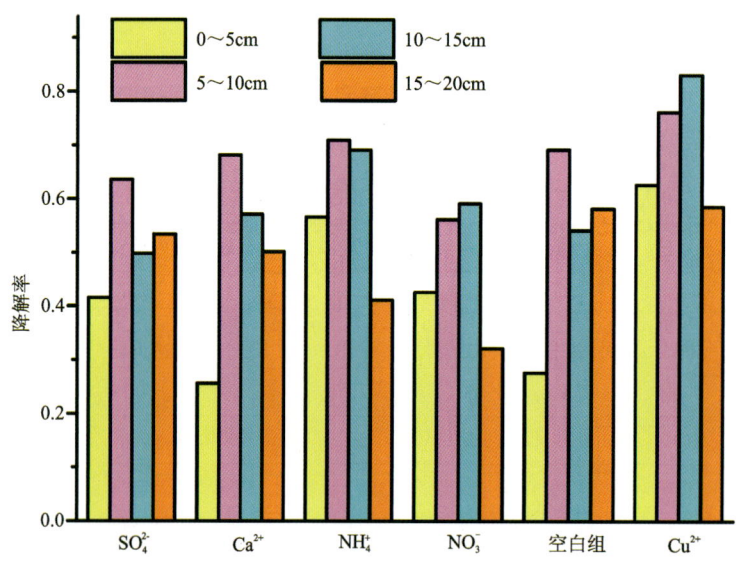

图 5-45 第三组土柱实验中每根土柱不同高度段的甲基汞降解率

3)影响机制探究

(1)pH 对甲基汞降解的影响机制。由于入水 pH 能明显影响土柱中甲基汞的降解率(图 5-46a),用 2g/L 羟铁云母(annite)与 2μm/L 的甲基汞溶液在磁力搅拌条件下反应 4h,并且在引发羟铁云母的氧化前将反应液 pH 调节为不同的预定值。图 5-46 表明酸性条件确实有利于甲基汞降解。在 pH=7.0 时,大部分的甲基汞都被降解了;而在 pH=10.0 时,甲基汞的降解率低于 10%。这一实验结果与土柱实验保持一致。为了理解 pH 是如何影响这一降解过程的,我们又分别测定了 pH=4.0、4.5、5.0、5.5、7.0 及 10.0 时,羟基自由基氧化 4h 内产生的 H_2O_2 及 ·OH 的瞬时浓度。当 pH=4.0~7.0,对应的 H_2O_2 最高浓度为 1.98~2.78mol/L(图 5-46c),意味着在酸性到中性的 pH 范围内,羟铁云母都能够活化氧气产生 H_2O_2。然而,当 pH=10.0 时,H_2O_2 的峰值浓度降到了 0.65mol/L,比 pH=4.0 时的 1/4 还少。至于反应过程中产生的羟基自由基,采用 BA 羟基化反应生成 p-HBA 作为指示反应,定量测定 2g/L 的羟铁云母氧化产生的羟基自由基的量。而在不同 pH 条件下,产生 ·OH 的规律也与过氧化氢的产量保持一致(图 5-46d)。pH=4.0 时 ·OH 的峰值浓度为 86.88mol/L,pH=7.0 时为 58.65mol/L,而在碱性条件下(pH=10.0) ·OH 的峰值浓度只有 16.16mol/L,大概只有 pH=7 时 ·OH 峰值的 1/4,而不到 pH=4.0 时的 1/5。在不同 pH 值下,羟铁云母中二价铁的消耗量也呈现出一样的趋势(图 5-46d)。上一章已经表明,·OH 是导致甲基汞降解的主要活性物种,因此可以推断:高 pH 值抑制H_2O_2的产生,从而·OH的产量也会减少,最后导致甲基汞降解率随着pH的升高而降低。不同pH条件下,反应中间活性物种的定量测定结果(图5-46c、d)及甲基汞降解率(图5-46a)都与这一推断十分吻合。

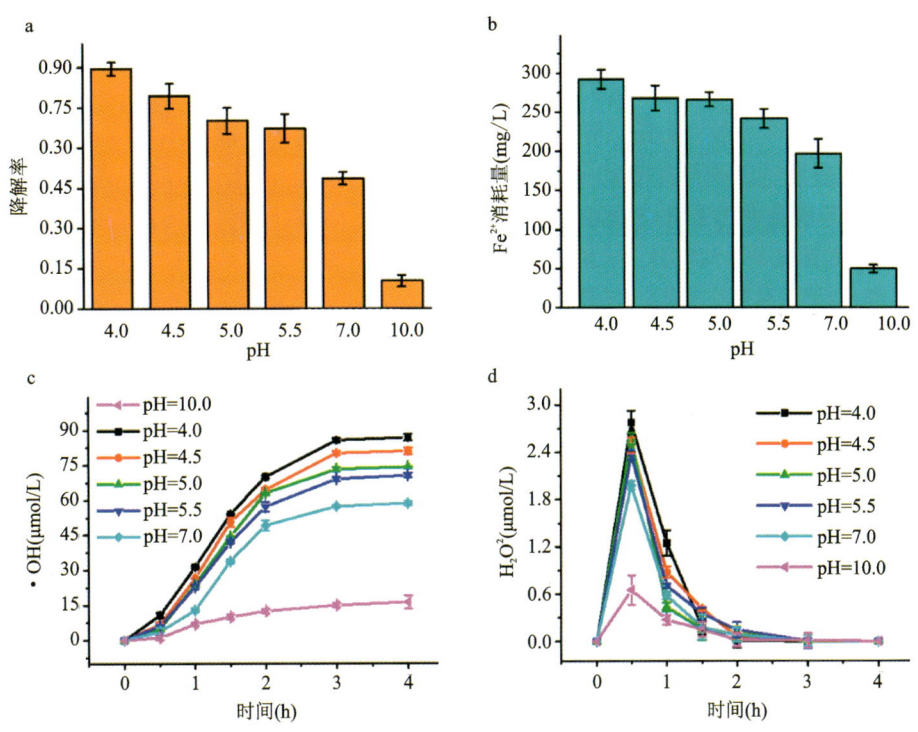

图5-46 在不同pH值下,羟铁云母氧化降解甲基汞降解率(a)、二价铁消耗量(b)、产生的过氧化氢(c)及羟基自由基的量(d)

(2)pH对Cu促进甲基汞降解机制的影响。因为铜离子不论是在上一章的理论实验中还是上一节的土柱实验中,都呈现出促进羟铁云母降解甲基汞的效果,为了全面评估铜离子的促进作用,在原始pH值分别为4.5、5.5、7.5及10.0的体系中加入铜离子的羟铁云母降解甲基汞实验,对甲基汞的降解率及活性物种的含量都进行了测定。在不同pH值下,铜都促进了羟铁云母对甲基汞的降解,且促进能力随着pH的升高有轻微的提升(图5-47a)。而出人意料的是,加入铜以后,因铜的加入而提高的·OH的产量(加入铜的体系中·OH的产量减去只有羟铁云母的体系中·OH的产量)随着pH的增高而降低(图5-47b)。加与不加铜离子的·OH产量的净差值随着pH的增高而降低,使得甲基汞降解率的净差值也越来越小,因为之前已经论证过,·OH是体系中导致甲基汞降解的主要活性物种,那么铜理应促进其生成从而促进甲基汞的降解,而随着pH的变化,铜对甲基汞降解的促进作用与对·OH的产生促进作用的不一致表明,在中性及碱性条件下铜可能促进了其他活性物的产生,从而促进了甲基汞的降解。

在前面的工作中已经证明Cu(Ⅱ)不仅能促进羟铁云母产生·OH,还能通过失去一个电子而转化为Cu(Ⅲ),而·OH和Cu(Ⅲ)都能提高甲基汞的降解。在此基础上,假设在中性及碱性条件下铜的加入促进了Cu(Ⅲ)的产生,从而促进了甲基汞的降解。为了验证这一猜想,乙醇(一种·OH的捕获剂)以及叔丁醇[既能捕获·OH,又能捕获Cu(Ⅲ)]被选为捕获剂,在不同pH值下探究反应中自由基所起的作用。加入乙醇捕获剂后,铜在碱性条件下能明显促进甲基汞降解,在低pH值时,铜并没有表现出促进作用(图5-47c)。而当叔丁醇被加入到反应体系中后,在不同pH值下,铜对甲基汞的降解几乎都没有促进作用(图5-47d)。正如上面提到过的,乙醇只能捕获·OH,而叔丁醇对·OH及Cu(Ⅲ)都有捕获能力。因此可以推断:在羟铁云母活化氧气产生H_2O_2及O_2^-后,Cu能在酸性条件下促进·OH

的产生,在中性及碱性条件下转化为Cu(Ⅲ)。也正是Cu(Ⅲ)的产生使得铜在中性及碱性条件下都能明显促进甲基汞的降解。

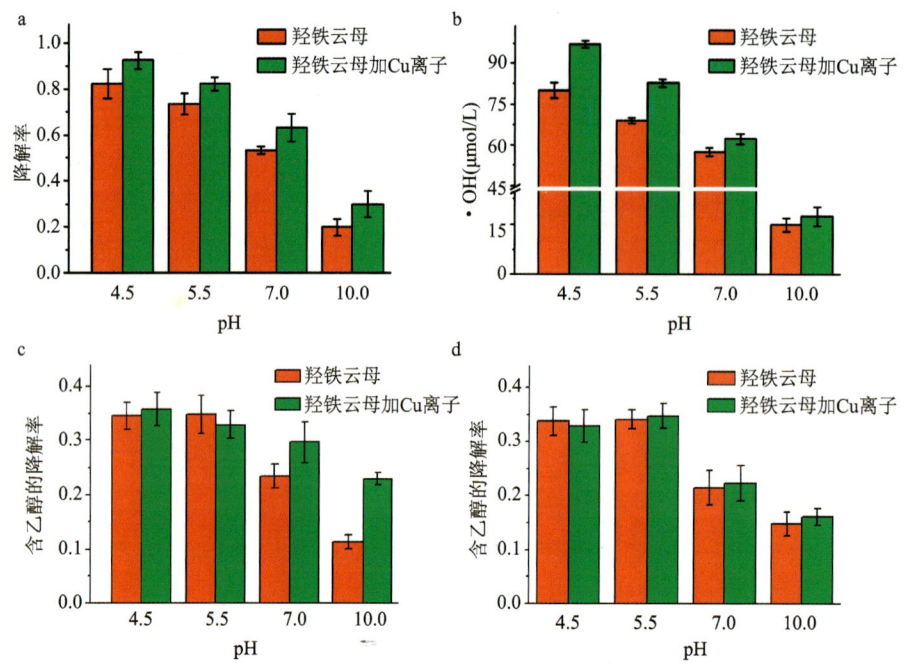

图5-47 羟铁云母和羟铁云母加上铜离子两种体系在不同pH值下降解甲基汞降解率(a)、·OH的产量(b)、加入乙醇后的降解率(c)及加入叔丁醇后的降解率(d)

为了进一步验证这一推断,我们用ESR图谱来分别表征加入了捕获剂DMPO的羟铁云母悬浊液、羟铁云母及铜离子的悬浊液。由于·OH及Cu(Ⅲ)都能氧化DMPO从而产生1∶2∶2∶1的特征峰,所以ESR技术无法分辨这两种活性物质。因此,在测试样品中额外加入了乙醇来捕获羟基自由基,从而检测在整个反应过程中是否有Cu(Ⅲ)的产生[因为·OH已经被乙醇排除,如果还能检测到1∶2∶2∶1的特征峰则说明有Cu(Ⅲ)产生]。如图5-48所示,不管是在酸性、中性还是碱性条件下,加入了铜离子的样品所检测到的峰强都明显大于只有羟铁云母的样品。用乙醇捕获了·OH之后,羟铁云母与铜离子共存的样品中ESR的1∶2∶2∶1的信号峰在中性到碱性条件下呈现增强趋势,而在酸性条件下未观测到该信号峰。这说明,在pH=7.0及10.0时,羟铁云母及铜离子共存时有Cu(Ⅲ)的产生。这解释了土柱实验中铜离子促进甲基汞降解的机理。在土壤中,铜在中性及酸性条件下可以促进羟铁云母产生·OH来降解甲基汞,而在中性及碱性条件下能转化为Cu(Ⅲ)来降解土壤中产生的甲基汞。

4)甲基汞降解产物捕集

尽管甲基汞的降解方法较多,但是在不同相之间汞的种类的转化还模糊不清。通过对降解产物的捕集,我们发现羟铁云母降解甲基汞的产物中有气态零价汞,具体产物占比如图5-49所示。在没有羟铁云母的甲基汞溶液的控制对照组中,只有1.4%的甲基汞溶液被空气流带入到了零价汞捕集液中,而在羟铁云母与甲基汞反应时,有8.7%的甲基汞被零价汞(Hg0)捕集液捕集。这一现象证明在羟铁云母降解甲基汞的过程中,生成了气态的Hg0。当50%的甲基汞被降解时,检测到生成了39.7%的溶解的二价汞,超过了所捕集的Hg0的4倍。由此可知,羟铁云母降解甲基汞的主要产物是二价汞。由于反应是在通入空气的情况下进行的,所产生的Hg0应该是甲基汞与自由基反应产生,而不是被羟铁云母里所含有的二价铁还原导致的。因此,土壤中发生的这一甲基汞降解过程可能会导致少于1/5的汞重新排放到大气(可能也有一部分Hg0被土壤颗粒吸附),而剩下的一部分可能会留在土壤中或者以二价汞的形式进入水体。

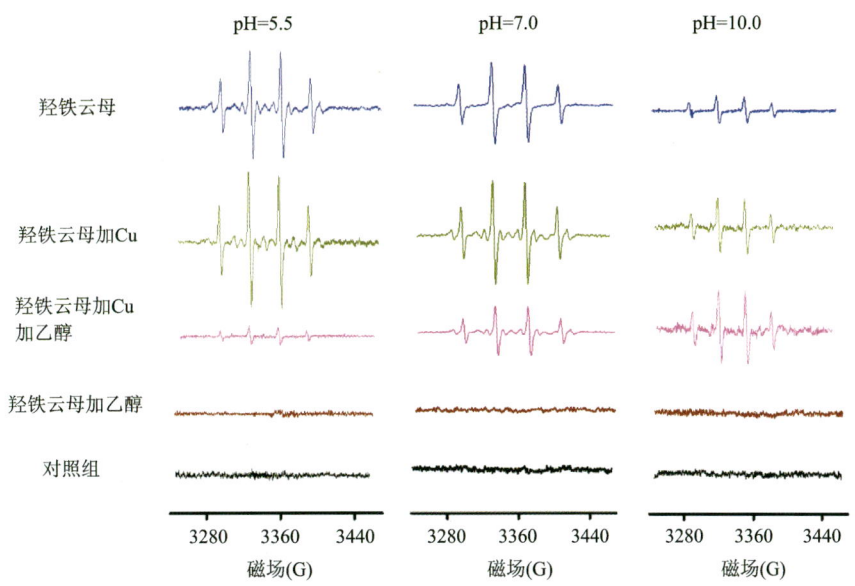

图 5-48 羟铁云母悬浊液及加入了铜离子的羟铁云母悬浊液的 ESR 图谱

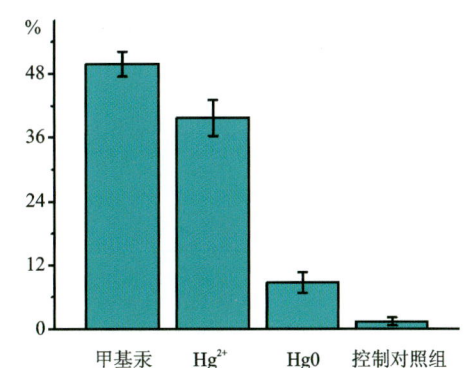

图 5-49 羟铁云母降解甲基汞的气相及液相产物捕集

五、珠海市新马墩村农业园区土壤重金属风险评价

(一)表层土壤、灌溉水重金属含量水平

研究区表层土壤重金属含量、pH 值描述性统计分析结果列于表 5-24。该研究区表层土壤的 pH 值在 7.64~8.30 之间,呈碱性。与土壤环境质量一级标准值及珠江三角洲土壤背景值对比,研究区表层土壤中 Cu、Pb、Zn、Cr、Ni、As、Hg 共 7 种重金属元素含量平均值和中位值均低于土壤环境质量一级标准值与珠江三角洲土壤背景值,仅 Cd 元素含量平均值、中位值高于土壤环境质量一级标准值及珠江三角洲土壤背景值,但低于土壤环境质量二级标准值及珠江三角洲土壤污染风险筛选值。表层土壤 Cd 出现显著累积,其平均值是珠江三角洲土壤背景值的 3.7 倍,是国家土壤环境质量一级标准限值的 2 倍。在近 1.2km² 小区域内,重金属元素 Hg、Cd 变异系数较大,显示出区域不同地块分布不均的特征。

表 5-24 研究区表层土壤重金属含量、pH 值描述性统计（$n=10$）

元素/酸碱度	最小值	最大值	平均值	中位数	变异系数（%）	珠江三角洲土壤背景值	珠江三角洲土壤污染风险筛选值	土壤环境质量一级标准限值	土壤环境二级标准限值
	\multicolumn{5}{c}{mg/kg}		\multicolumn{4}{c}{mg/kg}				
Cu	18.7	49.1	28.89	23.85	34	32	145	35	100
Pb	21	43.4	27.08	24.1	27	60	100	35	350
Zn	63.5	156	89.92	78.1	31	97	320	100	300
Cr	45	89.5	63.77	59.3	22	77	260	90	250
Ni	17.6	37.7	23.95	21.4	27	28	105	40	60
As	6.8	18.57	10.52	9.03	36	25	40	15	25
Hg	0.03	0.19	0.07	0.06	57	0.13	1	0.15	1
Cd	0.22	0.78	0.41	0.31	46	0.11	0.8	0.2	0.6
pH	7.64	8.30	7.99	7.99	3	—	—	—	—

注："—"表示无相关数值。

通过对园区灌溉水渠采集的水样 Cu、Pb、Zn、Cr、Ni、As、Hg、Cd 元素分析测试结果（表 5-25）统计，其含量较低，均达到《农田灌溉水质标准》（GB 5084—2005）的要求。Ni 含量低于《地表水环境质量标准》（GB 3838—2002）中 Ni 含量限值（0.02mg/L），达到了《地下水质量标准》（GB/T 14848—2017）Ⅲ类水标准。

表 5-25 研究区灌溉水重金属含量及标准限值

灌溉水	重金属含量（mg/L）							
	Cu	Pb	Zn	Cr	Ni	As	Hg	Cd
灌溉水-1	0.002 8	0.000 3	0.031	0.007 1	0.003 5	0.000 6	<0.000 05	<0.000 1
灌溉水-2	0.002 3	0.000 6	0.025	0.009 7	0.003 9	0.001 1	<0.000 05	<0.000 1
灌溉水-3	0.001 4	0.000 3	—	0.001 0	—	0.000 9	<0.000 05	<0.000 1
灌溉水-4	0.003 5	0.000 1	—	0.001 7	—	0.000 8	<0.000 05	<0.000 1
《农田灌溉水质标准》（GB 5048—2005）限值	1	0.2	2	0.1（六价）	—	0.05	0.001	0.01

注："—"表示无相关数值。

（二）土壤剖面不同深度重金属分布特征

依据土壤剖面不同深度岩性特征，将土壤剖面柱状样品按照岩性进行分层采样，在桑果园、火龙果园、蔬菜基地、葡萄园园区采集的 4 件土壤剖面样品中 Cu、Pb、Zn、Cr、Ni、As、Hg、Cd 的垂向分布如图 5-50 所示。Cd、Hg 含量数值较小，采用测试结果乘以 100 参与绘图，各剖面土壤颗粒组成如图 5-51 所示。可以看出，8 种重金属在 4 个土壤剖面中的分布呈现出不同的特征。

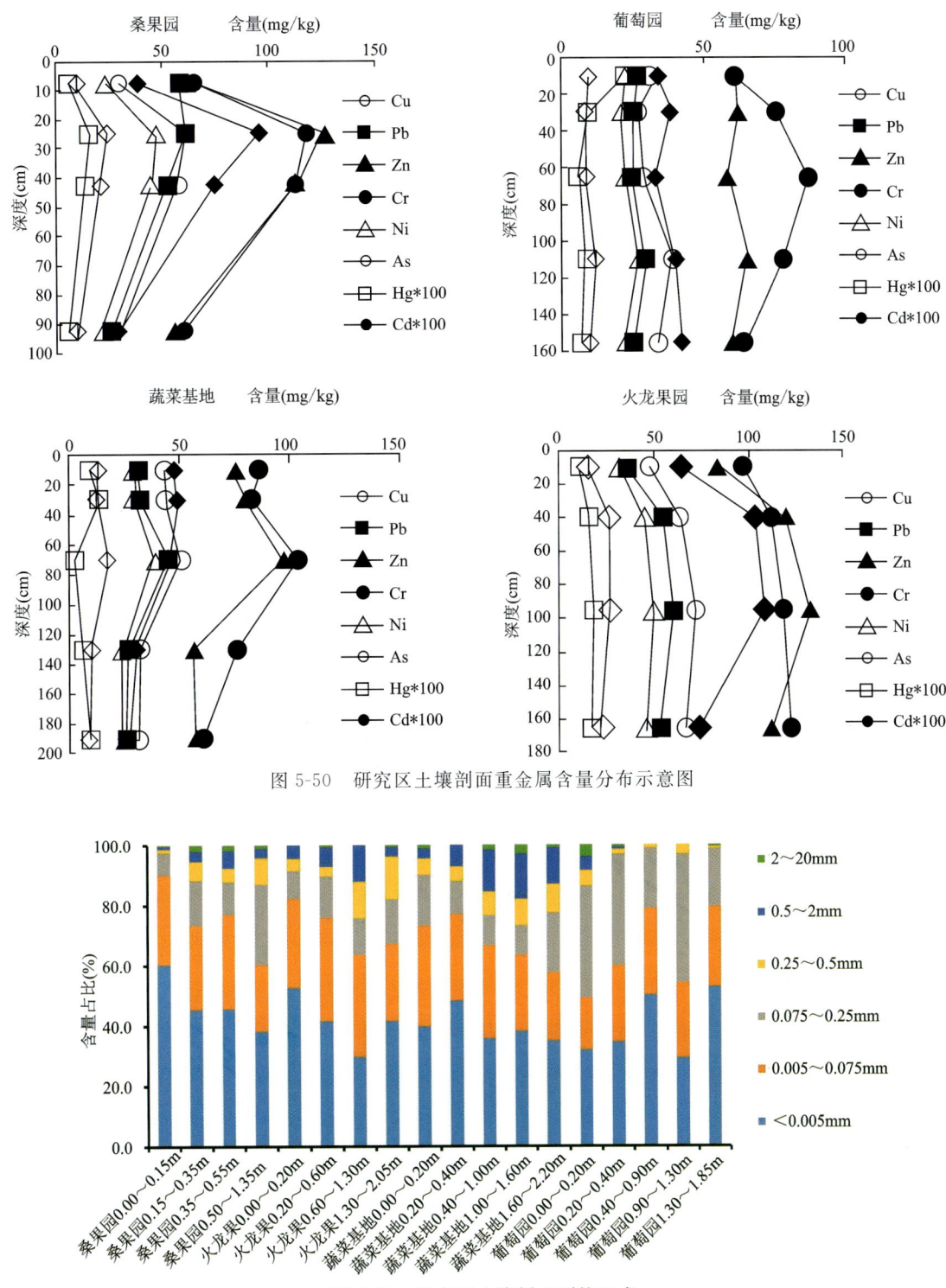

图 5-50 研究区土壤剖面重金属含量分布示意图

图 5-51 研究区土壤剖面颗粒组成

在桑果园土壤剖面,8 种重金属呈现出相同的特征,由浅入深,元素含量先变大后变小,最高值均出现在 15~35cm 处,分布特征呈现出单峰模式。在火龙果园剖面,Cu、Pb、Zn、Ni、As、Hg、Cd 分布特征相似,由浅入深,元素含量先变大后变小,最高值出现在 60~130cm 处;Cr 元素呈现出由浅入深逐渐变大的特征。在蔬菜基地剖面,Cu、Pb、Zn、Cr、Ni、As 元素呈现出相似的特征,由浅入深,先变大后变小,最高值出现在深度 40~100cm 处;Hg 元素呈现出先变小后变大的特征,最小值出现在深度 40~100cm 处;Cd 元素呈现出逐渐变小的特征;8 种重金属元素在 0~20cm 与 20~40cm 处含量较均匀,显然是由于耕作扰动,使该深度内土壤被充分混合。在葡萄园剖面,由浅入深,Cu、Pb、Zn、Cr、Ni、As 6 种元素含量较均匀,变化不大;Hg 元素在表层(0~20cm)含量最大,在 20cm 以下土层的含量相对稳定,变化较小;Cr 元素呈现出由浅入深、先变大后变小的特征,呈现出单峰模式,最高值出现在深度 40~100cm 处。4 个剖面中均以 Cr、Zn 元素含量最大。

将剖面土壤重金属含量与珠江三角洲土壤背景值比较,元素超标率由大到小的顺序为:Cd(100%)＞Cu(67%)＞Cr(61%)＞Ni(50%)＞Hg(39%)＞Zn(33%)＞Pb(11%)＝As(11%)。另有 3 组土壤超过珠江三角洲土壤污染风险筛选值,且超标元素均为 Cd,位于桑果园土壤剖面 15~35cm 处和火龙果园土壤剖面 20~60cm、60~130cm 处,说明该园区土壤 Cd 不只是表层含量高,在整个剖面上含量均较高,与文献研究结果相一致,存在较高的生态安全风险,需关注园区土壤 Cd 含量较高的问题。

研究区 4 个典型土壤剖面均位于磨刀门水道附近,土壤为海陆交互作用形成,多发育于冲积、海积母质,土壤质地的不均匀性和岩性不连续性明显。从剖面颗粒组成可以看出该区域土壤剖面质地的差异较大,显示出不均匀的特征,4 个剖面粗粒土(粒径＞0.075mm)含量范围为 9.9%~50.8%,变异系数为 35.63%。各剖面粗粒土含量平均占比为:葡萄园剖面(35.68%)＞蔬菜基地剖面(32.46%)＞火龙果园剖面(27.78%)＞桑果园剖面(24.83%);各剖面粗粒土含量变异系数:桑果园剖面(49.67%)＞葡萄园剖面(39.60%)＞火龙果园剖面(27.99%)＞蔬菜基地剖面(23.90%)。土壤颗粒组成不同,会导致土壤砂黏性质不同,对重金属元素的吸附能力也就不同,粗粒土含量越高,重金属元素在剖面垂向迁移越容易,重金属元素在整个剖面上分布就越均匀。研究区桑果园剖面粗粒土含量较其余 3 个剖面低,重金属元素向下迁移较慢,使得重金属元素在桑果园剖面垂向分布较不均匀,桑果园剖面各元素平均变异系数达到 41.09%,其余 3 个剖面重金属含量垂向分布较均匀,各元素平均变异系数均小于 27%。不同土壤剖面同一深度岩性不完全相同,同一土壤剖面不同深度岩性也有差异,土壤黏重程度差异较大,显示出不连续性特征,而土壤中多数重金属元素含量与土壤质地的砂黏程度密切相关。土壤质地的不均一性和岩性不连续性影响了重金属在研究区 4 个土壤剖面的分布特征。

(三)表层土壤重金属污染程度和潜在生态危害评价

研究区表层土壤重金属 Cu、Pb、Zn、Cr、Ni、As、Hg、Cd 污染地质累积指数 I_{geo} 分级情况列于表 5-26。从表中数据可以看出,研究区表层土壤 Cd 污染最严重,10 个采样点中有 1 个达到中度污染到强污染级别(3 级),3 个达到中度污染级别(2 级),6 个为无污染到中度污染级别(1 级)。Cu 有 1 个为无污染到中度污染级别(1 级)。Pb、Zn、Cr、Ni、As、Hg 元素在各样点均无污染(0 级)。从地质累积指数平均值看,Cd 处于中度污染级别,其余 7 种元素均处于无污染级别。

表 5-26 研究区表层土壤重金属污染地质累积指数分级($n=10$)

地质累积指数 I_{geo} 分级	I_{geo}各级样本数(个)							
	Cu	Pb	Zn	Cr	Ni	As	Hg	Cd
0 级	9	10	10	10	10	10	10	0
1 级	1	0	0	0	0	0	0	6
2 级	0	0	0	0	0	0	0	3
3 级	0	0	0	0	0	0	0	1
4 级	0	0	0	0	0	0	0	0
5 级	0	0	0	0	0	0	0	0
6 级	0	0	0	0	0	0	0	0
I_{geo}均值	−0.8	−1.77	−0.75	−0.89	−0.85	−1.91	−1.57	1.17

研究区表层土壤重金属 Cu、Pb、Zn、Cr、Ni、As、Hg、Cd 的潜在生态危害系数 E_r 列于表 5-27。从评价结果可以看出,研究区表层土壤中 Cu、Pb、Zn、Cr、Ni、As 元素在所有 10 个样点均处在轻微生态危害,Hg 有一个采样点处在中等生态危害。Cd 的生态危害性最大,10 个采样点,中等生态危害有 4 个,强生态危害有 3 个,很强生态危害有 3 个。从 8 种元素的平均值来看,Cd 处于强生态危害程度,其余 7 种元素均处于轻微生态危害程度。研究区表层土壤 8 种重金属的潜在生态危害程度由强到弱的顺序依次为:Cd>Hg>Cu>Ni>As>Pb>Cr>Zn。

表 5-27 研究区表层土壤重金属污染潜在生态危害评价分级($n=10$)

潜在生态危害综合指数 E_r 分级	E_r 各级样本数(个)							
	Cu	Pb	Zn	Cr	Ni	As	Hg	Cd
轻微危害	10	10	10	10	10	10	9	0
中等危害	0	0	0	0	0	0	1	4
强危害	0	0	0	0	0	0	0	3
很强危害	0	0	0	0	0	0	0	3
极强危害	0	0	0	0	0	0	0	0
E_r 均值	4.51	1.91	0.93	1.66	4.28	4.21	22.89	111

基于各元素含量平均值计算得到的表层土壤多种重金属潜在生态危害综合指数 RI=151.37,总体处于中等生态危害程度,其中 Cd 对 RI 值的贡献最大。通过计算 10 个样点的多种重金属潜在生态危害综合指数 RI,有 7 个样点总体处于轻微生态危害程度,有 2 个样点总体处于中等生态危害程度,有 1 个样点整体处于强生态危害程度。

研究区表层土壤重金属污染地质累积指数评价和潜在生态危害系数评价结果表明,研究区表层土壤主要以 Cd 污染为主,其余重金属元素污染较轻,与文献报道相符。赖启宏等认为西江和北江冲积平原存在 Cd 的高含量分布区,是地质成因引起,由富含 Cd 的西江和北江冲积物在珠江三角洲沉积而成。刘子宁等认为珠江三角洲东南部濒海区第四纪沉积物 Cd 的含量分布受控于温暖湿润、海陆交互作用强烈的沉积环境。从本次园区小范围土壤 Cd 含量统计分析,表层土壤样品中 Cd 含量较高,局部点位 Cd 含量高于文献报道值,且变异系数较大(46%),显示出区域不同地块分布不均匀的特征,说明土壤 Cd 的高含量除了受控于地质作用、环境条件外,还可能受到外在人为因素的影响。文献报道农田土壤镉污染主要来自含镉矿石的开采、选冶以及含镉的工业"三废"排放、污水灌溉、含镉化肥的使用。该研究区附近周边无矿石的开采、选冶加工活动,无相关重金属污染排放企业。根据采集的灌溉水渠水质 Cd 含量分析测试结果,其 Cd 含量均小于 0.000 1mg/L,远低于《农田灌溉水质标准》(GB 5084—2005)的 Cd 限值(0.01mg/L)。

调查发现,该园区长期大量施用含 Cd 化肥(磷肥、尿素、复合肥),造成了农田土壤 Cd 的累积。化肥样品 Cd 分析结果显示:磷肥 Cd 平均值 20.5mg/kg,复合肥 Cd 平均值 1.30mg/kg,尿素 Cd 平均值 0.03mg/kg,其中磷肥中 Cd 含量超过《肥料中砷、镉、铅、铬、汞生态指标》(GB/T 23349—2009)限值(10mg/kg)。磷肥中的 Cd 含量较高,在园区部分地块使用量也较大,是该园区土壤 Cd 的主要来源之一。通过对比不同地块表层土壤样品 Cd 环境质量分级[《土壤环境质量标准》(GB 15618—1995)]与其种植作物及各地块主要使用的化肥特征情况,发现园区各地块表层土壤 Cd 环境质量均为Ⅱ类、Ⅲ类土壤。青枣地块、桑果园地块表层土壤 Cd 超标严重,达到Ⅲ类土壤。在以施用磷肥为主的地块(青枣地块、桑果园地块),表层土壤 Cd 超标较严重,其余地块以施用尿素、复合肥、有机肥为主,表层土壤 Cd 含量相对较低。为此,建议园区应重视表层土壤 Cd 潜在生态风险问题,减少磷肥使用量,通过调整化肥使用结构、轮耕、休耕等方式,预防、减轻和避免土壤 Cd 对种植作物、生态环境和人体健康的影响。

(四)典型农产品的重金属水平及重金属富集能力

为进一步分析研究区农田潜在生态风险水平,采集研究区典型农产品可食部分样品 8 件(白菜 2 件、无花果 2 件、天冬 2 件、青枣 1 件、火龙果 1 件),测试了其中 8 种重金属含量。对研究区采集的农产品可食部分样品进行测试、统计分析与评价,以《食品安全国家标准 食品中污染物限量》(GB 2762—2017)为参照,评价结果表明供试样品重金属 Cu、Pb、Cr、Ni、As、Hg、Cd 含量均未超标,因标准中无 Zn 的限量值,未对其进行评价。

将农产品重金属含量与对应点土壤的重金属含量进行对比分析,探讨研究区典型农产品对重金属元素的富集能力。农产品对土壤某种元素的富集系数等于农产品中某种元素的浓度(mg/kg)除以该元素在土壤中的浓度(mg/kg),研究区典型农产品的富集系数的统计结果列于表 5-28。不同种类农产品的可食部分对不同元素的富集能力存在显著差异。对 As 的富集能力为:白菜＞无花果＞青枣、火龙果、天冬;对 Cd 的富集能力为:白菜＞无花果＞天冬＞火龙果＞青枣;对 Cr 的富集能力为:火龙果＞白菜＞青枣、天冬、无花果;对 Cu 的富集能力为:天冬＞无花果＞火龙果＞青枣＞白菜;对 Hg 的富集能力为:白菜＞无花果＞天冬＞青枣、火龙果;对 Ni 的富集能力为:火龙果＞无花果＞白菜＞天冬＞青枣;对 Pb 的富集能力为:白菜＞无花果＞火龙果＞天冬＞青枣。

表 5-28 研究区典型农产品重金属含量及其富集系数($n=10$)

农产品	Cu(mg/kg)		Pb(mg/kg)		Cr(mg/kg)		Ni(mg/kg)		As(mg/kg)		Hg(mg/kg)		Cd(mg/kg)	
	含量	富集系数	含量	富集系数	含量	富集系数	含量	富集系数	含量	富集系数	含量	富集系数	含量	富集系数
无花果-1	0.52	0.022 9	0.01	0.000 45	<0.05	—	0.09	0.004 65	0.09	0.004 65	<0.01	—	<0.000 5	—
无花果-2	0.56	0.024 66	0.02	0.000 9	<0.05	—	0.23	0.011 89	0.23	0.011 89	0.01	0.001 13	0.000 7	0.011 04
青枣	0.51	0.012 97	0.01	0.000 28	<0.05	—	0.04	0.001 3	0.04	0.001 30	<0.01	—	<0.000 5	—
白菜-1	0.24	0.010 57	0.02	0.000 86	<0.05	—	0.12	0.005 79	0.12	0.005 79	<0.01	—	0.000 6	0.012 66
白菜-2	0.31	0.013 65	0.03	0.001 24	0.07	0.001 29	0.16	0.007 73	0.16	0.007 73	0.02	0.002 51	0.000 9	0.018 99
天冬-1	1.06	0.046 67	0.01	0.000 45	<0.05	—	0.07	0.003 62	0.07	0.003 62	<0.01	—	0.000 6	0.009 46
天冬-2	1.36	0.059 87	0.01	0.000 43	<0.05	—	0.12	0.006 2	0.12	0.006 20	<0.01	—	0.000 6	0.009 46
火龙果	0.84	0.023 74	0.02	0.000 66	0.38	0.005 25	0.45	0.017 43	0.45	0.017 43	<0.004	—	<0.000 5	—
《食品安全国家标准 食品中污染物限量》(GB 2762—2017)	—		水果 0.1 蔬菜 0.3		蔬菜 0.5		—		蔬菜 0.5		蔬菜 0.01		水果 0.05 蔬菜 0.2	

注:"—"表示无相关数据。

将以上 5 种典型农作物互相比较,白菜、无花果对重金属的富集能力较强,青枣、火龙果、天冬富集能力较弱。以农产品中各重金属富集系数的平均值计算,重金属的富集系数依次为:Cd＞Cu＞Hg＞Ni＞Cr＞As＞Pb。为此,提出园区应优先种植青枣、火龙果、天冬等对重金属富集能力较低的品种,以降低土壤中重金属对农产品品质的影响,同时重视 Cd 潜在生态风险问题。

六、珠江口西岸"水-土-植物"重金属迁移富集规律研究

(一)灌溉水中镉、汞、砷含量及pH值

根据本次灌溉水取样的分析结果(表5-29),可以看出,该水稻田边沟渠内灌溉水Cd、Hg、As含量及pH值均达到地表水三类水标准,也达到农田灌溉水水质标准。

表5-29 灌溉水镉、汞、砷含量(μg/L)及pH值

指标	镉	汞	砷	pH值
灌溉水	0.02	0.07	3.42	7.05
地表水三类水限值	5.00	0.10	50.00	6.0~9.0
农田灌溉水水质限值	10.00	1.00	50.00	5.5~8.5
超标情况	未超标	未超标	未超标	未超标

(二)浅层地下水中镉、汞、砷含量及pH值

通过人工浅钻井,抽取浅层地下水样品,其各指标测试结果见表5-30,与《地下水水质标准》(DZ/T 0290—2015)对比,可以看出,该水稻田浅层地下水Cd、Hg、As含量及pH值均达到地下水三类水标准。与灌溉水相比,Cd含量稍高,Hg含量较低且接近,As含量较低,说明在该水稻田水-土-植物系统中灌溉水经过包气带土壤、植物、大气降水等作用后,转化为地下水部分,Cd、Hg、As 3种重金属元素表现出不同的行为,Cd较富集,Hg、As较缺乏,主要受当地土壤理化性质、人为活动、元素吸附解析规律、降水等因素的影响。

表5-30 浅层地下水镉、汞、砷含量(μg/L)及pH值

指标	镉	汞	砷	pH值
浅层地下水	0.076	0.05	0.82	7.09
地下水三类水限值	5.00	1.00	10.00	6.5~8.5
超标情况	未超标	未超标	未超标	未超标

(三)表层土壤(0~0.2m)中镉、汞、砷含量及pH值

通过采集水稻田表层(0~0.2m,去除表层浮土)土壤样品进行分析测试,结果见表5-31。与《土壤环境质量标准》(GB 15618—1995)二级标准值对比可以看出,该水稻田表层土壤重金属元素Cd、Hg的含量超出了土壤二级标准,Cd超标较严重,As含量未超标。与珠江三角洲土壤环境背景值比较,Cd、Hg超出背景值,As低于背景值。与珠江三角洲地区土壤污染风险筛选值比较,Cd明显高于风险筛选值,存在污染,Hg、As均低于筛选值,一般不会有污染危害。就含量较多的Cd、Hg而言,文献报道,其来源主要包括自然来源(成土母质和成土过程)和外源输入。根据珠江三角洲土壤环境背景值可知,自然来源只是该稻田表层土壤中Cd、Hg来源的很小一部分,大部分Cd、Hg均为外源输入。外源输入包括含重金属Cd、Hg的化肥、有机肥、农药的施用,大气降尘,工业"三废"的随意排放,污水灌溉等。据调

查,当地未见明显工业废水排放迹象,灌溉水水质分析结果 Cd、Hg 均达标,故该稻田重金属 Cd、Hg 可能主要来源于化肥、有机肥、农药的使用,大气沉降,亦有部分可能来源于未知的工业废弃物。该稻田浅层土壤 As 低于背景值,说明外源输入 As 很少。

表 5-31　表层土壤中镉、汞、砷含量(mg/kg)及 pH 值

深度	镉	汞	砷	pH 值
0～0.2m	0.86	0.32	17.20	6.26
土壤二级标准值	0.30	0.30	30.00	<6.5
珠江三角洲土壤环境背景值	0.11	0.13	25.00	—
珠江三角洲土壤污染风险筛选值	0.35	0.35	45.00	—

(四)水稻不同部位镉、汞、砷含量

通过采集该水稻田水稻根、茎叶、果实样品进行分析测试,结果见表 5-32,将果实部分重金属镉、汞、砷含量与《食品安全国家标准　食品中污染物限量》(GB 2762—2012)对比可以看出,水稻可食部分(糙米)重金属元素砷未超标,水稻不同部位砷含量顺序为根＞茎叶＞果实(糙米);水稻可食部分(糙米)重金属元素镉未超标,茎叶含量较低,未检出,水稻不同部位镉含量顺序为根＞果实(糙米)＞茎叶;水稻不同部位汞含量均较低,均未检出。可见,不同重金属元素在水稻体内含量分布特性因元素种类的不同而异。水稻根部重金属元素镉、砷含量最大,水稻生长过程中,通过根系吸收土壤中的重金属污染物向上输送时,对重金属污染物产生的截留作用将大部分停留在根系内,因而造成根部重金属元素镉、砷含量最大。对于镉、汞两种元素,虽然在该稻田表层土壤(0～0.2m,水稻根主要集中于 0.2m 土层内,0～0.2m 是水稻生长吸收营养的主要层位)中含量较大,尤其是镉已经超出了该地区土壤污染风险的筛选值,但是在水稻体内浅层地下水里,镉、汞含量均很低,说明在该水稻田水-土-植物系统中,镉、汞多数仍滞留在土壤里,只有少量向植物体、地下水中迁移,与文献报道相符。这可能受土壤理化性质、地下水理化性质、元素有效性的影响。单从土壤中镉、汞、砷含量来看,镉明显高于该地区风险筛选值,存在污染,汞、砷均低于筛选值,一般不会有污染危害;而从农产品中的含量与食品中污染物的限量标准对比来看,该水稻田镉、汞、砷均未构成污染;镉、汞、砷是否对该稻田产量造成影响有待进一步研究,只有将这 3 个方面综合评价,才能给出该稻田是否受到镉、汞、砷污染的结论。

表 5-32　水稻不同部位镉、汞、砷含量(mg/kg)

指标	镉	汞	砷
水稻根	0.14	未检出	14.24
水稻茎叶	未检出	未检出	0.47
水稻果实(糙米)	0.03	未检出	0.12
水稻果实(糙米)重金属限值	0.20	未检出	0.50
超标情况	未超标	未检出	未超标

(五)不同深度土壤中镉、汞、砷含量

通过采集该水稻田不同深度(0～1.5m)土壤样品进行分析测试,结果见表 5-33。土壤剖面中重金

属元素镉(Cd)、汞(Hg)、砷(As)含量垂向分布特征如图5-52所示。可以看出,镉、汞、砷3种重金属元素在该水稻田剖面(0～1.5m)中的分布具有不同的特征。镉含量最高值出现在0～0.2m处,汞含量最高值出现在0.2～0.5m处,砷含量最高值出现在1.0～1.5m处。从整个剖面来看,镉含量从0～1.0m呈现出逐渐降低的趋势,1.0～1.5m处又略微升高,且从0～1.5m镉含量均高于珠江三角洲土壤环境背景值(镉0.11mg/kg);汞含量从0～0.5m呈现出逐渐升高的趋势,从0.5～1.5m呈现出逐渐降低的趋势,且0～0.5m处汞含量明显高于0.5～1.5m处汞含量,从0～1.5m汞含量均高于珠江三角洲土壤环境背景值(汞0.13mg/kg);砷含量从0～1.5m呈现出逐渐升高的趋势,从0～1.5m砷含量均低于珠江三角洲土壤环境背景值(砷25mg/kg)。

表5-33 不同深度土壤中镉、汞、砷含量(mg/kg)

深度(m)	岩性	镉	汞	砷
0～0.2	耕植土	0.86	0.32	17.20
0.2～0.5	黄褐色黏土	0.78	0.42	18.20
0.5～1.0	灰色黏土	0.64	0.26	20.40
1.0～1.5	灰褐色淤泥质黏土	0.67	0.14	22.00

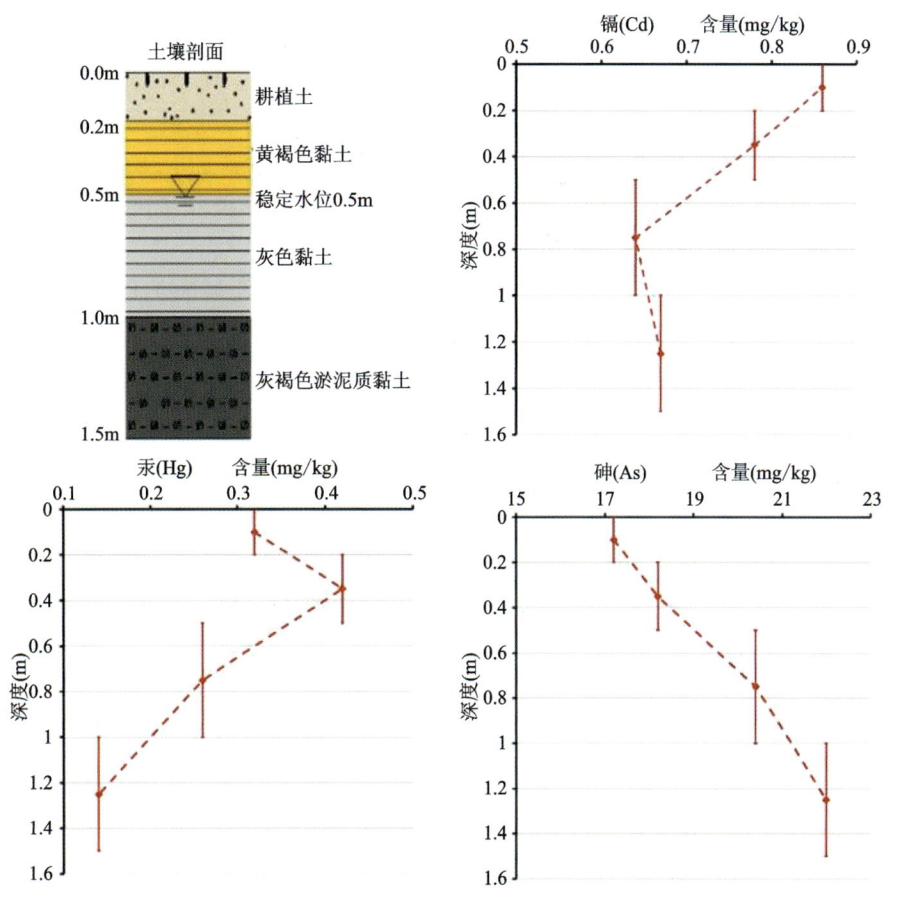

图5-52 不同深度土壤中镉、汞、砷含量垂向分布特征

对于镉(Cd)的垂向分布而言,因其含量均高于该地区背景值,表层(0～0.2m)含量最高,表层往下呈现出逐渐降低的趋势,这种分布特征可解释为:一是表层土壤镉污染随时间在加强,镉仍在不断输入表层土壤;二是溶质运移的作用下,土壤中重金属在不断向下迁移,致使下层土壤也受到污染,高于当地

背景值,当外来输入速率大于其向下迁移速率时,将维持上高下低的模式。如没有外来输入或外来输入较少,外来输入速率小于其向下迁移速率时,将维持上低下高的模式,如该水稻田砷(As)的垂向分布特征。对于汞(Hg)的垂向分布而言,从 0~1.5m,其含量变化不具有单向变化趋势,垂向分布呈现表层低、逐渐在中层出现峰值继而随深度逐渐变低的特征。文献也报道过同样的现象,可能是由于表层土壤汞的挥发,也可能是受到外源输入量、输入频率、农业耕作、土壤有机质含量等的影响,但从整个垂向分布来看,仍然具有上高下低的模式,且含量均高于该地区背景值,说明该汞也存在外源汞输入。镉、汞可能主要来源于农药化肥的使用、大气沉降,亦有部分可能来源于未知的工业废弃物。外源输入砷很少。

七、结论

(1)江门市新会区崖门镇周边水稻田土壤、大米硒含量较高,土壤、水环境质量较好,总体较为安全,适宜发展富硒水稻种植。研究区花岗岩风化成土过程中硒元素不断迁移富集,形成富硒土壤。沿地下水径流方向,土壤 Se 元素主要向下游迁移,在低洼处富集;沿土壤剖面垂向,土壤 Se 元素主要向下部迁移,在中下部淋溶淀积层富集。水稻不同部位 Se 的含量为:根＞茎叶＞大米＞稻壳,土壤 Se 较易向水稻根部迁移,较难从根部向水稻地上部分迁移。

珠三角沿海地区优质富硒土壤的分布与区域上花岗岩岩体出露区相吻合,而非富硒土壤则主要分布于第四系出露区,该地区土壤硒含量可能并不主要受控于其成土母质中的硒含量,硒元素在珠三角沿海地区土壤中的富集过程具有复杂性;区内燕山期中酸性花岗岩类可能是区内土壤中硒的主要源岩。花岗质岩浆在侵位时萃取围岩中的硒元素,从而使得岩浆热液流体中硒发生相对聚集;在亚热带海洋季风性气候湿热条件下,土壤富硒是花岗岩类强烈化学风化和富集改造的结果,在湿热条件下花岗岩类中杂质元素活化并移出,而硒元素在土壤中呈亚硒酸盐被黏土矿物和(或)铁锰(铝)氧化物吸附从而发生相对富集(图 5-53)。

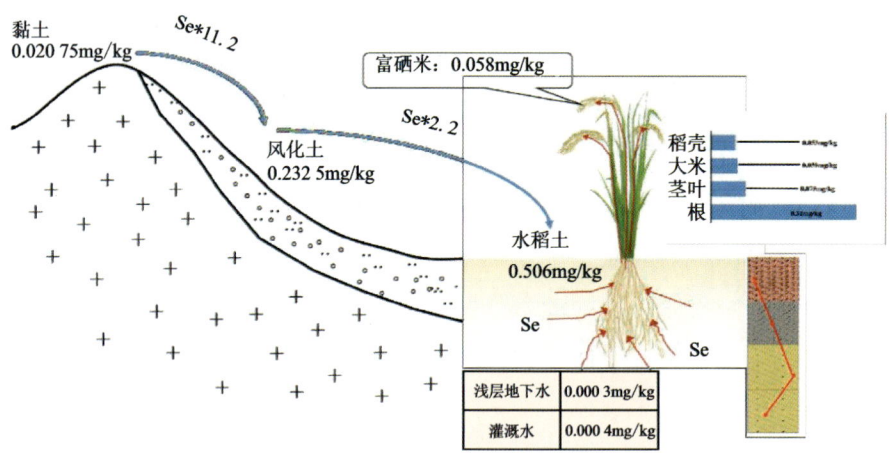

图 5-53　岩-水-土-植物系统中硒元素分布特征及迁移模式图

(2)南沙区土壤镉迁移模式如图 5-54 所示,Cd 整体变化趋势为越往深层土壤 Cd 含量越低,浅层土壤(0~20cm)Cd 含量变异系数较 20cm 以深土壤变异系数更大,Cd 分布不均,而在深部不同剖面同一埋深的 Cd 含量趋于一致,与 pH 值、阳离子交换量和有机质变化趋势一致,钻孔剖面同样显示镉元素含量随深度的增加有降低的趋势,镉元素含量在纵向上交替变化,与岩芯沉积物粒度的变化有较好的对应,呈现为以砂性土为主的粗粒级沉积物中元素含量偏低,而在以黏性土为主的细粒级沉积物中元素富集的规律;深层土壤镉元素富集主要受海相沉积物的影响,研究区土壤形成现有镉分布格局的最主要影响因素是地形地貌、地质条件与河流搬运作用,其次土壤粒度组分、pH 值、有机质含量、阳离子交换量等土壤地球化学的差异及人类工程活动也影响着镉的迁移富集。土壤总镉与土壤活动态镉有极显著的正相关关系,土壤总镉与活动态镉的一元线性相关;水溶态变异系数平均水平高,其离散程度更大,其余形态变异系数较稳定,pH 变化对镉迁移转化的影响不完全体现在对镉全量的影响上,更重要的是改变了镉的有效态,从而影响了镉的生态有效性。

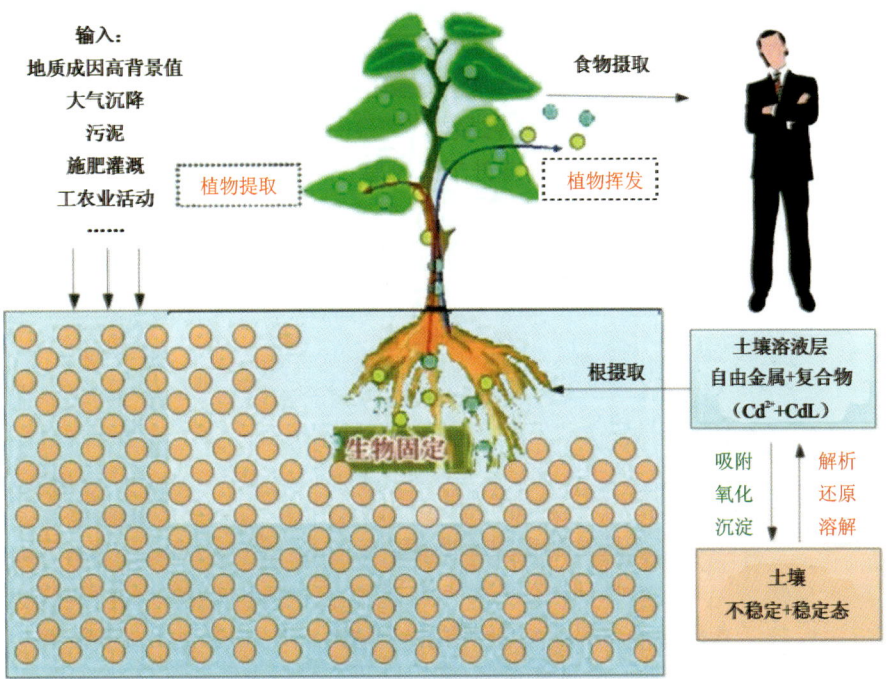

图 5-54 Cd 迁移示意图

(3)广佛肇经济圈工业区的 12 个土壤样品中汞浓度普遍偏高,在交通区采集的 23 个土壤样品中汞浓度普遍偏低,与高浓度邻近的种植区 21 个土壤样品中汞浓度普遍偏低,远离城区的高山上采集的 2 个对照背景点汞浓度均较低,表明研究区土壤母质汞不是汞的主要来源。对功能区的汞污染情况进行分析后表明:此研究区域的汞污染主要由工业污染导致,而汽车尾气、农药使用及土壤母质汞不是汞污染的主要来源。工业园区生物可利用态、生物潜在可利用态、残渣态占比平均值分别为 5.49%、22.55%、71.97%;公园及学校生物可利用态、生物潜在可利用态、残渣态占比平均值分别为 5.29%、23.65%、71.05%;种植区生物可利用态、生物潜在可利用态、残渣态占比平均值分别为 11.43%、26.88%、61.69%。数据表明,研究区域中汞的形态大部分以残渣态等稳定形式存在,而有效态占比较小。在种植区,有效态占比明显增大,这可能是耕作及特殊水文地质条件导致,种植区汞的生物有效性相对较强,存在进入食物链影响食品安全的风险。土壤性质对汞在土壤中的转化有一定的影响,酸性土壤中会有较高比例的交换态汞,而碱性土壤中会有较高比例的碳酸盐结合态汞,最后转化为氧化物结合态或有机质结合态的比例高低取决于土壤中氧化物和有机质的量。通过研究发现:区内土壤可以降解甲基汞,且土壤降解甲基汞是一个需要氧气参与的化学过程;区内土壤氧化可以产生自由基,且土壤对甲基汞的降解过程主要是自由基导致的;在有氧条件下,土壤中共存的铁/铜组分能够引发自由基导致的甲基汞降解过程,也说明了土壤中汞的生物地球化学循环会受到波动的氧化还原条件的影响;在实际土壤中,甲基汞能够自然地被土壤中共存的羟铁云母降解,而且这一过程的发生是建立在广州特有的气候特征及水文地质条件上,广州地区的酸雨有利于甲基汞的降解,而广州地区雨水所含的主要阴阳离子对这一降解过程无明显影响。在一般情况下,铜离子都能够促进甲基汞的降解,只是铜离子产生的活性物种随着 pH 值的变化而变化。通过产物捕集实验表明,二价汞是羟铁云母降解甲基汞的主要产物,而 Hg0 也作为降解产物被捕集到。

(4) 新马墩村农业园区水-土-植物系统中重金属迁移模式如图 5-55 所示,表层土壤 Cd 处于中度污染级别,强生态危害程度,变异系数达到 46%,其余 7 种重金属危害程度轻微。表层土壤高含量 Cd 受人为因素影响较大,与长期大量施用含镉化肥有关,尤其是磷肥。8 种重金属元素在不同土壤剖面中的分布呈现出不同的特征,主要受土壤质地不均一性、岩性不连续性的影响。灌溉水和 5 种典型农作物可食部分重金属均未超标,白菜、无花果对重金属的富集能力较强,青枣、火龙果、天冬的富集能力较弱。建议园区优先种植青枣、火龙果、天冬等对重金属富集能力较弱的品种,以降低土壤中重金属对农产品品质的影响,同时应重视土壤镉潜在生态风险问题,调整化肥使用结构,减少含镉磷肥使用量。

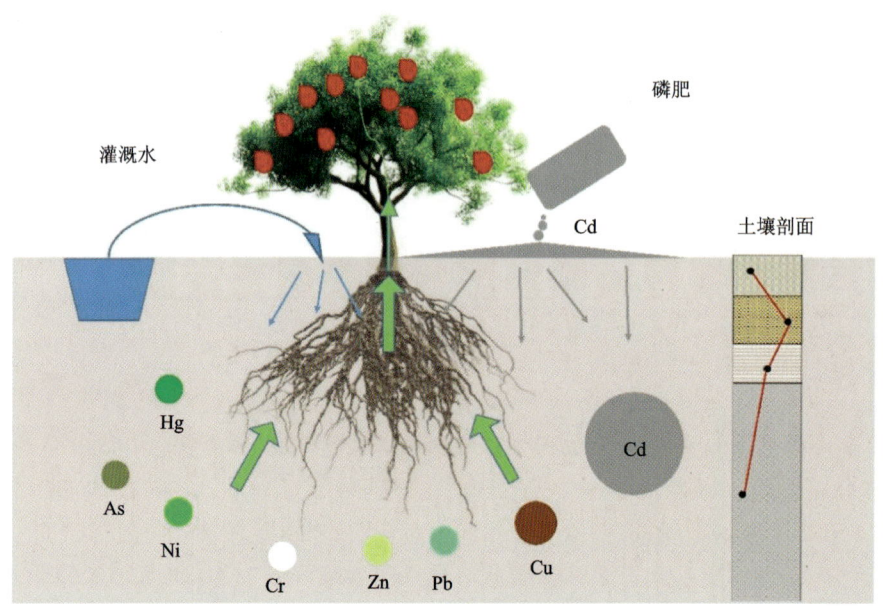

图 5-55　水-土-植物系统中重金属迁移示意图

(5) 珠江口西岸水稻田内不同重金属元素在水稻体内含量分布特性因元素种类的不同而异。水稻不同部位重金属元素镉含量顺序为根＞果实(糙米)＞茎叶;水稻不同部位重金属元素砷含量顺序为根＞茎叶＞果实(糙米)。水稻在生长过程中,通过根系吸收土壤中的重金属,在向上输送时,对重金属污染物产生的截留作用将大部分停留在根系内,造成根部重金属元素镉、砷含量最大。镉、汞、砷 3 种重金属元素在该水稻田剖面(0～1.5m)垂向上的分布具有不同的特征。镉表层(0～0.2m)含量最高,往下逐渐降低,呈现出上高下低的模式;汞表层(0～0.2m)含量较低,逐渐在次表层(0.2～0.5m)出现峰值,继而再随深度逐渐变低,呈现出单峰模式;砷表层(0～0.2m)含量最高,往下逐渐升高,呈现出上低下高的模式。该水稻田土壤镉、汞含量较高,主要是外源输入,自然来源较少;镉、汞主要来源于农药化肥的使用及大气沉降,亦有部分可能来源于未知的工业废弃物;砷外源输入较少,故应该减少镉、汞元素向该稻田土壤的输入。

第六章　南宁市膨胀岩土成灾机理

南宁地处广西南部,中国华南、西南和东南亚经济圈的接合部,是泛北部湾经济区、大湄公河次区域、泛珠三角地区等多区域合作的交会点,也是中国面向东盟开放合作的前沿城市、国家"一带一路"有机衔接的重要门户城市。南宁市地貌分平地、低山、石山、丘陵、台地5种类型,以平地为主,地形是以邕江广大河谷为中心的盆地形态。南宁属湿润的亚热带季风气候,阳光充足,雨量充沛,霜少无雪,气候温和,夏长冬短,年平均气温在21.6℃左右,年均降雨量达1 304.2mm。南宁红层盆地的中央地带广泛分布有中等—强膨胀岩土,其中强膨胀岩土主要分布于西部,盆地的东部及边缘地带多为弱膨胀岩土或非膨胀岩土。膨胀岩土具有显著的吸水膨胀和失水收缩而往复变形的特性,使得膨胀岩土的工程性质较差,常常对各类工程建设造成较大的危害,而且这种危害是长期存在的,具有多发性和反复性。膨胀土的广泛分布威胁着南宁市工程建设的安全和人民群众的生命财产安全,制约了当地城市化的快速发展。泛珠三角地区地质环境综合调查工程在膨胀岩土工程特性和成灾机理分析的基础上,对南宁市膨胀岩土及其相关环境地质问题开展调查,研究膨胀岩土平面和垂向的空间分布规律,并进行分区评价。选取影响工程建设的主要地质环境因素与敏感因子,开展工程建设地质环境适宜性评价,将研究区工程建设地质环境适宜性划分为适宜区(Ⅰ)、基本适宜区(Ⅱ)、较不适宜区(Ⅲ)和不适宜区(Ⅳ),并针对膨胀岩土分布区各类工程建设可能产生的环境工程地质问题提出了防治对策,为南宁市膨胀岩土地质灾害防治提供了理论依据和技术支撑,同时为当地国土空间优化和重大工程建设安全提供了重要支撑。

一、膨胀岩土工程特性分析

膨胀土是指土中黏粒成分主要由亲水性矿物组成的黏性土,具有显著的吸水膨胀和失水收缩往复变形的特性。膨胀岩是指含有较多亲水矿物,含水率变化时发生较大体积变化的一类特殊岩石。膨胀岩土具有典型的双重结构性,即宏观结构和微观结构,具有遇水膨胀、失水收缩,以及超固结、裂隙发育等特性,通常把这些特殊性质归结为"三性",即胀缩性、裂隙性和超固结性,使得膨胀岩土的工程性质较差,常常对各类工程建设造成较大的危害,而且这种危害是长期存在的,具有多发性和反复性。对膨胀岩土的工程特性研究长期以来受到工程界的重视,以下对膨胀岩土体的微观成分结构、胀缩性、裂隙性和超固结性工程特性作进一步分析。

(一)膨胀岩土体的微观成分结构

1.膨胀岩土体的微观成分结构特征

膨胀岩土体的微观特征包括矿物成分和结构特征两个方面,这两个方面是膨胀性岩土最重要的内在特征之一,膨胀性岩土的工程性质与其矿物成分和结构有着密切的联系。膨胀性岩土的矿物成分包括黏土矿物和碎屑矿物。黏土矿物主要有蒙脱石、伊利石及高岭石等,是影响膨胀岩土工程性质的内在因素;碎屑矿物包括石英、长石、云母、方解石及石膏等。

膨胀岩土的某些物理性质指标及力学性质指标在很大程度上受其物质组成控制,如颗粒大小、胶结特性等。蒙脱石、伊利石及高岭石等黏土矿物属于层状或层状-链状硅酸盐,以硅氧四面体、铝氢氧八面体两种结构单元类型作为矿物结晶结构的基础。伊利石晶层间的平衡阳离子主要是 K^+,它的单位晶层比较固定,水和极性分子不易进入层间以致引起膨胀。高岭石的结构层由一层四面体和一层八面体构成。具有刚性晶格,阳离子交换量很小,层间不能水化,其水化作用仅靠水分子和晶体外层表面的相互作用进行,它们的晶体结构沿厚度方向不发生变化。蒙脱石构造的明显特征是水和其他极性分子极易进入晶层中,引起晶格沿厚度方向膨胀。蒙脱石膨胀岩土具有很大的离子交换能力,亲水性很高,遇水软化、膨胀,强度显著降低。国内已有研究成果表明:当蒙脱石含量达 7% 以上或伊利石含量达 20% 以上时,软岩即具有明显的胀缩特性。

膨胀岩土的微观结构包括矿物颗粒及其集聚的形状、大小,裂隙、孔隙的分布及定向程度等,黏土矿物主要以集聚体的形式存在,不仅集聚体之间存在孔隙,而且在集聚体内也存在比较小的孔隙。蜂窝状、骨架状等岩石由于存在大量微孔隙、裂隙,特别是微裂纹把这些微观缺陷连接起来,给水进入矿物内部形成良好的通道,这对膨胀岩土的力学性质极为不利。以含伊利石、高岭石矿物为主膨胀岩土的膨胀性,主要由蜂窝状微结构的微裂隙吸水和伊利石吸水造成。

2. 膨胀岩土矿物成分特征

广西区内已有研究成果表明,南宁盆地古近纪泥岩是以含伊利石及高岭石为主的膨胀岩,主要矿物成分为伊利石、高岭石,少量蒙脱石,见表 6-1、表 6-2。

表 6-1　南宁地铁 1 号线某工点膨胀土 X 射线衍射、差热及扫描电镜法分析结果

分析号	X 射线衍射法	差热分析法	扫描电镜法	综合鉴定结果
2038	伊利石、高岭石、蒙脱石	伊利石、高岭石、Ca 蒙脱石、Fe_2O_3	伊利石为主,少量蒙脱石	伊利石、高岭石、Ca 蒙脱石,少量游离 Fe_2O_3。$CaCO_3$ 含量 0.49%,蒙脱石含量 14.64%
2039	伊利石、高岭石、蒙脱石	伊利石、高岭石、Ca 蒙脱石、Fe_2O_3	—	$CaCO_3$ 含量 0.23%,蒙脱石含量 10.66%
2040	伊利石、高岭石、蒙脱石	伊利石、高岭石、Ca 蒙脱石、Fe_2O_3	伊利石为主,少量蒙脱石、高岭石	伊利石、高岭石、Ca 蒙脱石,$CaCO_3$ 含量 0.24%,蒙脱石含量 8.08%

表 6-2　广西南宁市某人防工程中泥岩的蒙脱石及胶结成分含量

室内试样编号	蒙脱石含量(%)	胶结物质成分及含量(%)			
		有机质	SiO_2	Fe_2O_3	Al_2O_3
1008	20.16	0.14	0.65	0.37	0.66
1009	19.16	0.15			
1010	17.50	0.33	0.64	0.55	0.56
1011	16.60	0.47			
1012	16.48	0.50	0.70	0.39	0.56

本次工作在第四纪土层、全—强风化岩及中—微风化岩中共采取了 97 件岩土样做蒙脱石含量分

析。第四系及全—强风化岩蒙脱石含量分析样品共60件,其中有38件达到了膨胀土判别标准,其余未达到膨胀土判别标准,选择38件达到了膨胀土判别标准样品的蒙脱石,其含量按胀缩性等级进行归类统计,得到表6-3。从统计结果可以看出,古近纪泥岩及其残坡积土总体上有蒙脱石含量越高、胀缩性越强的趋势,但蒙脱石含量一般不高。研究区新鲜泥岩以微膨胀、弱膨胀岩为主,部分全—强风化泥岩及风化残积土具有中等—强胀缩性,与广西区内外典型膨胀岩土相比其胀缩性并不算强。

表6-3 研究区膨胀岩土蒙脱石含量统计

膨胀性等级	岩土层名称	蒙脱石含量(%)			统计样本数(个)
		最大值	最小值	平均值	
强	全风化泥岩、粉砂质泥岩及其残积土	13.57	2.95	7.07	12
中等	粉质黏土、全风化粉砂质泥岩	14.37	2.83	7.02	21
弱	粉质黏土、全风化粉砂质泥岩	6.12	1.25	5.92	5

3. 膨胀岩土的粒度组成特征

膨胀岩土的黏粒含量在变形与破坏过程中起控制作用,不同类型的膨胀岩土,因各粒级的含量有很大的差异,其工程性质也不一样。本次工作在第四系各类土及全—强风化岩中共取了201件土样做粒度分析,将北湖组、里彩组及南湖组分布区中属膨胀土的45件样品的黏粒含量进行统计,结果见表6-4。

表6-4 研究区膨胀岩土粒度分析结果统计

膨胀性等级	主要岩性	黏粒含量(%)			统计样本数(个)
		最大值	最小值	平均值	
强	粉质黏土、全风化泥岩、粉砂质泥岩	82.6	42.6	63.4	14
中等	粉质黏土、全风化粉砂质泥岩	75.8	35.6	54.7	26
弱	粉质黏土、全风化粉砂质泥岩	45.2	32.5	36.6	5

统计结果表明:研究区北湖组、里彩组及南湖组具有强膨胀潜势的膨胀土,黏粒(粒径<0.005mm)含量大部分超过50%,平均值为63.4%;具中等膨胀潜势的膨胀土,黏粒含量部分超过50%,平均值为54.7%;具弱膨胀潜势的膨胀土,黏粒含量均小于50%,平均值仅为36.6%。膨胀土粒度分析结果与膨胀性等级关系表明:黏粒含量高,吸水能力越强,膨胀性也就越强。

(二)膨胀岩土的胀缩性

膨胀岩土的胀缩性是指膨胀岩土浸水后体积增大、失水后体积缩小的特性。膨胀岩土含水量的变化会引起体积变化,浸水后,黏粒表面水化膜增厚,黏结力削弱,颗粒间距加大,就会使岩土体产生膨胀现象;风干脱水后的岩土体强烈吸收水分,晶间吸附水层增厚,颗粒间结合水的巨大恒压会导致岩土体急剧膨胀，甚至崩解。

膨胀土具有亲水性，只要与水相互作用，就具有增大其体积的能力。如果土体在吸水膨胀时受到外部约束的限制，阻止其膨胀，此时则在土中产生膨胀压力，可使建筑在膨胀土地基上的道路或其他建筑物产生隆起等变形破坏。与土体吸水膨胀相反，倘若土体失水，其体积随之减小而产生收缩，并伴随土中出现裂隙，同样可造成地基的下沉及道路的开裂等变形破坏。

膨胀岩土失水收缩吸水膨胀是区别于一般非膨胀岩土的重要特性，对工程的危害多数是由胀缩特性造成的。研究区北湖组、里彩组、南湖组全—强风化的泥岩和粉砂质泥岩与其残坡积土大部分属膨胀土，部分具有较高的自由膨胀率和膨胀力，可以使低层的房屋地基产生胀缩变形，破坏房屋。膨胀岩土体湿水膨胀，湿度随之增加，抗剪强度急剧降低，对膨胀岩土边坡稳定性极为不利。

（三）膨胀岩土的裂隙性

多裂隙性是膨胀岩土的典型特征，膨胀岩土中普遍发育的各种形态裂隙，按成因可分原生裂隙和次生裂隙。原生裂隙具有隐蔽特征，多为闭合状的显微裂隙。次生裂隙多由原生裂隙发育发展而成，具有张开状特征，多表现为宏观裂隙。

1. 膨胀岩土的裂隙特征

研究区残坡积土和全—强风化岩中膨胀土普遍存在 2 组以上的宏观裂隙，形成各种各样的裂隙结构体。宏观裂隙在平面上大多表现为不规则的网状多边形裂隙特征及裂隙分叉现象，将岩土体分割成一定几何形态的块体。其中的垂直裂隙（图 6-1、图 6-2）通常由构造应力与岩土的胀缩效应产生的张力应变形成，而水平裂隙大多由沉积间断与胀缩效应所形成的水平应力差而产生。裂隙面上常见有镜面擦痕，显蜡状光泽，裂隙面形成灰白色黏土薄条带，易受水软化，使裂隙结构具有比较复杂的物理化学和力学特性。

图 6-1　膨胀土的垂直裂隙（侧面）

图 6-2　膨胀岩的裂隙（垂向正面）

研究区新鲜泥岩以原生裂隙为主，尤其是微层理构造，自然状况下宏观裂隙发育程度相对较低。深部的膨胀泥岩在未受到近地表的干湿循环作用时，微层理是隐性的。但膨胀岩的抗风化能力弱，开挖暴露于地表后，频繁的湿胀干缩作用会加剧裂隙的变形和发展，使原生裂隙逐渐显露张开，并不断加宽加深。膨胀岩土裂隙的存在，破坏了岩土体的均一性和连续性，导致膨胀岩土的抗剪强度产生各向异性，且易在浅层或局部形成应力集中分布区，产生一定深度的强度软弱带。裂隙的发育为水的渗入与蒸发创造了良好的通道，促进了水在土中的循环，加剧了岩土体的干缩湿胀效应，引起岩土体的变形和破碎，有利于土体中伊利石和蒙脱石的形成。后期的化学风化作用在裂隙面上普遍发育有灰白色次生蒙脱石黏土条带或薄膜,有的富集呈块状,部分呈花斑状结构(图6-3),亲水性大大增强,常表现在裂隙面上,且灰白色土的吸水性要比两侧土体高很多,膨胀性与崩解性也同样增强。

图 6-3 膨胀土花斑状结构

2. 裂隙性对工程性质的影响

裂隙不仅破坏了膨胀岩土体的整体性,而且裂隙的存在可使水分快速进入岩土体中,促使裂隙附近的岩土体迅速软化,并逐渐向周围扩展,同时负孔隙压力(吸力)也迅速降低,由此大大地降低了岩土体的抗剪强度,使岩土体容易沿薄弱面滑动。干燥活化和风化使隐微裂隙扩张,容易顺着微层理方向发育成一系列具定向结构的宏观裂隙。裂隙性对岩土体的强度影响极大,宏观裂隙构成了台阶式滑坡结构面破坏的重要地质构造条件。因此,裂隙性是影响研究区膨胀岩土边坡稳定性的关键因素。

(四)膨胀岩的超固结性

古近纪早期,南宁红层盆地经历了炎热干燥—温暖潮湿—半干旱炎热的气候变化,沉积了厚约1000m的古近纪湖相沉积地层,巨大的自重压力是古近纪半成岩形成超固结的直接原因。第四纪开始时,地壳缓慢抬升,河流下切,泥岩等受到剥蚀而形成超固结层。另外颗粒间胶体化学性质变化,雨水的淋滤作用,干湿冷热循环,吸力的巨大作用也可以使岩体呈现出一种超固结性状。研究区古近纪的超固结泥岩是上覆压力(一部分)和巨大吸力中占绝大份额的毛细吸力造成的巨大粒间压应力形成的,其性质受水影响较大,属Ⅱ类超固结泥岩。

已有研究证明,超固结泥岩的年代越老,含水量越低,强度越高,吸力在强度中所占的份额也越高,浸水使吸力产生的强度分量消失后,所表现出的崩解性、软化性越强,强度衰减也越剧烈。研究区处于天然含水量下的天然泥岩,几乎不显示其崩解性和膨胀性,但浸水后会发生软化,浸水时间越长、扰动程度越大,软化的程度越高。风干后的泥岩浸水则崩解迅速,显示出很大的膨胀性。膨胀岩的超固结性对强度、水理性质均有较大的影响,使膨胀岩具有软化、膨胀和崩解特性,其水稳定、抗风化能力变差,往往造成膨胀岩开挖揭露后不久,因经受干湿冷热循环而强度大幅衰减甚至丧失,对建设于超固结泥岩场地的建筑物地基、道路边坡等构成危害。

二、膨胀岩土成灾机理分析

膨胀岩土属于特殊性岩土,由于具有吸水膨胀和失水收缩等工程特性,在工程勘察设计中若不能作出正确的评价,或采取的施工方法不正确,将给实际工程带来预料不到的危害,如出现施工反复、工程延期、不能正常运营、追加投资等而造成较大的经济损失。膨胀岩土所引起的工程地质问题主要有地基变形破坏、边坡失稳破坏、地下工程破坏等。

(一)膨胀岩土地基变形破坏

膨胀岩土因其特殊的工程特性,对气候干湿变化特别敏感,湿胀干缩,这种不良工程地质性质,往往给修建在其上的各种工程建筑物带来较严重的破坏作用,为研究区基础建设需解决的工程地质问题之一。

1. 膨胀岩土地基的破坏形式

建筑物因地基承载力不足而引起的失稳破坏,通常是由基础下地基岩土体的剪切破坏所致,地基破坏形式主要有整体剪切破坏、局部剪切破坏、冲切破坏。膨胀岩性质介于岩体和土之间,地基的破坏形式既有土类的破坏形式,又有岩石的破坏形式。当膨胀岩的风化程度或含水量较高时,地基的破坏模式趋向于土体地基的破坏形式;当膨胀岩的含水量较低时,膨胀岩地基的破坏模式趋向于岩石地基的破坏形式。

2. 膨胀岩土地基建筑物变形特征

以往因未认识到膨胀岩土膨胀性和收缩性的不良工程性质,不少区内轻型的低层房屋建造时往往误将此类岩土当作强度高、压缩性小、建筑条件较好的地基土。但实际上,由于膨胀岩土具有浸水膨胀和失水收缩、体积变形的特点,建筑物建成后,随着周围环境条件变化以及季节性气候的影响,建筑物地基将出现上升和下降的反复运动,并引起上部结构的开裂和损坏。其变形特征主要如下:

(1)建筑物的开裂破坏一般出现于建筑物完工后1~3年甚至更长时间,也有少数才竣工就开裂,特别是遇干旱年份裂缝发展更为严重。

(2)产生变形破坏的建筑物,大多为一层到两层房屋,三层的也有破坏,但四层以上就很少损坏。主要原因是三层以下的房屋结构刚度较低,荷重小,基础埋深较浅。单层、两层房屋的墙基基底压力一般不到50kPa,基底压力常小于地基膨胀土的膨胀力,容易因膨胀土的胀缩变形不均匀而破坏。

(3)建筑物位移升降的不均匀性。同一建筑物,墙及各部位的位移极不均匀,在差异位移的极大处出现裂缝。在一般的工程地质、水文地质条件下,建筑物外墙的升降幅度大于内墙,且以角端最敏感,位移幅度最大。

(4)建筑物开裂所形成的裂缝具有多样性。膨胀岩土地基房屋产生的裂缝有一定的规律性,但是有时也出现不规则的裂缝,情况较为复杂。常见的裂缝类型主要有纵墙水平裂缝、外墙端部斜向裂缝、内横隔墙裂缝。外墙端部斜向裂缝、内横隔墙裂缝大多呈45°~60°倾斜,上宽下窄,呈倒"八"字形。

3. 膨胀岩土地基变形机理及影响因素

1)膨胀岩土地基变形机理

膨胀岩土地基上的建筑物因地基胀缩造成的开裂破坏与非膨胀岩土地基表象上相似,是地基不均匀变形造成的,但它们的变形机理却有较大的差异。非膨胀岩土地基的不均匀变形主要是上部结构荷载或地基土的不均匀而产生不均匀的压缩变形。膨胀岩土地基的变形可分为两部分：一是外加荷载作用下的压缩变形；二是外加荷载与入渗或浸水共同作用下的湿胀、湿化变形，或外加荷载与蒸发、风干、水位下降共同作用下的干缩变形。膨胀岩土地基往往以湿胀、干缩变形为主，压缩变形相对较小。

膨胀岩土滑坡、地基变形破坏等岩土工程问题的本质是力学问题。膨胀岩土的吸水膨胀、失水收缩，其胀缩变形机制包括物理化学作用机制和力学作用机制。物理化学机制表现为晶格扩张及扩散双电层增厚导致的胀缩变形，力学作用机制表现为膨胀岩土在受力后破坏了其原始胶结联结，导致扩容膨胀。膨胀岩土体受到季节性影响，含水量的不断变化产生干湿循环，不均匀的收缩使土体拉裂，破坏土体的完整性；而吸水膨胀时，土体密度降低，状态大幅改变。两者皆可使膨胀岩土产生不可逆的变化，强度产生衰减，造成地基承载力的大幅降低、基础不均匀沉降过大而产生变形破坏。另外，受限制的强烈胀缩会造成建筑物拉胀破坏等。

2）膨胀岩土地基变形影响因素

建筑物的变形和破坏与膨胀岩土的胀缩规律相一致，并受其胀缩程度制约。地基膨胀岩土的胀缩变形量大，建筑物的变形破坏就越严重；膨胀岩土的胀缩变形量小，建筑物的变形则轻微。膨胀岩土地基变形破坏的影响因素较复杂，是特殊的内因在外部适当的环境条件下共同作用的结果。膨胀岩土的膨胀与收缩，其内因主要包括膨胀岩土的矿物成分、化学成分、阳离子交换量和结构类型等；外因主要包括所处的环境条件、地基土的含水量和初始密度以及所受附加荷载等。膨胀岩土为多裂隙的土体，裂隙的分布具有随机性，因富含亲水性黏土矿物，遇水软化，其强度及胀缩变形易随各种外界因素的影响而产生变化。

（1）膨胀岩土地基变形受气候季节性变化的影响。膨胀岩土地基建筑物的变形与破坏，在时空关系上具有鲜明的季节性变化规律，即雨季产生隆胀破坏，旱季出现收缩裂缝。季节性气候变化是影响地基土含水率变化的重要因素之一，修建房屋时，因基坑暴晒或浸水等影响，常使原有地基土的水分平衡条件遭到改变。旱季室外蒸发量大，土的含水率减少，雨季土的含水率则又增加，外墙基础也随着土中含水率的变化而下沉或上升。夏季室内气温一般低于室外，土中水分则由温度高的地方向低的地方转移，室内地基土的含水率将不断增加，产生膨胀，从而形成地坪表面的隆起，内墙开裂。

（2）膨胀岩土地基胀缩变形受上部结构压应力的影响。膨胀岩土地基变形一般在一定荷重作用下发生，上部荷载的大小直接影响着膨胀岩土地基膨胀变形的大小。相关研究表明，膨胀岩土的膨胀率随着压应力增加而减小，在某一应力范围内对膨胀岩土的膨胀抑制作用特别显著，当组合压应力超过地基土的最大膨胀力时，膨胀率会出现负值，膨胀受到抑制。膨胀岩土地基的变形量随其荷重增大而减小，当建筑物的基底压力大于150kPa时，在地形较平坦、土质较均匀的情况下，地基土的膨胀受到抑制，基础因膨胀力影响造成的位移量较小，一般不会造成开裂破坏。这就是膨胀岩土地基上平房较二层、三层房屋损坏严重，四层以上很少损坏的主要原因。

（3）膨胀岩土地基胀缩变形受起始含水率的影响。膨胀岩土在同一压力下，膨胀率随起始含水率的降低而增大，膨胀性越强，起始含水率越低，其膨胀能力越大。在地势较低、地下水位较高的地段，起始含水率一般较高，其含水率的变化幅度较小，胀缩变形也相对较小，因此不少浅埋基础的轻型建筑物很少损坏。

（4）膨胀岩土地基胀缩变形受深度的影响。大气影响深度是自然气候作用下，由降水、蒸发、地温等因素引起的膨胀岩土土体升降变形的有效深度，大气影响急剧层深度是指大气影响特别显著的深度。大气影响急剧层深度与膨胀岩土的组分特征、土体结构、局部滞水的分布特征等均有较大关系。广西区内大气影响急剧层深度，弱胀缩土一般为地表下1.2~2.0m，中等胀缩土一般为地表下1.2~2.7m，强胀缩土一般为地表下2.0~3.6m。

地基土的变形幅度随着深度的增加而减小，在大气影响急剧层深度内变化比较显著。相同的层数、基底压力，基础埋深不同，其变形幅度也是不一致的，一般情况下，基础埋深浅，变形幅度大，反之则变形幅度就小。研究区20世纪八九十年代以前修建在强膨胀岩土地基上的民房，大部分是浅埋的砌石条形基础,因此房屋受损坏现象较为显著。

(二)膨胀岩土边坡变形破坏

广西是我国西部公路受膨胀岩土地质灾害危害最大的地区之一,自 20 世纪 90 年代开始修建高速公路以来,对膨胀岩土路基边坡滑坡的治理一直是困扰公路建设的难题。南宁市膨胀岩土地区由于社会发展的需要,各项工程建设涉及的范围越来越广,规模程度也在不断扩大,建设工程与边坡相关的边坡失稳、滑坡等不良影响也随之增加。膨胀岩土的工程地质特性十分复杂,一旦造成膨胀岩土滑坡,有时会严重危害工程建设,造成大量的经济损失,为研究区需重点研究的工程地质问题之一。

1. 膨胀岩土边坡变形破坏类型与特点

1)膨胀岩土边坡失稳破坏类型

膨胀岩土边坡开挖形成后,根据受力状态可划分为 3 个带:一为含有残存地应力的部分,是组成坡体结构的核心,经常承受形变作用力;二为地应力已解除的部分,是组成坡体结构及临空一侧的松弛带;三为受自然风化营力作用的部分,其力学强度经常在变化。膨胀岩土边坡的不同破坏类型主要分以下 3 种。

(1)坡体失稳:沿未松弛岩体内的不利组合结构面向临空方向产生滑坡。坡体由于外貌形态、组成物质、结构特征、所处的自然环境及生成历史等多种不同的外因作用而形成各种类型的坡体,所以边坡变形的类别也多种多样。

(2)边坡失稳:破坏范围仅在岩体松弛带范围内产生坍塌、边坡滑坡。边坡滑坡变形的主滑带以相对隔渗层受水软化形成为主,在重力和水等因素的作用下沿隔渗层主滑带而产生滑动,或主滑带主要沿地下水汇水陡坡浸湿岩石的顶面形成,产生滑动。

(3)坡面失稳:即在斜坡形状和各段坡度基本稳定的条件下,在大气影响层内产生坡面岩土坍塌、溜坡、局部松动掉石和冲沟。

研究区膨胀岩土边坡出现的破坏类型主要属边坡失稳,部分由中风化、微风化泥岩组成的边坡表面有坡面失稳现象(图 6-4、图 6-5)。

图 6-4 昆仑大道边坡坍塌、溜坡

图 6-5 昆仑大道边坡坡面冲沟

2)膨胀岩土边坡失稳破坏的特点

膨胀岩土边坡的破坏方式有其特殊的规律,大多具有浅层性、滞后性、逐级牵引性和季节性等特点。

(1)季节性。由于膨胀岩土吸水产生膨胀,强度迅速衰减,滑坡的产生大多数发生在持续降雨季节多水时期,旱季边坡则相对稳定,但经过季节性干湿循环之后,来年雨季到来时,老的滑坡不仅可能复活而再次滑动,新滑坡也将不断产生。特别是长期干旱以后的第一个雨季,更是滑坡集中产生的重要时刻,如生活垃圾焚烧发电厂、新扩建的昆仑大道两侧近期产生的滑坡均为春天雨季到来之后,坡体开始出现变形,在6—8月受台风影响强降雨期间产生了滑坡。广西区内典型膨胀岩土分布的宁明县,2007年国庆节前受台风影响,遭受了百年一遇的强降雨,全县有近500处规模不等的滑坡、崩塌产生,而此前调查时发现的滑坡、崩塌为数并不多。

(2)区域气候性。在气候要素中,对膨胀岩的风化有重要影响的是气温、雨量和湿度,其对风化营力的类型,岩体风化的性质、深度、速度以及风化产物的特征等都有不同程度的影响。研究区位于我国西南部,雨水充沛,温差小,潮湿多雨,边坡表层的风化向化学风化形成残积层的方向发展占优势,风化层一般较厚,表层土质化明显。外营力的风化作用除了能加剧膨胀岩的裂隙性和湿化性外,还会导致膨胀岩膨胀性的增大,膨胀性泥岩在反复降雨作用下,出现滑坡的概率更大。

(3)牵引性。膨胀岩土具有与一般岩土显著不同的工程地质特性,尤其是含有亲水性黏土矿物这一特性,在大气降水和蒸发作用下,岩土体含水量发生较大变化,从而产生湿胀干缩循环,原始结构逐渐破坏,裂隙逐渐发展,抗剪强度降低。当边坡岩土体因强度降低产生局部滑动后,强度将继续衰减而产生连续破坏,甚至多次滑动,直至达到新的稳定平衡。研究区膨胀岩土边坡失稳产生的滑坡绝大多数是牵引式滑动引起的。

(4)渐进性。膨胀岩土边坡一般具有因强度渐进衰减出现多次滑动的特点,并具有从局部破坏开始,然后渐进式发展为整体滑动的特点。膨胀岩土的往复胀缩变形,一方面与岩土体本身性质不稳定性有关,另一方面在风化营力的反复作用下,进一步使岩土体的抗剪强度降低。当经过胀缩变动、强度降低的不稳定岩体土体产生滑动后,新暴露于大气的岩体或滑床岩体因滑动面的积水下渗与风化营力的作用,继续产生风化和胀缩变形而使强度继续衰减,新的不稳定因素累积,产生第二次滑动,直至达到新的稳定平衡。研究区膨胀岩土滑坡均具有渐进性发展的特点。

(5)结构性与构造性。大多数膨胀岩土滑坡的产生都与膨胀岩土体内部的各种软弱结构面密切相关。膨胀岩土具有多裂隙结构,各种不同成因与产状的裂隙将岩土体切割成块体状,这些裂隙有的互相连接,构成软弱结构面,在地表浅层一定深度形成胀缩变动带。变动带以上的岩土体,结构受到破坏,强度显著降低,与基本保持着原始结构的岩体之间形成软弱结构面。膨胀岩具有抗风化能力极低的特性,暴露于大气中的岩体在风化营力作用下形成风化程度不同的风化带,因风化带性质的显著差异,形成软弱结构面。一些倾向与坡体相同或相近的岩体,因原有构造节理面以及差异风化形成软弱结构面,产生渐进破坏相互连接贯通形成较完整的滑动面,使岩土体在重力作用下沿斜坡向下滑动,形成滑坡。

(6)浅层性。研究区现状发生的膨胀岩土滑坡多属浅层滑坡。有时在相当平缓的边坡上也会发生滑坡,这与膨胀岩的岩性与结构面性质均有密切关系。

2. 膨胀岩土边坡变形破坏机理

膨胀岩土边坡产生变形破坏失稳,其主要实质是膨胀岩土随着时间的推移产生强度衰减的机理。边坡岩土体暴露于大气后,一方面由于原来的超固结特性,土体产生卸载膨胀;另一方面因为在风化营力,如昼夜温差、季节温差与干湿循环、多年气候变化等作用下,岩土体经过往复干缩湿胀效应,原始结构遭受破坏,原生隐微裂隙张开扩大,新的胀缩裂隙与风化裂隙又不断产生,土中应力集中现象愈来愈发展,形成局部破坏区,土体强度显著降低。此外,因雨水等入渗土体随着土中吸入水分的增加发生膨胀,固体颗粒被推开,土颗粒周围的结合水膜厚度增加,颗粒与颗粒之间由固体接触变为水膜接触,此时岩土体的抗剪强度显著减小,产生变形破坏,最终导致边坡失稳。

3. 膨胀岩土边坡变形破坏规律

胀缩性、裂隙性和超固结性是膨胀岩土的三大特性,膨胀岩土边坡变形破坏有如下规律性。

(1)因岩土体具有失水干缩和遇水膨胀的力学特性以及超固结性,开挖边坡在干湿循环的自然气候作用下发生反复胀缩，引起边坡表面岩土体裂隙的逐渐发展，岩土体强度不断衰减。加上开挖卸荷作用，在坡脚产生卸荷裂隙，进一步促进边坡裂隙的发展。而裂隙的发展又大大增加了岩体的渗透性，扩大了干湿循环作用的范围，加剧了岩土体强度的衰减，最后在边坡局部应力集中的表层发生剪切破坏，导致了边坡的渐进性破坏。

（2）岩土分界面和岩石层面的倾向与坡面的倾向相同时，岩土分界面和岩石层面是边坡滑动的主要潜在滑动面。这些界面的抗剪强度的大小是决定是否滑坡及沿着哪个面滑动的主要因素。如果层面有水富集、分界面含软弱物质等，则可能大大降低层面的抗剪强度，从而容易产生滑动。

（3）干湿循环引起的干裂缝、开挖引起的卸荷节理以及风化引起的风化裂缝降低了边坡岩土的强度。如裂缝的倾向与边坡倾向相同，而且倾角较大，则构成了边坡局部滑动的重要因素。

（4）膨胀岩土边坡的干裂缝一般有平行于坡顶线和垂直于坡顶线两种。垂直干裂缝使边坡在裂缝处丧失抗拉能力，水可从垂直干裂缝流入滑移面，降低滑移面的抗剪能力，从而可大大降低边坡的抗滑力。这是膨胀岩土边坡比一般岩土边坡稳定性差、易于滑动的主要原因。

（5）边坡开挖后，边坡面卸载引起力的不平衡，坡面附近岩土变形移动，在边坡顶线产生干裂缝。裂缝一般从顶线附近开始向坡内、从上往下发展，使膨胀岩边坡破坏有牵引式滑动及时空效应变形破坏的特点。

（6）膨胀岩土边坡在开挖后经历了不同阶段的动态变形，开挖后边坡表现为前缘水平滑动为主、后缘垂直下坐的运动趋势。当裂缝充水，持续孔隙水压力作用时，边坡表现出整体滑动的趋势。

（7）膨胀岩土边坡旱季时容易在表层产生较多裂隙，雨季时由于地表水沿裂隙下渗易于形成浅层滑坡。开始时有溜坍性质，表层滑失后随着裂隙向下发展再次产生滑动。在强膨胀岩中，当下伏砂岩、泥质砂岩中有地下水补给时，滑带可向下发展至膨胀岩内，出现顺层滑动，也可产生切层滑动。

4. 膨胀岩土边坡失稳的影响因素

在影响膨胀岩土边坡失稳的因素中，除了一般的影响因素之外，还有其特殊性，归纳起来有3个方面：岩土体内在原因、外部环境影响和人类工程活动的影响。

1）岩土体内在原因

（1）物质组成。膨胀岩土含有大量亲水性黏土矿物，如蒙脱石、伊利石等，具有吸水膨胀、失水干缩的性质，这是影响其性质最关键的因素。岩土膨胀性对边坡的危害表现在：坡体内的岩土体在水的作用下产生一定的膨胀力，当其膨胀被制约时即会产生一定的膨胀力，对结构物产生推力作用；膨胀岩土的吸水膨胀直接降低岩石颗粒间的吸附强度和结构面的连接强度，导致强度的衰减，对边坡表层或是整体的稳定性产生影响；产生大量的胀缩裂隙，岩土体的连续性遭到极大破坏，导致岩体强度衰减，为边坡表层风化病害奠定了基础，同时也为地表水的入渗和坡体深层病害创造了前提条件。

（2）裂隙作用。膨胀岩体中存在大量的裂隙，包括构造裂隙、成岩裂隙、卸荷裂隙、风化裂隙等。裂隙的存在一方面破坏了岩体的连续性，另一方面为风化营力进入岩体内部提供了通道，使得剧烈的风化作用随着结构的延伸，深入到地表以下较深部位，也为工程性质更差的裂隙面物质的充填提供了场所。另外，裂隙会造成岩体应力的集中，为边坡的连续破坏创造条件。

（3）湿化性影响。湿化性反映了膨胀岩土浸水后维持其原有结构的能力大小。湿化性强者，经自然营力的几次干湿循环作用，岩体结构即会很快遭到破坏，甚至呈泥糊状；反之，自然营力的作用也只能将其由大块慢慢地风化为小块。岩石的湿化性除与岩石本身的膨胀性有关外，还与裂隙性和岩石的结构连接特征有直接的关系，湿化性取决于膨胀岩体边坡的坡面风化病害特征，同时也影响着边坡的坡体病害。

2）外部环境影响

影响边坡稳定性的环境因素主要有地形地貌条件、地下水与地表水、气候条件。对于膨胀岩土边坡，边坡岩土体或软弱夹层的亲水性强，有易溶于水的矿物，浸水后易发生变化，岩土体结构受到破坏，岩石发生崩解泥化现象,使抗剪强度降低,影响边坡稳定。研究区属亚热带湿润季风气候区,气候温暖,热量丰富,雨量充沛,夏湿冬干,膨胀岩土边坡在反复干湿循环作用下,结构很快被破坏,加剧边坡岩石风化程度,在降雨比较频繁的季节,常导致边坡失稳。

3)人类工程活动的影响

在膨胀岩土地区进行工程建设时,切坡过高、过陡未做防护,排水设施不完善、不合理等都有可能导致滑坡的发生。区内膨胀岩土滑坡均为修建道路、平整场地等人为切坡后而引发。

5. 研究区典型膨胀岩土滑坡分析

位于研究区的昆仑大道五塘—九塘段在西云江东面为膨胀岩土分布区,通过坡岭时开挖路堑形成了几处高5～20m的人工边坡。边坡开挖于2015年上半年,2016年雨季来临之后,公路两侧产生了多处小型膨胀岩土滑坡。其中WT4-008滑坡较具代表性,其主要特征及成因分析如下。

1)地质环境及滑坡主要特征

滑坡位于昆仑大道通往五塘街连接路口附近,原始山坡自然坡度较缓,为10°～20°。出露基岩为北湖组灰色泥岩夹薄层铁锰质粉砂岩,含贝类化石。第四纪残坡积土及全—强风化泥岩属强膨胀岩土。滑坡处边坡开挖高度6～7m,整体坡度在26°左右。坡体上段浅部由全—强风化泥岩组成,厚1～2m,下段由中风化泥岩组成。边坡中部设置有一砖砌排水沟,坡顶设置有截水沟,但未做三面光防渗处理。

2016年7月降大雨之后,边坡上部产生了较明显的局部变形,调查中随即对其布置了边坡变形监测工作。进入8月,因连降暴雨,产生了滑坡,滑坡体斜长14m,宽约80m,均厚0.8m,体积约880m³。滑坡体主要由软塑—可塑状的全—强风化泥岩组成,大部分堆积于坡面,部分落向昆仑大道路边,造成了坡面排水沟、护坡草皮破坏,公路排水边沟受堵等损失(图6-6)。该处滑坡滑动面位于强、弱岩层接触面,属浅层滑坡(平面、剖面示意图见图6-7、图6-8)。

图6-6 WT4-008滑坡近照

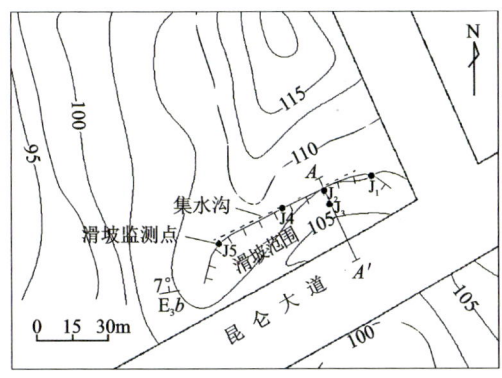

图6-7 WT4-008滑坡平面示意图

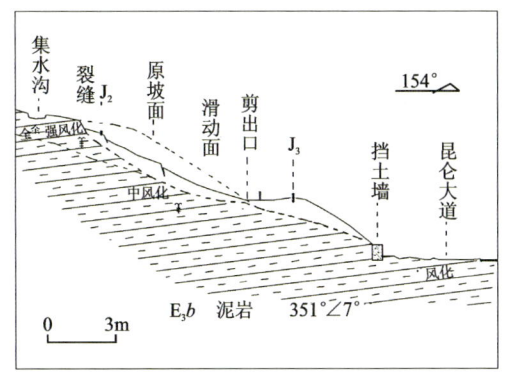

图6-8 WT4-008滑坡剖A—A′面示意图

2）滑坡成因分析

此处边坡上部的全—强风化泥岩具有强膨胀性，土体裂隙较发育，开挖揭露后，卸荷作用以及膨胀岩土的湿胀干缩促使裂隙进一步发展，有利于地表水入渗，在强、弱岩层接触面产生地下水积集，软化土体，使土体抗剪强度急剧衰减，产生渐进性变形破坏。全—强风化泥岩的强胀缩性是形成滑坡的内在原因。

强降雨是边坡产生滑坡的外部诱发因素。当地在2016年8月3日前后共连降3天大暴雨，总降雨量达176mm，边坡开始出现变形，8月11—20日为持续的降雨过程，其中8月15日暴雨时最终失稳产生了滑坡。从观测得到的边坡变形水平位移与降雨量关系曲线可以看出，坡体的变形与降雨量密切相关，具有累进性破坏的特点，位移突变产生滑坡是在累进性变形的基础上，由持续的强降雨过程诱发（图6-9）。

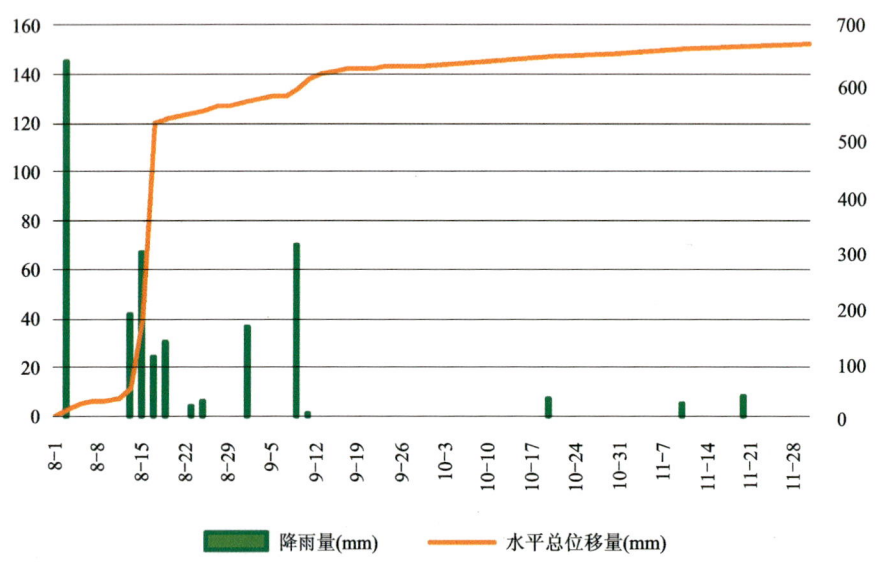

图6-9　2016年WT4-008水平总位移量与时间、降雨量关系曲线图

切坡过陡、排水设施不合理是形成滑坡的人为因素。该处边坡坡率为26°，从附近相似地质条件的稳定边坡分析，该类强膨胀性全—强风化泥岩安全放坡坡度不宜超过22°，大于安全坡度时即有可能产生滑坡。人工开挖的截水沟未做硬化防渗处理，集水后大量下渗，相当于人为给坡体增加了地表水、地下水的补给，是产生滑坡的另一重要原因。

6. 膨胀岩土边坡安全坡度、坡高分析

为查明研究区人工边坡变形破坏与岩土膨胀性强弱的成因关系，分析边坡岩性、结构、坡度、坡高对边坡稳定性的影响，本次工作对分布于古近系及白垩系的共77处人工边坡的结构类型、岩性、开挖方式、坡高、坡度、稳定性等进行了定点调查。

1）古亭组、凤凰山组、罗文组人工边坡

根据调查结果统计，古亭组、凤凰山组、罗文组分布区的人工边坡，坡高2.60~20.00m不等，坡度在40°~75°之间。凤凰山组、罗文组边坡大多数稳定性较好，不属膨胀岩土边坡。古亭组的砂岩、粉砂岩人工边坡稳定性亦相对较好，大部分不属膨胀岩土边坡，少部分边坡因泥岩风化后形成软弱夹层且有膨胀性，在顺向坡等不利因素影响下产生了局部滑坡、崩塌。

2）北湖组、里彩组、南湖组人工边坡

膨胀岩土滑坡主要分布在北湖组、里彩组、南湖组分布区。根据56处人工边坡调查结果统计，开挖坡高1.40~18.50m不等，坡度在18°~70°之间。其中有25处属膨胀岩土边坡，主要特征见表6-5。

表6-5 古近纪北湖组、里彩组、南湖组膨胀岩土边坡主要特征统计

调查点编号	地层代号	边坡岩性	结构类型	坡度(°)	坡高(m)	开挖方式	稳定性
WT4-002	E_3b	全风化砂质泥岩夹粉砂岩	顺向坡	27	5	未分级	产生滑坡
WT4-004	E_3b	全—强风化泥岩夹薄层砂岩	斜向坡	35	12	分两级	产生滑坡
WT4-005	E_3b	中风化泥岩夹薄层铁锰质粉砂岩	反向坡	26	6.5	分两级	较稳定
WT4-006	E_3b	强风化泥岩夹薄层铁锰质粉砂岩	反向坡	31	10	分两级	较稳定
WT4-007	E_3b	中风化泥岩夹薄层铁锰质粉砂岩	斜向坡	25	18.5	分三级	较稳定
WT4-008	E_3b	全—强风化泥岩夹薄层砂岩	反向坡	26	6.2	未分级	产生滑坡
WT1-091	E_3b	全风化粉砂质泥岩	切向坡	35	7	未分级	产生滑坡
WT1-163	E_3b	强—中风化粉砂岩、砂质泥岩	反向坡	45	7	未分级	较稳定
WT2-093	E_3b	强—中风化泥质粉砂岩夹泥岩	反向坡	40	2	未分级	局部崩塌
WT2-096	E_3b	强—中风化泥质粉砂岩夹泥岩	顺向坡	40	5	未分级	局部崩塌
WT2-097	E_3b	强—中风化泥岩夹粉砂质泥岩	反向坡	50	18	未分级	局部崩塌
WT2-098	E_3b	强—中风化泥质粉砂岩夹泥岩	斜向坡	50	8	未分级	局部崩塌
WT2-107	E_3b	强—中风化泥质粉砂岩夹泥岩	顺向坡	40	5	未分级	较稳定
WT2-144	E_3b	强—中风化泥岩、泥质粉砂岩	反向坡	60	6	未分级	局部崩塌
WT1-037	E_3l	强—中风化粉砂岩、细砂岩	反向坡	38	10	未分级	较稳定
WT1-041	E_3l	全风化泥岩	切向坡	18	5	未分级	较稳定
WT1-082	E_3l	全风化粉砂质泥岩	反向坡	48	2	未分级	较稳定
WT1-088	E_3l	强风化砂质泥岩	反向坡	30	4.3	未分级	产生滑坡
WT1-093	E_3l	全风化砂质泥岩、泥岩	反向坡	65	8	分两级	产生滑坡
WT1-034	$E_{2-3}n$	全—强风泥岩夹粉砂质泥岩	顺向坡	35	5.3	未分级	产生滑坡
WT1-036	$E_{2-3}n$	强—中风化薄层状泥岩、粉砂质泥岩	切向坡	35	12	未分级	较稳定
WT1-038	$E_{2-3}n$	全—强风化泥岩、粉砂质泥岩	切向坡	47	3	未分级	局部崩塌
WT1-044	$E_{2-3}n$	全风化泥岩	顺向坡	28	3.5	未分级	产生滑坡
WT1-067	$E_{2-3}n$	全风化泥岩夹泥质粉砂岩	反向坡	42	3	未分级	较稳定
WT2-019	$E_{2-3}n$	全—强风化泥岩、泥质粉砂岩	斜向坡	40	15	分两级	较稳定

在25处膨胀岩土边坡中，坡度大于40°的边坡有8处，坡高2～18m不等，主要为砖厂、村级道路、农村建房开挖形成的边坡，较少做分级开挖，大多数有局部滑坡、崩塌产生，稳定性相对较差。坡度小于40°的边坡有17处，其中属顺向坡结构的边坡有5处，坡度在27°～40°之间，坡高3～5m，大部分产生了滑坡，而采用分台阶开挖的边坡，稳定性大多较好。

3）膨胀岩土边坡临界坡度、坡高分析

研究区已产生失稳破坏的膨胀岩土边坡共14处，将各处边坡的坡度、坡高关系作折线图（图6-10）。从图中可以看出，各处的坡度、坡高关系点分布虽然有较大的离散性，但大部分失稳边坡的坡度在26°～40°之间，坡高在5～8m之间，集中分布点在右下方形成了包络线。影响边坡稳定性的因素较多，因而在坡高一定时，不同边坡的临界坡度也会有所不同，需选择不利条件下失稳的典型边坡进行坡度、坡高分

析,从中确定区内膨胀岩土边坡的临界坡高、坡度关系。经综合分析,选择包络线上 WT2-093、WT4-002、WT4-008 三处失稳边坡的坡高、坡度参数进行拟合(图 6-11),得到临界坡高与坡度的关系公式:

$$y = 2055 x^{-2.5057}$$

式中,y 为坡高(m);x 为临界坡度(°)。

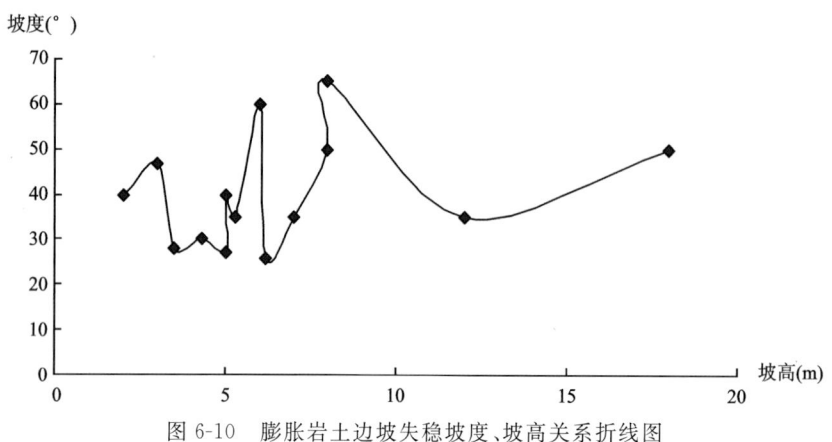

图 6-10　膨胀岩土边坡失稳坡度、坡高关系折线图

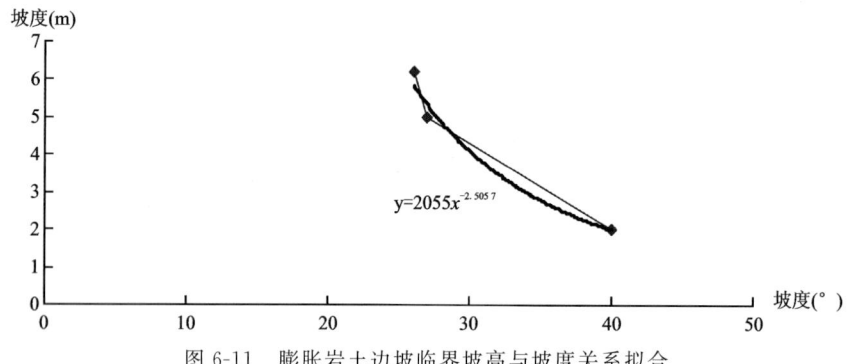

图 6-11　膨胀岩土边坡临界坡高与坡度关系拟合

区内膨胀岩土滑坡多为浅层滑坡,且滑坡产生部位主要是第四系及全—强风化的泥岩,上述公式主要适用于高度 3～15m 之间的膨胀岩土边坡。坡度为定值时,通过计算可近似得到临界坡高;坡高一定时,按公式进行反算,可近似得到坡高为一定值时的临界坡度(表 6-6)。

表 6-6　膨胀岩土常见坡高的临界坡度与安全坡度

坡高(m)	2	3	4	5	6	8	10	12	15
临界坡度(°)	40	34	30	28	26	23	21	20	18
安全坡度建议(°)	33	28	25	23	21	19	17	16	15

五塘镇西云江东面昆仑大道两侧边坡大多数属膨胀岩土边坡,其中高度大于10m 的边坡均做了台阶式分级开挖(分级高度 5～8m)。从实地调查情况分析,边坡上部第四纪残坡积层及全—强风化泥岩放坡坡率大于 26°时大多产生了局部滑坡,且做了放缓处理;坡度小于 22°时,稳定性一般较好,与用公式计算得出的结果较为接近。由此可以得出,第四纪强膨胀性的残坡积及全—强风化岩组成的永久性边坡,高度大于 5m 不做专门防护时,安全坡度不宜超过 22°。

区内由中风化泥岩、粉砂质泥岩构成的边坡,按 30°左右放坡时,总体稳定性较好,但局部受雨水冲刷,仍有坡面失稳现象,产生局部冲沟、坍塌破坏。因此较高的膨胀岩边坡安全坡度不宜超过 30°,高度大于5m时,应分台阶分级开挖、护坡。当特殊情况下不宜做边坡放缓处理时,应采取支挡、护坡等措施避免产生滑坡。

(三)膨胀岩土地下工程失稳破坏

在膨胀岩土地层中开掘隧道、巷道或地下洞室时,围岩常常出现因变形、浸水膨胀以及风化而出现开裂等现象,使设置在膨胀岩土围岩中的隧道或地下洞室的洞壁发生位移,导致围岩失稳,衬砌破坏。这些现象的发生,反映了膨胀性围岩与一般完整岩石的围岩性质有着根本的区别,有着其复杂性。地下空间的开发利用是城市规划区的一项重要建设内容,地下洞室围岩的失稳往往是流变、膨胀和崩解的综合效应,在膨胀围岩中进行隧道或地下洞室设计与施工,有必要对膨胀岩的蠕变变形和膨胀变形机理有所了解。

1. 膨胀围岩的蠕变变形机理

膨胀围岩的蠕变是在恒定应力的条件下变形随时间逐渐增长的现象。岩石的变形由两部分构成,一是岩石受载后产生的瞬时弹性变形;二是随时间变化的蠕变变形。膨胀岩的蠕变受应力类型、应力水平、围压、循环加载、湿度、温度、含水率、岩石性质等因素的影响。根据作用在膨胀岩上的应力σ与长期强度RL之间的相互关系,可以把蠕变分为两类:当$\sigma \leqslant RL$时,为稳定蠕变;当$\sigma > RL$时,为不稳定蠕变。

通常在地下工程开挖前,岩层中的岩石属于稳定蠕变体。开挖后的瞬间,围岩中的应力则需要重新分布,一般可将围岩分为松动区、塑性区和弹性区的各种组合。在膨胀岩的开挖瞬间一般不会产生松动区,松动区是蠕变区的产物,蠕变主要包含弹性围岩蠕变和弹塑性围岩蠕变变形。

1) 弹性围岩蠕变

地下工程开挖后,当围压中应力低于峰值强度但高于长期强度RL时,围压中就会产生一个不稳定蠕变,通常在开挖后瞬间蠕变范围不会超过3~5倍巷道半径。若不及时对这类围压进行支护,围岩表面点由于应力集中而首先产生蠕变变形,随后次一级应力的深度某点也产生蠕变,从而在周边围压处形成一个蠕变破坏区,通常这种蠕变破坏区的表现与一般的塑性区表现一致。

随着时间的推移,只要应力满足蠕变条件,围压均会产生蠕变塑性流动,内部的变形不断地发展,将推动外部塑性区不断地向巷道内变形,最终使塑性区因为变形过大而产生松动区,从而使抗剪强度值开始降低,当下降到承载能力小于原弹性应力时,应力场将开始重新分布。调整的结果使围岩内部应力增大,从而使内部的蠕变加快发展,更多的点进入蠕变塑性区。这种发展的最终结果是松动区的完全塌落而使巷道破坏。

2) 弹塑性围岩蠕变

分析弹塑性围岩蠕变时,必须研究已存在塑性区的蠕变特性,即研究岩体破坏后的蠕变特性。破坏后的岩体蠕变流动是一种与时间无关的流动,因此塑性区可不考虑蠕变影响,仍为约束塑性变形,其流动量取决于弹性区域的蠕变量。控制围岩蠕变变形的关键是控制弹性区域的蠕变。

对于未支护的弹塑性围岩,由于弹性区的强度一定大于长期强度,将产生不稳定蠕变,由此推动塑性区朝巷道内发展,过大的变形将导致塑性区强度降低并逐步形成松动区,应力调整后使更深部的点产生不稳定蠕变。由于塑性区的存在,围岩的自稳定和应力调整的时间很短。因此,对这种情况必须进行及时支护,合理的支护可以使塑性区外侧的弹性区达到稳定蠕变状态。

2. 膨胀围岩的膨胀变形机理

膨胀围岩因吸水而膨胀，因失水而收缩，产生干湿循环胀缩效应，破坏岩体结构，降低了岩体强度。围岩产生胀缩变形的程度及其膨胀力的大小，主要取决于膨胀岩类型与湿度变化条件。膨胀围岩膨胀变形与水的作用有密切关系，主要可归纳为以下3种情况。

1）围岩内部有水的情况

地下工程开挖后，虽然围岩周边无水供给，但在围岩内部含水量较高的情况下，如有裂隙通道，则水流将流入巷道，这类围岩的膨胀主要取决于开挖后围岩应力状态的改变程度。

围岩开挖前，虽因含水而有可能产生膨胀，但由于地应力作用，岩体不产生膨胀。开挖后由于地应力重新调整，在巷道周边相当于产生了有侧限的自由无荷膨胀，向里逐步减弱到了原岩区。在围岩周边吸力变化大、膨胀性强的情况下，强度下降也快，导致应力很快调整，如不及时支护，周边膨胀的岩石会很快塌落，未膨胀变形的面又形成新的自由面，继续发展下去而形成恶性循环。

2）围岩周边供水情况

部分膨胀围岩本身的含水量低，但巷道内局部有水源，由于吸力作用，巷道内的水往围岩内部渗透。通常围岩内部的水将从吸力低的地方转移到吸力高的地方，围岩周边首先得到水而使吸力下降，围岩内部因吸力大而将周边的水吸入，因此形成了巷道内水向周边围岩再往深部围岩的渗透。

特别是在已形成松动或塑性区的围岩中，因周边破裂，形成了水易浸入的通道，已破裂围岩在水作用下膨胀而导致强度下降更快，如不支护，巷道很快形成破坏。膨胀的影响范围是整个围岩，随着变形的发展，强度下降，又加剧了围岩流变的发展。

3）围岩里外都无水的情况

在围岩与巷道内都无水的条件下，同样会出现水分的转移现象，原因是存在吸力差（水从吸力低处往吸力高处转移）和温度差（从高温处往低温处转移），巷道内空气中的水分向围岩内部转移。围岩内部的吸力大，且巷道中的温度高于围岩内部，水分会不断地进入围岩内部，直到完成最大膨胀变形。

3. 膨胀岩土地下工程防护原理

鉴于膨胀岩土地下工程的破坏机理，为防止地下工程变形产生危害，首先必须查明膨胀岩土围岩的工程地质条件、土体结构特性和水文地质条件等。在此基础上以防围岩应力松弛、防膨胀变形为原则，合理选择防治措施。其原则是遵循膨胀地压控制原理，主要包括以下几点。

(1) 对膨胀围岩内外都有水的膨胀岩巷道，必须及时进行支护，支护力应等于或大于膨胀压力。

(2) 对于膨胀围岩外有水，而围岩本身少含水的膨胀岩巷道，应首先进行支护体与围岩之间的隔水处理，处理得好，支护力可小于膨胀力；处理不好时，仍应使支护力等于或大于膨胀力。

(3) 对于膨胀围岩内外都无水的膨胀岩巷道，可采取一些控制周边围岩与空气中水分交换的措施。

(4) 及时提供足以使围岩形成稳定蠕变的支护力，并使围岩尽快形成压缩环，即达到安全的目的；采用可压缩性恒阻支护，同时设计支护力为刚好满足围岩进入稳定蠕变的支护力，从而达到最经济的目的。

(5) 将围岩中弹性区部分围岩的蠕变控制在稳定蠕变范围内就可达到新奥法所提倡的既经济又安全的最佳支护状态。

在实际工程中，膨胀变形会加剧流变，因此应考虑流变地压和膨胀地压耦合作用对膨胀岩巷道进行地压控制。在能使围岩形成稳定蠕变的支护力和膨胀力之间取其大者作为支护力及时支护围岩，使围岩尽快形成压缩环，达到安全的目的。或采用可压缩性恒阻支护，满足蠕变和膨胀稳定要求从而达到最经济的目的。

三、研究区膨胀岩土分布规律与分区评价

（一）古沉积环境与岩性变化特征分析

研究区位于南宁红层盆地的东北边缘，红层盆地的沉积，需要有接受沉积的古沉积盆地和沉积物质。通过研究区地层分布，岩性特征、岩层产状、分布厚度、主要河流的流向、地形地貌综合分析，可以推断出盆地基底具有东高西低、南高北低的特点，古近纪沉积物质主要来源于东部高地，其次为南、北两侧高地。研究区古盆地的水流以东西向为主，但因处于大盆地的边缘地带，湖相、河流相沉积交错相对频繁，有着较为特殊的沉积环境。

按沉积规律，盆地边缘地带最先接受沉积，粒度较粗，而粒度较小的物质可以被搬运到盆地中央沉积。研究区的古沉积环境决定古近系岩性的分布特征，形成了东部及南北边缘地带沉积岩粒度相对较粗、泥岩占比少，中央地带沉积物较细、泥岩占比大的格局，且有自东至西渐为变细的趋势。盆地东部、南部边缘地带沉积了冲洪积相的凤凰山组砾岩、砂岩，冲积相的古亭组砂岩、粉砂岩。其余沉积了湖相或河湖相交错沉积的北湖组、里彩组、南湖组，泥岩、粉砂质泥岩、泥质粉砂岩呈互层和夹层产出，粉砂岩多呈透镜体产出，岩性及其变化既有规律性又具复杂性。

（二）研究区膨胀岩土分布规律

研究区红层古沉积环境的差异，使得古近系岩石在不同地段、不同层位的微观成分与结构均存在差异，也决定了膨胀岩土的分布规律。研究区东南部及南部边缘的凤凰山组、古亭组岩石粒度较粗，一般不属膨胀岩，部分粉砂质泥岩夹层属微膨胀岩，中央地带的北湖组、里彩组、南湖组的泥岩和粉砂质泥岩粒度细，大部分属微—弱膨胀岩。

分布于同一地层的膨胀岩，膨胀性也有强弱之分。总体上自西向东，自盆地中央地带向南、北两侧边缘，随着含砂量的增高，膨胀性亦有所减弱。里彩组位于研究区盆地的中央地带，其泥岩、粉砂质泥岩膨胀性明显高于其他地层的泥岩，为研究区膨胀性相对强的膨胀岩，沉积环境影响其矿物含量及粒度结构是其内在的主要因素。

研究区膨胀岩土的形成与其母岩成分密切相关，其分布规律亦基本遵循膨胀岩土的分布规律。总体上，中等—强膨胀岩土分布于研究区红层盆地的中央地带，其中强膨胀岩土主要分布于西部，盆地的东部及边缘地带多为弱膨胀岩土分布区或非膨胀岩土区。

研究区膨胀岩与非膨胀岩常呈互层分布，垂向上膨胀岩胀缩性主要与岩性及风化程度有关。相同岩性的膨胀岩，在垂向上随着风化程度的减弱其胀缩性有减弱的趋势，一般为全风化岩高于强风化岩，强风化岩高于中风化岩，较新鲜的微风化岩胀缩性相对较弱。研究区一般以地表20m深度范围内岩石风化相对较强，胀缩性及变化较大，因不同地段风化带厚度有较大的差别，因此岩土层的胀缩性在区域垂向上分带深度并不统一。

（三）膨胀岩土分区与评价

本次研究工作根据不同区段、不同地层岩性共采取了168件岩土样做膨胀性分析，试验结果为研究膨胀岩土的分布规律及分区打下了良好的基础。因膨胀岩与膨胀岩土的胀缩性等级的划分在名称上不一致，为避免发生混淆，分区的命名以膨胀岩土作为统一命名。根据土工试验与野外调查成果分析，结

合研究区膨胀岩土的形成与分布规律,在研究区内(总面积160km²)划分出强膨胀岩土、中等膨胀岩土、弱膨胀岩土三大类分布区(A、B、C),进一步细分为5个分区,其余为非膨胀岩土分布区,划分结果见图6-12。各分区主要特征及评价如下。

1. 友爱-坛棍-六村强膨胀岩土区(A1)

该区分布于研究区的西部,包括五塘镇友爱村、坛棍村的大部、西龙村的南部以及三塘镇六塘村、建新村、里罗煤矿的部分区域,总面积约13.65km²,占研究区总面积的8.53%。该区地貌类型为红层垄状低丘,地形坡度一般为5°～15°,部分山坡达20°左右,地形相对高差为10～30m。第四系覆盖层广泛分布,厚一般为1～5m,地下水埋深一般为2～8m。出露地层为北湖组、里彩组、南湖组,岩性主要为泥岩、粉砂质泥岩、泥质粉砂岩夹粉砂岩。取样分析结果表明,较新鲜的泥岩多属弱膨胀岩、粉砂质泥岩多属微膨胀岩,其全风化岩、强风化岩及残坡积土多具有中等—强胀缩性。

区内友爱村的罗伞坡、坛洛坡、怀萦坡为膨胀岩土地基胀缩变形易发地段,以往有较多民房受到膨胀岩土的危害,部分低矮的边坡出现膨胀岩土滑坡现象。该区域地基土具有较强的胀缩性,一方面具有较高的膨胀力,当基底压力小于膨胀岩土的膨胀力时,不足以抑制地基产生膨胀变形;另一方面因膨胀岩土的干缩、湿胀强度产生衰减,造成地基承载力的大幅降低,基础下沉。两者均有可能使建筑物基础产生过大不均匀沉降而变形破坏。因此在该区修建地坪、低层厂房、围墙等轻型建(构)筑时,应设置砂石垫层和增设圈梁等措施进行防治,当膨胀岩土厚度较小时,应适当深挖,清除膨胀性强的残积土和全风化膨胀岩。

工程边坡应按膨胀岩土边坡进行设计,高度不大的边坡,条件允许时可按膨胀岩土边坡安全坡度进行放坡开挖,适当防护。高度大的较重要边坡应按膨胀岩土边坡进行设计与防治,如采用台阶式边坡形式、分级开挖和支护等,必要时采用预应力锚索框架梁加固,确保边坡的稳定性。为防坡面冲刷,可采用植草防护等。

地下空间开发过程中,浅层分布的残坡积土及全—强风化泥岩、粉砂质泥岩因具有较强的胀缩性,开挖揭露后,受水的作用易变软,抗剪强度降低,对基坑边坡稳定较为不利,特别是强膨胀岩土分布地段,较易产生基坑边坡失稳、滑塌。应采取快速作业、防水保湿,放坡开挖与支护相结合等工程措施进行防治。

2. 下庄坡-那义坡强膨胀岩土区(A2)

该区分布于五塘社区东部及民政村的北部,包括下庄坡、郭屋坡至那义坡等地,呈条块状分布,面积约4.39km²,占研究区总面积的2.74%。该区地貌类型为红层垄状低丘,地形坡度一般为5°～15°,部分山坡达20°～25°,地形相对高差为10～30m,第四系覆盖层广泛分布,厚一般为1～3m,地下水埋深一般为2～5m。

出露地层为北湖组、里彩组,岩性主要为泥岩、粉砂质泥岩、泥质粉砂岩夹粉砂岩。较新鲜的泥岩多属弱膨胀岩、粉砂质泥岩多属微膨胀岩,其全风化岩、强风化岩及残坡积土多具有中等—强胀缩性。

该区现状少有民房受膨胀岩土危害现象,对低层建筑物,主要考虑设置圈梁增强建筑物的刚度进行防治,主要的工程地质问题是膨胀岩土滑坡。新扩建昆仑大道两侧较缓的公路边坡有多处膨胀岩土滑坡产生,部分开挖场地也较易产生膨胀岩土滑坡。工程边坡应按膨胀岩土边坡进行设计,高度不大的边坡,可按膨胀岩土边坡安全坡度进行放坡开挖,适当防护。高度大的较重要边坡应按膨胀岩土边坡进行设计与防治,如采用台阶式边坡形式、分级开挖和支护等,必要时采用预应力锚索框架梁加固,以确保边坡的稳定性。为防坡面冲刷,可采用植草防护等。

地下空间开发过程中,浅层分布的残坡积土及全—强风化泥岩、粉砂质泥岩因具有较强胀缩性,开挖揭露后,受水的作用易变软,抗剪强度降低,对基坑边坡稳定较为不利,特别是强膨胀岩土分布地段,较易产生基坑边坡失稳产生滑坡。因此,应采取快速作业、防水保湿,放坡开挖与支护相结合等工程措施进行防治。

第六章 南宁市膨胀岩土成灾机理

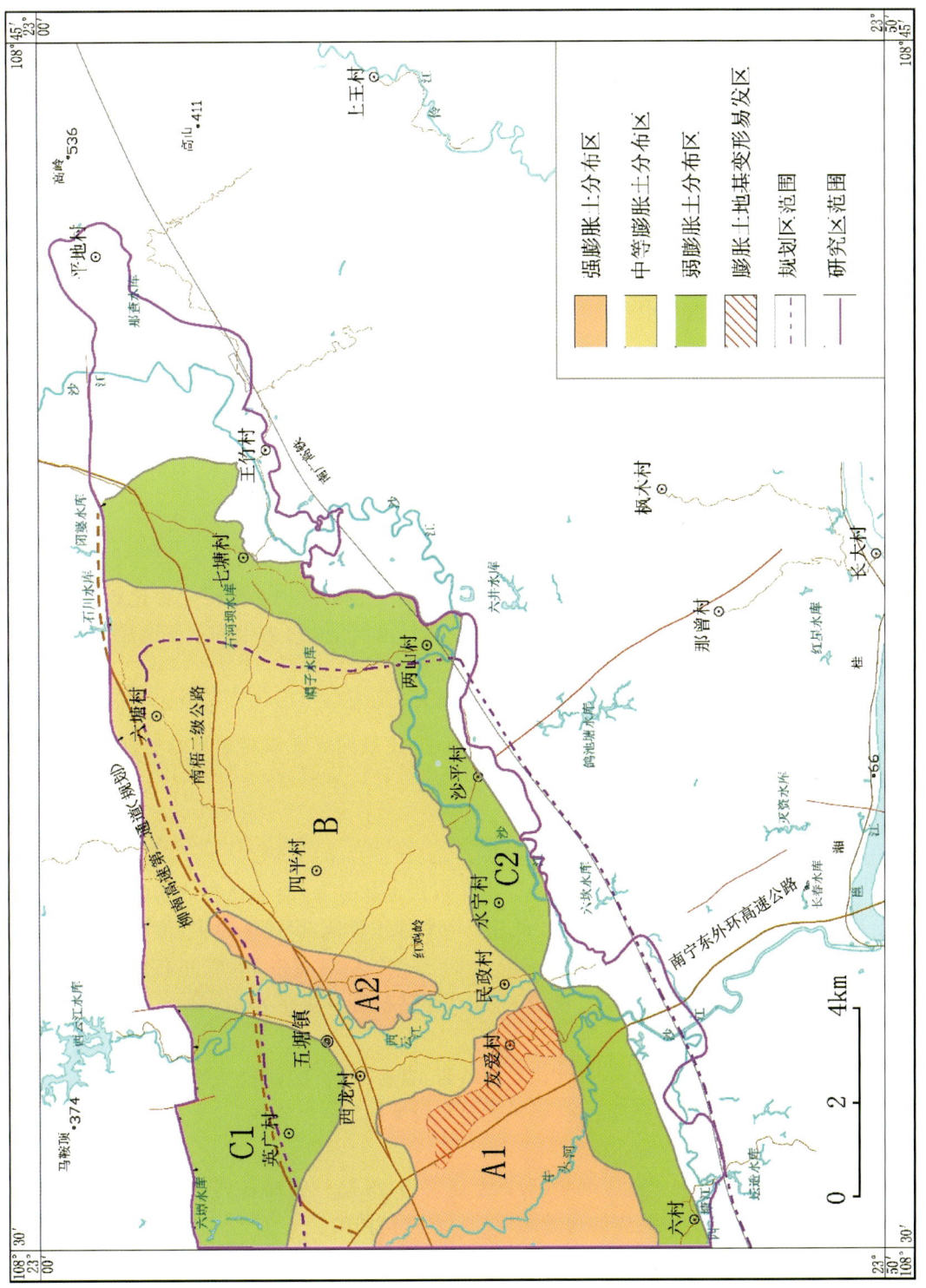

图6-12 研究区膨胀土分区图

3. 英广-四平-七塘中等膨胀岩土区（B）

该区分布于五塘镇英广村南部、五塘社区、永宁村北部、六塘村、七塘村等地，范围较大，面积约 64.70km²，占研究区总面积的 40.44%。该区地貌类型为红层低丘，以缓坡地形为主，地形坡度一般为 5°～15°，部分山坡达 20°～30°，地形相对高差一般 10～20m，局部达 30～50m，第四系覆盖层广泛分布，厚一般为 2～5m，地下水埋深一般为 2～8m，局部达 10～15m。

出露地层有北湖组、里彩组、南湖组，岩性主要为泥岩、粉砂质泥岩、泥质粉砂岩夹粉砂岩，泥岩中砂质含量相对稍高。较新鲜的泥岩多属弱膨胀岩、粉砂质泥岩多属微膨胀岩。其全风化岩、强风化岩及残坡积土多具有弱—中等胀缩性。

该区现状少有民房受膨胀岩土危害现象，人工开挖边坡中有少量膨胀岩土滑坡产生。对低层建筑物主要考虑设置圈梁进行防治，主要的工程地质问题为膨胀岩土滑坡，较重要的边坡应按膨胀岩土边坡进行设计与防治。

4. 英广-凌慕弱膨胀岩土区（C1）

该区分布于五塘镇英广村至五塘社区北部凌慕一带，分布面积约 13.65km²，占研究区总面积的 8.53%。该区地貌类型以红层高丘为主，地形坡度相对较陡，山坡一般为 20°～30°，地形相对高差一般为 50～100m，第四系覆盖层广泛分布，厚一般为 2～5m，谷地中地下水埋深一般为 2～3m，山坡地带地下水埋深一般大于 10m。

出露地层为北湖组，岩性主要为粉砂质泥岩、泥岩、泥质粉砂岩、粉砂岩，泥岩占比较少。较新鲜的泥岩多属弱膨胀岩，粉砂质泥岩多属微膨胀岩，其全风化岩、强风化岩及残坡积土胀缩性较弱，大部分不属膨胀岩土。

该区现状少见有因膨胀岩土原因产生的滑坡与民房受到膨胀岩土危害。对低层建筑物主要考虑设置圈梁进行防治，主要的工程地质问题为膨胀岩土滑坡，应注意泥岩夹层对边坡稳定性的不利影响，较重要的边坡应按膨胀岩土边坡进行设计与防治。

5. 那棍-两山-七塘弱膨胀岩土区（C2）

该区分布于五塘镇南部、东南部至东部区域，呈北东向带状分布，分布面积约 30.07km²，占研究区总面积的 18.79%。该区地貌类型主要为红层低丘及河流冲积阶地，以缓坡为主，地形坡度一般为 5°～15°。七塘东部有高丘陵分布，地形坡度较大，一般为 20°～30°，相对高差 100m 左右。该区地势大部分相对低平，第四系广泛分布，残坡积层厚一般为 1～3m，冲洪积土一般厚为 5～10m，谷地地下水埋深一般为 1～3m，谷坡局部达 10～12m。

出露地层主要为古亭组、凤凰山组，岩性主要为砂岩、含砾砂岩、粉砂岩夹粉砂质泥岩，较新鲜的粉砂质泥岩夹层部分属微膨胀岩，其全风化岩、强风化岩及残坡积土胀缩性较弱，大部分不属膨胀岩土，少部分属弱—中等膨胀岩土。

该区现状少有民房受膨胀岩土危害现象，对低层建筑物，可按一般地基对待，边坡工程应注意泥岩夹层对边坡稳定性的不利影响，视具体的边坡结构进行针对性防治。

6. 非膨胀岩土区

该区位于研究区东部、南部边缘地带，分布面积约 33.54km²，占研究区总面积的 20.96%。地貌类型主要为碎屑岩低丘陵或河流冲积阶地，出露基岩主要为白垩系罗文组的砂岩、砾岩，第四纪残坡积层及基岩一般不属膨胀岩土。该区域白垩系出露的边坡稳定性相对较好，但边坡过高、过陡时仍会产生崩塌，边坡工程应注意采用合理的放坡坡率。

四、研究区工程建设地质环境适宜性评价

研究区属断陷红层盆地,影响工程建设的地质环境因素主要包括地形地貌、岩土工程地质条件、环境水文地质条件、不良地质作用、地质灾害以及区域稳定性。本次研究侧重对地面工程建设适宜性进行评价,地下空间开发利用适宜性评价另作专题研究。

(一)地质灾害危险性分析评价

地质灾害是各种不利因素共同作用的结果,在工程建设的适宜性中占有重要地位。地质灾害危险性评价是由易发性、已造成损失和可能造成的损失叠加而成,反映了地质灾害的危害程度。根据研究区地质环境特征及可能产生的主要环境地质问题,主要针对膨胀岩土滑坡、膨胀岩土地基建筑物变形破坏、煤矿采空区地面变形地质灾害进行定性评价。

1. 地质灾害危险性评价标准

地质灾害危险性评价主要依据《环境地质调查规范》(1∶5万)(DD2016)试行稿,致损强度和危害程度评价标准见表6-7、表6-8。

表6-7　区域环境地质问题致损强度分级表

致损强度	已经造成的直接经济损失(万元/km²)	可能造成的直接经济损失(万元/km²)	已经影响人数(人/km²)	可能影响人数(人/km²)
强	>500	>5000	>100	>1000
中等	100~500	1000~5000	10~100	100~1000
弱	<100	<1000	<10	<100

注:损失大小判定的4个因素中,有1个因素达到某较高等级的标准时,损失大小级别即为该等级。

表6-8　区域环境地质问题危害程度评价分级表

危害强度	易发程度		
	高	中等	低
强	大	大	中等
中等	大	中等	中等
弱	中等	小	小

2. 膨胀岩土滑坡地质灾害危险性评价

研究区大部分区域人类工程活动强度较弱,滑坡、崩塌仅零星分布,现状主要属弱发育区。近期发生的滑坡、崩塌主要分布于扩建的昆仑大道两侧以及新建的南宁市生活垃圾焚烧发电厂,这些地段为滑坡、崩塌中等发育区。

研究区已发生的滑坡、崩塌均属小型,以浅层膨胀岩土滑坡、崩塌为主,造成交通受阻,少有民房受损和人员伤亡,已造成的直接损失以小为主。根据评价标准,结合灾点密度、规模、已造成的直接损失综合分析,红层丘陵区现状滑坡、崩塌地质灾害以低易发为主,致损强度以弱为主,危害程度以小为主。五

塘镇东部南宁市生活垃圾焚烧发电厂一带人类工程活动较强,滑坡中等易发,已产生滑坡的治理耗资较大(约300万元),致损强度中等,危害程度中等。

膨胀岩土滑坡、崩塌地质灾害的发生除了与地质环境条件相关外,还与人类工程活动破坏地质环境的程度有密切关系。规划开发建设的五塘片区主要位于地形高差相对不大的低丘缓坡(8°~15°),预测开发过程中破坏地质环境的强度弱—中等,发生大型、中型滑坡和崩塌的可能性相对较小。因大部分属于膨胀岩土分布区,有利于滑坡、崩塌的产生,预测将来在红层低丘陵区开发建设时滑坡、崩塌的易发程度中等—高,滑坡规模以小型为主,威胁对象主要为厂房、道路及少数民居等,致损强度以弱为主,危害程度小—中等。北部、东部红层丘陵区地形高程差较大,坡度较陡(30°~40°),在该区域进行工程建设时,滑坡、崩塌易发程度中等—高,规模相对较大,威胁对象主要为厂房、道路及部分民居,致损强度以弱—中等为主,危害程度中等—大。

3. 膨胀岩土地基变形破坏地质灾害危险性评价

研究区因膨胀岩土地基变形而破坏的房屋主要分布于五塘镇西南部友爱村罗伞坡、坛洛坡、怀紫坡等地,该区域为强膨胀岩土分布区,属膨胀岩土地基变形破坏灾害中—高易发区。其余膨胀岩土分布区较少见有膨胀岩土地基变形破坏现象,膨胀岩土地基变形破坏弱发育。

膨胀岩土地基变形破坏属缓变型地质灾害,有成片分布的特点,其危害主要造成建筑物产生裂缝,影响其正常使用。受损坏的建筑物,大多采取修补处理,少部分重建,单一灾点造成经济损失小。研究区膨胀岩土地基变形破坏主要发生于20世纪八九十年代以前修建的低层房屋,高发地的房屋过半产生不同程度的裂缝而受损,现今修建的房屋一般设置有圈梁,偶有个别房屋遭受破坏。膨胀岩土地基变形破坏单一灾点损失小,致损强度弱,危害程度小。

规划开发建设的五塘片区主要位于中等—强膨胀岩土分布区。多层、高层建筑因荷载较大,受膨胀岩土胀缩产生地基变形破坏的可能性小,危害程度小。低层的厂房、围墙若不采取合理的措施进行防治,较易发生膨胀岩土地基变形破坏,预测膨胀岩土地基变形破坏灾害的可能性中等—大,致损强度以弱为主,危害程度小到中等。单一建(构)筑物造成的损失虽然不大,但成群破坏后其总的经济损失会较大,因此工程建设时需重视地基变形破坏地质灾害的防治。

4. 煤矿采空区地面塌陷、沉陷地质灾害危险性评价

研究区内煤矿开采引起的地面变形一般在停采后三四年渐趋稳定,因开采区域主要分布于山坡、田地等位置,造成的直接经济损失相对较小(小于100万元),未出现人员伤亡情况,致损强度弱,现状危害程度小。

国有里罗煤矿开采较规范,停采时间长,采深、采厚比大的区域及以往发生沉降的区域目前基本稳定,大多已恢复耕种,地表稳定性相对较好。预测里罗煤矿区采深、采厚比大于30的区域,地面工程建设时遭受采空地面沉陷、塌陷地质灾害可能性以小为主,威胁对象主要为楼房、厂房、道路及少数民居,致损强度弱—中等,危害程度以小为主。

研究区分布的小煤窑开采极不规范,采深不一,部分采空区距地表深度不足30m,虽然停采时间已久,但仍存在未完全沉陷的区域,局部留有较多空洞未垮落。小煤窑分布区及里罗煤矿东部、东南部采深、采厚比小于30的采空区,在其上大规模修建多层、高层建筑或大量堆载时,受较大外荷作用但仍存在变形的可能,总体稳定性较差。预测地面工程建设时遭受采空地面沉陷、塌陷地质灾害可能性中等—大,致损强度中等—强,危害程度中等—大。

(二)研究区工程建设地质环境适宜性评价

1. 评价指标体系及评价单元划分

持续强降雨时,研究区沙江、西云江、牛头河因受邕江洪水的顶托,水位上涨(特大洪水位标高最大约为73m),有部分低洼区域受洪水淹没,北缘的心圩-韦村断裂属活动性断裂,分布的小煤窑大部分尚未完全稳定。洪水、活动性断裂、不稳定的采空区、小煤窑均对工程建设有很大的不良影响,为研究区地质环境敏感因子,应将其主要影响范围初步定性为工程建设地质环境不适宜区。

研究区以膨胀性软岩分布为主,但地基承载力一般能满足建筑地基要求,不同区域第四系覆盖层厚度一般不大,厚度差别也不是很明显,膨胀岩土地基问题对地面工程建设的影响相对来说不是很突出。对工程建设适宜性影响较大的是地形地貌条件、地质灾害,其次为基于环境保护的地下水防污性能。根据本区的地质环境特点,选取地形坡度、相对高差、地层岩性、岩土层胀缩性、地下水埋深、地下水防污性能、地质灾害易发性7个评价因子,采用定量与定性相结合的方法,建立研究区工程建设地质环境适宜性综合评价指标体系(表6-9)。各因子按10分制取值,条件好取高值、条件差取低值。用网格法按0.25km×0.25km将研究区及其周边划分为2712个评价单元。通过MapGIS软件平台在单因子分析的基础上进行地质环境适宜性综合评价。

2. 评价方法和步骤

(1)评价采用层次分析法,选用适宜性指数模型进行评价。在各单因子MapGIS图件上分别确定各单元7个因子状态,并按表6-9赋分标准取值。

表6-9 研究区工程建设地质环境适宜性综评价指标体系

因素	因子		因子状态及指标			
地形地貌	地形坡度(°)	状态	<10	10~20	20~30	>30
		赋分	$8 \leqslant W_i \leqslant 10$	$6 \leqslant W_i < 8$	$4 \leqslant W_i < 6$	$1 \leqslant W_i < 4$
	相对高差(m)	状态	<10	10~30	30~50	>50
		赋分	$8 \leqslant W_i \leqslant 10$	$6 \leqslant W_i < 8$	$4 \leqslant W_i < 6$	$1 \leqslant W_i < 4$
岩土工程地质	地层岩性	状态	罗文组砂岩、砾岩	古亭组、凤凰山组粉砂岩、砂岩	北湖组、里彩组、南湖组粉砂岩、泥岩等,泥岩占比小	北湖组、里彩组、南湖组粉砂岩、泥岩等,泥岩占比大
		赋分	$8 \leqslant W_i \leqslant 10$	$6 \leqslant W_i < 8$	$4 \leqslant W_i < 6$	$1 \leqslant W_i < 4$
	岩土胀缩性	状态	非膨胀岩土	弱膨胀岩土	中等膨胀岩土	强膨胀岩土
		赋分	$8 \leqslant W_i \leqslant 10$	$6 \leqslant W_i < 8$	$4 \leqslant W_i < 6$	$1 \leqslant W_i < 4$
水文地质	地下水埋深(m)	状态	>5	3~5	1~3	1<
		赋分	$8 \leqslant W_i \leqslant 10$	$6 \leqslant W_i < 8$	$4 \leqslant W_i < 6$	$1 \leqslant W_i < 4$
	地下水防污性能	状态	好	中等	较差	差
		赋分	$8 \leqslant W_i \leqslant 10$	$6 \leqslant W_i < 8$	$4 \leqslant W_i < 6$	$1 \leqslant W_i < 4$
地质灾害	易发程度	状态	非易发	低易发	中易发	高易发
		赋分	$8 \leqslant W_i \leqslant 10$	$6 \leqslant W_i < 8$	$4 \leqslant W_i < 6$	$1 \leqslant W_i < 4$

（2）采用专家打分法，对评价指标体系因子层中的变量进行相对重要性两两比较（表6-10），获得比较矩阵并通过一致性检验后，计算各评价因子的权重，结果见表6-11。从权重分析结果可以看出，地形相对高差、地形坡度因子所占权重较大，为敏感因子之外的重要影响因子，次为地灾易发程度、地下水防污性能因子。

表6-10 专家打分法相对重要性原则

比较情况	前者	后者
同等重要	1	1
前者比后者稍重要	2	1/2
前者比后者明显重要	3	1/3
前者比后者极度重要	4	1/4

表6-11 研究区工程建设地质环境适宜性评价因子比较矩阵及权重分配

评价因子	评价分值因子						
	相对高差	地形坡度	地灾易发程度	地下水防污性能	地层岩性	岩土胀缩性	地下水埋深
相对高差	1	2	3	3	3	4	4
地形坡度	1/2	1	2	3	3	3	4
地灾易发程度	1/3	1/2	1	2	2	3	3
地下水防污性能	1/3	1/3	1/2	1	2	2	3
地层岩性	1/3	1/3	1/2	1/2	1	2	2
岩土胀缩性	1/4	1/3	1/3	1/2	1/2	1	2
地下水埋深	1/4	1/4	1/3	1/3	1/2	1/2	1
权重	0.339	0.219	0.151	0.119	0.074	0.061	0.037
随机一致性检验	最大特征根 $\lambda_{max}=8.91$，矩阵阶数 $n=7$，$RI=1.32$，$CI=(\lambda_{max}-7)/6=0.10$ $CR=CI/RI=0.08$，$CR<0.1$，一致性较好，权重分配较合理						

（3）研究区特大洪水淹没区、活动性断裂附近、小煤窑分布区适宜性定性为不适宜，不作赋分计算，其余采用计权求和方法，计算各评价单元适宜性综合指数，数学模型为

$$R = \sum_{i=1}^{n} Y_i W_i$$

式中：R为评价单元内适宜性综合评价指数；Y_i为评价单元内评价因子的权重；W_i为评价单元内评价因子的分值；n为评价单元内评价因子的数量。

3. 评价结果

在各个计算单元中，适宜性综合评价指数R值范围在2.2~9.4分之间。充分考虑影响研究区工程建设地质环境影响因素的区域相似性及差异性，按≥8.4分、6.0~8.4分、4.0~6.0分、≤4.0分的区间，将工程建设地质环境适宜性划分为适宜、基本适宜、较不适宜和不适宜4级，网格单元级别划分结果见图6-13。研究区工程建设地质环境适宜性差异性较明显，各类单元格统计结果见表6-12，其中适宜、基本适宜的单元占42.55%；较不适宜的单元占18.18%；不适宜的单元占39.37%，主要为洪水淹没、小煤窑、采空区及红层高丘陵区。

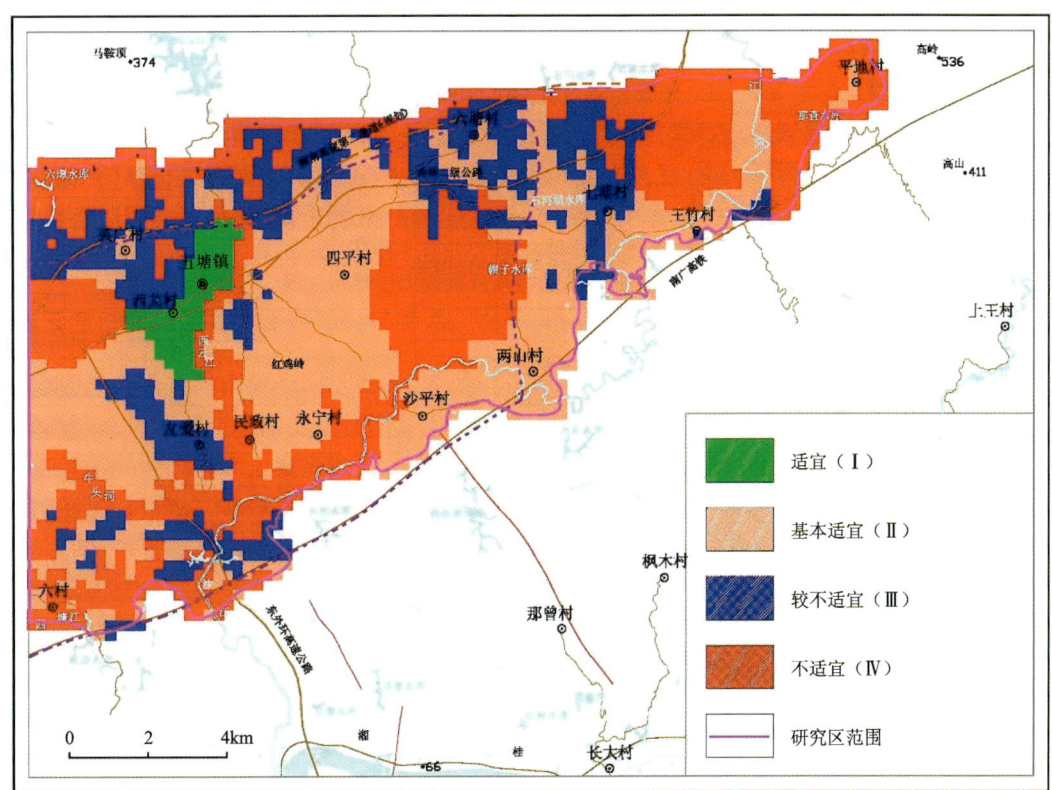

图 6-13 研究区评价网格单元级别划分结果

表 6-12 研究区单元格工程建设地质环境适宜性综合评价结果

级别	适宜(Ⅰ)	基本适宜(Ⅱ)	较不适宜(Ⅲ)	不适宜(Ⅳ)
适宜性综合评价指数	≥8.4	6.0~8.4	4.0~6.0	≤4.0
不同分级单元数(个)	71	1083	493	1065
不同分级单元比例(%)	2.62	39.93	18.18	39.27

4. 工程建设地质环境适宜性分区与评价

根据各单元网格综合评价指数分值及地质环境条件和环境地质问题的差异性，按"区内相似、区际相异"以及"就高不就低"的原则，经人工修整，勾画出研究区工程建设地质环境适宜性分区图(图 6-14)。将研究区工程建设地质环境划分为 4 类大区，即适宜区(Ⅰ)、基本适宜区(Ⅱ)、较不适宜区(Ⅲ)和不适宜区(Ⅳ)，根据分布区域的不同可细分为 21 个亚区，各亚区的主要特征及适宜性评价见表 6-13。各类大区总体特征和评价如下。

1) 工程建设地质环境适宜区(Ⅰ)

该区主要分布于西云江西部河流阶地，包括五塘镇农科所、五塘街至凌慕区域，面积约 5.93km²，占研究区总面积的 3.70%。该区地形开阔，较平坦，现状多为村屯、街区及耕地分布。出露基岩为北湖组和里彩组泥岩、粉砂质泥岩、泥质粉砂岩夹粉砂岩，第四系覆盖层一般厚 3~6m，上部主要为河流冲积粉质黏土，不属膨胀岩土，下部的残坡积土及全—强风化岩具有弱—中等胀缩性。现状未见有滑坡、膨胀岩土地基破坏等地质灾害，地质灾害弱发育。地下水埋深一般为 2~3m，防污性能好，水量贫乏，对工程建设影响小。岩土体承载力一般能满足建筑地基的要求，工程地质条件以简单为主，大部分适宜道路、工业与民用建筑以及浅层地下空间的建设。

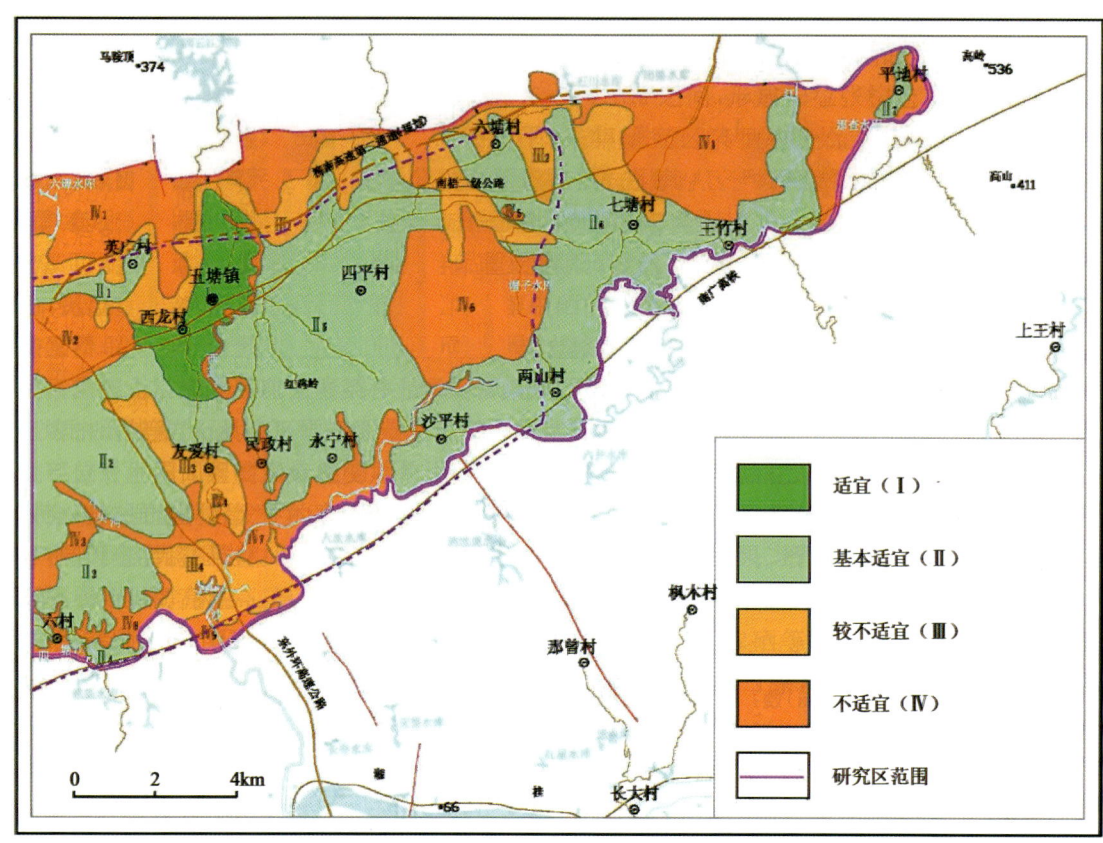

图 6-14 研究区工程建设地质环境适宜性分区图

表 6-13 研究区工程建设地质环境适性分区与评价

分区及代号	亚区代号	分区特征与适宜性评价	面积(km²)	占研究区比例(%)
适宜区（Ⅰ）	Ⅰ	分布于五塘镇农科所、五塘街至凌慕。地貌为西云江冲洪积阶地及部分红层低丘陵,地形开阔,较平坦。基岩为北湖组和里彩组泥岩、粉砂质泥岩、泥质粉砂岩夹粉砂岩,第四系覆盖层一般厚3~6m,残坡积土及全一强风化岩具有弱一中等胀缩性。地下水防污性能好,埋深一般为2~3m,水量贫乏,对施工影响小。现状未见有滑坡、膨胀岩土地基破坏等地质灾害,地质灾害危险性小。岩土体承载力一般能满足建筑地基要求,工程地质条件较简单,适宜道路、工业与民用建筑以及浅层地下空间的建设	5.93	3.70
基本适宜区（Ⅱ）	Ⅱ₁	分布于五塘镇英广村的潘村、芦村、那马、覃何等地。地貌为红层低丘,以缓坡为主,相对高差10~30m,自然坡度多在5°~20°之间。基岩为北湖组泥岩、粉砂质泥岩、泥质粉砂岩夹粉砂岩,第四系覆盖层一般厚4~5m,残坡积土及全一强风化岩具有弱一中等胀缩性。地下水防污性能好,埋深一般为1~3m,水量贫乏,对施工影响不大。现状未见滑坡、膨胀岩土地基破坏等地质灾害,地质灾害危险性小。岩土体承载力一般能满足建筑地基要求,工程地质条件中等复杂,基本适宜道路、工业与民用建筑及浅层地下空间的建设	1.51	0.94

续表 6-13

分区及代号	亚区代号	分区特征与适宜性评价	面积（km²）	占研究区比例（%）
基本适宜区（Ⅱ）	Ⅱ$_2$	分布于三塘镇里罗社区东部、五塘镇坛棍村与友爱村东部、北部。地貌属红层低丘陵，以缓坡为主，相对高差 10～30m，自然坡度一般为 10°～20°。基岩为北湖组、里彩组、南湖组泥岩、粉砂质泥岩、泥质粉砂岩夹粉砂岩，第四系覆盖层一般厚 1～9m，残坡积土及全—强风化岩具强胀缩性。地下水防污性能好，埋深一般为 3～8m，水量贫乏，对施工影响不大。现状有零星膨胀岩土小型滑坡，膨胀岩土破坏房屋的现象较少。本区地形起伏，工程建设引发小规模滑坡的可能性中等—大，危害程度以小为主，地质灾害危险性小—中等。除强膨胀岩土外，承载力一般能满足建筑地基要求，工程地质条件中等复杂，基本适宜道路、工业与民用建筑以及浅层地下空间的建设。强膨胀岩土分布区工程建设需做好地基、人工边坡的工程防治措施	13.81	8.61
	Ⅱ$_3$	分布于三塘镇六村韦村坡、那良、亘奇等地。地貌属红层低丘，以缓坡为主，相对高差 10～30m，自然坡度一般为 10°～20°，局部较陡。西南部基岩为南湖组泥岩、粉砂质泥岩、泥质粉砂岩夹粉砂岩，残坡积土及全—强风化岩具强胀缩性，地下水防污性能好；其余出露基岩为凤凰山组和古亭组砂岩、粉砂岩、泥质粉砂岩等，夹层泥岩、粉砂质泥岩，具微—弱膨胀性，残坡积土及全—强风化岩大部分不属膨胀岩土，地下水防污性能中等。第四系一般厚 1～8m，地下水埋深一般为 1～8m，水量以贫乏为主，对施工影响不大。现状西北部有零星小型膨胀岩土滑坡，膨胀岩土破坏房屋的现象较少。本区地形起伏，工程建设引发小规模滑坡的可能性中等—大，危害程度以小为主，地质灾害危险性小—中等。除强膨胀岩土外，承载力一般能满足建筑地基要求，工程地质条件中等复杂，基本适宜道路、工业与民用建筑建设及浅层地下空间的开发利用。强膨胀岩土分布区工程建设需做好地基、人工边坡的工程防治措施	4.86	3.03
	Ⅱ$_4$	分布于三塘镇六村的坛造坡，地貌属红层低丘，以缓坡地形为主，相对高差 10～30m，自然坡度一般为 10°～20°。出露基岩主要为罗文组粉砂质泥岩、粉砂岩，第四系一般厚 2～5m，不属膨胀岩土；地下水埋深一般为 3～6m，水量贫乏；现状地质灾害弱发育。本区地形起伏较大，工程地质条件中等复杂，基本适宜道路、工业与民用建筑建设及浅层地下空间的开发利用	0.78	0.49
	Ⅱ$_5$	分布于五塘镇西云江以东永宁村、西平村至六塘村部分区域。地貌属红层低丘，以缓坡为主，相对高差 10～30m，自然坡度一般为 10°～20°。出露基岩主要为北湖组、里彩组、南湖组泥岩、粉砂质泥岩、泥质粉砂岩夹粉砂岩，第四系一般厚 1～6m，残积土及全—强风化岩胀缩性以中等为主，西北部属强膨胀岩土。地下水埋深一般为 2～12m，防污性能较好，水量贫乏，对施工影响不大。昆仑大道边坡有数处小型膨胀岩土滑坡，其余滑坡零星分布，膨胀岩土地基变形破坏现象较少。本区地形起伏，工程建设引发小规模滑坡的可能性中等—大，危害程度以小为主，地质灾害危险性小—中等。除浅层强膨胀岩土外，其余承载力一般能满足建筑地基要求，基本适宜道路、工业与民用建筑建设及浅层地下空间的开发利用。强膨胀岩土分布区工程建设需做好地基、人工边坡的工程防治措施	25.66	16.00

续表 6-13

分区及代号	亚区代号	分区特征与适宜性评价	面积（km²）	占研究区比例（%）
基本适宜区（Ⅱ）	Ⅱ₆	分布于五塘镇东部六塘村、七塘村、王竹村以及东部两山村、沙平村部分区域。北部属红层低丘，以缓坡为主，相对高差10～30m，自然坡度一般为10°～20°，局部较陡。出露基岩为北湖组、里彩组、南湖组泥岩、粉砂质泥岩、泥质粉砂岩夹粉砂岩，第四系一般厚1～5m，残积土及全—强风化岩胀缩性以中等为主，防污性能较好，地下水埋深一般为2～12m，水量贫乏，对施工影响不大。南部主要属沙江河流冲积阶地，地形相对平坦，第四系一般厚2～9m，最厚约18m，不属膨胀岩土；出露基岩主要为古亭组、凤凰山组、罗文组砂岩、砾岩、粉砂岩、泥质粉砂岩等，夹层泥岩、粉砂质泥岩，具微—弱膨胀性，地下水防污性能较差—差，埋深一般为2～5m，水量以中等为主，地下水对深基坑开挖有一定影响。本区现状地质灾害弱发育，地质灾害危险性以小—中等为主。除了河流新近的冲积土以外，岩土体承载力一般能满足建筑地基要求，工程地质条件中等复杂，基本适宜道路、工业与民用建筑的建设，因易受地下水的影响，浅层地下空间开发利用较不适宜	27.68	17.25
	Ⅱ₇	分布于东部昆仑镇平地村，地貌为红层高丘陵山间谷地，地形较平坦。出露基岩为罗文组砾岩，第四系厚1～5m，不属膨胀岩土，地下水埋深一般为1～3m，防污性能较差。岩土体承载力一般能满足建筑地基要求，基本适宜民用建筑的建设，因易受地下水的影响，浅层地下空间开发利用较不适宜	0.62	0.38
较不适宜区（Ⅲ）	Ⅲ₁	分布于五塘镇英广村、五塘社区、六塘村的北部坡岭。地貌属红层低丘，相对高差30～50m，自然坡度一般为20°～30°，相对较陡；出露基岩主要为北湖组、里彩组、南湖组泥岩、粉砂质泥岩、泥质粉砂岩夹粉砂岩，泥岩属微—弱膨胀岩，第四系一般厚1～5m，残积土及全—强风化岩胀缩性弱—中等。该区地形坡度及高差较大，工程建设较易破坏自然景观，引发滑坡地质灾害，开发成本较高，工程建设较不适宜	8.25	5.14
	Ⅲ₂	分布于五塘镇六塘村、七塘村的坡岭地带。地貌属红层低丘，相对高差30～50m，自然坡度一般为20°～30°，相对较陡。出露基岩主要为里彩组和南湖组泥岩、粉砂质泥岩、泥质粉砂岩夹粉砂岩，以及古亭组砂岩、粉砂岩夹泥岩、粉砂质泥质等，泥岩属微—弱膨胀岩；第四系一般厚1～5m，残积土及全—强风化岩，胀缩性以弱—中等为主。该区地形坡度及高差较大，工程建设较易破坏自然景观，引发滑坡地质灾害，开发成本较高，工程建设较不适宜	7.87	4.91
	Ⅲ₃	分布于五塘镇友爱村那腊、怀紫、坛洛等地。地貌属红层低丘，以缓坡地形为主，相对高差10～30m，自然坡度一般为10°～20°，局部较陡。出露基岩主要为里彩组和南湖组泥岩、粉砂质泥岩、泥质粉砂岩夹粉砂岩，第四系一般厚2～5m，残坡积土及全—强风化岩胀缩性以强为主。除浅层强膨胀岩土外，其余承载力一般能满足建筑地基要求，地下水埋深一般为2～15m，防污性能较好，水量贫乏，对施工影响不大。该区浅层岩土体胀缩性较强，过去有较多民房受到膨胀岩土的危害，新建仍有少量受膨胀岩土破坏。工程地质条件较复杂，对低矮的轻型建筑及浅层地下空间的开发较不适宜，需进行膨胀岩土的专门防治	3.54	2.21
	Ⅲ₄	分布于南部三塘镇六村保盖坡、五塘镇民政村陈屋等地。地貌属红层低丘，相对高差30～50m，自然坡度一般为20°～30°，相对较陡。出露基岩主要为古亭组、凤凰山组、罗文组砂岩、砾岩、粉砂岩、泥质粉砂岩等，泥岩、粉砂质泥岩夹层具微—弱膨胀性。该区地形坡度及高差较大，工程建设较易破坏自然景观，引发滑坡地质灾害，开发成本较高，工程建设较不适宜	4.64	2.89

续表6-13

分区及代号	亚区代号	分区特征与适宜性评价	面积（km²）	占研究区比例（%）
不适宜区（Ⅳ）	Ⅳ₁	分布于五塘镇英广村、五塘社区、六塘村北部以及七塘村东北部的红层高丘陵，六塘村朝治坡、那王坡有小煤窑分布。地形相对高差一般大于50m，自然山坡以30°左右的陡坡为主。该区地形坡度及高差大，工程建设易破坏自然景观，引发滑坡地质灾害，开发成本高，不适宜工程建设	27.00	16.83
	Ⅳ₂	分布于五塘镇西龙村龙头坡至南宁地区蚕种场等地，小煤窑的分布较复杂，开采极不规范，尚未完全稳定。该区工程地质条件复杂，需做专门的勘察评价和处理，开发成本较高，暂定为不适宜工程建设。若需要开发，应做进一步工作，针对具体的建设场地详细查明有无小煤窑分布，查明小煤窑采空区的空间分布特征及其对工程建设的影响程度，根据情况判定工程建设的适宜性	4.04	2.52
	Ⅳ₃	分布于里罗煤矿东部、东南部及外围。里罗煤矿在该区域采深、采厚比小于30，外围小煤窑的分布较复杂，开采极不规范，尚未完全稳定。该区工程地质条件复杂，需做专门的勘察评价和处理，开发成本较高，暂定为不适宜工程建设。开发时可根据需要做进一步工作，针对具体的建设场地详细查明有无采空区分布，查明采空区的空间分布特征及其对工程建设的影响程度，根据实际情况判定工程建设的适宜性	1.08	0.67
	Ⅳ₄	分布于五塘镇友爱村坛洛坡，小煤窑的分布较复杂，开采极不规范，尚未完全稳定。该区工程地质条件复杂，需做专门的勘察评价和处理，开发成本较高，暂定为不适宜工程建设。若进行开发利用，针对具体的建设场地需详细查明小煤窑采空区的空间分布特征及其对工程建设的影响程度，根据实际情况判定工程建设的适宜性	0.05	0.03
	Ⅳ₅	分布于五塘镇七塘村新兴坡南部，小煤窑的分布较复杂，开采极不规范，尚未完全稳定。该区工程地质条件复杂，需做专门的勘察评价和处理，开发成本较高，暂定为不适宜工程建设。若进行开发利用，针对具体的建设场地需详细查明小煤窑采空区的空间分布特征及其对工程建设的影响程度，根据实际情况判定工程建设的适宜性	0.12	0.08
	Ⅳ₆	分布于五塘镇四平村东部、沙平村、两山村北部，小煤窑的分布复杂，开采极不规范，尚未完全稳定。该区工程地质条件复杂，需做专门的勘察评价和处理，开发成本较高，暂定为不适宜工程建设。若进行开发利用，针对具体的建设场地需详细查明小煤窑采空区的空间分布特征及其对工程建设的影响程度，根据实际情况判定工程建设的适宜性	10.45	6.51
	Ⅳ₇	分布于五塘镇友爱村南部合江坡、永宁村南部、沙平村等地，地势较低，受牛头河、西云江、沙江特大洪水淹没，不适宜工程建设	9.19	5.73
	Ⅳ₈	分布于三塘镇六村南部、坛造坡北部等地，地势较低，受四塘江特大洪水淹没，不适宜工程建设	2.01	1.25
	Ⅳ₉	分布于三塘镇六村东部保盖坡，地势较低，受沙江特大洪水淹没，不适宜工程建设	1.34	0.83

2）工程建设地质环境基本适宜区（Ⅱ）

该区分布于研究区中心区域及东部、东南部，以红层低丘缓坡或较平坦的河流阶地为主，现状多为村屯及耕地分布，地形高差相对较小，总面积约74.92km²，占研究区总面积的46.70%。出露地层包括了研究区内大部分地层，河流冲积土不属膨胀岩土，中部、东部第四系及全—强风化岩多属中等膨胀岩土或非膨胀岩土，西部红层低丘第四系及全—强风化岩多属中等或强膨胀岩土。

红层低丘区现状有零星小型膨胀岩土滑坡产生,膨胀岩土地基变形破坏房屋的现象较少。因地形起伏及膨胀岩土的不良工程性质,工程建设发生小规模滑坡的可能性中等—大,致损强度以弱为主,地质灾害危险性以小—中等为主;地下水防污性能好,水量贫乏,对工程建设影响不大。河流阶地地形平坦,地质灾害低易发,但地下水防污性能较差,水量中等丰富,地下水对开挖较深的基坑有一定的影响。

除了河流新近的冲积土以及浅部强膨胀岩土外,岩土层承载力一般能满足建筑地基的要求。强膨胀岩土分区工程建设时采取一定的防治措施可减轻或避免膨胀岩土带来的危害,防治难度一般不大。区内工程地质条件以中等复杂为主,基本适宜道路、工业与民用建筑建设及浅层地下空间的开发利用。

3) 工程建设地质环境较不适宜区(Ⅲ)

该区分布于研究区北部及西南部红层低丘陵,地形高差及坡度相对较大,现状多为林地及耕地,总面积约 24.30km²,占研究区总面积的 15.15%。第四纪残坡积土多为弱或中等膨胀岩土,胀缩性以地基破坏不算强为特征,但强风化泥岩具有膨胀性,风化后构成边坡软弱夹层,对边坡稳定性不利。该类区域地形坡度及高差较大,工程地质条件较复杂。工程建设较易破坏自然景观,引发滑坡地质灾害,危害程度中等—大。开发成本较高,工程建设较不适宜。

4) 工程建设地质环境不适宜区(Ⅳ)

该区分布于研究区北部及东部红层高丘陵、小煤窑分布区、里罗煤矿采深较小区及洪水影响区,总面积约 55.28km²,占研究区总面积的 34.45%。

(1) 红层高丘陵区地形高差及坡度大,北部边缘为心圩-韦村活动断裂,现状山坡多为林地,面积约 26.38km²,占研究区总面积的 16.44%。第四系以残坡积土为主,多为弱或中等膨胀岩土,胀缩性以地基破坏不算强为特征,但强风化膨胀性泥岩构成边坡软弱夹层,工程建设易产生滑坡地质灾害,工程地质条件复杂。工程建设易破坏自然景观,引发滑坡地质灾害,危害程度中等—大,开发成本高,工程建设不适宜。

(2) 里罗煤矿采深较小区及外围小煤窑主要位于里罗煤矿东部、南部,其他小煤窑分布于西龙村龙头坡、四平村东部、沙平村、两山村北部区域,以及友爱村坛洛坡、七塘村新兴坡南部、六塘村朝治坡、那王坡等地,总面积约 16.36km²,占研究区总面积的 10.19%。小煤窑的分布较复杂,开采极不规范,小煤窑及里罗煤矿采深、采厚比小于 30 的地段,采空区大多尚未完全稳定,工程地质条件复杂,需做专门的勘察评价和处理,开发成本较高,暂定为工程建设不适宜区。若进行开发利用,针对具体的建设场地需详细查明有无小煤窑分布,查明小煤窑、采空区的空间分布特征及其对工程建设的影响程度,根据实际情况判定工程建设的适宜性。

(3) 洪水影响区分布于三塘镇六村南部、保盖坡、坛造坡、五塘镇友爱村合江坡、永宁村南部、沙平村等地。该类区域地势低洼,受牛头河、西云江、沙江、四塘江特大洪水淹没,总面积约 12.54km²,占研究区总面积的 7.82%,不适宜工程建设。

(二) 城市规划建设区地质环境协调性评价

在《南宁市三塘-五塘片区概念性总体规划》土地利用规划图中,城市规划区在研究区内主要位于红层盆地的中西部。而规划进行工程建设的区域主要位于西部五塘社区、四平村、民政村、友爱村、西龙村、英广村以及里罗(四塘)社区等部分区域。在工程建设区域之外,尚规划有农业示范区、山体休闲度假区、生态廊道等。

将土地利用规划图与研究区工程建设地质环境适宜性分区图进行对照分析,可以看出,规划区内包括了工程建设地质环境适宜到不适宜的各类区域。不适宜区域主要包括小煤窑分布区、洪水淹没区、红层高丘陵山地区,规划大部分用于农业示范区、山体休闲度假区、生态廊道的建设。规划工程建设区域主要位于地质环境适宜区及较适宜区,少部分位于较不适宜区、不适宜区,大部分避开了小煤窑分布区。研究区东部、东南部工程建设地质环境较适宜区,面积虽然较大,但这些区域灌溉条件好,现状主要为农田、耕地分布,生态环境较好,适宜于发展特色农业和生态旅游休闲。河流冲积层地下水防污性能相对较差,规划中将其作为河谷平坝河流水质保护与生物生产功能区较为合理。

总体上,研究区规划建设用地布局较为合理,协调性较好。

(三)规划区各类工程建设地质环境适宜性分析评价

参照《南宁市三塘-五塘片区概念性总体规划》,五塘片区工程建设主要类型包括社区、商务、商业区、科研基地、工业园、综合物流基地、都市产业园等。虽然研究区内规划工程建设区域大部分位于地质环境适宜区及较适宜区,但大部分属中等—强膨胀岩土分布区。膨胀岩土因其特殊的工程性质,对不同类型工程建设的地质环境适宜性也有一定差异,分类分析评价如下。

1. 多层、高层建筑物建设地质环境适宜性分析评价

规划工程建设区域以缓坡丘陵为主,天然排水条件较好,广泛分布的泥岩、泥质粉砂岩渗透性较弱,地下水以贫乏为主,对地基基础施工影响相对较小。除强膨胀岩土之外,岩土层承载力一般能满足建筑物天然地基承载力要求。规划建设区基岩大部分埋深不大,高层、超高层建筑因荷载较大,对地基承载力要求相对较高,当第四系土层天然地基承载力不能满足建筑物要求时,尚可利用下伏基岩作为地基持力层,或采用桩基础、桩筏联合等基础形式。

多层、高层建筑采用天然地基基础形式时,因荷载较大,膨胀岩土地基膨胀力受到约束,一般不受膨胀岩土地基胀缩变形的危害,地基适宜性较好。地质环境适宜或基本适宜多层、高层建筑或重型建(构)筑物的工程建设。

2. 低层轻型建(构)筑物建设地质环境适宜性分析评价

工业园区、物流园区以厂房、仓库建设为主。低层厂房、围墙等轻型建(构)筑及地坪等荷载较小,当地基为中等或强膨胀岩土时,可能会因地基胀缩变形而造成建筑物破坏。对膨胀岩土地基胀缩变形可能造成的危害,采取基础适当深埋、设置砂石垫层、设置圈梁、防水保湿等地基措施和结构措施,可避免或减轻其危害,防治难度一般不大。地质环境对工业厂房、物流仓库等轻型建(构)筑物工程建设基本适宜。

3. 道路工程建设地质环境适宜性分析评价

规划工程建设区域地质环境大部为地形有所起伏的低丘陵,场地平整、道路建设大多需进行挖填方,部分场地可能会形成较高的挖方边坡或填方边坡。膨胀岩土的不良工程特征对边坡稳定性存在较大的不利影响,可能会引发一些小型浅层膨胀岩土滑坡。

工程建设中对边坡采取合理的坡率、开挖和护坡方式,填方时控制填方边坡的高度、采取支挡等工程措施后,可进行有效防治,防治难度不是很大。地质环境对道路工程建设以适宜或基本适宜为主。

4. 浅层地下空间建设地质环境适宜性分析评价

地下空间开发过程中,浅层分布的残坡积土及全—强风化泥岩、粉砂质泥岩因具有胀缩性,开挖揭露后,受水的作用易变软,抗剪强度降低,对基坑边坡稳定较为不利,特别是强膨胀岩土分布区,较易产生基坑边坡失稳滑塌。

膨胀岩土分布区基坑通过采取快速作业、防水保湿,放坡开挖与支护相结合等工程措施后,大多可以得到有效防治,弱—中等膨胀岩土防治难度以小为主,强膨胀岩土防治难度以中等为主。总体上,弱—中等膨胀岩土分布区对浅层地下空间开发利用以适宜或基本适宜为主,局部强膨胀岩土分布区较不适宜。

5. 煤矿采空区、小煤窑分布区工程建设地质环境适宜性分析评价

该区分布于五塘镇四平村东部、沙平村、两山村北部等地。小煤窑的分布较复杂,开采极不规范,里罗煤矿东部、东南部采深较小区尚未完全稳定。若在这些区域进行工程建设,需针对具体的建设场地详细查明有无小煤窑分布,详细查明小煤窑、采空区的空间分布特征及其对工程建设的影响程度,根据实际情况判定工程建设的适宜性。该区域因工程地质条件复杂,需做专门的勘察评价,开发成本相对较高,工程建设以不适宜为主。

6. 近期重大工程建设地质环境适宜性评价

近期即将开工建设的柳州经合山至南宁高速公路经过研究区的北部,终点位于五塘镇英广村南部,与已建成的南宁市外东环高速公路相接。该高速公路在研究区内主要经过北部红层低丘陵,地形高差较大,一般为20～30m,局部达50～60m,自然坡度一般在10°～30°之间,局部大于30°。出露地层岩性主要为古近系北湖组、里彩组的泥岩、粉砂质泥岩、泥质粉砂岩夹粉砂岩,新鲜泥岩具有微—弱膨胀性,第四纪残坡积土与全—强风化泥岩具有弱—中等胀缩性,局部具强胀缩性。

路堑开挖,在部分路段将形成高度较大的边坡,局部形成高边坡。开挖边坡时强烈风化的泥岩构成软弱夹层,对边坡稳定性存在较大的不利影响,工程建设较易产生浅层膨胀岩土滑坡。填方路段在通过坡谷交接地段时局部因坡度较陡,易形成陡坡路堤,膨胀岩土湿水软化,对陡坡路堤稳定性较为不利。线路局部通过六塘村朝治坡、英广村南部小煤窑分布区,公路修筑形成大面积堆载,会使浅部本来已基本稳定的采空区产生新的沉陷变形,对路基稳定性和不均匀沉降可能有较大的不利影响。研究区第四纪残坡积土主要为风化成因的粉质黏土,属低液限土,大多适宜作为路基持力层。但在强膨胀岩土分布地段,因膨胀性较强,可能会出现路面损坏、道路翻浆等病害。

柳南第二高速公路在区内的主要工程地质问题是膨胀岩土边坡稳定性问题,其次为小煤窑稳定性对路基沉降变形的影响以及局部膨胀岩土路基影响问题。对于稳定性较差的膨胀岩土边坡,可根据实际地质情况,选择合理的坡率放坡开挖或放坡与支护相结合进行防治,同时做好周边排水措施,往往能取得较好的效果。对路基有影响的小煤窑,可通过详细调查、勘察查明其空间分布和稳定性,采取注浆等方法进行治理。膨胀岩土路基路面开裂、道路翻浆病害可通过防水保湿、换土垫层或土性改良等措施进行防治,施工技术较为成熟,防治难度不是很大。因此,区内地质环境条件基本适宜柳南第二高速公路的建设。

综合上述,规划区地质环境对各类工程建设以适宜、基本适宜为主,局部强膨胀岩土分布区对轻型建(构)筑物及浅层地下空间开发较不适宜,里罗煤矿采深较小区及小煤窑分布区工程建设以不适宜为主。

五、工程建设膨胀岩土危害防治对策

对膨胀岩土分布区各类工程建设可能产生的环境工程地质问题,有针对性地采取技术上、经济上合理有效的方法进行防治,才能有效地防灾减灾,确保各项建设工程的安全和正常运营。结合南宁市膨胀岩土区工程建设、灾害防治的经验以及研究区的工程实践经验,在工业与民用建筑、边坡工程、地下工程的建设及滑坡治理中,针对膨胀岩土危害的防治对策主要有以下几个方面。

(一)膨胀岩土地基防治

膨胀岩土地基上建筑物的变形破坏,实质上是地基变形破坏的直接反映,应以防为主,一旦发生了变形破坏,处理起来难度较大,往往失去了治理的价值。当地为防止建筑物膨胀岩土地基发生变形破坏,主要采取设置圈梁、地基深挖(清除表层强膨胀岩土)的建筑及施工措施,收到了较好的效果。

将来规划区建设,膨胀岩土地基主要可能对荷载低的厂房、围墙及其他低矮建(构)筑物造成破坏。膨胀岩土地基的处理需根据地基胀缩等级以及地基土膨胀特性与破坏特征,因地制宜地采取相应的处理措施。针对区内膨胀岩土建设场地的防治对策主要有以下几方面。

(1)建筑场地应首选地形平缓、地势较低等一面临坡的场地,不应选用未经整理的坡脊、冲沟等多面临坡的场地;应首选坡脚、坡顶场地,不应选用未经整理的坡脊、坡腰场地。不应选用稳定性差的、岩层倾向与山坡的坡向一致的场地,当基岩面或其附近有滞水现象时,应采取措施防止产生浅层顺层滑坡。

(2)红层盆地膨胀岩土因分布区域不同、岩性差异及风化程度不同,胀缩性指标在数值上分布较离散,因此针对具体建设场地时,应通过勘察确定其胀缩性参数。勘察时室内试验除常规的物理力学试验外,尚应进行自由膨胀率、50kPa荷载下膨胀率、原状土收缩试验,必要时应进行膨胀压力、颗粒分析、化学分析及黏土矿物鉴定。

(3)天然状态下的膨胀岩土强度较高,地基承载力也较高,有时建筑物地基承载力不是主要矛盾,而是由于膨胀岩土具有膨胀性、裂隙性与超固结性,易受外界条件变化,如雨季与旱季以及气温变化的影响而产生干湿循环,特别是随含水量的增加,承载力急剧下降。因此,勘察中应重视场地微观地貌与地下水的调查分析,根据勘察时的季节、场地工程地质和湿度条件准确合理地评价膨胀岩土的地基承载力。

(4)在工业与民用建筑建设时,应根据工程地质条件,将建筑物尽量布置在胀缩性较小、土质较均匀的地段。建筑物体型应简单,不宜过长。烟囱、水塔等高耸构筑物宜采用基底压力大于膨胀力的方法以防止膨胀变形。

(5)地基基础设计时,应根据不同的地基胀缩等级选择合理的基础型式。建于膨胀岩土地基上的三层及以下的低矮建筑物,上部结构应加强,每层均设置圈梁,增强建筑物抗变形的能力。在天然地基上设置砂砾石垫层,调整基础的不均匀沉降,以避免、减少建筑物产生裂缝。

(6)合理选择基础埋置深度。这是确保膨胀岩土地基承载力及防治地基变形的有效措施之一。因为地基膨胀岩土的胀缩变形直接受大气风化营力(降雨、蒸发、温度等)作用的控制。所以,选择基础埋深应根据场地大气风化作用影响深度,并结合膨胀岩的胀缩程度合理确定。条件合适时,强膨胀岩土地基基础应埋置在大气风化作用影响深度以下,对于弱膨胀岩土地基,可视胀缩变形大小而适当确定。

(7)当强膨胀岩土分布区大气影响深度和地下水位均较深不宜采用天然浅基础时,可考虑采用桩基(或墩基),桩端穿过膨胀岩土层,进入下伏较新鲜的膨胀性弱的基岩,该基岩作为桩端持力层,必要时通过架空使建筑物底部不与膨胀岩土直接接触,避免建筑物直接受膨胀岩土变形破坏。

(8)位于坡地的建筑场地,当存在半挖半填地基时,应设置支挡、护坡等措施,防治滑坡,挖方作业应由坡上方自上而下开挖,填方作业应由下至上分层夯实,坡面完成后,立即封闭。具有强膨胀性的弃土应合理处置,不应大量堆填于有利用价值的其他建设场地,以免给将来的场地增加处理成本。

(9)施工时应制订合理的施工程序。先按场地平整、治坡要求,把多面坡的复杂场地变成单面坡的简单场地,然后再按场地排水沟及排洪沟、通信水电、草皮片石护坡、挡土墙、道路、场地管沟、单项工程等的先后顺序施工,确保场地排水通畅、边坡稳定。

(10)场地平整土方后,需搁置一段时间再进行单项工程施工,使地基湿度有一个平衡过程,所需搁置的时间视挖方深度与土方量大小而定,一般是土方量越大,需要时间越长。

(11)施工阶段必须做好排水、防水、保干、保湿工作。基础开挖施工时尽量避开雨季,开挖时,同一工程严禁受不同程度的浸水或暴晒,要求快速作业,最好采用混凝土砂浆及时封闭基建面,以免影响地基承载力。施工用水尽量利用场地的供排水设施,尽量不设临时的供排水,施工用水管网严禁渗漏。隐蔽工程完工后,应立即回填土。回填土时严禁灌水操作,不能单独用膨胀泥岩作基槽回填土。

(12)因岩层中粉砂岩水位之下含地下水,采用人工挖孔桩、旋挖桩等桩基础时,应做好排水、清孔工作。灌注桩、爆扩桩成孔后，应将孔底废土清理干净，尽快浇灌混凝土，避免天然岩石受水浸泡后发生软化、风化崩解而降低其强度。

（13）公路建设膨胀岩土路段地基土不符合路基要求时，可根据具体情况选用掺入无机料进行土质物理改良或进行换土、垫层等方法进行处理，尽可能采用柔性路面，以避免道路出现路面翻浆、开裂、路基不均匀下沉等不良现象。

（二）膨胀岩土边坡工程及滑坡防治

1. 膨胀岩土滑坡治理实例

南宁红层盆地膨胀岩土滑坡治理工程实例较多，亦取得了不少治理经验，如广西体工二大队南部山体滑坡治理、500kV邕州变电所人工填土滑坡治理等。研究区滑坡规模一般较小，一般采取滑坡体清理、坡脚砌挡土墙、坡面防护进行简单治理。较大规模的治理工程主要有南宁市平里静脉园生活垃圾焚烧处理厂滑坡治理等。

1）滑坡概况

滑坡位于五塘镇东部南宁市生活垃圾焚烧处理厂，属山坡的中下段，地貌为红层低丘陵，自然坡度在20°～30°之间。地层岩性为古亭组（$E_{2-3}g$）泥岩、粉砂质泥岩夹粉砂岩极软岩，下伏为凤凰山组（$E_{2-3}f$）粉砂岩软岩。该处古亭组全—强风化带厚度大于2m，垂向裂隙较发育，裂隙中充填灰白色黏土，滑感强，第四系为残积黏土，厚约2m，黄红色，斑状，裂隙发育，均具有较强的胀缩性。受褶皱影响，滑坡附近岩层节理较发育，倾向变化较大，倾角在5°～15°之间。滑坡处岩层产状80°∠8°，坡面倾向与岩层倾向一致，形成顺向斜坡结构。

此滑坡位于新修通向平理垃圾填埋场公路的西侧，修建时切坡高3～5m，坡率为30°～40°，斜坡中下部清除坡面原生植被后植草美化环境，设置有横向截排水沟一道，坡脚未建有挡土墙。2016年春节连降小雨之后，坡体前缘开始发生变形，至6月持续降雨后造成了前缘局部滑动。2016年8月4日台风期间，强降雨持续近一个星期，最终导致了较大规模的全面滑动。该滑坡平面上呈矩形，坡顶、坡脚高差18m，滑坡体由大块土（0.3～1.0m）夹小块可塑—软塑状松散土组成，斜长60m，宽50～60m，均厚约3m，体积约10 000m³。滑坡堆积体坡度为18°～20°，地面错落，形成多处高0.5～2.0m的台阶，中下部形成积水坑，沿坡脚有浑水渗出，滑坡后缘有多条平行坡面的裂隙，宽0.05～0.2m，可视深度0.3～0.5m，延伸长3～10m，滑坡两侧形成高1～2m的陡壁，边缘剪切裂缝发育，滑坡剖面见图6-15。

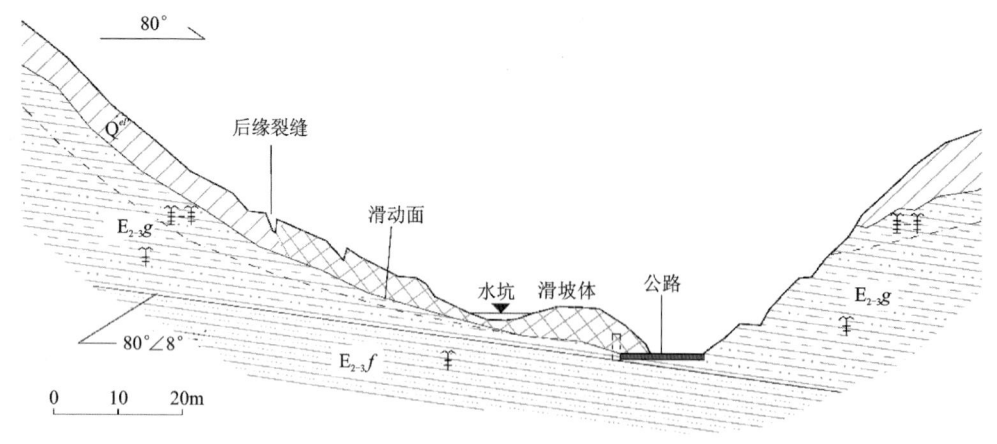

图6-15 平里静脉园生活垃圾焚烧处理厂滑坡剖面示意图

变形破坏,处理起来难度较大,往往失去了治理的价值。当地为防止建筑物膨胀岩土地基发生变形破坏,主要采取设置圈梁、地基深挖(清除表层强膨胀岩土)的建筑及施工措施,收到了较好的效果。

将来规划区建设,膨胀岩土地基主要可能对荷载低的厂房、围墙及其他低矮建(构)筑物造成破坏。膨胀岩土地基的处理需根据地基胀缩等级以及地基土膨胀特性与破坏特征,因地制宜地采取相应的处理措施。针对区内膨胀岩土建设场地的防治对策主要有以下几方面。

(1)建筑场地应首选地形平缓、地势较低等一面临坡的场地,不应选用未经整理的坡脊、冲沟等多面临坡的场地;应首选坡脚、坡顶场地,不应选用未经整理的坡脊、坡腰场地。不应选用稳定性差的、岩层倾向与山坡的坡向一致的场地,当基岩面或其附近有滞水现象时,应采取措施防止产生浅层顺层滑坡。

(2)红层盆地膨胀岩土因分布区域不同、岩性差异及风化程度不同,胀缩性指标在数值上分布较离散,因此针对具体建设场地时,应通过勘察确定其胀缩性参数。勘察时室内试验除常规的物理力学试验外,尚应进行自由膨胀率、50kPa荷载下膨胀率、原状土收缩试验,必要时应进行膨胀压力、颗粒分析、化学分析及黏土矿物鉴定。

(3)天然状态下的膨胀岩土强度较高,地基承载力也较高,有时建筑物地基承载力不是主要矛盾,而是由于膨胀岩土具有膨胀性、裂隙性与超固结性,易受外界条件变化,如雨季与旱季以及气温变化的影响而产生干湿循环,特别是随含水量的增加,承载力急剧下降。因此,勘察中应重视场地微观地貌与地下水的调查分析,根据勘察时的季节、场地工程地质和湿度条件准确合理地评价膨胀岩土的地基承载力。

(4)在工业与民用建筑建设时,应根据工程地质条件,将建筑物尽量布置在胀缩性较小、土质较均匀的地段。建筑物体型应简单,不宜过长。烟囱、水塔等高耸构筑物宜采用基底压力大于膨胀力的方法以防止膨胀变形。

(5)地基基础设计时,应根据不同的地基胀缩等级选择合理的基础型式。建于膨胀岩土地基上的三层及以下的低矮建筑物,上部结构应加强,每层均设置圈梁,增强建筑物抗变形的能力。在天然地基上设置砂砾石垫层,调整基础的不均匀沉降,以避免、减少建筑物产生裂缝。

(6)合理选择基础埋置深度。这是确保膨胀岩土地基承载力及防治地基变形的有效措施之一。因为地基膨胀岩土的胀缩变形直接受大气风化营力(降雨、蒸发、温度等)作用的控制。所以,选择基础埋深应根据场地大气风化作用影响深度,并结合膨胀岩的胀缩程度合理确定。条件合适时,强膨胀岩土地基基础应埋置在大气风化作用影响深度以下,对于弱膨胀岩土地基,可视胀缩变形大小而适当确定。

(7)当强膨胀岩土分布区大气影响深度和地下水位均较深不宜采用天然浅基础时,可考虑采用桩基(或墩基),桩端穿过膨胀岩土层,进入下伏较新鲜的膨胀性弱的基岩,该基岩作为桩端持力层,必要时通过架空使建筑物底部不与膨胀岩土直接接触,避免建筑物直接受膨胀岩土变形破坏。

(8)位于坡地的建筑场地,当存在半挖半填地基时,应设置支挡、护坡等措施,防治滑坡,挖方作业应由坡上方自上而下开挖,填方作业应由下至上分层夯实,坡面完成后,立即封闭。具有强膨胀性的弃土应合理处置,不应大量堆填于有利用价值的其他建设场地,以免给将来的场地增加处理成本。

(9)施工时应制订合理的施工程序。先按场地平整、治坡要求,把多面坡的复杂场地变成单面坡的简单场地,然后再按场地排水沟及排洪沟、通信水电、草皮片石护坡、挡土墙、道路、场地管沟、单项工程等的先后顺序施工,确保场地排水通畅、边坡稳定。

(10)场地平整土方后,需搁置一段时间再进行单项工程施工,使地基湿度有一个平衡过程,所需搁置的时间视挖方深度与土方量大小而定,一般是土方量越大,需要时间越长。

(11)施工阶段必须做好排水、防水、保干、保湿工作。基础开挖施工时尽量避开雨季,开挖时,同一工程严禁受不同程度的浸水或暴晒,要求快速作业,最好采用混凝土砂浆及时封闭基建面,以免影响地基承载力。施工用水尽量利用场地的供排水设施,尽量不设临时的供排水,施工用水管网严禁渗漏。隐蔽工程完工后,应立即回填土。回填土时严禁灌水操作,不能单独用膨胀泥岩作基槽回填土。

(12)因岩层中粉砂岩水位之下含地下水,采用人工挖孔桩、旋挖桩等桩基础时,应做好排水、清孔工作。灌注桩、爆扩桩成孔后,应将孔底废土清理干净,尽快浇灌混凝土,避免天然岩石受水浸泡后发生软化、风化崩解而降低其强度。

(13)公路建设膨胀岩土路段地基土不符合路基要求时,可根据具体情况选用掺入无机料进行土质物理改良或进行换土、垫层等方法进行处理,尽可能采用柔性路面,以避免道路出现路面翻浆、开裂、路基不均匀下沉等不良现象。

(二)膨胀岩土边坡工程及滑坡防治

1. 膨胀岩土滑坡治理实例

南宁红层盆地膨胀岩土滑坡治理工程实例较多,亦取得了不少治理经验,如广西体工二大队南部山体滑坡治理、500kV邕州变电所人工填土滑坡治理等。研究区滑坡规模一般较小,一般采取滑坡体清理、坡脚砌挡土墙、坡面防护进行简单治理。较大规模的治理工程主要有南宁市平里静脉园生活垃圾焚烧处理厂滑坡治理等。

1)滑坡概况

滑坡位于五塘镇东部南宁市生活垃圾焚烧处理厂,属山坡的中下段,地貌为红层低丘陵,自然坡度在20°~30°之间。地层岩性为古亭组($E_{2-3}g$)泥岩、粉砂质泥岩夹粉砂岩极软岩,下伏为凤凰山组($E_{2-3}f$)粉砂岩软岩。该处古亭组全—强风化带厚度大于2m,垂向裂隙较发育,裂隙中充填灰白色黏土,滑感强,第四系为残积黏土,厚约2m,黄红色,斑状,裂隙发育,均具有较强的胀缩性。受褶皱影响,滑坡附近岩层节理较发育,倾向变化较大,倾角在5°~15°之间。滑坡处岩层产状80°∠8°,坡面倾向与岩层倾向一致,形成顺向斜坡结构。

此滑坡位于新修通向平里垃圾填埋场公路的西侧,修建时切坡高3~5m,坡率为30°~40°,斜坡中下部清除坡面原生植被后植草美化环境,设置有横向截排水沟一道,坡脚未建有挡土墙。2016年春节连降小雨之后,坡体前缘开始发生变形,至6月持续降雨后造成了前缘局部滑动。2016年8月4日台风期间,强降雨持续近一个星期,最终导致了较大规模的全面滑动。该滑坡平面上呈矩形,坡顶、坡脚高差18m,滑坡体由大块土(0.3~1.0m)夹小块可塑—软塑状松散土组成,斜长60m,宽50~60m,均厚约3m,体积约10 000m³。滑坡堆积体坡度为18°~20°,地面错落,形成多处高0.5~2.0m的台阶,中下部形成积水坑,沿坡脚有浑水渗出,滑坡后缘有多条平行坡面的裂隙,宽0.05~0.2m,可视深度0.3~0.5m,延伸长3~10m,滑坡两侧形成高1~2m的陡壁,边缘剪切裂缝发育,滑坡剖面见图6-15。

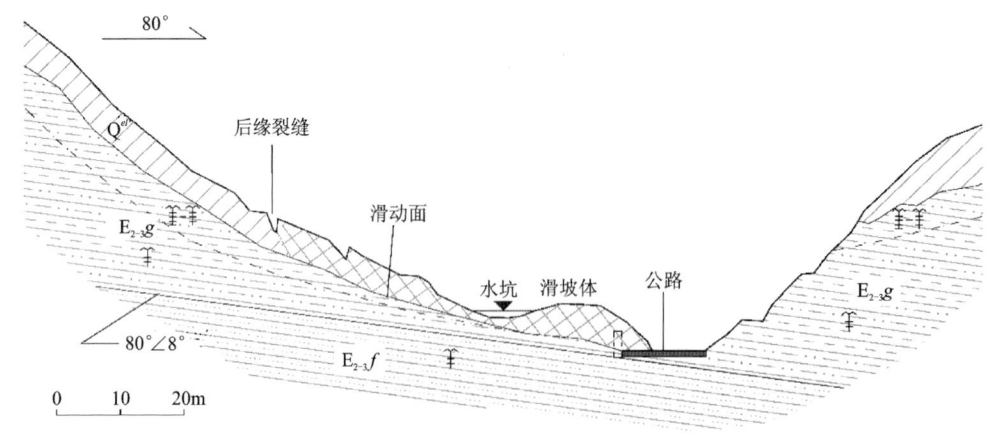

图6-15 平里静脉园生活垃圾焚烧处理厂滑坡剖面示意图

此滑坡属浅层牵引式滑坡,滑动带主要位于第四系与泥岩接触面,前部错动了风化基岩,位于全—强风化泥岩中,滑面埋深在2~4m之间。滑坡体前部掩埋了公路排水边沟和小半幅路面,对厂区交通造成较大影响,位于后缘的排水沟完全损坏,失去了排水功能。滑坡稳定性差,在强降雨作用下易进一步发展,对下方公路影响极大。

2)滑坡成因分析与治理措施

此处边坡的第四纪残积土与全—强风化泥岩具有较强的膨胀性,膨胀岩土体裂隙较发育,清除原生植被和开挖揭露后,卸荷作用以及膨胀岩土的湿胀干缩促使裂隙进一步发展,有利于地表水入渗,在强、弱岩层接触面产生地下水积集,软化岩土体,使岩土体抗剪强度急剧衰减,产生渐进式变形破坏,最终在强降雨作用下诱发了滑坡。

边坡切坡过陡、排水设施未做好是产生滑坡的人为关键因素。该处切坡坡率为30°~40°,坡脚未进行支挡,从区内相似条件的稳定边坡分析,该类膨胀岩土放坡坡率不宜超过22°,大于安全坡度时即有可能产生滑坡。坡上设置的截水沟砌筑于膨胀岩土地基上,未做加筋增强处理,较易产生开裂破坏漏水,水沟的开挖破坏了表土层的结构,回填土夯实度不够时还成了地表水积集下渗的通道,不但起不到截排坡面雨水的稳定坡体功能,反而促进了边坡的失稳。

受褶皱的影响,该处山坡岩石节理裂隙较发育,其风化残积土及全—强风化层的厚度及分布深度亦相对较大,有利于地下水的积集,加上顺向坡结构,地下水顺土岩接触面或强弱岩层界面而下,排泄不及易形成静水压力,有利于滑坡的产生。

生活垃圾焚烧处理厂属膨胀岩土分布区,公路边坡的开挖和防护未考虑到膨胀岩土体的不利影响是形成滑坡的重要原因,正是种种不利因素的共同作用和影响最终导致了滑坡的发生。

此处滑坡在本次工作野外调查结束不久后即开始进行了治理。综合采用了削方、排水、抗滑桩、锚杆格构等措施,耗资颇大,治理效果尚有待时间的检验。由此可见,在膨胀岩土分布区修路、开挖平整场地切坡时,需对膨胀岩土加以重视,并精心勘察和设计,根据具体地质情况对边坡进行有效防护,切不可轻视与大意。

2. 膨胀岩土边坡工程及滑坡防治对策建议

研究区红层丘陵岭谷相间,地形有所起伏,在城市道路和房屋建设等工程建设活动中,免不了进行填挖,形成人工边坡。膨胀岩土具有特殊不良的工程特性,工程建设中若不采取工程措施或采取措施不当,均有可能产生人工边坡变形破坏失稳,或导致滑坡的发生和发展,严重时会危害到公路、水利、工业与民用建筑等的安全和正常使用。针对区内膨胀岩土滑坡与边坡工程的防治对策主要有以下几方面。

(1)勘察过程中应对膨胀岩土的特殊性有足够的认识,对其胀缩性进行准确判断。膨胀岩土边坡的设计防治应以小坡角、抗滑、防风化、防膨胀为主。采取如坡脚修挡墙、设抗滑桩、坡面砌石或喷射混凝土护坡防止岩体风化膨胀,坡顶截水防渗等措施进行处理。

(2)针对膨胀岩土边坡,安全系数取值不应按照普通岩土边坡取值。膨胀岩土边坡具有复杂性、可变性,边坡工程的设计应采用信息法设计。

(3)边坡的滑动面或潜在滑动面的合理确定是滑坡治理工程能否成功的关键因素之一。对于夹有多层软弱层的膨胀岩土边坡或滑坡,在勘察期间应查清已有的滑动面及潜在滑动面。

(4)膨胀岩土边坡抗剪强度参数的合理取值是影响边坡稳定性分析评价是否正确的关键因素。膨胀岩土天然与饱和状态下的抗剪强度相差极大,必须严格按不同状态分别确定参数,参数一般需采用现场大剪试验、反算、室内试验及经验来获取。抗剪强度参数应在弄清了边坡的地质条件、边坡可能产生滑坡的类型、影响失稳的因素之后综合选取。

(5)膨胀岩土边坡尽量避免雨季施工,施工中应速战速决,避免干湿循环导致强度衰减和变形破坏。施工用水应远离边坡,完善边坡排水系统,避免雨季积水影响边坡稳定性。

(6)对开挖较高的膨胀岩土边坡,支挡措施抗滑桩最有效,其次为桩板墙、锚杆挡土墙。一般重力式挡土墙宜用于低边坡，土钉墙类基本不适用。

（7）对膨胀岩土开挖边坡坡面的防护，锚杆框架护坡最有效，框架、骨架间以草皮作为补充。边坡较低时也可用浆砌片石骨架或干砌片石护坡，地面反坡时才可采用浆砌片石护坡。

（8）由雨季降雨引起的滑坡，应采取岩土体保湿、裂隙封闭和完善排水设施保证边坡稳定，如采用高压锚管注浆和坡面植物防护等。

（9）由全—强风化泥岩、泥质砂质岩等膨胀软弱岩组成的建设场地高边坡，建议设计采用台阶式边坡型式，分级开挖、分级采用预应力锚索框架梁加固，以确保边坡的稳定性。为防坡面冲刷，可采用方格网骨架植草防护和拱形骨架植草防护。

（10）膨胀岩土边坡锚固和支挡措施的结构设计除应考虑裂隙性岩体吸水软化外，还应考虑膨胀力的作用。工程设计中允许岩体有一定的膨胀量得以发挥，在一定程度上降低膨胀压力对支挡结构物的作用。

（11）对可能产生滑动深度较大的边坡，护坡工程适当加深，坡脚支挡工程的基础也需适当加深，一般应超过或至少应达到气候剧烈影响层的深度。对于坡面防护，不宜采用全封闭措施，护坡工程以非全封闭或柔性封闭的类型为宜。

（12）在容易发生滑坡或已发生滑坡的边坡上方边缘应修建截水沟，引排地表雨水，在坡面设树枝状排水沟排除坡面水。对路基边坡上的裂缝或截水沟漏水形成的大裂缝，必须及时予以充填夯实，以防止地面水向下渗透。对地下水一般以疏导为主，通常设置盲沟来排水。

（三）地下工程膨胀岩土防治

地下工程开挖后，膨胀性围岩较易对支护体产生流变地压和膨胀地压，造成围岩和支护体变形与破坏，膨胀岩特有的膨胀性是主因，地下水的作用是外因。地下结构经常会由于膨胀性岩体强度的降低而出现松动和塌落现象，围岩变形常具有速度快、破坏性大、延续时间长和整治较困难等特点，增加了地下工程建设的难度，给地下工程的施工、维护和正常运营带来较大困难和影响。根据膨胀岩土地下工程的破坏机理，对区内地下工程建设中可能产生的危害、主要防治对策和措施有以下几方面。

（1）勘察工作应详细查明膨胀岩土的工程地质条件，特别是膨胀岩土围岩的胀缩程度、膨胀压力以及岩土体结构特性等。区内北湖组、里彩组、南湖组弱胶结的砂岩和粉砂岩多以夹层或透镜体出现，虽然膨胀性较小，但含地下水，其抗剪强度较泥岩、粉砂质泥岩低，抵抗变形的能力低，顶板较易产生垮塌，对中深层、深层地下空间开发利用的影响较大，应予以重点查明。

（2）勘察工作应详细查明膨胀岩土建设场区的水文地质条件。地下工程中膨胀岩土的胀缩变形破坏与地下水有着密切的关系。区内北湖组、里彩组、南湖组弱胶结的泥岩和粉砂质泥岩为相对隔水层，地下开挖过程中受地下水的影响较小，但砂岩、粉砂岩含孔隙裂隙水，对开挖有所影响，特别是中深层、深层地下空间的开发可能会出现涌水、流砂、洞室顶板垮塌等问题。地下水的进入会加剧膨胀岩的胀缩、软化和崩解等不良影响，增加地下洞室、巷道的支护难度。查清其水文地质特征，才能有预见性地进行防治。

（3）合理设计巷道断面形状与结构型式。蠕变（流变）变形和膨胀变形是膨胀岩体工程建设中常遇到的问题，也是造成灾害性事故的重要因素。在一定的围岩压力条件下，不同的巷道断面形状，其应力分布状态是有明显区别的。为了尽量减少围岩应力集中，有利于围岩的稳定，膨胀岩土中巷道断面形状最好采用圆形，其次是马蹄形曲墙。巷道底部应设置仰拱，使之形成闭合结构。同时应对衬砌边墙地基进行加固，防止地基不均匀沉降与胀缩变形，制约底板膨胀变形。

（4）合理选择施工方法。膨胀岩土巷道围岩压力的施工效应是导致巷道变形病害的重要原因，合理的施工方法对巷道的稳定性有着十分重要的作用。在膨胀岩土巷道施工中，应以尽量减少对围岩产生扰动和防止水的浸湿为原则，宜采用无爆破掘进法，如风镐、液压镐等。开挖过程中尽可能缩短围岩暴露时间,并及时衬砌,以尽快恢复洞壁因土体开挖而解除的部分围岩应力,减少围岩膨胀变形。

(5)防止围岩湿度变化。巷道开挖后,膨胀岩土围岩风干脱水或浸水都会引起围岩体积的变化,产生胀缩效应。因此,巷道开挖中及时喷射混凝土,封闭和支护围岩。在有地下水渗流的巷道中,应采取切断水源并加强洞壁与坑道防、排水措施,防止施工积水对围岩的浸湿等。

(6)合理进行围岩支护。膨胀岩土围岩支护必须适应围岩的膨胀特性,地下巷道开掘后初始应力较大,往往采用先"柔"后"刚"的二次支护方法(复合衬砌),如喷射混凝土、增设锚杆、灌注钢筋混凝土衬砌等。由于围压的蠕变服从弹性区蠕变,且弹性区分布在塑性区之后,因此,施加支护时必须使弹性区的应力场满足稳定蠕变的条件。

第七章　环北部湾地下水资源与环境

环北部湾城市群地处华南、西南沿海,涵盖粤桂琼三省区,东临港澳,南接东盟。环北部湾是"海上丝绸之路"的重要港口群和陆海新通道出海口,交通便利,地理位置优越,是中国-东盟全面合作的重要桥梁和战略枢纽。区内属热带、亚热带季风气候,多年平均降雨量在1300～1700mm之间。降雨时空分布极不均匀,长期依赖地下水资源来满足生产生活需要。随着经济的快速发展,对地下水资源需求也在不断增加。在地下水开发利用中,一些不合理的行为导致地下水污染、地下水咸化、地面沉降等环境地质问题不断产生,威胁着人民的生产生活安全和可持续发展,也制约了当地经济的高质量增长和国家发展战略。为了解决环北部湾地下水资源与环境地质问题,以及提升海岸带水文地质调查工作方法,泛珠三角地区地质环境综合调查工程以湛江和北海地区为研究区,开展海岸带含水层调查评价方法研究;同时,在地下水文地质调查的基础上,对研究区内的地下水资源与环境问题进行调查研究。其中,在湛江市开展地下水资源进行新一轮计算评价;在分析地下水的开采历史与现状的基础上,对湛江市地下水环境问题进行分析评价和风险分区。为了进一步研究临海地区地下水的运动规律和地下水咸化模式问题,在雷州半岛和北海大冠沙观测基地分别开展地下水运动监测和地下水咸化模式研究。

一、海岸带含水层调查评价方法研究

(一)资料收集

前期资料收集是水文地质调查非常关键的一步,有助于掌握区域地质背景、水文地质条件和特征等,指导水文地质调查评价的工作部署,提高工作效率。围绕工作区地下水资源和环境,主要收集工作区内的区域、水文和环境地质等地质资料,遥感与地球物理等勘探资料,气象和水文资料,地下水开发利用及社会经济发展资料。其中,以区域、水文、环境等地质资料为重点,包括前人在工作区开展的不同比例尺的区域地质、水文地质、环境地质调查、试验、测试、动态监测等调查和研究资料。

(二)水文地质测绘

在充分利用已有成果资料的基础上,由点及面,系统地、全面地开展水文地质测绘和环境地质调查。调查内容主要有地貌、地层、岩性、构造,代表性的泉、井水动态及水质变化特征,地下水开发利用现状及引发的环境地质问题等。1∶5万水文地质调查精度,野外工作底图应采用1∶25万或1∶50万比例尺的最新地形图;野外工作利用手持GPS进行调查点定位;各类调查点的调查卡片统一制作,按统一工作方法、统一图式图例进行记录,做到规范化、系统化作业,以便于建立水文地质信息数据库。

调查内容包括以下几个方面。

地貌调查:包括地貌形态、成因类型及各地貌单元间的界线和相互关系,地形、地貌与含水层的分布及地下水的埋藏、补给、径流、排泄的关系,新构造运动的特征、强度及其对地貌和区域水文地质条件的影响。

地层、地质构造调查:包括地层的成因类型、时代、层序及接触关系,地层的产状、厚度及分布范围,不同地层的透水性、富水性及其变化规律;火山岩的成因、形成时代、产状、产出形式,裂隙发育特征、透水性、富水性及其受构造的影响;褶皱的类型、轴的位置、长度及延伸和倾伏方向,两翼和核部地层的产状、裂隙发育特征及富水地段的位置;断层的位置、类型、规模、产状、节理发育程度,充填物的性质和胶结情况,断层带的导水性、含水性、测区所在的构造部位等。

包气带结构:包括岩性、结构、厚度、入渗率及地表植被状况等。

机井及民井调查:调查其所揭露的地层剖面,井的类型、深度、井壁结构、井周地层剖面、出水量、水位、水质及其动态变化,地下水的开采方式、开采量、用途和开采后出现的问题,选择有代表性的水井进行简易抽水试验。

泉的调查:调查泉的出露条件、成因类型和补给来源,泉的流量、水质、水温、气体成分、动态变化及泉水利用情况。

地表水调查:包括地表水体的类型、分布、所处的地貌单元;地表水体的流量、水位、水质、水温及动态变化;地表水与地下水的补排关系;地表水的利用现状及其作为人工补给地下水的可能性。

地下水补给、径流、排泄条件:包括地下水的补给来源、补给方式或途径、补给区分布范围及补给量,地下水人工补给区的分布、补给方式和补给层位、补给水源类型、水质、水量、补给历史;地下水径流特征;地下水的排泄形式、排泄途径、排泄区(带)分布、排泄量;地表水与地下水之间的相互转化关系和转化量;地下水与河水、海水的水力联系与补给排泄关系等。

地下水化学特征:包括地下水物理性质、化学成分和地下水类型及其空间变化规律。

地下水开发利用:包括分散开采井的位置、深度、成井结构、取水量、用途、井数、密度、开采总量、利用状况;集中供水水源地开采井数量、成井结构、单井开采量、开采总量;泉的取水量、用途、开采总量、利用状况;其他地下水取水工程位置、取水方式、取水量、用途、利用状况。

特殊类型地下水:包括地下热水、矿泉水的分布特征及其开发利用情况等。

(三)物探工程

地球物理勘探(简称物探)是水文地质调查中常用的工作手段之一。物探在水文地质工作中主要解决以下问题:划分地层剖面,确定含水层、隔水层、软弱夹层的分布范围、含水层厚度、含水层埋藏深度、富水性及富水地段、咸水分布范围及咸淡水界面,探明覆盖层厚度、隐伏古河床和埋藏冲洪积扇分布等。

环北部湾地区海岸带水文地质调查评价中,物探方法主要为地面物探和水文测井。地面物探主要为电法和声波法。其中,电法采用高密度电阻率法、可控源音频大地电磁测深等;声波法为单道、多道地震法,用于近岸海域的海底地层测量;水文地质综合测井包括视电阻率测井、电化学测井、放射性测井、测井斜、井径测井和水文测井等。

高密度电法本质属直流电阻率法范畴,是以介质电性差异为基础,研究在人为施加电场的作用下,地下传导电流的变化分布规律。高密度电法在水、工、环领域的应用归纳起来主要有寻找地下水、咸淡水分界线调查、划分地层、地质灾害调查、岩溶探测、断裂构造探测、城市管线探测、人防工程探测、城市地下埋藏物探测、路面塌陷调查等。

可控源音频大地电磁法(简称CSAMT法)采用人工场源,与天然源大地电磁测深法相比,具有信噪比高、快速高效等优点。与常规电法相比,可控源音频大地电磁测深具有探测深度大、横纵向分辨率相对较高的特点,可克服浅层揭露工程无法深入的缺点。通过开展可控源音频大地电磁测深工作,可以了解测区内构造带分布情况,如断裂的走向和发育形态,地层的整体产状、埋深等,为下一步的水文地质工作提供依据。由于可控源音频大地电磁法长期及广泛的应用,目前已形成了一套较成熟的处理软件和工作方法。使用其反演软件在反演数据前可以根据实际需要来设置反演参数,灵活方便;反演方法有两种可选,可以很好地反映目标体的整体和细节情况。野外通常使用标量测量方式、赤道测量装置。测线尽量垂直目标体走向布设,收发距既要满足远区测量要求,又要兼顾能够获得较强的接收信号。发射要布置在地质情况相对简单的测线一侧,要收集收发极间的地质和构造资料,以便在解释时考虑是否会出现阴影效应等。野外测量时要记录测点周边的地质、地形地物、电磁干扰源等情况,从而为异常的定性分析以及剔除假异常提供依据。

采用海域地震反射法(声波法)对近岸海域的海底进行地层测量,探测近岸海域200m以内地层结构,为研究含水层往海域方向的延伸状况以及含水层边界条件提供实测调查数据。海域地震反射法通过震源激发地震波,地震波在水中及地下介质传播过程中,当遇到不同介质的分界面(上下介质存在波阻抗差异)时产生一定能量的反射波,经置于水中的水听器接收后传输到地震仪中记录下来,通过地震处理软件对地震采集数据的处理,根据处理地震时间剖面的地震波组特征及相关地质资料对其进行地质解释。由于地震勘探得到的结果为时间剖面,在解释时需进行时深转换,在时间转换时其附近参考钻孔资料越多,其解释结果越可靠。

在水文地质钻孔中进行水文地质综合测井,视电阻率测井、电化学测井用于划分地层岩性,进行地层对比,确定咸淡水分界;井温测井了解不同深度水温变化情况;井斜测井对钻孔的顶角、方位角进行连续测量,具体了解钻井过程中或钻井完成后,钻井的倾斜度、方位角的数值,指导钻探施工成井;放射性测井对钻孔地层的天然放射性强度进行测量,用于划分地层岩性,进行地层对比;井径测井对钻孔孔径进行连续测量,指导钻探施工成井。

(四)钻探工程

水文地质钻探是水文地质调查中非常重要的技术方法,通过钻探获取地层岩芯,获取地层的准确信息,验证和校正地球物理勘探工程的解译结果,为获取含水层水文地质参数的试验和分析提供前提,对于评价区域水资源量具有十分重要的意义。钻孔孔身结构的设计和钻孔的选址好坏也将为后续的钻探工作奠定基础。

1. 孔深

钻孔孔深主要根据钻孔目的要求、地质条件以及施工技术条件确定。水文地质钻孔原则上应揭穿当地具有供水意义的含水层;基岩孔应穿透主要富水地段;岩溶地区应揭穿岩溶发育段;在含有多个含水层的地段,应根据钻机允许的钻进深度,以尽量揭穿多个含水层来确定钻孔深度。

2. 孔径

孔径直径、终孔直径和孔身各段的直径。为了达到"一孔多用"的目的,前期先按工程地质钻孔的要求,孔径89mm,一径到底揭穿覆盖层,获取该地区的工程力学性质资料,然后进行扩孔,按照水文地质钻孔要求钻井,获取水文地质资料。水文地质孔、抽水试验和地下水动态监测孔一般为小孔径,孔径为130~250mm;而供水抽水孔和探采结合孔则口径设计要大些,在松散层中多超过400mm,在基岩层一般大于200mm。

3. 钻孔结构

钻孔结构分为一径到底和异径到底。一径到底主要用于浅孔或条件较简单的钻孔。需要在浅部松散地层和基岩破碎带下护壁管及过滤罐,基岩部分无需下管。钻孔中需要填砾时,孔径一般比管径大75~100mm。

异径到底主要用于深孔或条件复杂的钻孔,例如钻孔揭穿多个主要含水层,采用异径止水。

4. 岩芯编录

岩芯编录是水文地质钻探中的一项重要工作，一个高质量的钻孔如果编录工作差，最终也不能取得高质量的成果。编录工作是随着钻进过程持续进行的，终孔后则全部完成。

水文地质钻探中，要求每次提钻后立即对岩芯进行整理、编号、测量、描述与编录。

岩芯描述主要是对地表看不见的现象进行观察和描述，重点放在岩性的透水性上。基岩描述内容大致为定名、颜色、结构、构造、矿物成分、岩芯破碎情况、岩芯采取率、节理、裂隙发育程度、充填物情况、风化程度等。松散层描述内容大致为定名、颜色、状态、湿度、成分、磨圆度、分选性、层理特征、胶结程度等。

钻进过程中要严格控制岩芯采取率，岩芯采取率可按下式计算：

$$K = L_0 / L \times 100\%$$

式中：K 为岩芯采取率；L_0 为本回次所取岩芯的总长度(m)；L 为本回次进尺长度(m)。

一般黏性土和完整基岩平均采取率应大于 70%，单层应不少于 60%；砂性土、疏松砂砾岩、基岩强烈风化带、破碎带平均采取率应大于 40%，单层应不少于 30%，无岩芯间隔不超过 3m；对于取芯特别困难的巨厚卵砾石层、流砂层、溶洞充填物和基岩强烈风化带、破碎带，无岩芯间隔应不超过 5m。

在钻进过程中要进行简易的水文地质观测，地下水位观测是重点观测项目，一般在每次下钻前和提钻后都要测量，停钻期间要每隔 1~4h 观测 1 次，以做到尽量细致地掌握钻孔内的水位变化情况。钻进过程中，如发现孔内水位变化较大，可能遇见含水层或漏水层，应立即停止钻进，测量其静止水位。观测水位的同时，也要进行水温、气温的测量。

5. 多层含水层单孔成井抽水工艺

单个钻孔揭露多个含水层时，为达到"一孔多用"的原则，分别获取不同含水层的水文地质参数，需要进行分层抽水试验。管径的选择与止水是成井工艺的重点。为了达到分层抽水的目的，成井必须采用"多径成孔"结构，分层分段进行止水。

(五) 水文地质试验

水文地质试验是获取水文地质参数、计算地下水资源量的有效途径。水文地质参数绝大部分从专门性水文地质试验中获得，主要的方法有抽水试验、渗水试验、降水入渗试验和实验室试验。

1. 抽水试验

单孔抽水试验采用稳定流抽水试验方法，多孔抽水、群孔干扰抽水试验一般采用非稳定流抽水试验方法。在特殊条件下可采用变流量(阶梯流量或连续降低抽水流量)抽水试验方法。抽水试验孔宜采用完整井(巨厚含水层可采用非完整井)。观测孔深应尽量与抽水孔深一致。

2. 渗水试验

通过保持固定水头高度向试坑注水，量测渗入土层的水量，测定包气带非饱和岩层渗透系数。

渗水试验常用方法包括试坑法、单环法和双环法。

试坑法：装置简单；受侧向渗透的影响较大，试验成果精度差。

单环法：装置简单；没有考虑侧向渗透的影响，试验成果精度稍差。

双环法：装置较复杂；基本排除了侧向渗透的影响，试验成果精度较高。

注：当圆形坑底的坑壁四周有防渗措施时，$F = \pi r^2$；当坑壁没有防渗措施时，$F = \pi r(r + 2Z)$。式中：F 为内环面积或试坑的过水断面面积；r 为试坑底的半径；Z 为试坑中含水层厚度。

3. 降水入渗试验

通过降水入渗试验计算降水入渗系数。降水入渗试验选择地形平缓、潜水排泄和消耗均较弱地段进行试验。各试验地段分别设立观测井1眼,观测井以当地民井为主,井深10～30m,地下水为潜水。应采取水位变动带范围内不同岩性原状土样进行分类命名测试,同时测定给水度。在试验地段各设置雨量计1台测记降雨量,准确记录每次降雨量、降雨日期及延续时间等。地下水位和降雨量的观测应同时进行。根据降雨情况,每个试验区宜进行2～3次试验,尽量在不同降雨强度期间进行试验,分别计算不同降雨条件下的降水入渗补给系数$α$。降雨量与地下水位观测需有专人驻守负责。根据野外试验观测数据,采用以下公式进行计算:

$$α=ΔH · u/N_i$$

式中:$ΔH$为某次降雨过程所引起的水位上升值(m);N_i为某次降雨量(mm);u为给水度。

各水源地(块段)可根据所在计算块段的实际情况来取舍试验数据并统计取得其降水入渗系数,或参照类似块段结合试验数据或以往经验数据来取值。

4. 实验室试验

实验室试验的方法一般可以用来测定给水度和渗透系数。

1)给水度

一般采用室内试验的方法,对于砂质土,可在一定容积器皿中倒满烘干的砂样,轻轻捣实,然后向器皿中注入水,使砂完全饱和,然后再让水自由流尽。流出重力水的体积与盛砂器皿体积的比即为给水度。对于黏质土,则需用吸水纸将土样分层夹开,加压或者用离心器使其土样完全失水,然后再用失水量除以原土样体积,即为给水度。对于裂隙岩溶岩石,可用裂隙率或岩溶率近似代替给水度。

各水源地(块段)可根据所在计算块段的实验数据,结合以往本区经验并统计取得其给水度,或参照类似块段结合试验数据或以往经验数据来取值。

2)渗透系数

渗透系数可用实验室测定的方法:黏性土采用南55型渗透仪法或负压式渗透仪法,取土要求为原状或轻微扰动的试样,环刀面积30cm^{2}或32.2cm^2;砂土采用70型渗透仪法或土样管法,取土要求70型渗透仪法风干试样不少于4000g,土样管法风干试样不少于400g。具体操作按其规定执行。

在本区渗透系数一般隔水层(弱透水层)采用实验室测定的结果,含水层(强透水层)一般采用抽水试验方法的结果。在应用时应根据实验数据,结合以往本区经验,综合确定不同块段、不同岩性的渗透系数,或参照类似块段结合试验数据或以往经验数据来取值。

(六)水文地球化学

水文地球化学分析是获取地下水环境信息及咸淡水界面的主要手段。水文地球化学分析包括水质分析、同位素分析、岩矿分析等。

1. 水质分析

水质分析的目的是查明区内各垂向含水系统地下水质的时空变化规律、地下水化学特征,对各含水层进行地下水质量评价和专项评价,包括简分析、全分析及有机组分污染分析。为了更全面地进行地下水质量评价,部分全分析取样点作加项测试(即特全分析)。在厂矿密集区、海水入侵地段、垃圾填埋场等重点地区或地下水主要污染区,取地下水有机组分污染分析样。

简分析项目主要为色度、嗅和味、浑浊度、肉眼可见度、pH、氯离子、硫酸根离子、碳酸氢根离子、碳酸根离子、钾离子、钠离子、钙离子、镁离子、总硬度、溶解性总固体、铵根离子、硝酸根离子、亚硝酸根离子、氟离子、砷等。

全分析是在简分析项目基础上增加 Fe^{2+}、Fe^{3+}、Mn^{2+}、Hg^+、Al^{3+}、Zn^{2+}、Cu^{2+}、Pb^{2+}、Cr^{6+}、Cd^{2+}、I^-、Br^-、PO_4^{3-}、可溶性 SiO_2、耗氧量（COD）和高锰酸盐指数。

特全分析是在全分析项目的基础上，按《地下水质量标准》(GB/T 14848—2017)增加除全分析以外的项目。

样品采集和保存应按照《水质采样、样品的保存和管理技术规定》(HJ 493—2009)执行。水质分析项目需符合国家现行的《生活饮用水卫生标准》(GB 5749—2006)的要求，在有地方病或水质污染的地段，应根据病情和污染的类型确定。

2. 同位素分析

根据水文地质条件和需要解决的具体问题，选用同位素方法：研究地下水来源宜采用氢氧稳定同位素；地下水年龄较轻的宜采集用 ^3H 等测定，地下水年龄在几千年至 3 万年的可采用 ^{14}C 测定。本区同位素样主要包括氢、氧、氚、^{14}C。采集地下水同位素分析样需在已有资料综合分析和水文地质测绘的基础上，根据水文地质条件和需要解决的具体问题部署取样点；样品采集应以剖面控制为主，剖面应沿地下水流向布设。

3. 岩矿分析

根据区内地层分布情况，主要在第四系分布区系统采集第四纪年代学样品（^{14}C、光释光、古地磁）和反映沉积环境的样品（孢粉与微体）进行分析，同时在钻孔岩芯中采取粒度样品进行分析。粒度样品在钻孔岩芯中采集。在含水层段宜每 2～3m 取 1 个，厚度小于 2m 应取 1 个；在非含水层段宜每 3～5m 取一个，厚度小于 3m 者应取 1 个；地层厚度很大时可适当增大取样间距。

水质异常区或地方病区应采集钻孔岩土样分析化学成分、可溶盐、全氟和水溶氟、放射性元素等含量。

（七）分层采样

在具多层含水层的地区，分层采样是准确获取各含水层水文地质特征和环境状况的前提。海岸带含水层调查评价必须进行分层采样。

1. 采样井的施工要求

采样井的施工深度要揭露到目标层组的底界。孔径宜根据钻孔类型、水文地质条件、终孔直径及深度、钻进工艺方法、抽水方法及钻探设备，并满足监测和取样要求等因素综合确定。钻探方法一般采用常规口径取芯钻进，基岩勘探应采用清水钻进，松散层根据含水层特性和勘探要求，可采用水压或泥浆钻进；冲洗介质的质量应符合《管井技术规范》(GB 50296—2014)的有关规定；在钻进有供水意义的含水层时，严禁采用向孔内投放黏土块代替泥浆护壁；在下过滤器和填砾料前，应将孔内的稠泥浆换为稀泥浆；抽水孔必须及时洗井，抽水试验观测孔也应洗井，宜洗至水位变化反应灵敏。

钻进过程中采取土样、岩样，按如下要求：取出的土样宜能正确反映原有地层的颗粒组成；采取鉴别地层的岩、土样，非含水层宜 3～5m 取 1 个，含水层宜 2～3m 取 1 个，变层时，加取 1 个；采取试验用的土样，厚度大于 4m 的含水层，每 4～6m 取 1 个，含水层小于 4m 时，应取 1 个；试验用土样的取样质量砂宜大于 1kg，圆砾（角砾）宜大于 3kg，卵石（碎石）宜大于 5kg。

岩芯采取率按照如下要求执行：黏性土和完整基岩平均采取率应大于 70%，单层不少于 60%；砂性土、疏松砂砾岩、基岩强烈风化带、破碎带平均采取率应大于 40%，单层不少于 30%，无岩芯间隔不超过 3m；对取芯特别困难的巨厚（大于 30m）卵砾石层、流砂层和基岩强烈风化带、破碎带，无岩芯间隔不超过5m。所有岩芯取出后都要严格要求上下的放置方向,以免混淆上下方向造成取样错误。

每50m及终孔后应校正孔深、测孔斜一次,钻孔倾斜每100m内不大于1.5°;孔深误差不大于2‰。

2. 采样所需设备、要求、标准等

1)水质分析样

依据地下水补给、径流、排泄分布规律,沿地下水径流方向按水化学剖面采集样品,在富水地段和集中供水水源地采集全分析水样,并在代表性水井采集生活饮用水分析水样;抽水试验孔(井)分层或分段采集全分析样;地下水动态监测点采集全分析水样或简分析水样;地方病分布区、癌症高发区、地下水污染区增加采集专项分析水样。

生活饮用水分析需符合国家现行的《生活饮用水卫生标准》(GB 5749—2006)的要求,在有地方病或水质污染的地段,应根据病情和污染的类型确定。

在监测孔(井)中取样,必须抽出井管水之后采取。如监测孔不能取样,可选用附近同一层位的开采井代替。

采样的容器、洗涤、采取、保存、送样和监控等,应按照《水质采样、样品的保存和管理技术规定》(HJ 493—2009)执行。

2)同位素分析样

采集地下水同位素分析样需在已有资料综合分析和水文地质测绘的基础上,根据水文地质条件和需要解决的具体问题部署取样点;样品采集应以剖面控制为主,剖面应沿地下水流向布设,不同含水层有水样控制。

地下水^{14}C测年样品的采集采用了$BaCO_3$沉淀法,具体操作要求按中国地质调查局《地下水勘查同位素技术应用规范》(送审稿)中"地下水^{14}C测年样品沉淀法采集规程"执行。采样所需仪器设备有沉淀罐及附属件、空气洗瓶、样品瓶、现场水质参数测量仪器、现场重碳酸盐测量仪器及试剂、现场硫酸盐测量仪器及试剂、托盘天平、计时器等。

样品采集与保存按照《水质采样、样品的保存和管理技术规定》(HJ 493—2009)执行。

3)岩(土)样

粒度样品在钻孔岩芯中含水层段宜每2~3m取1个,厚度小于2m应取1个,非含水层段宜每3~5m取1个,厚度小于3m者应取1个,地层厚度很大时可适当增大取样间距。一般送样要求:20g。

^{14}C样品应在含碳物质的岩芯段中采集。

光释光样品应在岩芯中岩性均一的细粉砂、亚砂土中采集,避免在地层界面上采集,若岩性不均匀或沉积层太薄,应在地层界面上下各取1个样。

释光样品的采集应注意以下几点:①样品采集时尽可能避光,可用黑布或伞遮挡阳光。若在剖面上取样,应去除30~50cm的表样,取新鲜样品;②沉积物样品采集后应维持原状,并立即放入不透明容器,密封,防止漏光和水分的丢失;③沉积物样品尽量在岩性均一的细粉砂、亚砂土(适合释光测年的粒径范围为4~11μm或90~125μm)中采集,避免在地层界面上采集;④对于沉积物,每个样品需要500g左右。样品尽可能取块状,体积10cm×10cm×10cm为宜;⑤样品的采样和存放地点应远离高温环境;⑥记录采样点地理位置、标高、层位、埋深、岩性、样品周围是否有放射性污染源等;⑦提供样品估计年龄。

古地磁样品在岩芯中应按0.5~1.0m间隔取样,在可能磁极性变化的层位加密。测试样品规格为2cm×2cm×2cm的立体方(有专用取样盒)。

采样要求:古地磁样品采样可分为剖面采样和钻孔采样。样品应具有连续性,每一小层都应采集并在岩层的顶、底分别取样。较厚的岩层则需要在中间补采样品,控制采样间隔不要太大(一般0.25cm间隔)。所采样品必须是原始沉积物,不能受扰动,同时未受污染。

取样时,一般将样品盒底部的箭头方向指示上方向。剖面采样样品必须标明产状,方向性必须准确无误。钻孔采样样品必须标明上下方向,方向性必须准确无误。

钻孔取样时需注意:钻孔岩芯的层与层之间可能会有打钻时的泥浆进入,要注意与实际沉积地层进行区别。岩芯四周多会有泥浆包裹,取样前要先清除。所有岩芯取出后都要严格要求上下的放置方向,以免混淆上下方向造成取样错误。

孢粉与微体古生物样品应在岩芯中按0.5~1.0m间隔取样,在灰色、深灰色、灰黑色淤泥质层位和含有化石碎片的层位加密。一般取样要求:黏土、泥炭100g(50g用于分析,50g备用),土壤200g(100g用于分析,100g备用),砂400g(200g用于分析,200g备用)。为了孢粉鉴定更准确,请说明取样地区,地层样品说明深度和年代。

微体古生物样品主要为实测剖面和钻孔采样,岩样的采集方法主要有以下2种。

露头采集法:如果采集标准剖面的微体古生物标本时,必须按一定的距离逐层采集。如岩层厚度较大、岩性又均匀,变化不大,可以适当地放宽距离。每隔一定距离(2~5cm、10~15cm、20~30cm)取样1块。如发现化石层可沿层面进行水平采集。野外采集的数量一般为100~150g。所采标本必须标明化石产地、层位及样品编号。

岩芯采集法:按钻孔取样顺序,可自上而下依次取样。但必须注明采样地点、深度、钻孔编号、样品编号及岩性特征。在采集样品时,要注意先将岩芯外壁的泥浆刮掉;及时对样品进行统一编号,保证样品层位深度准确。

取样间距一般为0.50m,遇特殊层位的应按以下方法取样:在灰色、深灰色、灰黑色淤泥质层位中,取样间距可适当加密,一般为20cm,在黄灰色、深灰色的小夹层中取样;含有螺化石及化石碎片的层位中应加密取样,取样间距为20cm;在厚层的中粗砂、黏土层位中,取样间距可适当放宽,一般为100cm;层厚在50cm以上,应注意在层位的顶、底部位取样。

室内选样量为20~50g,海相地层一般为20g,陆相地层一般为50g。通过冲洗筛选、烘干。在显微镜下对化石进行挑样并进行属种统计和划分,提交古环境和古气候分析对比的鉴定报告。

水质异常区或地方病区应采集钻孔岩土样分析可溶盐含量、全氟和水溶氟等含量、放射性元素含量。

3. 样品的保存

1)水质分析样的保存

水样采取后,应迅速送至有关部门进行分析和检验。运送途中严防水样瓶口破损,冬季防止水样瓶冻裂,夏天避免阳光照射;送样时,要填好送样单,注明送样单位、样品编号、分析项目和要求,交化验人员当面验收;水样如不能立即分析时,应采取措施存放,使水样温度不超过取样时的温度。各种水样容许存放的参考时间如下:清洁的水,容许存放72h;稍受污染的水,容许存放48h;受污染的水容许存放12h;细菌分析样存放4h。如果不能及时进行分析,为了防止水样中有些成分发生变化,需要在水样中加入保存剂进行保存。具体要求按照《水质采样、样品的保存和管理技术规定》(HJ 493—2009)执行。

2)同位素分析样的保存

同位素样品采集与保存按照《水质采样、样品的保存和管理技术规定》(HJ 493—2009)执行。

3)岩(土)样的保存

取出的岩(土)样应及时妥善密封以防止湿度变化,并避免暴晒或冰冻。岩(土)样运输前应妥善装箱、填塞缓冲材料,运输途中避免颠簸。对易于振动液化、水分离析的土试样宜就近进行试验。岩(土)样采取后至试验前的存放时间不宜超过3周。

4. 测试指标

1)水质分析

水质分析的目的是查明区内各垂向含水系统地下水质的时空变化规律、地下水化学特征,进行地下水质量评价和专项评价,包括简分析、全分析及有机组分污染分析。为了更全面地进行地下水质量评价,对部分全分析取样点做加项测试(即特全分析)。

简分析的分析项目主要为色度、嗅和味、浑浊度、肉眼可见度、pH、氯离子、硫酸根离子、碳酸氢根离子、碳酸根离子、钾离子、钠离子、钙离子、镁离子、总硬度、溶解性总固体、铵根离子、硝酸根离子、亚硝酸根离子、氟离子、砷等。

全分析是在简分析项目的基础上增加 Fe^{2+}、Fe^{3+}、Mn^{2+}、Hg^+、Al^{3+}、Zn^{2+}、Cu^{2+}、Pb^{2+}、Cr^{6+}、Cd^{2+}、I^-、Br^-、PO_4^{3-}、可溶性 SiO_2、耗氧量(COD)和高锰酸盐指数。

特全分析是在全分析项目的基础上,按《地下水质量标准》(GB/T 14848—2017)增加除全分析以外的项目。

2)同位素分析

在已有资料综合分析和水文地质测绘的基础上,根据水文地质条件和需要解决的具体问题部署取样点,选用同位素方法。本次采用氢、氧、氚、^{14}C 同位素方法进行地下水年龄测定。

3)岩(土)样分析

根据区内地层分布情况,本项目主要在第四系分布区系统采集第四纪年代学样品(^{14}C、光释光、古地磁)和反映沉积环境的样品(孢粉与微体)进行分析,同时在钻孔岩芯中采取粒度样品进行分析。

(八)地下水动态监测

地下水动态监测是为了进一步查明和研究水文地质条件,特别是地下水补给、径流、排泄条件,掌握地下水动态规律,为地下水资源评价、科学管理及环境地质问题的研究和防治提供科学依据。建立地下水动态监测网点,组织人员进行地下水长期动态观测,收集和整理气象、水文、历史上地下水动态变化及有关的观测资料。

1. 监测点的布设

监测点总的布设原则是:对于面积较大的监测区域,应顺延地下水流向为主与垂直地下水流向为辅;对于面积较小的区域,可根据地下水补径排条件布设。

控制水文地质单元或水源地的补径排区域,以及不同地下水动态类型区、水质有明显变化的区域、不同富水地段和不同开采强度的地区,重点在以地下水为主要供水水源的城市布设,以掌握供水水源地的补给区、径流区、水位下降区及受污染区域的地下水动态变化特征。具有代表性的泉、自流井、地热井应列为监测网点。在基岩地区主要构造富水带、岩溶大泉、地下河出口处,应布设监测点。在易发生环境地质问题的地段应布设专门性监测网点。用于评价水源地时,沿地下水流方向布设一条或多条监测断面。统测点要控制不同的水力坡度区,而且要均匀控制地下水的补径排地区。

2. 监测内容

地下水动态监测内容主要包括地下水水位、水量、水质、水温、环境地质问题以及气象要素的观测;在研究地表水体与地下水关系时,还应包括地表水体的水位、流量、水质的观测。

3. 监测频率

地下水动态监测持续时间不少于一个水文年,以查明地下水年内动态规律。

水位监测:一般约每 10d(每月 10 日、20 日、月末)观测 1 次,对有特殊意义的观测孔,按需要加密观测。若观测井为长年开采井,可测量动水位,每月必须有 1 次静水位观测数据。

水量监测:对于泉水及自流井,流量观测应与地下水位监测同步;地下水开采量的观测,宜安装水表定期记录开采的水量;未安装水表的开采井,应建立开采时间及开采量的技术档案,并每月实测 1 次流水质监测:频率宜为一个水文年2次,应在丰水期、枯水期各采样1次进行水质分析,在地下水污染地区增加污染组分分析。

水温监测:一般要求选择控制性监测点,与地下水水位监测同时进行。

4. 监测设备

地下水动态监测采用自动监测和人工监测相结合的方法。常用的监测设备如下。

流量测定:提桶、量水箱;三角堰、矩形堰;水表;流速仪等。

水位测定:测钟、电测水位计(由电极(测棒)、测线、万用电表(电流表)、干电池组成)、皮卷尺等。

水温测定:温度计、测温计等。

二、湛江市地下水资源概况

(一)地下水资源量

研究区湛江市位于雷琼自流盆地的中北部,地下水资源丰富,其地下水资源勘查是广东省研究程度最高的地区之一。粤北岩溶石山地区和雷州半岛地区地下水资源勘查监测项目及雷州半岛1:5万水文地质调查项目在前人工作的基础上,对地下水资源量进行新一轮计算评价,其计算结果较为准确可靠,是本次地下水资源量确定的基础。

1. 地下水补给量

湛江市地下水总补给量由降雨入渗补给和水库、渠道渗漏补给以及稻田灌溉回归水入渗补给组成。根据各分层地下水水位埋深判断,由于各层地下水的补给是自上而下逐层越流实现的,因此各分层地下水天然资源可采用渗透强度法进行分离计算。各层水的补给关系是:浅层水补给中层水,中层水又补给深层水,同时,在火山岩厚度大于200m的地段,火山岩孔洞裂隙水一部分侧向补给中层水,另一部分则越流补给深层水。经重新计算,湛江市多年平均地下水补给量 677 891×$10^4 m^3$/a(表7-1)。

表7-1 湛江市各县(市)地下水天然资源统计表($\times 10^4 m^3$/a)

县(市)	浅层水	中层水	深层水	超深层水	岩溶水	合计
湛江市区	41 572	29 363	9376	3256		83 567
廉江市	62 411	12 911			12 484	87 806
吴川市	25 285					25 285
遂溪县	68 970	56 926	21 474			147 370
雷州市	112 786	66 146	46 005			224 937
徐闻县	64 267	13 249	31 410			108 926
全市合计	375 291	178 595	108 265	3256	12 484	677 891

2. 开采资源

根据地下水的不同类型采用不同的计算方法进行,火山岩孔洞裂隙水选用径流模数法计算,松散岩类孔隙水(潜水-微承压水、中层承压水、深层承压水)采用开采模数法计算。经重新计算,湛江市允许开采量为 501 857×10⁴m³/a(表 7-2)。

表 7-2 湛江市各县(市)地下水开采资源统计表(×10⁴m³/a)

县(市)	浅层水	中层水	深层水	超深层水	岩溶水	合计
湛江市区	21 673	25 803	10 324	2338		60 138
廉江市	41 581	8602			8317	58 500
吴川市	17 156					17 156
遂溪县	48 856	42 115	20 135			111 106
雷州市	93 165	52 753	38 180			184 098
徐闻县	32 017	8461	30 381			70 859
合计	254 448	137 734	99 020	2338	8317	501 857

(二)地下水开采潜力

根据地下水开采潜力划分标准,结合各县(市)规划报告,对市内各县(市)和各层位地下水及其总体的开采潜力状态一一地给予判定,判定结果如表 7-3 所示。

从表 7-3 中不难看出,湛江市的地下水允许开采总量为 501 857×10⁴m³/a,现今已采 92 212.56×10⁴m³/a,尚有可增允许开采量 409 823×10⁴m³/a,开采潜力指数达 5.44,单位面积可增允许开采量达 32.86×10⁴m³/(a·km²),属地下水开采潜力较大的市。下辖各县(市)地下水,除湛江市区、廉江市、吴川市总体上属可开采潜力中等外,其余县(市)总体开采潜力均属较大。然而,以深度和地下水类型划分的各地下水层来看则不尽相同。

(1)浅层水包括火山岩孔洞裂隙水、基岩裂隙水、孔隙潜水及孔隙微承压水,全市允许开采量254 448×10⁴m³/a,是水资源较为丰富的含水层,且各县(市)均有分布,已开采量 39 125.69×10⁴m³/a,尚有可增允许开采量 215 322×10⁴m³/a,开采潜力指数 6.50,单位面积可增允许开采量 17.27×10⁴m³/(a·km²),属具有中等开采潜力的地下水层。

(2)中层水即松散岩类中层孔隙承压水,除吴川市外,各县(市)均有分布,较浅层地下水贫乏,允许开采量 137 734×10⁴m³/a,已开采量 41 673.19×10⁴m³/a,尚有可增允许开采量 96 060×10⁴m³/a,开采潜力指数 3.31,单位面积可增允许开采量 11.54×10⁴m³/(a·km²),总体上属开采潜力中等的地下水层。

(3)深层水即松散岩类深层孔隙承压水,除吴川市、廉江市外,各镇县(市)均有分布,允许开采量 99 020×10⁴m³/a,已开采量 11 120.94×10⁴m³/a,尚有可增允许开采量 88 079×10⁴m³/a,开采潜力指数 8.90,单位面积可增允许开采量 10.02×10⁴m³/(a·km²),属开采潜力中等的地下水层。

(4)超深层水即松散岩类超深层孔隙承压水,仅在湛江市区有分布。其中超深层水允许开采量 2338×10⁴m³/a,已开采量 249.07×10⁴m³/a,尚有可增允许开采量 2089×10⁴m³/a,开采潜力指数9.39,单位面积可增允许开采量 2.49×10⁴m³/(a·km²),属开采潜力较小的地下水层。

(5)岩溶水即碳酸盐岩类孔洞裂隙水,仅在廉江市有所分布,区内允许开采量 8317×10⁴m³/a,已开采量 43.67×10⁴m³/a,尚有可增允许开采量 8273×10⁴m³/a,开采潜力指数 190.45,单位面积可增允许开采量 75.10×10⁴m³/(a·km²),总体上属开采潜力较大的地下水层。

表 7-3 湛江市地下水开采潜力统计表

县(市)		名称		湛江市区	廉江市	吴川市	遂溪县	雷州市	徐闻县	全市合计
		行政区面积	km²	1 460.0	2 835.0	848.5	2 005.4	3 459.0	1 862.6	12 470.5
地下水允许开采量 $Q_允$		浅层水	×10⁴ m³/a	21 673	41 581	17 156	48 856	93 165	32 017	254 448
		中层水		25 803	8602		42 115	52 753	8461	137 734
		深层水		10 324			20 135	38 180	30 381	99 020
		超深层水		2338						2338
		岩溶水			8317					8317
		小计		60 138	58 500	17 156	111 106	184 098	70 859	501 857
现状年地下水开采状况及开采潜力分析	现状开采量 $Q_采$	浅层水	×10⁴ m³/a	6 932.01	1 545.91	7 780.00	9 410.40	6 765.00	6 692.37	39 125.69
		中层水		17 871.06	521.31		9 001.10	11 613.00	2 666.72	41 673.19
		深层水		7 091.22			0	499.00	3 530.72	11 120.94
		超深层水		249.07						249.07
		岩溶水			43.67					43.67
		小计		32 143.36	2 110.89	7 780.00	18 411.50	18 877.00	12 889.81	92 212.56
	现状可增(已超)开采量 $Q_可$	浅层水	×10⁴ m³/a	14 741	40 035	9376	39 446	86 400	25 325	215 322
		中层水		7932	8080		33 114	41 140	5794	96 060
		深层水		3233			20 315	37 681	26 850	88 079
		超深层水		2089						2089
		岩溶水			8273					8273
		小计		27 995	56 389	9376	92 875	165 221	57 969	409 823
	开采潜力指数 p	浅层水		3.13	26.90	2.21	5.19	13.80	4.78	6.50
		中层水		1.44	16.50		4.70	4.50	3.17	3.31
		深层水		1.46			>1.20	76.50	8.60	8.90
		超深层水		9.39						9.39
		岩溶水			190.45					190.45
		总体		1.87	28.36	2.21	6.03	9.80	5.50	5.44
	单位面积可增允许开采量 $M_允$	浅层水	×10⁴ m³/(km²·a)	10.66	48.66	12.40	19.80	24.97	13.60	17.27
		中层水		6.21	9.82		17.10	12.13	3.11	11.54
		深层水		2.80			12.70	10.90	14.42	10.02
		超深层水		2.49						2.49
		岩溶水			75.10					75.10
		总体		19.17	19.89	12.40	46.56	47.77	31.12	32.86
	开采潜力判定	浅层水		潜力中等	潜力较大	潜力中等	潜力中等	潜力较大	潜力中等	潜力中等
		中层水		潜力较小	潜力较小		潜力中等	潜力中等	潜力较小	潜力中等
		深层水		潜力较小			潜力中等	潜力中等	潜力中等	潜力中等
		超深层水		潜力较小						潜力较小
		岩溶水			潜力较大					潜力较大
		总体		潜力中等	潜力中等	潜力中等	潜力较大	潜力较大	潜力较大	潜力较大

三、湛江市地下水开采历史与现状

(一)地下水资源开发利用历史

湛江市地下水开发利用具有悠久的历史,1949年前主要是开挖民井、大锅锥井取用3m以浅的浅层地下水,1949年后,特别是广东省地质局第四地质大队(原广东省地质局水文工程地质一大队)进驻雷州半岛并开展水文地质勘探,发现雷琼自流盆地具有丰富的地下水资源以来,中、深层承压水及火山岩孔洞裂隙水的资源得到了逐步开发。区内地下水开发大致经历了以下4个阶段。

20世纪50年代至60年代中期,为了满足港口供水和群众生产生活用水,全市地下水总开采量在$10×10^4m^3/d$左右,其中,市区中层承压水达$4.6075×10^4m^3/d$。中层承压水初步形成开采降落漏斗;20世纪60年代中期至70年代,随着城市供水进一步扩大,开采深度相应增加,已开始开采深层承压水,开采范围扩大,开采量增加。为解决围海造田及沿海岛屿供水,广泛开展了农田供水水文地质勘察,掀起了大规模的群众性打井热潮。至1979年,湛江市中层承压水开采量达$10.613×10^4m^3/d$,深层承压水开采量达$3.59×10^4m^3/d$,浅层水开采量在农灌高峰期达$49.81×10^4m^3/d$。全年平均$20.04×10^4m^3/d$。20世纪80年代至90年代,随着湛江经济建设快速发展,城市用水量迅速增加。而南三、坡头、东海等地的农田供水却大幅减少,但在市区,中、深层承压水开采量仍然大幅度增加,湛江市区城市地下水开采总量仍以每年7‰~11‰的速度递增,至1990年,中层承压水开采量达$24.49×10^4m^3/d$,深层承压水开采量$11.15×10^4m^3/d$,承压水开采总量达$35.65×10^4m^3/d$。20世纪90年代至21世纪初,随着湛江市经济进一步发展和为了解决火山岩台地的干旱问题,全区迅速掀起打井抗旱热潮。据2009年进行的开采量调查,湛江市区地下水开采总量为$32143.36×10^4m^3$,地下水开采层位以中深层承压水为主,开采量为$17871.06×10^4m^3$,是地下水开采总量的55.6%。

(二)地下水开发利用现状

1. 地下水开发现状

湛江市地表水资源贫乏,降雨量相对较小,且地域分配悬殊,降雨时间较集中,旱季长,而地下水资源丰富,是人民生活饮用和当地工农业生产的重要水源。提取地下水的工程有钻井和民井(包括机械开凿的机井、人工开凿的大口径井和小口径的手压井)。据不完全统计,区内共有各类开采井近15万眼,其中开采中深层承压水的机井3万余眼。2014年各类地下水开采总量为$9.824×10^8m^3$(表7-4),以湛江市区开采中深层水井最集中,开采量最大,其他地区开采井分布较为分散。

表7-4 2014年湛江市各类地下水开采量统计表($×10^4m^3/a$)

地下水类型		湛江市区	廉江市	吴川市	遂溪县	雷州市	徐闻县	全市合计
孔隙水	浅层水	5 553.01	2 192.83	5 144.70	8 968.40	4981	264.48	27 104.42
	中层水	17 871.06	1 121.17		8 983.68	11 613	2 666.72	42 255.63
	深层水	7 091.22				499	3 530.72	11 120.94
	超深层水	249.07						249.07
	小计	30 764.36	3314	5 144.70	17 952.08	17 093	6 461.92	80 730.06
火山岩孔洞裂隙水		1136			442	1784	6 427.89	9 789.89

续表7-4

地下水类型	湛江市区	廉江市	吴川市	遂溪县	雷州市	徐闻县	全市合计
基岩裂隙水	243	4 585.99	2 635.30	17.42			7 481.71
岩溶水		238.02					238.02
总计	32 143.36	8 138.01	7780	18 411.50	18 877	12 889.81	98 239.68

2. 地下水利用现状

湛江市降雨量及地表水体在地域分配上较悬殊，降雨时间较集中，旱季较长，地表水资源总体上较贫乏，而区内地下水资源则相对较丰富，因而，目前区内生活用水、工业用水仍均以地下水为主。农林牧副渔业用水虽然以地表水为主，但是，在开发利用的地下水资源总量中，农林牧副渔业用水占了53.5%。

湛江市2014年地下水开采量约为$9.824\times10^8 m^3$，其中农业用水$3.479\times10^8 m^3$，工业用水$1.888\times10^8 m^3$，生活用水$2.681\times10^8 m^3$，林牧副渔用水$1.776\times10^8 m^3$。廉江市、吴川市、遂溪县、湛江市区、雷州市、徐闻县开采量分别为$0.814\times10^8 m^3$、$0.778\times10^8 m^3$、$1.841\times10^8 m^3$、$3.214\times10^8 m^3$、$1.888\times10^8 m^3$和$1.289\times10^8 m^3$（表7-5）。

表7-5　2014年湛江市各县(市)地下水用水量统计表（$\times10^8 m^3/a$）

开发利用	廉江市	吴川市	遂溪县	湛江市区	雷州市	徐闻县	合计
生活用水	0.583 0	0.263 0	0.446 5	0.422 2	0.650 9	0.315 3	2.681
工业用水	0.014 6	0.216 0	0.085 0	1.431 7	0.083 4	0.057 3	1.888
农业灌溉	0.100 7	0.083 0	0.892 5	0.804 6	0.932 3	0.666 3	3.479
林牧副渔	0.115 5	0.216 0	0.417 4	0.555 7	0.221 1	0.250 1	1.776
合计	0.814	0.778	1.841	3.214	1.888	1.289	9.824

3. 地下水开采存在的主要问题

湛江市地下水的开发利用有效地促进了国民经济的发展，为社会进步和人民生活水平的提高做出了巨大贡献。但是，由于地下水开采方式的不合理，缺乏统一的规划和管理，在大量开采过程中暴露了不少亟待解决的问题。主要表现为：①缺乏统一规划和管理，乱打滥采情况严重；②打井队伍技术水平低，成井质量低劣，不利于地下水开发管理；③地下水资源浪费严重；④干旱缺水和饮水不安全问题还未彻底解决；⑤不合理开采诱发不良环境问题。

四、湛江市地下水环境地质问题评价

(一)环境地质问题现状评价

1. 地下水污染现状评价

1）污染源概况

湛江市地下水污染源主要有工业污染、生活污染、农业污染等。

自改革开放以来，国民经济及工农业发展迅猛，城市人口不断增加，工业"三废"和城镇生活污水的排放亦随之倍增。据有关部门统计,湛江市产生工业废物的工矿企业有2600多家,主要集中分布在湛江市霞山、赤坎、东海岛及各县(市)区。据有关部门统计,2017年全市工业废气排放量$5271.87×10^4$ t,工业废渣排放量$5271.87×10^4$ m³,工业废水排放量$5271.87×10^4$ t,且有逐年增加的趋势。工业废水中的主要污染物有COD、硫化物、油类、酚、氰化物、Pb、As、SO_4^{2-}、NH_4^+、Fe、Mn等,这些污染物的排放,必然造成水资源的严重污染,是区内地下水的主要污染源。此外,生活废物的大量排放及农药、化肥的广泛施用、咸水养殖业的养殖废水排放也对区内地下水污染构成了很大影响。

2)地下水污染现状评价

本次地下水污染评价按有关规范要求,参照《地下水质量标准》(GB/T 14848—2017)二类水的标准值,结合当地条件选择研究区20世纪60年代水文地质条件相似的地下水水质资料,pH值、铁、锰、氨氮生成对照值(背景值)见表7-6。通过单要素污染评价,对评价区污染物成分、含量及污染程度有了初步了解;通过多要素污染评价,对区内各地段污染现状有较全面的了解。

表7-6 湛江市地下水及地表水水质对照值或背景值一览表

	地下水类型		潜水—微承压水		中层承压水		深层承压水		火山岩孔洞裂隙水		湖光岩湖水	
对照值或背景值	*pH值		最大值	6.60	最大值	7.50	最大值	7.94	最大值	8.04	最大值	8.08
			最小值	5.06	最小值	5.16	最小值	5.79	最小值	4.94	最小值	4.87
			平均值	5.83	平均值	6.33	平均值	6.86	平均值	6.49	平均值	6.48
	总硬度		300									
	溶解性固体总量		500									
	硫酸盐		150									
	氯化物		150									
	*全铁		0.94		5.70		8.15		0.29		1.69	
	*锰		0.023		0.101		0.163		0.05		0.019	
	铜		0.05									
	锌		0.5									
	挥发性酚		0.001									
	阴离子合成洗涤剂	mg/L	0.1									
	高锰酸盐指数		2									
	*氨氮		0.85		0.76		0.58		0.40		0.32	
	钴		0.05									
	碘化物		0.1									
	氟化物		1									
	氰化物		0.01									
	硝酸盐-N		5.0									
	亚硝酸盐-N		0.01									
	汞		0.0005									
	砷		0.01									
	硒		0.01									

续表 7-6

地下水类型			潜水—微承压水	中层承压水	深层承压水	火山岩孔洞裂隙水	湖光岩湖水
对照值或背景值	镉	mg/L	0.001				
	六价铬		0.01				
	铅(Pb)		0.01				
	镍(Ni)		0.05				
	滴滴滴	μg/L	0.005				
	六六六	μg/L	0.05				
	细菌总数	个/mL	100				

注：除 * 为湛江市 1955—1967 年资料背景值外，其余为《地下水质量标准》(GB/T 14848—2017)二类水的标准值。

3) 地下水污染评价结果

(1) 单要素污染评价。根据上述评价方法对本次所取的水样进行评价，评价结果见表 7-7，结果表明，湛江市地区各地地下水水样超对照值率(亦为超标率)的项目主要有 pH 值、总硬度、溶解性总固体、COD、NH_4^+、SO_4^{2-}、Cl^-、NO_3^-(以 N 计)、NO_2^-(以 N 计)、酚、Cu、Pb、Zn、Cd、Hg、Se、As、F，其中 pH 值、NH_4^+ 超标最普遍，pH 各县(市)均有超标。

(2) 多要素综合污染评价。根据内梅罗公式，计算出地下水污染综合评价结果(表 7-8)。可以看出，参加评价的地区中有 6 个县(市)地下水污染程度以轻度污染(Ⅱ级)为主，中度—重度污染区主要分布于遂溪县、吴川市、雷州市及湛江市区。污染项目主要为 pH 值、NH_4^+、NO_3^-、NO_2^-、Pb 等。湛江市地区地下水综合污染指数为 0.3~358.06(表 7-9)。

4) 地下水污染造成的危害

湛江市地表水资源贫乏，地下水资源丰富，地下水是湛江市赖以生存和发展的重要资源。近年来由于人类活动及自然环境的影响，如垃圾的填埋、淋滤，农药化肥施用后随雨水渗入地下，破坏生态环境，一些地方的地下水出现了不同程度的污染，饮用水质变差，供水井报废，加剧了本已紧张的水资源，造成生产生活用水困难，直接危害人们的健康，影响工农业产品的质量。有关部门务必高度重视，做好防范措施，保护好珍贵的地下水资源。

2. 海水入侵现状评价

根据以往调查资料，湛江市海水入侵主要分布在硇洲岛。硇洲岛是湛江市内的近岸火山岛屿，位于湛江市东南方向，与湛江市东海岛隔海相望。岛上人口约 4.6 万人，面积约 56km²；地面标高 10~50m，全岛制高点 82.5m，地形沿制高点向四周辐射缓降；岛上地表水系不发育，居民生活用水及灌溉用水、工业用水均依赖地下水。

1) 海水入侵主要影响因素

硇洲岛发生海水入侵的原因，可以概括为两个方面：第一是自然因素，主要包括水文和地形地貌等地质环境条件；第二是人为因素，其中大量种植吸水量大的香蕉和集中、超量开采地下水，是引发和加剧海水入侵的主要因素。

2) 海水入侵机理分析

硇洲岛是一个火山岩孤岛，沿岸大部分地段出露上更新统湖光岩组(Qh)火山熔岩，气孔和裂隙较发育，不具备天然阻隔海水入侵的作用。随着 21 世纪初岛上大面积垦荒种植香蕉及沿海滩涂大量开发为对虾养殖场，农业灌溉及虾池换水对地下水的开采量需求急剧增加，导致浅层水水位快速下降。目前

表 7-7 地下水单要素污染评价统计表

县(市)		项目	pH值	总硬度	溶解性总固体	COD	NH_4^+	SO_4^{2-}	Cl^-	NO_3^-	NO_2^-	酚	CN	Cu	Pb	Zn	Cd	Cr^{6+}	Hg	Se	As	F^-
廉江市	块状岩类裂隙水	检出率	100	100	100	100	46.15	100	100	100	73.08	100	0	100	100	100	100	100	100	100	100	73.08
		超标率(%)	46.15	3.85	3.85	9.52	30.77	0	3.85	15.38	15.38	100	0	0	16.00	0	15.79	0	0	0	0	0
		单项污染指数	0.10~2.54	0.03~1.09	0.07~1.18	0.19~1.54	0~46.6	0.01~0.84	0.01~1.10	0~2.26	0~4.96	2.00~2.00	0	0.20~1.60	0.10~9.10	0.01~0.16	1.00~3.00	0	0.04~0.44	0.01~0.17	0.20~1.00	0~0.49
	层状岩类裂隙水	检出率	100	100	100	100	46.67	100	100	90.00	80.00	100	0	0	100	100	100	100	100	0	100	56.67
		超标率(%)	33.33	0	0	10.34	40.00	0	0	36.67	10.00	100	0	0	30.00	6.67	29.63	0	0	0	3.85	0
		单项污染指数	0.02~1.72	0.03~0.85	0.09~0.83	0.30~1.88	0~7.18	0.02~0.48	0.01~0.85	0~5.42	0~6.12	2.00~2.00	0	0.20~29.6	0.10~15.7	0~2.82	1.00~7.00	0.20~0.20	0.04~0.34	0.01~0.02	0.20~1.50	0~0.30
	埋藏型岩溶水	检出率	75.00	100	100	100	75.00	100	100	50.00	50.00	0	0	0	100	100	0	100	100	100	100	100
		超标率(%)	0	0	0	1.28~1.28	50.00	0.05~0.08	0.03~0.12	0~0.36	0~0.37	1.00~1.00	0	0.20~0.40	66.67	0~0.09	1.00~1.00	0.20~0.20	0.90~0.90	0.01~0.01	0.20~0.20	0.07
		单项污染指数	0	0	0	1.28	3.88								2.00	0.17						
	覆盖型岩溶水	检出率	80	100	100	100	40.00	100	100	100	100	0	0	0	100	100	100	100	100	100	80.00	100
		超标率(%)	20.00	20.00	20.00	0	40.00	20.00	20.00	20.00	80.00	0	0	0	0	0	75.00	0	0	0	0	0
		单项污染指数	1.07	4.60	9.50	0.77	5.44	2.86	16.05	1.36	0.76	0	0	13.6	75.00	0.17	4	0.2	0.04~0.7	0.01~0.1	0.5	0.02~0.09
	浅层水	检出率	89.29	100	100	100	56.67	100	100	96.67	76.67	100	0	100	100	100	100	100	100	100	100	93.3
		超标率(%)	10.71	10	10	36	40	3.33	3.33	23.33	13.33	100	0	17.24	55.17	0	52.17	0	0	0	8.7	0
		单项污染指数	0~1.56	0~1.19	0.06~1.58	0.10~2.69	0~2.14	0.02~1.24	0.01~1.14	0~3.16	0~5.36	2.00~2.00	0	0.20~11	0.10~3.3	0.01~0.35	1.00~4	0.20~0.2	0.04~0.5	0.01~0.08	0.20~3.00	0~0.25

续表 7-7

县(市)		项目	pH值	总硬度	溶解性总固体	COD	NH_4^+	SO_4^{2-}	Cl^-	NO_3^-	NO_2^-	酚	CN	Cu	Pb	Zn	Cd	Cr^{6+}	Hg	Se	As	F^-
廉江市	中层水	检出率	100	100	100	100	27.27	81.82	100	63.64	81.82	100	100	100	100	100	88.89	88.89	100	100	85.71	63.64
		超标率(%)	45.45	0	0	33.33	27.27	0	0	27.27	9.09	100	0	30.00	10.00	0	0	0	0	0	0	0
		单项污染指数	0.03~3.04	0.02~0.67	0.07~0.62	0.19~1.28	0~3.88	0~0.18	0.01~0.15	0~2.03	0~1.52	2.00~2.00	0~0.10	0.20~0	0.30~2.40	0.01~0.13	0~1.00	0~0.20	0.04~0.38	0.01~0.01	0~0.50	0~0.19
遂溪县	浅层水	检出率	63.4		1.2		24.4		0	52.4	8.5	100.0	0	0	26.0	0	17.6	0	1.3	0	0	0
		超标率(%)	3.7	0.8	1.11		505.7	0.4	0.53	6.32	5.33	2.00	0.10	0.26	7.8	0.35	3.00	0.2	1.92	0.73	1.00	0.30
	中层水	检出率	41.5	1.5	0		24.6	1.5	0	6.2	6.2	100.0	0	1.8	6.9	5.3	8.7	0	0	0	1.8	0
		单项污染指数	3.57	1.43	0.98		7.78	1.51	0.14	1.58	3.38	4.00	0.20	1.20	5.40	2.32	4.00	0.20	0.78	0.04	1.50	0.32
吴川市	浅层水	检出率	40.6	8.9	18.8		35.1	6.9	5.0	29.0	66.7	0	0	0	44.1	1.1	47.2	0	2.2	0	7.9	0
		超标率(%)	3.5	1.4	3.9		233.3	1.9	7.6	6.8	29.1	1.0	0.1	0.3	4.6	1.9	6.0	0.2	1.7	0.5	2.0	0.9

续表 7-7

县(市)		项目	pH值	总硬度	溶解性总固体	COD	NH_4^+	SO_4^{2-}	Cl^-	NO_3^-	NO_2^-	酚	CN	Cu	Pb	Zn	Cd	Cr^{6+}	Hg	Se	As	F^-
徐闻县	火山岩类孔洞裂隙水	检出率	100	100	100	100	29.31	84.48	100	94.83	74.14	100	100	100	100	100	100	100	100	100	100	62.07
		超标率(%)	15.52	0	0	0	17.24	0	0	25.86	24.14	0	0	0	7.27	0	7.14	0	0	0	6.90	3.45
		单项污染指数	0.01~1.59	0.02~0.81	0.06~0.92	0.10~0.92	0~20.00	0~0.77	0.02~0.46	0~4.52	0~8.67	1.00~1.00	0.10~0.10	0.10~2.30	0~2.56	0.02~0.30	1.00~5.00	0.20~0.50	0.04~0.72	0.01~0.07	0.20~9.00	0~4.47
	浅层水	检出率	100	100	100	97.6	50	100	100	76.47	67.65	100	100	100	100	100	100	100	100	100	100	76.47
		超标率(%)	26.47	14.71	35.29	14.71	47.06	11.76	26.47	44.12	32.35	0	0	0	32.26	0	41.94	0	0	0	2.94	0
		单项污染指数	0.01~1.85	0.03~13.29	0.07~45.45	0~20.75	0~400	0.01~8.24	0.06~86.17	0~6.32	0~9.10	1.00~1.00	0.10~0.10	0.02~0.22	0.10~2.70	0~0.25	1.00~4.00	0.20~0.60	0.04~0.62	0.01~0.37	0.20~9.00	0~0.89
	中层水	检出率	100	100	100	100	45.45	70.45	100	75	61.36	100	100	100	100	100	100	100	100	100	100	70.45
		超标率(%)	9.09	4.55	4.55	4.55	31.82	0	2.27	36.36	6.82	0	0	0	31.82	2.27	22.73	0	2.27	0	2.27	0
		单项污染指数	0.03~2.01	0.19~1.82	0.24~1.88	0.14~1.06	0~35.00	0~0.96	0.02~1.48	0~5.42	0~1.52	1.00~1.00	0.10~0.10	0.02~0.20	0.10~3.80	0~1.79	1.00~6.00	0.20~0.20	0.04~1.22	0.01~0.05	0.20~1.50	0~0.16
	深层水	检出率	100	100	100	100	37.84	100	100	67.57	40.54	100	100	100	100	100	100	100	100	100	100	89.19
		超标率(%)	2.70	0	10.81	13.51	24.32	0	0	10.81	13.51	0	0	0	21.62	2.70	35.14	0	0	0	18.92	10.81

第七章 环北部湾地下水资源与环境

续表 7-7

县(市)		项目	pH值	总硬度	溶解性总固体	COD	NH_4^+	SO_4^{2-}	Cl^-	NO_3^-	NO_2^-	酚	CN	Cu	Pb	Zn	Cd	Cr^{6+}	Hg	Se	As	F^-
湛江市	基岩裂隙水	检出率	100	100	100	100	37.5	100	100	81.25	81.25	100	0	100	100	100	100	100	100	100	100	87.5
		超标率(%)	18.75	0	0	56.25	31.25	0	0	12.5	37.5	100	0	12.5	37.5	0	81.25	0	0	0	18.75	0
		单项污染指数	0.6~1.96	0.07~0.71	0.13~0.91	0.6~2.55	0~7.5	0.02~0.57	0.08~0.74	0~4.01	0~6.94	2~2	0~0	0.2~1.6	0.3~3.4	0.01~0.24	1~5	0.2~0.2	0.04~0.5	0.01~0.4	0.2~5	0~0.85
	火山岩孔洞裂隙水	检出率	100	100	100	100	33.33	100	100	93.33	100	100	0	100	100	100	100	100	100	100	100	80
		超标率(%)	6.67	20	20	6.67	26.67	0	0	73.33	66.67	100	0	13.33	53.33	0	60	0	0	6.67	13.33	0
		单项污染指数	0.03~1.38	0.27~4	0.3~3.9	0.46~1.49	0~10	0.05~2.36	0.05~4.54	0~11.13	0.06~44.83	2~2	0~0	0.2~1.8	0.6~3.2	0.01~0.17	1~4	0.2~0.2	0.04~0.82	0.01~1.25	0.19~4	0~0.69
	浅层水	检出率	98.85	100	100	100	48.84	100	100	98.85	87.36	100	100	100	100	98.85	100	100	100	100	100	88.51
		超标率(%)	22.99	11.49	22.99	31.03	41.38	10.34	5.75	63.22	36.78	100	0	8.05	67.82	0	63.22	0	1.15	2.63	8.05	0
		单项污染指数																				
	中层水	检出率	100	100	100	100	0	100	100	74.42	53.49	0	100	100	100	93.02	100	100	100	100	100	95.35
		超标率(%)	9.3	3.03	2.81	6.98	450	4.65	16.28	8.9	41.87	0.93	0	15.6	27.91	0.23	25.58	0	4.65	1.67	3	2.33
		单项污染指数	0~1.66	0.02~3.03	0.09~2.81	0.14~2.26	0~175	0.01~1.78	0.07~3.52	0~1.78	0~10.01	0.93~0.93		0.2~5.4	0.2~3.6	0~0.5	1~6	0.2~0.2	0.04~1.86	0.01~0.11	0.19~1	0~1.13
	深层水	检出率	100	100	100	100	70.59	100	100	58.82	38.24	100	0	100	100	94.12	100	100	100	100	100	91.18
		超标率(%)	0	2.94	5.88	5.88	61.76	0	5.88	5.88	8.82	0	0	17.65	17.65	2.94	14.71	0	0	0	2.94	2.94
		单项污染指数	0.02~0.90	0.10~4.78	0.24~3.81	0.10~1.25	0~30.00	0.01~0.71	0.01~6.23	0~1.56	0~1.67	2.00~2.00		0.20~9.4	0.30~22.7	0~1.11	1.00~6.00	0.20~0.20	0.04~0.54	0.01~0.01	0.20~2.00	0~1.26

续表 7-7

县(市)		项目	pH值	总硬度	溶解性总固体	COD	NH$_4^+$	SO$_4^{2-}$	Cl$^-$	NO$_3^-$	NO$_2^-$	酚	CN	Cu	Pb	Zn	Cd	Cr^{6+}	Hg	Se	As	F$^-$
湛江市	超深层水	检出率	100	100	100	100	25	100	100	75	50	100	100	100	100	75	75	100	100	0	100	100
		超标率(%)	25	0	25	0	25	0	25	0	0	100	0	0	0	0	75	0	0	0	0	0
		单项污染指数	0.3~1.1	0.08~0.19	0.44~1.14	0.57~0.96	0~2	0.03~0.16	0.04~1.18	0~0.2	0~0.2	2.00~2	0.001~0.001	0.2~0.8	0.4~0.6	0~0.02	1~2	0.0004~0.0004	0.04~0.22	0	0.20~0.2	0.49~0.82
富州市	火山岩孔洞裂隙水	检出率	100	100	100	100	34.04	82.98	100	97.87	82.98	100	100	100	100	100	100	100	100	100	100	91.49
		超标率(%)	44.68	6.38	8.51	4.26	19.15	2.13	4.26	29.79	27.66	0	0	4.26	23.40	2.13	14.89	0	0	0	2.13	0
		单项污染指数	2.43~3.58	0.02~2.36	0.05~2.44	0.25~1.18	0~5.83	0~1.00	0.03~2.39	0~8.13	0~10.05	1.00	0	0.20~1.80	0.10~4.00	0~1.45	1.00~3.00	0~0.40	0.04~0.94	0~0.09	0.20~1.50	0~0.20
	浅层水	检出率	98.57	100.00	100.00	100.0	50.00	94.29	100.0	92.86	70.00	100.00	100	100.00	100.00	100	97.14	97.14	98.55	97.14	97.14	94.29
		超标率(%)	67.14	4.29	14.29	17.14	35.71	7.14	12.86	41.43	15.71	0	0	10	50	1.43	41.43	0	5.8	0	7.14	0
		单项污染指数																				
	中层水	检出率	98.48	100	98.48	100	48.48	87.88	100	71.21	48.48	100	100	98.48	100	100	89.23	89.23	89.23	88.14	89.23	95.45
		超标率(%)	3.7	1.74	2.41	3.75	77.67	1.97	4.90	4.52	20.70	1.0	0	1.60	7.10	2.27	4.00	0.60	2.20	0.33	3.50	0
		单项污染指数	0.0~3.58	0.01~0.68	0.04~2.41	0.20~3.75	0~77.67	0~1.97	0.03~4.90	0~4.52	0~20.70	1.0	0	0.20~1.60	0.10~7.10	0~2.27	0~4.00	0~0.60	0.04~2.20	0~0.33	0.0~3.50	0.0~0.70
	深层水	检出率	27.27	0	98.48	100	36.36	0	0	7.58	4.55	0	0.10	4.55	36.36	0	15.38	0	6.15	0	1.54	0
		超标率(%)	3.58	0.68	1.85	3.75	31.07	0.78	0.43	2.03	5.15	1.00	0	14.00	4.20	0.28	2.00	0.60	1.52	0.02	1.50	0.52
		单项污染指数	100	100	0	100	80.00	90.00	100	80.00	70.00	100	100	0	100	100	100	100	100	100	100	90.00
		单项污染指数	0.2~1.09	0.02~0.47	0.10~0.44	0.29~0.80	0~11.65	0~0.11	0.01~0.09	0~0.45	0~37.17	1.00	0	0.20~0.80	0.20~1.30	0.01~0.10	1.00~2.00	0~0.20	0.04~0.82	0.01	0.2~0.50	0.0~0.22

表 7-8 地下水综合污染评价结果表 单位:%

县(市)	污染程度			
	Ⅰ级(未污染)	Ⅱ级(轻度污染)	Ⅲ级(中度污染)	Ⅳ级(重度污染)
廉江市	20.41	42.86	16.33	20.41
遂溪县	10.88	31.97	21.77	35.37
吴川市	7.92	32.67	19.8	39.6
湛江市	11.28	38.97	27.18	22.56
雷州市	25.26	52.06	11.86	10.82
徐闻县	27.17	39.88	18.50	14.45

表 7-9 地下水综合污染指数统计表

县市	内梅罗指数		超对照值项目
雷州市	最大值	55.04	pH值、总硬度、溶解性总固体、COD、NH_4^+、SO_4^{2-}、Cl^-、NO_3^-、NO_2^-、Cu、Pb、Zn、Cd、Hg、As
	最小值	0.72	
	平均值	2.96	
廉江市	最大值	44.04	pH值、总硬度、溶解性总固体、COD、NH_4^+、SO_4^{2-}、Cl^-、NO_3^-、NO_2^-、酚、Cu、Pb、Zn、Cd、As
	最小值	0.35	
	平均值	3.95	
遂溪县	最大值	358.06	pH值、总硬度、溶解性总固体、COD、NH_4^+、SO_4^{2-}、NO_3^-、NO_2^-、酚、Cu、Pb、Zn、Cd、Hg、As
	最小值	1.01	
	平均值	22.19	
吴川市	最大值	165.4	pH值、总硬度、溶解性总固体、COD、NH_4^+、SO_4^{2-}、Cl^-、NO_3^-、NO_2^-、Pb、Zn、Cd、Hg、As
	最小值	0.3	
	平均值	8.7	
徐闻县	最大值	284.41	pH值、总硬度、溶解性总固体、COD、NH_4^+、SO_4^{2-}、Cl^-、NO_3^-、NO_2^-、Pb、Zn、Cd、Hg、As、F^-
	最小值	0.72	
	平均值	4.72	
湛江市	最大值	318.74	pH值、总硬度、溶解性总固体、COD、NH_4^+、SO_4^{2-}、Cl^-、NO_3^-、NO_2^-、酚、Cu、Pb、Zn、Cd、Hg、Se、As、F^-
	最小值	0.72	
	平均值	7.06	

环岛近岸区浅层水水位普遍低于海平面3.0~5.0m,局部地段低于10.0m,浅层水相对于海水的水头正压场消失,地下水水动力环境遭到破坏,浅层水对海水入侵的屏蔽作用丧失,导致近岸500m范围发生明显的海水入侵,局部地段入侵范围纵深达1000m。硇洲岛海水入侵模式见图7-1。

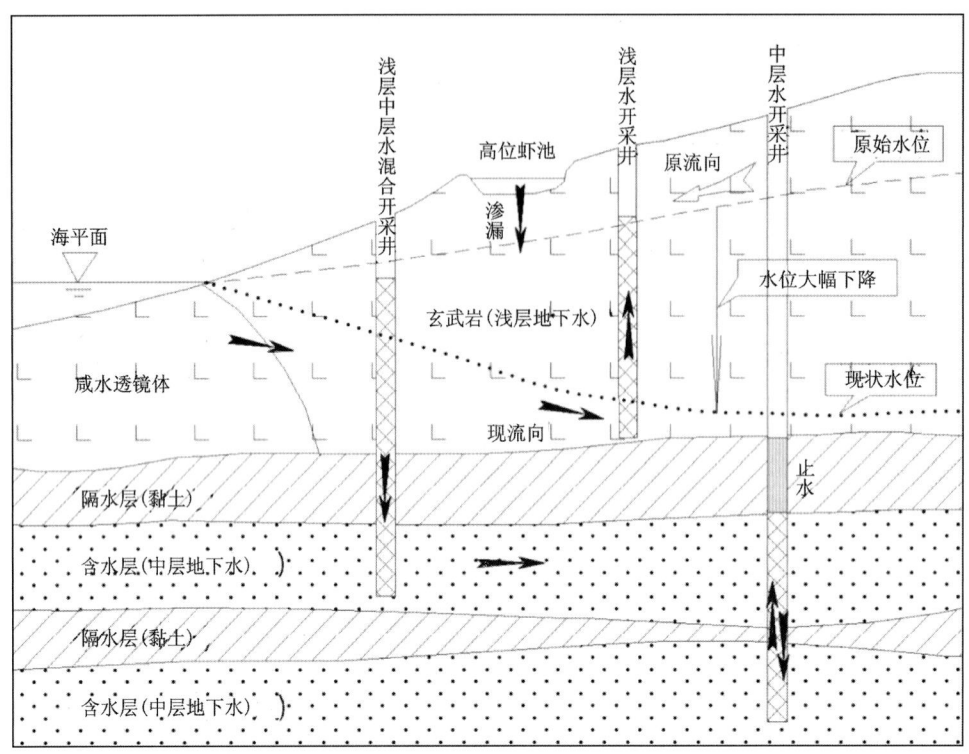

图 7-1 硇洲岛海水入侵模式示意图

3)海水入侵现状及分布特征

根据 2014 年的调查、取水样,并结合高密度电阻法划分咸淡水界线分析,硇洲岛除硇洲镇附近沿岸一带未被海水入侵外,其余近岸地带多出现不同程度的海水入侵现象,分布范围沿硇洲岛近岸呈环带状分布,并且以港湾向岛上陆地延伸部位最为明显,平面入侵一般到达离海岸 500m 左右,局部达到 1500m;海水入侵较严重的外环带分布面积约 13.6km²,地下水中氯离子含量一般大于 500mg/L,浅层地下水已完全失去利用功能;海水入侵轻微区的分布面积约 3.5km²,地下水中氯离子含量一般为 250~500mg/L,浅层地下水部分失去利用功能。全岛遭受海水入侵地区总面积为 17.1km²(图 7-2、图 7-3)。

4)海水入侵已造成的危害

随着硇洲岛地下水开采量的逐年增加,地下水位持续下降,海水入侵向内陆扩展的速度在逐步加快,部分水井相继水质咸化,相当一部分水井失去灌溉和饮用功能。如硇洲岛北西部的六罗、晏庭、潭北湾,北部的北港、后角,东北部的烟楼、潭北湖、潭井,南部的德斗、英明等 21 条自然村,自 2003—2014 年先后有 300 多眼 20~100m 深的井因海水入侵、水质咸化而失去饮用和灌溉功能,大量民井、机井报废,近万名群众因此出现饮水困难,1000 多亩(1 亩≈666.7m²)耕地出现土地板结盐渍化或农田盐碱沼泽化,经济损失严重。可见,海水入侵已经严重影响了硇洲岛居民的生活环境,一定程度上抑制了该岛社会经济的可持续发展。

3. 地下水咸化现状评价

1)分布特征

湛江市有多个近岸岛屿,海岸线曲折,咸水养殖业发达,咸水养殖污染区主要分布在湛江市区的东海岛、南三岛、硇洲岛、特呈岛、东头山岛及吴川、雷州、徐闻等地的近岸地带,污染面积约 116km²。地下水污染的途径主要有地面入渗、吸水管道、排水管道渗漏、上部污染的地下水沿开采井直接流入下部含水层等。

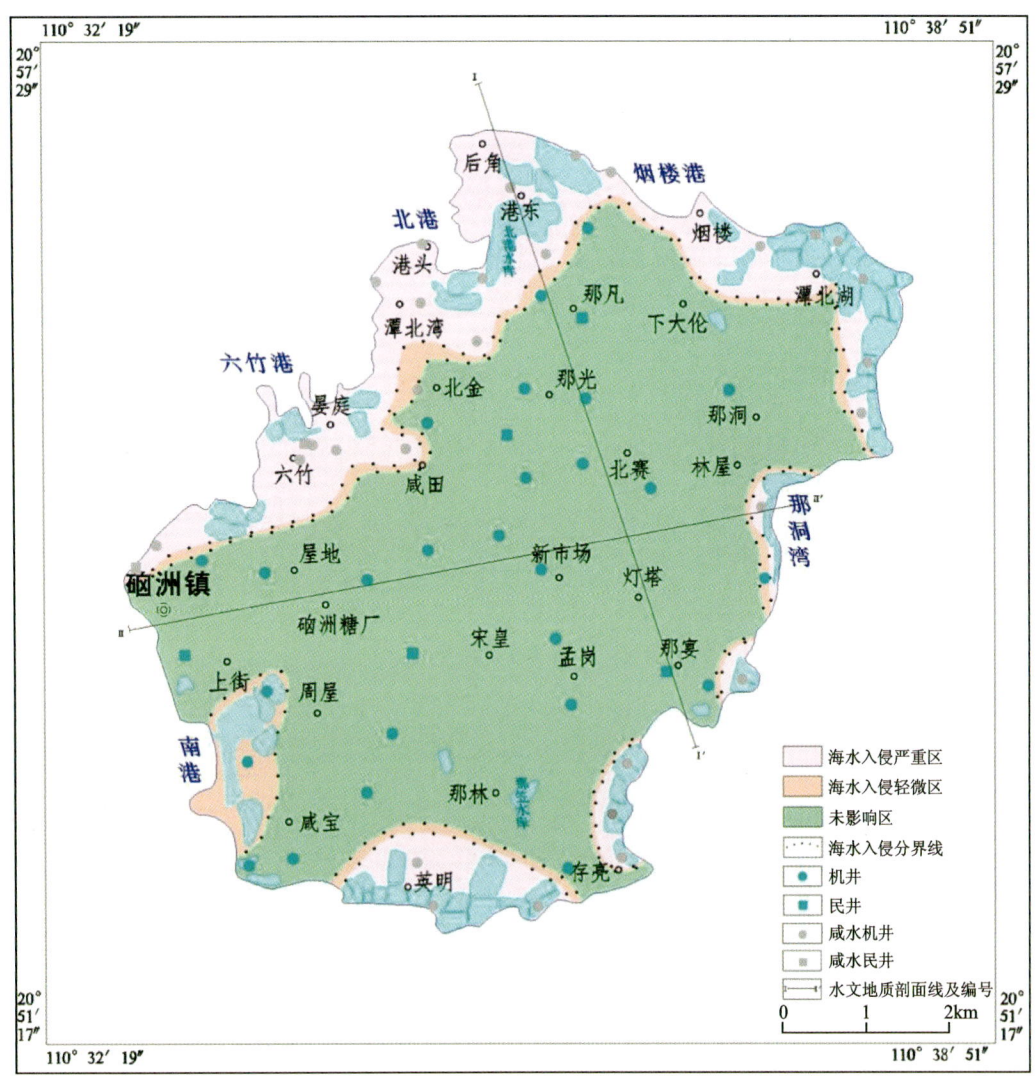

图 7-2 2014 年海水入侵现状分布图

2) 咸化—微咸化的原因分析

据以往调查资料可知,这些养殖场的养殖废水大部分就地排放,所排放的废水不但没有任何处理(本质仍然是咸水),而且还在养殖过程中添加一些饲料药物(如消毒药水及抗生素药水)等,使得养殖废水比一般的海水水质更差,这些废水通过地面入渗、吸排管道渗漏和直接沿开采井流入等不同的途径直接或间接污染地下水。

3) 地下水咸化的危害

地下水咸化已给区内局部地区农业及生活饮用水造成一定困难,如湛江市东海岛东简镇东南部沿海的南坑村—东南码头一带曾一度造成近千人因井水变咸不得不饮用微咸水。局部地段使浅层地下水完全失去利用功能。徐闻县沿海近岸地带约有 6 条自然村近 2000 名群众因水质咸化而导致饮用水困难,近百亩沿海低洼地段的农田变为盐碱化沼泽地,造成了极为严重的自然生态危害与社会经济危害。

4. 区域地下水位下降现状评价

研究区因大量开采地下水,地下水位大幅下降出现区域降落漏斗问题的地区主要在湛江市区。该区地表水资源贫乏,而地下水资源丰富,以中层、深层承压水最具集中开采意义,人们生产生活用水主要为地下水。据以往调查及水位监测资料,区内潜水—微承压水一直未作为集中供水水源,呈点状分散开

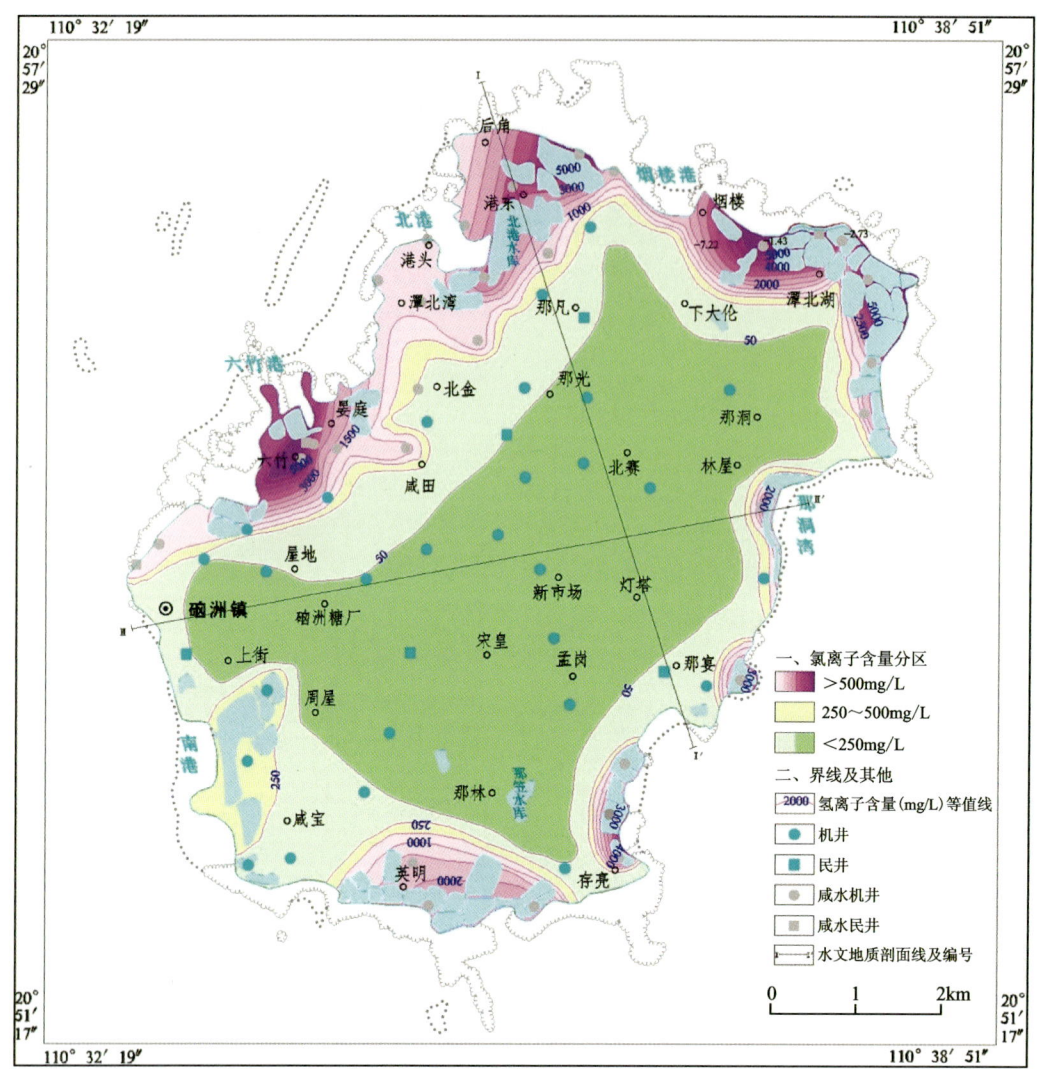

图 7-3 2014 年硇洲岛地下水氯离子含量等值线图

采,开采量总体较小,加上埋藏浅,易接受大气降水、地表水等入渗补给,至今未形成区域水位降落漏斗,其流场的形态与地形地貌密切相关,地下水多从地势高处向低处流,平面上形成了数个补给中心,包括平岭、东海岛龙水岭、民安、硇洲岛灯塔、南三青训、巴东,地下水以补给区为中心向四周径流。

1)中层承压水水位降落漏斗

中层承压含水层地下水水位主要受地下水开采量的影响。自 20 世纪 50 年代开采中层承压水以来,其开采量随城区的扩大、人口的增加、工农业生产的发展而不断增大,其地下水位也逐年下降。1966—2015 年地下水位动态监测资料显示,湛江市区由于集中开采,逐渐形成了以人工开采区为中心的区域水位降落漏斗。从 80 年代起,开采量迅速增大,开采范围继续扩大,在麻斜、临东、平乐、南油基地、沙湾、赤坎、调顺等地增加了集中开采点,降落漏斗范围亦向这些地段及四周扩展(表 7-10)。至 2015 年,中层承压水的主体降落漏斗中心位于平乐—南油地段,在平面上以平乐—南油为中心,漏斗中心最大降深达 27.00m[水位标高-20.16m(南油 L07-1(B)井)],比 2014 年下降 0.04m,其次在临东—铺仔一带形成以临东为中心的次一级降落漏斗,漏斗中心最大降深达 22.96m[水位标高-12.93m(临东机 5 井)],比 2014 年上升 2.12m。目前,水位降深大于 2m 的降落漏斗面积为 2 074.5km²。

表7-10 中层承压水开采量与降落漏斗关系表

年份	实际调查开采量（×10⁴m³/d）	中心观测孔平均水位降深值(m)	水位降深大于2m的降落漏斗面积(km²)
1966	4.608	5.86	69.46
1973	7.696	9.83	119.12
1979	10.661	13.69	153.20
1985	19.596	20.00	352.62
1988	28.296	21.44	507.00
1990	27.862	22.58	590.00
1995	36.279	31.41	859.00
2000	34.000	28.88	1 246.00
2009	39.000	30.92	1 986.00
2015	24.400	25.56	2 074.50

2）深层承压水水位降落漏斗

深层承压水水位与中层承压水水位一样主要受地下水开采量的影响。由于长期集中式大量开采地下水，早在20世纪70年代形成了以主要开采地段为中心的区域水位降落漏斗，漏斗中心在霞山—麻斜—巴东—调顺一带。从80年代起，开采量迅速增大，开采范围继续扩大，在麻斜、临东、平乐、南油基地、沙湾、赤坎、调顺等地增加了集中开采点，降落漏斗范围亦向这些地段及四周扩展（表7-11）。至2015年，深层承压水的主体降落漏斗中心位于平乐—麻斜地段，平面上呈不规则三角形，影响范围包括霞山区—坡头区—赤坎区大型闭合区域，漏斗中心最大降深达25.21m，水位标高−20.68m[麻斜L17-4(C)井]，比2014年下降0.14m。其次在赤坎区调顺岛一带形成了次一级降落漏斗区中，中心最大降深达20.36m[水位标高−15.16m，L42-2(C)井]，比2014年上升2.16m。

表7-11 深层承压水区域水位降落漏斗发展对照表

年份	中心观测孔平均水位降深值(m)	漏斗内降深值 >2m	>4m	>10m	>12m	>16m
		降落漏斗面积(km²)				
1973	2.84	415	54			
1979	7.27		476	0		
1985	15.08			294	152	5.2
1990	19.94				451	149
1995	28.54	859				483
2000	27.63	989				527
2010	29.34	1195				—
2015	27.94	1253				—

据观测资料，2015年深层承压水水位与2014年的变化见表7-11，由表可知，2015年漏斗中心区平均水位仍以回升为主，但下游排泄区及上游补给区水位表现为下降趋势，降幅普遍在0.52~1.10m之间。目前，水位降深大于2m的降落漏斗面积为1 253.2km²。

综上所述，区内中层、深层承压水水位埋深随地表水供水量的增加，地下水开采量减少，漏斗中心区水位普遍逐步回升，而上游补给区向下游排泄区缓慢下降。

3）地下水位下降的危害

地下水位的大幅下降改变了中层、深层承压水的流场，使一些主要开采区出现了取水深度加大，出水量减少，取水费用大幅增加及引发地面沉降、地面塌陷等问题。

5. 地面沉降现状评价

地面沉降由于大量开采中层、深层承压水，地下水位逐年下降，含水层的水头压力减小，土层产生固结压缩，导致了以地下水降落漏斗中心为沉降中心的轻微地面沉降。

1）地面沉降现状

据调查及监测资料，湛江市地面沉降主要发生在湛江市区，沉降中心区位于赤坎区沙湾、湛江潜水学校、湛江火车站南侧南柳—宝满—铺仔及临西一带区域（图7-4）。区内地面累计沉降量以2011年监测资料为准，各次监测沉降量及沉降速率见表7-12。由表可知，区内目前有3个地面沉降中心，分别为赤坎区沙湾地面沉降中心、霞山区原以菉塘（潜水学校）地面沉降中心、湛江火车站南侧（南柳）沉降中心；两个次级地面沉降中心，分别为宝满次级沉降中心和临西次级沉降中心。累计地面沉降幅度按每50mm划分一个等级，依次划分为地面沉降≥250mm、200～250mm、150～200mm、100～150mm和＜50mm 5个等级。

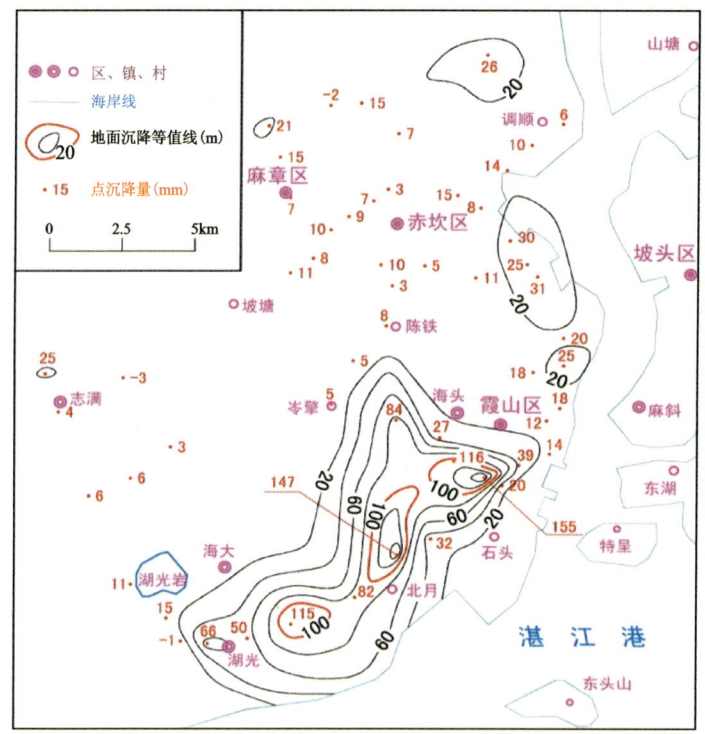

图7-4　湛江市区1957—2011年地面沉降等值线图

2）地面沉降现状评价

根据《地质灾害分类分级》(DZ/T 0238—2004)、《地质灾害危险性评估规范》(DZ/T 0286—2015)及《广东省地质灾害危险性评估实施细则》(2016年修订版)中的相关规定，地面沉降灾害灾变等级、地质灾害灾度等级分级表及地面沉降发育程度分别按表7-13～表7-15进行划分。

第七章 环北部湾地下水资源与环境

表 7-12 湛江市研究区地面沉降量与沉降速率统计表

序号	测点编号	简称	1957—1984 年 沉降量 mm	1957—1984 年 沉降速率 mm/a	1984—1989 年 沉降量 mm	1984—1989 年 沉降速率 mm/a	1989—1998 年 沉降量 mm	1989—1998 年 沉降速率 mm/a	1998—2002 年 沉降量 mm	1998—2002 年 沉降速率 mm/a	2002—2011 年 沉降量 mm	2002—2011 年 沉降速率 mm/a	1957—2011 年 沉降量 mm	1957—2011 年 沉降速率 mm/a	2011—2016 年 相对沉降量 mm	2011—2016 年 沉降速率 mm/a	至 2016 年累计沉降量 mm
1	W008	军民堤水闸	—	—	—	—	—	—	0.8	0.20	13.1	1.45	105.8	1.96	—	—	—
2	W009	金沙湾电线塔	—	—	—	—	—	—	—	—	13.0	1.44	118.0	2.19	—	—	—
3	W010	国防大厦	—	—	—	—	—	—	—	—	14.0	1.56	147.0	2.72	12.4	2.49	159.4
4	W014	赤坎房管局	—	—	—	—	—	—	—	—	11.0	1.22	129.0	2.39	9.2	1.83	138.2
5	W015	湛江七中宿舍	—	—	—	—	—	—	—	—	11.0	1.22	106.0	1.96	—	—	—
6	W019	湛江市政府	50.7	1.88	7.7	1.54	12.6	2.52	−2.8	−0.70	5.8	0.65	74.0	1.37	—	—	—
7	W033	武帝庙	5.3	0.20	−2.4	−0.48	2.0	0.22	0.1	0.03	7.0	0.77	12.0	0.22	—	—	—
8	W034	沙湾	77.2	2.86	59.7	11.94	31.6	3.51	0.1	0.03	15.1	1.68	183.8	3.40	8.9	1.78	192.7
9	W035	湛江砖瓦厂	—	—	—	—	—	—	−0.3	−0.08	8.7	0.97	143.4	2.65	6.6	1.33	150.0
10	W042	四航三处	34.5	1.28	5.8	1.16	28.0	3.11	2.2	0.55	22.9	2.54	93.4	1.73	11.5	2.29	104.9
11	W043	三星	—	—	—	—	—	—	0.9	0.23	9.9	1.10	58.8	1.09	7.4	1.47	66.2
12	W044	湛江侨苑	—	—	—	—	—	—	—	—	10.0	1.11	44.0	0.81	14.2	2.83	58.2
13	JC24	群麻坡	—	—	—	—	—	—	57.7	1.37	103.8	11.54	161.5	2.99	—	—	—
14	JC13	蓬莱	—	—	—	—	—	—	71.4	1.70	113.1	12.57	202.5	3.75	—	—	—
15	W092	宝北	—	—	—	—	—	—	75.8	1.81	126.6	14.07	202.4	3.75	—	—	—
16	W073	潜水学校	110.0	4.07	30.0	6.00	36.0	7.20	2.0	0.50	17.0	1.89	195.0	3.61	12.6	2.51	207.6
17	W088	南柳	—	—	—	—	99.0	2.36	24.2	11.10	130.1	13.10	253.3	4.69	30.0	6.00	283.3
18	W089	蓬莱学校	—	—	—	—	—	—	—	—	75.0	8.33	150.0	2.78	8.9	1.78	156.5
19	W074	海军印刷厂	—	—	—	—	—	—	1.2	0.30	16.4	1.82	147.6	2.73	—	—	—

表 7-13　地面沉降灾变等级分级表

指标	特大型	大型	中型	小型
沉降面积(km²)	>500	500~100	100~10	<10
最大累计沉降量(m)	>2000	2000~1000	1000~500	<500

表 7-14　地面沉降灾度等级分级表

指标	特大灾害	大灾害	中灾害	小灾害
死亡(人)	>100	100~10	10~1	0
重伤人数(人)	>150	150~20	20~5	<5
直接经济损失(万元)	>1000	1000~500	500~50	<50
直接威胁人数(人)	>500	500~100	100~10	<10
灾害期望损失(万元/a)	>5000	5000~1000	1000~100	<100

表 7-15　地面沉降发育程度分级表

指标	强	中等	弱
近五年平均沉降速率(mm/a)	≥30	10~30	≤10
最大累计沉降量(m)	≥800	300~800	≤300

根据区内已有的地面沉降监测数据,结合地面沉降专项调查成果,按表 7-14 所示分类标准,区内地面沉降灾变等级为大型地面沉降,沉降分布面积 419.17km²,最大累计沉降量不超过 300mm。按表 7-15 所示分类标准,区内地质灾害灾度等级主要有中灾害（Ⅲ级灾害）和小灾害（Ⅳ级灾害）两种类型。中灾害主要分布于赤坎区沙湾一带,湛江潜水学校、湛江火车站南侧南柳村—宝满一带,地面下沉最大达 253mm。沉降速率为 6.0mm/a。综合评价为发育程度弱,危害程度中等,危险性中等;小灾害主要分布于湛江市坡头区、南三岛。房屋地台未见明显的下沉现象,地面下沉 100mm 以下,沉降速率为<3mm/a。综合评价为发育程度弱,危害程度小,危险性中等。

此外,在湛江市区外围一些河口三角洲以及海积平原区局部地段,地下水开采量过大的地方,也有不同程度的地面沉降发生,有些直接危及农田和房屋,损失较重。除面积较大的沉陷区较难取土平整外,沉降较小的地区都在春耕作业时基本被推平。

3) 地面沉降的诱发原因

湛江市地面沉降属滨海平原型,其地面沉降主要是大量开采中深层承压地下水引起含水层水头变化,导致上覆岩土层有效应力改变而产生土层压缩造成的。湛江市地面沉降除受开采地下水影响外,密集的地面工程建筑也在一定程度上加大了地面沉降量。雷州市附城镇韶山村地面沉降主要是由于该区域内地下水开采井部署不合理,即井距过小,开采层位单一,浅层水和中层水混合开采,从而导致浅层地下水水位下降过大,引起第四纪海积软弱土层发生固结压缩变形而造成地面不均匀沉降。

4) 地面沉降造成的危害

湛江市地面沉降已造成一定危害:建构筑物受损,危及生命财产安全;地面水准点失效,影响城市规划和防洪调度;因地面不均匀沉降引发的一些地裂缝、地下管道变形、房屋开裂、地面塌陷等时有发生。此外,廉江市岩溶盆地石灰岩隐伏区,由于露天开采石灰岩矿石,矿坑大量疏干排水导致地下水位下降,局部地段发生地面沉降、农田毁坏现象。随着湛江经济的高速发展,湛江市发生地面沉降有潜在加速的可能。

6. 地面塌陷现状评价

根据以往调查资料,区内共查出地面塌陷17处,陷坑约109个。陷坑多呈圆形或近圆形,直径一般3~35m不等,深度一般小于10m,其中最大直径为40m,最大深度为15m。目前仍继续发育的有2处,已基本稳定的有12处,已完成回填的有3处。

1) 地面塌陷灾害时空分布特征

(1) 时间分布特征。岩溶地面塌陷与城乡居民生活用水或石场抽取地下水关系密切,其在抽取地下水的时间方面存在着一定的不确定性,导致了地面塌陷发生时间的紊乱性。同时,岩溶地面塌陷的发展一般持续时间较长,且无法确定其集中发展的时间,故其在时间分布上尚不能得出一定的统计规律。

(2) 空间分布特征。地面塌陷灾害的分布与人类工程经济活动强度密切相关,与地形地貌(表7-16)、地层岩性、地质构造也有密切的联系。

地形地貌:调查资料统计显示,区内地面塌陷多集中在低丘陵区和平原区等人类活动强烈的区域,多发生在农田等相对开阔处,调查中未发现人员伤亡,但对环境的破坏较大。

表7-16 地面塌陷灾害点与地貌类型特征统计表

标高(m)	0~30	31~50	51~100	101~200
地面塌陷(处)	13	3	0	1

地层岩性:岩溶地面塌陷主要发生在覆盖型灰岩地区,上层覆盖第四系松散层,下层主要是上泥盆统天子岭组,岩性为块状隐晶—微粒灰岩、生物灰岩等。个别发生于元古宙地层,岩性为混合岩。

人类工程活动:从人类工程经济活动上分析,岩溶地面塌陷多发生在人类活动强度大的地方。如矿山、交通沿线、山区人口相对密集地区等。

行政区域:从调查地面塌陷点分布上分析,塌陷主要分布在石岭镇、新民镇、吉水镇和塘蓬镇。这些镇为工作区人口相对较为集中的地方,削坡建房多见,地下水抽取量较大,矿山石场开采、修建、改造公路等人类工程活动也日趋剧烈,与人类工程活动致灾因素相吻合。

2) 规模特征

根据中国地质环境监测院制订的《县(市)地质灾害调查与区划基本要求实施细则》,将地面塌陷灾害级别划分为巨型、大型、中型、小型4级。规模级别的界定参照标准如表7-17所示。根据表7-17,区内调查的岩溶地面塌陷灾害点规模级别统计如表7-18所示。

表7-17 地面塌陷灾害规模级别划分标准表

级别	巨型	大型	中型	小型
标准($\times 10^4 m^3$)	>100	10~100	1~10	<1

表7-18 区内调查的地面塌陷灾害规模特征分类统计表

等级指标	小型	中型	大型	巨型	合计
数量(处)	16	1	0	0	17
所占比例(%)	91.1	8.9	0	0	100

3) 地面塌陷灾害的成因

区内地面塌陷多属于岩溶地面塌陷,多数情况下,由于城乡居民用水需求而抽取地下水或矿山开采排水疏干,周边地区地下水位下降,地下水运动加快,在有地下水水力联系的覆盖岩溶区内,松散岩类孔隙水的水头压力也随之逐渐减小,松散土层自重应力增加,土粒间有效应力增加,土层产生压缩变形,岩溶上覆松散土层不断崩落而形成土洞,土洞不断向上发展扩大,当土层承载力小于土层自重力和上部荷载时,就发生了岩溶地面塌陷。

4) 地面塌陷造成的危害

区内岩溶地面塌陷主要是由采石场大量抽排地下水而导致水位下降引起的,危害对象为耕地、农作物及民房,危害严重地段造成农作物被毁或整块田地无法耕作而丢荒。

7. 地裂缝现状评价

地裂缝是湛江市南部地区较为常见的地质灾害,其形态复杂,规模较大,空间分布往往与地形地貌、地层、植被、地下水位的升降等密切相关,多是由胀缩土长期失水收缩所致,造成房屋、道路开裂等危害。

据不完全统计,区内共发育地裂缝69处,其中50多处分布于雷州、徐闻一带。地裂缝主要发育于湛江组黏土、玄武岩台地残坡积土分布区。裂缝长度多为30～500m,顶宽0.2～1.0m,可测深度＞0.2m。裂缝走向较为复杂,既有简单的单条走向,又有多条组合的形态,总体上走向以北西向为主,北东向次之,南北向较少,于平面上观察,地裂缝形态多表现为张开状,属于张性裂缝,其特征是中段宽度大,两端窄直至尖灭,两侧呈锯齿状。除少数时隐时现、宽窄变化大、呈藕状产出外,大部分裂缝连续性较好。根据地裂缝在平面上的延伸特点及交接组合方式,可将其分成单条形态和组合形态两大类,其中,单条形态地裂缝有直线形、弧形、"S"形、"L"形和近圆形5种;组合形态地裂缝有"Y"形、"X"形、"八"字形和树枝形4种。

1) 空间分布特征

地裂缝在空间分布上具明显的区域性,与地面标高、地形地貌及地层岩性等密切相关。

(1) 从整个区域上看,地裂缝主要分布于本区南部及西部和西北部沿海地带,呈现南多北少、西密东稀的特点。大量分布于乌石—英利—收获农场以南、乌塘—河头—杨家—南兴—龙门以西地区及车板—山口一带;东部偏北地区则以零散分布为主,如遂溪、塘尾、坡头、陈铁、太平、民安等地;而中部岭北—城月—客路—雷州—调风—东里一带和北部安铺—新华—塘缀—长岐以北地带,以及南三、硇洲、新寮等岛屿均未发生地裂缝。在地裂缝分布区又以和安、和家、北和、火炬农场、豪郎、田西、车板、新圩等地出现地裂缝最多且较密集,是区内地裂缝的主要分布区。

(2) 在标高位置上,大多数地裂缝出现于地面标高20～50m和50～80m两个范围内。据50处地裂缝统计,分布在这两个标高范围内的地裂缝分别有22处和12处,各占44%和24%,其他标高范围仅少数分布。

(3) 从地形地貌上分析,地裂缝与微地貌关系较密切,同一地貌类型不同的地貌形态和微地貌单元上也有很大差别。总体上看,以火山岩台地地裂缝最多,次为湛江组台地和北海组平原。从微地貌形态看,地裂缝也常常发育在与别的地貌形态相互交接的边缘地带,而且地裂缝的延伸方向与地形等高线方向一致。另在孤丘状、馒头状、岬角状、鸡爪状个体性地形的岗(坡)顶地段或缓坡中部等高线凸出处等微地形部位也较发育。

(4) 从产生地裂缝的地表土层岩性看,本区地裂缝以火山岩残积土和老黏土(湛江组、北海组)最发育。据最近查明的50处地裂缝统计,发育于火山岩残积土区的地裂缝29处,占58%;湛江组黏土区14处,占28%;北海组黏土区7处,占14%。

2) 地裂缝形成原因

区内地裂缝以胀缩土地裂缝为主,是具有一定胀缩性的土体在一定的地形地貌、水文地质、气候、人为因素的综合作用下形成的。土体具有胀缩性(表7-19)是发生地裂缝的内因,地表浅部的徐闻组、湛江组中的杂色黏土和灰白色砂性土一般具有弱—中等胀缩性,当其埋深不大时,特别是当其位于包气带中时,容易因土体中水分的变化而产生胀缩性变形,从而产生裂缝;地形地貌、气候条件、开采地下水导致潜水位反复升降等促使胀缩土中水分迁移,是胀缩土产生地裂缝的诱发因素。从本区情况看,干旱季节地下水开采量加大,水位下降明显,是诱发地裂缝的主要外因。

表 7-19 地裂缝灾害点浅层土体膨胀潜势等级表

地点	唐家瓜湾	英利潭典	调风西公寮	英利尖山	英利芝兰
地层代号	Q_2^z	Q_2^z	Qxw	Q_2^z	Q_2^z
岩性	黏土	黏土	黏土	黏土	黏土
自由膨胀率(%)	52	88	40	94	67
膨胀潜势等级划分	弱	中等	弱	强	中等

3)地裂缝已造成的危害

据调查,区内地裂缝已对房屋、道路等产生了不同程度的破坏作用。地裂缝对房屋的破坏表现为以墙裂为主,损坏形式大致有角端开裂、外纵墙开裂、横墙裂缝、窗户裂缝、房屋贯通裂缝、地板拉裂等;地裂缝一般发育在一侧或两侧植有树木的公路上,以破坏路面为主,使车辆不能通行。

(二)环境地质问题发展趋势预测评价

1. 地下水污染发展趋势预测评价

根据现状评价可知,地下水污染物来源主要有生活垃圾和污水、农药与化肥、固体废弃物、工业污废水不合理排放、咸水养殖污染等。据调查,研究区包气带介质以湛江组、北海组、徐闻组、陆丰组、新寮组、灯笼沙组、曲界组的砂质黏性土、黏土质砂、粉土、粉砂、细砂等为主,一般呈松散或半固结状态。具有良好的透水性。据降雨入渗试验,粉质黏土、黏土质砂、粉土降雨入渗系数为 0.383;细砂、粉砂降雨入渗系数为 0.686;徐闻组砂质黏性土降雨入渗系数为 0.394。该类介质极有利于降雨及地表水下渗。当地表水体被污染、工业废水及各种固体污染物不合理排(堆)放时,极易引起地下水污染。随着城区的不断壮大,城市人口的增加,生活垃圾和污水会大量增加,这些垃圾很多直接用埋填法处理,部分村庄的生活垃圾更多的是直接弃置于村边或水沟内,生活污水直接排放到下水道、村边洼地或水沟中。其溶出物会慢慢渗入地下,污染地下蓄水层,增加地下水污染来源。

据资料分析,湛江地区地下水以轻度污染(Ⅱ级)为主,未污染(Ⅰ级)—中度—重度污染区主要分布于遂溪县及湛江市。污染项目主要为 pH 值,NH_4^+、NO_3^-、NO_2^-、Pb 等。污染较严重的县(市)为吴川市、遂溪县。由此可见,目前区内地下水局部地段已受到一定程度的污染,受人为污染影响,污染程度各含水层、各地段不一。随着经济的发展和人口的增加,施用化肥、农药、生活废污水等越来越多,工业"三废"的排放、农肥农药的施放、垃圾场和污水处理厂的建立不当等将对地下水资源及其生成环境造成污染和破坏。若不对区内地下水污染源进行综合治理,在开采条件下,地表污水的持续下渗补给会导致区内地下水质量持续下降,可利用水资源量越来越少。但随着垃圾填埋场的增加及多元化的处理、污水处理网的完善、各工矿企业对工业"三废"排放加大了处理力度。地下水污染均属可控范围,预测地下水污染发育程度弱,危害小,危险性小。

2. 海水入侵发展趋势预测评价

硇州岛从 2009 年调整产业结构,浅层及中层承压水开采量逐步减少,水位继续回升,海水入侵面积从 2006 年的 18.0km² 减少至 2014 年的 17.118km²。根据现状开采条件,海水入侵现象明显减弱,其主要原因是增加了深层含水层的抽水量,同时减小了中层与浅层含水层的抽水量。由于海水与浅层地下水、中层地下水有直接的水力联系,因此,当这两个含水层的地下水开采量小于大气降水与深层含水层越流补给,含水层中的地下水水头高于海水水位,海水入侵现象明显减弱。由于硇州岛深层含水层与湛江市相同,地下水来源于湛江市,因此,若适当地增加开采量,不会导致明显的海水入侵。

3. 地下水咸化发展趋势预测评价

湛江市地下水咸化现象主要出现在海岸一带;另在离海岸较远的内陆地带,也存在因高位海水养殖而引发的附近及下游地下水和土壤咸化现象,产生农田失收减产甚至绝产等问题,主要原因是靠海开采地下水引起海水水平径流入侵及高位咸水养殖等造成海水垂直径流入侵,地下水一般为微咸水,局部半咸水。综合分析对比以往相关资料,地下水咸化趋势是扩大的,主因在于高位咸水养殖业的发展与无序扩张,使得海水在人为因素下直接渗入地下,咸化地下水;近海地下水因开采量不大,对地下水咸化影响并不显著。因此,地下水咸化趋势方向取决于高位咸水养殖(就地开采地下淡水、海水渗漏下渗)及近海地段地下水开采规模,随着湛江市高位咸水养殖业的快速发展,区内地下水咸化现象有不断扩大之势,故采取禁止或控制高位养殖是遏制地下水咸化的有效手段,同时结合工农业与生活饮用水开采活动的规范合理化,应该可以控制地下水咸化的进一步扩展。

4. 区域地下水位下降发展趋势预测评价

根据湛江水资源公报,近年来,随着麻章、赤坎使用地表水代替地下水及湛江鉴江供水枢纽工程的投产供水,研究区地表水供水量逐年增加,地下水开采量逐年减少。据湛江环境监测站观测资料,降落漏斗中心中层、深层水位逐年回升,只在南油—麻斜一带下降。预测随着地表水供水量的增加,地下水的合理开发利用,降落漏斗中心水位将进一步回升,降落漏斗发展趋势将放缓。除目前区域水位降落漏斗范围外,在中层、深层承压水分布的其他地段,若地下水持续处于超采状态,不排除会形成新的区域水位降落漏斗。遂溪县内中层承压水及浅层水未见有明显的区域降落漏斗,仅于遂溪县遂城镇及黄略镇南部与湛江市比邻地区出现了局部的降落漏斗。水位高程一般在 0～－10.0m 之间,分布范围较小,仍在可控范围内。但在该区域若再长期大规模开采地下水,开采量持续大于补给量,引起潜在区域地下水水位持续大幅下降,形成区域水位降落漏斗。

廉江市南部北海组平原和三角洲平原区,地下水开采量较大,相对密集,第四纪松散层相对来说较厚,一般 30～90m,最高可达 109.00m,当集中超强度开采地下水时,有可能造成水位持续下降,形成降落漏斗。可见,研究区区域水位降落漏斗风险仍然存在且有扩大的趋势,其衍生的各种地质环境问题与地质灾害也处在孕育的动态过程,风险尚未解除。因此,区内地下水的开发利用应统筹规划、统一管理、合理布局,做到科学规范开采,使地下水环境得到恢复和改良,改善湛江市地区生态地质环境。

5. 地面沉降发展趋势预测评价

湛江市地面沉降属滨海平原型,最早发现于 1984 年,是广东省地质勘查局水文工程地质一大队进行地面二等水准测量,与 1957 年地面高程比较后首次发现的。此后于 1989 年、1999 年、2001 年和 2011 年又进行了 4 次地面二等水准测量,结果表明地面沉降是逐步发展的。

本研究进行了重点区 75km^2 二等水准测量,但由于本次起算点可能亦有沉降,故 2016 年累计沉降量不确切。至 2016 年,中心最大累计沉降量达 283.3mm。

1)累计地面沉降量线状变化特征

从麻章起,经赤坎、沿海滨路、霞山、湖光路至湖光岩,1984 年和 1999 年湛江市地面沉降断面基本相似,从稳定区的麻章起,经赤坎沉降量逐渐增大,至沙湾达到第一峰值;以后逐渐减少至平乐,后又逐渐增大至菉塘,达到最大沉降值;经霞山、宝满,沉降量逐渐减少,再至湖光岩稳定区。但是,2016 年湛江市地面沉降断面过霞山后有较大变化,在南柳达到最大沉降值,地面沉降中心已转移到霞山西南面。

2)软弱类土分布特征及其物理力学性质

根据本研究对地面沉降调查评价的需要,结合实际调查结果,本次把欠固结填土、软土、软黏性土、松散状砂性土等土层统称为软弱类土。软弱类土具有物理力学强度低的特性,且在区内广泛分布,对研究区的工程地质环境产生巨大的影响,是产生地面沉降的主要影响层位。软弱类土底板标高最小值约为－20.15m,其物理力学性质见表7-20。

3)典型地面沉降点计算

限于研究区地面沉降诱发因素的复杂性,本次仅对典型点进行沉降总量、速率和持续时间等作出评估。湛江市霞山区菉塘在20世纪80—90年代大量开采中层地下水用于生活用水,90年代后期政府加强了对地下水开采的管理,中层承压水漏斗中心区水位出现逐年回升的现象,至2011年,菉塘的开采量基本稳定,中层承压水水位也趋于稳定。根据湛江市地面沉降监测数据,1989年菉塘沉降中心累计沉降量为140mm,2011年菉塘沉降中心累计沉降量为195mm,附近钻孔资料可作参考,故本次选取菉塘沉降中心进行沉降计算。

(1)承压水水位下降引发的沉降。根据菉塘沉降中心S5186钻孔资料,主要抽水层为第13层的粗中砂,厚度10.50m,孔深100.50m时见玄武岩。S5186号孔地层自上而下的岩性及主要物理指标见表7-21。该点1989年水位标高－5m,2011年水位标高－11m,22年间水位降深6m,水位下降引起的附加压力约为60kPa;该区地面沉降计算经验系数ϕ取1.1;计得最终沉降量约为1010mm。

(2)上部荷载作用产生的沉降。S5186钻孔上覆填土以吹填砂为主,为未经压实的软弱类土,厚度2.60m,密度2.0g/cm^3;第二层黏土为软弱类土,厚度3.40m。浅层水水位埋深为1.10m,小于填土厚度,故将填土对软弱类土产生的附加压力分为水位以上、水位以下并分层计算。计得最终沉降量约为324mm。

(3)沉降趋势预测。综上所述,松散层总沉降量S_∞为1334mm。根据收集的钻孔土工试验资料,选取荷载100kPa时的固结系数,按分层厚度加权平均,即CV加权平均值为24.073×10^{-3}cm^2/s;压缩土层的底部为玄武岩,故考虑单面排水,H为100.50m。水位升降稳定不变的情况下,以Terzaghi一维固结理论预测沉降趋势,预测沉降计算如表7-22所示。

由上述计算结果可知,在目前水压作用和没有其他人为干预的情况下,本场地的加载沉降至110年以后的年沉降量已经小于1mm,基本稳定。根据总沉降量计算,填土荷载作用下的最终沉降量$S_{1\infty}$为324mm,水位降压作用下的最终沉降量$S_{2\infty}$为1010mm,地下水对地面沉降的贡献率达75.7%,显然,引发该区地面沉降的主导因素是超量开采地下水资源。

4)地面沉降发展趋势预测

将2015年1月至2020年12月期间作为模型的预测时期,时间步长为30d。除开采量外,所有外部源汇项(侧向补给)的强度保持不变,其中降雨蒸发取多年平均值;各层边界条件也保持不变。以2014年监测的地下水流场作为模型预测的初始流场,利用识别后的各水文地质参数,对研究区的地下水流场及地面沉降进行预测。

用2014年地下水开采量估算值进行地下水流场及地面沉降预测,得到2020年中深层等水位线图及地面沉降等值线图,如图7-5～图7-7所示。

从模拟结果来看,2009—2020年地下水开采量增长较缓,整体上地面沉降速率减缓。地面沉降中心仍处于霞山潜水学校及赤坎沙湾、铺仔等地。地面沉降主要沿海岸线分布,发生在地下水开采量大且地表土层较松软的湛江市滨海地区,从西北向东南海岸带沉降量加大。对于不同的工程地质分区,火山岩台地地面沉降量最小,甚至略有抬升,沉降速率不超过1mm/a;无软土台地,总地面沉降量在17.38～34.28mm之间,沉降速率在1.5～3mm之间;滨海软土区沉降量一般为21.6～68mm,沉降速率在1.96～6.18mm之间。除铺仔等地地面沉降有所加快外,整体上地面沉降速率普遍变缓。除个别沉降中心累计沉降量超过200mm外,大部分地区地面沉降量较小,不会造成严重后果。但是沿海岸线的滨海软土区,特别是沉降中心的地面沉降问题不容忽视,应当引起相关部门重视。此外,在雷州市附城镇韶山村,如果持续过量开采地下水,第四纪海积软土层仍未完全固结,存在进一步发生地面不均匀沉降灾害的危险性。

表 7-20 研究区软土物理力学性质指标统计表

岩土名称	力学指标统计值	液限 ω_L (%)	塑限 ω_P (%)	液性指数 I_L	塑性指数 I_P	土粒密度 G_S	含水率 ω (%)	密度 ρ (g/cm³)	干密度 ρ_d (g/cm³)	孔隙比 e	孔隙率 n (%)	饱和度 S_r (%)	压缩系数 a_{1-2} (MPa⁻¹)	压缩模量 E_S (MPa)	快剪摩内摩擦角 φ (°)	快剪摩黏聚力 c (kPa)	标贯击数 N (击/30cm)	修正标贯击数 N (击/30cm)	三轴凝聚力 c (kPa)	三轴内摩擦角 φ (°)
淤泥	最大值	77.9	48.3	3.40	36.0	2.73	114.7	2.18	1.91	3.081	75.5	100.2	3.66	9.30	16.0	27.0	4.0	3.9	18.2	6.1
淤泥	最小值	16.9	10.9	0.57	6.0	2.56	14.3	1.28	0.69	0.405	28.85	87.0	0.15	0.99	0.5	0	1.0	0.4	5.0	2.4
淤泥	平均值	51.3	28.9	1.61	22.4	2.67	64.6	1.61	1.04	1.774	663.0	97.9	1.75	1.92	5.3	5.8	2.0	1.3	13.0	4.5
淤泥质土	最大值	65.0	36.0	3.64	32.0	2.72	87.2	2.18	1.83	2.392	70.5	100.0	2.43	19.70	31.5	36.3	8.0	7.1	12.0	7.1
淤泥质土	最小值	15.3	11.2	0.30	3.1	2.53	12.8	1.48	0.83	0.335	25.1	85.0	0.08	1.00	1.4	1.0	0	0	2.8	1.6
淤泥质土	平均值	36.8	21.5	1.36	15.3	2.68	42.0	1.77	1.24	1.149	52.5	96.6	0.88	3.11	8.1	8.5	3.0	2.3	8.6	4.3
泥炭土	最大值	92.8	52.1	2.90	40.7	2.66	130.5	1.73	1.26	3.400	77.3	99.4	4.10	2.40	22.0	6.0	5.0	3.6	—	—
泥炭土	最小值	25.0	15.0	1.16	10.0	2.50	37.2	1.30	0.84	1.110	52.6	96.5	0.81	1.10	4.5	4.2	1.0	0.9	—	—
泥炭土	平均值	64.2	33.9	2.05	30.4	2.58	94.6	1.46	1.05	2.524	69.7	98.0	2.53	1.60	13.2	5.4	3.0	2.4	—	—
软黏土	最大值	81.4	62	3.5	49	2.78	134.8	2.18	2.18	3.592	78.2	100	1.30	39.8	11.21	68.9	11	8.6	63	24.2
软黏土	最小值	1.0	8.50	−0.8	4.60	0.68	10.80	1.23	0.58	0.176	15.0	47.50	0.04	0.57	1.1	0.01	1	1	4	3.1
软黏土	平均值	38.9	22.1	0.72	17.1	2.67	34.34	1.85	1.73	0.987	48.4	93.46	0.62	4.44	40.9	16.5	3	3.3	21.7	10.1
人工填土	最大值	64.5	32.7	4.30	32.5	2.83	108.8	2.13	2.02	2.40	70.6	100	1.58	17	43.50	100	27	25		
人工填土	最小值	13.5	9	−0.52	3.9	2.08	10.7	1.34	0.97	0.41	29.2	45	0.05	1.65	2.30	0.01	1	0.8		
人工填土	平均值	29.7	17.5	0.45	12.2	2.66	23.14	1.92	1.56	0.72	40.9	83.46	0.37	5.84	18.47	20.8	5	4.51		

表 7-21 湛江市霞山区菉塘 S5186 号收集孔地层分层情况表

层号	岩土名称	层底深度(m)	层底标高(m)	厚度(m)	初始孔隙比	压缩系数(MPa^{-1})	弹性模量(MPa)	固结荷重100kPa(10^{-3}cm^2/s)	备注
1	吹填砂	2.6	4.4	2.6	1.65	0.68			浅层水水位埋深1.1m
2	黏土	6	1	3.4	1.45	0.56	4.5	0.90	
3	细砂	9	−2	3	1.1		11		
4	黏土	15.5	−8.5	6.5	0.95	0.48			
5	细砂	19	−12	3.5	0.9		13		
6	黏土	24	−17	5	0.88	0.4			
7	粗中砂	36.5	−29.5	12.5	0.84		16		
8	黏土间粉砂	53	−46	16.5	0.81	0.37			
9	中砂	57	−50	4	0.8		18		
10	黏土	64.5	−57.5	7.5	0.76	0.32			
11	中砂	69	−62	4.5			20		
12	黏土	75.5	−68.5	6.5	0.73	0.27			
13	粗中砂	86	−79	10.5			24		滤水管
14	黏土	91	−84	5	0.66	0.24		28.6	
15	粗中砂	97.5	−90.5	6.5			25		
16	黏土	100.5	−93.5	3	0.62	0.15		39.7	

表 7-22 湛江市赤霞山区菉塘沉降预测计算表

持续时间 t(a)	竖向时间因素 $T_v = \dfrac{C_v}{H^2}t$	固结度 U	沉降量 $S(t)$(mm)	平均沉降速率 (mm/a)
1	0.024 03	0.133	414.0	414.0
5	0.120 17	0.195	677.6	65.9
10	0.240 34	0.241	845.6	33.6
20	0.480 67	0.294	1 016.8	17.1
50	1.201 68	0.366	1 188.2	5.7
80	1.922 68	0.405	1 244.9	1.9
110	2.643 69	0.432	1 273.1	0.9

随着湛江经济的高速发展,地下水开采量将大幅增加,若不进行科学规划和合理布局,地下水持续无序滥采,区内地面沉降现象也将继续蔓延,沉降面积及沉降量也会进一步扩大,并潜在加速发展。因此,除遵循"规范开采和可持续利用"原则和模式外,还应加强地下水水位动态和地面变形与沉降监测,及时系统掌握地下水开采的动态效应,以能适时调整开采方案和采用相应的对策。

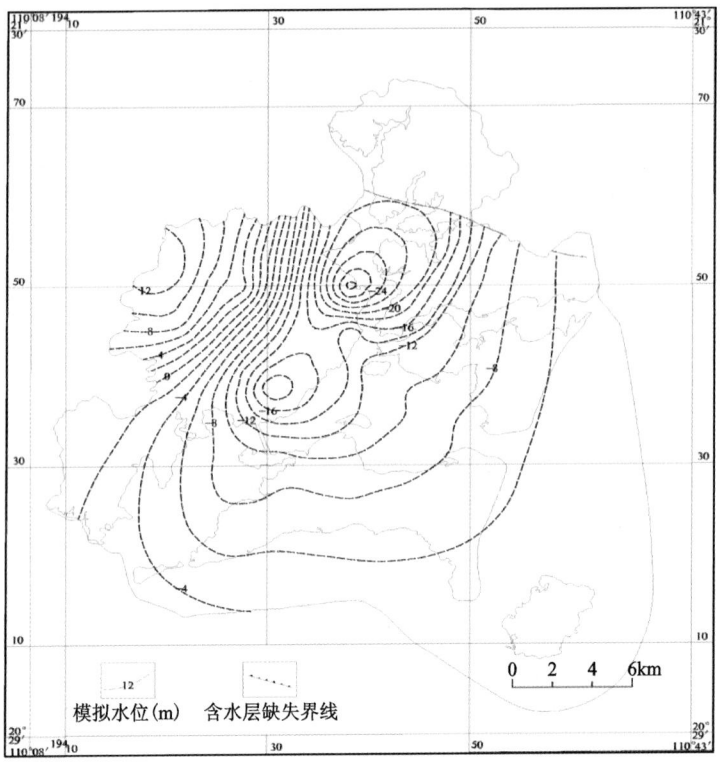

图 7-5 2020 年末中层地下水预测水位(m)

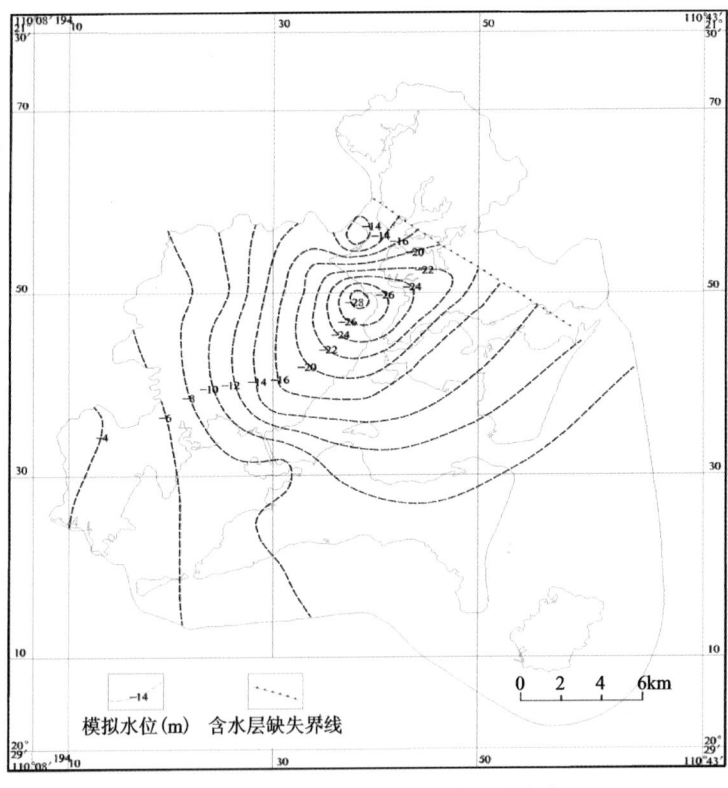

图 7-6 2020 年末深层地下水预测水位

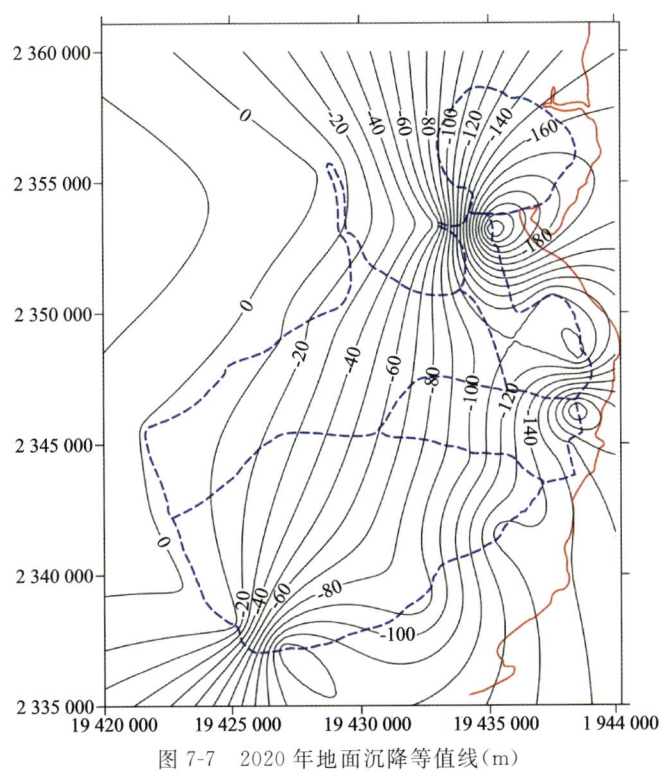

图 7-7　2020 年地面沉降等值线(m)

6. 地面塌陷发展趋势预测评价

岩溶地面塌陷主要是由于覆盖岩溶区地下分布溶洞、土洞或其他岩溶构造,当地下水位升降动态变化时土洞边土体不断被侵蚀,土洞空间及真空负压逐渐增大而引起上部土体失稳下陷所致。廉江市石灰岩采石场较多,矿坑排水造成石场周边均发育有地面塌陷,部分塌陷回填治理后,目前暂时处于相对较稳定状态。但随着石场开采深度及规模的不断加大,抽取地下水量不断增多,必将加剧地下水动态变化,产生新岩溶地面塌陷及旧岩溶地面塌陷复活。若不进行有效而彻底的治理,岩溶地面塌陷仍将继续发育。目前,仍有 3 处塌陷在继续发展扩大,多处塌陷稳定性差,地面塌陷仍有进一步扩大的可能。

7. 地裂缝发展趋势预测评价

本区地裂缝的产生,既有火山岩风化红土、湛江组杂色黏土自身含有的多量伊利石、高岭石、蒙脱石等膨缩性矿物,及黏粒含量高的内在因素,又与本区内地下水位变化影响土体含水量的变化,引起膨缩矿物的膨胀收缩有关。区内地貌主要为火山岩台地,局部湛江组剥蚀台地,包气带内的杂色黏土、薄层状黏土含水量随着气候条件及水分含量而变化,形成收缩或膨胀乃是产生地裂缝和地基变形的主要原因。在湛江市内火山岩和湛江组台地包气带中分布有大量膨胀岩土,为地裂缝易发区。地裂缝发育易造成大量地面、道路及民房严重开裂,个别民房甚至发生了严重倾斜而成为危房。因此,为了控制及减弱地裂缝的发育程度,控制地下水开采,保护当地浅层地下水水位稳定非常必要。

五、湛江市地下水环境问题分区评价

湛江市主要环境水文地质问题包括地下水污染、海水入侵、地下水咸化、区域水位下降、地面沉降、地面塌陷、地裂缝等。根据这些地下水环境问题的分布特征、发育情况、危害现状及潜在的危险性等,将其分为3个区段:地下水环境问题严重区(Ⅰ级)、地下水环境问题中等区(Ⅱ级)、地下水环境问题轻微区(Ⅲ级)。

(一)地下水环境问题严重区(Ⅰ)

该区分布在湛江市北侧的廉江县城—石岭—新民一带,面积297km²,地势较高,地形较平坦,地貌多为溶蚀侵蚀台地及冲洪积平原,地表岩性多为灰岩及黏性土,部分地段下伏有淤泥质黏土、淤泥等软弱层,呈软塑—流塑状,具高压缩性,局部还具有流变性和触变性,岩土体稳定性较差;区域地下水以岩溶水为主,在天然状态下,水位埋深较浅,一般为2～4m,在开采疏干状态下,地下水位下降速度较快,易诱发岩溶地面塌陷。

该区地处廉江盆地内,属浅覆盖岩溶区,覆盖土层厚度较薄,多为5～10m,以黏性土为主,力学强度较低,局部发育有土洞,其下灰岩溶蚀裂隙发育,在地下水作用下易发育成溶洞并发生地面塌陷;区内石灰石矿产资源丰富,其采矿量的不断增加给该区带来了一些较严重的环境水文地质问题,如地面塌陷、房屋开裂、地裂缝等。根据收集的资料,该区较集中发生岩溶地面塌陷共15处,陷坑总数共200个,影响范围$51×10^4 m^2$(表7-23),主要分布于石岭新民、城南街道办等地,总体上沿北东-南西向,呈条带状,局部呈串珠状分布,与隐伏碳酸盐岩的分布情况一致。

表7-23 廉江市岩溶塌陷发育特征及危害一览表

野外编号	乡镇	陷坑数(个)	陷坑长度(m)	深度(m)	影响范围(m²)	危害程度
T6001	新民	15	1.0～7.0	4.0	7850	住宅区及农田中相继出现近圆形串珠状塌陷点,村内水井出现干涸的现象
T6004	城南	1	3.0～7.0	3.0	210	造成青建岭水库灌溉渠毁坏长约10.0m,下游农田干旱缺水
T6005	城南	3	1.0～3.0	1.5～2.5	80	造成耕地及农作物被毁
T6006	新民	20	0.5～5.0	1.5～3.0	1000	造成农田毁坏,灌溉漏水
T6007	石岭	9	1.0～5.0	1.5～3.0	1500	造成农田及农作物被毁,石场简易平房墙壁开裂
T6008	石岭	15	1.0～3.0	—	500 000	—
T6009	新民	2	5.0～6.0	1.0～3.0	180	造成农田及农作物毁坏
T6010	新民	1	1.0～5.0	1.0～3.0	150	造成农田及农作物毁坏
T6011	新民	100	1.0～3.0	>10	—	
T6012	新民	2	15.、2.0	2.0,2.4	370	造成农田及农作物毁坏
T6013	城南	5	5.0～8.0	3	300	造成民房出现锯齿状开裂
T6014	新民	13	1.0～7.5	0.8～5.0	1500	造成农田毁坏
T6015	新民	4	1.0～3.0	1.0～2.5	750	耕地及农作物毁坏
T6016	新民	3	1.0～3.5	1.5～2.5	450	耕地及农作物毁坏
T6017	新民	7	0.5～5.0	1.5～8.0	400	造成农田毁坏及危及附近人畜生命财产安全

本区岩溶地面塌陷主要是当地大规模开采石灰岩、大量抽排疏干地下水造成的。地面塌陷已造成部分房屋严重开裂,大片农田被毁,水井干枯,严重损害村民的财产,并威胁生命安全,引起村民的极度恐慌。

此外,该区地处廉江市区,工矿企业较多,人口密集,每天都有大量生产、生活废物排放,对区内地下水造成了一定影响。调查取样分析,区内地下水质量总体较好,局部较差。该区受污染的地下水主要为浅层地下水及岩溶水,多为轻—中度污染,污染项目为 Pb、Cd、NH_4^+、COD 及 Cu 等。

综上所述,该区地处浅覆盖岩溶区,地下石灰岩溶洞发育,近年采矿排水疏干强烈,岩溶塌陷时有发生;该区地处廉江市区,居民密集,岩溶塌陷直接危及居民生命安全,危害大,潜在危险性大。

(二)地下水环境问题中等区(Ⅱ)

该区主要包括湛江市辖的各县(市)城区人口密集区,区内工厂较多,地下水开采量较大,工业"三废"、生活"三废"排放量也大,地表水及浅层地下水污染较严重。该区地下水环境问题主要为地下水污染,局部地区还发育有地裂缝、海水入侵、地下水咸化、地下水位下降形成区域水位降落漏斗及由之引发的地面沉降等。地下水污染以浅层水污染为主,分布范围广,多为轻度—中度污染,局部为重度污染,部分浅层水不能直接饮用,对居民生产、生活造成一定的影响;地裂缝、海水入侵、地下水咸化、地下水位下降形成区域水位降落漏斗及地面沉降等地下水环境问题的分布仅局限于部分地区,发育程度中等—轻微,危害程度中等—小,潜在危险性中等—小。根据区内地下水环境问题的分布特征、发育情况、危害现状及潜在灾害的危险性,将其分为 9 个亚区(即 $Ⅱ_1 \sim Ⅱ_9$ 区),面积共 $2581km^2$。

1. 廉江高桥圩-车板地下水环境问题中等亚区($Ⅱ_1$ 区)

该区分布在廉江西南侧,包括廉江高桥圩—车板一带,面积 $113km^2$,地貌多为剥蚀侵蚀台地,表层岩性多为花岗岩风化黏性土,地下水防污能力较好。

该区主要地下水环境问题为地裂缝。据本次野外调查及收集前人资料,该区发育地裂缝较集中,共 6 组 17 条裂缝(表 7-24);该区浅层地下水以未污染—轻度污染为主,污染项目有 COD、NH_4^+、酚、Pb、Cd 等;中层孔隙承压水以轻度污染为主,局部未污染,其中污染项目有 pH 值、CO、Cu 等。

表 7-24 廉江市地裂隙特征表

野外编号	位置	数量(条)	形态特征	危害程度
DL601	高桥镇老村	9	一组南北向,另一组近东西略偏南东向。裂缝长 21～35m,宽 0.01～0.5cm,地裂缝 500m×500m	引起民房开裂
DL602	车板镇大岭村	4	长约 27m,顶宽 0.05～0.15m,平面形态略呈直线形	附近民房裂开 0.5～2cm
DL603	车板镇大埇村	1	深度 0.35m,顶宽 0.20m,平面形态呈弧形	—
DL604	车板镇老塘村北	1	总长 125m(明显段 65m),可见深度 1.0m,顶宽 0.5m,可见底宽 0.1m,平面形态呈直线形	村中房屋开裂 2cm 左右
DL605	车板镇橄仔根村附近公路	1	长 47m(明显段 65m),顶宽 0.02m,平面形态弧形	—
DL5	车板镇	1	长 25m,顶宽 0.4m,呈直线形	

总体上,该区地裂缝主要发育在道路及村民居住区,发育程度中等,已造成房屋及道路开裂,危害程度中等,潜在危险性中等。

2. 遂溪县城-黄略地下水环境问题中等亚区（Ⅱ₂区）

该区包括遂城—黄略一带，面积 193km²。地貌以北海组平原为主，表层岩性由黏性土、砂性土组成，透水性良好，地下水隔污性能较差。

该区为遂溪县地下水主要开采区，其中遂城镇以开采中层水为主，黄略镇以开采浅层水为主。该区一直为遂溪县经济发展的先行区和较发达地区，人口密度大、工业化及城镇化程度高，区内主要污染源为工业及生活"三废"，受之影响，其浅层地下水质量以较差为主。浅层水被污染的主要影响因子为 pH 值和 NO_3^-，其次为 NH_4^+、Mn 和 Pb 等，重度污染主要分布在遂城镇三大湾村—红坎岭村一带，中度污染主要分布在遂城镇文屋村—黄略镇九东村一带；中层承压水被污染的主要影响因子有 pH 值，次要因子为氮类（NH_4^+）、Mn、Cd。影响因子中除 Fe、Mn 因地层含量较高而污染中层水外，其余影响因子均为人类生产、生活引起，轻微污染中使用农药、化肥污染的范围主要分布在黄略镇孔村—坛头村一带，重度污染范围分布在遂城镇北门村一带。

该区黏性土还具一定的胀缩性，局部地段发育有地裂缝，据统计，区内共有地裂缝 4 条（表 7-25），其发育程度较轻，仅对房屋、道路等产生轻微的破坏。

表 7-25 遂溪县地裂隙特征表

野外编号	位置	数量（条）	形态特征
DL7	遂溪县	1	长 80m，顶宽 0.1～0.4m，深 0.1m，呈弧形状
DL8	遂溪县	1	长 40～70m，顶宽 0.1～0.4m，深大于 4.0m
DL9	遂溪县	1	长 320m，顶宽 0.25m，深 3m，呈直线状
DL10	遂溪县	1	长 50～70m，顶宽 0.1m，深大于 3m，呈直线状

总体上，该区地处遂溪县城区，人类活动强烈，浅层及中层地下水均受到一定程度的污染，危害性中等，且潜在污染范围加大，污染程度加重。此外区内还发育有少量的地裂缝，其危害程度较小，潜在的危险性小。

3. 吴川市区-黄坡-乾塘地下水环境问题中等亚区（Ⅱ₃区）

该区位于湛江市北东侧的梅菉—黄坡—乾塘一带，面积 246km²，分布于鉴江下游平原地区。地貌类型主要为海积平原和北海组平原，岩性多以粉砂、细砂为主，地下水防污性能较差。

该区地处吴川市区及鉴江下游，工业相对发达，人口众多，工农业及生活"三废"大量排放，部分工业污水、生活污水排入江中，鉴江下游地表水体污染严重；而该区的吴阳等地紧靠沿海，高位虾塘养殖业发达，地下水咸化严重。受"三废"及高位虾塘养殖影响，区内大部分地段地下水质量为较差—极差。地下水污染已直接影响到区内居民的生产生活用水，部分村庄的地下水不能饮用，村中水井仅用于洗涤，有些居民需购买桶装水供日常饮用，给农村居民的生活带来了极大的不便。

综上所述，该区地处鉴江下游，工业及养殖业发达，地下水污染范围广，污染程度重，对居民的生产、生活用水造成了一定的影响，危害程度中等。

4. 赤坎-冯村-霞山-临东地下水环境问题中等亚区（Ⅱ₄区）

该区包括赤坎—冯村—霞山—临东一带，面积 204km²，地貌类型以侵蚀剥蚀台地、冲洪积平原为主，地表岩性多为湛江及北海组黏土、粉质黏土及中粗砂，地下水防污性能较差。

该区为湛江市地下水主要开采区，由于长期集中式大量开采地下水，早在 20 世纪 60 年代就形成了以主要开采地段为中心的区域水位降落漏斗。随着开采量的增加，漏斗中心水位降深不断加大、漏斗面积逐年扩展,逐渐形成了以开发区(平乐)、临东为中心的中层和深层承压水区域水位降落漏斗。

随着湛江经济的高速发展,地下水开采量大幅增加,区内地面沉降潜在加速发展。区内地面沉降已造成一定的危害,如位于霞山地面沉降中心观海长廊附近的一些建筑物,由于地面不均匀沉降,楼房倾斜、基础与地面建筑分离、房屋被横向拉裂,并伴有因沉降而引发的地裂缝、水管破裂等灾害,一些楼房已被列为危楼,损失严重。

该区地处湛江市城区中心,人口密集、工厂林立,工业废物、生活废物产生量很大,为区内地下水的主要污染源。此外,位于市区中心的北桥河、南桥河、绿塘河等城市污水排放河段也污染严重,对区内地下水质量造成很大的影响。

受工业及生活"三废"污染影响,区内部分地下水出现了不同程度的污染,局部地区污染严重。其中潜水—微承压水在赤坎—霞山一带以中—重度污染为主。中深层承压水中,铁的天然本底值较高,影响了地下水质量评价结果,部分地下水质量等级为较差,但水中的铁离子很易被除去,故总体上,该区中层、深层承压水质量是好的。

综上所述,本区主要地下水环境问题包括地下水污染、地下水位下降形成区域水位降落漏斗及由之引发的区域地面沉降。其中浅层地下水污染分布广,大部分地区浅层水不能直接饮用;区域地下水位下降分布面积大,但仍未达到水位下降极限值,区内开采中深层地下水是安全的;区域地面沉降有加速发展之势,对区内局部建筑已造成一定影响,需严加防范。总体上,区内由开采地下水诱发的环境问题发育程度中等,危害性中等,且潜在进一步发展。

5. 南三岛地下水环境问题中等亚区(II_5区)

该区包括南三岛全岛,面积138km²,南三岛东部为砂堤砂地,地势略高;西部为海蚀及海积阶地,地形低洼。地表岩性以砂土为主,黏性土次之,地下水防污能力差,易受地表水污染。

该区地表水资源缺乏,区内生产、生活用水均以开采地下水为主。浅层水静止水位一般为0.55~4.8m。潜水—微承压等级多为质量较差—极差,部分为良好。中深层孔隙承压水质量等级多为较差—极差。并且,该区咸水养殖业发达,地表防污性能较差,养殖咸污水很易透过浅表层污染地下水。据调查、取样测试,区内浅层、中层地下水均受到了一定程度的污染。部分浅层潜水—微承压水污染严重,中层、深层孔隙承压水以中度污染—重度污染为主。

受咸水养殖影响,区内部分地区水质不断恶化,浅层水污染严重,直接危及村民饮用水安全,其危害性中等,具潜在进一步污染中深层承压水的危险。

6. 硇洲岛地下水环境问题中等亚区(II_6区)

该区包括硇洲岛全岛,面积50km²,岛岸曲折,岸线长达44km,是广东省最大的火山岛。地貌类型为玄武岩台地,地势较高,地形较平坦,地表岩性为粉质黏土,环岛滩涂分布有气孔玄武岩,其孔洞裂隙水与海水联系密切,地下水防污能力较差,易受地表水污染。

该岛地表水资源奇缺,岛内生产、生活用水几乎全靠地下水,目前全岛总用水量的98%取自地下水。加上近年来岛上高耗水的香蕉种植业和水产养殖业发展迅猛,用水量剧增,地下水严重超采,导致地下水位快速下降,近岸地区多出现了不同程度的海水入侵。目前硇洲岛海水入侵主要为浅层水,其入侵范围主要为近岸地带,其发育程度中等,危害对象主要为岛内近岸地带原饮用浅层水的村民,这些地区居民可通过开采中深层承压水解决饮水难和饮水不安全问题,危害程度中等;区内海水入侵主要是过量开采浅层地下水造成的,若不能很好地控制浅层水的开采量,有进一步入侵中深层承压水的可能。

7. 雷州沈塘-附城-南兴地下水环境问题中等亚区(II_7区)

该区包括雷州沈塘镇—附城镇—南兴镇—雷高镇一带,面积285km²。地貌类型以三角洲平原为主,地表岩性主要为灯笼纱组黏性土及砂性土。地下水防污性能较差。

区内地下水污染主要受农业生产、生活污水及禽畜养殖等影响,该区处于城区下游,接纳城市生活污水排泄,并且为农业主产区,易受农药、化肥等污染,此外,海水顶托,地表水排泄不畅,均是造成该区浅层地下水重度污染的主要原因;中层水以未污染为主,只在南兴镇小范围内有中度污染,超标项目有Pb、NH_4^+、pH 和 Cd 等,深层水以未污染为主,局部呈现点状轻度污染。区内地下水污染减少了可用水资源量,加剧水资源紧张,造成水资源危机。

总体上,该区位于城镇人口密集区、污染源较多,浅层地下水污染较严重,一定程度上影响了该区居民的生产、生活用水,其危害程度中等。

8. 雷州塘家-企水港-北和地下水环境问题中等亚区（II_8区）

该区包括塘家镇、企水港、北和镇3个地段,面积603km²。地貌以湛江组台地和火山岩台地为主,地表岩性多为湛江组粉质黏土和火山岩风化残积土,地下水防污性能较好。

该区地处胀缩土分布区,地裂缝广泛发育,据不完全统计,区内共发育有地裂缝17处共60条(表7-26),主要分布在塘家镇、企水镇和北和镇等地。据调查,区内地裂缝已对房屋、道路等产生了不同程度的破坏作用。地裂缝对房屋的破坏,表现以墙裂为主,有些房裂严重成为危房;地裂缝对道路造成的危害多以破坏路面为主,造成车辆不能通行。

表7-26　II_8区地裂缝发育特征表

野外编号	位置	数量(条)	形态特征
L201	X:2301800 Y:19386350	5	沿斜坡向分布,走向分别为北东向20°、北西向34°及近东西向,呈线状,局部弯曲,长度50～250m,裂缝面呈不规则锯齿状,宽2～3m
DL21	X:2312880 Y:19364200	11	长22～290m,深0.3～2.0m,呈直线状、弧形
DL22	X:2310300 Y:19364700	1	长23m,顶宽0.5m,深0.95m,呈"Y"形
DL23	X:2312225 Y:19366925	1	长50m,顶宽0.4m,深0.2m,呈弧形
DL26	X:2301830 Y:19376000	1	长210m,顶宽0.55m,深1.70m,呈"L"形
DL27	X:2304200 Y:19381500	2	长100m,顶宽0.4m,深1.5m;长107m,顶宽0.5m,深0.8m,均呈蛇曲状
DL28	X:2300500 Y:19387650	1	长75m,顶宽0.1～0.6m,深1.0～1.5m,呈弧形
DL31	X:2298050 Y:19382250	4	长8～10m,顶宽0.1～0.2m,深1～2m,呈直线状
DL32	X:2297050 Y:19388050	2	长8～10m,顶宽0.2m,深大于3m,呈直线状
DL33	X:2286450 Y:19375100	1	长55m,顶宽0.25m,呈直线状

续表 7-26

野外编号	位置	数量(条)	形态特征
DL34	X:2286450 Y:19379750	7	长 25~175m,顶宽 0.6~1.0m,深 0.7~2.0m,呈蛇状
DL35	X:2286920 Y:19383380	1	长 33m,顶宽 0.1m,深 0.3~1.9m,呈弧形
DL36	X:2287600 Y:19386475	3	长 130m,顶宽 0.3~0.4m,深 1.25m,呈弧形
DL37	X:2284805 Y:19387580	13	长 15~105m,顶宽 0.35~1.30m,深 0.65~1.7m,呈直线状
DL38	X:2285550 Y:19387500	1	长 30m,顶宽 0.5m,呈弧形
DL39	X:2289450 Y:19388030	1	长 22m,顶宽 0.5m,深 1.0m,近直线状
DL40	X:2284500 Y:19396950	5	长 33~119m,顶宽 0.3~1.3m,深 0.4~2.0m,呈弧形

该区农业生产区受农业施用的化肥、农药等的影响,局部地段浅层污染严重,其水质较差,超标的项目有 pH 值、Pb、NO_3^-、Cd、NH_4^+、COD、NO_2^-、溶解性总固体、Cl^- 等。该区主要地下水环境问题为地裂缝,其次为地下水污染。地裂缝分布面积广,数量多,发育程度中等,危害程度中等,潜在的危险性中等;地下水污染程度范围小,危害程度小。

9. 徐闻县城-西连-英利地下水环境问题中等亚区（Ⅱ$_9$区）

该区分布在湛江市西南侧,包括徐闻县城—西连—雷州英利一带,面积 749km²。地貌以玄武岩台地、海蚀阶地、砂堤砂地为主,地表岩性多为玄武岩风化而成的残积土、细砂等,其中玄武岩风化残积土具一定的胀缩性,易发生地裂缝等环境地质问题,地面标高一般为 5~20m;砂堤砂地以砂性土为主,地形较平坦,地势较低,地下水防污性能较差。

该区为胀缩土分布区,地裂缝发育。据不完全统计,区内共发育有地裂缝 21 处 28 条(表 7-27),区内地裂缝已对房屋、道路等产生了不同程度的破坏,地裂缝对房屋的破坏表现为以墙裂为主,地裂缝对道路造成的危害主要以破坏路面为主,造成车辆不能通行。

表 7-27　Ⅱ$_9$区地裂缝发育特征表

野外编号	位置	数量(条)	形态特征
L103	X:2260560 Y:19397411	1	该地裂缝走向约 200°,基本呈线形,局部稍有弯曲。长约 20m,宽 3~5cm,深 0.5~1.2m,部分已被泥土填平
L102	X:2254787 Y:19398091	1	该地裂缝走向约 315°,基本呈线形,局部稍有弯曲,长约 22m,宽 3~5cm,深 1~1.5m,另一条走向约 220°,可见长约 20m,宽 3~5cm,深 1~1.2m
L202	X:2264500 Y:19392950	1	地裂缝基本呈线状,局部弯曲,长 300m,呈不规则锯齿状,宽 1~40m,地裂缝深度推测有 2~3m

续表 7-27

野外编号	位置	数量（条）	形态特征
L205	X:2262520 Y:19402350	1	地裂缝基本呈线状，局部弯曲，长约 50m，裂缝面呈不规则锯齿状，宽 3～10cm，深 2～3m
DL45	X:2271950 Y:19385650	1	长 40m，顶宽 0.03～0.05m，深 3m，呈弧形
DL46	X:2270750 Y:19389240	1	长 500m，顶宽 1m，深大于 3m，呈弧形
DL50	X:2269500 Y:19387500	1	长 30m，顶宽 0.2m，深大于 3m
DL51	X:2262750 Y:19394000	1	长 275m，顶宽 0.8m，深 1.6m，呈椭圆形
DL52	X:2261750 Y:19401575	1	长 100m，顶宽 0.5～0.8m，深大于 3m，呈直线形
DL53	X:2267750 Y:19402000	1	长 150m，顶宽 0.5，呈弧形
DL54	X:2264650 Y:19406500	1	长 45m，顶宽 0.3m，深 1m，呈直线形
DL57	X:2255800 Y:19387250	2	长 60m，顶宽 0.25m，深 0.2m，均呈直线形
DL58	X:2255000 Y:19397860	1	长 8～10m，顶宽 0.03～0.05m，近直线形
DL59	X:2251825 Y:19398550	1	长 20～130m，顶 0.4m，呈弧形
DL60	X:2253500 Y:19398750	1	长 50m，顶宽 0.3m，深 0.4m，呈弧形
DL62	X:2256720 Y:19412600	7	长 145m，顶宽 1.0m，深大于 5m
DL63	X:2253925 Y:19413300	1	长 110m，顶宽 0.15m，深大于 10m
DL64	X:2256700 Y:19413620	1	长 30m，顶宽 0.2m，深 0.25m，呈直线形
DL66	X:2241870 Y:19390450	1	长 150m，顶宽 0.05m，深小于 1m，呈弯曲状
DL67	X:2245250 Y:19397100	1	长 50～60m，顶宽 0.4m

该区为临海地带,咸水高位养虾业发达,受之影响,区内的西连镇下宫、石马、迈谷墩村,迈陈镇的迈墩、东场、新地等多个近岸村庄地下水有同程度咸化。一些地段浅层地下水已完全失去利用功能,沿海近岸地带约有6条自然村近2000名群众因水质咸化而饮用水困难,近百亩沿海低洼地段的农田变为盐碱化沼泽地。

该区地处胀缩土分布区,地裂缝环境问题较发育,地裂缝已对房屋、道路等产生了一定程度的破坏,具潜在的危险性。该区的咸水养殖导致地下水咸化,给区内居民生产、生活带来了一定的影响。

(三)地下水环境问题轻微区(Ⅲ)

该区在湛江市内大面积分布,大部分地区远离城区,地下水污染程度轻,多为轻度污染—未污染,水质较好;局部地段发育的地裂缝主要危及山间小道,危害性小,潜在危险性小。根据区内地下水环境问题的分布特征、发育情况、危害现状及潜在灾害的危险性,按行政区域,将其分为6个亚区(即$Ⅲ_1$~$Ⅲ_6$区),面积共9593km^2。

1. 廉江市地下水环境问题轻微亚区($Ⅲ_1$区)

该区包括廉江市内除Ⅰ区、$Ⅱ_1$区以外的广大地区,面积2385km^2,地形北高南低,北部多为丘陵和剥蚀台地,南—西南部濒海地带属浅海积平原及九洲江冲积平原,地形平缓。地表岩性多为黏性土,局部为砂性土,地下水防污能力较好。

该区自然环境优越,森林资源丰富,污染源较少,地下水质量较好,浅层地下水以未污染—轻度污染为主,仅安铺镇附近局部地段有重度污染。该区西南部为隐伏岩溶区,局部地段发育有岩溶地面塌陷。据调查,区内的营仔镇老茅坡村附近发育有一圆形岩溶地面塌陷,目前已基本稳定,主要危害农田、农作物。

总体上,该区地处基岩山区,植被发育,自然环境优越,地下水污染主要零星分布在局部居民较密集的圩镇,污染范围小,污染程度轻,区内地下水大部分可直接饮用;地面塌陷等地下水环境问题发育程度轻微,且已基本稳定,危害性小,潜在危险性小。

2. 遂溪县地下水环境问题轻微亚区($Ⅲ_2$区)

该区包括遂溪县内除$Ⅱ_2$区外的其他地区,面积1836km^2。地貌类型以北海组平原、海积平原和玄武岩台地为主,地表岩性以粉质黏土、黏土、玄武岩风化残积土为主,局部出露强风化玄武岩(多出露于较高处),地下水防污性能总体较好,局部较差。

该区大部分地区远离城区,地下水污染程度较轻,但地下水质量仅部分为优良和良好,大部分较差,主要受水中Fe、Mn及pH值等背景值指标偏高影响,水中超标项目毒理性组分含量少,水中Fe、Mn很容易除去,适当处理后即可饮用。此外,该区一些地区为胀缩土分布区,局部地段发育有地裂缝,其发育程度弱,主要危及山间小道。

总体上,该区地下水污染程度较轻,污染范围小;地裂缝发育程度弱,危害性小,潜在危险性小。

3. 吴川市地下水环境问题轻微亚区($Ⅲ_3$区)

该区包括吴川市内除$Ⅱ_3$区外的其他地区,面积608km^2。地貌类型以基岩台地为主,岩石类型以混合岩、花岗岩、二长花岗岩为主,岩石致密,地表岩性主要为黏土、砂质黏性土等,地下水防污性能较好。

总体上,该区远离城市中心,人口密度较疏,工矿企业较少,污染源以农业污染及零星分布的生产、生活污染为主,地下水污染程度较轻,危害性小,潜在危险性小。

4. 湛江市地下水环境问题轻微亚区（Ⅲ₄区）

该区包括湛江市区内除Ⅱ₄区、Ⅱ₅区及Ⅱ₆区外的广大地区，面积 1027km²。地貌多为平原及台地，地表岩性多为黏性土、砂性土，局部地区有玄武岩出露，地下水防污能力总体较好，局部较差。

该区远离人口和工业密集的霞山、赤坎市区，居民点稀疏，人为污染轻微，地下水污染主要零星分布在居民较密集的圩镇，污染范围小，污染程度轻，区内地下水大部分可直接饮用。此外，该区局部地区地下水开采量较大，形成局部地下水位降落漏斗，并有轻微的地面沉降，对周边环境影响轻微。总体上，区内地下水环境问题发育程度轻微，危害性小，潜在危险性小。

5. 雷州市地下水环境问题轻微亚区（Ⅲ₅区）

该区包括雷州市区内除Ⅱ₇区、Ⅱ₈区外的其他地区，面积 2428km²。地貌以火山岩台地、海积平原、北海组平原及湛江组台地为主。火山岩台地表层多被火山岩风化残积土层覆盖，局部有玄武岩出露，湛江组台地、北海组平原地表岩性多以黏性土为主，地下水防污能力总体较好，局部较差。

该区分布在广大乡村地区，地下水污染以农业污染及零星分布的生活污染为主，受之影响，浅层水以轻度污染为主。中层、深层水以质量良好为主，局部较差，超标项目主要有铁（Fe）、pH值、锰（Mn）和碘化物（I⁻）等，水中超标项目毒理性组分含量少，水中 Fe、Mn 很容易除去，适当处理后即可饮用。

总体上，该区地下水污染主要零星分布在居民较密集的圩镇，污染范围小，污染程度轻，大部分地区地下水质量较好；地裂缝分布范围小，多发育在居民稀疏的山间小道或公路，危害程度轻微，潜在危险性小。

6. 徐闻县地下水环境问题轻微亚区（Ⅲ₆区）

该区包括徐闻县内除Ⅱ₉区外的广大地区，面积 1308km²。地貌以玄武岩台地为主，约占总面积的 70%，岩性多为玄武岩风化残积土，地下水防污性能较好。

该区远离人口和工业密集县城，居民点稀疏，污染源较少，人为污染轻微，地下水以轻度污染为主。其中潜水—微承压水主要为未污染—轻度污染，局部为重度污染；中层、深层水以轻度污染为主，中度—重度污染较少，仅分布在南山镇后寮村、西连石马小学一带；火山岩类孔洞裂隙水以未污染为主，中度污染—重度污染较少，分布在龙塘镇华林村、海鸥农场一带。该区地表岩性多为玄武岩风化残积土，具一定的胀缩性，局部地段发育有地裂缝，据研究，区内地裂缝主要发育在坡地或公路上，危害对象主要为坡地或道路。

总体上，该区地下水污染范围小、污染程度轻，地下水质量等级以较好—良好为主；地裂缝分布范围小，发育程度差，危害程度轻微，潜在危险性小。

六、雷州半岛地下水运动监测

1. 研究方法与监测布设

雷州半岛自廉江市以南经遂溪县到雷州市全部为冲积层及玄武岩地区，南渡河以南到徐闻县则属海陆相沉积物，玄武岩覆盖其上，沿海多为海积阶地，是本次监测的主要区域。

在雷州半岛的监测中，主要采用了流速流向仪（两台）、钻孔成像仪（一台）、solinst 探头（9个）等设备。在温度压力监测的方案设计上，研究区设置了纬度对比带、经度对比带和一个和安镇重点监测点。经纬度对比带东西向间隔约52km，南北向间隔约88km，进行温度压力监测的设备共9个，其中和安镇设置3个探头,位置如图7-8所示。在流速流向的监测方案设计上,研究区内设置了和安中学和后山溪两个监测点,其位置如图7-9所示。

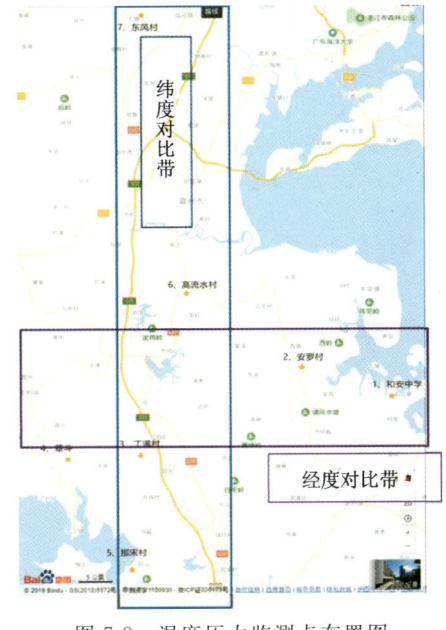

图7-8 温度压力监测点布置图

图7-9 流速流向监测点布置图

2. 地下水压力监测

温度压力的经纬度对比带监测分两个周期进行:第一周期为2019年8月13日8:00至2019年8月15日8:00,采样频率为每个5s;第二周期为2019年8月15日18:00至2019年8月17日3:00,采样频率为每个3s。和安镇单独进行了海潮和地下水的对比监测,监测周期为2019年8月21日19:00至2019年8月23日4:20,采样频率为每个3s。

第一周期的压力(水位)监测数据如图7-10所示,其中固体潮向南分量、固体潮向东分量、固体潮向上分量为理论计算所得。在第一周期的监测中,覃斗村和和安中学两个监测点由于受到附近居民的抽水影响,水位波动较大。由于探头自身的不稳定。高流水村数据存在较大波动,所以在之前的方案设计中,只有纬度对比带的数据是较可靠的。

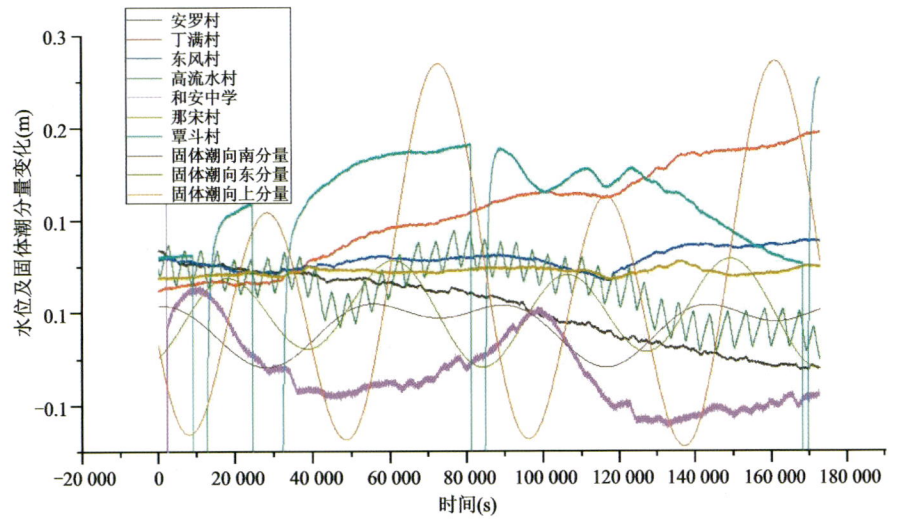

图7-10 第一周期水位监测及理论固体潮曲线

在第一周期的监测中,发现雷州市的理论固体潮向上的分量变化明显大于向南和向东两个分量,对地下水的波动起主要影响,如图7-10和图7-11所示。在接下来关于固体潮和水位变化关系的分析中,我们只选取固体潮向上分量变化和纬度对比带进行分析,如图7-12所示。

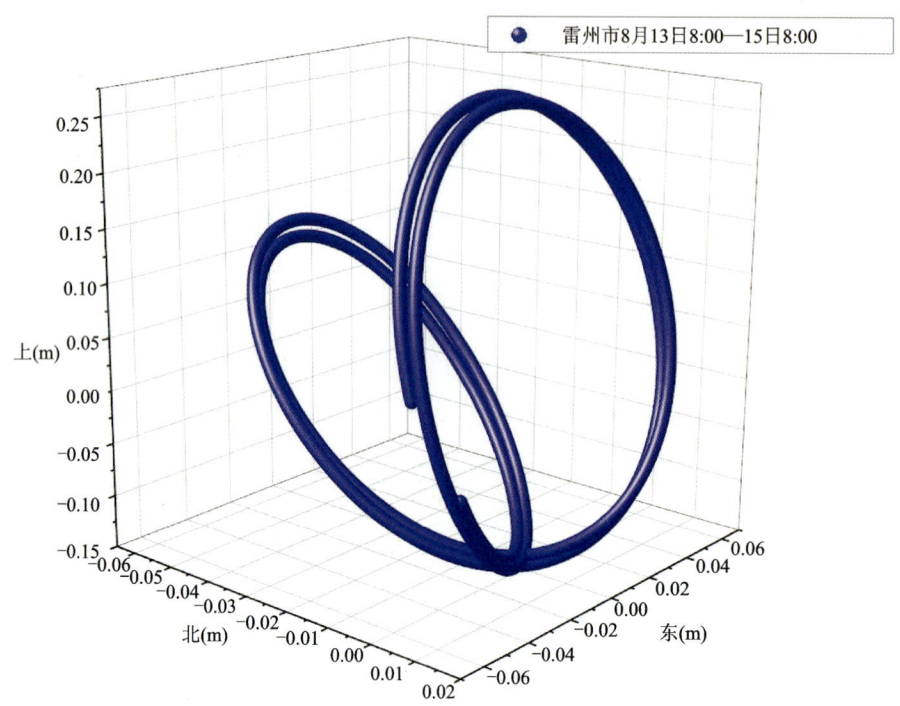

图7-11　第一周期雷州市理论固体潮计算曲线

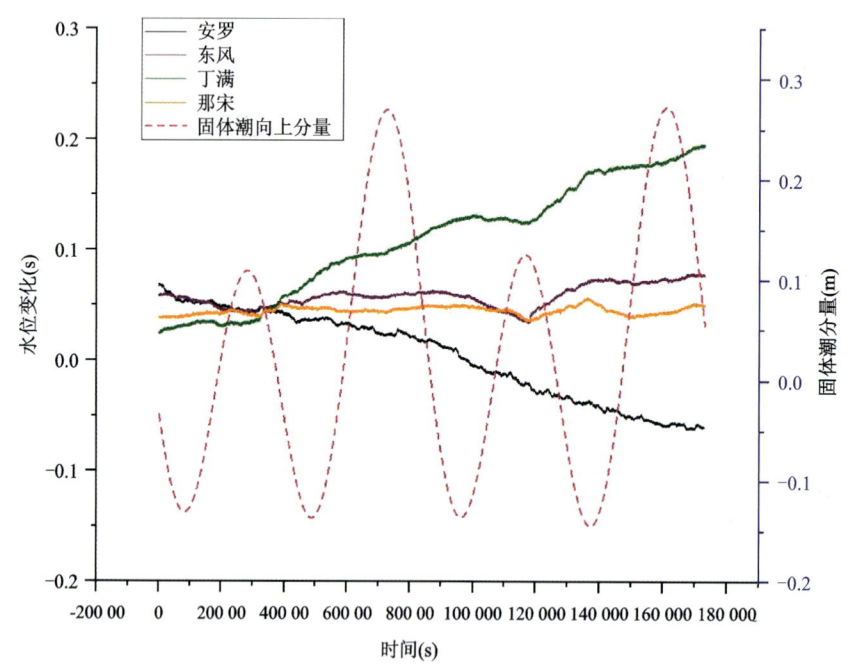

图7-12　第一周期纬度对比带水位监测和理论固体潮向上分量曲线

在第一周期内,安罗村的水位有一个下降的趋势;丁满村的水位存在一个上升的趋势;每个村的水位变化存在一个周期性的波动;水位周期性的波动与固体潮向上分量的波动存在负相关的关系;水位的周期性波动略慢于理论固体潮的周期性波动。

在第二周期的监测中,覃斗村、高流水村和和安中学3个监测点同样存在数据受影响波动较大的问题,只有纬度对比带的数据是较可靠的。第二周期的监测,探头的采样频率从每个5s提高到每个3s,其纬度对比带和理论固体潮的值如图7-13和图7-14所示。从第二周期纬度对比带水位监测和理论固体潮向上分量曲线中可以更加明显地看出第一周期中发现的5个规律,对第一周期中发现的规律进行了验证。

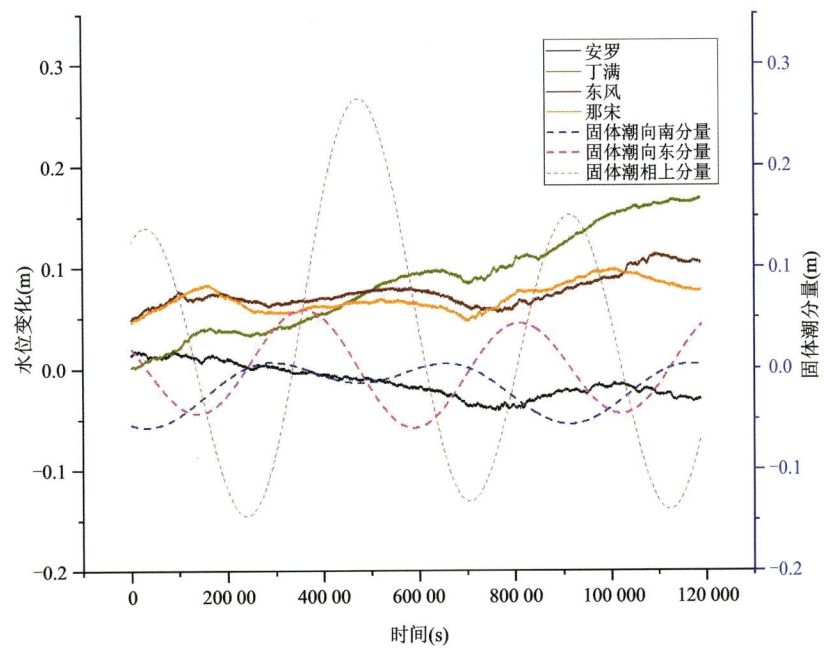

图7-13　第二周期纬度对比带水位监测和理论固体潮曲线

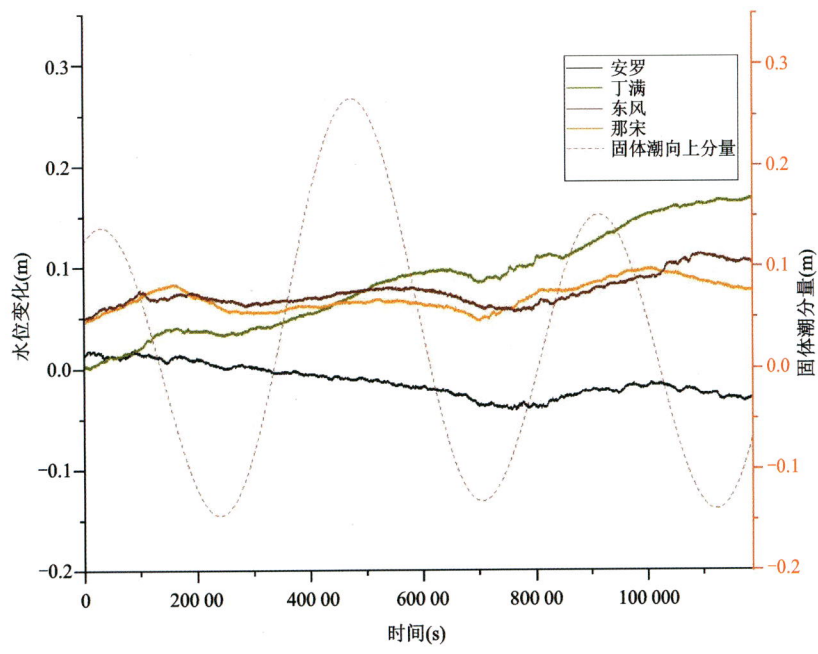

图7-14　第二周期纬度对比带水位监测和理论固体潮向上分量曲线

在和安镇的海潮和地下水的对比监测中,两个探头分别放置在深孔和浅孔两个相邻的水文观测井中,另有一个探头置于海中。其分布位置如图7-15所示,和安中学和海潮水位监测及理论固体潮向上分量的曲线如图7-16所示。可以得到以下几点规律:海潮的变化周期与理论固体潮的向上分量变化周期一致,变化方向相反,略慢于固体潮;深井水位的变化周期与理论固体潮的向上分量变化周期一致,变化方向相反,略慢于固体潮;深井水位的变化周期与海潮的变化周期一致,变化方向相同,略慢于海潮;浅井水位的变化周期与深井水位的变化周期一致,变化方向相反。

经过分析发现,不同地方的水位变化均呈现出一定的规律性,其变化周期与固体潮周期一致,但其变化方向存在差异,其中的联系有待进一步研究。

图 7-15　和安镇监测点布置图

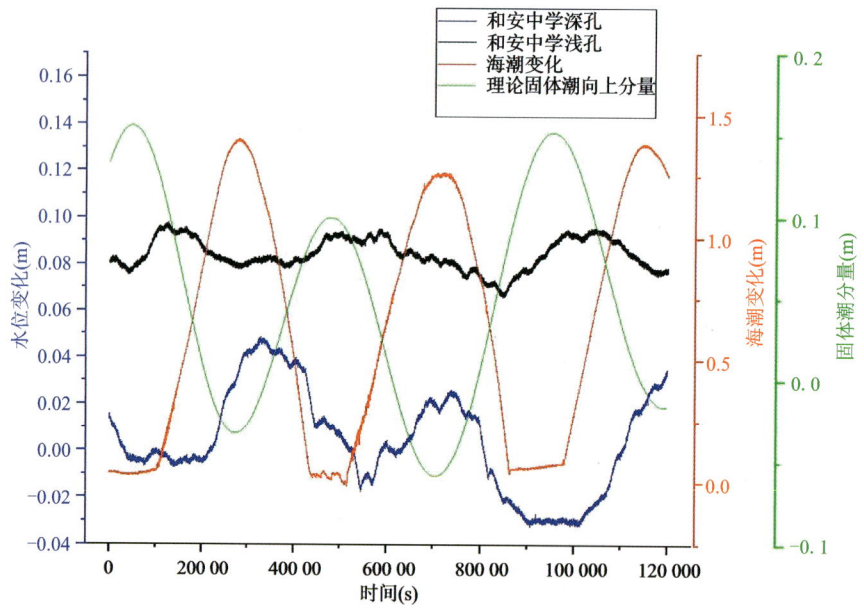

图 7-16　和安中学和海潮水位监测及理论固体潮向上分量曲线

3. 地下水流速流向监测

流速流向的监测在和安镇和安中学与外罗镇的后山溪。和安中学的监测点分别监测了 13m、14m、15m 深度,后山溪的监测点分别监测了 21m、23m、25m、27m、29m、30m 深度。监测点钻孔岩性如表 7-28 所示。监测手段采用钻孔成像仪和流速流向仪以及 solinst 探头相结合的办法。首先采用钻孔成像仪探明观测井的情况,找到含水层位置,其次在含水层位置进行流速流向监测。同时,solinst 探头同步置入井中,观测井内温度和压力的变化。对监测到的数据采用"深层地下水运移数据分析软件 V1.0"进行处理,最终绘制水流质点运动轨迹图。

表 7-28　流速流向监测点钻孔信息表

监测点位置	孔深	岩性
徐闻县外罗镇后山溪村	35m	21m监测深度为玄武岩,局部裂隙较发育;其余监测深度为黏土层,近水平层理发育,单层厚度一般为2~15mm,层面间粉砂
徐闻县和安镇和安中学	252.11m	监测层为黏土和粗砂层

和安中学监测点的水流质点运动轨迹如图 7-17 所示,可以看出,在 13m 和 14m 深度地下水向北流,在 15m 深度地下水向东流。资料显示,监测点的西部和南部是地势较高区,而北侧和东侧临海,推测是地下水由于重力作用产生朝北和朝东的流动轨迹。

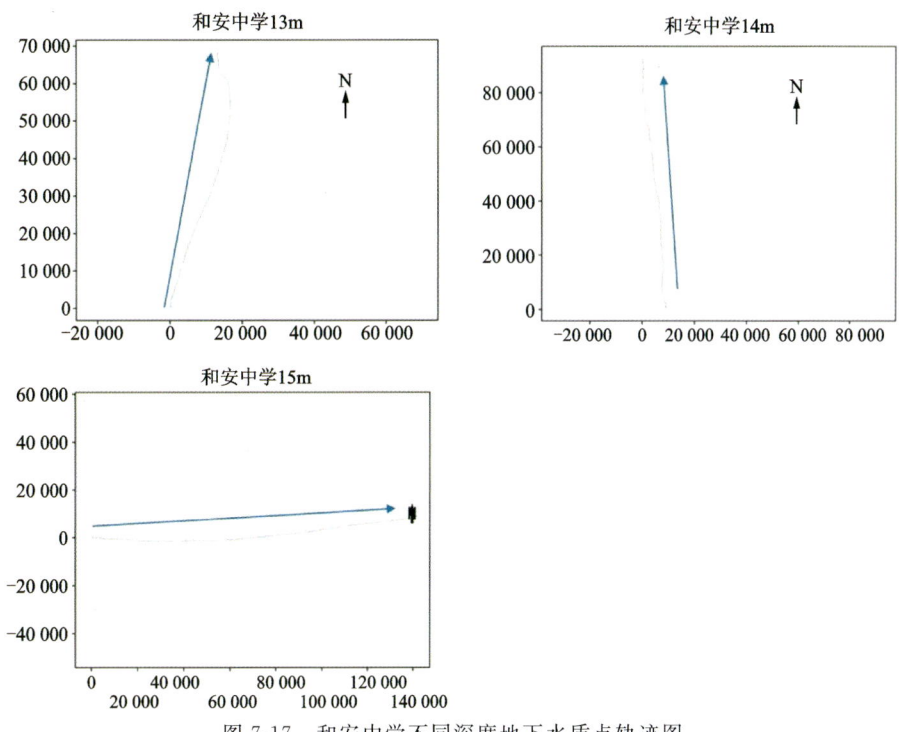

图 7-17　和安中学不同深度地下水质点轨迹图

后山溪监测点的水流质点轨迹如图 7-18 所示,总体向南东方向流动。经过分析发现,两个流速流向监测点的水流方向均呈现出一定的方向性,随着监测深度的改变,水流方向存在差异。在每个深度的监测中,水流在保持一定的方向性的同时,也存在着小幅波动,在质点运动图上表现为一段凹凸的曲线。推测其波动与固体潮存在一定的联系,其中的理论关系有待进一步研究。

七、大冠沙地区多层含水层地下水咸化模式

随着自然趋势和集中的人为活动,地下水盐渍化已经成为沿海含水层系统中一个特别普遍的环境问题。现代海水入侵大陆,特别是在人口稠密的沿海地区,往往是强烈的含水层开采引起地下水盐渍化。海水入侵引起的地下水盐渍化一般被认为是不可逆的。其他几个方式,如深海盐水的贡献、工业和水产污染或废水处理、灌溉水回流、蒸散物的溶解或海洋气溶胶也可能导致地下水盐渍化。了解地下水资源的盐渍化是认识其盐渍化来源和制订沿海含水层管理战略的基础。

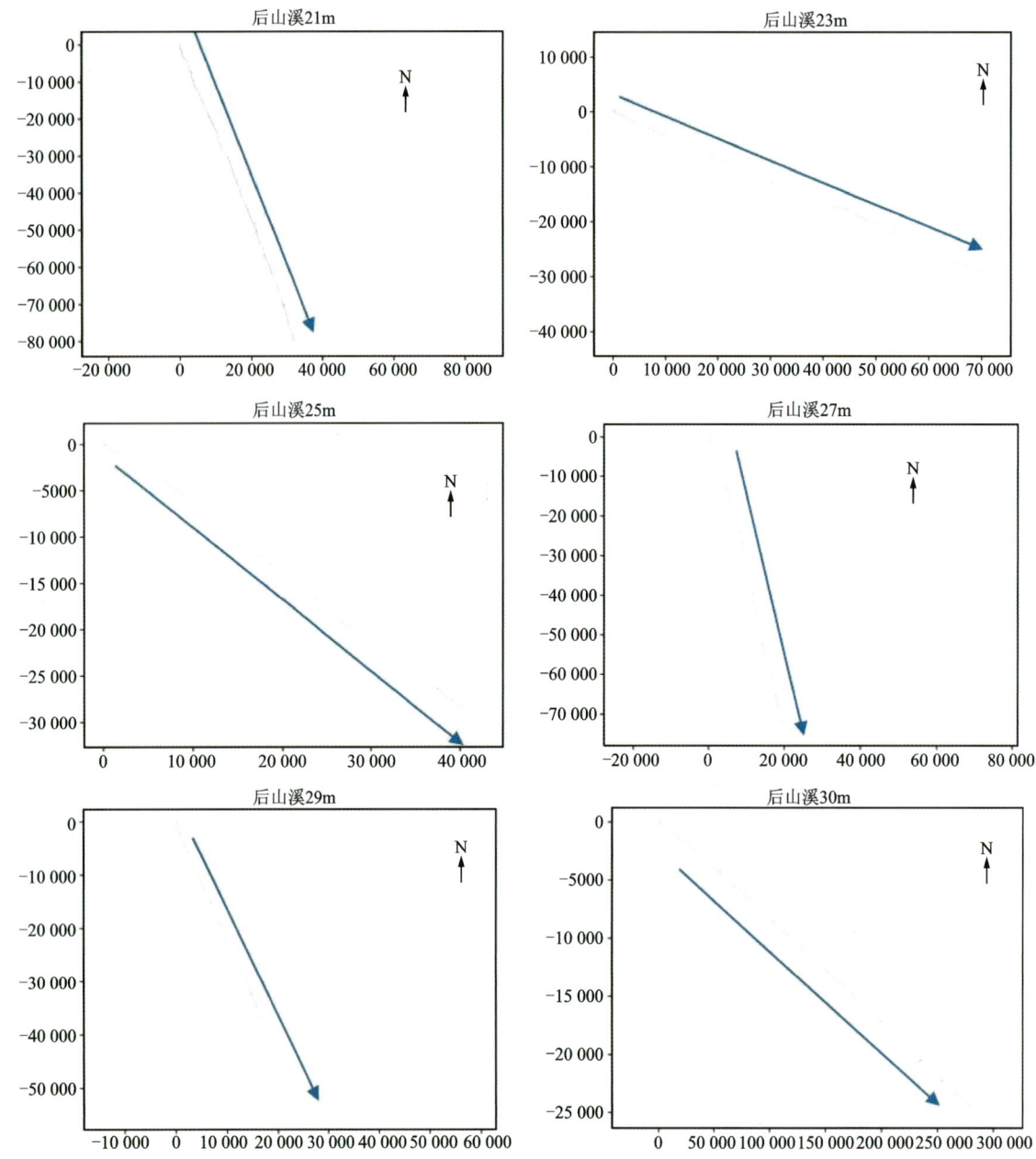

图 7-18 后山溪不同深度地下水质点轨迹图

利用多种示踪剂是更好地了解沿海含水层地下水盐渍化机理的最有效手段之一。主要离子与 ^{18}O 和 ^{2}H 同位素之间的关系被广泛应用于盐渍化过程的评价。$^{87}Sr/^{86}Sr$ 比值在水化学中经常被用作水-岩石相互作用或沿海环境中盐度来源的示踪剂。溶解无机碳的碳同位素($\delta^{13}C$-DIC)有助于破译各种转换地下水成分引起的水文地球化学和生物过程的进化路径。地下水是北海地区主要的可利用淡水资源，滨海含水层的盐渍化是水质的控制因素，它限制了地下水的开发利用，影响了当地的生态价值。北海地下水超采引起的海水入侵及其对地下水水位的影响，国内外已有大量研究，研究还包括了低 pH 值和淡水-盐水界面的影响。本研究的目的是采用多个同位素($\delta^{2}H$、$\delta^{18}O$、$\delta^{13}C$、$^{87}S/^{86}Sr$)结合水文地质、水化学(主要离子)方法来确定地下水的起源和北海地区沿海含水层盐渍化受到的自然和人为过程。本研究建立了一个概念模型，可适用于其他类似的沿海含水层，并适当地纳入当地的地质环境。

(一)研究区域

本研究大冠砂位于北部湾北部海岸(图 7-19),在北海海岸平原一般平面和高程范围海拔 8~25m。研究区属亚热带湿润季风气候,气温变化 2~37℃(年均 22.6℃),年降水量 849~2382mm(年平均降水量 1667mm)。降雨主要发生在 5 月至 10 月,占全年降水量的 80%以上,平均潜在蒸发量为 1756mm/a。该地区的地下水资源主要在新近纪和第四纪沉积含水层中,为疏松的砂、砾石和砂质黏土等沉积物(图 7-20)。研究区大致分为一个非承压含水层和 4 个承压含水层。非承压含水层主要由粗砂和细砾组成,分别对应于靠近海滩的全新世(Qh)和内陆地区的中更新世(Qp_2),厚度为 218m。

图 7-19 监测井位置

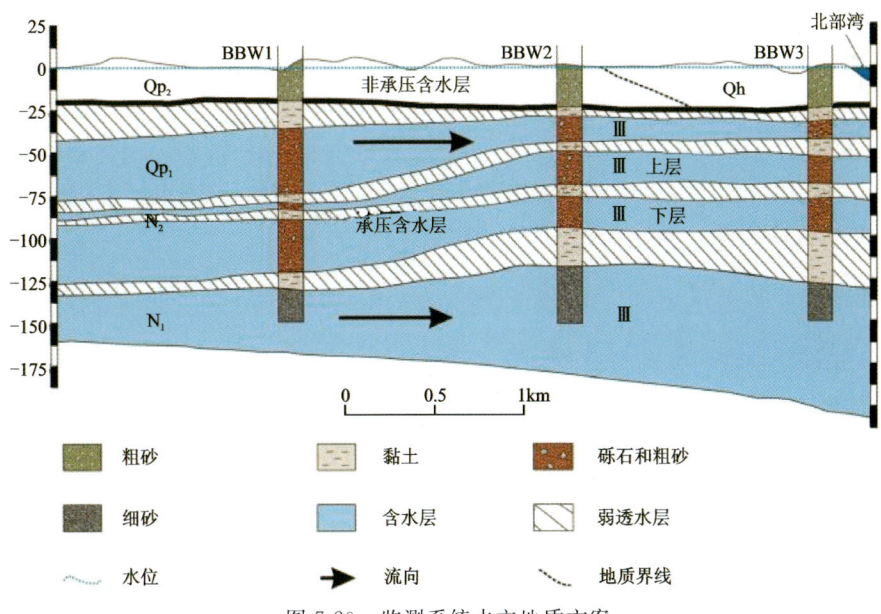

图 7-20 监测系统水文地质方案

承压含水层Ⅰ为早更新世（Qp_1）砂砾质、黏土质粗砂，深度8~30m。含水层Ⅱ由上承压含水层和下承压含水层组成，各含水层由粗砂和黏土砂组成，时代属中新世（N_2）。承压含水层Ⅲ由古近纪（N_1）细砂和中细砂组成。非承压含水层与承压含水层之间由开采深层地下水的钻孔连接，这些钻孔可促进非承压含水层向承压含水层的渗漏补给。

（二）研究方法

在3个点共安装了15口监测井，如图7-19中的绿色标志所示。每个点由5口井组成，其中1口井位于非承压含水层，4口井位于4个不同的承压含水层。2013年1月，从监测井中直接采集了15个地下水样本。在3个监测点，取样使用的是小直径便携式泵，在取样前泵入30min，以确保取样来自含水层水，而不是来自井内的死水。现场测定温度、总溶解固体（TDS）和pH值。碱度（如HCO_3^-）在取样时用滴定法测定。样本一式两份，储存在4℃聚乙烯瓶中，用超纯硝酸使样本酸化（pH<2），进行金属和锶同位素分析。样品组成采用电感耦合等离子体发射光谱法（ICP-OES）和离子色谱法（IC）测定，可测定水的^{18}O和^{2}H同位素。这些BBW3样品在实验室中被污染，导致BBW3井数据不真实，没有同位素数据。水样品的锶同位素比值（$^{87}Sr/^{86}Sr$）由中国地质调查局武汉地质调查中心采用热离子质谱法（TIMS）测定。

（三）化学成分与同位素测试结果

1. 化学成分

地下水样品的化学结果见表7-29。地下水的pH值一般为弱酸性，范围为2.93~7.40，平均值为5.40。BBW1场地采集的所有地下水样品TDS值均较低，范围为28.81~106.40mg/L。承压含水层Ⅲ、BBW2、BBW3、BBW3非承压含水层地下水样品TDS值（401.13~826.13mg/L）小于1g/L，属于淡水类。在BBW2场地的非承压含水层和BBW2、BBW3场地的承压含水层Ⅱ、Ⅲ层中均发现了TDS值极高的咸水样品（4178.17~10186.03mg/L）。样品中主要离子组成绘制在图7-21的Piper图上，地下水的主要化学类型为Na-Cl和Na-Cl·HCO_3类型。低、高TDS样品分别与Ca-HCO_3型和Na-Cl型相对应。地下水阳离子浓度主要由Na^+和Ca^{2+}控制，阴离子浓度主要由Cl^-和HCO_3^-控制。主要阳离子的相对浓度顺序为$Na^+>Mg^{2+}>Ca^{2+}>K^+$，阴离子的相对浓度顺序为$Cl^->SO_4^{2-}>HCO_3^->NO_3^-$。TDS含量有增加的趋势，一般与氯化物浓度的增加有关（表7-29）。BBW1场地含水层地下水样品的氯化物浓度极低，在1.74~8.88mg/L范围内。BBW2、BBW3站点地下水中氯含量明显增加。BBW2、BBW3处非承压含水层氯含量差异较大，为360.46~4764mg/L。承压含水层Ⅰ和Ⅱ的地下水中氯化物浓度非常高，在2493~5691mg/L之间，而承压含水层Ⅲ的地下水中氯化物含量相对较低（范围为173~283mg/L）。此外，在各监测点，承压含水层Ⅰ和承压含水层Ⅱ的地下水氯离子浓度普遍高于非承压含水层和承压含水层Ⅲ。

2. 同位素组成

地下水样品的同位素结果如表7-30所示。地下水$δ^2H$、$δ^{18}O$同位素比率分别为-52‰~-32.6‰和-8.06‰~-4.22‰，从每个含水层地下水$δ^2H$和$δ^{18}O$值向大海流动方向增加。在垂直方向，承压含水层Ⅰ和承压含水层Ⅱ的地下水同位素比值普遍高于非承压含水层和承压含水层Ⅲ。

承压含水层的地下水样品溶解无机碳同位素（$δ^{13}CDIC$）从-15.44‰到-3.02‰。通常在上含水层（承压含水层Ⅰ和承压含水层上部Ⅱ）地下水$δ^{13}CDIC$值相对丰富（-7.86‰~-3.02‰）和低含水层（低承压含水层Ⅱ和Ⅲ承压含水层）$δ^{13}CDIC$值通常较低（-15.44‰~-6.62‰）。

表 7-29 不同深度监测井地下水样品化学组成

样品号	含水层性质	深度	pH	TDS*	K^+	Na^+	Ca^{2+}	Mg^{2+}	NO_3^-	Cl^-	SO_4^{2-}	HCO_3^-	水化学类型
BBW1 站点													
A01	非承压水	29	5.88	30.95	0.59	3.73	1.98	0.68	3.86	5.27	4.06	8.01	$Cl \cdot HCO_3$-Na·Ca
A02	含水层Ⅰ	46	5.53	41.87	0.66	6.45	1.14	0.56	4.01	8.88	3.95	12.02	$Cl \cdot HCO_3$-Na
A03	上含水层Ⅱ	76	5.51	32.89	0.58	2.87	0.87	0.46	3.17	4.62	3.79	12.02	$Cl \cdot HCO_3$-Na
A04	下含水层Ⅱ	108	5.81	28.81	0.52	2.68	0.70	0.22	3.62	3.10	3.78	8.01	$Cl \cdot HCO_3$-Na
A05	含水层Ⅲ	136	6.35	106.40	5.12	3.69	10.59	2.68	1.90	1.74	9.26	51.07	HCO_3-Ca
BBW2 站点													
B01	非承压水	20	5.60	8 477.52	94.79	2 511.00	131.80	312.00	29.80	4 764.00	570.00	44.06	Cl-Na
B02	含水层Ⅰ	40	5.78	9 338.51	151.10	2 824.00	133.70	325.40	29.90	5 268.00	555.90	68.09	Cl-Na
B03	上含水层Ⅱ	64	4.20	9 564.44	68.35	2 948.00	133.20	354.40	30.15	5 486.00	514.95	8.01	Cl-Na
B04	下含水层Ⅱ	90	4.05	4 178.17	13.45	1 269.00	66.04	157.40	24.90	2 493.00	122.40	4.01	Cl-Na
B05	含水层Ⅲ	136	6.06	405.61	12.03	105.10	10.29	8.83	<0.05	173.00	5.98	84.11	$Cl \cdot HCO_3$-Na
BBW3 站点													
C01	非承压水	20	7.40	826.13	10.82	218.60	35.16	37.31	5.39	360.46	90.86	124.36	Cl-Na
C02	含水层Ⅰ	39	7.15	8 134.34	101.20	2 494.00	105.47	335.78	3.81	4 300.21	757.13	54.60	Cl-Na
C03	上含水层Ⅱ	83	4.28	6 528.14	89.13	2 060.00	87.90	234.51	6.96	3 458.61	574.52	0	Cl-Na
C04	下含水层Ⅱ	96	2.93	10 186.03	51.52	3 082.00	140.63	410.40	2.69	5 651.47	834.32	0	Cl-Na
C05	含水层Ⅲ	145	4.64	401.13	19.41	33.54	22.05	15.87	0.32	283.70	14.04	12.20	Cl-Na
BBW-Sea	—	—	7.50	16 031.40	158.20	4 670.00	194.40	597.60	—	8 539.90	1 429.70	—	Cl-Na

注：* TDS and ionic values in mg/L。

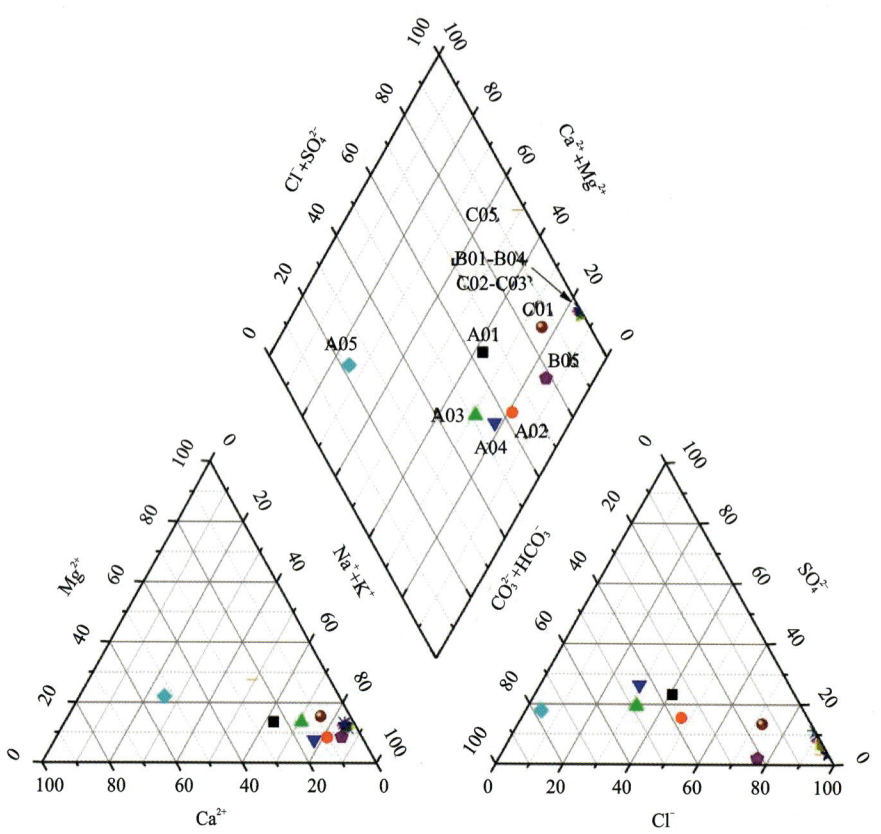

图 7-21　地下水样品中主要离子的 Piper 三线图

表 7-30　地下水和海水样品的同位素组成

样品号	含水层性质	深度	$\delta^2 H$(‰)	$\delta^{18}O$(‰)	$\delta^{13}C$(‰)	$^{87}Sr/^{86}Sr$
BBW1 站点						
A01	非承压水	29	−52.0	−8.1	—	0.713 16
A02	含水层Ⅰ	46	−48.1	−7.5	−3.1	0.714 74
A03	上含水层Ⅱ	76	−45.1	−7.0	−7.8	0.714 40
A04	下含水层Ⅱ	108	−50.0	−7.5	−15.4	0.714 34
A05	含水层Ⅲ	136	−51.7	−7.9	−14.3	0.719 22
BBW2 站点						
B01	非承压水	20	−34.5	−4.7	—	0.708 88
B02	含水层Ⅰ	40	−32.6	−4.2	−5.2	0.709 27
B03	上含水层Ⅱ	64	−34.8	−5.3	−3.9	0.709 70
B04	下含水层Ⅱ	90	−43.7	−6.7	−13.9	0.710 62
B05	含水层Ⅲ	136	−41.2	−6.2	−6.6	0.713 94
BBW-Sea	—	—	−9.4	−1.2	—	0.708 97

10个有效地下水样品的$^{87}Sr/^{86}Sr$比值测量值为0.708 88~0.719 22(中位数0.712 83),BBW1和BBW2的差异显著。BBW1场地抽取的地下水样本$^{87}Sr/^{86}Sr$值大多高于BBW2场地。锶同位素比值随深度的增加而显著增加,从BBW1处的0.713 6(29m)增加到0.719 22(136m),从BBW2处的0.708 88(20m)增加到0.713 94(136m)。

(四)地下水来源

所有水样点接近由克雷格(1961)提出的全球大气降水线(GMWL$\delta^2H=8\delta^{18}O+10$)和当地的大气降水线(LMWL$\delta^2H=7.94\delta^{18}O+13.77$,见图7-22),说明大部分地下水资源来源于大气降水。地下水样本BBW2相对BBW1有相对丰富的δ^2H和$\delta^{18}O$值,表明海水是BBW2地下水的主要来源,尤其是上含水层(非承压含水层、承压含水层、上承压含水层Ⅱ)。同位素组成的这种变化与BBW02场地地下水中Cl^-浓度和TDS值的增加相一致。通过新鲜地下水与海水的简单二元混合,B01~B03样品的海水贡献率至少达到50%。该比值与TDS值和Cl^-浓度的比值一致。这些样品(B01和B02)明显偏离了混合线,说明地下水经历了混合和蒸发过程,而不是单独的混合过程。氯通常被认为是地下水盐渍化的保守示踪剂,因为它不受吸附过程和生物转化的显著影响。从承压含水层Ⅲ中采集的地下水可在更新世等寒冷期进行古地下水补给,同位素组成贫乏,离子含量较低。此外,这些地下水样品的^{14}C年龄(高达12~14ka)可以为旧时期的地下水补给提供有力的证据。BBW2场地其他地下水样品表现出淡水与海水混合的特征。化学和同位素数据之间的这种关系为海水参与地下水盐度的主要来源提供了证据。

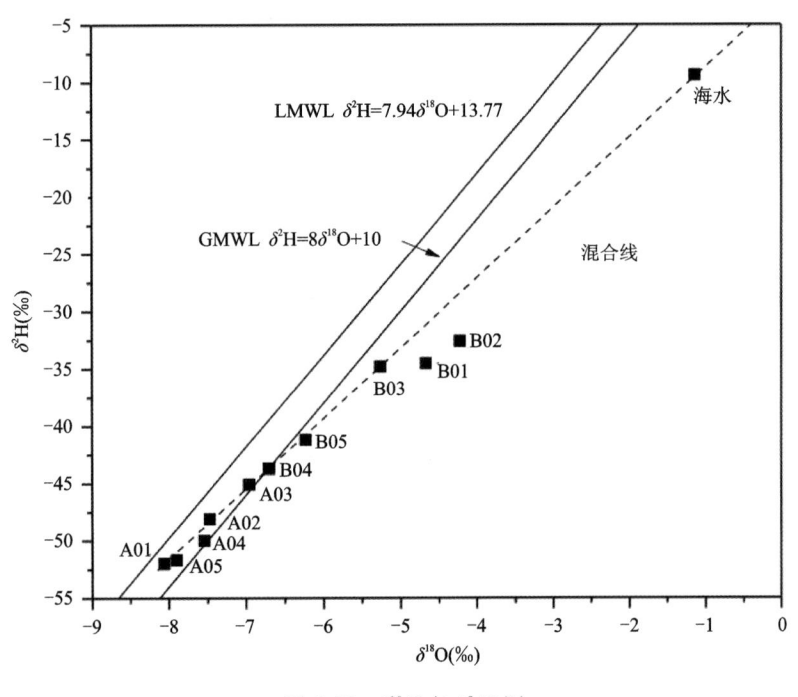

图7-22 $\delta^{18}O$与δ^2H图

Sr同位素比值还可以为地下水系统的来源、途径和水岩相互作用提供有价值的信息。地下水溶质Sr同位素比值的差异受初始输入(如沿流路的矿物学、矿物溶解和停留时间)的变化控制。BBW1场地不同含水层采集的地下水样品$^{87}Sr/^{86}Sr$值与硅酸盐矿物风化的平均$^{87}Sr/^{86}Sr$比值相似(图7-23b),$^{87}Sr/^{86}Sr$值为0.718,最可能是花岗岩风化。含水层中的矿物主要是石英(50%以上)和少量的黏土矿物,如高岭石、绿泥石和伊利石。含有少量可溶性成分的松散沉积物的长期溶解导致该地区地下水的TDS较低。$^{87}Sr/^{86}Sr$比值与Cl^-浓度之间的关系进一步证明了沿海地区地下水主要受降水入渗和海水入侵的影响。

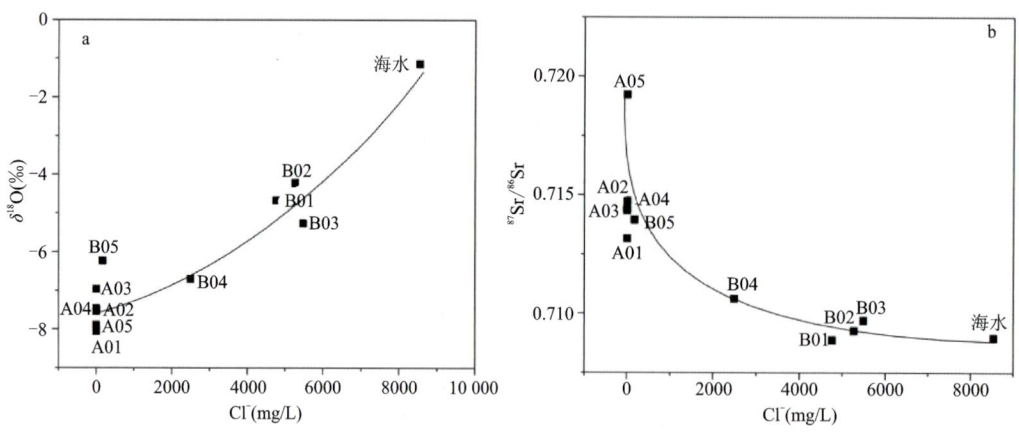

图 7-23 淡水和海水之间的混合界线值

(五) 地球化学过程的识别

研究发现,地下水中主要阳离子和阴离子为低 TDS 的 $CaHCO_3 \cdot Cl$ 型至高 TDS 的 Na-Cl 型水化学相演化(图 7-24)。一般来说,较低 TDS 的样本远离海岸,而较高 TDS 的样本位于海岸(图 7-24)。显然,氯是这些样本的主要组成之一,这主要与盐度影响地下水的起源有关。在大多数样品中,氯化物的含量与钠的浓度有很强的相关性(图 7-24a)。Na^+ 和 Cl^- 的优势是它们靠近大海,通过海水的喷射和入侵来解释。从 Mg^{2+}-Cl^- 图(图 7-24b)可以看出,大部分被分析的水样中 Mg^{2+} 和 Cl^- 的含量都有所增加,这说明 Mg^{2+} 对这些地下水盐度的贡献也主要来源于海水。从图 7-24c 可以看出,Cl^- 和 SO_4^{2-} 的曲线几乎完全接近于海水混合线,显示了海水的来源。特别是从 BBW2 场地采集的大多数样品中,SO_4^{2-} 的值明显低于混合线,表明可能是另一来源造成了该场地地下水的盐渍化。关于在这一地区进行的陆基海洋养殖活动,由于降水和新鲜地下水的稀释,养殖池塘底部沉积物中硫酸盐的浸出减少,这可以解释观测到的硫酸盐浓度低。这些地下水样本中相对较高的 NO_3^- 浓度(表 7-29)也为陆基海洋养殖废水的影响提供了重要证据。

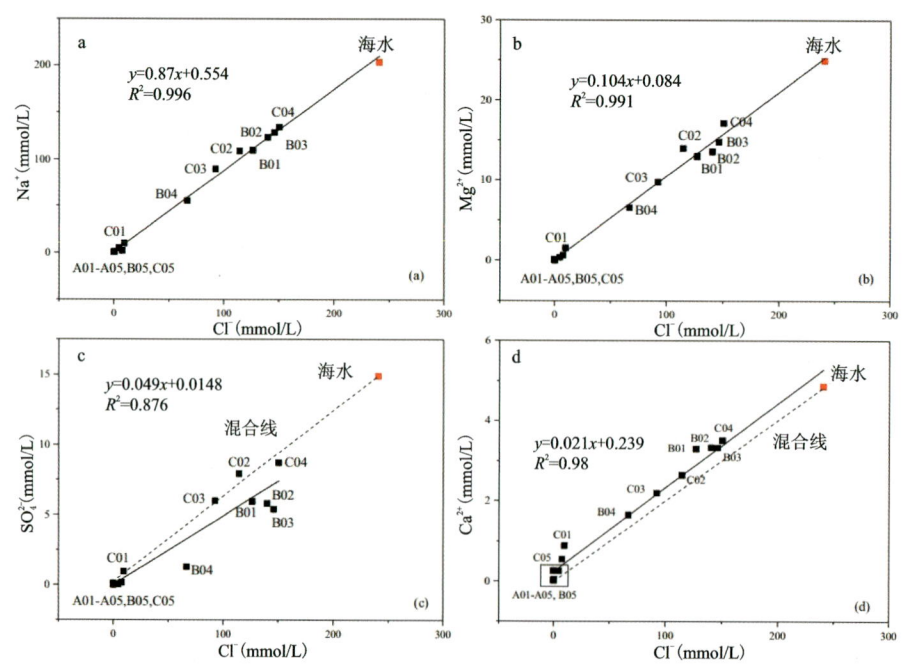

图 7-24 分析的地下水样品中氯离子与选定离子(以 mmol/L 表示)之间的二元图

Cl⁻的浓度一般随着Ca^{2+}浓度的增加而增加,这表明这些样本中的Ca^{2+}和Cl⁻可能来自与海水相同的来源。此外,对于大多数中等至高盐度的样品,Cl⁻和Ca^{2+}在理论海水混合线上(图7-24d),这表明可能发生其他一些过程导致含水层Ca^{2+}含量增加。在可能发生海水入侵的环境中,离子交换可以强烈地改变地下水中一价/二价离子的比例。这些高盐度样品中相对较高的Ca^{2+}浓度可能是含水层基质中的离子交换作用,导致Na^+被黏土矿物吸收,同时释放Ca^{2+}。离子交换机制受含水层基质黏土质部分控制,黏土质部分具有较高的阳离子交换能力。这条线的斜率为1.325,R^2为0.85(图7-25),本质上表明主要阳离子(Ca^{2+}、Na^+、K^+、Mg^{2+})参与了离子交换反应。从BBW2和BBW3站点采集的大部分地下水样品表明,Ca^{2+}和Mg^{2+}浓度升高,Na^+和K^+浓度降低。

$$Na^+ + \frac{1}{2}CaX_2 \rightarrow NaX + \frac{1}{2}Ca^{2+}$$

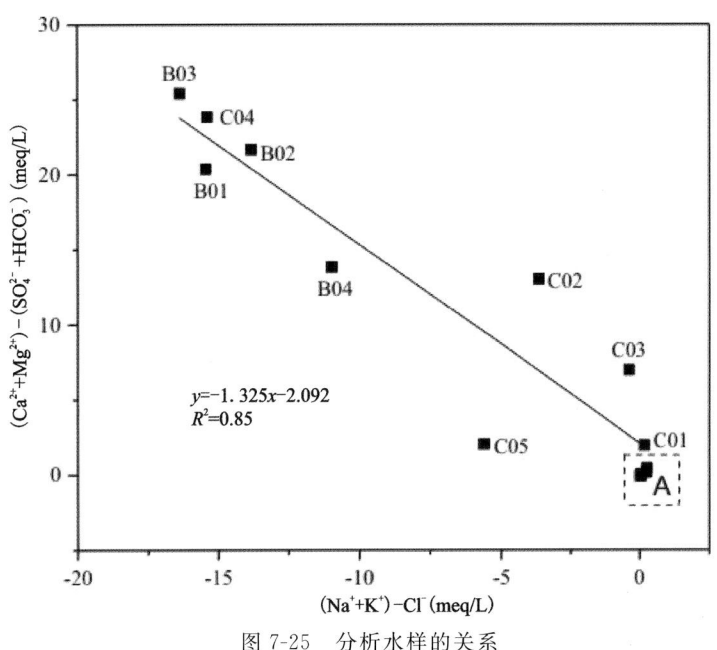

图7-25 分析水样的关系

为了检测哪些矿物可以在含水层系统中沉淀或溶解,使用PHREEQC程序计算地下水中选定矿物相的饱和状态,所选矿物饱和指数(SI)与相关离子含量的关系如图7-26所示。海盐、石膏、方解石和白云石的硅值小于零,表明相对于这些矿物相处于欠饱和状态。海盐、石膏等陆相矿物可控制海水的主要成分。海水中Na^+的逐渐过量可能导致与含水层基质中Ca^{2+}的进一步交换,导致含水层中Ca^{2+}浓度的增长,进而导致含Ca矿物的沉淀。在天然地下水中,DIC的来源有:①$CO_2(g)$的溶解来自于土壤区根呼吸和不稳定土壤有机质的腐烂。②碳酸盐的溶解。在这一地区,海水入侵对地下水的化学成分有显著影响,这可能是这些地下水中DIC的另一个重要来源。DIC浓度与$\delta^{13}CDIC$地下水样品如图7-27所示。上含水层中的地下水(Ⅰ和承压含水层上部Ⅱ)承压含水层将丰富$\delta^{13}CDIC$值,表明海水的贡献是这些样本中DIC的主要来源。下承压含水层的地下水结果Ⅱ和Ⅲ承压含水层耗尽$\delta^{13}CDIC$值,表明DIC的深层含水层可能主要来源于微生物降解的C_3植物($\delta^{13}CDIC$值约−23‰)。样本B05DIC浓度相对较高,$\delta^{13}CDIC$值可以归因于海洋碳酸盐的溶解($\delta^{13}CDIC$值−5‰~+3‰)。DIC浓度的变化和$\delta^{13}CDIC$值在这些地下水的样本显示,上层之间的连接性(非承压含水层、承压含水层Ⅰ和Ⅱ)和较低的含水层(承压含水层Ⅲ)相对较弱。

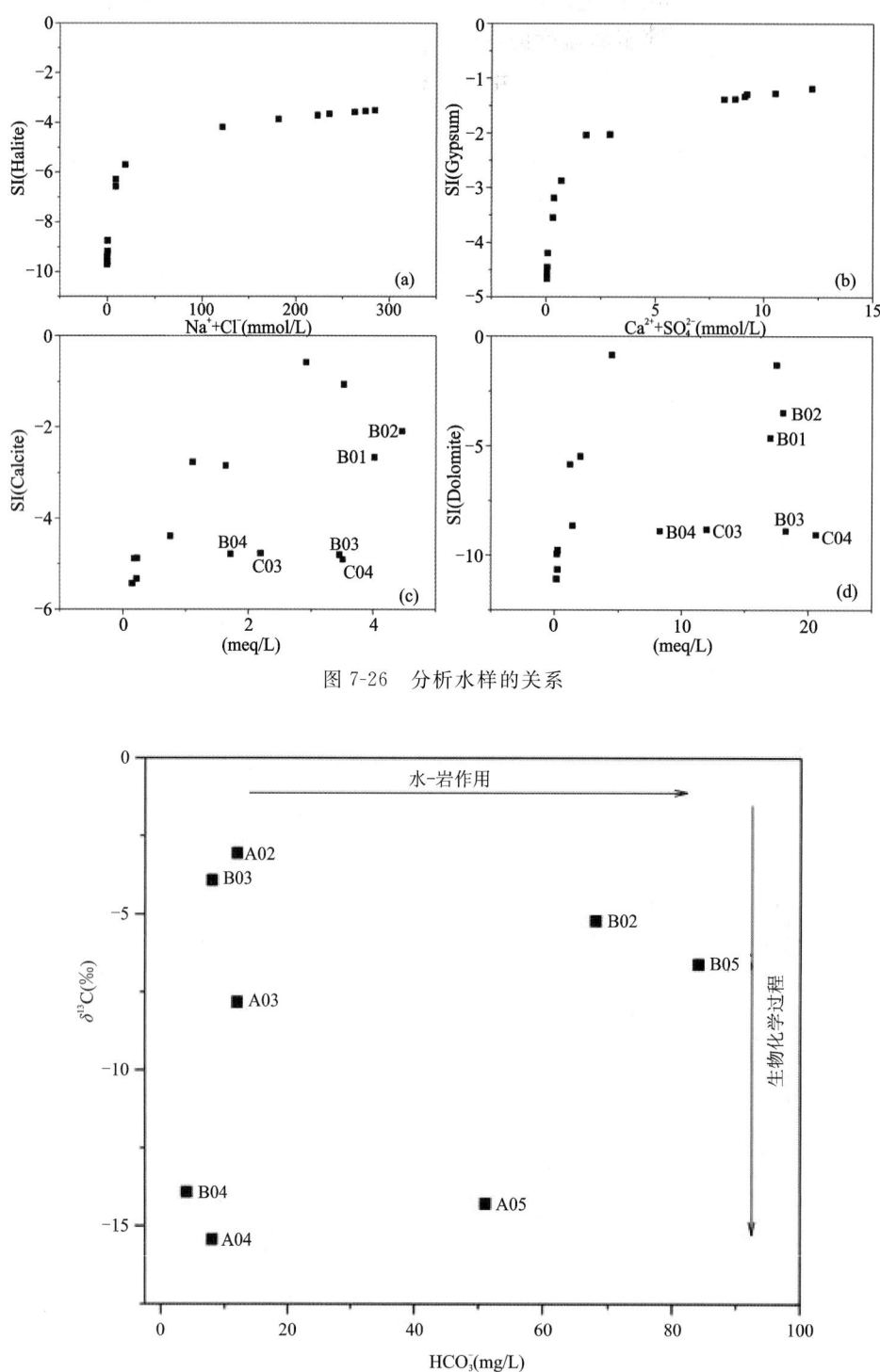

图 7-26 分析水样的关系

图 7-27 HCO_3^- 和 $\delta^{13}C$ 之间的关系

（六）盐渍化通道

地下水盐渍化可能与北部湾现代海水入侵、大冠砂地区养殖池海水入渗等海洋影响有关。陆基养殖是水产养殖区地下水盐渍化的主要原因。在这种情况下，氯离子浓度应随深度沿垂直剖面下降。但在45～120m之间的承压含水层Ⅰ和承压含水层Ⅱ在不同季节的氯含量高于上、下含水层；其中，以承压含水层Ⅰ值最高（图7-28）。BBW1监测井采集的地下水样品Cl^-含量极低，说明水-岩与松散沉积物中矿物质的相互作用是无效的。Cl^-浓度在垂直方向上的变化主要受含水层基质成分与水-岩相互作用的控制。在BBW2场地，除承压含水层Ⅲ外，其余地下水样品均受到混合海水的显著影响，海水的测量氯含量在2793～4764mg/L之间。非承压含水层中Cl^-含量高可能是由于地下水样品中NO_3^-浓度升高而受到陆基养殖的影响。

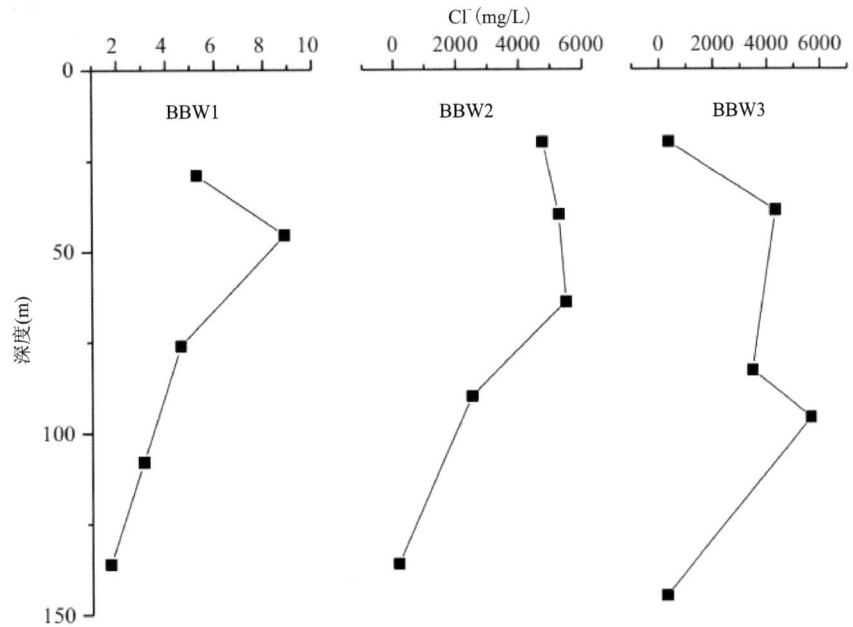

图7-28 监测井BBW1、BBW2、BBW3多含水层地下水样品氯含量

承压含水层Ⅰ的Cl^-含量高于非承压浅层，说明承压含水层的盐度既受上部含水层的渗漏影响，也受北部湾海水入侵影响。承压含水层中Cl^-浓度呈下降趋势，说明承压含水层中受污染地下水的渗漏是造成承压含水层地下水盐渍化的主要原因。滨海BBW3场地的地下水样品在承压含水层Ⅰ和下承压含水层Ⅱ中Cl^-含量与海水的Cl^-含量明显较高，说明这两个含水层与海洋的联系良好，明显受到海水入侵。承压含水层Ⅲ地下水Cl^-含量较低，TDS值较低，说明该含水层与上部含水层的连通性较弱，淡水的向海运动阻止了咸水侵入该含水层。

（七）地下水盐渍化主要过程的概念模型

通过化学和同位素示踪解释，建立了大冠砂地区地下水盐渍化主要过程的概念模型，模型的主要特征如图7-29所示。

（1）渗透和泄漏。在BBW2场地，化学和同位素数据之间的关系提供的证据表明，海水可能是承压含水层Ⅰ中地下水和盐度的一个重要来源，原因是海水从培养池渗入。上含水层的渗漏严重影响承压含水层的水质。

（2）海水入侵。对于BBW3场地，由于地下水的过度开采，承压含水层Ⅰ和下承压含水层Ⅱ明显存在北部湾海水入侵。与上含水层的弱连通性和淡水的向海运动阻止了盐水对承压含水层Ⅲ的侵蚀。

（3）混合效果。在BBW2和BBW3的地下水组成中，淡水和盐水的混合（来自表层养殖池的渗透和来自北部湾的海水入侵）占主导地位。

（4）水-岩相互作用。BBW1场地地下水的化学组成主要受大气降水和水-岩相互作用的控制。矿化度还受到一系列水化学过程的控制，包括黏土矿物中的阳离子交换、溶解作用和微生物活动。

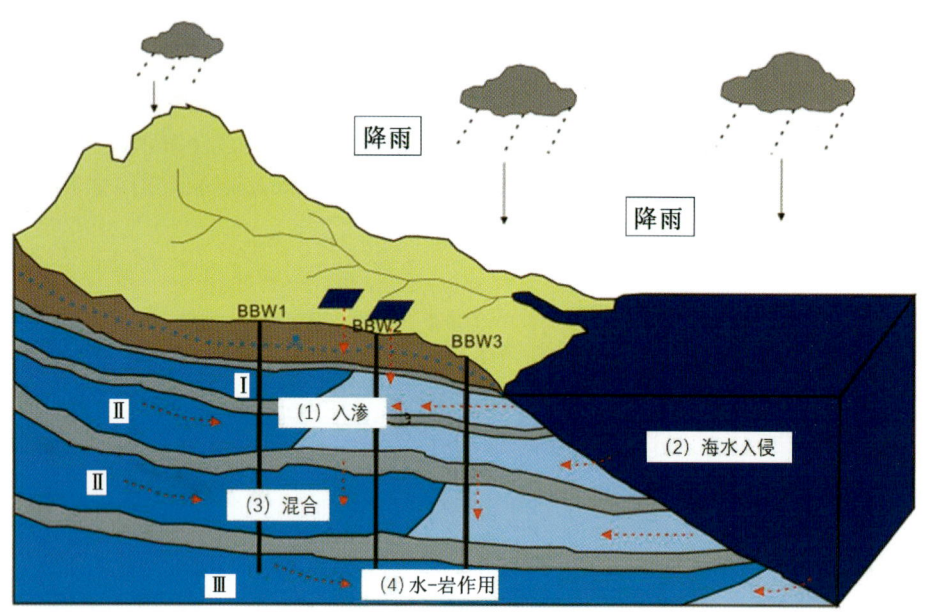

图 7-29 大冠砂地区含水层的概念模型

八、湛江市地下水资源保护

(一)地下水资源保护分区

1. 地下水资源保护分区的设立

地下水水源保护区主要根据《饮用水水源保护区划分技术规范》(HJ/T 338—2007)有关规定和要求进行划分,将湛江市地下水水源地划分为一级保护区和准保护区,其中准保护区主要分布在研究区北、北西的廉江—吴川一带、雷北的螺岗岭—城里岭及雷南石卯岭一带,面积 2 952.76 km²;一级保护区主要分布于准保护区外围的雷州半岛一带,总面积 9 672.41 km²。

2. 保护区的主要防护措施

(1)一级保护区:设置明显的保护边界标示和必要的说明、警示牌或碑;取水点应做好加盖、围护等有效防护处理,防止外源影响;严禁在保护区内进行可能影响地下水水质的人类经济活动;严禁破坏保护区植被,提高水土保持能力和加强自然生态环境保护;严格控制保护区内地下水资源开采量,禁止过量开采,节约用水,维持地下水采补平衡和可持续利用。区内严禁高污染企业进入,对现有污染企业要求搬迁,无法搬迁时应尽快建设废水、废气、废尘处理系统,中心城区及城镇要建设公共污水处理厂,生活垃圾及固体废弃物要建设无公害化填埋处理厂,大力发展循环经济(如垃圾发电、污水处理二次利用等)。

(2)准保护区:在外围各个主要路口及路段设置明显的水源保护标志、保护指示牌、保护范围说明;禁止在保护区内规划建设有工业排污等潜在污染的工厂企业;严禁滥采乱伐树木、破坏植被和自然生态环境的行为;不得在保护区内设置排污口,严禁排放未经达标处理的污水、废水和建立不符合环保标准的废渣堆放场;禁止在保护区内进行不规范、不合理的地下水开采活动,防止地下水资源衰减;维持和促进保护区自然生态系统的良性发展。

(3)各级政府的相关部门,应在应急供水水源地保护区内,实现严格的环境保护准入制度,坚决杜绝新批高污染企业，有序淘汰或搬迁现有污染企业，积极推广、引进高科技和绿色环保产业，促进环境保护与经济建设协调可持续发展。

（4）加强地质环境监测和保护工作，建立健全地表水与地下水环境长期监测机制及危机应急处理机制，对主要河流、水库要加强环境保护和监测，防止环境变化对供水水质的影响。

（二）地下水资源保护对策与建议

为了合理利用和保护地下水资源，确保地下水资源得到充分利用，又不会产生不良的地质环境问题，对湛江市地下水资源保护提出如下建议。

1. 加强地下水开发利用的监督管理工作

建立和健全地下水资源管理法规与地下水资源开发利用监督管理制度。各级政府及水资源管理部门应大力宣传和贯彻落实"水法"，坚持实行取水许可制度，制订与"水法"配套的地方性管理法规，提高人民群众对水资源的认识，做到全社会都重视和保护水源，达到依法治水、依法管水和节约用水的目的。

要加强开采井报建审查制度和施工成井监督制度。开发地下水要实行报批制度，禁止无证开采，要按规划控制井距、井深、开采层位和开采量，密度过大的同层位开采井要采取调减、关闭等措施加以控制。申报的开采井需经专家审查、审定开采层位和开采量后才能发证，成井时应监督成井开采层位，采水时也要监督是否偷采。

2. 加强部门合作，科学管理水资源

地下水资源保护工作涉及水利、环保、城建、国土等多个政府部门，要在湛江市政府的统一领导下，加强协调，做好规划，科学管理，合理布井，科学规划开采地下水。

水行政主管部门要与城建、环保部门配合，需水量大的中、大型工矿企业不宜建设于人口密集的城镇区内，避免工业与生活争水，污水须经处理后排放，以免污染可利用的地表水、地下水资源。对没有自来水供应的地方，以及地下水丰富区域或特种需要的区域（如矿泉水、热矿水等）要进行规划，科学布井和科学开采。

科学管理水资源的原则：一是区域总量控制原则，即区域年开采量必须严格控制在区域可开采量范围以内。二是单井控制原则，单井开采必须控制在当地地下水补给模数以内。三是对现状地下水开采较为严重的地区，采取限采、回灌、另辟水源的原则。四是合理布局，分层开采。在开采潜力较大的地区开采地下水，应以分散开采为主。但在需水量大的又必须采用地下水供水的企业或城镇区，开采地下水前，必须进行充分的论证和环境影响评价。为避免开采井之间产生互相干扰和形成区域性降落漏斗，开采井之间的距离一般不宜小于1500m；开采井密度大时，必须实行分层开采，通过控制开采井数量、深度、取水层位、取水量等方法打井供水。五是岩溶地面塌陷区要严格控制抽取地下水。对于岩溶地面塌陷发育程度强、破坏生态环境较严重甚至威胁到居民住宅的地段，原则上不能开办采石场，不能抽取地下水。

3. 切实保护好浅层地下水

为了预防咸水入侵和地下水位下降过快，保护好浅层地下水是关键。因此，沿海地段禁止新增浅层地下水开采井，限制原浅层水开采井的开采量，局部全面禁止开采浅层地下水。雷南中部高台地地区应控制开采浅层水（尤其是火山岩孔洞裂隙水），使浅层地下水有足够的水量、水位（水压）往下渗透补给中深层地下水，防止地下水水位下降引发开采井干涸、吊泵和增加取水成本等问题。

4. 适度开采中层、深层地下水

虽然中层、深层地下水开发潜力大,目前仍具有较好的开发利用前景,但要在统一规划下,以分散开采为主,尽量避免开采井之间产生干扰,严格控制开采井数量、深度、取水层位、间距和取水量,合理布局地下水开采井,开采井井距不应小于1500m,集中取水点或井群密集区必须实行分层开采。凡集中开发利用地下水且取水量较大的新建工程项目,必须对开采区、开采层地下水资源进行充分论证,分别向有关部门提交水资源论证报告,计算可供开采的允许开采量,合理布井,科学确定井距、井深、单井开采降深和涌水量,以确保长期稳定地开采。

5. 综合利用地表水和地下水资源

地下水、地表水资源应合理配置、综合利用。由于区内需水量逐年增加,单方面考虑利用地下水或地表水资源作为供水水源都是不符合实际的,必须综合利用地下水和地表水资源。特别是单位面积需水量较大的城区或工业较集中的地段,除根据需要调配可以利用的地表水源外,还必须合理开发利用地下水资源。

利用地表水与地下水相互转化的关系,扩大地下水资源的补给量,增加可采量。根据各地实际情况,尽量做到丰水季节多用地表水,枯水季节多用地下水。把湛江市大厚度的地下含水层作为一个地下水库,旱季多采地下水降低水位,待到雨季时,地表水迅速补给地下水,使地面水库、地下水库和绿色水库(森林植被)联合运转,相互补充,促成区域水资源系统开发利用的整体优化。合理开发利用地下水资源是解决湛江市缺水问题的重要途径之一。随着湛江市经济的快速发展,其用水量必将逐年增大,城区大规模开采地下水的局面要逐步改变,应由以开采地下水为主逐步变成地下水、地表水并用。

综合利用水资源的原则:充分营建蓄水工程,进一步提高地表水资源的储蓄能力,尤其是要科学调蓄利用好汛期暴雨及洪水资源,实行以丰补歉,最大限度地利用水资源;优先利用河川径流,在丰水季节多用地表水,尽可能利用河水灌溉,避免河水废弃;在枯水季节多用地下水,以提高供水保证率。

6. 采取"以浅补深"的回灌方法,保护地下水资源

通过人工回灌,把多余的地表水通过天然或人工调蓄工程引蓄到含水层储备起来,在缺水的时候再提取出来使用,充分发挥地下水库对水资源的调蓄作用,以达到充分利用水资源的目的。

鉴于湛江市区已出现因部分地段大量开采地下水发生区域地下水位下降,并诱发了地面沉降的情况,可借鉴上海的经验,人工回灌补给地下水,使地下水位回升、地面沉降量减小甚至回弹。湛江市区漏斗中心区一带可采取"以浅补深"的回灌方法,即施工适量的浅井,使井内浅层水和中层水人为产生水力联系。降雨之后,浅层水首先得到补给,通过人为的水力联系,使浅层水很快补给中层水,形成良性循环,这是使地下水资源得到永续利用的一个简易有效的方法。硇洲岛可适当兴建渗滤池、回灌坑、渗滤井等人工地下水回灌工程,补充调节地下水量,有效缓解水资源供需矛盾和防止海水继续入侵。

7. 调整供水结构,采取有效措施,切实保护好水源地

调整供水结构,提倡"开源节流",保证满足区内需水量要求。对未来地下水开采潜力不足的主要城镇、工业区,一般可通过新建、扩建、维修、加固附近地表水蓄水工程增加地表水蓄水量,以满足城镇供水需求。根据本区实际情况,采取压采工程措施。通过引用地表水源,逐步减少湛江市区,尤其是霞山区地下水开采量。建议扩建地表水厂,增加水库供水输入量,水源为鹤地水库或合流水库。水厂建成后将有效解决湛江市区的供水问题,使得市区内的供水水源大部分由地表水提供,大大降低地下水开采量,实现以地表水为主、地下水为辅的供水格局,使地下水水位降落漏斗区得到全面控制和治理,恢复良好的地下水生态环境。此外,要保护好水库周边的良好生态环境条件,以利于涵养水源。建议加强对廉江市鹤地水库周边保护区的建设,合理调整丘陵山区的林业结构,适当增加生态公益林的比例,充分拦蓄和利用水资源,增加蓄水能力,提高降水水资源的有效利用率;其次应防治水源地的水质污染,抓紧进行水源地保护区规划。

8. 调整用水结构,保证地下水资源的优质优用

地下水资源是优质的生活饮用水源,相当一部分已达到我国饮用天然矿泉水国家界线指标标准。目前大部分农业灌溉和工业采用优质地下水,城镇生活供水采用地表水和地下水,与保障饮水安全不适应,因此应进行水用途结构调整,将优质的地下水资源优先保证城乡居民生活用水,再考虑工业、农业和生态环境用水。在应急供水时,建议首先选择在可供饮用的和适当处理后可供饮用的地下水分布区建井,当水源严重不足,又处于应急供水的紧急状态,再考虑动用应急状态下可供临时饮用的水源。

9. 采取有效措施,切实保护好本区北部水源地

首先要保护好北部廉江一带丘陵山区的良好生态环境条件,以利水源之涵养。建议加强对廉江市鹤地水库周边保护区的建设,合理调整丘陵山区的林业结构,适当增加生态公益林的比例,充分拦蓄和利用水资源,增加蓄水能力,提高降水水资源的有效利用率;其次应防治水源地的水质污染,抓紧进行水源地保护区规划。

10. 推广节水措施,建设湛江市节水农业示范工程

区内浪费水资源现象较为严重,有些农田用水量还特别大,因此要加快节水型社会步伐,推进节水型生产,节约水资源用量,提高水资源利用效率,这样既保护了水资源,也减少污水造成的环境污染。各级政府部门应充分考虑水资源实际,合理调整工业布局和农业结构,大力发展节水农业,限制高耗水企业;积极推广喷灌、滴灌、微灌技术,节约水资源。

湛江市东北部的硇洲岛和湛江市南部一带,地表水资源较为紧缺,干旱缺水问题较为突出,解决的重要途径之一是强化节水措施。建议在硇洲岛和湛江市南部建设节水农业示范工程,采用各种措施,探索农业节水途径,并作为范例,促进全地区节水农业的发展。如在输配水方面,采取先进的水利工程技术措施,大力加强渠道防渗工作,提高渠道水利用系数;加大输水设施配套和低压管道建设力度,以提高水的利用率;旱地作物种植推广喷灌、滴灌、微灌节水灌溉技术,进行适时适量灌溉,节约水资源;农业方面,调整作物布局,选用耐旱品种,改良土壤,水稻种植推广"浅、晒、湿"的节水灌溉制度,提高灌溉水的利用率;在用水管理方面,运用经济机制,全面实行按供水成本以上的价格收费,利用价格杠杆的经济手段,促进全社会节约用水,进而提高水的利用效率和效益。另外,还可大力推广蓄集雨水、污水回用和海水淡化利用工程。

11. 加强地下水资源环境保护工作

研究区部分地区的浅层地下水已不同程度地受到人为因素的污染,局部地段污染严重,已不能饮用,并有逐年加重的趋势。为确保湛江市地下水的质量,要切实加强地下水资源环境保护工作,严控污染源,所有工业"三废"、生活"三废"均需达标排放;同时需建立不同地段的水源地保护区,严禁在各级保护区内建设有污染的工厂和设立垃圾堆放场等污染源;做好废井回填工作,防止污水通过井管下渗,保护地下水资源。

12. 进一步加强和完善地下水动态监测工作

湛江市区已发生了地面沉降。随着湛江经济的高速发展,地下水开采量大幅增加,区内地面沉降面积及沉降量也在增加,并潜在加速发展。为防止地面沉降加剧,应尽快完善区内地下水动态监测系统,建立全面控制地下水补给区、径流区、排泄区、开采区以及浅、中、深3个含水层组的地下水动态自动化监测网络,把沿海易发生海水入侵地区和地下水开采量大、开采井密集区、超采区、易形成区域降落漏斗的地区作为重点监测区域。通过周密监测,全面掌握地下水资源量和水质的动态变化及发展趋势,为地下水资源的科学规划及合理开发利用提供科学依据。

13. 建立地下水管理模型

该模型包括建立地下水水量管理模型、水质管理模型、经济管理模型及其优化模型耦合,为合理开发利用地下水提供优化方案。通过对地下水管理模型的不断优化,提出地下水资源开发利用的最优决策方案,并在实施过程中不断调整充实,使宝贵的地下水资源在得到充分开发利用的同时又保持良好的生态环境。

第八章　海南岛应急地下水源地

海南岛位于我国最南端,北以琼州海峡与广东省划界,西临北部湾与越南相对,东濒南海与台湾省相望,东南和南边在南海中与菲律宾、文莱和马来西亚为邻,区位优势明显,是我国重要的新兴经济特区和生态文明建设试验区。海南岛属热带季风海洋性气候,年降雨量1500～2500mm,但在降雨年内严重分布不均,季节性干旱、突发事件引起的供水紧张是海南岛长期面临的问题。海南岛目前尚未建立地下水应急供水系统,供水安全保障程度低,积极查找地下水应急供水水源地,建立和不断完善全省应急供水系统已迫在眉睫。其中,岛内三亚市随着经济的快速发展,水资源季节性短缺的问题日益突出。近5年来三亚中心城区供水量增长率接近10%,中心城区仅福万水源池和半岭水库两座中小型水库,水资源严重不足。旱季水源不足的影响更为明显,城市供水源的水库蓄水量急剧下降,城市供水受影响,中心城区的水资源供需矛盾已成为制约三亚中心城区发展的瓶颈。由于海南岛大面积出露岩浆岩,许多地区不具备传统沉积岩区找水理论条件,于是泛珠三角地区地质环境综合调查工程开展构造带找水理论研究。以三亚市为重点研究区,通过野外调查和室内分析,建立了数值模拟模型,构建了构造带找水模式,确定了构造带找水优势区域。在构造带找水理论的指导下选择了龙门、三亚南岛农场、高峰、红塘湾、大茅和新村6个水量中等—丰富地区作应急地下水源,并对这6个应急地下水源进行了评价和经济技术条件分析。在评价分析的基础上,提出了应急地下水源开发利用对策和保护建议,为海南国际旅游岛解决降水时空分布不均、保障经济高质量发展和生态文明建设提供了支撑服务。

一、构造带找水优势区域分析方法研究

本研究是在"琼东南经济规划建设区1:5万环境地质调查"项目实施的基础上,开展海南省琼东南片区地下水应急水源地调查与评价,为三亚城市地质灾害防治、供水安全与地下空间开发利用提供科学支撑和服务。

(一)野外构造变形特征与应力场解析

对三亚市区北部响水、羊栏一带重点区及邻区外围约60km×70km(4200km²)地区开展了33个地质露头点的野外构造地质调查(图8-1)。基于野外调查,对研究区的断层及构造裂隙发育机制和规律进行综合解析,反演区域构造应力场。

1. 研究区地质与地貌特征

研究区除在三亚市区北东区域出露少量古生代变沉积岩外,大部分区域主要出露中生代侏罗纪至白垩纪的花岗岩和火山岩,在少部分区域出露二叠纪花岗岩(图8-1)。侵入岩主要有以下几种。

(1)早白垩世侵入岩:主要分布于育才—那受—抱前—南岛农场一带,岩性为细中粒黑云母正长花岗岩,灰黑色,细中粒结构,块状构造,主要矿物为长石、石英、黑云母等。

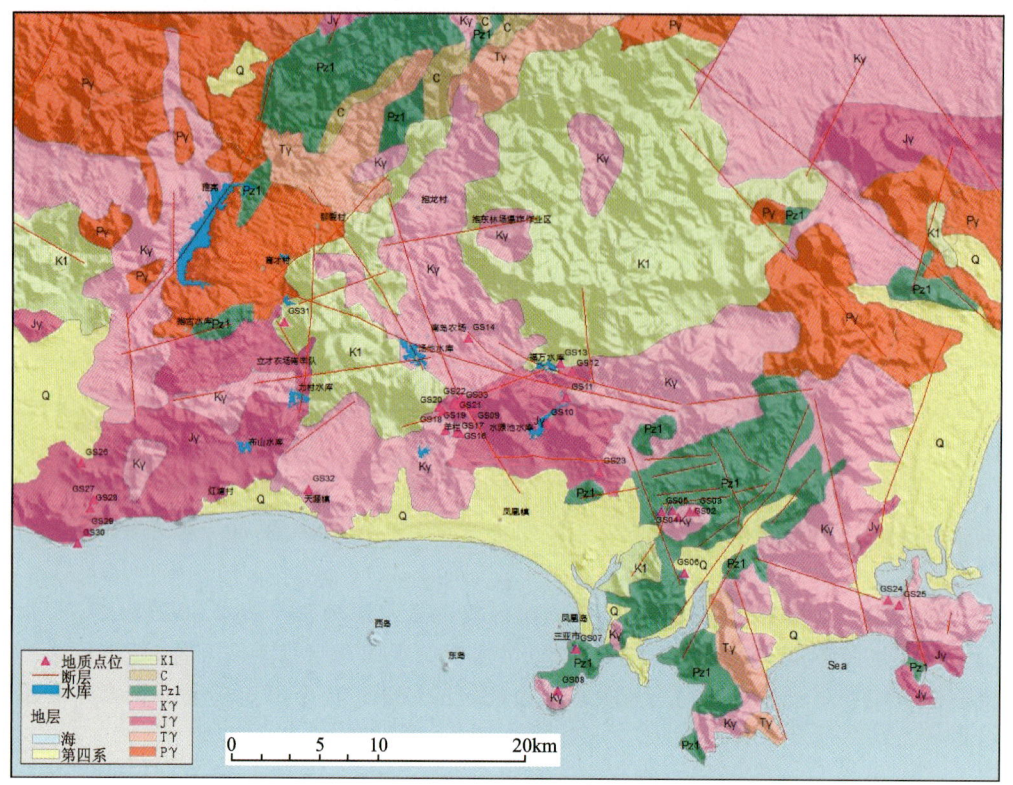

图 8-1 研究区地质简图

(2) 中三叠世侵入岩:主要分布于育才—天涯—羊栏一带,岩性以细中粒含斑角闪黑云二长花岗岩为主,灰黑色、褐红色,细中粒结构,块状构造,主要矿物为钾长石、斜长石、石英、黑云母等。

(3) 早三叠世侵入岩:主要分布于那受北侧,岩性以中粗粒斑状黑云母正长花岗岩为主,灰黑色、灰白色,细中粒结构,块状构造,主要矿物为长石、石英、黑云母等。

(4) 早二叠世侵入岩:主要呈条带状分布于雅亮—育才之间,岩性以细粒斑状黑云(二云)二长花岗岩为主,灰黑色、灰白色,细中粒结构,块状构造,主要矿物为长石、石英、黑云母等。

根据地貌形成的动力条件、成因和形态特征,研究区总体划分为低山丘陵、剥蚀堆积平原、冲洪积平原、滨海堆积平原和海岛 5 种类型,海拔从 50m 以下的堆积平原至海拔 800m 的丘陵。

2. 断裂构造及其对地貌的控制

研究区主要发育北东东向和北西向两组断裂构造。断裂构造发育位置、走向与区域地貌和河流水系的线性地貌特征十分吻合(图 8-2)。断裂构造的野外露头特征主要表现为高角度正断层,反映区域的伸展构造应力场特征,其中北西向断层表现为时代较老的深大断裂,断裂带内发育大型石英脉,控制研究区主要岩浆岩和火山岩分布,在地貌上也控制着区域河流水系的分布。而北东东向断裂表现为最新活动特征,以高角度张性正断层为主要特征,通常发育断层破碎带和断层角砾,断层内未胶结断层物质和断面擦痕线理均表明北东东向或北东向断层的最新活动特征,在地貌上控制着次级的山脊与河谷的线性走向。北西向和北北东向两组断层将研究区切割为近似菱形的次级地貌单元(图 8-2)。

在南丁岭北侧发育一高角度张性正断层,断面产状 292°∠82°,发育约 15cm 宽的破碎带,破碎带内分布断层角砾和断层泥,泥质半胶结,反映研究区北北西-南南东向最新的区域伸展作用(图 8-3a)。在南山岭一带可见发育北北东向高角度正断层,断面产状 282°∠67°。断层面上可见擦痕线理,线理产状为 286°∠63°,指示正断层运动学性质(图 8-3b、c)。在断层上盘发育高密度低间距的高角度共轭节理,

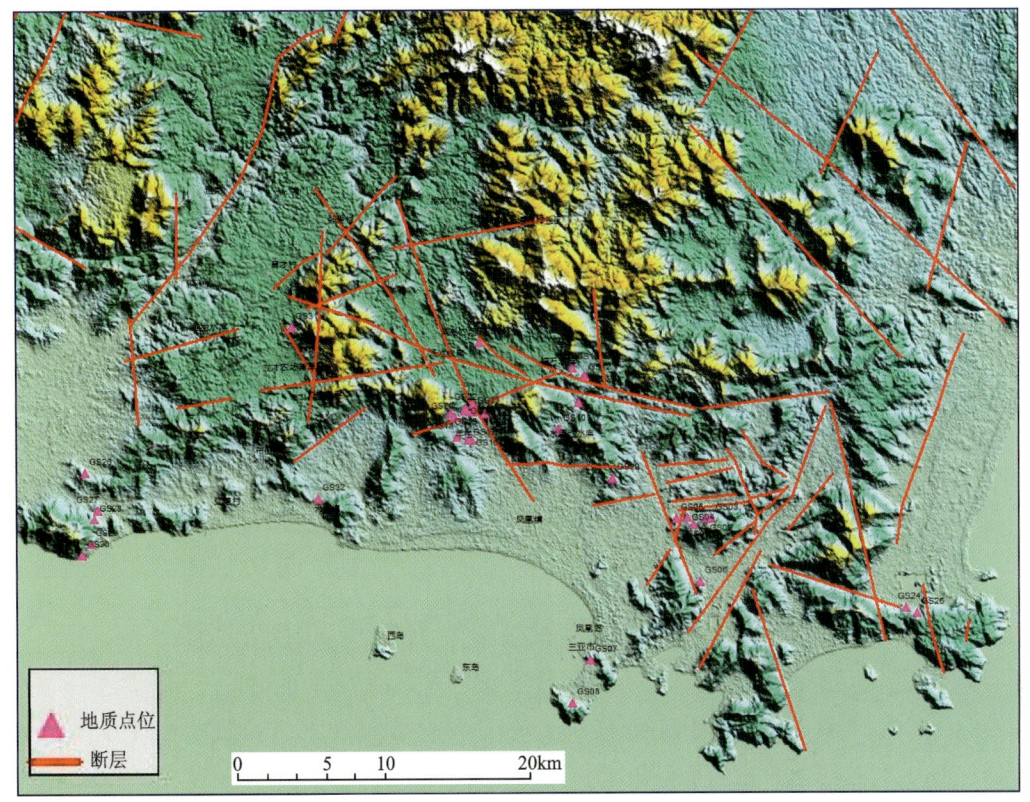

图 8-2 研究区断层及三维地貌构造简图

也指示断层的张性伸展作用。响水一带北西向断层带内可见大型石英脉发育,石英脉宽约 2m,总体走向 316°,倾角约 60°,为研究区深大断裂,断裂带内具有丰富的热液活动,反映早期岩石圈的北东-南西向的伸展作用(图 8-3d)。

研究区内的大型断裂也控制着主要的地貌走向和分布。研究区内汤他水库和北西向地表河流水系受北西向断裂控制(图 8-4a),北东向断层控制着线状山脊与山谷的走向(图 8-4b),并局部影响地表河流的弯曲转向(图 8-4d)。早期北西走向岩石圈深大断裂控制全区地貌特征和河流水系现状分布特征,晚期北东走向地壳断裂控制现今地表风化和次级地貌特征(图 8-5)。

研究区未见逆冲断层的发育,高角度断层主要表现为张性正断层的运动学性质,未发现明显的水平走滑运动学指示,表明研究区的总体伸展构造应力场背景,而不是前人通常认为的挤压构造应力场背景。

3. 节理变形特征

研究区岩石类型主要出露花岗岩和火山角砾岩。节理裂隙十分发育,本工作对野外 31 个点的节理裂隙的产状和发育特征进行详细的野外观测和室内统计分析,共获得约 2800 组节理裂隙的产状数据。野外露头的节理发育特征具有极好的规律性。全区域 31 个观测点,节理发育的产状、性质和期次基本一致。节理主要发育北北东走向和北西走向两个方位,均以高倾角共轭为特征。

北西走向节理为高角度共轭节理,节理倾角普遍为 60°~70°,节理夹角为 40°~60°。共轭节理面较为平直,节理密度为 10 条/m 左右。北西走向高角度共轭节理指示研究区北东-南西向的应力松弛状态。共轭节理锐角平分线指示垂直的重力为最大主应力 σ_1,北东-南西水平方向为最小主应力 σ_3 的方位。主应力整体为重力荷载下的地壳水平松弛应力场状态。

图 8-3　断层野外特征

a.南丁岭高角度张性正断层;b.南山岭北北东向高角度正断层;
c.断层擦痕线理指示正断层运动学性质;d.响水一带北西向断层带内发育大型石英脉

图 8-4　断裂构造对地貌的控制作用

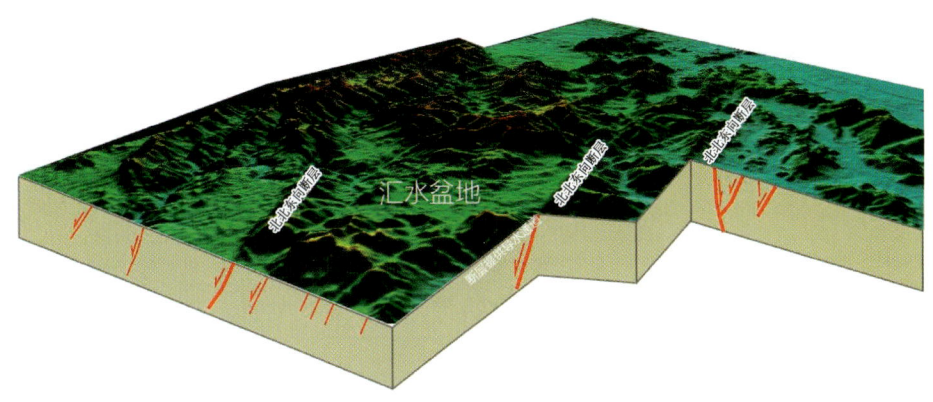

图 8-5　断层对地貌的控制三维示意图

北北东向节理主要表现为近直立的产状特征。局部可见近直立的小型张性节理裂隙被石英脉充填（图 8-6）。节理普遍较为发育，节理平均密度为 10 条/m。指示研究区经历了一期北北西-南南东向的强烈伸展作用，与研究区北北东向张性正断层构造所指示的伸展变形一致。高角度节理面上可观察到地下水渗出。

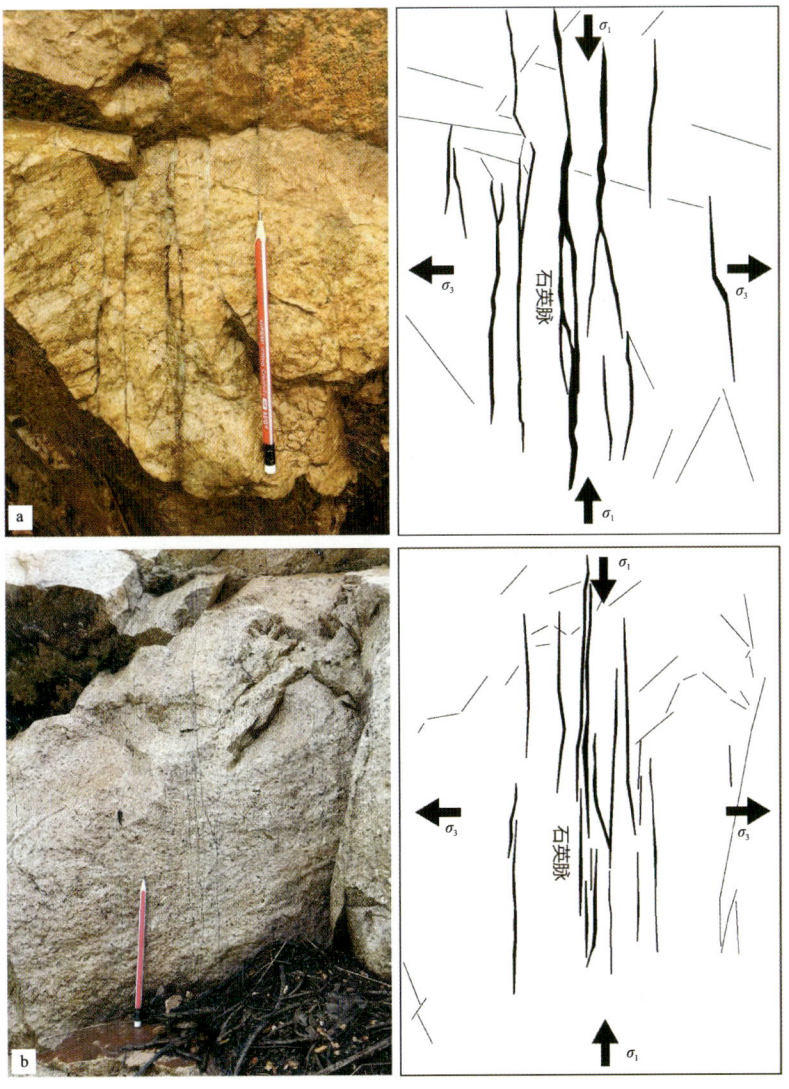

图 8-6　直立张性节理脉被石英脉充填（左照片，右剖面）

野外各露头观测点的节理产状见图 8-7。图中左侧子图为节理面的产状投影,中间子图为节理走向玫瑰花图,右侧子图为节理面法向量的统计分布图。

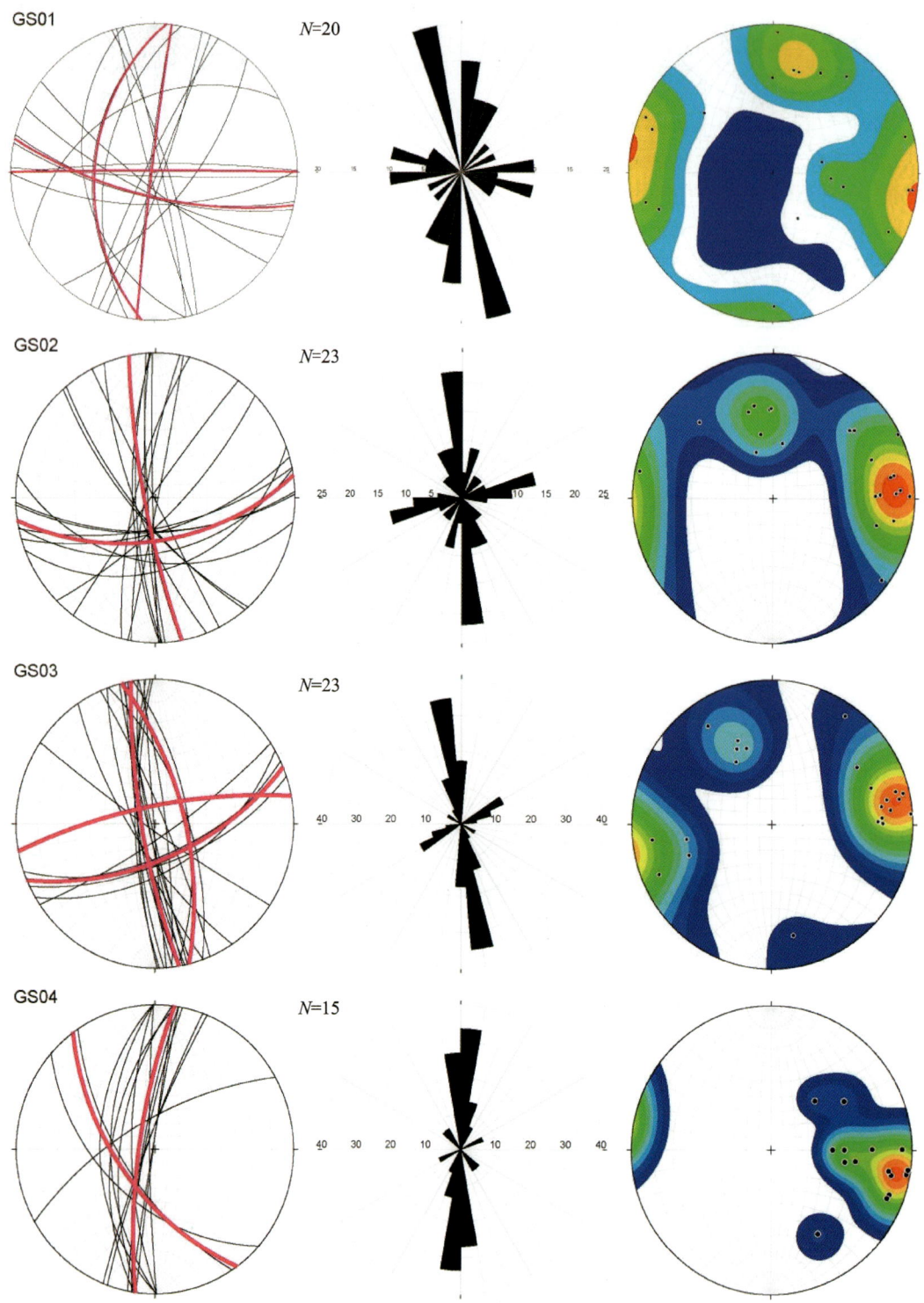

图 8-7 野外观测点节理赤平投影结果

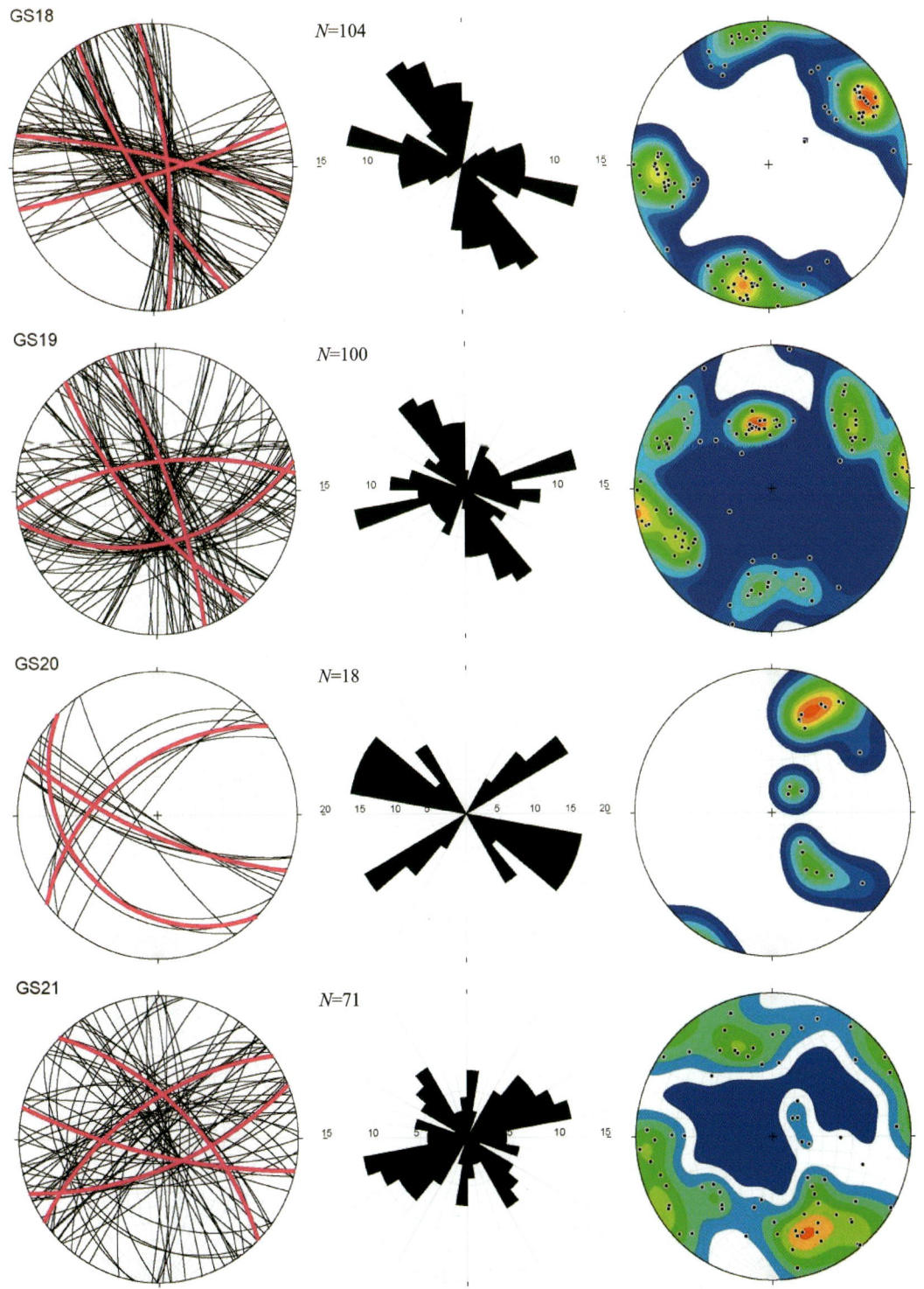

图 8-7 野外观测点节理赤平投影结果(续)

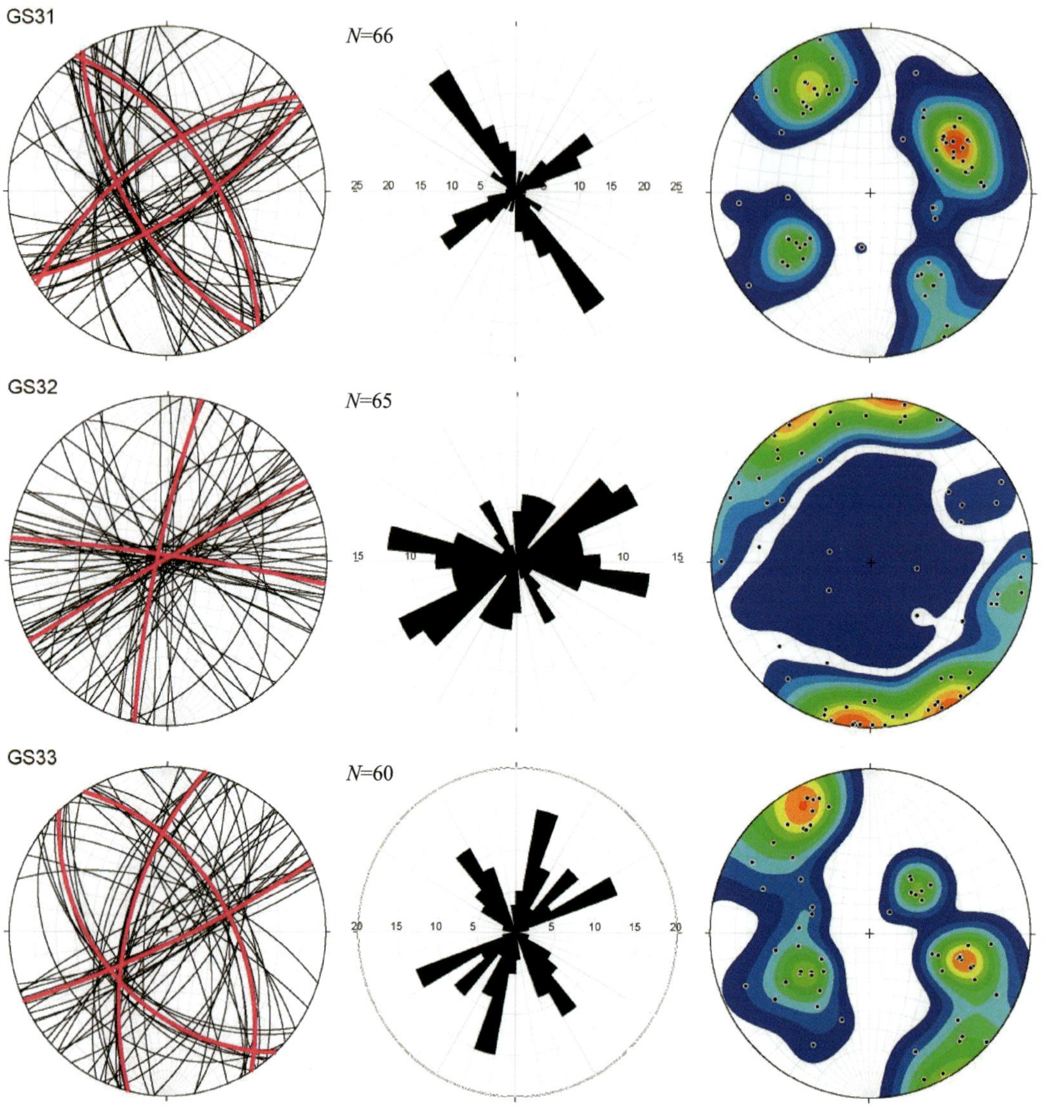

图 8-7　野外观测点节理赤平投影结果(续)

对研究区不同区域的 2707 组节理数据进行统计分析发现,研究区节理具有明显的两期发育特征,走向主要在北西 320°~340°之间和北北东 60°~80°之间(图 8-8)。节理倾角普遍高于 60°,高角度节理更为发育(图 8-9)。

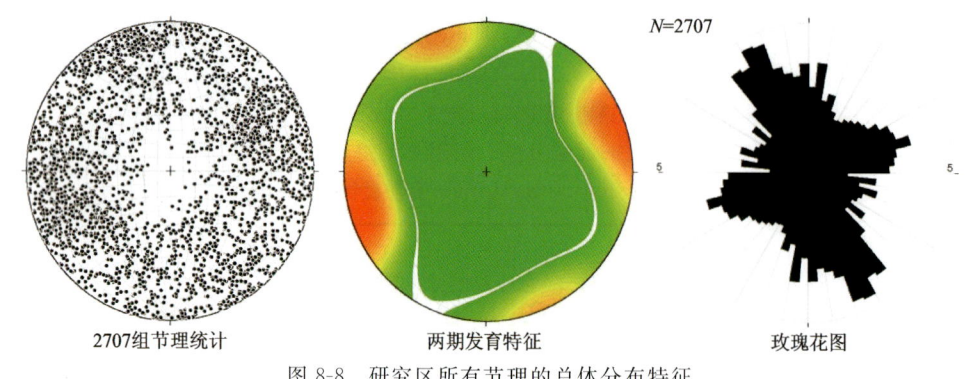

2707 组节理统计　　　　两期发育特征　　　　玫瑰花图

图 8-8　研究区所有节理的总体分布特征

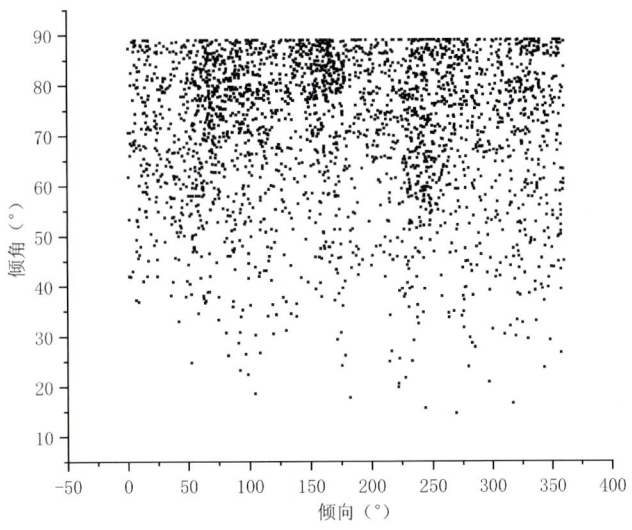

图 8-9　研究区节理倾角随倾向分布特征

4. 基性岩墙特征

研究区除了节理裂隙十分发育之外,还发现一组产状一致的高角度辉绿岩墙发育。基性辉绿岩墙主要分布于研究区响水—羊栏、福万水库至亚龙湾一带,在南山一带也可见辉绿岩墙的发育。辉绿岩墙在区域上的分布呈带状,总体产状较为一致,总体沿北西向展布。

辉绿岩墙在露头上表现为产状一致性,主要沿北西走向的高角度节理贯入,岩墙厚度一般为 10～80cm。岩墙总体走向为北西 330°～340°,倾向与区域北西向断层和北西向节理走向一致,岩墙倾向多数倾向北东,局部地区岩墙倾向南西(图 8-10)。对野外发育于 3 个不同地点的辉绿岩墙分别采集样品,进行了室内年代学测试,其形成年龄为 240～220Ma。

研究区分布和产状较为一致的辉绿岩墙的发育与北西向的断层和共轭节理的发育具有同期和同一的构造应力场背景,共同反映研究区早期经历了北东-南西向整个岩石圈尺度的伸展作用。

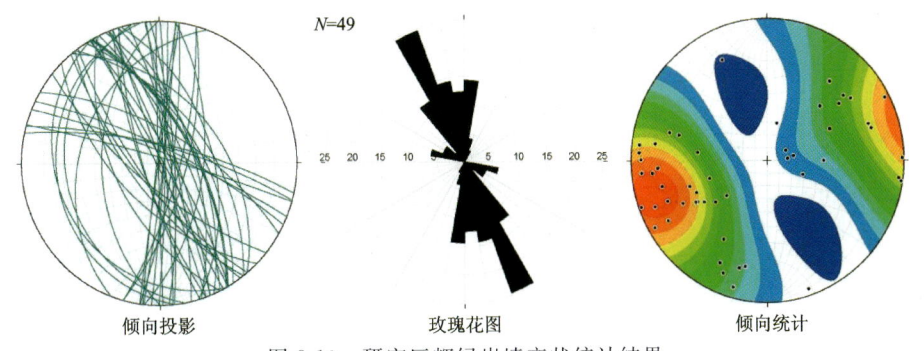

图 8-10　研究区辉绿岩墙产状统计结果

5. 构造应力场解析

基于野外露头的两期共轭节理的产状进行构造应力场主应力解析,共获得 49 组应力场方位数据(表 8-1)。两期构造应力场最大主应力(最大压应力)σ_1 的方位近直立,大小等于岩石的垂向静岩压力。早期构造应力场最小主应力(或拉张应力)σ_3 的方位主要为北东-南西向,最小倾角为 2°,直立,最大倾角为 25°,大部分倾角小于 10°,指示研究区位于北东-南西向的水平应力松弛。晚期构造应力场最小主应力(或拉张应力)σ_3 的方位主要为北东东-南西西向,最小倾角为 1°,直立,最大倾角为 21°,平均倾角小于 10°,指示研究区位于北北西-南南东向的水平伸展。

表 8-1 共轭节理分期次统计及构造主应力解析结果

点位	D1 共轭节理统计			D1 主应力方位			D2 共轭节理统计			D2 主应力方位		
	J_1	J_2	夹角	σ_1	σ_2	σ_3	J_1	J_2	夹角	σ_1	σ_2	σ_3
GS03	76°∠66°	260°∠79°	35°	122°∠81°	349°∠6°	258°∠7°	157°∠62°	349°∠76°	44°	229°∠73°	75°∠15°	343°∠7°
GS06	96°∠74°	223°∠55°	72°	330°∠47°	171°∠42°	72°∠11°						
GS07	71°∠79°	204°∠76°	53°	317°∠29°	141°∠61°	48°∠2°	174°∠70°	357°∠56°	54°	333°∠82°	85°∠3°	176°∠7°
GS08	253°∠87°	249°∠44°	43°	262°∠65°	163°∠4°	71°∠25°	161°∠62°	329°∠75°	45°	88°∠74°	243°∠15°	335°∠7°
GS09	69°∠75°	237°∠50°	56°	285°∠73°	156°∠11°	64°∠13°	171°∠83°	330°∠41°	59°	23°∠63°	259°∠16°	163°∠21°
GS10	17°∠80°	202°∠70°	30°	138°∠80°	289°∠9°	19°∠5°	104°∠69°	289°∠76°	35°	173°∠81°	17°∠8°	287°∠4°
GS11	67°∠74°	208°∠85°	44°	320°∠29°	127°∠60°	227°∠6°	167°∠87°	107°∠71°	61°	224°∠16°	85°∠70°	318°∠13°
GS12	25°∠66°	245°∠88°	47°	128°∠34°	332°∠54°	226°∠12°	154°∠70°	323°∠68°	43°	55°∠76°	239°∠14°	149°∠1°
GS13	37°∠64°	212°∠49°	67°	241°∠82°	125°∠4°	35°∠8°	168°∠79°	355°∠74°	28°	271°∠76°	81°∠14°	171°∠3°
GS14	227°∠85°	84°∠81°	40°	336°∠21°	150°∠69°	245°∠2°						
GS15	100°∠89°	203°∠83°	77°	331°∠6°	182°∠83°	62°∠4°	163°∠83°	326°∠58°	42°	37°∠65°	250°∠22°	155°∠13°
GS17	58°∠69°	262°∠73°	45°	157°∠59°	341°∠31°	250°∠2°	140°∠86°	2°∠64°	51°	259°∠37°	55°∠51°	160°∠12°
GS18	92°∠55°	221°∠66°	76°	343°∠53°	150°∠37°	245°∠6°	161°∠88°	356°∠70°	27°	272°∠55°	72°∠33°	168°∠9°
GS19	354°∠78°	148°∠77°	36°	341°∠45°	162°∠45°	71°∠1°	73°∠84°	283°∠81°	34°	269°∠27°	85°∠63°	178°∠2°
GS21	98°∠58°	230°∠71°	37°	325°∠58°	152°∠32°	60°∠4°	168°∠50°	353°∠67°	63°	196°∠81°	81°∠4°	351°∠9°
GS22	45°∠62°	193°∠77°	51°	309°∠53°	113°∠36°	208°∠8°	158°∠67°	325°∠62°	53°	51°∠77°	242°∠13°	152°∠3°
GS23	83°∠67°	195°∠60°	84°	316°∠42°	145°∠48°	50°∠4°	145°∠83°	340°∠57°	43°	275°∠67°	57°∠19°	152°∠13°
GS24	35°∠57°	242°∠63°	65°	131°∠68°	320°∠22°	229°∠3°	107°∠34°	315°∠83°	67°	163°∠59°	43°∠16°	305°∠25°
GS25	98°∠58°	243°∠82°	52°	4°∠50°	159°∠38°	259°∠13°	170°∠63°	356°∠44°	73°	330°∠80°	82°∠4°	173°∠10°
GS27	74°∠69°	235°∠88°	30°	346°∠50°	147°∠38°	244°∠10°	167°∠58°	294°∠46°	90°	41°∠60°	237°∠29°	143°∠7°
	72°∠63°	253°∠76°	41°	84°∠83°	343°∠1°	253°∠7°	173°∠67°	8°∠58°	57°	288°∠75°	89°∠14°	180°∠5°
GS28	183°∠84°	238°∠82°	55°	121°∠2°	226°∠82°	30°∠8°	139°∠85°	173°∠83°	34°	66°∠3°	185°∠83°	336°∠6°
GS29	54°∠58°	265°∠70°	60°	149°∠61°	344°∠28°	250°∠6°	123°∠78°	287°∠36°	67°	324°∠66°	211°∠10°	117°∠21°
GS31	55°∠59°	238°∠62°	59°	117°∠87°	327°∠3°	237°∠2°	161°∠81°	335°∠79°	21°	65°∠74°	248°∠17°	158°∠1°
							148°∠72°	325°∠64°	44°	9°∠85°	237°∠4°	147°∠4°
GS33	58°∠48°	227°∠44°	89°	303°∠84°	143°∠2°	53°∠2°	155°∠82°	284°∠62°	61°	33°∠37°	235°∠51°	131°∠11°

两期构造应力场主应力方位在平面上的分布较为一致,局部区域因断层的影响,存在一定的差异(图 8-11、图 8-12)。

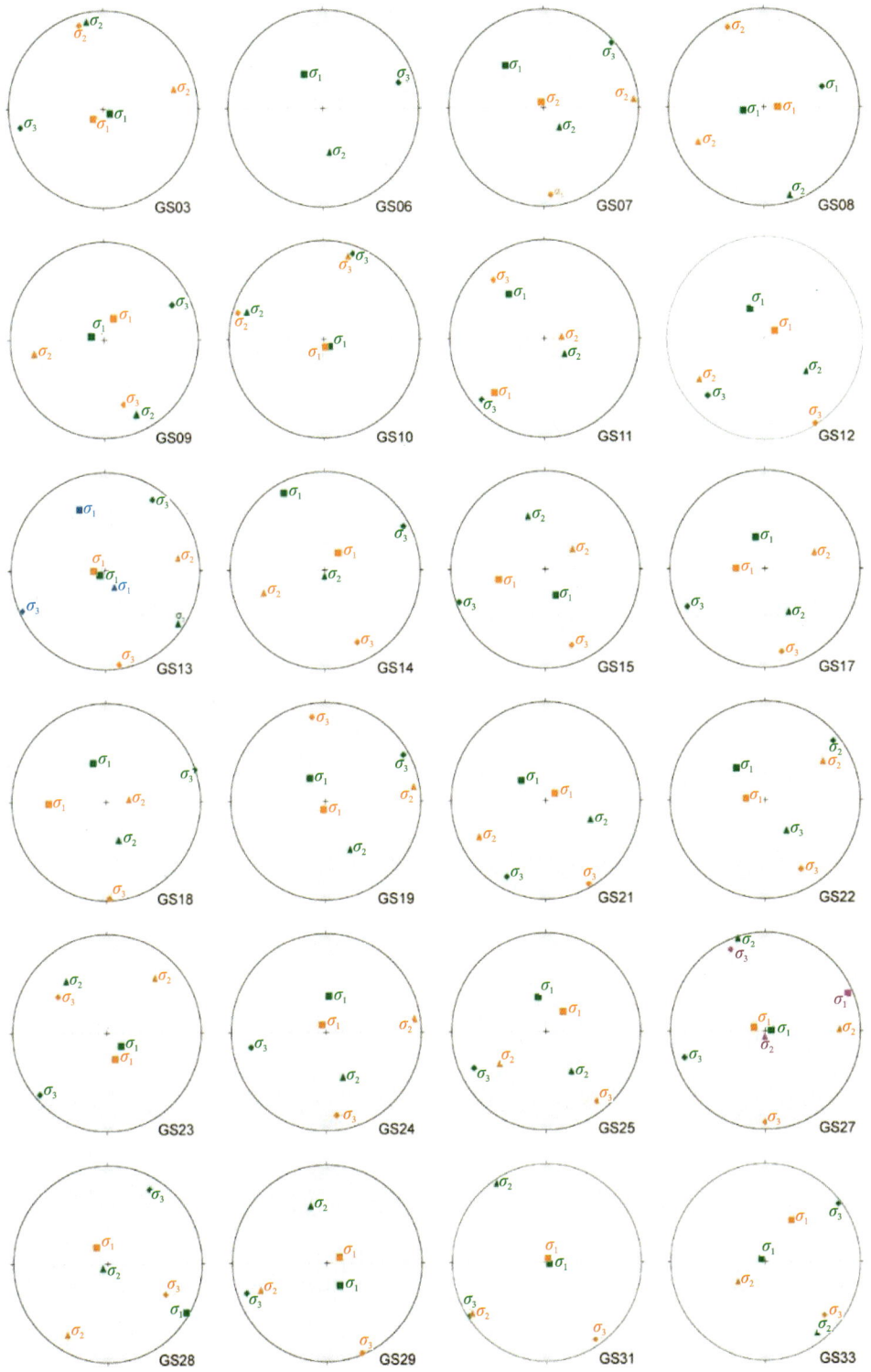

图 8-11 两期构造应力场主应力方位解析结果
(绿色符号表示第 1 期应力场主应力方位,蓝色符号表示第 1 期应力场晚期主应力方位,
橙色符号表示第 2 期应力场主应力方位,紫色符号表示第 2 期应力场晚期主应力方位)

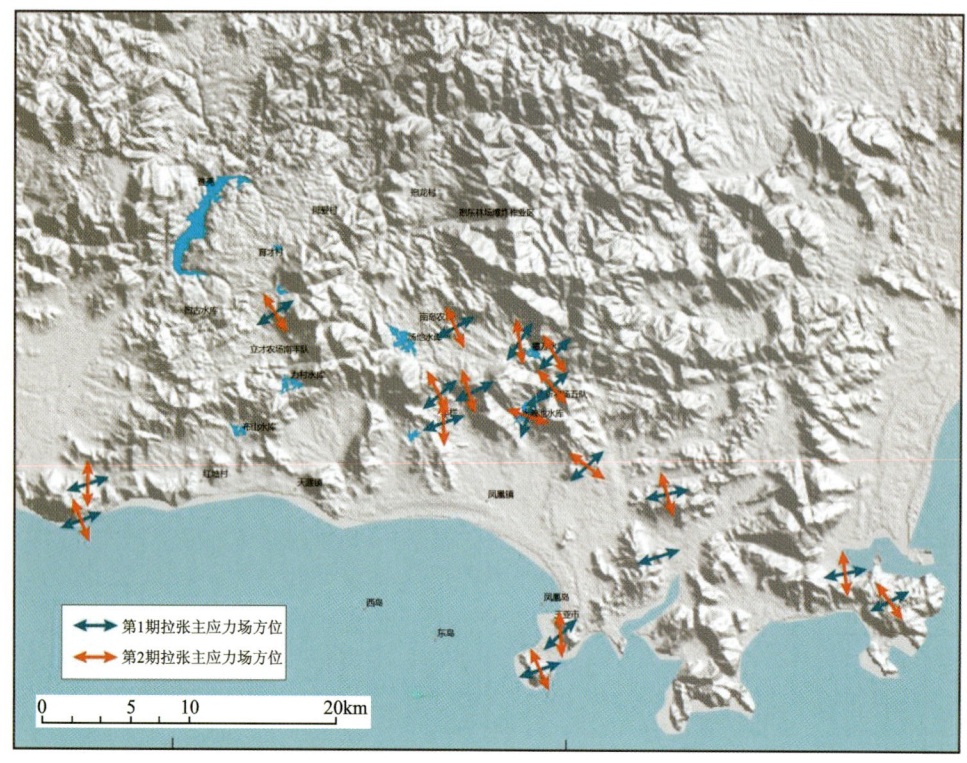

图 8-12 节理反演两期构造主应力拉张应力方位平面分布

6. 两期脆性构造变形

研究区的断层、节理及基性岩墙的野外发育特征和构造应力场反映结果表明,研究区花岗岩类岩石主要以脆性变形为主,未发现明显的深部高温韧性变形特征。断层均以高角度张性正断层发育为主,以断裂带内断层角砾发育和倾向断面擦痕为主要运动学特征,未见逆冲断层发育和断层的水平运动指示标志,表明研究区经历的脆性构造变形是在区域应力松弛和局部伸展的背景下形成,而不是区域挤压构造背景。

研究区的断层、节理的产状和性质具有极好的规律性与一致性,同时两个走向方位的断层和节理发育的特征又存在明显的差异。北西向断层发育规模较大,伴随与断层走向一致的大型石英脉发育,在断层上盘附近,高角度共轭节理十分发育,并伴随基性辉绿岩墙的侵入,表明早期北东-南西向的岩石圈伸展作用为研究区花岗岩区提供大型的地下水下渗通道、储水空间和导水通道。北北东向断层普遍为近直立的张性正断层,断层内发育新鲜的断面擦痕线理和未胶结至泥质半胶结的断层角砾,同时伴随近直立的高角度节理发育,表明晚期北北西-南南东向的地壳伸展作用。北北东向的断层和直立节理为全区域提供地表降水快速下渗的通道和向汇水盆地快速渗透的水平通道。两期断层和节理的相互切割,使得节理具有极好的连通性,为地下水提供丰富的储水空间和运移通道(图 8-13)。

(二)构造应力场数值模拟

1. 数值模型

考虑研究区构造应力场主应力方位以及主干断层的分布,选区 40km×30km 范围建立构造应力场数值模拟模型(图 8-14)。模型长 40km,宽 30km,垂向厚度 3km。三维模型内建立 19 条主要断层的模型见图 8-15。

第八章 海南岛应急地下水源地

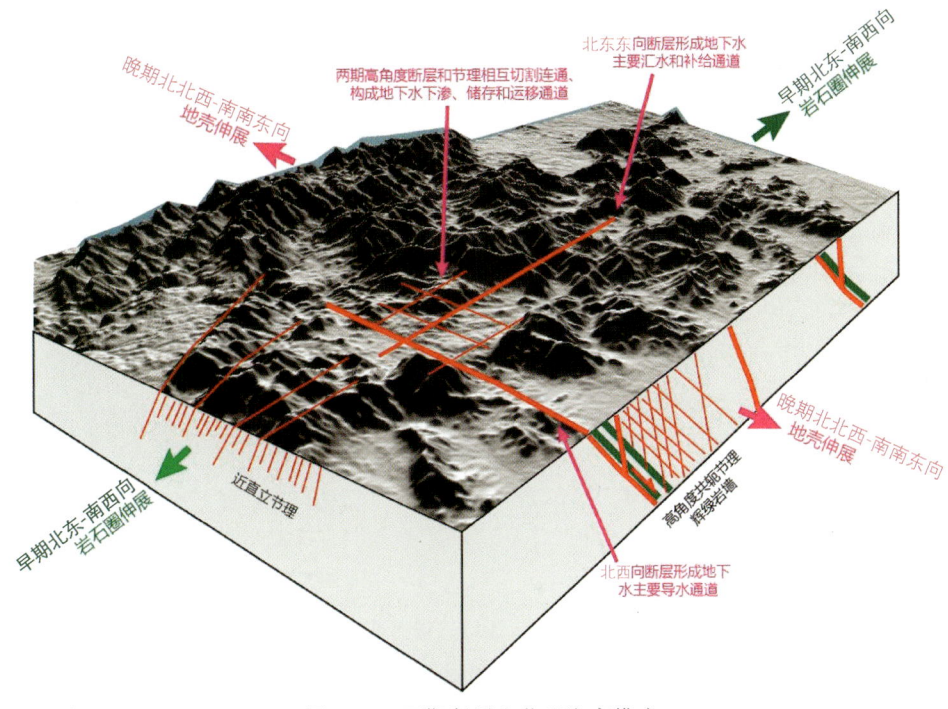

图 8-13 两期断层和节理发育模式

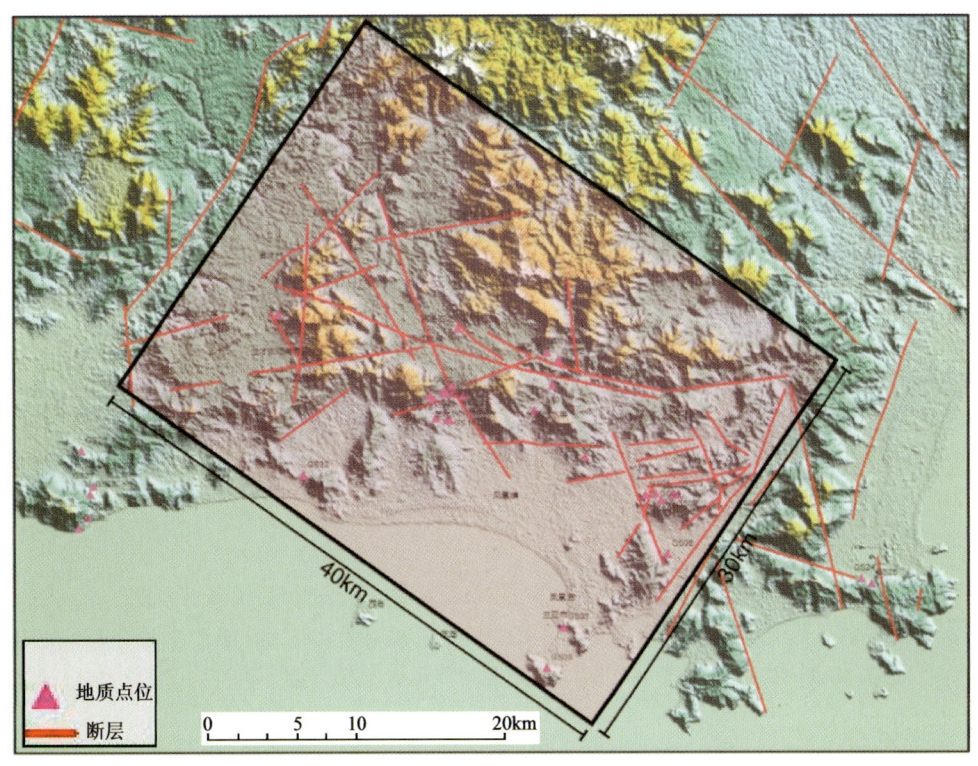

图 8-14 数值模拟范围

模型共划分 18 140 个四面体单元,使用四面体 C3D4 单元。固体岩石采用弹性力学模型,材料力学参数为密度 2500kg/m³,弹性模量 3.0×10^9 Pa,泊松比为 0.25。断层面采用非线性接触力学模型,断层面属性设置平均摩擦系数为 0.5。

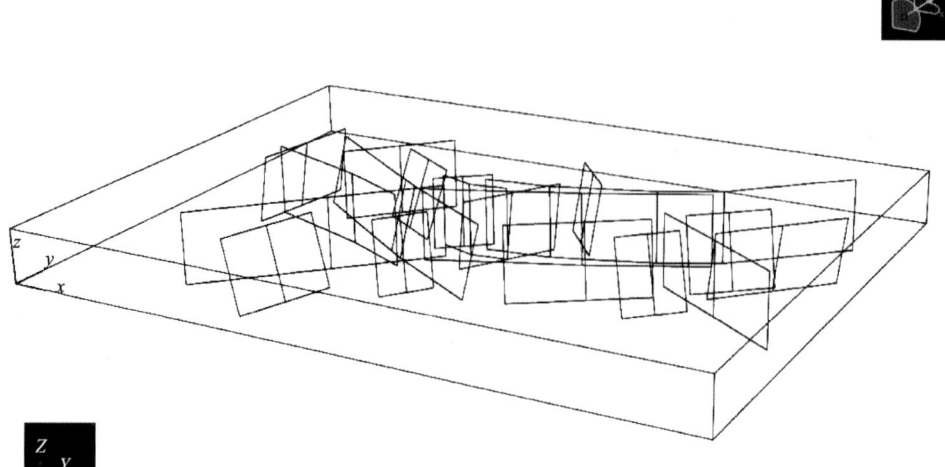

图 8-15 断层三维模型

根据研究区两期构造应力场的方位和性质,设置 5 组不同的荷载和边界条件,进行 5 组数值模拟计算,并分别进行结果分析(表 8-2)。

表 8-2 数值模拟模型和边界条件

数值模拟模型	构造应力场背景	边界条件和荷载
SYModel0	无区域伸展和挤压	底面边界施加 Z 向位移约束,南东和北西边界施加 X 向位移约束,南西和北东边界施加 Y 向位移约束。模型整体施加 Z 向重力荷载,重力加速度$-9.8g/cm^3$
SYModel1	南东-北西向伸展	底面边界施加 Z 向位移约束,南西和北东边界施加 Y 向位移约束,北西边界施加 X 向位移约束,南东边界施加 1% X 正向位移。模型整体施加 Z 向重力荷载,重力加速度$-9.8g/cm^3$
SYModel2	南东-北西向挤压	底面边界施加 Z 向位移约束,南西和北东边界施加 Y 向位移约束,北西边界施加 X 向位移约束,南东边界施加 -1% X 负向位移。模型整体施加 Z 向重力荷载,重力加速度$-9.8g/cm^3$
SYModel3	北东-南西向伸展	底面边界施加 Z 向位移约束,南东和北西边界施加 X 向位移约束,南东边界施加 Y 向位移约束,北东边界施加 1% Y 正向位移。模型整体施加 Z 向重力荷载,重力加速度$-9.8g/cm^3$
SYModel4	北东-南西向挤压	底面边界施加 Z 向位移约束,南东和北西边界施加 X 向位移约束,南东边界施加 Y 向位移约束,北东边界施加 -1% Y 负向位移。模型整体施加 Z 向重力荷载,重力加速度$-9.8g/cm^3$

2. 重力荷载模型模拟结果

模型边界在没有位移荷载、无区域构造挤压和深部背景下,应力场结果主要来自重力荷载和模型内部的断层的非线性接触。最大主应力(主压应力)方位各处均为直立,最小主应力和中间主应力方位水平(图 8-16)。但最小主应力和中间主应力的水平方位总体为北西-南东和北东-南西两个方位,但在不同区域存在一定的差异,特别是邻近断层区域或断层交叉切割部位,水平主应力方位存在扰动,表明研究区断裂系统对局部应力场存在一定的影响(图 8-17)。

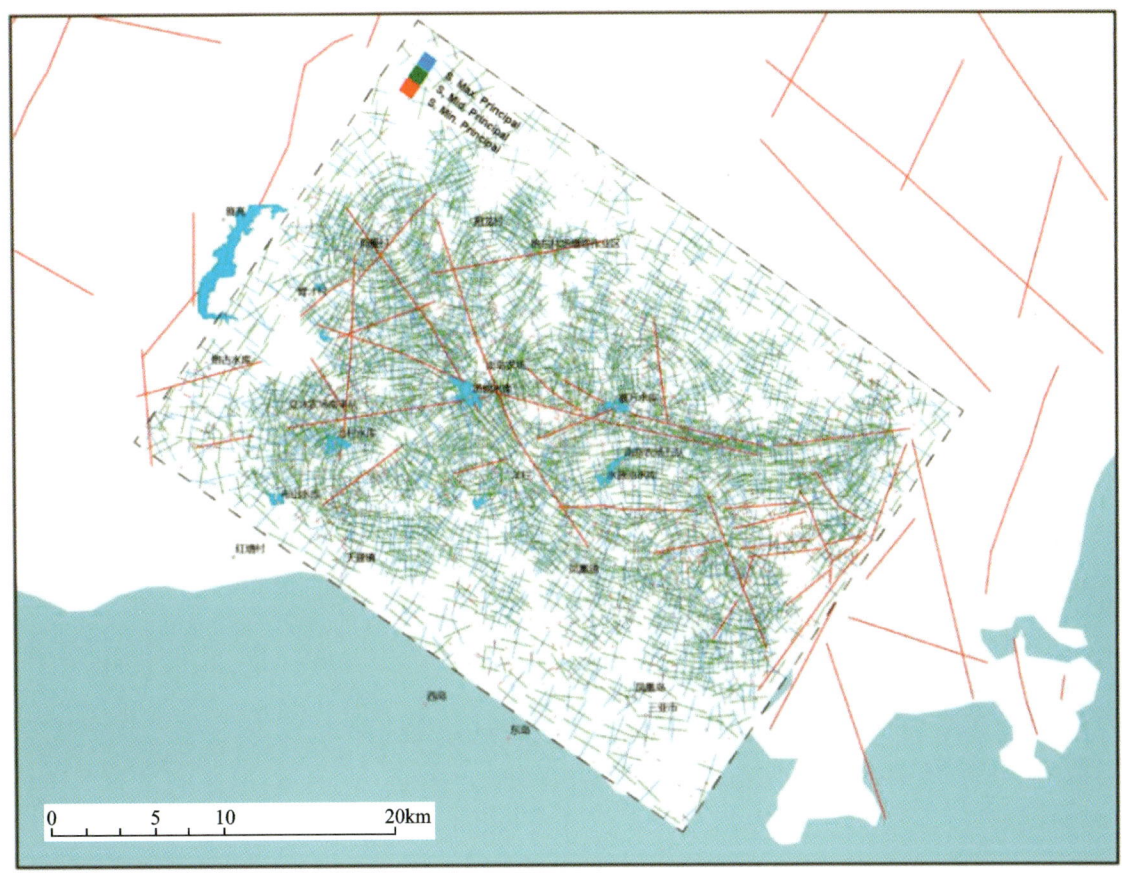

图 8-16　地下深度 500m 处构造主应力方位

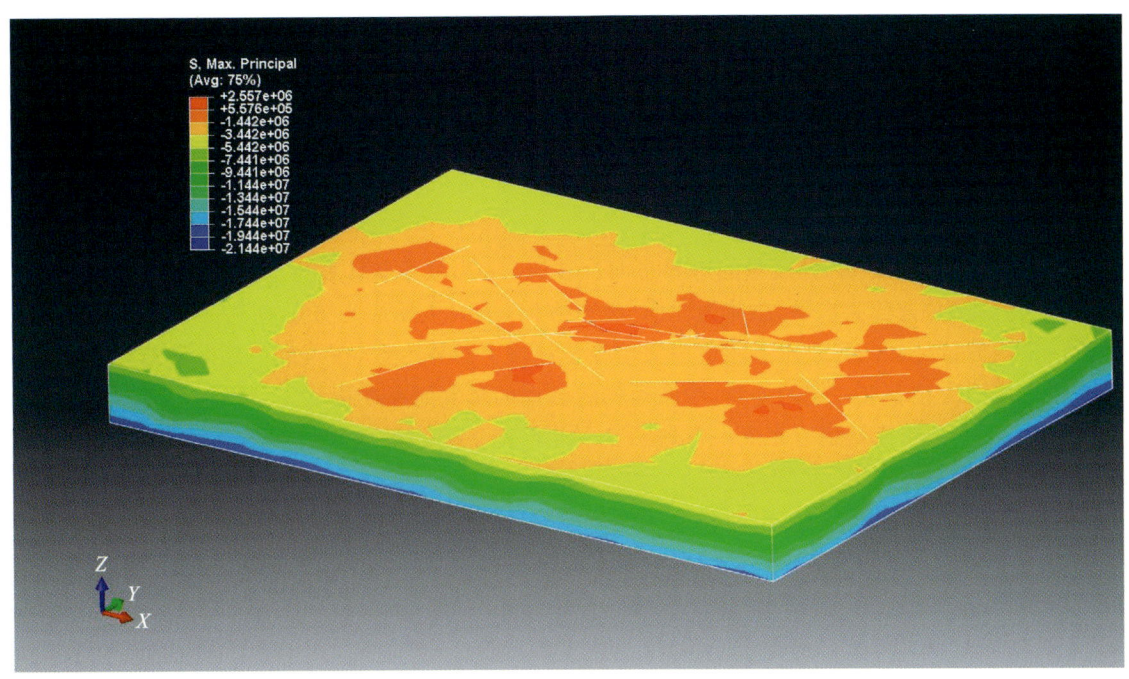

图 8-17　重力荷载下的最大主应力三维分布

在模型中部汤他水库至福万水库一带和三亚市北部南丁岭一带出现最大主应力异常区,相对其他区域具有相对低的挤压应力(图8-18,结果图中拉应力为正值,压应力为负值,红色表示相对拉张,蓝色表示相对挤压)。

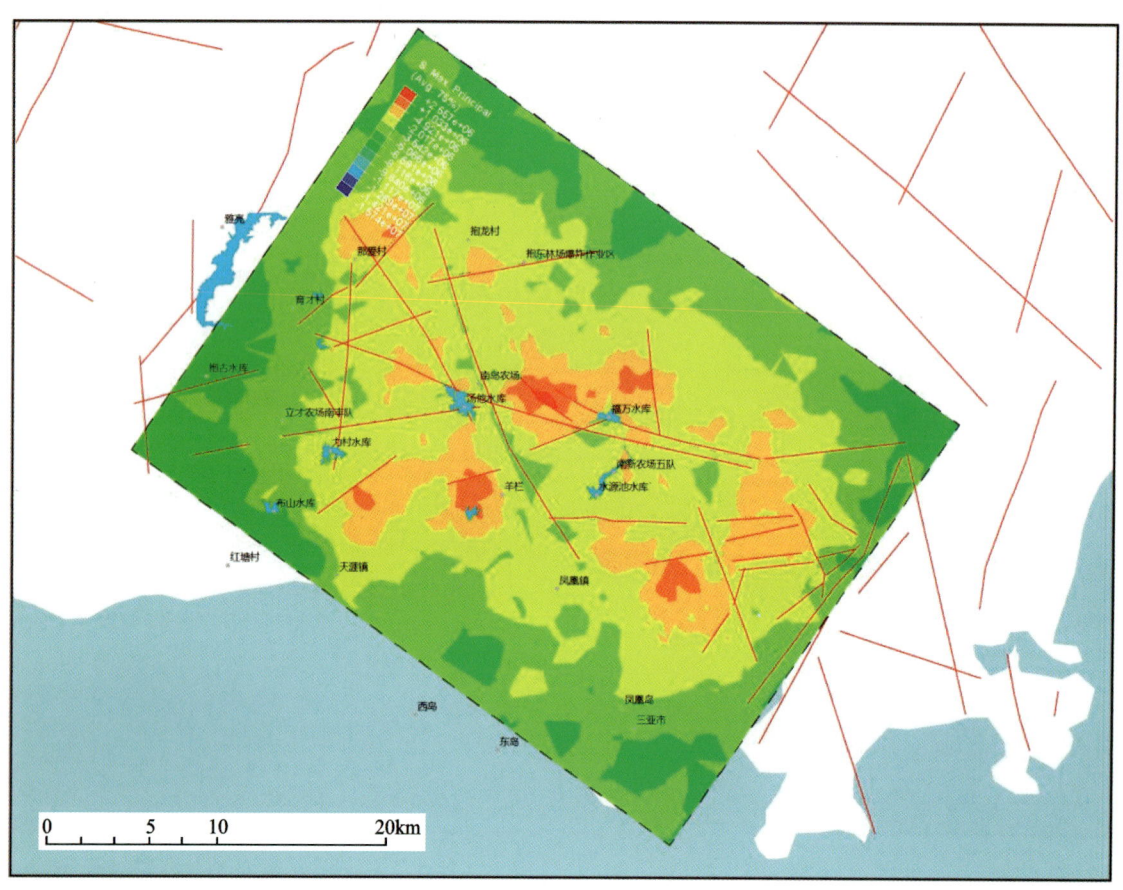

图8-18 地下深度500m处最大主应力分布

因模型在重力荷载下整体处于挤压应力状态,模型中的最小主应力分布没有明显的异常区(图8-19)。但在汤他水库至福万水库一带、响水一带和三亚市北部南丁岭一带出现明显的孔隙压力低值区(图8-20,图中红色为高孔隙压力区,蓝色为低孔隙压力区)。

3. 北西-南东向伸展模型模拟结果

对模型南东边界施加1‰伸展量的边界正向位移(400m),模型整体发生北西-南东向伸展变形。最小主应力(主拉应力)方位为水平,总体为北西-南东方向,最大主压应力方位直立,中间主应力水平,主要为北东-南西方位(图8-21)。水平主应力方位在全区域上总体一致,在模型中部区域断裂较为发育的部位,水平主应力方位存在一定的差异,受断裂构造活动的影响而存在扰动。

在模型中部汤他水库至福万水库一带和三亚市北部南丁岭一带出现最大主应力异常区,相对其他区域具有相对低的挤压应力。

在伸展应力背景下,模型中部出现北西-南东向展布的低拉张应力区,特别是汤他水库至福万水库一带、响水一带和三亚市北部南丁岭一带出现明显的低拉张应力区(图8-22~图8-25)。断裂构造的存在会降低区域构造伸展在研究区的影响。区域的伸展作用会降低非断层发育区的岩石孔隙压力,而使得断层发育区的孔隙压力相对较高(图8-26)。

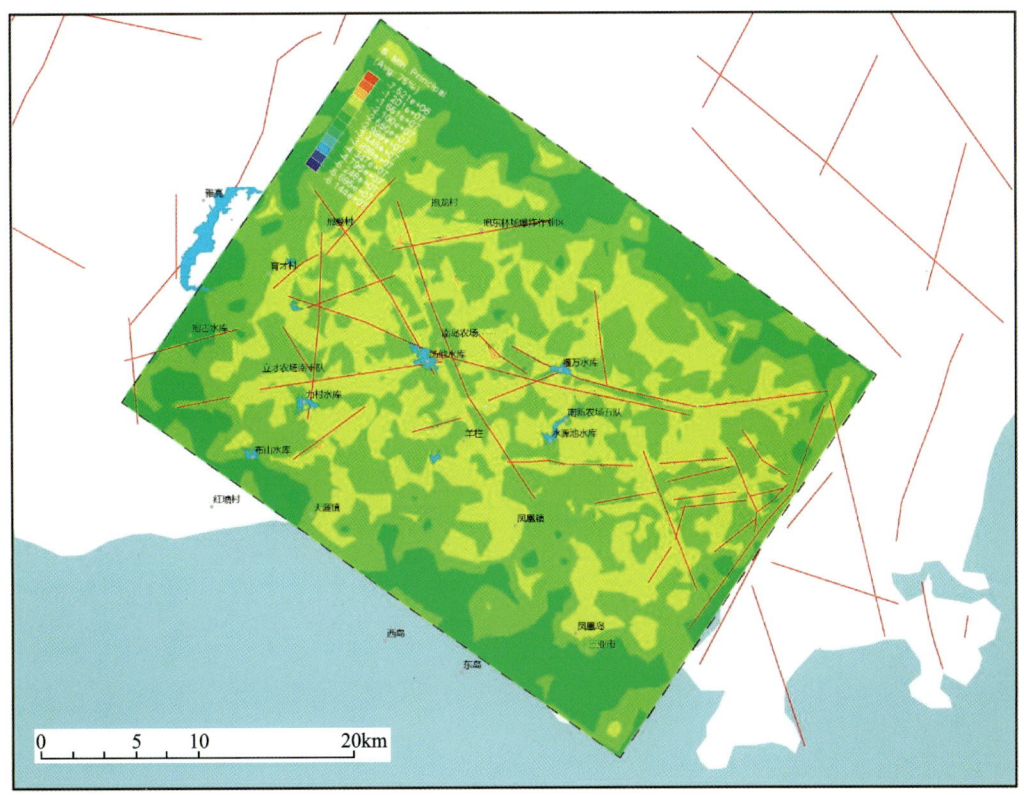

图 8-19　地下深度 500m 处最小主应力分布

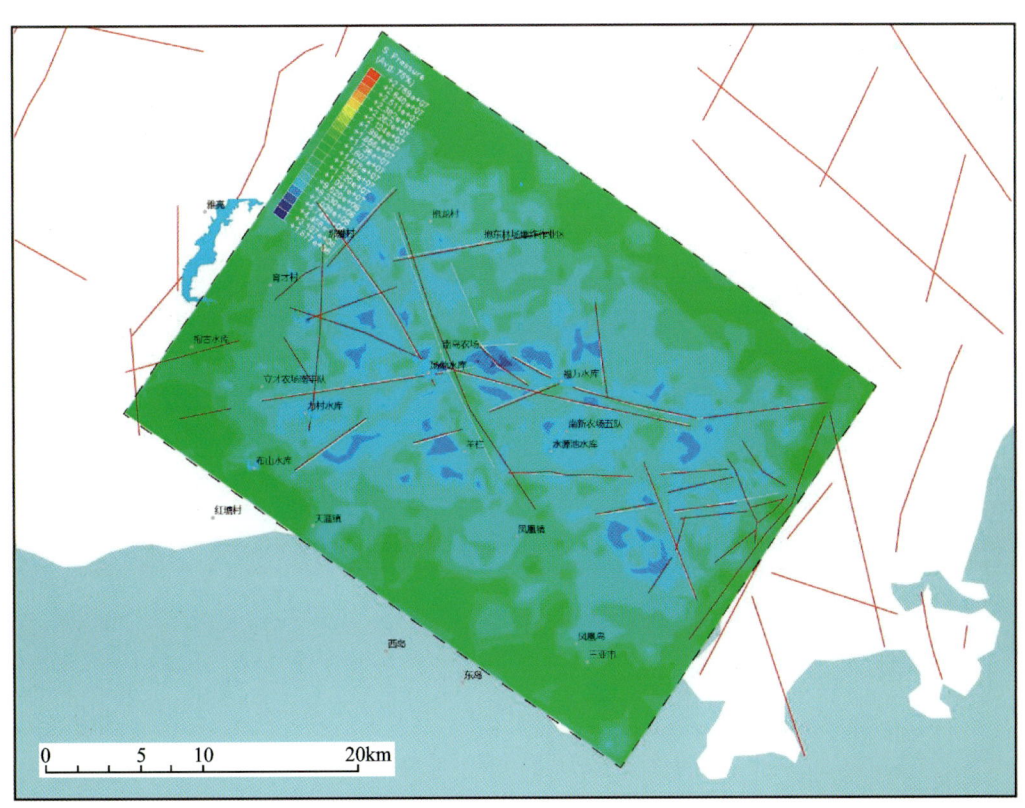

图 8-20　地下深度 500m 处孔隙压力分布

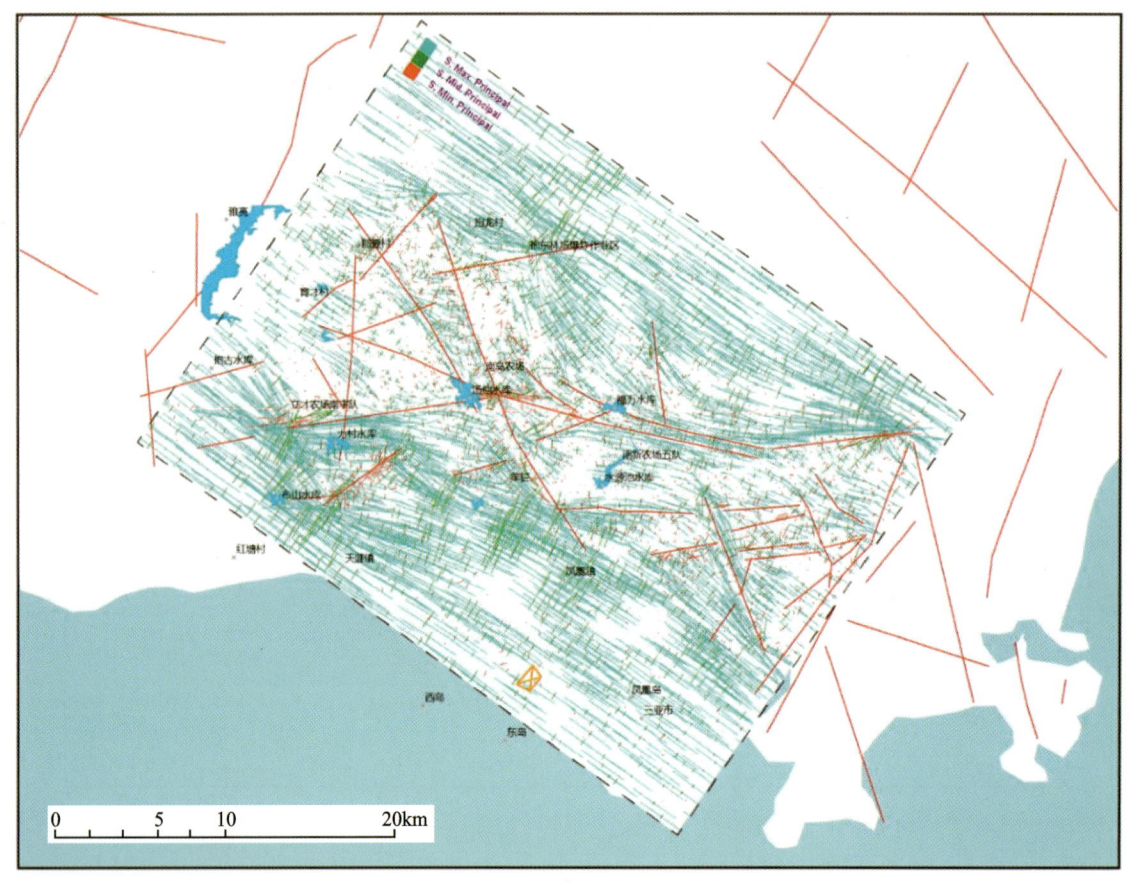

图 8-21　地下深度 500m 处构造主应力方位

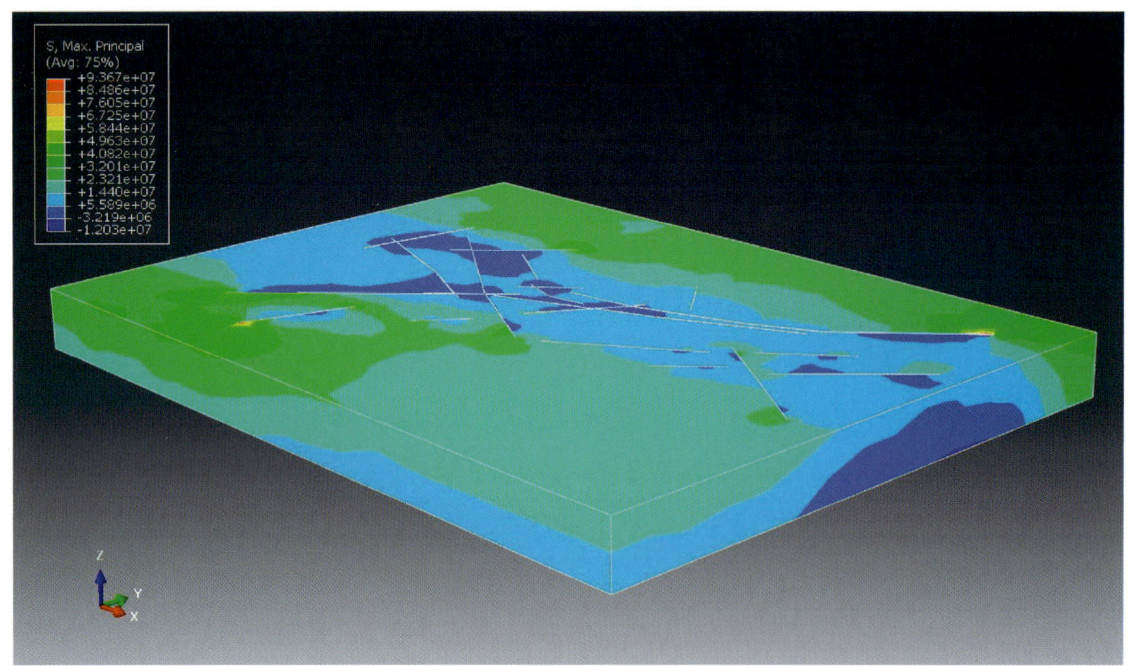

图 8-22　北西-南东向伸展背景下最大主应力三维分布

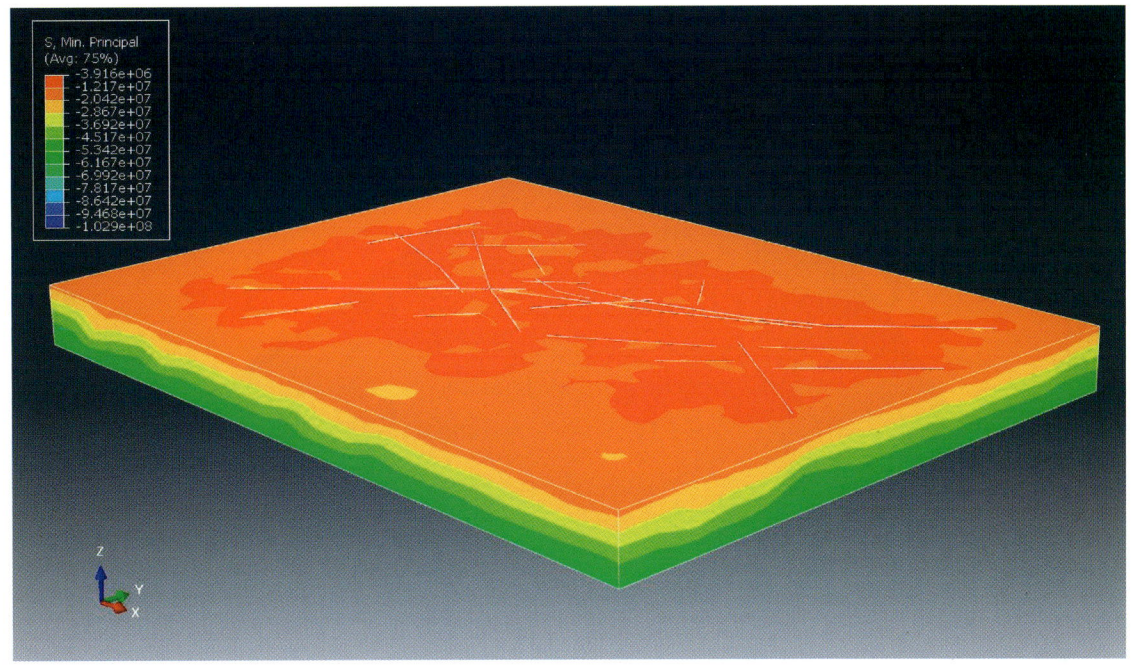

图 8-23 北西-南东向伸展背景下最小主应力三维分布

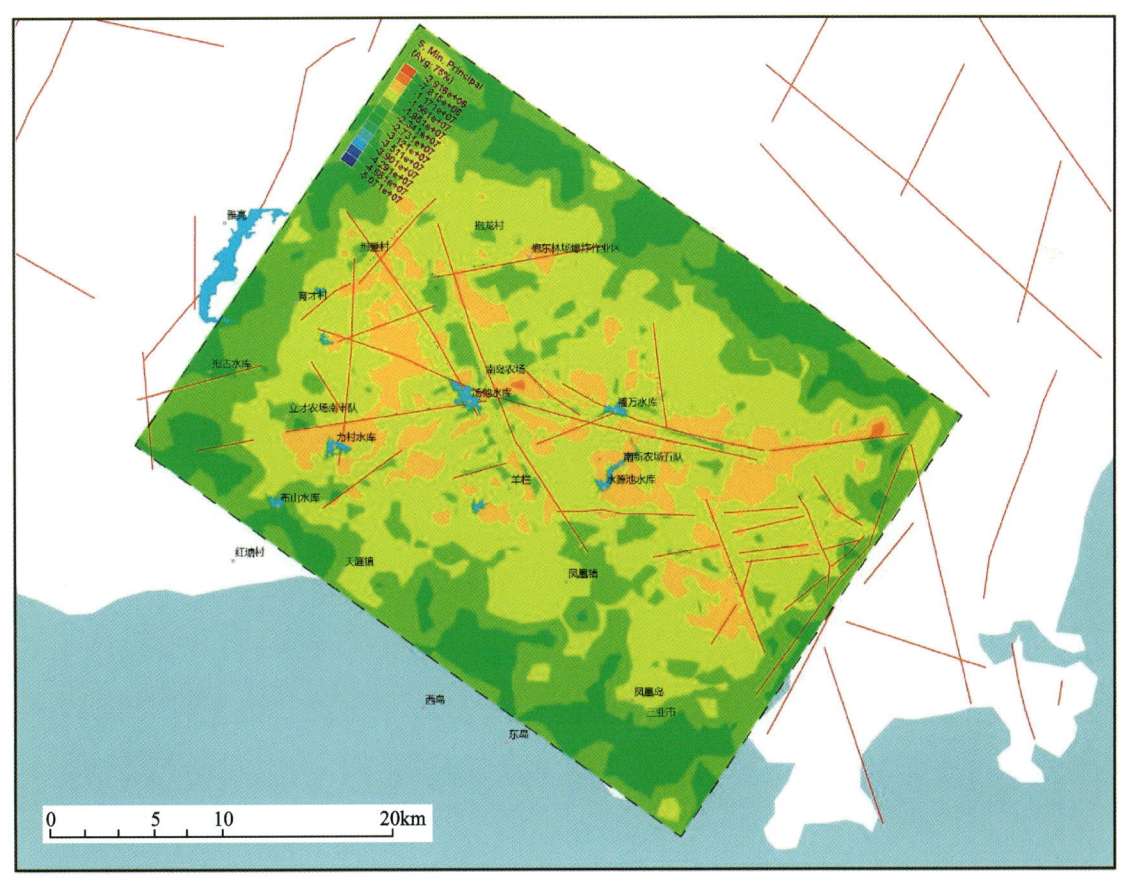

图 8-24 地下深度 500m 处最大主应力分布

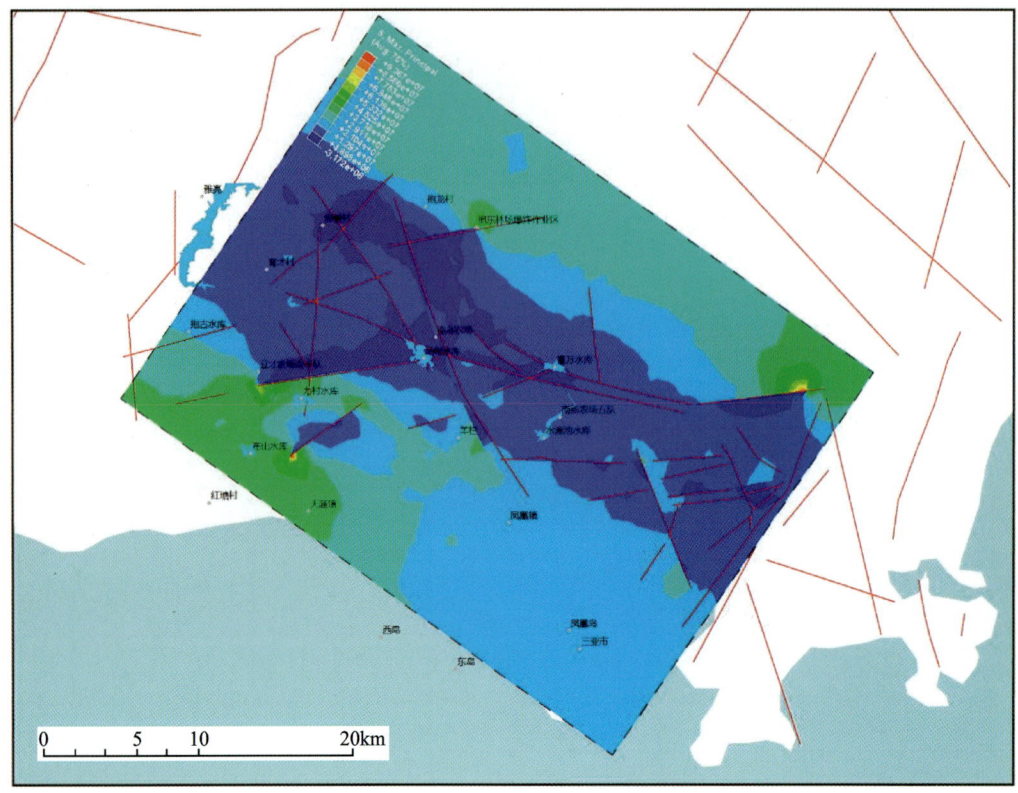

图 8-25　地下深度 500m 处最小主应力分布

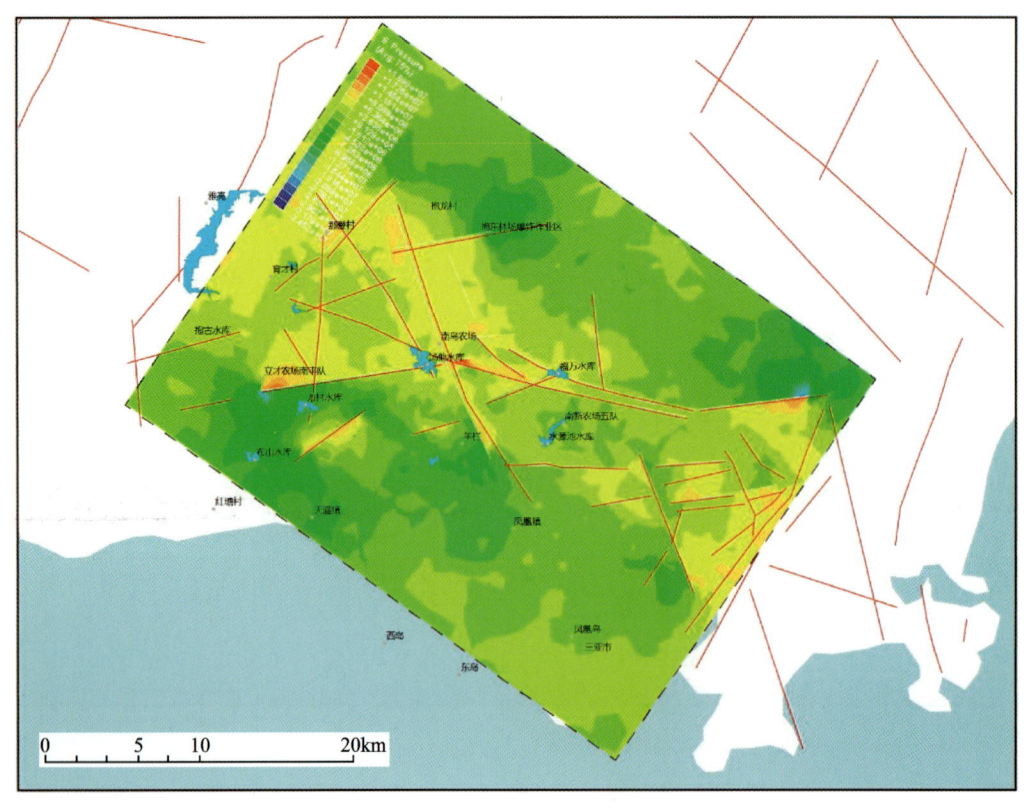

图 8-26　地下深度 500m 处孔隙压力分布

4. 北西-南东向挤压模型模拟结果

对模型南东边界施加1%缩短量的边界负向位移(−400m),模型整体发生北西-南东向缩短变形。最大主应力(主压应力)方位为水平,总体为北西-南东方向,中间主应力直立,最小主压应力(拉应力)方位水平,主要为北东-南西方位(图8-27)。在挤压构造背景下,水平主应力方位在全区域上总体一致,受断裂构造活动的影响较小。

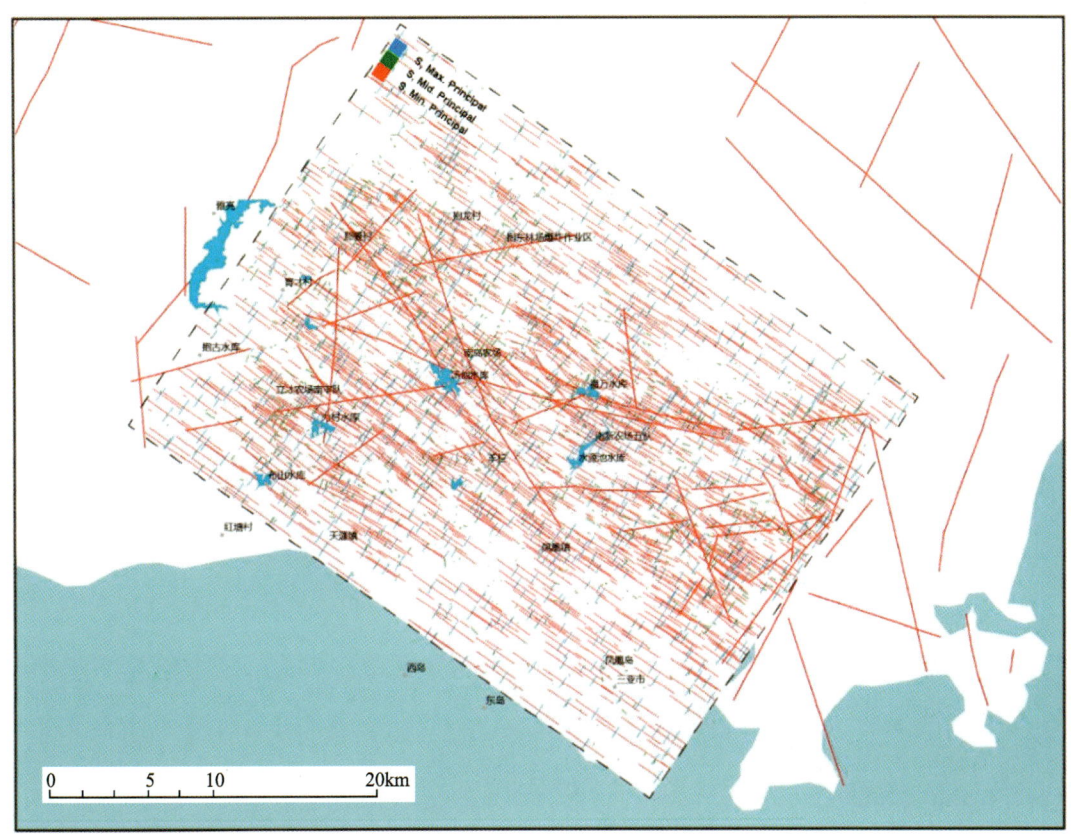

图8-27 地下深度500m处构造主应力方位

在模型中部断裂构造发育区域发育北西-南东走向分布的低挤压应力带。在福万水库和三亚市北部南丁岭一带出现明显的最大主应力异常区,相对其他区域具有相对低的挤压应力(图8-28~图8-31)。

在挤压应力背景下,模型中部也出现北西-南东向展布的相对孔隙压力低值区,特别是汤他水库、福万水库和水源池水库一带,出现明显的低孔隙压力区(图8-32)。断裂构造的存在会降低区域构造挤压在研究区的影响,因而在断裂发育区形成低孔隙压力区。

5. 北东-南西向伸展模型模拟结果

对模型北东边界施加1%伸展量的边界正向位移(300m),模型整体发生北东-南西向伸展变形。最小主应力(主拉应力)方位为水平,总体为北东-南西方向,最大主压应力方位直立,中间主应力水平,主要为北东-南西方位(图8-33)。水平主应力方位在全区域上总体一致,在模型中部区域,断裂较为发育的部位,水平主应力方位存在一定的差异,受断裂构造活动的影响较大。

模型整体处于伸展应力状态,在模型中部沿区域主干断裂出现最大主应力和最小主应力异常区(图8-34~图8-38)。在断裂不发育的模型外围区域存在相对较高的拉应力,使得孔隙压力也相对较低。中部断裂构造发育区因断层的活动降低区域构造伸展在该区域的影响。区域的伸展作用会降低非断层发育区的岩石孔隙压力,而使得断层发育区的孔隙压力相对较高(图8-39)。

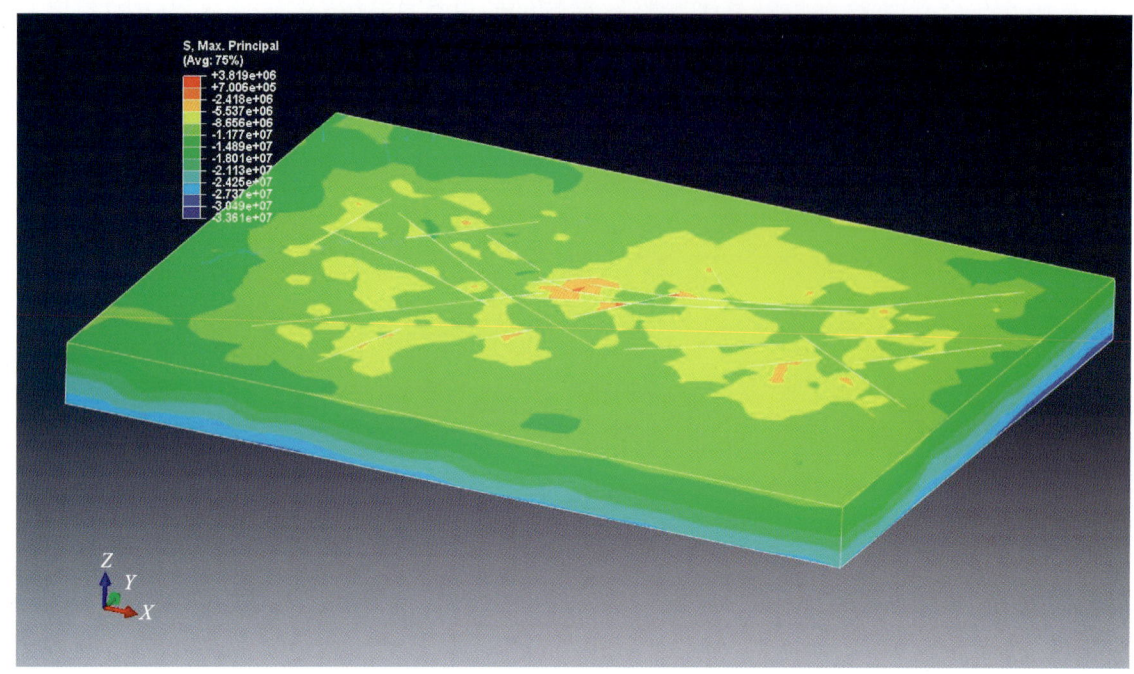

图 8-28　北西-南东向挤压背景下最大主应力三维分布

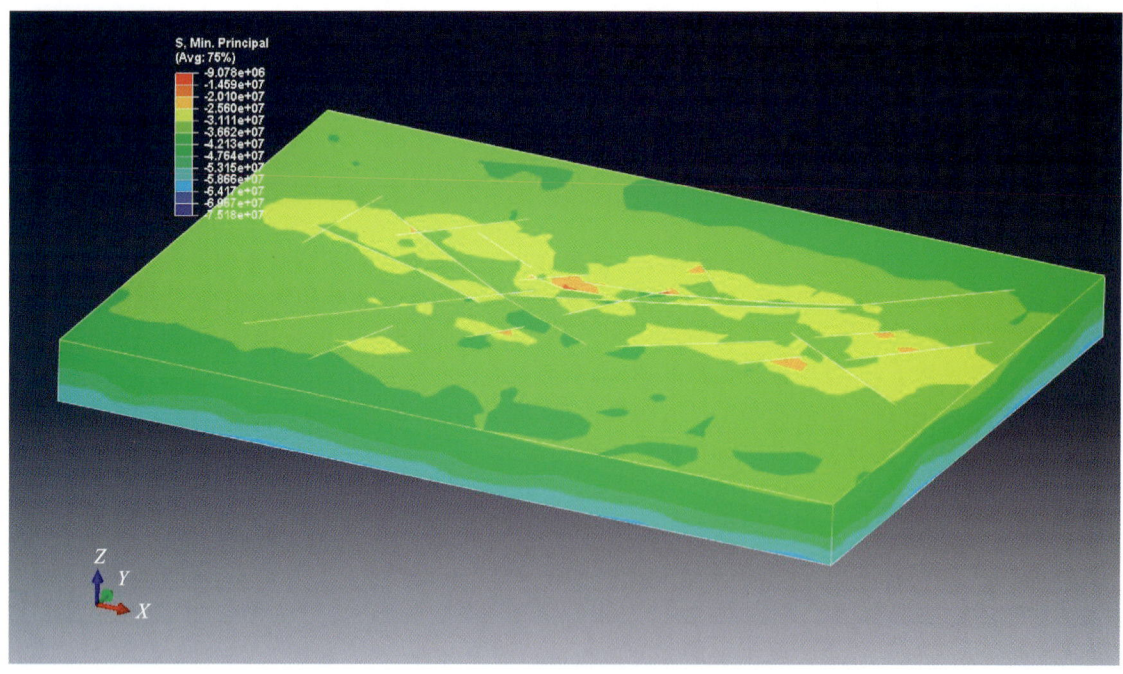

图 8-29　北西-南东向挤压背景下最小主应力三维分布

第八章 海南岛应急地下水源地

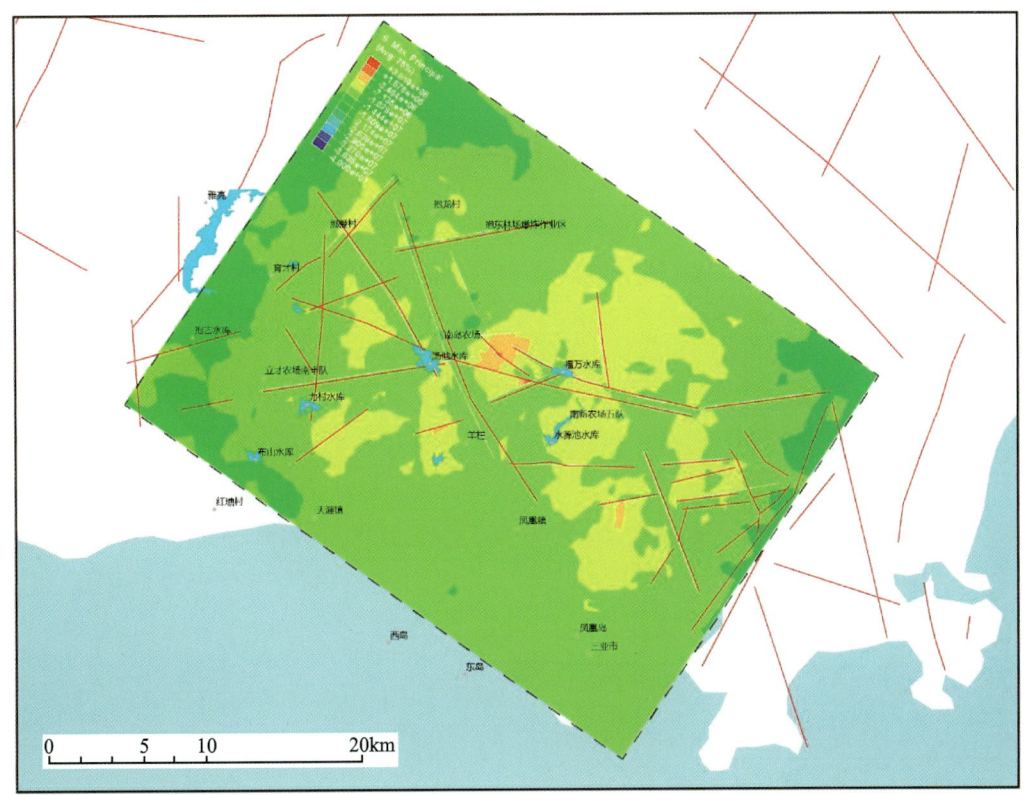

图 8-30　地下深度 500m 处最大主应力分布

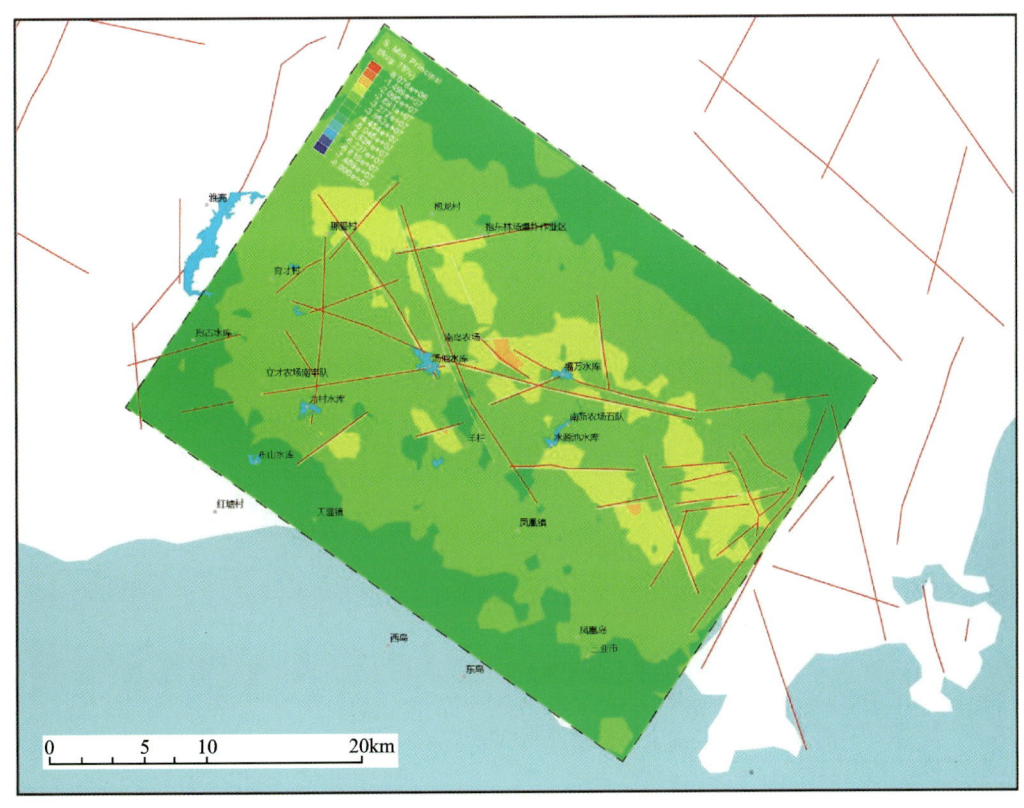

图 8-31　地下深度 500m 处最小主应力分布

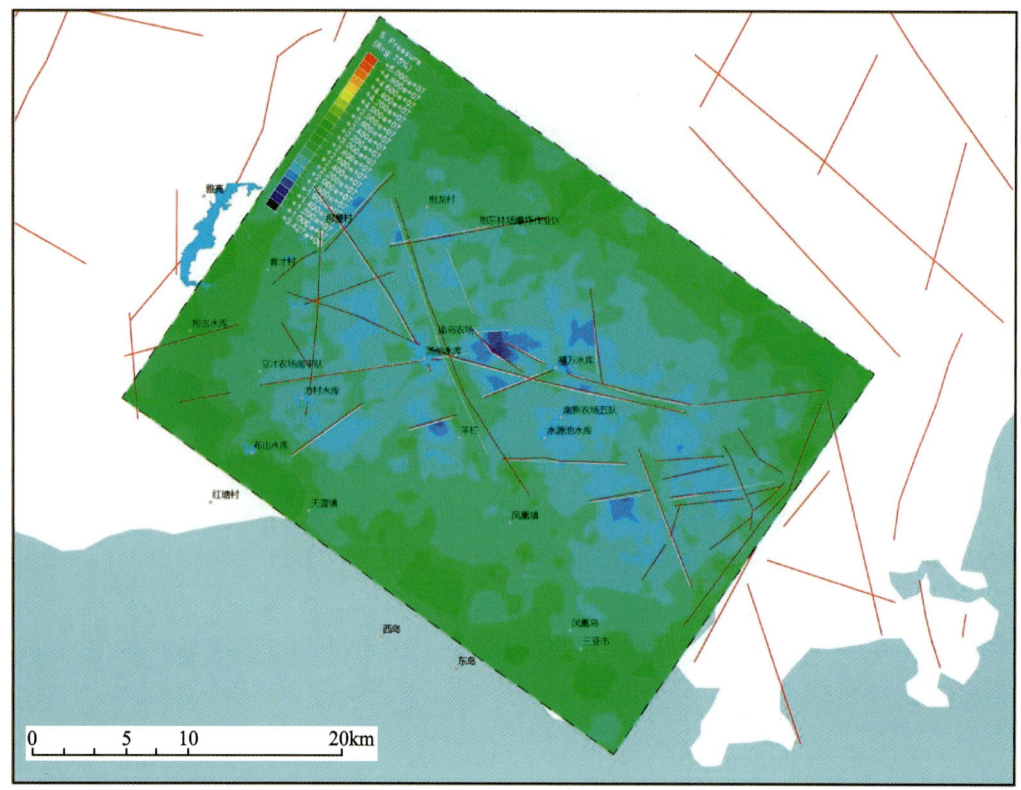

图 8-32　地下深度 500m 处孔隙压力分布

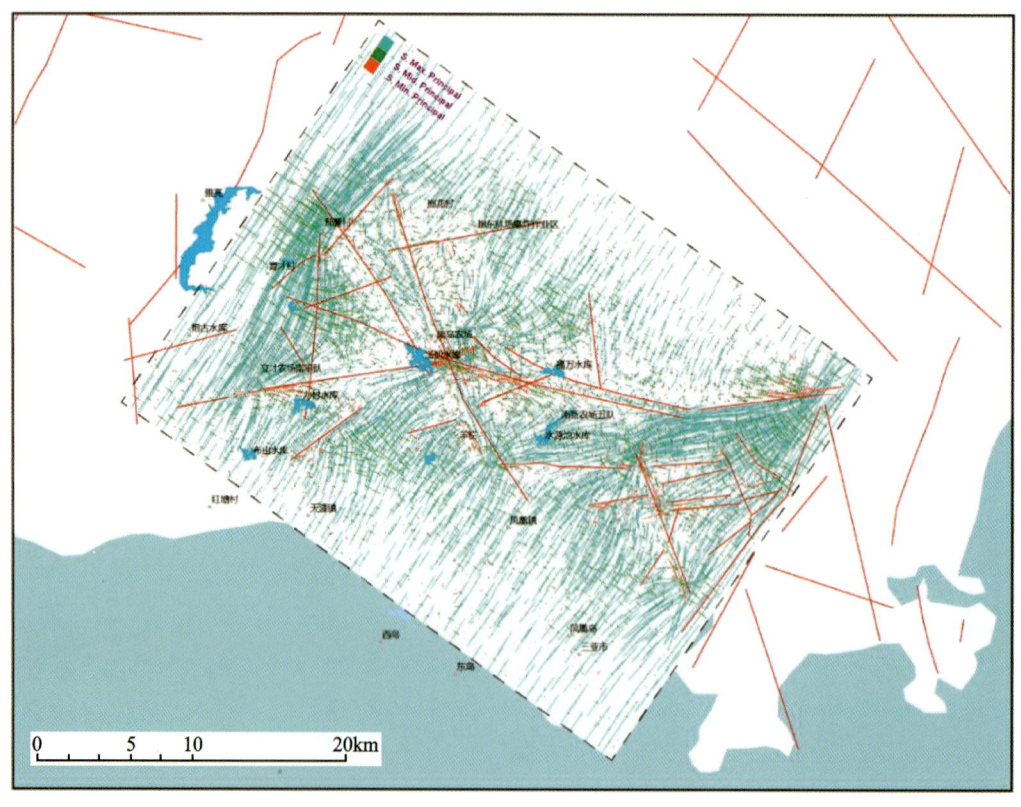

图 8-33　地下深度 500m 处构造主应力方位

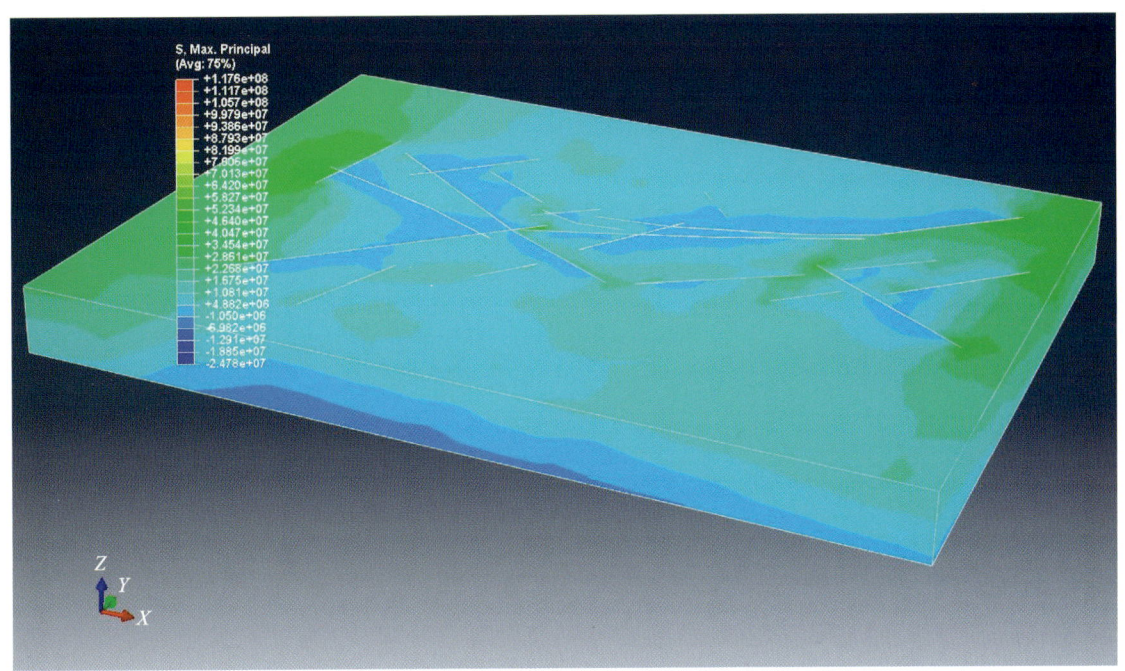

图 8-34　北东-南西向伸展背景下最大主应力三维分布

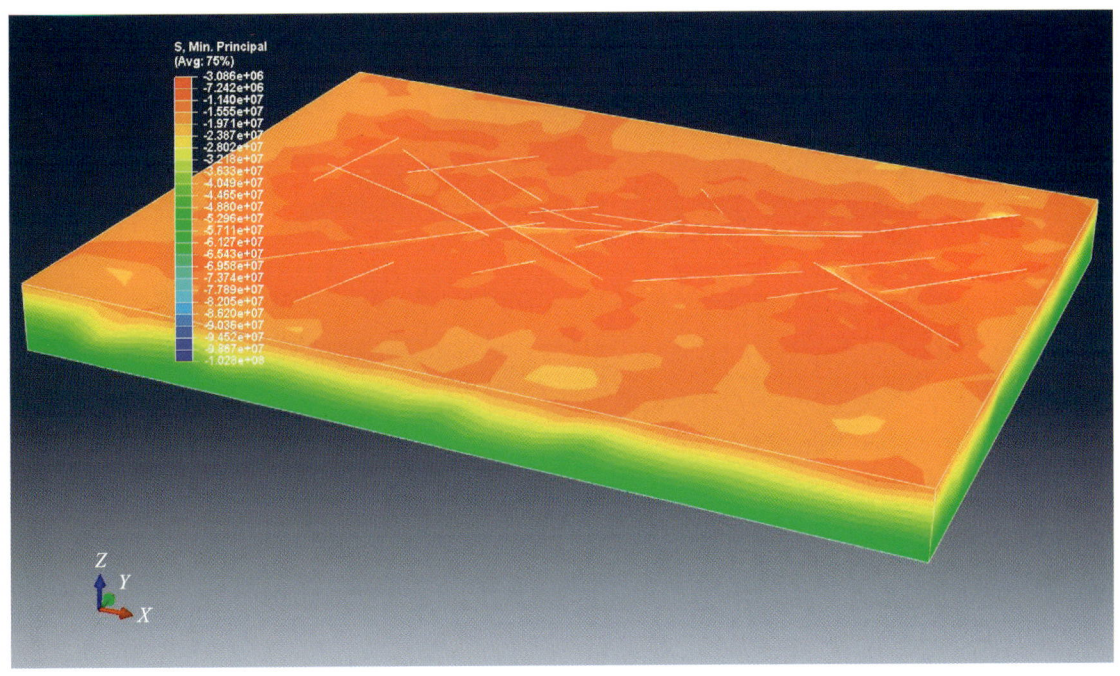

图 8-35　北东-南西向伸展背景下最小主应力三维分布

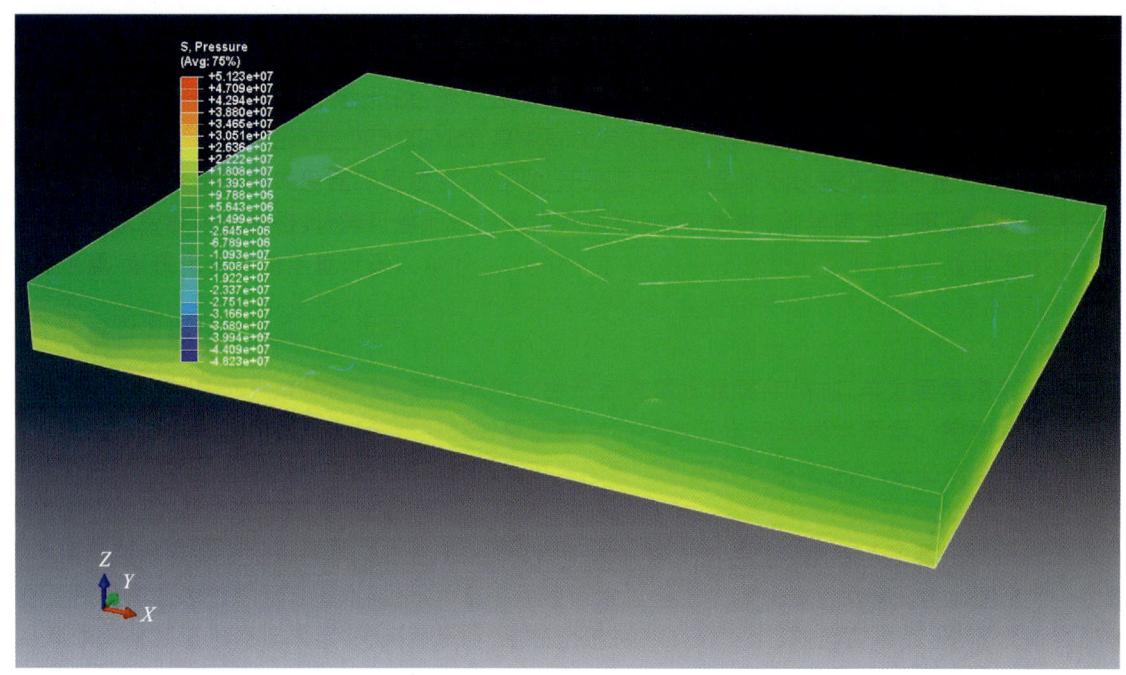

图 8-36 北东-南西向伸展背景下孔隙应力三维分布

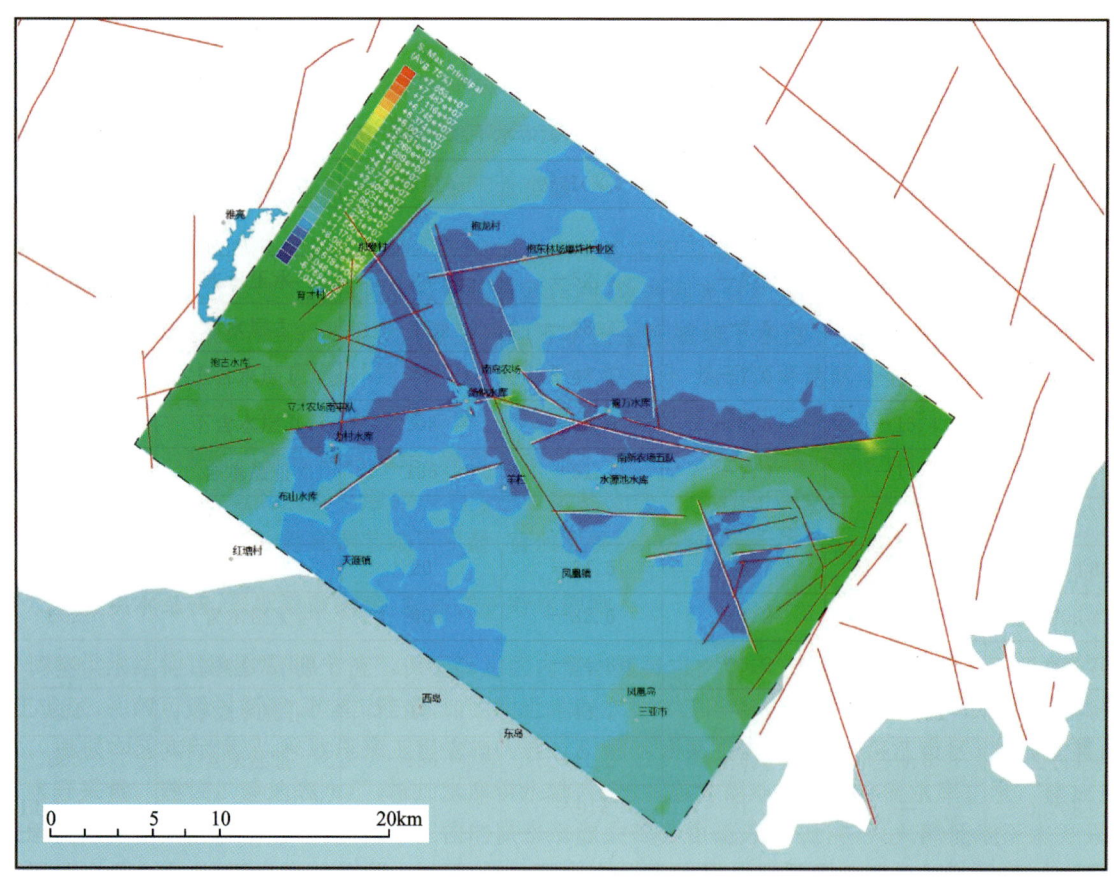

图 8-37 地下深度 500m 处最大主应力分布

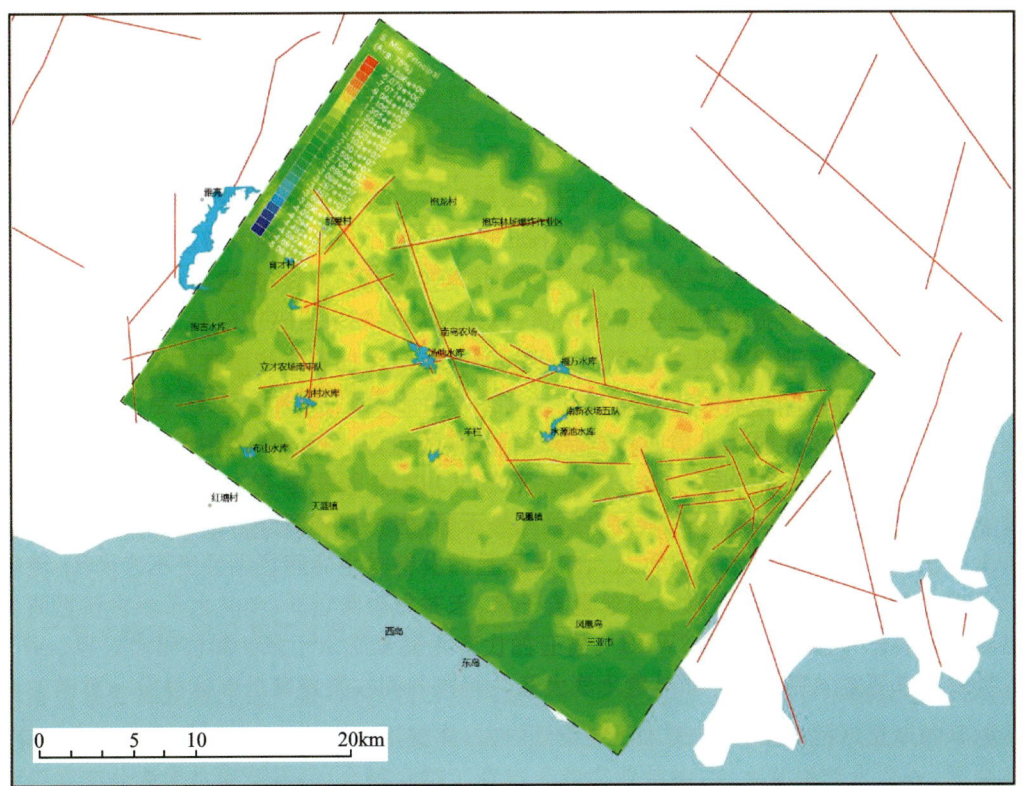

图 8-38 地下深度 500m 处最小主应力分布

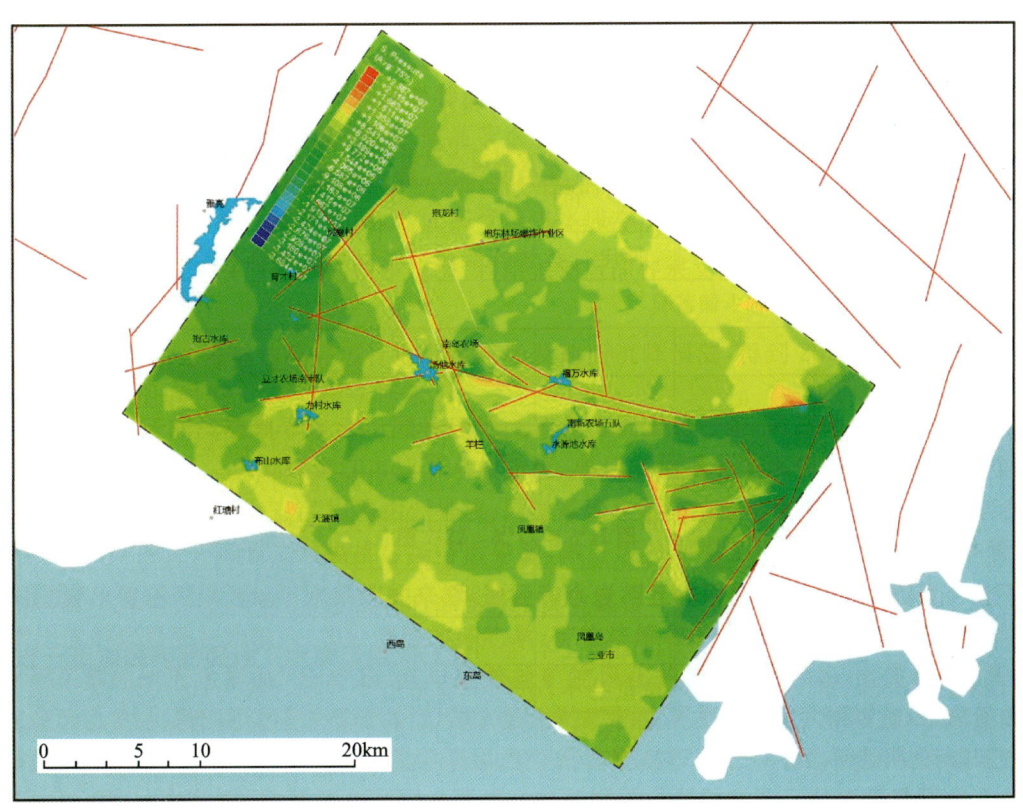

图 8-39 地下深度 500m 处孔隙压力分布

6. 北东-南西向挤压模型模拟结果

对模型北东边界施加1‰缩短量的边界负向位移(-300m),模型整体发生北东-南西向缩短变形。最大主应力(主压应力)方位为水平,总体为北东-南西方向,中间主应力直立,最小主压应力(拉应力)方位水平,主要为北东-南西方位(图8-40)。在挤压构造背景下,水平主应力方位在全区域上总体一致,受断裂构造活动的影响较小。

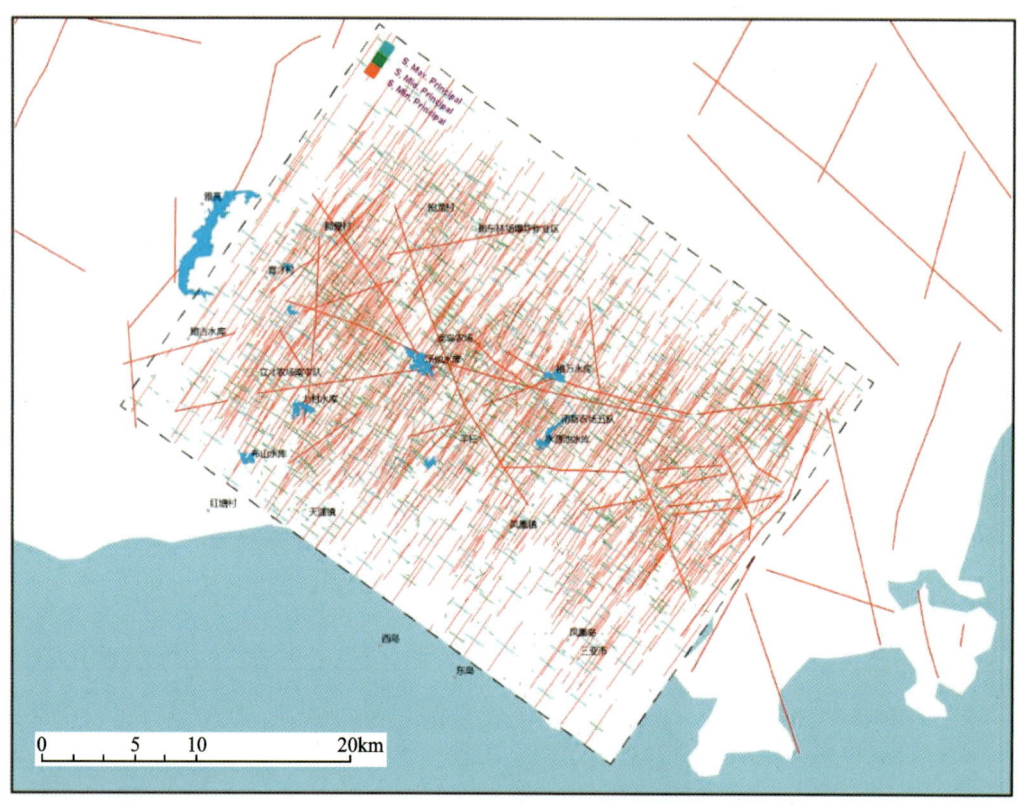

图8-40 地下深度500m处构造主应力方位

在模型中部断裂构造发育区域出现低挤压应力异常区,因断层的活动会释放部分挤压应力,使得断层发育区出现相对较低的挤压应力。在汤他水库至福万水库一带出现明显的应力异常,相对其他区域具有相对低的挤压应力(图8-41~图8-45)。

在挤压应力背景下,模型中部断层交会合围的区域存在相对低的孔隙压力区,特别是汤他水库、福万水库一带,出现明显的低孔隙压力区(图8-46)。断裂构造的存在会释放部分挤压应力,降低区域构造挤压在研究区的影响,因而在断裂发育区形成低孔隙压力区。

(三)地下水分布规律及对策

1. 地貌对地下水分布的影响

研究区存在多个具有不同高程的夷平面,主要为三亚市区的平原和丘陵地带(<50m)、三亚湾北部汤他水库至福万水库一带的二级夷平面构成的汇水盆地(200m)和研究区西北部的高山区(>500m)。在研究区中部区域形成一个面积约$50km^2$的汇水盆地,汤他水库和福万水库等均位于该汇水盆地内。汇水盆地四面环山,中间低洼的地貌形态有利于地表降水的快速下渗、汇聚和储存(图8-47)。

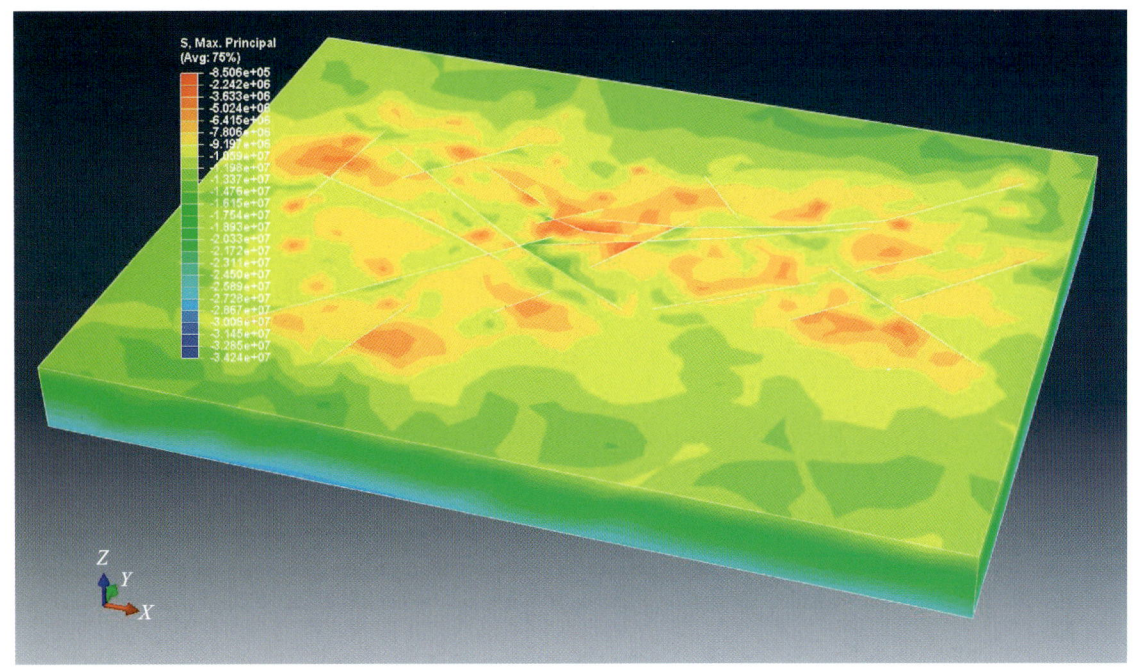

图 8-41　北东-南西向挤压背景下最大主应力三维分布

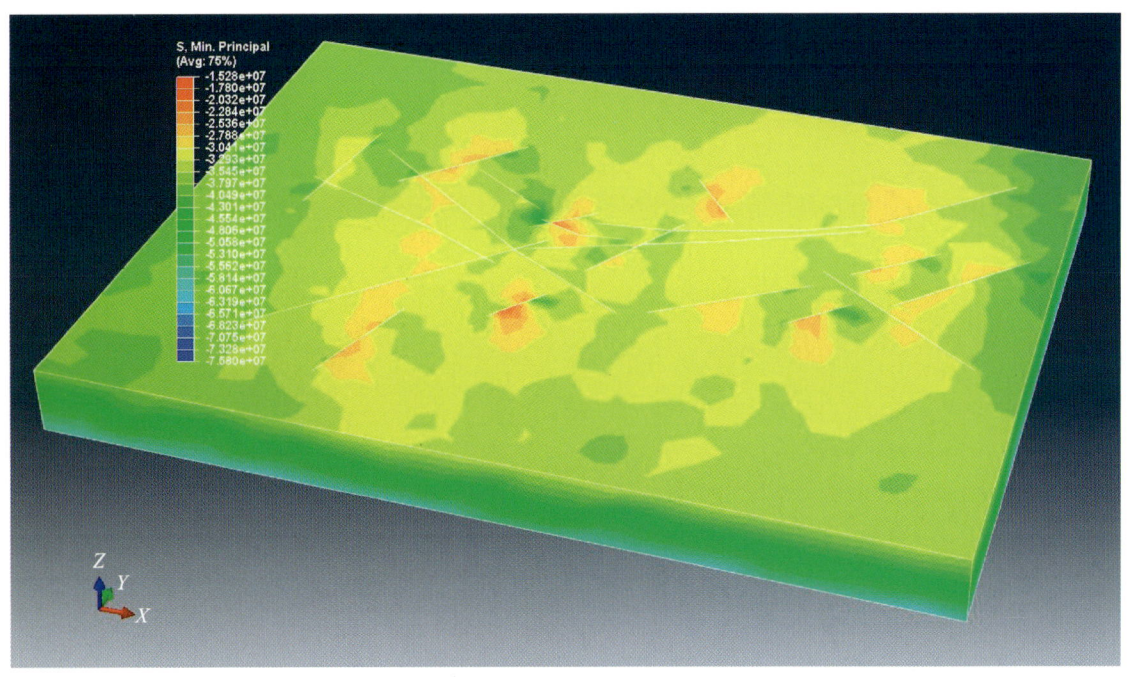

图 8-42　北东-南西向挤压背景下最小主应力三维分布

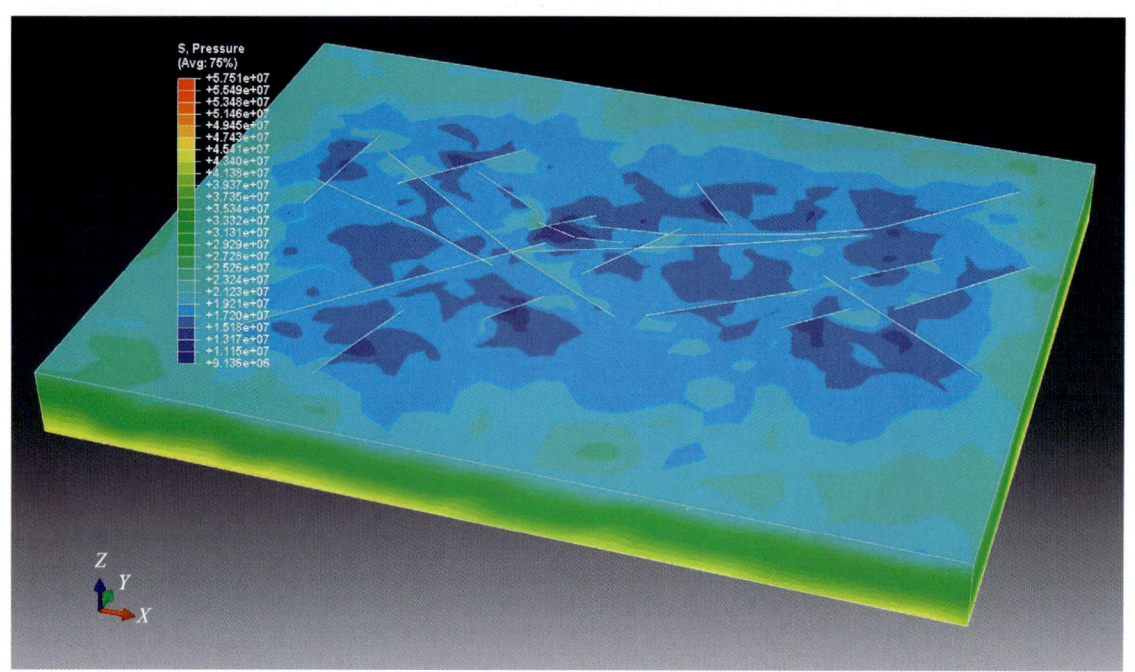

图 8-43 北东-南西向挤压背景下孔隙应力三维分布

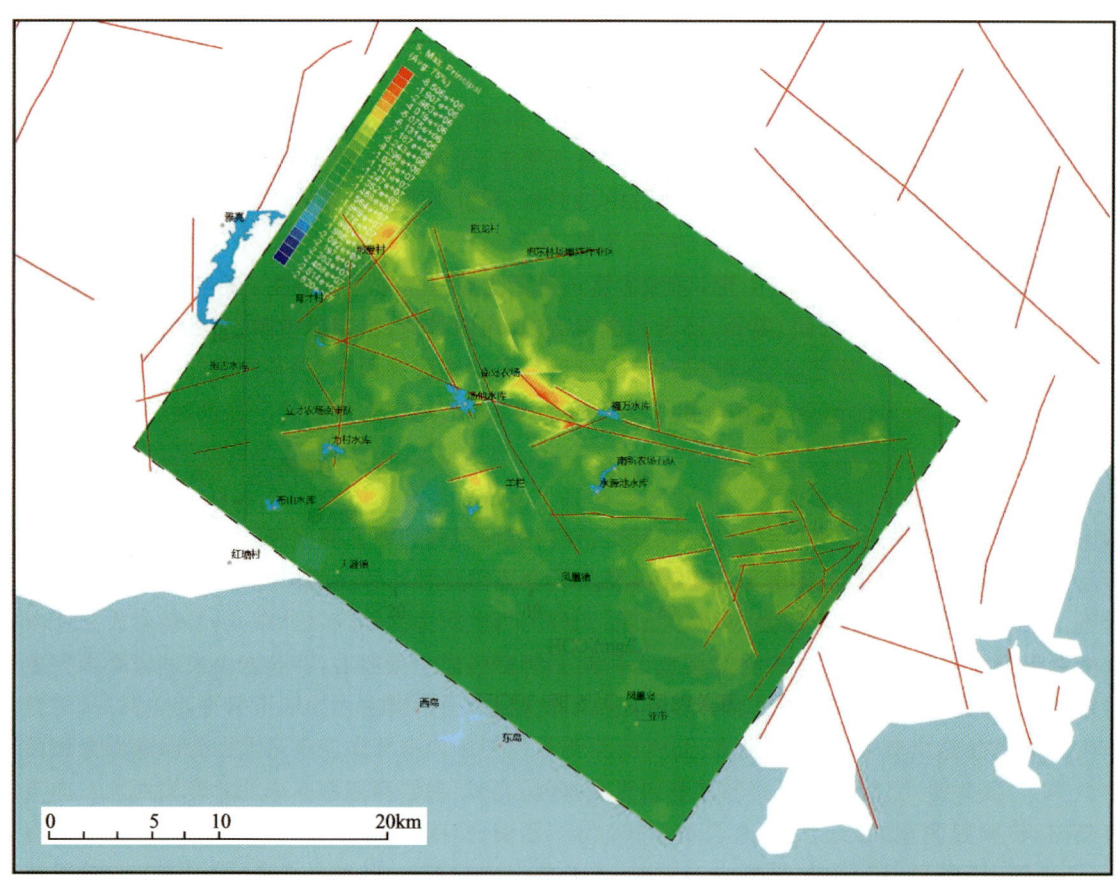

图 8-44 地下深度 500m 处最大主应力分布

第八章 海南岛应急地下水源地

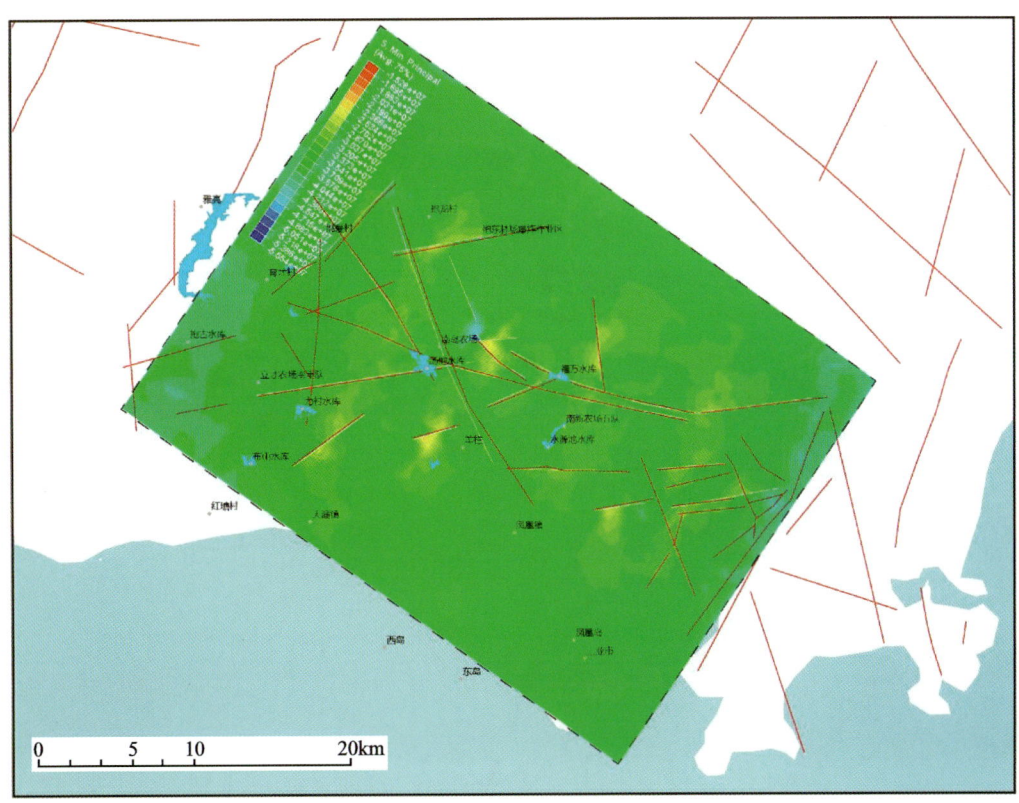

图 8-45 地下深度 500m 处最小主应力分布

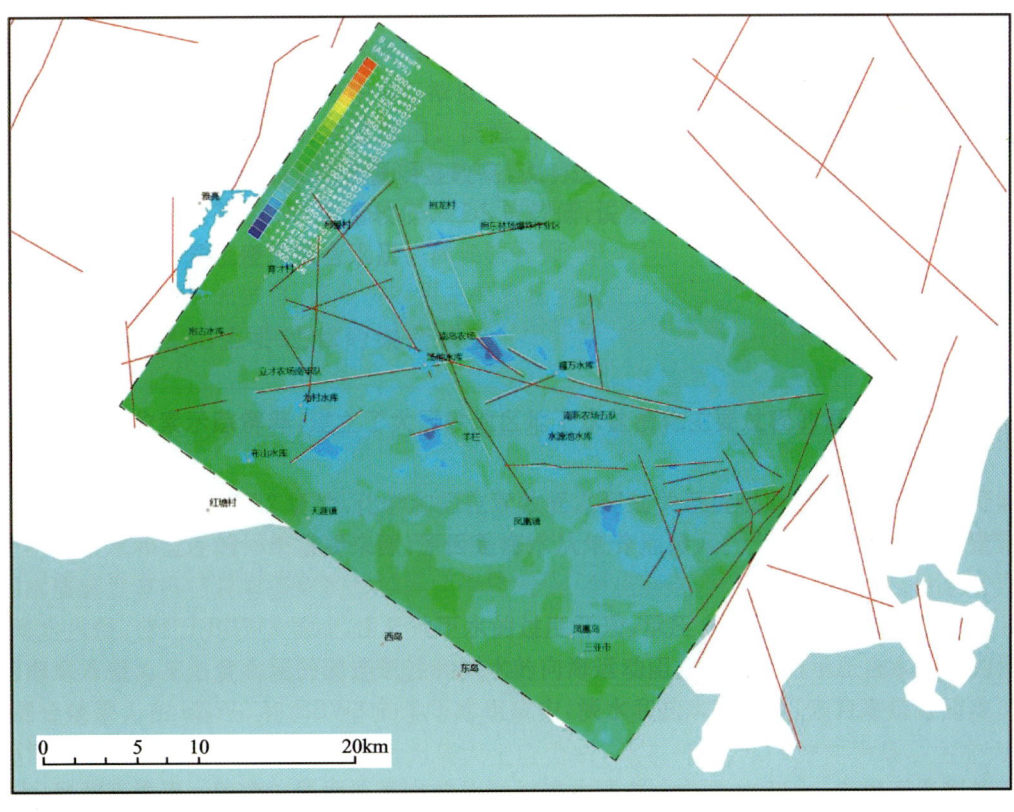

图 8-46 地下深度 500m 处孔隙压力分布

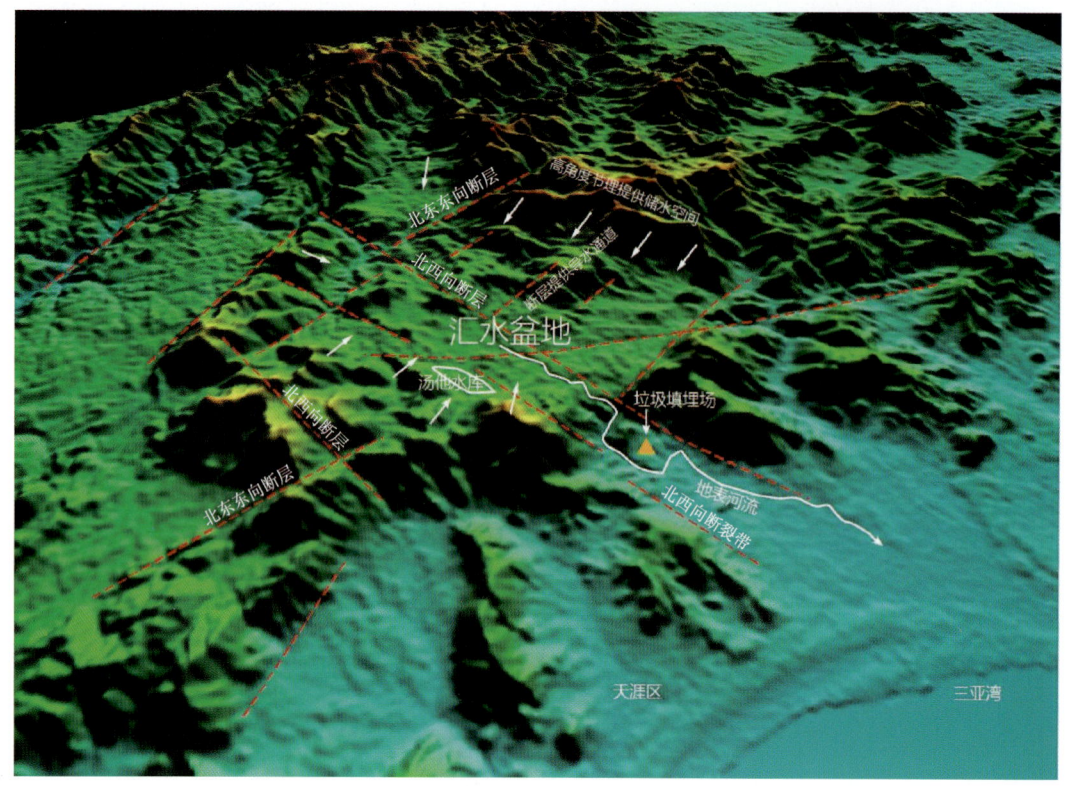

图 8-47 构造地貌对研究区地下水分布的控制

海拔 50m 以下区域形成地下水自流区，海拔 200m 区域形成地下水汇聚和储存区，海拔 500～800m 区域构成地下水补给区。

2. 实际地下水分布规律

根据水文地质调查获得的水文钻孔和自流井实际观测结果，研究区地下水的埋深和流量在区域上存在一定差异。观测井获得的地下水位埋深普遍较浅，普遍小于 5.0m。在研究区响水—羊栏以北海拔 200m 区域水位埋深相对较浅，而南部天涯镇凤凰机场一带低海拔区域地下水位埋深相反相对较深（图 8-48），表明中海拔区域储水量相对低海拔区域反而相对更为丰富。

观测井实际涌水量和推测涌水量在汤他水库至羊栏—响水和三亚市北部区域相对较高（图 8-49、图 8-50）。较高的涌水量与该区域较低的海拔与更多的自流井有关。

3. 断层和节理裂隙对地下水分布的影响

与高孔隙度碎屑岩不同的是，花岗岩为低孔隙度岩浆岩，无法通过碎屑颗粒间的孔隙提供储水空间。而研究区十分发育的高角度节理裂隙则为花岗岩地区提供丰富的储水空间。地表降水可以通过高角度节理裂隙快速下渗而储存。

研究区的断层、节理的产状和性质具有极好的规律性与一致性，两个走向方位的断层和节理发育的特征又存在明显的差异。北西向断层发育规模较大，在断层上盘附近，高角度共轭节理十分发育，为研究区花岗岩区提供大型的地下水下渗通道、储水空间和导水通道。北北东向断层普遍为近直立的张性正断层，同时伴随近直立的高角度节理发育。北北东向的断层、直立节理为全区域提供地表降水快速下渗的通道和向汇水盆地快速渗透的水平通道。两期断层和节理的相互切割，节理具有极好的连通性，使得花岗岩体具有很好的垂向和水平向渗透性，不仅有利于地表降水的快速下渗，而且为地下水提供了丰富的储水空间和运移通道。

第八章 海南岛应急地下水源地

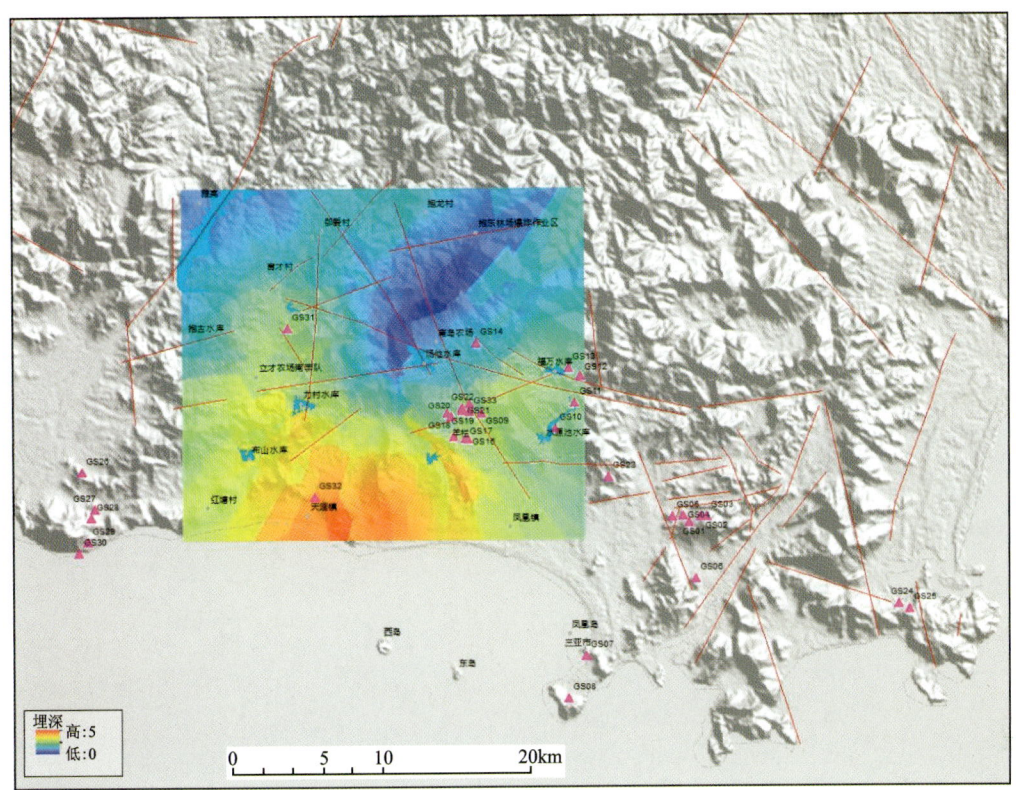

图 8-48　地下水位埋深实际观测分布

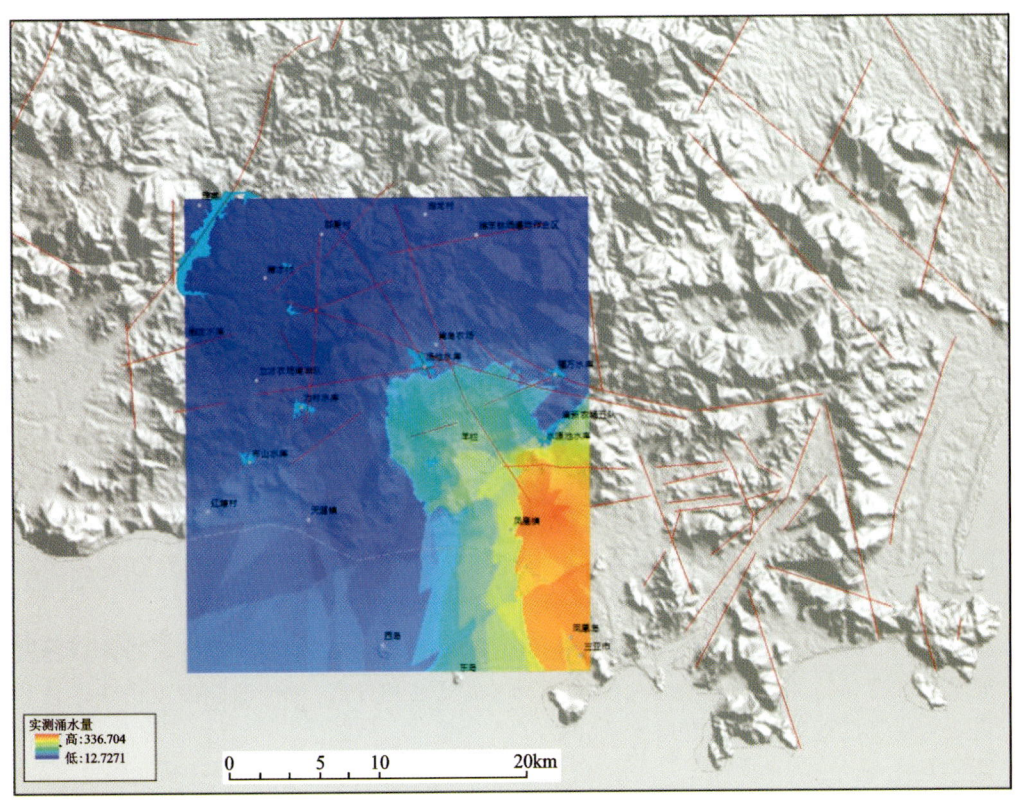

图 8-49　地下水实际观测涌水量分布

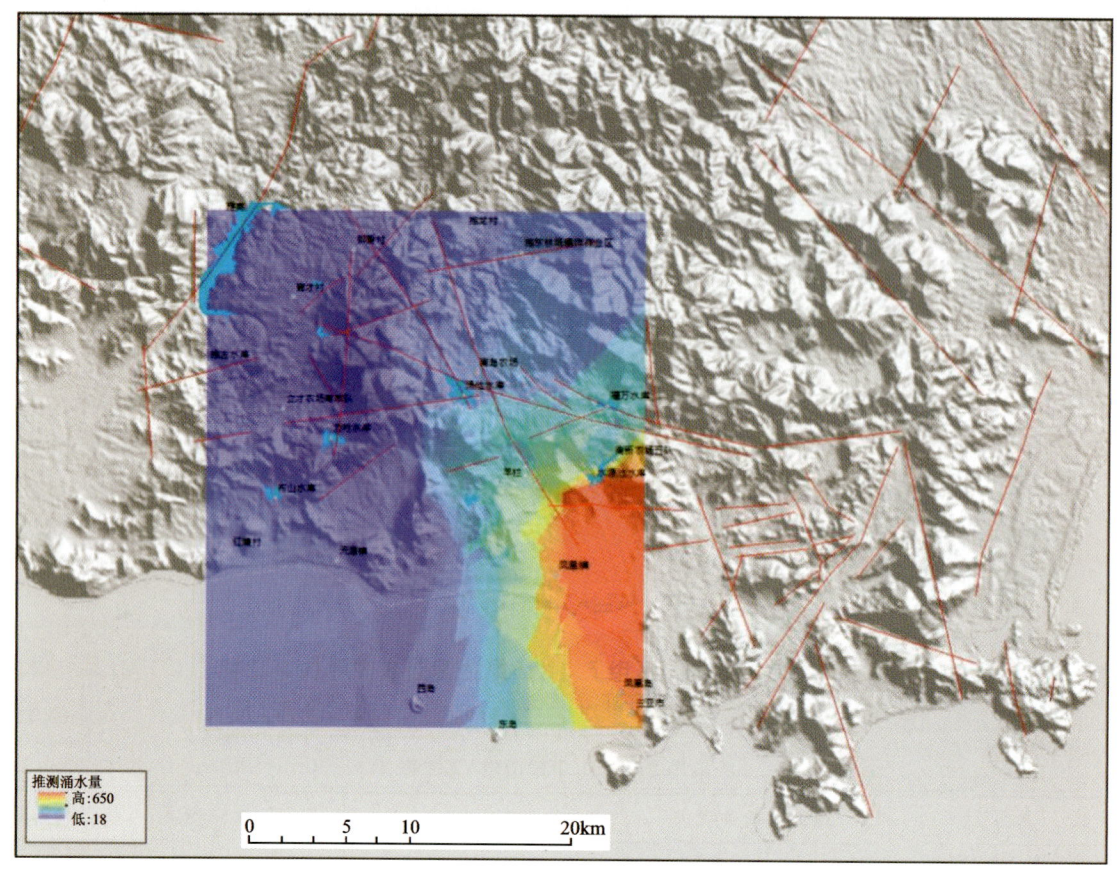

图 8-50　地下水推测涌水量分布

研究区节理密度平均为 10 条/m,最低密度为 3 条/m,最高可达 30 条/m 以上(图 8-13)。基于 ArcGIS 的空间分析,对研究区的断层和节理分布进行空间分析,对地下节理裂隙的发育程度进行空间定量分析。分析结果显示,存在 2 个明显的高密度分布区:西至育才镇、东至响水—福万岭一带的汇水盆地区,三亚市和亚龙湾以北区域(图 8-51)。根据地下裂隙发育密度空间分析结果和数值模拟获得的孔隙压力分布结果,这两个区域也成为主要的地下水渗流和汇聚区(图 8-52)。

4. 构造应力场对地下水分布的影响

在伸展应力背景下,断裂构造的存在和活动会降低区域构造伸展对研究区花岗岩体孔隙压力的影响。区域的伸展作用会降低非断层发育区的岩石孔隙压力,而使得断层发育区的孔隙压力相对较高。但是伸展作用会加强张性断层的活动,而降低断裂带内的孔隙压力,进而加强断裂带的地下水渗透和导水能力。

在挤压应力背景下,断层交会合围的区域存在相对低的孔隙压力区。断裂构造的存在会释放部分挤压应力,降低区域构造挤压在研究区的影响,在断裂发育区形成低孔隙压力区,从而使得断裂发育和交会部位成为更好的储水区域。

挤压应力场有利于降低断层发育区域的相对孔隙压力,增大花岗岩区节理裂隙的开启程度和孔隙度,有利于地下水的存储。伸展应力场会加强张性断层的活动和开启,增加断裂带内的渗透性和导水能力,使得断层成为优良的地下水汇聚和导水通道。

第八章　海南岛应急地下水源地

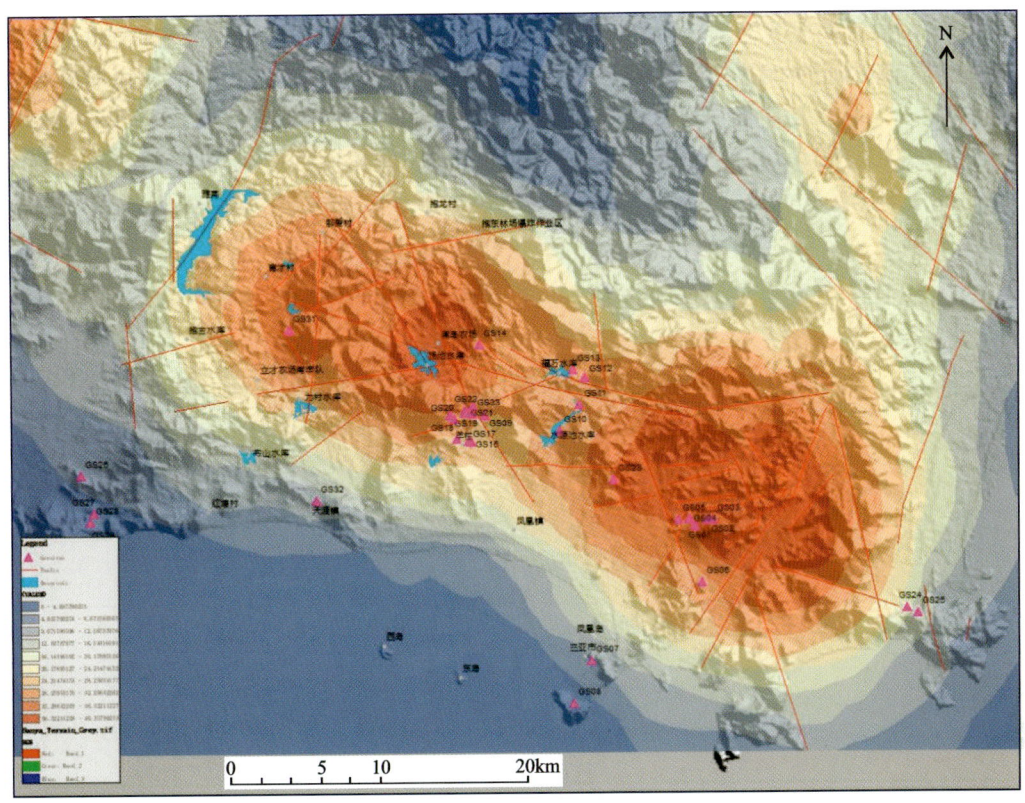

图 8-51　断层及节理裂隙密度空间分析结果

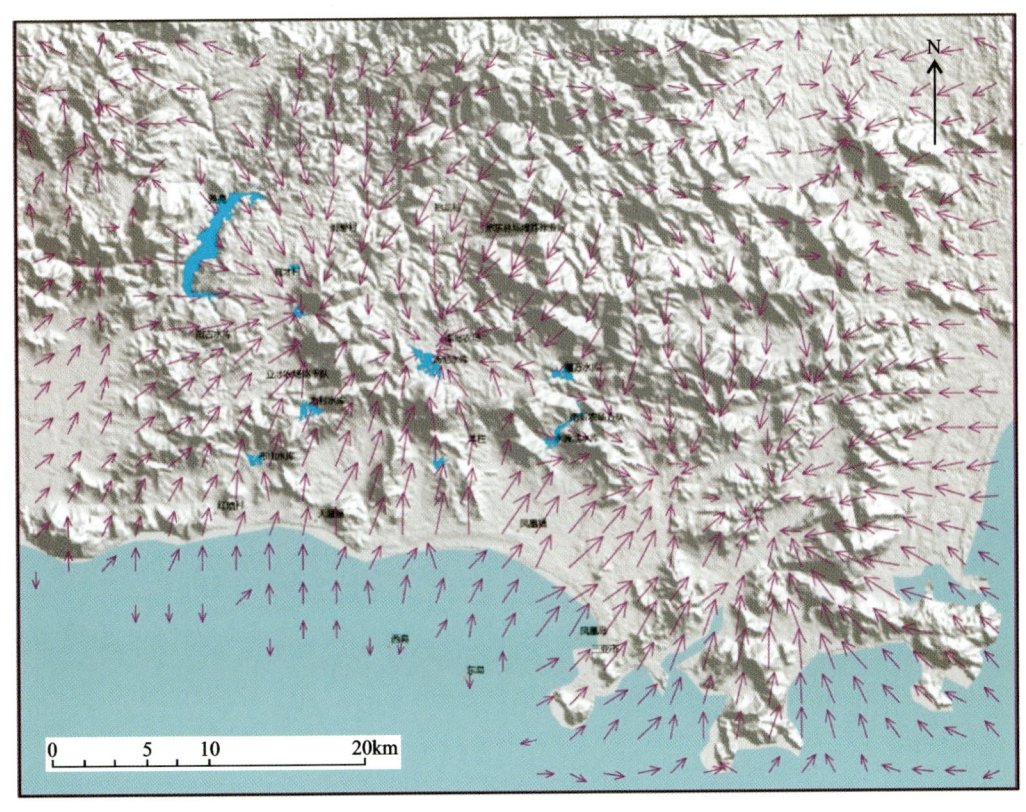

图 8-52　地下水渗透和汇聚趋势分布

5. 地下水分布模式

研究区中部约 200km² 的区域,在地貌上构成四周环山的汇水盆地,两个期次和两个方向的断裂、节理裂隙互相切割,具有优良的岩石裂隙及连通性,具有丰富的地下水储存空间(图 8-53a、b)。汇水盆地以南低海拔区为优良的自流井分布区,汇水盆地南西方向高海拔山区构成大范围的优良地下水补给区。南西西向晚期断层和直立节理裂隙十分有利于该补给区的地表降水下渗,并向汇水盆地运移补给(图 8-53c)。

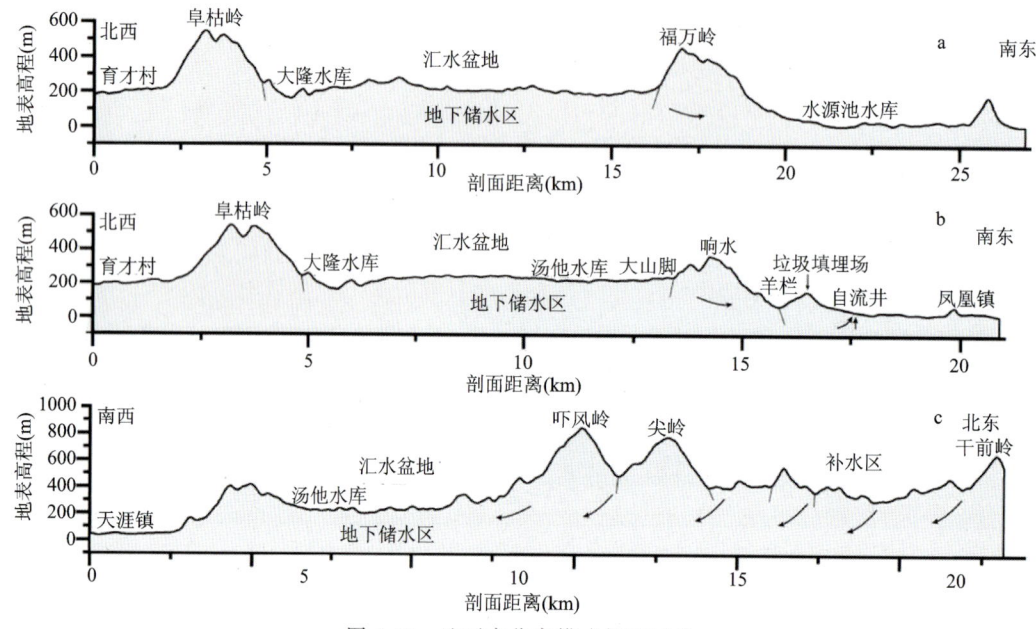

图 8-53 地下水分布模式剖面示意

研究区独特的地貌特征,断裂、节理裂隙发育和分布特征,构造应力场特征,为区内本来具有低孔隙度的花岗岩和火山岩区提供了良好的地下水汇聚、储存、补给与运移条件。在育才镇以西、天涯镇以北海拔 200km² 的汇水盆地构成良好的地下水战略储水区,其北西向海拔 500～800m 山区约 500km² 区域形成大范围良好的降雨收集和地下水补给区。在亚龙湾和三亚市区以北区域,因断层和节理裂隙发育,也具有丰富的地下水,随城市空间发展,可作为地下水适度开采区(图 8-54)。

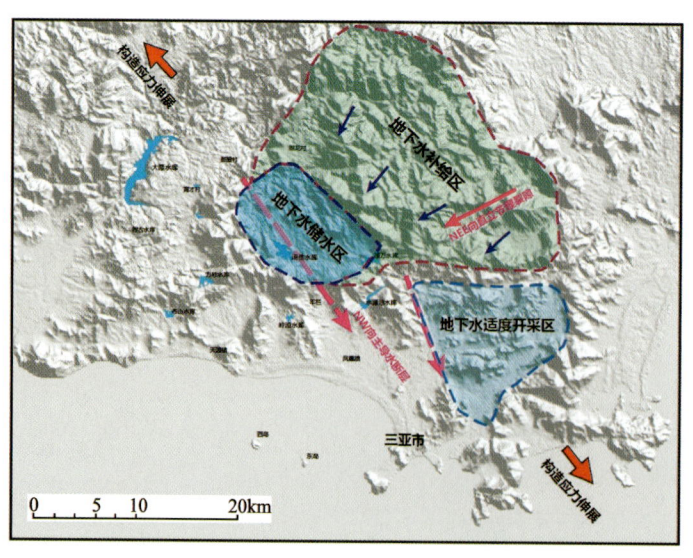

图 8-54 三亚市地下水分布与水源地规划模式

(四)应急地下水源地选择

综合研究区内各项条件选择龙门、三亚南岛农场、高峰、红塘湾、大茅和新村6个水量中等—丰富地区作应急地下水源地研究评价,水源地概况见表8-3。

表8-3 应急地下水源地概括一览表

水源地名称	地下水类型	区位	面积(km^2)	潜在供水对象
龙门应急水源	玄武岩孔洞裂隙水	位于定安县龙门镇龙门岭玄武岩覆盖区,离定安水厂南丽湖分厂距离10km	177.64	定安、琼海
南岛农场应急地下水源地	块状岩裂隙水	位于南岛农场前锋队,北东为三亚垃圾处理厂,北距三亚中部水厂引水隧洞600m	2	三亚中部水厂
高峰应急地下水源地	块状岩裂隙水	位于三亚市高峰乡,北距南岛农场3km,南距三亚中部水厂引水隧洞2km	2.16	三亚中部水厂
红塘湾应急地下水源地	松散—半固结岩孔隙承压水	位于天涯海角与南山景区之间,东与天涯镇相连,西至文昌村、示恶村,南侧为三亚新建填海机场	4.5	三亚红塘湾新建机场
大茅应急地下水源地	碳酸盐岩裂隙溶洞水	位于三亚市吉阳区大茅村,北邻呀诺达雨林文化旅游区,东临海棠区,西距三亚中部水厂约15km	6.6	三亚中部水厂、吉阳区和海棠区
新村应急地下水源地	松散岩孔隙潜水	位于陵水县新村镇,西邻清水湾开发区,东距陵水(黎安)先行试验区约14km	6.7	清水湾开发区、先行试验区

二、应急地下水源地评价

(一)高峰应急地下水源地

1. 水源地位置

高峰应急地下水源地位于三亚市中北部,所辖村有台楼、抱龙、抱前、立新、扎南5个村委会,北连南岛农场,南有凤凰花谷,是三亚市山区重点开发区。离三亚中部规划水厂约6.5km,南距三亚中部规划水厂引水隧洞约2km,为三亚及周边应急供水具有极其重要的意义,应急水源地面积$2km^2$。

2. 水文地质条件

区内主要赋存花岗岩基岩裂隙水,据本次高密度电法数据显示,区内有多处异常区,为地下水含水标志,区内又为保加山断裂(F_{21})与高峰断裂(F_{33})交会处,构造裂隙水较为丰富,在高峰村低洼处可见自流机井,水量中等,故作为本次应急水源地论证对象。

花岗岩基岩裂隙水在圈定的水源地范围内均有分布,含水层岩性为花岗岩,在本次施工 GFSK2 钻孔 150m 内有 4 处破碎带,施工过程中破碎带均漏水。第一处破碎带 19.0～32.2m,破碎面可见灰绿色渲染,岩石锤击声哑,含水透水,为第一段含水层;第二处破碎带 73.2～98.8m,破碎面岩性呈灰绿色渲染,局部可见灰白色钙质晶体,地下水活动较为活跃,为第二段含水层;第三处破碎带 114.5～120.3m,破碎面较为新鲜,可见少量铁锈渲染及灰白色钙质晶体,为第三段含水层;第四处破碎带 128.30～139.70m,破碎面较为新鲜,可见少量铁锈渲染及灰白色钙质晶体,为第四段含水层。根据区内钻孔抽水试验数据,区内地下水位埋深 -0.1～4.3m,含水层顶板埋深 10.5～26.35m,钻孔涌水量一般 116.6～220.5m^3/d,富水性中等(图8-55)。

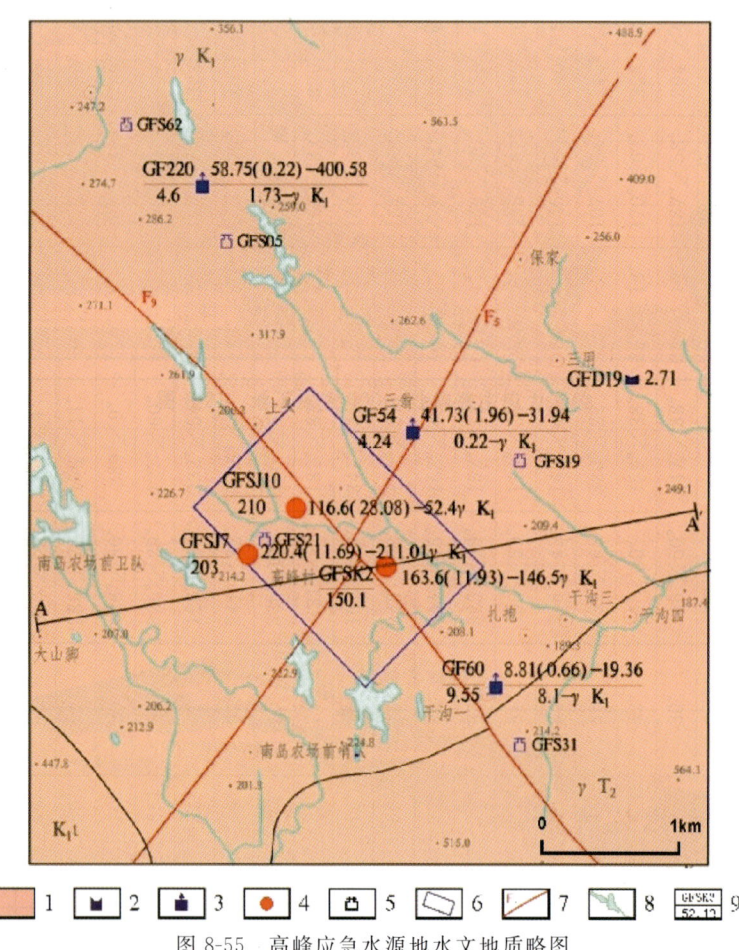

图 8-55 高峰应急水源地水文地质略图

1.块状岩裂隙水(水量中等);2.地表水测流点;3.抽水民井;4.水文地质钻孔;
5.水样采集点;6.水源地范围;7.断层;8.地表水体;9.钻孔编号及地面标高(m)

水源范围内花岗岩基岩裂隙水接受降雨入渗补给、周边地下水的侧向补给及基岩断裂带的补给。据本次高密度电法物探解译成果显示,区内破碎带都具有较好的导水能力和储水空间;位于山间冲沟,顶部伸向地表,有利于大气降水对其进行入渗补给;区内地势较低位地下水的汇集区有利于区外地下水的侧向补给;区内有保加山断裂(F_{21})与高峰断裂(F_{33})经过,两条断裂均具有导水能力和储水空间能力,故地下水沿断层带补给。地下水径流受地形控制,工作区较低,地下水总体上由四周向工作区径流,然后向东福万水库径流。

地下水排泄方式主要为向沟谷径流排泄、蒸发、人工开采。旱季,地下水补给溪沟是地下水排泄方式之一;区内下部基岩裂隙水为承压水,蒸发作用较弱;区内无工业产业分布,自来水基本已通往各村,村民生活饮用水主要为自来水,局部零星间歇开采民井浅表层风化裂隙水作为生活洗涤用,其开采量很小,可以忽略不计。

3. 地下水质量

水源地及周边地表水及浅层风化带裂隙水水质一般达到Ⅲ类水标准,Fe、Mn本底值偏高,经过除铁、除锰和煮开后可作为集中式生活饮用水水源。

4. 水文地质参数

经区内钻孔抽水试验数据计算:渗透系数 $K=0.258\text{m/d}$;给水度 $\mu=0.028$。

5. 天然资源量

采用径流模数法对工作区天然资源量进行计算。经计算,高峰应急水源地天然补给资源量为 $5803\text{m}^3/\text{d}$。

6. 应急可开采量计算

1)单井开采量

单孔开采量取区内钻孔换算后涌水量平均值 $250\text{m}^3/\text{d}$。

2)布井方式

采用网格布井方式,在物探解译破碎带及裂隙发育地段布井,井径200mm,井距300m,工作区共布5排3列井,布井个数共15口(图8-56)。

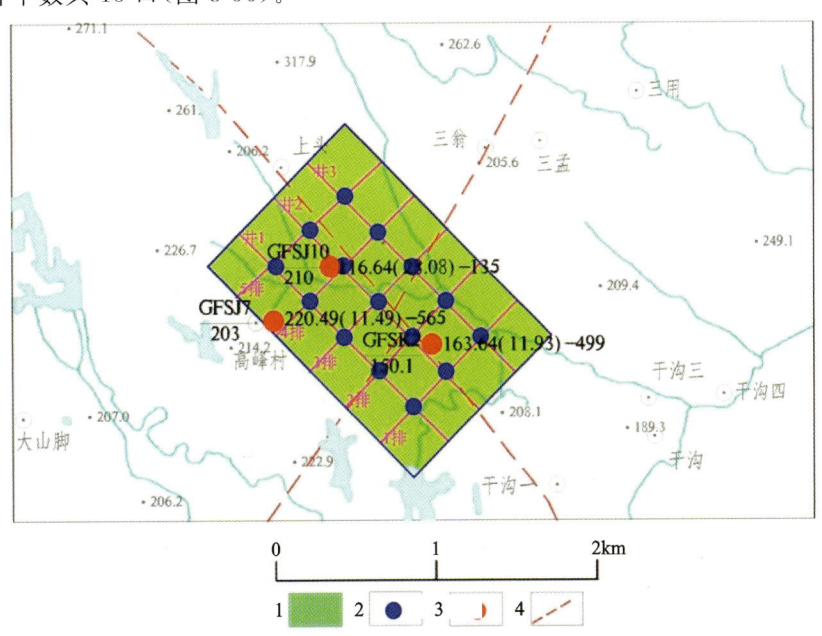

图 8-56 高峰应急水源地各区块布井示意图

1.水源地范围(异常带范围);2.拟布设钻孔;3.左边分子为编号,分母为孔深(m);
右边为涌水量(降深 m)-推算30m降深涌水量(m^3/d);4.断层

3）应急开采时限

海南岛旱季一般为11月至翌年4月,而旱情一般发生在12月至翌年5月或1—6月,旱期一般不超过半年;本水源地应急开采时限设定为3个月(90d)。

4）开采井水位控制深度

水源地设计出水量推算降深和可采降深控制为35m。

5）应急开采量

经计算得可开采资源量为3441m^3/d,较天然补给资源量少2 039.4m^3/d,因此本次计算得到的可采资源量是有保证的。

7. 应急保障程度分析

高峰应急水源地应急用水,主要为生活饮用水,正常情况下城镇居民生活用水定额取量150L/(人·d)。应急等级1级时(应对全区、较长时期的应急供水),居民用水定额取1/2,即75L/(人·d);应急等级2级时(应对全区、较短时期的应急供水),居民用水定额取3/4,即110L/(人·d);其他情况下(应对局部、短期或临时供水),居民用水定额取用水量150L/(人·d)(表8-4)。

表8-4 高峰应急地下水源地应急保障人数

应急等级	水源地供水量(m^3/d)	开采时限(月)	可满足供水人数(万人)	用水定额
1级	3441	3	4.59	75L/(人·d)
2级	3441	3	3.13	110L/(人·d)
3级	3441	3	2.29	150L/(人·d)

(二)南岛农场应急地下水源地

1. 水源地位置

南岛农场应急地下水源地位于三亚南岛农场前锋队,东北侧为三亚垃圾处理厂,离三亚中部规划水厂约5km,南距三亚中部规划水厂引水隧洞约600km。

2. 水文地质条件

区内主要赋存花岗岩类裂隙水,据本次高密度电法数据显示,区内有多处异常区,为地下水含水标志,区内有两条断裂通过,且断裂均导水,多处裂隙发育,在南岛农场前锋队河流左岸有自流机井,自流量5m^3/d,水量中等,故作为本次应急水源地论证对象。

花岗岩类裂隙水在圈定的水源地范围内均有分布,含水层岩性为花岗岩,在本次施工GFSK3钻孔104.90m深度内岩石比较破碎,多处裂隙面渲染灰绿色、褐红色。根据区内钻孔抽水试验数据,区内地下水位埋深-3.2~3.78m,含水层顶板埋深9.3~15.1m,钻孔涌水量一般164~810m^3/d,GFSK4钻孔由于没有揭露破碎带及物探解译成果在该孔位没有异常,故该钻孔资料不做统计(图8-57)。

水源范围内花岗岩基岩裂隙水接受降雨入渗补给、周边地下水的侧向补给及基岩断裂带的补给。据本次高密度电法物探解译成果显示,区内破碎带都具有较好的导水能力和储水空间;位于山间冲沟,顶部伸向地表,有利于大气降水对其进行入渗补给;区内地势较低处为地下水的汇集区,有利于区外地下水的侧向补给;区内有断层经过处,且均具有导水能力和储水空间能力,故地下水沿断层带补给。

地下水径流受地形及断裂控制,工作区较低,地下水总体上由四周向工作区径流,后向南东径流。

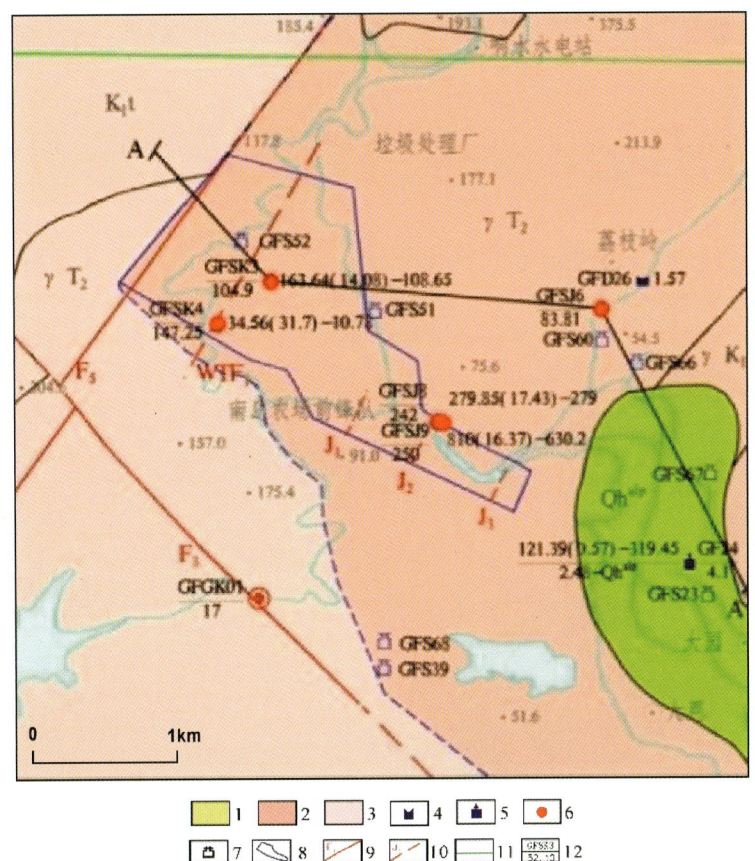

图 8-57 南岛农场应急地下水源地水文地质略图
1.松散岩孔隙水(水量中等);2.块状岩裂隙水(水量中等);3.块状岩裂隙水(水量贫乏);
4.地表水测流点;5.抽水民井;6.水文地质钻孔;7.水样采集点;8.水源地范围;9.实测断层;
10.推测断层;11.规划引水路线;12.钻孔编号及地面标高(m)

地下水排泄方式主要为向沟谷径流排泄、侧向补给第四纪地层、蒸发、人工开采。旱季,地下水补给溪沟是地下水排泄方式之一;区内下部基岩裂隙水为承压水,蒸发作用较弱;区内的农业及工业用水均取自地表水,居民较少,居民主要开采地下水用于生活,开采量很小,可以忽略不计。

3. 地下水质量

水源地及周边地表水和浅层风化带裂隙水水质一般达到Ⅲ类水标准,Fe、Mn本底值偏高,经过除铁、除锰和煮开后可作为集中式生活饮用水水源。

4. 水文地质参数

根据物探解译成果及本次区内钻孔控制,将工作区划分为3个区对水文地质参数分别计算。经计算,Ⅰ区渗透系数 $K=0.601 m/d$,给水度 $\mu=0.04$;Ⅱ区渗透系数 $K=0.96 m/d$,给水度 $\mu=0.045$;Ⅲ区渗透系数 $K=0.164 m/d$,给水度 $\mu=0.031$。

5. 天然资源量

采用径流模数法计算工作区天然资源量。经计算,南岛农场应急水源地天然补给资源量为 $6610 m^3/d$。

6. 应急可采量计算

1) 单井开采量

I_1 区设计单孔出水量为 1200m³/d;I_2 区设计单孔出水量为 950m³/d;Ⅱ区设计单孔出水量为 1700m³/d;Ⅲ区设计单孔出水量为 350m³/d。

2) 布井方式

采用网格布井方式,在物探解译破碎带及裂隙发育地段布井,井径 200mm,水源地Ⅰ区共布 3 口,其中 I_1 区布井 1 口,I_2 区布井 2 口,井间距 280m;Ⅱ区布井 1 口;Ⅲ区布井 9 口,共 3 排 3 列井,井间距 280m(图 8-58)。

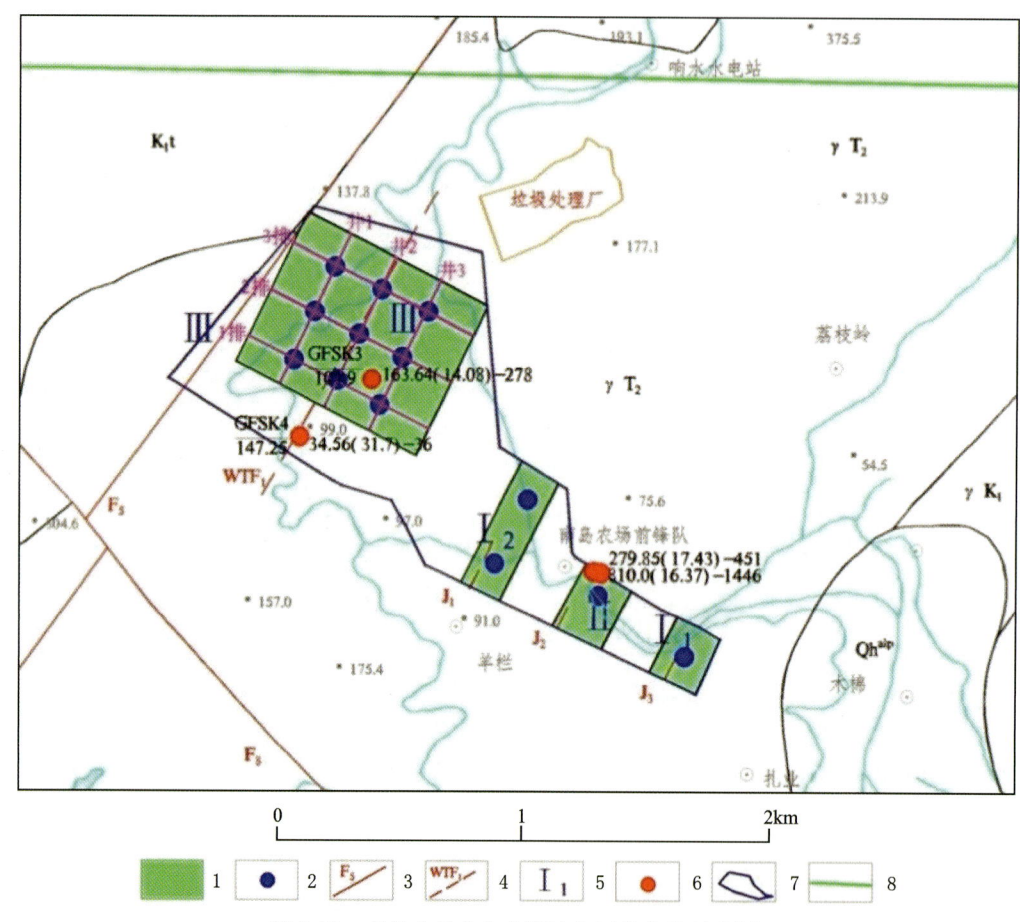

图 8-58 南岛农场应急水源地各区块布井示意图

1.物探解译异常带;2.拟布设的开采井;3.实测断层及编号;4.推测断层、裂隙带及编号;5.计算区块及编号;
6.左边分子为编号,分母为孔深;右边为涌水量(m³/d)(降深/m)-推算 30m 降深涌水量(m³/d);
7.水源地范围;8.规划水厂引水隧洞

3) 应急开采时限

海南岛旱季一般为 11 月至翌年 4 月,而旱情一般发生在 12 月至翌年 5 月或 1—6 月,旱期一般不超过半年。本水源地应急开采时限设定为 3 个月(90d)。

4) 开采井水位控制深度

基于本次水源地钻孔抽水试验,水位降深 14.08~17.43m,水源地设计出水量推算降深为 30m(不考虑隔水边界的影响),实际水源地含水层平均厚度的 2/3 为 55m,故可采降深控制在 55m。

5）应急开采量

经计算得开采量为4974m³/d,相较枯季天然资源量少1636m³/d,因此本次计算得到的可采资源量是有保证的。

7. 应急保障程度分析

南岛农场应急地下水源地应急用水主要为生活饮用水,正常情况下城镇居民生活用水定额取用水量150L/(人·d)。应急等级1级时（应对全区、较长时期的应急供水）,居民用水定额取1/2,即75L/(人·d);应急等级2级时（应对全区、较短时期的应急供水）,居民用水定额取3/4,即110L/(人·d);其他情况下（应对局部、短期或临时供水）,居民用水定额取150L/(人·d)（表8-5）。

表8-5 南岛农场应急地下水源地应急保障人数

应急等级	水源地供水量(m³/d)	开采时限（月）	可满足供水人数（万人）	用水定额
1级	4974	3	6.6	75L/(人·d)
2级	4974	3	4.5	110L/(人·d)
3级	4974	3	3.3	150L/(人·d)

（三）红塘湾应急地下水源地

1. 水源地位置

红塘湾应急地下水源地位于天涯海角与南山景区之间,面积4.5km²,东与天涯镇相连,西至文昌村、示恶村,南侧为三亚新建填海机场,是三亚市现在及未来的发展重点区域。

2. 水文地质条件

圈定的水源地范围位于新近系承压水斜地区内,主要赋存第四纪松散岩孔隙潜水、松散—半固结岩孔隙承压水（图8-59）。

松散—半固结岩类孔隙承压水为该水源地主要开采对象。含水层顶板埋深20.0～25.0m,向海顶板埋深增大,含水层厚度8.87～49.3m,含水层岩性为含黏土砾砂、含砾黏土质砂、中粗砂、碎石土等,钻孔涌水量78.8～453m³/d。含水层富水性存在一定差异,在G225国道以北单井涌水量为78.8～157.9m³/d,G225国道以南至海边,单井涌水量312～774m³/d,水量中等—丰富（图8-60）。

地下水主要接收上部潜水越流补给,盆地北部边缘地带接受基岩裂隙水侧渗方式补给。地下水向南往海里径流排泄及向下补给下伏基岩裂隙水。

3. 地下水质量

水源地内松散—半固结岩孔隙承压水水质质量等级Ⅴ级,超标组分为铁、锰及微生物指标。盆地边界外水样GFS21有总铁超标,表明水源地盆地内总铁一部分来源于边界外铁随地下水的流入。现市场水质除铁、锰装备齐全,效果较好,故红塘湾应急地下水源地地下水需经过除铁、除锰和煮开后可作为集中式生活饮用水水源。

4. 水文地质参数

经区内钻孔抽水试验数据计算:渗透系数$K=3.07$m/d;导水系数$T=15.0$m²/d;越流因数$B=76.9$;储水系数$S=0.0081$。

图 8-59 红塘湾应急地下水源地水文地质略图

1.松散岩孔隙水（水量贫乏）；2.松散—半固结岩孔隙承压水（水量中等）；3.块状岩裂隙水-（水量贫乏）；
4.地表水测流点；5.抽水民井；6.水文地质钻孔；7.水样采集点；8.渗水点；9.水源地范围；
10.推测断层；11.钻孔编号及地面标高（m）

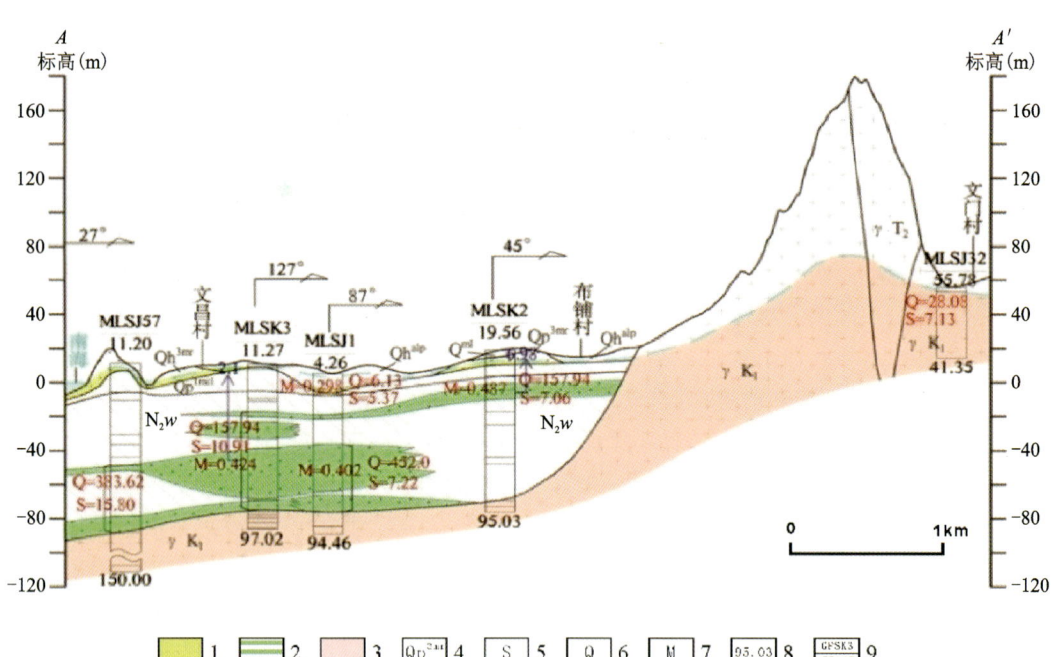

图 8-60 红塘湾应急地下水源地 A—A′水文地质剖面图

1.松散岩孔隙水（水量贫乏）；2.松散—半固结岩孔隙承压水（水量中等）；3.块状岩裂隙水（水量贫乏）；
4.地层代号；5.降深（m）；6.涌水量（m³/d）；7.矿化度（g/L）；8.钻孔深度（m）；9.孔编号及地面标高（m）

5. 天然资源量

水源地主要开采层为新近系松散—半固结岩孔隙承压水,天然资源量采用断面流量法计算。经计算,红塘湾应急水源地天然补给资源量为2739m³/d。

6. 应急可采量计算

1)单井开采量

根据导水性差异,将工作区分为两个区,分别为导水性弱区和导水性中等区(图8-61)。导水性弱区单井开采量取区内钻孔换算后涌水量平均值200m³/d;导水性中等区单井开采量取区内钻孔换算后的涌水量平均值500m³/d。

2)布井方式

采用网格布井方式,井径200mm,海岸线以北300m范围内不布井,井间距600m,共布2排井,第一排4口;第二排7口,共布井11口(图8-61)。

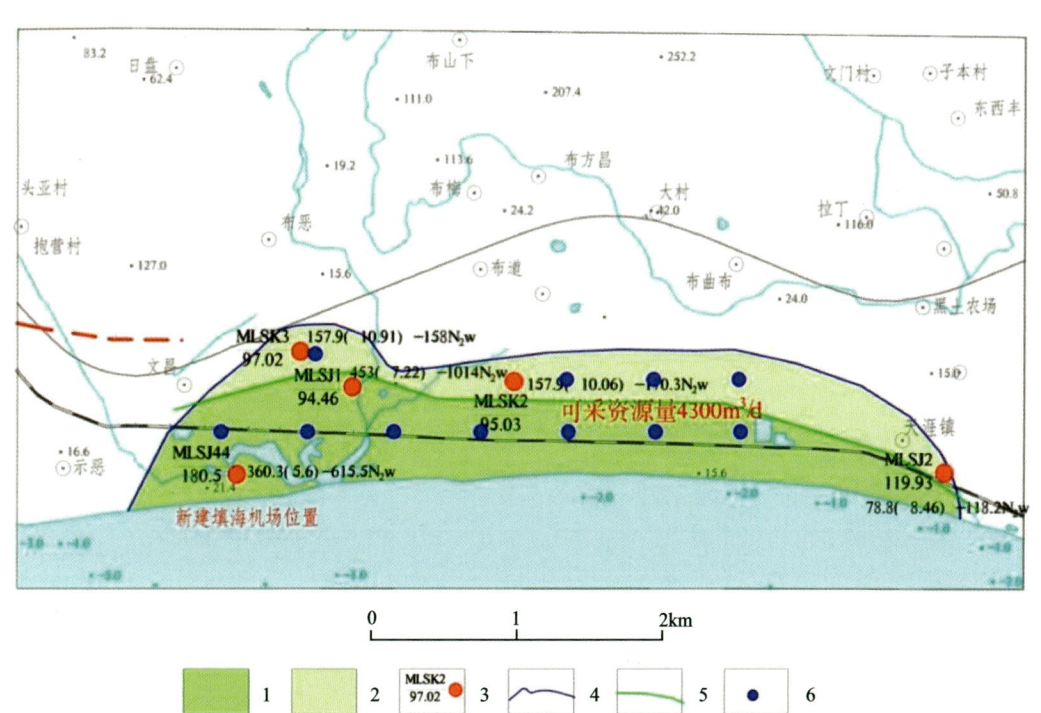

图8-61 红塘湾应急水源地各区块布井示意图

1.导水性中等($50 \leqslant T < 200$);2.导水性弱($T < 50$);3.左边分子为编号,分母为孔深(m);
右边为涌水量(降深)-推算(10m降深)涌水量含水层代号;4.水源地范围;
5.导水性分区界线;6.拟布设的开采井

3)应急开采时限

海南岛旱季一般为11月至翌年4月,而旱情一般发生在12月至翌年5月或1—6月,旱期一般不超过半年。本水源地应急开采时限设定为3个月(90d)。

4)开采井水位控制深度

导水性弱区水源地G225国道以北控制可采降深15m;导水性中等区水源地G225国道以南至海边可采降深控制在10m。

5)应急开采量

在考虑越流补给的条件下,计算得应急开采量为4300m³/d,在海岸线一带引起的水位降深约

0.012 8m。当停采后 5 个月可恢复到开采前水位,可采资源量是有保证,不会引起环境地质问题。

7. 应急保障程度分析

红塘湾应急地下水源地应急用水,主要为生活饮用水,正常情况下城镇居民生活用水定额取用水量 150L/(人·d)。应急等级 1 级时(应对全区、较长时期的应急供水),居民用水定额取 1/2,即 75L/(人·d);应急等级 2 级时(应对全区、较短时期的应急供水),居民用水定额取 3/4,即 110L/(人·d);其他情况下(应对局部、短期或临时供水),居民用水定额取按 150L/(人·d)(表 8-6)。

表 8-6　红塘湾应急地下水源地应急保障人数

应急等级	水源地供水量(m³/d)	开采时限(月)	可满足供水人数(万人)	用水定额
1 级	4300	3	5.73	75L/(人·d)
2 级	4300	3	3.90	110L/(人·d)
3 级	4300	3	2.87	150L/(人·d)

(四)大茅应急地下水源地

1. 水源地位置

大茅应急水源地位于三亚市吉阳区大茅村,东邻海棠区,东北邻海南槟榔谷黎苗文化旅游区,北邻近呀诺达雨林文化旅游区,西距三亚中部规划水厂约 15km,南部为亚龙湾国家旅游度假区,应急水源地面积 6.6km²。

2. 水文地质条件

圈定的水源地范围为全新世冲洪积平原地区,区内上部赋存第四纪松散岩孔隙潜水,下部为覆盖型碳酸盐岩裂隙溶洞水(图 8-62)。

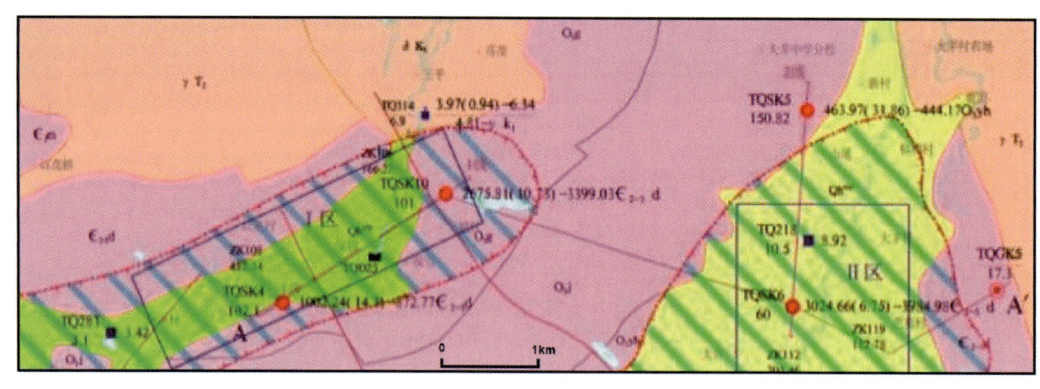

图 8-62　大茅应急地下水源地水文地质略图

1. 松散岩孔隙水(水量中等);2. 松散岩孔隙水(水量贫乏);3. 碳酸盐岩裂隙溶洞水(水量丰富);
4. 层状岩裂隙水(水量中等);5. 块状岩裂隙水(水量中等);6. 地表水测流点;7. 抽水民井;8. 统测民井;
9. 水文地质钻孔;10. 水源地范围;11. 断层;12. 覆盖型碳酸盐岩界线;13. 钻孔编号及地面标高(m)

岩溶水含水岩组为寒武系大茅组的灰岩、白云质灰岩等。溶洞和裂隙发育程度受构造控制,垂直方向上具有分带性,受构造影响较大,地下水循环条件较好,裂隙和溶洞发育,为富水带;下部裂隙和溶洞发育程度较差为弱含水带(图8-63)。在平面展布上,由于构造发育程度不同,含水层的富水程度不均一,钻孔揭露岩组厚度74.9m。根据区内施工水文地质钻孔抽水试验,钻孔推算涌水量为1 088.12～7 347.39m³/d,属水量丰富区。

岩溶水主要隐伏分布于荔枝沟东北部的红花村和吉阳区大茅村的第四纪松散层之下,其补给主要是由周边基岩裂隙水沿裂隙径流补给及上部孔隙含水层直接接触而获得孔隙潜水补给。

地下水在山前获得补给后向下游流动,补给其他基岩裂隙水及部分孔隙含水层,部分排泄到河流及地表水中,最终汇入南海。此外,人工开采也是地下水排泄的主要方式之一。

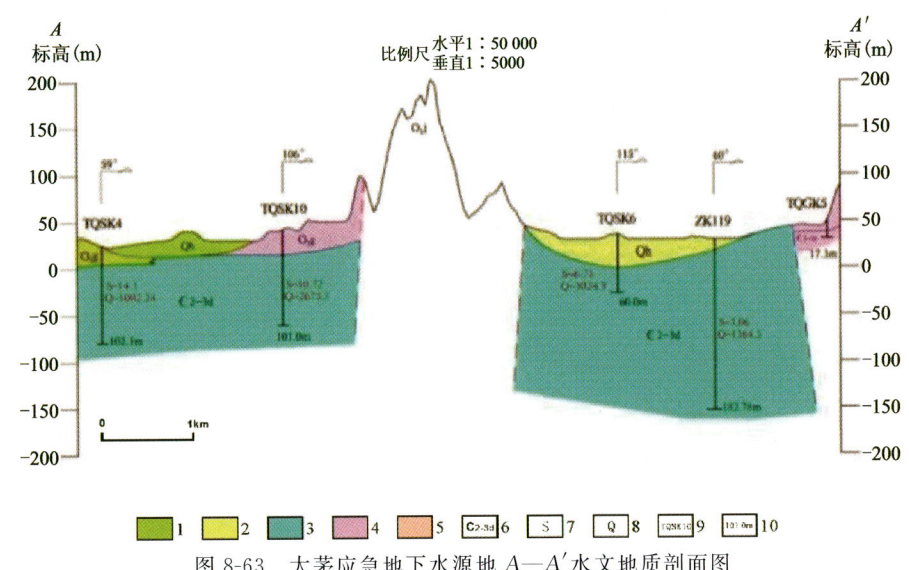

图8-63 大茅应急地下水源地A—A′水文地质剖面图

1.松散岩孔隙水(水量中等);2.松散岩孔隙水(水量贫乏);3.碳酸盐岩裂隙溶洞水(水量丰富);
4.层状岩裂隙水(水量中等);5.块状岩裂隙水(水量中等);6.地层代号;7.降深(m);
8.涌水量(m³/d);9.钻孔编号;10.钻孔深度(m)

3. 地下水质量

水源地及周边地表水和浅层风化带裂隙水水质一般达到Ⅲ类水标准,局部受人类活动影响,地下水呈点状污染,质量等级Ⅳ级,适宜作为生活饮用水水源;而本次水源地拟开采的碳酸盐岩孔洞裂隙水水质达质量等级Ⅲ—Ⅴ级,超标组分为总Fe、Mn。表明本次拟开采的碳酸盐岩孔洞裂隙水超标组分不是来源于地表,可能来源于岩石本身含Fe、Mn,经地下水溶滤作用析出,或沿大的断裂随地下水的补给使水源地Fe、Mn超标。

综上所述,大茅应急地下水源地Fe、Mn本底值偏高,现市场水质除Fe、Mn装备齐全,效果较好,故大茅应急地下水源地地下水需经过除Fe、除Mn后可作为集中式生活饮用水水源。

4. 水文地质参数

经区内钻孔抽水试验数据计算:Ⅰ区渗透系数$K=5.047$m/d,导水系数$T=283.513$m²/d,给水度$\mu=0.03$;Ⅱ区渗透系数$K=9.739$m/d,导水系数$T=515.523$m²/d,给水度$\mu=0.051$。

5. 天然资源量

水源地主要开采层为覆盖型碳酸盐岩裂隙溶洞水,天然资源量采用径流模数法计算。经计算,大茅应急水源地天然补给资源量为94 416m³/d。

6. 应急可采量计算

1)单井开采量

根据区位不同,将工作区分为两个区,分别为西部红花村附近Ⅰ区和东部大茅村附近Ⅱ区。Ⅰ区单井开采量取区内钻孔换算后涌水量平均值为 5 097.87 m³/d；Ⅱ区单井开采量取区内钻孔换算后涌水量平均值为 8 981.46 m³/d。

2)布井方式

总体采用网格排井布井方案,布井位置综合考虑物探成果解译的异常带布井,在距离边界 100m 范围内不布井。水源地Ⅰ区布井 12 口,共 2 排 6 列井,距北东、南西边界 250m,距北西、南东边界 200m；Ⅱ区布井 9 口,共 3 排 3 列井,距北、南边界 250m,距西、东边界 275m(图 8-64)。

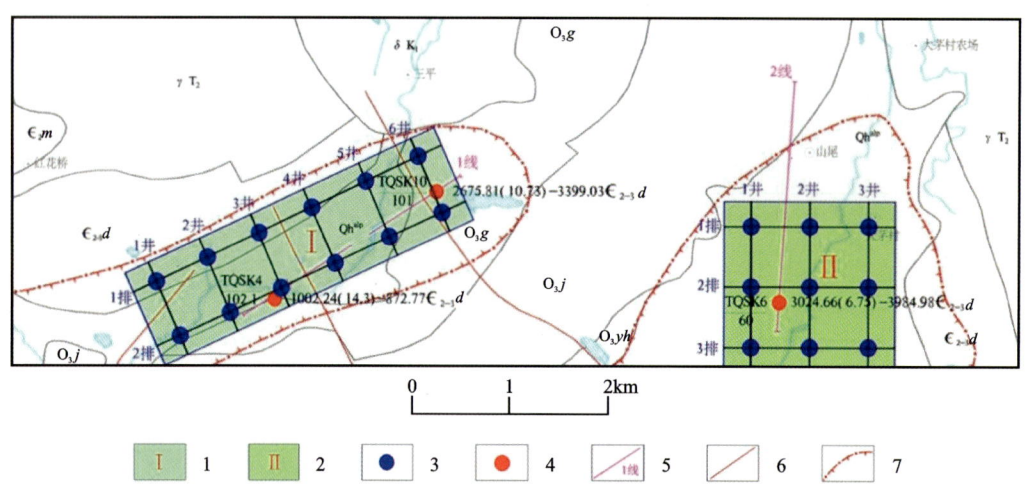

图 8-64 大茅应急水源地各区块布井示意图

1.计算Ⅰ区；2.计算Ⅱ区；3.拟布设的开采井；4.水文地质钻孔；5.物探线及编号；6.断裂；7.覆盖型碳酸盐岩界线

3)应急开采时限

海南岛旱季一般为 11 月至翌年 4 月,旱情一般发生在 12 月至翌年 5 月或 1—6 月,旱期一般不超过半年；本水源地应急开采时限设定为 3 个月(90d)。

4)开采井水位控制深度

基于本次水源地钻孔抽水试验及含水层顶板埋深考虑,水源地设计出水量推算降深：Ⅰ区为 15m,Ⅱ区为 30m(不考虑隔水边界的影响)；实际可采降深：Ⅰ区控制在 58m,Ⅱ区控制在 70m。

5)应急开采量

水源地群井开采时,Ⅰ区控制降深 58m,实际修正降深 45.76～52.25m；Ⅱ区控制降深 70m,实际修正降深 38.22～41.08m,保证了设计降深及水文地质参数计算公式应用,计算得开采量为 49 534 m³/d。对比开采量与补给量,开采层在雨季可接受降雨补给,根据枯季径流模数法计算的枯季天然补给资源量为 56 877 m³/d,年平均地下水天然资源量为 94 416 m³/d。满足开采量,即水源地停采后,一个雨季地下水位可恢复至开采前。

7. 应急保障程度分析

大茅应急地下水源地应急用水,主要为生活饮用水,正常情况下城镇居民生活用水定额取用水量 150L/(人·d)。应急等级 1 级时(应对全区、较长时期的应急供水),居民用水定额取 1/2,即 75L/(人·d)；应急等级 2 级时(应对全区、较短时期的应急供水),居民用水定额取 3/4,即 110L/(人·d)；其他情况下(应对局部、短期或临时供水),居民用水定额取 150L/(人·d)(表 8-7)。

表 8-7　大茅应急地下水源地应急保障人数

应急等级	水源地供水量(m³/d)	开采时限(月)	可满足供水人数(万人)	用水定额
1 级	49 534	3	66	75L/(人·d)
2 级	49 534	3	45	110L/(人·d)
3 级	49 534	3	33	150L/(人·d)

(五)新村应急地下水源地

1. 水源地位置

新村应急地下水源地位于陵水县新村镇,面积约 6.7km²,西南沿海至英州镇为清水湾开发区,北距陵水县城约 15km,东距陵水(黎安)先行试验区约 14km,距南湾猴岛景区约 5km,西南接三亚市天涯区。

2. 水文地质条件

区内及周边主要赋存松散岩类孔隙潜水和基岩裂隙水两类地下水(图 8-65)。

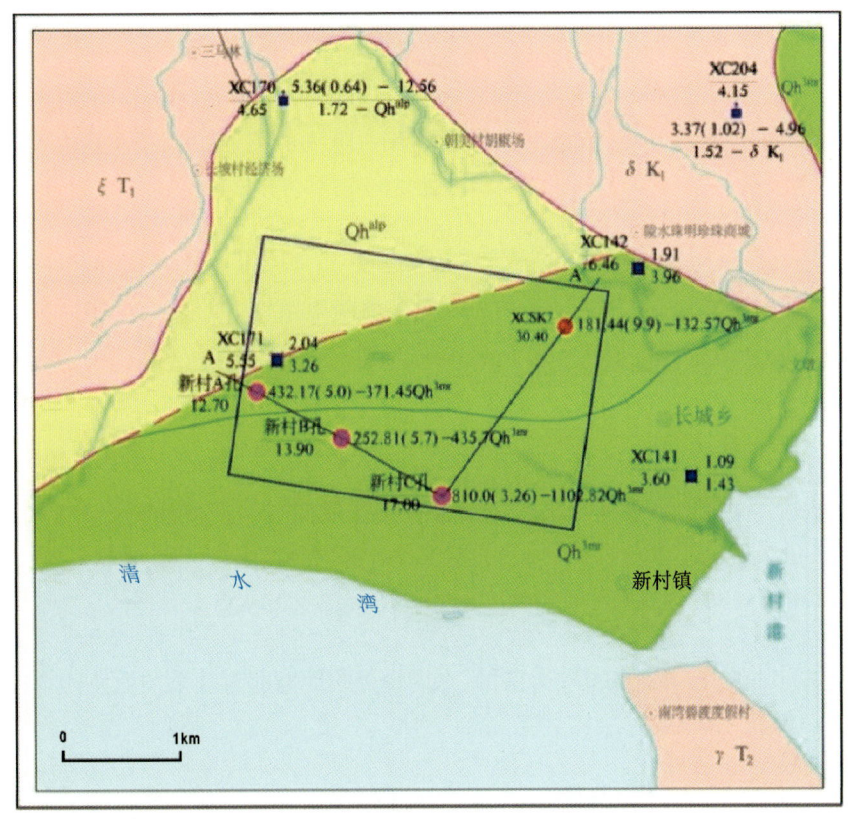

图 8-65　新村应急地下水源地水文地质略图

1.松散岩孔隙水(水量中等);2.松散岩孔隙水(水量贫乏);3.块状岩裂隙水(水量中等);
4.抽水民井;5.统测民井;6.水文地质钻孔;7.收集水文地质钻孔;8.水源地范围;
9.富水性分界线;10.河流;11.钻孔编号及地面标高(m)

松散岩孔隙潜水分布于沿海一带至朝美村地区,下部主要为基岩裂隙水,局部赋存松散岩微承压含水层。含水层为全新世滨海堆积层和冲洪积层,含水岩性主要为粉细砂、中砂、黏土质砂、砾砂等,含水层顶板标高 1.76～5.17m,含水层厚度 5.48～8.61m,水位埋深一般 0.15～2.95m。沿海一带地区富水性中等,单孔推算涌水量 132.57～1 102.82m³/d;九所—朝美村一带富水性较差,含水层厚度较薄,钻孔及民井推算涌水量一般为 12.96～61.29m³/d。

基岩裂隙水分布于剥蚀堆积区,含水层岩组为白垩纪和三叠纪侵入的花岗岩、正长岩、闪长岩等。岩芯完整程度高,风化裂隙不发育,连通性相对较差。局部山前呈不连续状分布花岗岩残积层[$Q^{dd}(\gamma)$]地下水,含水层岩性为砂质、砾质黏性土,厚度一般小于 10m,且水位埋深较深,水量贫乏,钻孔推算涌水量 1.71m³/d,民井推算涌水量一般为 4.27～73.55m³/d。

水源地范围内松散孔隙潜水在沙堤上部接受降雨入渗补给,以沙堤为分水岭,分别向南、北两侧径流,沙堤以南主要向海域径流,以西主要向北侧的阶地径流。地下水排泄方式主要为向海域、溪沟的径流排泄。区内地下水位埋深较浅,一般 0.15～2.95m,蒸发作用是地下水排泄方式之一。区内大部分地区属海南绿城蓝湾小镇(正在开发),现阶段无人居住,工程用水主要为自来水,地下水人工开采排泄可以忽略不计。

3. 地下水质量

新村应急地下水源地 Fe、Cl、Na 本底值偏高,现市场水质除 Fe、Cl、Na 装备齐全,效果较好,故新村应急地下水源地地下水需经过除 Fe、Cl、Na 后作为集中式生活饮用水水源。

4. 水文地质参数

经区内钻孔抽水试验数据计算:渗透系数平均值 $K=10.8$m/d,给水度平均值 $\mu=0.113$,降水入渗系数平均值 $\alpha=1.15$。

5. 天然资源量

水源地主要开采层为松散岩孔隙潜水,采用多年平均降雨条件下的补给量作为水源地地下水补给资源量计算。经计算,新村应急水源地天然补给资源量为 117.2×10^5m³/a。

6. 应急可采量计算

1)单井开采量

基于本次水源地及周边钻孔抽水试验。本次设计推算降深为 7m,据抽水试验数据显示,实际单孔涌水量为 169.43～810.00m³/d,统一 400mm 口径和 7m 降深后涌水量 251.04～1 279.08m³/d,本次取推算 7m 涌水量的平均值 550m³/d 为单井设计开采量。

2)布井方式

总体采用网格布井方式,井径 400mm,南侧、东侧最外排距离海岸线东均不小于 900m,井距 500m,布置 4 排 6 列共 24 口井(图 8-66)。

3)应急开采时限

海南岛旱季一般为 11 月至翌年 4 月,而旱情一般发生在 12 月至翌年 5 月或 1—6 月,旱期一般不超过半年;突发事件引发的断水一般不超过 1 个月。本水源地主要服务于季节性干旱期以及突发事件期陵水县城区、清水湾开发区及黎安先行试验区的应急供水,根据季节性干旱持续时间以及可采资源量计算结果,将本水源地应急开采时限设定为 3 个月(90d)。

4)开采井水位控制深度

水源地开采井控制降深为 7.0m。

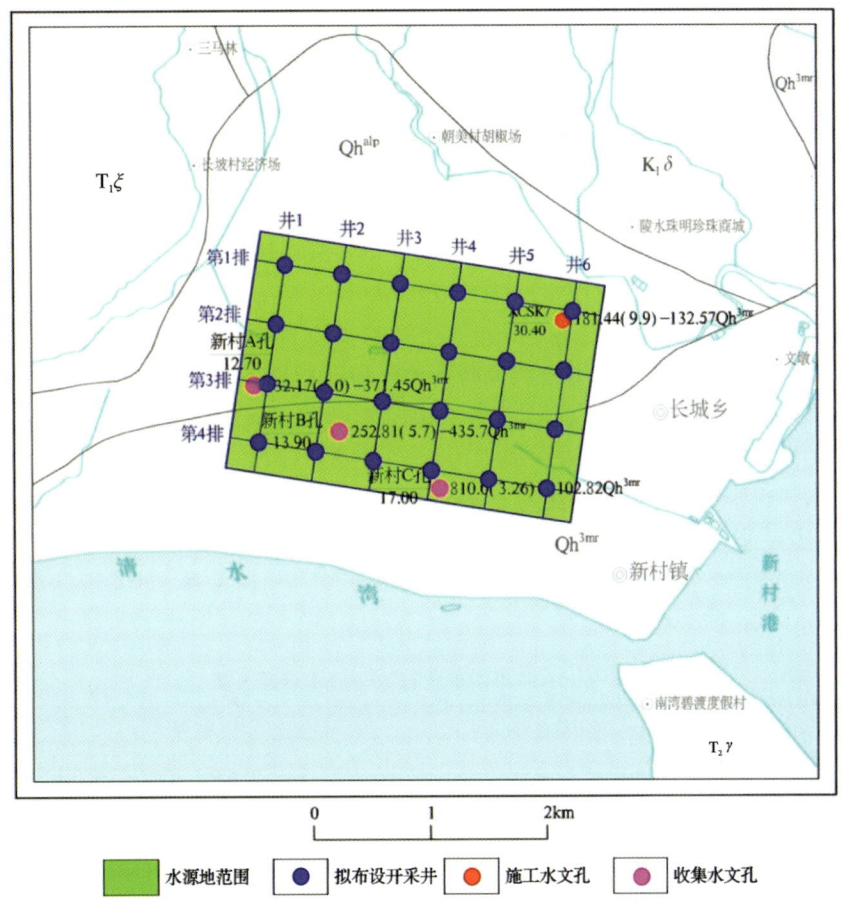

图 8-66　新村应急水源地布井示意图

5) 应急开采量

本次水源地可采资源量采用泰斯公式计算得到,忽略了潜水含水层重力给水延迟的影响,即当开采井开始抽水时水源地附近水位即产生了降深,但经过试算,水源地在 900m 范围外不受其影响,本次布置南侧、东侧最外排抽水井距海岸线均大于 900m。因此,水源地群井开采时不会引起海水入侵。

根据计算,水源地天然资源量为 $117.2\times10^5\text{m}^3/\text{d}$,远大于可采资源量 12 112m³/d,因此本次计算得到的可采资源量是有保证的。

综上所述,新村应急地下水源地开采量为 12 112m³/d,该开采量是有保证的。

7. 应急保障程度分析

新村应急地下水源地应急用水主要为生活饮用水,正常情况下城镇居民生活用水定额取用水量 150L/(人·d)。应急等级 1 级时(应对全区、较长时期的应急供水),居民用水定额取 1/2,即 75L/(人·d);应急等级 2 级时(应对全区、较短时期的应急供水),居民用水定额取 3/4,即 110L/(人·d);其他情况下(应对局部、短期或临时供水),居民用水定额取 150L/(人·d)(表 8-8)。

表 8-8　新村应急地下水源地应急保障人数

应急等级	水源地供水量(m³/d)	开采时限(月)	可满足供水人数(万人)	用水定额
1 级	12 112	3	16	75L/(人·d)
2 级	12 112	3	11	110L/(人·d)
3 级	12 112	3	8	150L/(人·d)

(六)龙门应急地下水源地

1. 应急地下水源地模拟评价

以往对区域地下水富水区分布情况显示,清水塘—沐塘村一带,钻孔涌水量可达 $580\sim2290m^3/d$,结合本地区居民用水井情况分布,选择清水塘—沐塘村—久温塘村一带区域作为拟应急地下水源地,用于地下水开采年际变化的调蓄,并进行水源地的评价。

采用建立的地下水模型,在区域内均匀分布 3 个抽水点位置进行应急水源地地下水位变化的模拟评价。在评价过程中 3 个抽水井的流量分别根据枯水年份区域地下水供水量的设计值进行平均分配。

海南降水年际变化较大,受热带气旋影响较大,热带气旋多而强时,带来的大量降雨常引起洪涝,热带气旋偏少年份又导致不同程度的旱灾。根据海南水资源统计,2003 年全省水资源总量达 $458.14\times10^8m^3$,属于丰水年。2004 年,由于没有热带气旋的直接影响,降雨量约比常年减少三成,其中主汛期 8—10 月比常年减少一半,造成 50 年来罕见的严重旱灾,属于枯水年(表 8-9)。从表中分析,定安县枯水年年降水量 $15.9\times10^8m^3$,为 $1.337m$。研究区模拟地下水补给时采用 2004 年定安县枯水年的降水量值。

表 8-9 2004 年海南省行政分区水资源总量 单位:$\times10^8m^3$

分区名称	年降水量	地表水资源量	地下水资源量
海口	28.6	8.93	4.82
三亚	27.2	12.38	2.52
白沙	29.4	10.17	1.5
儋州	40.1	13.22	4.54
五指山	17.8	8.98	3.14
文昌	24	6.01	2.57
万宁	23.3	7.91	1.63
定安	15.9	5.17	0.89
屯昌	15.6	4.68	0.66
澄迈	25.5	7.55	2.89
临高	16.6	5.93	2.72
东方	25.6	9.25	1.98
乐东	43.4	21.98	7.37
琼中	37.5	16.24	3.84
保亭	19.4	8.71	2.75
陵水	12.3	4.46	0.63
琼海	21.1	7.79	1.13
昌江	20.7	9.42	1.33

模型中 3 个抽水井的抽水量分别根据 2017 年定安县地下水供水量($3198m^3/d$)的 50%、80% 和 100% 进行总量控制,并平均分配到 3 个抽水井内(表 8-10),模拟一个枯水年地下水应急水源地开采井引起的区域地下水位变化情况。

第八章 海南岛应急地下水源地

表 8-10 拟应急水源地不同地下水供水量开采　　　　　　　　　　　　　　　单位：m³/d

抽水井	50%	80%	100%
清水塘	533	853	1066
沐塘村	533	853	1066
久温塘村	533	853	1066

图 8-67～图 8-69 显示了枯水年 3 种地下水供水量保障率下的区域内地下水位变化情况。从图中可以发现，随着地下水供水量百分比的提高，抽水点附近水位逐渐降低。调查区泉排泄量计算结果显示，当保证率为 50% 时，泉水排泄量为 8 170.71m³/d；保证率为 80% 时，泉水排泄量为 8 145.7m³/d；当保证率为 100% 时，泉水排泄量为 8 130.51m³/d。泉流量随着保证率的增高而逐渐降低，这主要是因为调查区泉水位置普遍分布于 3 个抽水井附近，随着抽水量的升高，其影响范围能够波及泉水的周边，使水位差值减小，导致泉排泄量减少。图 8-70 显示了拟应急地下水源地在枯水年无开采与 100% 保障供

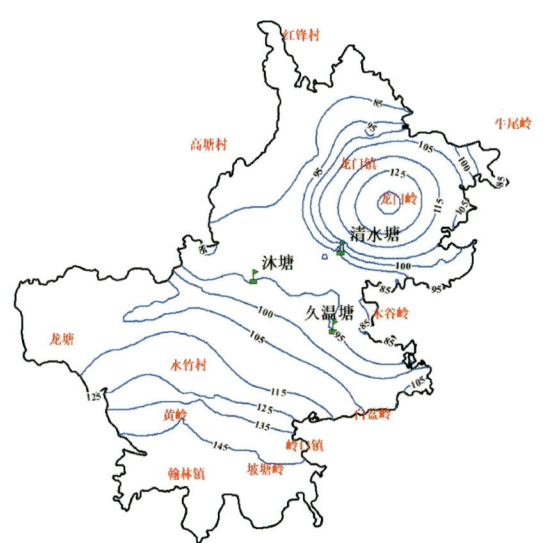

图 8-67　地下水供水量为 50% 的等水位线（m）

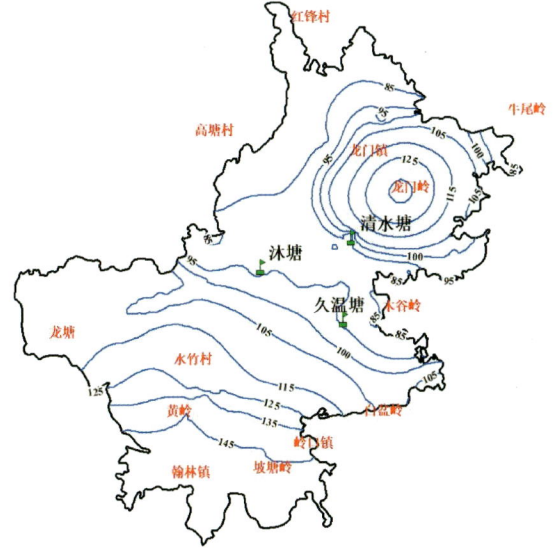

图 8-68　地下水供水量为 80% 的等水位线（m）

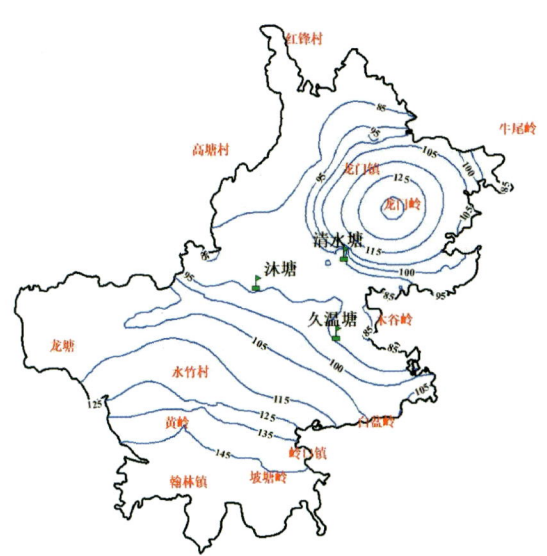

图 8-69　地下水供水量为 100% 的等水位线（m）

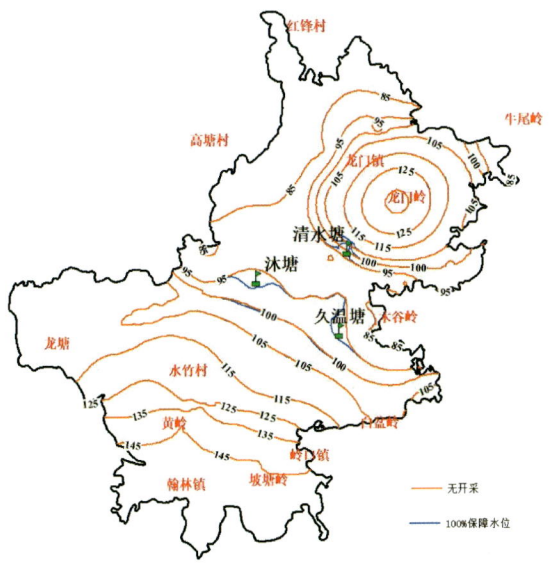

图 8-70　地下水无开采与 100% 保障开采的等水位线（m）

水开采下等水位线对比,从图中可以发现抽水井附近地下水位线变化幅度较大,整体影响范围为 14km² 左右,影响半径最大为 1000m 左右,清水塘附近地下水变化幅度最高能达到 10m 左右,沐塘和久温塘最大变化幅度为 2.5m 左右,其他大部分地区的地下水位变化较小,在接下来的平水年和丰水年阶段能够补充应急水源地的水位。综上所述,认为在清水塘—沐塘—久温塘一带建立地下水应急水源地在枯水季能够较好地保障区域地下水的正常开采需要,在该区域建立应急水源地是可接受的。

2. 应急水源地区域地下水资源量评价

1) 区域地下水资源补给

调查区含水层为玄武岩孔隙和裂隙水,区域地下水补给来源主要为大气降雨的入渗补给,采用大气降雨入渗法计算地下水的总补给量,其计算公式为:

$$Q_b = \alpha \cdot h \cdot F$$

式中,Q_b 为天然降雨入渗补给地下水总量($\times 10^4 \text{m}^3/\text{a}$);$\alpha$ 为降雨入渗系数;h 为调查区多年平均降雨量(m/a);F 为降雨入渗面积(m²)。

降雨入渗系数 α 根据野外调查和相关报告,全区主要分为两个参数分区,分区界线具体如地下水模型所划,分别取值为 0.335 和 0.612。不同参数分区所对应的面积根据 ArcGIS 软件得出。调查区多年平均降雨量取值为 2.010m/a,其具体计算结果见表 8-11。

表 8-11 调查区地下水降雨入渗补给量

计算分区代号	入渗系数	多年平均降雨量(m/a)	计算面积(m²)	补给资源量($\times 10^4 \text{m}^3/\text{a}$)
1	0.335	2.010	121 753 150	9 348.45
2	0.612	2.010	55 890 343	6 875.18
合计				16 223.63

2) 地下水可采资源量

分别利用平均布井法、开采模数比拟法和数值模拟方法从不同原理角度对地下水应急水源地整体区域内地下水可采资源量评价。

(1) 平均布井法。火山岩裂隙孔洞水赋存在岩石的气孔、洞穴(包括气泡洞、熔岩管道、熔岩隧道和天然井)、裂隙、孔隙(凝灰岩)中,在水位下降的情况下,通过水力联系向降落漏斗中心区渗流,以人工开采的方式排泄。赋存于含水层中的地下水只有一部分能够被开采出来,另一部分仍保存于含水层中;能够被开采出来利用的地下水资源,就是通常所说的可采资源,它仅占地下水资源的一部分。对本区的地下水可采资源量,根据野外调查结果并结合以往的资料,选取具有供水意义的龙门岭-黄岭两个火山口及其附近相对富水区域进行计算,采用均匀布井法计算地下水可采资源量,其计算公式如下:

$$Q_t = n \cdot Q_s$$

式中,Q_t 为可开采资源量(m³/d);Q_s 为单井可开采量(m³/d);n 为布井数。

单井可开采量依据区域抽水试验结果,换算成口径 200mm 统一降深 10m 的涌水量。

布井数的规划采用网格法布井,其计算公式为

$$n = \frac{A}{D^2}$$

式中,A 为调查区域面积(km²),主要为地下水模拟圈定的龙门岭-黄岭两个火山口及其附近相对富水区域面积,地下水类型主要为火山岩孔洞裂隙水,在 ArcGIS 软件中求得总面积为 177.643km²,根据调查显示其平均涌水量分属 Ⅱ₁ 和 Ⅱ₃ 区块,面积分别为 163.04km² 和 14.60km²;D 为布井间距,为影响半径的 2 倍,根据区域 Ⅱ₁ 和 Ⅱ₃ 内钻孔抽水试验的结果并换算成 10m 降深的影响半径分别取 458m 和 6.32m。

表 8-12 显示了调查区的地下水可采资源量,由于区域Ⅱ$_3$富水性较差,故在计算时,只考虑富水区Ⅱ$_1$。可采资源量主要分布在龙门岭-和黄岭两个火山口之间,为 $32.76×10^4 m^3/d$。

表 8-12 调查区的地下水可采资源量

地下水类型	块段编号	块段面积 (km^2)	平均换算涌水量 (m^3/d)	布井个数 (个)	可采资源量 (×10^{4}m^3/d)	小计 (×10^{4}m^3/d)
火山岩类孔洞裂隙水	Ⅱ$_1$	163.04	1680	195	32.76	32.76
合计						32.76

均匀布井法主要用于区域可采资源量的估算,该方法虽然在理论上存在一定争议,但对于研究程度一般的地区,该方法是较为直接和便捷的方法。该方法前期已经广泛用于地下水资源量计算,方法较为成熟。

(2)开采模数比拟法。研究区富水块段的地下水类型为玄武岩孔洞裂隙水,且鉴于其水文地质条件与琼山区龙桥地区相似,利用前人在龙桥报告计算的开采模数对本区富水块段的开采量进行比拟计算,其计算公式如下:

$$Q_t = \beta M_a F$$

式中,β 为水量类比系数,采用计算区域内钻孔涌水量平均值与龙桥勘探区的群孔抽水试验的涌水量(1248m^3/d)之比;M_a 为开采模数,利用《龙桥报告》以 SK23-1 为主孔的群孔抽水试验所计算的 1 725.25m^3/d·km^2 计算。

根据开采模数比拟法,区域内开采量见表 8-13。

表 8-13 开采模数比拟法计算地下水可采资源量

地下水类型	块段编号	块段面积 (km^2)	平均换算涌水量 (m^3/d)	β	可采资源量 (×10^{4}m^3/d)	小计 (×10^{4}m^3/d)
火山岩孔洞裂隙水	Ⅱ$_1$	163.04	1680	1.346	37.86	37.87
	Ⅱ$_3$	14.60	6	0.005	0.01	
合计						37.87

(3)数值模拟法。利用已验证的区域地下水数值模型,对调查区的地下水资源进行评价。评价方法过程通过模拟预测调查区在未来 10 年中地下水位的变化和水量平衡变化,从而进行地下水可采资源量的计算。

在预测地下水资源量的计算中,模型的表面质量变化参数的设置中须除去当前平均分配到的人工地下水供水量,只考虑自然情况下地下水的补给与排泄总量的平衡关系,认为两者差值即为地下水可开采资源量。

图 8-71 显示了 10 年中区域地下水均衡情况,模拟区中地下水的补给来源为降雨入渗补给,采用多年平均降水量进行计算。区域内地下水的自然排泄为泉点的流量,统计全区主要的泉点(即模型中定水位的点)总的排泄量,由于地下水处于动态非稳定变化,从图中可以发现随着时间的逐年增加,模拟泉水总的排泄量也逐渐变大,这与实际调查中典型泉水流量逐年降低趋势相反。这主要是因为实际过程中人工开采地下水导致泉水流量减小,但在设计过程中我们除去了人工开采对泉水的影响,模拟时没有加入人工的地下水开采量和其他未统计的排泄渠道,区域内总的补给量大于自然泉点的总的排泄量,导致区域地下水不断抬升,增加了泉水附近的水头差,使其流量不断增大。

区域内地下水可采资源量评价中,可以认为其可持续人工利用的地下水量为年度降水量和自然排

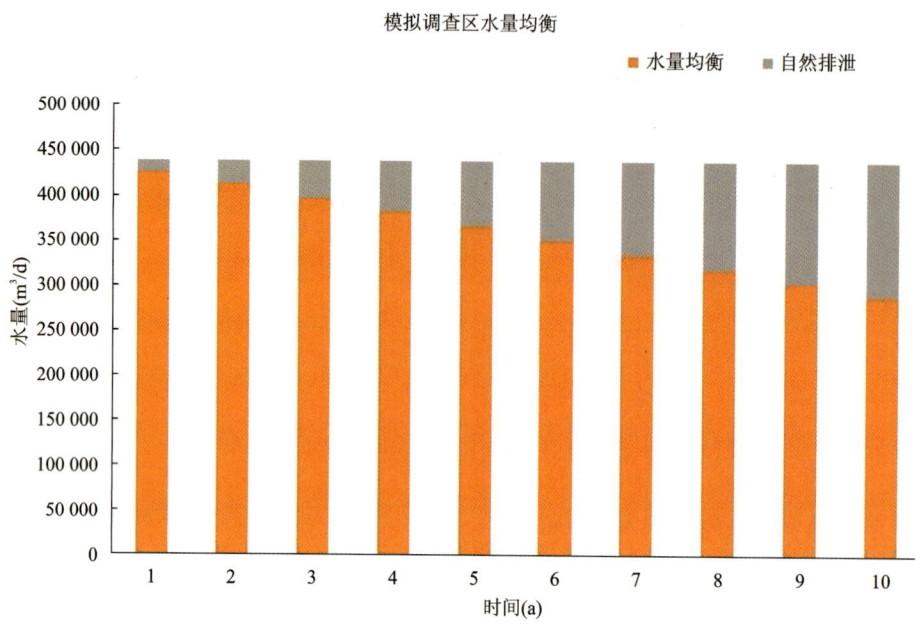

图 8-71　数值模拟法 10 年时间区域水均衡量

泄量之差的净增加量。根据 10 年中的净水量增加情况,其平均地下水可采资源量应为 $35.8×10^4 m^3/d$。由于在模拟区域内边界条件的限制,区域内的泉水为定水头排泄源,在模拟水量平衡时忽略了区域内地下水向河流的排泄过程和潜水蒸发,故通过模拟得到的地下水可采资源量可能较实际地下水可开采量偏大。

表 8-13 对比了 3 种方法评价地下水可采资源量的计算结果,从结果中可以发现 3 种评价方法的地下水可采资源量较为相近,取三者的平均值,得出应急水源地区域的地下水可采资源量为 $35.48×10^4 m^3/d$。

表 8-13　地下水可采资源量总表

评价方法	地下水可采资源量($×10^4 m^3/d$)
平均布井法	32.76
开采模数比拟法	37.87
数值模拟法	35.80

(4)地下水开发利用潜力分析。地下水开发利用潜力主要是指特定地区,在一定技术条件和环境约束下的地下水可增加的利用量。地下水开发潜力可用地下水潜力系数 σ 来进行评价,其计算公式如下:

$$\sigma = \frac{q_p}{Q_t}$$

式中,Q_t 为可开采资源量(m^3/d);q_p 为可增加的资源量(m^3/d)。

根据资料,区域地下水供水量平均为 $3198 m^3/d$,得到地下水开采潜力系数为 0.009,说明区域地下水开采潜力极大,目前区域地下水供水量仅占很小一部分,可利用空间大。

三、应急水源地经济技术条件分析

区位条件:南岛农场应急地下水源地南东连三亚中部水厂,北东距高峰应急地下水源地 3km;高峰应急地下水源地北距南岛农场约3km,南距三亚中部水厂4km,有827县道经过。高峰应急地下水源地与南岛农场应急地下水源地同时为三亚中部水厂服务,区位上可行。另外,红塘湾填海机场正在修建,红塘湾应急地下水源地连接供水管网,可就地取水;三亚中部水厂的规划,水厂引水隧道已完成勘查,引水隧道穿过南岛农场应急地下水源地,高峰应急地下水源地与南岛农场应急地下水源地供水管网可考虑直接与该引水隧道连接或考虑将该水源地建设纳入三亚中部水厂供水规划并统筹考虑管网建设。大茅应急地下水源地西距三亚中部水厂15km,东邻海棠区,东北邻海南槟榔谷黎苗文化旅游区,北为呀诺达雨林文化旅游区,有海榆中线(G224)经过,区位上可行。另外,在大隆水库水源缺乏时可以启动大茅应急地下水源地对三亚中部水厂进行供水,可考虑将该水源地建设纳入三亚中部水厂供水规划并统筹考虑管网建设。新村应急地下水源地位于陵水县新村镇,西南沿海至英州镇为清水湾开发区,北距陵水县城约15km,东距海南国际旅游岛(陵水黎安)先行试验区约14km、距南湾猴岛景区约5km,西南接三亚市天涯区,有海榆东线(G223)经过,区位上可行。另外,在清水湾开发区自来水供应不足时可以启动新村应急地下水源地进行供水,可考虑将该水源地建设纳入清水湾开发区供水规划并统筹考虑管网建设。龙门应急水源地离南丽湖水厂约10km,在应急开采时可考虑接入该管网进行供水。

勘探与开采井施工:红塘湾应急地下水源地含水层结构变化不大,而且含水层埋深较浅,勘探阶段,每个水源地仅需选取有代表性的2~3个区段,开展长期群孔干扰抽水,并同步监测边界处的水位、水质变化情况,以论证资源量和预测地下水环境变化。水源地勘探井、开采井多为100m浅井,投入的勘探、施工成本低,经济上可行;南岛农场和高峰应急地下水源地为基岩区,含水层结构单一,而且含水层埋深较浅,勘探阶段,每个水源地仅需选取有代表性的2~3个区段,开展长期群孔干扰抽水,并同步监测边界处的水位、水质变化情况,以论证资源量和预测地下水环境变化。水源地勘探井、开采井多为150m浅井,投入的勘探、施工成本低,经济上可行。大茅水源地为覆盖型碳酸盐岩区,含水层结构单一,而且含水层埋深较浅,勘探阶段,每个水源地仅需选取有代表性的2~3个区段,开展长期群孔干扰抽水,并同步监测边界处的水位、水质变化情况,以论证资源量和预测地下水环境变化。水源地勘探井、开采井多为150m浅井,投入的勘探、施工成本低,经济上可行。新村水源地含水层结构变化不大,而且含水层埋深较浅,勘探阶段,仅需开展长期群孔干扰抽水,并同步监测边界处的水位、水质变化情况,以论证资源量和预测地下水环境变化。水源地勘探井、开采井多为30~40m浅井,投入的勘探、施工成本低,经济上可行。

四、应急水源地开发利用对策

1. 积极开发应急水源地有序、分步开发

根据收集的气象数据,海南三亚—陵水一带20世纪80年代以来,基本每10年出现一次较严重的旱情(1987年、1993年、2004年、2015年降雨量明显偏少),积极开发应急地下水源地已迫在眉睫。

初步勘探、圈定的南岛农场和高峰应急地下水源地可提供8415m³/d的应急供水量,能保证近11万人3个月的应急供水需要(表8-4),与三亚中部水厂共同供水具有重大意义,建议积极推进南岛农场和高峰应急地下水源地的论证和开发建设工作;红塘湾应急地下水源地可提供4300m³/d的应急供水量,能保证红塘湾新建机场近5万人3个月的应急供水需要(表8-6),对于保障服务红塘湾新建机场的正常运转意义重大,建议积极推进红塘湾应急地下水源地的论证和开发建设工作。大茅应急地下水源地可提供49 534m³/d的应急供水量,能保证近66万人3个月的应急供水需要(表8-7),能保证三亚吉阳区和海棠区应急供水及三亚中部水厂共同供水具有意义重大,建议积极推进大茅应急地下水源地的论证和开发建设工作。新村应急地下水源地可提供12 112m³/d的应急供水量,能保证近16万人3个月的

应急供水需要(表8-8),能保证陵水清水湾开发区、新村镇和陵水县城应急供水具有重大意义,建议积极推进新村应急地下水水源地的论证和开发建设工作。

2. 尽早启动前期专项勘探、论证工作

为推进南岛农场、高峰、红塘湾、大茅和新村地下水水源地的建设,应尽早启动应急地下水水源地专项勘探工作,系统查明水源地范围内水文地质条件和水质变化情况,开展专门性的开采抽水试验,查明地下水位、水质在集中开采时的变化,计算水源地储量。

3. 建议将应急水源地纳入备用取水点

三亚市政府为解决三亚中心城区水资源不足的问题,拟将大隆水库原水引入中部,建设中部供水工程,提高三亚中心城区的供水安全。三亚中部水厂在规划时可将高峰、南岛农场和大茅地下水水源地作为后备取水点,并统筹规划管网建设,既可以减少后期的二次投入,也可以在海南省应急地下水水源地建设方面起到很好的示范作用。红塘湾水源地南临红塘湾新建机场,将红塘湾地下水源地作为红塘新建机场后备取水点,既方便取水节约成本,又能起到应急效果。绿城蓝湾小镇是清水湾开发区正在进行的一个房地产项目,在规划时可将新村水源地作为后备取水点,并统筹规划管网建设,既可以减少后期的二次投入,也可以在海南省应急地下水源地建设方面起到很好的示范作用。

4. 应急水源地开采布井建议

南岛农场前锋队应急地下水源地:该地下水类型为基岩裂隙水,应急开采时间内一般不会产生环境地质问题,布井位置应根据物探及其他勘查方法确定水源地内岩石裂隙发育或破碎带位置。布井间距太宽出水量达不到最大出水量;布井间距太窄,成本会增大,布井间距建议200m,距离隔水边界不小于100m。开采井控制降深建议50~60m,紧急情况下可降至含水层底板以获得最大出水量,但在水源地勘探阶段应充分考虑其影响,并提出应对措施。水源地建成后,北东侧与垃圾填埋场间必须布置监测井,进行水位、水质数据的实时采集,并建立预警联动机制,一旦发现垃圾填埋场有泄漏,应立即停止开采,以避免引发水源地污染。

高峰应急地下水源地:该地下水类型为基岩裂隙水,应急开采时间内一般不会产生环境地质问题,布井位置应根据物探及其他勘查方法确定水源地内岩石裂隙发育或破碎带位置。布井间距太宽,出水量达不到最大出水量;布井间距太窄,成本会增大,布井间距建议400m,距离隔水边界不小于100m。开采井控制降深建议30~40m,紧急情况下可降至含水层底板,以获得最大出水量,但在水源地勘探阶段应充分考虑其影响,并提出应对措施。水源地建成后,在有可能引发环境地质问题的地段必须布置监测井,进行水位、水质数据的实时采集,并建立预警联动机制,一旦相关指标逼近警戒值并有持续上升的趋势,应立即对部分取水井进行关闭,必要时应暂停开采,以避免引发水源地污染。

红塘湾应急地下水源地:根据前文的计算分析,水源地按设计开采方案一般不会形成区域降落漏斗,对现有降落漏斗影响较小,不会引发区域降落漏斗的扩大。为防止海水入侵以及其他污染物的入侵,水源地开采应尽量避免在局部范围形成较大降深,因此推荐采用均匀排井的方式进行开采。井间距建议600m,距离海岸线或其他边界安全距离不小于300m,最大应急开采时限3~6个月。开采井控制降深建议10~20m,紧急情况下可降至含水层底板,以获得最大出水量,但在水源地勘探阶段应充分考虑其影响,并提出应对措施。水源地建成后,在有可能引发环境地质问题的地段必须布置监测井,进行水位、水质数据的实时采集,并建立预警联动机制,一旦相关指标逼近警戒值并有持续上升的趋势,应立即对部分取水井进行关闭,必要时应暂停开采,以避免引发水源地污染。

大茅应急地下水源地:地下水类型为碳酸盐岩孔洞裂隙水,应急开采时间内一般不会产生环境地质问题,布井位置应根据物探及其他勘查方法确定水源地内岩石孔洞或裂隙发育位置。布井间距太宽,出水量达不到最大出水量；布井间距太窄，成本会增大，布井间距建议600m，距离隔水边界不小于100m。开采井控制降深建议60~70m，紧急情况下可降至含水层底板，以获得最大出水量，但在水源地勘探阶段应充分考虑其影响，并提出应对措施。水源地建成后，在有可能引发环境地质问题的地段必须布置监测井，进行水位、水质数据的实时采集，并建立预警联动机制，一旦相关指标逼近警戒值并有持续上升的趋势，应立即对部分取水井进行关闭，必要时应暂停开采，以避免引发水源地污染。

新村应急地下水源地：为防止海水入侵以及其他污染物的入侵，水源地开采应尽量避免在局部范围形成较大降深，因此推荐采用均匀排井的方式进行开采。井间距建议400~500m，距离海岸线或其他边界安全距离不小于900m，最大应急开采时限3~6个月。开采井控制降深建议7.0m，紧急情况下可降至含水层底板以获得最大出水量，但在水源地勘探阶段应充分考虑其影响，并提出应对措施。水源地建成后，在有可能引发环境地质问题的地段布置监测井，进行水位、水质数据的实时采集，并建立预警联动机制，一旦相关指标逼近警戒值并有持续上升的趋势，应立即对部分取水井进行关闭，必要时应暂停开采，以避免引发水源地污染。

龙门应急地下水源地：地下水类型为玄武岩孔洞裂隙水，应急开采期间一般不会产生环境地质问题。根据调查区地下水的富水程度和需水量来布置井位，地下水量丰富且需水量大的地区，取水钻孔可多布置，做到用水量和地下水的可开采量相平衡，合理开采地下水。当大量开采地下水时，井距的合理选择是关系到单井出水量大小的因素之一。井距过小则井孔抽水将相互干扰，影响单井出水量。根据本次调查结合以往资料，开采井距离一般以400~600m为宜。水源地建成后，需进行水位、水质数据的实时采集，并建立预警联动机制，一旦相关指标逼近警戒值并有持续上升的趋势，应立即对部分取水井进行关闭，必要时应暂停开采，以避免引发供水安全问题。

5. 开采井结构建议

(1) 为取得较好单井出水量，基岩地区井口管不小于273mm，天然井壁口径不小于200mm，终孔孔径不小于130mm；红塘湾应急地下水源地开采井管直径不应小于200mm；新村孔隙潜水开采井管直径不应小于400mm。

(2) 含水层以中、细砂为主，开采井外围应填充不少于50~100mm厚的砾料。

(3) 圈定的红塘湾、新村应急水源地位于沿海地区，开采井用管材应具有一定的防腐性；开采井在正常使用一段时间后，不可避免地会有砂层在井内沉淀或堵塞滤水管的情况，因此选择的井管要耐用而且便于后期维护。建议开采井套管选用高防腐性、高强度的涂塑管，滤管选用双层预填砾管（外层为镀锌绕丝管，内层为镀锌桥式滤管，中间已根据预填充好相应规格的砾料）。

五、应急水源地保护对策

圈定的南岛农场和高峰应急地下水源地为基岩裂隙水，与地表水体水力联系密切，应在水源地汇水面积区重视水源地保护，尤其是南岛农场应急地下水源地北东靠近三亚垃圾填埋场，虽然物探解译成果垃圾填埋场与水源地没有断裂经过，但垃圾填埋场如果发生渗漏将会影响水源地水质；红塘湾应急地下水源地，其开采对象均为松散岩孔隙潜水，与外界水力联系密切，而且都分布在沿海地区，应特别重视水源地保护；大茅应急地下水源地为碳酸盐岩孔洞裂隙水，局部地段含水层顶板埋藏较浅，与地表水体、上部松散孔隙潜水及周边基岩裂隙水水力联系密切，应在水源地汇水面积区重视水源地保护；新村应急地下水源地，其开采对象均为松散岩孔隙潜水，与外界水力联系密切，而且都分布在沿海地区，应特别重视水源地保护。

区内地下水防污性能较差，为加强对水源地的保护，建议采取以下措施：①设立严格的工业产业准入机制，高污染的产业严禁进驻；②进行旅游开发规划时，应整体统筹生活污水的处理与排放；③区内地下水开采应统一规划、论证和备案，严禁个人或企业私自建井、肆意开采；④在海岸线500m外设置地下水禁采红线；⑤布置地下水位、水质监测井，开展长期的地下水监测工作，及时了解海岸带地下水环境变化，及时应对。

泛珠三角地区地质环境综合调查研究（下册）

FAN ZHUSANJIAO DIQU DIZHI HUANJING
ZONGHE DIAOCHA YANJIU (XIACE)

黄长生　刘凤梅　等编著

图书在版编目(CIP)数据

泛珠三角地区地质环境综合调查研究(下册)/黄长生,刘凤梅等编著.—武汉:中国地质大学出版社,2023.7
ISBN 978-7-5625-5222-2

Ⅰ.①泛⋯ Ⅱ.①黄⋯ ②刘⋯ Ⅲ.①珠江三角洲-地质环境-研究 Ⅳ.①X141

中国版本图书馆 CIP 数据核字(2022)第 141558 号

泛珠三角地区地质环境综合调查研究(下册) 黄长生 刘凤梅 等编著

| 责任编辑:王凤林　周　旭 | 选题策划:王凤林　张晓红　毕克成 | 责任校对:徐蕾蕾 |

出版发行:中国地质大学出版社(武汉市洪山区鲁磨路388号)　　　　　　　　　　　邮编:430074
电　　话:(027)67883511　　　　　传　　真:(027)67883580　　　　E-mail:cbb@cug.edu.cn
经　　销:全国新华书店　　　　　　　　　　　　　　　　　　　　　　http://cugp.cug.edu.cn

开本:880毫米×1230毫米　1/16　　　　　　　　　　　　　　　　字数:1751千字　印张:55.25
版次:2023年7月第1版　　　　　　　　　　　　　　　　　　　　　印次:2023年7月第1次印刷
印刷:武汉中远印务有限公司

ISBN 978-7-5625-5222-2　　　　　　　　　　　　　　　　　　　　　　　　定价:596.00元(上、下册)

如有印装质量问题请与印刷厂联系调换

《泛珠三角地区地质环境综合调查研究》编委会

主　　编：黄长生　刘凤梅

编　　委：刘广宁　黎义勇　齐　信　赵幸悦子　赵信文　曾　敏
　　　　　顾　涛　喻　望　刘怀庆　黎清华　陈双喜　陈　雯
　　　　　张宏鑫　余绍文　张彦鹏　王节涛　王芳婷

主要编写人：黄长生　陈双喜　刘凤梅　王芳婷　侯保全　叶　林
　　　　　丰双收　李　龙　易称云　张胜男　周　耘

序

以黄长生为首席专家的泛珠三角经济区地质环境综合调查工程团队，在粤港澳大湾区、海南国际旅游岛、珠江-西江经济带和环北部湾经济区等重点地区开展了第四纪地质、环境地质、水文地质和工程地质综合调查评价等工作，建立了粤港澳大湾区珠江口地质环境监测基地、环北部湾海岸带地下水监测网、泛珠三角地区深层地下水科学观测孔，获得了大量调查监测数据，结合前人研究成果资料，汇总集成，归纳总结。团队大幅提高了泛珠三角地区地下水、优质富硒耕地、地质遗迹等资源条件，以及岩溶地面塌陷、崩滑流地质灾害、软土地面沉降、断裂活动性、海岸带变化等重大地质环境问题的调查精度和研究程度，在区域资源环境承载能力评价与国土空间优化开发规划、海岸带含水层调查评价、压性构造带找水优势区域分析理论和方法研究，以及软土地面沉降时空分布规律及预测模型建立等方面，取得了创新性成果。围绕粤港澳大湾区、海南国际旅游岛、珠江-西江经济带和环北部湾经济区规划建设，他们编制并提交了一系列图集与对策建议报告，为国土空间规划和重大工程建设与高质量发展保驾护航，开发"广州地质随身行"APP并投入使用，推动成果便捷化、大众化服务；圈定后备/应急水源地，施工探采结合井，为当地提供了饮用水安全保障，成果应用服务效果显著。

该书总结、集成了多年来泛珠三角地区地质环境工作所取得的成果，特别是2010年以来服务经济区（旅游岛）规划建设的调查评价等研究成果，是21世纪中国地质调查局在泛珠三角地区地质环境综合调查评价工作中所取得的一项具有重要意义的阶段性成果。

前　言

一、围绕国家战略需求部署开展地质调查研究工作

泛珠三角地区是指沿珠江流域的广东、福建、江西、广西、海南、湖南、四川、云南、贵州九省（自治区），加上香港和澳门两个特别行政区在内的 11 个地区，陆地面积为 $199.45\times10^4\mathrm{km}^2$，人口 4.46 亿人，约占全国陆地总面积的 20.78%，约占全国总人口的 31.56%（2021 年数据）。这 11 个地区共同合作，共谋发展，其地域规模和战略地位仅次于长江经济带。这些地区在资源、产业、市场等方面有很强的互补性。粤港澳大湾区、珠江-西江经济带、北部湾城市群和海南省国家生态文明试验区是其中的重要经济区，也是泛珠三角地区地质环境综合调查工程的重点研究区。

近 10 多年来，泛珠三角地区地质环境工作主要经历了 3 个阶段：2009—2012 年，实施珠江三角洲经济区重大环境地质问题与对策研究、北部湾经济区环境地质调查两项计划项目；2013—2014 年，开展珠三角-北部湾经济区地质环境调查计划项目；2015—2021 年提升为泛珠三角地区地质环境综合调查工程，由中国地质调查局武汉地质调查中心组织实施。

2016—2018 年区内投入地质调查工作总经费为 7871 万元。其中，粤港澳大湾区 2270 万元，珠江-西江经济带 1865 万元，北部湾城市群 1858 万元，国家生态文明试验区（海南）1878 万元。由中国地质调查局武汉地质调查中心牵头，以中国地质科学院地质力学研究所、中国科学院岩溶地质研究所、广州海洋地质调查局，以及广东省地质调查院、广东省第四地质队、广西壮族自治区水文地质工程地质大队、海南省地质调查院、中国地质大学（武汉）为主，共计 17 家单位参与。共投入技术人员 130 多人，其中正高级职称 13 人，副高级职称 42 人，中级职称 60 人；74 人具有研究生学历，其中博士 23 人，硕士 51 人。

二、创新新时代地质工作机制

一是建立"中央-地方"协调联动新机制。在海南建立"中央-地方"协调联动新机制，按照统筹资金、统一部署、相互补充、成果共享的机制，探索新时代地质调查"中央引领，地方跟进"的转型升级新模式。准确把握新时期水工环地质工作的形势和要求，精心组织，协调联动，创新构建中央和地方地质工作协调联动机制。按照中央与地方事权财权划分原则，统筹中央与地方财政资金，共同推进泛珠三角地区地质调查工作。

二是在广州建立"地质-规划"联合工作机制。探索地质调查支撑国土空间规划的成果表达与集成范式，实现了地质工作与规划建设的精准对接。建立跨行业工作机制，通过地质、规划、管理、互联网等

行业的有机融合,形成支撑服务区域发展的编图模式,围绕区域开发建设中的实际问题和需求,"对症开方、按方抓药",通过编制应用服务性图集及对策建议报告,打通成果服务"最后一公里"。在支撑服务国家发展战略需求的同时,服务区域经济发展、国土规划建设,促进区内生态文明建设,实现地质调查对国土空间规划的有力支撑。

三是探索成果表达新模式。中国地质调查局组织协调直属有关单位和广东省地质局、广州市国土资源和规划委员会等单位,探索形成支撑国土空间规划地质环境图集编图方法,创新成果表达形式,编制了《支撑服务广州市规划建设与绿色发展的地球科学建议》《粤港澳大湾区自然资源与环境综合图集》。图集中包含国土空间开发利用的地质适宜性评价类图件、城市规划建设应关注的重大地质安全问题类图件、产业发展可充分利用的优势资源类图件、生态环境保护需要重视的资源环境状况类图件,为土地规划、国土空间开发、生态文明建设和重大工程建设、地质灾害防治提供了科学依据,有力支撑了广州市国土空间规划的编制实施和地质资源的合理开发利用,有效服务了宜居、宜业、宜游优质生活圈的规划建设。联合海南省地质局,编制《支撑服务海口江东新区概念性规划地质环境图集与建议》,提交海口市人民政府使用,为江东新区概念性规划提供了支撑,服务于海南生态文明试验区规划建设。

四是探索"互联网+地质"服务模式。为推进地质调查智能化,提升地质调查成果服务能力,支撑"地质云2.0"建设,按照"互联网+"的理念,依托信息化技术,共建共享,跨界融合,成功开发"广州地质随身行"APP。"广州地质随身行"APP基于当今云计算、移动互联网、数据库、GIS地图服务技术,集成基础、水文、工程、环境、灾害等地质调查成果,共包含钻孔30多万个,图件160多张。"广州地质随身行"APP具有野外实时定位,地质资料实地搜索、查询、显示等功能,使用方便快捷,并满足随身携带、移动办公的需求,在应对日常办公、实地考察或者突发事件时,大幅提高了工作效率。该APP的开发运行创新了成果服务模式,实现广州市地质大数据的高度集成,为国土管理和"三防"(防火、防灾、防事故)应急提供了实时、便捷、高效的服务,实现了地质调查成果的高效便捷和大众化服务。

三、积极开展地质科技理论创新

推动了地质科技理论创新,取得了6方面的新认识。一是通过三亚地区现代构造应力场与地下水流场的关系,基于岩石破裂原理,提出"压性构造带找水优势区域分析"方法,丰富了水文地质学理论;二是通过对地下水的监测,建立了北海大冠砂地下水咸化模式,模拟识别高位海水养殖影响下的地下水咸化过程,为高位养殖科学选址提供了依据;三是研究土壤中水位变动下自由基对甲基汞的去甲基化过程,揭示出二价铁对甲基汞迁移转化的作用机理,为水土中汞污染防治提供了理论指导;四是研究硒元素的聚散过程,揭示基岩—风化层—耕作土是硒的聚敛过程,稻根—茎叶—米—壳是弥散过程,硒主要富集在土壤淋积层中,为粤港澳大湾区富硒种植耕作层选择提供了理论依据;五是通过比对国内外典型城市群,提出泛珠城市群资源环境与经济社会协调发展的中国特色路径;六是通过泛珠三角地区资源环境承载力评价,建立了多尺度资源环境承载能力评价指标体系,为"双评价"打下了基础。

研发地质调查监测新技术,获得了6项专利,提升了地质工作质效。一是分立式量程可调式双环入渗装置,实现了低渗条件的全量程高精度实验;二是宽量程地下水流速流向测试装置,可实现宽量程、高精度、技术兼容性好的地下水流速流向长时序监测;三是便携式流体定深分层采样装置,能同时完成多个层位可设定的定深取样功能,可实现地下水等的快速取样;四是土壤元素野外快速检测手摇压片机,可实现土壤元素监测的快速制样,配合便携式元素分析仪,可实现土壤元素的快速、经济检测,还可用于现场追踪调查;五是水样采集-过滤装置,减少了操作误差,提高了采样的实时性和精度;六是简易钻孔地下水水位测量装置,轻巧便携,提高了精度和效率。

四、取得了一批重要成果

2016—2018年,经过调查经济区的地质环境背景条件,分析区内优势地质资源,研究区内重要环境地质问题,评价区内资源环境承载能力,针对问题和需求,提出了对策及建议。这3年形成的主要成果有:二级项目报告4份,专题研究报告22份,对策及建议17份,专著6部(其中图集5部),论文42篇,硕士毕业论文4篇,专利6项,后备/应急地下水水源勘查基地18处,探采结合井128口。建立了环北部湾海岸带地下水监测网、粤港澳大湾区地质环境综合监测网,联合共建了华南深层地下水运移监测网。建立了水文地质、环境地质、地质灾害调查研究团队共3个。培养杰出地质科技人才1人、优秀人才3人、青年工程首席2人、研究生20多人、技术骨干10多人。取得的成果详见附表。

1. 查明了研究区资源禀赋条件

一是泛珠三角地区地热资源丰富。水热型地热点数量达406处,最高温度达118℃,主要分布于广东潮州—韶关、中山—阳江一带及雷州半岛,广西南部和东部,海南中部、南部及沿海地区。区内地热资源丰富。粤桂地区地热能资源总量合计约$4.9×10^{20}$J,折合标准煤$168×10^8$t。全区可采地热总量$9.7×10^{18}$J,折合标准煤$3.3×10^8$t。目前广东25%的地热点已开发,但资源利用率低;海南开发利用仅占可采资源量的5%,且开发利用模式单一,大部分仅用于洗浴疗养、旅游服务。地热资源综合开发利用潜力大。建议进一步推动和支持地热发电技术研发,促进地热能梯级开发利用;在广东珠海、中山,海南三亚、保亭,广西合浦盆地等典型地区开展集约化地热能综合利用示范;在广东潮汕—惠州地区、海南陵水开展干热岩勘查,为泛珠三角经济区清洁能源产业发展提供基础支撑。

二是泛珠三角地区富硒土壤资源、优质耕地资源丰富。已查明富硒土壤4250万亩(1亩≈666.7m²),主要分布在广东肇庆、江门、化州、中山、惠东、台山、普宁,广西武鸣和西乡塘区西部、钦南区中东部、合浦县西部和南康盆地中部、桂平和玉林中部等地及海南文昌—琼海—万宁—琼中—澄迈一带。查明优质耕地1858万亩,圈定富硒优质耕地875万亩,主要分布在广州、江门,南宁、北海,海口、琼海等市。珠三角地区土壤硒含量平均值$0.55μg/g$,高于我国平均值。富硒土壤是发展特色农业的珍贵资源,建议合理开发利用江门、武鸣、西乡塘区和定安、文昌的富硒土壤资源。

三是泛珠三角地区地下水资源丰富,水质总体优良,开发潜力大。区内地下水天然资源量为每年$1431×10^8 m^3$,可开采资源量为每年$817×10^8 m^3$,主要分布在广东珠三角(珠江三角洲)、韩三角(韩江三角洲)、雷州半岛、茂名盆地,广西中部、西部岩溶地区及合浦盆地、南康盆地,海南琼北盆地及其他滨海平原区。区内共圈定后备/应急地下水水源勘查基地72处,允许开采量大于$647×10^4 m^3/d$。地下水开发利用程度总体较低,开采潜力较大。建议优化珠三角地区水资源供给结构,配套和完善文昌航天城应急水供水设施建设,在开采过程中注重环境保护。

四是泛珠三角地区海岸带资源禀赋优越,开发利用潜力大。大陆海岸线全长7866km,占全国大陆海岸线总长的43%。初步查明广东、海南湿地资源总面积$108×10^4 km^2$,拥有210多处优质港湾资源。同时,区内近年来有人工岸带增加、自然岸带减少的趋势,局部地段存在海岸侵蚀、航道及港湾淤积、海水入侵、生态退化等环境地质问题。建议加强海岸带资源本底调查评价,加强临港工业区工程地质调查评价,加强海岸带红树林、旅游海滩、生态海岛的环境保护与监测。

五是泛珠三角地区地质遗迹资源丰富,类型较多,特色鲜明。已查明省级以上地质遗迹240处,其中世界级6处,国家级47处,省级187(广东158处、广西22处、海南7处)。特色资源主要有丹霞地貌及岩溶、火山、海岛等。目前区内已建成地质公园35个,矿山公园25个。这些仅占已查明地质遗迹的1/4,仍有大量资源有待开发。建议打造一批新的国家地质公园,如广东佛山南海古脊椎动物化石产地、紫洞火山岩地貌,广西江山半岛、伊岭岩,海南峨蔓湾、东方猕猴洞等。地质遗迹利用应遵循开发与保护相结合的原则,避免遭受破坏。

六是泛珠三角地区矿产资源丰富,区域特色明显,海上能源资源开发潜力大。目前共发现矿产150余种,区内拥有广东韶关铅锌矿、桂西南锰矿、桂西南铝土矿、广西河池钨锡锑多金属矿、贺州稀土矿5个资源基地,已探明资源储量铅锌矿 1×10^7 t、锰矿 4×10^8 t、铝土矿 10×10^8 t、锡矿 72×10^4 t、稀土矿 17×10^4 t。

此外,区内海域天然气水合物、石油等战略性能源资源潜力大。建议加快海上战略性资源勘查开发,推动海洋关键技术转化应用和产业化,提高资源探测、开发和利用能力;加强五大资源基地建设,注重矿山环境保护。

2. 查明了研究区主要环境地质问题

研究区内区域工程地质条件总体优良,适宜城镇基础设施建设,局部地区存在环境地质问题。泛珠三角地区区域地壳稳定性与城镇基础设施建设适宜性总体良好,稳定、次稳定区占全区面积的93%;次不稳定区13处,面积3万多平方千米;不稳定区面积1454km²,位于琼北东寨港、粤东南澳等局部地区。泛珠三角地区工程地质条件较好,总体上适宜城镇与基础设施建设,但也有4720km²的城镇基础设施建设适宜性差。泛珠三角地区是我国崩滑流(崩塌、滑坡、泥石流)地质灾害多发区,粤、桂两省岩溶塌陷发育。此外,在局部地区存在不同程度的水土污染,珠三角、韩三角和雷州半岛局部发育地面沉降,南宁市存在易引发工程地质问题的膨胀土。

3. 在研究区普及了公众的环境地质科学知识

开展了一系列科普宣传活动,包括科普视频、科普挂图和展板的制作以及举办现场科普宣传实践活动。制作完成了海岸带地质环境演化科普宣传多媒体视频、关于海南岛海岸带地质环境演变的科普视频宣传片和泛珠三角地区海岸带地质环境宣传片等多媒体视频。结合环境地质调查工作成果制作了粤港澳大湾区地质调查、地质灾害科普宣传和海岸带知识与生态环境保护内容展板,以及以海岸带地质环境和城市地质为主题的多张科普挂图,并且印刷了《奔跑的海岸线》和防治及应急处置科普宣传册等,在"世界地球日"等活动中对外展出。为了提升科普宣传活动效果,为中山大学、北部湾大学等师生开展了系列专题科普活动;在地质灾害高发区内重点村镇、学校举行了"防灾减灾"科普宣传活动。通过这一系列的科普宣传活动,丰富了公众的地球科学知识,增强了人们的绿色生态发展和环保意识,进一步提高了公众对地质灾害的认知水平和应急处置能力。

目 录

第二篇 资源环境承载能力评价

第九章 资源环境承载力评价方法 ·· (415)
  一、国土资源环境条件调查技术构建 ·· (415)
  二、地质资源承载力评价技术构建 ·· (421)
  三、水资源承载力评价技术构建 ·· (427)
  四、土地资源承载力评价技术构建 ·· (434)
  五、地质环境承载力评价技术构建 ·· (443)
  六、水环境承载力评价技术构建 ·· (446)
  七、土壤环境承载力评价技术构建 ·· (449)
  八、综合承载力评价技术构建 ·· (451)
  九、国土空间区划技术构建 ·· (455)

第十章 珠江三角洲经济区资源环境承载力评价 ·· (464)
  一、珠三角地区土地资源承载力评价 ·· (464)
  二、珠江三角洲经济区水资源承载力评价 ·· (468)
  三、珠江三角洲矿产资源承载能力评价 ·· (482)
  四、珠三角地区土壤环境承载力评价 ·· (493)
  五、珠江三角洲经济区水环境承载力评价 ·· (499)
  六、地质灾害风险性评价 ·· (507)
  七、珠三角地区资源环境承载力综合评价 ·· (519)
  八、资源环境优化配置对策研究 ·· (521)

第十一章 海南国际旅游岛资源环境承载力评价 ·· (548)
  一、土地资源承载力评价 ·· (548)
  二、水资源承载力评价 ·· (558)
  三、地质遗迹资源承载力评价 ·· (575)
  四、地质环境承载力评价 ·· (583)
  五、土壤环境承载力评价 ·· (590)
  六、水环境承载力评价 ·· (603)
  七、资源环境综合承载力与国土资源优化配置 ·· (610)
  八、结论 ·· (614)

第十二章 北海市资源环境承载能力评价 ·· (616)
  一、资源环境承载力单要素评价研究 ·· (616)
  二、资源环境综合承载力与国土资源优化配置建议 ·· (632)
  三、结论 ·· (634)

第十三章 梧州肇庆先行试验区资源环境承载能力评价 (636)
　　一、土地资源承载力评价 (636)
　　二、地质环境承载力评价 (641)
　　三、土壤环境承载力评价 (644)
　　四、水环境承载力评价 (654)
　　五、资源环境综合承载力与国土空间优化配置 (656)
　　六、结论 (659)

第三篇 经济社会发展与国土空间优化开发

第十四章 泛珠三角城市群经济社会发展国内外对比研究 (663)
　　一、产业结构演变与资源环境耦合特征比较 (663)
　　二、资源环境空间配置格局 (668)
　　三、资源环境承载力测度及响应机制 (691)
　　四、资源环境绿色经济效率评价 (697)
　　五、经济社会与资源环境协调度研究 (704)
　　六、总结与建议 (715)

第十五章 粤港澳大湾区国土空间优化开发研究 (718)
　　一、粤港澳大湾区国土空间开发综合评价 (718)
　　二、国土空间开发与社会经济发展耦合性评价 (745)
　　三、政策及建议 (758)

第十六章 珠江口填海造地适宜性评价 (764)
　　一、填海造地工程地质环境适宜性评价体系 (764)
　　二、典型评价区的填海造地工程地质环境适宜性评价 (767)
　　三、珠江三角洲沿海风暴潮与赤潮灾害分析 (772)
　　四、结论与建议 (779)

第十七章 三亚城市地下空间资源开发潜力评价 (781)
　　一、基于层次分析法的城市地下空间资源开发潜力评价 (781)
　　二、影响三亚城市地下空间资源开发潜力的主要因素分析 (785)
　　三、三亚城市地下空间资源开发潜力评价结果分析 (812)
　　四、三亚城市地下空间资源开发利用对策及建议 (815)

第十八章 珠海市地下空间开发利用区划 (816)
　　一、地下空间开发利用与区划 (816)
　　二、地下空间开发利用现状及存在问题 (816)
　　三、地下空间利用的地质环境条件评价 (818)
　　四、地下空间开发利用工程地质适宜性评价方法 (830)
　　五、工程地质适宜性评价指标体系与模型 (832)
　　六、地下空间开发利用工程地质适宜性评价 (836)
　　七、结论及建议 (840)

第十九章 结论 (842)
　　一、富硒耕地资源优势显著,可有力支撑富硒产业发展 (842)
　　二、地下水资源丰富,水质总体优良,应急/后备供水保障能力强 (842)
　　三、地质遗迹类型较多,典型稀有,价值高,可助推旅游产业发展 (843)

四、地热资源保有量大,可开采量较大,有利于清洁能源产业布局和发展 …………………………(843)
五、海岸带资源禀赋优越,但局部存在海岸侵蚀、淤积等环境地质问题 ……………………………(843)
六、矿产资源区域特色鲜明,海上能源资源开发潜力大………………………………………………(843)
七、工程地质条件总体较好,但局部存在环境地质问题………………………………………………(844)

第二十章 建 议 ………………………………………………………………………………………………(845)
 一、经济社会发展建议……………………………………………………………………………………(845)
 二、下一步地质工作建议…………………………………………………………………………………(846)

主要参考文献……………………………………………………………………………………………………(852)

第二篇

资源环境承载能力评价

第九章 资源环境承载力评价方法

一、国土资源环境条件调查技术构建

(一) 概述

调查评价的目的是研究自然资源的形成、演化和时空分布规律,探索人类、资源与环境之间的相互作用、相互依从、相互制约的关系,揭示社会经济发展与资源开发、环境保护之间协调发展的基本规律,探讨资源合理开发的途径与技术以及资源可持续利用的途径。

对影响工作区承载力的资源环境组成要素和当地社会经济发展进行全面调查,查清工作区资源环境基础条件(自然地理、基础地质、水文地质、工程地质、地球化学特征、生态条件等)与组成条件(地质资源、水资源、土地资源和地质环境、水环境、土壤环境等)的数量、质量和空间分布及其发展趋势,分析工作区社会经济发展的目标、阶段和功能定位,为进一步的承载力评价提供基础数据。

调查内容包括:①充分收集和利用已有资料,并综合分析,认真研究,重要国土资源环境问题必须经过实地校核验证;②中心突出,目标明确,针对与工作区有关的重要国土资源环境问题进行调查;③保证第一手资料准确可靠,边调查,边整理;④注意点、线、面、体之间的有机联系;⑤填图比例尺为1:5万,采用当地最新出版的1:5万(或1:2.5万)分幅地形图作为野外填图用手图,或根据工作区的面积及工作要求自定比例尺;⑥所有调查工作都需要填写相应的调查表。

(二) 调查内容

1. 基础条件

需要查明工作区的资源环境基础条件,如自然地理条件、基础地质、水文地质、岩土体特征、地球化学特征、生态条件等。

1) 自然地理条件

(1) 气象水文。工作区气象要素中的降水特征,包括多年长周期丰、贫水年变化特征,多年平均降水量,年降水量分布特征,单次最大降水量及持续时间,最大降水强度等。

(2) 地形地貌。调查天然地貌和人工地貌的类型、分布位置和形态特征等。

天然地貌主要包括分水岭、山脊、剥蚀面、斜坡、悬崖、沟谷、河谷、河漫滩、阶地、冲沟、洪积扇、岩溶洼地、漏斗、峰丛、峰林、塌陷、滑坡和断层崖等。调查工作主要为查明其分布位置、形态特征、组合特征、过渡关系与相对时代。

人工地貌主要包括露天采矿场、人工边坡、水库与大坝、道路、渠道、堤防、矿渣与弃土堆等。调查工作主要为查明其分布位置、形态特征、规模、形成时间和运行现状等。

2）基础地质

（1）地层岩性。调查工作区地层的层序、地质时代、厚度、产状、成因类型、岩性岩相特征和接触关系等，重点调查第四纪地层分布、厚度和岩性。

（2）地质构造。工作区构造轮廓，经历过的构造运动性质和时代，各种构造形迹的特征、主要构造线的展布方向等。

代表性岩体中原生结构面及构造结构面的产状、规模、形态、性质、密度及其切割组合关系，进行岩体结构类型划分。

不同构造单元和主要构造断裂带在挽近地质时期以来的活动情况；主要断裂规模、产状、性质及其与地貌单元、地貌景观、微地貌特征、第四纪岩相岩性、厚度和产状、地面高程变化等的关系；确定全新活动断裂等级。

工作区内现今活动特征和构造应力场及断层活动规律、地震地质迹象。

3）水文地质

区域水文地质条件，确定工作区所处（及所含）的水文地质单元及其特征。

（1）地下水类型，主要含水岩组的分布、富水性、透水性、地下水位及其时空变化规律，地下水水化学特征，补给、径流和排泄条件，地下水与地表水之间的关系等。

（2）主要地下水露头的产出位置、地貌部位、高程、出露的地层岩性及所处的地质构造、含水层类型、性质、水位、水温、流量、水化学特征及动态和开发利用情况等。

4）岩土体特征

（1）岩体。岩体物理力学性质包括岩组岩相特征及分布、岩石力学及形变特征、岩石抗风化及易溶蚀性特征。

岩体结构特征包括岩体结构类型及结构面的发育特征，主要构造结构面的密度、裂隙密集带、结构面优势分组、结构面规模、软弱夹层的分布特征等。对重要地段应进行坡体结构分析。

岩体风化特征包括易风化岩层的岩性、层位和分布规律，风化引起的岩体结构与强度方面的变化。了解风化壳的厚度及其垂直分带。

岩体溶蚀特征包括可溶性岩层的岩性及组合特征、构造特征、岩溶形态及发育特征等。

（2）土体。土体成因与岩性类型及工程地质特征包括：冲积、冲洪积、冲湖积、冲海积的黏性土、砂性土、砾卵石土；崩坡积的碎石土、块石土；人工填筑的素填土、杂填土等。

特殊类土的类型及工程地质特征：特殊类土包括软土、膨胀土、湿陷性土、红黏土、盐渍土、冻土、液化的粉细砂土、人工堆填土等。重点了解特殊类土的分布、特征及其对工程建设的影响、危害及损失，提出对策建议。

土体的结构类型分为均一结构、双层结构、多层结构3种。

5）地球化学特征

（1）查明工作区内各种自然介质（如岩石、土壤、水系沉积物、湖积物、水、气体和植物等）中环境化学元素及其同位素的含量及其空间分布特征、演化规律和迁移、富集变化规律，揭露环境化学元素及其同位素与各种地质过程、地质特征之间的关系。

（2）在存在放射性异常的地区，应开展放射性异常调查，调查内容如下。

了解航空γ能谱测量和区域化探扫面资料，分析研究工作区放射性核素的种类、含量值与分布规律。

基本查明基岩区^{238}U、^{232}Th、^{226}Ra、^{40}K等的丰度。根据测量结果，确定区域放射性核素丰度值，与世界克拉克值比较，并编制放射性地球化学图，圈定出异常区，研究其分布规律。

基本查明土壤中 Rn 的浓度值。根据测量结果,编制放射性地球化学图,圈定出异常区,研究其分布规律。

基本查明地下水和地下热水中 Rn、Ra、U、总 β、^{40}K 的浓度值。根据测量结果,编制放射性地球化学图,圈定出异常区,研究其分布规律。

在研究放射性核素赋存背景的基础上,通过实测与计算,了解地质环境中 Rn 的浓度水平及其对空气中 Rn 浓度水平的影响程度。

综合分析区内放射性异常与地层岩性、地质构造、地下水活动、地热活动及人为活动的关系,并评价其对人类生存环境的影响,提出防治对策的建议。

6)生态条件

基本查明工作区不同土地类型上的植物群落、植物类型、优势群落及其分布和面积。

基本查明工作区植被生长情况、覆盖率、生物量和人为利用与破坏情况。

查明工作区植被生长的自然地质环境条件,包括地貌、坡向、坡度、坡位、小地形、土壤与基岩岩性特征、气候、水文条件等。

查明工作区动物组成、动物族群分布、族群数量与栖息环境背景资料等。

2. 组成条件

1)地质资源条件

(1)矿产资源条件分析。矿产资源是指经过地质成矿作用形成的,天然赋存于地壳内部/地表或者埋藏于地下/出露于地表,呈固态、液态或气态的,并具有开发利用价值的矿物或有用元素的集合体。

查清工作区矿产资源的类型及其分布范围、数量、规模、产状、空间位置及形态、相互间关系及氧化带(风化带)的范围等。查清矿石质量特征,包括矿石的化学成分、有用组分、有益和有害组分含量、可回收组分含量、赋存状态、变化及分布特征等。

查明各类型矿产资源的储量(包括地质储量、远景储量、设计储量和开采储量)、质量(包括矿产资源的品位、含有杂质状况和伴生情况)等。

查清主要矿种开采的水文地质条件、地质环境条件及开采后的地质环境影响、开采利用经济和技术条件、矿石加工技术性能和综合评价等。

(2)地质遗迹条件分析。地质遗迹是在地球历史时期,由内、外动力地质作用形成的各类地质现象,是不可再生的地质自然遗产。

查明地质遗迹的主要类型、分布与保存现状。收集、整理、分析、研究调查区内已有的与地质遗迹相关的资料,筛选出具有重要价值的地质现象。

了解工作区地形地貌、气象水文、生态等自然地理条件,对筛选出的地质现象进行野外核查,查明其特征(包括地层岩性、构造单元、形态、结构特征、规模)、分布及保护利用现状,圈定范围,确定地质遗迹点。

了解区域地质条件,分析总结地质遗迹分布规律及其成因演化:地质遗迹的分布、数量、类型、特征、环境保护、开发程度等。

2)水资源条件分析

水资源是指可资利用或有可能被利用的水源,这个水源应具有足够的数量和合适的质量,并满足当地一段时间内具体利用的需求。

水资源条件分析需要查明工作区降水、蒸发、径流、地下水的数量及天然水质情况,时空分布特点,开发利用现状,水质污染现状及未来用水量和供需关系。

水资源调查——通过区域普查、典型调查、临时测试、分析估算等途径,在短期内收集与水资源评价有关的基础资料的工作,它是长期定位观测、常规统计及专门试验的补充。

水文调查——主要对流域内已有水文站网没有观测到的水量进行调查估算,包括古水文调查。当水文站上游有水利工程时,需要对它的耗水量、引出水量、引入水量和蓄水变量进行调查估算,以便将实测径流还原成天然状况。在平原水网区,将定位观测与巡回观测相结合,收集有关流量、水位资料,用分区水量平衡法推测当地径流量。对于没有水文站控制的中小河流,必要时应临时设站观测,取得短期的实测资料。

水文地质调查——通过普查,大体了解工作区不同类型地区地下水的储存、补给、径流和排泄条件,划分淡水、咸水的分布范围,掌握包气带岩性和地下水埋深的地区分布情况,为划分地下水计算单元及确定计算方法提供依据。在收集专门性水文地质试验资料的基础上,针对缺测项目或缺资料地区,进行简易的测试和调查分析工作,确定与地下水资源量计算有关的水文地质参数,包括降水入渗补给系数、渠系渗漏补给系数、田间灌溉入渗补给系数、潜水蒸发系数及含水层的给水度和渗透系数等。

水质调查——水质评价、水资源保护的基础工作,调查内容包括污染源、地表水质量状况、地下水质量状况和污染事故等。调查程序:①收集已有的定位水质监测资料,确定重点调查地区,制订调查计划;②进行现场查勘,了解污染源的分布情况,估算废污水排放量和有机农药使用量,对污染严重的河段和水井进行取样分析;③将水质调查资料与定位监测资料相结合,对水体水质概况进行评价,提出控制污染的建议。

用水调查——水资源开发利用现状分析、未来供需水预测和实测径流还原计算的基础工作,重点调查对象为河道外用水。按照用户性质分类,河道外用水可分为农业用水、工业用水和生活用水,其中农业是用水大户,而工业、生活用水要求保证率高。由大型水利工程供水的灌区和自来水厂供水的用户,一般将供水记录作为核算用水的依据。由小型水利工程、自备井分散供水的用户,则需根据灌溉面积、工业产值、人口等社会经济资料和典型调查获得的用水定额,对各类用水进行估算。为了分析用水水平和节水潜力,还应根据灌区、工厂、住宅的水平衡测试资料,分析估算各类用户的耗水量。

3)土地资源条件分析

土地是指地球陆地表层,它是自然历史的产物,是由土壤、植被、地表水及表层的岩石和地下水等诸多要素组成的自然综合体。

土地资源是指一个地区可供农、林、牧业或其他功能利用的土地,是人类生存的基本资料和劳动对象。

土地调查的内容主要包括4项:工作区土地的总面积和土地类型及其面积、质量、分布;工作区土地利用现状及变化情况,包括地类、位置、面积、分布等状况;工作区土地权属及变化情况,包括土地的所有权和使用权状况;分析工作区资源环境对土地利用的影响,利用历史数据分析土地利用结构的动态演变过程,分析资源禀赋对土地利用方式、结构和程度的影响。

4)地质环境条件分析

地质环境是指由岩石圈、水圈和大气圈组成的环境系统,是自然环境的一种。在长期的地质历史演化过程中,岩石圈、水圈和大气圈之间进行物质迁移和能量转换,组成了一个相对平衡的开放系统。人类和其他生物依赖地质环境生存发展,同时,人类和其他生物又不断改变着地质环境。亿万年来,岩石圈、水圈和大气圈之间,通过物质交换和能量流动建立了地球化学物质的相对平衡关系。人类所处的地质环境是在最近一次造山运动和最近一次冰期后形成的。地质环境条件分析包括:①调查工作区历史上发生的地震、崩塌、滑坡、泥石流、地面塌陷等地质灾害次数、规模、发生时间、诱发因素、灾情等;②查明工作区已发生的崩塌体、滑坡、泥石流、地面塌陷等地质灾害的分布范围、高程、坡度、形态、规模、物质组成、结构、变形发育史、诱发因素及造成的损失状况,对堆积体稳定性进行评价和预测,提出防治建议;③查明工作区地面沉降、海水入侵、土地盐渍化、土地沼泽化、地方病、地裂缝、河湖海岸侵蚀与淤积调查、水土流失(岩土侵蚀)、荒漠化(沙漠化、石漠化)、湿地退化等缓变性地质环境问题的分布范围、形状、面积及其发生地质环境条件。

5)水环境条件分析

水环境是构成环境的基本要素之一,是人类社会赖以生存和发展的重要场所,也是受人类干扰和破坏最严重的领域。水环境的污染和破坏已成为当今世界的主要环境问题之一。水环境条件分析包括：①了解工作区地面水污染情况，包括污染源类型（点污染源和非点污染源）、主要污染物及其分布特征、污染程度和污染范围，分析污染发展趋势；②基本查明工作区地下水水质，并确定其背景值（参照值），调查地下水污染现状，包括地下水污染范围、含水层位、主要超标物质成分、含量及分布；③基本查明工作区地下水污染源、污染物种类、排放强度及空间分布等；④基本查明工作区地下水污染途径（包括垂直入渗、侧向径流和越流污染）、流场和介质特征；⑤了解工作区地下水污染造成的危害与损失、防治措施及效果；⑥基本查明工作区地下水防污性能，包括包气带厚度、岩性、结构、透水性能，含水层岩性、结构、厚度及渗透性，隔水层岩性、结构、厚度和阻水性能。

6) 土壤环境条件分析

土壤环境是指岩石经过物理、化学、生物的侵蚀和风化作用，以及在地貌、气候等诸多因素的长期作用下形成的土壤的生态环境。

(1) 了解工作区土壤类型及其特征，包括成土母质和母岩类型，土壤类型、名称、分布面积和分布规律，土壤成分组成、主要营养元素和土质特性，了解土地利用情况、植物与作物种类及其分布和生长情况。

(2) 根据工作区土壤背景资料或采样调查测试，确定调查区土壤环境背景值。

(3) 基本查明工作区各类土壤污染源，包括工业、农业、生活和污水灌溉等污染源的来源、分布现状、主要污染物种类、浓度、排放量及污染源排放和存在时间等。

(4) 基本查明工作区土壤污染现状，主要查明土壤中镉、汞、砷、铜、铅、铬、锌、镍、六六六、DDT、氰化物、氮化物、氟化物、苯及其衍生物、三氯乙醛等的含量，以及反映当地土壤污染问题的其他项目对土壤的污染状况。

3. 调查技术

1) 一般要求

调查时，遵循"面上调查与局部解剖相结合，地上与地下相结合，传统方法与现代勘查技术相结合"的原则，以地面调查为主，充分收集利用已有资料。

2) 调查程序

区域国土资源环境条件调查按照遥感解译—地面测绘—物探—坑探/槽探—钻探—现场试验—长期监测—岩土水样品采集和测试的顺序开展（图9-1）。

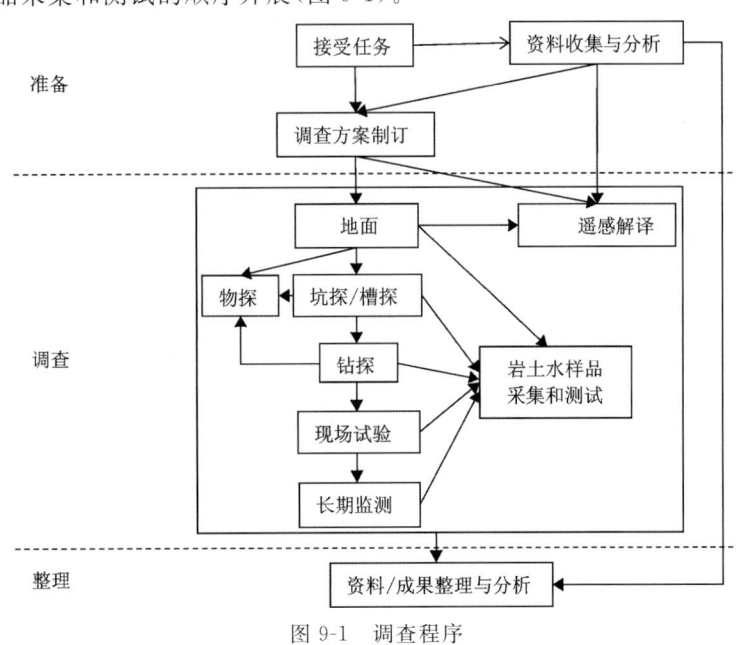

图9-1 调查程序

3）调查方法

（1）准备。接受任务后,确定工作区范围,收集工作区的相关资源环境资料。分析收集的资料,制订具体的技术可行、经济合理的调查方案。

（2）调查。

遥感解译：可确定工作区地质环境格局；对比不同时期的遥感影像,可获取工作区资源环境某些组成要素的变迁情况。

地面测绘：野外实地调查,同时验证遥感解译成果。结合收集到的资料和地面测绘初步成果,对资源环境条件给予初步分析,为物探、坑探/槽探、钻探等的布置及样品采集提供依据。

物探：间接的无损伤勘探方法。

坑探/槽探和钻探：实际揭示地下的一些地质现象,同时验证物探成果。

现场试验：在地表或利用已有钻孔、坑洞,以及新施工的钻孔、坑洞等开展岩土体物理力学试验、水文地质试验。

长期监测：布局建设覆盖区域范围内所有敏感区、敏感点的主要国土资源环境要素监测网络,主要监测与工作区人类生存和发展密切相关的、动态变化较大的、可能危害人类生存和发展或利用的资源环境组成要素和条件及其动态变化。

4）资料整理和分析

（1）综合整理的目的和任务。室内综合整理是调查工作的最后阶段,其目的在于通过对前期收集和野外实测获取的各种资料进行全面的、系统的整理和分析,编制既有理论意义又有实践价值的资源环境调查报告及相关图件。

各种图件资料是环境地质调查的最终成果之一。图件必须做到主题明确、资料真实、内容完备、精度达标、结构合理、层次分明、图例统一、精细美观,且各种图件（剖面图、柱状图、实际材料图、综合环境地质图等）之间、图文之间、文与表格之间的技术资料应协调一致。

（2）资料整理内容及要求。包括记录本、记录表、手图、实物（标本样品、数码相片）、点号、标本样品编号、位置及各种数据等,核对无误后,再分别整理。

地面观察点路线记录表或野外记录本整理：表格中的内容是否填写齐全,检查完善表格中的素描图并成图。检查记录本中的文字是否通顺、是否有错字和漏字、专业术语是否准确。各类数据和素描图经检查无误后上墨。

手图整理：检查图中的观察点、观察路线、地层产状、填图单元代号、断层构造、样品、照相等位置、数据以及界线勾绘是否无错漏,然后上墨。

标本样品、照相整理：清理整理采集的标本样品数量和相片,标本要编号并包装,对潮湿的样品及时安排烘烤或晒样,以免样袋发霉损坏。列出"标本样品采样登记表""照相记录表",分别进行标本样品和数码相片登记。对需要鉴定的标本样品,要填写送样单,并填写鉴定要求和分析项目。同时核对实物、标(样)签、送样单三者无误后,派专人分别送化验室和鉴定室。

清图：清图应在野外填图期间逐步完成,以保证填图中出现的遗漏、错误、争议等能在野外得到弥补、修正和统一。清图要用与填图手图同版的、未折叠、无皱纹、无缺损的地形图作为底图,将填图手图中填绘的全部内容（观察点、路线、标本样品、产状、各种地质界线、断层线等的位置、编号、代号）展绘到新的地形图上。清图展绘工作一般需两人对照进行,一人负责读手图坐标数据,另一人负责在清图地形图的坐标上点连线等工作。

（3）国土资源环境条件阐明。综合分析收集的各种资料和实测获取的各类成果,系统阐明工作区的国土资源环境条件。

基础条件：包括各组成要素的特征、状态及发展趋势等。

组成条件：包括各类资源环境条件的分布、动态变化特征等；各类资源环境问题的分布、稳定状态、发育规律、危害方式及发展趋势。

人类活动：各人类活动的类型、强度、范围、历史、未来趋势及其对国土资源环境的影响，国土资源环境对人类活动的敏感性和反馈作用。编制相应的国土资源环境条件图：工作区位置范围图、工作区地形地貌图、工作区多年平均降水量分布图、工作区水文图、工作区基础地质图、工作区地质构造图、工作区水文地质图、工作区岩土类型分区图、工作区地球化学图、工作区生态条件图、工作区矿产资源分布图、工作区地质遗迹分布图、工作区水资源分布图、工作区土地资源分布图、工作区地质环境问题分布图、工作区水环境污染分布图、工作区土壤环境污染分布图、工作区土地利用现状图、工作区土地利用规划图。

二、地质资源承载力评价技术构建

（一）矿产资源承载力评价

1. 概述

矿产资源是重要的自然资源，是人类生存和社会发展的重要物质基础，是国民经济建设的重要支柱。矿产资源属于非可再生资源，其储量是有限的。矿产资源的可持续利用对整个国民经济的可持续发展战略起着至关重要的作用。人类在开发时要注意合理利用和节约使用，并树立可持续发展理念。

矿产资源承载力是指在一个可预见的时期内，在当时的科学技术、自然环境和社会经济条件下，一个地区矿产资源的经济可采储量（或其生产能力）对当地社会经济发展的承载能力，它是衡量一个国家或区域矿产资源可持续供应及满足社会经济发展需要程度的重要指标，其潜在价值能在一定程度上反映区域矿产资源的保障能力和承载能力。

矿产资源的潜在价值实质上是对某种探明的可利用矿产资源按其初级产品价格折算的价值，可从宏观层次上反映和测算一个工作区域的矿产资源实力与潜力。矿产资源潜在价值的测算，是对区域矿产资源潜力，未来开发可能产生的经济效益，以及资源经济承载力的概略评估，它不仅能反映矿产资源丰度的大小，而且能反映该区域未来矿产资源开发的经济效益规模，为分析和评价矿产资源开发对工作区域经济的发展贡献提供依据，同时也可为资源承载力评价区划提供重要的参考依据。

矿产资源承载力评价技术思路见图 9-2。

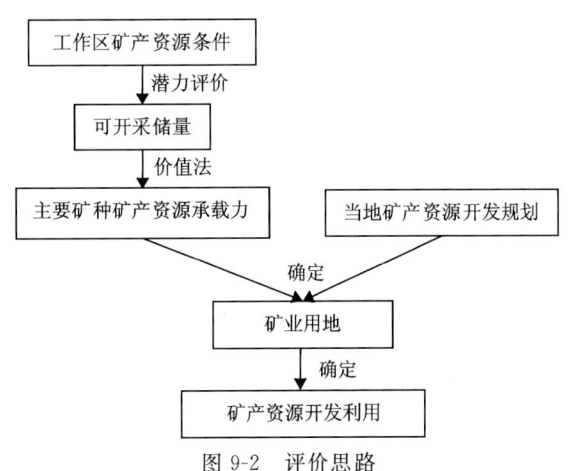

图 9-2　评价思路

2. 评价技术

1）某类矿产资源的潜在价值测算公式

$$V = R \times P \times G \times K$$

式中，V 为矿产资源潜在价值；R 为矿产储量；P 为矿产品价格；G 为品位调整系数；K 为统一计算单位系数。

2）计算参数的选取原则

（1）矿产储量（R）：选择工作区优势矿种及重要矿种的保有储量。

（2）矿产品价格（P）：矿产品价格选用最新的原矿产品的最新市场价格作为计算参数。

（3）品位调整系数（G）：品位变化系数是单位矿产储量与单位矿产品之间的品质换算系数，其换算公式为：

$$品位调整系数 = 矿产储量平均品位 \div 单位价格的矿产品品位$$

（4）统一计算单位系数（K）：矿产品价格的单位统一规定为元/吨，采用统一单价系数进行预处理。若矿产储量单位是吨，则 K 为 0.000 000 01；若矿产储量单位是千吨，则 K 为 0.000 01；若矿产储量单位是万吨，则 K 为 0.000 1；若矿产储量单位是亿吨，则 K 为 1。

综合优势矿种和重要矿种的矿产资源潜在价值作为工作区的矿产资源承载力，编制工作区矿产资源承载力分布图。

3. 矿业用地区划

工作区某类矿产资源的开采取决于其承载力的大小和当地社会经济发展的需要。

矿产资源埋藏于地下或浅层地表，对土地具有很强的依附性，矿产资源的勘探和开采产生了相应的矿业用地。结合工作区经济发展的需要，遵循资源分布规律和经济规律的原则，在有利于保护生态环境的同时，以市场为导向，按照矿产资源赋存的特点和规律，注重矿产资源的分带性，从便于管理出发，兼顾行政区划，确定规划分区的划定，将评价区规划分区设置为重点开采区、限制开采区、禁止开采区、允许开采区。基于工作区矿产资源开发规划、矿产资源的赋存区位和条件、开采加工方式以及生产规模，确定矿业用地的位置和范围，编制工作区矿业用地分布图。

矿产资源的开采尤其是地下矿产资源的开采，将对开采地周边的地理、环境产生较大影响，因此国家规定了重要地区限制采矿的制度。如《中华人民共和国矿产资源法》第二十条规定，非经国务院授权的有关主管部门同意，不得在港口、机场、国防工程设施圈定的地区以内，不得在重要工业区、大型水利工程设施、城镇市政工程设施附近一定距离以内，不得在铁路、重要公路两侧一定距离以内，不得在国家划定的自然保护区、重要景区及国家重点保护的不能移动的历史文物和名胜古迹所在地开采矿产资源。

同时，为了促进矿资源的开采利用，《中华人民共和国矿产资源法》第三十三条规定，在建设铁路、工厂、水库、输油管道、输电线路和各种大型建筑物或者建筑群之前，建设单位必须向所在省、自治区、直辖市地质矿产主管部门了解拟建工程所在地区的矿产资源分布和开采情况。非经国务院授权的部门批准，不得压覆重要矿床。

大型矿山、重点矿山矿业用地要与当地的土地利用规划充分衔接，列入土地利用总体规划建设用地范围，发挥土地利用规划的统筹作用，保障矿产资源开发用地的需求。矿业用地的利用方式和使用期限由矿产资源自身的特点所决定。矿产资源枯竭后，矿业用地承载和服务矿业的功能随即终止。

4. 矿产资源开发利用水平评价

矿产资源的开发利用过程中必须坚持资源节约优先原则，不断提高矿产资源的开发利用水平和效率。加强矿产资源合理开发利用的监管，客观准确地评价资源利用效果是关键，建立科学合理的矿产资源开发利用评价体系是基础。矿产资源综合利用技术指标——"开采回采率、选矿回收率、综合利用率"（"三率"）是工作区矿山企业开发利用矿产资源的约束性"红线"。矿山企业基于相关标准计算"三率"指标，科学评价矿山企业开发利用矿产资源水平，计算结果对照确定的"红线"，是评价及监管工作区矿山企业矿产资源合理开发利用的主要依据。

"三率"指标的研究和发布实施对提高我国矿产资源综合利用水平将起到积极的推动作用，也是我国建设生态文明的迫切需要和内在要求。

(二)地质遗迹资源承载力评价

1. 概述

地质遗迹是指在地球演化的漫长地质历史时期,由于各种内外地质作用形成、发展并遗留下来的珍贵的、不可再生的地质现象。地质遗迹反映了地质历史演化过程和物理、化学条件或环境的变化,是人类认识地质现象、推测地质环境和演变条件的重要依据,是人们恢复地质历史的主要参数。地质遗迹是不可再生的,破坏了将永远不可恢复,也就失去了研究地质作用过程和形成原因的实际资料。地质遗迹是不可再生的资源,是全人类的共同财富,它既可以供人们研究,也可以通过适度开发成为供人们参观、开展科普教育的基地。

地质遗迹资源承载力评价就是对地质遗迹的科学价值、美学价值进行客观评价,确定其保护等级,为地质遗迹保护管理和开发利用提供科学依据。

地质遗迹资源承载力评价技术思路见图9-3。

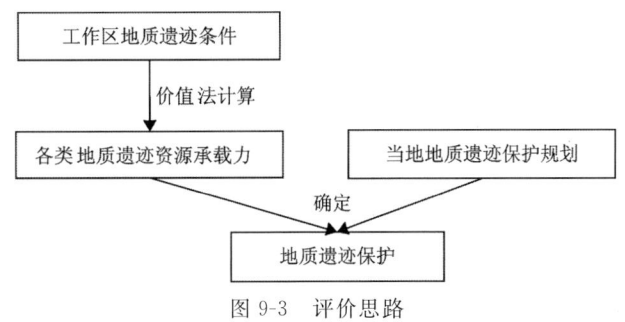

图9-3 评价思路

2. 评价技术

1)评价原则

(1)分类评价原则。不同类型地质遗迹评价的侧重点和标准不同。基础地质类和地质灾害类地质遗迹侧重其科学价值,地貌景观类地质遗迹侧重其观赏价值。

(2)对比原则。就地质遗迹的科学性、观赏性、完整性、稀有性与国内外同类地质遗迹进行详细的对比分析。

(3)定性评价与定量评价相结合的原则。在定性评价的基础上给予量化指标进行定量评价。

(4)点面结合原则。以地质遗迹点评价为基础,综合考虑区域内所有地质遗迹点的组合关系,进行整体评价。

2)评价内容

地质遗迹资源的承载力(科学价值和美学价值)评价包括科学性、稀有性、完整性、美学性、保存程度、可保护性6个方面。

(1)科学性。评价地质遗迹对于科学研究、地学教育、科学普及等方面的作用和意义。

(2)稀有性。评价地质遗迹的科学含义和观赏价值在国际、国内或省内的稀有程度和典型性。

(3)完整性。评价地质遗迹对揭示某一地质现象或演化过程的完整程度和代表性。

(4)美学性。从观赏角度评价地质遗迹的优美性、视觉舒适性和冲击力。

(5)保存程度。评价地质遗迹点保存的完好程度。

(6)可保护性。评价影响地质遗迹保护的外界因素的可控制程度。

3)评价方法

(1)定性评价。通过主观判别的方式,对地质遗迹进行观察、描述、归纳和分析,用文字语言作出定性的价值判断。

评价地质遗迹的科学含义和观赏价值在国际、国内或省内的地位,一般可以通过组织专家鉴评或对比研究,即按地质遗迹类别要求同领域的专家(每一类型地质遗迹点鉴评专家不少于3人)组成鉴评专家组,经过集体讨论,确定地质遗迹点级别。地质遗迹选择与本项地质遗迹级别类相同或相似的地质遗迹点进行对比,对比的特征与要素应能反映地质遗迹的重要特征和价值,对比的对象不少于2个。

(2)定量评价。选取一定的评价因子和定量指标,用数学加权的方法或层次分析-综合指数法对地质遗迹的价值作出数值判断,依据数值确定级别。

(3)综合评价。综合定性和定量评价结果对地质遗迹等级作出整体评判。按照地质遗迹的科学性、观赏性、稀有性和规模等单要素的最高级别确定该地质遗迹的承载力级别,并编制工作区地质遗迹承载力分布图。

4)评价标准

承载力(价值)等级划分为4级:世界级、国家级、省级和省级以下。

地质遗迹价值等级综合评价的标准参照表9-1~表9-3。

表9-1 地质遗迹级别的划分标准

划分标准		级别
①能为全球演化过程中的某一重大地质历史事件或演化阶段提供重要地质证据的地质遗迹; ②具有国际地层(构造)对比意义的典型剖面、化石及产地; ③具有国际典型地学意义的地质地貌景观或现象	Ⅰ	世界级
①能为一个大区域演化过程中的某一重大地质历史事件或演化阶段提供重要地质证据的地质遗迹; ②具有国内大区域地层(构造)对比意义的典型剖面、化石及产地; ③具有国内典型地学意义的地质地貌景观或现象	Ⅱ	国家级
①能为区域地质历史演化阶段提供重要地质证据的地质遗迹; ②有区域地层(构造)对比意义的典型剖面、化石及产地; ③在地学分区及分类上,具有代表性或较高历史、文化、旅游价值的地质地貌景观	Ⅲ	省级
不符合以上标准的地质遗迹点	Ⅳ	省级以下

表9-2 地质遗迹评价标准(一)

遗迹类型	评价标准	级别
地层剖面	具有全球性的地层界线层型剖面或界线点	Ⅰ
	具有地层大区对比意义的典型标准剖面或标准剖面	Ⅱ
	具有地层区对比意义的典型标准剖面或标准剖面	Ⅲ
	具有科普价值的地层区对比意义的剖面	Ⅳ
岩石剖面	全球罕见的岩体、岩层露头,具有重要科学研究价值	Ⅰ
	全国或大区内罕见岩体、岩层露头,具有重要科学研究价值	Ⅱ
	具有指示地质演化过程的岩石露头,具有科学研究价值	Ⅲ
	具有一般的指示地质演化过程的岩石露头,具有科学普及价值	Ⅳ

续表 9-2

遗迹类型	评价标准	级别
构造剖面	具有全球性构造意义的巨型构造、全球性造山带、不整合界面(重大科学研究意义的)关键露头地(点)	Ⅰ
	在全国或大区域范围内区域(大型)构造,如大型断裂(剪切带)、大型褶皱、不整合界面,具重要科学研究意义的露头地	Ⅱ
	在一定区域内具科学研究对比意义的典型中小型构造,如断层(剪切带)、褶皱、其他典型构造遗迹	Ⅲ
	具有科学普及意义的中小型构造,如断层(剪切带)、褶皱、其他典型构造遗迹	Ⅳ
重要化石产地	反映地球历史环境变化节点,对生物进化史及地质学发展具有重大科学意义;国内外罕见古生物化石产地或古人类化石产地;研究程度高的化石产地	Ⅰ
	具有指引性的标准化石产地;研究程度较高的化石产地	Ⅱ
	系列完整的古生物遗迹产地	Ⅲ
	古生物化石产地或者露头,具有科普价值	Ⅳ
重要岩矿石产地	全球性稀有或罕见矿物产地(命名地);在国际上独一无二或罕见矿床	Ⅰ
	在国内或大区域内特殊矿物产地(命名地);在规模、成因、类型上具典型意义	Ⅱ
	典型、罕见或具工艺、观赏价值的岩矿物产地	Ⅲ
	具有一定的科普或观赏价值的岩矿石产地	Ⅳ
岩土体地貌	极为罕见之特殊地貌类型,且在反映地质作用过程有重要科学意义	Ⅰ
	具观赏价值之地貌类型,且具科学研究价值者	Ⅱ
	稍具观赏性地貌类型,可作为过去地质作用的证据	Ⅲ
	有一定的观赏性,并可以作为旅游开发和科普教育的一个组成部分的地貌	Ⅳ
水体地貌	地貌类型保存完整且明显,具有一定规模,其地质意义在全球具有代表性	Ⅰ
	地貌类型保存较完整,具有一定规模,其地质意义在全国具有代表性	Ⅱ
	地貌类型保存较多,在一定区域内具有代表性	Ⅲ
	有一定的观赏性,并可作为旅游开发和科普教育的一个组成部分的水体地貌景观	Ⅳ
构造地貌	地貌类型保存完整且明显,具有一定规模,其地质意义在全球具有代表性	Ⅰ
	地貌类型保存较完整,具有一定规模,其地质意义在全国具有代表性	Ⅱ
	地貌类型保存较多,在一定区域内具有代表性	Ⅲ
	有一定的观赏性,并可作为旅游开发和科普教育的一个组成部分的构造地貌景观	Ⅳ
火山地貌	地貌类型保存完整且明显,具有一定规模,其地质意义在全球具有代表性	Ⅰ
	地貌类型保存较完整,具有一定规模,其地质意义在全国具有代表性	Ⅱ
	地貌类型保存较多,在一定区域内具有代表性	Ⅲ
	有一定的观赏性,并可作为旅游开发和科普教育的一个组成部分的火山地貌景观	Ⅳ
冰川地貌	地貌类型保存完整且明显,具有一定规模,其地质意义在全球具有代表性	Ⅰ
	地貌类型保存较完整,具有一定规模,其地质意义在全国具有代表性	Ⅱ
	地貌类型保存较多,在一定区域内具有代表性	Ⅲ
	有一定的观赏性,并可作为旅游开发和科普教育的一个组成部分的冰川地貌景观	Ⅳ

续表 9-2

遗迹类型	评价标准	级别
海岸地貌	地貌类型保存完整且明显,具有一定规模,其地质意义在全球具有代表性	Ⅰ
	地貌类型保存较完整,具有一定规模,其地质意义在全国具有代表性	Ⅱ
	地貌类型保存较多,在一定区域内具有代表性	Ⅲ
	有一定的观赏性,并可作为旅游开发和科普教育的一个组成部分的海岸地貌景观	Ⅳ
地震遗迹	罕见震迹,特征完整而明显,能够长期保存,并具有一定规模和代表性(全球范围)	Ⅰ
	震迹较完整,能够长期保存,并具有一定规模(全国范围)	Ⅱ
	震迹明显,能够长期保存,具有一定的科普教育和警示意义(本省范围)	Ⅲ
	有一定的观赏性,并可作为旅游开发和科普教育的一个组成部分的地貌景观	Ⅳ
地质灾害	罕见地质灾害且具有特殊科学意义的遗迹	Ⅰ
	重大地质灾害且具有科学意义的遗迹	Ⅱ
	典型的地质灾害所造成的且具有教学实习及科普教育意义的遗迹	Ⅲ
	有一定的观赏性,并可作为旅游开发和科普教育的一个组成部分的地貌景观	Ⅳ

表 9-3 地质遗迹评价标准(二)

评价因子	界定标准	级别
稀有性	属国际罕有或特殊的遗迹点	Ⅰ
	属国内少有或唯一的遗迹点	Ⅱ
	属省内少有或唯一的遗迹点	Ⅲ
	属县内少有或唯一的遗迹点	Ⅳ
完整性(系统性)	反映地质事件整个过程都有遗迹出露,现象保存系统、完整,能为形成与演化过程提供重要证据	Ⅰ
	反映地质事件整个过程都有关键遗迹出露,现象保存较系统、完整	Ⅱ
	反映地质事件整个过程的遗迹零星出露,现象和形成过程不够系统、完整,但能反映该类型地质遗迹景观的主要特征	Ⅲ
	反映本县域内的地质事件和主要地质遗迹景观特征	Ⅳ
保存程度	基本保持自然状态,未受到或极少受到人为破坏	Ⅰ
	有一定程度的人为破坏或改造,但仍能反映原有自然状态或经人工整理尚可恢复原貌	Ⅱ
	受到明显的人为破坏和改造,但尚能辨认地质遗迹的原有分布状况	Ⅲ
	虽然受到严重破坏,但仍能反映地质遗迹的分布状况	Ⅳ
可保护性	通过人为因素,即采取有效措施(工程或法律)能够得到保护的,如古生物化石产地,遗迹单体周围没有其他破坏因素存在	Ⅰ
	通过人为因素,即采取有效措施能够得到部分保护/部分控制的,如溶洞等,遗迹单体周围一定范围内没有其他破坏因素存在	Ⅱ
	自然破坏能力较大,人类不能或难以控制的因素,如自然风化、暴雨、地震等,有一定被破坏的威胁	Ⅲ
	受破坏较大,但又产生出新的景观或现象,或者异地保护	Ⅳ

3. 地质遗迹区划

1）概述

地质遗迹区划包括自然区划和保护区划。依据地域聚集性、成因相关性和组合关系等条件按类型进行自然区划；依据地质遗迹的等级、保存现状和可保护性等因素进行保护区划。

2）自然区划

按照地质遗迹出露所在的地貌单元、构造单元，结合地质遗迹分布特征划分，重点考虑同一类型及其组合的空间分布，分为地质遗迹区、地质遗迹分区、地质遗迹小区3个层次，并编制工作区地质遗迹分区图。

3）保护区划

依据地质遗迹的等级、保存现状和利用前景、可保护性及其分布范围，圈定相应的保护分区。保护区划应当遵循自然属地和行政区划分原则。保护区级别分为特级保护区、重点保护区和一般保护区。世界级地质遗迹分布区可划分为特级保护区；国家级地质遗迹分布区一般划分为重点保护区；省级地质遗迹分布区原则上划分为一般保护区，并编制工作区地质遗迹保护区划图。

三、水资源承载力评价技术构建

（一）概述

地球上的水资源，从广义上来说是指水圈内水量的总体，从狭义上来说是指逐年可以恢复和更新的淡水量。与其他自然资源不同，水资源是可再生的资源，可以重复多次使用，并出现年内和年际量的变化，具有一定的周期和规律，其储存形式和运动过程受自然地理、地质环境因素和人类活动的影响。水资源是发展国民经济不可缺少的重要自然资源，但世界上许多地区却正面临着水资源利用不平衡和水资源超负荷等不同的水资源问题。

水资源承载力是某一地区的水资源在某一具体历史发展阶段下，以可预见的技术、经济和社会发展水平为依据，以可持续发展为原则，以维护生态环境良性循环发展为条件，经过合理优化配置，对该地区社会经济发展的最大支撑能力。在具体表达时，往往用"最大社会经济发展规模"或"最大人口发展规模"来表示。社会经济发展的最终目标是为了满足人类的物质文化生活需求，水资源最终的承载对象是人口，即水资源承载力需要确定满足一定生活福利标准下的最大人口规模，其评价技术思路见图9-4。

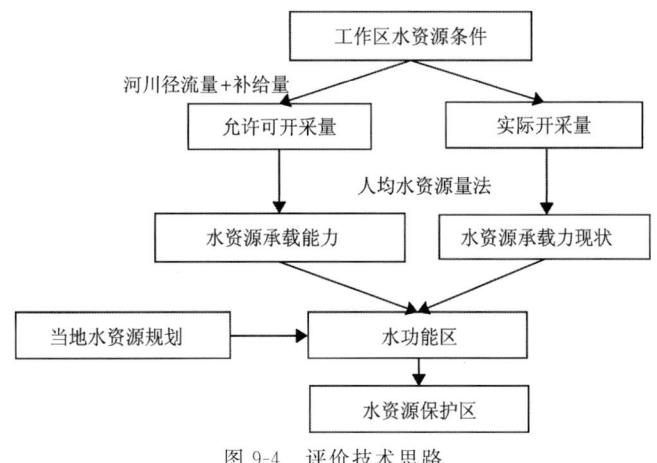

图9-4 评价技术思路

(二)评价技术

1. 水资源量评价

水资源评价工作要求客观、科学、系统、实用并遵循以下技术原则:地表水与地下水统一评价、水量水质并重、水资源可持续利用与社会经济发展和生态环境保护相协调。

水资源量评价主要包括地表水资源量评价、地下水资源量评价及水资源总量评价三部分。

1)地表水资源量评价

评价内容和步骤如下。

(1)单站径流资料统计分析。凡资料质量较好、观测系列较长的水文站均可作为选用站,包括国家基本站、专用站和委托观测站。各河流控制性测站为必须选用站。

受水利工程、用水消耗、分洪决口影响而改变径流情势的测站,应进行还原计算,将实测径流系列修正为天然径流系列。

统计大河控制站、区域代表站历年逐月天然径流量,分别计算长系列和同步系列年径流量的统计参数;统计其他选用站的同步期天然年径流量系列,并计算其统计参数。

(2)主要河流年径流量计算。选择河流出口控制站的长系列径流量资料,分别计算长系列和同步系列的平均值及不同频率的年径流量。

(3)分区地表水资源量计算。针对不同情况,采用不同方法计算分区年径流量系列;当区内河流有水文站控制时,根据控制站天然年径流量系列,按面积比修正为该地区年径流系列;在没有测站控制的地区,可利用水文模型或自然地理特征相似地区的降水径流关系,由降水系列推求径流系列;还可通过逐年绘制年径流深等值线图,从图上量算分区年径流量系列,经合理性分析后采用。

(4)地表水资源时空分布特征分析。选择集水面积为 $100\sim5000km^2$ 的水文站(在测站稀少地区可适当放宽要求),根据还原后的天然年径流系列,绘制同步期平均年径流深等值线图,以此反映地表水资源的地区分布特征。按不同类型自然地理区选取受人类活动影响较小的代表站,分析天然径流量的年内分配情况。选择具有长系列年径流资料的大河控制站和区域代表站,分析天然径流的多年变化。

(5)入海出境入境水量计算。选取河流入海口或评价区边界附近的水文站,根据实测径流资料采用不同方法换算为入海断面或出、入境断面的逐年水量,并分析其年际变化趋势。

(6)地表水资源可利用量估算。地表水资源可利用量是指在经济合理、技术可能及满足河道内用水并顾及下游用水的前提下,通过蓄、引、提等地表水工程措施可能控制利用的河道外一次性最大水量(不包括回归水的重复利用)。

某一分区的地表水资源可利用量,不应大于当地河川径流量与入境水量之和再扣除相邻地区分水协议规定的出境水量。

地表水资源可利用量估算通常采用的是扣损法,即以评价区的地表水资源总量为基础,扣除不可利用的地表水资源量,如河道内生态、生产需水量,跨流域调水量和汛期难以控制利用的洪水量等,即可得到整个评价区的地表水资源可利用量。

(7)人类活动对河川径流的影响分析。查清水文站以上控制区内水土保持、水资源开发利用及农作物耕作方式等各项人类活动状况。综合分析人类活动对当地河川径流量及其时程分配的影响程度,对当地实测河川径流量及其时程分配作出修正。

2)地下水资源量评价

地下水资源量评价内容应包括补给量、排泄量、可开采量的计算和时空分布特征分析,以及人类活动对地下水资源的影响分析。

(1) 评价所需资料。地形地貌、区域地质、地质构造及水文地质条件；降水量、蒸发量、河川径流量；灌溉引水量、灌溉定额、灌溉面积、开采井数、单井出水量、地下水实际开采量、地下水动态、地下水水质；包气带及含水层的岩性、层位、厚度，水文地质参数，岩溶地下水分布区还应有岩溶分布范围、岩溶发育程度。

(2) 评价分区。根据区域地形、地貌特征，评价区划分为平原区、山丘区，称一级类型区。

根据次级地形地貌特征、地层岩性及地下水类型，将山丘区划分为一般基岩山丘区、岩溶山区和黄土丘陵沟壑区；将平原区划分为山前倾斜平原区、一般平原区、滨海平原区、黄土台塬区、内陆盆地平原区、山间盆地平原区、山间河谷平原区和沙漠区，称二级类型区。

根据地下水的矿化度将各二级类型区划分为淡水区、微咸水区、咸水区，称二级类型亚区。

根据工作区水文地质条件将各二级类型区或二级类型亚区划分为若干水文地质单元，称为计算区。

(3) 水文地质参数确定。根据工作区水文气象条件、地下水埋深、含水层和隔水层的岩性、灌溉定额等资料的综合分析，正确确定地下水资源量评价中所必需的水文地质参数，主要包括给水度、降水入渗补给系数、潜水蒸发系数、河道渗漏补给系数、渠系渗漏补给系数、渠灌入渗补给系数、井灌回归系数、渗透系数、导水系数、越流补给系数等。

(4) 平原区补给量、排泄量和可开采量计算。地下水补给量包括降水入渗补给量、河道渗漏补给量、水库(湖泊、塘坝)渗漏补给量、渠系渗漏补给量、侧向补给量、渠灌入渗补给量、越流补给量、人工回灌补给量及井灌回归量；沙漠区还应包括凝结水补给量。各项补给量之和为总补给量，总补给量扣除井灌回归量为地下水资源量。

地下水排泄量包括潜水蒸发量、河道排泄量、侧向流出量、越流排泄量、地下水实际开采量，各项排泄量之和为总排泄量。

地下水可开采量是指在经济合理、技术可行且不发生因开采地下水而造成水位持续下降、水质恶化、海水入侵、地面沉降等水环境问题并不会对生态环境造成不良影响的情况下，允许从含水层中取出的最大水量，地下水可开采量应小于相应地区地下水总补给量。可开采量的计算方法主要有水均衡法、数值法、解析法、开采试验法、回归分析法、地下水文分析法。

需要开发利用深层地下水的地区，查明开采含水层的岩性、厚度、层位、单位出水量等水文地质特征，确定出限定水头下降值条件下的允许开采量。

(5) 山丘区排泄量的计算。山丘区地下水资源量评价可只进行排泄量计算。山丘区地下水排泄量包括河川基流量、山前泉水出流量、山前侧向流出量、河床潜流量、潜水蒸发量和地下水实际开采净消耗量，各项排泄量之和为总排泄量，即地下水资源量。

(6) 人类活动对地下水量的影响。分析人类活动对地下水资源各项补给量、排泄量和可开采量的影响，并提出对应的增减水量。

3) 水资源总量评价

水资源总量评价在地表水和地下水资源量评价的基础上进行，主要内容包括"三水"(降水、地表水、地下水)关系分析、水资源总量计算和水资源可利用总量估算。

(1) "三水"转化和平衡关系的分析。

分析不同类型区"三水"转化机理，建立降水量与地表径流、地下径流、潜水蒸发、地表蒸/散发等分量的平衡关系，提出各种类型区的水资源总量表达式。

分析相邻类型区(主要指山丘区和平原区)之间地表水和地下水的转化关系。

分析人类活动改变产流、入渗、蒸发等下垫面条件后对"三水"关系的影响，预测水资源总量的变化趋势。

(2) 水资源总量分析计算。

分区水资源总量的计算途径有两种(可任选其中一种方法计算)：一是在计算地表水资源量和地下

水补给量的基础上将两者相加再扣除重复水量;二是划分类型区,用区域水资源总量表达式直接计算。

应计算各分区和全评价区同步期的年总水资源量系列、统计参数和不同频率的总水资源量;在资料不足地区,组成总水资源量的某些分量难以逐年求得,则只计算多年平均值。

利用多年均衡情况下的区域水量平衡方程式,分析计算各分区水文要素的定量关系,揭示产流系数、降水入渗补给系数、蒸/散发系数和产水模数的地区分布情况,并结合降水量和下垫面因素的地带性规律,检查水资源总量计算成果的合理性。

(3)估算水资源可利用总量可采取下列两种方法。

a. 地表水资源可利用量与浅层地下水资源可开采量相加再扣除两者之间的重复计算量。两者之间的重复计算量主要是平原区浅层地下水的渠系渗漏和田间入渗补给量的开采利用部分。估算公式如下:

$$W_{可利用总量} = W_{地表水可利用量} + W_{地下水可开采量} - W_{重复量}$$

$$W_{重复量} = \rho(W_{渠渗} + W_{田渗})$$

式中,ρ 为可开采系数,是地下水资源可开采量与地下水资源量的比值。

b. 地表水资源可利用量加上降水入渗补给量与河川基流量之差的可开采部分。估算公式具体如下:

$$W_{可利用总量} = W_{地表水可利用量} + \rho(P_r - R_g)$$

式中,P_r 为降水入渗补给量;R_g 为河川基流量。

内陆河流不计算地表水资源可利用量,而直接计算水资源可利用总量。

2. 水资源承载力评价

基于人口承载力来评价区域水资源承载能力,并且根据水资源的类型,分为理论水资源人口承载力和实际水资源人口承载力。

理论水资源人口承载力:

$$B_w = V_w / C_w$$

式中:B_w 为水资源人口承载力(人);V_w 为水资源可利用量(m^3/a);C_w 为人均水资源量临界值($m^3/$人),采用水资源人均年占有量 $1700 m^3$ 作为人均水资源承载力的临界标准。

实际水资源人口承载力是以工作区实际供水能力来计算可以承载的人口数(实际供水能力是指一个评价区中供水设备最大可供的水量,或者实际的水资源开采量)。

基于工作区水资源承载力评价成果,编制工作区水资源理论/实际承载力分布图。

(三)水资源保护区划

水资源保护区划分亦即水功能区划,根据流域或区域的水资源自然属性和社会属性,依据其水体定为具有某种应用功能和作用而划分的区域。

1. 地表水功能区

地表水功能区划分采用两级分区,即一级区划和二级区划。一级功能区分4类,即保护区、保留区、开发利用区、缓冲区;二级功能区分7类,即饮用水源区、工业用水区、农业用水区、渔业用水区、景观娱乐用水区、过渡区、排污控制区(图9-5)。

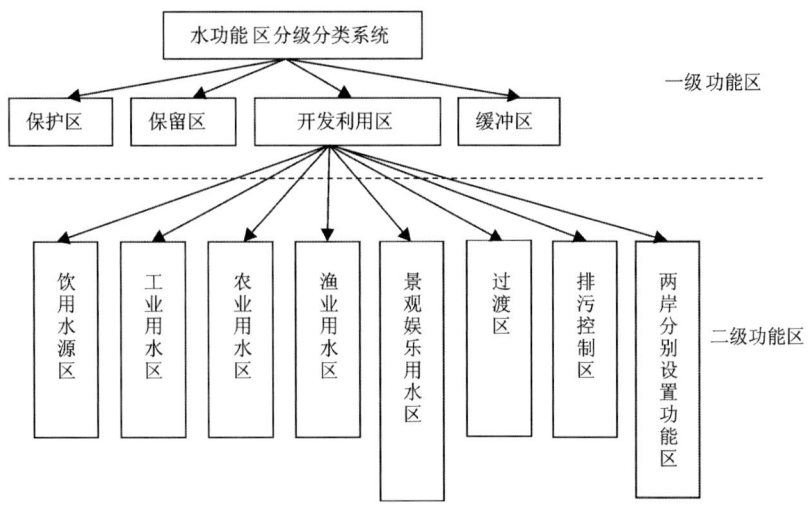

图 9-5 地表水功能区划体系

1) 一级功能区

功能区划分采取以下步骤:首先划定保护区,然后划定缓冲区和开发利用区,其余的水域基本可划为保留区。

各功能区划分的具体方法如下。

(1) 保护区的划分。自然保护区应按选定的国家和省级自然保护区所涉及的水域范围划定。

源头水保护区可划在重要河流上游的第一个城镇或第一个水文站以上未受人类开发利用的河段,也可根据流域综合利用规划中划分的源头河段或习惯规定的源头河段划定。跨流域、跨省及省内大型调水工程水源地应将其水域划为保护区。

(2) 缓冲区的划分。缓冲区范围可根据水体的自净能力确定。依据上游排污影响下游水质的程度,缓冲区长度的比例划分可为省界上游占 2/3,省界下游占 1/3,以减轻上游排污对下游的影响。在潮汐河段,缓冲区长度的比例划分可按上下游各占一半划定。

跨省水域和省际边界水域可划为缓冲区。省区之间水质要求差异大时,划分缓冲区范围应较大;省区之间水质要求差异小时,缓冲区范围应较小。在省际边界水域或矛盾突出地区,应根据需要参照交界的长度划分缓冲区范围。此外,缓冲区的范围也可由流域机构与有关省区共同商定。

(3) 开发利用区的划分。以现状为基础,考虑发展的需要,将任一单项指标在限额以上城市涉及的水域中用水较为集中,用水量较大的区域划定为开发利用区。根据需要其主要退水区也应划入开发利用区。区界的划分应尽量与行政区界或监测断面一致。

远离城区、水质受开发利用影响较小、仅具有农业用水功能的水域,可不将其划为开发利用区。

(4) 保留区的划分。除保护区、缓冲区、开发利用区以外,其他开发利用程度不高的水域均可划为保留区。地县级自然保护区涉及的水域应划为保留区。

2) 二级功能区

(1) 饮用水源区的划分,应根据已建生活取水口的布局状况,结合规划水平年内生活用水发展需求,尽量选择开发利用区上段或受开发利用影响较小、生活取水口设置相对集中的水域。在划分饮用水源区时,应将取水口附近的水源保护区涉及的水域一并划入。对于零星分布的一般生活取水口,可不单独划分为饮用水区,但对特别重要的取水口则应根据需要单独划区。

(2) 工、农业用水区的划分,应根据工、农业取水口的分布现状,结合规划水平年内工、农业用水发展要求,将工业取水口及农业取水口较为集中的水域划为工业用水区和农业用水区。

(3) 排污控制区的划分,对于排污口较为集中,且位于开发利用区下段或对其他用水影响不大的水域,可根据需要划分排污控制区。对排污控制区的设置应从严控制,分区范围不宜过大。

(4)渔业用水和景观娱乐用水区的划分,应根据现状实际涉及的水域范围,结合发展规划要求划分相应的用水区。

(5)过渡区的划分,应根据两个相邻功能区的用水要求确定过渡区的设置。低功能区对高功能区的水质影响较大时,以能恢复到高功能区水质标准要求来确定过渡区的长度。具体范围可根据实际情况决定,必要时可按目标水域纳污能力计算其范围。为减小开发利用区对下游水质的影响,可在开发利用区的末端设置过渡区。

(6)两岸分别设置功能区的划分,对于水质难以达到全断面均匀混合的大江大河,当两岸对用水要求不同时,应以河流中心线为界,根据需要在两岸分别划区。

2. 地下水功能区

地下水功能区划分采用两级分区,即一级区划和二级区划。一级功能区分3类,即保留区、保护区、开发利用区;二级功能区分8类,即应急水源区、储备区、不宜开采区、地下水水源涵养区、地质灾害易发区、生态脆弱区、分散式供水水源、集中式供水水源区(图9-6)。

地下水功能区划分的主要依据包括地下水补给条件、含水层富水性和开采条件、地下水水质状况、生态环境系统类型及其保护的目标要求、地下水开发利用现状、区域水资源配置对地下水开发利用的需求、国家对地下水资源合理开发与保护的总体部署等。

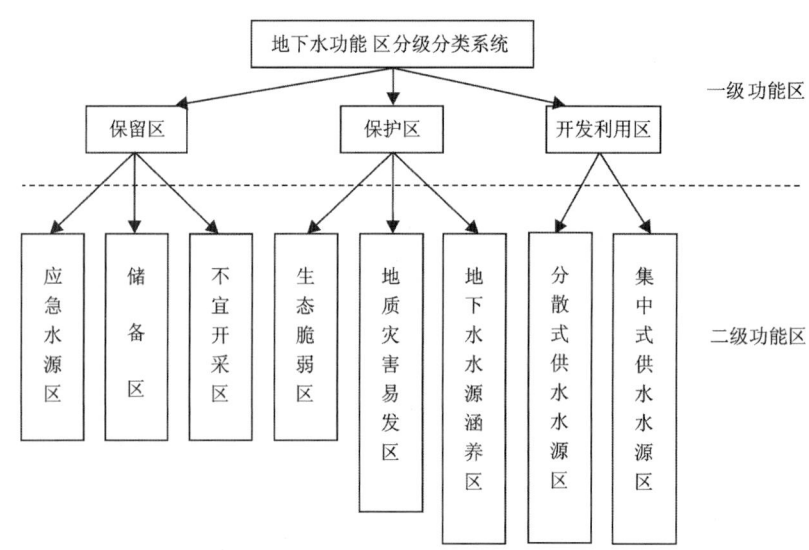

图9-6 地下水功能区划体系

地下水功能区的划分如下。

1)保留区

保留区指当前及规划期内由于水量、水质和开采条件较差,开发利用难度较大或虽有一定的开发利用潜力但规划期内暂时不安排一定规模的开采,作为储备未来水源的区域。

保留区划分为不宜开采区、储备区和应急水源区3种二级功能区。对于面积较小的地下水二级功能区,可考虑与其他地下水功能区合并。地下水二级功能区划分主要依据如下。

(1)不宜开采区:指由于地下水开采条件差或水质无法满足使用要求,现状或规划期内不具备开发利用条件或开发利用条件较差的区域。符合下列条件之一的区域,划分为不宜开采区:①多年平均地下水可开采量模数小于$2\times10^4 \text{m}^3/(\text{a}\cdot\text{km}^2)$;②单井出水量小于$10\text{m}^3/\text{h}$;③地下水矿化度大于$2\text{g/L}$;④地下水中有害物质超标导致地下水使用功能丧失的区域。

(2)储备区:指有一定的开发利用条件和开发潜力,但当前和规划期内尚无较大规模开发利用活动的区域。符合下列条件之一的区域,划分为储备区:①地下水赋存和开采条件较好,当前规划期内人类活动很少,尚无或仅有小规模地下水开采的区域;②地下水赋存和开采条件较好,当前规划期内,当地地表水能够满足用水要求,无需开采地下水的区域。

(3)应急水源区:指地下水赋存、开采及水质条件较好,一般情况下禁止开采,仅在突发事件或特殊干旱时期应急供水的区域。

2)保护区

保护区指区域生态与环境系统对地下水水位、水质变化和开采地下水较为敏感,地下水开采期间应始终保持地下水水位不低于其生态控制水位的区域。

保护区划分为生态脆弱区、地质灾害易发区和地下水水源涵养区3种二级功能区,对面积较小的地下水二级功能区,可考虑与其他地下水功能区合并。地下水二级功能区划分的主要依据如下。

(1)生态脆弱区:指有重要生态保护意义且生态系统对地下水变化十分敏感的区域,包括干旱、半干旱地区的天然绿洲及其边缘地区,具有重要生态保护意义的湿地和自然保护区等。符合下列条件之一的区域,划分为生态脆弱区:①国际重要湿地、国家重要湿地和有重要生态保护意义的湿地;②国家级和省级自然保护区的核心区和缓冲区;③干旱、半干旱地区的天然绿洲及其边缘地区,具有重要生态意义的绿洲廊道。

湿地和自然保护区的核心区或缓冲区面积有重叠时,取湿地与自然保护区核心区或缓冲区边界线的外包线作为该生态脆弱区的范围。

(2)地质灾害易发区:指地下水水位下降后,容易引起海水入侵、咸水入侵、地面塌陷、地下水污染等灾害的区域。符合下列条件之一的区域,划分为地质灾害易发区。

a. 沙质海岸或基岩海岸的沿海地区,其范围根据海岸区域咸淡水分界线,确定沙质海岸线以内30km的区域为易发生海水入侵的区域;基岩海岸根据裂隙的分布状况合理确定海水入侵范围。

b. 由于地下水开采而易引发咸水入侵的区域,以地下水咸水含水层的区域范围来确定咸水入侵范围。

c. 由于地下水开采,水位下降易发生岩溶塌陷的岩溶地下水分布区,根据岩溶区的水文地质结构和已有的岩溶塌陷范围等合理划定易发生岩溶塌陷的区域。

d. 由于地下水水文地质结构特征的不同,地下水水质极易受到污染的区域。

(3)地下水水源涵养区:指为了保持重要泉水一定喷涌流量或为了涵养水源而限制地下水开采的区域。符合下列条件之一的区域,划分为地下水水源涵养区:①观赏性名泉或有重要生态保护意义泉水的泉域;②有重要开发利用意义泉水的补给区域;③有重要生态意义且必须保证一定的生态基流的河流或河段的滨河地区。

3)开发利用区

开发利用区指地下水补给、赋存和开采条件良好、地下水水质满足开发利用的要求,当前及规划期内地下水以开采利用为主,且在多年平均采补平衡条件下不会引发生态和环境恶化现象的区域。开发区应同时满足以下条件:①补给条件良好,多年平均地下水可开采量模数不少于$2\times10^4 m^3/(a\cdot km^2)$;②地下水赋存及开采条件良好,单井出水量不少于$8m^3/h$;③地下水矿化度不大于$2g/L$;④地下水水质能够满足相应用水户的水质要求;⑤多年平均采补平衡条件下,一定规模的地下水开发利用不引起生态和环境问题;⑥现状或规划期内具有一定的地下水开采利用规模。

按地下水开采方式、地下水资源量、开采强度、供水潜力和水质等条件,开发区划分为集中式供水水源区和分散式开发利用区两种二级功能区。

(1)集中式供水水源区:指现状或规划期内以供给生活饮用或工业生产用水为主的地下水集中式供水水源地。满足以下条件,划分为集中式供水水源区:①地下水可开采量模数不少于$10\times10^4 m^3/(a\cdot km^2)$;②单井出水量不少于$30m^3/h$;③含有生活饮用水的集中式供水水源区,地下水矿化度不大于$1g/L$,地下水现状水质不低于《地下水质量标准》(GB/T 14848—2017)规定的Ⅲ类水的标准值或经处理后水质不低于Ⅲ类水的标准值,工业生产用水的集中式供水水源区,水质符合工业生产的水质要求。

根据规划期地下水供水量和地下水可开采量模数划定集中式供水水源区的范围,以地下水汇水漏斗的外包线确定其范围。

（2）分散式开发利用区：指现状或规划期内以分散的方式供给农村生活、农田灌溉和小型乡镇工业用水的地下水赋存区域，一般为分散型或者季节型开采。

开发区中除集中式供水水源区外的其余部分划为分散式开发利用区。

3. 饮用水水源保护区

饮用水水源保护区指国家为防止饮用水水源地污染、保证水源地环境质量而划定的，并要求加以特殊保护的一定面积的水域和陆域。

饮用水水源保护区分为地表水饮用水源保护区和地下水饮用水水源保护区，地表水饮用水水源保护区包括一定面积的水域和陆域，地下水饮用水水源保护区指地下水饮用水水源地周围的地表区域。

集中式饮用水水源地（包括备用的和规划的）都应设置饮用水水源保护区；饮用水水源保护区一般划分为一级保护区和二级保护区，必要时可增设准保护区。

确定饮用水水源保护区划分的技术指标，应考虑以下因素：当地的地理位置、水文、气象、地质特征、水动力特性、水域污染类型、污染特征、污染源分布、排水区分布、水源地规模、水量需求等。

地表水饮用水水源保护区范围：应按照不同水域特点进行水质定量预测，并考虑当地具体条件，保证在规划设计的水文条件、污染负荷及规划供水量条件下，保护区的水质能满足相应的标准。

地下水饮用水水源保护区范围：应根据当地的水文地质条件、供水量、开采方式和污染源分布来确定，并保证开采规划水量时能达到所要求的水质标准。

划定的水源保护区范围：应防止水源地附近人类活动对水源的直接污染；应足以使所选定的主要污染物在向取水点（或开采井、井群）输移（或运移）的过程中衰减到所期望的浓度水平；在正常情况下保证取水水质达到规定要求；一旦出现污染水源的突发事件，有采取紧急补救措施的时间和缓冲地带。

4. 水资源保护区

综合工作区地表水功能区划、地下水功能区划和饮用水水源保护区划，确定水资源保护区，编制水资源保护区划图。

四、土地资源承载力评价技术构建

（一）概述

土地资源利用区划是在综合研究组成土地综合体的各种要素，特别是自然要素地域分异的基础上，考虑土地资源利用现状特点及其历史发展，从最大限度发挥土地生产潜力及改善土地生态系统的结构与功能出发，对土地资源的合理利用方向，包括确定国民经济各部门用地的合理分配、结构和布局形式等在空间上进行的分区。

土地资源承载力是指在一定时期和空间范围内，土地资源所能承载的人类各种活动规模和强度的极限。从土地资源为人类提供服务能力出发，土地资源是人类耕地保障、经济建设、生活空间、生态空间的载体。因此，土地资源承载力又是指耕地、建设用地、居住用地、生态用地的适宜面积。土地资源总量是固定的，每一类用地面积的增减必然影响其他类型的用地面积，从而降低土地资源提供其他服务的能力。

(二)土地资源利用区划技术

土地资源利用区划为三级区划。

1. 一级区划

大尺度区域土地资源一级区划中,土地资源利用类型分为生态用地、农业用地、建设用地三大类和未利用地(表 9-4)。

表 9-4　一级区划的土地资源利用类型

生态用地	生态用地(重要生态功能区)		含地质遗迹保护区
	生态用地(一般生态功能区)		含水资源保护区、地质遗迹保护区
农业用地	农业用地(永久基本农田)		
	农业用地(基本农田)		
建设用地	建设用地(矿业用地)		
	建设用地(其他用地)	城乡居民点建设用地	
		区域公共设施与服务用地	
未利用地			

土地资源利用区划技术思路见图 9-7。

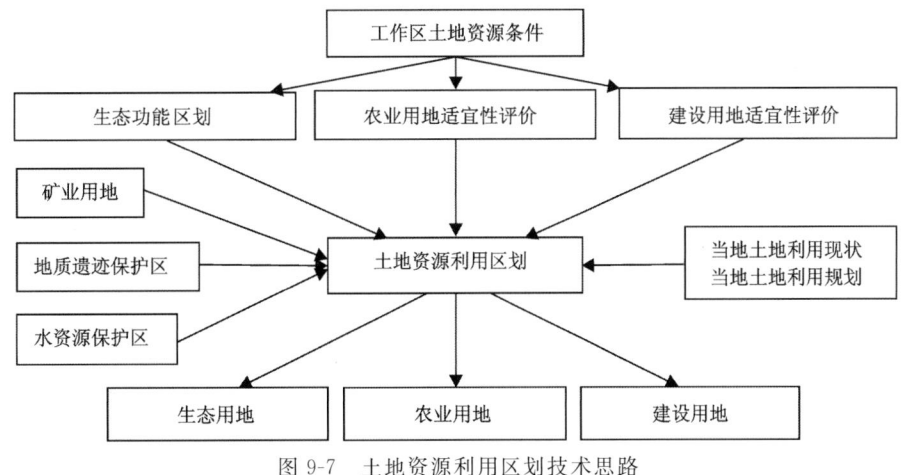

图 9-7　土地资源利用区划技术思路

1)生态功能区划

生态功能区划是根据区域生态环境要素、生态环境敏感性与生态服务功能空间分异规律,确定不同地域单元的主导生态功能,将区域划分成不同生态功能区的过程,其目的是为制订区域生态环境保护与建设规划、维护区域生态安全,以及资源合理利用与工农业生产布局、保育区域生态环境提供科学依据,并为环境管理部门和决策部门提供管理信息与管理手段。

(1)生态系统服务功能重要性评价。

生态系统服务功能评价:要求明确生态服务功能类型及其空间分布,根据评价区生态系统服务功能的重要性,分析生态服务功能的区域分异规律,明确生态系统服务功能的重要区域,是生态功能分区和生态产品提供能力保护的基础。

评价内容:包括生物多样性维持、水源涵养和洪水调蓄、土壤保持、防风固沙、营养物质保持、产品提供及人居保障等方面。

评价方法:生态系统各项服务功能一般分为 4 级,即不重要(Ⅰ级)、较重要(Ⅱ级)、中等重要

(Ⅲ级)、极重要(Ⅳ级);生态系统各单因子服务功能评价的具体方法参见相关规范;主导性分区遵循继承性原则,即上级分区的主导服务功能分区评价结果和定位,将对下级生态服务功能分区及其生态保护方向产生约束;对产品提供及人居保障重要性不进行具体评价。

(2)生态敏感性评价。

评价要求:生态环境敏感性评价应在明确特定区域性生态环境问题的基础上,根据主要生态环境问题的形成机制,分析生态环境敏感性的区域分异规律,然后对多种生态环境问题的敏感性进行综合分析,明确区域生态环境敏感性的分布特征,为生态功能分区和生态保护建设提供依据。以生态敏感性评价为基础进行辅助性分区。

评价内容:土壤侵蚀敏感性;沙漠化敏感性;盐渍化敏感性;石漠化敏感性;酸雨敏感性;重要自然与文化价值敏感性;其他当地具有明确记录或虽无记录但很显然可能会发生的生态环境风险,且这种风险是因人类活动引起或加剧,如城市热岛效应、旱涝敏感性等。

评价方法:生态敏感性一般分为五级,即不敏感(Ⅰ级)、轻度敏感(Ⅱ级)、中度敏感(Ⅲ级)、高度敏感(Ⅳ级)和极度敏感(Ⅴ级);生态系统各单因子敏感性评价的具体方法参见相关规范;生态敏感性与生态红线分区评价得到的高度敏感(Ⅳ级)和极度敏感(Ⅴ级)区域,应作为其他各类分区生态红线划分的主要参考依据。

(3)生态功能分区。采用先主导性分区后辅助性分区的方法进行综合分区。

生态系统服务功能分区(主导性分区):基于工作区各单因子生态系统服务功能重要性的评价,进行生态系统服务功能主导性分区,本标准采用直接分区的方法;运用地理信息系统空间分析功能将各单项生态系统服务功能重要性评价结果用GIS图进行叠加,然后将各单项服务功能的Ⅲ级和Ⅳ级重要区域边界勾画出来,作为重要生态服务功能区边界;各单项服务功能重要性等级交叉的区域,以重要性等级较高的生态服务功能为主导服务功能。

生态系统敏感性分区(辅助性分区):基于工作区中各单因子生态敏感性的评价,再进行生态系统敏感性辅助分区,其分区方法和过程与生态系统服务功能分区基本相同;运用地理信息系统空间分析功能将各单因子敏感性评价结果用GIS图进行叠加,然后将各单因子Ⅳ级和Ⅴ级敏感区域边界勾画出来,作为重要敏感性区边界。

综合分区:依据上述生态系统服务功能重要性分区结果和生态敏感性分区结果,运用地理信息系统技术将主导性分区图和辅助性分区图进行再次叠加分析,得到如下3种综合分区结果及其对应的处理方法:生态服务功能级别达到Ⅲ级(即中等重要)和Ⅳ级(极重要)的地区,以主导生态服务功能覆盖区域做边界划分依据,并作为重要生态功能区;生态服务功能级别为Ⅲ级以下[即不重要(Ⅰ级)和较重要(Ⅱ级)]的地区,生态敏感性级别达到Ⅳ级和Ⅴ级区域(即高度敏感和极度敏感区),以重要生态敏感性覆盖区域作为边界划分的依据,作为一般生态功能区;其余地区(即生态系统服务功能重要性评价Ⅲ级以下且生态敏感性Ⅳ级以下的地区)则结合当地实际自然与经济状况,或按法律法规审批通过的当地的发展主导方向(如作为"人居保障区"),选择相对最重要的生态系统服务功能的覆盖区域作为其边界划分。

2)农业用地适宜性评价

(1)从农作物生长对地质环境的要求出发,基于工作区地质环境条件,选取影响农业发展的地质环境因子作为评价指标。

(2)不同地质环境因子对农业发展的影响及其影响程度是不同的,即各指标的权重是不同的,指标权重由专家打分法、层次分析法、主成分分析法等确定。

(3)构建评价模型,评价模型是对地质环境实际状态的概化,一个切合实际的模型只有对所研究系统的构成、结构等有了深刻认识,取得了大量实际资料、数据,掌握实际问题的变化规律后,才可能从实际系统中抽象出反映实际变化过程的概念模型。以概念模型为基础构造数学模型,并且只有给数学模型输入高质量的、能贴切反映环境因素性状的参数,才能获得令人信服的结果。目前,运用较为成熟且最常用的方法主要有层次分析法、敏感因子-综合指数法、信息量法、模糊综合评价法、灰色评价法、人工神经网络法、物元分析法等。

（4）评价单元划分。由于各个地质环境因素在不同区域具有差异性和复杂性，要做到较为精确的评价，需要将整个研究区域划分成若干个小图元，即评价单元。评价单元是具有相同特性的最小地域单元。同一评价单元在地质环境条件方面具有一致性，而不同的评价单元之间应具有可比性。按照研究区具体地质环境条件，分别给予所选定的评价指标（因子）以不同的属性，然后根据这些属性进行区域评价。

地质环境分区以地质图为基础，按照"区内相同、区际相异"的原则进行单元划分，常用的划分方法有3种，即正方形网格单元划分法、不规则多边形网格单元划分法和综合法。

（5）评价过程。依据所取得的资料，同时参考指标分级标准特征值，对评价区进行单指标分区，完成单指标分区图及其各区模糊指数属性的录入工作。利用MapGIS的空间分析功能，将单指标分区图进行叠加，生成新的评价单元。按相近性原则，将面积小的碎块并入邻近的单元，把每一个单元中各个因子的指数相加，得到各个单元的综合指数值。

（6）评价分级。适宜性评价等级根据工作区的实际情况或者评价目的划分，一般划分为四级（适宜、较适宜、较不适宜、不适宜）。

在评价过程中，地质环境"适宜、较适宜、不适宜"的评价结果还不足以为规划建设者提供足够的地质信息来采取相应的整治措施，因此在对地质环境适宜性评价结果进行表述时，不仅要阐明地质环境的适宜程度，更要详细说明其具体含义，比如开展某类特定人类活动后，是否会遭遇或引起地质灾害和环境地质问题及需要采取整治措施等。

（7）评价分区。依据地质环境适宜性评价等级，对工作区进行地质环境适宜程度等级分区，利用MapGIS空间分析功能可得到工作区农业用地地质环境适宜程度区划图。

3）建设用地适宜性评价

评价步骤：①以建设用地对地质环境条件的要求为基础，进行工作区的地质环境条件分析，建立建设用地的评价指标体系，同时提取指标性状数据；②进一步确定评价单元划分和评价因子权重；③选择合适的评价模型，并基于MapGIS平台进行建设用地的地质环境适宜性评价；④依据地质环境适宜性评价等级，对工作区进行地质环境适宜程度等级分区，利用MapGIS空间分析功能可得到工作区建设用地地质环境适宜程度区划图。

4）土地资源利用区划

（1）分区原则：在划分工作区土地资源功能用地类型时，用地类型的优先顺序依次为生态用地、农业用地、建设用地（表9-5）。

表9-5 一级区划中用地类型划分

生态功能分区	农业用地适宜性分区	建设用地适宜性分区	用地类型	备注
重要区	任何	任何	生态用地（重要区）	含地质遗迹保护区
一般区	任何	任何	生态用地（一般区）	含水资源保护区、地质遗迹保护区
其他区	适宜区	任何	农业用地（永久基本农田）	
	较适宜区	任何	农业用地（基本农田）	
	较不适宜区、不适宜区	适宜区	建设用地（其他用地）、建设用地（矿业用地）	
		较适宜区		
		较不适宜区、不适宜区	未利用地	

(2)分区方法。区划具体步骤如下。

a. 把重要生态功能区、一般生态功能区直接划分为生态用地(重要区、一般区)。

b. 除重要生态功能区、一般生态功能区之外的其他地区,将其中农业用地适宜区和较适宜区划分为农业用地(永久基本农田、一般基本农田)。对农业用地不适宜区:将其中的建设用地适宜区和较适宜区划分为建设用地(其他用地);将其中的建设用地不适宜区划分为未利用地。

c. 水资源保护区如果不位于生态用地,直接划为生态用地一般区。

d. 对于地质遗迹保护区:如果位于生态用地(重要区)、农业用地(永久基本农田)区域,划为生态用地(重要区)但不得开展旅游活动;如果位于其他用地区,划为生态用地一般区,如果适宜开展旅游活动,则可以开展旅游活动。

e. 对于矿业用地:任何矿业开采活动原则上不布置在生态用地内。涉及国家安全、社会经济发展的不可缺少的矿业开采,其用地可布置在生态用地一般区、农业用地(永久基本农田)区域,且必须做到用地的占补平衡;其他矿业开采活动原则上不布置在生态用地、农业用地(永久基本农田)区域。矿业开采活动如果布置在农业用地(基本农田)区域,亦必须做到用地的占补平衡。矿业开采活动如果布置在建设用地区域,要避开城镇区、重大重要工程建设区。

f. 区划过程中,必须兼顾工作区的土地利用现状和土地利用规划。

2. 二级区划

在一级土地资源区划的基础上,开展工作区建设用地(其他用地)的二级区划。

1)土地利用类型分类

中尺度二级区划中,土地资源利用类型划分详见表9-6。

表9-6 二级区划土地利用类型

一级区划	二级区划	《城市用地分类与规划建设用地标准》	
		(GB 50137—2011)	
建设用地 (其他用地)	城乡居民点 建设用地	城市建设用地	城市建设用地
		村镇建设用地	镇建设用地、乡建设用地、村庄建设用地
		区域交通设施用地	区域交通设施用地
	区域公共 设施与服 务用地	区域公用设施用地	区域公用设施用地
		其他建设用地	军事用地、安保用地、其他建设用地

2)区划方法

(1)如果工作区土地利用现状和土地利用规划的所有类型用地的地质环境适宜性评价级别都是适宜、较适宜级别,那么工作区的二级区划按照当地土地利用现状和土地利用规划划分。

(2)如果工作区土地利用现状和土地利用规划的某一类型用地全部范围或部分范围的地质环境适宜性评价级别是不适宜级别,那么这一类型用地的不适宜范围的土地改作他用。这一类型土地的缺少部分在这一类型用地地质环境适宜、较适宜分区中未利用区划定。

3. 三级区划

在二级土地资源区划的基础上,开展工作区城市建设用地的三级区划。

开展工作区土地资源不同功能的适宜性评价结果,对城镇内的各种建设用地首先进行合理的地理空间布局,再辅以整体协调统筹和经济持续发展的要求,以提高建设用地的社会效益、经济效益和生态效益,促进区域土地资源的可持续利用。

1)土地资源利用类型分类

三级区划中土地资源利用类型分为居住-公共设施和服务用地、工业-仓储用地、环境设施用地、公共绿地四大类(表 9-7)。

表 9-7 三级区划土地利用类型

二级区划	三级区划	《城市用地分类与规划建设用地标准》 (GB 50137—2011)	对地质环境 的要求和影响
城市 建设用地	居住-公共设施 和服务用地	居住用地、公共管理与公共服务设施用地、 商业服务业设施用地、一类工业用地、一类 物流仓储用地、道路与交通设施用地、公用 设施用地(不包括环境设施用地)、广场用地	加载,不排污、不纳污, 要求无地球化学异常
	工业-仓储用地	二、三类工业用地;二、三类物流仓储用地	加载,排污
	环境设施用地	排水用地、环卫用地	加载,纳污
	公共绿地	公园绿地、防护绿地	不加载,不排污、不纳污

2)城市建设用地利用面积要求

城市规划建设用地利用面积要求包括规划人均城市建设用地面积指标、规划人均单项城市建设用地面积指标和规划城市建设用地结构 3 部分。

(1)规划人均城市建设用地面积指标。

规划人均城市建设用地面积指标应根据现状人均城市建设用地面积指标、城市(镇)所在的气候区及规划人口规模综合确定,并应同时符合表 9-8 中允许采用的规划人均城市建设用地面积指标和允许调整幅度双因子的限制要求。

新建城市(镇)的规划人均城市建设用地面积指标宜在 85.1~105.0m²/人内确定。首都的规划人均城市建设用地指标应在 105.1~115.0m²/人内确定。边远地区、少数民族地区城市(镇)及部分山地城市(镇)、人口较少的工矿业城市(镇)、风景旅游城市(镇)等不符合表 9-8 的规定时,应专门论证确定规划人均城市建设用地面积指标,且上限不得大于 150.0m²/人。

表 9-8 规划人均城市建设用地面积指标　　　　　　　　　　单位:m²/人

气候区	现状人均城市建设 用地面积指标	允许采用的规划人均 城市建设用地面积指标	允许调整幅度		
			规划人口规模 <20.0万人	规划人口规模 (20.0~50.0)万人	规划人口规模 >50.0万人
Ⅰ、Ⅱ、 Ⅵ、Ⅶ	<65.0	65.0~85.0	>0	>0	>0
	65.1~75.0	65.0~95.0	+0.1~+20.0	+0.1~+20.0	+0.1~+20.0
	75.1~85.0	75.0~105.0	+0.1~+20.0	+0.1~+20.0	+0.1~+15.0
	85.1~95.0	80.0~110.0	+0.1~+20.0	−5.0~+20.0	−5.0~+15.0
	95.1~105.0	90.0~110.0	−5.0~+15.0	−10.0~+15.0	−10.0~+10.0
	105.1~115.0	95.0~115.0	−10.0~−0.1	−15.0~−0.1	−20.0~−0.1
	>115.0	≤115.0	<0	<0	<0.0

续表 9-8

气候区	现状人均城市建设用地面积指标	允许采用的规划人均城市建设用地面积指标	允许调整幅度		
			规划人口规模<20.0万人	规划人口规模(20.0~50.0)万人	规划人口规模>50.0万人
Ⅲ、Ⅳ、Ⅴ	<65.0	65.0~85.0	>0	>0	>0.0
	65.1~75.0	65.0~95.0	+0.1~+20.0	+0.1~20.0	+0.1~+20.0
	75.1~85.0	75.0~100.0	−5.0~+20.0	−5.0~+20.0	−5.0~+15.0
	85.1~95.0	80.0~105.0	−10.0~+15.0	−10.0~+15.0	−10.0~+10.0
	95.1~105.0	85.0~105.0	−15.0~+10.0	−15.0~+10.0	−15.0~+5.0
	105.1~115.0	90.0~110.0	−20.0~−0.1	−20.0~−0.1	−25.0~−5.0
	≥115.0	<110.0	<0	<0	<0

注：气候区应符合《建筑气候区划标准》(GB 50178—1993)的规定；新建城市(镇)、首都的规划人均城市建设用地面积指标不适用于本表。

(2)规划人均单项城市建设用地面积指标应符合表 9-9 的规定。

表 9-9　人均居住用地面积指标

建筑气候区划	Ⅰ、Ⅱ、Ⅵ、Ⅶ气候区	Ⅲ、Ⅳ、Ⅴ气候区	备注
人均居住用地面积	28.0~38.0m²/人	23.0~36.0m²/人	
人均公共管理与公共服务设施用地面积	≥5.50m²/人		
人均道路与交通设施用地面积	≥12.0m²/人		
人均绿地与广场用地面积	≥10.0m²/人		其中：人均公园绿地面积应不小于8.0m²/人

(3)规划城市建设用地结构。

居住用地、公共管理与公共服务设施用地、工业用地、道路与交通设施用地和绿地与广场用地五大类主要用地规划占城市建设用地的比例应符合表 9-10 的规定。

工矿城市(镇)、风景旅游城市(镇)及其他具有特殊情况的城市(镇)，其规划城市建设用地结构可根据实际情况具体确定。

表 9-10　规划城市建设用地结构

用地名称	占城市建设用地的比例(%)
居住用地	25.0~40.0
公共管理与公共服务设施用地	5.0~8.0
工业用地	15.0~30.0
道路与交通设施用地	10.0~30.0
绿地与广场用地	10.0~15.0

3)城市建设用地优化布局

根据不同城镇的建设和发展情况差异，需考虑的功能用地类型也有所不同，基于地质环境角度考虑，结合城镇目前的用地现状和用地规划，制订基于地质环境的城镇不同功能用地优化布局方案。城镇用地功能优化布局的主要原则如下。

(1)点面结合,各功能区统一安排。必须把地质环境对城镇不同功能用地的影响作为一个主题,合理规划不同功能建设用地,并分析研究城镇不同功能在城镇社会经济发展中的地位和作用。这样,城镇市区与郊区、工业与居住等才能统一考虑、全面安排、协调发展。

(2)明确地质环境条件,重点安排城镇工业用地。要合理布置好对城镇建设及其发展方向有重要制约作用的工业用地,并考虑其与居住、生活、交通运输、公共绿地等用地的关系。要处理好工业区与市中心区、居住区、水陆交通设施等的关系。

(3)兼顾旧区改造与新区的发展对地质环境的需求。城镇发展规划要与地质环境有机结合,发挥最大优势。处理在充分利用地质环境有利条件下开发区与中心城区的关系,使之有利于城镇空间结构的布局。

(4)地质环境规划结构清晰,城镇内外交通便捷。要合理划分功能分区,使功能明确,避免对地质环境造成破坏。

(5)居住-公共设施用地不与工业-物流仓储用地、环境设施用地相邻。

(6)鉴于功能在空间上的重叠性,避免确定得非此即彼,需要结合实际情况并充分考虑环境保护的要求、已有土地开发利用程度等,做进一步判断。

(7)兼顾考虑土地利用现状和规划,各类区划土地面积符合人均城市建设用地面积、人均单项城市建设用地面积及城市用地结构要求。

在划分功能用地类型时,遵循的优先原则见表 9-11。

表 9-11 各功能用地类型划分优先级别

优先级别	各功能用地
↓	环境设施用地 居住-公共设施用地 工业-物流仓储用地 公共绿地用地

4)城市建设用地区划过程

(1)把适宜、较适宜作为环境设施用地的区域确定为环境设施用地。

(2)把环境设施用地处于较不适宜、不适宜状态的区域,居住-公共设施用地处于适宜、较适宜的区域确定为居住-公共设施用地。

(3)把居住-公共服务用地处于较不适宜、不适宜状态的区域,工业-物流仓储用地处于适宜、较适宜的区域确定为工业-物流仓储用地。

(4)把工业-物流仓储用地处于较不适宜、不适宜状态的区域,作为公共绿地用地。

(三)土地资源承载力评价技术

土地资源承载力评价技术是进行土地资源承载力评价的基础,在适宜性评价的基础上,将区域土地利用类型划分为农业用地、建设用地、生态用地 3 种,并对这 3 种土地利用类型分别进行人口承载力评价。

1. 评价原则

(1)科学性原则:从实际出发,在分析区域土地利用的压力及限制性的基础上客观评价区域土地资源承载力。

(2)层次性:评价对象是一个复杂的大系统,必须是一个包含因素、因子、指标等的多层次体系。

(3) 差异性原则：在设计评价体系和选择评价方法时，除了选取能反映土地承载力的共性指标外，同时还应参照区域的性质、功能定位与发展目标，充分考虑区域的特殊性。

(4) 可行性原则：评价指标设计应充分考虑基础数据的可获取性、数据统计的实用性和真实性，评价方法应根据区域研究基础和数据情况，选择应用普遍、精度可靠的方法。

(5) 协调性原则：土地与人口、经济、社会、资源、生态环境一道，共同构成区域国土空间利用系统，土地综合承载力评价应当全面考虑经济社会发展和生态环境保护战略，并与相关规划和政策相协调。

2. 计算方法

1) 农业用地人口承载力评价

农业用地人口承载力主要考虑农业用地的保障功能，其具有生产属性，能够进行粮食生产，而农业用地的保障功能主要是指粮食保障能力，即区域粮食生产对人口的承载能力。

基于粮食生产的农业用地人口承载能力是在一定的农业用地生产能力和消费水平下进行估算的，它的大小与土地的生产能力成正比，与人口的生活水平成反比。土地的生产能力和居民的消费水平直接影响着土地承载人口容量的大小，其计算公式为：

农业用地人口承载力＝区域农业用地面积×单位面积产量×复种指数/人均粮食消费量

根据全国及一些省市已有的研究及中国营养学会确定的我国食物结构标准，将粮食人均年消费水平 350kg 作为温饱型，400kg（约每天 2700J 热量、75g 蛋白质）、450kg（约每天 2800J 热量、85g 蛋白质）与 550kg（约每天 2900J 热量、95kg 蛋白质）分别作为宽裕型、小康型、富裕型不同的消费标准，为了最大限度地估算农业用地的人口承载能力，一般取温饱型 350kg 作为人均粮食消费量标准。

2) 建设用地人口承载力评价

建设用地人口承载力指的是在一定的社会经济发展需求和城市基础设施条件下建设用地上所能承载的人口规模或强度界限，而人均建设用地面积可以在一定程度上反映社会经济的发展情况。因此，建设用地人口承载力可通过区域建设用地面积与人均建设用地面积标准的比值得到，其计算公式分别如下。

一级区划：

建设用地人口承载力＝工作区城乡居民点建设用地面积/人均城乡居民点建设用地面积

二级区划：

建设用地人口承载力＝城市建设用地面积/人均城市建设用地面积＋村镇建设用地面积/人均村镇建设用地面积

三级区划：

城市单项建设用地人口承载力＝单项城市建设用地面积/人均单项城市建设用地面积

建设用地人口承载力＝城市单项建设用地人口承载力最小值

3) 生态用地人口承载力

土地资源的生态承载力集中体现了经济社会发展特别是地区建设与生态平衡之间的协调和矛盾关系。生态资源承载力研究不仅使承载力理论上升到一个新的高度，更为可持续发展理论应用于具体时间提供了理论基础和操作手段，因此，生态承载力评价可以在区域和规划环境评价中发挥重大的作用。由于生态承载力本身的复杂性、模糊性及影响因素的多样性，对于生态承载力的定义存在很多争议，广义的生态承载力可以概括为生态系统的自我维持能力、自我调节能力、资源与环境子系统的供容能力及其可维护的社会经济活动强度和具有一定生活水平的人口数量。而生态用地的人口承载力主要是从狭义的角度出发，表现为区域生态用地面积与人均森林面积的比值，其计算公式为：

生态用地人口承载力＝区域生态用地面积/人均森林面积（人均生态用地面积）

人均森林面积这一指标可参考中国人均森林面积的相关数据，也可根据研究区有针对性地查找当地的相关统计数据。

4）土地资源综合承载力

土地资源综合承载力评价基于"短板理论",短板理论又称"木桶原理""水桶效应"。该理论由美国管理学家彼得提出:盛水的木桶是由许多块木板箍成的,盛水量也是由这些木板共同决定的,若其中一块木板很短,则盛水量就被短板限制,这块短板就成了木桶盛水量的"限制因素"(或称"短板效应")。同样地,在土地资源综合承载力评价中,农业用地、建设用地及生态用地资源承载力评价认为,某一区域所能承载的人口数量是由 3 种用地类型中所承载的人口数量最少的用地类型决定的。例如,某一区域农业用地人口承载力为 40 万人,建设用地人口承载力为 35 万人,生态用地人口承载力为 50 万人,即认为该区域的人口承载力为 35 万人。

编制土地资源综合承载能力分布图。

5）土地资源综合承载潜力

利用土地资源综合人口承载力的评价结果与其现有的人口规模进行对比,即可估算区域土地资源的人口承载潜力,其计算公式为:

$$土地资源人口承载潜力 = 区域人口承载力 - 现状人口规模$$

根据人口承载潜力的计算结果,可以判断评价区土地资源承载力所处的承载等级。若土地资源人口承载潜力 >0,表示评价区土地资源人口承载力处于盈余水平;若土地资源人口承载潜力 $=0$,表示评价区土地资源人口承载力处于承载适宜水平;若土地资源人口承载潜力 <0,表示评价区土地资源人口承载力处于超载水平。因此,应根据 3 种用地类型的人口承载力评价结果,并结合当地的实际情况有针对性地制订出提高其资源承载力的对策或可行性方案。

编制土地资源综合承载潜力分布图。

五、地质环境承载力评价技术构建

(一)概述

脆弱性是地质环境的固有属性之一。地质环境脆弱性是指地质环境系统对外力扰动做出的自我调节并恢复自身结构和功能的能力。自我调节能力大小反映出地质环境脆弱性强弱程度(敏感性),取决于地质环境系统的结构和构造,并与外力扰动类型、特征、强度相关。一旦外力扰动超出地质环境系统的自动调节能力,必将引发各种地质环境问题,形成脆弱的地质环境。地质环境脆弱程度表现为地质环境问题的易发程度。脆弱的地质环境因不同区域、不同成因、不同外力干扰而易发生不同的地质环境问题。典型的脆弱地质环境特点可归纳为以下 4 点:环境容量低下;抵御外界干扰能力差;敏感性强,稳定性差;自然恢复能力差。

地质环境承载力与地质环境脆弱性呈负相关关系,因此,地质环境承载力可由地质环境脆弱程度来表征。

(二)评价技术

1. 评价目的

地质环境脆弱性制约着城镇的人类活动强度,因此,开展地质环境脆弱性评价,可以明确地质环境的脆弱程度及其抗扰能力、规范人类活动强度。

2. 评价原则

(1)地质环境脆弱性评价以定性分析为主、定量化为辅,并阐明脆弱性分区情况。

(2)地质环境脆弱性评价以评价单元为基础,基于 MapGIS 平台进行脆弱性评价,得出评价单元的脆弱性,进而编制脆弱性图件。

(3)各个地区的地质环境条件都各具有地域特点,对所涉及的参数的获取方法和计算方法的选择要充分考虑各个地区的实际情况,做到因地制宜。

3. 评价内容

地质环境的脆弱性可用区域地壳稳定性、地质灾害及地质环境问题易发程度来表示。因此,地质环境脆弱性评价内容有区域地壳稳定性评价、地质灾害/地质环境问题易发性评价、地质环境脆弱性综合评价及地质环境问题发生阈值确定。

4. 评价过程

区域地质环境脆弱性评价的基本思路见图 9-8。

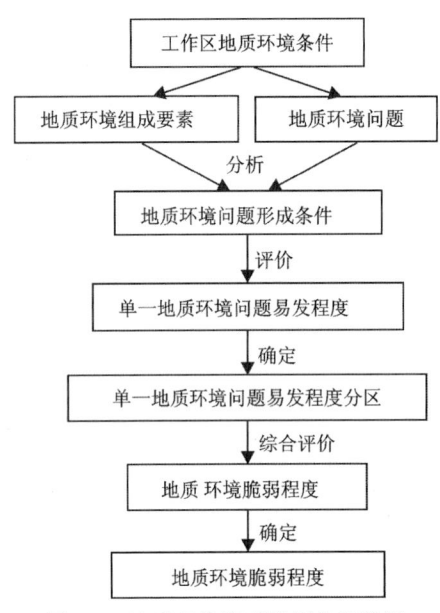

图 9-8 地质环境脆弱性评价思路图

评价步骤如下。

1)区域地壳稳定性评价

区域地壳稳定性评价用来评判地球内动力地质作用,如地震、火山活动、断层错动以及显著的地壳升降运动等对城镇人类活动(特别是工程建设安全稳定)的影响程度。

区域地壳稳定性评价的研究属于区域层次,是在大面积地域内进行的,是在内、外动力地质作用和人类工程活动的综合影响下,落实到地质灾害、工程影响及其发展演化上,讨论现今地壳及其表层的相对稳定程度以及与工程建筑物之间的相互作用和影响。

区域地壳稳定性评价以研究地球内力作用下的地壳形变、断裂运动、地震活动形成的地质灾害对人类和工程建筑安全的影响程度为主。以构造稳定性评价为重点,配合地面稳定性两方面共同进行综合评价。

区域地壳稳定性评价是地质环境脆弱性研究的核心,其基本理论主要包括区域地壳稳定性评价指标的确定、稳定性分级分区原则、定量化评价模型的建立等。

区域地壳稳定性评价指标的确定遵循以构造稳定性评价指标为主、地表稳定性指标为辅的原则。评价指标的数值化同样服从这一原则。在实践过程中，某一单体评价指标及其数值化可以根据研究区域的实际要求具体处理。

稳定性分级按照四级划分：稳定、次稳定、次不稳定、不稳定。

地壳稳定性定量化评价模型研究近几年发展迅速。20 世纪 80 年代末期以模糊数学评判为主，至 20 世纪 90 年代初又增加了专家系统、信息模型、灰色模型等。利用多种评价模型相互补充、验证，可以提高地壳稳定性评价的精度和可靠性。

2) 地质灾害/地质环境问题易发性评价

易发性评价就是要回答"什么地方最容易发生地质灾害/地质环境问题"的问题。重点分析工作区地形地貌、气象水文、地质构造、水文地质、岩土体物理力学特征、植被覆盖、土地利用等组合条件下发生地质灾害/地质环境问题的可能性，易发性评价是地质灾害/地质环境问题发生倾向性的综合度量。

依据城镇地质灾害及地质环境问题形成的地质环境条件，在充分分析并考虑地质灾害及地质环境问题分布现状的基础上，地质灾害及地质环境问题易发性评价的主要步骤如下。

(1) 总结国内外关于地质灾害及地质环境问题易发性评价研究的现状，对比分析不同的研究方法，根据工作区的区域地质环境特点，选取合适的评价方法或评价模型。

(2) 大量收集工作区基本地质环境资料，分析研究区地质灾害或地质环境问题的发育或发生情况，选取主要的地质灾害或地质环境问题对其主要影响因素进行分析，包括自然因素和人为因素，评价气象、水文、地形地貌、地层岩性、人类活动等多方面因素对地质灾害发生的影响，构建相应的地质灾害易发性的评价指标体系，并基于大量的数据资料提取相应的指标数据。

(3) 选取合适的方法确定各影响因子的权重，对各项评价指标进行量化计算，基于合适的评价模型进行各地质灾害/地质环境问题的易发性指数计算，并根据易发性分级标准，对工作区易发程度进行分区：高易发区、中易发区、低易发区和不易发区。

(4) 评价方法采用层次分析-综合指数法、模糊综合评判法等。

3) 地质环境脆弱性综合评价

在工作区地壳稳定性和单要素地质灾害及地质环境问题易发性评价的基础上，采用取差法，见表 9-12，对每个评价单元进行评判并确定其级别，再根据评价结果利用 MapGIS 空间分析功能对整个工作区进行脆弱性分区。

表 9-12 地质环境脆弱性综合评价分级标准

级别		分级标准
Ⅰ	稳定区	评价单元内所有类别地质环境问题的易发程度均为不易发级
Ⅱ	低脆弱区	评价单元内仅有一类地质环境问题的易发程度为较不易发级，其他地质环境问题的易发程度为不易发级
Ⅲ	中脆弱区	评价单元内仅有一类地质环境问题的易发程度为较易发级，其他地质环境问题的易发程度为不易发级或较不易发级；评价单元内有两类(及以上)地质环境问题的易发程度为较不易发级，其他地质环境问题的易发程度为不易发级
Ⅳ	高脆弱区	评价单元内有一类(及以上)地质环境问题的易发程度为易发级；评价单元内有两类(及以上)地质环境问题的易发程度为较易发级

(三) 地质环境问题发生阈值确定

对地质环境不同脆弱区，分析不同脆弱区的地质环境条件，确定不同脆弱区各类地质环境问题发生时的各类诱发条件的临界值:地表水水位变幅临界值、地下水水位变幅临界值、切坡坡度临界值、(一或三)日降水量和降水强度临界值及其相应的地质环境组成要素现状值等。

基于地质环境问题发生阈值和相应的地质环境要素现状值,确定各脆弱区的抗扰力,并编制工作区地质环境承载能力(抗扰力)分布图、地质环境承载现状(诱发条件现状)分布图。

六、水环境承载力评价技术构建

水环境承载力即水环境容量,是指水体的纳污能力,在一定的水质目标或环境目标下,某水域能够允许承纳的污染物的最大数量,这个环境容量对人类活动的支持能力同样影响到水资源承载力的大小。

水环境由地表水环境和地下水环境组成,评价时分别进行。

(一)地表水环境容量评价技术

1. 概述

在给定水域范围和水文条件,规定排污方式和水质目标的前提下,单位时间内该水域的最大允许纳污量,称作水环境容量。水环境容量的确定是水污染物实施总量控制的依据,是水环境管理的基础。

按照污染物降解机理,水环境容量可划分为稀释容量($W_{稀释}$)和自净容量($W_{自净}$)两部分。稀释容量是指在给定水域的来水污染物浓度低于出水水质目标时,依靠稀释作用达到水质目标所能承纳的污染物量。自净容量是指由于沉降、生化、吸附等物理、化学和生物作用,给定水域达到水质目标所能自净的污染物量。在其他条件不变的情况下,污染物排放方式的改变(如排放口位置的不同)将影响水域的环境容量,因此水环境容量往往是一组数值。实际的水环境容量确定是在分析稀释容量与降解容量的基础上,根据排污方式的限定与环境管理的具体需求,即在不改变排污口位置和水质目标等情况下,确定水域的环境容量(W)。

2. 评价原则

水环境容量的确定要遵循以下两条基本原则。

(1)保持环境资源的可持续利用。要在科学论证的基础上确定合理的环境资源利用率,在保持水体有不断的自我更新与水质修复能力的基础上尽量利用水域环境容量,以降低污水治理成本。

(2)维持流域各段水域环境容量的相对平衡。影响水环境容量确定的因素很多,筑坝、引水、新建排污口、取水口等都可能改变整个流域内水环境容量分布。因此,水环境容量的确定应充分考虑当地的客观条件,并分析局部水环境容量的主要影响因素,以利于从流域的角度合理调配环境容量。

3. 计算步骤

地表水环境容量的计算步骤如下。

(1)水域概化。将天然水域(河流、湖泊水库)概化成计算水域,例如天然河道可概化成顺直河道,复杂的河道地形可进行简化处理,非稳态水流可简化为稳态水流等。水域概化的结果就是能够利用简单的数学模型来描述水质变化规律。同时,支流、排污口、取水口等影响水环境的因素也要进行相应概化。若排污口距离较近,可把多个排污口简化成集中的排污口。

(2)基础资料的调查与评价包括调查与评价水域水文资料(流速、流量、水位、体积等)和水域水质资料(多项污染因子的浓度值),同时收集水域内的排污口资料(废水排放量与污染物浓度)、支流资料(支流水量与污染物浓度)、取水口资料(取水量、取水方式)、污染源资料等(排污量、排污去向与排放方式),

并进行数据一致性分析,形成数据库。

(3)选择控制点(或边界)。根据水功能区划/水环境功能区划和水域内的水质敏感点位置分析,确定水质控制断面的位置和浓度控制标准。对于包含污染混合区的环境问题,则需根据环境管理的要求确定污染混合区的控制边界。

(4)建立水质模型。根据实际情况选择建立零维、一维或二维水质模型,在进行各类数据资料的一致性分析的基础上,确定模型所需的各项参数。

(5)容量计算分析。应用设计水文条件和上下游水质限制条件进行水质模型计算,利用试算法(根据经验调整污染负荷分布反复试算,直到水域环境功能区达标为止)或建立线性规划模型(建立优化的约束条件方程)等方法确定水域的水环境容量。

(6)环境容量确定。在上述容量计算分析的基础上,扣除非点源污染影响部分,得出实际环境管理可利用的水环境容量,并编制工作区地表水环境承载能力(容量)分布图。

(二)地下水环境容量评价技术

地下水环境容量是在满足水资源质量标准条件下,地下水体对污染物质的最大承纳量。与地表水环境容量相类似,地下水环境容量由3个部分组成:稀释容量、自净容量和迁移量。

1. 计算公式

地下水环境容量与含水层有着密切的关系,应当根据不同的地下水功能分区、含水层介质、地下水中污染物浓度的不同划分子区,或者在平面上用规则网格剖分,按子区或网格计算地下水环境容量,在此统称为计算单元,并认为该计算单元满足完全混合。根据区域环境容量的组成,可分稀释容量、自净容量和迁移量3部分来计算地下水环境容量。

稀释环境容量可用下式计算:

$$Q_{\text{dilution}} = \frac{10^{-3}}{T} \sum_{i=1}^{n} (C_s^i - C_0^i) V_i$$

式中,Q_{dilution}为区域地下水的总稀释容量(kg/d);i为计算区内的计算顺序号,$i=1,2,\cdots,n$,n为计算单元总数;V_i为第i单元地下水的体积(m³);T为所定义的时期(d);C_s^i为第i单元所给定的污染物的目标浓度(mg/L);C_0^i为第i单元地下水中该污染物的本底值或初始浓度值(mg/L);10^{-3}为单位换算系数。

对地下水而言,如果考虑地下水永续利用的原则,则T趋于无限长,因而可以认为地下水没有稀释容量,而只有自净容量;当然,如果考虑计算单元地下水的使用年限,则地下水可能有一定的稀释容量。通常可考虑将地下水环境容量中的时间T定义为30~50a。

地下水的体积可按下式计算:

$$V_i = \mu_i (h_i - b_i) S_i$$

式中,μ_i为第i计算单元含水层的有效孔隙度;h_i为第i单元潜水位标高(m);b_i为第i单元潜水含水层底板标高(m);S_i为第i单元的面积(m²)。

在计算中注意含水层由不同岩性组合而成,因而应该根据不同岩性厚度及给水度计算地下水的体积。

假设地下水自净作用基本上都符合一级不可逆反应方程,在反应速率常数很小的情况下(一般不大于0.01),自净环境容量可由下式计算:

$$Q_{\text{purification}} = \sum_{i=1}^{n} K_i C_s^i V_i$$

式中,$Q_{\text{purification}}$为自净环境容量(kg/d);K_i为第i单元的污染物的降解速度常数(d⁻¹);其余符号同上式。

K_i与含水层介质特性、污染物均有关系,根据不同的污染物,可通过饱和带的渗滤实验或现场试验方法确定。

迁移量主要由人工抽取地下水带出的污染物和地下水径流带出的污染物两部分组成,由下式计算:

$$Q_{\text{transport}} = \sum_{i=1}^{m} C_s^i p_i + C_s q_{\text{out}}$$

式中,$Q_{\text{transport}}$ 为计算单元地下水迁移量(kg/d);i 为第 i 个分区地下水开采量,$i=1,2,\cdots,m$,m 为总分区数;p_i 为第 i 分区地下水开采量($\times 10^3 \text{m}^3/\text{d}$);$q_{\text{out}}$ 为流出本单元地下水的流量($\times 10^3 \text{m}^3/\text{d}$),包括侧向流出和越流到下层承压含水层;$C_s$ 为流出量所在分区的污染物的标准值。

迁移量只能按相对独立的水文地质分区或整个水文地质单元为单位进行计算,而不能剖分成众多的网格来计算,这样可避免大量的系统内部交换量的计算。如计算完整水文地质单元迁移量,q_{out} 基本可以忽略。

区域地下水的环境容量为以上三部分之和:

$$Q_{\text{total}} = \frac{10^{-3}}{T} \sum_{i=1}^{n} (C_s^i - C_0^i) V_i + \sum_{i=1}^{n} K_i C_s^i V_i + \sum_{i=1}^{m} C_s^i p_i + C_s q_{\text{out}}$$

由上面的计算公式可以理解,Q_{total} 代表计算区总环境容量,其中包括通过各种途径进入到地下水中的污染物含量。如果要计算目前状态下地下水还能允许接纳污染物的最大量,应扣除目前地下水对污染物的自净量和流出量,称该量为地下水潜力环境容量。假定计算区地下水系统基本处于稳定状态,则地下水潜力环境容量(Q_{permit})可用下式计算:

$$Q_{\text{permit}} = \frac{10^{-3}}{T} \sum_{i=1}^{n} (C_s^i - C_0^i) V_i + \sum_{i=1}^{n} K_i (C_s^i - C_0^i) V_i + \sum_{i=1}^{m} (C_s^i - C_0^i) p_i + (C_s - C_0) q_{\text{out}}$$

2. 计算方法和步骤

一般应针对一个行政区或水文地质单元进行地下水环境容量计算,即收集计算区相关的水文地质资料和研究成果,如果需要,可进行必要的水文地质和地下水污染调查、钻探、地下水位测定和水质监测,其目的是了解计算区基本水文地质条件,在此基础上,确定研究区主要污染物,通过饱和状态下的淋滤试验,或利用前人工作成果,确定污染物在不同介质中的降解速度常数 K_i;对计算区地下水功能进行分区,确定不同功能区的地下水质目标 C_s^i;通过分析水文地质结构,确定潜水含水层积极交替带深度、含水层水文地质参数和几何参数,以及其他环境容量计算的要素。在以上准备工作的基础上,形成计算所有要素的 GIS 图层,并根据水文地质条件和地下水功能区的划分进行计算分区,或进行规则矩形网格剖分,将以上各计算要素值赋予各分区或网格之中,最后运用上述计算公式对每个分区或网格进行计算,然后累加便得到计算区总体环境容量。

计算成果可用区域总环境容量(质量单位,如 kg)、各水文地质单元环境容量、计算区内单位面积上的环境容量(强度单位,如 kg/km^2)来表示,编制工作区地下水环境承载力(容量)分布图。

3. 水环境剩余容量评价

采用承载率指标表征水环境各污染物的承载力状况。承载率是指研究区或计算单元环境承载量(各环境要素指标的现状值)与该研究区或计算单元环境承载量阈值(各环境要素指标上限值)的比值。应用承载率指标进行评价,可以清晰地看出工作区或计算单元水环境发展现状与理想值的差距,评价其环境承载的压力现状。

承载率的计算公式如下:

$$CI = PD/EC$$

式中,CI 为承载率;PD 为污染物入水量(t/a);EC 为水环境容量(t/a)。

单项环境剩余容量指数 $Pi = 1 - CI$,为水中元素 i 的现存环境容量与总环境容量的比值,环境容量综合指数 PI 为多个单项环境容量指数的均值。

基于表9-13,利用Pi或PI值划分水环境容量等级;依据工作区水环境容量等级划分标准等级,对工作区进行水环境(剩余)容量等级进行分区,编制工作区水环境承载潜力(剩余容量)分布图。

表 9-13 水环境(剩余)容量等级划分标准

容量等级	容量指数	容量水平
超载	$P\leqslant 0$	无容量,污染或背景值超过风险基准值
临界	$0<P\leqslant 0.3$	容量很小,水环境污染严重
低容量	$0.3<P\leqslant 0.7$	容量较小,水环境受到中度污染
中容量	$0.7<P\leqslant 1.0$	容量较大,水环境受到轻度污染
高容量	$P>1.0$	容量很大,水环境基本未受污染

注:P为单因子容量指数Pi或容量综合指数PI。

七、土壤环境承载力评价技术构建

(一)概述

土壤环境承载力即土壤环境容量。土壤环境容量又称土壤负载容量,是一定土壤环境单元在一定时限内遵循环境质量标准,既维持土壤生态系统的正常结构与功能,保证农产品的生物学产量与质量,又不使环境系统污染超过土壤环境所能容纳污染物的最大负荷量。

不同土壤的环境容量是不同的,同一土壤对不同污染物的容量也是不同的,这涉及土壤的净化能力。

土壤环境容量最大允许极限值减去背景值(或本底值),得到的是土壤环境的静态容量;考虑土壤环境的自净作用与缓冲性能(土壤污染物输入输出过程及累积作用等),即土壤环境的静态容量加上这部分土壤的净化量,称为土壤环境的动容量;土壤中污染元素的最大允许极限值减去现状值为土壤环境的剩余容量。

选择铅(Pb)、汞(Hg)、镉(Cd)、铬(Cr)、锑(Sb)、硒(Se)、砷(As)、钡(Ba)八大重金属元素作为评价污染物。

(二)评价技术

1. 计算公式

1)土壤静态容量数学模型

土壤静态容量公式为:

$$C_{s0}=10^{-6}\cdot M\cdot (C_i-C_{ib})$$

式中,C_{s0}为土壤静态容量(kg/hm²);M为每公顷耕作层土壤质量(2.25×10^6 kg/hm²);C_i为某污染物的土壤环境标准(mg/kg);C_{ib}为某污染物的土壤背景值(mg/kg)。

2)土壤剩余静态容量计算

土壤剩余静态容量计算公式为:

$$W=10^{-6}\cdot M\cdot (C_{ic}-C_{ib}-C_{i0})=10^{-6}\cdot M\cdot (C_{ic}-C_{ip})$$

式中，W 为某元素达到临界含量值的环境容量（kg/hm^2）；M 为每公顷耕作层土壤质量（$2.25\times10^6\ kg/hm^2$）；C_{ic} 为土壤中某种污染元素的临界含量值（mg/kg）；C_{ib} 为土壤中该元素的背景值（mg/kg）；C_{i0} 为已进入土壤的该种元素的含量值（mg/kg）；$C_{ip}=C_{ib}+C_{i0}$ 为土壤中该元素的现状值（mg/kg）。

3）土壤动态容量数学模型

土壤中重金属元素动态容量的公式为：

$$W_n = W_0 \cdot K^n + Q_n \cdot K \cdot (1-K^n/1-K)$$
$$Q_n = (W_n - W_0 \cdot K^n) \cdot [1-K/K(1-K^n)]$$

式中，W_n 为某一区域土壤中几年后预期某重金属元素的总量（kg/hm^2）；W_0 为观察起始年时土壤中该元素的总量（kg/hm^2）；K 为残留率，表示经过一年后某元素在土壤中的含量为上一年土壤中含量及当年输入量之和的比率；Q_n 为平均动态年容量[$kg/(hm^2 \cdot a)$]；n 为控制年限（a），计算时一般取 20a、50a、80a、100a。

2. 计算过程

1）计算单元确定

分析工作区土壤条件，划分土壤类型分区，每一土壤类型区作为一个计算单元。

2）土壤背景值测定

实测土壤类型耕作层（0～20cm）中各评价元素的背景值。

3）土壤临界值界定

进入土壤的污染物通过各种途径对环境、生物和人群产生影响，大致可概括为：土壤-作物（作物效应），土壤-植（动）物-人体（人体健康效应），土壤-微生物（土壤生物效应）。当污染物或某种元素在土壤中的含量控制在某浓度值时，对人类、生态、环境不会产生不可容忍的危害，该浓度限值被称为此种污染物或元素在土壤中的临界含量值，它是计算环境容量的一个重要参数。由于各地土壤组成差异较大，而且土地利用类型不一样，对于农业用地，要给土壤环境制订统一的标准或允许限值较为困难，一般以《土壤环境质量标准》中的二级标准为依据（Ⅱ类主要适用于一般农田、蔬菜地、茶园、果园、牧场等土壤；土壤质量基本上对植物和环境不造成危害和污染；Ⅱ类土壤环境质量执行二级标准）；对于其他用地类型，也要执行相应的土壤环境质量标准。

4）土壤实际含量测定

实测土壤类型耕作层（0～20cm）中各评价元素的实际含量。

5）残留率确定

残留率 K 值不仅与污染物种类有关，且与污染物在土壤中的含量、形态及性质有关，也与土壤的性质、种植的作物、环境条件、气候等有关，可通过实验测定。

6）土壤静态容量计算

根据各计算单元各评价元素的背景值、临界值和实际含量，分别计算各计算单元的静态容量和剩余容量。

7）土壤动态容量计算

根据各计算单元各评价元素的背景值、临界值及残留率 K 值，分别以 20a、50a、80a、100a 为控制年限，计算各计算单元的动态容量。

8）土壤总容量计算

计算单元土壤环境总容量为土壤环境静态容量和动态容量之和，编制工作区土壤环境承载能力（容量）分布图。

3. 土壤剩余环境容量评价

单项环境容量指数 Pi 为土壤中元素 i 的现存环境容量与总环境容量的比值，环境容量综合指数

PI 为多个单项环境容量指数的均值。

基于表 9-14,利用 Pi 或 PI 值划分土壤环境容量等级,依据工作区土壤环境容量等级划分标准等级,对工作区进行土壤环境容量等级进行分区,并编制工作区土壤剩余环境容量空间分布图。

表 9-14 土壤环境容量等级划分标准

容量等级	容量指数	容量水平
超载	$P \leqslant 0$	无容量,污染或背景值超过风险基准值
临界	$0 < P \leqslant 0.3$	容量很小,土壤环境污染严重
低容量	$0.3 < P \leqslant 0.7$	容量较小,土壤环境受到中度污染
中容量	$0.7 < P \leqslant 1.0$	容量较大,土壤环境受到轻度污染
高容量	$P > 1.0$	容量很大,土壤环境基本未受污染

注:P 为单因子容量指数 Pi 或容量综合指数 PI。

八、综合承载力评价技术构建

(一)概述

区域国土资源环境综合承载力是在不损害生态系统、国土环境,或不耗尽、不可更新国土资源的条件下,区域内各种国土资源在长期稳定的基础上所能供养的人口数量。

区域国土环境资源环境综合承载力评价是对一个区域在一定时期内利用其国土资源环境所能持续稳定供养的人口数量的综合评判。

在人口-资源环境这一矛盾统一体中,人口是矛盾的主体。当区域实际人口低于或接近国土资源环境综合承载力时,该区域的人口-资源环境的关系比较和谐友好;当实际人口超过国土资源环境综合承载力时,该区域的人口-资源环境的关系将趋于恶化。

研究多要素的协同作用效应及其制约要素的限制作用,评价区域多要素综合作用下的承载力,需探讨区域国土资源环境所能容纳的人口数,作为确定区域人口发展规模的限制条件,并对区域资源环境综合承载力进行分区和解析成因。

(二)评价技术

1. 承载能力评价

(1)区域资源承载能力评价。基于各单要素资源承载能力评价,明确地质资源(矿产资源和地质遗迹资源)、水资源、土地资源的承载能力(表 9-15);结合土地资源利用区划图,编制工作区资源承载能力分布图。

(2)区域环境承载能力评价。基于各单要素环境承载能力评价,明确地质环境、水环境、土地环境的承载能力(表 9-16);结合土地资源利用区划图,编制工作区环境承载能力分布图。

(3)区域资源环境综合承载能力评价。人口需求与土地资源生产力、水资源供给能力之间的平衡是区域人口发展的最主要限制因素。对比水资源、土地资源的承载能力,基于短板理论,界定工作区可支撑人口的适宜规模,确定区域资源环境的人口承载能力(表 9-17);结合土地资源利用区划图,编制工作区资源环境的人口承载能力分布图。

表 9-15 国土资源承载能力

分项		数量	人口承载能力	备注
矿产资源		工作区各类矿种可开采储量的经济价值、年允许开采量	/	
地质遗迹资源		工作区地质遗迹保护区类别及其个数、级别	/	
水资源		工作区可开采水资源量	可开采水资源量/人均水资源需求量	
土地资源		生态用地(重点区、一般区)面积	生态用地/人均生态用地	
		农业用地(永久、一般)面积	粮食产量/人均粮食需求量	
		建设用地面积	/	一级区划
		城乡居民点建设用地面积	工作区城乡居民点建设用地面积/人均城乡居民点建设用地面积	一级区划
		城市建设用地面积、村镇建设用地面积	城市建设用地面积/人均城市建设用地面积＋村镇建设用地面积/人均村镇建设用地面积	二级区划
		城市建设用地面积	min{单项城市建设用地面积/人均单项城市建设用地面积}	三级区划

表 9-16 国土环境承载能力

分项	数量	承载能力(抗干扰能力)
地质环境	高脆弱区、中脆弱区、低脆弱区、稳定区各区的面积及其占比	各区各类地质环境问题发生时的阈值
水环境	高容量区、中容量区、低容量区、临界区、超载区各区的面积及其占比	各区污染物允许容量值
土壤环境	高容量区、中容量区、低容量区、临界区、超载区各区的面积及其占比	各区污染物允许容量值

表 9-17 国土资源环境综合承载能力分析

分项		人口承载能力	说明
资源承载能力	地质资源		对人口不构成限制性因素
	水资源	PCC_W	
	土地资源	PCC_L	一级和二级区划:为生态用地、农业用地、建设用地三者人口承载力最小者
			三级区划:min{单项城市建设用地的人口承载力}
环境承载能力	地质环境		对人口不构成限制性因素
	水环境		
	土壤环境		
综合承载能力		$PCC = \min\{PCC_W, PCC_L\}$	一级和二级区划
		$PCC = PCC_L$	三级区划

2. 承载状态评价

(1)区域资源承载现状评价。基于各单要素资源承载现状,明确地质资源、水资源、土地资源的承载现状(表9-18),结合土地资源利用现状图,编制工作区资源承载现状分布图。

(2)区域环境承载现状评价。基于各单要素环境承载现状,明确地质环境、水环境、土壤环境的承载现状(表9-19),结合土地资源利用现状图,编制工作区环境承载现状分布图。

(3)区域资源环境综合承载现状评价。基于区域资源环境的人口承载现状(表9-20),结合土地资源利用现状图,编制工作区资源环境的人口承载现状分布图。

表9-18 国土资源承载现状

分项	数量	人口承载现状	备注
矿产资源	工作区各矿种实际年开采量	/	
地质遗迹资源	工作区地质遗迹实际保护的类别及其个数、级别	/	
水资源	工作区实际开采水资源量	实际开采水资源量÷人均水资源需求量	
土地资源	实际生态用地(重点区、一般区)面积	实际生态用地÷人均生态用地	
	实际农业用地(永久、基本)面积	实际粮食产量÷人均粮食需求量	
	实际建设用地面积	/	一级区划
	实际城乡居民点建设用地面积	实际工作区城乡居民点建设用地面积/人均城乡居民点建设用地面积	一级区划
	实际城市建设用地面积、实际村镇建设用地面积	实际城市建设用地面积/人均城市建设用地面积+村镇建设用地面积/人均村镇建设用地面积	二级区划
	实际城市建设用地面积	min{实际单项城市建设用地面积/人均单项城市建设用地面积}	三级区划

表9-19 国土环境承载现状

分项	数量	承载现状
地质环境	高脆弱区、中脆弱区、低脆弱区、稳定区各区的面积及其占比	各区各类地质环境问题诱发条件现状
水环境	高容量区、中容量区、低容量区、临界区、超载区各区的面积及其占比	各区污染物实际容量值
土壤环境	高容量区、中容量区、低容量区、临界区、超载区各区的面积及其占比	各区污染物实际容量值

表 9-20 国土资源综合(人口)承载现状

分项		人口承载力	说明
资源承载现状	地质资源		对人口不构成限制性因素
	水资源	PCC$_W$	
	土地资源	PCC$_L$	一级和二级区划:实际生态用地、农业用地、建设用地三者人口承载力最小者
			三级区划:min{实际单项城市建设用地的人口承载力}
环境承载现状	地质环境		对人口不构成限制性因素
	水环境		
	土壤环境		
综合承载现状		PCC = min{PCC$_W$,PCC$_L$}	一级和二级区划
		PCC = PCC$_L$	三级区划

(4)区域资源环境承载状态评价。利用下述公式计算工作区单要素/综合资源环境承载状态:

单要素/综合资源环境承载状态数值=(承载现状-承载能力)÷承载能力

单要素/综合资源环境承载状态分为 3 种类型(表 9-21)。根据单要素/综合资源环境承载状态,结合土地资源利用规划图,编制单要素/综合资源环境承载状态分布图。

表 9-21 单要素/综合资源环境承载状态类型

承载状态类型	承载状态数值
超载	超过资源环境基准承载力中间值 10%
临界承载	处于[10%,-10%]之间
盈余	低于-10%为盈余

注:划分区间为临界承载±10%。

3. 资源环境承载综合分析

资源环境承载综合分析主要包括承载情况判断的科学性、承载情况的区域差异分析以及形成超载、临界承载状况的主要原因。

(1)承载情况判断的科学性。分析工作区区域国土资源环境超载区,是否存在资源衰减、环境恶化、生态退化的现象,进而判断承载情况的科学性。

(2)承载情况的区域差异分析。结合工作区区域国土资源环境条件情况,分析区域国土资源环境禀赋的分布特征,评判区域国土资源环境承载情况的区域差异。

(3)超载、临界承载状况成因分析。采取因子分析、层次分析、主成分分析等方法,重点分析国土资源开发利用、地质环境恶化情况、水土环境污染物浓度超标、生态系统健康等方面的状态及其变化趋势,识别和定量评价超载关键因素及其作用程度,并从自然资源环境禀赋条件、社会经济发展以及国土资源环境管理等维度阐释不同功能区超载成因,筛选超载和临界超载类型中导致资源环境耗损状态发生变化的关键因子,采用多因素叠加分析法,刻画水土资源组合超载、水资源与环境组合超载等若干不同要素的组合超载特征,并采用过程追因剖析超载不同的原因。

九、国土空间区划技术构建

区域国土资源环境承载力科学测算成果是区域国土空间开发与保护区划的基础，是划定区域国土空间主体功能定位的基本依据。要处理好开发与保护的关系，关键在于要以区域国土资源环境承载力评价为基础，实现自然资源环境的高效利用，推动区域国土空间集聚开发和分类保护相适应，构建高效规范的区域国土空间开发和保护格局。

（一）国土空间开发与保护区划原则

基于区域国土资源环境承载力评价的国土空间开发与保护区划应遵循以下原则。

1. 总体上的一致性原则

就普遍情况而言，承载力较高的地区，对经济社会的支撑能力和对人类活动影响的承受能力越强；反之，支撑能力和承受能力越弱。因而，国土空间开发区划与综合承载力区划结果在总体上应当相对应。

2. 局部上的特殊性原则

在考虑普遍性的同时还应考虑某些地区的特殊性，即一些地区在某一方面存在突出的短板问题，一旦开发可能招致不良后果，因此可将这些区域设置为限制开发区。

3. 与国土开发现状的协调性原则

随人类社会的快速发展，地球上几乎不存在绝对的自然状态，只能称为"人化自然"。因此，如果不考虑已有的人类活动状况，单纯从自然条件的状态出发进行国土空间开发与保护区划评价，是没有实际意义的，研究中将充分考虑评价结果与当地土地利用现状和规划的协调性。

4. 坚持国土开发与资源环境承载能力相匹配

树立尊重自然、顺应自然、保护自然的生态文明理念，坚持人口资源环境相均衡，以国土资源环境承载能力为基础，根据资源禀赋、生态条件和环境容量，明晰国土开发的限制性和适宜性，科学确定国土开发利用的规模、结构、布局和时序，划定建设（城镇）、农业、生态空间开发管制界限，引导人口和产业向资源环境承载能力较强的区域集聚。

5. 坚持点上开发与面上保护相促进

坚持在保护中开发、在开发中保护，对国土资源环境承载能力相对较强的地区实施集中布局、据点开发，充分提升有限开发空间的利用效率，腾出更多空间，实现更大范围、更高水平的国土空间保护。针对区域国土空间特点，明确保护主体，实行分类分级保护，促进国土空间全域保护，切实维护生态安全。

（二）国土空间开发区划

国土空间开发区划是在对工作区不同区域的资源环境承载能力、承载状态、现有国土开发强度等要素进行综合分析的基础上，基于工作区区域国土资源环境承载力评价成果，以自然资源环境要素、社会经济发展水平、生态系统特征以及人类活动形式的空间分异为依据，划分出具有某种特定主体功能的地域空间单元，主要包括优化开发区、重点开发区、限制开发区（农产品主产区）和禁止开发区 4 类（表 9-22），并赋予其不同的发展功能定位。

表 9-22　国土空间开发区划

土地资源利用区划		承载情况	国土空间开发区划
生态用地	重点区	/	禁止开发区
	一般区	/	限制开发区
农业用地		/	
建设用地		人口、环境超载区	优化开发区
		承载能力高、承载潜力大区	重点开发区

1. 优化开发区

优化开发区经济比较发达、人口比较密集、开发强度较高、资源环境问题更加突出，从而应该优化进行工业化、城镇化开发。降低开发强度和人口密度，置换现有的低效产业，增加现代服务业、居住、生态和公共设施发展空间，进一步提升功能品质。

2. 重点开发区

重点开发区有一定基础、资源环境承载能力较强、发展潜力较大、集聚人口和经济的条件较好，从而应该重点进行工业化、城镇化开发。引导人口、产业向重点开发区集聚，配套完善基础设施和公共服务设施，培育支撑未来发展的潜力空间。

3. 限制开发区

农产品主产区：具备较好的农业生产条件，以提供农产品为主体功能，以提供生态产品、服务产品和工业品为其他功能，需要在国土空间开发中限制进行大规模高强度工业、化城镇化开发，以保持并提高农产品生产能力的区域。

一般生态功能区：承担水源涵养、水土保持、防风固沙和生物多样性维护等较重要生态功能区，是生态极度敏感和高度敏感区，对较大范围区域的生态安全起着较重要的作用，需要在国土空间开发中限制进行大规模高强度工业化、城镇化开发，以保持并提高生态产品供给能力的区域。

有序转移限制开发区内的超载人口和开发强度，因地制宜发展资源环境可承载的产业，强化生态保障功能。将严格环境准入条件，控制污染物新增量，以确保环境质量状况不下降。

4. 禁止开发区

重点生态功能区：承担水源涵养、水土保持、防风固沙和生物多样性维护等重要生态功能，是高度敏感和极度敏感区，关系着较大范围区域的生态安全，需要在国土空间开发中禁止进行大规模高强度工业化城镇化开发，以保持并提高生态产品供给能力的区域。

依法强制性保护禁止开发区，控制人为因素对自然生态的干扰，严禁不符合主体功能定位的各类开发活动。严格控制人为因素对重点生态功能区自然生态和文化自然遗产的原真性和完整性的干扰，引导区内人口有序转移，实现污染物排放零增长，提高环境质量。除必要的交通、保护、修复、监测及科学实验设施外，禁止任何与生态保护无关的建设，将依法查处各类违法违规行为，保护自然文化资源的原真性和完整性，促进核心区域人与自然和谐发展。

（三）国土空间开发红线划定

1. 概述

国土空间开发红线是按不同用途、不同功能、不同重要程度划分的，也是管控国土空间的边界线。

基于工作区的国土空间开发区划，结合工作区资源环境承载能力和潜力，确定国土空间开发红线（表 9-23）。

表 9-23 基于资源环境承载力的国土空间管控红线划定

分项	线系	主要红线			依据
		一级区划	二级区划	三级区划	
矿产资源	资源利用红线	资源利用红线（上限）：数量、效率			矿产资源承载力
水资源	水资源利用红线	水资源开发利用数量红线			水资源承载力、水功能区划
		一级水功能区空间利用红线	一级或二级水功能区空间利用红线	二级水功能区空间利用红线	
土地资源	耕地保护红线	永久基本农田保护红线、一般基本农田红线			土地资源功能区划、土地资源承载力
	城镇发展红线	建设用地边界红线	城市开发边界红线、村镇开发边界红线		
	生态保护红线	重要生态功能区边界红线、一般生态功能区边界红线		公共绿地边界红线	
地质环境	地质环境保护红线	水位变幅限制红线、地形坡度限制红线、工程荷载和密度			地质环境承载力
水环境	水环境保护红线	一级水功能区限制纳污红线	一级或二级水功能区限制纳污红线	二级水功能区限制纳污红线	水环境承载力
土壤环境	土壤环境保护红线	一级土地资源功能区限制纳污红线	二级土地资源功能区限制纳污红线	三级土地资源功能区限制纳污红线	土壤环境承载力

2. 矿产资源开发利用红线

为矿产节约集约利用，需划定矿产资源开发利用的约束性"红线"，制订优势矿产的"三率"（开采回采率、选矿回收率、综合利用率）指标。"三率"指标要求是一条"红线"，也是矿山企业开发利用矿产资源的最低标准。

矿种开发利用"三率"标准，就是个"硬杠杠"，能准确、科学地评价矿山企业的资源开发利用水平，可实现科学管理。因此，建立科学合理的矿产资源利用"三率"标准，是促进资源节约的重要举措，可以引领、促进矿业生产力向先进水平看齐，是提高矿产资源科学管理水平的一项重要基础性工作。

3. 水资源开发利用红线

建立水资源开发利用的控制红线，严格实行用水总量控制。落实最严格的水资源管理制度，强化水资源功能区空间开发利用的"红线"刚性约束。

4. 生态保护红线

生态保护红线的实质是生态环境安全的底线，目的是建立最为严格的生态保护制度，对生态功能保障、环境质量安全和自然资源利用等方面提出更高的监管要求，从而促进人口资源环境相均衡、经济社会生态效益相统一。

划定并严守生态保护红线,将水源涵养、生物多样性维护、水土保持、防风固沙等生态功能重要区域及生态环境敏感脆弱区域进行空间叠加,划入生态保护红线,涵盖所有国家级、省级禁止开发区域,以及有必要严格保护的其他各类保护地等。

生态保护红线是指依法在重点生态功能区、生态环境敏感区和脆弱区等区域划定的严格管控边界,分为禁止红线区和限制红线区。禁止红线区内原则上不得从事一切形式的开发建设活动,限制红线区内严格控制开发强度,禁止工业项目建设、矿产资源开发、房地产建设、规模化养殖等工程项目。

生态保护红线区依次划分为Ⅰ类生态保护红线区和Ⅱ类生态保护红线区。

Ⅰ类生态保护红线区划入的是受到严格管控、生态服务功能极重要、极敏感的自然保护区的核心区和缓冲区、饮用水水源一级保护区、海岸带陆域 0~200m 自然岸段等区域。

Ⅱ类生态保护红线区划入的是保护级别较为宽松且生态服务功能重要或敏感的自然保护区的实验区、饮用水水源二级保护区、海岸带陆域 200~300m 自然岸段等区域。

生态保护红线原则上按禁止开发区域的要求进行管理,严禁不符合主体功能定位的各类开发活动,严禁任意改变用途,确保生态保护红线功能不降低、面积不减少、性质不改变,保障国家生态安全。

5. 农田保护红线

守住耕地红线和基本农田红线是农业发展和农业现代化建设的根基与命脉,是国家粮食安全的基石。

核定的基本农田保护落地到户、上图入库,重点是尽快将城镇周边、交通沿线现有易被占用的优质耕地优先划为永久基本农田,将已建成的高标准农田优先划为永久基本农田。永久基本农田一经划定,不得随意调整或占用。除法律规定的国家能源、交通、水利、军事设施等国家重点建设项目选址无法避开外,其他任何建设项目都不得占用,城市建设应避开永久基本农田;国家重点建设项目选址无法避开而占用永久基本农田时,必须补充划入数量和质量相当的耕地,做到占补平衡。

6. 城镇开发边界红线

城镇开发边界是指根据地形地貌、自然生态、环境容量和基本农田等因素划定的,可进行城镇开发建设和禁止进行城镇开发建设的区域之间的空间界线,是允许城镇建设用地拓展的最大边界。合理划定城镇开发边界,应收集城镇及相邻区域的地形地貌、生态环境、历史文化、自然灾害和基本农田分布等相关资料,要以现行土地利用总体规划中的允许建设区和有条件建设区为基础,与城镇规划等相关规划协调,避让永久基本农田和生态保护红线,从严确定、充分考虑自然灾害影响范围等限制条件,以道路、河流、山脉或行政区划分界线等清晰可辨的地物为参照,选择其中集中成片或成组的建设用地,结合土地利用总体规划,确定城市开发边界的范围和面积。

空间上邻近但不宜连片发展的城镇,开发边界应避免重合,以预留生态隔离区域;建设用地已经基本连片、上位规划明确为一体化发展的城镇,可统一划定城镇开发边界;多中心、组团式发展的城镇,城镇开发边界可以为相互分离的多个闭合范围。

7. 地质环境保护红线

基于地质环境脆弱性分区,把各区的生态/环境水位变幅限制红线、地形坡度限制红线、工程荷载和密度限制红线作为地质环境保护红线。

8. 水环境保护红线

水功能区是水资源管理的基本单元,实行水功能区限制纳污是保障水体功能达标的根本途径。当前我国水资源面临的形势十分严峻,水资源短缺、水污染严重、水生态环境恶化等问题日益突出,已成为制约经济社会可持续发展的主要瓶颈,建立和实行水功能区限制纳污制度尤其重要。

水功能区限制纳污红线即以水体功能相适应的保护目标为依据,根据水功能区水环境容量,严格控制水功能区受纳污染物总量,并以此作为水资源管理及水污染防治管理不可逾越的红线。

水功能区限制纳污红线的目标指向是水功能区水质状况满足水资源的功能使用要求和河湖生态保护要求,水功能区水质状况达标与否既是水功能区限制纳污限制管理的起点,也是其终点,因此,水功能区达标率是水功能区限制纳污红线的工作目标。

9. 土壤环境保护红线

以农用地土壤镉(Cd)、汞(Hg)、砷(As)、铅(Pb)、铬(Cr)等重金属和多环芳烃、石油烃等有机污染物含量为主要指标,设置农用地土壤环境质量底线指标,与国家有关土壤污染防治计划规划相衔接,各地区农用地土壤环境质量达标率不低于现状,向更好转变。

在条件成熟地区,将城市、工矿等污染地块环境质量纳入底线管理。

(四)国土资源环境承载力监测预警

1. 资源环境承载力预警研究的一般思路

根据研究对象可分为单要素承载力评价监测预警和综合承载力评价监测预警。其中单要素承载力监测预警包括地质资源承载力、水资源承载力、土地资源承载力、地质环境承载力、水环境承载力、土壤环境承载力等。

国土资源环境承载力监测预警思路主要包括7个方面:一是界定工作区区域需要开展的承载力研究是什么;二是明确资源环境监测预警对象、范围及评价目标;三是建立影响承载力监测预警准则,建立承载力监测预警的目标层、因素层和量化准则;四是基于承载力评价成果,建立作为管理准则的预警阈值;五是针对需求开展不同层级和要素类别的承载力评价,并根据各个承载力的区域差异性进行区域划分;六是开展资源环境承载力预测、预报和预警;七是分析区域资源环境承载力临界超载和超载的成因,制订资源环境承载力监测预警响应方案和对策建议。

2. 资源环境承载力监测预警指标设置框架

在国土资源环境承载力监测预警体系构建过程中,必须遵循科学性、系统性、层次性、代表性及可操作性等原则,确保指标能够客观真实地反映资源环境承载力状况。工作区区域国土资源环境承载力指标体系框架由目标层、准则层、指标层3个层次构成。

目标层指的是资源环境承载力评价监测预警的目标,根据上文选取的预警要素,可以确定为地质资源承载力、水资源承载力、土地资源承载力、地质环境承载力、水环境承载力、土壤环境承载力、综合承载力等。

准则层的设置则根据影响目标层的类型进行划分,地质资源下设矿产资源和地质遗迹2个准则层,水承载力下设资源供给、资源利用2个准则层;土地承载力下设生态用地、农业用地和建设用地3个准则层;地质环境承载力下设地壳稳定性和地面稳定性2个准则层;水环境承载力下设地下水环境质量标准和地表水环境质量标准2个准则层;土壤环境承载力下设土壤环境质量1个准则层;综合承载力下设人口规模1个准则层。

准则层的设置根据影响目标层的类型进行划分。指标层由能够独立反映事物的某一方面的特征和状况的指标构成。监测预警指标与评价指标相比更多地涉及动态变化的指标,长期稳定的评价指标则不列入监测预警体系。

3. 资源环境承载力预警具体指标

指标体系的具体选择要侧重指标可获得性、全面性及独立性，尽量选取现有监测体系覆盖到的监测指标，做到能够较好地反映资源环境承载力质和量的变化，同时避免指标的相互影响及重复监测和计算（表 9-24～表 9-30）。

表 9-24 地质资源承载力监测预警指标

目标	准则	指标	指标含义	设置目的	监测要求
地质资源承载力	矿产资源	年矿产开采量	工作区矿产年开采量	反映矿产开采数量	每个矿点
		矿产的"三率"（开采回采率、选矿回收率、综合利用率）	工作区年矿产开采利用效率	反映矿产开采利用效率	
	地质遗迹	地质遗迹变化情况	工作区地质遗迹变化	反映地质遗迹价值	每个地质遗迹点
		地质遗迹保护情况	工作区地质遗迹保护	反映地质遗迹保护	

表 9-25 水资源承载力监测预警指标

目标	准则	指标	指标含义	设置目的	监测要求
水资源承载力	资源供给	地下水资源量	地表水资源总的可利用数量	反映地下水总量状况	按每个水源地
		地表水资源量	地表水资源总的可利用数量	反映地表水总量状况	按每个水源地
		降水量	大气降落到地面的水量	反映补给量	整个工作区
		人均水资源量	人均水资源占有量	反映保障程度	整个工作区
	资源利用	用水总量	包括水头损失在内的毛用水量	反映消耗总量	整个工作区
		水资源开发利用率	用水总量占水资源总量比例	利用效率	整个工作区
		地下水开采程度	地下水开采状况	地下水消耗状态	按每个水源地
		人均综合用水量	人均水资源消耗量	人均消耗	整个工作区

表 9-26 土地资源承载力监测预警指标

目标	准则		指标	指标含义	设置目的	监测要求
土地资源承载力	生态用地		生态用地面积	工作区生态用地面积	反映生态用地面积	工作区的生态用地
			生态退化	工作区生态服务功能	反映生态安全	
	农业用地		耕地总面积	工作区内耕地总面积	反映耕地数量	工作区的农业用地
			人均耕地面积	耕地面积比常住人口	反映保障程度	
			后备资源（未利用地）	当前技术下能够开发、复垦成耕地的后备资源	反映未来潜力	
			年耕地面积变化	每年新增减少耕地面积	耕地数量变化	
			耕地质量平均等级	耕地质量综合评定结果	反映耕地质量	
	建设用地	一级	国土开发强度	工作区所有建设用地面积占比	反映开发现状	工作区的建设用地
		二级	城镇村及工矿用地总面积	建设用地面积	反映数量状况	
			工业用地总面积	工业用地面积	工业用地数量	
		三级	工业用地综合容积率	工业用地容积率	工业用地效率	
			城镇居住用地	城镇住宅用地总量	居住保障程度	
			农村居民点用地	农村居民点用地总量	居住保障程度	

表 9-27 地质环境承载力监测预警指标

目标	准则	指标	指标含义	设置目的	监测要求
地质环境承载力	地壳稳定性	地震动峰值加速度	与地震动加速度反应谱最大值相应的水平加速度	反映地壳稳定性	整个工作区
		地质灾害隐患点密度	单位区域内地质灾害隐患点数量	反映地质灾害的潜在风险	高、中易发区
		地质灾害次数	地质灾害次数	反映地质灾害的风险	
	地面稳定性	地面沉降面积	因地层压密或变形而发生地面标高降低的区域面积	反映地面沉降范围	
		地面沉降速率	单位时间地面下沉的幅度	反映地面沉降变化程度	
	人类活动	人类活动特点	弃土堆放、开山炸石、地下开挖、切坡所占工作区的面积	反映人类活动的影响	
		人类活动引起地质灾害次数	人类活动诱发导致的地质灾害次数	反映人类活动的影响	

表 9-28 水环境承载力监测预警指标

目标	准则	指标	指标含义	设置目的	监测要求
水环境承载力	地下水环境质量	地下水水质	地下水水质状况	反映水质状况	按地下水功能分区
	地表水环境质量	地表水水功能区水质达标率	水功能区达标数占水功能区总数的百分比	反映水质状况	按地表水功能分区
		河流监测断面(点)优于Ⅲ类水的比例	国控、省控河流监测断面(点)达到或优于"三要求"水质的个数占全部监测断面(点)个数的比例	反映水质状况	
		湖库监测断面(点)优于Ⅲ类水的比例	湖泊和水库监测断面(点)达到或优于"三要求"水质的个数占全部监测断面(点)个数的比例	反映水质状况	
	人类活动	工业废水排放达标率	达标工业废水排放与总排放量的比值	引起的水环境变化	按地表水功能分区

表 9-29 土壤环境承载力监测预警指标说明

目标	准则	指标	指标含义	设置目的	监测要求
土壤环境承载力	土壤环境质量	土壤环境功能区土质达标率	土质达标数占土壤环境功能区采样总数的百分比	反映土质状况	土地资源（土壤环境）功能区
		土壤中污染物含量低于标准限值的污染物含量上升率	污染物含量上升率数占土壤环境功能区采样总数的百分比	反映土壤污染变化情况	

表 9-30 综合承载力监测预警指标说明

目标	准则	指标	指标含义	设置目的	监测要求
综合承载力	人口规模	人口规模超标率	人口规模超过适宜人口的比率	反映人口超载程度	按工作区常住人口统计
		人口增长率	人口增长比率	反映人口增长情况	

4.资源环境承载力预警阈值及分级

国土资源环境承载力预警阈值的设定要遵循以下 4 点：①承载力评价结果、现有规划、红线以及功能分区中对管理目标作出明确规定的，合理划分阈值区间；②有相应的国家标准、行业标准的指标，指标阈值的设置要以标准为基础，设置相应的阈值空间；③部分现有状况非常好且没有具体规定的指标可以现状为基础，设置合理的阈值空间；④其他具有代表性的基准数据。

国土资源环境承载力监测预警的阈值区间可划分为多个区间，每个阈值区间对应一个预警级别。5 个区间对应的预警级别分别是绿色警情、蓝色警情、黄色警情、橙色警情及红色警情。根据监测到的数据所属阈值区间确定警情，并对相应警情采取相应措施。

根据工作区国土资源利用效率变化、人类活动强度变化、环境变化 3 个类别的匹配关系，得到不同类型的资源环境耗损指数。其中，3 项指标中 2 项或 3 项均变差的区域，为资源环境耗损加剧型，3 项或 3 项均有所好转的区域，为资源环境耗损趋缓型。

按照国土资源环境耗损过程评价（两年承载现状的变化）结果，对超载类型进行预警等级划分（图 9-9）。将国土资源环境耗损加剧的超载区域确定为红色预警区(极重警)，资源环境耗损趋缓的超载区域确定为橙色预警区(重警)，资源环境耗损加剧的临界超载区域确定为黄色预警区(中警)，资源环境耗损趋缓的临界超载区域确定为蓝色预警区(轻警)，不超载的区域为绿色预警区(无警)，编制工作区监测预警分区图。

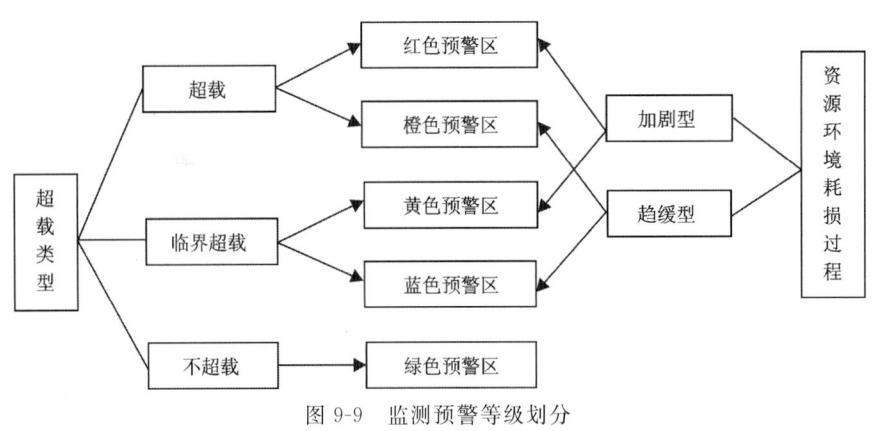

图 9-9 监测预警等级划分

(五)国土空间保护

要严格落实工作区空间开发区划，建立国土空间开发保护制度，严格按照空间开发区划定位推动发展。坚持保护优先、自然恢复为主的方针，以改善环境质量为核心，根据不同地区国土开发强度的控制要求，综合运用管控性、激励性和建设性措施，分类分级推进国土全域保护，扩大森林、湖泊、湿地等绿色生态空间，增强水源涵养能力和环境容量，让透支的资源环境逐步休养生息，要有序实现耕地、河湖休养生息，维护国家生态安全和水土资源安全，提高生态文明建设水平。

以资源环境承载力评价为基础，依据主体功能定位，按照环境质量、人居生态、自然生态、水资源和耕地资源五大类资源环境主题，区分保护、维护、修复 3 个级别，将国土划分为不同的保护区，实施全域分类保护。

(1)按照资源环境主题实施全域分类保护:①对开发强度较高、环境问题较为突出的开发集聚区,实行以地质环境、水土环境质量为主题的保护;②对人口和产业集聚趋势明显、人居生态环境问题逐步显现的其他开发集聚区,实行以人居生态为主题的保护;③对重点生态功能区,实行以自然生态为主题的保护;④对水资源供需矛盾较为突出的地区,实行以水资源为主题的保护;⑤对优质耕地集中地区,实行以耕地资源为主题的保护。

(2)依据国土开发强度实施国土分级保护:①对优化开发区域,实施人居生态环境修复,优化开发,强化治理,从根本上遏制人居生态环境恶化趋势;②对重点开发区域实施修复和维护,有序开发,改善人居生态环境;③对重点生态功能区和农产品主产区实施生态环境保护,限制开发,巩固提高生态服务功能和农产品供给能力。

第十章　珠江三角洲经济区资源环境承载力评价

一、珠三角地区土地资源承载力评价

(一)珠江三角洲土地资源功能区划

1. 功能区划过程

参照珠江三角洲城市总体发展规划纲要,并充分考虑生态环境保护的要求和已有土地利用现状,以及上面提到的功能区划思路、原则,进行珠三角地区土地功能区划,将珠江三角洲研究区范围划分为建设用地功能区、农业生产用地功能区、生态环境保护用地功能区,以便更好地协调引导珠三角地区经济社会的发展。利用 GIS 技术,对收集到的相关规划资料进行提取和叠加分析,按照图 10-1 所示的土地利用类型分类得出珠江三角洲土地利用类型图。

2. 功能区划结果分析

利用 MapGIS 的属性库编辑功能分别算出农业用地、建设用地、生态用地的土地面积和所占比例。

(1)农业用地。根据珠江三角洲功能区划结果,农业用地(包括水田、旱地、园地)面积为 $156.1 \times 10^4 \mathrm{hm}^2$,占研究区土地总面积的 38.4%,主要分布在珠江三角洲的大部分地区,如佛山、中山、肇庆、江门等市的大部分地区。

(2)建设用地。珠江三角洲建设用地(包括居民点及工矿用地)面积为 $39.91 \times 10^4 \mathrm{hm}^2$,占整个研究区土地总面积的 9.8%,主要分布在珠江三角洲的核心地带。

(3)生态用地。珠江三角洲生态建设用地(包括河流、水库、滩涂等)面积为 $210.35 \times 10^4 \mathrm{hm}^2$,占整个研究区土地总面积的 51.77%,主要分布在江门、肇庆、惠州等市的边缘地带。

(二)土地资源承载力评价

1. 土地资源承载力评价结果

通过综合农用地、建设用地、生态用地承载力情况,利用 MapGIS 平台,组合生成整个研究区的土地资源承载力分布图,评价结果如图 10-2 所示。

第十章 珠江三角洲经济区资源环境承载力评价

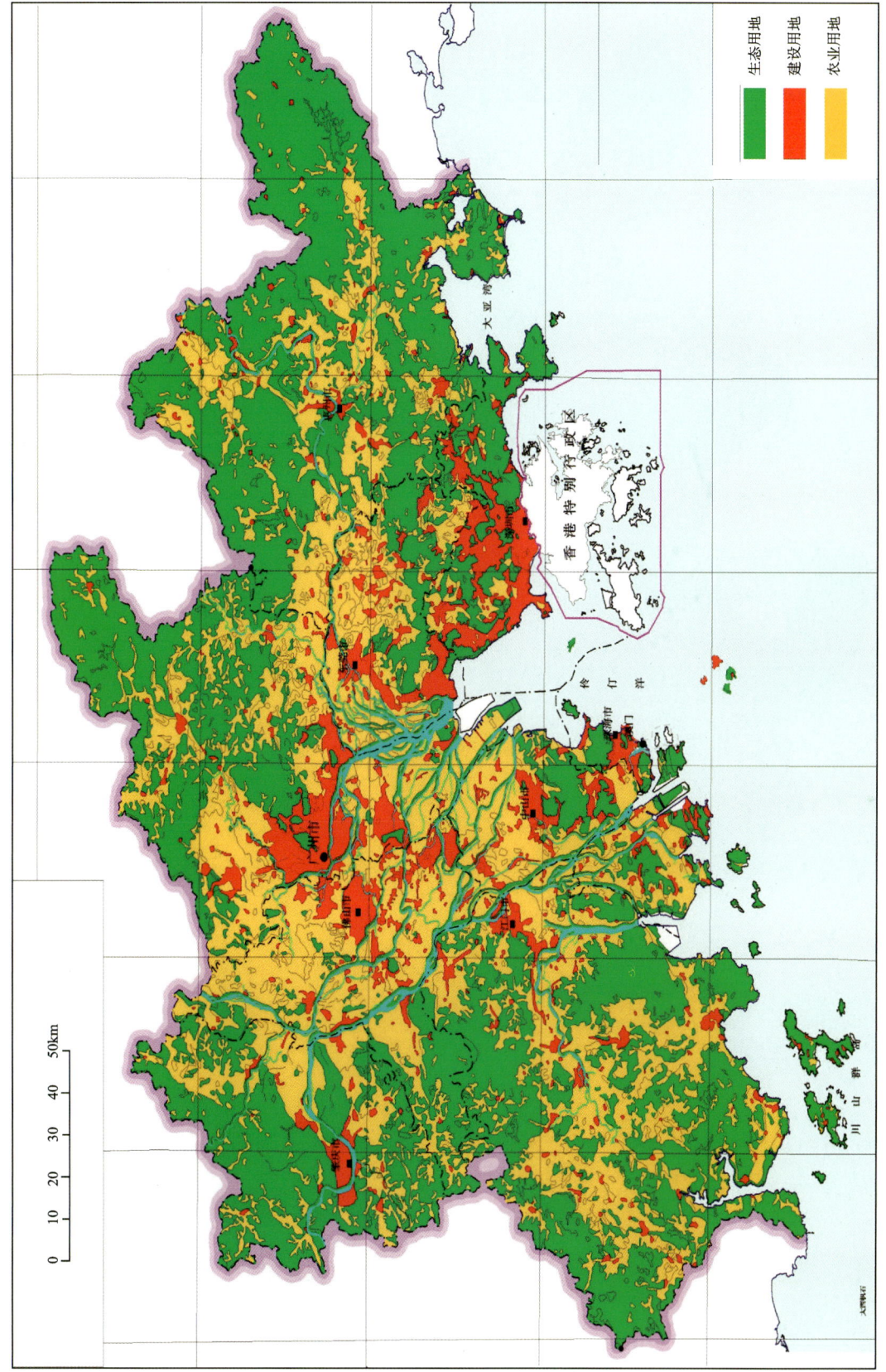

图10-1 珠江三角洲经济区土地利用类型

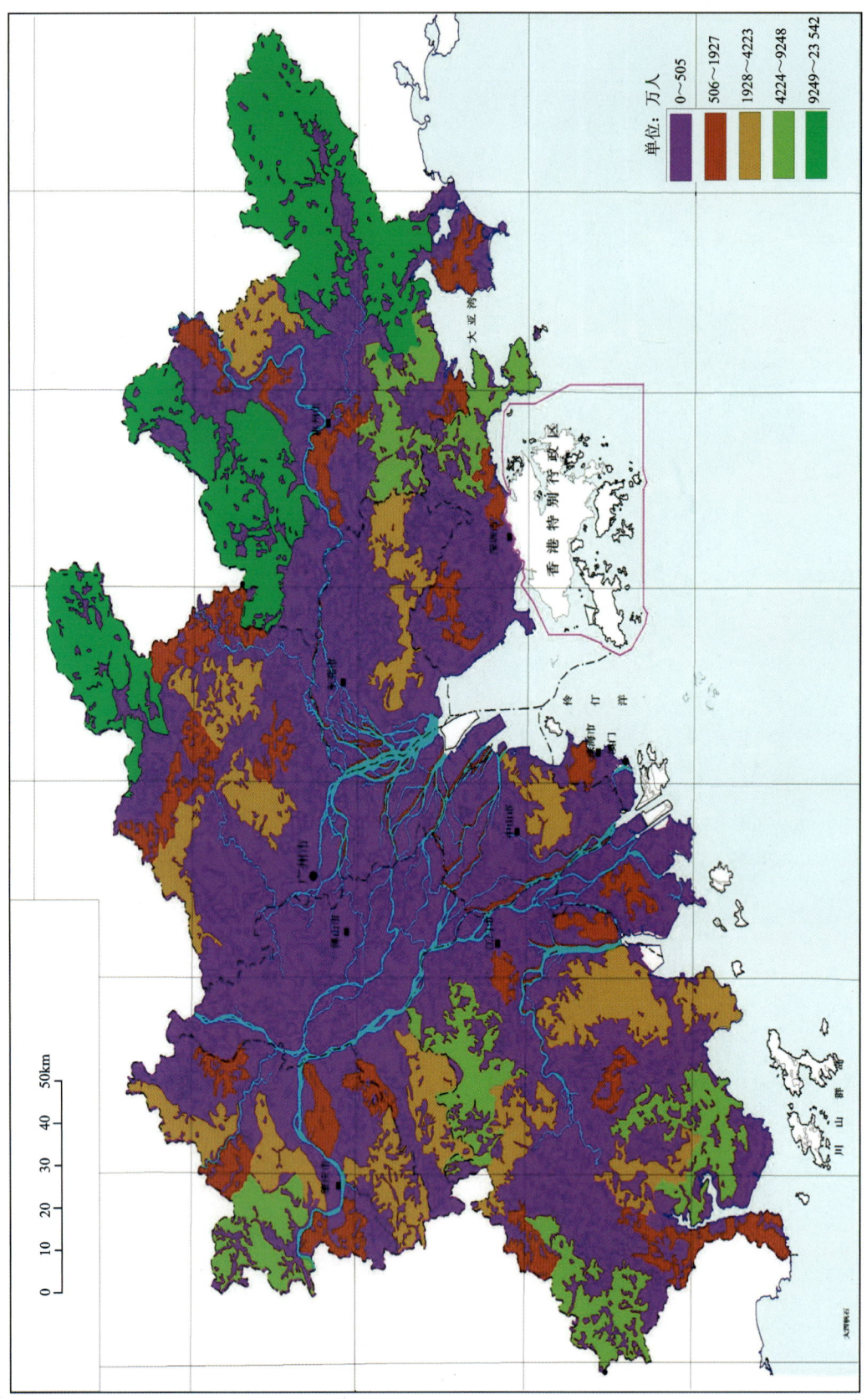

图10-2 珠江三角洲经济区人口密度图

珠江三角洲土地资源承载力分级标准是按照自然断点分级法来分级的(表10-1)。自然断点分级法(Natural Breaks)是GIS中用统计公式将要素属性数值按颜色或图例来分级表示的一种方法,是GIS对属性数值进行处理的一种基本方法。Natural Breaks(Jenks)自然断点分类的原则就是相近的地区放在一起,分成若干类。统计上可以用方差来衡量,通过计算每类的方差,再计算这些方差之和,用方差和的大小来比较分类的好坏,因而需要计算各种分类的方差和,其值最小的就是最优的分类结果。在缺省情况下,分级符号法和分级设色法都属于自然断点法的类型,所选取的统计公式尽可能减少同一级中的差异、增加级间的差异。这种方法一般适用于非均匀分布的属性值分级,属性值不同的自然分组都能够区分开来并高亮度显示。

表 10-1　珠江三角洲土地资源承载力分级标准

分级	I	II	III	IV	V
人口(万人)	0~505	506~1927	1928~4223	4224~9248	9249~23 542

2. 土地资源承载力结果分析

由图10-2可知,生态环境保护区所能承载的人口最多,其次分别是农业生产功能区和建设用地功能区。承载人口的数量呈现由东、西向中间递减的趋势。

按行政区划区分,东莞市、惠州市所能承载的人口多,承载能力高。肇庆市、广州市、江门市所能承载的人口规模一般,承载力中等。珠海市、深圳市、佛山市承载的人口少,承载能力低。

按功能区划区分,各功能区的承载情况如表10-2所示。

表 10-2　珠江三角洲各功能区划适宜人口

功能区划	面积(km²)	人口(人)
生态用地	21 035.83	214 411 834
农业用地	15 610.00	45 789 331
建设用地	3 990.87	33 740 846

由表10-2可知,珠江三角洲的生态用地的适宜人口＞农业用地的适宜人口＞建设用地的适宜人口。根据短板理论,取最少的适宜人口作为整个珠江三角洲的土地资源适宜人口,即为建设用地所能适宜的人口。由统计年鉴可查,珠三角地区2014年常住人口为6481万人,比所能适宜的人口(3374万人)要多出将近一倍,超出了所能承载的能力。

进一步按照功能区划,计算出珠江三角洲各行政区的承载人口,取最少的承载人口为该行政区所能承载的最大人口。而单位面积承载人口是该地区所能承载的最大人口除以该地区的土地总面积,即该行政区的承载能力(表10-3、表10-4)。

表 10-3　珠江三角洲各行政区人口承载情况

城市	生态用地(×10⁴hm²)	农业用地(×10⁴hm²)	建设用地(×10⁴hm²)	生态用地承载人口(人)	农业用地承载人口(人)	建设用地承载人口(人)	适宜人口(人)	单位面积适宜人口(人/km²)
广州	36.73	22.48	12.82	367 300 000	6 594 133	13 494 737	6 594 133	905
深圳	8.87	3.12	7.49	88 700 000	915 200	7 884 211	915 200	470
珠海	9.35	2.89	3.71	93 500 000	847 733	3 905 263	847 733	530
惠州	82.09	18.73	11.22	820 900 000	5 494 133	11 810 526	5 494 133	484

续表 10-3

城市	生态用地 (×10⁴ hm²)	农业用地 (×10⁴ hm²)	建设用地 (×10⁴ hm²)	生态用地承载人口 (人)	农业用地承载人口 (人)	建设用地承载人口 (人)	适宜人口 (人)	单位面积适宜人口 (人/km²)
东莞	9.07	8.88	9.21	90 700 000	2 604 800	9 694 737	2 604 800	1054
中山	8.96	5.33	3.42	89 600 000	1 563 467	3 600 000	1 563 467	869
江门	62.32	21.61	9.45	623 200 000	6 338 933	9 947 368	6 338 933	664
佛山	20.62	8.8	10.67	206 200 000	2 581 333	11 231 579	2 581 333	671
肇庆	121.01	18.76	6.85	1 210 100 000	5 502 933	7 210 526	5 502 933	371
合计	359.02	110.6	74.84	3 590 200 000	32 442 667	78 778 947	32 442 667	593

表 10-4 珠江三角洲各行政区人口承载能力　　　　单位:万人

城市	现有人口	适宜人口	盈余人口
广州	1271	659	−612
深圳	1037	92	−945
珠海	156	85	−71
惠州	460	549	89
东莞	822	260	−562
中山	312	156	−156
江门	445	634	189
佛山	720	258	−462
肇庆	392	550	158
合计	5615	3244	−2371

由表 10-3、表 10-4 可知：广州、深圳、珠海、东莞、中山、佛山这 6 个城市处于超载状态，其中深圳、广州、东莞、佛山作为珠三角的经济中心城市，农业发展受限，超载情况最为严重。其次珠海、中山这两个城市轻微超载。而惠州、江门和肇庆这 3 个城市的人口处于盈余状态，这 3 个城市的农业经济比较发达，土地利用强度高。各地区发展不尽相同，但是总体上处于超载状态。

二、珠江三角洲经济区水资源承载力评价

（一）水资源承载力评价

1. 人均可利用水资源评价

淡水资源作为与人口增长相制约的因素之一，水资源问题必将是一个社会可持续发展的制约因素之一。可利用水资源是为评价一个地区可利用水资源对未来社会经济发展的支撑能力而设置的一项空间开发约束性指标，具体通过人均可利用水资源量来反映。

（1）本地可开发利用水资源量计算。珠江三角洲经济区河网密布，河水年径流量大，夏季洪水多发，流量大，且植被繁茂，所需生态用水也多。根据实地监测及经验数据，珠江三角洲经济区河道生态需水量、不可控制的洪水量分别大约占地表水资源量的 20%、15%。结合各区域地表水资源量，由此推算出各区域的河道生态水量、不可控制的洪水量，最终测算出本地可开发利用水资源量（表 10-5）。

第十章 珠江三角洲经济区资源环境承载力评价

表10-5 珠江三角洲经济区可持续利用水资源评价表

行政分区		计算面积（km²）	人口（万人）	地表水资源量（×10⁴m³）	河道生态需水量（×10⁴m³）	不可控制洪水量（×10⁴m³）	本地可开发利用水资源量（×10⁴m³）	现状入境水资源量（×10⁸m³）	已开发利用水资源量（×10⁸m³）	可利用水资源量（×10⁸m³）	人均可利用水资源量（m³）	水资源丰度等级
市	区											
广州市	中心区	1081	783.02	108 935	21 787	16 340.25	70 807.75	47.46	21.43	18.95	241.96	极度缺水
	番禺区	527	144.86	42 706	8 541.2	6 405.9	27 758.9	135.74	4.86	36.71	2 534.23	轻度缺水
	花都区	969	96.48	106 049	21 209.8	15 907.35	68 931.85	21.76	5.19	12.33	1 278.32	中度缺水
	南沙区	656	62.51	48 116	9 623.2	7 217.4	31 275.4	1377	12.32	347.38	55 571.51	相对丰水
	萝岗区	389	39.61	42 551	8 510.2	6 382.65	27 658.15	57	10.85	17.02	4 295.84	相对丰水
	增城市	1617	105.18	205 614	41 122.8	30 842.1	133 649.1	179.5	11.18	58.24	5 537.17	相对丰水
	从化市	1983	61.02	253 318	50 663.6	37 997.7	164 656.7	41.78	2.61	26.91	4 410.14	相对丰水
	禅城区	153.69	110	13 800	2760	2070	8970	603.5	2.82	151.77	13 797.45	相对丰水
佛山市	南海区	1 073.82	259	95 500	19 100	14 325	62 075	2109	11.47	533.46	20 596.81	相对丰水
	顺德区	806.15	248	73 900	14 780	11 085	48 035	2 637.8	10.02	664.25	26 784.42	相对丰水
	高明区	960	30	82 200	16 440	12 330	53 430	2 030.3	3.66	512.92	170 972.67	相对丰水
	三水区	874	44	75 700	15 140	11 355	49 205	2 412.2	4.10	607.97	138 175.11	相对丰水
惠州市	惠城区	1501	160.75	131 100	26 220	19 665	85 215	234	3.87	67.02	4 169.30	相对丰水
	惠阳区	920.2	78.75	145 700	29 140	21 855	94 705	34.66	1.89	18.14	2 302.92	轻度缺水
	惠东县	3535	92.7	443 600	88 720	66 540	288 340	36.04	4.44	37.84	4 082.42	相对丰水
	博罗县	2858	105.75	353 600	70 720	53 040	229 840	284	6.42	93.98	8 887.38	相对丰水
珠海市	香洲区	536	83.23	56 200	11 240	8430	36 530	832.8	2.05	211.85	25 453.92	相对丰水
	斗门区	625	59.99	93 800	18 760	14 070	60 970	769	2.05	198.35	33 063.34	相对丰水
	金湾区	535	24.03	77 200	15 440	11 580	50 180	1 012.3	1.48	258.09	107 404.49	相对丰水

续表 10-5

行政分区		计算面积 (km²)	人口 (万人)	地表水资源量 (×10⁴ m³)	河道生态需水量 (×10⁴ m³)	不可控制洪水量 (×10⁴ m³)	本地可开发利用水资源量(×10⁴ m³)	现状入境水资源量 (×10⁸ m³)	已开发利用水资源量 (×10⁸ m³)	可利用水资源量 (×10⁸ m³)	人均可利用水资源量 (m³)	水资源丰度等级
市	区											
中山市	中山市区	1 800.14	317.39	219 600	43 920	32 940	142 740	2 662.94	1.23	680.01	21 425.03	相对丰水
深圳市	福田区	78.66	135.71	10 074	2 014.8	1 511.1	6 548.1	0	18.46	0.65	48.25	极度缺水
	罗湖区	78.76	86.78	10 345	2069	1 551.75	6 724.25	0	2.42	0.67	77.49	极度缺水
	盐田区	74.64	21	30 481	6 096.2	4 572.15	19 812.65	0	1.44	1.98	943.46	重度缺水
	南山区	185.49	108.8	8707	1 741.4	1 306.05	5 659.55	0	0.37	0.57	52.02	极度缺水
	宝安区	398.38	401.78	41 793	8 358.6	6 268.95	27 165.45	0	1.90	2.72	67.61	极度缺水
	龙岗区	387.82	230	56 797	11 359.4	8 519.55	36 918.05	0	8.14	3.69	160.51	极度缺水
	蓬江区	320.53	73.09	41 900	8380	6285	27 235	0	4.79	2.72	372.62	极度缺水
	江海区	110.53	25.85	13 300	2660	1995	8645	0	2.45	0.86	334.43	极度缺水
	新会区	1 387.02	85.93	208 000	41 600	31 200	135 200	993	0.98	261.77	30 463.17	相对丰水
江门市	开平市	1 658.59	70.37	253 400	50 680	38 010	164 710	0	6.77	16.47	2 340.63	轻度缺水
	鹤山市	1 081.3	49.99	114 100	22 820	17 115	74 165	10.17	5.16	9.96	1 992.20	轻度缺水
	台山市	3 285.91	94.79	554 400	110 880	83 160	360 360	0	3.11	36.04	3 801.67	相对丰水
	恩平市	1 696.73	49.74	319 100	63 820	47 865	207 415	0	7.15	20.74	4 169.98	相对丰水
肇庆市	肇庆市区	15 056	402.21	1 362 000	272 400	204 300	885 300	2613	3.48	741.78	18 442.60	相对丰水
东莞市	东莞市区	2465	831.66	253 400	50 680	38 010	164 710	0	19.46	16.47	198.05	极度缺水

注：表中数据来源于 2013 年各市水资源公报。

(2) 可开发利用入境水资源量和已开发利用水资源量计算。可开发利用入境水资源量与区域水利工程设施及入境水资源量密切相关,它反映了一个地区的水资源量现状。各地区可开发利用水资源量数据可根据水资源公报以及有关行业部门统计获得。根据经验数据以及各地区实际情况,珠江三角洲经济区可开发利用入境水资源量占入境水资源量的25%左右。

已开发利用水资源是各地区各行业部门、居民生活及生态用水的总和,数据通过珠江三角洲经济区各地区水资源公报获取。

(3) 人均可利用水资源量计算。在本地可开发利用水资源量的基础上,扣除已开发利用的水资源量并加入可开发利用入境水资源量,由此测算出可开发利用水资源量,再除以当地人口,即是人均可利用水资源量。人均可利用水资源量反映一个地区水资源的现状、丰富程度。

经过计算,珠三角地区可利用水资源总量为 $5\ 670.29\times10^8\text{m}^3$,人均可利用水资源量为 $10\ 172.80\text{m}^3$,属于水资源丰富地区,人均可利用水资源丰度分区见图10-3。

2. 水资源承载力评价

(1) 本地水资源承载力评价。本地水资源承载力主要反映区域实际水资源承载量与承载水平的相对大小,其值越大表明水资源相对越紧张。其计算公式如下:

$$CCPS = \frac{CCP}{CCS}$$

式中,$CCPS$ 为水资源承载力指数;CCP 为水资源实际承载力,在此以用水量计;CCS 为水资源可承载水平,在此以本地水资源总量计。

由此计算该区域各县/区2013年承载力指数,并对本地水资源承载力进行分级。

(2) 可利用水资源承载力评价。可利用水资源承载力主要反映区域理论水资源承载量与承载水平的相对大小,其值越大表明可利用水资源承载力越小,水资源相对紧张。按照上述公式进行计算,其中 CCS 以可利用水资源总量计算,评价结果见表10-6。各地区可利用水资源承载力分区见图10-4。

从表10-6可以看出,珠三角地区各市县本地水资源承载力普遍较低,不足以支撑城市社会经济发展的规模。本地水资源承载力等级较低的地区主要集中在广州市、佛山市、深圳市和江门市及东莞市,其中深圳市福田区本地水资源承载力指数最高值为28.19,其次为广州市的南沙区和萝岗区,其本地水资源承载度依次为3.94和3.92,这些区域经济较发达,人口密度大,对水资源的需求量大;其次,降雨分布不均及面积大小也影响了本地水资源的数量。在考虑过境客水资源的基础上,整个深圳市可利用水资源承载力普遍很低,福田区最高为28.19、江门市的蓬江区和江海区分别为1.76和2.84、广州市中心区为1.13,说明以上区域的水资源相对紧缺,特别是深圳市及东莞市水资源供给形势最为紧张。

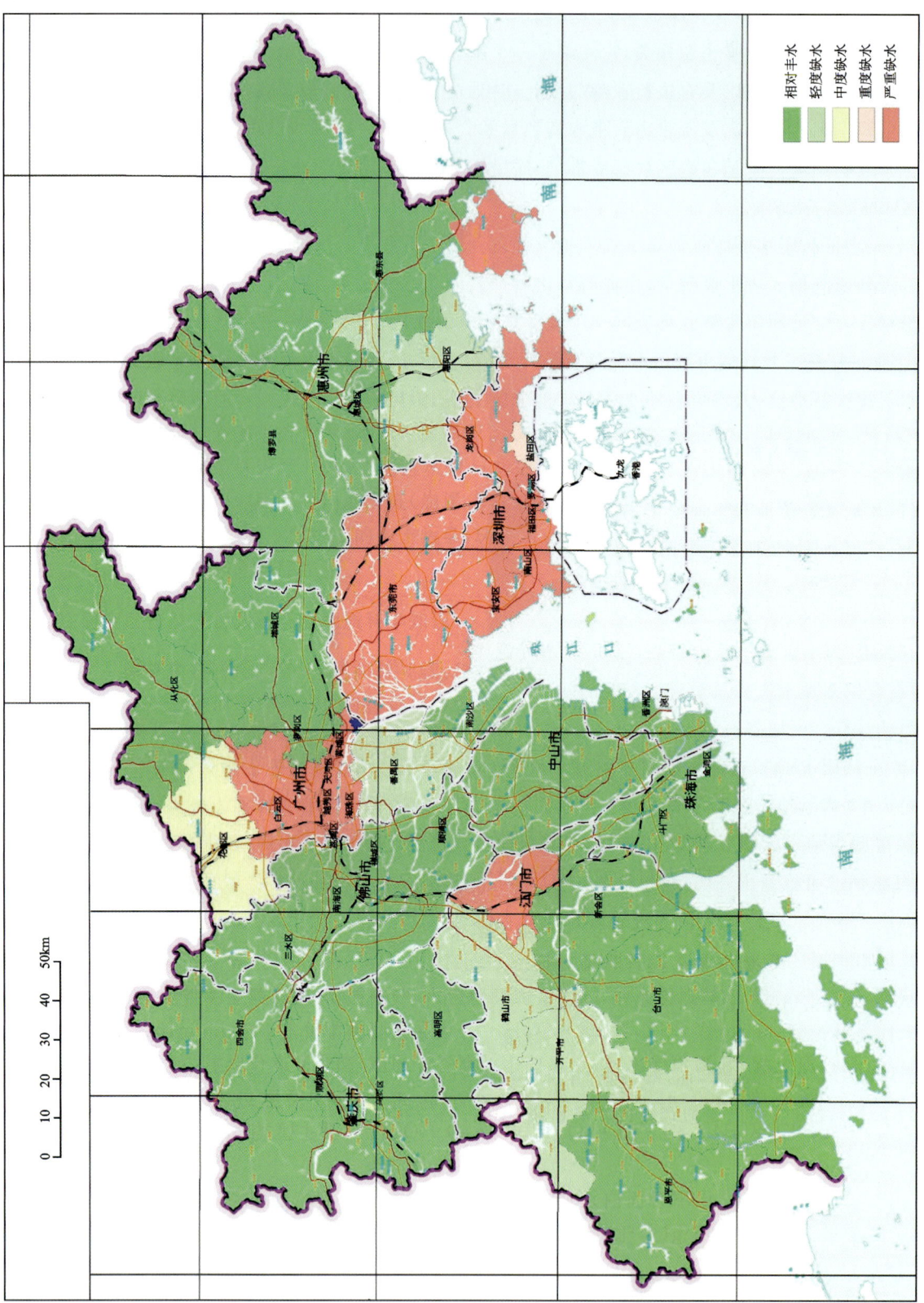

图10-3 珠江三角洲经济区人均水资源丰度分区图

表 10-6 珠江三角洲经济区水资源承载力等级

行政分区		本地可利用水资源总量($\times 10^8 m^3$)	可利用水资源总量($\times 10^8 m^3$)	用水量($\times 10^8 m^3$)	本地水资源承载力指数	本地水资源承载力等级	可利用水资源承载力指数	可利用水资源承载力等级
市	区							
广州市	中心区	7.08	18.95	21.43	3.03	严重超载	1.13	严重超载
	番禺区	2.78	36.71	4.86	1.75	严重超载	0.13	承载适宜
	花都区	6.89	12.33	5.19	0.75	轻度超载	0.42	承载紧张
	南沙区	3.13	347.38	12.32	3.94	严重超载	0.04	承载盈余
	萝岗区	2.77	17.02	10.85	3.92	严重超载	0.64	承载紧张
	增城区	13.36	58.24	11.18	0.84	轻度超载	0.19	承载适宜
	从化区	16.47	26.91	2.61	0.16	承载适宜	0.10	承载盈余
佛山市	禅城区	0.90	151.77	2.82	3.14	严重超载	0.02	承载盈余
	南海区	6.21	533.46	11.47	1.85	严重超载	0.02	承载盈余
	顺德区	4.80	664.25	10.02	2.09	严重超载	0.02	承载盈余
	高明区	5.34	512.92	3.66	0.69	承载紧张	0.01	承载盈余
	三水区	4.92	607.97	4.10	0.83	轻度超载	0.01	承载盈余
惠州市	惠城区	8.52	67.02	3.87	0.45	承载紧张	0.06	承载盈余
	惠阳区	9.47	18.14	1.89	0.20	承载适宜	0.10	承载盈余
	惠东县	28.83	37.84	4.44	0.15	承载适宜	0.12	承载适宜
	博罗县	22.98	93.98	6.42	0.28	承载适宜	0.07	承载盈余
珠海市	香洲区	3.65	211.85	2.05	0.56	承载紧张	0.01	承载盈余
	斗门区	6.10	198.35	2.05	0.34	承载适宜	0.01	承载盈余
	金湾区	5.02	258.09	1.48	0.29	承载适宜	0.01	承载盈余
中山市	中山市区	14.27	680.01	1.23	0.09	承载盈余	0.002	承载盈余
深圳市	福田区	0.65	0.65	18.46	28.19	严重超载	28.19	严重超载
	罗湖区	0.67	0.67	2.42	3.60	严重超载	3.60	严重超载
	盐田区	1.98	1.98	1.44	0.73	轻度超载	0.73	轻度超载
	南山区	0.57	0.57	0.37	0.65	承载紧张	0.65	承载紧张
	宝安区	2.72	2.72	1.90	0.70	轻度超载	0.70	轻度超载
	龙岗区	3.69	3.69	8.14	2.21	严重超载	2.21	严重超载
江门市	蓬江区	2.72	2.72	4.79	1.76	严重超载	1.76	严重超载
	江海区	0.86	0.86	2.45	2.84	严重超载	2.84	严重超载
	新会区	13.52	261.77	0.98	0.07	严重超载	0.004	承载盈余
	开平市	16.47	16.47	6.77	0.41	承载紧张	0.41	承载紧张
	鹤山市	7.42	9.96	5.16	0.70	轻度超载	0.52	承载紧张
	台山市	36.04	36.04	3.11	0.09	严重超载	0.09	承载盈余
	恩平市	20.74	20.74	7.15	0.34	承载适宜	0.34	承载适宜
肇庆市	肇庆市区	88.53	741.78	3.48	0.04	严重超载	0.005	承载盈余
东莞市	东莞市区	16.47	16.47	19.46	1.18	严重超载	1.18	严重超载

注：表中部分数据来源于 2013 年各市水资源公报。

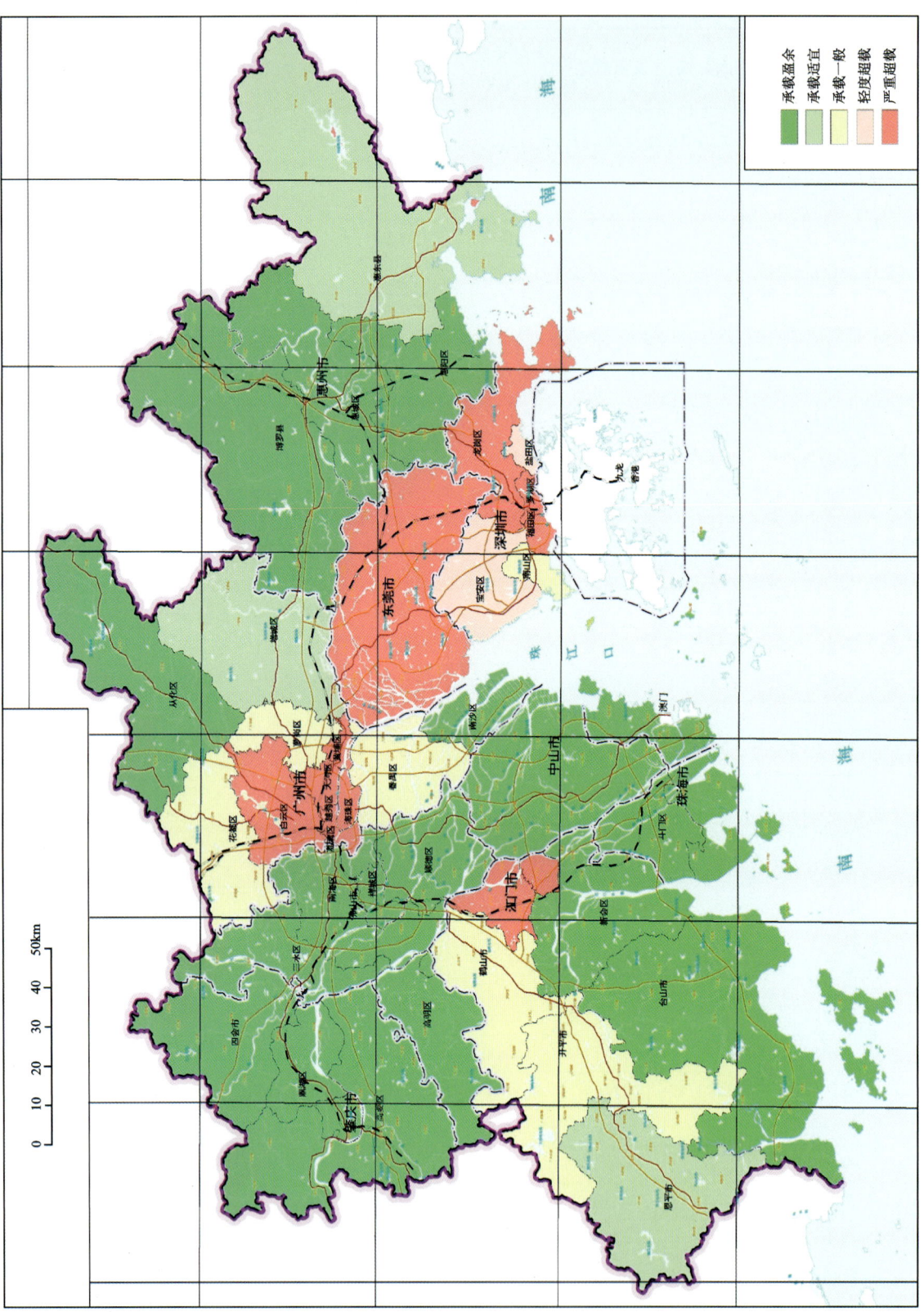

图10-4 珠江三角洲经济区人均水资源承载力分区图

3. 水资源人口承载力评价

(1)现状供水条件下人口承载力评价。现状供水条件下的水资源人口承载力是指在当前社会经济条件下,基于水资源开发利用现状、能力及用水标准,已开发利用水资源可支撑人口的最大规模。它反映了一个地区水资源开发利用的能力以及现状条件下水资源支撑社会经济规模的最大程度。根据水资源承载力的基本原理,现状供水条件下水资源人口承载力计算公式为:

现状供水条件下人口承载力＝某地区现状条件下可供水量÷人均需水量

本次研究采用"水资源承载人口强度指数 I"来表达水资源系统对社会经济发展的承载程度,指数值越大表明该地区水资源承载的人口规模越大。水资源承载人口强度指数公式如下:

$$I = \frac{P_s}{P_c}$$

式中,P_s 为实际的社会经济规模(主要为人口);P_c 为区域在某一社会发展水平,可利用水资源量可承载的最大人口规模;I 为水资源承载人口强度指数。

为保证社会经济和生态环境的可持续发展,应保证经济规模和人口规模不超过区域内水资源的最大支撑能力。当 $I>1$ 时,说明已经超出水资源最大人口承载力,I 越大,超出越严重;$I=1$ 时,说明处于水资源人口承载力临界状态;当 $0<I<1$ 时,说明该地区水资源开发利用在水资源承载力范围内,I 越小,可增加的人口承载力越大。

根据计算结果中 I 值的分布区间,对其进行了承载人口强度指数分级(表10-7),评价结果见表10-8。

表 10-7 现状供水条件下承载人口强度指数分级

I 值区间	$I \leqslant 0.6$	$0.6 < I \leqslant 0.8$	$0.8 < I \leqslant 1$	$1 < I \leqslant 1.2$	$I > 1.2$
承载程度分级	承载盈余	承载适宜	承载紧张	轻度超载	严重超载

表 10-8 珠江三角洲经济区水资源人口承载力评价表

行政分区		现状人口(万人)	人均用水量(m^3)	可利用水资源量($\times 10^8 m^3$)	居民生活用水量($\times 10^4 m^3$)	现状供水条件下可承载人口(万人)	现状供水条件下承载人口强度指数	可承载人口(万人)	可承载人口强度指数
市	区								
广州市	中心区	783.02	529.5	18.95	59 200	810.96	0.97	357.81	2.19
	番禺区	144.86	529.5	36.71	13 500	184.93	0.78	693.31	0.21
	花都区	96.48	529.5	12.33	6900	102.18	0.94	232.92	0.41
	南沙区	62.51	529.5	347.38	3500	51.83	1.21	6 560.48	0.01
	萝岗区	39.61	529.5	17.02	2800	42.62	0.93	321.36	0.12
	增城区	105.18	529.5	58.24	6700	91.78	1.15	1 099.90	0.10
	从化区	61.02	529.5	26.91	4500	66.64	0.92	508.23	0.12
佛山市	禅城区	110	255	151.77	9400	128.77	0.85	5 951.84	0.02
	南海区	259	436	533.46	22 967	314.62	0.82	12 235.26	0.02
	顺德区	248	402	664.25	21 879	299.71	0.83	16 523.72	0.02
	高明区	30	864	512.92	2089	31.80	0.94	5 936.55	0.01
	三水区	44	650	607.97	3868	58.87	0.75	9 353.39	0.00
惠州市	惠城区	160.75	362	67.02	6800	93.15	1.73	1 851.42	0.09
	惠阳区	78.75	359	18.14	3300	48.87	1.61	505.17	0.16
	惠东县	92.7	480	37.84	4900	72.57	1.28	788.42	0.12
	博罗县	105.75	607	93.98	5600	76.71	1.38	1 548.34	0.07

续表 10-8

行政分区		现状人口（万人）	人均用水量(m^3)	可利用水资源量（$\times 10^8 m^3$）	居民生活用水量（$\times 10^4 m^3$）	现状供水条件下可承载人口（万人）	现状供水条件下承载人口强度指数	可承载人口（万人）	可承载人口强度指数
市	区								
珠海市	香洲区	83.23	224	211.85	8810	130.47	0.64	9 457.72	0.01
	斗门区	59.99	353	198.35	2850	42.21	1.42	5 618.90	0.01
	金湾区	24.03	484	258.09	1830	27.85	0.86	5 332.50	0.00
中山市	中山市区	317.39	583	680.01	17 400	238.36	1.33	11 663.96	0.03
深圳市	福田区	135.71	491.46	0.65	11 035.7	151.17	0.90	13.32	10.19
	罗湖区	86.78	491.46	0.67	7 108.2	105.27	0.82	13.68	6.34
	盐田区	21	491.46	1.98	1 409.9	21.46	0.98	40.31	0.52
	南山区	108.8	491.46	0.57	8 718.38	119.43	0.91	11.52	9.45
	宝安区	401.78	491.46	2.72	25 835.41	353.91	1.14	55.27	7.27
	龙岗区	230	491.46	3.69	16 863.11	231.00	1.00	75.12	3.06
江门市	蓬江区	73.09	337	2.72	5336	79.02	0.92	80.82	0.90
	江海区	25.85	381	0.86	1885	28.69	0.90	22.69	1.14
	新会区	85.93	790	261.77	5518	81.72	1.05	3 313.54	0.03
	开平市	70.37	735	16.47	4864	72.03	0.98	224.10	0.31
	鹤山市	49.99	623	9.96	2950	44.90	1.11	159.86	0.31
	台山市	94.79	754	36.04	4945	73.23	1.29	477.93	0.20
	恩平市	49.74	700	20.74	2780	42.31	1.18	296.31	0.17
肇庆市	肇庆市区	402.21	486	741.78	22 300	394.17	1.02	15 262.96	0.03
东莞市	东莞市区	831.66	583	16.47	6688	91.62	9.08	282.52	2.94

注：表中人口数据来源于2013年各市统计年鉴，其他数据通过计算获得。

(2)可利用水资源人口承载力评价。可利用水资源人口承载力是指某地区某一时期，基于该区域社会经济发展水平、区域水资源赋存状态以及区域水资源开发利用能力，可利用水资源总量可支撑的最大人口规模。利用上一小节公式进行计算，根据计算结果，将可利用水资源人口承载强度指数进行分级（表10-9）。珠江三角洲可利用水资源人口承载力分区见图10-5。

表 10-9 可利用水资源承载人口强度指数分级

I值区间	$I \leqslant 0.1$	$0.1 < I \leqslant 0.4$	$0.4 < I \leqslant 0.7$	$0.7 < I \leqslant 1$	$I > 1$
承载程度分级	承载盈余	承载适宜	承载紧张	轻度超载	严重超载

4. 珠江三角洲经济区各类用水可供给量预测

城市供水主要用于以下几个方面：农业用水、一般工业用水、水电用水、城镇公共用水、居民生活用水及生态环境用水。每个城镇各类用水量因人口、经济发展情况、产业结构、各部门行业用水量等不同而不同，各类用水量占总用水量的比例也不同。本研究根据珠江三角洲经济区各城镇各部门行业对水资源的需求，研究分析各城镇的用水结构及现状条件下各类用水所占比例，采用可利用水资源量对可供各部门行业的水量进行预测评价，评价结果见表10-10。

第十章 珠江三角洲经济区资源环境承载力评价

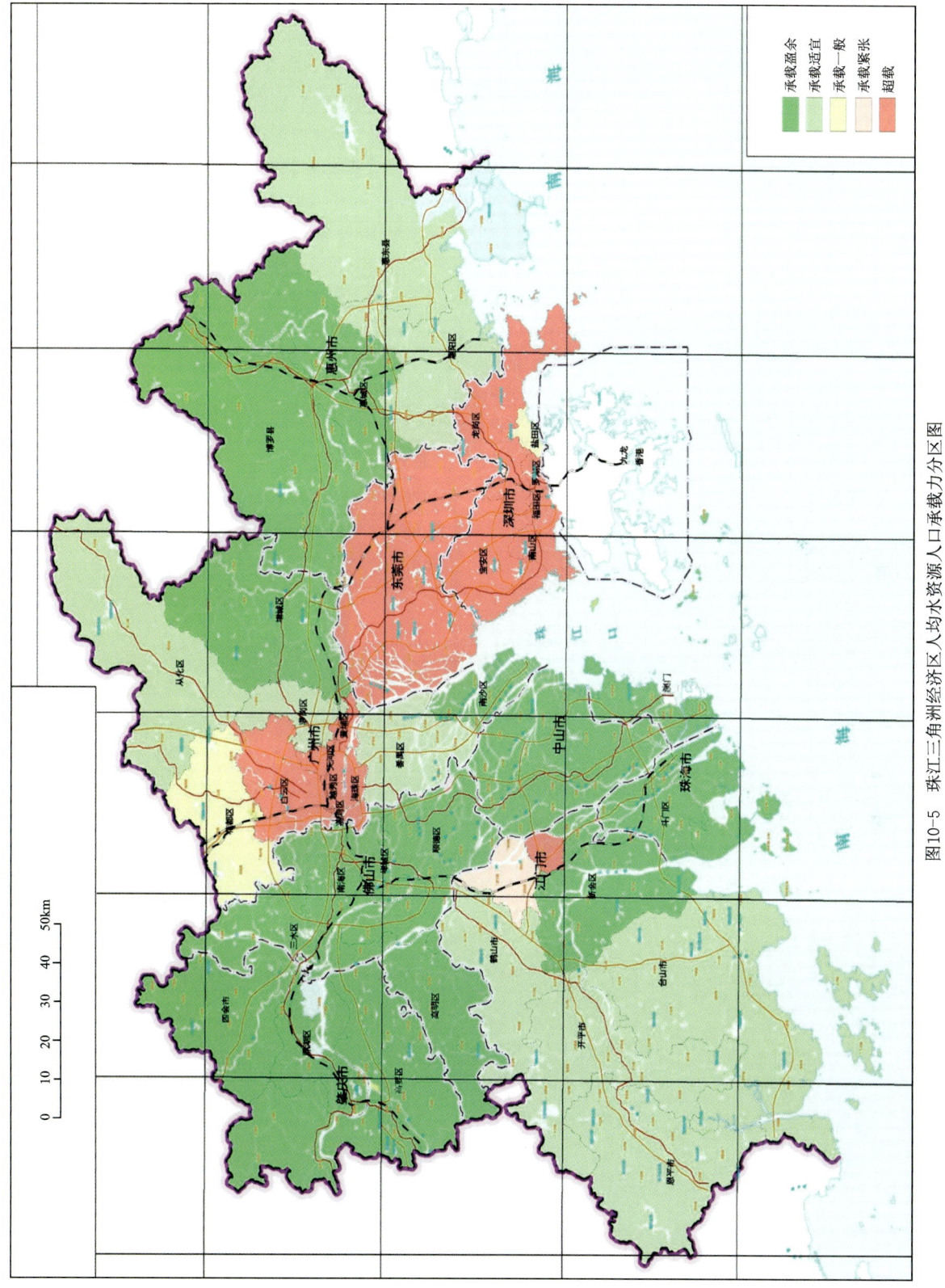

图10-5 珠江三角洲经济区人均水资源人口承载力分区图

表 10-10 珠江三角洲经济区可供各部门行业用水量预测　　单位：$\times 10^4 \mathrm{m}^3$

行政分区		可供农业用水量	可供一般工业用水量	可供火电用水量	可供城镇公共用水量	可供居民生活用水量	可供生态环境用水量	可供总用水量
市	区							
广州市	中心区	12 731	34 214	50 658	35 098	52 337	4420	189 458
	番禺区	91 400	108 018	0	64 962	101 975	755	367 109
	花都区	41 111	54 893	0	9030	16 397	1663	123 094
	南沙区	606 219	727 463	1 951 179	59 212	98 687	28 196	3 470 956
	萝岗区	5332	44 539	111 975	3607	4391	314	170 158
	增城区	155 237	134 400	236 502	11 460	34 902	9377	581 878
	从化区	155 690	50 522	0	17 528	46 398	0	270 138
佛山市	禅城区	54 980	314 626	0	339 583	506 679	301 851	1 517 720
	南海区	1 182 382	2 692 697	2 132 937	302 593	1 067 864	89 039	7 467 512
	顺德区	1 057 805	3 629 338	2 516 026	371 833	1 450 926	132 632	9 158 561
	高明区	2 979 688	1 504 126	598 038	178 109	292 508	174 749	5 727 218
	三水区	3 287 289	1 529 272	0	402 456	573 792	286 896	6 079 705
惠州市	惠城区	360 219	122 959	0	65 809	117 764	3464	670 215
	惠阳区	93 076	43 180	0	12 474	31 665	960	181 355
	惠东县	244 622	79 268	0	11 933	41 765	852	378 440
	博罗县	685 117	147 856	0	23 423	81 980	1464	939 840
珠海市	香洲区	63 834	407 628	0	718 005	911 474	17 588	2 118 530
	斗门区	875 274	514 472	0	209 550	382 831	1343	1 983 470
	金湾区	498 522	1 326 881	0	366 253	382 996	6279	2 580 930
中山市	中山市区	2 530 694	2 361 245	873 034	375 736	640 962	18 418	6 800 090
深圳市	福田区	10	476	36	2445	2988	593	6548
	罗湖区	45	560	0	2672	3308	181	6766
	盐田区	313	1252	45	6190	7566	4446	19 813
	南山区	229	298	146	2120	2591	276	5660
	宝安区	1195	11 128	103	4730	8621	1389	27 165
	龙岗区	1708	12 265	428	7745	13 001	1772	36 918
江门市	蓬江区	9325	8113	0	3877	5920	0	27 235
	江海区	2820	3032	0	1079	1658	0	8590
	新会区	1 491 031	815 981	0	93 593	213 231	3864	2 617 700
	开平市	125 601	17 310	0	5127	15 517	1155	164 710
	鹤山市	67 640	18 729	0	3235	9448	596	99 648
	台山市	295 417	30 495	0	7960	24 929	1558	360 360
	恩平市	176 257	9607	0	4407	16 578	567	207 415
肇庆市	肇庆市区	5 073 531	1 269 336	0	202 026	850 036	22 871	7 417 800
东莞市	东莞市区	7315	64 133	3795	24 215	5486	10 403	115 347

注：表中数据来源于2013年各市水资源公报。

(二)应急状态下水资源承载力评价

1. 应急水源地地下水资源概况

2007 年 11 月,广东省地质勘查局在珠江三角洲经济区开展了应急水源地勘查评价,确定了水资源相对丰富的广州市(广花盆地)、佛山市、肇庆市区、惠州市、四会市、高要区、东江三角洲(东莞市)、鼎湖区 8 个地下水源地,以及资源性缺水、水质性缺水最严重的中山市与珠海市(含市区及斗门区)等 3 个水源地(图 10-6)。

根据钻孔出水量大小进行的富水性分区结果表明:珠三角地区可作为生活饮用水和具有集中供水价值的地下淡水资源主要分布于江河谷地及岩溶盆地,地下淡水资源显得相当珍贵;珠江口平原区普遍为咸水,基岩裂隙水(除局部断裂带存在脉状水外)富水性普遍较差,集中供水意义不大;松散岩类孔隙水水量丰富区集中分布于东江、西江、北江及流溪河等河流谷地,多沿河流呈带状展布,以山间谷地型、傍河型或古河道型水源地为主。岩溶盆地孔洞裂隙水主要分布于广花盆地、肇庆盆地,富水性极不均匀:质纯的灰岩岩溶发育,水量丰富;白云质、碳质灰岩岩溶发育较差,地下水富水性亦较差。

对经济区内所有应急水源地具有集中供水意义的地下水资源进行计算得出地下水允许开采总量为 $192.12\times10^4\text{m}^3/\text{a}$,各水源地地下水允许开采量均小于天然补给量。依据水源地的规模,将广州市、佛山市、惠州市、鼎湖-四会南部、高要区 5 个水源地定为特大型水源地,肇庆市、四会市、东江三角洲地区 3 个水源地为大型水源地,中山市、珠海市区、斗门区 3 个水源地为中型水源区。

以《地下水质量标准》(GB/T 14848—93)为依据,结合《生活饮用水卫生标准》(GB 5749—2006)对应急水源地的水质进行了测试,将质量级别划分为Ⅰ类、Ⅱ类、Ⅲ类、Ⅳ类和Ⅴ类。一般来说,Ⅰ类、Ⅱ类和Ⅲ类水各项指标均符合水质评价标准,水质好,将其划分为资源质量级别可供饮用的地下水(A);Ⅳ类及Ⅴ类水(超标组分为一般化学指标)的资源质量级别划分为适当处理后可供饮用的地下水(B);Ⅴ类水(超标组分含毒性指标)的资源质量级别划分为毒理性指标轻度超标,应急状态下可供临时饮用的地下水(C);Ⅴ类水(毒性指标严重超标)的资源质量级别划分为毒理性指标严重超标,不宜饮用的地下水(D)。统计结果表明,10 个应急水源地中可供饮用的地下水 $2.24\times10^8\text{m}^3/\text{a}$,约占地下水允许开采总量的 31.9%;适当处理后可供饮用的地下水达 $4.65\times10^8\text{m}^3/\text{a}$,约占地下水允许开采总量的 66.3%;毒理性指标轻度超标,应急状态下可供临时饮用的地下水约 $0.09\times10^8\text{m}^3/\text{a}$,约占总量的 1.4%。合计可作为应急供水的地下水资源量为 $6.98\times10^8\text{m}^3/\text{a}$,约占地下水允许开采总量的 99.5%。而毒理性指标严重超标,不宜饮用的地下水约 $0.04\times10^8\text{m}^3/\text{a}$,仅占地下水允许开采总量的 0.5%。

2. 应急水源地地下水资源承载力

(1)应急状态下水资源承载力。由于应急水的取用量一般只考虑居民的基本生活用水,而不考虑生产用水,所以应急状态下的水资源承载力采用如下公式进行计算:

应急情况下的水资源承载能力=应急水源地所在区域单元的水资源可开采量÷应急情况下人均水资源需求标准

鉴于突发事件具有不可预知和不确定性,世界各国根据自身的国情和民众心理的承受能力提出了不尽相同的应对策略。澳大利亚由国家颁布了应急状态下的限水令,该限水令按应急程度分为五级,其中最高级别是压缩正常供水 60%,其次是 55%、40%、25%、15%。在缺水极为严重的情况下,美国环保署联邦应急管理中心和红十字会分别提出供水建议值为 1.89~18.93L/(人·d)和 3.79L/(人·d)。本次研究中应急状态下人均水资源需求标准采用红十字会提出的供水建议值,得出珠江三角洲经济区各应急水源地在应急条件下的水资源承载力,计算结果如表 10-11 所示。

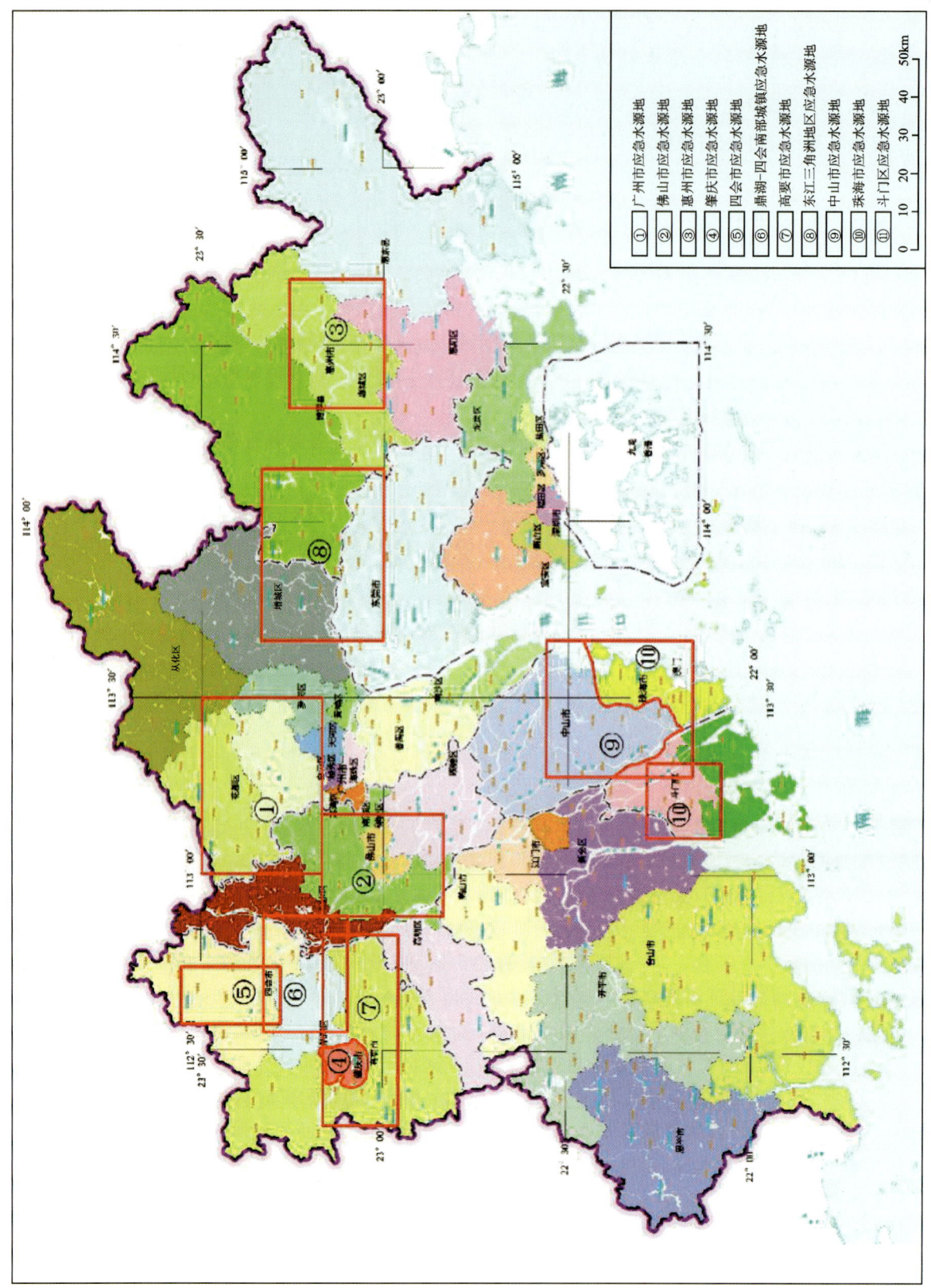

图 10-6　珠江三角洲经济区行政区划及应急水源地分布

表10-11 珠江三角洲经济区应急水源地水资源承载力计算表

应急水源地	地下水类型	面积（km²）	所在地区现有人口总数（万人）	水源地应急可开采量		现状开采量（×10⁴ m³/d）	现有应急井	
				资源量（×10⁴ m³/d）	可供应急供水人口（万人/d）		可采量（×10⁴ m³/d）	可应急供水人口（万人/d）
广州市	松散岩类孔隙水	49.73	1 292.68	5.11	1 348.28	0.03	5.08	1 340.37
	碳酸盐岩裂隙溶洞水	548.07		47.21	12 456.46	5.19	42.02	11 087.07
	块状岩类裂隙水	216.44		9.14	2 411.61	0.30	8.84	2 332.45
佛山市	松散岩类孔隙水	337.56	691.00	36.71	9 686.02	0.38	36.33	9 585.75
东江三角洲地区	松散岩类孔隙水	180.20	230.74	6.86	1 810.03	0.56	6.30	1 662.27
惠州市	松散岩类孔隙水	222.80	469.45	20.61	5 437.99	1.70	18.91	4 989.45
	碳酸盐岩裂隙溶洞水	50.52		3.20	844.33	0.05	3.15	831.13
珠海市区	松散岩类孔隙水	10.93	167.25	1.03	271.77	0.26	0.77	203.17
	基岩裂隙水	0.00		0.66	174.14	0.00	0.66	174.14
斗门区	松散岩类孔隙水	14.08	59.99	1.97	519.79	0.04	1.93	509.23
中山市	基岩裂隙水	41.89	317.39	3.44	907.65	0.40	3.04	802.11
四会市	松散岩类孔隙水	102.90	45.00	10.32	2 722.96	0.60	9.72	2 564.64
鼎湖区-四会南部城镇	松散岩类孔隙水	216.26	31.16	15.55	4 102.90	1.63	13.92	3 672.82
	碳酸盐岩裂隙溶洞水	38.75		1.82	480.21	0.26	1.56	411.61
高要区	碳酸盐岩裂隙溶洞水	162.93	73.33	14.22	3 751.98	1.73	12.49	3 295.51
肇庆市区	碳酸盐岩裂隙溶洞水	28.97	402.21	12.14	3 203.27	2.04	10.10	2 664.91
合计		2 222.03	3 780.20	191.22	50 129.29	15.16	176.06	46 126.65

注：表中原始数据来源于《珠江三角洲经济区应急水源地勘察评价》报告,2013。

(2) 水源地应急供水能力。根据各水源地地下水允许开采量、地下水质量分级、开采现状及地下水水质评价结果,珠江三角洲经济区应急水源地允许开采量包括可供饮用的地下水、适当处理后可供饮用的地下水和毒理性指标轻度超标,应急状态下可供临时饮用的地下水3个质量等级的地下水。经计算统计,从表10-11中可以看出,珠江三角洲应急水源地在应急状态下,上述三级应急地下水宜采区的总面积约$2222km^2$,应急可采总量约$191×10^4 m^3/d$,可供应急供水人口总数约50 129万人/d。其中,现有应急井可采量约$175×10^4 m^3/d$,可应急供水人口46 126万人/d。从各应急水源地的具体情况来看,所有应急水源地基本上能满足应急情况下该区域所有人口的饮水要求,尤以广州市、佛山市、东江三角洲地区、鼎湖区-四会市南部城镇及肇庆市较为突出,水资源量比较丰富,水资源承载力高。

总体上看,应急水源地可采总量具有满足珠江三角洲经济区内现有应急供水人口生活饮用水需水量的供水能力,应急供水能力较强。

三、珠江三角洲矿产资源承载能力评价

(一) 矿产资源承载状态评价

基于矿产资源承载状态的各项指标表征,本专著对珠三角地区以能源矿产、非金属矿产、黑色金属矿产、有色及稀有金属矿产、水气矿产的分类对矿产资源进行矿产资源承载状态评价。

1. 能源矿产承载能力评价

广东省及珠三角地区九地(市)煤炭、石油、天然气等能源资源缺乏,在本地区能源矿产中仅有泥炭及地热资源,且大宗能源矿产大量依赖外来输入及进口。珠三角地区具体能源矿产矿产地及资源量见表10-12。

表10-12 珠三角地区能源矿产矿产地及资源量一览表

各地(市)	能源矿产					
	煤炭		泥炭		地热	
	矿产地(处)	资源量($\times 10^4$ t)	矿产地(处)	资源量($\times 10^4$ t)	矿产地(处)	资源量(m^3/d)
广州市	2	97	/	/	15	/
佛山市	22	1 266.3	24	3 222.2	1	2500
肇庆市	4	723.8	16	452.87	4	1433
深圳市	/	/	/	/	4	/
东莞市	5	/	3	71.71	/	/
惠州市	2	261	/	/	18	6000
珠海市	/	/	/	/	5	10 373.2
中山市	/	/	2	100	1	696
江门市	11	1000	25	200	3	11 000
总计	46	6 442.9	70	4 046.78	51	32 002.2

广州市煤矿全部矿井闭坑,关闭矿山残留资源储量约97×10^4 t,由于闭坑不能提供铁矿资源,不再计算它的承载能力状态。珠三角地区能源矿产承载状态见表10-13。

表10-13 珠三角地区能源矿产承载状态一览表

各地(市)	能源矿产						承载状态		
	煤炭		泥炭		地热		煤炭	泥炭	地热
	最低开采规模	开采强度	最低开采规模	开采强度	最低开采规模	开采强度			
广州市	/	/	/	/	小型	—	/	/	盈余
佛山市	小型	14.39	小型	33.56	大型	—	超载	均衡	盈余

续表 10-13

各地(市)	能源矿产						承载状态		
	煤炭		泥炭		地热		煤炭	泥炭	地热
	最低开采规模	开采强度	最低开采规模	开采强度	最低开采规模	开采强度			
肇庆市	小型	45.23	小型	7.08	大型	—	盈余	超载	盈余
深圳市	/	/	/	/	大中型	—	/	/	盈余
东莞市	/	/	小型	5.98	/	/	/	超载	/
惠州市	小型	32.63	/	/	大中型	—	均衡	/	盈余
珠海市	/	/	/	/	大型	—	/	/	盈余
中山市	/	/	小型	12.5	大型	—	/	超载	盈余
江门市	小型	35.02	小型	17.5	大型	—	均衡	超载	盈余

佛山市石油、天然气、油页岩共 8 处,其中石油产地 3 处、天然气产地 1 处、油页岩产地 4 处。估算原油资源量 $670×10^4$ t。铀矿点 5 处,不具工业价值。珠江三角洲陆上地区石油、天然气、油页岩及铀矿也不计算承载能力。

肇庆市、惠州市、江门市的小型煤矿开采规模较小,开采强度均大于 20,矿产承载状态分别为盈余、均衡、均衡。

泥炭虽然是一种有机矿产资源,且在珠江三角洲的能源矿产方面占很大的比例,肇庆市、东莞市、中山市、江门市泥炭资源均处于超载状态,佛山泥炭资源承载处于均衡状态。

珠三角地区除东莞外均有地热分布,其中肇庆市、惠州市、江门市、珠海市等地温泉日流量较大,为大型地热,开采潜力巨大,资源承载状态为盈余。

珠三角地区现有及预测的能源资源量较少,且资源供给能力较差,大部分来源于进口或外地输入,煤炭、石油、天然气矿产对珠三角地区九地(市)经济发展缺乏承载,造成了能源矿产(除地热外)普遍超载的现状。

2. 非金属矿产资源承载能力评价

珠三角地区优势矿产资源是非金属矿产资源,非金属矿产资源主要有高岭土、灰岩、膨润土、硅质原料石膏、硝盐、各种建筑用石材大理岩与砂石等,具体矿产地数量及资源量详见表 10-14。

表 10-14 珠三角地区非金属矿产资源量及承载状态一览表

各地(市)	矿种	非金属矿产资源		最低开采规模	开采强度	承载状态
		矿产地(处)	资源量			
广州市	水泥用灰岩	13	$133\ 060×10^4$ t	中型	204.71	盈余
	熔剂用灰岩	1	$1748×10^4$ t	/	/	/
	硝盐	1	$5\ 942.5×10^4$ t	大型	198.08	盈余
	霞石正长岩	1	$25\ 000×10^4$ t	/	/	/
	萤石	5	$2.5×10^4$ t	小型	0.17	超载
	大理岩	5	$813×10^4$ m³	大型	162.6	盈余
	陶瓷土、长石	105	$52\ 000×10^4$ t	大型	49.52	盈余
	建筑用花岗岩	14	$62\ 613×10^4$ m³	大型	447.23	盈余

续表 10-14

各地(市)	矿种	非金属矿产资源		最低开采规模	开采强度	承载状态
		矿产地(处)	资源量			
佛山市	熔剂用灰岩	1	104×10^4 t	/	/	/
	冶金用砂岩	2	560.6×10^4 t	/	/	/
	铸型用砂、冶金用脉石英	6	100×10^4 t	/	/	/
	耐火黏土	11	500×10^4 t	/	/	/
	重晶石	2	51.1×10^4 t	/	/	/
	盐岩	4	2617×10^4 t	中型	65.43	盈余
	石膏	4	4103.9×10^4 t	大型	34.20	盈余
	磷矿	1	5774 t	小型	0.06	超载
	黄玉	1	8.89 t	/	/	/
	水泥用灰岩	14	44793×10^4 t	大型	32.00	均衡
	水泥配料用砂岩、页岩、黏土	18	1147×10^4 t	/	/	/
	陶瓷用砂岩	4	/	/	/	/
	建筑用砂	5	/	/	/	/
	高岭土	7	/	/	/	/
	膨润土	5	904.2×10^4 t	中型	36.17	均衡
	砖瓦用黏土	67	221×10^4 m³	小型	0.55	超载
	陶瓷用黏土	3	/	/	/	/
	铸石用玄武岩、粗面岩	1	1986×10^4 t	/	/	/
	水泥用粗面岩	2	538×10^4 t	/	/	/
	饰面用辉绿岩	1	500×10^4 m³	大型	500	盈余
	建筑用花岗岩	7	/	/	/	/
	砂岩石料	4	/	/	/	/
	磨石	1	24 975	大型	/	/
肇庆市	水泥用灰岩	41	35000×10^4 t	中型	17.07	超载
	石膏、硬石膏	4	5349×10^4 t	大型	44.57	盈余
	饰面用花岗岩	12	2×10^8 m³	大型	1 666.67	盈余
	建筑用花岗岩	91	10×10^8 m³	大型	109.89	盈余
	熔剂用灰岩	1	3839×10^4 t	/	/	/
	砚石	1	10×10^4 m³	/	/	/
	瓷土	37	1×10^8 t	小型	90.09	盈余
	磷矿	1	63.2×10^4 t	小型	6.32	超载
深圳市	蓝晶石	1	5.14×10^4 t	/	/	/
	水泥用灰岩	/	/	/	/	/
	饰面用大理岩	/	/	/	/	/
	饰面用辉绿岩	/	/	/	/	/
	建筑用花岗岩	/	/	/	/	/
	建筑用片麻岩	/	/	/	/	/

续表 10-14

各地(市)	矿种	非金属矿产资源		最低开采规模	开采强度	承载状态
		矿产地(处)	资源量			
东莞市	硝盐	1	/	/	/	/
	耐火黏土	4	510.5×10^4 t	/	/	/
	钾长石	3	92.3×10^4 t	/	/	/
	重晶石	2	30.46×10^4 t	/	/	/
	建筑用花岗岩	/	10×10^4 m³	大型	—	盈余
	水泥用大理岩和白云岩	1	413.66×10^4 t	/	/	/
惠州市	压电水晶	1	4585 kg	/	/	/
	钾长石	1	1481×10^4 t	/	/	/
	水泥用灰岩	3	1.35×10^8 t	中型	90.00	盈余
	玻璃砂矿	1	395×10^4 t	/	/	/
	建筑用花岗岩	/	/	/	/	/
珠海市	钾长石	4	/	/	/	/
	石英砂矿	12	4585×10^4 t	/	/	/
	建筑用花岗岩	7	355×10^4 t	/	/	/
	砖瓦用黏土	8	500×10^4 t	小型	2.08	超载
中山市	建筑用花岗岩	/	/	/	/	/
	高岭土	/	/	/	/	/
	耐火黏土	/	/	/	/	/
江门市	水泥用灰岩	23	1×10^8 t	中型	43.48	盈余
	玻璃砂矿	6	550×10^4 t	/	/	/
	高岭土	4	1700×10^4 t	中型	21.25	均衡
	白云岩	1	1.2×10^8 t	/	/	/
	钾、钠长石	19	180.6×10^4 t	/	/	/
	饰面用花岗岩	1	1500×10^4 m³	大型	1500	盈余
	饰面用辉绿岩	1	500×10^4 m³	大型	500	盈余
	建筑用花岗岩	142	10×10^8 m³	大型	70.42	盈余
	建筑用砂岩	11	5000×10^4 t	/	/	/

广州市非金属矿产资源丰富，主要矿产有建筑用花岗岩、水泥用灰岩、熔剂用灰岩、陶瓷土(长石)、硝盐、霞石正长岩、萤石、大理岩等。本专著对该市 8 种非金属矿产进行了资源承载能力评价，其中由于矿山规模及最低服务年限标准不明未对熔剂用灰岩和霞石正长岩进行评价，其他 6 项评价中，水泥用灰岩、硝盐、大理岩、陶瓷土(长石)、建筑用花岗岩 5 项盈余，萤石 1 项超载。整体而言，广州市非金属矿产资源承载能力处于盈余状态。

佛山市非金属矿产资源丰富，种类多，分布范围大，矿床规模小到大型。主要矿产有熔剂用灰岩，冶金用砂岩，铸型用砂，冶金用脉石英、耐火黏土、重晶石、盐岩、石膏、磷矿、黄玉，水泥用灰岩，水泥配料用砂岩、页岩、黏土，陶瓷用砂岩、黏土，建筑用砂、高岭土、膨润土、砖瓦用黏土，铸石用玄武岩、粗面岩，水泥用粗面岩，饰面用辉绿岩，建筑用花岗岩、砂岩石料、磨石等。本专著对该市 23 种非金属矿产进行了资源承载能力评价,其中由于矿山规模与最低服务年限标准不明及某些矿产资源量不明未对熔剂用灰岩、冶金用砂岩,铸型用砂,冶金用脉石英、耐火黏土、重晶石、黄玉,水泥配料用砂岩(页岩、黏土),建筑用砂、高岭土、陶瓷用黏土、砂岩,铸石用玄武岩、粗面岩,水泥用粗面岩、建筑用花岗岩、砂岩石料、磨石进行评价,其他 7 项评价中,盐岩、饰面用辉绿岩 2 项盈余,石膏、水泥用灰岩、膨润土 3 项均衡,磷矿、砖瓦用黏土 2 项超载。整体而言,佛山市非金属矿产资源承载能力处于均衡状态。

肇庆市非金属矿产资源较为丰富,主要矿产为水泥用灰岩、熔剂用灰岩、石膏(含硬石膏)、饰面用花岗岩、建筑用花岗岩、瓷土及砚石等。本专著对该市 8 种非金属矿产进行了资源承载能力评价,其中由于矿山规模与最低服务年限标准不明未对熔剂用灰岩与砚石进行评价,其他 6 项评价中,石膏(含硬石膏)、饰面用花岗岩、建筑用花岗岩、瓷土 4 项盈余,水泥用灰岩、磷矿 2 项超载。整体而言,肇庆市非金属矿产资源承载能力处于盈余状态。

深圳市非金属矿产种类较少,但资源量较丰富。主要矿产为水泥用灰岩、饰面用大理岩、饰面用辉绿岩、建筑用花岗岩、建筑用片麻岩等,局部可见蓝晶石。本专著对该市 6 种非金属矿产进行了资源承载能力评价,其中由于资源量不够明确未对水泥用灰岩、饰面用大理岩、饰面用辉绿岩、建筑用花岗岩、建筑用片麻岩进行评价,其他 1 项评价中,由于蓝晶石的矿山规模与最低服务年限标准不明未对其进行评价。整体而言,深圳市非金属矿产资源承载状态为超载。

东莞市非金属矿产种类少,非金属矿产中建筑用花岗岩、盐矿、硝盐相对较为丰富。主要矿产为硝盐、耐火黏土、钾长石、重晶石、建筑用花岗岩、水泥用大理岩和白云岩等。本专著对该市 6 种非金属矿产进行了资源承载能力评价,其中由于资源量不明和矿山规模与最低服务年限标准不明未对硝盐和耐火黏土、钾长石、重晶石、水泥用大理岩和白云岩进行评价,其他 1 项评价建筑用花岗岩盈余。整体而言,东莞市非金属矿产资源量较大,但种类较少,承载状态为超载。

惠州市非金属矿产种类较多,大中型矿产地较少,资源量相对较丰富,优势矿产主要有钾长石、水泥用灰岩、玻璃砂矿、建筑用花岗岩等。本专著对该市 5 种非金属矿产进行了资源承载能力评价,其中由于资源量不明和矿山规模与最低服务年限标准不明未对压电水晶、钾长石、玻璃砂矿、建筑用花岗岩进行评价,其他 1 项评价中,水泥用灰岩盈余。整体而言,惠州市非金属矿产资源量较大,但种类较少,承载状态为超载。

珠海市非金属矿产种类较少,资源量相对较丰富,矿产主要有钾长石、石英砂矿、建筑用花岗岩、砖瓦用黏土等。本专著对该市 4 种非金属矿产进行了资源承载能力评价,其中由于资源量不明和矿山规模与最低服务年限标准不明未对钾长石、石英砂矿、建筑用花岗岩进行评价,其他 1 项评价中,砖瓦用黏土超载。整体而言,珠海市非金属矿产资源种类较少,承载状态为超载。

中山市非金属矿产种类较少,资源量相对较少,矿产主要有建筑用花岗岩、高岭土和耐火黏土等。本专著对该市 3 种非金属矿产进行了资源承载能力评价,其中由于资源量不明和矿山规模与最低服务年限标准不明未对建筑用花岗岩、高岭土和耐火黏土进行评价。整体而言,中山市非金属矿产资源种类较少,资源量也较少,承载状态为超载。

江门市非金属矿产种类较多,资源量相对较多,本区非金属矿主要有水泥用灰岩、玻璃砂矿、高岭土、白云岩、钾(钠)长石、饰面用花岗岩和建筑用花岗岩等,其中优势矿产有水泥灰岩、白云岩、钾长石、建筑用花岗岩、饰面用花岗岩。本专著对该市 9 种非金属矿产进行了资源承载能力评价,其中由于资源量不明和矿山规模与最低服务年限标准不明未对玻璃砂矿、白云岩、钾(钠)长石等进行评价。其他 5 项评价中,高岭土 1 项均衡,水泥用灰岩、饰面用花岗岩、饰面用辉绿岩、建筑用花岗岩 4 项盈余。整体而言,江门市非金属矿产资源种类较多,优势矿产资源量相对较多,承载状态为盈余。

3. 黑色金属矿产资源承载能力评价

珠三角地区各类型铁矿储量约 2000 余万吨,相对于广东省 2014 年工业生产粗钢及钢材 $5\,157.54\times10^4$ t、进口铁矿砂及其精矿 $1\,865.61\times10^4$ t、进口钢材 454.11×10^4 t 而言,铁矿对珠三角地区九地（市）经济发展缺乏承载能力，造成了能源矿产超载的目前现状。珠三角地区黑色金属承载能力见表10-15。

表10-15 珠三角地区黑色金属承载能力评价表

各地（市）	矿种	黑色金属矿产资源		最低开采规模	开采强度	承载状态
		矿产地（处）	资源量			
广州市	铁矿	1	13.70×10^4 t	小型	2.74	超载
佛山市	铁矿	12	/	/	/	/
	锰矿	2	199×10^4 t	小型	19.9	超载
	硫铁	2	3.6×10^4 t	小型	0.36	超载
肇庆市	铁矿	47	4033.31×10^4 t	中小型	17.16	超载
深圳市	铁矿	1	/	小型	/	/
东莞市	铁矿	1	/	/	/	/
惠州市	铁矿	22	2600×10^4 t	中型	23.63	均衡
珠海市	铁矿	11	83×10^4 t	小型	1.51	超载
中山市	铁矿	/	/	/	/	/
江门市	铁矿	1	50×10^4 t	小型	10.00	超载

注：评价均采用坑采标准。

珠三角地区黑色金属以铁矿为主，局部可见锰，矿产种类较少，资源量相对较少。本专著对珠三角地区黑色金属矿产进行了资源承载能力评价，其中由于资源量不明未对佛山市、深圳市、东莞市、中山市的铁矿资源量进行评价。其他5地（市）铁资源量评价中，肇庆市、惠州市两市铁资源承载状态为均衡，广州市、珠海市、江门市铁资源承载状态为超载，佛山市锰、硫铁资源承载状态为超载。整体而言，珠三角地区黑色金属资源种类少，资源量也较少，承载能力处于超载的状态。

4. 有色及稀有金属矿产资源承载能力评价

珠三角地区有色金属主要以铜钼、铅锌、钨、锡、锑、锰、金银、稀土等为主，矿产地较为分散。珠三角地区有色及稀有金属矿产资源量及承载状态见表10-16。

表10-16 珠三角地区有色及稀有金属矿产资源量及承载状态一览表

各地（市）	矿种	有色及稀有金属矿产资源		最低开采规模	开采强度	承载状态
		矿产地/处	资源量			
广州市	钨	2	1240t	小型	0.02	超载
	锡	4	1742.30t	/	/	/
	铌铁、钽铌铁	6	8718t	大型	43.59	盈余
	铜	1	2881.33t	小型	0.10	超载
	钼	1	3118.33t	小型	0.10	超载
	铷	1	12×10^4 t	特大型	/	/
	稀土	3	2537.60t	小型	0.03	超载

续表 10-16

各地(市)	矿种	有色及稀有金属矿产资源		最低开采规模	开采强度	承载状态
		矿产地(处)	资源量			
佛山市	铅锌	6	138.197×10⁴t	大型	1.38	超载
	铜	1	8.6907×10⁴t	小型	2.90	超载
	钨	2	/	/	/	/
	锡	1	/	/	/	/
	钼	1	/	/	/	/
	金	3	/	/	/	/
	银	5	6997t	大型	233.23	盈余
	铌钽	2	/	/	/	/
	锂	2	/	/	/	/
	稀土	1	24.1×10⁴t	小型	2.41	超载
肇庆市	铜	1	97.98×10⁴t	大型	0.98	超载
	铌钽	10	2069.08t	/	/	/
	金	35	55.12t	大型	3.68	超载
	钨铋	11	5155t	/	/	/
	钼	1	8.79×10⁴t	小型	2.93	超载
	磷钇矿	3	4927t	中小型	/	/
深圳市	铅锌	1	/	小型	/	/
	钨	1	/	小型	/	/
东莞市	锡	2	/	/	/	/
	钛铁	1	/	/	/	/
	铜	/	/	/	/	/
	铅	/	/	/	/	/
	钴	/	/	/	/	/
	金	/	/	/	/	/
惠州市	铅锌	3	100×10⁴t	中型	3.33	超载
	铌钽	12	8×10⁴t	中小型	/	/
珠海市	钨	9	6×10⁴t	小型	1.2	超载
	金银	3	0.5t	小型	0.17	超载
	稀土	4	/	/	/	/
中山市	钨	/	/	/	/	/
	锡	/	/	/	/	/
江门市	锡	18	1.3×10⁴t	中型	0.43	超载
	钨	26	1530t	小型	0.03	超载
	铍	34	/	/	/	/
	独居石锆石石英砂	7	2×10⁴t	大型	/	/
	稀土	1	/	中型	/	/

广州市有色及稀有金属矿产资源丰富,有色及稀有金属矿产主要以钨锡矿、铌铁矿、钽铌铁矿、铜钼矿、铷矿、稀土矿为主。本专著对该市 7 种有色及稀有金属矿产进行了资源承载能力评价,其中由于矿山规模及最低服务年限标准不明未对锡和铷进行评价,其他 5 项评价中,铌铁、钽铌铁 1 项盈余,钨、铜、钼、稀土 4 项超载。整体而言,广州市非金属矿产资源承载能力处于超载状态。

佛山市有色及稀有金属矿产资源丰富,有色及稀有金属矿产主要以铅锌、钨、锡、钼、金、银、铌钽、锂、稀土为主。本专著对该市 10 种有色及稀有金属矿产进行了资源承载能力评价,其中由于矿山规模及最低服务年限标准不明未对钨、锡、钼、金、铌钽和锂进行评价,其他 4 项评价中,银 1 项盈余,铅锌、铜、稀土 3 项超载。整体而言,佛山市有色及稀有金属矿产资源承载能力处于超载状态。

肇庆市有色及稀有金属矿产资源丰富,有色及稀有金属矿产主要以铌钽、金、钨、铋、钼、铜、磷钇矿为主。本专著对该市 6 种有色及稀有金属矿产进行了资源承载能力评价,其中由于矿山规模及最低服务年限标准不明未对铌钽、钨铋和磷钇矿进行评价,其他 3 项评价中,金、钼 2 项超载。整体而言,肇庆市有色及稀有金属矿产资源承载能力处于超载的状态。

深圳市有色及稀有金属矿产资源种类较少,资源量也较少,有色及稀有金属矿产主要以铅锌和钨为主。整体而言,深圳市有色及稀有金属矿产资源承载能力处于超载状态。

东莞市有色及稀有金属矿产资源种类较少,矿产地规模较小,资源量也不多,金属矿产十分短缺,有色及稀有金属矿产主要以锡和钛铁为主。本专著对该市 6 种有色及稀有金属矿产进行了资源承载能力评价,其中由于矿山规模及最低服务年限标准不明未对锡、钛铁、铜、铅、钴、金等进行评价。整体而言,东莞市有色及稀有金属矿产资源承载能力处于超载状态。

惠州市有色及稀有金属矿产资源种类较多,资源量也较多,有色及稀有金属矿产主要以铅锌、铌钽为主。本专著对该市 2 种有色及稀有金属矿产进行了资源承载能力评价,其中由于矿山规模及最低服务年限标准不明未对铌钽进行评价。其他 1 项评价中,铅锌超载。整体而言,惠州市有色及稀有金属矿产资源承载能力处于超载状态。

珠海市有色及稀有金属矿产资源种类较少,资源量也较少,有色及稀有金属矿产主要以钨、金银、稀土为主。本专著对该市 3 种有色及稀有金属矿产进行了资源承载能力评价,其中由于矿山规模及最低服务年限标准不明未对稀土进行评价。其他 2 项评价中,钨和金银 2 项超载。整体而言,珠海市有色及稀有金属矿产资源承载能力处于超载状态。

中山市有色及稀有金属矿产资源种类较少,资源量也较少,有色金属矿产主要以钨、锡为主。本专著对该市 2 种有色及稀有金属矿产进行了资源承载能力评价,其中由于资源量不明未对钨、锡进行评价。整体而言,中山市有色及稀有金属矿产资源承载能力处于超载状态。

江门市有色及稀有金属矿产资源种类较多,资源量也较多,有色及稀有金属矿产主要以钨、锡、铍、独居石锆石石英砂、稀土为主。本专著对该市 5 种有色及稀有金属矿产进行了资源承载能力评价,其中由于资源量不明未对铍、独居石锆石石英砂、稀土进行评价。整体而言,江门市有色及稀有金属矿产资源承载能力处于超载状态。

珠三角地区有色及稀有金属矿产资源种类丰富,资源量较多,矿产地分布较为分散。在本次评价中,多数有色及稀有金属矿产承载状态为超载。

5. 水气矿产

珠三角地区水气矿产以矿泉水、地下水、地下肥水、二氧化碳气、氡气等为主。珠三角地区水气矿产资源量及承载状态见表 10-17。

表 10-17 珠三角地区水气矿产资源量及承载状态一览表

各地(市)	矿种	黑色金属矿产资源		最低开采规模	开采强度	承载状态
		矿产地(处)	资源量			
广州市	矿泉水	18	8348m³/d	大型	—	盈余
	地下水	/	/	/	/	/
佛山市	矿泉水	12	4306m³/d	大型	—	盈余
	地下水(供水地)	6	50.20×10⁴m³/d	大型	—	盈余
	地下肥水	1	130.7×10⁴m³/d	大型	—	盈余
	二氧化碳气	7	8×10⁸m³	小型	—	盈余
	氦气	4	/	/	/	/
肇庆市	矿泉水	13	3119m³/d	中型	—	盈余
	地下水(供水地)	5	24.277×10⁸m³	中型	—	盈余
深圳市	地下水		10.34×10⁸m³	/	17.23	超载
	矿泉水	11				
东莞市	矿泉水	11	1 522.5m³/d	小型	—	盈余
惠州市	矿泉水	16	3728m³/d	小型	—	盈余
珠海市	矿泉水	13	1804m³/d	中型	—	盈余
	地下水(供水地)	21	20×10⁴m³/d	/	/	盈余
中山市	地下水(供水地)	/	/	/	/	/
江门市	矿泉水	20	3 391.5m³/d	小型	/	盈余
	常温饮用地下水	33	16 152m³/d	/	/	盈余
	浅层沼气	1	35 298m³	/	/	/

珠三角地区水气矿产资源较为丰富,在承载能力评价中状态为盈余。深圳市地下水总储存量为 $10.34\times10^8 m^3$,理论上可开采量 $1.92\times10^8 m^3/a$,实际上极限开采量 $0.60\times10^8 m^3/a$,其开采强度为17.23,属于超载状态。

6. 承载能力评价结果

根据资源储量、开发利用程度及资源潜力等因素分析,珠三角地区矿产资源承载能力评价结果如下(表10-18)。

(1)本次承载状态评价总计计算珠三角地区9个地(市)172种各类矿产资源,计算出84个承载状态,另有88个承载状态由于评价标准及资源量不明未得到。其中承载超载状态的有9个地(市)的33种矿产资源,承载均衡状态的有3个地(市)的8种矿产资源,承载盈余状态的有9个地(市)的41种矿产资源。从整体上来看,珠三角地区的矿产资源承载呈现均衡状态;广佛肇组团共有25项矿产资源承载盈余,优于深莞惠组团和珠中江组团。

(2)珠三角地区能源矿产缺乏;非金属矿产种类丰富,分布广泛,资源量多;黑色金属资源量有一定规模;有色及稀有金属在珠江三角洲周边地区,尤其是肇庆市、惠州市、江门市、佛山市等;地热资源及矿泉水在整个地区都有分布,且资源量较多。

(3)非金属矿产如建筑用石材(花岗岩、大理岩、辉绿岩等)、饰面用石材(大理岩、辉绿岩等)、水泥用灰岩(熔剂用灰岩等)、地热、矿泉水、高岭土、耐火黏土、盐岩、石膏等,分布广泛,储量巨大,作为珠三角地区的优势矿种,在本次承载能力评价中,大多处于盈余状态,部分为均衡状态,非金属矿产资源承载状态为均衡—盈余。

(4)特色矿种如广州市的铷和霞石正长岩,佛山市的高岭土、锰和黄玉,肇庆市的铜钼、铁和砚石,惠州市的铌钽、玻璃用砂和压电水晶,江门市的独居石和玻璃用砂,深圳市的蓝晶石等,多数矿种在承载能力评价中处于均衡—盈余状态,部分矿种由于储量过于稀少而处于超载状态,特色矿种的矿产资源承载状态为均衡。

(5)在矿产资源类别中单矿种承载能力均衡—盈余的地区可以建议规划为勘查开发基地:一是肇庆市有色及贵金属资源勘查开发基地;二是惠州稀有及非金属资源勘查开发基地;三是江门-佛山-珠海地热勘查开发基地;四是广州-佛山-肇庆非金属资源勘查开发基地。

表 10-18 承载状态评价结果一览表

珠江三角洲地区	矿产资源状态		
	超载	均衡	盈余
广州市	萤石、铁矿、钨、铜、钼、稀土		地热、水泥用灰岩、硝盐、大理岩、瓷土、建筑用花岗岩、铌铁(铌钽铁)、矿泉水
佛山市	煤炭、磷矿、砖瓦用黏土、锰、硫铁、铅锌、铜、稀土	泥炭、水泥用灰岩、膨润土	地热、盐岩、石膏、饰面用辉绿岩、银、矿泉水、地下水(供水地)、地下肥水、二氧化碳气
肇庆市	泥炭、水泥用灰岩、磷矿、铁、铜、金、钼		煤炭、地热、石膏(含硬石膏)、饰面用花岗岩、建筑用花岗岩、瓷土、矿泉水、地下水(供水地)
深圳市	地下水(供水地)		地热
东莞市	泥炭		建筑用花岗岩、矿泉水
惠州市	铅锌	煤炭、铁	地热、水泥用灰岩、矿泉水
珠海市	砖瓦用黏土、铁、钨、金银		地热、矿泉水、地下水(供水地)
中山市	泥炭		地热
江门市	泥炭、铁、钨、锡	煤炭、水泥用灰岩、高岭土	地热、饰面用花岗岩、饰面用辉绿岩、建筑用花岗岩、矿泉水、地下水(供水地)
总计	33	8	41

(二)矿产资源开采引发的环境地质问题

珠三角地区社会经济的高速发展所带来的大量工程建设需要巨量的矿产资源予以支撑。巨量的建设用原材料(包括石材非金属矿产、黑色金属、有色金属等)大都由外围城镇地带(尤其是平原与山区的过渡地带)供给,导致这些地带成为各类资源开采场最密集、生态环境破坏最严重、环境地质问题最多和最集中的区域。珠三角地区的周边,尤其是矿产资源最丰富的地区内,在连续开采石灰石、花岗岩、高岭土以及铁矿、金银矿、石膏矿等矿产资源的背景下,引发了诸多环境地质问题。

1. 露天采矿引发的环境地质问题

(1)占用耕地、破坏生态环境。露采中需要大量剥离表土,矿产品及尾矿堆放、修建厂房和道路均需要占用大量的土地和摧毁林地,不仅人为改变了地形地貌形态,破坏了地表植被和地貌景观,而且破坏了原始生态平衡,使地质环境趋于恶化。

(2)引发水土流失,淤积河道、水库,毁坏农作物。引发水土流失主要包括开采面创伤(包括采矿面和修公路)增加暴雨冲刷面造成的砂土流失及排(堆)土场松散的弃土、废渣流失两种情况。流失的砂土、石块淤积于附近河沟造成河床淤高和洪涝灾害;淤积于农田耕地形成矿山荒地,轻者造成农作物减产,重者土地沙化不能耕种或荒芜,淤积于山塘水库造成库容减少甚至失去使用功能。

(3)粉尘飞扬,对周围环境造成较大的影响。据调查,该区几乎所有的花岗岩石场都采用机械进行碎石加工,许多采煤场要将所采的劣质煤就地焚烧制成水泥生产使用的熟料(煤渣),焚煤、爆破作业、加工、装载运输过程中产生了大量随风飘散的粉尘和弥漫的煤烟,不仅造成大气污染,而且严重影响周围人群的身体健康和农作物的正常生长。

(4)边坡失稳,安全隐患多。在经济利益的驱动下,矿山为了"少征地、多采矿",不断向纵深方向发展,形成陡峭的边坡,导致安全隐患。

2. 深坑及井下采矿引发的环境地质问题

(1)地下水位下降。深坑或地下采矿过程中通常都要进行疏干排水,随着矿山开采深度的增加和时间的推移,矿坑一带的地下水水位不断下降,影响范围也逐渐扩大,最终形成以开采区为中心的地下水位下降漏斗。地下水下降漏斗的形成往往导致矿山影响范围内出现地面塌陷、开采井(民井、机井等)水位下降而出现干涸和机井水泵悬空、房地裂等一系列环境地质问题。

(2)地面塌陷及房屋裂缝。地下开采的矿山,常因采空区疏干,上覆岩土坍塌造成地表发生一定程度的变形破坏。在隐伏岩溶区采矿常表现为地面塌陷,非岩溶区则表现为地面沉陷或沉降;通常发生地面沉(塌)陷时,矿山影响范围内的房屋均出现一定程度的墙体裂缝现象,严重时在边缘地带局部出现地裂缝。该区引发地面沉(塌)陷的主要因素包括地下开采石膏矿、地下(深坑)开采碳酸盐类岩矿。

3. 河道采砂引发的环境地质问题

河道采砂虽然可为经济区的发展和城市建设提供建筑砂料,但也可使珠江三角洲大部分河道由淤浅堵塞变为下切通畅,导致洪水位降低、河道行洪能力加强、航道水深增加和航道浅滩疏浚工程量减少。无序开采尤其是近十多年来由超量开采河砂资源,造成河床下切,从而引发防洪堤围和桥梁基础破坏、江岸坍塌、咸潮入侵影响供水等一系列环境地质问题,直接影响了该区人民的正常生活和生命财产安全,一定程度上对该区社会经济的可持续发展构成威胁。

江岸坍塌一般与附近或下游河道过量采砂导致河床坡度增加、水流速度加快等因素作用有关,大多发生于江河转弯的冲刷岸,具体位置多为运输船只频繁往来的渡口、码头,以力学强度低和凝聚力小的砂土岸为主。此外,因河道采砂导致河水流速加快和侧蚀作用加强,江河两岸小崩塌时有发生,使负担着保卫人民生命财产安全使命的东江大堤、西江大堤、北江大堤等江河堤围受到较大的威胁。

河水位下降也是咸潮上溯的诱因之一。河床下切、河床坡降变小、河水位下降增加了三角洲河网区河道的进潮能力,使咸潮沿河道往上游深入,咸潮线不断上移,不仅加重河口地带土地盐渍化、影响潮灌潮排区农业生产,还直接影响珠江口两岸城市供水厂的水源水质和正常供水。随着三角洲地区咸潮线不断上移,受咸潮上溯的影响,频率也在逐年加剧和增加,危害越来越严重,影响范围也越来越大。

4. 矿山"三废"污染

矿山排放的废水主要来源于金银矿、铜矿、铅锌矿、铁矿、萤石矿、高岭土矿、煤矿等。据调查,该区矿山多为小型企业或个体私营业主开采,大部分企业环保意识薄弱、采选设备简陋、采用急功近利和采富弃贫的开采方式,且矿山废水一般都未经处理就直接排放,对矿山附近的水土环境造成较大的污染。其污染类型主要有酸性水及铁质水污染、高氟水污染、悬浮物污染、氰化物污染等。这些矿山"三废"污染造成的严重水土环境污染,影响到饮水安全,造成土壤板结和农作物减产。

珠三角地区矿产储量较小,对于经济发展所必需的能源矿产资源和建材、冶金等的矿产资源,需要从外地,甚至国外进口。尤其是部分大宗能源矿产和急需矿产(如煤、石油、天然气、铁及有色金属等)资源不足,严重短缺。经过分析,得出影响社会经济发展的矿产资源因素是重要矿产品的总量保障不足、资源结构性矛盾突出,大宗矿产资源的对外依存度将进一步上升、资源的区域保障矛盾加剧,资源分布与工业布局不匹配问题变得更加突出。

四、珠三角地区土壤环境承载力评价

土壤环境承载力的研究方法有多种,目前常用的定量研究方法包括自然植被净第一生产力估测法、生态足迹法、资源与需求差量法、综合评价法、状态空间法等,每种方法都有各自的特点和适用范围。

本专著采用土壤剩余容量数学模型来评价土壤环境承载力。该模型把土壤环境承载力表现为土壤环境剩余容量,它是指土壤最大负荷量与污染现状值的差值,即土壤环境承载力。

根据国家《土壤环境质量标准》(GB15618—1995)中规定的各种重金属的标准值确定珠三角地区土壤各种重金属的临界含量值,结合珠三角地区各县(市)土壤重金属的现状实测值,计算土壤剩余容量,具体结果如表 10-19 所示。

表 10-19　珠三角地区各县(市)土壤重金属元素剩余容量　　　　单位:kg/hm^2

城市	区域	重金属剩余容量							
		As	Cd	Cr	Cu	Hg	Ni	Pb	Zn
广州	从化区	14.18	0.27	240.08	72.45	66.94	58.95	449.33	251.33
	增城区	62.10	0.23	206.33	49.73	67.16	50.40	456.75	247.73
	花都区	27.00	0.38	204.53	74.25	66.98	63.45	460.58	299.03
	主城区	52.20	−0.09	223.88	14.40	66.44	45.00	396.45	110.48
	大石镇区	36.00	0.07	212.63	40.28	67.03	49.73	353.70	222.30
	市桥镇区	56.03	0.23	216.45	48.38	67.14	49.95	461.25	286.20
	横沥-南沙区	45.23	−0.29	134.78	−23.4	66.76	1.35	436.50	143.33
	大岗镇区	57.60	0.25	129.60	38.48	67.21	29.25	291.15	158.40

续表 10-19

城市	区域	重金属剩余容量							
		As	Cd	Cr	Cu	Hg	Ni	Pb	Zn
佛山	三水区	39.38	−0.38	223.43	48.83	67.19	45.45	452.03	232.20
	大沥区	52.88	−0.09	198.00	−1.35	66.15	44.78	435.38	114.98
	主城区	53.10	0.02	204.08	32.40	65.70	47.93	431.55	135.45
	平洲镇区	50.63	−0.43	180.45	−801.0	66.42	24.08	289.58	−592.4
	高明区	−0.23	−1.58	160.43	−9.00	66.96	35.78	−118.3	−6.07
	南庄-九江镇	42.98	−1.17	192.38	−12.8	66.20	27.45	431.55	119.25
	顺德城镇带	52.88	−0.27	169.65	−3.60	66.92	25.43	420.53	120.15
深圳	沿海城镇带	74.70	0.36	247.28	22.05	67.34	54.23	451.13	231.75
	龙华城镇带	85.05	0.45	297.00	89.78	67.39	73.80	466.65	306.90
	凤岗城镇带	31.05	0.41	205.65	56.70	67.39	55.58	492.53	278.78
	龙岗城镇带	−40.0	0.41	209.70	65.03	67.34	61.20	424.80	277.43
东莞	主城区	65.03	0.36	228.15	62.33	67.21	59.18	458.10	286.43
	石龙城镇带	68.63	0.32	233.78	33.75	67.19	54.68	462.60	266.63
	樟木头城镇带	73.13	0.41	232.65	61.20	67.32	63.68	453.60	326.70
	虎门城镇带	72.23	0.43	236.93	56.25	67.25	60.08	455.63	286.43
惠州	主城区	58.05	0.32	231.98	58.05	67.14	56.70	447.08	224.33
	惠东市区	−15.75	0.41	268.88	70.88	67.10	73.58	428.40	264.83
	惠阳县区	44.10	0.41	257.18	80.10	67.28	66.60	445.50	303.08
江门	鹤山市区	47.03	0.16	276.98	64.35	67.07	63.23	370.35	256.73
	主城区	63.68	−1.42	183.60	7.88	67.23	37.35	431.55	247.05
	新会市区	39.83	0.11	141.30	25.20	67.16	31.28	466.20	245.70
	开平市区	65.25	0.27	210.60	37.80	66.53	57.38	450.00	268.43
	恩平市区	75.15	0.47	216.45	80.55	67.19	69.75	499.50	359.33
	台山市区	55.80	0.43	203.85	63.68	67.10	61.65	480.15	317.70
中山	东凤城镇带	60.98	−0.36	183.83	−60.1	67.23	26.10	453.38	117.68
	主城区	72.23	0.20	233.55	56.48	67.12	56.93	432.68	220.50
	三乡城镇带	63.23	0.25	231.08	43.65	67.21	45.23	431.10	243.90
珠海	主城区	77.40	0.43	283.28	71.33	67.32	63.90	419.40	286.88
	斗门区	76.28	0.25	272.70	63.45	67.16	58.05	382.28	289.35
肇庆	四会市区	70.88	0.41	264.38	77.18	67.32	61.88	472.28	315.00
	主城区	59.40	−0.50	183.83	11.48	66.96	38.70	464.63	109.80

根据表 10-19 得出的结果,结合每个区的地理位置坐标,保存为 Text 文件。经过 Sufer 软件的插值法得到等值线图,再利用 GIS 的编辑功能得出珠三角地区土壤环境承载力分布图(图 10-7～图 10-14)。

第十章 珠江三角洲经济区资源环境承载力评价

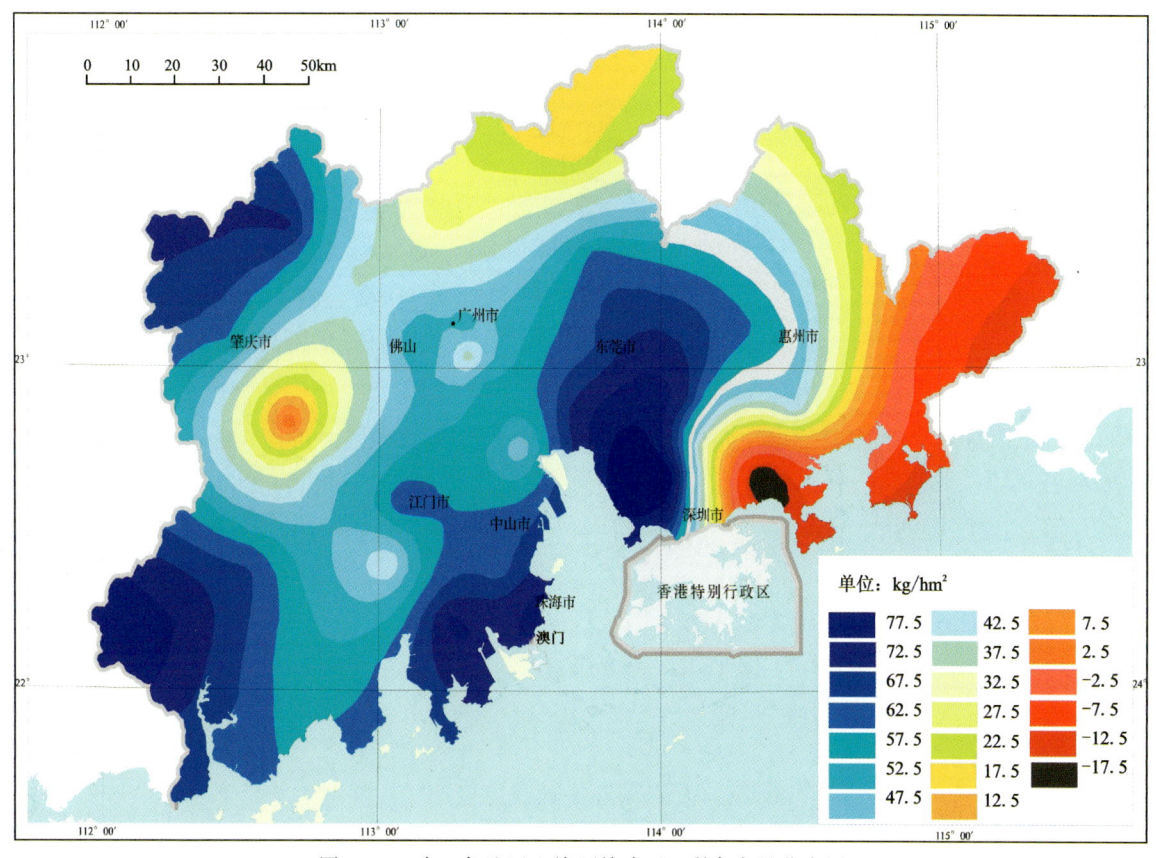

图 10-7 珠三角地区土壤环境中 As 剩余容量分布图

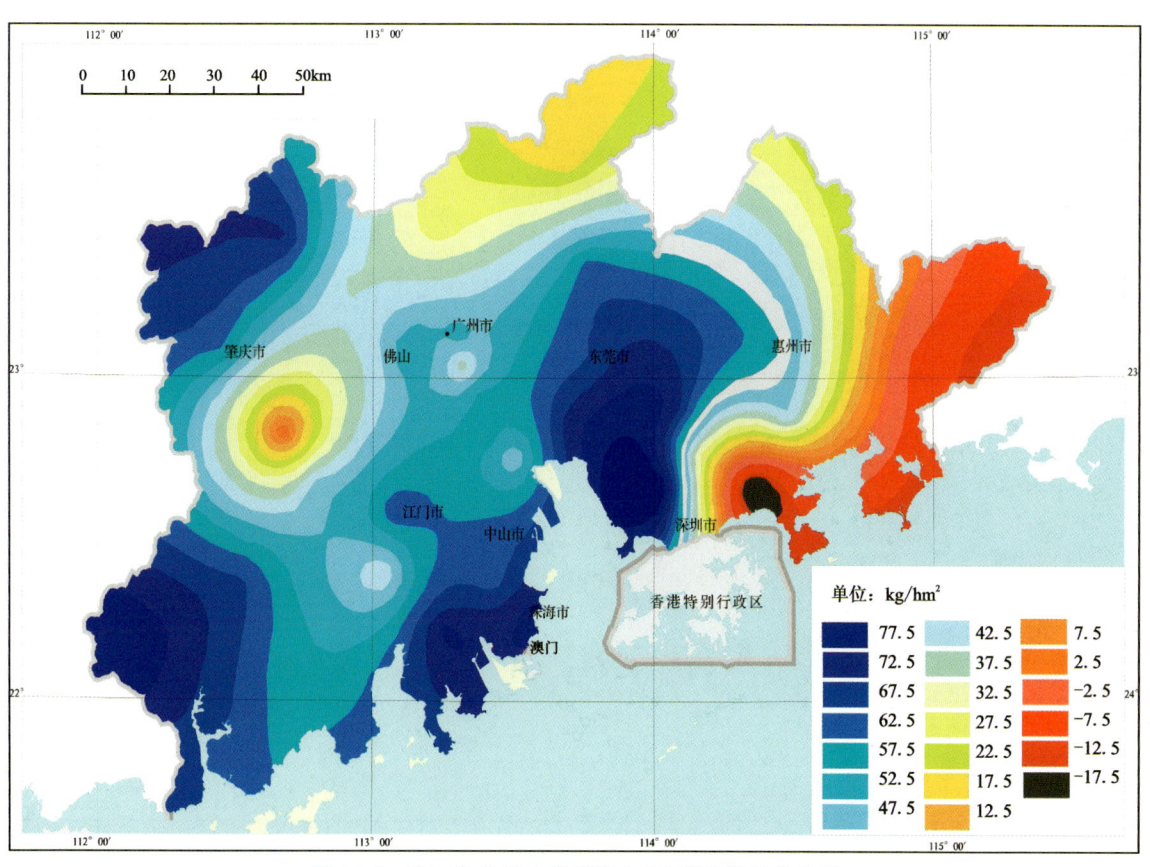

图 10-8 珠三角地区土壤环境中 Cd 剩余容量分布图

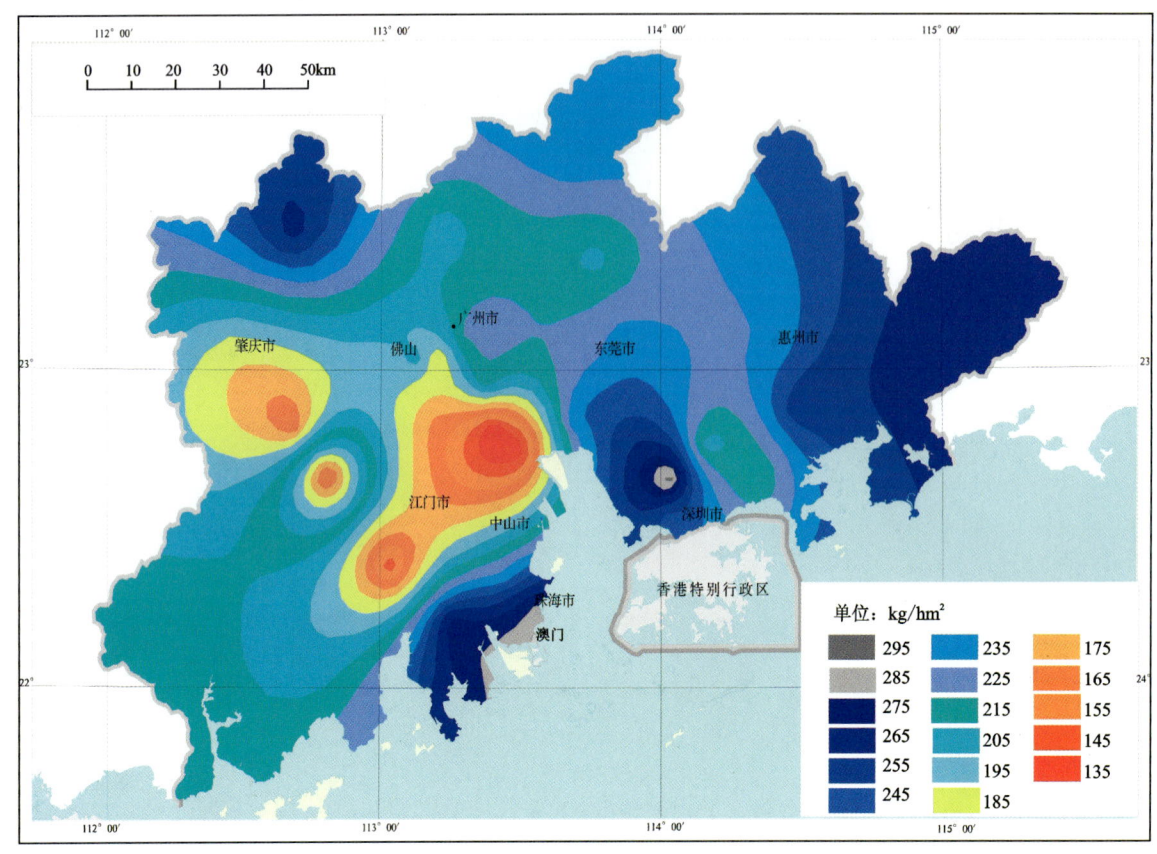

图 10-9　珠三角地区土壤环境中 Cr 剩余容量分布图

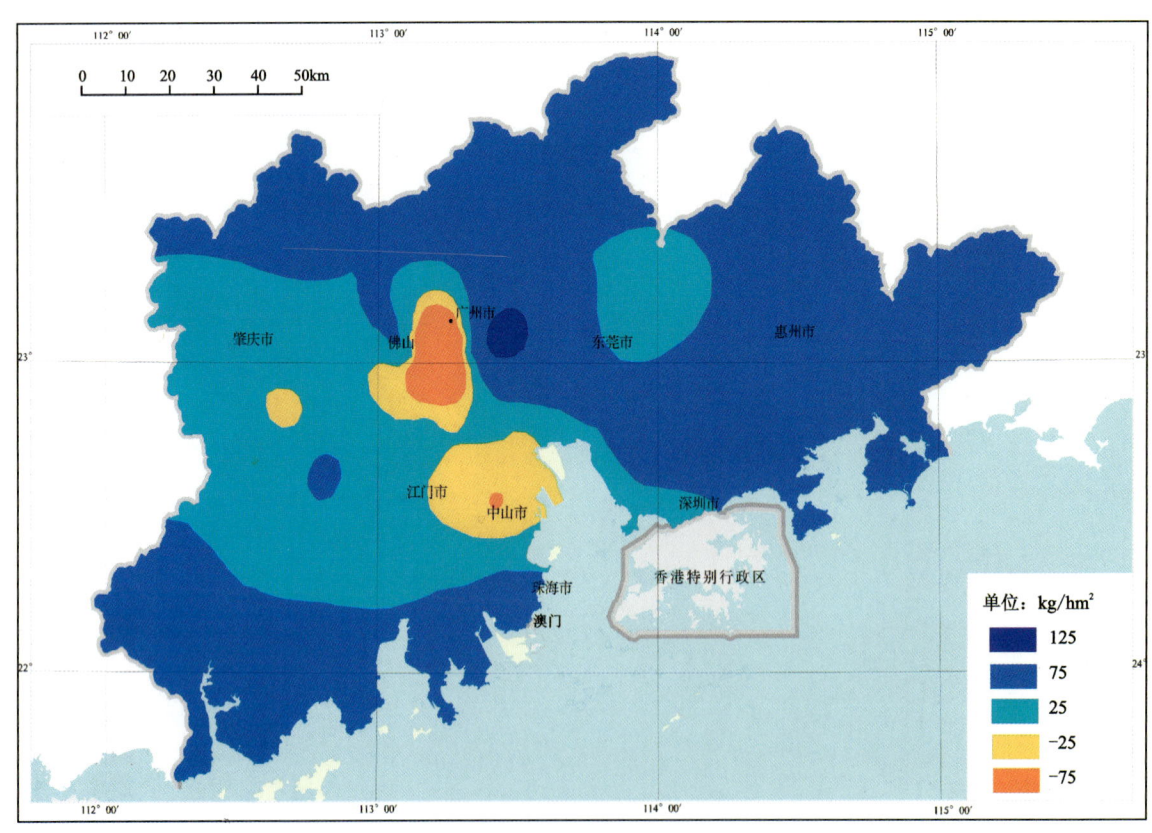

图 10-10　珠三角地区土壤环境中 Cu 剩余容量分布图

第十章 珠江三角洲经济区资源环境承载力评价

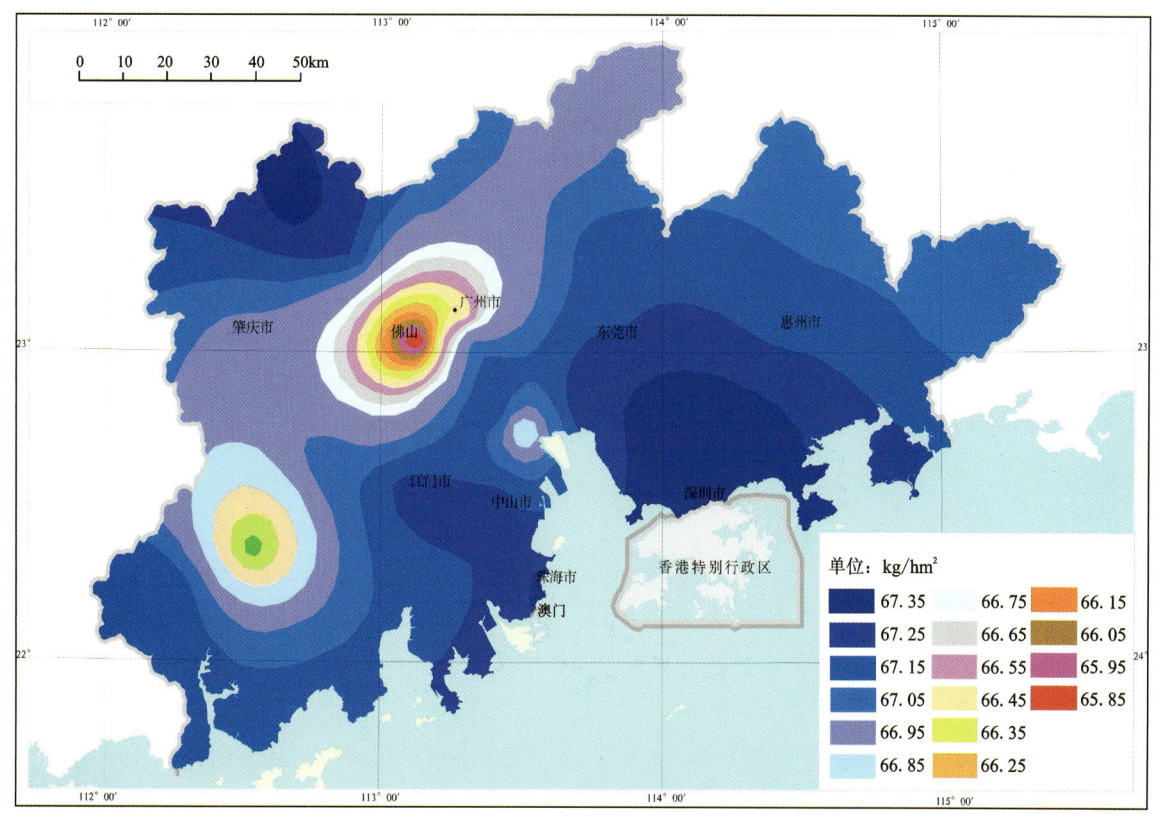

图 10-11　珠三角地区土壤环境中 Hg 剩余容量分布图

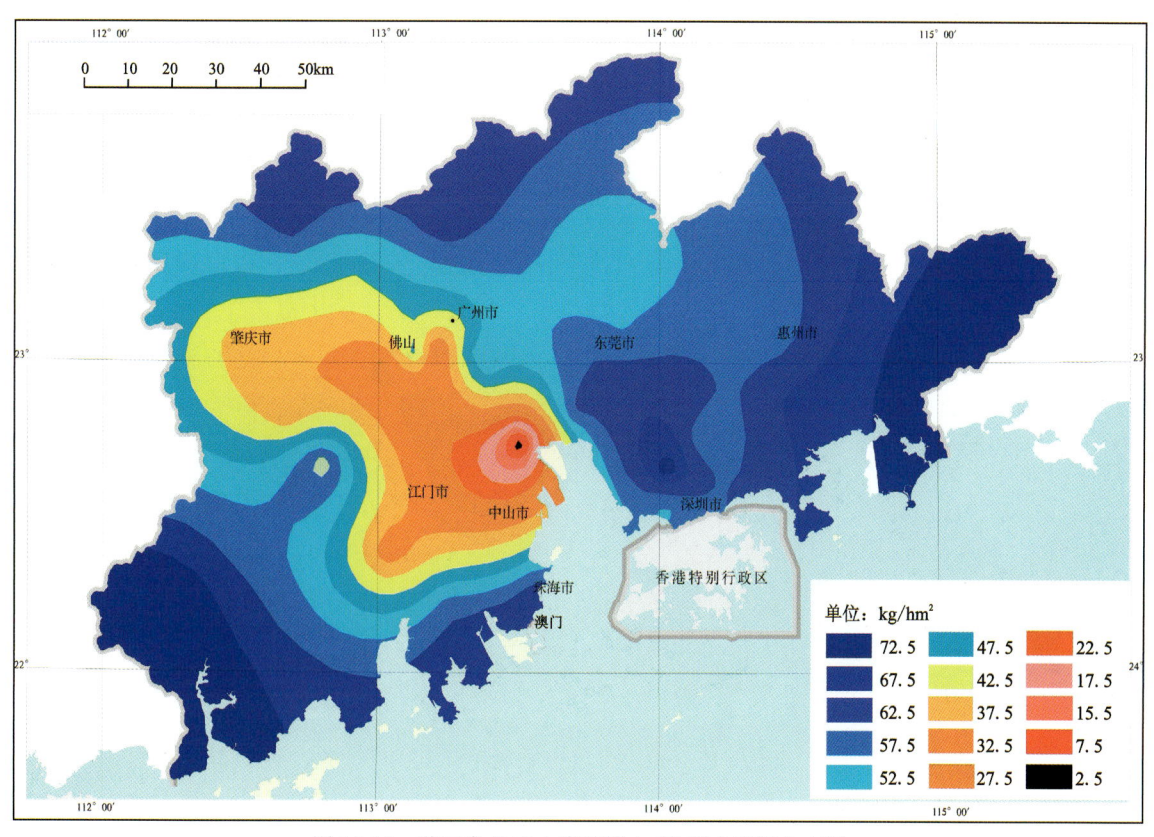

图 10-12　珠三角地区土壤环境中 Ni 剩余容量分布图

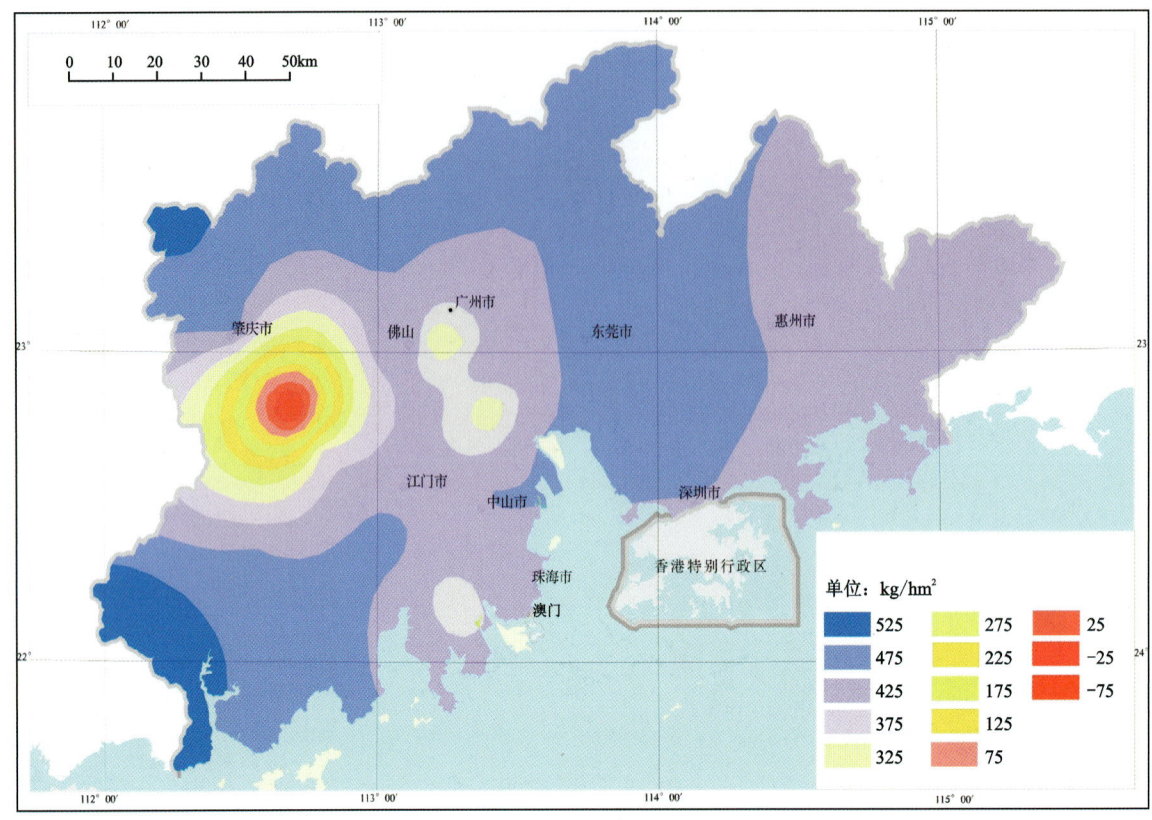

图 10-13 珠三角地区土壤环境中 Pb 剩余容量分布图

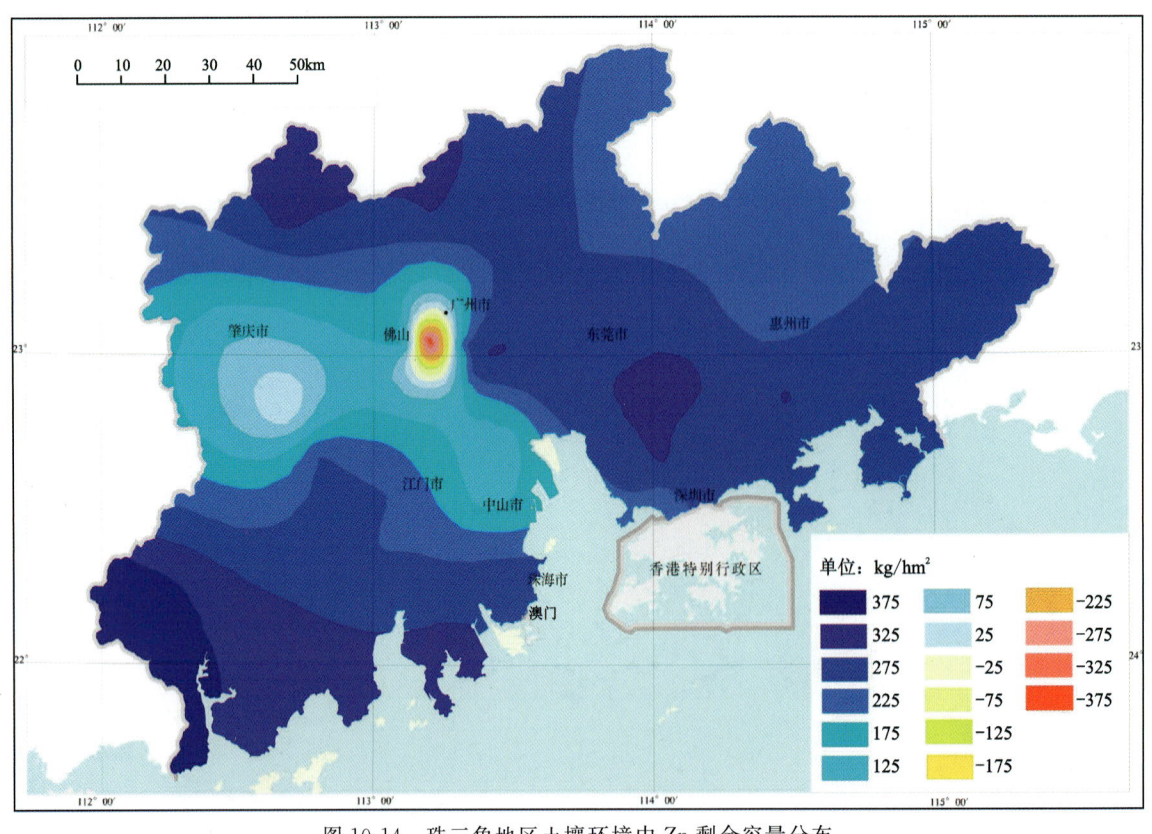

图 10-14 珠三角地区土壤环境中 Zn 剩余容量分布

由图10-7分析可知,珠三角地区土壤环境As容量较高地区主要分布在江门恩平市、肇庆市、中山南部、深圳北部及东莞南部等地区,这些地区以As为代表的土地环境承载力较强;而As土壤容量较低的地区主要分布在广州佛山一带、深圳东南及惠州南部一带,这些地区As污染面临超标严重的威胁,土壤环境承载力较弱;其他地区土壤As容量一般。

由图10-8分析可知,珠三角地区土壤环境Cd容量较高的地区主要分布在江门市西南部、肇庆东北部及惠州、深圳的沿海一带,这些地区以Cd为代表的土地资源承载力较强;Cd容量较低的地区主要集中在以广州、佛山、中山为中心的地带,呈辐射状向外逐渐增大,这些地区有的地方容量甚至出现负值,土壤环境承载力较弱甚至超载;其他地区土壤环境Cd容量一般,即承载能力一般。

由图10-9分析可知,珠三角地区土壤环境Cr容量较高的地区主要分布在肇庆市中部及东北部、珠海及惠州东南部,这些地区以Cr为代表的土壤环境承力较强;Cr容量较低的地区主要分布在佛山西南部,以及以中山市的顺得区和新会区一带,土壤环境承载力较弱;其他地区土壤环境Cr容量一般。

由图10-10分析可知,珠江三角洲土壤环境Cu容量普遍较高,分布较为广泛;Cu容量较低的地区主要集中在中山市及广州西南部,即这些地区以Cu为代表的土壤环境承载力较低。

由图10-11分析可知,珠江三角洲土壤环境Hg容量较高的地区主要分布在肇庆东北部、深圳—惠州一带及中山、珠海地区,这些地区以Hg为代表的土壤环境承载力较强;Hg容量较低的地区分布在以广州和佛山交界处,呈辐射状分布,土壤环境承载力较弱;其他地区土壤环境容量一般,承载力一般。

由图10-12分析可知,珠三角地区土壤环境Ni容量较高的地区主要分布在江门市西南部、肇庆—广州北部及东莞—惠州—深圳一带,这些地区以Ni为代表的土壤环境承载力较强;Ni容量较低的地区主要分布在中山市,承载力较低;其他地区Ni容量一般。

由图10-13分析可知,珠三角地区土壤环境Pb容量较高的地区主要分布在肇庆—广州北部、东莞市、深圳市及惠州西部,这些地区以Pb为代表的土壤环境承载力较强;Pb容量较低的地区主要分布在佛山本南部,呈辐射状分布,这些地区以Pb为代表的土壤环境承载力较弱;其他地区Pb容量一般。

由图10-14分析可知,珠三角地区土壤环境Zn容量普遍较高,多在$225\sim325kg/hm^2$之间,研究区以Zn为代表的土壤环境承载力普遍较强;Zn容量较低的地区主要分布在广州西南部,土壤环境承载力较弱;其他地区Zn容量一般。

利用MapGIS空间分析功能将这8种重金属元素进行叠加分析,对每个区进行取差原则,最后得出珠三角地区土壤环境承载力评价分区图(图10-15)。

综上所述,以上8种重金属元素的土壤环境容量分布中,肇庆市、惠州市、江门市及珠海市等地的各种重金属环境容量普遍较高;而广州—佛山一带出现多种离子的土壤环境容量偏低,如Cd、Hg、As等,甚至还有负值出现,故在这些地区应加强土壤环境保护,以防土壤质量退化。

五、珠江三角洲经济区水环境承载力评价

(一)地表水环境承载力评价

本次对珠江三角洲经济区地表水环境容量的计算,是依据《广东省地表水环境功能区划》制订的水质目标和现有参数,对比流域水质现状,以COD和氨氮作为总量控制的主要目标测算的。

1. 珠江三角洲经济区污染排放情况分析

珠三角地区经济发展迅速,人口密度大,无论是用水量(总用水量、生活用水量和工业用水量)还是污水排放量(生活污水和工业污水)都很大。食品加工业、造纸和纸制品业、纺织业、化工原料和化学制品业等都是工业废水的主要来源。珠江全流域2013年废污水排放量已达$172.33\times10^8 t$,河道水体皆遭

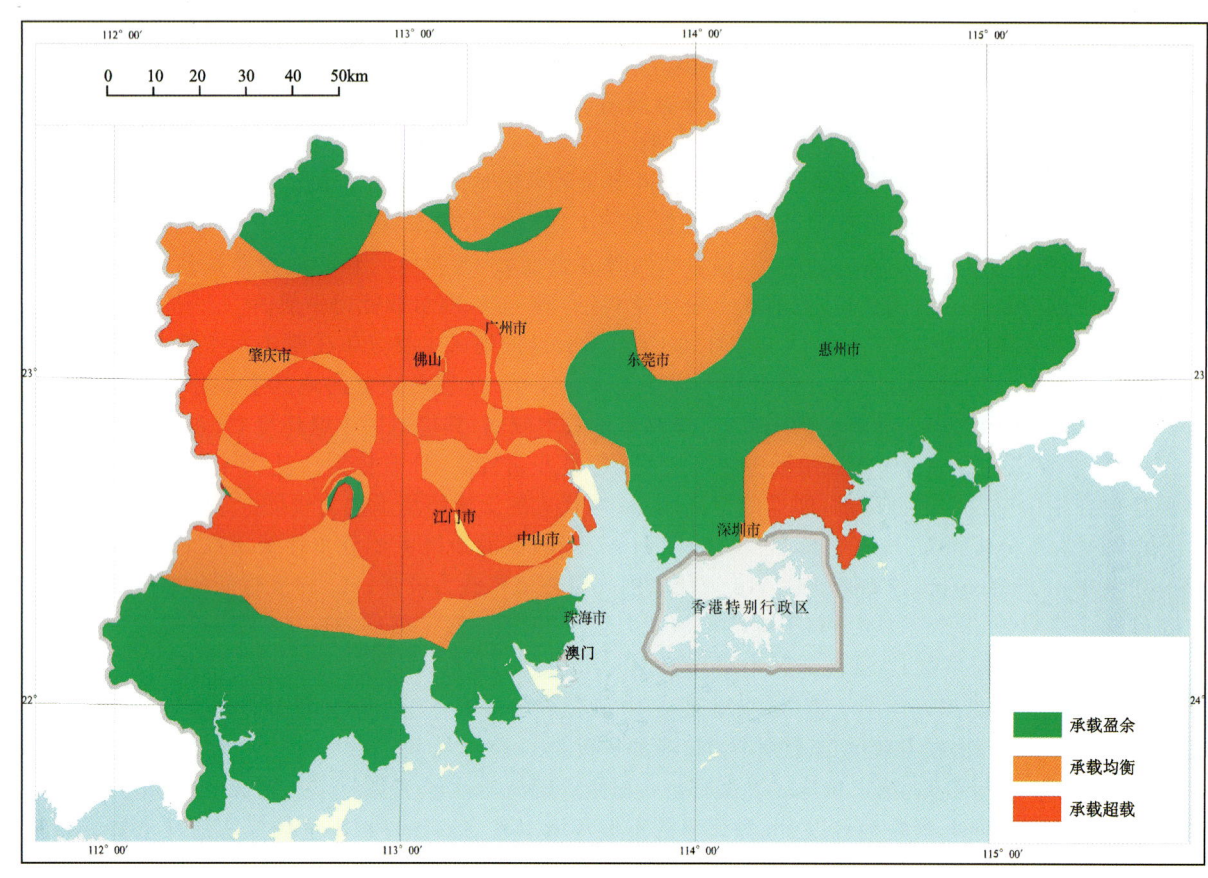

图 10-15　珠三角地区土壤环境承载力评价分区

受不同程度的污染。珠江三角洲是珠江流域的主要排放区域，流域面积仅占珠江流域总面积的 5.9%，废污水排放总量却达 100.91×10^8 t，所占比例高达 58.6%。

珠江三角洲工业废水、生活污水分别占全省排放总量的 64% 和 74%，图 10-16、图 10-17 分别为珠三角地区各地市 2013 年工业和生活废水排放量、工业废水排放量及达标率。目前全省 7000 多家镇、村二级污染型企业中有 6000 多家分布于该区。这些企业规模小，布局分散，普遍缺乏有效的污水处理设施，大量污水大多就近排入江河。特别指出的是部分工厂甚至偷排废水，在河网发育的平原区，这种现象较为普遍，工业废水的排放沿排污河渠形成线状污染。2013 年珠江三角洲各市废水排放总量及废水中 COD 和氨氮排放总量如表 10-20 所示。

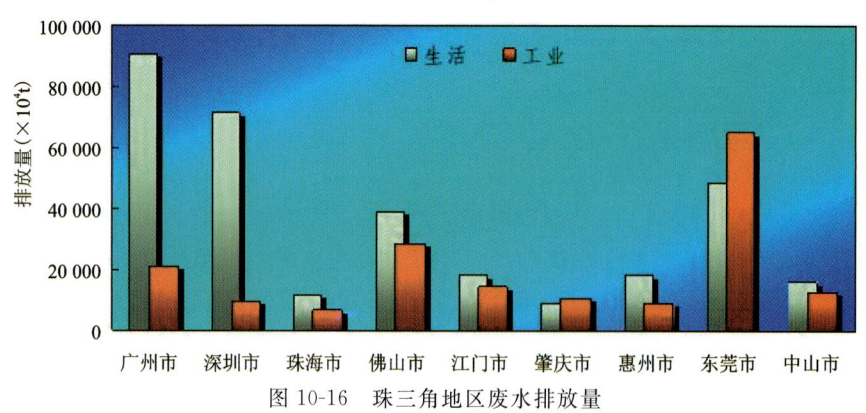

图 10-16　珠三角地区废水排放量

第十章 珠江三角洲经济区资源环境承载力评价

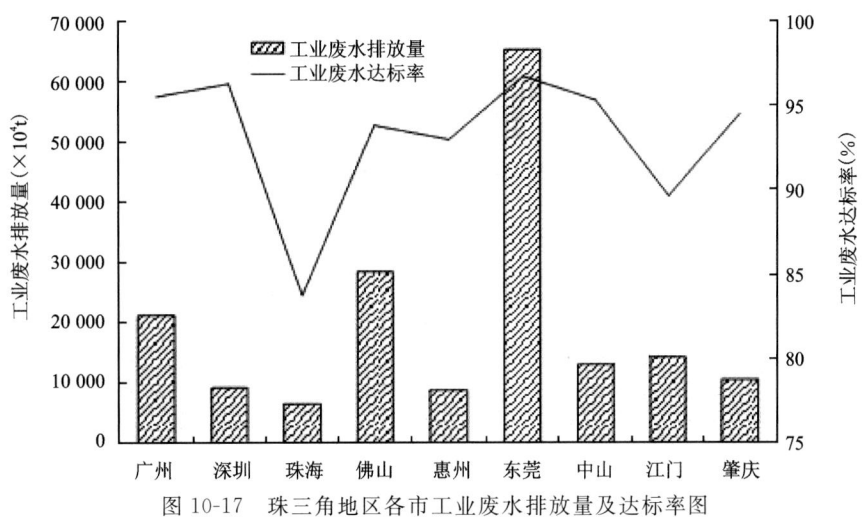

图 10-17 珠三角地区各市工业废水排放量及达标率图

表 10-20 珠江三角洲经济区 2013 年各市废水、COD 和氨氮排放总量

行政区	污水排放总量($\times 10^4$ t/a)	COD 排放总量($\times 10^4$ t/a)	氨氮排放总量(t/a)
广州市	11.28	13.68	6 832.45
深圳市	7.46	5.93	2 642.42
珠海市	1.37	2.98	2 476.83
佛山市	6.83	8.14	3 632.69
江门市	3.74	13.69	3 426.13
肇庆市	2.07	4.08	3 857.49
惠州市	3.12	5.73	2 258.38
东莞市	11.33	3.02	19 836.46
中山市	3.85	7 785.67	1 557.51

2. 珠江三角洲经济区地表水水质情况分析

《广东省环境质量状况》报告显示，主要大江大河干流和干流水道水质总体良好，部分支流和城市江段受到重度污染。珠江三角洲内河段特别是径流小的河涌、小溪流，大部分水体由于有机污染物超过了水体的自净能力而出现黑臭现象。近岸海域水质以良好为主，大部分功能区水质达标；全省 57.6% 的江河监测断面水质优良，52.2% 达到功能区水质标准。111 个省控断面中：35.1% 的断面水质优，为Ⅰ—Ⅱ类水质；22.5% 水质良好，为Ⅲ类水质；16.3% 受轻度污染，为Ⅳ类水质；6.3% 受中度污染，为Ⅴ类水质；19.8% 劣于Ⅴ类，受重度污染。其中，流经城市江段 27.3% 的断面水质为Ⅱ—Ⅲ类，36.4% 为Ⅳ—Ⅴ类，36.3% 的水质劣于Ⅴ类。

根据《广东省环境状况公报》(1995—2013 年)，全省地表水属Ⅴ—劣Ⅴ类水质的城市江段主要集中在珠三角地区。珠三角地区流经城市的中、小河流以有机污染为主，主要污染物有氨氮、石油类及其他耗氧有机物等。近年来，粪大肠菌群和氮磷营养性物质成为新的主要污染物。虽然珠江三角洲主干流水道水质基本维持Ⅱ类、Ⅲ类水平，但由于生活废水排放量大、工业排污集中、畜禽养殖污染严重，大部分城市附近江段、河涌水质污染严重，局部河段水质劣于Ⅴ类，沿岸居民生活受到影响。区域供水排水交错，部分城市饮用水源地水质受到影响。

污染严重的地表水主要分布在新东江三角洲河网发育冲积平原区东莞幅东部近东莞市。厚街幅河网区东部靠近丘陵地区河涌至西部近狮子洋河流污染状况由重变轻；西北江三角洲冲积平原区老三角洲平原区中佛山幅、顺德幅工业污染源较多地表水污染严重;广州幅受生活废水排放,地表水水质较差;海积平原区沙井幅为深圳主要工业企业集中地区,地表水质较差。严重污染的水体呈现多种颜色。

参照新的生活饮用水卫生标准(无标准的不参与评价),显示 Fe、COD、Al、Mn、NH_4^+、挥发性酚、Ni、F^-、多环芳烃、Cl^-、TDS、Pb、Na^+、SO_4^{2-}、As、NO_2^-、总硬度、NO_3^-、Se、Zn、Ba、pH、Be、Hg、Mo 等指标影响珠江三角洲城市周边的地表水体,尤其是 Fe、COD、Al、Mn 等指标(均超标 80% 以上)对水质影响显著。属于毒理指标的有 Ni、F^-、Pb、As、NO、Se、Ba、Hg、Mo、苯等,其中,Ni 和 F^- 的污染最为明显,Pb、As 等重金属指标也在地表水中存在一定的污染。水质评价结果显示珠江三角洲城市周边地表水水质均超饮用水卫生标准(仅 1 个水库水样未超标)。垃圾场周边地表水体的水质状况更为恶劣,多数无机常规指标超标 10 倍以上,部分常规指标如 NH_4^+、挥发性酚、COD 等大多超标 100 倍以上。

3. 地表水环境容量分析

各河流水体体积 Q_0 依据珠江三角洲各行政区境内各主要河流水文状况计算得出。各河流水质执行标准依据 2007 年珠江三角洲各河流检测项目超标项目和综合污染指数执行;COD 及氨氮在地表水各类水中的标准浓度限值依据《地表水环境质量标准》(GB 3838—2002)(表 10-21)。结合本章介绍的测算公式得出各行政区内主要河流中的 COD 及氨氮的环境容量,即各行政区的地表水环境容量见表 10-22。

表 10-21　地表水中 COD 及氨氮的环境质量标准　　　　　　　　　　　　　　单位:mg/L

水质类型	Ⅰ类	Ⅱ类	Ⅲ类	Ⅳ类	Ⅴ类
化学需氧(COD)	15	15	20	30	40
氨氮(NH_3-N)	0.15	0.5	1.0	1.5	2.0

表 10-22　珠江三角洲经济区各行政区地表水中部分污染物的水环境容量

行政区	COD(t/a)	氨氮(t/a)	水环境容量强度(t/a·km^2)
深圳市	195 405.0	6 570.4	61.75
惠州市	36 043.0	2 298.0	2.09
中山市	108 348.3	3 800.0	40.23
珠海市	143 194.7	9 800.0	56.74
广州市	87 566.9	3 547.8	7.82
佛山市	75 425.2	9 042.3	13.46
肇庆市	100 6732.0	23 121.0	44.16
江门市	4 376.2	2 000.7	0.37
东莞市	5 202.2	2 047.6	4.93

地表水环境强度是指单位面积上地表水水体污染物排放量大小[单位:t/(a·km^2)]。其二级因子包括 COD 容量、氨氮容量、单位 COD 排放量的工业产值、工业废水达标排放量与废水排放量之比、工业回用水与废水排放量总量之比。但限于资料,本次只将各地级市的水域 COD 容量、氨氮容量作为二级因子。在实际应用过程中,水环境容量更多地强调 COD 的容量,对氨氮排放量未做明确要求,所以在本次计算中地表水环境容量和地表水环境容量强度采用下式计算:

$$地表水环境容量=COD 容量×0.65+氨氮容量×0.35$$
$$水环境容量强度=(COD 容量×0.65+氨氮容量×0.35)÷面积$$

从图 10-18 中可以看出,肇庆市地表水环境承载力最高,表示其对 COD 及氨氮的纳污能力强;深圳市地表水环境承载力较高;地表水环境承载力低和较低的区域则分布于珠江三角洲的其他市,包括江门市、东莞市和惠州市,佛山市地表水环境承载力则表现为中等。

第十章 珠江三角洲经济区资源环境承载力评价

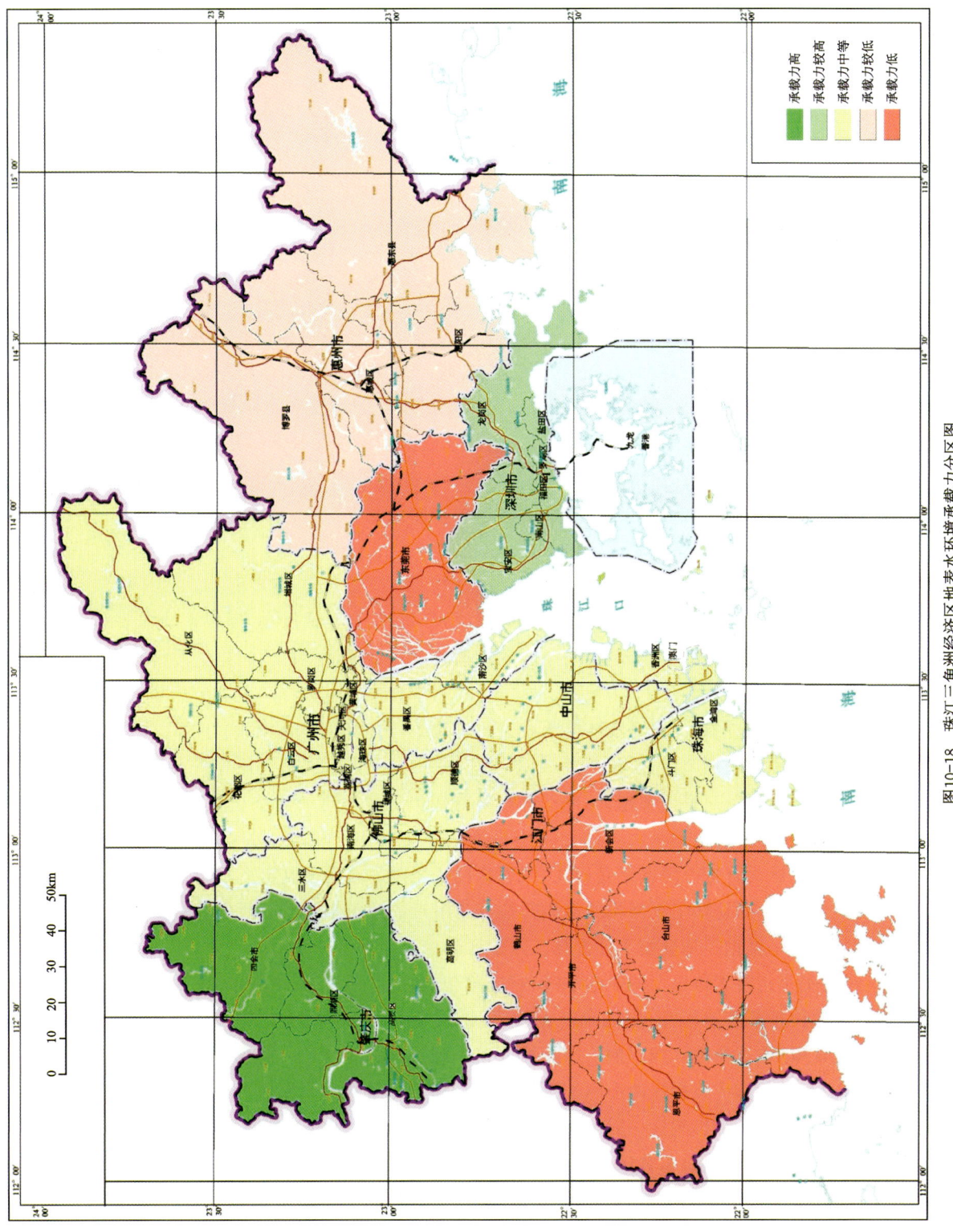

图10-18 珠江三角洲经济区地表水环境承载力分区图

(二)地下水环境承载力评价

地下水环境承载力的概念是在水资源承载力、环境承载力、水环境承载力等相关领域研究的基础上逐渐发展形成的。水资源承载力是区域最大可利用水资源支持条件下获得综合效益最大的社会经济与环境发展模式。地下水资源承载力的综合评价模型、地下水水资源承载力综合评价的投影寻踪模型、水资源承载力多目标分析模型等的提出,推动了地下水资源承载力的研究。环境承载力包含了资源、环境和社会系统对人类发展的支持能力,目前环境承载力仍没有形成统一的理论体系。水环境承载力是近年提出的一个新概念,用以定量描述水资源和水污染及其有关参数。一般认为,水环境承载力是指在某一时期,一定的自然环境条件和特定的社会经济发展模式下,某一区域水环境对其社会经济发展和人类活动支撑能力的阈值。

地下水环境承载力是水环境承载力研究的重要组成部分,是衡量人类社会经济发展与区域水环境协调程度的判别依据。目前对此领域的研究主要集中在地下水环境风险评价和地下水环境脆弱性评价,专门针对地下水环境承载力的研究较少。因此,本研究采用指标体系评价与层次分析(AHP)相结合的方法,对珠三角地区地下水环境承载力进行评价,提出水资源利用和水环境保护对策及建议,为该地区的社会经济发展及地下水资源可持续利用提供科学依据。项目在对国内外地下水环境承载力评价方法进行分析的基础上,结合珠三角地区的水文地质条件,探讨了珠三角地区浅层地下水环境承载力的评价方法,完成了珠三角地区的地下水环境承载力的初步评价。

1. 地下水环境承载力影响因素分析

地下水环境承载力的指标选取原则是实用、简明、易量化、信息集成度高、反映系统本质等。对不同地下水系统的指标选取应有所不同,但对同一地下水系统应尽量保持指标的时空连续性,以对其承载力随时空的变化进行监测。

根据相关研究,现有的评价地下水环境承载力的研究中,影响地下环境承载力的主要影响因素有地下水埋深、净补给量、含水层介质、土壤类型、地形、包气带影响及含水层水力传导系数等。

首先,就净补给量而言,补给量越大,地下水污染的潜势就越大这一看法比较片面。当补给量足够大以至使污染物被稀释时,地下水污染的潜势不再增大而是减小,净补给没有反映污染物稀释这一因素。对于珠三角地区而言这一情况更是如此,因为珠江三角洲平原区河网水系发育,在丰水期和涨潮期河水侧向补给地下水,而这些主干河流的水质往往好于附近的地下水水质。所以补给量越大,地下水污染的潜势就越大这一推论不适合用于评价珠三角地区的地下水环境承载力。

另外,包气带是指潜水位以上的非饱水带,它应该包括土壤层。珠三角地区水文地质特征表明,珠三角地区地下水位埋藏普遍较浅,包气带厚度较薄,特别是有些河网密集地区的潜水位就处于土壤层中。这些情况说明,珠三角地区浅层地下水环境承载力评价中如果采用土壤介质类别和包气带影响这两个因子就会有所重叠,应该把这两个因子合并成一个用于评价珠三角地区浅层地下水的环境承载力才比较合理。此外,包气带影响这一因子涉及范围较广,很难把握,因此对珠三角地区地下水的环境承载力评价可以选取包气带介质来替代包气带影响。

对于含水层介质和含水层水力传导系数这两个因子来说,如中国地质大学(北京)钟佐燊教授所评论的那样:含水层介质和含水层水力传导系数实际上是两个重复的因子,它们主要影响污染物在含水层迁移的难易程度,且都是双向因子,因为含水介质颗粒越细,污染物越难进入,而一旦进入就越难稀释、去除,反之,含水介质颗粒越粗,污染物越容易进入,但容易被稀释。因而对珠三角地区地下水环境承载力评价这两因子均不需要。

珠江三角洲平原区的水文地质条件表明,平原区河网密集、水系发育,珠江三角洲河网区的浅层地下水不但受到上层地表水体下渗的影响,而且也受到侧向河流相互补排的影响。说明珠三角地区浅层地下水环境承载力的评价不但要考虑上层地表水体对河网区浅层水的影响,更是要考虑侧向河流对它的影响,因此,对珠三角地区地下水的环境承载力评价需要增加河网密度这一因子。

2. 评价结果及分析

结果显示地下水环境承载力好的区块主要分布于丘陵区及部分城市区,具体为惠州东部和西北部、广州北部及其城区、肇庆西北部和西南部、江门西部和南部及深圳大部;地下水环境承载力中等的区块主要分布于台地区及丘陵与平原的过渡带,具体为肇庆东部、佛山西北部、江门中部、珠海西部、东莞南部及惠州的西南部;环境容量承载力差的区块主要分布于平原区,尤其是河网密集、地下水位埋深浅的区域,如东莞的西北部佛山中部和东南部。珠三角地区地下水硝酸盐含量分布图很好地验证了环境容量承载力分布图是基本合理的,硝酸盐浓度较高的区块往往是环境承载力较差的区块,如东莞西北部和佛山中部硝酸盐含量较高,与此对应的环境容量承载力为Ⅴ级和Ⅳ级,即环境承载力最差和较差。

地下水环境承载力评价分区是地下水资源规划和保护的重要依据。本专著在详细分析珠三角地区的水文地质条件基础上,结合相关研究,并考虑参数资料获取的可行性,选取地下水位埋深、包气带介质、河网密度及地形地貌4个要素为评价因子,突出珠江三角洲平原区河网密布这一特点,提出了珠三角地区地下水环境承载力评价的理想模型,完成了调查研究区的地下水环境承载力评价,得到珠三角地区地下水环境承载力评价分区图(图10-19)。

(三)水环境承载力综合评价

水环境承载力综合评价以地表水环境容量和地下水环境容量为评价指标,并对该两项指标进行专家打分法进行等级划分(5分制),具体结果见表10-23。

表10-23 评价指标等级划分

分值	5′	4′	3′	2′	1′
地表水环境容量(t/a)	>50万	10万~50万	5万~10万	1万~5万	<1万
地下水环境容量	高	较高	中等	较低	低

对于两个指标的权重,根据构造的判断矩阵,采用AHP模型计算(即求解判断矩阵的最大特征向量)。由于珠江三角洲为北江、西江、东江入海时冲击沉淀而成的一个三角洲,其河网密集,水系发达,水库较多,居民的生活用水、工业、农业用水以地表水为主,所以在构造判断矩阵时,地表水要比地下水稍微重要。通过层次分析法得出地表水环境容量和地下水环境容量的权重分别为0.6和0.4。

利用MapGIS平台,将地表水环境容量和地下水环境容量进行叠加分析,采用综合指数法计算水环境综合承载力,综合指数模型如下:

$$W_i = \sum_{j=1}^{p} a_j \times b_i$$

式中,W_i为第i单元的水环境综合承载力指数;j为评价因子;a_j为第j单元评价因子在第i评价单元的分值;b_i为第j个评价因子的权重;p为评价因子的个数。

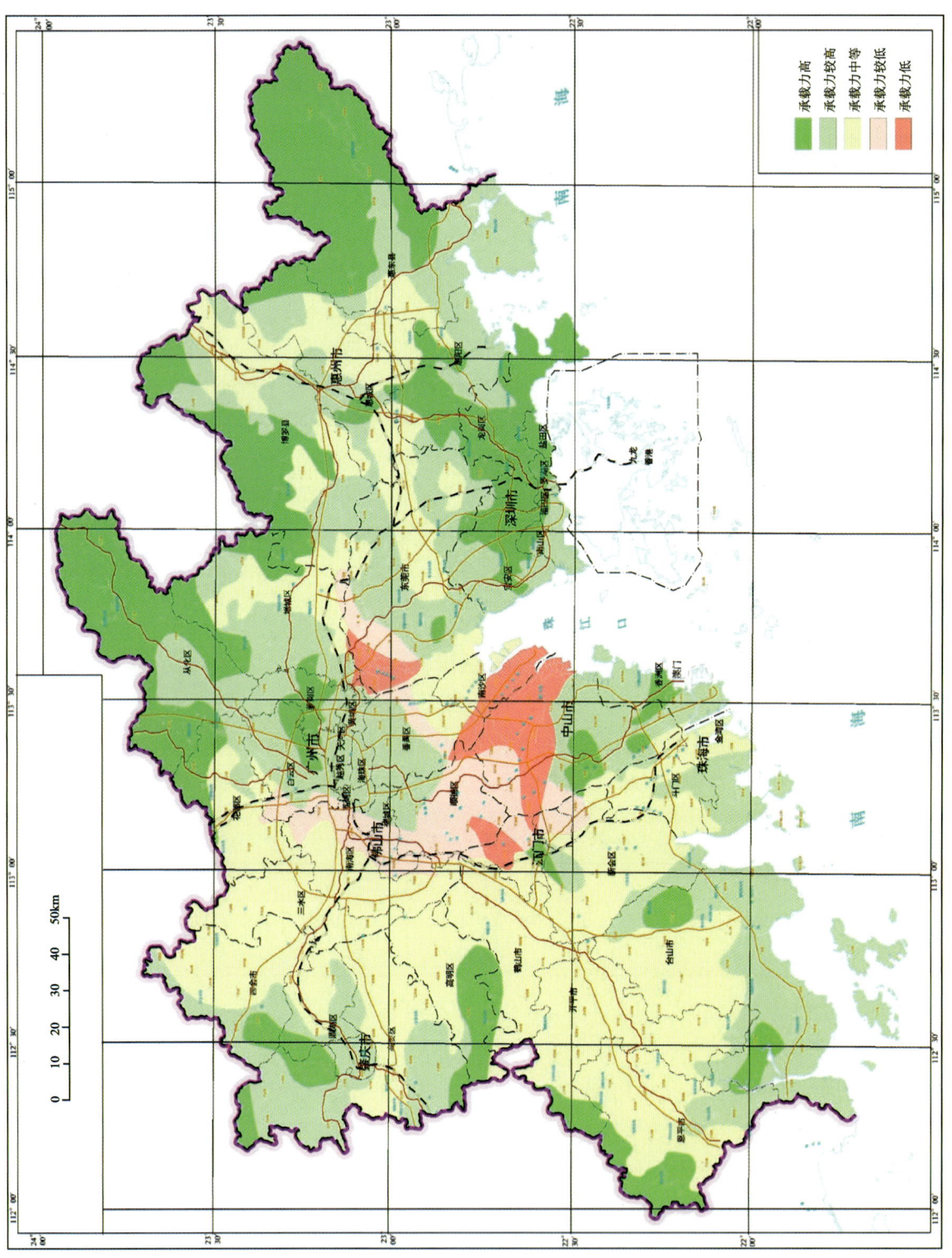

图10-19 珠江三角洲经济区地下水环境承载力评价分区图

将综合评分结果按照表10-24所示标准划分为水环境承载力高、水环境承载力较高、水环境承载力中等、水环境承载力较低和水环境承载力低5个级别。根据计算结果,对照承载力评价分区标准,基于MapGIS平台得到珠三角地区水环境综合承载力分区图(图10-20)。

表 10-24　水环境综合承载力评价分区标准

承载力分区	低	较低	中等	较高	高
评分	<0.2	0.2～0.4	0.4～0.6	0.6～0.8	0.8～0.9

从图10-20中可以看出,水环境综合承载力高的区域仅分布于肇庆市西部,肇庆市的其他区域则为水环境综合承载力较高区。另外,深圳市全部为水环境综合承载力较高区,该区还分布于从化市的北部及东西部周边、萝岗区的中部,在中山市也有零星分布。江门市的东部区域及东莞市的西北部水环境综合承载力低,该市其他大部分区域则表现为水环境综合承载力较低。佛山市的顺德区、禅城区及东莞市的大面积区域同样为水环境综合承载力较低区。珠海市、佛山市的大部分区域及惠阳区、惠东县、博罗县表现为水环境综合承载力中等。

总体上来说,珠三角地区水环境承载能力不容乐观,大部分区域水环境承载力中等或较低。

六、地质灾害风险性评价

(一)地质灾害危险性评价

1. 地质灾害危险性评价单元划分

珠三角地质灾害危险性评价单元划分应以地质图为基础,依据地质环境条件和地质环境问题的差异,按"区内相似,区际相异"的原则进行单元划分。

评价单元是具有相同特性的最小地域单元。考虑到珠三角地质环境条件差异性相对较大,因此确定珠三角地质灾害危险性评价采用不规则多边形网格单元划分。在不规则网格单元划分中,可以根据各区域的不同使用功能,把相同功能的地区划分在一起,而不必过多考虑划分单元的大小等因素的限制。

不规则单元的划分以地质环境条件和地质环境问题为依据,根据以下因素进行划分:不同微地貌、岩土体类型、地质构造、地质资源等地质环境条件;滑坡、崩塌、泥石流、岩溶塌陷、不稳定斜坡和不良岩土体等环境地质问题;岩性突变边界等。

2. 地质灾害危险性分级

根据工作区地质环境条件以及地质灾害成灾特点,参照《广东省地质灾害危险性评估实施细则》(2013)及前人研究成果,从地质环境条件、诱发因素和地质灾害隐患点分布等方面评价地质灾害危险性。基于GIS空间分析法,将调查取得的地质灾害分布图与各主要影响因素进行叠加,采用概率比率模型,计算得到概率比率值,根据概率比率值大小将地质灾害划分为高危险、中等危险和低危险3个等级。

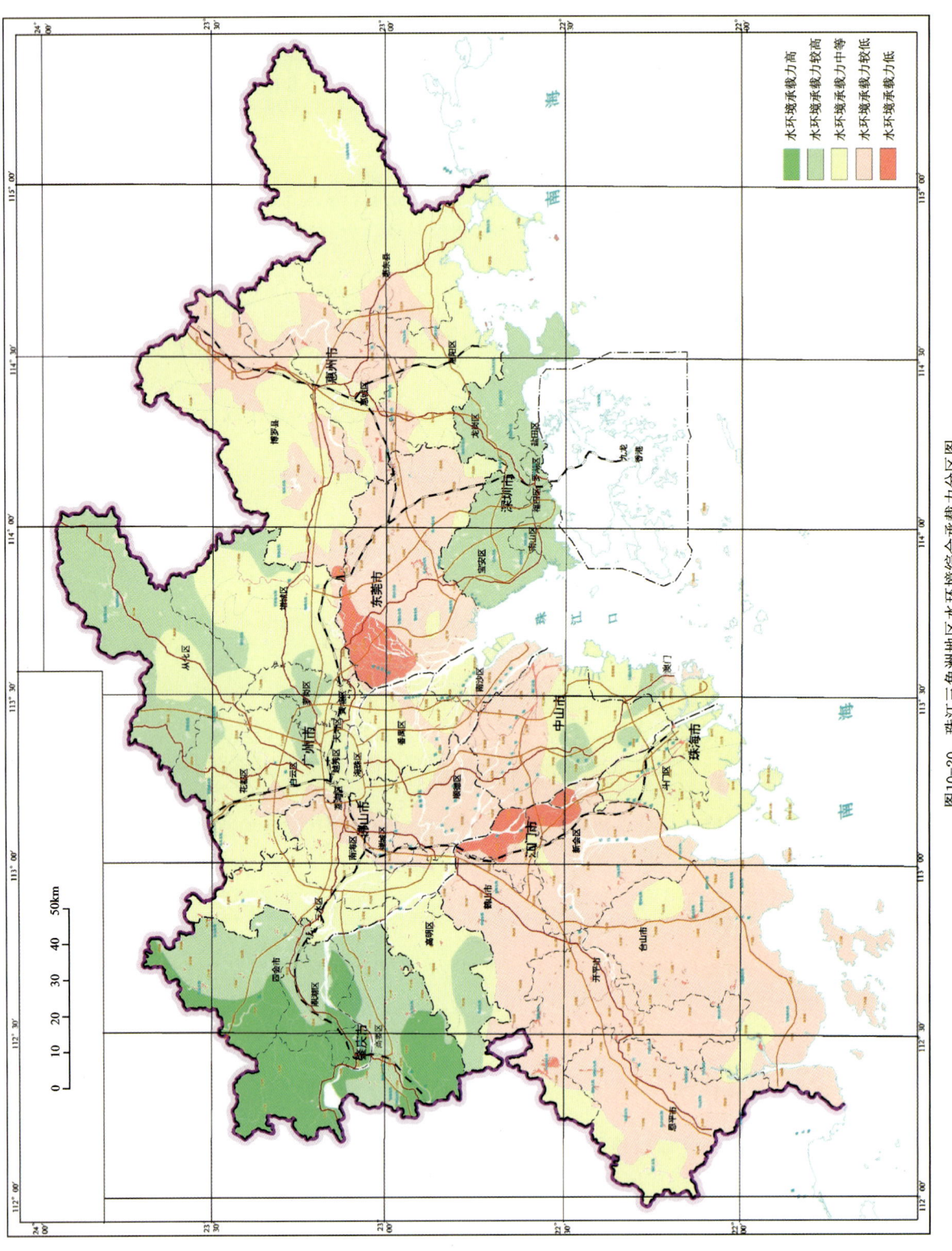

图10-20 珠江三角洲地区水环境综合承载力分区图

3. 地质灾害危险性评价体系

根据珠江三角洲经济区的特点,将珠江三角洲经济区地质灾害分为3种类型:崩滑流突发性地质灾害、岩溶地面塌陷地质灾害和地面沉降地质灾害。因上述3种类型的主要地质灾害在珠江三角洲经济区的分布区域重叠较少,故根据该特点,参考各类型地质灾害的主要致灾因素,选择可量化的致灾因素作为评价因子,分别对各类型地质灾害所在区域的地质灾害危险性进行评价,再对3种类型的评价结果进行汇总,得到工作区的地质灾害危险性评价分区图。

1)崩滑流突发性地质灾害

(1)崩塌的形成条件及诱发因素主要有:①地质环境条件,如地形、地层岩性、构造;②自然因素,如地震、降雨、地表水浸泡与冲刷、植物根劈作用;③人类活动,如采矿、边坡开挖、水库蓄水与渠道渗漏、堆(弃)渣填土、强烈机械振动。

(2)滑坡的形成条件及诱发因素主要有:①地质环境条件,如地形、地层岩性、岩层组合特征及倾角、构造;②自然因素,如降雨、地震、地下水水位变动;③人类活动,如采矿、边坡开挖、蓄水排水。

(3)泥石流的形成条件及诱发因素主要有:①地质环境条件,如地形、地层岩性;②自然因素,如降雨、地震;③人类活动,如采矿、工程建设、植被破坏。

参照《广东省地质灾害危险性评估实施细则》(2013)及前人研究成果,根据地质环境条件的差异性和潜在地质灾害隐患的分布情况、危害程度、受灾对象及社会经济属性等,确定判别危险性的量化指标。根据"区内相似,区级相异"的原则,采用定性和半定量分析法,进行工作区地质灾害危险性等级分区。

选取地形坡度等6个指标,对珠江三角洲经济区的崩滑流地质灾害危险性进行分级(表10-25)。

表10-25 崩滑流地质灾害危险性评价分级指标

指标	高危险	中等危险	低危险
地形坡度(°)	>40	20～40	<20
活动断裂两侧距离(km)	<1	1～2	>2
*24小时降雨量(mm)	>250	100～250	<100
*平均暴雨日数	>7	3～7	<3
植被覆盖率(%)	<10	10～30	30～60
矿山分布密度(个/km²)	<3	0.3～3	<0.3

注:*根据广东省气象局统计数据,珠江三角洲经济区降雨较为频繁,多年平均降雨量较为接近。其中珠三角9个地(市)日最大降雨量为216.3(肇庆)～620.3mm(珠海),多为280～400mm;平均暴雨日数为5.7(肇庆)～10.8d(珠海),多为7～9d,均不利于分级。但降雨是珠三角崩滑流的主要致灾因素之一,在分级评价过程中需充分考虑该因素的影响。

2)岩溶地面塌陷

岩溶地面塌陷的形成条件及诱发因素主要有:①地质环境条件,如地层岩性、岩溶发育强度;②自然因素,如地震、降雨、地下水位变动、暴雨冲刷、重力分布变化;③人类活动,如矿山排水、工程建设、振动、抽水。

参照《广东省地质灾害危险性评估实施细则》(2013)及前人研究成果,选取可溶岩条件等4个指标,对珠江三角洲经济区的崩滑流地质灾害危险性进行分级(表10-26)。

表 10-26 岩溶地面塌陷地质灾害危险性评价分级指标

指标	高危险	中等危险	低危险
可溶岩条件	纯碳酸盐岩	碳酸盐岩夹碎屑岩	碎屑岩夹碳酸盐岩
覆盖层厚度(m)	<10	10～30	>30
水位年变幅(m)	>5	2～5	<2
地下水富水性	丰富	中等	贫乏

3）地面沉降

地面沉降的形成条件及诱发因素主要有：①地质环境条件，如地层岩性；②自然因素，如地震、地下水位变动、自重固结、构造运动；③人类活动，如排水（抽水）固结、加荷固结、采矿（液体矿产）、地下工程施工。

参照《广东省地质灾害危险性评估实施细则》（2013）及前人研究成果，选取岩性条件等 3 个指标，对珠江三角洲经济区的崩滑流地质灾害危险性进行分级（表 10-27）。

表 10-27 地面沉降地质灾害危险性评价分级指标

指标	高危险	中等危险	低危险
岩性条件	以淤泥、淤泥质土、粉土等黏性土为主	砂砾、黏性土相间	以砂砾为主
黏土层厚度(m)	>15	8～15	<8
最大沉降速率(mm/a)	>50	10-50	<10

为便于进行后续的地质灾害风险性分析，将上述各指标进行量化，对单个指标按由高到低的危险性进行赋值，分别为 3、2、1，即高危险区赋值为 3，中等危险区赋值为 2，低危险区赋值为 1。

根据取差原则将上述各类型地质灾害评价分级指标进行信息叠加，即只要有一种指标为高危险区，该单元格即视为高危险区，并赋值为 3。据此对工作区所属单元进行地质灾害信息的提取和数字化。

通过评价指标进行危险性评价，分析各指标对地质灾害危险性的贡献大小，然后利用 GIS 空间分析平台，按不规则多边形网格单元进行数据处理，依据地质灾害危险性评价分级表进行判别，评判出每个评价单元的地质灾害危险程度，并将其划分为 3 级：地质灾害高危险区、地质灾害中危险区、地质灾害低危险区。

4. 地质灾害危险评价结果

根据评价指标，对珠江三角洲经济区的地质灾害危险性进行了评价，结果见表 10-28 和图 10-21。

表 10-28 珠江三角洲经济区地质灾害危险性分区结果表

项目	单位	高危险区	中等危险区	低危险区
危险性评价	面积(km²)	7846	12 511	21 341
	占全区比例(%)	18.8	30.0	51.2

第十章 珠江三角洲经济区资源环境承载力评价

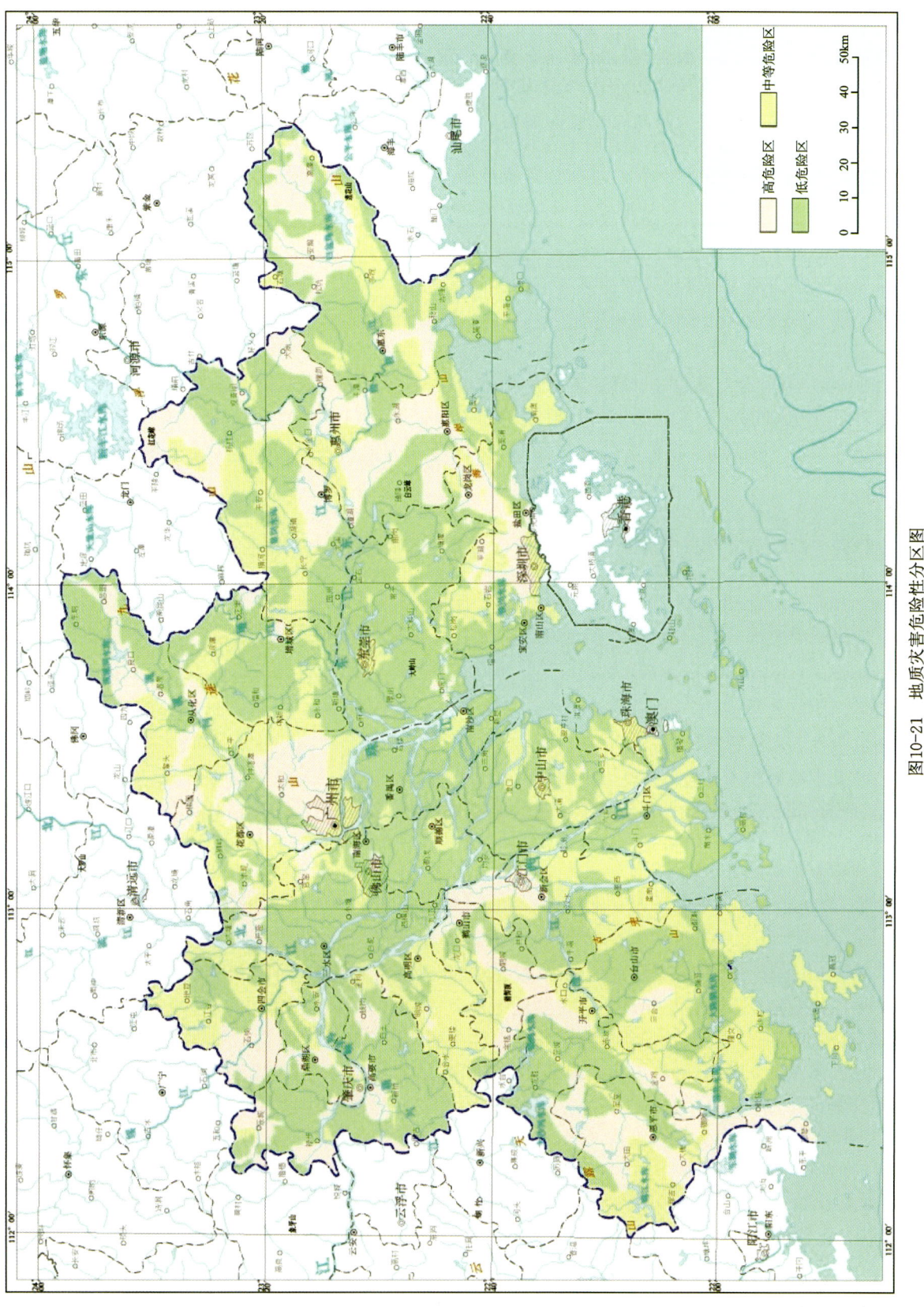

图10-21 地质灾害危险性分区图

珠三角地质灾害危险性各级情况如下。

1)地质灾害高危险区

珠三角范围内地质灾害高危险区主要分布于广州(广州北部白云区、花都区、从化区一带,增城区零星分布)、深圳(龙岗区、盐田区一带)、佛山(南海区一带,三水、高明、芦苞、官窑一带零星分布)、东莞(虎门镇一带)、中山(零星分布于中山市东部及南部一带)、江门(新会、恩平、开平、鹤山等地)、惠州(惠城区、惠阳区、惠东县、博罗县)、肇庆(鼎湖区、高要区、四会市)。该高危险区主要位于岩溶发育强烈地区、厚层软土分布区、活动断裂分布区等,区内崩塌、滑坡、泥石流及地面塌陷、地面沉降等地质灾害点分布多,危险性和危害性大,威胁人数多,潜在经济损失大。比如广州以北的广花盆地、深圳龙岗等地隐伏岩溶区,岩溶发育,岩溶地面塌陷强烈发育,危险性大。

2)地质灾害中等危险区

珠三角范围内地质灾害中等危险区各市均有分布,主要分布于广州(广州中部,东部增城区及北部从化区一带)、深圳(龙华、平湖、盐田一带)、佛山(主城区,顺德城区及北部山区一带)、东莞(主城区,大岭山—常平—谢岗一带)、珠海(主城区,斗门区等)、中山(主城区,横门一带)、江门(新会、恩平、开平、鹤山、台山等均有分布)、惠州(主城区,博罗县北部,惠东东部及南部等)、肇庆(端州区、鼎湖区、高要区、四会市)。该中等危险区主要位于低山丘陵区、软土分布区等,区内崩塌、滑坡、泥石流及地面塌陷、地面沉降地质灾害点分布较多,危险性和危害性较大,区内人类活动强烈,威胁人数较多,潜在经济损失较大。

3)地质灾害低危险区

工作区内除地质灾害高危险区和中等危险区以外的其他区域,占工作区面积的51.2%。主要为珠江三角洲平原区及山区丘陵地区。

5. 评价结果验证

地质灾害危险性的评价结果合理性可通过对不同危险等级的区域已经发生的地质灾害点进行对比,并根据《广东省2015年度地质灾害防治方案》,对广东省2015年地质灾害重要危险地区(段)与本次评价的危险性大区进行对比。

已经发生的威胁人数大于100人(含)或规模为大型(含)以上的地质灾害点,以及主要的岩溶地面塌陷点、地面沉降灾害点等,主要分布于广花盆地,广州市东北部白云区的太和镇、从化区,肇庆市城区和高要区、四会市,以及深圳市龙岗区等地,大多位于本次评价的危险性大区范围之内,部分危险性大区所在区域未发生威胁人数大于100人(含)或规模为大型(含)以上的地质灾害,其原因主要是人口密度相对较低,或地质灾害点个数多但规模较小。因此,已发地质灾害点与本次评价的高危险区对应关系较好。

广东省2015年地质灾害重要危险地区(段)包括珠江三角洲经济区的高要区、从化区、惠东县,深圳市的罗湖区插花地、龙岗区,广州市的广花盆地等地,广州市、佛山市、深圳市、东莞市、惠州市地铁沿线及轨道交通线网等。本次评价的地质灾害高危险区主要位于广州市北部及东北部、从化区,惠州市惠城区、博罗县、惠东县东北部,深圳市龙岗区,肇庆市高要区、四会市,江门市恩平市、鹤山市等地。两者对应关系较好。

综上所述,已发地质灾害点以及《广东省2015年度地质灾害防治方案》所划重要危险地区(段)与本次评价的地质灾害高危险区对应关系较好,评价结果较为合理。

(二)社会经济易损性评价

易损性是指承灾体遭受地质灾害破坏机会的多少与发生损毁的难易程度,表现为社会经济系统对地质灾害的响应,是以承灾体对灾害活动的敏感程度与承受能力来度量的。社会经济易损性由承灾体自身条件和社会经济条件所决定,前者主要包括承灾体类型、数量和分布情况等,后者包括人口分布、城镇布局、厂矿企业分布和交通通讯设施等。

1. 破坏效应及承灾体类型划分

1)破坏效应

分析地质灾害破坏效应是界定承灾体范围、划分承灾体类型、分析承灾体易损性的基础。珠江三角洲经济区地质灾害的破坏效应主要有:①威胁人类生命健康,造成人员伤亡;②破坏城镇、企业、工厂及房屋等工程设施;③破坏铁路、公路、机场、航道、码头、地铁、轻轨、高铁、海底隧道等交通设施,威胁交通安全;④破坏生命线工程,生命线工程主要包括供水排水系统、供电系统、通信系统和供气系统;⑤破坏水利工程设施;⑥破坏农作物及森林、树木;⑦破坏水资源、土地资源和矿产资源;⑧破坏机械、设备和各种室内财产;⑨破坏输油输气管线;⑩破坏水井、地热井等;⑪破坏堤坝、水闸等防洪防潮设施。

2)地质灾害承灾体类型划分

由于地质灾害承灾体特别繁杂,所以在易损性评价中,不可能逐一核算它们的损失,只能将承灾体划分为若干类型。划分地质灾害承灾体类型的依据和原则主要是:符合地质灾害特点,根据地质灾害破坏效应,界定承灾体范围;充分考虑承灾体的共性和个性特征,同类型承灾体的性能、功能、破坏方式以及价值属性和核算方法基本相同或相似。

根据上述划分的依据和原则,将珠江三角洲经济区地质灾害承灾体大致划分为如下几类:人、房屋建筑、工厂企业、交通设施、生命线工程、输油输气管道、水利工程、生活与生产构筑物、室内设备及物品、农作物、林木、水资源、土地资源、矿产资源、水井、地热井、堤防工程。

2. 易损性评价结果

根据各单元易损性指数评价结果,综合考虑珠江三角洲经济区人口密度及社会经济发展状况等,将珠江三角洲经济区承灾体社会经济易损性评价分为3级,并绘制珠江三角洲经济区社会经济易损性分区图(图10-22)。各分区情况统计见表10-29。

从评价结果图10-22中可以看出,珠江三角洲经济区社会经济易损性分区分布情况如下。

(1)高易损区。社会经济高易损区均为人口密度大、经济发达、工厂企业密布、港口码头机场等交通枢纽分布的区域。承灾体主要为人口、工厂企业、建筑物、交通枢纽等。

高易损区主要分布于广州市主城区及花都区、番禺区、南沙区、黄埔区等城区;佛山市主城区及顺德区、三水区、高明区等城区;肇庆市主城区,鼎湖区城区及四会市城区;江门市主城区及台山市、恩平市、开平市等城区;中山市主城区;珠海市主城区及斗门区;深圳市主城区及宝安区、盐田港、光明新区、龙岗区等城区;惠州市主城区及惠东县、博罗县等城区;东莞市主城区、厚街、虎门等各镇区工业园等。

(2)中易损区。社会经济中易损区主要为经济较为发达、人口密度较大、工厂企业较多、交通干线等分布的区域。承灾体主要为人口、工厂企业、交通干线、堤防工程等。中易损区大面积分布于珠三角平原区及高速公路等交通干线沿线。以珠三角平原区为主,该区域经济发展较快,中小型企业、工厂分布较多,人口密度较大。

(3)低易损区。社会经济低易损区主要为人口密度较小的乡村、农田、山区、林区等。承灾体主要为农作物、林木、森林、土地资源等。低易损区主要分布于江门市西部、肇庆市西部、广州市东北部、惠州市东部及北部等山区,零星分布于各主要城市城区的公园、自然保护区等。

3. 评价结果验证

承灾体的社会经济易损性评价结果合理性可通过城镇及建筑物的分布情况进行对比。可以看出,社会经济高易损区主要分布于各主要城市的主城区、经济较为发达的二线城市主城区、主要的工业区等,与本次评价的结果对应关系较好,评价结果较为合理。

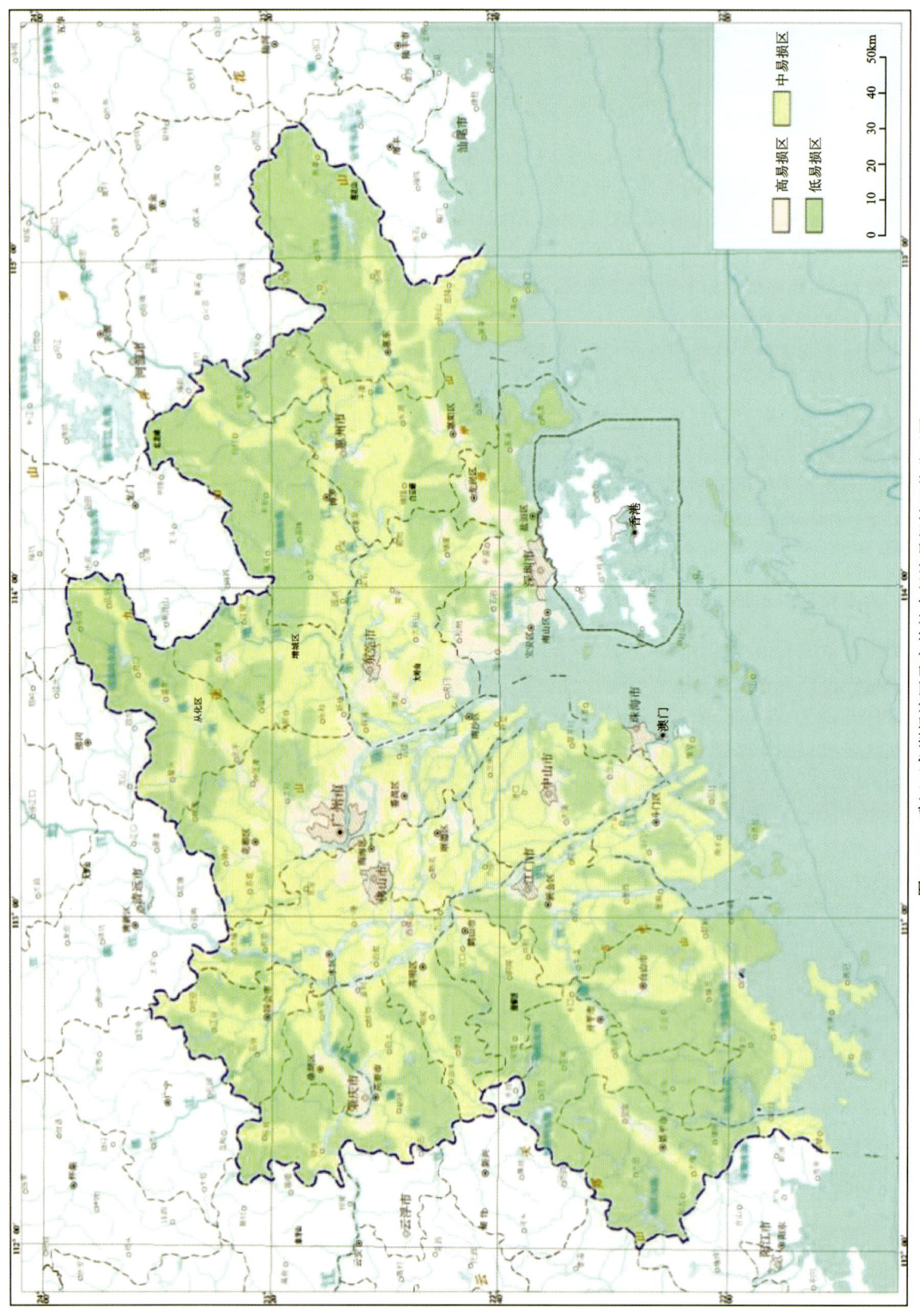

图10-22 珠江三角洲经济区承灾体社会经济易损性评价分区图

表 10-29 承灾体社会经济易损性评价分区结果表

项目	单位	高易损区	中等易损区	低易损区
易损性评价	面积(km²)	3906	18 623	19 169
	占全区比例(%)	9.3	44.7	46.0

（三）地质灾害风险性评价与区划

地质灾害风险评价是对风险区发生不同强度地质灾害活动的可能性及其可能造成的损失进行的定量化分析与评价。地质灾害风险评价的目的是清晰地反映评价区地质灾害总体风险水平与地区差异，为指导国土资源开发、保护环境、规划与实施地质灾害防治工程提供科学依据。

1. 风险性评价结果及区划

在地质灾害危险性评价和社会经济易损性评价的基础上，根据地质灾害危险性和社会经济易损性评价结果的叠加，经人工干预修正后，绘制出珠江三角洲经济区地质灾害风险程度分布图。各分区情况统计见表 10-30。

表 10-30 地质灾害风险性评价分区结果表

项目	单位	高风险区	中等风险区	低风险区
风险性评价	面积(km²)	5054	10 891	25 753
	占全区比例(%)	12.1	26.1	61.8

从评价结果图 10-23 中可以看出，珠江三角洲经济区社会经济易损性分区分布情况如下。

（1）高风险区。地质灾害高风险区均为人口密度大、经济发达且地质灾害发育强烈等危险性大的区域。

高风险区主要分布于广州市主城区北部、广花盆地、从化区城区；佛山市主城区及顺德区、高明区等城区；肇庆市主城区，鼎湖区城区及四会市城区西北部；江门市主城区及恩平市、开平市等城区；中山市主城区；珠海市主城区及北部地区；深圳市主城区及龙岗区等城区；惠州市主城区及惠东县、博罗县等城区；东莞市主城区等。

（2）中等风险区。中等风险区分布于各主城区外围、二级城市城区、高等级公路等交通线沿线、乡镇人口相对集中区、工业区、旅游区等。

（3）低风险区。低风险区大面积分布于工作区内，包括珠江三角洲平原区以农业为主的区域、以林地及农田为主的区域、人口较为稀少的山区等。

2. 评价结果验证

地质灾害风险性评价结果的合理性，可通过对不同风险分区内的已发地质灾害点、人口密度、产值、工厂分布、交通干线等的分布情况进行验证。

由图 10-23 可知，已经发生的威胁人数大于 100 人（含）或规模为大型（含）以上的地质灾害点，以及主要的岩溶地面塌陷点等，均位于地质灾害风险性评价的高风险区域内，部分高风险区所在区域未发生威胁人数大于 100 人（含）或规模为大型（含）以上的地质灾害点，其原因主要是人口密度相对较低或地质灾害点个数多但规模较小。因此，已发地质灾害点与本次评价的高风险区对应关系较好。

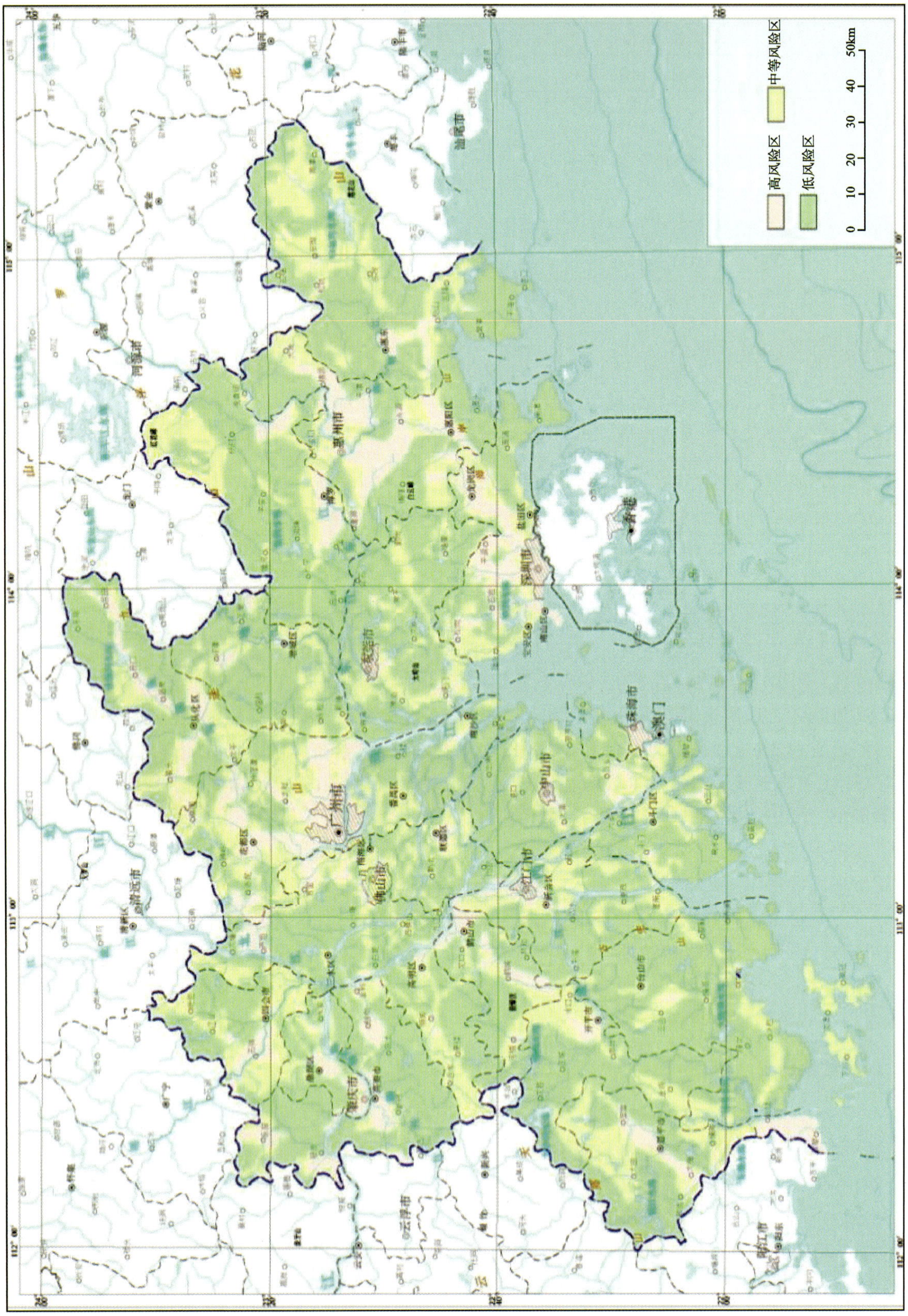

图10-23 珠江三角洲经济区地质灾害风险性评价分区图

地质灾害高风险区主要分布于各地级市主城区,城区为人口密集、经济发达的地区,地区生产总值和人均地区生产总值等经济指标均较高,承灾体的易损性程度高,因此风险也高。两者对应关系良好。

(四)地质灾害防治对策及建议

珠江三角洲经济区的城市密集程度高,经济高度发达,建筑物集中,重要的生命线工程结构复杂,需要保护的重点工程设施很多,导致地质灾害的防治工作复杂性强,一旦产生突发性的地质灾害活动,其危险性大,危害程度高,常造成严重的人员伤亡和财产损失。因此,开展地质灾害防治工作,减轻人民群众的生命财产损失,既是构建现代和谐社会的需要,也是维持人类社会与自然地质环境协调发展的基础,具有重要的社会效益和经济价值。

根据珠江三角洲经济区各类地质灾害发生、发展和演变的特征及经济社会发展对地质灾害防治工作的要求,地质灾害防治工作必须坚持科学的发展观,依靠政策、重视地质灾害的系统科学研究、加强政府资金的投入,坚持综合治理和系统规划;在地质灾害防治工作中,以防为主,防重于治,防治结合;将生物措施、工程措施和非工程措施有机结合在一起,自始至终地贯彻地质灾害防治工程的理论研究和整治施工的实践,努力提高地质灾害防治工作的生态效益、经济效益和社会效益。通过对珠三角灾害的分布规律、成因机理和灾情特征的研究,本专著从宏观上对珠三角地质灾害防治提出了一些建议。

1. 加强领导,明确地质灾害防治工作目标

各地政府要把人民群众生命财产安全放在首位,把贯彻落实党的十八大和十八届三中、四中全会精神,以及国务院《关于加强地质灾害防治工作决定》作为各地政府地质灾害应急管理工作重点。切实加强领导,落实责任制,明确具体负责人,做到领导到位、任务到位、人员到位、措施到位、资金到位。

各地地质灾害防治工作领导小组和应急指挥人员要认真履行职责,周密部署,靠前指挥,快速反应,积极应对。各重要地质灾害隐患点必须按照防灾责任制的要求,制订应急防灾预案,落实所在地区、主管部门和建设单位的责任,并明确专人负责;各责任人必须上岗到位,强化对人民群众生命财产安全高度负责的责任感,及时向当地人民政府和有关部门报告地质灾害灾情、险情和工作情况。

2. 制订防治方案,落实地质灾害防治工作责任制

各地自然资源行政主管部门要会同城乡规划、建设、水利、交通和农业等有关部门,结合本行政区地质灾害防治工作情况,认真组织编制和落实《年度地质灾害防治方案》,提出本地区年度地质灾害防治重点地区和具体防灾措施,明确职责分工,落实地质灾害隐患点防灾责任单位、监测预警单位和相关责任人,协助有关部门和单位确定避灾方案和紧急疏散路线,切实做好地质灾害应急处置工作。各地自然资源行政主管部门要与当地气象和水利部门密切协作,完善地质灾害预警预报机制,切实做到早预警、早准备、早撤离,最大限度地避免地质灾害造成的人员伤亡和财产损失。

3. 完善管理体制,提高地质灾害应急反应能力

各地政府和自然资源行政主管部门要建立起"横向到边、纵向到底"的预防体系,形成"统一领导、综合协调、分类管理、分级负责、属地为主"的应急管理体制,进一步健全地质灾害基层应急管理机构,形成"政府统筹协调、专业队伍技术支撑、群众广泛参与、防范严密到位、处置快捷高效"的地质灾害管理工作新机制。

要进一步强化汛期值班、险情巡查和灾情速报制度,向社会公布地质灾害报警电话,接受社会监督。充分发挥地质灾害群测群防的重要作用,通过发放地质灾害防灾避险明白卡,使处在地质灾害隐患点的群众做到"自我识别、自我监测、自我预报、自我防范、自我应急、自我救治",增强社会公众自救互救和防灾避险的能力。加强地质灾害隐患点排查、巡查工作。汛期前，各地自然资源主管部门要会同有关部门，组织技术力量对地质灾害危险区和重要地质灾害隐患点进行全面检查；汛期中开展巡查和应急调查，并根据全省地质灾害预警信息，及时做好地质灾害隐患点预警预报工作；汛期后进行复查与总结。要充分发挥各地地质环境监测机构和地质队伍及有关专家在汛期突发性地质灾害应急调查与处置工作中的作用。

4. 加强技术支撑，做好地质灾害监测预警预报工作

各地自然资源行政主管部门要与当地气象和水利部门、地质队伍密切协作，进一步完善地质灾害预警预报机制，加强异地会商，切实做到早预警、早准备、早撤离，最大限度地避免地质灾害造成人员伤亡和财产损失。要认真总结多年来地质灾害气象预警预报避免群死群伤的成功经验。珠三角地区各市县将选择威胁100人以上的地质灾害隐患点进行三维空间数据采集工作，推进全省地质灾害监测预警系统建设。各地自然资源行政主管部门要根据相应的地质灾害预警等级，按照《广东省国土资源系统地质灾害预警响应工作方案》要求，做好预警响应和值守工作，全面提升地质灾害预警响应工作水平。

5. 推进地质灾害详细调查和评价工作

各地要将地质灾害调查、预防和治理经费纳入年度财政预算。各地自然资源行政主管部门要按照《广东省地质灾害防治"十二五"规划》的要求，及时部署落实本地区地质灾害详细调查、城市地质灾害风险评价等工作。

6. 积极筹集资金，推进地质灾害隐患点搬迁与治理工作

各地要加强组织领导，积极筹措资金，按照轻重缓急原则，加快本地区地质灾害隐患点搬迁与治理工作。各地自然资源行政主管部门应积极会同有关主管部门做好地质灾害治理工程勘查、设计、施工和监理的监督指导工作，制订本地区地质灾害隐患点搬迁和治理实施方案。

7. 加强源头防范，严防削坡建房诱发地质灾害

各地要做好地质灾害易发区农村危房改造规划选址的地质灾害危险性评价工作，严禁削坡建房诱发地质灾害，积极探索山区农村建房涉及地质灾害的简易评价办法，制订出台地质灾害易发区农村建房选址指导意见等，从源头上有效遏制削坡建房引发的地质灾害。

8. 发挥基层主体作用，积极推进地质灾害防治

要以保护人民群众生命财产安全为根本，着力提升县（市、区）自然资源主管部门在地质灾害防治工作中的组织协调管理、专业技术支撑、项目经费保障、防治措施落实、规避灾害风险等能力，推进以县（市、区）为单元的地质灾害防治工作制度化、规范化、程序化，提高基层地质灾害防治水平和群众防灾避险意识，最大限度地避免地质灾害造成的人员伤亡和财产损失。

9. 加大监管力度，依法查处涉及地质灾害的违法违规行为

在地质灾害易发区内进行工程建设必须开展地质灾害危险性评价和配套建设地质灾害治理工程"三同时"制度，禁止在地质灾害危险区审批新建住宅及爆破、削坡和从事其他可能引发地质灾害的活动。依法查处违反《地质灾害防治条例》规定的行为，从源头上控制和预防人为引发的地质灾害。注重预防山区城镇建设、农村建房和山体过度开发形成的地质灾害隐患；加大矿山地质环境保护与恢复治理力度，指导矿山企业做好矿区防灾减灾预案，最大限度地避免矿山建设生产活动引发的突发性地质灾害。

第十章　珠江三角洲经济区资源环境承载力评价

10. 加强协调沟通,建立协同联动机制

建立健全党委领导、政府负责、部门协同、公众参与、上下联动的地质灾害防治新格局。各地自然资源、财政、民政、教育、环保、水利、交通、城乡规划、建设、安全监管、铁路、气象等有关部门切实履行工作责任,并加强协调、沟通与合作,互通情报,确保全省汛期地质灾害应急指挥、预警预报和防灾工作网络信息准确、畅通。各地要不断建立和完善多部门协同处置地质灾害的联动机制,形成快捷、高效的抢险救灾合力。

11. 加强宣传教育,提高干部群众的防灾意识

各地政府和自然资源行政主管部门,应通过报纸、广播、电视、互联网等媒体及张贴宣传画、派发公益广告、举办培训班和宣讲团等方式,积极开展地质灾害防治工作宣传活动,深入推进地质灾害防治知识"进村入户、进学校上课堂"。应充分利用"3·19(《中华人民共和国矿产资源法》颁布纪念日)""4·22(世界地球日)""5·12(防灾减灾日)""6·25(土地日)"等重要纪念日开展宣传咨询活动,强化地质灾害应急文化建设,进一步增强广大干部群众对地质灾害的防灾减灾意识。积极举办地质灾害防治知识培训班,重点培训本辖区内地质灾害防治工作人员,特别是镇、村一级的地质灾害群测群防人员。重要的地质灾害隐患点每年至少要举行一次应急演练,通过演练活动,检验和完善防灾预案,提升应对突发地质灾害的综合协调、应急处置能力。

七、珠三角地区资源环境承载力综合评价

综合单要素资源环境承载力评价成果,以市(区)为单位开展资源环境承载力综合评价。

基于工作区资源环境承载力状况,评判现状城镇分布和产业布局的合理性以及与本地区资源环境承载力状况的匹配性和协调性。

(一)综合承载力初步结果的叠加与分区

综合承载力由标准化处理后的各单项得分加权求和得到其值域在[0,5]之间,在计算各区块综合承载力得分的基础上,利用自然间断分级法选取的分区标准见表10-31,得到的评价结果见表10-32。

表 10-31　承载力分区标准

分区	承载力低	承载力一般	承载力高
综合得分 Z 范围	$0<Z\leqslant 2.75$	$2.75<Z\leqslant 3.75$	$3.75<Z\leqslant 5$

表 10-32　珠江三角洲资源环境综合承载力评价结果

行政分区		水资源得分	水环境得分	土地资源得分	土壤环境得分	地质环境风险得分	矿产资源得分	资源环境综合指数	承载力分级
市	区								
广州市	中心区	1	3	1	3	2.36	5	2.63	超载
	番禺区	1	2.75	1	3.5	4.36	5	3.14	均衡
	花都区	2	3.5	1	4	3.51	5	3.34	均衡
	南沙区	1	2.5	1	2	2.36	5	2.36	超载

续表 10-32

行政分区		水资源得分	水环境得分	土地资源得分	土壤环境得分	地质环境风险得分	矿产资源得分	资源环境综合指数	承载力分级
市	区								
广州市	萝岗区	1	3.4	1	4	2.36	5	2.88	均衡
	增城区	2	3.2	1	4	4.37	5	3.49	均衡
	从化区	4	3.8	1	5	3.54	5	3.93	盈余
佛山市	禅城区	1	2	1	3	2.33	5	2.44	超载
	南海区	1	2.75	1	3	3.95	5	2.95	均衡
	顺德区	1	2.15	1	3	4.24	5	2.92	均衡
	高明区	3	3.6	1	2	4	5	3.28	均衡
	三水区	2	3	1	4	4.3	5	3.44	均衡
惠州市	惠城区	3	2.5	3	4	2.2	2	2.99	均衡
	惠阳区	4	2.75	3	4	3.73	2	3.57	均衡
	惠东县	4	2.9	3	3	4.25	2	3.54	均衡
	博罗县	4	2.6	3	4	4.22	2	3.66	均衡
珠海市	香洲区	3	3.2	1	5	4.47	1	3.35	均衡
	斗门区	4	3	1	5	4.22	1	3.43	均衡
	金湾区	4	2.9	1	5	4.47	1	3.47	均衡
中山市	中山市区	5	2.5	1	3.4	4.1	1	3.20	均衡
深圳市	福田区	1	4	1	4.3	3	1	2.67	超载
	罗湖区	1	4	1	4.3	3	1	2.67	超载
	盐田区	2	4	1	4.3	3	1	2.84	均衡
	南山区	3	4	1	4.3	2	1	2.78	均衡
	宝安区	2	4	1	4.3	3.09	1	2.86	均衡
	龙岗区	1	4	1	3	3.8	1	2.62	超载
江门市	蓬江区	1	1.5	4	3	3.36	5	3.12	均衡
	江海区	1	1.6	4	3	3.36	5	3.14	均衡
	新会区	1	1.9	4	3	4.38	5	3.43	均衡
	开平市	3	2	4	4	4.32	5	3.97	盈余
	鹤山市	2	2	4	4	3.92	5	3.70	均衡
	台山市	1	2.1	4	4	4.6	5	3.70	均衡
	恩平市	4	2.25	4	4	3.89	5	4.09	盈余
肇庆市	主城区	1	4.5	4	3	3.78	5	3.75	盈余
	四会市区	1	4.5	4	5	3.59	5	4.07	盈余
	高要区	1	4.5	4	3	4.35	5	3.88	盈余
东莞市	东莞市	1	1.8	1	4	4.37	1	2.55	超载

资源环境综合承载力的初步结果反映了研究区域内各地区资源环境承载力总体状况,将珠江三角洲分为3个区(图10-24),有必要对其进行具体的分析。

1)承载力盈余区

承载力盈余区主要分布于从化区、增城区、花都区、四会市、高要区、开平市、恩平市。这些地区地形地貌上以侵蚀剥蚀中低山为主,水资源较丰富;人口密度小,土壤农药污染、有机污染及重金属污染问题很轻,土壤比较肥沃,因而土地资源承载力较高;土地利用类型以林地为主,植被覆盖率高,水环境、土地环境承载力较高;地区矿产资源普遍较丰富。综合这些因素,上述区域综合承载力高。

2)承载力较均衡区

承载力较均衡区广泛分布于珠江三角洲范围内,如惠州市惠阳区、博罗县,深圳市宝安区、南山区,江门市,中山市,珠海市及佛山市周边地区。这些地区一般由于1~2项承载力评分较低而综合承载力不及第一类和第二类区域,致使其承载力处于一般。其中,博罗县、惠阳区、宝安区和南山区的限制因素主要是水资源,而江门市、中山市、珠海市及佛山市周边地区的主要限制因素是土壤类型和土地利用类型。

3)承载力超载区

承载力超载区主要分布于惠州市惠东县、深圳市龙岗区和东莞市,另外,广州、佛山、肇庆市区也有零星分布。其中,导致惠东县、龙岗区综合承载力低的原因是生态地质环境和水环境承载力较弱,且矿产资源匮乏。东莞及广州、佛山、肇庆主城区人口密度大,土地利用类型以耕地、城镇用地为主,植被覆盖率低,土壤重金属污染、农药污染及有机污染问题较严重。综合这些因素,上述区域综合承载力低。

(二)资源环境综合承载力最终分区

将以上初步结果与地质遗迹保护区域叠加,得到资源环境综合承载力最终结果,如图10-25所示。除地质遗迹保护区域外,其他分区情况与资源环境承载力初步结果基本一致。地质遗迹保护区域:已建矿山公园、已建地质公园、建议建立地质、规划建立保护段公园等,严格限制人类活动。

八、资源环境优化配置对策研究

随着珠江三角洲经济区社会经济发展,环境污染问题突出、资源环境约束凸显,区域协调、有序及持续发展面临重大挑战,因此,必须与时俱进、转变思路、开拓创新、主动促进,加快推进区域环境保护一体化、资源可持续开发,以提升区域可持续发展能力。

资源优化配置、环境保护一体化是破解珠三角地区资源环境难题的重要途径,是实现生产空间的集约高效、生活空间的宜居适度、生态空间的山清水秀的前提和基础,是推进区域经济社会一体化的重要内容,是实现区域可持续发展的重要保障。

基于珠江三角洲经济区资源环境承载力状况下,科学开展国土资源优化配置研究的重要工作。珠江三角洲经济区有两大主题:一是资源保障;二是环境约束。只有牢牢记住这两大主题才能更好地服务于经济社会建设。抓住了这些就是抓住了核心,抓住了重点,抓住了本质。对于资源保障可以从矿产资源、水资源、土地资源三大部分进行分析;而对于生态环境支撑而言,则可以从区域水环境、土壤生态环境等的优劣角度进行考量:统筹制订全区水土矿资源开发利用规划,坚持以水土资源承载力来决定城市和产业发展规模、人口数量,严格划定水土资源限制开发和禁止开发区域,做到"以水土定城、以水土定地、以水土定人、以水土定产"。

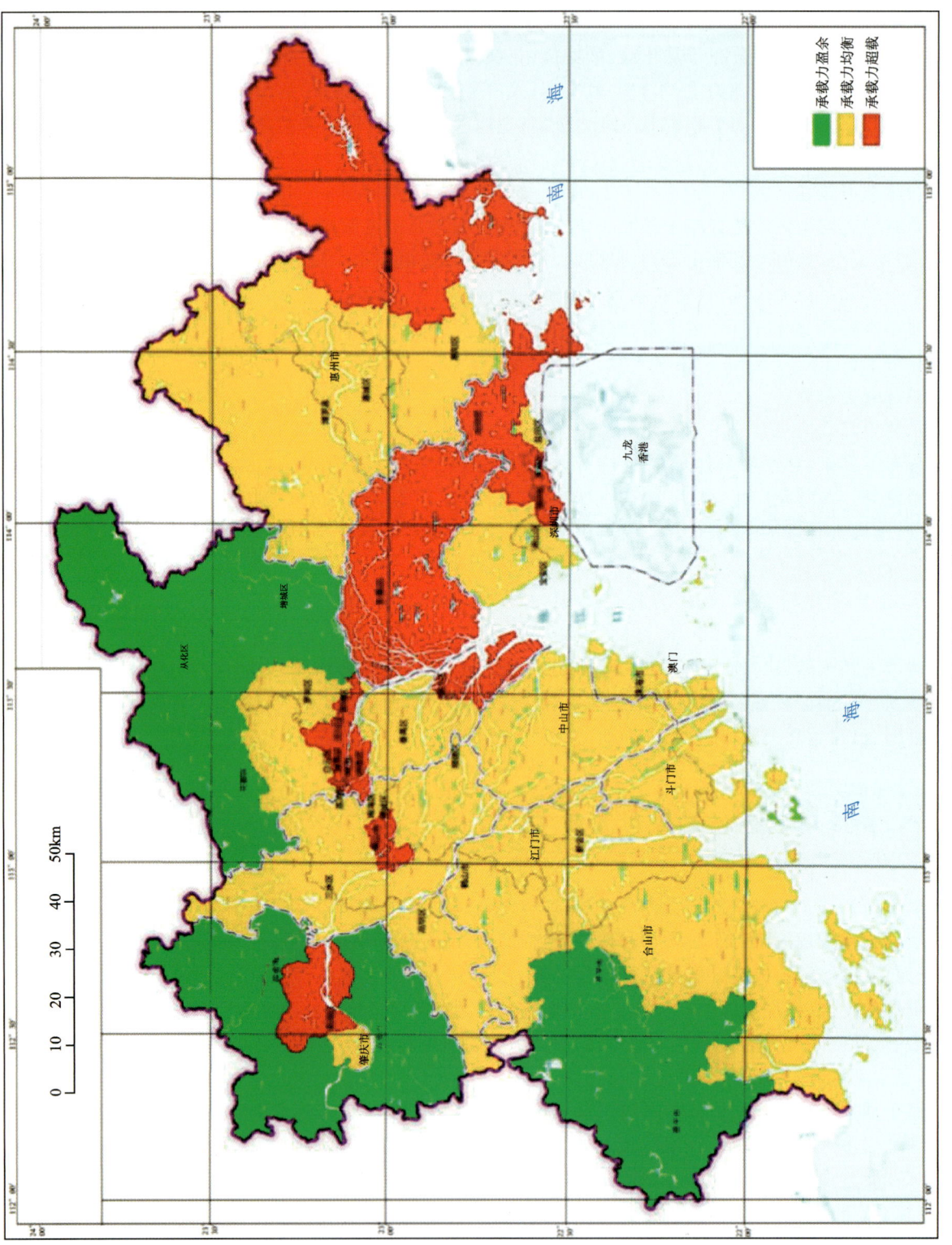

图10-24 综合承载力初步结果区划图

第十章 珠江三角洲经济区资源环境承载力评价

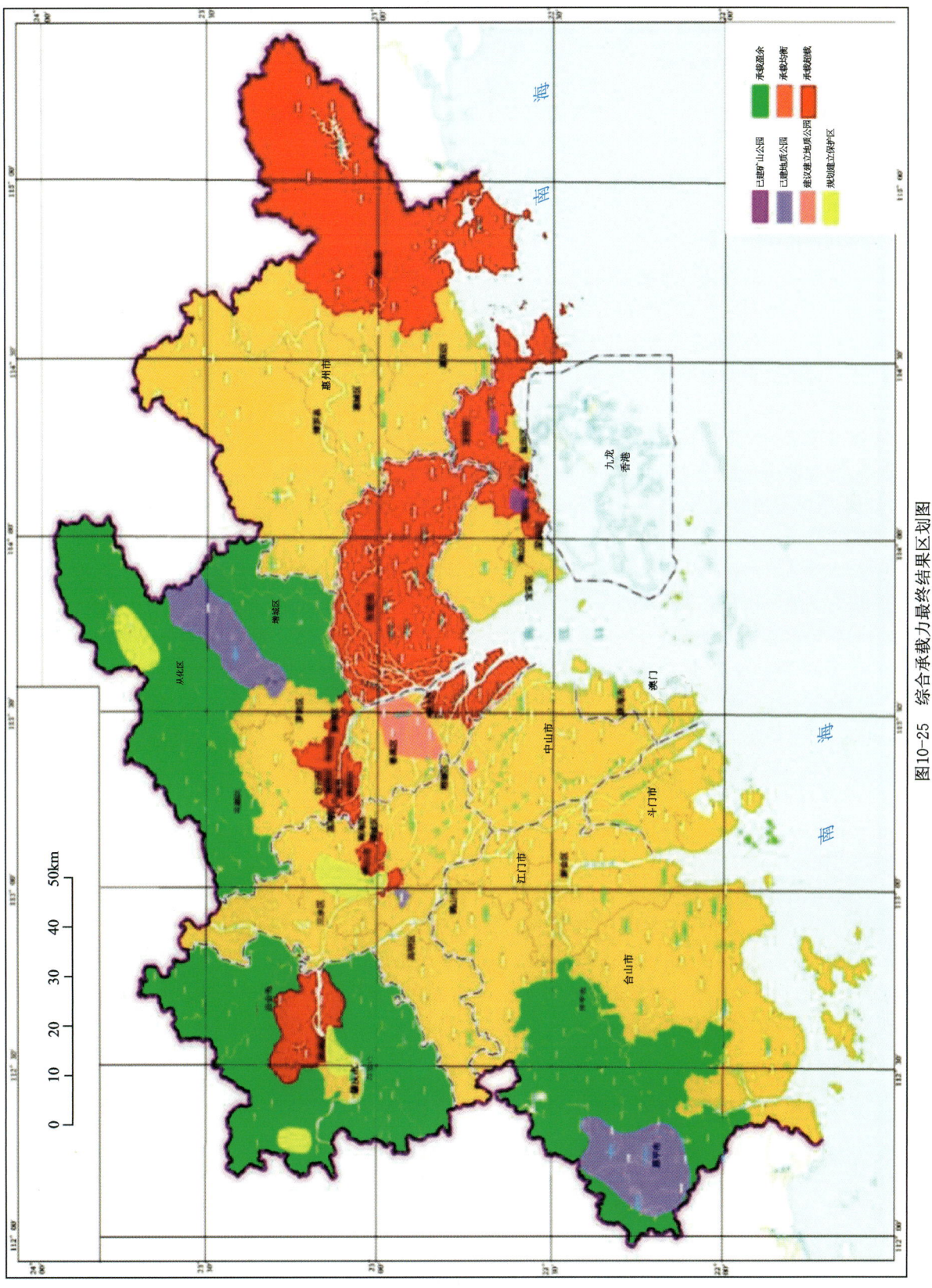

图10-25 综合承载力最终结果区划图

(一)土地资源优化配置及承载力提升研究

1. 土地资源优化配置研究

统筹土地资源配置是国土规划落实的重要保障和政府发挥空间调控作用的有效手段。为塑造和谐、可持续和富有竞争力的国土空间,未来珠江三角洲经济区土地资源的统筹配置要实行最严格的耕地保护制度和节约用地制度;通过优化区域土地利用结构,落实生活、生产和生态空间协调发展战略;按照推进形成国土综合功能区的要求,实施差别化的土地利用配置模式;优先满足国土支撑体系建设需求,加大土地利用相关工作落实力度。

1)实施差别化的土地利用配置模式

差别化的土地利用模式是推进形成国土综合功能区的重要举措。针对不同国土综合功能区的资源环境特点和功能定位,实施差别化的土地利用配置模式,将有利于推进形成和谐的国土开发空间结构,有利于推进国土综合功能区开发战略目标的顺利实现。珠江三角洲经济区土地利用调控引导见图10-26。

要以节约集约用地为重点,转变土地利用方式,促进产业升级转移;从严控制新增建设用地,积极挖潜、盘活、优先使用存量建设用地。提高项目用地投资强度、容积率和建筑系数、土地产出效益等用地标准和门槛,减少资源消耗多、技术含量低的工业用地,引导发展技术和知识含量高的先进制造业、高新技术产业和现代服务业;积极承接国际高端产业转移,制订有关政策逐步引导劳动密集型产业向周边地区转移。加大生活空间优化、生产空间整治力度,提高人居环境质量,增强国际竞争力。

2)加大土地利用重大工程实施力度

为确保国土规划土地统筹目标的实现,提高土地节约集约利用水平,规划期内,需要加大力度开展"三旧"改造、山坡地改造、围填海造地和高标准农田建设等工作。

(1)大力推进"三旧"改造工作。按照"全面探索、局部试点、封闭运行、结果可控"的总体要求,研究制订推进"三旧"改造的政策体系,重点解决"三旧"改造中涉及的规划、用地手续办理、收益分配和边角地、插花地、夹心地处理等方面问题。

(2)改造园地、山坡地补充耕地。据2010年的调查,全省坡度在25°以下有改造潜力的园地$25.27 \times 10^4 hm^2$,山坡地$28.14 \times 10^4 hm^2$。综合考虑土壤质量、灌溉条件、种植条件、地理位置、生态环境要求及改造成本、难易程度等因素,逐步将这些园地和山坡地改造为耕地。

(3)围(填)海造地。在符合海洋功能区划的前提下,制订围海造地规划和计划,减少新增建设用地占用耕地,促进粤东、粤西和珠三角地区海洋经济带建设。

(4)高标准农田建设。重点是加强农田规格、排灌渠系、田间道路、地力改良和农田管护体系的建设,改善耕地的农业生产条件和抵御自然灾害的能力,提高耕地产出率和生产效益。主要项目包括国家级、省级、市县级基本农田示范区建设项目,国家农业综合开发土地治理项目,基本农田整治项目,中低产田改造项目等。

2. 土地资源承载力提升研究

1)建设用地

(1)集约高效利用建设用地,打造富有竞争力国土。

建设用地是国土高效利用和提升国土综合竞争力的空间载体。打造高效、富有竞争力的国土空间,要求广东省必须坚持"严控总量、用好增量、盘活存量、优化结构、合理布局、集约高效"的建设用地利用原则,合理配置不同区域新增建设用地和城镇发展用地,优先安排高新产业和产业转移园区建设用地,开展集约高效利用建设用地的试验、示范工作(图10-27)。

第十章 珠江三角洲经济区资源环境承载力评价

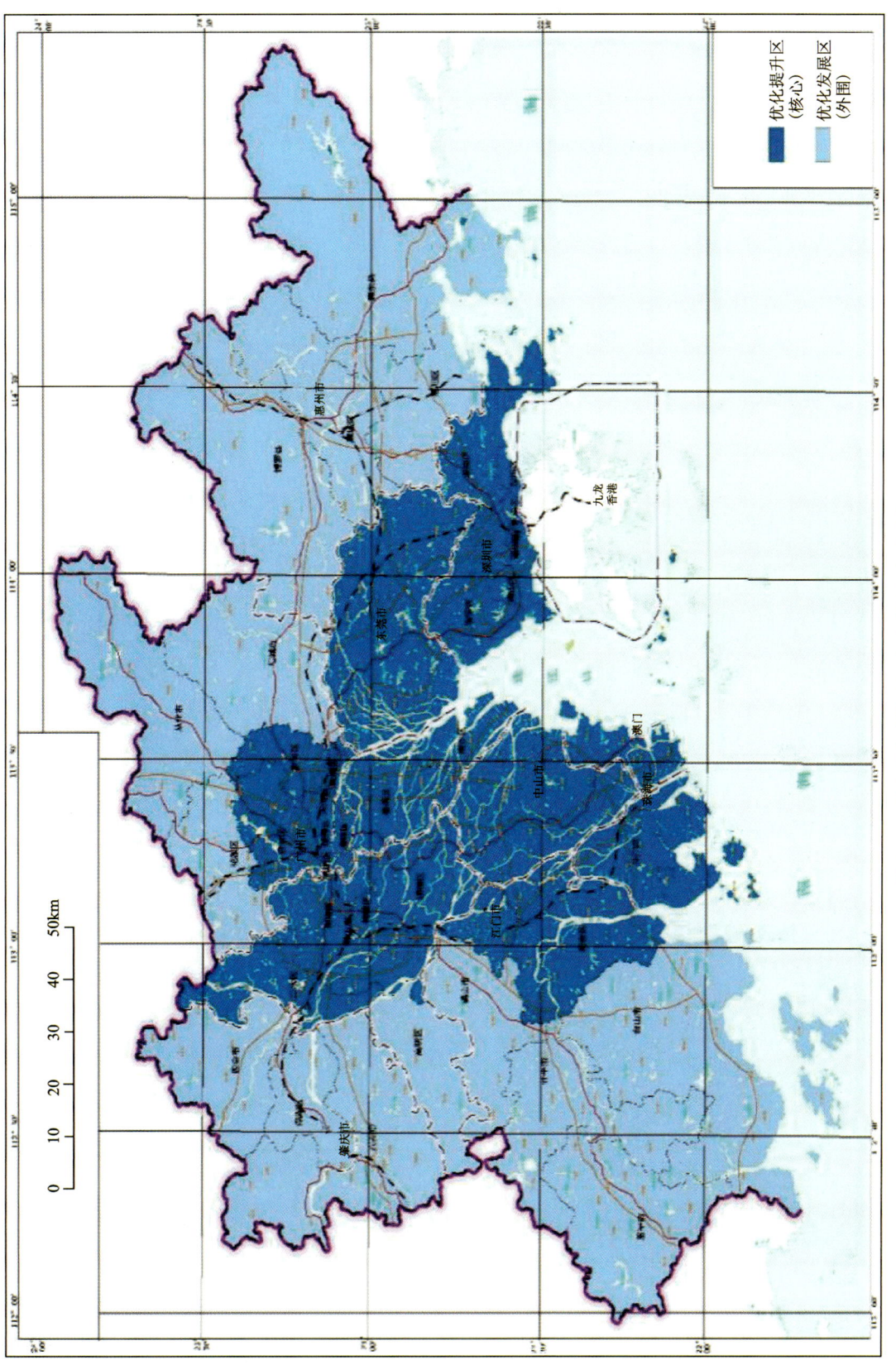

图10-26 珠江三角洲经济区土地利用调控引导示意

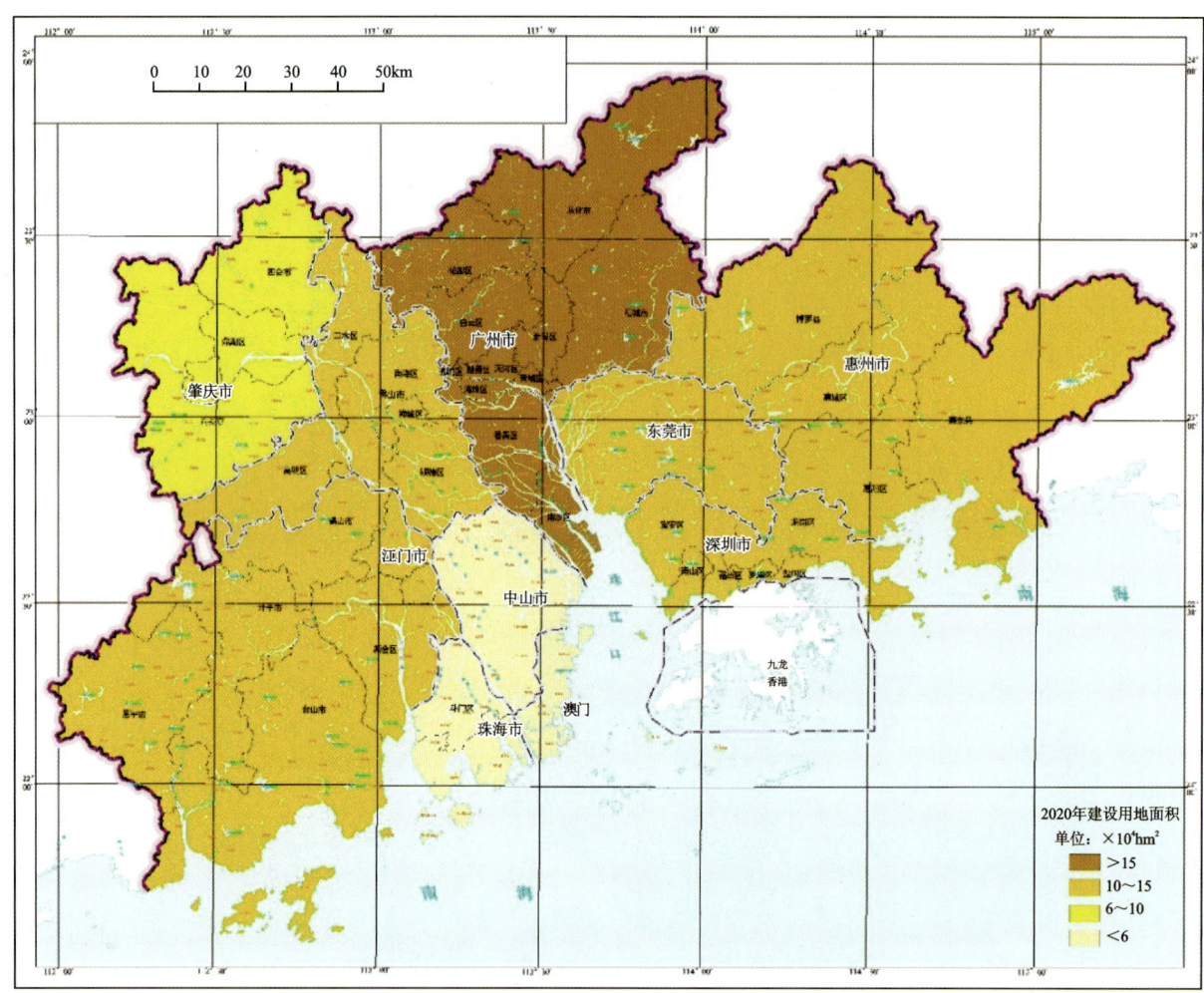

图 10-27 珠江三角洲经济区建设用地总规模控制

合理配置不同区域建设用地规模。根据广东省不同区域经济社会发展阶段对建设用地需求的特点,调整各区域和地级以上市的建设用地规模。到 2020 年,珠江三角洲(核心)优化提升区的土地开发利用强度为 40.52%,珠江三角洲(外围)优化发展区、两翼沿海重点发展区、韶关-汕尾-阳江适度发展区的土地开发利用强度分别为 12.94%、19.12%、10.59%;综合发展区、生态优先区的土地开发利用强度分别为 7.02%、4.61%。具体到各地级以上市,可形成梯度分明的 4 个层次:一是比例大于 40% 的以深圳、东莞为代表的高开发强度层次;二是比例在 20%~40% 之间较高开发强度层次,包括佛山、珠海、中山、广州;三是比例在 10%~20% 之间的中等开发强度层次,包括江门、汕尾、惠州;四是比例低于 10% 的低开发强度层次,包括肇庆(表 10-33~表 10-35)。

表 10-33 珠江三角洲经济区建设用地指标　　　　　　　　　　单位:×10⁴hm²

地区	2010 年各项建设用地指标			2020 年各项建设用地指标		
	建设用地总规模	城乡用地规模	城镇工矿用地规模	建设用地总规模	城乡用地规模	城镇工矿用地规模
全省	182.61	140	75	200.60	152.3	91.3
广州	16.15	13.08	9.71	17.72	14.04	11.91
深圳	9.30	7.62	7.3	9.76	8.37	8.37
珠海	5.14	4.60	4.4	5.62	4.92	4.82

续表 10-33

地区	2010年各项建设用地指标			2020年各项建设用地指标		
	建设用地总规模	城乡用地规模	城镇工矿用地规模	建设用地总规模	城乡用地规模	城镇工矿用地规模
佛山	12.67	10.95	8.6	13.57	11.58	10.46
惠州	11.83	8.60	5.66	12.60	9.07	6.79
东莞	10.80	8.98	7.47	11.77	9.69	9.3
中山	4.82	4.32	3.2	5.42	4.81	4.03
江门	10.51	7.28	3.83	11.49	7.87	4.61
肇庆	7.45	5.93	2.48	8.49	6.64	3.13

表 10-34 珠江三角洲经济区建设用地增量指标与历史用地对比表　　单位:%

地区	1996—2005年实际建用地增量占全省的比例	2006—2020年建设用地增量指标占全省的比例	比例增减
广州	15.03	9.53	-5.50
深圳	8.36	4.71	-3.65
珠海	5.52	2.86	-2.66
佛山	16.04	5.90	-10.14
江门	5.30	4.84	-0.46
肇庆	2.35	5.26	2.91
惠州	2.83	4.24	1.41
东莞	11.91	6.68	-5.23
中山	6.77	3.44	-3.33

表 10-35 珠江三角洲经济区建设用地总规模占土地总面积比例对比表　　单位:%

地区	2005年		2020年	
	占比(%)	排序	占比(%)	排序
深圳	42.98	1	50.00	1
东莞	39.76	2	47.61	2
佛山	30.78	3	35.24	3
珠海	29.94	4	35.15	4
汕头	25.10	5	31.37	5
中山	24.56	6	30.12	6
广州	20.51	7	24.31	7
惠州	10.01	11	11.10	8
肇庆	4.70	19	5.73	9

合理配置城镇发展用地。新增城镇建设用地优先保障用地少、就业多、产业集聚能力强的新城镇群和不同层次集聚经济、人口及提供公共服务的区域中心用地。人口分散、资源环境条件较差、暂不具备发展条件的区域,重点保障民生用地。

优先安排高新产业和产业转移园区建设用地。珠三角地区新增建设用地优先安排现代服务业、高新技术产业、先进制造业建设用地,促进产业结构调整升级;东西两翼和北部山区优先安排新型产业集聚区、产业转移园区建设用地,推进形成新的经济增长极和增长点。

(2)挖潜调整生产空间,提高土地经济产出效益。

挖潜盘活城镇存量建设用地和低效建设用地是广东省,尤其是珠三角地区扩展生产建设用地的重要来源。根据2007年专项调查,广东省城镇存量建设用地总量为$5.78\times10^4 hm^2$,低效建设用地$13.3\times10^4 hm^2$。

提高土地资源承载力需要。出台配套政策,采取有效措施,加大处置力度,促进闲置地、空闲地和低效地的开发利用。狠抓内涵挖潜,盘活闲置存量土地。按照"统一规划、分步实施、先易后难、以用为先"的原则,采取挂账收地、限期开发等方式,调整使用闲置土地。通过创新探索发行土地债券等制度,提高政府收回闲置土地和储备土地的能力。

采取综合手段,提高低效与粗放利用土地的集约化程度。通过制订出台工业项目用地公开交易和经营性基础设施用地有偿使用办法、国有土地协议出让最低价标准等措施,充分运用价格机制抑制多占地、滥占地和浪费土地行为,推进土地资源的市场化配置,促进节约集约利用土地。加大和扩大执行经营性土地招、拍、挂出让的力度和范围,建立完善土地市场供地和调控机制,提高申请用地门槛,提高闲置浪费土地的风险成本,引导社会形成节约和珍惜利用土地的氛围。通过相应的财税政策和环保门槛,淘汰效益差、能耗大、占地多的企业,引进效益好、能耗小、占地少的企业,进行建设用地二次开发利用,促进产业升级转移,实现产业聚集和用地高效。规划期内,单位建设用地二、三产业增加值年均提高幅度保持在12%左右。

充分利用各类园区,积极促进产业集聚、工业进园、集中布局,改变工矿用地布局分散、粗放低效的现状,构建生活、生态、生产协调发展的土地利用秩序。加强园区用地管理,严格限定各类工业园区内的非生产性建设用地比例,提升用地效率和效益;积极推广多层通用厂房,禁止圈占土地建造低密度的"花园式"工厂,严格按照土地利用总体规划、城乡规划和集约用地指标考核园区用地。土地集约利用评估达到要求并通过国家审核公告的开发区,确需扩区的,可申请整合依法依规设立的开发区,或者利用符合规划的现有建设用地扩区。

充分利用经济杠杆,利用土地税费等手段,加大市场配置和调节土地资源的力度,扩大有偿使用土地的范围,灵活确定工业用地出让期限,促进土地高效利用,遏制浪费土地的现象。

2)农业用地

严格保护耕地,加强基本农田建设力度。实现耕地保有量和基本农田保护面积目标要从落实耕地保护责任、严格控制新增建设占用耕地、加强基本农田建设投入和加大补充耕地力度4个方面着手,通过创新耕地和基本农田保护机制、加大耕地保护的经济补偿力度、提高农民保护耕地的主动性和强化耕地总量动态平衡政策,遏制耕地快速减少的势头。珠江三角洲经济区耕地与基本农田保护见图10-28,珠江三角洲经济区耕地保有量和基本农田保护面积指标见表10-36。

控制和引导建设少占耕地。严格控制建设占用耕地和基本农田,规划期内建设占用耕地控制在$10.76\times10^4 hm^2$以内。建设项目选址必须以不占或少占耕地为基本原则,并尽量避让基本农田,确需占用耕地的应尽量占用等级较低的耕地。没有实现建设项目占用耕地"先补后占""占一补一"的,一律不予审批。积极开展低丘缓坡荒滩等未利用地开发利用试点工作,引导城镇工业建设"上坡下海",避免占用耕地资源。

规划期内设立若干个国家级、省级、市级和县级基本农田保护示范区,提高全省耕地和基本农田质量。按照"因地制宜、分类指导、统一规划、突出重点、连片治理、讲求实效"的原则,逐步把示范区建成"涝能排、旱能灌、渠相连、路相通、田成方、地力高"的旱涝保收的高产稳产农田。以水利设施建设为重点,以完善农田排灌系统、机耕道路为主要内容,改造中低产田,全面推进高标准农田建设,改善生态环境和农业生产条件,提高农业综合生产能力,到2015年全省建成高标准农田1510万亩。

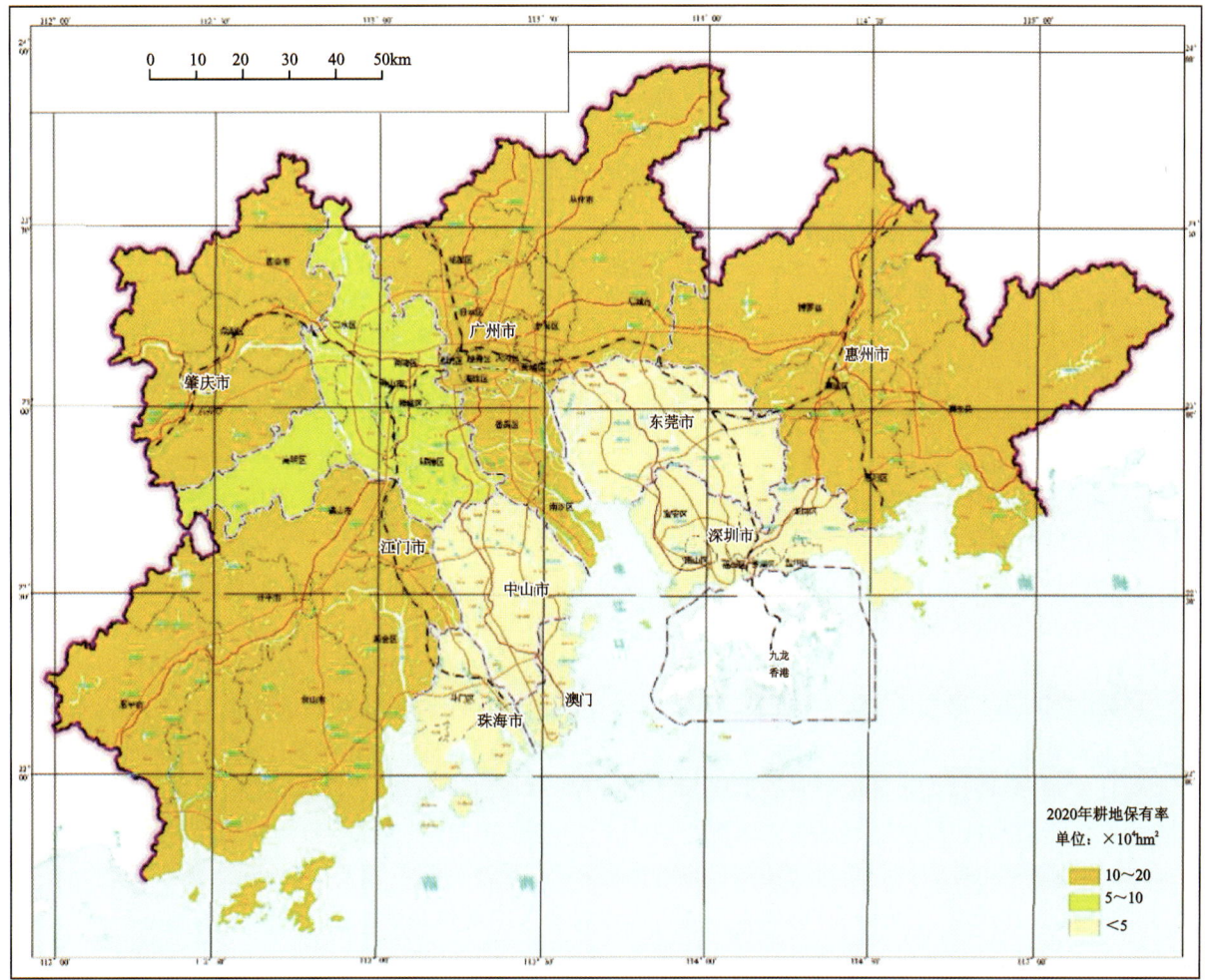

图 10-28 珠江三角洲经济区耕地与基本农田保护图

表 10-36 珠江三角洲经济区耕地保有量和基本农田保护面积指标

地区	2005 年			2010 年耕地保有量		2020 年耕地保有量		基本农田保护面积	
	耕地	带钾地类	含钾耕地						
	hm²			hm²	万亩	hm²	万亩	hm²	万亩
全省	2 952 744	134 128	3 086 872	2 914 000	4371	2 908 700	4363	2 556 000	3834
广州	104 150	31 731	135 880	128 270	192.41	128 037	192.06	112 345	168.52
深圳	4530	21	4551	4296	6.44	4288	6.43	2000	3.00
珠海	20 230	9079	29 309	27 668	41.50	27 617	41.43	24 408	36.61
佛山	54 869	4544	59 413	56 086	84.13	55 983	83.97	48 663	72.99
惠州	151 969	198	152 167	143 645	215.47	143 384	215.08	126 722	190.08
东莞	14 943	18 586	33 529	31 651	47.48	31 594	47.39	27 922	41.88
中山	45 816	6859	52 675	49 725	74.59	49 635	74.45	43 867	65.80
江门	206 929	801	207 730	196 097	294.15	195 740	293.61	172 180	258.27
肇庆	179 520	12	179 532	169 478	254.22	169 170	253.76	149 511	224.27

注：1 亩≈666.67m²。

(二)水资源优化配置对策研究

水资源是保障经济社会发展的重要基础设施,实现水资源保护开发利用一体化既是水资源自身发展的需要,也是珠江三角洲经济区社会发展一体化的重要体现和保障。

1. 建立以流域为单元的水资源调节机制

1)流域水资源供需平衡分析

现状供水方案下,以供水能力作为2020年供水量进行供需平衡分析。2020年珠三角流域需水量$274.48\times10^8\,m^3$,在现状供水方案情况下供水量为$279.12\times10^8\,m^3$,所以总体上珠三角水资源是供需平衡的,但是大部分地市都存在供需不平衡的问题。因此,根据现状供水体系下的水资源供需分析结果,珠三角需要以水资源开发利用一体化布局为总体原则,统筹规划水资源工程建设、水源地布局、供排水通道设计和管网一体化建设。

2)推进都市区供水水源一体化建设

全面统筹珠三角水源布局,优化整合零散分布的水源地,逐步实现水源地间的联网互通,推进广佛水源一体化、深莞惠水源一体化和珠中江水源一体化建设,适时推进佛山西部与肇庆东部水源一体化建设。

(1)深莞惠(港)都市区。以东江水源为主,实行江库联网。深圳依托东深供水工程、东部供水工程及境内主要调蓄水库;东莞在东江三大水库联合优化调度基础上,重点建设东江下游及三角洲河段供水水源保证工程、境内蓄水水库挖潜及九库联网供水工程、与惠州合作建设观洞水库水源工程;惠州主要水源为东江干流和西枝江,惠城区供水水源为东江干流河道,惠阳、惠东县水源采用西枝江干流河道。

(2)广佛肇都市区。广州新增北江清远梯级水源,形成东江、北江、西江、流溪河四大水源相互补充的"东南西北分片供水、互为补充"的供水格局。佛山逐步关闭规模小或水质污染严重的取水口,以西江供水为主、北江供水为辅双水源战略。肇庆拓展西江干流水源和北江水源。

(3)珠中江(澳)都市区。珠海主要水源系统可划分为磨刀门水道、黄杨河水道、虎跳门水道三大系统,形成"江水为主、库水为辅、江库联动、江水补库、库水调咸"的原水供水模式。中山集中式饮用水源河道主要有磨刀门水道、东海水道、小榄水道、鸡鸦水道、西海水道。江门在保持原有水源的基础上,逐步调整大中型水库由农业供水向城市供水转变,实现河、库多水源供水。

3)促进水资源的优化利用

(1)节水优先。加强农业节水、工业节水及生活节水措施的实施力度。

(2)非常规水资源利用。再生水利用:在有条件的城市开始再生水利用试点,取得经验后逐步推广;雨水利用:在城市和农村建立雨水蓄积利用工程;海水利用:继续加大沿海地区海水直接利用量,大力发展海水淡化技术。

2. 建设全方位一体化的防洪排涝减灾体系

规划逐步将防洪潮减灾的重点由工程建设转向工程维护、管理和高效运行,大力推进建设自然积存、自然渗透、自然净化的"海绵城市",构建"低影响开发雨水系统",建立新型的防洪排涝体系,为世界级城镇群的建设目标提供保障。

1)防洪工程一体化

防洪工程一体化依靠西江龙滩、大藤峡水库,北江飞来峡水利枢纽的调洪和潖江滞洪区的运用,东江上游新丰江、枫树坝、白盆珠三大水库,与西北江控导枢纽思贤滘、天河南华,以及三角洲的堤防、河道、出海口门整治共同实现。

(1)西江中下游片区。重点防护肇庆市,依赖上游规划中的大藤峡水利枢纽及在建的龙滩水库进行调洪,削减洪峰流量,以景丰联围为主,联合江口堤、德城大堤和禄步围等重要堤围及肇庆市内蓄水工程进行防护。

（2）西北江三角洲片区。重点防护佛山市、中山市、珠海市,重点防护工程有佛山大堤、樵桑联围、中顺大围、中珠联围、白蕉联围、赤坎联围、乾务联围等重要堤围,重要蓄水工程有竹银水库、长江水库、乾务水库等。

（3）广州片区。重点防护广州市,依靠北江飞来峡水库进行调洪,以北江大堤和琶江滞洪区作为重要防洪工程,联合广州市内堤围及水库防护工程,可使广州防御300年一遇洪水,广州市城区防洪标准为200年一遇标准。

（4）江门片区。重点防护江门市,由江新联围、潭江大堤及四堡水库、那咀水库、龙门水库等蓄水工程组成,工程加固达标建成后,在堤库结合的条件下,防洪(潮)标准达到100年一遇。

（5）东江中下游片区。东江中下游片区防洪一体化体系由惠州大堤、江北大堤、东莞大堤、苏礼龙围、增博大围、挂影洲围等堤防与干流枫树坝水库、支流新丰江上的新丰江水库和支流西枝江上的白盆珠水库组成,堤库结合,可使惠州、东莞等城市的防洪标准达到100年一遇。

2）排涝工程一体化

在中上游地区建水库蓄水,开截洪渠,以自排为主;在中下游地区重点巩固堤围,防止洪水倒灌,同时疏浚河道,畅通排水,自排、电排并举;下游围田地区自然排水困难的,以电排为主,结合疏浚和自排（或预排）。

3）强化防洪排涝非工程措施

建立和健全防洪防灾减灾组织体制,做好防洪工程措施日常管理,建设流域性洪水预警预报系统,建立珠三角防洪地理信息系统。

4）推广海绵城市建设理念

规划建议在全省新型城镇化建设过程中,推广和应用低影响开发建设模式,加大城市径流雨水源头减排的刚性约束,优先利用自然排水系统,建设生态排水设施,充分发挥城市绿地、道路、水系等对雨水的吸纳、蓄渗和缓释作用,使城市开发建设后的水文特征接近开发前,有效缓解城市内涝、削减城市径流污染负荷、节约水资源、保护和改善城市生态环境,为建设具有自然积存、自然渗透、自然净化功能的海绵城市提供重要保障。

（三）矿产资源优化配置对策研究

以珠江三角洲经济区主体功能区和区域经济布局为依托,结合矿产资源禀赋条件和开发利用水平,按照矿产资源开发与环境保护并重的原则,统筹全区矿产资源勘查开发区域布局。

区内主要矿产有金、银、铌、钽、水泥用灰岩、建筑用石料、石膏、盐矿、矿泉水、地下热水等。

珠三角地区作为优化开发区域,按照"提升层次、做优做强、品牌输出、产业转移、拓宽空间、高新引进、再上台阶"的产业发展和加强生态环境保护和生态建设的要求,重点是提高资源利用效率,发展矿产品精细加工和高端产品,加强基础地质、农业地质、城市地质调查,加大生态环境保护和矿山地质环境恢复治理力度。

全区规划为矿产资源限制勘查区和限制开采区,严格限制污染环境和影响生态建设的矿产资源开发活动,减少直至关闭矿山企业。随着部分地区的水泥、陶瓷等企业向北部山区转移,严格控制水泥用灰岩和高岭土等矿山数。对区内经济价值高、资源条件较好且具大中型矿床规模的短缺矿种（如金、银、石膏、盐矿等矿产）及对环境影响小的地下热水、矿泉水等,经环境适宜性评估和相关论证后,可适度开发。除了作为重要战略性矿产资源储备外,原则上不在区内进行金属矿产资源的商业性勘查。

(四)土壤环境保护对策研究

1. 严格准入,防止新增土壤污染

(1)严格环境准入,防止新建工业项目对土壤造成新的污染。将金属表面处理及热处理加工、皮革鞣制加工、基础化学原料制造、电池制造、废铅酸电池铅回收、有色金属矿采选、有色金属冶炼及压延加工、涉重金属危险废物处理处置、火电九大行业作为重点防控行业,加强规划和建设项目环境影响评价,强化土壤环境调查、评价与重金属污染防治等,并作为环保"三同时"(即同时设计、同时施工、同时投产使用)验收的内容。严格审批排放铅、汞、镉、铬、砷、铜、锌、镍 8 种重金属和多环芳烃类持久性有机污染物等重点防控污染物(以下统称"重点防控污染物")的建设项目,对排放铅、汞、镉、铬、砷 5 种重金属(以下统称"5 种重金属")的新增产能和淘汰产能实行"等量置换"或"减量置换",严格控制向土壤排放 5 种重金属污染物。

(2)加大淘汰落后产能力度,严格执行国家和省已颁布的产业政策、产业结构调整指导目录、相关行业调整振兴规划和行业准入条件等相关规定,加大力度淘汰重点防控行业落后生产能力、工艺、技术、设备和产品,依法关停不符合产业政策和环保要求、排放重点防控污染物的落后产能企业,并防止向粤东西北地区转移。加强对淘汰落后产能工作的监督考核,定期向社会公告限期淘汰的企业名单和执行情况。

(3)严格矿产资源开发利用准入管理,进一步加强矿产资源总体规划和建设项目环境影响评价工作,优化矿产资源特别是有色金属矿开发利用布局,加快整合优化规模小而散、布局不够合理的有色金属矿产资源开发利用项目。禁止审批向河流排放 5 种重金属的矿产资源开发利用项目,基本农田保护区、集中式饮用水水源地、居民集中区等环境敏感地区及其周边和主要重金属污染物排放超标的地区,不予审批新增有重金属排放的矿产资源开发利用项目。矿产资源开发利用项目向河流排放矿坑涌水应达到相应河流的地表水环境质量标准要求。新建项目环境影响评价文件要重点对加强周边耕地、饮用水水源地保护和环境风险防范等内容进行论证,并严格落实环境影响评价文件提出的污染防治措施;改扩建和整合类项目的环境影响评价文件应明确妥善解决现有的土壤环境污染问题。

(4)加强畜禽养殖业环境管理,加快实施畜禽养殖业发展规划,优化畜禽养殖业发展布局,各地要按规定抓紧完成本地区畜禽禁养区、限养区和适养区的划定工作,完成禁养区内畜禽养殖场(区)和专业户的清理工作。强化规模化畜禽养殖排污申报登记,规范设置排污口,严格执行广东省《畜禽养殖业污染物排放标准》(DB 44/613—2009),确保稳定达标排放。推广高效安全配方饲料,严格执行饲料国家行业标准,切实控制畜禽养殖饲料中铜、砷等重金属元素添加量;大力推进畜禽生态健康养殖、农村沼气工程建设,减少有毒有害废弃物排放,不断提高畜禽养殖废弃物的综合利用水平,防止水体和土壤重金属污染。

2. 严格执法,加强重点污染源监管

(1)强化重点工业污染源环境监管,加快推进电镀等重污染行业的污染整治,对列入《广东省重金属污染综合防治"十二五"规划》的 600 家重金属污染防治重点企业及工业园区推行循环经济和清洁生产,每两年开展 1 次强制性清洁生产审核,严格落实清洁生产审核评估、验收工作。加强重金属污染防治重点企业内部环境管理,完善污染物产排详细台账,建立和完善环境管理档案和风险应急管理制度。规范各类危险废物的环境管理,加快危险废物集中处理处置设施建设,确保安全处理处置。深入开展环保执法专项行动,对重点污染源加大现场巡查力度和监测频次,从严从重查处未批先建、违反环保"三同时"制度、故意偷排等违法行为,对超标、超总量排放重金属污染物的排污单位责令限期治理,逾期未完成限期治理任务的依法予以强制关停。

(2)加强矿产资源开发利用监管,严格落实矿产资源开发利用项目环境保护、安全生产、水土保持设施与主体工程的"三同时"制度。实行施工期环境监理制度,建立健全污染事故和环境应急监控管理体系。严格实施矿山自然生态环境治理恢复保证金制度,督促和监管采矿权人按相关规定缴存保证金,履行矿山自然生态环境治理恢复义务。各地应将涉重金属排放矿产资源开发利用项目列为重点监管对象,严格落实生态环境监察和日常巡查制度,强化日常监测,确保污染物排放达标;加强尾矿库的安全监管,防止发生安全事故造成土壤污染。严厉打击土法采、选、冶金矿和土法炼汞、砷、铅等矿产资源开发利用违法行为,严肃查处"未批先建""未验先投"等行为,对存在重大环境安全隐患且不落实整改措施的地区和企业,实行区域限批或挂牌督办;对发生重大环境事件造成生态环境破坏的企业,依法查处并追究法律责任。

(3)严格农业污染源综合控制,建立和完善科学种植制度和生态农业体系,重点加强农药、化肥、污水灌溉使用管理和农业废弃物处理处置,强化监管和执法检查,防止重金属和持久性有机污染物对土壤造成污染。严格执行国家和省有关高毒农药、禁限用农药使用管理规定,开展高效低毒农药及生物农药试验和示范推广,大力推广绿色防控技术和专业化统防统治,加强有机氯农药替代技术和替代药物的研发推广。科学施用化肥,提高肥效、减少施用量,禁止使用重金属等有毒有害物质超标的肥料,畜禽养殖粪污经无害化处理检测达到相关标准后方可还田利用。制订污水灌溉管理办法,严格控制污水灌溉,禁止在农业生产中使用含重金属、难降解有机污染物污水以及未经检验和安全处理的污水处理厂污泥、清淤底泥、尾矿等。鼓励废弃农膜回收和综合利用,建立农药包装容器、农膜等废弃物回收制度,防止农业废弃物污染土壤。

(4)规范污水处理厂污泥和垃圾处理场渗滤液监管,加强对城镇集中生活污水处理厂污泥和垃圾处理场渗滤液排放监管,防止含重金属、持久性有机污染物的污泥和渗滤液对土壤造成污染。严格按照严控废物管理有关要求,强化对污泥处理处置设施建设、运营监管及转移过程监管,落实污泥稳定化、资源化、无害化、减量化各项措施,禁止污泥就地堆放和原生污泥简易填埋等不符合环保要求的处置方式,避免污泥处置过程造成土壤污染。到2015年底,广东全省城镇污水处理厂污泥基本实现无害化处理处置。加快生活垃圾无害化处理设施建设,到2015年底,所有县(市)建成垃圾无害化处理场,垃圾渗滤液中重金属应达标排放。组织开展简易填埋和无渗滤液处理的垃圾处理场排查工作,加强综合整治,逐步取缔简易填埋等不规范的垃圾处置方式。

3. 保护优先,确保耕地和集中式饮用水水源地土壤环境安全

(1)划定土壤环境保护优先区域各地级以上地区,政府要按照"集中连片、动态调整、总量不减"的原则,以县(市、区)为基础单元,将本地区连片耕地和县级以上集中式饮用水水源地划定为土壤环境保护优先区域,2015年底前,明确本地区土壤环境保护优先区域的范围、面积和边界,建立土壤环境保护优先区域地块名册,并报省政府备案。相关技术规范及划定指引由省环境保护厅、农业厅、自然资源厅另行印发。

在进一步完成土壤环境保护优先区域土壤环境质量调查后,开展土壤环境质量等级划分,建立相关数据库。

(2)加强土壤环境保护优先区域污染源排查和整治,各地要组织开展土壤环境保护优先区域及其周边影响土壤环境质量的重点污染源排查,以涉及重点防控污染物排放的国控、省控、市控重点污染源为对象,对污染物种类、产排量及日常监管措施落实情况等进行排查,编制污染源整治方案。对严重影响土壤环境保护优先区域土壤环境质量的企业责令限期治理,未达到治理要求的依法责令关停,并责令其对造成的土壤污染进行治理修复;在饮用水源保护区内,已建成的排放污染物的建设项目,由县级以上人民政府责令拆除或者关闭。督促企业采取措施削减、控制废水废气中重金属和持久性有机污染物的排放,引导企业或专业工业园区集中建设污水深度处理设施,鼓励企业在稳定达标排放的基础上进行含重金属和持久性有机污染物废水的深度处理。

(3)建立土壤环境保护优先区域环境管理制度,制订全省土壤环境保护优先区域管理办法,严格土壤环境保护优先区域划定与调整,加强保护设施建设。禁止在土壤环境保护优先区域内新建有色金属采选、冶炼、皮革、石化、药品制造、电镀、印染、铅蓄电池制造等项目,严格控制在土壤环境保护优先区域周边新建严重影响土壤环境质量的项目,防止周边区域大气污染物沉降影响土壤环境质量。加强土壤环境保护优先区域农药、化肥、农膜等农用投入品使用的环境监管,严格控制污水灌溉,建立和完善重点农田灌溉水水源调查、评估、监测及预警制度。设置土壤环境保护优先区域环境质量监控点位,开展定期监测。2015年底前,建立土壤环境保护优先区域档案和环境质量管理信息系统。

4. 分类管理,强化受污染土壤环境风险控制

(1)加强受污染耕地环境风险管控,加快实施《广东省农产品产地土壤重金属污染防治实施方案》,开展全省农产品产地土壤重金属污染状况调查,建立农产品产地土壤环境质量档案和土壤污染分级管理制度。在此基础上,按照耕地受污染程度实施分类管理,对未受污染的耕地土壤,采取有效措施进行保护;对受污染程度较低、仍可作为耕地的,采取种植结构调整、农艺调控、土壤污染治理与修复等措施,确保耕地安全利用;对于受污染严重且难以修复的耕地,及时调整种植结构,对不适宜种植的土地,依法调整土地用途,划分农产品禁止生产区。各地在2015年底前建立农产品产地土壤污染分级管理地块名册;2016年底前,健全土壤环境质量与农产品质量例行监测制度,建立农产品产地污染监测预警机制;在全省不同区域开展具有代表性的禁止生产区试点示范;2017年底前,完成本地区内农产品禁止生产区域的划定,并按规定补充相应的农用地。

(2)加强受污染场地环境风险管控,按照《关于保障工业企业场地再开发利用环境安全的通知》(环发〔2012〕140号)要求,各地要以拟再开发利用的已关停并转、破产、搬迁的化工、金属冶炼、农药、电镀、危险化学品企业原有场地及其他重点监管工业企业场地为对象,组织开展土壤环境调查和风险评估,并对受污染场地开展治理修复。按照"谁污染、谁治理"的原则,造成场地污染的单位是承担土壤环境调查、风险评估和治理修复责任(以下简称"相关责任")的主体。造成场地污染的单位发生变更的,由变更后继承其债权、债务的单位承担相关责任;受污染场地土地使用权依法转让的,由土地使用权受让人承担相关责任;对于无法确定责任主体的,由所在地县级人民政府依法承担相关责任。构建部门间的互联沟通机制,严格控制受污染场地土地流转,对未按规定开展土壤环境质量调查、风险评估或修复后土壤环境质量不能满足用地要求的,自然资源管理部门不得核发建设用地批准书,建设部门不得核发施工许可证。2015年底前,各地完成受污染场地排查,建立受污染场地名册,并实现动态管理。

5. 夯实基础,加强土壤环境监管能力建设

(1)加强土壤环境监测能力建设,在现有土壤污染状况调查的基础上,开展补充调查,进一步摸清广东省重点区域土壤环境质量状况。科学规划和建设全省土壤环境监测站点和监控网络。各地要加强环保、农业监测部门土壤环境常规监测能力建设,提升土壤环境监测能力,逐步建立省、市、县三级土壤环境质量监测网。建立耕地和集中式饮用水水源地土壤环境质量监测点位及土壤环境质量定期监测制度,2015年底前,对28个国家产粮(油)大县耕地和27个服务人口50万以上的集中式饮用水水源地,完成1次土壤环境质量监测。定期对排放重点防控污染物的工矿企业以及城镇生活污水、垃圾、危险废物等集中处理设施周边土壤开展环境质量监测,逐步扩大农村土壤环境质量监测范围。环保部门会同农业、国土、地质等部门充分整合相关资料,建立和完善土壤环境监测调查信息部门共享机制,2015年底前,基本建成省级土壤环境状况数据库,实现土壤环境质量信息互通共享。

(2)强化土壤环境监管队伍,建设各地要加强土壤环境监管能力建设,将土壤环境纳入环境监察工作范围,逐步加强土壤环境监测、监察人员配置,配备相应的执法装备,并定期开展土壤环境保护和监管技术人员培训。

(3)建立土壤污染应急机制,土壤环境保护内容应纳入各地政府及有关部门突发环境事件应急预

案。各地应将突发环境事件对土壤环境的影响程度、范围和应对措施作为突发环境事件信息报告的重要内容。高度重视突发环境事件应急处置过程中的土壤环境问题,积极采取措施,避免土壤污染。对于突发事件造成土壤污染的,要求责任单位及时调查和评估污染的程度及范围,防止污染扩散,并开展土壤污染治理与修复。

(五)水环境保护对策研究

优化水环境功能区,齐防共治跨界水污染。以保护饮用水源为重点,优化水环境功能区划,系统分离取水排水河系,加强水源地环境风险监管,确保区域持续性供水安全。加强上下游协调,落实保护与治理责任,集中力量,综合治理,解决跨界水污染问题。

1. 严格保护饮用水源,防范水源地环境风险

按照供排水格局调整方案,适度集中建立饮用水源保护区,依法科学保护饮用水源。制订严格的保护措施,必要时依法征收饮用水源一级保护区内的土地,用于涵养饮用水源;严禁在饮用水源保护区内进行法律法规禁止的各种开发活动和排污行为;依法清理饮用水源保护区内的排污口。加快备用水源和供水应急机制建设,完善应急预案。在东江、西江等地联合共建饮用水源保护区,建立异地取水补偿机制,在资金和技术上支持输出地区的水环境保护。2015年集中饮用水源水质达标率达到100%。开展饮用水源地环境风险排查和环境整治。对威胁饮用水源的重点污染源予以整治、搬迁、关闭,加强重点排污企业和船舶运输的监督管理,严厉打击违法排污行为。水陆统筹,积极防治面源污染。加大入库河流治理和管控力度,积极采取措施削减入河(库)污染负荷,强化侧流入河河涌的污染整治。加强水源地水质全分析,强化饮用水源水库藻类污染防治,加强对重金属、持久性有机污染物等有毒有害物质的监控,全面提高预警能力。

2. 加强流域统筹,构建跨界水体综合防治体系

以珠三角一体化为契机,强化跨界河流断面水质目标管理和考核,综合运用行政、经济、法律等多种手段,逐步建立健全信息通报、环境准入、结构调整、企业监管、截流治污、河道整治、生态修复等一体化的跨界河流污染综合防治体系。

完善跨界河流交接断面水质目标管理和考核制度。合理设置跨界河流交接断面,明确水质控制目标,分清落实责任。将跨界河流交接断面水质保护管理纳入环境保护责任考核范围,健全监测、评估、考核、公示、奖惩制度。交接断面水质未达到控制目标的,实施区域限批,停止审批责任区域内增加超标水污染物排放的建设项目;责任方与相邻地区协商提出解决方案,明确时限,组织实施,确保水质达标交接。

建立跨界河流水污染综合防治体系。跨界河流相邻地区加强河流水质、项目审批、规划实施等方面的信息通报,联合制订并实施严格的水污染物排放标准、产业准入和结构调整政策,实行水污染物排放的行业标杆管理和企业末位淘汰机制。联合制订跨界河流综合整治和生态修复规划,联合执法,共享污染源监控信息,严控污染物新增量,大力削减污染物存量,联合开展河道综合整治,逐步恢复河流生态系统。

3. 突出重点,优先解决重大跨界水污染

以淡水河、观澜河(石马河)、广佛内河涌(西南涌、佛山水道)、独水河等水体污染严重的跨界河流为突破口,齐防共治,集中力量,全力推进跨界河流水污染整治。

(1)深惠统筹,治理淡水河跨界污染。综合治理,优先解决城镇生活污染。加快推进城镇污水集中处理设施建设,2015年底前,流域内各镇建成污水处理厂并投入使用,新增污水处理能力$100×10^4$ t/d,

并采用高效污水脱氮除磷工艺;完成龙岗河坪地、横岗与坪山河及支流等截污干管工程;清淤疏浚,引水扩容,综合治理面源。2015 年前,污水处理厂全面提升脱氮除磷水平,2020 年前,污水截排率达到 95%。严格监管,促进产业结构调整。流域内深惠两市禁止新扩建电镀、线路板、糅革、漂染、养殖建设项目,暂停审批电氧化、化工(现有定点基地除外)、发酵,以及含酸洗、磷化、表面处理工艺项目,对于截污管网不完善的区域,暂停审批餐饮、桑拿、洗车等污水排放量大的"三产"项目。污染企业执行从严排放限值,实现全部重点污染源在线监控,重点企业稳定达标排放,关停清退超标排放企业。2015 年前,全面清退畜禽养殖企业。

到 2020 年,淡水河跨界断面水质达Ⅳ类标准,其中重金属指标达到Ⅲ类标准。

(2)深莞联动,治理观澜河(石马河)跨界污染。重点提升污水集中处理水平,治理面源。2015 年底前,流域内干流与重要支流完成截污,重点推进龙华、华为、观澜、平湖、鹅公岭等污水处理厂升级改造,强化脱氮除磷功能,污水截排率和集中处理达到 80%。对于截排范围外的污废水进行分散处理,确保出水达到一级 A 标准。分阶段清除流域内干流和大小支流河道两岸 1000m 范围内生活垃圾堆和工业垃圾堆,清除河道污染底泥并妥善处置。对流域内非供水水库进行调度,增加枯水期清洁基流。

优化产业布局,调整产业结构,减少工业污染负荷。根据流域功能区划,生态控制在红线内,禁止新增土地开发面积,敏感区域实行退工还林、退农还林,逐步恢复流域的自然下垫面。对未纳入截污范围的区域实行禁批,对重污染行业实行禁批,对耗水型和劳动密集型项目实行限批。清退流域内电镀、漂染、糅革等重污染型和劳动密集型产业,造纸与化肥企业执行《广东省水污染物排放限值》一级标准,不达标企业搬迁或关停。重点污染源、污水处理厂安装在线监测装置,加强监控,杜绝违法排污。

到 2020 年,观澜河(石马河)跨界断面水质达Ⅲ类标准。

(3)广佛同城,共治内河涌污染。开展河道综合整治。加大巴江河、九曲河、白岭涌、汾江河、花地河、牛肚湾涌、秀水涌、石井河、滘口涌、芦苞涌、西南涌、雅瑶水道、水口水道、白坭河、流溪河、五眼桥涌等整治力度,同步截污,疏浚底泥,防治面源,加大河涌曝气增氧,引水扩容,开展生物原位修复,因地制宜开展生态修复,逐步改善广佛内河涌水质。

加大工业企业和畜禽养殖污染治理力度。区域内工业废水排放执行《广东省水污染物排放限值》一级标准,不达标企业一律关停、搬迁。关停畜禽禁养区内的养殖场。

加大截污管网和污水集中处理设施建设力度。在治理西南涌方面,要提升南海里水镇与官窑截污和污水处理水平,加快石井、三水乐平镇、西南街区、三水农场污水收集与处理设施建设。在佛山水道新建、扩建污水处理厂 4 座,脱氮除磷深度处理,处理能力达到 $84.5 \times 10^4 m^3/d$。到 2020 年,西南涌水质达Ⅳ类标准,佛山水道水质基本达Ⅳ类标准。

(六)地质灾害防治对策研究

根据地质灾害易发区分布、受灾人口、人类工程活动,结合珠江三角洲经济区国民经济和社会发展计划及行政单元相对完整性,将全区划分为重点、次重点和一般三大防治区,再根据各区中主要地质灾害种类部署地质灾害的防治工作和划分为不同的防治亚区。

1. 广州市地质灾害防治

根据地质灾害防治分区原则,全市地质灾害按重点防治区、次重点防治区及一般防治区进行总体部署。重点防治区中细分为崩塌、滑坡为主,岩溶塌陷为主,采空塌陷为主,软土地基沉降为主的 4 个防治亚区。

重点防治区面积共 $1647km^2$,占全市总面积的 22.2%。共发现已发与潜在地质灾害点 53 处,面积为 $494.0km^2$,占重点防治区面积的 30%。针对该区地质灾害发育特点,地质灾害防治首先建立群专结合监测网络,同时与地质灾害预警预报相结合,形成地质灾害应急反应机制,并制订汛期巡回检查制度,有选择性地对45处灾害点进行治理。

以岩溶塌陷为主的重点防治区(A2)位于白云区北部的江高镇、人和镇、钟落潭镇及花都区南部的花山镇、花东镇、芙蓉镇、花桥镇、雅瑶镇等地。面积813.4km²,占重点防治区面积的49.3%。该区的主要问题是人类工程活动强烈,开发利用和抽排地下水是诱发岩溶地面塌陷的主要因素。地质灾害防治主要措施采取预防为主,严格地下水的开发利用,加强地下水及地质环境监测,加强地质灾害危险性评估与岩溶塌陷预警、预报。

以采空塌陷为主的重点防治区(A3)分布于白云区中部嘉禾一带的城乡结合部,面积约5.8km²,占重点防治区面积的0.4%。该区主要问题是因矿区采空及老窿坑的存在引起地面变形或塌陷。防治工作主要是开展煤矿采空区专项地质环境调查与采空塌陷的地质环境监测。

以软土地基沉降为主的地质灾害重点防治区(A4)主要分布于南沙区西南部的万顷沙镇、横沥镇、黄阁镇北部,番禺区西部钟村街,荔湾区中西部海龙至石围塘街,白云区西南角金沙街至棠景街及萝岗区南部的夏港街。面积333.8km²,占重点防治区面积的20.3%。该区主要表现为软土地基不均匀沉降,防治措施首先是加强地质灾害危险性评估和工程建设过程中地质灾害防治工作,其次对本区软土开展专门的调查研究。

2. 佛山市地质灾害防治

佛山市地质灾害防范重点地段是各类不稳定边坡地带和岩溶发育区及公路、铁路、大型水利等重要工程两侧的高陡边坡与露天开采矿山影响范围内的高陡边坡失稳;同时,全年都应加强防范地质灾害易发地区由于人类工程活动可能诱发的地质灾害,逐渐开展各类地下工程建设可能导致地面塌陷的监测预报预警工作,特别要高度重视铁路、轻轨、地铁等工程建设可能引发的地面塌陷和地面沉降防治工作。

在总结分析以往地质灾害发生的时空分布规律和灾害损失程度的基础上,以受地质灾害影响的城镇、人口密集区、厂矿、工业区和重点工程项目建设区为地质灾害防治重点,将全市划分出8个地质灾害重点防治区,重点防治总面积759.6km²,占全市面积的19.74%。

(1)南海区里水-官窑-黄岐崩塌、滑坡和岩溶地面塌陷地质灾害重点防治区。该防治区分布于佛山市东北部,面积300km²,占全市面积的7.79%。该防治区属地质灾害高易发区,重点防治崩塌、滑坡和岩溶地面塌陷地质灾害。该区域曾因重大工程建设诱发岩溶地面塌陷、地面沉降等地质灾害,是佛山市岩溶地面塌陷和地面沉降地质灾害的重点防治区域。主要防治措施:禁止区内居民和企事业单位强采超采地下水、随意切坡等行为;严格控制和限制地质灾害易发区内土地的建设开发利用;对各类工程建设要加大监控力度,建设单位应严格按地质灾害危险性评估报告的结论做好相关地质灾害防治工作,主动采取工程措施,避免地质灾害的发生;对已发灾害采取避让、监测、工程和生物等治理措施,对可能诱发地质灾害的大型工程建设项目采取必要的监测手段。

(2)三水区马鞍岗-河口-金本崩塌和岩溶地面塌陷地质灾害重点防治区。该防治区分布于佛山市中西部,面积166.20km²,占全市面积的4.32%。该防治区域属地质灾害高易发区,重点防治崩塌和岩溶地面塌陷地质灾害。主要防治措施:禁止区内居民和企事业单位强采超采地下水、随意切坡;对已发灾害采取避让、监测、工程和生物等治理措施。

(3)高明区富湾岩溶地面塌陷地质灾害重点防治区。该防治区分布于佛山市中西部,面积45.5km²,占全市面积的1.18%。该防治区域属地质灾害高易发区,地面塌陷时有发生。该区域重点防治采空地面塌陷和岩溶地面塌陷地质灾害,主要防治措施:结合城市地质灾害调查研究,查明区域内隐伏岩溶发育情况及分布范围;根据区域内地质灾害易发区的分布特征和隐伏岩溶分布范围,进一步严格控制和限制地质灾害易发区内土地的建设开发利用;研究建立高明区富湾岩溶地面塌陷地质灾害调查与治理示范区;禁止区内居民和企事业单位强采超采地下水、随意切坡;在富湾一带修建房屋或地下工程活动时,要进行必要的工程地质勘察;对已发灾害采取避让、监测、工程和生物等治理措施。

(4)南海区西樵山滑坡和崩塌地质灾害重点防治区。该防治区分布于佛山市南部,面积37.74km^2,占全市面积的0.98%。该防治区域属地质灾害高易发区,重点防治滑坡和崩塌地质灾害。主要防治措施:开展西樵山国家地质公园地质灾害专项调查;严格控制和限制景区内及周边土地的建设开发利用,禁止区内居民和企事业单位随意切坡;开展西樵山不稳定边坡的勘察治理;对已发灾害采取避让、监测、工程和生物等治理措施。

(5)高明区明城-新圩-白石岩溶地面塌陷和崩塌地质灾害重点防治区。该防治区分布于佛山市西南部,面积123.83km^2,占全市面积的3.22%。该防治区域属地质灾害高易发区,重点防治岩溶地面塌陷和崩塌地质灾害。主要防治措施:禁止工矿企业抽排地下水;开展区域内隐伏岩溶调查,查明岩溶分布范围和发育规律,严格控制和限制地质灾害易发区内土地的建设开发利用;禁止区内居民和企事业单位强采超采地下水、随意切坡;对已发灾害采取避让、监测、工程和生物等治理措施。

(6)禅城区石湾-澜石地面沉降、崩塌和滑坡地质灾害重点防治区。该防治区分布于佛山市中部,面积29.92km^2,占全市面积的3.80%。该防治区域属地质灾害中易发区,重点防治地面沉降、崩塌和滑坡地质灾害。主要防治措施:严格控制和限制山体周边土地的建设开发利用、随意切坡;对已发灾害采取避让、监测、工程和生物等治理措施。

(7)南海区桂城虫雷岗山片区岩溶地面塌陷和地面沉降地质灾害重点防治区。该防治区分布于佛山市中东部,面积25km^2,占全市面积的0.65%。该防治区域属地质灾害中易发区,该区地质环境条件复杂,工程建设频繁,曾因重大工程建设诱发地质灾害。该区域工程建设时潜在发生岩溶地面塌陷、地面沉降等地质灾害的隐患大,危害性大,危险性大。主要防治措施:对各类工程建设要加大监控力度,建设单位应严格按地质灾害危险性评估报告的结论做好相关地质灾害防治工作,主动采取工程措施,避免地质灾害的发生;禁止区内居民和企事业单位强采超采地下水;对已发灾害采取避让、监测,或采取必要的治理措施。

(8)高明区皂幕山崩塌和滑坡地质灾害重点防治区。该防治区分布于佛山市西南部,面积31.41km^2,占全市面积的0.82%,地质灾害危害程度属一般级。该防治区域为地质灾害中易发区,重点防治崩塌和滑坡地质灾害。主要防治措施:严格控制和限制景区内及周边土地的建设开发利用,禁止区内居民和企事业单位随意切坡;对已发灾害采取工程和生物等治理措施。

3. 肇庆市地质灾害防治

在地质灾害易发程度分区的基础上,遵循"以人为本"的原则,根据调查区地质灾害的分布特点、危害程度(威胁人口数和威胁财产等)、人类工程建设和经济活动强度,分析预测区内地质灾害潜在的危害程度,结合肇庆市城市总体规划,对肇庆市地质灾害进行分区防治规划,将肇庆市地质灾害防治规划区划为4个重点防治区,7个次重点防治亚区和6个一般防治亚区。

重点防治区(A)面积4 313.54km^2,占总面积的29.1%。

以崩塌、滑坡、泥石流为主的地质灾害重点防治区(A1),包括封开-德庆-高要及肇庆市区西江沿岸崩塌、滑坡高、中易发区,规划区东部怀集-广宁-四会崩塌、滑坡泥石流高、中易发区和封开都平-大玉口崩塌、滑坡高易发区。面积4 028.12km^2,需防治地质灾害类型主要以崩塌、滑坡、泥石流为主。针对该区地质灾害发育特点,地质灾害防治首先建立群专结合监测网络,同时与地质灾害预警预报相结合,形成地质灾害应急反应机制,并制订汛期巡回检查制度,建立地质灾害防治示范点,开展城市区及重要经济开发区城市环境地质调查工作;并对区内现有662处灾害点进行分期分批进行综合防治,其中近期167处,中期191处,远期304处。

封开县长安-怀集县冷坑地面塌陷重点防治区(A2),分布在封开县长安镇、金装镇、南丰镇和怀集县冷坑镇、大岗镇、梁村镇马宁镇境内。区内地貌类型以河谷平原、丘陵为主,本区地质灾害防治应加强管理,以预防岩溶地面塌陷和岩溶区地下水污染为目的,合理利用地下水资源。

4. 东莞市地质灾害防治

东莞市共划分出 5 个重点防治区。

(1) 虎门-长安滑坡、崩塌和潜在不稳定斜坡地质灾害重点防治区。该防治区位于东莞西南部,主要包括虎门和长安镇平原区中的残丘,面积 38.47km²,共发育各类地质灾害点 24 处,灾害威胁人口达 180 人,受威胁资产 266 万元。该区地质灾害防治主要以滑坡、崩塌和潜在不稳定斜坡突发性地质灾害为重点,规划安排近期治理 9 处、中期治理 8 处和远期治理 3 处,群测群防 4 处,同时,要对重要工程建设和居民集中点附近的重要地质灾害点制订汛期巡回检查制度,加强交通沿线地质灾害治理力度,特别是加强对在建的常虎高速公路、九门寨港口大桥周边及威远南北大道等工程的治理、监测和管理,对新发现的公路边坡隐患要求同步治理。

(2) 龙背岭滑坡、潜在不稳定斜坡地质灾害重点防治区。该防治区位于东莞东南部塘厦镇龙背岭地区,地貌为丘陵,面积 1.78km²,是地质灾害高易发区。区内已发地质灾害点 2 处,分别为滑坡和潜在不稳定斜坡,目前受威胁人口 25 人,受威胁资产 20 万元。该区地质灾害防治主要以滑坡和潜在不稳定斜坡突发性地质灾害为重点,规划安排近期工程治理 2 处,同时,建立群测群防网络,并与地质灾害预警预报相结合,形成地质灾害应急反应机制。

(3) 凤德岭滑坡地质灾害重点防治区。该防治区位于东莞市东南部凤岗镇,面积 9.00km²。本区地质灾害以滑坡为主,共发现地质灾害点 5 处(4 处为滑坡、1 处为潜在不稳定斜坡),目前受威胁人口 29 人,受威胁资产 81 万元,其中凤岗镇凤德岭村受潜在威胁最大。该区地质灾害防治主要以滑坡突发性地质灾害为重点,规划近期工程治理 2 处、中期工程治理 1 处、远期工程治理 1 处、群测群防 1 处。

(4) 樟洋长山头滑坡、潜在不稳定斜坡地质灾害重点防治区。该防治区位于东莞市东南部樟木头镇、清溪镇和塘厦镇,面积 9.14km²。本区地质灾害主要以滑坡和潜在不稳定斜坡为主,调查发现地质灾害(隐患)点 5 处,分别为滑坡 3 处和潜在不稳定斜坡 2 处,目前受威胁人口 17 人,受威胁资产 53 万元。该区地质灾害防治主要以滑坡和潜在不稳定斜坡突发性地质灾害为重点,规划安排中期治理 1 处、远期治理 2 处,群测群防 2 处,同时,落实重要地质灾害点监测人,特别是在汛期加强监测。

(5) 软土地基沉降地质灾害重点防治区。该防治区位于东莞西部水乡,属珠江三角洲海陆交互相软土分布区,面积总共为 137.44km²,可分为 7 个亚区。区内岩性由第四系淤泥、淤泥质土和砂层等组成,其中淤泥和淤泥质土厚度大于 10m。该区地表水系十分发育,河网纵横交错。人口密度大,人类工程活动强度大,对地质环境影响较强烈,在工程建设过程中如果对软土地基处理不当,将会造成软土地基不均匀沉陷,导致房屋墙面开裂和房屋发生倾斜等现象。该区地质灾害防治主要以软土地基沉降为重点,实行工程建设用地进行地质灾害危险性评估制度,开展软土分布区专项研究,落实软土地区的地质灾害防治对策和措施。中期规划治理软土地基沉降地质灾害点 2 处。

5. 深圳市地质灾害防治

在地质灾害易发程度分区的基础上,遵循"以人为本"的原则,根据深圳市地质灾害的险情、人类工程建设和经济活动强度的分布特征,结合深圳市城市规划和深圳市矿产资源规划,分析预测区内地质灾害潜在的易损程度,对深圳市地质灾害进行防治分区,划分为重点、次重点和一般防治区,并依据地质灾害的发育类型和空间分布划分防治亚区。共划分为 14 个重点防治区、9 个次重点防治亚区和 18 个一般防治亚区。

地质灾害重点防治区分布于低山、丘陵周边等适宜开展工程建设的地段、台地地区人类工程建设活跃的地段和未来城市建设可能加剧地质灾害发生的地段。共分为 14 个亚区,总面积 594.64km²,占全市总面积的 30.45%。地质灾害重点防治区现有斜坡类地质灾害点和地质灾害隐患点共 730 处。其中崩塌 189 处,滑坡 109 处,不稳定斜坡 432 处。受威胁人口约 19 700 人,潜在经济损失约 104 亿元。

(1) 公明-光明-凤凰-白花洞崩塌、滑坡地质灾害重点防治区。该防治区位于公明-光明-凤凰-白花洞一带,面积53.77km²,占重点防治区的9.04%。本区在做好已有斜坡类地质灾害防治的同时,应重点加强对工程活动可能引发新的斜坡类地质灾害的防范。本区现有地质灾害点和地质灾害隐患点共39处,其中5处(2处崩塌、3处不稳定斜坡)已经治理,投入治理经费约590万元。规划治理的地质灾害点和地质灾害隐患点共33处,其中崩塌11处,滑坡3处,不稳定斜坡19处,近期治理17处,投入治理经费约4835万元,中期治理16处,投入治理经费约3905万元。可消除地质灾害对约1716人和4.6亿元财产的威胁。1处滑坡采取群测群防的防范措施。

(2)福永虎背山-沙井五指耙水库崩塌、滑坡重点防治区。该防治区位于宝安区福永东部,南起福永虎头山,北至沙井五指耙水库,面积21.20km²,占重点防治区的3.57%。本区现有地质灾害点和地质灾害隐患点共15处,以防治已有斜坡类地质灾害为重点,其中2处不稳定斜坡已经治理。

规划治理的地质灾害点和地质灾害隐患点共13处,其中崩塌6处,不稳定斜坡7处。近期治理6处,投入治理经费约1950万元,中期治理7处,投入治理经费约850万元。可消除地质灾害对约296人和3.3亿元财产的威胁。

(3)玉律-石岩-大浪-龙胜崩塌、滑坡重点防治区。该防治区位于玉律—石岩—大浪—龙胜一带,沿布龙路、龙岩路、石岩—石岩水库周边地段呈带状分布,面积44.25km²,占重点防治区的44%。本区以突发性斜坡类地质灾害为防治重点。本区现有地质灾害点和地质灾害隐患点共67处,其中12处(8处崩塌、2处滑坡、2处不稳定斜坡)已经治理,另有2处地质灾害隐患点在工程活动中被清除。

规划治理的地质灾害点和地质灾害隐患点共40处,其中崩塌16处,滑坡1处,不稳定斜坡23处。近期治理12处,投入治理经费约235万元,中期治理28处,投入治理经费约6130万元。

(4)西乡桃源居-铁岗-留仙洞-西丽崩塌、滑坡重点防治区。该防治区位于西乡桃源居—铁岗—留仙洞—西丽一带,面积21.40km²,占重点防治区的3.60%。本区以突发性斜坡类地质灾害为防治重点,特别应加强对工程活动可能引发新的斜坡类地质灾害的防范。本区现有地质灾害点和地质灾害隐患点共21处,其中4处不稳定斜坡已经治理。

规划治理的地质灾害点和地质灾害隐患点共15处,其中崩塌4处,不稳定斜坡11处。近期治理5处,投入治理经费约1710万元,中期治理10处,投入治理经费约3996万元。可消除地质灾害对约843人和4.2亿元财产的威胁。另对1处崩塌及1处不稳定斜坡采取群测群防的防范措施。

(5)白芒-福光-安托山-梅林关-清水河崩塌、滑坡重点防治区。该防治区位于白芒—西丽水库北部—福光村—梅林关及珠光村—安托山—梅林—清水河一带,面积63.00km²,占重点防治区的10.59%。本区以防治已有的斜坡类地质灾害及新引发的崩塌、滑坡等突发性地质灾害为重点。本区现有地质灾害点和地质灾害隐患点共116处,其中36处(12处崩塌、8处滑坡、16处不稳定斜坡)已经治理,另有2处崩塌因工程活动被挖除。

规划治理的地质灾害点和地质灾害隐患点共64处,其中崩塌28处,滑坡5处,不稳定斜坡31处。近期治理31处,投入治理经费约10960万元,中期治理33处,投入治理经费约7500万元。可消除地质灾害对约2696人和14.7亿元财产的威胁。另对14处地质灾害点和地质灾害隐患点(9处崩塌、1处滑坡、4处不稳定斜坡)采取群测群防的防范措施。

(6)大南山崩塌、滑坡重点防治区。该防治区位于南山区大南山及小南山区域,面积16.22km²,占重点防治区的2.73%。本区以突发性崩塌、滑坡地质灾害为防治重点。本区现有地质灾害点和地质灾害隐患点共35处,其中7处(1处滑坡、6处不稳定斜坡)已经治理,另有8处(2处崩塌、1处滑坡、5处不稳定斜坡)因工程活动被挖除。

规划治理的地质灾害点和地质灾害隐患点共20处,其中崩塌5处,滑坡1处,不稳定斜坡14处。近期治理6处,投入治理经费约4390万元,中期治理14处,投入治理经费约6895万元。可消除地质灾害对约955人和7.5亿元财产的威胁。

(7)观澜崩塌、滑坡重点防治区。该防治区位于观澜凹背围至新田、新围仔以北地区,面积47.53km²,占重点防治区的7.99%。本区以突发性崩塌、滑坡地质灾害为防治重点。本区现有地质灾害点和地质灾害隐患点共 40 处,其中 7 处(3 处崩塌、4 处不稳定斜坡)已经治理。

规划治理的地质灾害点和地质灾害隐患点共 29 处,其中崩塌 10 处,滑坡 1 处,不稳定斜坡 18 处。近期治理 14 处,投入治理经费约 4380 万元,中期治理 15 处,投入治理经费约 3655 万元。可消除地质灾害对约 1427 人和 9.1 亿元财产的威胁。另对 4 处不稳定斜坡采取群测群防的防范措施。

(8)平湖崩塌、滑坡重点防治区。该防治区位于平湖辅城坳至雁田一带,包括平湖街道周边的大片地区,面积 27.20km², 占重点防治区的 4.57%。本区以突发性崩塌、滑坡地质灾害为防治重点。本区现有地质灾害点和地质灾害隐患点共 30 处,其中 4 处(1 处崩塌、1 处滑坡、2 处不稳定斜坡)已经治理。

规划治理的地质灾害点和地质灾害隐患点共 22 处,其中崩塌 3 处,滑坡 1 处,不稳定斜坡 18 处。近期治理 8 处,投入治理经费约 1280 万元,中期治理 14 处,投入治理经费约 1915 万元。可消除地质灾害对约 770 人和 2.4 亿元财产的威胁。另对 4 处地质灾害点和地质灾害隐患点(2 处崩塌、2 处不稳定斜坡)采取群测群防的防范措施。

(9)布吉崩塌、滑坡重点防治区。该防治区位于布吉周边,包括罗湖区东湖、大望、布吉水径、李郎等地,是密集的城市居住区,面积 54.34km², 占重点防治区的 9.14%。地质灾害的防治重点是对现有崩塌、滑坡、不稳定斜坡等突发性地质灾害的治理。本区现有地质灾害点和地质灾害隐患点共 96 处,其中 15 处(1 处崩塌、1 处滑坡、13 处不稳定斜坡)已经治理,另有 1 处崩塌因工程活动被挖除。

规划治理的地质灾害点和地质灾害隐患点共 74 处,其中崩塌 13 处,滑坡 8 处,不稳定斜坡 53 处。近期治理 22 处,投入治理经费约 6022 万元,中期治理 52 处,投入治理经费约 15387 万元。可消除地质灾害对约 3198 人和 22.6 亿元财产的威胁。另对 6 处地质灾害点和地质灾害隐患点(2 处崩塌、2 处滑坡、2 处不稳定斜坡)采取群测群防的防范措施。

(10)罗芳-莲塘崩塌、滑坡重点防治区。该防治区位于罗湖东部的罗芳—莲塘一带,面积 6.98km², 占重点防治区的 1.17%。重点是对现有崩塌、滑坡、不稳定斜坡等突发性地质灾害的防治。本区现有的地质灾害隐患点为 17 处不稳定斜坡,其中 5 处已经治理。

规划治理的不稳定斜坡共 12 处。近期治理 8 处,投入治理经费约 4100 万元,中期治理 4 处,投入治理经费约 1465 万元。可消除地质灾害对约 1180 人和 4.7 亿元财产的威胁。

(11)横岗荷坳-龙岗中心城-坪地-坑梓崩塌、滑坡、岩溶塌陷重点防治区。该防治区位于龙岗区,包括龙岗、龙城、横岗、坪地、坑梓等街道的广大地区,面积 158.56km², 占重点防治区的 26.67%。本区有规划的大运新城和龙岗中心城,以崩塌、滑坡、岩溶塌陷等突发性地质灾害为防治重点。本区现有斜坡类地质灾害点和地质灾害隐患点共 152 处,其中 27 处(3 处崩塌、7 处滑坡、17 处不稳定斜坡)已经治理,另有 3 处(2 处崩塌、1 处不稳定斜坡)因工程活动被挖除。

规划治理的斜坡类地质灾害点和地质灾害隐患点共 101 处,其中崩塌 13 处,滑坡 43 处,不稳定斜坡 45 处。近期治理 33 处,投入治理经费约 6960 万元,中期治理 68 处,投入治理经费约 9673 万元。

对岩溶塌陷的防治,应在规划选址时尽量避让岩溶强发育带,并在工程建设时采取有效的预防措施。同时,严格实施对地下水开发利用的管理,禁止过量抽取地下水;加强对地下水及地质环境监测,为岩溶塌陷地质灾害的防治提供技术支撑。

(12)碧岭-坪山-石井崩塌、滑坡、岩溶塌陷重点防治区。该防治区位于碧岭—坪山—石井一带,面积 38.58km², 占重点防治区的 6.49%。重点防治崩塌、滑坡和岩溶塌陷等突发性地质灾害。本区现有斜坡类地质灾害点和地质灾害隐患点共 27 处,其中 5 处不稳定斜坡已经治理,另有 1 处不稳定斜坡因工程开挖而清除。

规划治理的斜坡类地质灾害点和地质灾害隐患点共 17 处,其中崩塌 3 处,滑坡 1 处,不稳定斜坡 13 处。近期治理 3 处,投入治理经费约 340 万元,中期治理 14 处,投入治理经费约 2020 万元。可消除地质灾害对约 1052 人和 2.7 亿元财产的威胁。另对 4 处滑坡采取对岩溶塌陷的防治,应在规划选址时尽量避让岩溶强发育带,并在工程建设时采取有效的预防措施。同时,严格实施对地下水开发利用的管理,禁止过量抽取地下水;加强对地下水及地质环境监测,为岩溶塌陷地质灾害的防治提供技术支撑。

(13)盐田崩塌、滑坡重点防治区。该防治区位于盐田区沙头角、盐田港、大梅沙、小梅沙沿海一带，面积25.97km²,占重点防治区的4.37%。本区是规划的深圳市5个副中心之一,以防治已有地质灾害及新引发的崩塌、滑坡等突发性斜坡类地质灾害为重点。本区现有地质灾害点和地质灾害隐患点共47处,其中14处(2处崩塌、12处不稳定斜坡)已经治理。

规划治理的地质灾害点和地质灾害隐患点共31处,其中崩塌7处,滑坡3处,不稳定斜坡21处。近期治理15处,投入治理经费约5705万元,中期治理16处,投入治理经费约2570万元。可消除地质灾害对约445人和1.7亿元财产的威胁。另对1处滑坡和1处不稳定斜坡采取群测群防的防范措施。

(14)大鹏下沙-南澳崩塌、滑坡重点防治区。该防治区位于大鹏西部的下沙—南澳一带,面积15.64km²,占重点防治区的2.63%。以防治崩塌、滑坡等突发性地质灾害为重点。本区现有地质灾害点和地质灾害隐患点共28处,其中4处不稳定斜坡已经治理。

规划治理的地质灾害点和地质灾害隐患点共22处,其中崩塌6处,滑坡2处,不稳定斜坡14处。近期治理3处,投入治理经费约550万元,中期治理19处,投入治理经费约3753万元。可消除地质灾害对约770人和2亿元财产的威胁。另对1处崩塌及1处不稳定斜坡采取群测群防的防范措施。

6.惠州市地质灾害防治

根据地质灾害防治分区原则,惠州市地质灾害按重点防治区、次重点防治区及一般防治区进行总体部署。按位置又将重点防治区细分为8个防治亚区,次重点防治区细分为7个防治亚区,一般防治区细分为9个防治亚区。

地质灾害重点防治区面积3482.4km²,占惠州市总面积的31.2%。

(1)地派、龙潭、龙城泥石流、地面塌陷、滑坡、崩塌重点防治区。该防治区位于龙门县西北部、中部的地派、龙潭、龙城、龙华一带,以低山-丘陵地貌为主,面积430km²,占重点防治区的12.3%。有地质灾害点102处,主要地质灾害为滑坡、崩塌,引发地质灾害的主导因素是人类工程活动等。

(2)平陵-龙江-公庄滑坡、崩塌、地面塌陷重点防治区。该防治区位于龙门县东部和博罗县公庄一带,面积为697.2km²,占重点防治区的20.0%。地貌以低山丘陵为主,有地质灾害点91处,主要地质灾害为地面塌陷、滑坡、崩塌,引发地质灾害的主导因素是人类工程活动和强降雨等。

(3)罗阳-惠城-淡水泥石流、地面塌陷、滑坡、崩塌重点防治区。该防治区位于博罗县罗阳、汤泉、龙华,惠城区潼湖、惠环、小金口、河南岸、水口、马安及惠阳区永湖淡水等地,面积1304.5km²,占重点防治区的37.5%,为丘陵-平原地貌,有地质灾害点136处,主要地质灾害为滑坡、崩塌、软土地基沉降,引发地质灾害的主导因素是人类工程活动和强降雨等。

(4)新墟崩塌、滑坡、地面塌陷重点防治区。该防治区位于惠阳区西部的新墟—秋长镇一带,面积165.1km²,占重点防治区的4.7%。属低山-丘陵地貌,有地质灾害点14处,主要地质灾害为地面塌陷、滑坡、崩塌,引发地质灾害的主导因素是人类工程活动和强降雨等。

(5)澳头崩塌滑坡重点防治区。该防治区位于大亚湾澳头镇,属丘陵和平原地貌,面积40.3km²,占重点防治区的1.2%,有地质灾害点6处,主要地质灾害为滑坡、崩塌、地面塌陷、软土地基沉降,引发地质灾害的主导因素是人类工程活动和强降雨等。

(6)平山-稔山地面塌陷、滑坡、崩塌重点防治区。该防治区位于惠东县平山—稔山一带,面积171.1km²,占重点防治区的4.9%,为低丘陵地貌,有地质灾害点22处,主要地质灾害为滑坡、崩塌、地面塌陷,引发地质灾害的主导因素是人类工程活动和强降雨等。

(7)安墩-松坑-新庵地面塌陷、滑坡、崩塌重点防治区。该防治区位于惠东县安墩、松坑、新庵一带,面积411.8km²,占重点防治区的11.8%,为低山丘陵区,有地质灾害点37处,主要地质灾害为崩塌、滑坡、地面塌陷,引发地质灾害的主导因素是人类工程活动和强降雨等。

(8)马山-宝口-高潭地面塌陷、滑坡、崩塌重点防治区。该防治区位于惠东县马山、宝口、高潭一带,面积262.5km²,占重点防治区的7.5%。属低山-丘陵地貌,有地质灾害点35处,主要地质灾害为崩塌、滑坡、地面塌陷,引发地质灾害的主导因素是人类工程活动和强降雨等。

7. 珠海市地质灾害防治

将珠海市地质灾害防治区划分为6个重点防治区、4个次重点防治区和5个一般防治区。珠海市重点防治区面积449.53km²,占全市陆域总面积的26.63%;次重点防治区面积858.05km²,占全市陆域总面积的50.84%;一般防治区面积380.22km²,占全市陆域总面积的22.53%。

(1)斗门滑坡、崩塌和潜在不稳定斜坡地质灾害重点防治区。该防治区位于斗门区井岸镇和白蕉镇城区附近,分为2个小区,总面积26.75km²。本区现有各类地质灾害(隐患)点17处,其中滑坡9处、潜在不稳定斜坡8处,已造成直接经济损失39.95万元,受威胁人口139人,受威胁资产305.2万元。安排治理地质灾害点9处,其中近期工程治理6处,搬迁避让1处;中期工程治理1处,搬迁避让1处;建立二级监测点(专业监测点)2个,并与地质灾害预警预报相结合,形成地质灾害应急反应机制。加强地质灾害科普宣传,通过各种方式普及地质灾害防治和减灾知识,加强政府主管部门的监管和提高居民对地质灾害的防范意识。

(2)金湾滑坡、崩塌和潜在不稳定斜坡地质灾害重点防治区。该防治区位于金湾区南水镇和三灶镇,分为2个小区,总面积20.95km²。区内目前已发地质灾害(隐患)点7处,其中2处滑坡、1处崩塌和4处潜在不稳定斜坡,已造成直接经济损失15.1万元,目前受威胁人口114人,受威胁资产89.5万元,其中南水镇下金龙村金龙花园潜在威胁最大,预测灾情为较大级。安排治理地质灾害点4处,均为近期工程治理。建立二级监测点(专业监测点)1个,在汛期加强监测。在将来的建设中,严格执行地质灾害危险性评估制度,预防地质灾害的发生。

(3)香洲滑坡、崩塌和潜在不稳定斜坡地质灾害重点防治区。该防治区位于香洲区的东部及南部,分为5个小区,总面积40.90km²。据本次野外调查,本区地质灾害以潜在不稳定斜坡和滑坡为主,共计19处,其中5处滑坡、1处崩塌、12处潜在不稳定斜坡和1处泥石流,已造成直接经济损失98.8万元,目前受威胁人口1743人,受威胁资产1 106.45万元,其中有6处受威胁人口超过100人,预测灾情为较大级,分别位于珠海工程勘察院、鸡公山、吉大白莲路176号、官村花园、卓雅花园东路133号小区和竹苑新村等地。安排治理地质灾害点12处,其中近期工程治理3处;中期工程治理5处;远期工程治理2处,搬迁避让2处。建立二级监测点(专业监测点)2个,并与地质灾害预警预报相结合,形成地质灾害应急反应机制。加强地质灾害科普宣传,通过各种方式普及地质灾害防治和减灾知识,加强政府主管部门的监管和提高居民对地质灾害的防范意识。

(4)万山海洋开发试验区滑坡、堤岸坍塌和潜在不稳定斜坡地质灾害重点防治区。该防治区位于香洲区的东部岛屿,分为6个小区,总面积7.95km²。据本次野外调查,共发现地质灾害(隐患)点25处,其中滑坡11处、潜在不稳定斜坡为11处和堤岸坍塌3处,已造成27人死亡,直接经济损失95.7万元,受威胁人口122人,受威胁资产181.5万元。安排治理地质灾害点21处,其中近期工程治理7处,搬迁避让1处,监测预警2处;中期工程治理5处,搬迁避让1处;远期工程治理4处,监测预警1处。建立二级监测网点(专业监测点)1处,并与地质灾害预警预报相结合,形成地质灾害应急反应机制。加强地质灾害科普宣传,通过各种方式普及地质灾害防治和减灾知识,加强政府主管部门的监管和提高居民对地质灾害的防范意识。

(5)软土地基沉降地质灾害重点防治区。该防治区位于第四系广泛分布的珠海西部和南部地区,分为7个小区,总面积344.83km²,据本次野外调查,发现软土地基沉降地质灾害点14处,已造成直接经济损失618.1万元,目前受威胁人口1040人,受威胁资产935万元。安排治理地质灾害点14处,其中近期工程治理软土地基沉降地质灾害点9处,监测预警2处;中期搬迁避让软土地基沉降地质灾害点1处,监测预警1处;远期监测预警软土地基沉降地质灾害点1处。开展软土分布区专项研究,查明珠海软土空间分布现状、特征、工程物理特性、软土性状及与工程建设之间的关系,提出软土地区的地质灾害防治对策和措施。

(6)砂土液化重点防治区。该防治区位于香洲区北部唐家湾镇和金湾区三灶镇东海岸等区域,分为3个小区,总面积8.15km^2。区内第四系浅层分布有可液化砂土,为砂土液化重点防治区。新开工程建设项目时,必须对工程建设用地进行地质灾害危险性评估。开展可液化砂土分布区专项研究,查明可液化砂土空间分布现状、特征及与工程建设之间的关系,提出可液化砂土的地质灾害防治对策和措施。

香洲区(包含万山海洋开发试验区)内重点防治区面积120.3km^2,占香洲区陆域面积的25.14%;金湾区内重点防治区面积243.96km^2,占金湾区陆域面积的59.88%;斗门区内重点防治区面积85.27km^2,占斗门区陆域面积的10.63%。

8. 中山地质灾害防治

中山市划分出地质灾害重点防治亚区4个、次重点防治亚区1个区和一般防治亚区2个共计7个亚区。中山市重点防治区面积157.77km^2,占全市陆域总面积的8.76%;次重点防治区面积1 248.06km^2,占全市陆域总面积的69.33%;一般防治区面积394.33km^2,占全市陆域总面积的21.91%。

(1)中部五桂山丘陵台地崩塌、滑坡、泥石流地质灾害重点防治区。该防治区位于中山市中部的大尖峰-五桂山-加林山系列山系之海拔50m以下坡麓至山前50m地带,总面积118.53km^2,包含镇区有石岐区、火炬区、东区、南区、五桂山镇、沙溪镇、大涌镇、板芙镇、神湾镇、三乡镇和南蓢镇。本区现有地质灾害(隐患)点46处,受威胁人口255人,受威胁资产795万元;其中有11处预测灾情为较大级,分布镇区有南蓢镇、火炬区、东区、沙溪镇、板芙镇、神湾镇和三乡镇。

本区地质灾害防治重点灾种是崩塌、滑坡和泥石流,防治重点地区是大尖峰东麓、城桂公路沿线、105国道沿线、逸仙路沿线以及今后规划建设的广珠快速公路西线和广珠城际轻轨铁路。

(2)北部零星低丘台地崩塌、滑坡地质灾害重点防治区。该防治区为零星分布在北部孤立的残丘,分4个小区,总面积约2.96km^2,包含镇区主要有黄圃镇、三角镇、小榄镇和阜沙镇。区内目前已发地质灾害(隐患)点16处,受威胁人口106人,受威胁资产611万元;其中有4处预测灾情为较大级,分别位于黄圃镇鳌山村环山东路8号对面的崩塌(ZS1-014)和阜沙镇阜沙村阜港东路30号后山坡崩塌(ZS1-020)、阜港东路添友五金厂后山崩塌(ZS1-021)、阜城加油站后面滑坡(ZS1-022)。

该防治区防治重点为黄圃镇的大岗岭—尖峰山、三角镇的三角山和阜沙镇的阜圩岗坡麓地段。

(3)南部白水林山低丘台地崩塌、滑坡、泥石流地质灾害重点防治区。该防治区位于白水林山周边坡麓之海拔50m以下至山前50m地带,分5个小区,总面积约31.41km^2,包含镇区主要有神湾镇、三乡镇和坦洲镇。区内目前已发地质灾害(隐患)点17处,受威胁人口79人,受威胁资产248万元;其中有3处预测灾情为较大级,分别位于神湾镇石场新村村口牌坊东北侧山坡潜在崩塌(ZS3-016)、海港村新西街45号山坡潜在滑坡(ZS3-024)和三乡镇塘漖村三荣音带厂对面山坡潜在滑坡(ZS3-025)。

该防治区防治重点地区是麻乾公路、西部沿海高速公路沿线、上虾仔、芒涌山及广珠快速公路西线。

(4)温泉地面沉降地质灾害重点防治区。该防治区位于张家边温泉和三乡温泉泉眼周边1~2km^{2}范围内,总面积约4.89km^2,受威胁人口28人,受威胁资产600万元。

9. 江门市地质灾害防治

江门市地质灾害多发生在每年主汛期(4—9月),尤其是强降雨期极易诱发崩塌、滑坡和泥石流,枯水期过量地下取水或向负面采矿容易发生地面塌陷、地裂缝和地面沉降等。根据江门市的地形地貌、地质环境、岩土类型,以及历年地质灾害情况,将全市划分出13个地质灾害防治重点区、8个地质灾害次重点防治区,其中重点区占全市面积的28.2%,次重点区占全市面积的37.5%,具体划分如下。

1)地质灾害高易发区

地质灾害高易发区主要分布在西江大堤沿岸、蓬江区、台山市上、下川岛、广海湾畔、鹤城、水井、云乡至双合沿省道S281、恩平北西部的中、低山丘陵区和恩平市的平石街道办、横陂镇、沙湖镇、开平市金鸡镇等地河谷平原隐伏岩溶区,面积2 592.3km^2,占总面积的28.2%。地质灾害高易发区内地质灾害发育,从实地调查分析,主要地质灾害有崩塌、滑坡、泥石流、地面塌陷和地面沉降等。其危害大、危险性大,灾发造成的经济损失大,治理难度大,所需经费高,社会影响大;崩塌、滑坡和泥石流对当地人民生命财产安全、重要工程和交通设施等构成巨大威胁。据资料统计,该地质灾害高易发区已发生的地质灾害共导致38人死亡,4人受伤,直接经济损失5 495.1万元,应引起当地政府和有关部门的高度重视。

(1)西江大堤沿岸、蓬江区滑坡、崩塌高易发区。本区位于江门市东部西江大堤沿岸,包括鹤山市古劳镇的东部、蓬江区大部分地区、江海区,面积298.1km^2。造成该区地质灾害的主要原因:特大暴雨引发江水暴涨,威胁堤岸,其次为人工削坡。

(2)新会崖门、沙堆、睦洲滑坡、崩塌高易发区。本区位于新会的崖门、沙堆、睦洲等地的低山区,包括崖门、沙堆、睦洲等镇,面积223.1km^2。造成该区地质灾害的主要原因:挖山取土、修建公路形成的高陡人工边坡,边坡未及时绿化或支护。

(3)台山市广海湾畔滑坡、崩塌高易发区。本区位于台山市广海湾畔,广海镇至国华台山电厂的S281公路沿线,面积75.2km^2。造成该区地质灾害的主要原因:平整场地、修建公路形成的高陡人工边坡,边坡未及时支护。

(4)台山市川岛镇上川岛滑坡、崩塌高易发区。本区位于台山市川岛镇上川岛,面积157km^2。造成该区地质灾害的主要原因:低山地貌,斜坡较陡;岩土松散;修建公路后,开挖形成的高陡边坡未支护;特大暴雨。

(5)台山市川岛镇下川岛滑坡、崩塌高易发区。本区位于台山市川岛镇下川岛,面积103km^2。低山区,坡度较陡,海拔标高5.0~529m。造成该区地质灾害的主要原因:低山地貌,斜坡较陡;岩土松散;修建公路后,开挖形成的高陡边坡未支护;特大暴雨。

(6)开平市东部,鹤城至双合沿省道S281地区滑坡、崩塌高易发区。本区位于开平市东部低山区,包括长沙、月山、鹤山市鹤城、云乡、宅梧、双合镇沿省道S281等地,面积450km^2。造成该区地质灾害的主要原因为:丘陵地貌,坡度较大;岩土松散;修建公路、平整场地、采石场关闭后,形成的陡边坡未支护;大暴雨。

(7)开平市的蚬冈、百合和台山白沙一带滑坡、崩塌高易发区。本区位于开平市南部,包括蚬冈、百合、白沙等镇,面积123.9km^2。造成该区地质灾害的主要原因:修建公路后,形成的陡边坡未支护;大暴雨。

(8)台山市北陡镇省道S275东侧滑坡、崩塌高易发区。本区位于台山市北陡镇省道S275东侧,面积136.2km^2。低山区,坡度较陡,海拔标高10.0~250m;工程地质岩组主要为残积粉质黏土单层土体(Ⅰ)、块状坚硬侵入岩岩组(Ⅷ);基岩风化强烈,风化残积层厚3~10m,自然坡角30°~45°,局部地段水土流失严重。造成该区地质灾害的主要原因:低山区,坡度较陡;岩土松散;修建公路、平整住房场地后,形成的陡边坡未支护;大暴雨。

(9)恩平市北西部滑坡、崩塌、泥石流高易发区。本区位于恩平市北西部,包括大田镇、良西镇、锦江水库、河排林场,面积328.7km^2。造成该区地质灾害的主要原因是特大暴雨。

(10)恩平市原平石街道办隐伏岩溶地面塌陷高易发区。本区位于恩平市恩城北部的原平石街道办,面积120.7km^2,地貌上表现为垄状低丘相间的平原,地面标高10~25m。该区城镇集中,经济发达,人口、大中型企业及工程设施密度大,工程活动强烈,还有G325国道、开阳高速等重要的交通设施。因此,该区潜在地质灾害危害严重,影响大。潜在地质灾害危险地段主要有石联、石青、锦岗、平塘等村。

(11)恩平市横陂镇及开平市金鸡镇岩溶地面塌陷高易发区。本区位于恩平市横陂镇及开平市金鸡镇石逕,面积71.3km^2。该区城镇集中,经济较发达,人口、大中型企业及工程设施密度较大,工程活动强烈。因此,该区潜在地质灾害危害严重,影响大。潜在地质灾害危险地段主要有恩平市横陂镇横平、横岚、西联、横东、横西、虾山、白银等村。

(12)恩平市沙湖镇岩溶地面塌陷高易发区。本区位于恩平市沙湖镇和宝鸭仔水库副坝等地区,面积112.3km^2。该区潜在地质灾害危害严重,影响大。潜在地质灾害危险地段主要有横陂村,乌石村,和平村,上凯村牛坑口、水楼村塘芳、宝鸭仔水库等。

(13)新会区沿海、江海区礼乐软基沉降高易发区。本区位于新会区崖门水道沿海一带,面积293.3km²。该区在新会区政府、双水镇镇政府、崖西镇崖西村,江海区礼乐等地均出现较大范围的软基不均匀沉降。该区潜在地质灾害危害严重,影响大。潜在地质灾害危险地段主要有新会区政府所在地、双水镇镇政府,江海区礼乐等地段。

2)地质灾害中易发区

地质灾害中易发区主要分布在低山丘陵区与丘陵、平原过渡区,呈近东西向展布,面积3 470.5km²,占全区总面积的37.5%。地面标高20～786m。工程地质岩组以块状坚硬花岗岩和层状较软浅变质岩组为主,上覆坡残积土厚5～25m。据所发灾种不同分为滑坡、崩塌中易发区和岩溶地面塌陷中易发区。

(1)蓬江区杜阮镇一带滑坡、崩塌中易发区。该区位于蓬江区杜阮镇的低丘陵区,面积139.3km²,占中易发区总面积的4.0%。该区地面标高50～288m,交通便利,经济较发达,人口密度较大,降雨量较大,人类工程活动较强烈,采石场较多,水土流失局部较严重。该区已有的地质灾害为极小型的崩塌,尚未造成严重的危害。根据区内地质环境条件、人类工程活动特征、以往地质灾害发育情况分析,本区属小型崩塌、滑坡中易发区。

(2)台山市与新会交界处的古兜山山区滑坡、崩塌中易发区。该区位于台山市与新会区交界处的古兜山山区,面积567.8km²,占中易发区总面积的16.4%。该区地面标高50～982m,人类工程活动主要有国营林场的垦山育林和在建的漂流等旅游项目,采石场较少。该区已有的地质灾害以水土流失为主,局部发现极小型的路堤滑坡现象,尚未造成严重的危害。根据区内地质环境条件、人类工程活动特征、以往地质灾害发育情况分析,本区属小型崩塌、滑坡中易发区。

(3)台山市赤溪山区滑坡、崩塌中易发区。该区位于台山市赤溪山区,绕大山口、背仔石、鸡笼山等山脉分布,面积208.2km²,占中易发区总面积的6%。该区地面标高100～786m。交通条件一般,山脉周边经济比较发达,村落密集,人口较大,降雨量较大,人类工程活动较强烈,修路人工边坡较发育。该区已有的地质灾害以水土流失为主,局部发现极小型的崩塌现象,尚未造成严重的危害。根据区内地质环境条件、人类工程活动特征、已往地质灾害发育情况分析,本区属小型崩塌、滑坡中易发区。

(4)鹤山市西北部山区滑坡、崩塌中易发区。该区位于鹤山市西北部山区,绕茶山—皂幕山—云宿山分布,面积366.7km²,占中易发区总面积的10.6%。该区地面标高40～807m,交通条件一般,林场较多,降雨量较大,人类工程活动一般,水土流失整体轻微,因烧山植树,局部地质灾害较严重。该区已有的地质灾害以水土流失为主。根据区内地质环境条件、人类工程活动特征、以往地质灾害发育情况分析,本区属崩塌、滑坡中易发区。

(5)台山市大江的渡头至开平市区低丘陵区滑坡、崩塌中易发区。该区位于台山市大江的渡头至开平市区一带低丘陵区,面积229.6km²,占中易发区总面积的6.6%。该区地面标高40～100m。交通条件较好,人类工程活动较强,局部地段因削山建房,形成高陡边坡。本区属崩塌、滑坡中易发区。

(6)台山市中部、中南部和开平市东南部滑坡、崩塌中易发区。该区位于台山市中部、中南部和开平市东南部低山丘陵区,绕灰窑窑顶、磨心尖、牛围山、高掌岭等山脉分布,面积1 232.4km²,占中易发区总面积的35.5%。该区地面标高50～689m,交通条件较好,有大隆洞水库、大隆洞华侨电站、狮山水库、深井水库、万桂南水库等一批重点水利设施,人类工程活动较强烈,水土流失轻微。该区已有的地质灾害以水土流失为主,局部发现极小型的崩塌、滑坡现象,尚未造成严重的危害。根据区内地质环境条件、人类工程活动特征、已往地质灾害发育情况分析,本区属小型崩塌、滑坡中易发区。

(7)恩平市西南部那吉镇、锦江水库库区滑坡、崩塌中易发区。该区位于恩平市西南部那吉镇、锦江水库库区、大田镇新东村,绕恩平西部的君子山、白鹤头、尖仔、烂头岭、狗头岭、大人山等山脉分布,面积571.8km²,占中易发区总面积的16.5%。该区地面标高200～1250m。交通条件一般,那吉镇温泉旅游业比较发达,村落密集,人口较多,降雨量较大,人类工程活动较强烈,水土流失整体轻微,局部严重。该亚区已有的地质灾害以水土流失为主,局部发现极小型的滑坡现象,尚未造成严重的危害。根据区内地质环境条件、人类工程活动特征、已往地质灾害发育情况分析,本区属小型崩塌、滑坡中易发区。

（8）台山市北陡镇 S275 道路西侧滑坡、崩塌中易发区。该区位于北陡镇 S275 道路西侧山区,绕南蛇山、葵田山、白鹤屎顶等山脉分布,面积 103.2km²,占中易发区总面积的 3%。该区地面标高 40～350m。交通条件一般,山脉周边经济比较发达,村落密集,人口较多,降雨量较大,人类工程活动主要为开采装饰用的花岗岩石料,工程活动较强烈。该区已有的地质灾害以水土流失为主。根据区内地质环境条件、人类工程活动特征分析,本区属小型崩塌、滑坡中易发区。

第十一章　海南国际旅游岛资源环境承载力评价

一、土地资源承载力评价

中国科学院自然资源综合考察委员会对土地资源人口承载力下的定义是:"在一定生产条件下土地资源的生产能力和一定生活水平下所承载的人口限度"。这一定义明确了土地承载力的4个要素,即生产条件、土地生产力、人的生活水平和被承载人口的限度。

伴随着海南的建设成长,海南岛社会经济发生了翻天覆地的变化,从1952年建设兵团进驻海南组建农垦对海南实施大规模开发,到建省初期的"十万英才下海南",海南人口急剧增长,由1952年的259万人增长到2014年的903万人,短短六十几年时间全岛人口增长了3倍多,经济总量也由1988年的77亿元增长到2014年的3500亿元,不到30年的时间翻了45.5倍。进入21世纪,随着我国工业化、城镇化进程的加快,我国将逐步实现全面建成小康社会的宏伟目标。随着人们生活水平的日益提高,旅游休闲度假已是时代趋势,海南省作为全国唯一的热带岛屿,借助自身独特的资源优势,将迎来新一轮的开发热潮。随着社会经济的发展、人口的骤增,人口与资源、环境之间的矛盾变得更加突出,由此引起的资源短缺、环境恶化等问题越发受到关注。面对严峻的人口态势,当地土地资源是否具有相应的生产能力来满足未来人口的食物需求等问题逐渐引起政府的关注。所以,在当前人口经济形势的发展趋势下,作者开展海南岛土地资源承载力评价,以期为国土空间的开发布局与开发强度提出科学的建议。

(一)土地资源开发利用适宜性评价

土地利用适宜性是指土地利用方式对其所处底质及社会条件的适宜性程度,即对土地资源建设开发情况的适宜性。土地利用适宜性评价以土地资源的合理利用为根本前提,是土地利用规划阶段的"技术导向"。其主要目的就是因地制宜地进行农业用地、建设用地、生态用地等用地类型的调整,发挥土地的最大生产潜力,为合理利用土地、制订土地规划创造条件。因此,土地适宜性评价是土地利用的基础评价。

运用综合指数法结合 MapGIS 软件对各个评价单元中的各评价指标进行加权求和,从而得到各个评价单元的综合评价值,按照平均分段的原则将农业用地及建设用地的适宜性评价值分为适宜区、较适宜区、较不适宜区、不适宜区4个不同的适宜性级别,具体分段标准如表11-1所示,最终得到农业用地及建设用地适宜性分区图(图11-1、图11-2)。

表11-1　土地利用适宜性评价综合评价值分级标准

适宜性级别	适宜区	较适宜区	较不适宜区	不适宜区
农业用地适宜性评价值	0.15~1.15	1.15~2.15	2.15~3.15	3.15~4.15
建设用地适宜性评价值	0.45~1.35	1.35~2.25	2.25~3.15	3.15~4.05

第十一章 海南国际旅游岛资源环境承载力评价

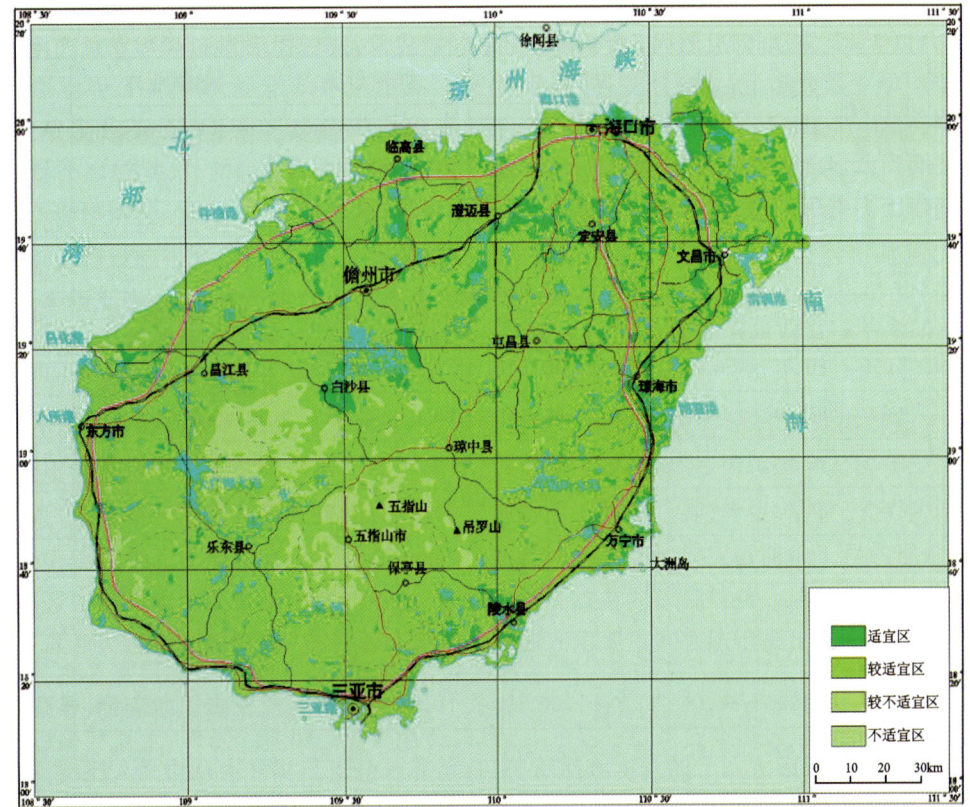

图 11-1 农业用地适宜性评价分区图

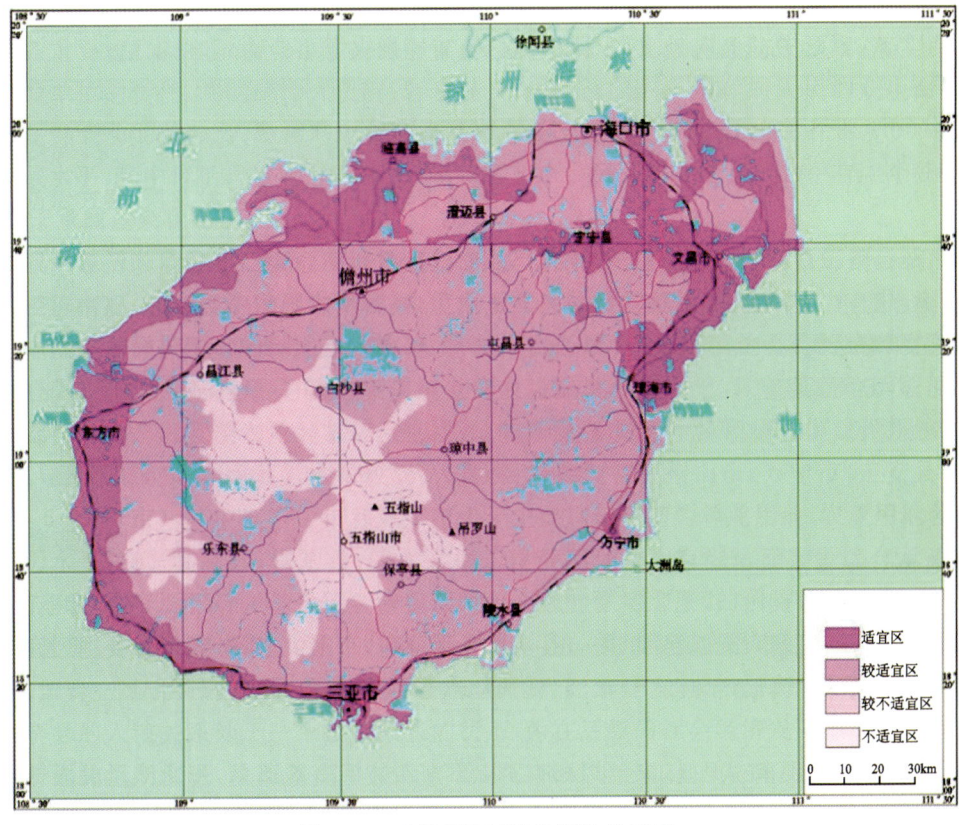

图 11-2 建设用地适宜性评价分区图

从图 11-1 中可以看出,海南岛农业用地适宜性程度较高,农业用地适宜区及较适宜区的面积约占研究区面积的 90%,其中以较适宜区的面积最大,约占研究区面积的 85%。较不适宜区面积约占研究区总面积的 10%,主要分布于昌江县和白沙县的东南部,五指山市的中部和南部,以及保亭县的西部地区,另外琼中县西南部也有零星的分布,造成这些地区农业适宜性较低的原因基本上是由于地处山地,土层较薄,坡度较大,容易造成土壤中肥力组分的流失,且这些区域降雨量相对较少。不适宜区占面积极小,所占百分比不到研究区总面积的 1%。说明海南岛具备较高的开展农业活动的各项基础地质条件。

从图 11-2 中可以看出,与农业用地相似,海南岛建设用地适宜区与较适宜区的面积所占比重较大。其中,适宜区的面积约占研究区总面积的 21%,主要分布在研究区的东海岸一带及东北角区域,主要包括海口市的东部,文昌市及琼海市的大部分地区。较适宜区的面积较大,约占研究区总面积的 65%,主要集中分布于研究区的中部,包括万宁市、琼海市、定安县、屯昌县、澄迈县、儋州市、乐东县等。较不适宜区及不适宜区的面积较小,其中不适宜区的面积极小,总面积占比不到 1%。较不适宜区的面积约占研究区总面积的 13%,主要分布在白沙县的南部、五指山市的大部分地区、琼中县的西部及乐东县的西北部区域,这些区域地处山地丘陵,工程建设难以开展,且位于地质灾害高易发区,对工程建设的稳定性具有一定的威胁,因此不建议在以上区域开展工程建设等活动。

《海南省土地利用总体规划(2006—2020 年)》的总体战略中提出要严格保护耕地并突出生态保护。采取"严保严控、先补后占、优化提高"的耕地保护战略,严格划定和保护基本农田,严格控制新增建设用地占用耕地规模,建设用地占用耕地必须先补后占,实现全省耕地占补平衡。同时,通过进一步优化调整布局,保护优质耕地,加大基本农田建设投入,切实提高耕地生产能力。另外,土地利用活动要凸显生态文明建设原则,既要保护中部山地自然保护区、水源涵养区以及沿海防护林带等重要的生态功能区,又要推进生态友好型土地利用方式,加强水土流失防治和生物多样性保护,严格执行生产建设项目的水土保持制度和污染排放的环保标准,对生态敏感区的土地利用实施重点监控与管理,营造生态安全、人地和谐的土地利用格局。

基于以上战略要求,在进行土地利用功能区划时,需遵循农业用地优先,建设用地次之,生态用地应严格保护,严禁受到工农业活动的影响的基本原则(表 11-2),把研究区范围划分为农业用地、建设用地和生态用地 3 种用地类型,以便引导海南岛土地利用未来的发展方向,真正做到统筹协调区域内的发展目标。

表 11-2 海南岛土地资源开发利用功能区划原则

农业用地类型适宜状态	建设用地类型适宜状态	功能区划类型
适宜	任何适宜状态	农业用地
较适宜	适宜	建设用地
较适宜	较适宜 较不适宜 不适宜	农业用地
较不适宜	适宜 较适宜	建设用地
较不适宜	较不适宜 不适宜	农业用地
不适宜	适宜 较适宜	建设用地
不适宜	较不适宜 不适宜	生态用地

将农业用地以及建设用地适宜性评价图按照上述区划原则通过 MapGIS 平台进行叠加,最后在其上叠加生态用地图层,包括已有的林地、红树林保护区、生物多样性保护区、水源保护区、水源涵养区及未利用土地等,从而得到土地利用功能区划图(图 11-3)。

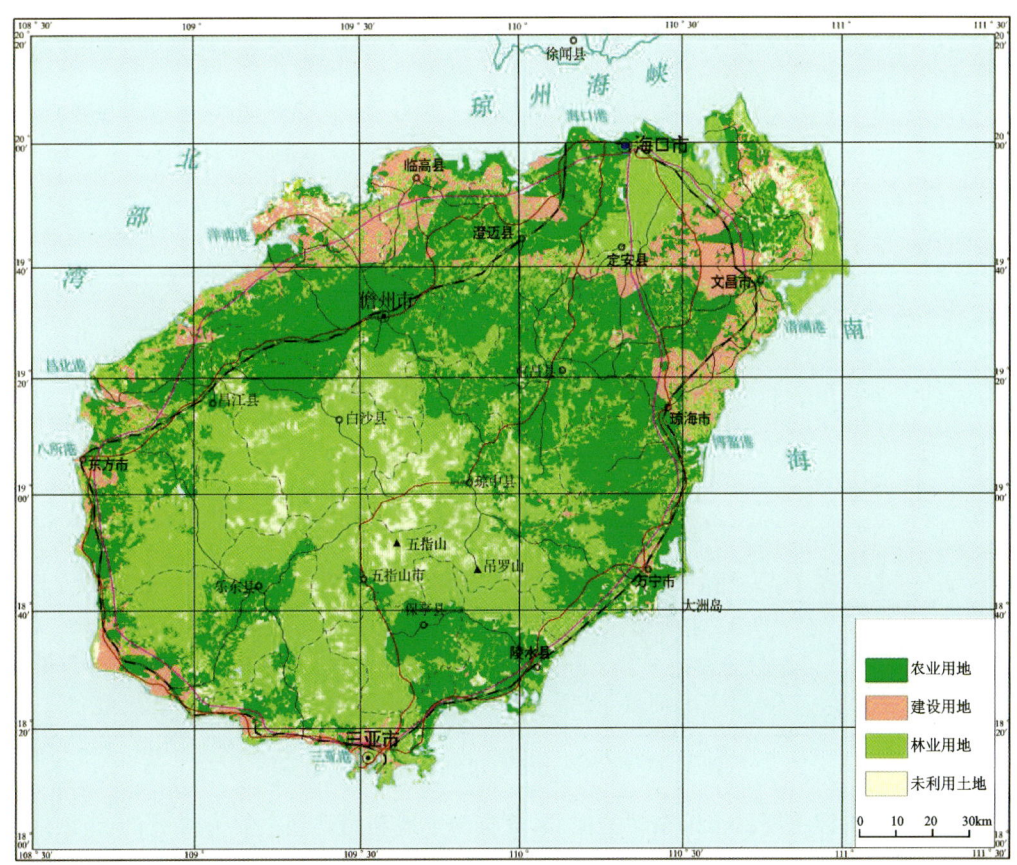

图 11-3　海南岛土地利用功能区划图

从功能区划图中可以看出,研究区生态用地所占比重最大,约占总面积的 63%,其中包括未利用土地,约占总面积的 5%;其次为农业用地,约占总面积的 29%;建设用地所占比重最小,仅占 8% 左右。研究区生态用地主要由林地和未利用土地构成,其中又以林地所占比重最大,约占总面积的 44%,主要分布于研究区的中部山地、丘陵区,包括昌江县、东方市、乐东县、白沙县、三亚市、保亭县的大部分地区以及五指山市、琼中县的几乎全部区域;水源涵养区、红树林保护生态功能区、生物多样性保护区等主要分布于海南岛的中部山地及包括文昌县、定安县等在内的西北角地区;未利用土地约占总面积的 5%,分布在全省各县(市),其中以文昌市和琼中县最多,文昌市主要是沙地及滩涂,而琼中县主要是荒草地。农业用地在全岛的各个县(市)均有分布,主要集中分布在研究区的中部偏北,主要包括儋州市、澄迈县、屯昌县、定安县、海口市等,另外,海南岛西线的几个县(市)也有较大面积的农业用地分布,包括琼海市、万宁市、陵水县等。建设用地所占比重较小,主要集中分布于海南岛的北部,西线沿海的几个县(市)也有小范围的分布,主要包括儋州市的北部、临高县的西北部、海口市的东部、琼海市的北部及文昌市的大部分地区,东方市、乐东县等西线沿海县(市)也有小面积分布,另外,三亚市的沿海区域也集中分布有一定面积的建设用地。

在功能区划图的基础上叠加土地利用现状图,并参考海南省土地利用功能区划,对现有的土地利用类型给出了调整建议,并圈出了土地调整区的大致范围(图 11-4)。从 MapGIS 叠加的效果来看,仅有少部分农业用地落在了建设用地优先开发区中,其他的用地类型基本与土地利用规划图(图 11-3)的利用类型分布一致。根据叠加结果,共划分出 3 个建设用地调整建议区,包括琼南建设用地调整区、琼西建设用地调整区和琼北建设用地调整区。

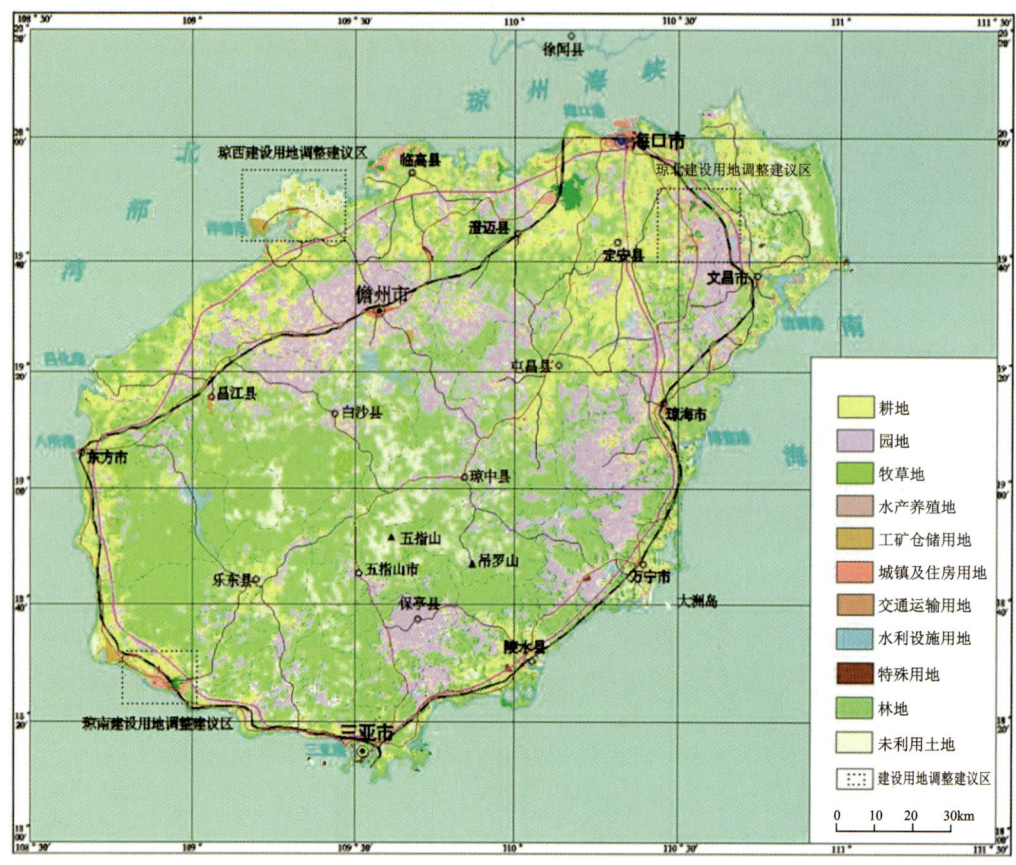

图 11-4　海南岛土地利用结构调整建议图

琼南建设用地调整区主要位于乐东县的南部,现有的土地利用类型主要为耕地,但是该区土壤类型主要为滨海沙土或滨海盐土,土壤有机质严重缺乏,年平均降雨量较少,基本在 1000mm 以下,从整体的气候及土壤环境条件来看并不适合开展农业活动。而该区在地貌类型上处于平原区,地质灾害易发性较低,地壳处于基本稳定状态,且具有良好的工程地质条件,因此建议将该区作为建设用地。

琼西建设用地调整建议区主要位于儋州市的西北部,该区原有的土地利用类型亦为耕地,但是该区土壤有机质含量较低并不适宜开展农业活动,另外,该区构造稳定性较强,处于地质灾害非易发区,因此建议将其作为建设用地开发。

琼北建设用地调整建议区主要位于海口市东部,该区现有的土地利用类型主要为园地,但是该区土地主要为砖红壤和次红壤,土壤肥力较低,种植作物的产量不高。而该区具有较好的工程地质条件,地壳稳定,地质灾害易发性较低,具有较好的工程建设的基础地质条件,因此建议将该区调整为建设用地。

(二)土地资源承载力评价

海南岛农业用地资源承载力评价的各项指标数据主要来源于海南省 2015 年统计年鉴、海南省各地市 2015 年统计年鉴及 2015 年海南岛各地市国民经济和社会发展公报,耕地面积的数据为基于适宜性评价的功能区划的统计结果。通过资料搜集及数据换算,得到海南岛各行政区土地资源承载力各评价指标的实际数值(表 11-3)。从表 11-3 中可以看出,海南岛的农业用地承载能力良好,评价结果以承载盈余为主。海南岛 18 个县(市)中,仅有 1 个严重超载区、4 个超载区、2 个承载适宜区、11 个承载盈余区。由于评价过程中仅考虑了耕地的面积及生产能力,因此,海口市、三亚市两个地级市由于城区面积较大,耕地面积所占比重较其他县(市)较小,而其人口数较大,尤其是三亚市,作为著名的旅游度假城市,吸引了大量的外来人口,从而导致其承载指数偏高。海口市作为海南省的省会城市,是全省的政治、经济、文化中心,人口基数大并且城市经济建设规模也较其他县(市)大,农业播种面积扩大的程度自然要小,为了实现农业承载人口的盈余就必须要严格控制人口总数,提高农业生产水平,加大农业科技投资创新力度,努力提高粮食生产力,确保在有限播种面积上收获更大的粮食产量。文昌市、东方市、定安县、屯昌县、澄迈县、临高县、白沙县、昌江县、乐东县、琼中县由于土壤肥沃,水源充足,适合发展农业,大部分土地都属于农用地,足以满足当前人口规模,土地承载处于盈余状态。

表 11-3 海南岛各行政区农业用地承载力各项数据指标统计

行政区		耕地面积(hm²)	粮食总产量($\times 10^8$kg)	现状人口(万人)	可承载人口(万人)	承载指数	承载状态
地级市	海口市	48 198	4.44	220.07	126.86	1.73	超载
	三亚市	13 525	1.24	74.9	35.43	2.11	严重超载
	儋州市	53 408	4.91	96.96	140.29	0.69	承载盈余
县级市	五指山市	2663	0.25	10.51	7.14	1.47	超载
	文昌市	36 856	3.39	55.07	96.86	0.57	承载盈余
	琼海市	23 277	2.14	49.89	61.14	0.82	承载适宜
	万宁市	18 938	1.74	56.03	49.71	1.13	超载
	东方市	37 750	3.47	41.68	99.14	0.42	承载盈余
县	定安县	22 262	2.05	28.99	58.57	0.49	承载盈余
	屯昌县	14 444	1.33	26.21	38	0.69	承载盈余
	澄迈县	30 192	2.78	47.99	79.43	0.6	承载盈余
	临高县	30 662	2.82	43.96	80.57	0.55	承载盈余
自治县	白沙县	10 311	0.95	17.02	27.14	0.63	承载盈余
	昌江县	23 779	2.19	22.77	62.57	0.36	承载盈余
	乐东县	30 551	2.81	46.92	80.29	0.58	承载盈余
	陵水县	11 743	1.08	32.61	30.86	1.06	超载
	保亭县	6008	0.55	14.96	15.71	0.95	承载适宜
	琼中县	10 317	0.95	17.61	27.14	0.65	承载盈余

4. 建设用地承载力评价

基于建设用地承载指数($LCCI_j$),以行政区为基本单元,将海南岛不同地区划分为严重超载区、超载区、承载适宜区、承载盈余区 4 种不同的类型区,分区标准见表 11-4。

表 11-4 基于 $LCCI_j$ 的建设用地承载力分级标准

建设用地承载力级别	建设用地承载指数
承载盈余区	0~0.8
承载适宜区	0.8~1
超载区	1~2
严重超载区	>2

海南岛建设用地资源承载力评价的各项指标数据主要来源于海南省 2015 年统计年鉴、海南省各地市 2015 年统计年鉴及《海南省土地利用总体规划(2006—2020 年)》,建设用地面积的数据为基于适宜性评价的功能区划的统计结果。通过资料收集及数据换算,得到海南岛各行政区建设用地资源承载力各评价指标的实际数值(表 11-5)。

表 11-5 海南岛各行政区建设用地承载力各项数据指标统计

行政区		建设用地面积(hm²)	现状人口(万人)	可承载人口(万人)	承载指数	承载状态
地级市	海口市	56 240	220.07	935.77	0.24	承载盈余
	三亚市	18 800	74.9	312.81	0.24	承载盈余
	儋州市	25 380	96.96	422.3	0.23	承载盈余
县级市	五指山市	6000	10.51	99.83	0.11	承载盈余
	文昌市	8400	55.07	139.77	0.39	承载盈余
	琼海市	3990	49.89	66.39	0.75	承载盈余
	万宁市	10 900	56.03	181.36	0.31	承载盈余
	东方市	3708	41.68	61.7	0.68	承载盈余
县	定安县	1600	28.99	26.62	1.09	超载
	屯昌县	2500	26.21	41.6	0.63	承载盈余
	澄迈县	1090	47.99	18.14	2.65	严重超载
	临高县	1460	43.96	24.29	1.81	超载
自治县	白沙县	480	17.02	7.99	2.13	严重超载
	昌江县	1920	22.77	31.95	0.71	承载盈余
	乐东县	2400	46.92	39.93	1.18	超载
	陵水县	1764	32.61	29.35	1.11	超载
	保亭县	1173	14.96	19.52	0.77	承载盈余
	琼中县	4004	17.61	66.62	0.26	承载盈余

从表 11-5 可以看出，海南岛建设用地承载力良好，18 个县(市)中仅有 6 个县(市)处于超载水平，其中 2 个为严重超载，另外 4 个为超载，其余 12 个县(市)均处于承载盈余状态。定安县、澄迈县、临高县、乐东县、陵水县等几个县(市)由于其建设面积有限，长期以来以发展农业为主，建设一直处于较落后的水平，其建设用地承载力不足以满足区域人口发展要求，且其人口基数较大，从而导致其承载指数较大。海口市、三亚市、儋州市 3 个地级市由于城市建设规模较大，其人口承载力也相对处于盈余状态。五指山市、文昌市、琼海市、万宁市、东方市、屯昌县、昌江县、保亭县、琼中县等县(市)由于人口基数小，当前的建设用地面积足以满足当前人口需要，其承载力水平亦处于盈余状态。

5. 生态用地承载力评价

根据生态承载力指数($LCCI_5$)，反映地区生态资源与人口的关系，以海南省行政区为基本单位，将海南岛不同地区生态资源承载力状态分为承载盈余、承载适宜、超载和严重超载 4 个类型(表 11-6)。根据各地区森林覆盖率和理论人口数量与海南省各地区实际人口数量进行对比，分析评价海南省各地区的建设用地生态适宜量的偏离程度。

如果理论人口与实际人口相等，则说明生态资源达到了适宜状态；如果理论人口大于实际人口，说明生态环境利用尚有盈余，建设用地还有环境潜力可挖；如果理论人口小于实际人口，说明生态环境利用超出适宜量，出现了生态环境赤字。

海南岛生态资源承载力评价的各项指标数据主要来自海南省 2015 年鉴及海南省各地区地方林业局，具体计算结果见表 11-7。

表 11-6 基于 $LCCI_s$ 的生态资源承载力分类

生态资源承载力级别	生态承载力指数
承载盈余	0~0.8
承载适宜	0.8~1
超载	1~2
严重超载	>2

表 11-7 海南岛各地区各项生态资源承载力评价指标

行政区		森林面积（hm²）	森林覆盖率（%）	现状人口（万人）	可承载人口（万人）	承载指数	承载状态
地级市	海口市	87 433.3	38.38	220.07	66.24	3.32	严重超载
	三亚市	126 692	68	74.9	95.98	0.77	承载盈余
	儋州市	128 733.3	38.5	96.96	97.53	0.99	承载适宜
县级市	五指山市	98 133.3	86.45	10.51	74.34	0.14	承载盈余
	文昌市	74 528.95	30.31	55.07	56.46	0.98	承载适宜
	琼海市	121 593.3	68.99	49.89	92.12	0.54	承载盈余
	万宁市	133 800	66.13	56.03	101.36	0.55	承载盈余
	东方市	136 306.7	58.19	41.68	103.26	0.40	承载盈余
县	定安县	29 282	24.47	28.99	22.18	1.31	超载
	屯昌县	43 626.03	35.24	26.21	33.05	0.79	承载盈余
	澄迈县	46 547.27	22.42	47.99	35.26	1.36	超载
	临高县	61 540	45.87	43.96	46.62	0.94	承载适宜
自治县	白沙县	176 526.7	83.47	17.02	133.73	0.13	承载盈余
	昌江县	95 026.7	58.64	22.77	71.99	0.32	承载盈余
	乐东县	181 613.3	64.6	46.92	137.59	0.34	承载盈余
	陵水县	65 266.7	54.9	32.61	49.44	0.66	承载盈余
	保亭县	99 413.3	85.2	14.96	75.31	0.20	承载盈余
	琼中县	253 331.3	83.74	17.61	191.92	0.09	承载盈余

对于海南岛来说,总体上全省的生态资源开发利用状态还处在一个生态环境盈余的状态,全省共 18 个地区,其中 12 个地区处于生态资源盈余状态、3 个地区处于生态资源适宜状态,另外有 2 个超载和 1 个严重超载地区。

文昌市、临高县、儋州市理论人口与实际人口近似相等,这 3 个地区生态资源利用现状适度,刚好能够保证可持续发展,又能最大程度地利用生态资源。三亚市等 12 个地区(表 11-7)森林覆盖率较高,地区人口也较少,生态资源都处于一个生态环境盈余的状态。这些地区还可以进一步地开发利用森林资源,但需要注意节制,避免开发过度。出现生态环境赤字的地区有 3 个,分别是海口市、定安县和澄迈县,其中海口市严重超载。但这 3 个地区出现生态环境赤字的原因又不同。海口市森林面积很多,但海口市作为省会城市,会吸引周边人口汇集,造成城市人口过多,从而造成城市人口超出生态环境承载力的现象。澄迈县和安定县耕地面积和园林面积超过全县土地面积 60%,森林覆盖率低,影响这两个地区的生态资源承载力。

海南岛各地区出现了人口分布不均的问题,使得一些地区人口过多,出现了生态环境赤字的状态,需要注意人口控制及资源合理开发利用的问题。其他大部分地区处在一个生态环境盈余状态,对于这些地区,建设用地还有环境潜力可以开发,只需在开发过程中注意生态保护,避免过度开发。

6. 土地资源综合承载力评价

基于综合承载指数(LCCI),以行政区为基本单元,将海南岛不同地区划分为严重超载区、超载区、承载适宜区、承载盈余区4种不同的级别,并分别确定为人地关系和谐、人地关系平衡和人地关系失衡3种不同的类型,分区标准见表11-8。

表11-8 基于LCCI的土地资源承载力分级标准

农业用地承载力状态		综合承载指数(LCCI)
类型	级别	
人地关系和谐	承载盈余区	0~0.8
人地关系平衡	承载适宜区	0.8~1
人地关系失衡	超载区	1~2
	严重超载区	>2

运用上述理论,我们对海南岛各行政区3种用地类型的人口承载力进行对比分析(图11-5),从而得到各行政区的土地资源综合承载力评价结果(表11-9),海南岛土地资源承载力综合分区如图11-6所示。

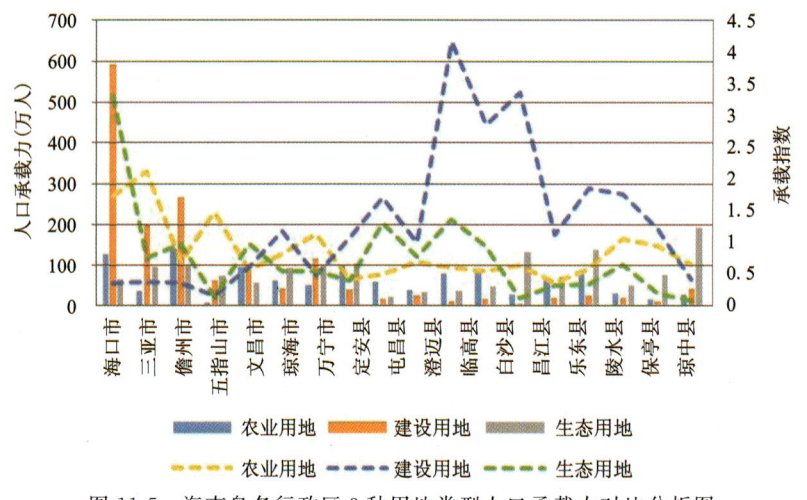

图11-5 海南岛各行政区3种用地类型人口承载力对比分析图

表11-9 海南岛各行政区土地资源承载力评价结果

行政区		农业用地		建设用地		生态用地		综合承载力(万人)	现状人口(万人)	综合承载指数	承载状态
		可承载人口(万人)	承载指数	可承载人口(万人)	承载指数	可承载人口(万人)	承载指数				
地级市	海口市	126.86	1.73	935.77	0.24	66.24	3.32	66.24	220.07	3.32	严重超载
	三亚市	35.43	2.11	312.81	0.24	95.98	0.77	35.43	74.9	2.11	严重超载
	儋州市	140.29	0.69	422.3	0.23	97.53	0.99	97.53	96.96	0.99	承载适宜

续表 11-9

行政区		农业用地		建设用地		生态用地		综合承载力(万人)	现状人口(万人)	综合承载指数	承载状态
		可承载人口(万人)	承载指数	可承载人口(万人)	承载指数	可承载人口(万人)	承载指数				
县级市	五指山市	7.14	1.47	99.83	0.11	74.34	0.14	7.14	10.51	1.47	超载
	文昌市	96.86	0.57	139.77	0.39	56.46	0.98	56.46	55.07	0.98	承载适宜
	琼海市	61.14	0.82	66.39	0.75	92.12	0.54	61.14	49.89	0.82	承载适宜
	万宁市	49.71	1.13	181.36	0.31	101.36	0.55	49.71	56.03	1.13	超载
	东方市	99.14	0.42	61.7	0.68	103.26	0.40	61.7	41.68	0.68	承载盈余
县	定安县	58.57	0.49	26.62	1.09	22.18	1.31	22.18	28.99	1.31	超载
	屯昌县	38	0.69	41.6	0.63	33.05	0.79	33.05	26.21	0.79	承载盈余
	澄迈县	79.43	0.6	18.14	2.65	35.26	1.36	18.14	47.99	2.65	严重超载
	临高县	80.57	0.55	24.29	1.81	46.62	0.94	24.29	43.96	1.81	超载
自治县	白沙县	27.14	0.63	7.99	2.13	133.73	0.13	7.99	17.02	2.13	严重超载
	昌江县	62.57	0.36	31.95	0.71	71.99	0.32	31.95	22.7	0.71	承载盈余
	乐东县	80.29	0.58	39.93	1.18	137.59	0.34	39.93	46.92	1.18	超载
	陵水县	30.86	1.06	29.35	1.11	49.44	0.66	29.35	32.61	1.11	超载
	保亭县	15.71	0.95	19.52	0.77	75.31	0.20	15.17	14.96	0.99	承载适宜
	琼中县	27.14	0.65	66.62	0.26	191.92	0.09	27.14	17.61	0.65	承载盈余
全区		1 116.85	0.81	2 525.94	0.36	1 484.38	0.61	1 116.85	903.48	0.81	承载适宜

从综合评价结果可以看出,海南岛土地资源综合承载力整体水平一般,18 个县(市)中有 10 个县(市)处于超载水平,其中包括严重超载区 4 个,超载区 6 个。另外的 8 个县(市)中有 4 个处于承载适宜状态,4 个处于承载盈余状态。

严重超载区包括海口市、三亚市、澄迈县和白沙县。其中,海口市作为海南省的省会城市,是全省的政治、文化、经济中心,社会经济发展水平较高,但由于其森林覆盖率低,生态承载力有限,海口市在以后的发展建设中应注意保护现有的绿地及林地,尽量减少生态破坏;三亚市是著名的旅游度假城市,但它多年来把重心多放在旅游业的开发中,许多耕地被开发为旅游设施用地,致使其耕地承载能力较低;澄迈县和白沙县长期以来以发展农业为主,对建设用地的开发利用水平较低,因此其建设用地的承载力水平较低,从而导致区域的综合承载力水平较低。超载区主要包括五指山市、万宁市、定安县、临高县、乐东县、陵水县 6 个县(市),其中五指山市和万宁市由于主要用地类型为林业用地,农业用地较少,从而导致农业承载力水平较低;临高县、乐东县、陵水县由于建设用地面积有限从而导致综合承载能力低,因此,应该适当地新增建设用地面积,保证经济建设跟上全省的平均水平。

承载适宜区主要包括儋州市、文昌市、琼海市及保亭县。儋州市和文昌市的生态承载力处在一个适度的水平上,如要立足于长远发展,应持续新增林地面积,严禁开发林地或绿地从事农业或建设活动。琼海市和保亭县的人粮关系处于一个接近紧张的状态,为在后续的社会经济发展中留有足够的空间,应致力于提高耕地的生产水平,从而提高单位亩产量,以持续供给现有的人口及后续的新增人口。东方市、屯昌县、昌江县、琼中县 4 个县(市)的土地综合承载力处于承载盈余水平,可在保持当前耕地的生产水平和科学规划的前提下进行建设用地的稳健开发,以促进区域的经济增长。

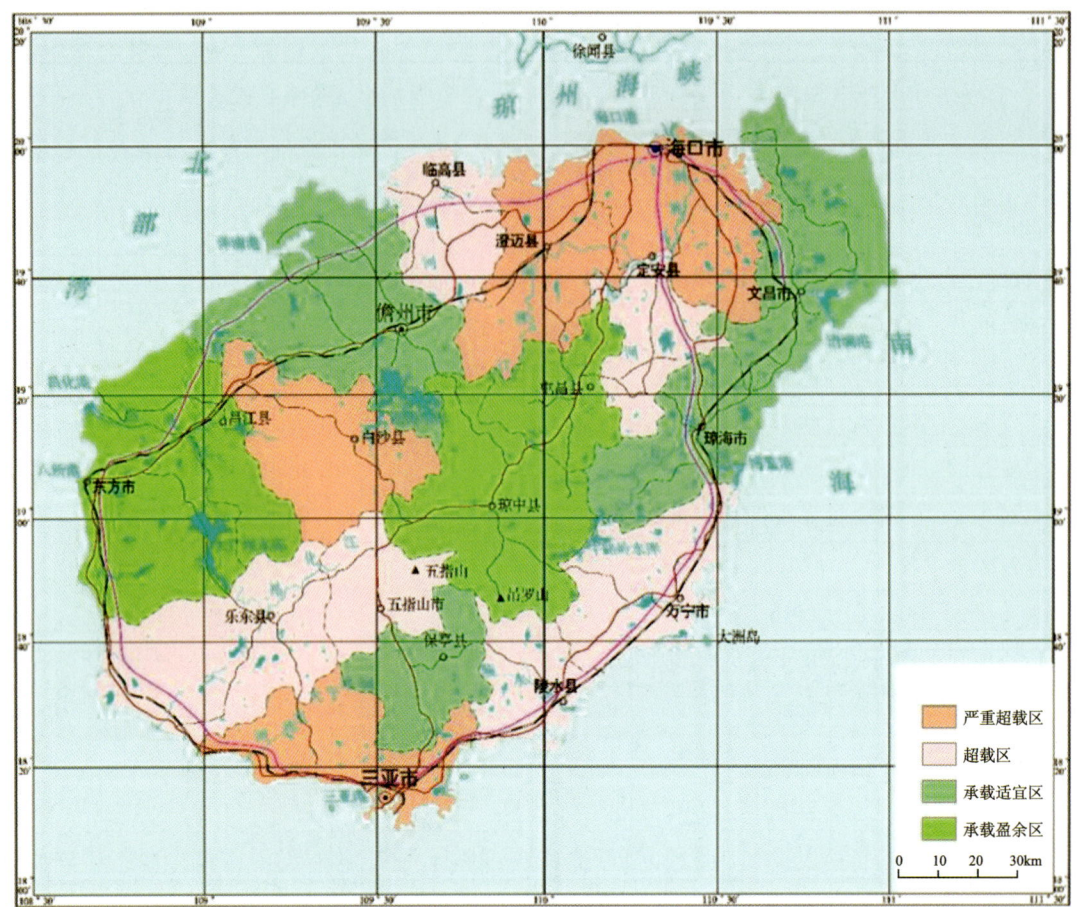

图 11-6 海南岛土地资源承载力评价分区图

二、水资源承载力评价

(一)水资源概况

1. 水资源量分析

海南国际旅游岛水资源量由地表水资源量与地下水资源量组成,按照水资源的时空转化关系从大气降水资源、地表水资源和地下水资源等方面进行分析。

1)大气降水资源

海南岛雨量充沛,1956—2000 年全岛平均年降水量为 $597\times10^8 m^3$,全岛年降水深 1750mm。全岛的降水量年内分配很不均匀,随季节的变化,在岛内明显地分为汛期与非汛期,汛期为每年的 5—10 月份,占全年总降水量的 70%~90%,雨源主要有锋面雨、热雷雨和台风雨,非汛期为每年 11 月至翌年 4 月,仅占全年降水量的 10%~30%,少雨季节干旱常常发生。除此之外,全岛的降水量年际差别较大,年际相对变率 16%~18%,丰水年与枯水年降水比值为 3~6。虽然海南岛是我国及世界同一纬度带降雨量最多的地区之一,但蒸发量也非常大,即使雨季也有月蒸发量大于月降雨量的时候,加之地形陡峻、河流短小,大部分降雨变成洪水入海,造成水分失调、水热失调,在旱季以西部与西北部尤为突出。

由图 11-7 与表 11-10 可以看出,整体上海南岛的各行政区降水量处于较高水平,为降水量丰富地区。从局部分析,海南岛各行政区降水量有着明显的区域性差异。海口市的降水量最少,仅为 $3.9 \times 10^8 \mathrm{m}^3$。琼中县的降水量最大,为 $61.2 \times 10^8 \mathrm{m}^3$。后者为前者的近 16 倍。

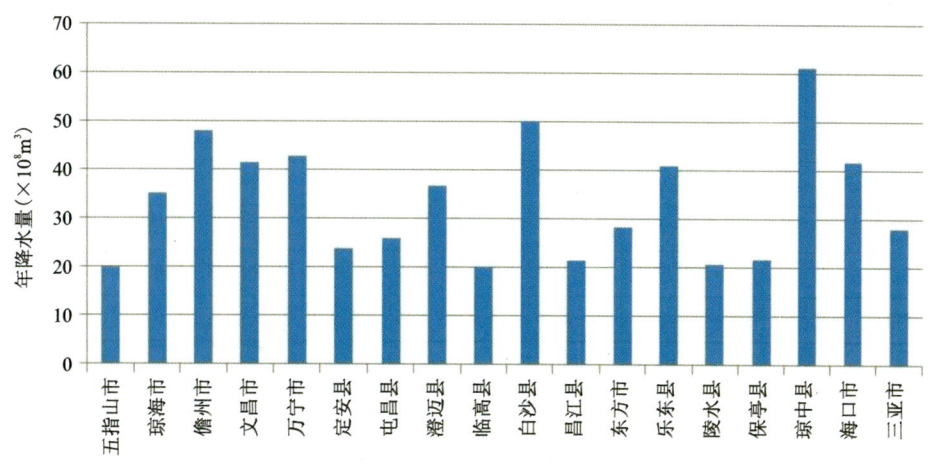

图 11-7 海南岛各县(市)多年平均降水量统计图

表 11-10 海南国际旅游岛各行政区水资源量

行政分区	面积(km^2)	人口(万人)	年降水量($\times 10^8 \mathrm{m}^3$)	地表水资源量($\times 10^8 \mathrm{m}^3$)	地下水资源量($\times 10^8 \mathrm{m}^3$)	不重复计算量($\times 10^8 \mathrm{m}^3$)	水资源总量($\times 10^8 \mathrm{m}^3$)	产水系数(%)	产水模数($\times 10^4 \mathrm{m}^3/\mathrm{km}^2$)
五指山市	1129	10.4	20	11.28	3.944	0	11.28	56.5	99.9
琼海市	1693	48.3	35.2	22.1	3.997	0.060 74	22.16	63	130.9
儋州市	3265	103	48.1	19.13	6.007	0.613 2	19.74	41	60.5
文昌市	2403	59	41.3	18.67	5.068	0.723 5	19.39	46.9	80.7
万宁市	1884	55.5	42.8	25.39	6.161	0.100 3	25.49	59.4	135.3
定安县	1189	31	23.9	12.4	2.075	0.020 45	12.42	52	104.5
屯昌县	1232	29.5	25.9	13.31	1.883	0	13.31	51.5	108
澄迈县	2068	57.5	36.8	17.2	4.813	0.369	17.57	47.8	85
临高县	1317	47.3	20.2	8.715	3.408	0.374 3	9.09	44.9	69
白沙县	2118	16.8	50	19.02	2.8	0	19.02	49	89.8
昌江县	1596	24	21.5	10.44	2.5	0.197 4	10.64	49.6	66.7
东方市	2256	43.5	28.2	11.82	4.51	0.435 2	12.26	43.5	54.3
乐东县	2747	50	40.8	20.05	7.288	0.077 02	20.13	49.4	73.3
陵水县	1128	36.5	20.7	11.39	2.017	0.053 45	11.45	55.2	101.5
保亭县	1161	17	21.8	11.07	3.494	0	11.07	50.9	95.3
琼中县	2706	22.8	61.2	39.15	9.25	0	39.15	63.8	144.7
海口市	2313	289.5	41.7	19.1	7.6	0.4	19.4	46.9	84.0
三亚市	1919	58.6	28.1	13.52	3.484	0.152 7	13.67	48.7	71.2

注:数据来源于《海南省水资源调查评价》,2010 年。

2) 地表水资源

根据广东省水文总站审定的新编《海南岛水文要素等值线图》(1956—1989 年)系列资料,海南国际旅游岛多年平均地表水水资源量为 $303.7×10^8m^3$。全岛独流入海的河流共 154 条,其中水面超过 $100km^2$ 的有 38 条。河流普遍具有短、弯、窄、陡的特性,落差大,水利开发条件优越。其中南渡江、昌化江、万泉河为海南岛三大河流。南渡江是海南岛内第一大河流,发源于白沙县南峰山,斜贯岛北部,至海口市入海,全长 333.8km,有干、支流 23 条,流域面积 $7033km^2$,多年平均径流量 $69.2×10^8m^3$;昌化江是海南岛内第二河流,发源于琼中县空示岭,横贯海南岛西部,至昌化港入海,全长 232km,有干、支流 18 条,流域面积 $5150km^2$,多年平均径流量 $41.7×10^8m^3$;万泉河上游分南北两支,分别发源于琼中县五指山和风门岭,两支流到琼海市龙江合口咀合流,至博鳌港入海,主流全长 157km,有干、支流 16 条,流域面积 $3693km^2$,多年平均径流量 $54.1×10^8m^3$。三大河干流可调蓄水约 $80×10^8m^3$,中小河流可蓄水 $56×10^8m^3$,总计可调蓄水量 $136×10^8m^3$。海南岛上自然形成的湖泊较少,人工水库居多,全岛水库面积 $5.6×10^4hm^2$,著名的有松涛水库、牛路岭水库、大广坝水库和南丽湖等。

由图 11-8 与表 11-10 可以分析出,整体上海南岛的地表水资源量大,地区性的地表水资源量分布状况与降水量分布状况趋同一致,说明降水补给多少对于地表水资源量大小有着密切关系。从地区分布上看,大致自中部山区向四周沿海逐渐递减,形成中高周低,东大西小,且高低区差值大。从局部上看,各行政分区中琼中县地表水资源量最大,为 $39.15×10^8m^3$;其次是万宁市,为 $25.39×10^8m^3$;最小是临高县,为 $8.715×10^8m^3$,其地表水资源量地区性差异性很大。

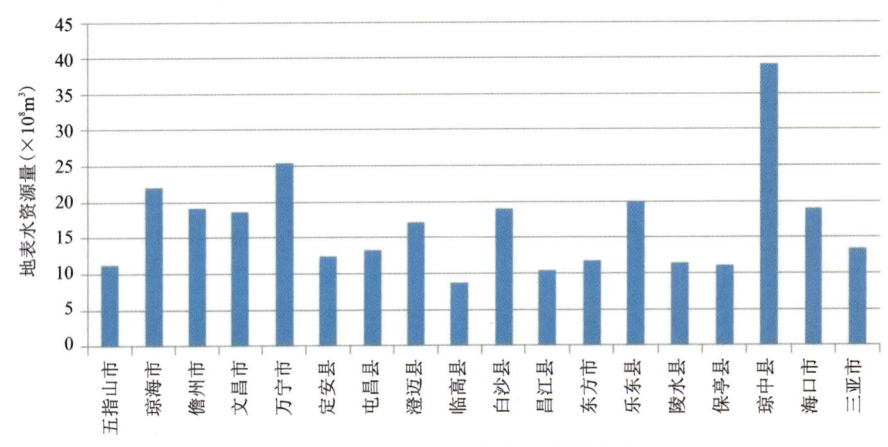

图 11-8 海南岛各行政区地表水资源量统计图

3) 地下水资源

根据《中国地下水资源海南卷》(2021 年),全岛地下水天然资源总量为 $140.544×10^8m^3/a$,多年平均地下水天然补给资源量为 $158.19×10^8m^3/a$,可开采资源量为 $60.45×10^8m^3/a$,已开采资源量为 $4.92×10^8m^3/a$,剩余量 $55.53×10^8m^3/a$,具有较大的开采潜力。根据含水岩类分布、地下水赋存条件和动力特性,把海南岛地下水划分为 5 种类型,分别为松散岩类孔隙潜水、松散固结岩类孔隙承压水、火山岩类裂隙孔洞水、碳酸岩类裂隙溶洞水与基岩裂隙水。地下水的开采方式:松散岩类孔隙水和基岩裂隙水以民井开采为主,次为机井或锅井;火山岩类裂隙孔洞水以民井开采为主,次为引泉灌溉和机井;松散固结类孔隙承压水和碳酸岩类裂隙溶洞水以机井开采为主。据不完全统计,全岛现有机井 1017 眼,其中有 976 眼开采琼北深层承压水。地下水在各部门用水中所占比重:生活用水 $3.39×10^8m^3$,占全岛生活用水量的 70.6%;工业用水 $0.78×10^8m^3$,占全岛工业用水量的 27.2%;农业用水 $0.75×10^8m^3$,占全岛农业用水量的 2.2%。

由图 11-9 可以看出,在地区分布上,琼东部地区较琼西部地区丰富,琼东南沿海多雨地区较琼西部、西北部少雨地区丰富,平原地区的地下水较山丘地区丰富。从局部上看,以琼中县的地下水资源量最大,为 $9.25×10^8m^3$;其次是海口市,为 $7.6×10^8m^3$;最少的是屯昌县,为 $1.88×10^8m^3$。

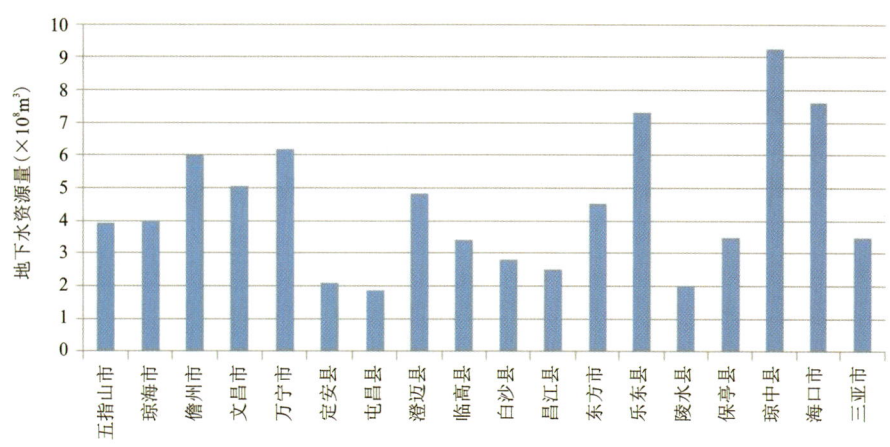

图 11-9 海南岛各行政分区地下水资源量分配图

4）水资源总量

水资源总量指的是当地降水形成的地表、地下产水量，由地表水资源和地下水资源相加扣除两者重复计算而得出的结果。

根据《海南省水资源调查评价》(2010 年)，全岛 1956—2000 年多年平均水资源总量为近 $308 \times 10^8 m^3$，产水模数 $90.1 \times 10^4 m^3/km^2$，产水系数为 51.5%。人均水资源占有量约 $4053 m^3$，参照国际人均水资源量分级标准处于相对丰水水平，约是全国人均水资源平均值的 2 倍，为全国水资源丰富的省份之一。由图 11-10 与表 11-10 所示，琼中县的水资源总量最高可达 $39.15 \times 10^8 m^3$，其次万宁市的水资源总量为 $25.49 \times 10^8 m^3$，而临高县的水资源总量仅为 $9.09 \times 10^8 m^3$。

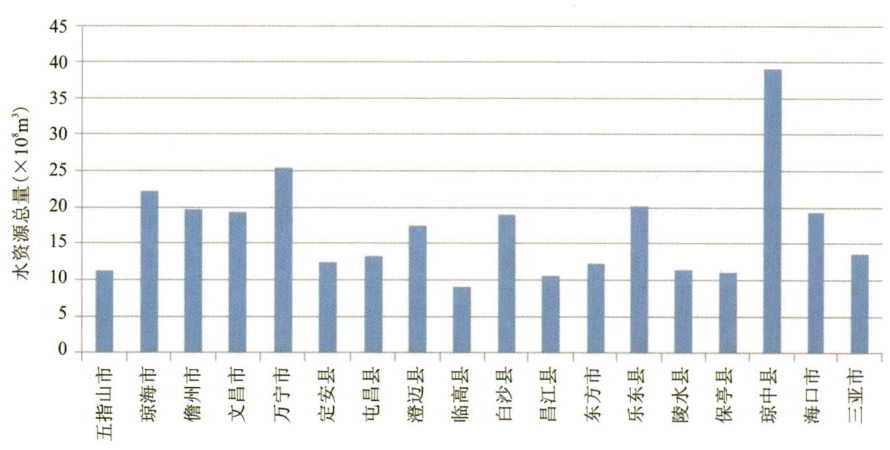

图 11-10 海南岛各行政分区水资源总量图

5）用水指标

根据《海南省水功能区划报告》(2013 年)所统计的用水指标，用水量主要为农业、工业用水和城乡居民生活用水。2014 年全岛用水总量 $41.68 \times 10^8 m^3$。其中，农业用水 $34.97 \times 10^8 m^3$，占总用水量的 83.9%；工业用水量 $1.66 \times 10^8 m^3$，占总用水量的 4.0%；生活用水量 $5.05 \times 10^8 m^3$，占总用水量的 12.1%，其中城镇生活用水 $2.43 \times 10^8 m^3$；农村生活用水 $2.62 \times 10^8 m^3$。由此可见，在总供水量中，以农业用水为主，农业用水比全国平均值高 16%，工业用水则低 17%。

2. 水资源质量状况

1）地表水水质

地表水水质是指地表水体的物理、化学和生物学的特征和性质。地表水水质评价内容包括各水资源分区地表水现状水质(含污染状况)、地表水供水水源地水质及水功能区水质达标类型等。

根据海南省水环境监测中心2014年的水质监测资料,在评价的1 949.2km河流中,全年期水质达到或优于《地表水环境质量标准》(GB 3838—2002)Ⅲ类的河长占评价总河长的97.4%,其中Ⅰ类水河长占10.8%,Ⅱ类水河长占69.1%,Ⅲ类水河长占17.5%,Ⅳ类水河长占2.6%。海南岛河流水质现状总体状况良好,局部污染严重。污染河段主要分布在中小河流城镇河段和河口地区,主要受石油类和耗氧类有机类污染,其中有机污染范围最广,石油类污染较严重。

根据海南岛水功能区划成果,共划分为24个一级水功能区和29个二级水功能区,在评价的水功能区中,海南岛水功能区的水质达标总体状况良好,不达标的水功能区出现在定安河、春江、文澜江、文教河、宁远河和陵水河,主要超标项目有高锰酸钾指数、氨氮、石油类和溶解氧。

根据海南省水环境监测中心2014年的水质监测资料,在评价的18处地表水供水水源地水质评价中,各时段的水质均达到或优于《地表水环境质量标准》(GB 3838—2002)Ⅲ类水标准,其中全年期水质为Ⅱ类水的共16处,占88.9%;Ⅲ类水的共2处,占11.1%。各供水水源地供水量的水质合格率达100%。

2)地下水水质

地下水水质是指地下水的物理、化学、生物学特征和性质,评价内容包括地下水的水质现状评价、地下水的化学分类及水污染分析等。

根据海南岛地下水监测井评价成果,在83个浅层地下水水井的监测中,92.8%的监测井的水质达到或优于《地下水质量标准》(GB/T 14848—2017)Ⅲ类水标准。其中Ⅰ类水共13个,占15.7%;Ⅱ类水共41个,占49.4%;Ⅲ类水共23个,占27.7%。优级水主要分布在中部山区、火山岩地区及大部分沿海地区第四系潜水区中。7.2%的监测井的水质为Ⅳ类水和Ⅴ类水,较差的水质主要分布在乐东、东方、三亚等沿海第四系松散层和一些琼北火山岩地层中,在中部山区的基岩风化层也有点状分布,主要的超标项目为NO_3^-、NO_2^-、NH_4^+。海南岛的承压水主要分布于琼北自流盆地和西南盆地自流斜地中,水量丰富,是岛内主要的集中开采水源地,其中海口地区是最大的开采区。琼北自流盆地整体承压水水质优良,其中Ⅳ类水占10%,铁、锰超标,为主要影响因素。

根据1∶20万《海南省区域水文地质普查报告》(2014年),海南岛有着咸水分布和海水入侵的现状,其中浅层咸水主要分布于沿海地区的海口、乐东莺歌海、九所地区,深层咸水分布在东方八所、感城、三亚地区,矿化度一般为3~10g/L,形成的主要原因是这些地区的地下水含水层平缓,水力坡度小,径流排泄条件差,交替作用弱,原来封存的咸水至今未完全交替,形成了现状的咸水。

3)水资源问题分析

虽然海南岛的水资源十分丰富,人均淡水资源量为全国人均量的近2倍,但是降雨、径流时空分布极不均匀。随着海南国际旅游岛的开发建设,吸进的外来游客持续增加,城市社会经济规模的扩增,城市需水量也将随之急剧增加,再加上过分开采地下水与水体污染日趋严重,将会有越来越多的城镇出现城镇用水无法充足保障的情况。水资源保障对于建好国际旅游岛与吸引更多的外来游客起着至关重要的作用,因此亟须考虑以下几点水资源现状问题。

(1)水资源时空分布不均。海南岛受本岛地形条件的影响,降水量的地区差异分布很大,总的趋势是由中部山区向四周沿海递减,其中在东部地区的万宁、琼海、琼中等地雨量较多,而处于背风面影响的西部和南部的东方、昌江、三亚等雨量偏低。除此之外,岛内的降雨量季节分配很不均匀,有着明显的雨季和旱季,这就造成了干旱与洪涝灾害频繁发生,旱灾具有时间长、危害大的特点,而洪涝主要发生在周边的滨海地带。岛内降水时空分布不均,干湿季节明显,丰富的雨水大部分以径流形式入海等,这给水资源开发利用带来了很大的难度。由于海南岛远离大陆,与大陆无任何水源联系,没有任何过境水量,岛上径流全部来源于大气降水,因而径流的时空分配与降水相同,分配也不均匀,部分地区已轻度缺水,局部地区甚至属于中度缺水,如西部局部地区等。海口市与三亚市作为海南国际旅游岛的重要城市,随着海南国际旅游岛的开发与建设,外来人口的持续增加势必导致水资源的供需矛盾更为突出。海南岛的土壤层较薄,地下水的补给条件较差,除琼北沿海局部地区有较丰富的地下水外,广大地区都缺乏集中开采条件,只能分散开采,适宜农村人畜饮用和应急备用。

(2)水资源开发利用程度低。根据2013年《海南省水资源公报》显示出,全岛的水资源开发利用率为8.6%,远低于全国水资源开发利用率,也不能满足近期的需水量。水利基础设施的缺乏已经不适应现代农业发展的要求,尤其在旱季,不能有充足的水资源保障多数农田的灌溉。已建有的部分水利工程中,由于农业灌溉渠道及其他设施多年失修,没有防渗措施、配套设施不完全,跑水、漏水现象非常普遍,灌溉用水效率较低。

(3)水资源利用结构不合理。由于水资源的有限性,各产业或部门之间客观上存在水资源利用的竞争,这就要求尽可能将水资源配置到效率高的部门,以实现水资源的优化配置和高效利用。而农业具有用水量大、附加值相对较低的特点,因此农业用水比例大小可以作为水资源利用结构合理与否以及衡量水资源压力相对大小的一个标志。2013年《海南省水资源公报》显示出,海南岛农业用水比例高达80.2%,远高于全国用水的平均水平,岛内存在水资源结构极其不合理,用水压力相对过大的问题。

(4)存在地下水环境问题。随着社会经济的发展,用水结构配置不合理,地表水资源难以保障城市的需求量,只能大量开采地下水来满足,因此导致环境地质问题,如地下水的降水漏斗、海水入侵、地裂缝及咸水体浸染等。海口市是海南岛主要的地下水开采区,海口市中心城区的地下水水位出现低于海平面的状况;在新英湾地区则出现了海水入侵的现象;在海南岛西部的儋州、临高、澄迈文昌等县(市),则有着不同程度的地裂缝;在海口地区的地下水中Cl^-含量较高且有逐年升高的趋势,说明有咸水入侵的现象。

(5)重点城市用水供需矛盾日益突出。海口市的人均水资源量远低于国际人均水资源量水平,随着外来游客的持续增加,人均水资源量还将持续降低,海口市的水利基础设施还相当薄弱,有限的可供水量不能保证城市发展用水需求,不得不超采地下水和牺牲生态环境用水来维持城市供水。普遍缺乏节水意识也使水资源浪费的现象更为严重。由于城市雨污合流排水管网建设滞后,大量污水排入河道,水体污染程度不断加剧,地表水质波动较大,水污染现象没有得到明显改善,区域性的水资源供需矛盾日益突出。

表11-11 海南国际旅游岛用水指标　　　　　　　　　　　　单位:$\times 10^8 m^3$

县(市)	农田灌溉		林牧渔	工业用水量		城镇生活		农村生活		总用水量	
	小计	其中地下水	小计	小计	其中地下水	小计	其中地下水	小计	其中地下水	小计	其中地下水
海口市	3.929	0.052	0.552	1.419	0.424	0.916	0.558	0.291	0.262	6.747	1.296
澄迈县	2.714	0.104	0.145	0.394	0.023	0.083	0.007	0.184	0.168	3.520	0.302
临高县	2.485	0.028	0.158	0.046	0.150	0.059	0.023	0.160	0.148	2.908	0.214
文昌市	2.126		0.247	0.200		0.093		0.205	0.193	2.871	0.193
定安县	1.311		0.112	0.023		0.048		0.123	0.113	1.617	0.113
屯昌县	1.090		0.112	0.045		0.041		0.102	0.091	1.390	0.091
儋州市	3.468	0.005	0.361	0.285	0.004	0.190	0.005	0.325	0.270	4.629	0.284
白沙县	0.515		0.071	0.028		0.024		0.071	0.064	0.709	0.064
琼海市	2.157		0.266	0.205		0.093		0.165	0.153	2.886	0.153
万宁市	1.750	0.004	0.203	0.157	0.003	0.080	0.007	0.215	0.203	2.405	0.217
陵水县	1.565		0.130	0.028		0.049		0.125	0.114	1.897	0.114
三亚市	1.390	0.001	0.267	0.127		0.228		0.141	0.128	2.153	0.129

续表 11-11

县(市)	农田灌溉		林牧渔	工业用水量		城镇生活		农村生活		总用水量	
	小计	其中地下水	小计	小计	其中地下水	小计	其中地下水	小计	其中地下水	小计	其中地下水
琼中县	0.582		0.112	0.009		0.032		0.079	0.070	0.814	0.070
保亭县	0.540		0.052	0.007		0.022		0.060	0.056	0.681	0.056
五指山市	0.275		0.088	0.019		0.044		0.030	0.025	0.456	0.025
东方市	1.925		0.523	0.134		0.078		0.142	0.120	2.802	0.120
昌江县	0.917		0.304	0.160		0.059		0.076	0.069	1.516	0.069
乐东县	2.283		0.333	0.033		0.057		0.186	0.175	2.892	0.175
全岛	30.662	0.194	4.036	3.319	0.469	2.196	0.600	2.680	2.422	42.893	3.685

注：数据来源于《海南省水功能区划报告》，2013 年。

(二) 水资源承载力评价

1. 计算单元划分

对所收集的海南岛基础资料进行分析，海南岛各行政分区的水资源时空分布，社会经济发展及水资源的开发利用现状都有着明显的差异性，不能概化评价这一整体区域，加上所得到的资料以行政分区为统计单元，水资源承载力的评价结果最终为各行政分区的政府决策所用，所以本研究以海南岛各行政分区为计算单元来评价水资源承载力。

2. 可利用水资源量计算

1) 地表水资源量

海南岛的地表水资源量主要由南渡江、昌化江和万泉河三大流域在内的 154 条河流的径流量组成，其中，流域面积在 $500 km^2$ 以上的河流有陵水河、宁远河、珠碧江、望楼河、文澜江、北门江、太阳河、藤桥河、春江和文教河等。

依据水资源分区测站的控制情况，将地表水资源按照不同的行政区进行划分，划分结果如表 11-12 所示。

表 11-12 地表水资源量统计分析结果表

行政区	面积 (km^2)	多年平均		不同频率天然年径流量(地表水资源量)($\times 10^8 m^3$)				
		径流量 $(\times 10^8 m^3)$	径流深 (mm)	20%	50%	75%	90%	95%
五指山市	1129	11.28	999.1	14.83	10.67	7.963	5.965	4.954
琼海市	1693	22.1	1 305.4	28.52	21.1	16.19	12.49	10.58
儋州市	3265	19.13	585.9	24.44	18.34	14.27	11.17	9.559
文昌市	2403	18.67	776.9	24.99	17.49	12.7	9.247	7.528
万宁市	1884	25.39	1 347.7	32.5	24.32	18.87	14.73	12.58
定安县	1189	12.4	1 042.9	16.13	11.8	8.958	6.832	5.745

续表 11-12

行政区	面积 (km²)	多年平均		不同频率天然年径流量（地表水资源量）($\times 10^8 m^3$)				
		径流量 ($\times 10^8 m^3$)	径流深 (mm)	20%	50%	75%	90%	95%
屯昌县	1232	13.31	1 080.4	17.24	12.68	9.68	7.426	6.269
澄迈县	2068	17.2	831.7	22.09	16.46	12.71	9.878	8.411
临高县	1317	8.715	661.7	11.25	8.318	6.376	4.915	4.162
白沙县	2118	19.02	898	25.12	17.95	13.31	9.897	8.18
昌江县	1596	10.44	654.1	14.32	9.616	6.698	4.652	3.668
东方市	2256	11.82	523.9	16.39	10.8	7.383	5.018	3.897
乐东县	2747	20.05	729.9	26.6	18.88	13.9	10.27	8.445
陵水县	1128	11.39	1 009.8	14.51	10.94	8.548	6.724	5.773
保亭县	1161	11.07	953.5	14.11	10.63	8.3	6.525	5.599
琼中县	2706	39.15	1 446.8	50.39	37.42	28.82	22.32	189.7
海口市	2313	19.069	824.401 4	24.633	18.193	13.943	10.737	9.09
三亚市	1919	13.52	704.5	17.83	12.77	9.49	7.007	5.859
全岛	34 124	303.7	890	398.9	287.5	215.1	161.5	134.3

根据《海南省水资源调查评价》(2016年)报告，采取1956—2000年同步期水文系列作为水资源评价的基本依据。从理论上讲，选取45年系列数据已属于长系列数据，用其多年平均值及不同频率下的统计结果来表征现状年地表水资源量比较有代表性；从实际来讲，2000—2016年期间中原城市群降水条件和水资源量变化不大，没有跳跃性发展，所以本专著采用1956—2000年系列资料来进行水资源量计算是比较可靠的。

2）地表水资源质量

本次现状水质评价主要采用了海南省水环境监测中心2014年(基准年)水质监测资料，评价范围为南渡江、昌化江、万泉河等在内的21条河流，控制河长为1 949.2km²，以《地表水环境质量标准》(GB 3838—2002)为依据，分全年期、汛期、非汛期进行评价，如表11-13所示。

表 11-13 现状年海南国际旅游岛河流水质评价成果表

水期	分区名称	不同水质类别河长占其流域总监测河长比例(%)					
		Ⅰ类	Ⅱ类	Ⅲ类	Ⅳ类	Ⅴ类	符合饮用水源占比
全年期	南渡江	19.5	80.5	0	0	0	100
	万泉河	46.2	17.8	36	0	0	100
	昌化江	0	79.9	20.1	0	0	100
	海南岛东北部	0	76.5	14.7	8.8	0	91.2
	海南岛南部	0	69	21.9	9.1	0	90.9
	海南岛西北部	0	77.6	22.4	0	0	100
	全岛	10.8	69.1	17.5	2.6	0	97.4

续表 11-13

水期	分区名称	不同水质类别河长占其流域总监测河长比例(%)					
		Ⅰ类	Ⅱ类	Ⅲ类	Ⅳ类	Ⅴ类	符合饮用水源占比
汛期	南渡江	19.5	80.5	0	0	0	100
	万泉河	28.6	35.4	36	0	0	100
	昌化江	0	79.9	20.1	0	0	100
	海南岛东北部	0	76.5	14.7	8.8	0	91.2
	海南岛南部	0	51.7	45.6	2.7	0	97.3
	海南岛西北部	0	57.5	42.5	0	0	100
	全岛	8.6	63.1	27.2	1.1	0	98.9
非汛期	南渡江	19.5	68	12.5	0	0	100
	万泉河	46.2	53.8	0	0	0	100
	昌化江	0	84.3	15.7	0	0	100
	海南岛东北部	0	76.5	0	23.5	0	76.5
	海南岛南部	0	69	21.9	9.1	0	90.9
	海南岛西北部	0	58.2	41.8	0	0	100
	全岛	10.8	68.4	17.4	3.4	0	96.6

3)地表水资源可利用量

地表水资源计算结果如表 11-14 所示,可以发现海南岛整体地表水资源的可利用率较高,但可利用水资源量的区域性差异较大,如琼中县的多年地表水资源可利用量最大,为 $16.86 \times 10^8 \mathrm{m}^3$,而保亭县仅有 $4.925 \times 10^8 \mathrm{m}^3$。

表 11-14 海南国际旅游岛地表水资源可利用量计算结果表

行政区	多年平均径流量($\times 10^8 \mathrm{m}^3$)	河道生态环境需水量($\times 10^8 \mathrm{m}^3$)	多年平均下泄洪水量($\times 10^8 \mathrm{m}^3$)	多年地表水资源可利用量($\times 10^8 \mathrm{m}^3$)	可利用率(%)
五指山市	11.28	3.384	1.01	6.886	61.05
琼海市	22.1	6.63	6.079	9.391	42.49
儋州市	19.13	5.739	3.493	9.898	51.74
文昌市	18.67	5.601	3.651	9.418	50.44
万宁市	25.39	7.617	6.553	11.22	44.19
定安县	12.4	3.72	2.187	6.493	52.36
屯昌县	13.31	3.993	2.43	6.887	51.74
澄迈县	17.2	5.16	2.681	9.359	54.41
临高县	8.715	2.614 5	0.877 5	5.223	59.93
白沙县	19.02	5.706	3.55	9.764	51.34
昌江县	10.44	3.132	0.833	6.475	62.02
东方市	11.82	3.546	1.498	6.776	57.33

续表 11-14

行政区	多年平均径流量($\times 10^8 m^3$)	河道生态环境需水量($\times 10^8 m^3$)	多年平均下泄洪水量($\times 10^8 m^3$)	多年地表水资源可利用量($\times 10^8 m^3$)	可利用率(%)
乐东县	20.05	6.015	3.375	10.66	53.17
陵水县	11.39	3.417	3.015	4.958	43.53
保亭县	11.07	3.321	2.824	4.925	44.49
琼中县	39.15	11.745	10.545	16.86	43.07
海口市	19.069	5.720 7	0.546 3	12.802	67.14
三亚市	13.52	4.056	3.379	6.085	45.01

4）地下水资源可利用量

地下水资源可利用量计算结果如表 11-15 所示，从表中可以看出，琼中县的地下水可开采量最多，而五指山市的地下水可开采量最少，因地层岩性与地质构造不同，各行政区的地下水可开采量大小差异性显著。

表 11-15 海南国际旅游岛多年平均地下水可开采量成果表

行政区	面积(km^2)	多年平均天然补给量($\times 10^8 m^3/a$)	多年平均地下水可开采量($\times 10^8 m^3/a$)	可开采模数($\times 10^4 m^3/a \cdot km^2$)
五指山市	1129	3.07	1.42	12.58
琼海市	1693	9.4	2.88	17.01
儋州市	3265	15.25	5.93	18.16
文昌市	2403	14.63	4.67	19.43
万宁市	1884	11.15	4.18	22.19
定安县	1189	5.44	1.77	14.89
屯昌县	1232	4.42	1.92	15.58
澄迈县	2068	10.39	4.26	20.6
临高县	1317	7.86	2.47	18.75
白沙县	2118	6.19	2.81	13.27
昌江县	1596	5.52	1.85	11.59
东方市	2256	6.96	2.6	11.52
乐东县	2747	7.95	3.0	10.92
陵水县	1128	7.1	2.29	20.3
保亭县	1161	3.96	1.83	15.76
琼中县	2706	16.51	8.97	33.15
海口市	2313	16.23	5.9	25.51
三亚市	1919	6.16	1.7	8.86

5）水资源可利用总量

水资源可利用总量计算结果如表 11-16 所示，从表中可以看出，全岛多年平均水资源可利用总量为 $212.75\times10^8m^3$，可利用率为 69.24%，其中琼中县的多年平均水资源可利用总量最高，为 $25.83\times10^8m^3$，保亭县多年平均水资源可利用总量最低，为 $6.755\times10^8m^3$。

表 11-16　海南国际旅游岛水资源可利用总量计算成果表

行政区	多年平均水资源总量($\times10^8m^3$)	多年平均地表水可利用量($\times10^8m^3$)	多年平均地下水可开采量($\times10^8m^3$)	重复计算量($\times10^8m^3$)	多年平均水资源可利用总量($\times10^8m^3$)	可利用率(%)
五指山市	11.28	6.886	1.42	0	8.306	73.63
琼海市	22.16	9.391	2.88	0.084	12.187	55.00
儋州市	19.74	9.898	5.93	0.174	15.654	79.30
琼山市	17.78	12.03	5.84	0.167	17.703	99.57
文昌市	19.39	9.418	4.67	0.498	13.59	70.09
万宁市	25.49	11.22	4.18	0.081	15.319	60.10
定安县	12.42	6.493	1.77	0.013	8.25	66.43
屯昌县	13.31	6.887	1.92	0	8.807	66.17
澄迈县	17.57	9.359	4.26	0.157	13.462	76.62
临高县	9.09	5.223	2.47	0.154	7.539	82.94
白沙县	19.02	9.764	2.81	0	12.574	66.11
昌江县	10.64	6.475	1.85	0.093	8.232	77.37
东方市	12.26	6.776	2.6	0.17	9.206	75.09
乐东县	20.13	10.66	3	0.057	13.603	67.58
陵水县	11.45	4.958	2.29	0.042	7.206	62.93
保亭县	11.07	4.925	1.83	0	6.755	61.02
琼中县	39.15	16.86	8.97	0	25.83	65.98
海口市	19.43	12.802	5.9	0.207	18.495	95.19
三亚市	13.67	6.085	1.7	0.05	7.735	56.58
全岛	307.27	154.08	60.45	1.78	212.75	69.24

3. 人均可利用水资源评价

按照联合国教科文组织制定的水资源丰欠标准（表 11-17）来划分等级，计算结果如表 11-18 与图 11-11 所示。从表 11-18 可以看出，海南岛全岛人均可利用水资源量为 $2127.07m^3$，海口市的人均可利用水资源量最少，仅有 $638.86m^3$ 为重度缺水的状态。海口市作为海南岛最重要的旅游接待城市，随着外来游客的持续增多，人均可利用水资源量还将继续减少，亟须采取必要的手段，如兴建蓄水工程、引水工程来满足目前水资源供需紧张的局面，还要大力推广节水措施、提高市民的节水意识才能更好地解决当前的水资源短缺问题。三亚市同样作为重要的旅游城市,也面对着水资源短缺的境况,儋州市作为区域性的经济中心,人口密度相对于中部其他地区较高,区域的水资源状态也不容乐观。

表 11-17 人均可利用水资源量分级标准

人均水资源量(m^3)	等级
>3000	相对丰水
(2000,3000]	轻度缺水
(1000,2000]	中度缺水
(500,1000]	重度缺水
≤500	极度缺水

表 11-18 海南国际旅游岛人均可利用水资源量评价成果表

行政区	人口(万人)	多年平均水资源可利用总量($\times 10^8 m^3$)	人均可利用水资源量(m^3)	评价等级
五指山市	10.4	8.306	7 986.54	相对丰水
琼海市	48.3	12.187	2 523.19	轻度缺水
儋州市	103	15.654	1 519.81	中度缺水
文昌市	59	13.59	2 303.39	轻度缺水
万宁市	55.5	15.319	2 760.18	轻度缺水
定安县	31	8.25	2 661.29	轻度缺水
屯昌县	29.5	8.807	2 985.42	轻度缺水
澄迈县	57.5	13.462	2 341.22	轻度缺水
临高县	47.3	7.539	1 593.87	中度缺水
白沙县	16.8	12.574	7 484.52	相对丰水
昌江县	24	8.232	3 430.00	相对丰水
东方市	43.5	9.206	2 116.32	轻度缺水
乐东县	50	13.603	2 720.60	轻度缺水
陵水县	36.5	7.206	1 974.25	中度缺水
保亭县	17	6.755	3 973.53	相对丰水
琼中县	22.8	25.83	11 328.95	相对丰水
海口市	289.5	18.495	638.86	重度缺水
三亚市	58.6	7.735	1 319.97	中度缺水
全岛	1 000.2	212.75	2 127.07	轻度缺水

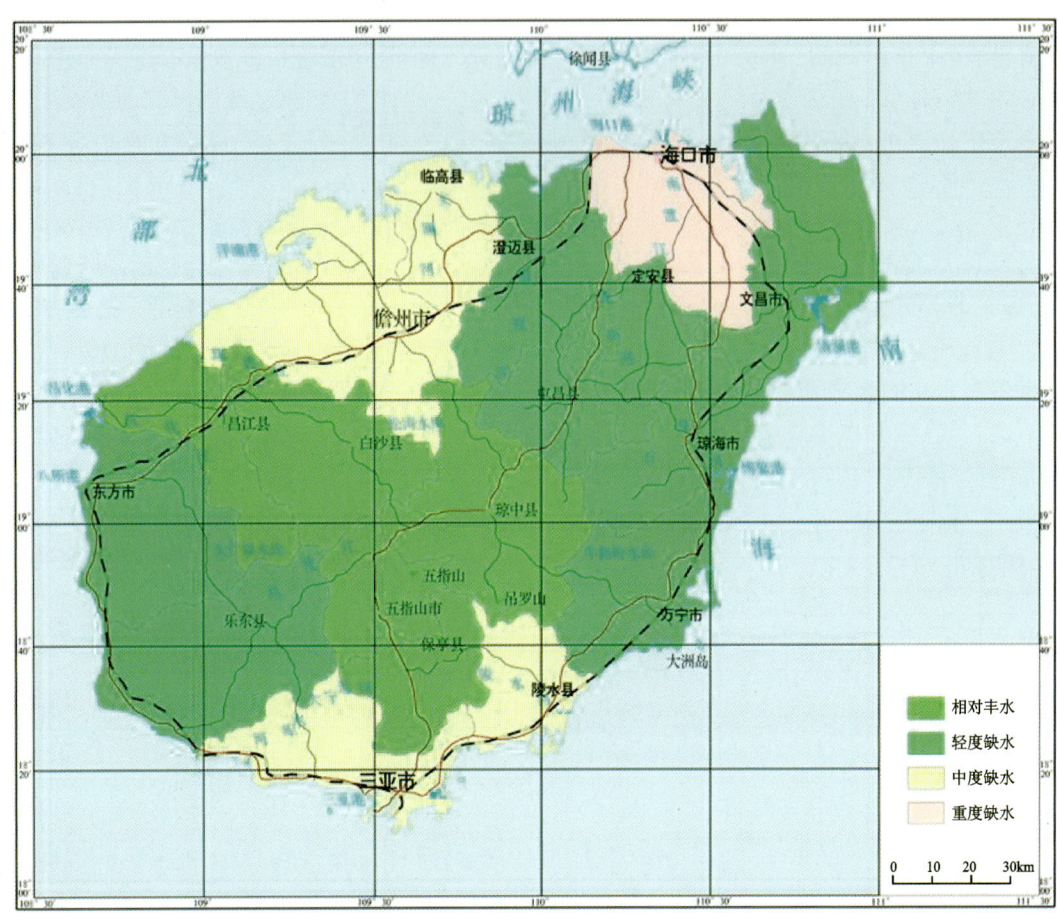

图 11-11 海南国际旅游岛人均可利用水资源量结果分布图

4. 可利用水资源承载力评价

按照表 11-19 划分评价等级,评价结果如表 11-20 与图 11-12 所示。从表 11-20 中可以看出,海南岛全岛的可利用水资源承载力水平较高,处于承载适宜状态;琼中县、五指山市、白沙县与保亭县的承载状态最好,均为承载盈余状态;海口市与临高县为承载紧张状态;其余地区均为承载适宜状态。

表 11-19 可利用水资源承载力指数分级表

CCPS 值区间	CCPS≤0.1	0.1＜CCPS≤0.3	0.3＜CCPS≤0.7	0.7＜CCPS≤1	CCPS＞1
承载程度分级	承载盈余	承载适宜	承载紧张	轻度超载	严重超载

表 11-20 海南国际旅游岛可利用水资源承载力评价成果表

行政区	多年平均水资源可利用总量($\times 10^8 m^3$)	用水量($\times 10^8 m^3$)	CCPS	评价等级
五指山市	8.306	0.456	0.05	承载盈余
琼海市	12.187	2.886	0.24	承载适宜
儋州市	15.654	4.629	0.30	承载适宜
文昌市	13.59	2.871	0.21	承载适宜
万宁市	15.319	2.405	0.16	承载适宜
定安县	8.25	1.617	0.20	承载适宜

续表 11-20

行政区	多年平均水资源可利用总量($\times 10^8 m^3$)	用水量($\times 10^8 m^3$)	CCPS	评价等级
屯昌县	8.807	1.39	0.16	承载适宜
澄迈县	13.462	3.52	0.26	承载适宜
临高县	7.539	2.908	0.39	承载紧张
白沙县	12.574	0.709	0.06	承载盈余
昌江县	8.232	1.516	0.18	承载适宜
东方市	9.206	2.802	0.30	承载适宜
乐东县	13.603	2.892	0.21	承载适宜
陵水县	7.206	1.897	0.26	承载适宜
保亭县	6.755	0.681	0.10	承载盈余
琼中县	25.83	0.814	0.03	承载盈余
海口市	18.495	6.747	0.36	承载紧张
三亚市	7.735	2.153	0.28	承载适宜
全岛	212.75	42.893	0.20	承载适宜

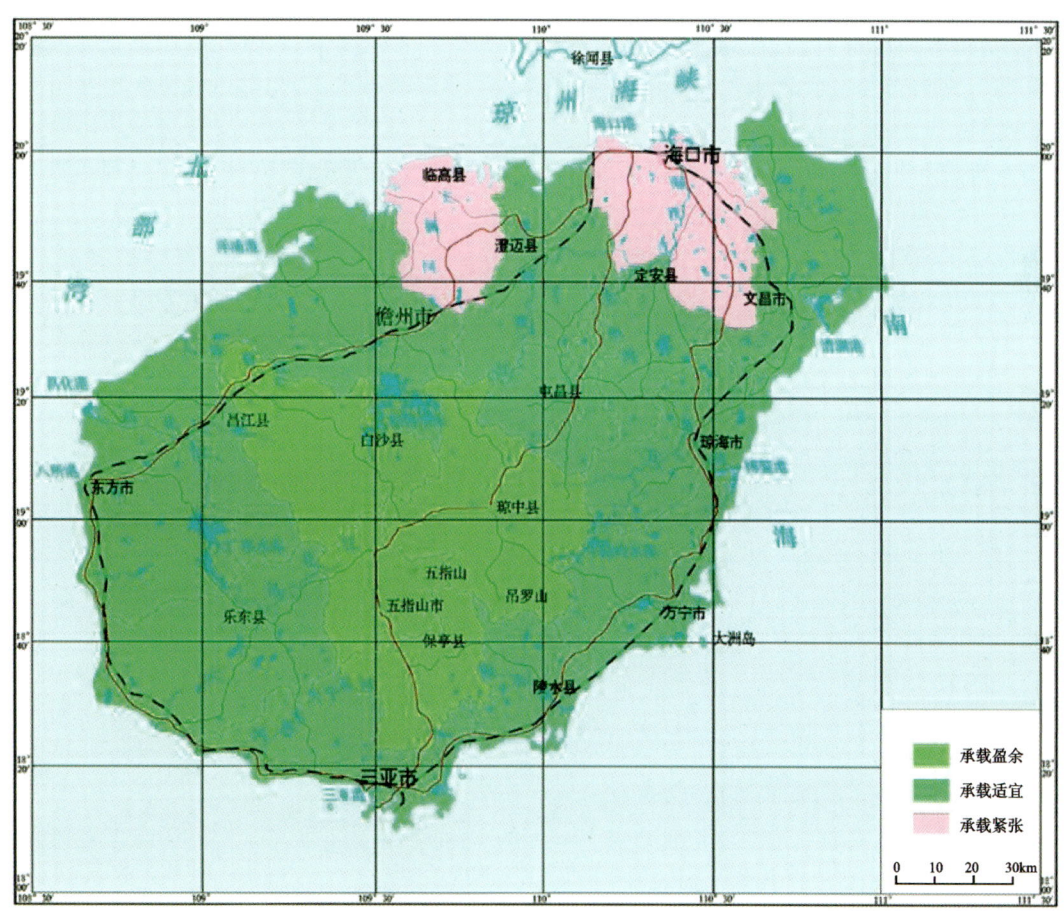

图 11-12 海南国际旅游岛可利用水资源承载力结果分布图

5. 可利用水资源人口承载力评价

按照可利用水资源条件下的人口承载力指数划分等级（表11-21），计算结果如表11-22与图11-13所示。从表11-22中可以看出，在全面小康条件下的可利用水资源人口承载力评价中，海口市、三亚市、儋州市、临高县与陵水县为严重超载状态，其中海口市的人口超载程度最为突出。仅有五指山市、琼中县与白沙县为承载盈余的水平，三市的人口承载力指数分别为0.38、0.26与0.40；其次，屯昌县、昌江县与保亭县处于承载适宜状态。潜力人口计算发现，全岛的超载人口达到291万人，占全岛现状人口的近30%，以海口市的超载人口最为突出，达到227.9万人；琼中县的人口潜力容量最大，为63.3万人，其次为白沙县，为25.1万人。

表11-21 可利用水资源承载人口强度指数分级

I值区间	$I \leqslant 0.5$	$0.5 < I \leqslant 1$	$1 < I \leqslant 1.5$	$I > 1.5$
承载程度分级	承载盈余	承载适宜	轻度超载	严重超载

表11-22 可利用水条件下的海南国际旅游岛人口承载力评价表

行政区	人口（万人）	多年平均水资源可利用总量（$\times 10^8 \text{m}^3$）	全面小康条件下的人均用水量（$\times 10^4 \text{m}^3$）	可承载人口（万人）	I	承载等级	潜力人口（万人）
五指山市	10.4	8.306	0.3	27.7	0.38	承载盈余	17.3
琼海市	48.3	12.187	0.3	40.6	1.19	轻度超载	-7.7
儋州市	103	15.654	0.3	52.2	1.97	严重超载	-50.8
文昌市	59	13.59	0.3	45.3	1.30	轻度超载	-13.7
万宁市	55.5	15.319	0.3	51.1	1.09	轻度超载	-4.4
定安县	31	8.25	0.3	27.5	1.13	轻度超载	-3.5
屯昌县	29.5	8.807	0.3	29.4	1.00	承载适宜	-0.1
澄迈县	57.5	13.462	0.3	44.9	1.28	轻度超载	-12.6
临高县	47.3	7.539	0.3	25.1	1.88	严重超载	-22.2
白沙县	16.8	12.574	0.3	41.9	0.40	承载盈余	25.1
昌江县	24	8.232	0.3	27.4	0.87	承载适宜	3.4
东方市	43.5	9.206	0.3	30.7	1.42	轻度超载	-12.8
乐东县	50	13.603	0.3	45.3	1.10	轻度超载	-4.7
陵水县	36.5	7.206	0.3	24.0	1.52	严重超载	-12.5
保亭县	17	6.755	0.3	22.5	0.75	承载适宜	5.5
琼中县	22.8	25.83	0.3	86.1	0.26	承载盈余	63.3
海口市	289.5	18.495	0.3	61.6	4.70	严重超载	-227.9
三亚市	58.6	7.735	0.3	25.8	2.27	严重超载	-32.8

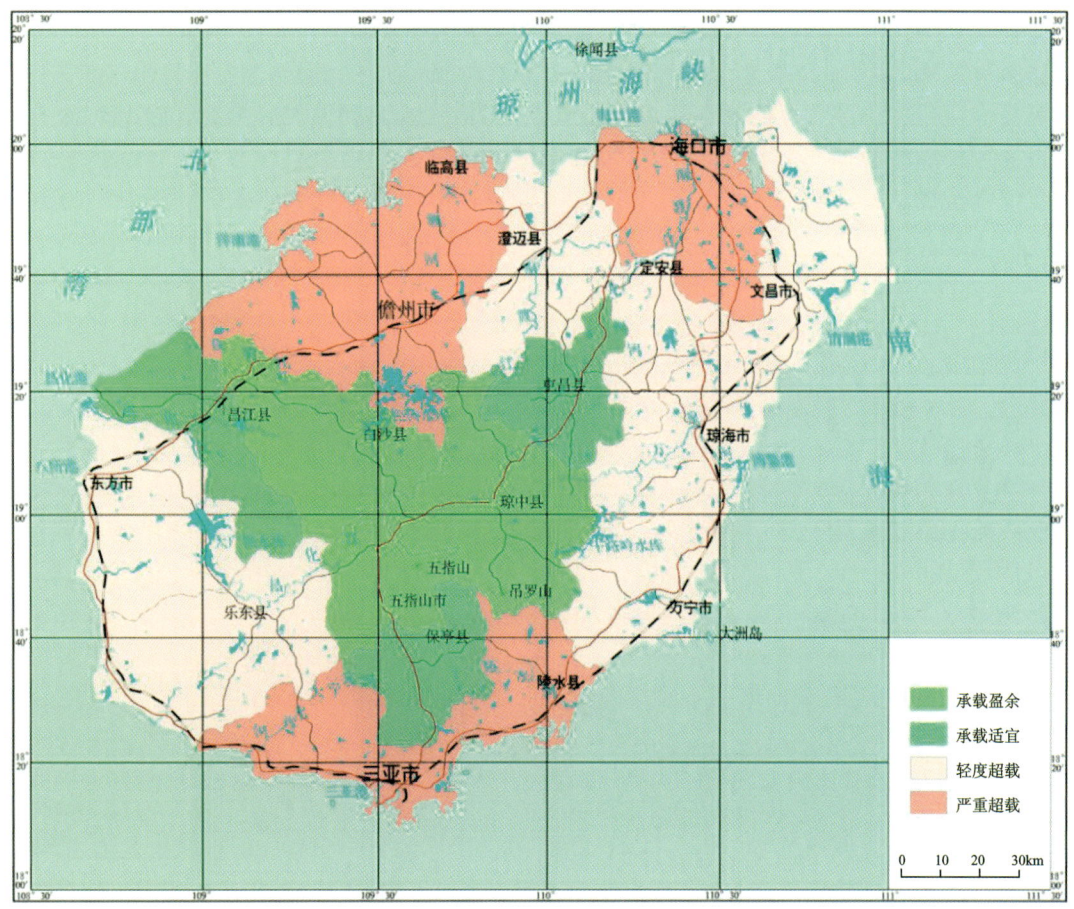

图 11-13　海南国际旅游岛可利用水资源人口承载力结果分布图

(三)应急状态下水资源承载力评价

海南岛完全可以建设以承压水为主,火山岩类潜水、岩溶水和基岩裂隙水为辅的应急供水水源地,可建立集中与分散相结合、大型和小型相配套的应急供水水源地,再结合选择距离城市或重要工业区位置近、供水条件便利的水源地或富水地段,同时考虑行政区划,确定 8 个地下水水源地,分别为海口市、三亚市、儋州市、东方市、文昌市、万宁市、定安县、乐东县。根据地下水的质量分级及水质评级成果,海南岛水资源地下水水质均达到国家饮用水水质标准,可直接作为地下水资源应急来源(图 11-14)。

根据《城市居民生活用水量标准》(GB/T 50331—2002)中对居民家庭生活人均日用水量调查统计的结果,本次研究中应急状态下人均水资源需求标准采用 20L/(人·d)进行计算,得出海南国际旅游岛各应急水源地在应急条件下的水资源承载力,计算结果如表 11-23 所示。

从表中可以看出,在理论计算海南岛水资源开采量的基础上,海南岛在应急状态条件下,除东方市外,海南岛其余地区的地下水资源可供应人口大于现状人口,应急水源地基本上能满足应急情况下该区域的所有人口的饮水要求,海口市及儋州市的应急条件下的水资源可承载人口最为突出。

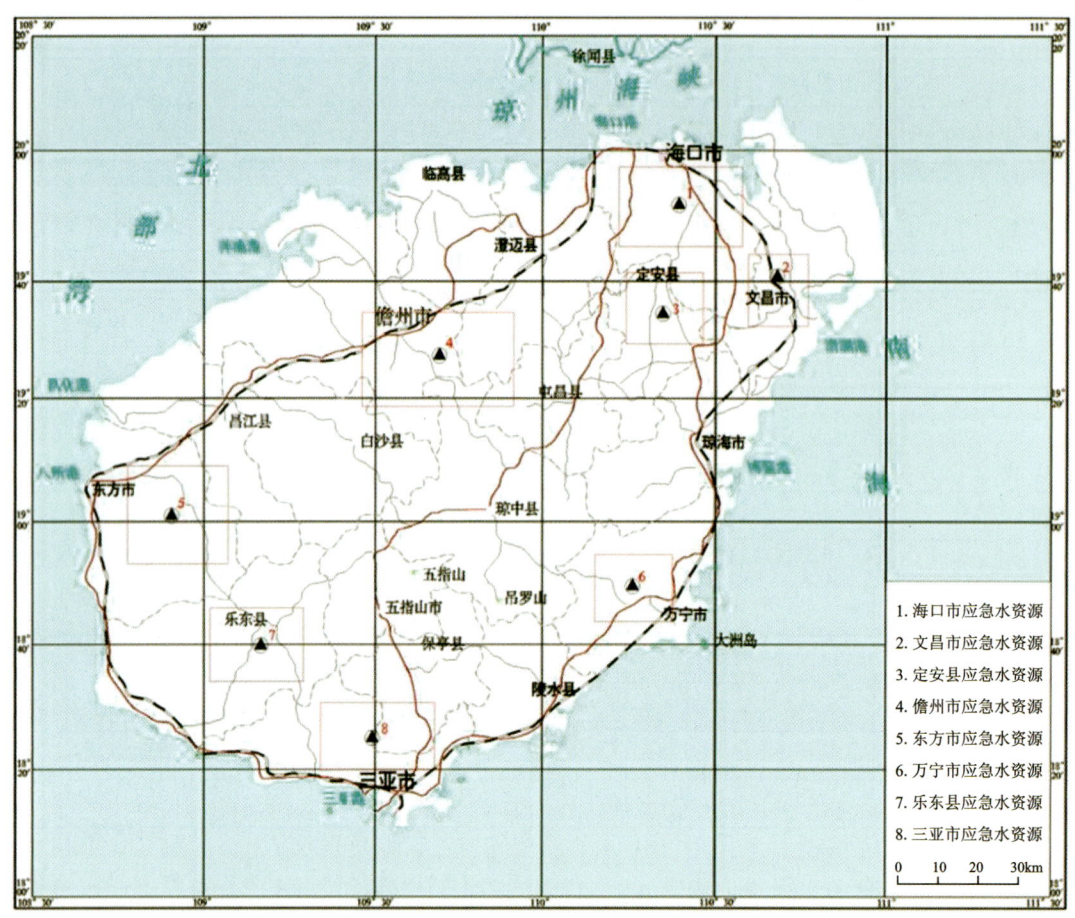

图 11-14 海南岛应急水源地分布图

表 11-23 海南国际旅游岛应急水源地水资源承载力计算表

应急水源地	地下水类型	面积 (km²)	人口 (万人)	天然补给量 (×10⁴m³/a)	允许开采量 (×10⁴m³/a)	可供应人口 (万人)
海口市	松散岩类孔隙水	2313	289.5	1 661.35	549.15	75.23
	火山岩类裂隙水			62 240.09	19 356.07	2 651.52
三亚市	深层承压水	1919	58.6	5 301.5	900	123.29
儋州市	碳酸盐类裂隙水	5333	160.5	5 738.23	4 087.29	559.90
	深层承压水			61 162.3	44 335.35	6 073.34
东方市	松散岩类孔隙水	2256	43.5	872.67	167.2	22.90
文昌市	松散岩类孔隙水	2403	59	14 684.04	3 663.48	501.85
万宁市	松散岩类孔隙水	1884	55.5	1 786.29	431.28	59.08
定安县	火山岩类裂隙水	1189	31	14 836.63	4 626.55	633.77
乐东县	深层承压水	2747	50	1510	453.45	62.12

三、地质遗迹资源承载力评价

(一)地质遗迹承载力评价

地质遗迹承载力评价按"一般、较好、好"分为3个等级,其地质景观承载力评分赋值区间对应分别为0~60、60~80和80~100,计算结果如表11-24所示。

表11-24 地质遗迹承载力评价结果表

类型	地质遗迹	脆弱性评分	开发潜力评分	承载力评分	承载力等级
地层剖面类	戈枕村组地层剖面	39	63	51	一般
	峨文岭组地层剖面	57	72	65	较好
	石碌群地层剖面	57	63	60	较好
	沙塘组地层剖面	57	59	58	一般
	陀烈组地层剖面	50	60	55	一般
	空列村组—大干村组地层剖面	52	68	60	较好
	靠亲山组地层剖面	57	59	58	一般
	足赛岭组地层剖面	63	59	61	较好
	南好组地层剖面	57	59	58	一般
	南龙组地层剖面	57	51	54	一般
	岭文组地层剖面	63	68	65	较好
	烟墩组地层剖面	52	51	51	一般
重要化石产地类	南宝硅化木	57	76	67	较好
重要岩矿石产地类	石碌铁矿	63	80	71	较好
	羊角岭水晶矿遗址	78	79	79	较好
	盐丁村千年古盐田	39	51	45	一般
	白沙陨石坑	63	71	67	较好
岩土体地貌类	仙安石林碳酸盐岩地貌	77	79	78	较好
	大千龙洞喀斯特地貌	72	59	66	较好
	小千龙洞喀斯特地貌	72	59	66	较好
	石花水洞喀斯特地貌	74	59	67	较好
	英岛山石林碳酸盐岩地貌	74	51	63	较好
	皇帝洞喀斯特地貌	74	60	67	较好
	猕猴洞喀斯特地貌	77	51	64	较好
	落笔洞喀斯特地貌	77	68	73	较好
	天安小桂林碳酸盐岩地貌	77	51	64	较好
	观音岩喀斯特地貌	77	51	64	较好

续表 11-24

类型	地质遗迹	脆弱性评分	开发潜力评分	承载力评分	承载力等级
岩土体地貌类	东山岭花岗岩地貌	77	51	64	较好
	铜鼓岭花岗岩地貌	77	59	68	较好
	毛公山变质岩地貌	77	60	69	较好
	七仙岭碎屑岩地貌	74	59	67	较好
	白石岭碎屑岩地貌	77	60	69	较好
	莺歌海水道口海滩岩	77	60	69	较好
水体地貌类	三江并流入海口	73	51	62	较好
	东屿岛河口三角洲	69	51	60	较好
	三道谷流水地貌	72	68	70	较好
	东寨港红树林湿地	73	88	80	好
	枫果山瀑布	73	68	71	较好
	大里瀑布	57	68	63	较好
	百花岭瀑布	57	60	59	一般
	太平山瀑布	56	60	58	一般
	石壁瀑布	72	60	66	较好
	雅加瀑布	73	60	66	较好
	蓝洋温泉	73	51	62	较好
	官塘温泉	73	60	66	较好
	七仙岭温泉	73	59	66	较好
	兴隆温泉	73	60	66	较好
	九曲江温泉	57	60	59	一般
	高土温泉	74	68	71	较好
	官新温泉	78	51	64	较好
	九乐宫温泉	73	68	70	较好
	南田温泉	81	68	75	较好
火山地貌类	马鞍岭火山口	81	100	90	好
	兵马角火山颈	74	71	73	较好
	高山岭火山口	81	68	74	较好
	双池岭火山口	81	80	81	好
	罗京盘火山口	80	80	80	好
	永茂岭火山口	87	80	83	好
	雷虎岭火山口	88	80	84	好
	杨南岭火山口	81	80	81	好
	昌道岭火山口	86	80	83	好
	笔架岭火山口	81	51	66	较好

续表 11-24

类型	地质遗迹	脆弱性评分	开发潜力评分	承载力评分	承载力等级
火山地貌类	仙人洞火山熔岩隧道	81	100	91	好
	五指山火山岩地貌	82	60	71	较好
海岸地貌类	天涯海角海蚀地貌	81	68	75	较好
	大小洞天海蚀地貌	69	68	69	较好
	兵马角海蚀地貌	81	51	66	较好
	大花角海蚀地貌	69	60	65	较好
	木栏头海蚀地貌	88	68	78	较好
	石头公园海蚀地貌	80	68	74	较好
	鱼鳞洲海蚀地貌	81	60	71	较好
	龙门激浪海蚀地貌	69	51	60	较好
	石岛海蚀地貌	70	65	67	较好
	分界洲岛海蚀地貌	69	68	69	较好
	蜈支洲岛海蚀地貌	69	68	69	较好
	西岛海蚀地貌	76	68	72	较好
	玉带滩海积地貌	75	80	77	较好
	大东海海积地貌	76	68	72	较好
	亚龙湾海积地貌	80	80	80	好
	三亚湾海积地貌	80	68	74	较好
	小海海积地貌	76	51	64	较好
	海口西海岸海积地貌	76	68	72	较好
	香水湾海积地貌	76	68	72	较好
	赵述岛海积地貌	73	45	59	一般
	东岛海积地貌	80	45	62	较好
地质灾害类	长流-仙沟活动断裂	78	59	69	较好
	东寨港海底村庄	88	71	80	好

1. 地层剖面类

地层剖面类地质遗迹大部分处于低度脆弱状态,在开发潜力评价上处于"一般"水平,该类地质遗迹的承载力整体处于"一般"水平,主要原因在于地层剖面类的地质遗迹受到人类活动破坏的威胁较小,抵抗外界影响的能力较强,脆弱性处于较低的状态。但由于缺乏相应的已建设(未来计划建设)的保护措施(如建设地质公园、设立警示牌等),地质遗迹也会随人类活动的积累效应而损害,再加上大部分的该类地质遗迹处于偏远不发达的山村地区,交通通达程度不高,观赏价值对于游客的吸引力不是很足够,导致其作为旅游景区的开发潜力较小,综合考虑到地质遗迹的脆弱性与开发潜力的评价结果,最终得出整体的该类地质遗迹承载力为"一般"水平。

2. 重要化石产地类

该类地质遗迹只有一处,即南宝硅化木。化石是研究古气候、古地理、古生态及其演化和地壳变动的珍贵材料,具有较高的稀缺性与易破碎性。该类地质遗迹抵抗人类活动影响能力较差,脆弱性处于中度状态。南宝硅化木处于临高县,距离一线城市(海口)较近,有着良好的地理优势,再加上化石有着较高的地质意义与观赏价值,对游客有一定的吸引力,已计划建设保护性措施对其保护,有着一定的旅游开发潜力,整体分析得出其承载力水平处于"较好"状态。

3. 重要岩矿石产地类

该类地质遗迹的承载力整体处于"较好"状态,其本身有着巨大的地质学意义,如石碌铁矿是我国研究火山沉积-变质型铁矿床的重要代表;羊角岭水晶矿遗址是举世罕见的优质大型压电水晶矿床,具有极高的典型性,并且由于开采时间久远,也具有较高的人文价值,旅游开发潜力较大。矿产资源作为不可再生的资源,该类地质遗迹没有自身修复能力,受到人类生产活动的影响较为明显,受到破坏的可能性较大,还缺乏保护性措施,因此其脆弱性整体处于"较好"水平。

4. 岩土体地貌类

该类地质遗迹的承载力处于"较好"水平,由于地貌类景观的保存现状较好,且受到人类活动的影响程度较小,各类型地貌景观不仅具有较高的地质学价值,还具有一定的观赏价值(丰富的地质景象,如溶洞景观等)。但是部分该类地质遗迹没有建设相应的保护性措施,部分景点处于较偏远的地带,对开发潜力造成了一定的负面影响。

5. 水体地貌类

该类地质遗迹的承载力整体处于"较好"水平,由于水体地貌有着较好的观赏价值与商业价值,大部分该类地质遗迹都有着较好的保护型措施与较好的交通通达性。该类地质遗迹作为旅游资源的开发潜力较大,且难以受到人类活动较大程度的影响,抵抗外界作用的能力较强,但一旦受到环境污染与过度开采,自身的修复能力变得较差,需考虑适度开发此类地质资源。

6. 火山地貌类

该类地质遗迹的承载力整体处于"好"水平,由于该类型的地质遗迹大部分已建有国家级地质公园,如雷琼世界地质公园。该类地质遗迹有着较为完善的基础设施与较好的交通通达性,火山地貌有着较高的地质学价值与观赏价值,受到人类活动的影响较小,在脆弱性评价中整体处于低度状态。

7. 海岸地貌类

该类地质遗迹的承载力整体处于"较好"水平,由于海岸地貌有着较高的观赏价值,部分景观还有一定的人文价值,有着较高的游客吸引力。目前,海岸地貌景观已建有旅游景区,基础设施较为完善,且有着较好的通达性。

8. 地质灾害类

该类型的地质遗迹只有两处,其中东寨港海底村庄是我国地震史上迄今为止发现的唯一造成大面积陆陷成海的典型震例,是考察和研究近代地震震级及烈度的最好场所之一;而长流-仙沟活动断裂对研究石山地区新构造运动和断裂运动性具较高的科学价值。两处地质遗迹都有着重要的地质学价值,都位于海口市,有着较好的通达性,人类活动对它们的影响较小,但它们的观赏价值不足够,且缺乏相应的基础设施配套,对旅游开发潜力造成了负面影响。

(二)地质遗迹资源保护规划建议

1. 保护规划编制指导思想

编制地质遗迹保护规划是在绘制海南岛重要地质遗迹资源图的基础上,根据地质遗迹的分布,依据《地质遗迹保护管理规定》,国土资源部门履行地质遗迹保护管理的职能,按照省辖市、县(区)行政区划范围,划分规划建立地质遗迹保护点、规划建立地质遗迹保护段、已建立地质公园、建议建立地质公园4种保护类型,实施地质遗迹保护管理。在未建立及不适宜建立地质公园的地质遗迹集中地带,规划建立地质遗迹保护段;在地质遗迹零星分布地段,规划建立地质遗迹保护点;按照行政区进行规划的指导思想,是为了便于省辖市、县(区)自然资源部门落实负责保护管理地质遗迹的职责,依此进行海南岛地质遗迹保护规划。

2. 地质遗迹保护规划编制

1)规划建立地质遗迹保护点

在未建立或不适宜建立地质公园的地质遗迹集中地带,地质遗迹零星分布地段,规划建立地质遗迹保护点。地质遗迹保护点分为国家级保护点、省级保护点和县(市)级保护点,具有世界级或国家级地质遗迹点的地质遗迹保护点规划为国家级保护点,具有省级地质遗迹点的地质遗迹保护点规划为省级保护点,具有市县级地质遗迹点的地质遗迹保护点规划为市县级保护点。

2)规划建立地质遗迹保护段

在未建立或不适宜建立地质公园的地质遗迹集中地带,一般包括两个以上地质遗迹点的地段,规划建立地质遗迹保护段,便于地方国土部门对遗迹点进行有效的管理和保护。地质遗迹保护段分为国家级保护段、省级保护段,具有一个以上世界级或国家级地质遗迹点组成的地质遗迹保护段规划为国家级保护段,具有多个省级地质遗迹点组成的地质遗迹保护段规划为省级保护段。

3)已经建立地质公园(或矿山公园)

珠三角地区地质公园或矿山公园均有建设,反映已建立地质公园(或矿山公园)保护地质遗迹的情况。

4)建议建立地质公园

由于部分地质遗迹点虽建有保护站,但保护站处于废弃中,无专人看护,地质遗迹未得到有效保护,故在适宜建立地质公园的地质遗迹集中地带建议建立地质公园。在适宜建立地质公园且具有一个世界级或国家级地质遗迹国家级地质遗迹点的地质遗迹集中地带,建议建立国家级地质公园,具有一个省级或多个省级地质遗迹点的地质遗迹集中地带,建议建立省级地质公园。

5)地质遗迹保护点、地质遗迹保护段、建议建立地质公园命名、规划保护面积及规划期限的确定

在地质遗迹保护规划中,确定地质遗迹保护点、地质遗迹保护段、建议建立地质公园的名称至关重要,这样既可以方便查找,又帮助人们清晰易懂地了解地质遗迹保护点、保护段、建议建立地质公园的重要地质遗迹保护情况。因此,地质遗迹保护点、保护段、建议建立地质公园的命名要避免标新立异,尽量使用已有名称,简明扼要地给地质遗迹保护点、保护段、建议建立地质公园命名,具有实际意义。地质遗迹保护段、地质遗迹保护点、建议建立地质公园名称,要简单明确,字数不宜过长,一般不宜超过15个汉字。

(1)地质遗迹保护点、地质遗迹保护段和建议建立地质公园命名原则。

地质遗迹保护点命名原则:采用代表性行政地名、简明扼要、科学定位的原则,即按照地质遗迹保护点所在"代表性地名名称+地质遗迹名称+国家级或省级保护点"命名。

地质遗迹保护段命名原则:采用乡、镇级行政地名、简明扼要、科学定位的原则,即按照地质遗迹保

护段所在"县(区、市)名称+地质遗迹名称+国家级或省级保护段"命名。

已建地质公园采用已经批准或获得地质公园建设资格的世界级、省级地质公园名称,不再另起名称。

建议建立地质公园命名原则:已建保护站或旅游点,使用已有名称;未建立保护站或旅游点的地质遗迹集中地带,采用代表性行政地名、简明扼要、科学定位,即按照建议建立地质公园所在"代表性地名名称+国家级地质公园"命名。

(2)规划保护面积确定。地质遗迹保护规划面积以地质遗迹调查表中的遗迹出露范围为准。其中,地质剖面类地质遗迹以剖面两侧左右各50m范围为规划保护面积。地质遗迹保护点的规划保护面积通常较小,相当于地质公园(矿山公园)中的核心区;地质遗迹保护段通常为属于同一个县级(县级市)行政区域内的地质遗迹点集中区,其规划保护面积为集中区各遗迹点出露面积之和;已建地质公园(或矿山公园)规划保护面积以地质公园实际面积为准,不再另行确定保护面积。而拟建地质公园(或矿山公园)规划保护面积以地质遗迹集中区面积为参考,并结合地形地貌、人类活动等因素来确定规划保护范围。

(3)规划期限的确定。地质遗迹保护规划期限遵循"高等级优先、易损优先"等原则进行规划,而具体的规划期限应在开展地质遗迹详查基础上,结合省自然资源厅、地方国土部门等规划实施的文件或建议为准。

3. 地质遗迹保护规划建议

根据地质遗迹保护规划指导思想、规划方法,编制海南岛地质遗迹保护规划建议,规划建立海口东寨港国家级保护段、博鳌玉带滩国家级保护段、石碌铁矿国家级保护段3处,规划建立大东海省级保护段和龙楼铜鼓岭省级保护段2处(表11-25);规划建立吉阳亚龙湾海积地貌国家级保护点、叉河戈枕村组地层剖面国家级保护点、黄流峨文岭组地层剖面国家级保护点3处(表11-26),规划建立海口西海岸海积地貌省级保护点、雅亮空列村组—大干村组地层剖面省级保护点、吉阳落笔洞岩溶地貌省级保护点、三亚天涯海角海蚀地貌省级保护点、嘉吉白石岭碎屑岩地貌省级保护点、长丰兴隆温泉省级保护点、八所鱼鳞洲海蚀地貌省级保护点、王下皇帝洞岩溶地貌省级保护点等37处地质遗迹省级保护点(表11-26);已建立雷琼世界地质公园海口园区1处,已建立或获得省级地质公园建设资格的有儋州石花水洞省级地质公园、儋州蓝洋观音岩省级地质公园、保亭七仙岭省级地质公园、万宁小海-东山岭省级地质公园、东方猕猴洞省级地质公园、白沙陨石坑生态省级地质公园6处(表11-27),建议建立地质公园的有海南岛西海岸峨蔓湾国家级地质公园、屯昌羊角岭水晶矿国家级地质公园、保亭县毛感国家级地质公园、西沙群岛国家级地质公园4处(表11-27)。

表11-25 地质遗迹保护段规划说明表

行政区	规划建立地质遗迹保护段名称(代号)	地质遗迹保护对象	规划保护措施	规划保护面积(km²)	规划期限(a)
海口市	海口东寨港国家级保护段(Ⅰ-1)	东寨港红树林湿地、东寨港海底村庄	明确地质遗迹保护范围,埋设保护界桩,树立保护警示说明牌	60.18	2014—2016
琼海市	博鳌玉带滩国家级保护段(Ⅰ-2)	玉带滩海积地貌、三江并流入海口、东屿岛河口三角洲	明确地质遗迹保护范围,埋设保护界桩,树立保护警示说明牌	5.26	2014—2016
昌江黎族自治县	石碌铁矿国家级保护段(Ⅰ-3)	石碌铁矿、石碌群地层剖面	明确地质遗迹保护范围,埋设保护界桩,树立保护警示说明牌	21.45	2014—2016

续表 11-25

行政区	规划建立地质遗迹保护段名称（代号）	地质遗迹保护对象	规划保护措施	规划保护面积（km²）	规划期限（a）
三亚市	大东海省级保护段（Ⅱ-1）	大东海海积地貌、沙塘组地层剖面	明确地质遗迹保护范围，埋设保护界桩，树立保护警示说明牌	0.78	2014—2016
文昌市	龙楼铜鼓岭省级保护段（Ⅱ-2）	铜鼓岭花岗岩地貌、石头公园海蚀地貌	明确地质遗迹保护范围，埋设保护界桩，树立保护警示说明牌	8.27	2014—2016

表 11-26 地质遗迹保护点规划说明表

行政区	规划建立地质遗迹保护点名称（地质遗迹点编号）	规划保护面积	地点	规划期限（a）
海口市	海口西海岸海积地貌省级保护点（HA18）	2.05km²	秀英区	2014—2016
三亚市	雅亮空列村组—大干村组地层剖面省级保护点（DC6）	0.67km²	雅亮乡大干村	2017—2019
三亚市	吉阳落笔洞岩溶地貌省级保护点（YT8）	0.27km²	吉阳镇落笔村	2014—2016
三亚市	藤桥南田温泉省级保护点（ST19）	20m²	海棠湾镇赤田村	2014—2016
三亚市	三亚天涯海角海蚀地貌省级保护点（HA1）	0.56km²	天涯镇	2014—2016
三亚市	崖城大小洞天海蚀地貌省级保护点（HA2）	0.98km²	崖城镇	2014—2016
三亚市	海棠湾蜈支洲岛省级保护点（HA11）	1.48km²	海棠湾镇	2014—2016
三亚市	凤凰西岛省级保护点（HA12）	2.08km²	凤凰镇	2014—2016
三亚市	吉阳亚龙湾海积地貌国家级保护点（HA15）	1.53km²	吉阳镇	2014—2016
三亚市	凤凰三亚湾海积地貌省级保护点（HA16）	4.05km²	河西区	2014—2016
五指山市	冲山太平山瀑布省级保护点（ST8）	0.69km²	冲山镇太平村	2014—2016
五指山市	五指山火山岩地貌省级保护点（HS12）	135.67km²	水满乡	2014—2016
琼海市	嘉积白石岭碎屑岩地貌省级保护点（YT15）	7.66km²	嘉积镇	2014—2016
琼海市	石壁瀑布省级保护点（ST9）	0.02km²	石壁镇	2017—2019
琼海市	嘉积官塘温泉省级保护点（ST12）	0.66km²	嘉积镇	2014—2016
琼海市	中原九曲江温泉省级保护点（ST15）	2m²	中原镇文甲村	2017—2019
文昌市	会文烟墩组地层剖面省级保护点（DC12）	0.18km²	会文镇烟墩	2017—2019
文昌市	会文官新温泉省级保护点（ST17）	50m²	会文镇官新村	2017—2019
文昌市	铺前木栏头海蚀地貌省级保护点（HA5）	0.46km²	铺前镇	2017—2019
万宁市	长丰兴隆温泉省级保护点（ST14）	0.27km²	长丰镇兴隆农场	2014—2016
万宁市	和乐大花角海蚀地貌省级保护点（HA4）	0.87km²	和乐镇后鞍	2017—2019
东方市	感城陀烈组地层剖面省级保护点（DC5）	1.95km²	感城镇陀烈村至江边乡南龙村	2017—2019
东方市	八所鱼鳞洲海蚀地貌省级保护点（HA7）	0.8km²	八所镇	2014—2016
定安县	翰林岭文组地层剖面省级保护点（DC11）	0.16km²	翰林镇岭文村	2017—2019
澄迈县	西达九乐宫温泉省级保护点（ST18）	0.03km²	仁兴镇西达农场	2014—2016

续表 11-26

行政区	规划建立地质遗迹保护点名称（地质遗迹点编号）	规划保护面积	地点	规划期限(a)
临高	南宝硅化木省级保护点(ZH1)	51.14km²	南宝镇	2014—2016
	临城高山岭火山口省级保护点(HS3)	5.50km²	临城镇	2014—2016
昌江黎族自治县	叉河戈枕村组地层剖面国家级保护点(DC1)	0.70km²	叉河镇戈枕村	2017—2019
	王下皇帝洞岩溶地貌省级保护点(YT6)	0.31km²	王下乡牙迫村	2017—2019
	七叉雅加瀑布省级保护点(ST10)	0.11km²	七叉镇	2014—2016
乐东黎族自治县	黄流峨文岭组地层剖面国家级保护点(DC2)	1.26km²	黄流镇	2017—2019
	保国毛公山变质岩地貌省级保护点(YT13)	8.66km²	志仲镇保国农场	2014—2016
	莺歌海水道口海滩岩省级保护点(YT16)	0.11km²	莺歌海镇	2017—2019
陵水黎族自治县	本号枫果山瀑布省级保护点(ST5)	0.18km²	本号镇	2017—2019
	本号大里瀑布省级保护点(ST6)	0.47km²	本号镇	2017—2019
	英州高土温泉省级保护点(ST16)	50m²	英州镇高土村	2017—2019
	光坡分界洲岛省级保护点(HA10)	0.34km²	光坡镇	2014—2016
	光坡香水湾海积地貌省级保护点(HA19)	3.42km²	光坡镇	2014—2016
琼中黎族苗族自治县	营根百花岭瀑布省级保护点(ST7)	0.49km²	营根镇百花村	2014—2016
保亭黎族苗族自治县	三道镇三道谷流水地貌省级保护点(ST3)	0.22km²	三道镇三道农场三区八队	2014—2016

表 11-27　地质公园规划说明表（或矿山公园）

行政区	地质公园名称	公园面积（km²）	地点	建立公园或获得公园建设资格年份	备注
海口市	雷琼世界地质公园海口园区	108	海口市秀英区石山镇	2004	已建
儋州市	儋州石花水洞省级地质公园	2.53	儋州市雅星镇八一农场	2005	已建
	儋州蓝洋观音岩省级地质公园	50.98	儋州市兰洋镇蓝洋农场	2007	已获得公园建设资格
	海南岛西海岸峨蔓湾国家级地质公园	20.08	儋州市峨蔓镇		建议建立公园
屯昌县	屯昌羊角岭水晶矿国家级地质公园	0.50	屯昌县屯城镇		建议建立公园
万宁市	万宁小海-东山岭省级地质公园	49.87	万宁市万城镇—和乐镇	2012	已获得公园建设资格
东方市	东方猕猴洞省级地质公园	125.09	东方市江边乡—天安乡	2013	已获得公园建设资格
白沙黎族自治县	白沙陨石坑生态省级地质公园	13.07	白沙县白沙农场十一队	2007	已获得公园建设资格
保亭黎族苗族自治县	保亭七仙岭省级地质公园	24.87	保亭县保城镇	2010	已获得公园建设资格
	保亭毛感国家级地质公园	15.45	保亭县毛感乡		建议建立公园
三沙市	西沙群岛国家级地质公园	10	西沙群岛		建议建立公园

四、地质环境承载力评价

地质环境承载力是指一定时期和一定区域范围内及一定的环境目标下,在维持地质环境系统不发生质的改变,地质环境系统功能不朝着不利于人类社会、经济活动发展的条件下,地质环境所能承受人类活动和改变的最大潜能。地质环境承载力在本质上反映了地质环境与人类活动的辩证关系,建立了地质环境和人类活动的联系纽带,为地质环境和人类活动之间的协调发展提供了理论依据。

脆弱性是地质环境固有属性之一。地质环境脆弱性,是指地质环境系统对外力扰动做出的自我调节并恢复自身结构和功能的能力。自我调节能力大小反映出地质环境脆弱性强弱程度(敏感性),取决于地质环境系统结构和构造,并与外力扰动类型、特征、强度相关。一旦外力扰动超出地质环境系统自动调节能力,必将引发各种地质环境问题,形成脆弱的地质环境。地质环境脆弱程度表现为地质环境问题的易发程度。

对地质环境承载力的评价,就是对地质环境问题和地质灾害的易发性进行评价,因此可由地质环境脆弱程度来反映地质环境的承载力。

(一)地质环境承载力评价

1. 区域地壳稳定性评价

海南岛地质条件复杂,地质灾害众多,地质灾害已危及人类生存环境,制约经济建设发展。地质灾害是在地壳运动、地面发展演化以及人类活动过程中发生的灾害性地质事件,其发生、发展分别受各种地质作用的控制和制约,不同地区地壳表层活动程度不同,地质灾害的严重程度也不同。区域地壳稳定性评价的主要任务就是为了避让地质灾害的侵扰,合理规划、整治和开发利用土地,在相对安全、经济的建设场所,确定合理的工程加固措施,以保证工程建设场地的安全和最大经济效益,从而达到综合防灾、减灾的目的。

地区地表稳定性研究的内容主要包括地震危险性、断裂活动、构造地表变形、地应力场、区域工程地质岩组、地质灾害等,本次工作选择岩土体特征、地质灾害特征、第四纪升降运动与火山活动、地形地貌特征作为地区地表稳定性分析的主要因素。区域地表稳定性评价的分级与划分见表11-28。

表11-28 区域地表稳定性评价的分级与划分

分级	断裂构造及活动性	岩土类型	灾害及对地面破坏	其他因素
稳定	构造简单,缺乏第四纪断裂活动	火成岩,厚层、巨厚层沉积岩,结晶变质岩等坚硬岩石,第四系不发育	灾害极少发生,地面极轻度破坏,对工程建筑无不良影响	应力水平均一,无明显应力差
次稳定	断裂构造简单或中等发育,无晚更新世断裂活动	较坚硬的沉积岩,砂砾土,砂土,第四系一般发育	灾害少量发生,地面有轻微破坏,对工程建筑无明显破坏	现代地应力水平很低,测值小于5MPa
次不稳定	断裂构造较发育,存在第四纪活动断裂,特别是存在十万年以来的活动断裂或靠近发展构造带	页岩、黏土岩、千枚岩及其他软弱岩石,风化较强烈(未解体)岩石,第四系发育	有一定数量灾害发生和地表变形,地面受到相当程度破坏,但可采取措施避免使建筑毁坏	现代地应力中等水平,测值在50~150kPa之间

续表 11-28

分级	断裂构造及活动性	岩土类型	灾害及对地面破坏	其他因素
不稳定	断裂构造复杂,第四纪活动断裂发育,特别是存在一万年以来的活动断裂或靠近发展构造带	砂土层发育,特别是淤泥、粉细砂层、黏土类土。其他劣质岩土,湿陷性土,分布较宽的构造岩带,风化严重致解体的松、软风化岩带,严重的岩溶地段,以及膨胀性岩土,全新世地层发育	发育规模较大的现代灾害,且反复发生,无法避免使建筑遭到严重破坏,以致毁坏	现代应力积累水平较高,测值达 150kPa 以上

根据区域构造稳定性分区与地区地表稳定性分区选择的相关因素,本次区域地壳稳定性评价工作主要选择地壳结构特征、活动断裂、地震、岩土体特征、地质灾害特征、第四纪升降运动与火山活动、地形地貌特征 7 项指标,各项指标赋予属性分值,分别分配权重并划分等级(表 11-29)。

表 11-29　海南岛区域地壳稳定性评价主要指标分数线划分一览表

评价指标	评价指标的分数线与相对稳定等级划分				权重
	1 不稳定区	2 次不稳定区	3 次稳定区	4 稳定区	
地壳结构特征	主干断裂带与构造复合部位,断裂多、规模大、延伸远,构造复杂,地块完整性差	镶嵌结构,断裂较大,构造较为复杂,地块整体完整性较差	碎块结构,断裂规模小,呈断续分布,构造中等发育,地块整体较为完整	块体结构,构造简单,地块完整	15%
活动断裂	位于活动断裂带内,活动断裂规模较大,现今活动明显,对地震活动、地热异常分布具有明显控制作用	位于活动断裂附近,有规模较小的活动断裂分布,断裂自更新世以来有微弱活动	位于活动断裂附近,且地块内部无活动断裂分布	远离活动断裂带,且地块内部无活动断裂分布	20%
地震	地震烈度 $I \geqslant 9$ 度,未来最大震级 $M > 6.5$ 级,地震峰值加速度 $g \geqslant 0.5 m/s^2$	地震烈度 $I = 8$ 度,未来最大震级 $5.5 < M < 6.5$ 级,地震峰值加速度 $0.3 m/s^2 < g < 0.5 m/s^2$	地震烈度 $I = 7$ 度,未来最大震级 $4.5 < M < 5.5$ 级,地震峰值加速度 $0.05 m/s^2 < g < 0.3 m/s^2$	地震烈度 $I \leqslant 6$ 度,未来最大震级 $M \leqslant 4.5$ 级,地震峰值加速度 $g \leqslant 0.05 m/s^2$	15%
岩土体特征	淤泥质土、粉细砂、松散土体	中粗砂、砂砾石、火山碎屑岩	片岩、千枚岩、泥板岩、变质粉砂岩等	花岗岩、火山岩、片麻岩、灰岩、砂岩、砂砾岩等	15%
地质灾害特征	地质灾害强烈、规模大且密集	地质灾害较强烈、规模中等、较发育	地质灾害较少发生、规模小、频率低	基本无地质灾害	15%
第四纪升降运动与火山活动	强烈断块差异运动,存在近代火山	显著断块差异,存在第四纪火山	不均匀升降,轻微差异运动,无第四纪火山	均匀上升或下降,无第四纪火山	10%
地形地貌特征	构造剥蚀中山区、中生代火山中山区	构造剥蚀低山区、中生代火山低山区	构造剥蚀丘陵区、中生代火山台地区	滨海堆积平原区、河流侵蚀堆积平原区、新生代火山台地区	10%

利用综合指数法,对各指标属性分值和权重乘积进行叠加,并将结果三等分,分别为次不稳定区、次稳定区和次稳定亚区,利用 MapGIS 的空间分析模块绘制海南岛地壳稳定性分区图(图 11-15)。

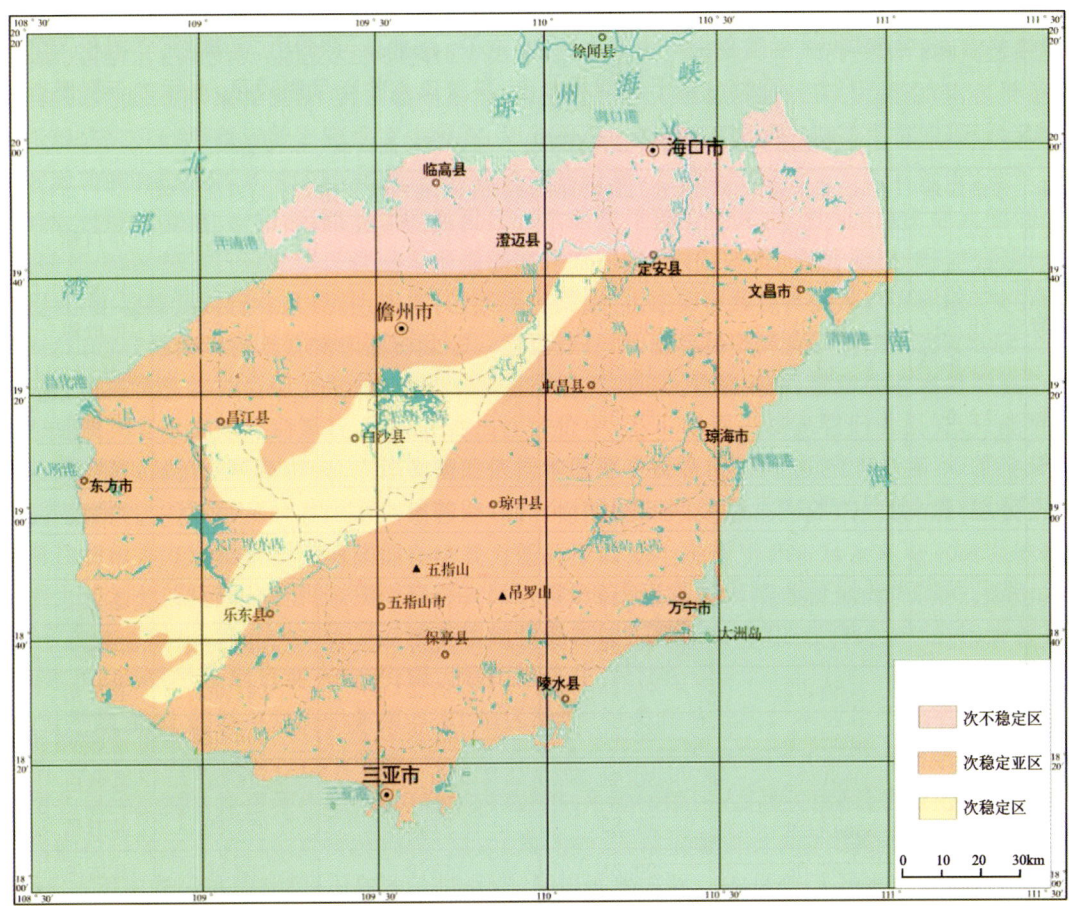

图 11-15　海南岛地壳稳定性分区图

海南岛的区域地壳稳定性分区差异明显。王五-文教断裂以北断陷区地块完整性差,活动断裂发育,第四纪火山活动强烈,地震活动较集中,地震烈度可达 8 度,存在的主要不稳定因素以内动力地质灾害为主;而南部地区以侵入岩、变质岩、沉积岩为主,断裂规模小,地块完整性较好,地震活动集中在近海,第四纪火山活动仅少量发育于王五-文教断裂附近,地质灾害较发育,以崩塌、滑坡、泥石流为主,该区存在的主要不稳定因素以外动力地质灾害为主。

王五-文教断裂以南地区的区域地壳稳定性也存在明显的差异。以中部北东向谭爷断陷带为界,断陷带内的中生代盆地区以砂砾岩、浅变质岩为主,断裂不发育,岩石风化较弱,地块完整性较好。谭爷断陷带东西两侧以侵入岩、变质岩为主,岩石风化较强烈,断裂发育,地块完整性差。同时,东部地区比西部地区降雨量大,岩石风化作用更强烈,断裂较密集,外动力地质灾害更易发生,区域地壳稳定性相对也较差。

2. 地质环境问题易发性评价

(1)崩塌易发性评价。根据评价思路,采用综合指数法获取研究区"崩塌易发性综合指数值",并将结果进行等级划分,分别为易发性区、较易发性区、较不易发性区、不易发性区,利用 MapGIS 的空间分析模块绘制崩塌易发性分区图(图 11-16)。

(2)滑坡易发性评价。根据评价思路,采用综合指数法获取研究区"滑坡易发性综合指数值",并将结果进行等级分区,分别为易发性区、较易发性区、较不易发性区、不易发性区,利用 MapGIS 的空间分析模块绘制滑坡易发性分区图(图 11-17)。

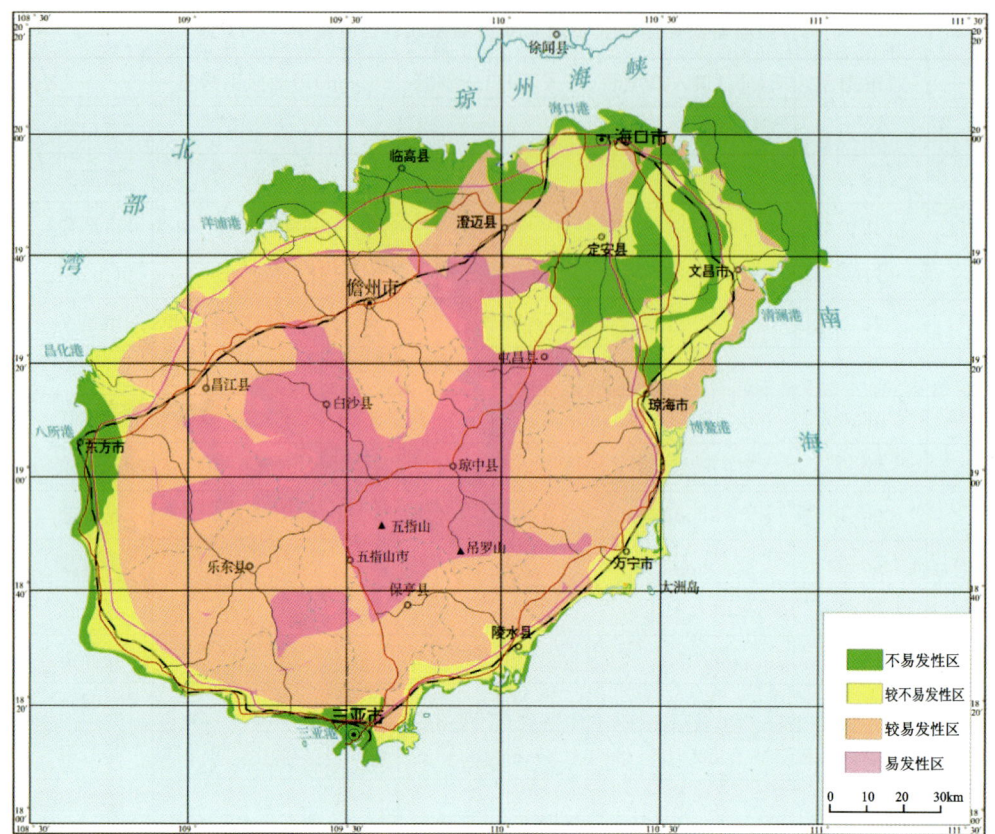

图 11-16 海南岛崩塌易发性分区图

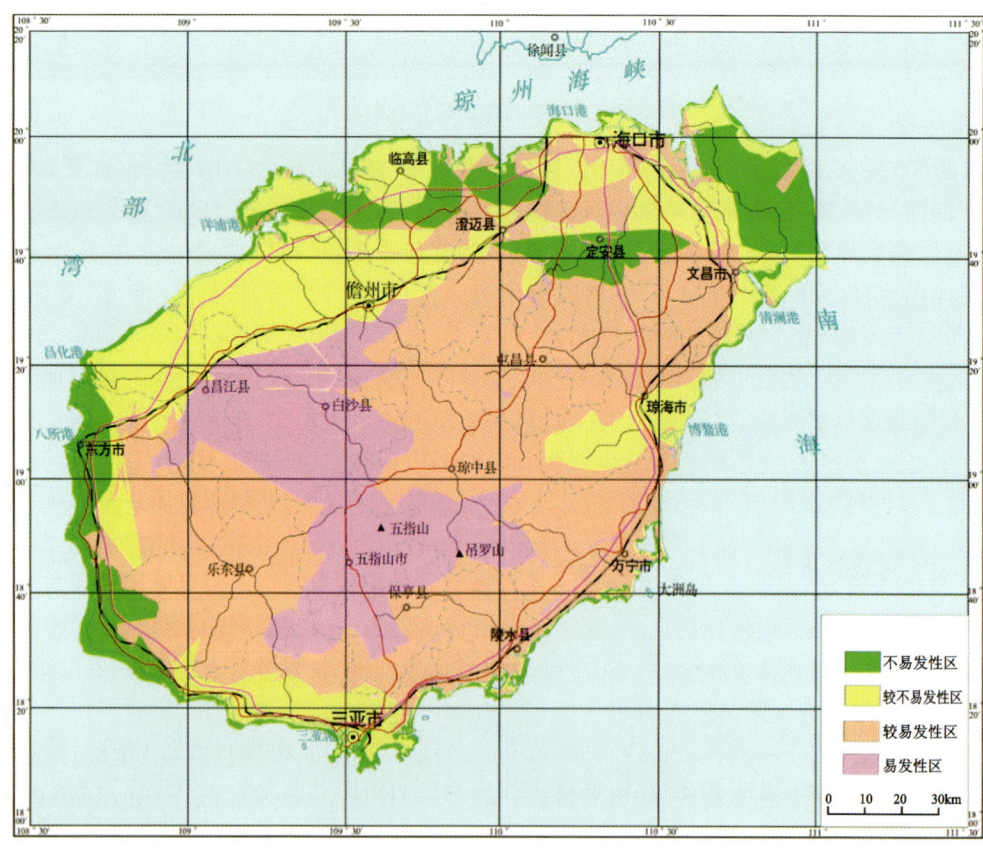

图 11-17 海南岛滑坡易发性分区图

(3)泥石流与洪涝灾害易发性评价。根据评价思路,采用综合指数法获取研究区"泥石流易发性综合指数",并将结果进行等级分区,分别为易发性区、较易发性区、较不易发性区、不易发性区,利用MapGIS的空间分析模块绘制泥石流与洪涝灾害易发性分区图(图11-18)。

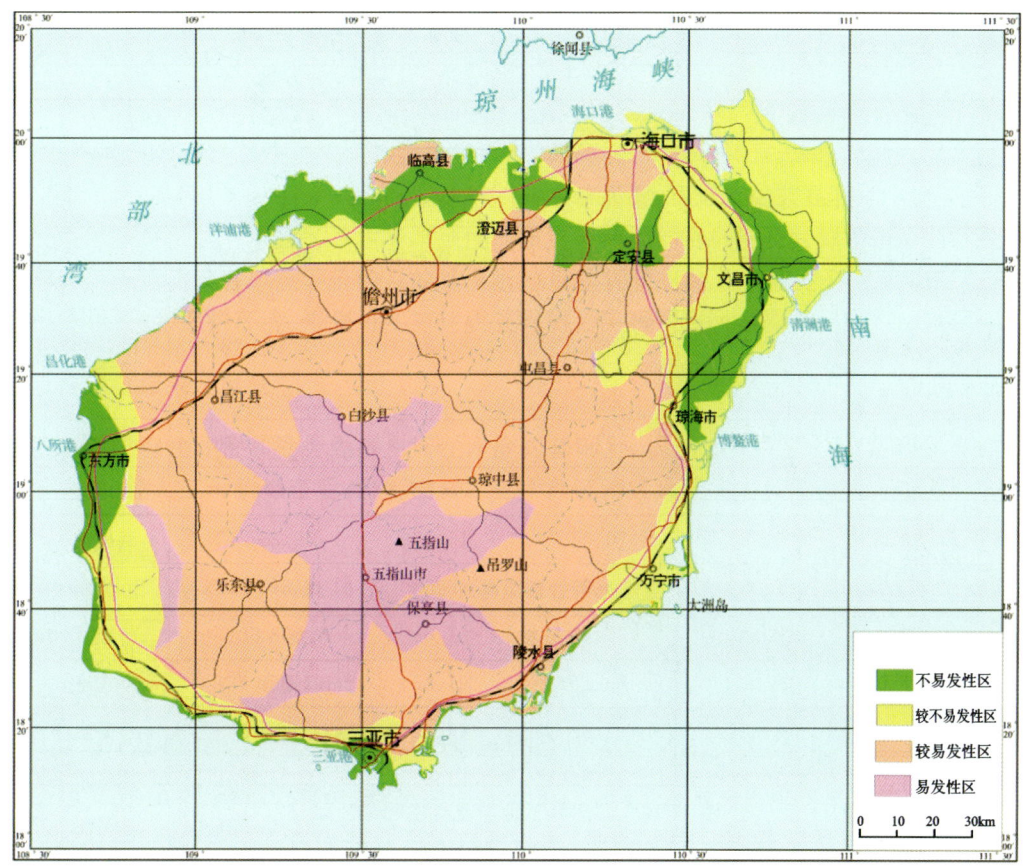

图11-18　海南岛泥石流与洪涝灾害易发性分区图

(4)土地沙化。海南岛海岸带主要地质环境问题是土地荒漠化。荒漠是指植被稀疏、矮小、土壤贫瘠、厚度较薄,甚至母岩裸露地表,并具有较大分布面积的地理景观或地貌类型。荒漠化是指正常土地在自然和人为双重作用下,向荒漠景观演化的时空过程,属于土地退化的一种地质环境问题。

根据评价思路,采用综合指数法获取研究区"土地沙化易发性综合指数",并将结果进行等级分区,分别为易发性区、较易发性区、较不易发性区、不易发性区,利用MapGIS的空间分析模块绘制土地沙化发性分区图(图11-19)。

图11-19显示,海南岛土地沙化易发性区范围并不大,最严重的区域是在西南部海岸带,即东方市到乐东县的沿海地段,另外三亚市和琼海市也有部分土地沙化易发性区存在;乐东县、三亚市、海口市、澄迈县和琼海万宁部分地区,较易发生土地沙化;其余地区发生土地沙化的可能性比较低。

3. 地质环境脆弱性评价

研究区内海南带主要存在的地质问题有海岸侵蚀、海岸崩塌和土地沙化。对于海南岛海岸带的地质问题影响因素,最主要的是人为活动,如采矿、伐木、养殖等,其中以采矿影响最为严重。目前海南省已禁止海南岛一切矿业开采活动,因此海南岛海岸带的地质问题易发性很低。在本次脆弱性评价中,主要进行崩塌、滑坡、泥石流和土地沙化易发性评价,在主要的3种地质灾害易发性基础上,采用取差法进行地质环境脆弱性评价,认为评价单元内只要某一种地质灾害的易发程度较高,则认为该区域整体上地质环境较为脆弱。

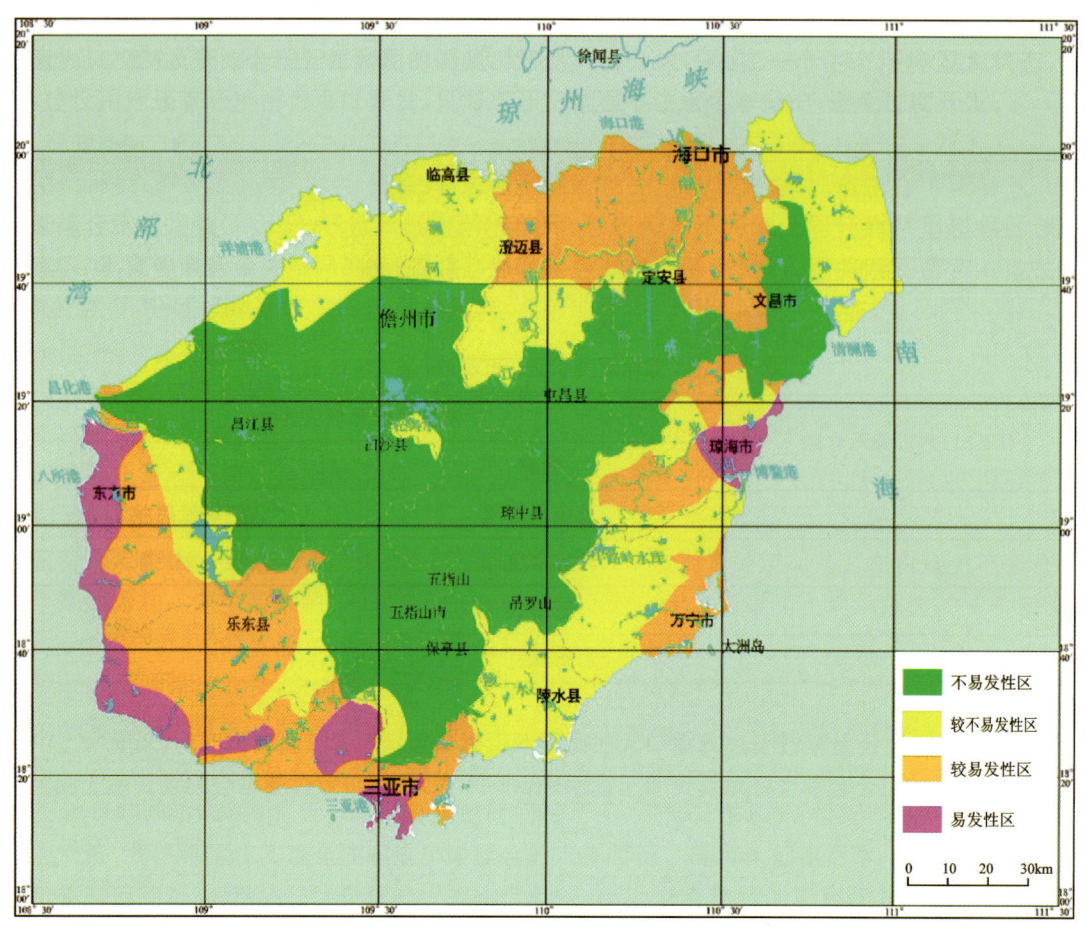

图 11-19 海南岛土地沙化易发性分区图

通过取差法，获取海南岛地质环境脆弱性分区图（图 11-20），从图中可知，地质环境脆弱性严重区域主要集中于海南岛中部，占研究区总面积的 31.96%，以五指山、白沙县为中心环绕，主要为低山丘陵地貌，在该区发生的地质灾害点较为密集；地质环境脆弱性一般区域主要围绕地质环境脆弱性严重区域分布，主要在儋州市、屯昌县、琼中县、定安县、陵水县和三亚市等地分布，占研究区总面积的 41.17%，区域以冲积平原及台地地貌为主；地质环境脆弱性低和较低区域分布面积较少，主要是在西、北、东部沿海地带，占研究区总面积的 26.87%，区域内较少发生地质灾害。

4. 阈值的确定

对地质环境承载力的定义，大致有 3 种类型：从"容量"角度的定义、从"能力"角度的定义、从"阈值"角度的定义。1991 年北京大学环境科学中心就给出"环境承载力"的含义，即环境承载力是指某一时期、某种状态或条件下，某地区的环境所能承受人类活动作用的阈值。在本次地质环境承载力评价中，从"阈值"角度，借用《中国大百科全书》中对承载力的定义"在维持地质环境系统功能与结构不发生变化的前提下，整个地球生物圈或某一区域所能承受的一定限值"进行评价。

（1）在确定阈值的过程中，考虑到研究区的灾害类型，从灾害发生时的临界值中找主要元素，发现区域切坡，即天然休止角（休止角是无黏性土在松散状态堆积时其坡面与水平面所形成的最大倾角）对灾害影响最大。因此在地质环境脆弱性分区的基础上，找寻脆弱性严重区域、脆弱性一般区域、脆弱性轻度区域主要分布的岩性，再查询不同岩性或不同粒径休止角，以此确定切坡阈值。

查询后获得的结果，地质环境脆弱性严重区域主要分布花岗岩，其切坡阈值为 35°；地质环境脆弱性一般区域主要分布喷出岩类玄武岩，查询风化后的玄武岩天然休止角为 30°，则地质环境脆弱性一般区

第十一章 海南国际旅游岛资源环境承载力评价

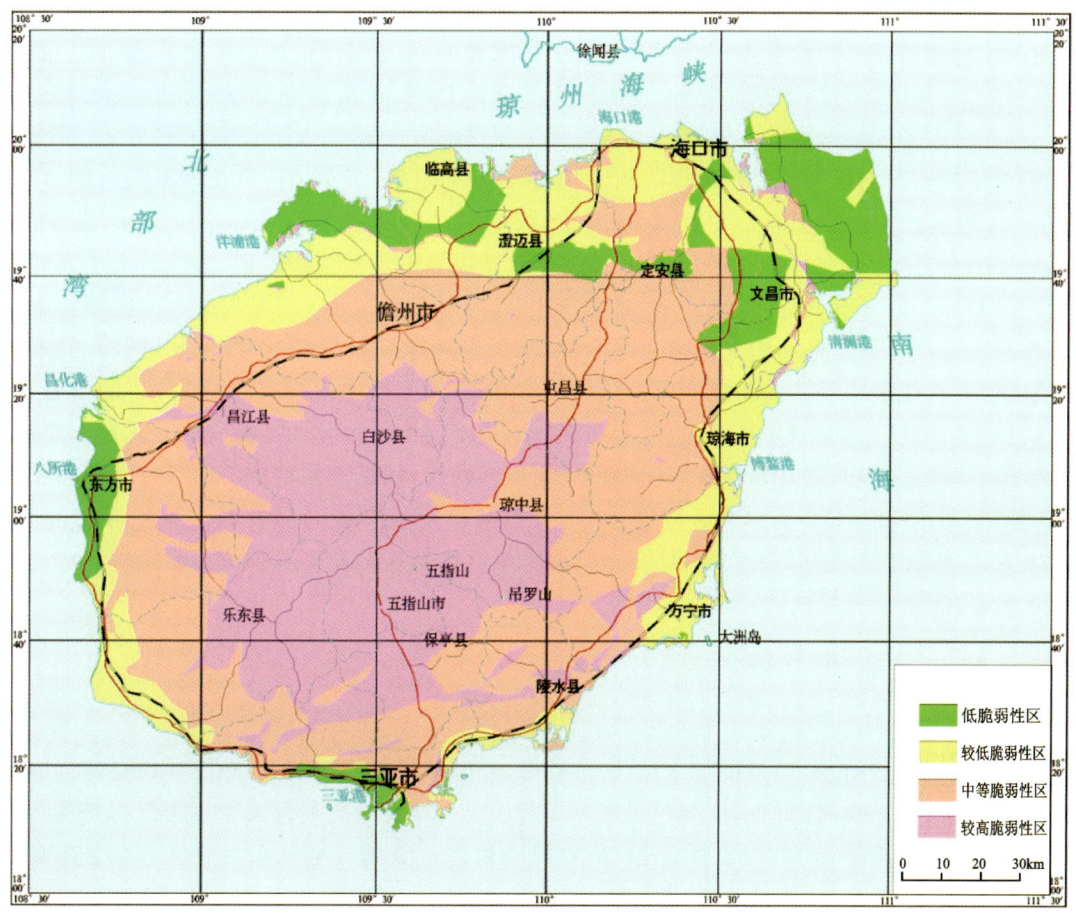

图 11-20 海南岛地质环境脆弱性分区图

域切坡阈值为 30°;地质环境脆弱性轻度的区域主要分布第四系砂砾及黏土,从阈值定义的角度,找寻最小休止角,因此得出地质环境脆弱性轻度区域切坡阈值为 20°。

(2)地质灾害的发生是由多因素组成的复杂物理过程,是内因和外因共同影响的结果。在海南岛发生的地质灾害多是具备了一定坡度时,在降雨这一外因诱导下产生的。因此本次研究在考虑地质环境承载力的同时,纳入了对降雨量阈值的确定。

在资料的处理上,选取了 2014 年海南岛年降雨量,将已发生的地质灾害点投入年降雨量分区图上,结合地质环境脆弱性分区图,分别在脆弱性严重、脆弱性一般、脆弱性轻度 3 个区域,找到区域内发生灾害时对应的最小降雨量,以此作为区域内降雨量阈值(表 11-30)。

表 11-30 区域内降雨量阈值

地质环境脆弱性分区	降雨量阈值	备注
严重	1140mm/a	
一般	1340mm/a	
轻度	—	地质环境脆弱性轻度区域主要为台地、平原地区,海拔低,其余坡度缓,在该区一般极少发生地质灾害,因此该区域不做降雨量阈值讨论

(二)评价结果

对海南岛地质环境承载力进行评价,主要是对海南岛地质灾害和地质环境问题的发生区域与易发性(即脆弱性)的评价。

海南岛环境地质灾害问题较多,分布范围广,在时间和空间上的分布具有一定的规律,主要环境地质问题有滑坡、崩塌、泥石流、土地沙化等,地质灾害受地形地貌、地层岩性、地质构造、气象水文及人类工程活动等多种因素的综合影响。海南岛地质灾害主要分布在中部的山地丘陵区和东北、西南的沿海地带,尤以海南岛中部山区及其外围的丘陵地区,南渡江、昌化江和万泉河三大流域最为突出,并且在地貌分区单元交接部位最为密集。

崩塌易发性高的区域在儋州—定安以南,琼海—万宁以西的山地丘陵地区;滑坡易发性高的区域除中部山地丘陵地区外,还有北部不同地形地貌交界地带;泥石流或洪涝灾害易发性高的区域也多在中部山区;海南岛土地沙化易发性高的地区则主要分布在西、南海岸带和海口市、澄迈县地区。对于海南岛整体地质灾害和环境地质问题脆弱性的评价结果是,海南岛中部山地区域都是地质灾害的高易发区,沿中部山区外围是地质灾害的较高易发区,西南部沿海地带则是土地沙化的高易发区。对于不同地区,易发生的地质灾害类型不同,因此在预防或治理环境地质问题时,根据不同地区不同条件有针对性解决。

总体来说,海南岛地质环境承载力较弱,地质灾害高易发区和较高易发区占据了较大范围,超过70%,因此在海南岛规划建设与开发项目等时,需要考虑具体地区地质环境承载力的能力。

五、土壤环境承载力评价

海南岛作为国际旅游城市和特色农产品输出省份,环境质量的好坏关系到农产品的品质、居民健康和城市的发展。多种重金属超标不仅会对土壤环境造成巨大危害更会危害人体健康。本书从海南岛表层土壤中重金属的含量分析入手,结合相关资料对海南岛进行土壤环境承载力评价。本书选取了海南岛表层土壤中的 As、Cd、Cr、Cu、Hg、Ni、Pb 和 Zn 8 种重金属为研究对象,结合《土壤环境质量标准(修订)》(GB 15618—2008)进行土壤环境静态容量和剩余容量的计算、分析,最后给出总结建议。

土壤环境背景值因土而异,不同类型的土壤有不同的背景值,母质因素影响很大,故在计算评价级别的临界值时应采用研究区域内的土壤背景值。表 11-31 为海南岛各县(市)的土壤地球化学背景值。

表 11-31　海南岛各县(市)土壤地球化学背景值(傅杨荣,2014)　　　单位:$\times 10^{-6}$

县(市)	As	Cd	Cr	Cu	Hg	Ni	Pb	Zn
白沙县	1.54	0.08	25.02	7.35	0.03	5.79	26.37	44.73
保亭县	1.13	0.06	19.95	5.69	0.04	6.05	27.35	53.06
昌江县	1.06	0.07	8.8	4.33	0.02	2.38	29.47	33.02
澄迈县	2.03	0.04	28.21	9.23	0.04	7.27	15.23	35.45
儋州市	1.4	0.05	18.89	4.54	0.03	4.24	18.35	27.29
定安县	1.75	0.04	20.93	6.27	0.04	4.49	15.3	19.01
东方市	2.45	0.05	13.37	5.19	0.02	3.18	27.12	28.08
海口市	2.06	0.05	226.62	55.75	0.06	105.9	13.52	84.98
乐东县	0.82	0.04	6.17	4.29	0.02	2.34	25.94	29.49
临高县	1.49	0.04	135.34	42.36	0.04	73.57	10.58	69.26
陵水县	0.9	0.04	17.97	4.82	0.03	4.55	24.8	35.83
琼海市	1.81	0.05	26.72	8.43	0.04	6.55	18.81	31.37
琼中县	1.03	0.06	24.12	7.09	0.03	6.28	30.49	52.19

续表 11-31

县(市)	As	Cd	Cr	Cu	Hg	Ni	Pb	Zn
三亚市	1.05	0.06	9.82	4.89	0.03	3.28	27.33	39.7
屯昌县	1.07	0.05	24.56	6.48	0.04	5.78	30.23	37.87
万宁市	1.23	0.05	20.95	5.52	0.04	6.06	24.04	41.06
文昌市	1.32	0.02	9.71	2.64	0.02	3.69	6.39	10.8
五指山市	0.81	0.08	11.61	5.66	0.03	4.49	32.87	62.93

(一)海南岛农业用地土壤环境容量

1. 各县(市)土壤环境静态容量计算分析

按农业用地风险基准值标准根据公式计算出海南岛各县(市)的土壤环境静态容量,得出农业用地各县(市)重金属土壤环境静态容量,见表11-32,并绘制折线图(图11-21)。

表 11-32 农业用地各县(市)重金属土壤环境静态容量　　　　　　　　单位:kg/hm²

县(市)	As	Cd	Cr	Cu	Hg	Ni	Pb	Zn
白沙县	86.535	0.495	281.205	95.962 5	0.72	166.972 5	120.667 5	349.357 5
保亭县	87.457 5	0.54	292.612 5	99.697 5	0.697 5	166.387 5	118.462 5	330.615
昌江县	87.615	0.517 5	317.7	102.757 5	0.742 5	174.645	113.692 5	375.705
澄迈县	85.432 5	0.585	274.027 5	91.732 5	0.697 5	163.642 5	145.732 5	370.237 5
儋州市	86.85	0.562 5	294.997 5	102.285	0.72	170.46	138.712 5	388.597 5
定安县	86.062 5	0.585	290.407 5	98.392 5	0.697 5	169.897 5	145.575	407.227 5
东方市	84.487 5	0.562 5	307.417 5	100.822 5	0.742 5	172.845	118.98	386.82
海口市	85.365	0.562 5	−172.395	−12.937 5	0.652 5	−58.275	149.58	258.795
乐东县	88.155	0.585	323.617 5	102.847 5	0.742 5	174.735	121.635	383.647 5
临高县	86.647 5	0.562 5	32.985	17.19	0.697 5	14.467 5	156.195	294.165
陵水县	87.975	0.585	297.067 5	101.655	0.72	169.762 5	124.2	369.382 5
琼海市	85.927 5	0.562 5	277.38	93.532 5	0.697 5	165.262 5	137.677 5	379.417 5
琼中县	87.682 5	0.54	283.23	96.547 5	0.72	165.87	111.397 5	332.572 5
三亚市	87.637 5	0.54	315.405	101.497 5	0.72	172.62	118.507 5	360.675
屯昌县	87.592 5	0.562 5	282.24	97.92	0.697 5	166.995	111.982 5	364.792 5
万宁市	87.232 5	0.562 5	290.362 5	100.08	0.697 5	166.365	125.91	357.615
文昌市	87.03	0.63	315.652 5	106.56	0.742 5	171.697 5	165.622 5	425.7
五指山市	88.177 5	0.495	311.377 5	99.765	0.72	169.897 5	106.042 5	308.407 5

从图11-21可以看出海南岛土壤中8种重金属环境静态容量大小为Zn>Cr>Cu>Ni>Pb>As>>Hg>Cd。可见此时土壤对Zn元素的环境承载力最大,静态容量最大值为425.7kg/hm²。Zn、

Cr 的土壤环境静态容量处于高水平,且这两种元素含量随行政区不同变化较明显。海口市和临高县的 Zn、Cr 土壤环境静态容量显著低于其他县(市),表明这两地这两种元素的背景值较高。其中海口市的 Cr 土壤环境静态容量为 $-172.395\text{kg}/\text{hm}^2$,负值说明该市土壤中 Cr 元素背景值已经超过《土壤环境质量标准(修订)》(GB 15618—2008)中的风险基准值,属于高背景区;临高县 Cr 土壤环境静态容量为 $32.985\text{kg}/\text{hm}^2$,已经接近风险基准值。重金属 Ni、Pb、Cu、As 的土壤环境静态容量处于中等水平,除海口市和临高县外,其他县(市)Ni 和 Cu 静态容量基本相同,而在海口市和临高县的 Ni 和 Cu 土壤环境静态容量明显低于其他县(市),说明这两种元素在这两个地区的土壤背景值较高。其中海口市重金属 Ni 的土壤环境静态容量为 $-58.275\text{kg}/\text{hm}^2$,表明该市的土壤中 Ni 元素的背景值已经超过风险基准值,属于高背景区;而临高县 Ni 的土壤静态容量为 $14.4675\text{kg}/\text{hm}^2$,已经接近风险基准值。重金属 Cu 在海口市的土壤环境静态容量 $-12.9735\text{kg}/\text{hm}^2$,表明该市土壤中 Cu 的背景值也已超过风险基准值,属于高背景区;而临高县 Cu 的土壤环境静态容量为 $17.19\text{kg}/\text{hm}^2$,已经接近风险基准值。As 的静态容量在整个海南岛基本无变化。重金属元素 Hg 和 Cd 的土壤环境静态容量处于低水平,不足 $1\text{kg}/\text{hm}^2$,虽然这两种元素土壤环境静态容量尽管行政区不同,但总体含量变化并不明显。

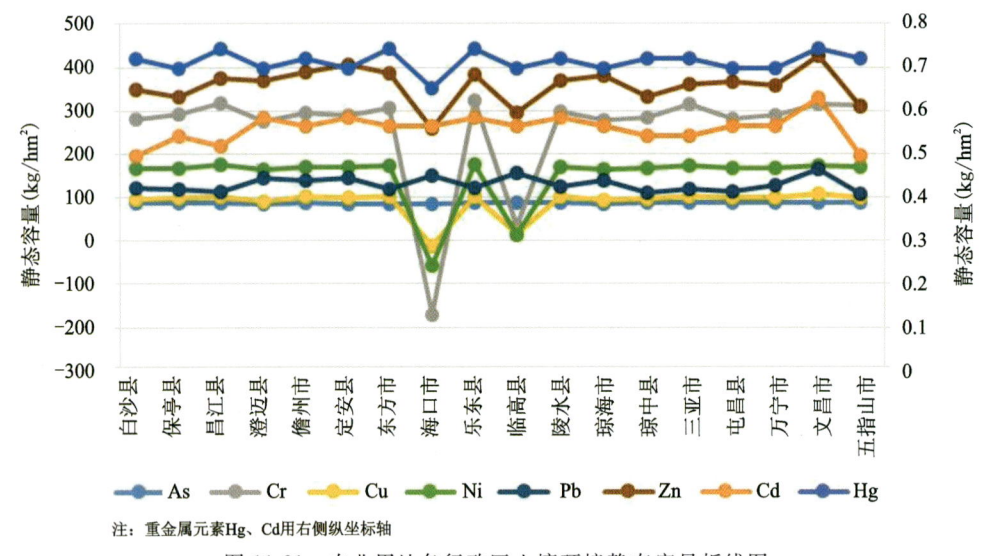

图 11-21 农业用地各行政区土壤环境静态容量折线图

对于农业生产,除海口市外其他县(市)均可以用来农业种植,但要注意环境容量较低的金属元素在土壤中的含量不能超过风险基准值。

2. 土壤环境剩余容量计算分析

分别计算出土壤环境剩余容量和各容量区的分界值,基于 MapGIS 平台绘制出农业用地 8 种重金属元素的全岛剩余容量分区图(图 11-22)。

由图 11-22 可以看出,海南岛 As 元素土壤环境剩余容量较高地区(包括高容量区和中容量区)占据了海南岛绝大部分的面积,表明这部分地区的土壤对重金属 As 的土壤环境承载力较高。海南岛土壤环境剩余容量警戒区零星分布于全岛的中西部地区,表明这些地区的土壤环境承载力已经接近耗尽,应该格外注意对这些地区土壤中 As 含量的监测,防止其超标。土壤环境剩余容量低区主要分布在西部,属于超载地区。海南岛 Cd 元素土壤环境剩余容量较高(包括高容量区、中容量区)的地区占全岛一半以上的面积,表明全岛有一半以上面积的土壤对 Cd 元素的环境承载力处于较高水平,低容量区占全岛面积的 1/4,表明这些地区的土壤环境承载力尚可。警戒区分布较少,但要注意分布地区的土壤环境承载力已经接近零。超载区在海口市有大面积分布,表明海口市 Cd 土壤环境承载力已经耗尽,此外在岛的西部有少量分布。海南岛 Cr 元素的土壤环境剩余量较高（包括高容量区、中容量区）的地区主要分布在中部及西部地区，表明这些地区的土壤环境承载力较高。在海南岛北部及东北部地区出现了大片超载区，表明这些地区的土壤环境承载力较低。

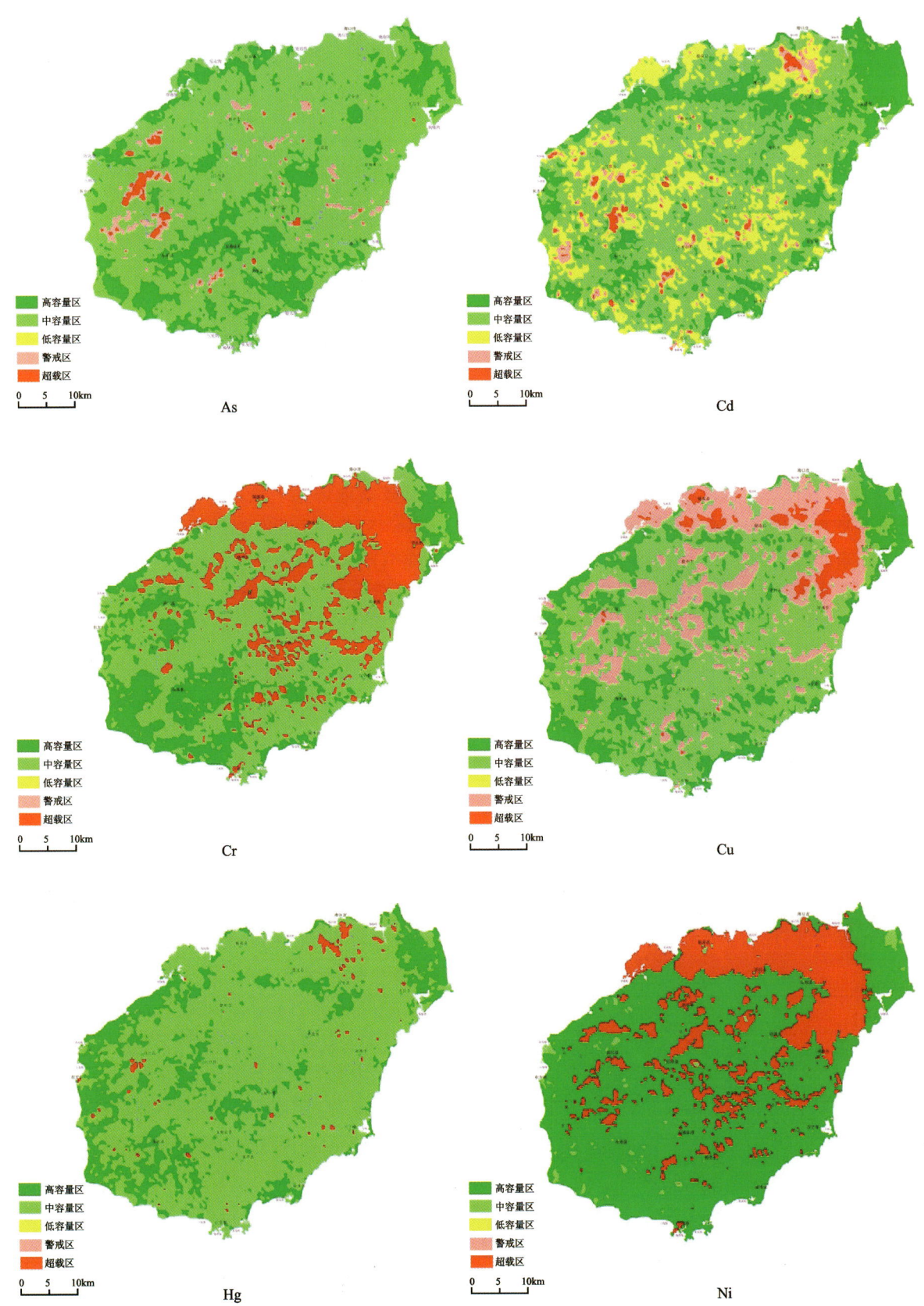

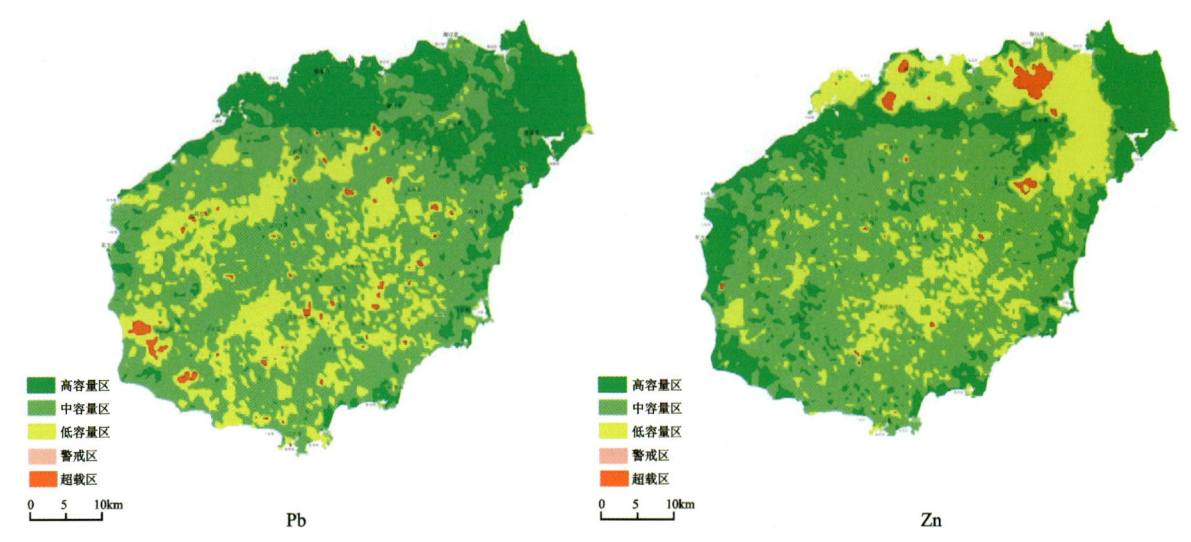

图 11-22　农业用地 8 种重金属剩余容量分区图

海南岛 Cu 元素土壤环境承载力较高的地区占全岛大部分面积,警戒区主要分布在中部及东北地区,所占面积较大,要引起注意并加强管理和治理。超载区主要分布在东北部,表明东北部的土壤对 Cu 的承载力已经耗尽。海南岛 Hg 元素的土壤环境剩余容量较高地区几乎覆盖了全岛,表明全岛土壤对 Hg 元素的土壤承载力处于较高水平,但是仍有很小一部分区域存在轻度超载情况,在全岛有零星分布,且在东北部地区的分布面积较大。海南岛 Ni 元素的土壤环境剩余容量高容量区占全岛面积一半以上,中容量区零星分布在西部地区,中部地区、北部地区和东北地区处于超载区,且面积较大,表明海南岛对 Ni 元素的土壤环境承载力出现两极分化现象。海南岛 Pb 元素的土壤环境剩余容量高容量位于岛的东北部,中容量区和低容量区位于岛的中部地区,占据了全岛的大部分面积,以上 3 个容量区段表明海南岛土壤对 Pb 元素的承载力处于一个较好的水平,超载区也处于中部地区,但分布面积很小。海南岛 Zn 元素土壤环境剩余容量高容量区分布在海岸线一带,面积较小,中容量区由岛中心向四周辐射,约占全岛面积的 3/4,低容量区在中部较少分布,主要分布在北部及东北一带,表明东北部地区土壤对 Zn 的环境承载力较低,但仍可以维持一段时间。

3. 土壤环境剩余容量综合分析

计算得出海南岛表层土壤环境剩余容量指数,根据用地类型和划分等级进行土壤环境剩余容量综合分析评价,见表 11-33。

表 11-33　农业用地综合土壤环境剩余容量分区结果统计

评价等级	高容量区	中容量区	低容量区	警戒区	超载区
百分比(%)	21.12	56.42	13.95	3.78	4.73

由表 11-33 可以看出,海南岛土壤环境剩余容量综合评价中,以高容量区和中容量区为主,达到了 77.54%。从人体健康角度考虑,海南岛只有约 2/3 的区域能用于农业用地。这些区域主要位于海南岛的中部地区。低容量区、警戒区和超载区也有较大面积分布,分别占 13.95%、3.78% 和 4.73%,主要集中于临高县—澄迈县—海口市—文昌市—琼海市连线及其周边地区,并且海口市大面积已经处于超载区。对于低容量区应引起注意,严格控制污染物的输入,防止转化为警戒区和超载区。在警戒区和超载区不适合进行农业生产,否则将会通过食物链对人体健康产生危害。所以,在对警戒区和超载区土壤的

利用方式上需要重新规划,采取必要的措施对土壤进行修复。海南岛 18 个县(市)(除三沙市)均位于低容量区或更低水平,这些县(市)更要注意土壤环境的保护,控制重金属输入土壤的数量。

为更好地分析研究区域内农业用地重金属的土壤环境容量综合分布情况,依据土壤环境容量综合指数评价结果,基于 MapGIS 平台绘制重金属的土壤环境容量综合评价分区图(图 11-23)。

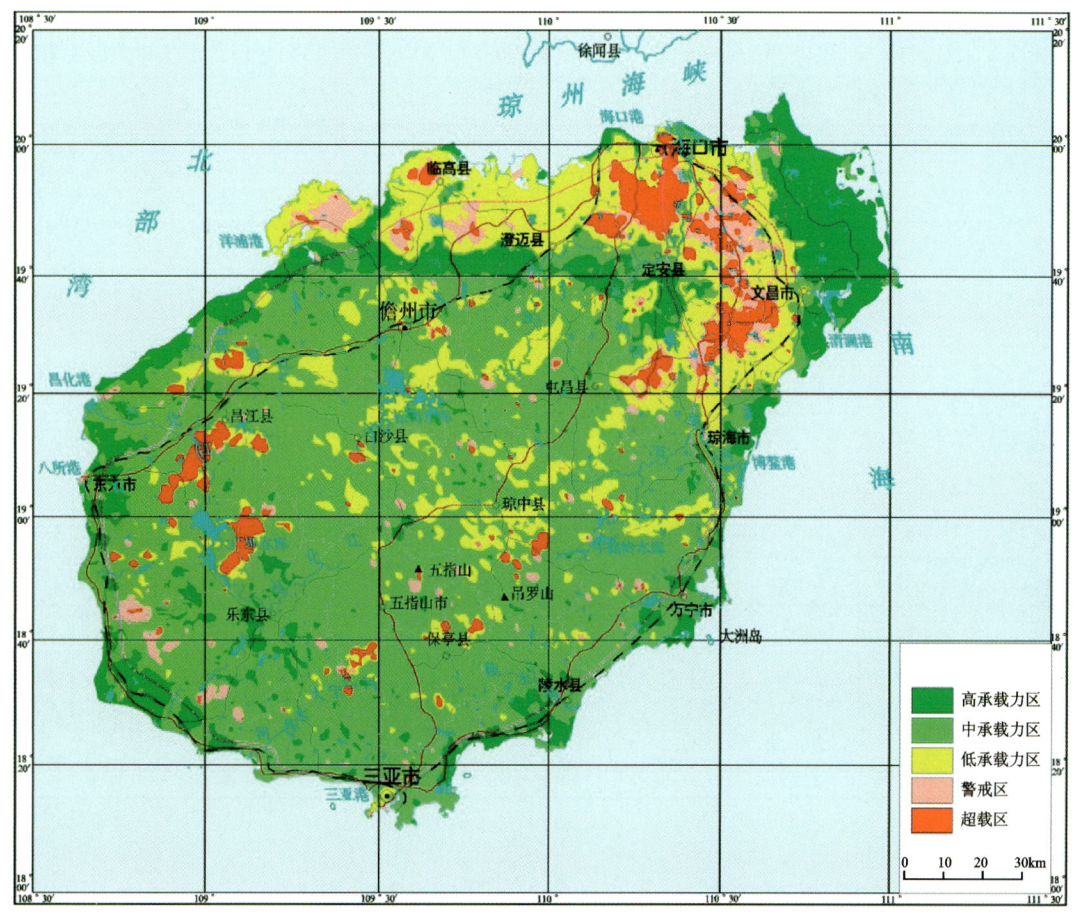

图 11-23　农业用地重金属土壤环境剩余容量综合评价分区图

由图 11-23 可以看出,重金属土壤环境容量在整个研究区域内以高容量区和中容量区为主。警戒区和超载区主要分布于区域北部和东北部,在昌江县和东方市也有小面积分布,在此类区域不适合发展农业生产。

(二)海南岛工业用地土壤环境容量

1. 各县(市)土壤环境静态容量计算分析

按工业用地风险基准值标准计算出海南岛各县(市)的土壤环境静态容量(表 11-34),并绘制折线图(图 11-24)。

由图 11-24 可以看出,海南岛土壤中 8 种重金属环境静态容量大小为 Cr＞Zn＞Pb＞Cu＞Ni＞As＞Hg＞Cd。这种情况下土壤对 Cr 元素的环境承载力最大,静态容量最大值为 2 236.118kg/hm²。重金属 Cr 的环境静态容量处于较高水平,但是在海口市和临高县静态容量变小,且海口市最低为 1 740.105kg/hm²,表明海口市土壤中 Cr 元素的背景值较高,但对于工业用地来说不会产生大的影响。重金属 Zn、Pb、Cu 的土壤环境静态容量处于中等水平,基本上均略大于 1000kg/hm²,除表现出 Zn、Cu

表 11-34 工业用地各县(市)重金属土壤环境静态容量　　　　单位:kg/hm²

县(市)	As	Cd	Cr	Cu	Hg	Ni	Pb	Zn
白沙县	154.035	44.82	2 193.705	1 108.463	44.932 5	436.972 5	1 290.668	1 474.358
保亭县	154.957 5	44.865	2 205.113	1 112.198	44.91	436.387 5	1 288.463	1 455.615
昌江县	155.115	44.842 5	2 230.2	1 115.258	44.955	444.645	1 283.693	1 500.705
澄迈县	152.932 5	44.91	2 186.528	1 104.233	44.91	433.642 5	1 315.733	1 495.238
儋州市	154.35	44.887 5	2 207.498	1 114.785	44.932 5	440.46	1 308.713	1 513.598
定安县	153.562 5	44.91	2 202.908	1 110.893	44.91	439.897 5	1 315.575	1 532.228
东方市	151.987 5	44.887 5	2 219.918	1 113.323	44.955	442.845	1 288.98	1 511.82
海口市	152.865	44.887 5	1 740.105	999.562 5	44.865	211.725	1 319.58	1 383.795
乐东县	155.655	44.91	2 236.118	1 115.348	44.955	444.735	1 291.635	1 508.648
临高县	154.147 5	44.887 5	1 945.485	1 029.69	44.91	284.467 5	1 326.195	1 419.165
陵水县	155.475	44.91	2 209.568	1 114.155	44.932 5	439.762 5	1 294.2	1 494.383
琼海市	153.427 5	44.887 5	2 189.88	1 106.033	44.91	435.262 5	1 307.678	1 504.418
琼中县	155.182 5	44.865	2 195.73	1 109.048	44.932 5	435.87	1 281.398	1 457.573
三亚市	155.137 5	44.865	2 227.905	1 113.998	44.932 5	442.62	1 288.508	1 485.675
屯昌县	155.092 5	44.887 5	2 194.74	1 110.42	44.91	436.995	1 281.983	1 489.793
万宁市	154.732 5	44.887 5	2 202.863	1 112.58	44.91	436.365	1 295.91	1 482.615
文昌市	154.53	44.955	2 228.153	1 119.06	44.955	441.697 5	1 335.623	1 550.7
五指山市	155.677 5	44.82	2 223.878	1 112.265	44.932 5	439.897 5	1 276.043	1 433.408

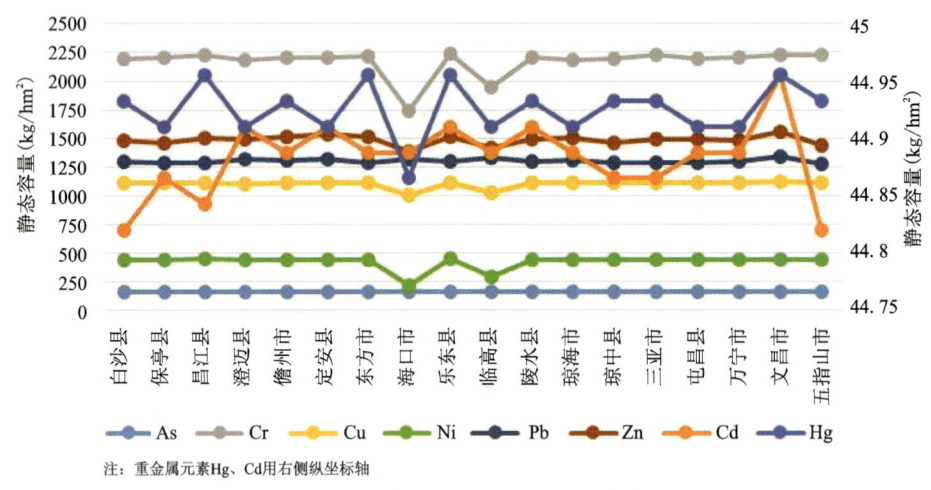

注:重金属元素 Hg、Cd 用右侧纵坐标轴

图 11-24　工业用地各行政区土壤环境静态容量折线图

在海口市和临高县静态容量低于其他县(市),Pb 在海口市和临高县的静态容量略大于其他县(市)外,总体各县(市)土壤环境静态容量相差甚微。重金属 Ni 和 As 的土壤环境静态容量处于中低水平,且 Ni 元素表现出在海口市和临高县静态容量明显低于其他县(市),海口市为 211.725kg/hm²,临高县为 284.467 5kg/hm²;As 元素在各县(市)含量基本相同。Hg 和 Cd 的土壤环境静态容量处于低水平,不足 45kg/hm²,这两种元素的环境静态容量在各县(市)相差不大,Hg 在海口市的含量最低为 44.865kg/hm²,在昌江县、东方市、乐东县和文昌市的含量相同且最高,为 44.955kg/hm²。重金属 Cd 土壤环境静态容

量在白沙县和五指山市含量相同且最低,为44.82kg/hm²,在文昌市最高,为44.955kg/hm²,从整体上来看,各县(市)Cd土壤环境静态容量相差甚微。

对于工业生产,原则上海南岛各地区均可以设立工厂,但需要注意的是对Hg、Cd这类土壤环境静态容量低水平的重金属严格进行监测,防止土壤中该类元素含量超过《土壤环境质量标准(修订)》(GB 15618—2008)规定的风险基准值。

2. 土壤环境剩余容量计算分析

分别计算出土壤环境剩余容量和各容量区的分界值,基于MapGIS平台绘制出工业用地8种重金属元素的全岛剩余容量分区图(图11-25)。

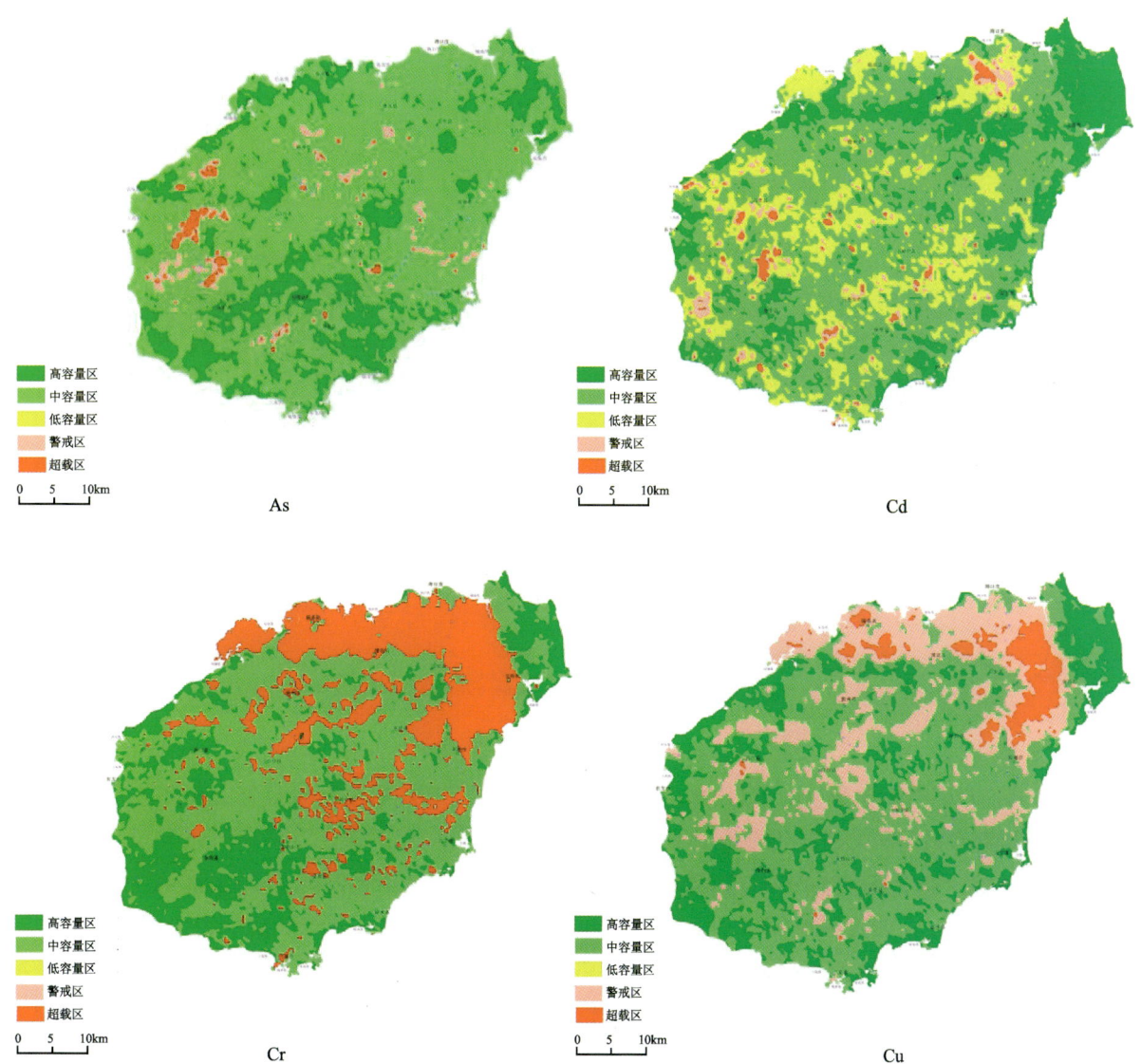

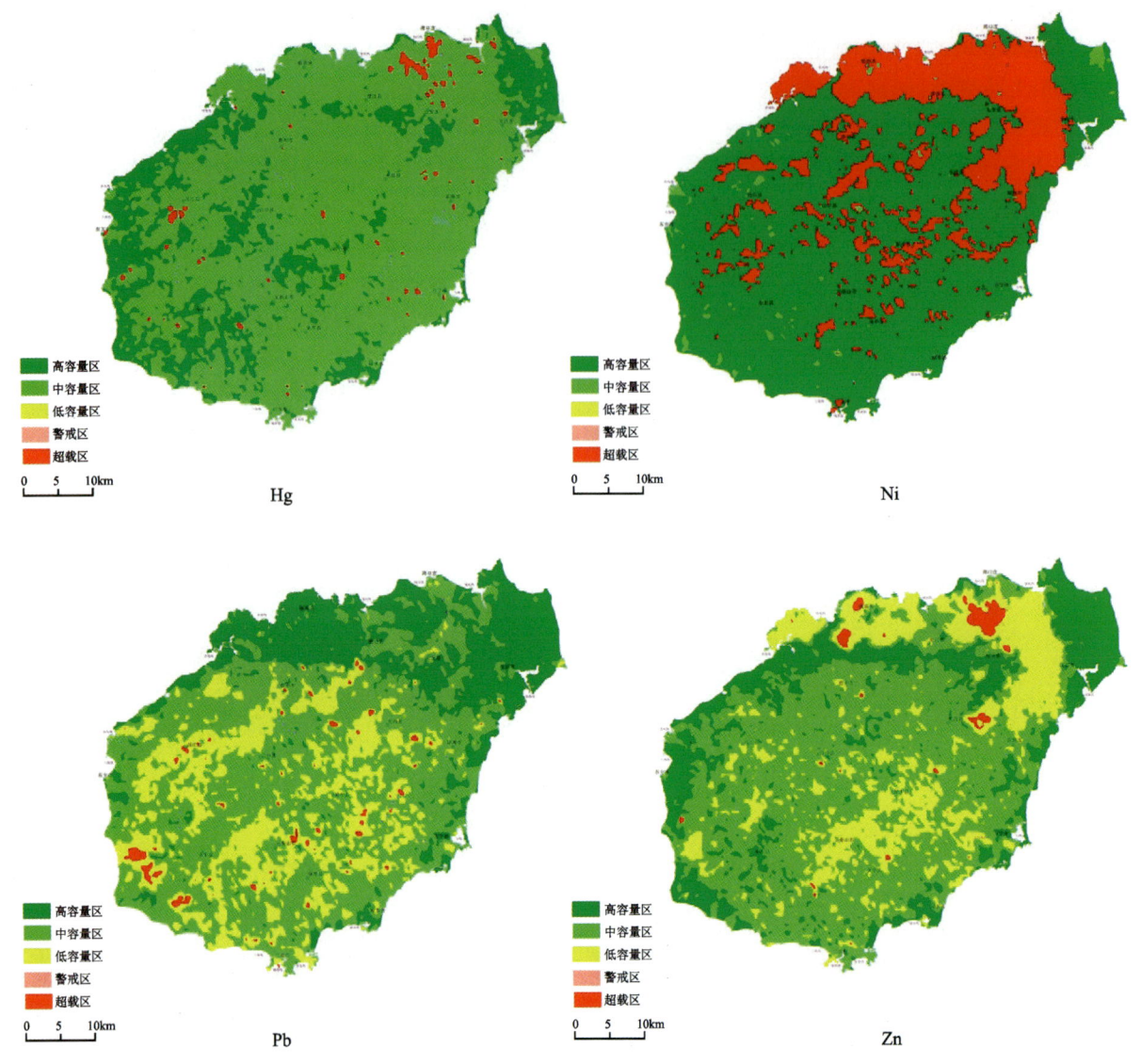

图 11-25 工业用地 8 种重金属剩余容量分区图

由图 11-25 可以看出，除 As 和 Ni 元素外，其他元素的剩余环境容量在海南岛均未出现警戒区和超载区，说明海南岛对这些元素的土壤环境承载力较高。

从整体上看，整个海南岛 As 元素土壤环境剩余容量绝大部分处于较高水平，警戒区零星分布，中北部地区分布较多，表明这些地区的土壤对 As 的环境承载力已经接近限值。超载区主要位于昌江县和东方市，说明这两个行政区部分土壤对 As 元素的环境承载力已经消耗完。海南岛 Ni 元素土壤环境剩余容量，高容量区占全岛大部分面积，中容量区极少分布，说明海南岛大部分地区的土壤环境承载力处于较高的水平；低容量区主要在北部及东北部连片出现，中部地区有少量分布，说明这些地区的土壤环境承载力已经处于较低水平，应该引起注意；警戒区和超载区主要分布在东北部地区，这些地区的土壤环境承载力将要达到极限值或已经超过极限值，需要采取有效的方法加以控制和治理。

3. 土壤环境剩余容量综合分析

计算得出海南岛表层土壤环境剩余容量指数，根据用地类型和划分等级进行土壤环境剩余容量综合分析评价，见表 11-35。

表 11-35 农业用地综合土壤环境剩余容量分区结果统计

评价等级	高容量区	中容量区	低容量区	警戒区	超载区
百分比(%)	22.61	75.67	0.27	0.81	0.64

由表 11-35 可以看出,海南岛土壤环境剩余容量综合评价结果,以高容量和中容量区为主,达到了 98.28%,说明整个海南岛的土壤环境剩余容量还很高,在一定时期内适合用于工业发展的需求。但是低容量区、警戒区和超载区也有极小面积的分布,分别占到了 0.27%、0.81% 和 0.64%。对于低容量区应该严格控制污染物的输入,防止转化为警戒区和超载区。警戒区和超载区主要分布在昌江县和东方市之间的地区,在大广坝水库东侧也有分布,说明这些地区的土壤环境承载力已经用尽,处于危险状态。

为更好地分析研究区域内工业用地重金属的土壤环境容量综合分布情况,依据土壤环境容量综合指数评价结果,基于 MapGIS 平台绘制重金属的土壤环境容量综合评价分区图(图 11-26)。

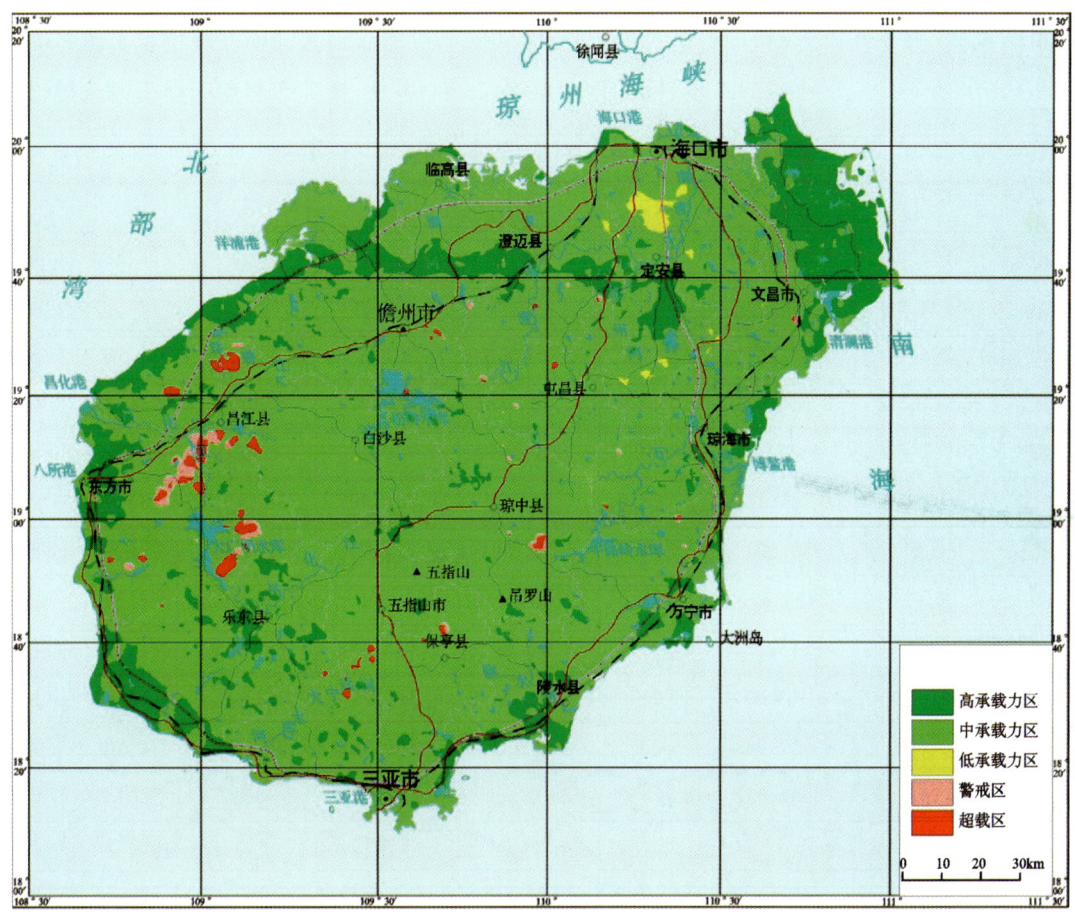

图 11-26 工业用地重金属土壤环境剩余容量综合评价分区图

由图 11-26 可以看出,整个研究区内重金属土壤环境容量绝大多数属于高容量区和中容量区,土壤环境容量较高,在一定时期内能够满足工业发展的土壤环境容量需求。

但土壤环境容量是有一定限度的,发展工业的同时带来一系列污染源。随着时间的推移,污染物不断进入土壤,一些污染物还可通过长距离传输,也有可能不断地进入土壤积累,使土壤环境容量减少。因此,在不断发展工业的同时,积极关注土壤环境容量的动态变化,警惕土壤资源的过度开发。

(三)海南岛生态用地土壤环境容量

1. 各县(市)土壤环境静态容量计算分析

按生态用地风险基准值标准根据公式计算出海南岛各县(市)的土壤环境静态容量(表11-36),并绘制折线图(图11-27)。

表11-36 生态用地各县(市)重金属土壤环境静态容量 单位:kg/hm²

县(市)	As	Cd	Cr	Cu	Hg	Ni	Pb	Zn
白沙县	86.535	0.495	281.205	95.962 5	0.607 5	76.972 5	503.167 5	349.357 5
保亭县	87.457 5	0.54	292.612 5	99.697 5	0.585	76.387 5	500.962 5	330.615
昌江县	87.615	0.517 5	317.7	102.757 5	0.63	84.645	496.192 5	375.705
澄迈县	85.432 5	0.585	274.027 5	91.732 5	0.585	73.642 5	528.232 5	370.237 5
儋州市	86.85	0.562 5	294.997 5	102.285	0.607 5	80.46	521.212 5	388.597 5
定安县	86.062 5	0.585	290.407 5	98.392 5	0.585	79.897 5	528.075	407.227 5
东方市	84.487 5	0.562 5	307.417 5	100.822 5	0.63	82.845	501.48	386.82
海口市	85.365	0.562 5	−172.395	−12.937 5	0.54	−148.275	532.08	258.795
乐东县	88.155	0.585	323.617 5	102.847 5	0.63	84.735	504.135	383.647 5
临高县	86.647 5	0.562 5	32.985	17.19	0.585	−75.532 5	538.695	294.165
陵水县	87.975	0.585	297.067 5	101.655	0.607 5	79.762 5	506.7	369.382 5
琼海市	85.927 5	0.562 5	277.38	93.532 5	0.585	75.262 5	520.177 5	379.417 5
琼中县	87.682 5	0.54	283.23	96.547 5	0.607 5	75.87	493.897 5	332.572 5
三亚市	87.637 5	0.54	315.405	101.497 5	0.607 5	82.62	501.007 5	360.675
屯昌县	87.592 5	0.562 5	282.24	97.92	0.585	76.995	494.482 5	364.792 5
万宁市	87.232 5	0.562 5	290.362 5	100.08	0.585	76.365	508.41	357.615
文昌市	87.03	0.63	315.652 5	106.56	0.63	81.697 5	548.122 5	425.7
五指山市	88.177 5	0.495	311.377 5	99.765	0.607 5	79.897 5	488.542 5	308.407 5

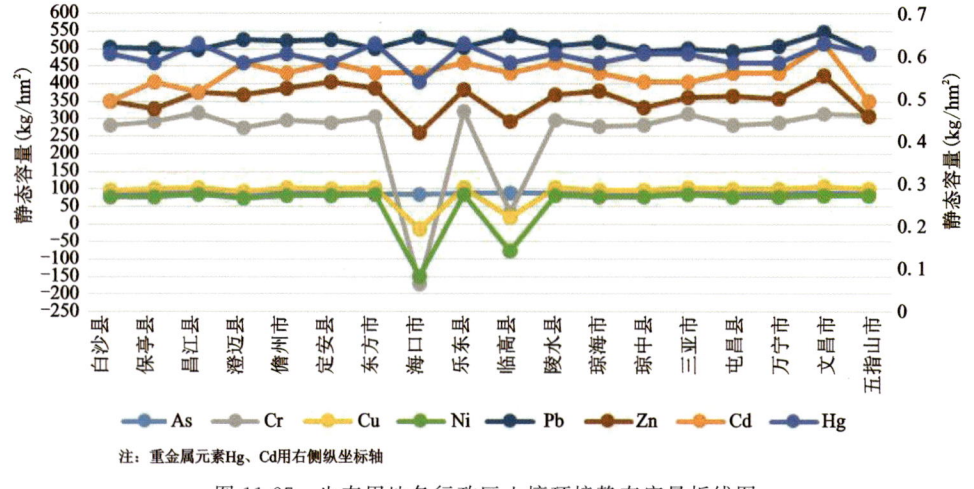

图11-27 生态用地各行政区土壤环境静态容量折线图

由图 11-27 可以看出,海南岛土壤重金属 Pb 的土壤环境静态容量处于高水平,随行政区不同有小范围的波动,但总体相差不大。重金属 Zn 的土壤环境静态容量在海口市、临高县和五指山市低于其他地区的土壤环境静态容量;而 Cr 元素的土壤环境静态容量在海口市和临高县显著低于其他地区,尤其在海口市 Cr 元素的土壤环境静态容量呈现出负值,为 -172.395 kg/hm^2。此现象表明海口市的 Cr 元素在土壤中的背景值已经高于《土壤环境质量标准(修订)》(GB 15618—2008)所规定的风险基准值,属于高背景地区;在临高县 Cr 土壤环境静态容量为 32.985kg/hm^2 已经接近风险基准值,该县应该格外注意。其他县(市)的 Zn、Cr 土壤环境静态容量均处于中等水平,分布较一致。重金属 Cu、Ni 除海口市及临高县外其他地区分布较一致,处于中低水平。Cu 元素在海口市土壤环境静态容量最低且为负值,为 $-12.937\,5$ kg/hm^2,表明海口市土壤中的 Cu 元素背景值已经高于风险基准值,属于高背景区,而在临高县 Cu 元素土壤环境静态容量为 17.19kg/hm^2 已经接近风险基准值。重金属 Ni 的土壤环境静态容量在海口市为 -148.275 kg/hm^2,在临高县为 $-75.532\,5$ kg/hm^2,说明这两个地区的 Ni 土壤背景值均超过了风险基准值,均属于高背景区。重金属 As 在各行政区的土壤环境静态容量基本相同,分布较一致。重金属 Hg 和 Cd 的土壤环境静态容量处于低水平,均不足 1kg/hm^2。重金属 Hg 在海口市的土壤环境静态容量含量为各县(市)最低,为 0.54kg/hm^2,但总体含量变化不大。金属 Cd 在文昌市的土壤环境静态容量最高,为 0.630kg/hm^2;在五指山市含量最低为 0.495kg/hm^2,各县(市)分布较为一致。

对于生态用地,海口市和临高县的土壤环境静态容量总体上不如其他县(市),不适宜进行生态开发。其他县(市)可以进行生态用地的开发,但是要注意对土壤环境静态容量低水平的重金属进行实时监测,防止其达到或超过风险基准值。

2. 土壤环境剩余容量计算分析

分别计算出土壤环境剩余容量和各容量区的分界值,基于 MapGIS 平台绘制出生态用地 8 种重金属元素的全岛剩余容量分区图(图 11-28)。

由图 11-28 可以看出,海南岛重金属除 Hg、Ni、Pb 外,其他元素的土壤环境剩余容量的分布区与农业用地相同。

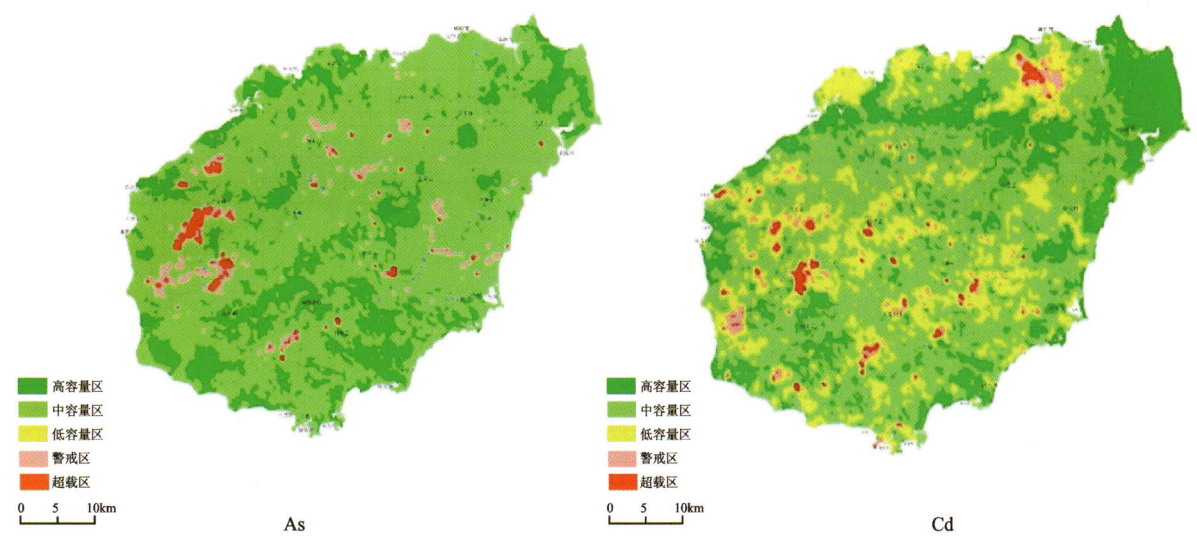

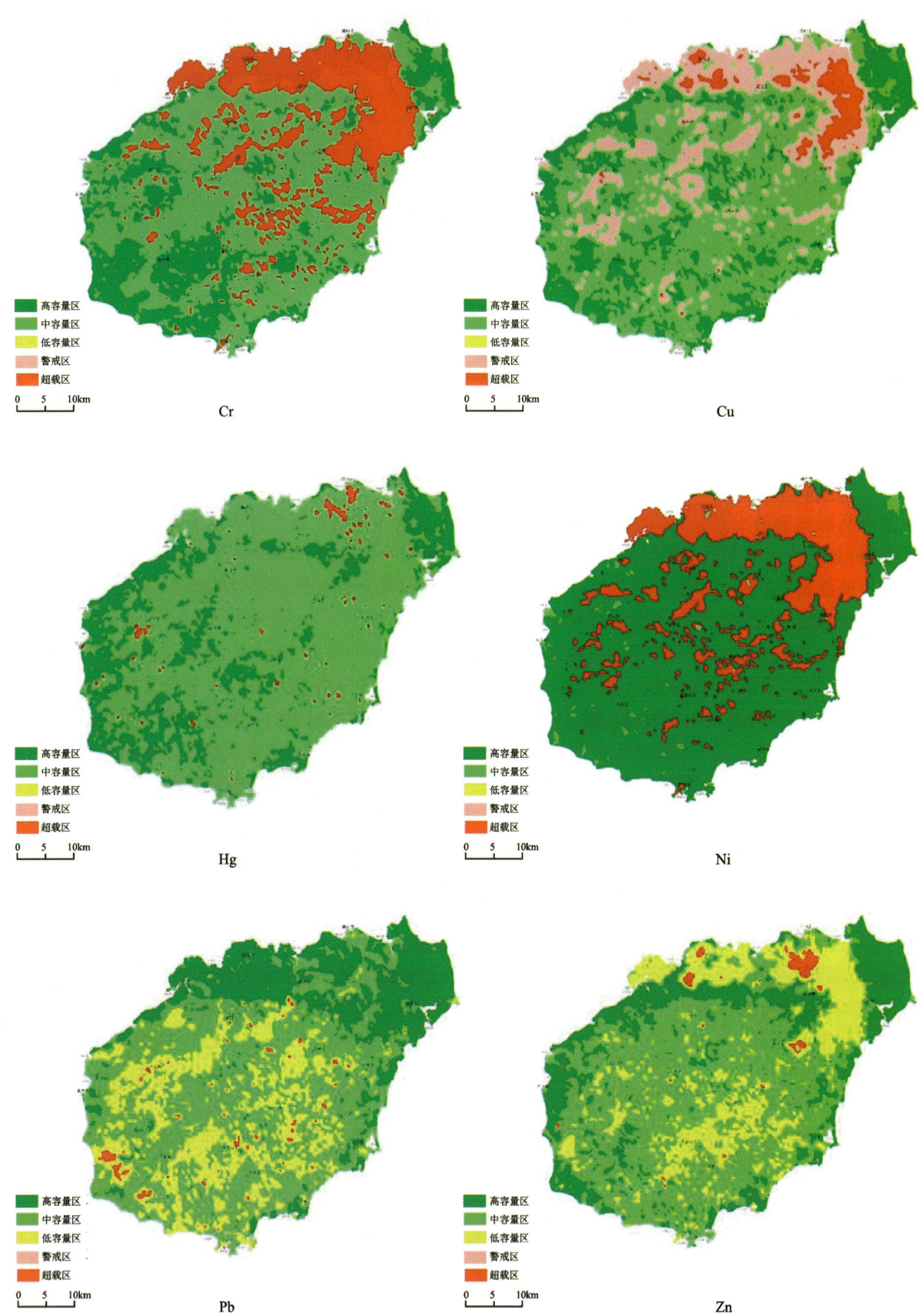

图 11-28 生态用地 8 种重金属剩余容量分布示意图

海南岛 Hg 元素土壤环境剩余容量较高的地区占到了全岛绝大部分面积,说明整个海南岛对 Hg 元素的土壤环境承载力较大。低容量区主要位于东北部,东部有少量分布,这些地区的土壤对 Hg 元素的环境承载力较小。超载区位于东北部,海口市周围,说明海口市周边地区的土壤对 Hg 元素的环境承载力已经超过了极限。海南岛 Ni 元素土壤环境剩余容量出现两极分化的现象,高容量区占据了全岛的大部分面积,而超载区沿临高县—海口市—文昌市—琼海市连线成片分布,说明这些县(市)的土壤对 Ni 元素的环境承载力已经耗尽,在中部地区呈块状分布,有连成片的趋势。海南岛 Pb 元素土壤环境剩余容量分区未出现警戒区和超载区,且低容量区分布面积很小绝大部分是高容量区和中容量区,说明整个海南岛的 Pb 元素土壤环境承载力处于较高水平。

3. 土壤环境剩余容量综合分析

计算得出海南岛表层土壤环境剩余容量指数,根据用地类型和划分等级进行土壤环境剩余容量综合分析评价,见表 11-37。

表 11-37　生态用地综合土壤环境剩余容量分区结果统计

评价等级	高容量区	中容量区	低容量区	警戒区	超载区
百分比(%)	22.73	52.91	14.60	3.30	6.46

由表 11-37 可以看出,海南岛土壤环境剩余容量综合评价结果中以高容量区和中容量区为主,占 75.64%,说明海南岛大部分区域适合布设生态用地。低容量、警戒区和超载区也分别占 14.6%、3.30% 和 6.46%。低容量区所占份额较大,此类地区应严格注意土壤中某些重金属含量的变化,防止其超过风险基准值。这 3 种容量分区依然集中在临高县—澄迈县—海口市—文昌市—琼海市连线及其周边地区一带,这些地区的土壤环境承载力已经耗尽或接近耗尽。中部地区也分布有低容量区,东方市和昌江县仍旧属于高危险区。

为更好地分析研究区域内生态用地重金属的土壤环境容量综合分布情况,依据土壤环境容量综合指数评价结果,基于 MapGIS 平台绘制重金属的土壤环境容量综合评价分区图(图 11-29)。

由图 11-29 可以看出,整个区域以高容量区和中容量区为主,低容量区、警戒区和超载区仍旧集中在海口市及其周边县(市),其他超载区分布在昌江县和东方市。这类区域不适用于生态用地。低容量区一部分分布在中部地区,形态为斑状,在用于生态用地时必须严格监测土壤中重金属的含量,防止转变为警戒区或超载区。

六、水环境承载力评价

水环境广义上是指人类或其他生物的周围空间及空间中水体的质量和状况,狭义上一般是指河流、湖泊、沼泽、水库等地表储水体中的水体本身及水体中的悬浮物、溶解物质、底泥,甚至包括水生生物等。水环境概念的覆盖面比较广,其应用的领域和范围也十分广泛、复杂。水环境既可以为人类活动提供空间和载体,又可以为人类活动提供资源并容纳污染物,是一个具有自我维持、自我调节和抵御外界冲击能力的系统。它可以通过自我调节来消除人类活动对其产生的影响,从而保证水环境系统的基本功能,但它对人类社会经济活动的承载能力是有一定限度的,一旦人类社会经济活动对水环境的影响超过这个限度,水环境系统的基本功能结构将遭到破坏,影响系统与外界正常的物质输送、能量交换的进行,使得自身的调控紊乱,必然会造成水环境质量恶化,进而影响居民生活和社会经济发展。水环境除了可以满足人类及其他生物的基本生存条件外,对社会经济的发展也有一定的影响,它一方面可以支持经济的发展,另一方面可以限制经济的发展,避免形成恶性循环,良好的水环境状况是经济可持续发展的基本条件。

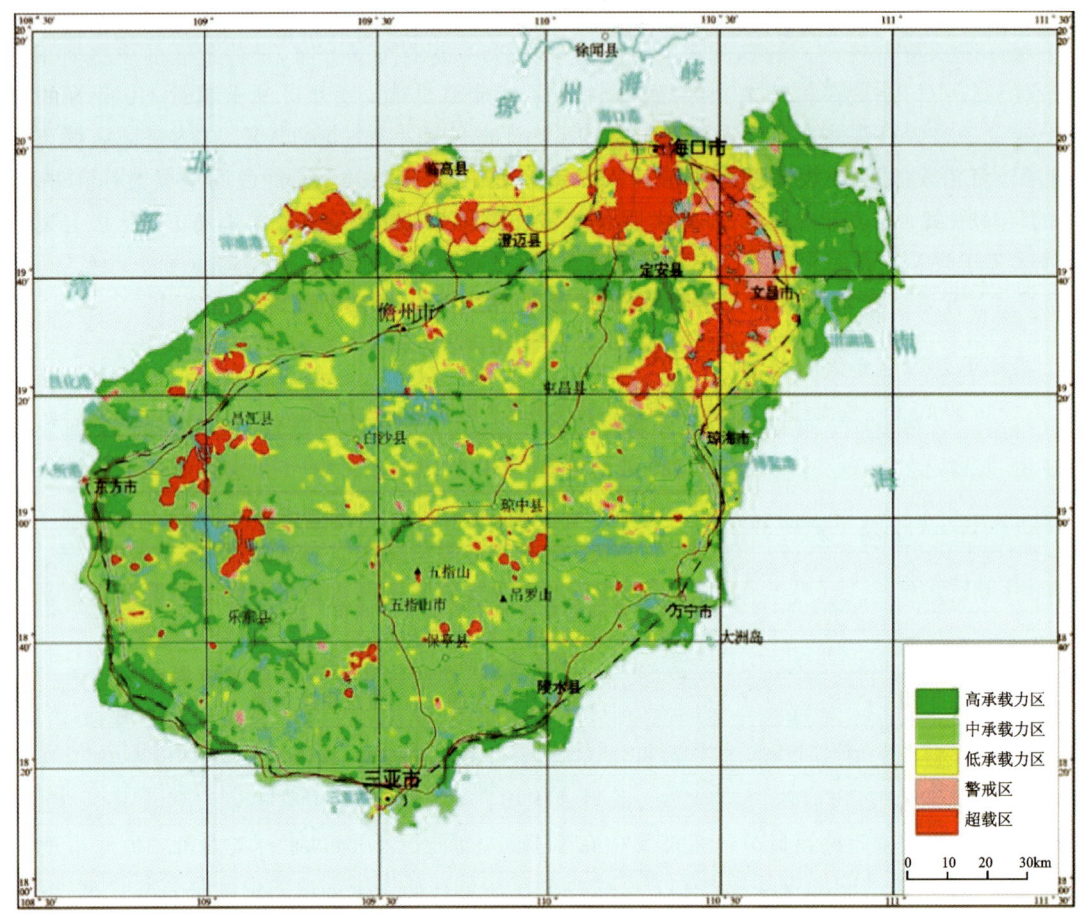

图 11-29　生态用地重金属土壤环境剩余容量综合评价分区图

随着社会经济发展规模的不断扩大,人口数量的急剧增长,工农业生产和居民生活的需水量不断增加,工业废水和生活废水的排放量也在不断增加,产业结构、布局不合理,环境保护措施不完善,造成了水体的污染,进一步造成了水资源的短缺。据统计,我国的河流、湖泊、水库等已受到了不同程度的污染。我国现有水资源总量为 $2.62\times10^{12}m^3$,人均占有量仅为世界人均水量的 1/4,在世界排名 100 位以后,被列为世界上 12 个贫水国家之一。水资源时空分布不均、年际变化大,而且工农业发展需水量大,水资源利用率低,用水方式落后造成大量的水被浪费,导致我国水资源严重短缺。水环境问题已经成为我国社会经济发展的制约因素之一。

(一)水环境承载力评价

1. 评价过程

(1)地表水环境容量评价。水质目标值是根据各行政区水质目标(表 11-38)中相应的环境质量标准类别上限值确定的,环境质量标准参照国家标准《地表水环境质量标准》(GB 3838—2002),见表 11-39。

根据海南岛地表水环境质量监测结果,即全岛 COD、氨氮的浓度分布,结合各区域的水质目标,计算出 COD、氨氮的容量。全岛的 COD、氨氮容量的分布如图 11-30、图 11-31 所示,对其先进行容量等级划分(表 11-40),再进行综合承载力等级划分,依据综合承载力等级划分,运用 MapGIS 空间分析技术对全岛的地表水环境承载力进行分析,结果如图 11-32 所示,并根据全岛的地表水环境承载力分布,利用取差法对各行政区地表水环境承载力进行评价(图 11-33)。

第十一章 海南国际旅游岛资源环境承载力评价

表 11-38 行政区水质目标

行政区划	海口市	三亚市	儋州市	五指山市	文昌市	琼海市
水质目标	Ⅱ	Ⅱ	Ⅱ	Ⅱ	Ⅱ	Ⅱ
行政区划	万宁市	东方市	定安县	屯昌县	临高县	澄迈县
水质目标	Ⅱ	Ⅱ	Ⅱ	Ⅱ	Ⅲ	Ⅱ
行政区划	白沙县	昌江县	乐东县	陵水县	保亭县	琼中县
水质目标	Ⅰ	Ⅲ	Ⅱ	Ⅲ	Ⅱ	Ⅰ

表 11-39 《地表水环境质量标准》(GB 3838—2002)　　　　　单位:mg/L

种类	Ⅰ类	Ⅱ类	Ⅲ类	Ⅳ类	Ⅴ类
COD≤	15	15	20	30	40
氨氮≤	0.15	0.5	1.0	1.5	2.0

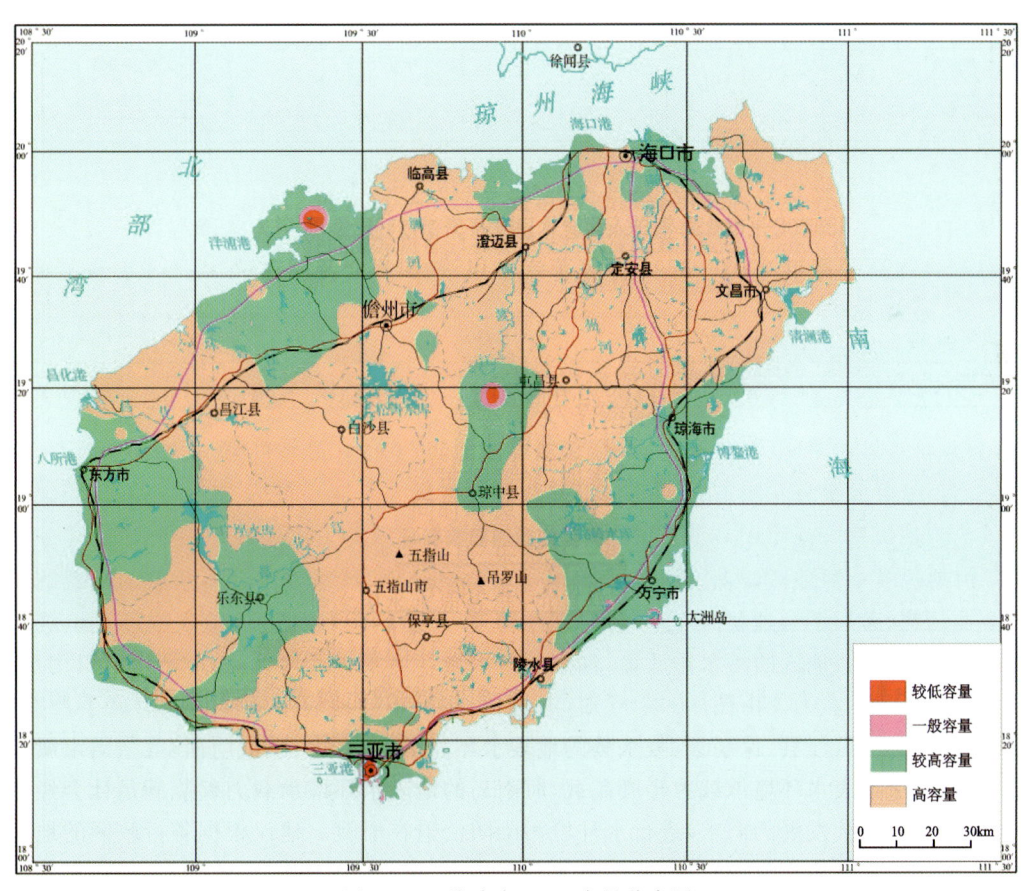

图 11-30 海南岛 COD 容量分布图

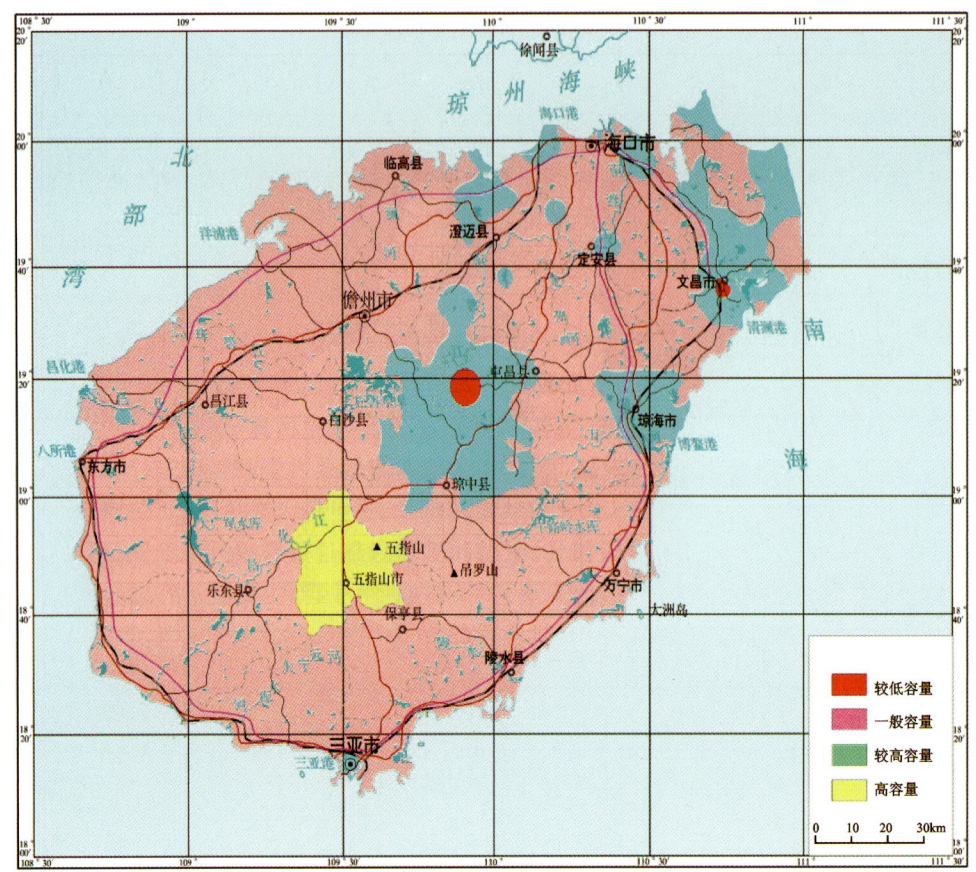

图 11-31 海南岛氨氮容量分布图

表 11-40 海南岛地表水环境容量等级划分

COD 容量	−4～−2	−2～0	0～2	2～5
氨氮容量	≤−10	−10～0	0～9	2～5
容量状态	低容量	较低容量	一般容量	较高容量

由 COD 容量分布图可知，除儋州市、屯昌县部分地区的 COD 容量较低外，其他地区的 COD 容量现状整体较好。由氨氮容量分布图可知，屯昌县、文昌市的氨氮容量属于低容量，其他市县的氨氮容量属于一般及以上容量级别。由图 11-32 可知，海南岛地表水环境承载力出现超载现象的地区分布在海南岛东北部沿海地区及中部地区，占总面积的 14.3%。造成部分地区地表水环境承载力超载的原因可能是地区的产业结构、布局不合理及海水入侵，为了改善这一现状，应根据地区地表水环境承载力调整产业结构，削减承载力超载地区的污水排放量，加强沿海水域环境质量管理，科学规划水稻田用水和施肥，进而提高地表水环境承载力。由图 11-33 可知，屯昌县、文昌市的地表水环境承载力属于严重超载，东方市、临高县、乐东县、昌江县、保亭县、陵水县的地表水环境承载力属于承载均衡，五指山市属于承载盈余，其他市县都属于地表水环境承载力轻度超载，海南岛的地表水环境承载力仅能满足社会经济现状发展需求，不能满足可持续发展的需求，进行水环境污染防治迫在眉睫。建议根据各行政区的地表水环境承载力现状，调整产业结构和产业布局，加大技术改造力度，提高各行业用水效率和效益，对各区域进行污染物排放量的分配，保持并进一步提高海南岛良好的地表水环境质量，提高地表水环境承载力，进而实现该区域的可持续发展。

第十一章 海南国际旅游岛资源环境承载力评价

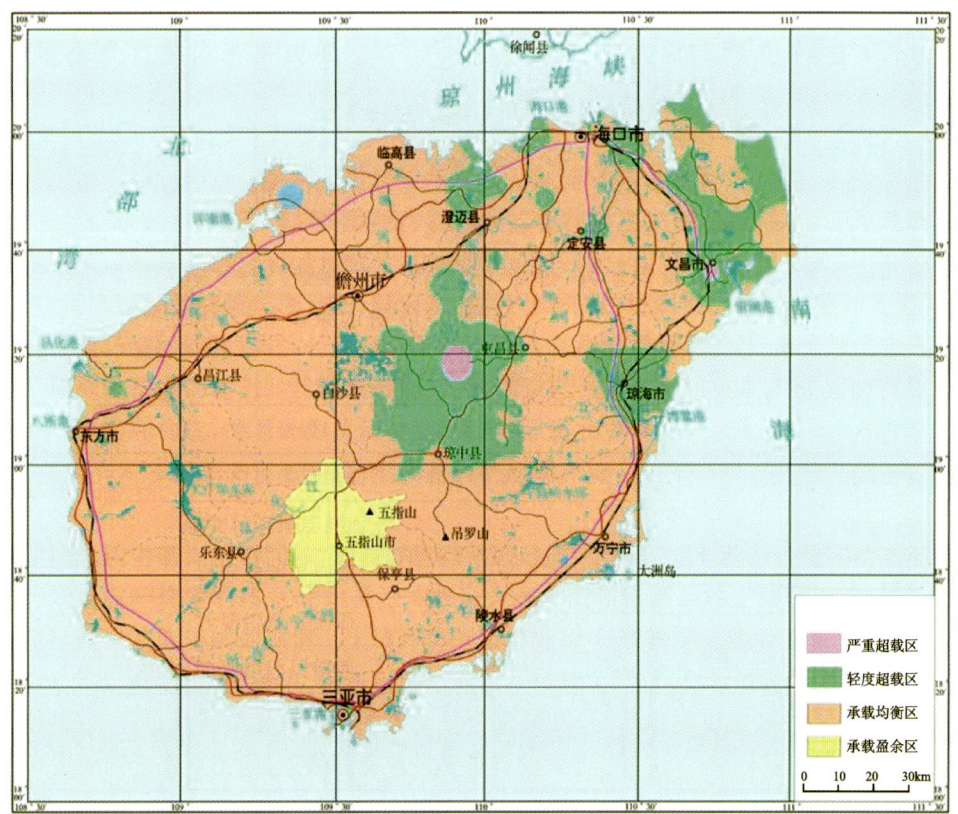

图 11-32　海南岛地表水环境承载力分布图

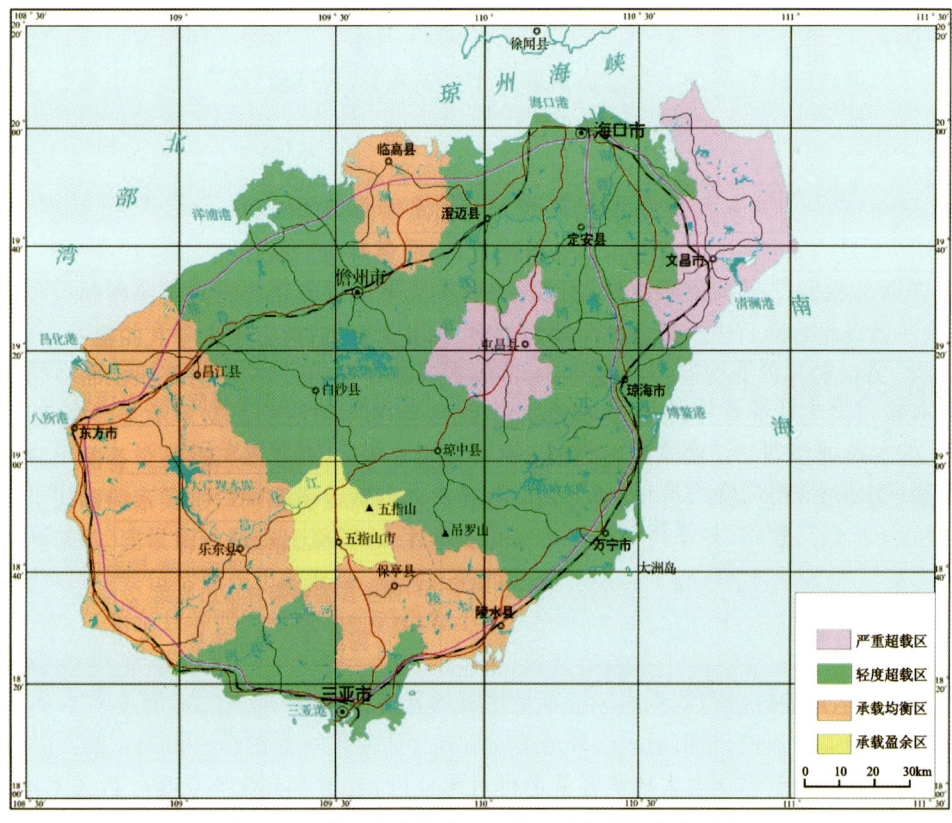

图 11-33　海南岛各行政区地表水环境承载力分区图

(2)地下水环境容量评价。根据确定的海南岛行政区划的各指标指数和各指标的权重计算出各行政区划的地下水环境容量指数,结果如表 11-41 所示。

表 11-41 地下水环境容量指数值

行政区划	海口市	三亚市	儋州市	五指山市	文昌市	琼海市
容量指数	5.67	5.79	5.28	7.12	5.54	6.60
容量级别	一般容量	一般容量	较低容量	较高容量	一般容量	较高容量
行政区划	万宁市	东方市	定安县	屯昌县	临高县	澄迈县
容量指数	5.569	5.65	5.92	5.23	5.01	6.06
容量级别	一般容量	一般容量	一般容量	较低容量	较低容量	一般容量
行政区划	白沙县	昌江县	乐东县	陵水县	保亭县	琼中县
容量指数	7.70	5.20	6.40	4.64	8.01	5.45
容量级别	高容量	较低容量	一般容量	较低容量	高容量	较低容量

参考地下水环境容量级别划分表(表 11-42)对海南岛行政区地下水环境容量进行评价。根据计算结果分析得出:海南岛儋州市、屯昌县、临高县、昌江县、陵水县、琼中县的地下水环境容量属于较低级别,其他市县的地下水环境容量属于一般及较高容量级别,白沙县地下水环境容量属于高容量级别,全岛地下水环境容量级别分布如图 11-34 所示。海南岛地下水环境容量现状整体较好,能够满足现状发展要求。为了满足可持续发展需求,应采取一定措施提高地下水环境承载力,进一步建立、完善地下水相关法律法规,依据地下水环境容量现状,合理配置地下水资源,加强水资源管理,采取一套行之有效的节流开源措施;控制污染物排放,加大对地下水污染防治的投入,将地下水的开发利用与保护协调起来,进而提高地下水环境容量,实现水资源的可持续利用,以及自然、经济、社会的全面协调发展。由地下水环境容量综合指标体系的 5 个指标权重可知,水质指标(Q)和水量指标(V)的权重值相对较大,是地下水环境容量的控制因子,水质指标和水量指标越大,地下水环境容量越小,评价结果和实际情况相吻合,因此,采用 QVEVT 综合指标体系进行地下水环境容量的计算具有一定的实用意义。

表 11-42 地下水环境容量级别

容量级别	较低容量	一般容量	较高容量	高容量
分值范围	4.5～5.5	5.5～6.5	6.5～7.5	7.5～8.5

造成海南岛地下水环境容量较低的原因可能有:农业面源污染较严重,污染物通过下渗进入地下水,造成地下水污染,使地下水水质恶化,降低了地下水环境容量;地下水埋深较小,受人类活动影响大,地下水容易受到污染;海南岛降雨量年际变化大,造成地下水水位变化大,位于水位变幅带的岩层(或土壤)处于不断的干一湿交替状态,使污染物的氧化还原条件不断发生变化,对污染物的降解和转化有很大的影响。

2. 评价结果与分析

在海南岛地表水环境容量和地下水环境容量评价的基础上,利用取差法对海南岛水环境承载力进行评价,即水环境承载力评价,是由地表水环境容量和地下水环境容量的最小值决定的。以行政区为评价单元,对地下水环境容量和地表水环境容量进行对比分析,运用 MapGIS 空间分析技术进行分析,进而得出海南岛水环境承载力评价结果分区图(图 11-35)。

第十一章 海南国际旅游岛资源环境承载力评价

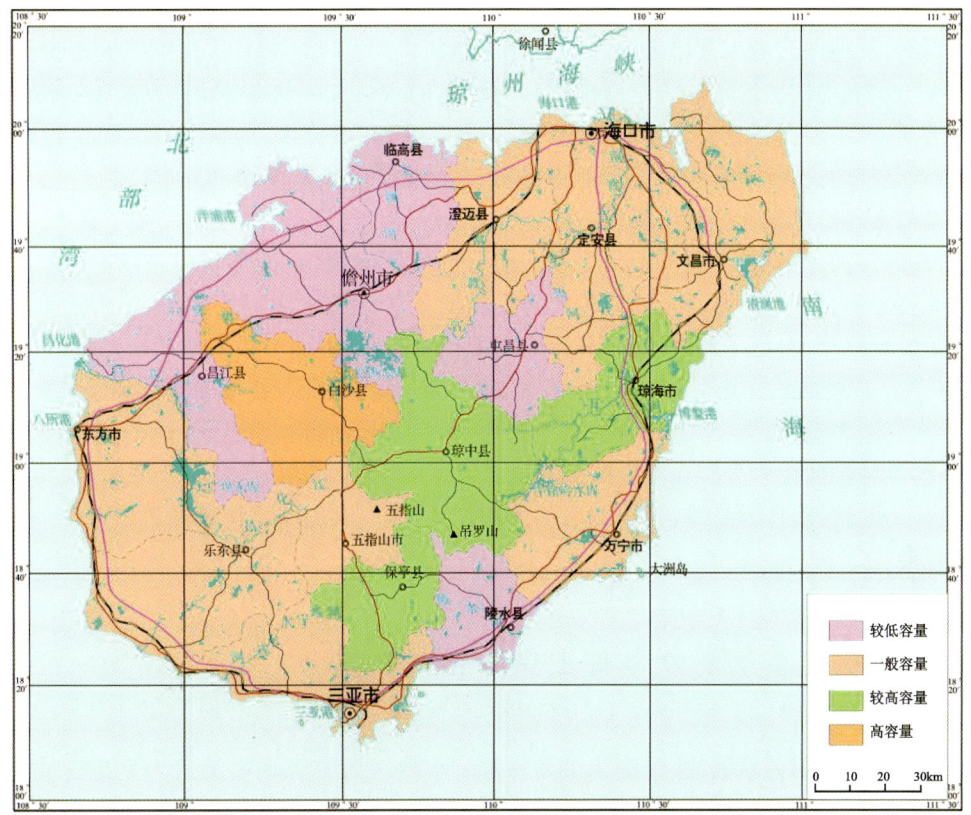

图 11-34　海南岛地下水环境容量分区图

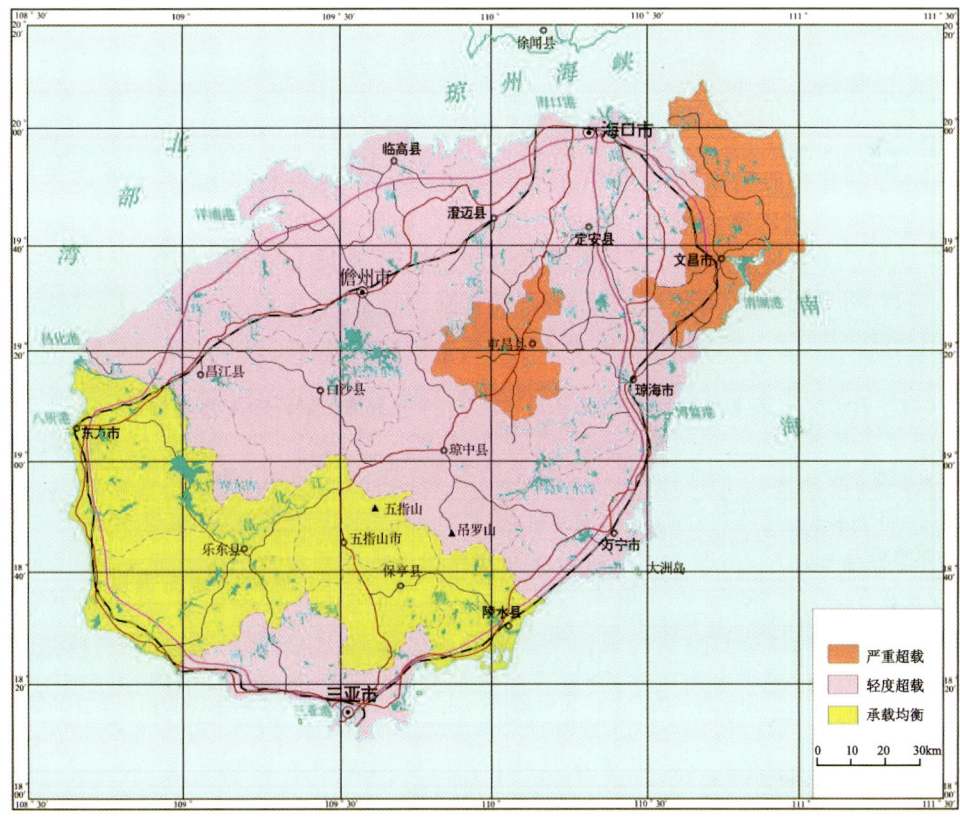

图 11-35　海南岛水环境承载力分区图

由图 11-35 可知,海南岛水环境承载力整体水平一般,除了东方市、五指山市、乐东县、保亭县、陵水县属于承载均衡,其他地区的水环境承载力都表现为超载,且文昌市、屯昌县属于严重超载。由此可见,海南岛的水环境承载力现状将不能满足海南国际旅游岛的可持续发展需求,并成为制约海南岛发展的重要因素。因此,应不断完善相关法律法规,加大节约用水的宣传力度,加强水资源配置管理,优化产业结构,加大污水处理的投入,提高水环境承载力,进而全面推进海南岛的协调发展。

造成海南岛水环境承载力超载的原因有以下几点。

(1)海南岛的发展以旅游业、服务业为主。旅游业的快速发展,全面加快经济增长、拉动内需,使民生得到大力改善。但由于近几年岛上度假的游客大幅度上升,相应的用水量也在不断增加,且游客在用水过程中只图游玩享受,忽略了节约用水,导致水资源浪费严重,进而影响当地的水环境承载力。

(2)海南省水资源受自然条件影响较大,天然湖泊少,水利工程较少且部分老化,水资源储蓄量不大,且农业用水利用率低,浪费了大量水资源,应兴建水利工程,提高农业生产用水利用率。

(3)海南岛重污染区主要分布在工业区或老城区地段,污染源集中且污水处理率低,污水处理设施不完善,排放污水不达标,且大量排污,造成水质恶化。此外,原有的城市垃圾场未经选址,多随意堆放,造成水环境污染。

七、资源环境综合承载力与国土资源优化配置

资源环境是生态文明的承载体,正确认识和评价一个地区的资源环境承载力是生态文明建设的首要任务。加强资源环境承载力评价研究,将资源环境承载力评价结果充分运用到国土空间开发和资源保护、国土规划编制、国土综合整治、地质环境保护等各个领域,有利于提高国土资源管理决策的科学性,助推生态文明建设。

(一)资源环境综合承载力评价

本次评价的评价单元为栅格和行政区混合评价。首先,将评价单元全部数据转化为矢量图斑单元,并对图斑单元进行编码,同时按编码输入单要素评价属性数据,在此要说明的是,单要素评价属性的赋值主要是根据前期的单要素承载力评价等级进行赋值,赋值标准见表 11-43;然后,导出带编码的数据进行聚类分析;最后,将聚类分析结果与矢量图斑属性数据进行对接,借助 MapGIS 软件制图完成综合评价及分区的图面显示。

表 11-43 海南岛单要素承载力评价单元属性赋值标准表

单要素指标	评价单元赋值标准			
	承载盈余	承载适宜	超载	严重超载
土地资源承载力	4	2.5	1.5	0.5
水资源承载力	4	3	1.5	0.5
地质环境承载力	4	2.5	—	0.5
水环境承载力	3	2	—	0.5
土壤环境承载力	4	3	1.5	0.5

对海南岛的聚类分析形成的 MapGIS 图层文件进行整饰,4 种聚集分类分别对应于承载力高、承载力较高、承载力较低和承载力低 4 种评价等级,形成最终的海南岛资源环境承载力综合评价区划用

MapGIS 可视化图件。在该图件上叠加海南岛的国家级或省级自然保护区、国家级或省级风景名胜区、国家级或省级森林公园的分布点,并将其直接划分为承载力低的评价等级,最终得到海南岛资源环境综合承载力分区图(图 11-36)。

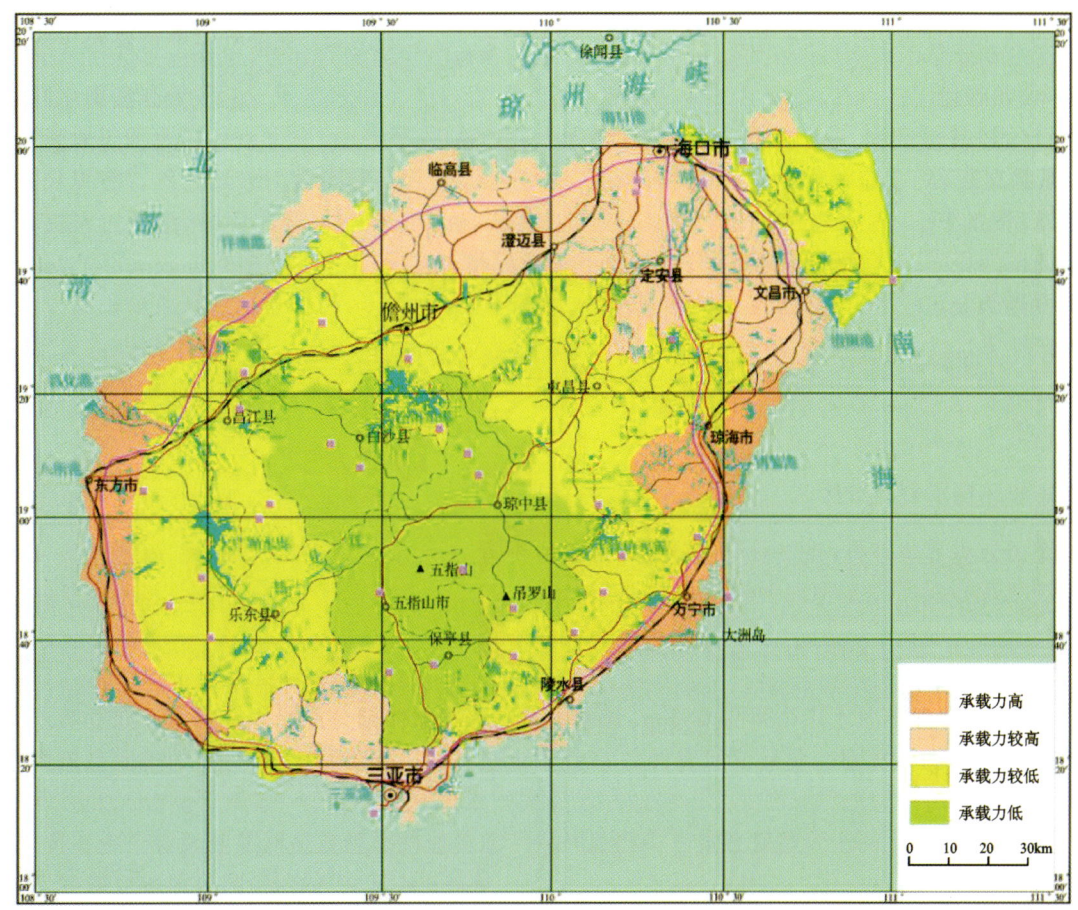

图 11-36　海南岛资源环境综合承载力分区图

1. 资源环境承载力高区

该区主要分布于海南岛的东海岸和西海岸沿岸一带,主要包括昌江县、东方市、乐东县的西部及琼海市、万宁市、陵水县的东部,岛中部地区鲜少分布,呈带状分布,其面积占研究区总面积的 10% 左右。这些地区位于滨海平原区,地下水埋深较浅,且东海岸年降雨量多在 2000mm 以上,水资源丰富,水资源承载力较高;发展方向多以滨海旅游业为主,无大规模的企业工厂,土壤重金属污染情况较为少见,土壤环境容量高;地处平原地区,适合开展各种农业或建设活动,土地资源承载力较高;地质灾害易发性较低。因此,其整体资源环境承载力高。

2. 资源环境承载力较高区

该区主要分布于海南岛的北部和西部,其中北部占主要部分,主要包括儋州市西部的洋浦经济开发区,临高县的北部和中部,澄迈县的北部,海口市的大部分地区,文昌市的西南部和北部地区,以及定安县的北部和中部均有分布,海南岛南部的资源环境承载力较高区主要分布在三亚市的绝大部分地区,另外,陵水县的东部沿海也有小面积的分布。资源环境承载力较高区的面积约占研究区总面积的 23%。这些地区位于海南岛的平原台地区或低山丘陵区,地形起伏较小,地下水埋深亦较浅,且多位于海滨地带,水资源条件优越;多为海南岛经济发展较快的中心城区,农业生产已实现现代化耕作,耕地产量较高,土地资源承载力较高;较少有地质灾害发生,地质环境脆弱性程度一般。但由于该区土壤环境容量较小,因此,该区的资源环境承载力水平较上述地区低,位于承载力较高水平。

3. 资源环境承载力较低区

该区主要分布于海南岛的中部丘陵区,东北部地区也有一定面积的分布,主要包括儋州市的中部和南部的大部分地区,澄迈县、定安县的南部地区,文昌市的东部大面积区域,琼海市的北部及西南部区域,屯昌县的几乎全部地区,万宁市、陵水县的西部大面积地区,乐东县、东方市的广大东部地区,昌江县的东南部地区,另外在琼中县的东北部也有小面积的分布。资源环境承载力较低区所占面积较大,约占全区总面积的47%。这些地区多位于海南岛中部丘陵区,地形起伏相对较为明显,地质灾害较易发生,地质环境较为脆弱;大面积分布于岛的中部,地下水埋深相对较深,年平均降雨量亦较东部沿海少,水资源承载力相对较弱。由于其现有的土地利用类型主要是以林地为主,较少受到农业或工业的污染,所以其土壤环境容量较高。但是正是由于其森林占地面积较大,耕地面积较少,且处于中部经济欠发达的省份,粮食生产水平较低,土地资源承载能力较低。综合以上所有因素的影响,该区的资源环境承载力处于较低水平。

4. 资源环境承载力低区

该区主要分布于海南岛的中部山地区,分布较为集中,主要包括白沙县、琼中县、保亭县的绝大部分地区,以及五指山市的全部地区,其面积占研究区总面积的20%左右。这些地区集中分布于海南岛的中部,地貌类型主要为山地,地形起伏较大,崩塌、滑坡、泥石流等地质灾害极易发生,地质环境及其脆弱。该区现有的土地利用类型基本为林地,农业、建设用地的面积较少,导致其农业用地承载力及建设用地承载力均较低。综合以上各种因素的影响,将该区确定为资源环境承载力低区。

(二)国土空间主体功能区划研究

据《全国主体功能区规划》的划分,我国国土空间分为4类主体功能区,即优化开发区域、重点开发区域、限制开发区域和禁止开发区域。这4类开发区域是基于不同区域的资源环境承载能力、现有开发强度和未来发展潜力是否适宜或如何进行大规模高强度工业化、城镇化开发为基准划分的。海南岛国土空间主体功能区划评价如图11-37所示。

1. 重点开发区

该区主要分布于资源环境承载力高和较高的地区,基本为平原或台地地貌,另外还包括各个县(市)的中心地区,即中心城区,包括昌江县、东方市、乐东县的西部,以及琼海市、万宁市、陵水县的东部,儋州市西部的洋浦经济开发区,临高县的北部和中部,澄迈县的北部,海口市的大部分地区,文昌市的西南部和北部地区,以及定安县的北部、中部和三亚市的南部地区均有分布。这些地区不仅资源环境承载力高,且具有一定经济基础、发展潜力较大、集聚人口和经济条件较好,是可以重点进行工业化城镇化开发的城市化地区。

该区域城镇体系初步形成,海口、三亚等中心城市有一定的辐射带动能力,以服务业为主体的产业规模有较好的基础;有一批国家级和省级经济园区,支撑新型工业发展;有条件建设我国面向东南亚的航运枢纽、物流中心和出口加工基地,能够带动周边地区发展,对促进区域协调发展意义重大。发展过程中应合理规划、科学利用滨海资源,将东部沿海地区打造成国家级休闲度假海岸,发展以旅游业为主导的现代服务业,建设国际旅游岛。加强对自然保护区、生态公益林、水源保护区等的保护,加强防御台

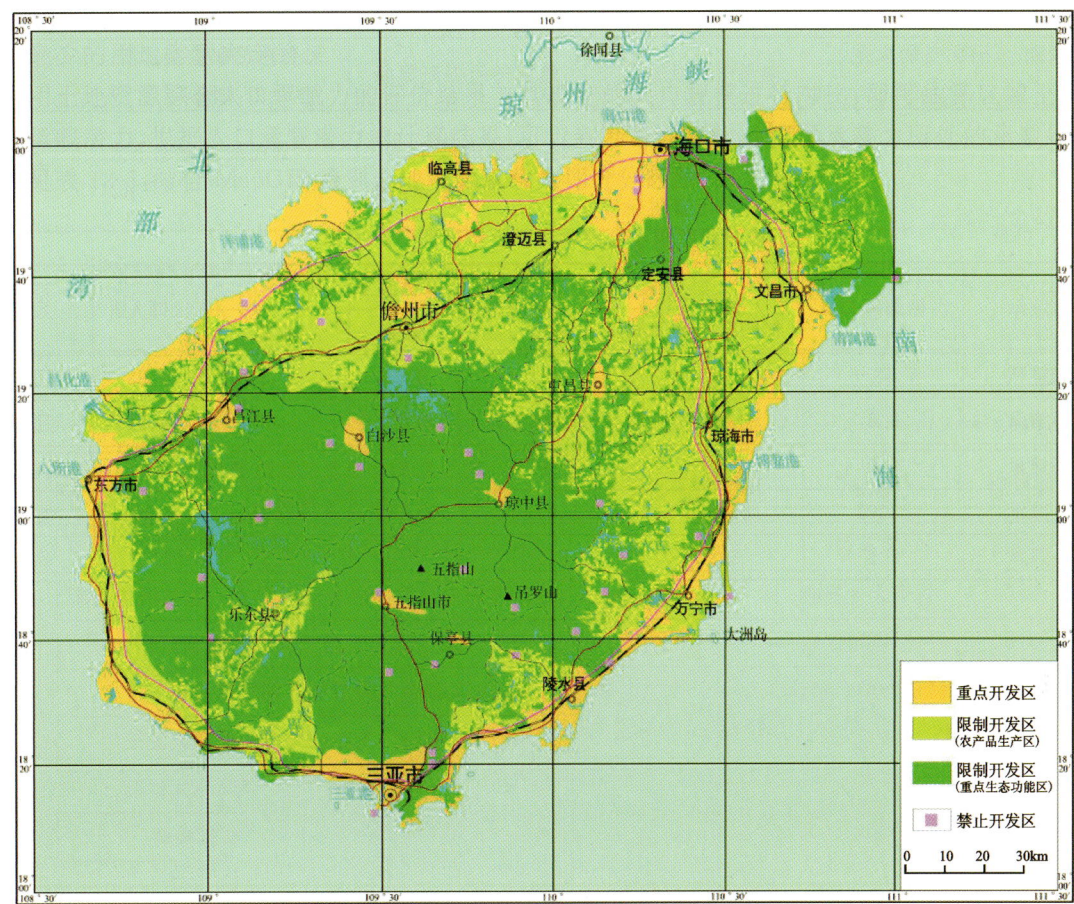

图 11-37　海南岛国土空间主体功能区划评价图

风和风暴潮能力建设。构建以沿海红树林、青皮林、珊瑚礁、港湾湿地为主体的沿海生态带和海洋特别保护区。

2. 限制开发区（农产品主产区）

该区主要分布于资源环境承载力较低区，主要包括昌江县的西北部，儋州市的中部及北部，澄迈县、定安县、文昌市的大部分地区，琼海市的中部及西部，万宁市的西北部，陵水县的西部地区，乐东县也有零星的分布。

该区耕地面积较多，发展农业的条件较好，具备良好的热带农业生产条件，以提供热带农产品为主体功能，以提供生态产品、服务产品和工业品为其他功能。需要在国土空间开发中限制进行大规模高强度工业化城镇化开发，以保持并提高农产品生产能力的区域。丘陵区可设以椰子、槟榔、胡椒为重点的热带经济作物带，以芒果、荔枝、龙眼为重点的热带水果产业带，以兰花为重点的花卉产业带，以肉牛、肉羊、生猪、家禽为主的畜产品产业。山地区可建设天然橡胶产业带、特色水果产业带、南药产业带、特色养殖产业带。

3. 限制开发区（重点生态功能区）

该区主要位于资源环境承载力低区及较低区，主要包括乐东县、东方市、昌江县、白沙县、海口市的绝大部分地区，陵水县的北部，文昌市的东部，保亭县、五指山市及琼中县的几乎全部地区，另外，万宁市、琼海市、屯昌县、定安县、澄迈县、儋州市亦有零星的分布。

该区域是热带雨林、热带季雨林的原生地,我国小区域范围内生物物种十分丰富的地区之一,也是我国最大的热带植物园和最丰富的物种基因库之一,是海南主要江河源头区、重要水源涵养区,具有十分重要的生态功能。由于林地面积广阔,地形起伏较大,应进一步强化封山护林和封山育林工作力度,对于坡度大于25°的山地实施严格保护,稳定天然林的覆盖率。

4. 禁止开发区

禁止开发区分国家级和省级,由自然保护重点区域和文化保护重点区域组成,包括国家级自然和文化保护重点区域共19处,省级自然保护区、省级风景名胜区、省级森林公园共35处。

该区域是我国最宝贵的海岛型热带雨林生态系统支撑区域,海岛近岸与近海热带珍稀动植物保护区域,动植物基因资源保护区域,禁止工业化和城镇化开发的红线区域,集中体现海南资源特点、景观特质,保障和提升国际旅游岛开发层次的重要依托区域。

八、结 论

(一)资源承载力整体均衡,局部略紧张

1. 土地资源承载力

基于土地资源开发利用适宜性评价结果对海南岛土地资源承载力进行评价,评价结果表明:海南岛土地资源承载力水平整体一般,包括海口市、三亚市、澄迈县、白沙县在内的4个县(市)处于严重超载水平,临高县、乐东县、陵水县等6个县(市)处于超载水平,以上超载区在今后土地资源的开发利用中应注意农业、建设、生态用地的合理优化配置。其余县(市)处于承载适宜或承载盈余水平。经过综合分析,全区土地资源可承载的人口规模约1 116.85万人,略高于海南岛的现状人口数,处于承载适宜状态。

2. 水资源承载力

从整体上来说海南岛可利用水资源量较为丰富,但人均可利用水资源量较少,其中以海口市最为严重,处于严重缺水状态,琼中县人均可利用水资源量最多。通过计算海南岛水资源人口承载潜力,预计全岛超载人口将达到291万人,以海口市最为突出,可达到217.5万人。因此,区域内应注意集约高效用水。应急水源地水资源承载力的研究结果表明:除东方市外,海南岛其余地区地下水资源可供应人口大于现状人口,应急水源地基本上能满足应急情况下该区域的所有人口的饮水要求。

3. 地质遗迹资源承载力

海南岛地质遗迹资源丰富,主要分为八大类。地层剖面类地质遗迹主要分布在地质遗迹低度脆弱性区,在开发潜力上处于"一般"的水平,该类地质遗迹承载力整体处于"一般"的水平;重要化石产地类的地质遗迹只有一处,即南宝硅化木,脆弱性处于中度状态,具有一定的旅游开发潜力,整体分析得出其承载力水平处于"较高"的状态;重要岩矿石产地类地质遗迹的承载力整体处于"较高"的状态,旅游开发潜力较大,脆弱性整体处于中高度的水平;岩土体地貌类地质遗迹的承载力处于"较高"的水平;水体地貌类地质遗迹的承载力处于"较高"的水平;火山地貌类的地质遗迹承载力整体处于"高"的水平;海岸地貌类型的地质遗迹承载力整体处于"较高"的水平;地质灾害类的地质遗迹承载力整体处于"高"的水平。

(二)环境承载力整体水平较低

1. 地质环境承载力

崩塌、滑坡、泥石流为海南岛区域内发生次数最多的3种地质灾害,基于以上3种地质灾害进行地质环境脆弱性研究,结果表明脆弱性严重区域主要集中于海南岛中部山地区。对以上3种地质灾害的主要影响因素(即降雨量和切坡坡度)进行其宏观上呈现出的规律性研究,找出地质环境脆弱性严重、地质环境脆弱性一般、地质环境脆弱性轻度区域上切坡阈值以及降雨量阈值,以期为地质灾害的预警提供可靠的依据。研究结果表明:当切坡坡度达到20°,降雨量达到1140mm/a时要注意防范以上3种地质灾害的发生。

2. 土壤环境承载力

基于农业、建设、生态3种不同的土地利用类型分别进行土壤环境的静态容量和动态容量研究。土壤环境静态容量研究结果表明:3种用地类型均表现为海口市和临高县的土壤环境静态容量最低,部分重金属的含量已超出其能容纳的限值。土壤环境剩余容量以全岛表层土壤背景值为依据进行研究,表现为临高县、澄迈县、海口市、文昌市、琼海市周边地区污染较为严重,比较适宜作为工业用地,但仍应注意污染物的减排;东方市和昌江县的土壤中重金属含量较高,已基本接近或超过其临界值,现阶段不适宜在其上从事农业或者工业活动,应采取有效措施进行治理。

3. 水环境承载力

海南岛地表水环境承载力出现超载现象的地区主要分布在海南岛东北部,地下水环境容量表现为西北部地区较低。海南岛整体的水环境承载力表现为轻度超载,个别地区(文昌市、屯昌县)属于严重超载,仅东方市、五指山市、乐东县、保亭县、陵水县处于承载均衡水平。水环境承载力现状不容乐观,已经成为制约海南岛发展的重要因素。

(三)资源环境综合承载力表现为四周高、中部低

海南岛资源环境承载力较高的地区主要分布在研究区的东西部沿海平原区及北部的平原或台地区;研究区的中部地区资源环境承载力水平较低。在对资源环境承载力进行综合分析的基础上,结合适宜性评价结果,对海南岛主体功能区划进行了具体研究,结合社会经济发展的具体情况,将海南岛划分为重点开发区、限制开发区(包括农产品主产区和重点生态功能区),以及禁止开发区。重点开发区主要位于资源承载力高及较高的区域;限制开发区主要分布在资源环境承载力低及较低的区域,限制开发区中又以重点生态功能区为主,严守中部山区"生态红线";禁止开发区主要为各种国家级、省级自然保护区和风景名胜区等。

第十二章 北海市资源环境承载能力评价

北海市是北部湾经济区重要组成城市,区位优势突出,地处华南经济圈、西南经济圈和东盟经济圈的接合部,处于泛北部湾经济合作区域接合部的中心位置。近年来,随着经济社会的持续快速发展,北海市面临的资源环境约束也持续加剧——经济建设过程中引发的水资源污染及短缺、海岸带地区环境工程地质问题等日益凸显,对地质环境安全保障的需求将明显上升,迫切需要不断提高资源环境综合承载力。因此,有必要以北海市为重点,对北海市的重点地区开展基础地质条件调查及重大地质问题的深入分析,开展资源环境承载力评价。本研究将在野外实地调研与室内归纳分析相结合的基础上,基于单因素承载力研究的结果对北海市的资源环境承载力进行评价,进行北海市资源环境承载力综合评价及国土资源环境功能区划,进而为国家重大需求及国土资源工作提供地质学科的科技支撑,为国家经济建设及国土资源规划和地区经济及经济区的发展提供有效的服务。

一、资源环境承载力单要素评价研究

(一)土地资源承载力评价

1. 生态保护区划

生态保护区划以生态服务功能重要性评价为基础。根据《生态功能区划暂行规程》,明确生态系统服务功能的重要区域,基于生态保护区划方法,利用 MapGIS 空间分析功能对整个工作区进行生态保护分区,北海市生态功能区划如图 12-1 所示。

2. 土地利用适宜性评价

土地利用适宜性评价主要以土地的自然属性对土地利用能力或土地利用适宜性的影响大小作为评价尺度,针对土地的不同用途(本专著主要基于农业、建设两种用地类型),把影响不同土地的适宜性等级的因素作为评价因子,参考相关行业标准,结合专家打分法将其划分为适宜、较适宜、较不适宜、不适宜 4 种不同的适宜性级别,按"4 分制"分别将其赋予不同的分值,如表 12-1 所示。运用综合指数法结合 MapGIS 软件计算各个评价单元的综合评价值,并进行适宜性级别划分,最终得到农业用地以及建设用地适宜性分区图,如图 12-2、图 12-3 所示。

第十二章 北海市资源环境承载能力评价

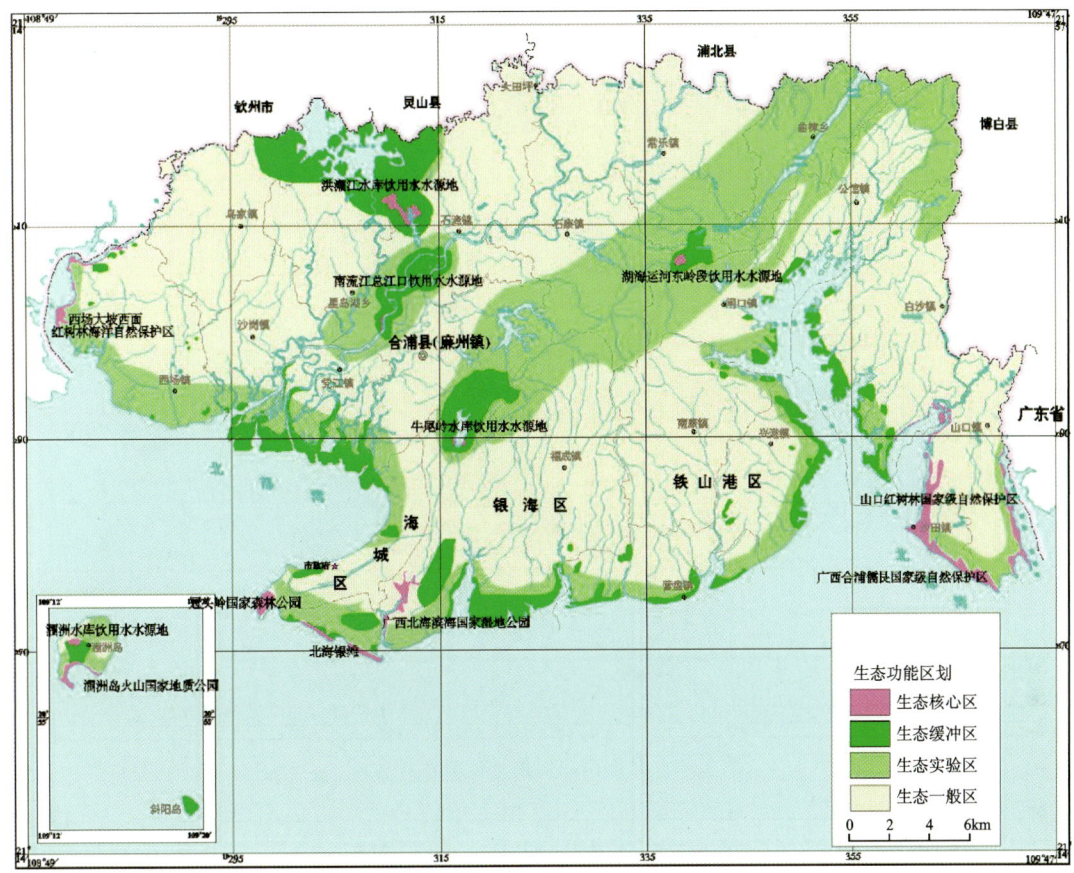

图 12-1 北海市生态功能区划图

表 12-1 北海市土地适宜性评价指标等级划分

目标层	准则层	指标层	评价标准及分值				权重
			适宜(4)	较适宜(3)	较不适宜(2)	不适宜(1)	
农业用地适宜性	气候条件 A	年平均降雨量(mm)A1	>1700	1400～1700	<1400	—	0.142 9
	地形地貌条件 B	地貌类型 B1	其他	高台地、火山缓丘	垄状低丘、坡状低丘	海积阶地、海积漫滩	0.142 9
	土壤环境条件 C	土壤类型 C1	水稻土	砖红壤、赤红壤等	火山灰土	滨海盐土等	0.139 9
		土壤质量 C2	Ⅰ类	Ⅱ类	Ⅲ类	超Ⅲ类	0.222
		土壤有益元素丰度 C3	5 种以上元素丰富区	3～5 种元素丰富区	一般区域	6 种以上元素贫乏区	0.352 4
建设用地适宜性	地形地貌条件 A	高程(m)A1	<100	100～140	140～200	>200	0.333
	区域稳定性 B	地壳稳定性 B1	稳定区	较稳定区	次不稳定区	—	0.667

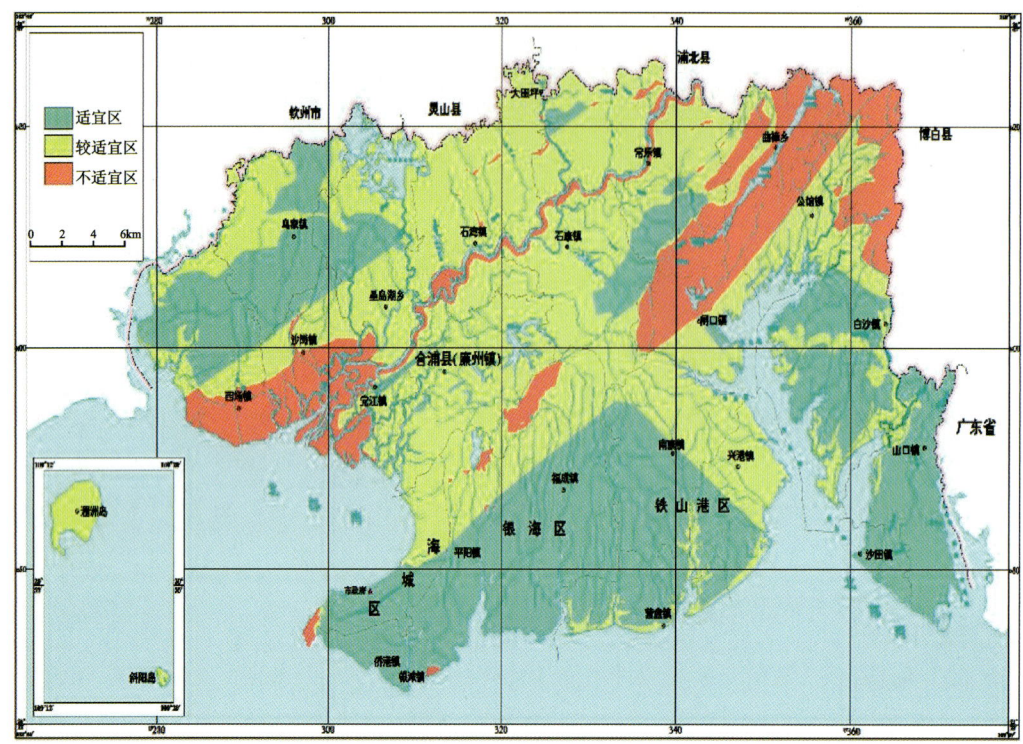

图 12-2　北海市农业用地适宜性评价图

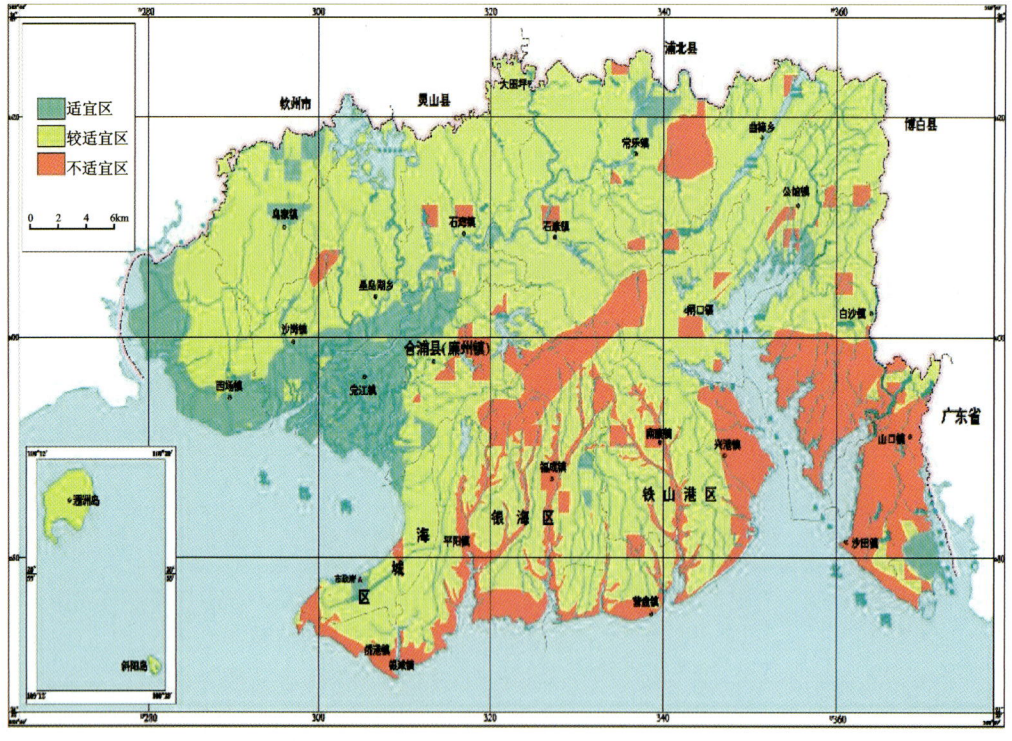

图 12-3　北海市建设用地适宜性评价图

3. 土地利用功能区划

在土地利用一级区划中，土地资源利用类型分为农业用地、建设用地、生态用地三大类。在划分工作区土地资源功能用地类型时，遵循的优先原则依次为生态用地、农业用地、建设用地。遵循上述划分原则,根据不同土地类型的适宜性评价结果,土地利用一级区划结果如图12-4所示。在一级区划的基础上,开展工作区建设用地(其他)的二级区划,二级区划结果见图12-5。

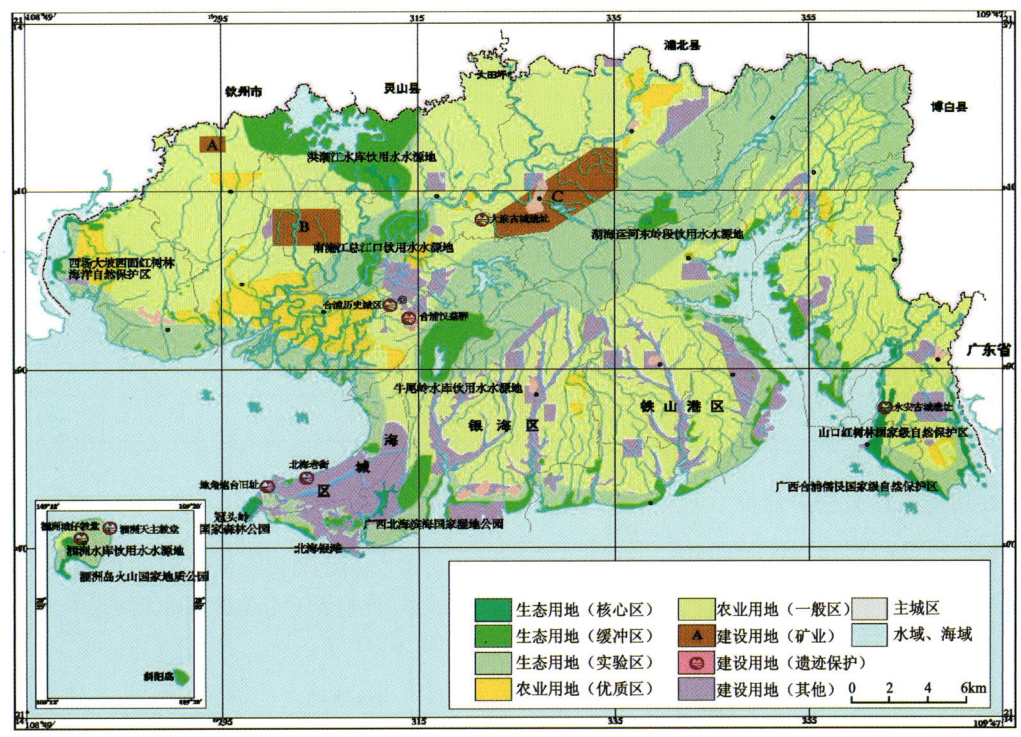

图12-4 北海市土地利用一级区划图

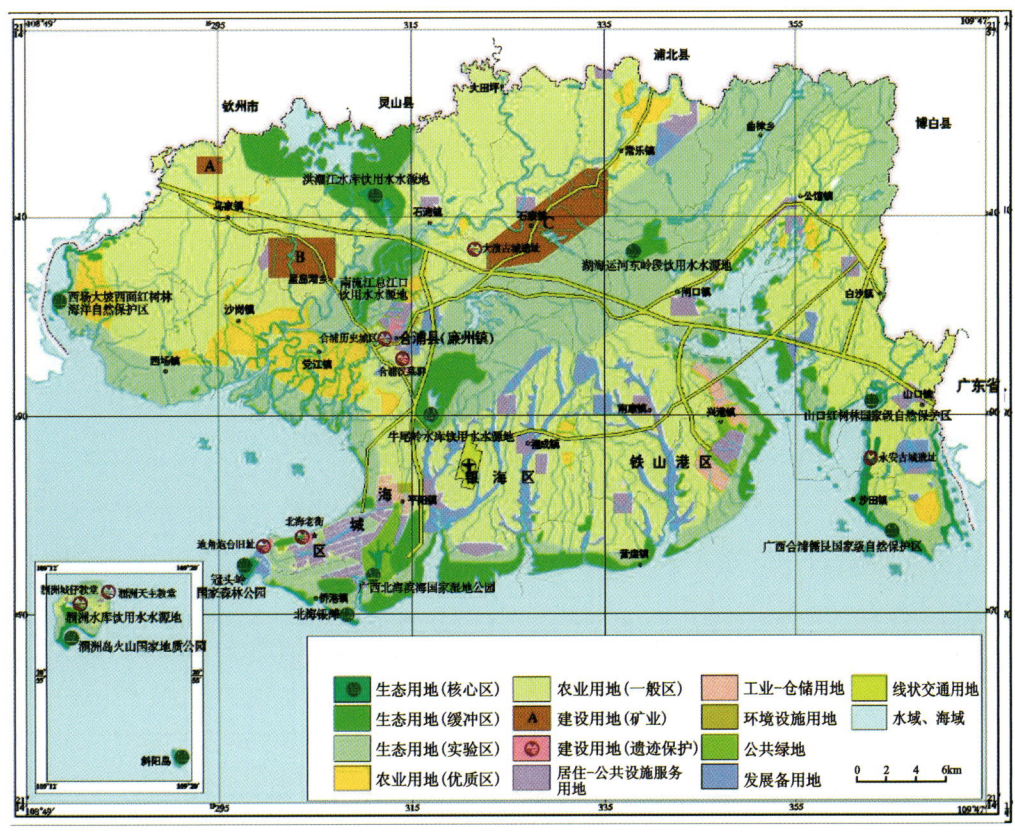

图12-5 北海市土地利用二级区划图

4. 农业用地人口承载力评价

农业用地人口承载力通过地区粮食总产量与人均粮食消费量之比表示。农业用地承载力指数（$LCCI_n$）是指区域人口规模（或人口密度）与农业用地承载力（或承载密度）之比。基于农业用地承载指数（$LCCI_n$）及其人粮平衡关系，农业用地承载力评价结果见表12-2。

表12-2　北海市农业用地承载力评价结果

行政区	耕地面积（$\times 10^4 hm^2$）	地区粮食总产量（$\times 10^4 kg$）	人口（万人）	可承载人口（万人）	承载指数	承载状态
海城区	0.3	2 839.5	29.8	8.1	3.7	严重超载
银海区	1.9	17 548.8	15.8	50.1	0.3	承载盈余
铁山港区	2.2	20 658.3	18.0	59.0	0.3	承载盈余
合浦	12.4	114 228.8	105.8	326.4	0.3	承载盈余
涠洲岛	0.1	922.1	1.1	2.6	0.4	承载盈余

5. 建设用地人口承载力评价

建设用地人口承载力可通过评价区建设用地空间与人均建设用地空间标准的比值得到，建设用地承载力指数（$LCCI_j$）是指区域人口规模（或人口密度）与建设用地承载力（或承载密度）之比。基于建设用地承载指数（$LCCI_j$），建设用地承载力评价结果见表12-3。

表12-3　北海市建设用地承载力评价结果

行政区	建设用地面积（km^2）	人口（万人）	可承载人口（万人）	承载指数	承载状态
海城区	29.6	29.8	49.2	0.6	承载盈余
铁山港区	103.4	15.8	172.0	0.1	承载盈余
银海区	71.1	18.0	118.2	0.2	承载盈余
合浦	178.1	105.8	296.3	0.4	承载盈余
涠洲岛	29.6	29.8	49.2	0.6	承载盈余

6. 生态用地人口承载力评价

本书以生态用地面积与人均生态用地面积之比作为生态用地人口承载力指标。生态用地承载力指数（$LCCI_s$）是指区域人口规模（或人口密度）与生态用地承载力的比值。根据生态用地承载力指数反映地区生态资源与人口的关系，生态用地承载力评价结果见表12-4。

表12-4　北海市生态用地承载力评价结果

行政区	生态用地面积（km^2）	人口（万人）	可承载人口（万人）	承载指数	承载状态
海城区	79.7	29.8	15.0	2.0	严重超载
银海区	129.3	15.8	24.4	0.6	承载盈余
铁山港区	98.9	18.0	18.7	0.9	承载适宜
合浦县	2 380.0	105.8	449.1	0.2	承载盈余
涠洲岛	12.3	1.13	2.3	0.5	承载盈余

7. 土地资源综合承载力

土地资源综合承载力评价基于"短板理论"。在土地资源综合承载力评价中，对于农业用地、建设用地及生态用地承载力评价的结果,认为某一区域所能承载的人口数量是由3种用地类型中所承载的人口数量最少的用地类型决定的。

利用土地资源综合人口承载力的评价结果与其现有的人口规模进行对比,即可估算区域土地资源的人口承载潜力,根据人口承载潜力的计算结果,可以判断评价区土地资源承载力所处的承载等级,评价结果见表12-5,结合MapGIS得到土地资源承载力评价分区图(图12-6)。

表12-5　北海市土地资源综合承载力评价表　　　　　　　　　　　　　单位:万人

行政区	人口	各用地类型可承载人口			综合承载人口	人口承载潜力	承载状态
		农业	建设	生态			
海城区	29.8	8.1	49.2	15.0	8.1	−21.7	严重超载
银海区	15.8	50.1	172.0	24.4	24.4	8.6	承载盈余
铁山港区	18.0	59.0	118.2	18.7	18.7	0.7	承载适宜
合浦县	105.8	326.4	296.3	449.1	296.3	190.5	承载盈余
涠洲岛	1.13	2.6	4.5	2.3	2.3	1.2	承载盈余

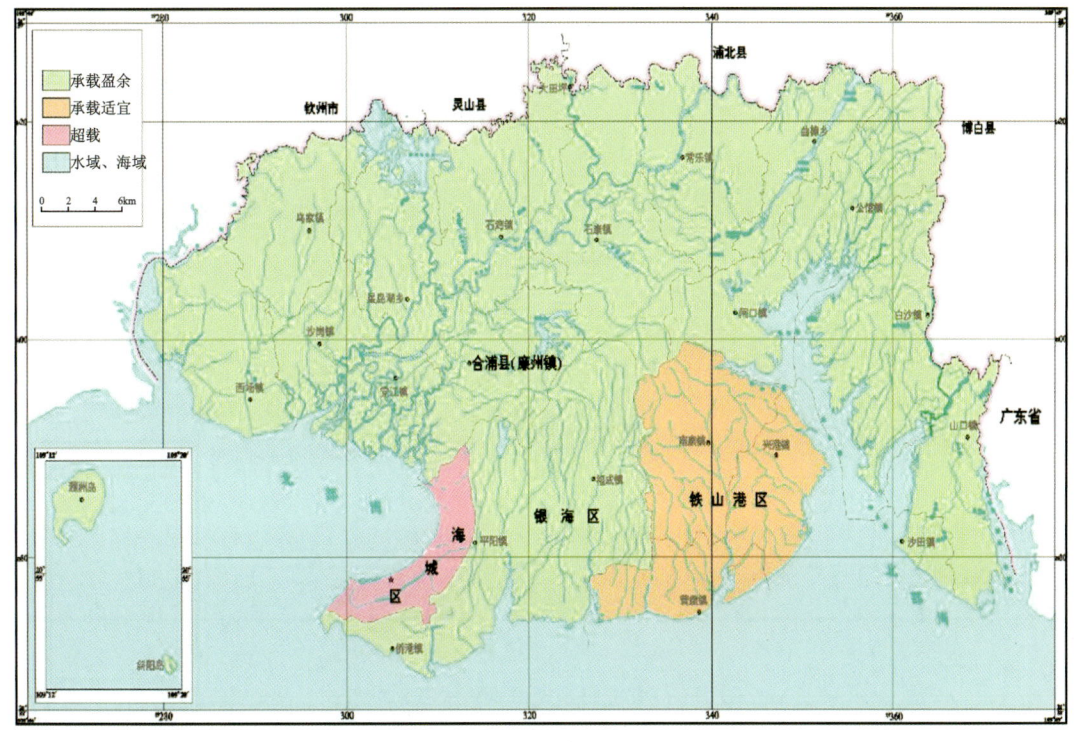

图12-6　北海市土地资源承载力综合评价分区图

(二)水资源承载力评价

水资源承载力评价选取水资源人口承载力和人口承载力指数作为评价北海市可利用水资源对未来社会经济发展的支撑能力的约束性指标。用水资源可利用量与人均水资源量比值表示水资源承载力,通过计算得到北海市可利用水资源承载力评价结果(表12-6)。运用MapGIS属性管理功能,得到北海市水资源承载力评价图(图12-7)。

表 12-6 北海市可利用水资源承载力评价成果表

行政区	面积(km²)	人口(万人)	水资源可利用量(×10⁸m³)	水资源人口承载力 B_w(万人)	水资源人口承载指数 K_w
海城区	140.00	29.80	1.28	12.77	2.33
银海区	423.00	15.80	3.43	34.30	0.46
铁山港区	394.00	18.00	2.57	25.68	0.70
合浦县	2 380.00	105.80	17.28	172.78	0.61
涠洲岛	25.00	1.13	0.09	0.88	1.29
合计	3 362.00	170.53	24.64	246.41	0.69

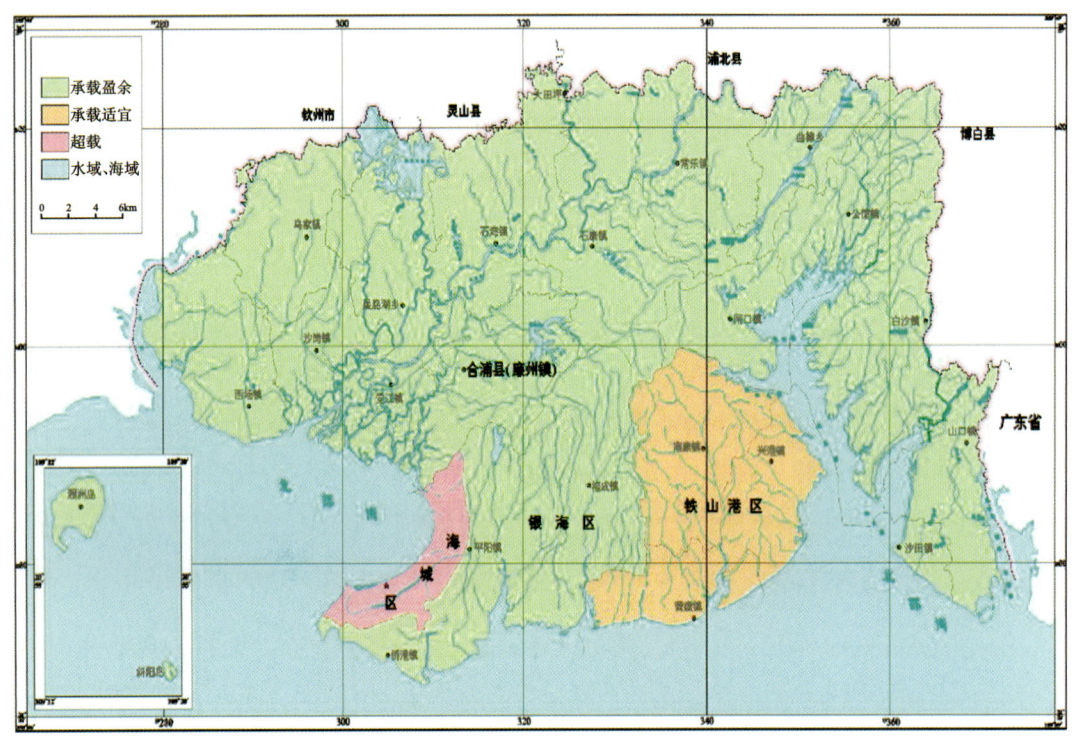

图 12-7 北海市水资源承载状态分布图

(三)矿产资源承载力评价

矿产资源潜在价值实质上是对某种探明的可利用矿产资源按其初级产品价格折算的价值,可从宏观层次上反映和测算一个研究区域的矿产资源实力和潜力,其测算公式如下:

$$V = R \times P \times G \times K$$

式中,V 为矿产资源潜在价值;R 为矿产储量;P 为矿产品价格;G 为品位调整系数;K 为统一计算单位系统。

将收集到的相关数据代入到上述公式中,计算结果如表 12-7 所示。

表 12-7 北海市主要矿产品潜在价值结果

矿产种类	保有储量(kt)	矿产品价格(元/kt)	品位调整系数	潜在价值(亿元)
高岭土	42 134	350 000	1.50	221.20
石膏	52 699	200 000	1.29	135.77
玻璃石英砂	189 285.1	300 000	0.99	562.72
钛铁砂矿	284 118.1	700 000	1.14	2 271.45
陶瓷黏土	681	400 000	1.03	2.80
耐火黏土	242.3	360 000	1.01	0.88
建筑石料用石灰岩	19 569.8	100 000	1.05	20.54
火山灰	41 647	1 000 000	1.10	458.11
铁矿	62 140.1	500 000	1.03	320.02

(四) 地质环境脆弱性评价

在工作区地壳稳定性和地质灾害易发性评价的基础上，采用取差法进行地质环境脆弱性评价，认为评价单元内只要某一种地质灾害的易发程度较高，则认为该区域整体上地质环境较为脆弱，评价结果见图 12-8。

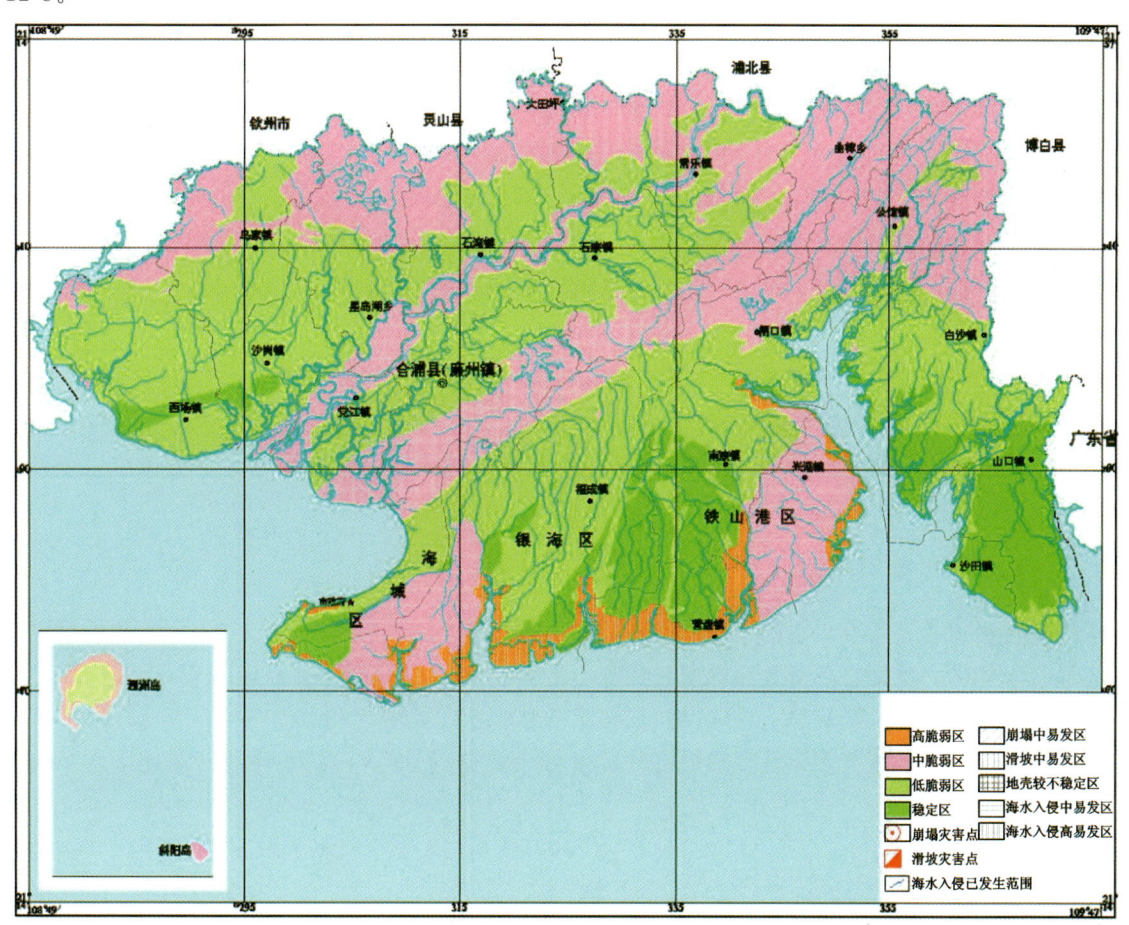

图 12-8 北海市地质环境脆弱性分区示意图

（五）水环境承载力评价

1. 地表水环境容量评价

水环境容量是环境标准值与本底值确定的基本水环境容量和自净同化能力确定的变动水环境容量之和。按照污染物的降解原理，地表水环境容量由稀释容量和自净容量两部分组成。

依据入海河流监测断面水质监测结果，计算出北海市地表水中COD和氨氮的环境容量，并利用MapGIS空间分析技术得出北海市地表水中COD、氨氮环境容量分区图（图12-9、图12-10）。

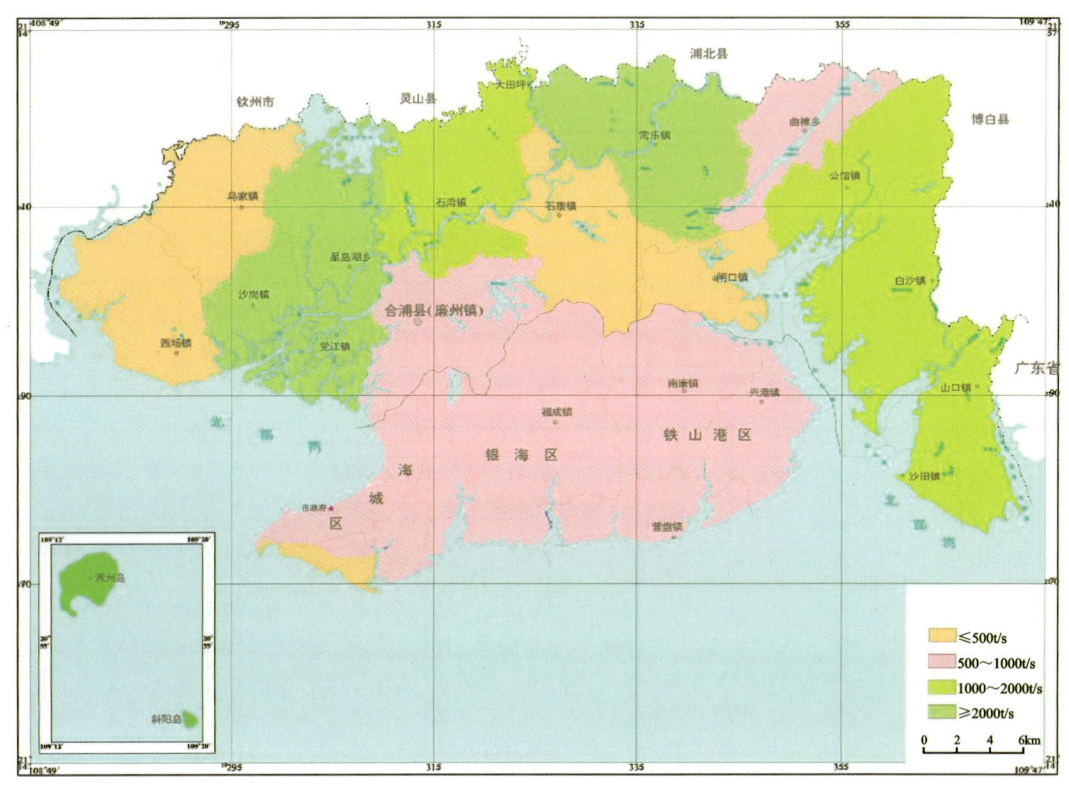

图12-9 北海市地表水中COD容量分布图

地表水环境容量等级划分依据为地表水中COD和氨氮的环境容量进行地表水环境总容量评价的平均值，结合评价单元划分结果对地表水环境容量进行结果分区，如图12-11所示。

2. 地下水环境容量评价

水环境容量通常是指在一定的水域范围和时期内，在给定水质目标的前提下，水体所能容纳污染物的最大量。水体的一系列自然参数和水质目标都影响其稀释、自净能力，进而影响水环境容量的大小。区域地下水环境容量为稀释容量、自净容量、迁移量的总和。

根据地下水环境硝酸盐容量计算结果进行容量等级划分，利用MapGIS软件绘制地下水环境容量分布图（图12-12）。

3. 水环境综合承载力

在北海市地表水环境容量和地下水环境容量评价的基础上，利用取差法对北海市水环境承载力进行评价，结合MapGIS软件得到北海市水环境承载力评价结果分区图（图12-13）。

第十二章 北海市资源环境承载能力评价

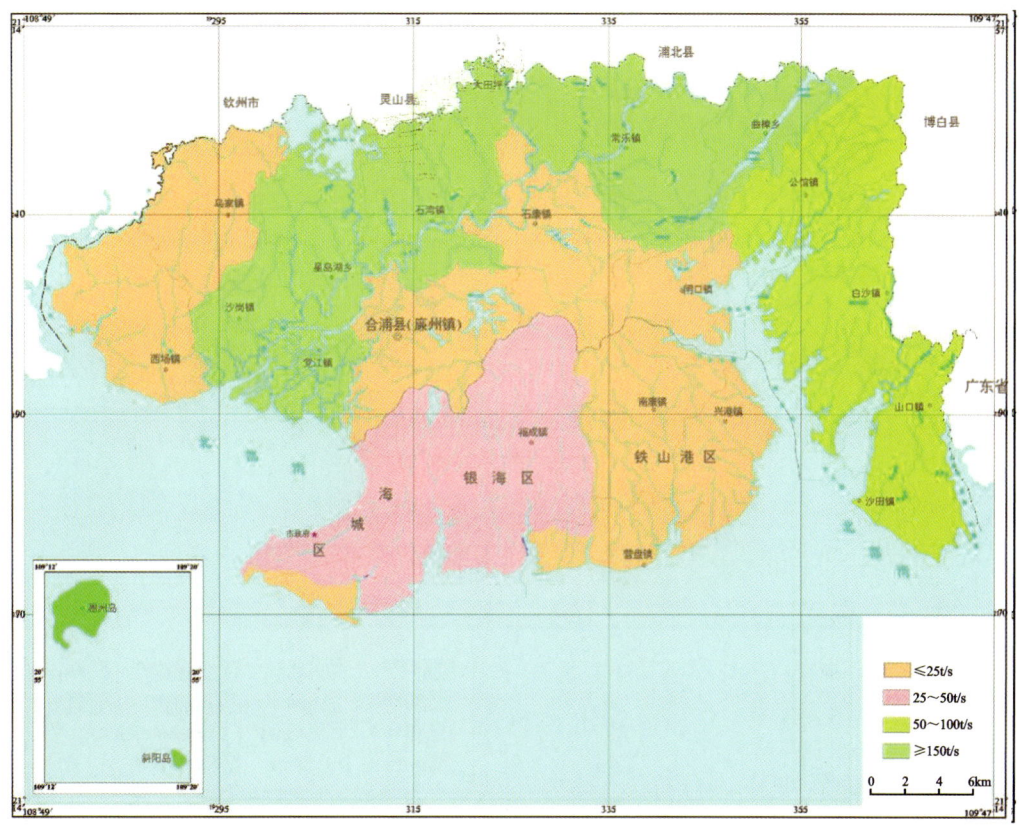

图 12-10　北海市地表水中氨氮容量分布图

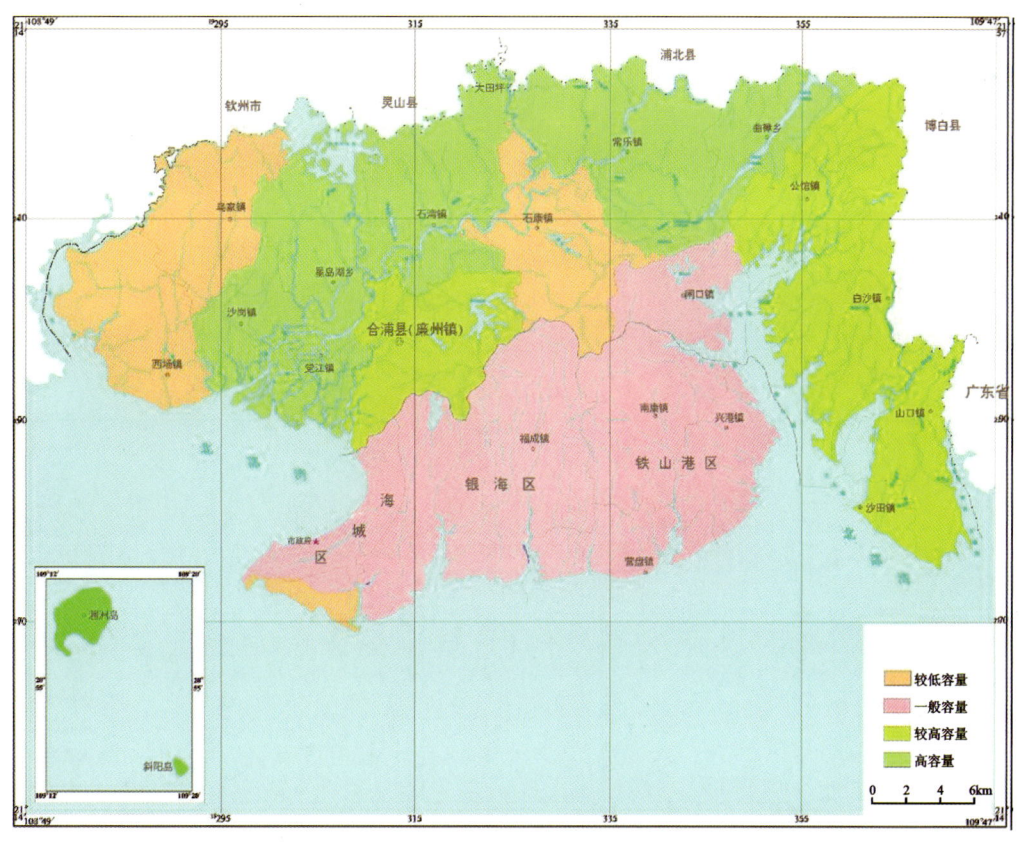

图 12-11　北海市地表水环境容量分布图

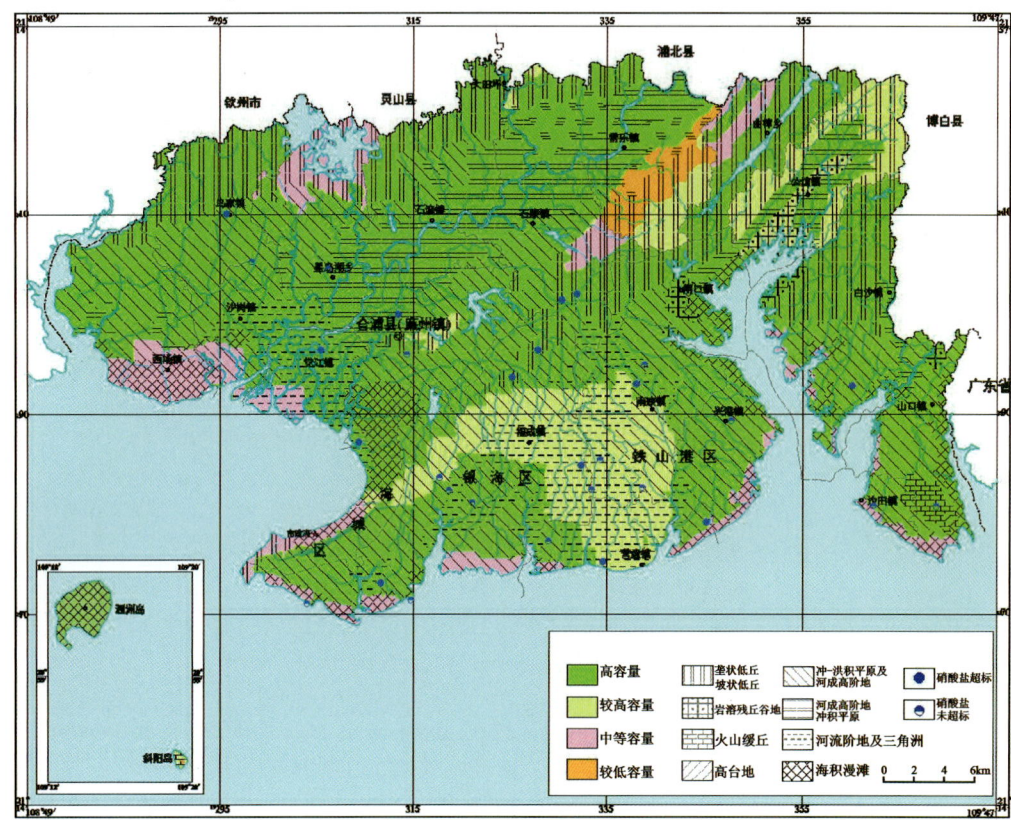

图 12-12 北海市地下水环境容量分布图

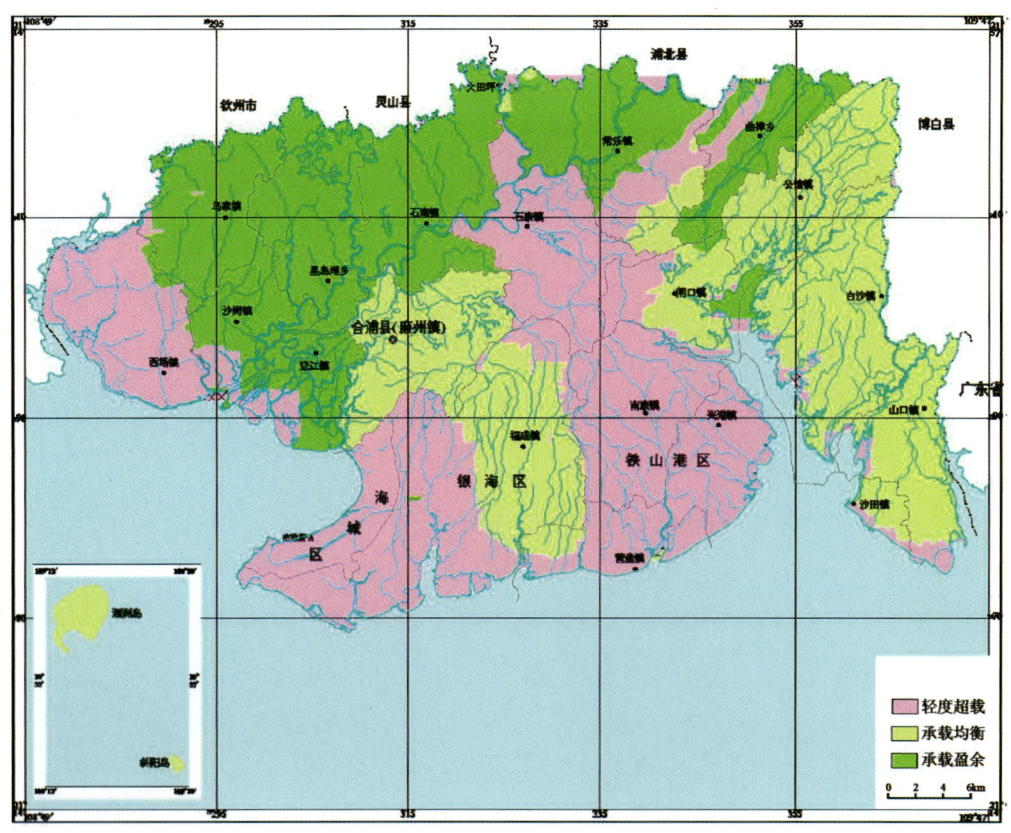

图 12-13 北海市水环境承载力分区图

(六)土壤环境承载力评价

1.农业用地土壤环境承载力评价

(1)农业用地土壤环境容量。根据不同土壤类型各重金属土壤背景值和现状值,得到农业用地不同土壤环境静态容量(表12-8)和剩余容量(表12-9)。

表12-8 农业用地不同土壤类型土壤环境静态容量　　单位:kg/hm²

元素	水稻土	赤红壤	砖红壤	滨海盐土	火山灰土
As	86.40	85.50	87.75	85.73	93.38
Cd	0.24	0.21	0.35	0.35	0.39
Cr	180.00	173.25	180.00	191.25	24.75
Cu	81.90	81.45	90.45	86.40	65.93
Hg	0.38	0.38	0.40	0.38	0.42
Ni	108.00	110.25	112.50	112.50	2.25
Pb	128.25	125.78	143.33	131.40	148.73
Zn	258.75	258.75	288.00	258.75	216.00

表12-9 农业用地不同土壤类型土壤环境剩余容量　　单位:kg/hm²

元素	水稻土	赤红壤	砖红壤	滨海盐土	火山灰土
As	79.11	47.93	96.17	68.69	80.86
Cd	0.35	0.36	0.50	0.22	0.45
Cr	89.98	199.80	179.10	92.29	76.68
Cu	75.58	−102.15	72.68	64.97	70.52
Hg	0.38	0.46	0.45	0.39	0.44
Ni	105.04	45.68	109.58	99.66	103.37
Pb	126.45	140.63	131.18	135.17	128.57
Zn	254.91	178.20	261.68	236.51	261.36

依据重金属的土壤环境静态容量和剩余容量计算结果,结合单因子评价划分等级,基于MapGIS平台绘制不同重金属的土壤环境静态容量评价分区图和土壤环境剩余容量评价分区图。

(2)农业用地综合评价。由上述土壤环境静态容量和土壤环境剩余容量计算结果,计算不同土壤类型的土壤环境承载力综合指数,基于MapGIS平台将评价结果绘制成图(图12-14)。

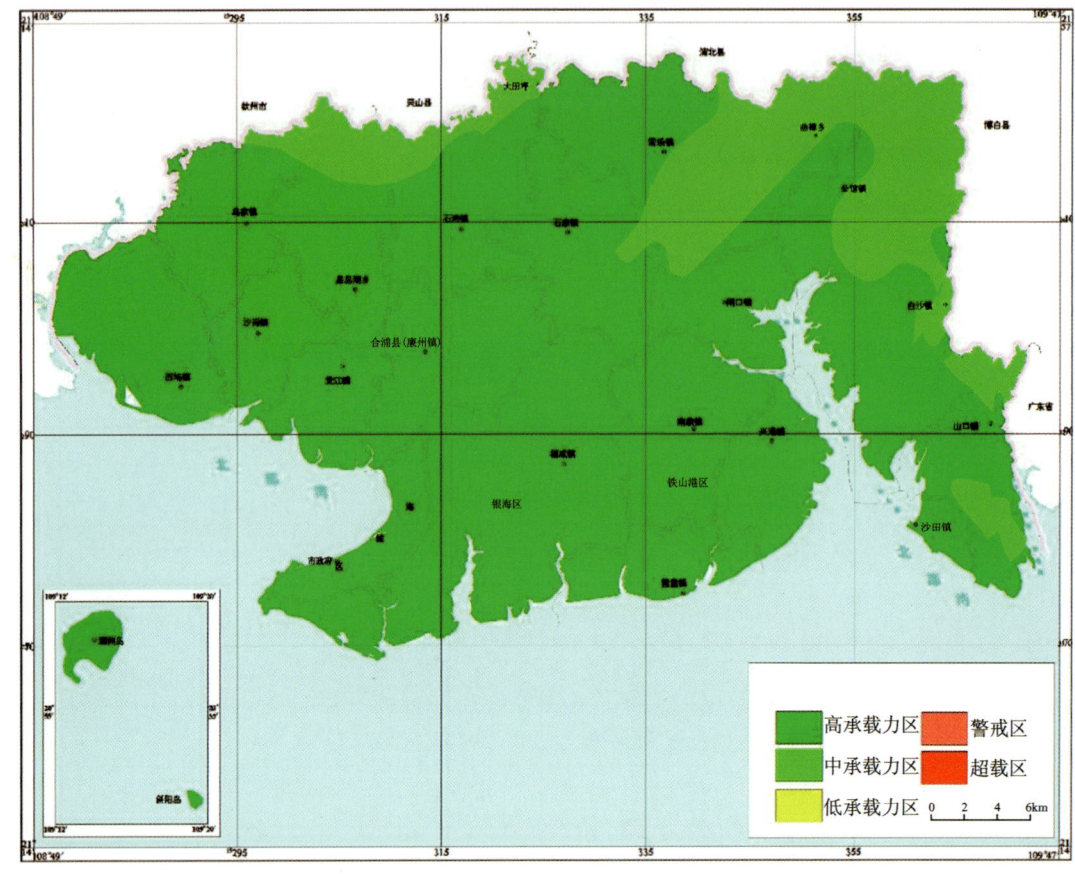

图 12-14　北海市农业用地土壤环境承载力综合评价分区图

2. 建设用地土壤环境承载力评价

(1)建设用地土壤环境容量。根据不同土壤类型各重金属土壤背景值和现状值,得到建设用地不同土壤环境静态容量(表12-10)和剩余容量(表12-11)。

表 12-10　建设用地不同土壤类型土壤环境静态容量　　　　单位:kg/hm²

元素	水稻土	赤红壤	砖红壤	滨海盐土	火山灰土
As	97.65	96.75	99.00	96.98	104.53
Cd	22.18	22.15	22.28	22.29	22.33
Cr	810.00	803.25	810.00	821.25	654.75
Cu	644.40	643.95	652.95	648.90	628.43
Hg	8.82	8.82	8.84	8.81	8.85
Ni	310.50	312.75	315.00	315.00	204.75
Pb	623.25	620.78	638.33	626.40	643.73
Zn	1 046.25	1 046.25	1 075.50	1 046.25	1 003.50

表 12-11　建设用地不同土壤类型土壤环境剩余容量　　　　　　单位:kg/hm²

元素	水稻土	赤红壤	砖红壤	滨海盐土	火山灰土
As	90.36	59.18	79.94	82.25	94.73
Cd	22.29	22.30	22.16	22.32	22.16
Cr	719.98	829.80	722.29	710.48	804.87
Cu	638.08	460.35	627.47	640.58	642.83
Hg	8.82	8.90	8.83	8.77	8.80
Ni	307.54	248.18	302.16	301.20	308.25
Pb	621.45	635.63	630.17	625.50	624.15
Zn	1 042.41	965.70	1 024.01	1 038.45	1 044.38

依据重金属的土壤环境静态容量和剩余容量计算结果,结合单因子评价划分等级,基于 MapGIS 平台绘制不同重金属的土壤环境静态容量评价分区图和土壤环境剩余容量评价分区图。

(2)建设用地综合评价。由上述土壤环境静态容量和土壤环境剩余容量,计算不同土壤类型的土壤环境承载力综合指数,基于 MapGIS 平台将评价结果绘制成图(图 12-15)。

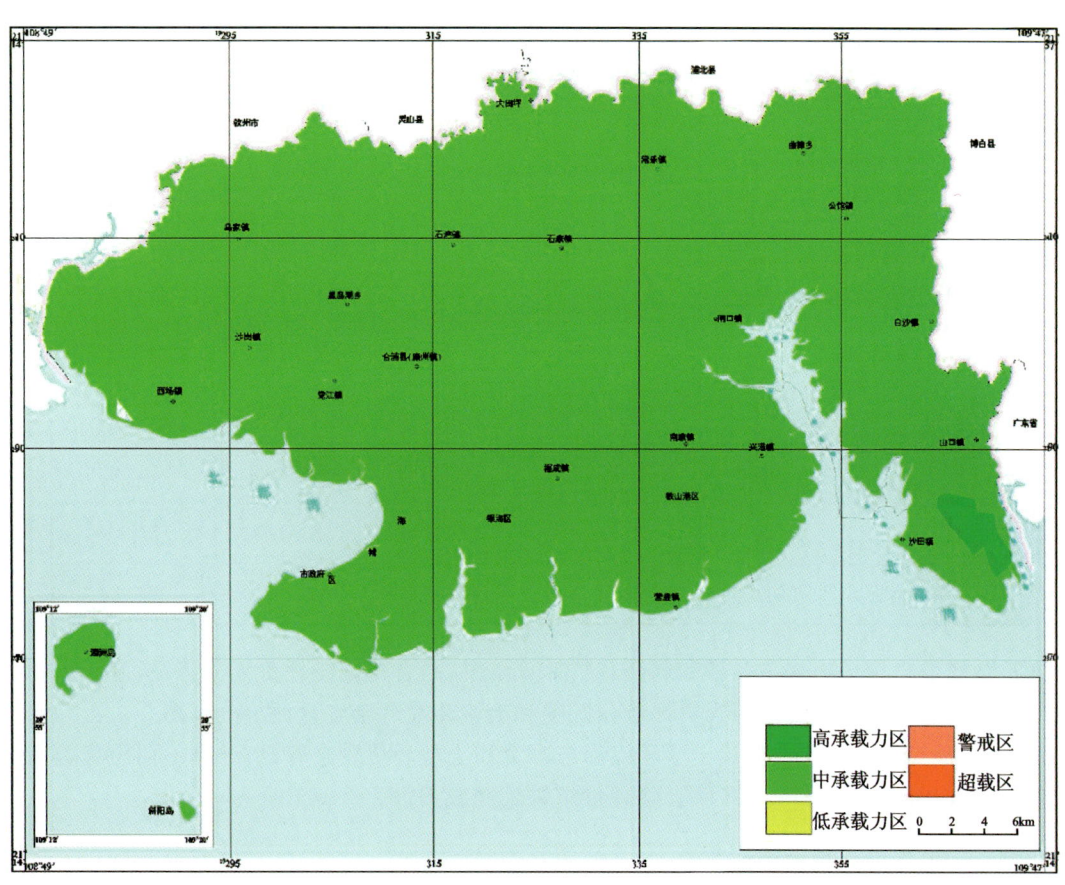

图 12-15　北海市建设用地土壤环境承载力综合评价分区图

3. 生态用地土壤环境承载力评价

(1)生态用地土壤环境容量。根据不同土壤类型的各重金属土壤背景值和现状值,得到生态用地不同土壤环境静态容量(表 12-12)和剩余容量(表 12-13)。

表 12-12　生态用地不同土壤类型土壤环境静态容量　　　单位:kg/hm²

元素	水稻土	赤红壤	砖红壤	滨海盐土	火山灰土
As	18.90	18.00	23.85	20.25	22.28
Cd	0.13	0.10	0.21	0.23	0.29
Cr	112.50	105.75	112.50	112.50	114.75
Cu	48.15	47.70	49.28	56.70	49.28
Hg	0.16	0.15	0.20	0.17	0.22
Ni	63.00	65.25	60.75	67.50	67.50
Pb	27.00	24.53	32.40	42.08	35.33
Zn	146.25	146.25	146.25	175.50	157.50

表 12-13　生态用地不同土壤类型土壤环境剩余容量　　　单位:kg/hm²

元素	水稻土	赤红壤	砖红壤	滨海盐土	火山灰土
As	11.61	−19.58	28.67	1.19	13.36
Cd	0.24	0.25	0.38	0.11	0.34
Cr	22.48	132.30	111.60	24.79	9.18
Cu	41.83	−135.90	38.93	31.22	36.77
Hg	0.15	0.23	0.23	0.16	0.21
Ni	60.04	0.67	64.58	54.66	58.37
Pb	25.20	39.38	29.93	33.92	27.32
Zn	142.41	65.70	149.18	124.01	148.86

依据重金属的土壤环境静态容量和剩余容量计算结果,结合单因子评价划分等级,基于 MapGIS 平台绘制不同重金属的土壤环境静态容量评价分区图和土壤环境剩余容量评价分区图。

(2)生态用地综合评价。由上述土壤环境静态容量和土壤环境剩余容量,计算不同土壤类型的土壤环境承载力综合指数,基于 MapGIS 平台将评价结果绘制成图(图 12-16)。

4. 北海市土壤环境承载力综合评价

将 3 种用地类型的土壤环境承载力综合评价分区图与北海地区土地利用现状图叠加,得到北海地区土壤环境承载力综合评价分区图(图 12-17)。

第十二章 北海市资源环境承载能力评价

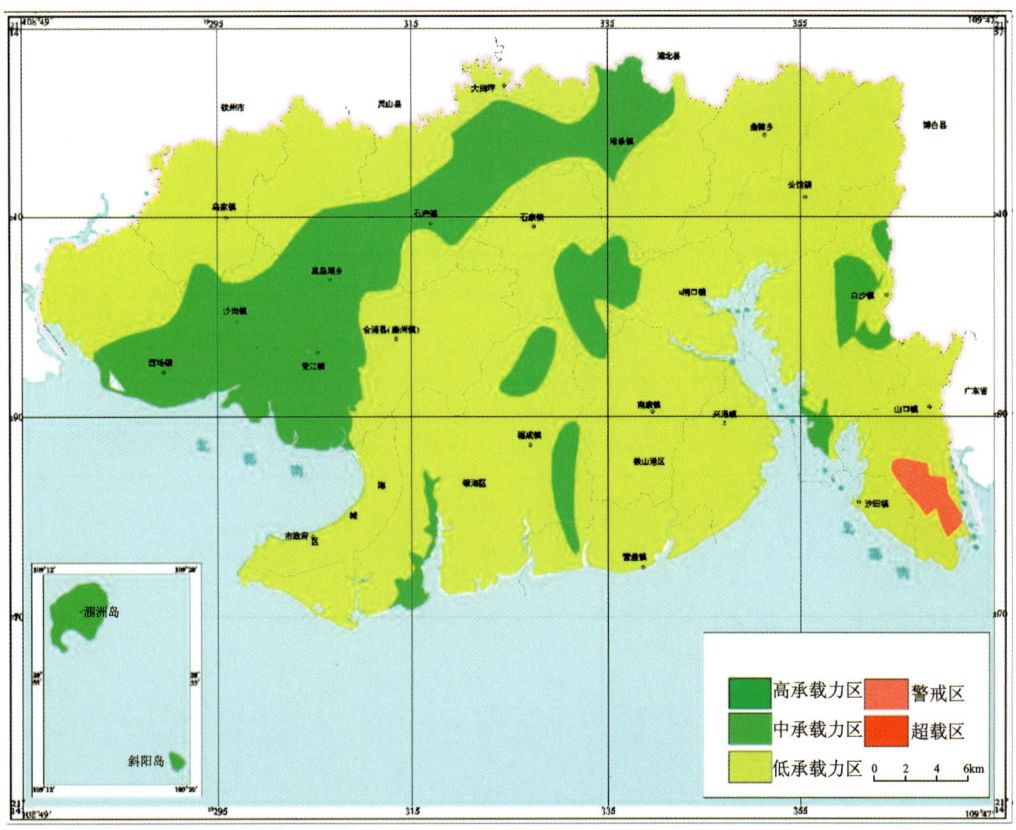

图 12-16 北海市生态用地土壤环境承载力综合评价分区图

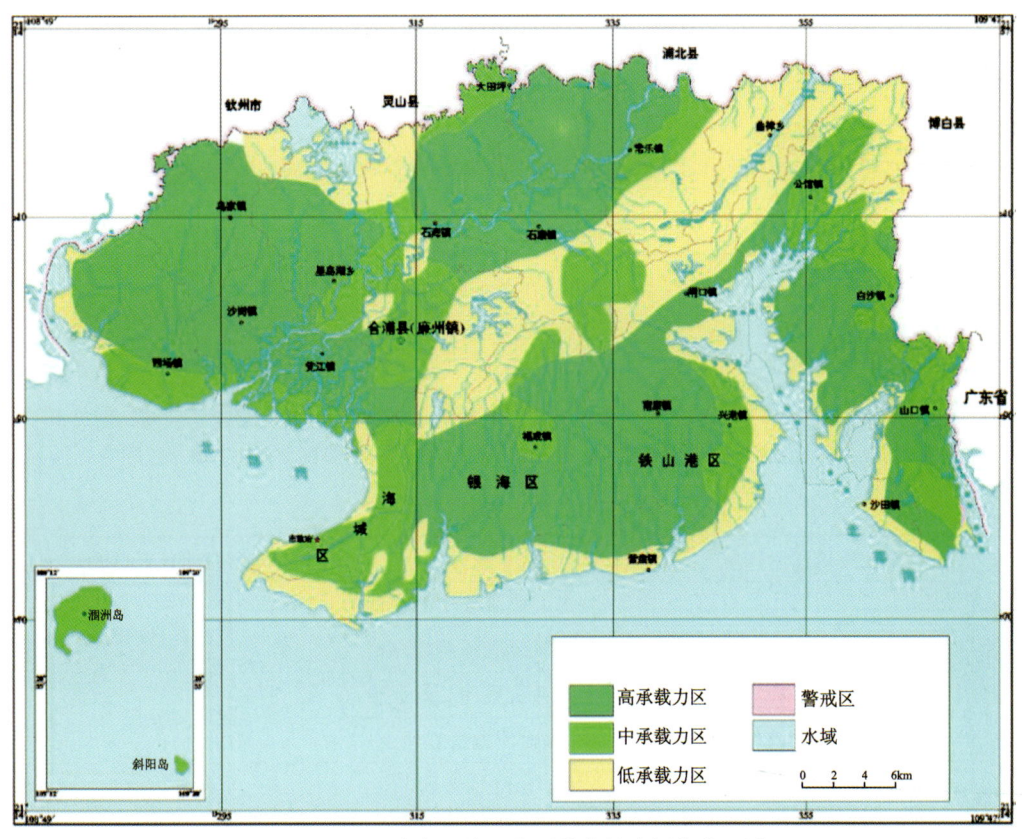

图 12-17 北海市土壤环境承载力综合评价分区图

二、资源环境综合承载力与国土资源优化配置建议

1. 资源环境综合承载力评价

对北海市的聚类分析形成的 MapGIS 图层文件进行整饰,4 种聚集分类分别对应于承载力高、承载力较高、承载力较低和承载力低 4 种评价等级,形成最终的北海市资源环境承载力综合评价区划 MapGIS 可视化图件。在该图件上叠加北海市的国家级或省级自然保护区、国家级或省级风景名胜区、国家级或省级森林公园的分布点,并将其直接划分为承载力的评价等级,最终得到北海市资源环境综合承载力分区图(图 12-18)。

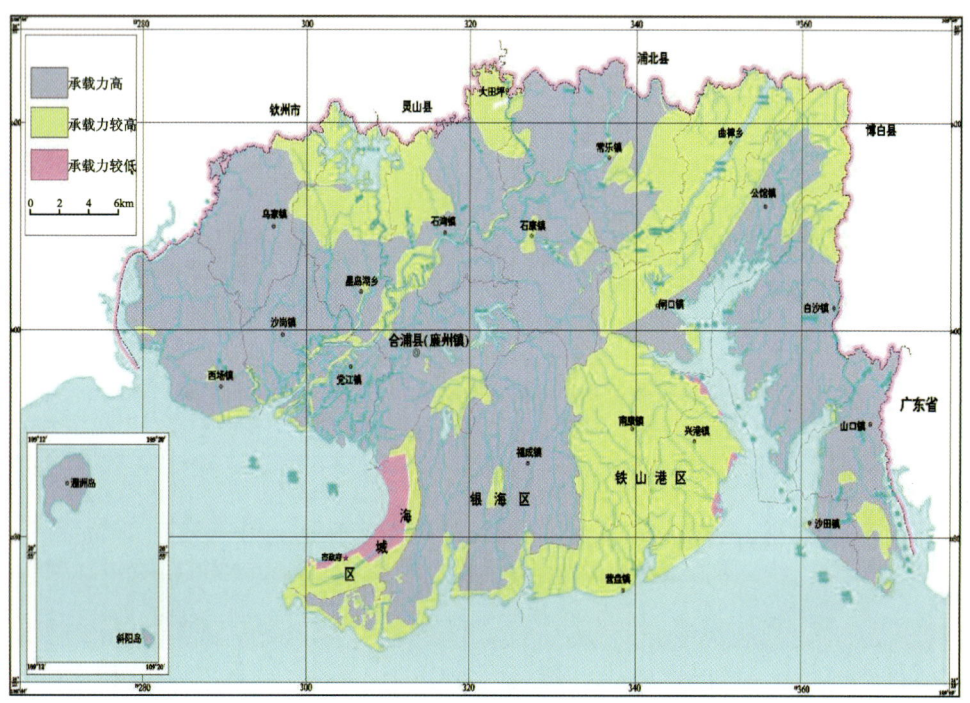

图 12-18　北海市资源环境承载力综合评价分区图

2. 主体功能区划

以土地资源利用分区为基础,结合水、土资源人口承载力评价结果以及地质环境、水环境、土壤环境承载力评价结果,得到具体的国土空间开发区划(表 12-14)和主体功能区划评价图(图 12-19)。

表 12-14　国土空间开发区划

土地资源利用区划		承载力	国土空间开发区划
生态用地	核心区	生态系统服务功能评价	禁止开发区
	缓冲区	生态系统服务功能评价	
	实验区	生态系统服务功能评价	限制开发区
农业用地		农业用地适宜性	
建设用地		人口、环境超载区	优化开发区
		承载能力高、承载潜力大区	重点开发区

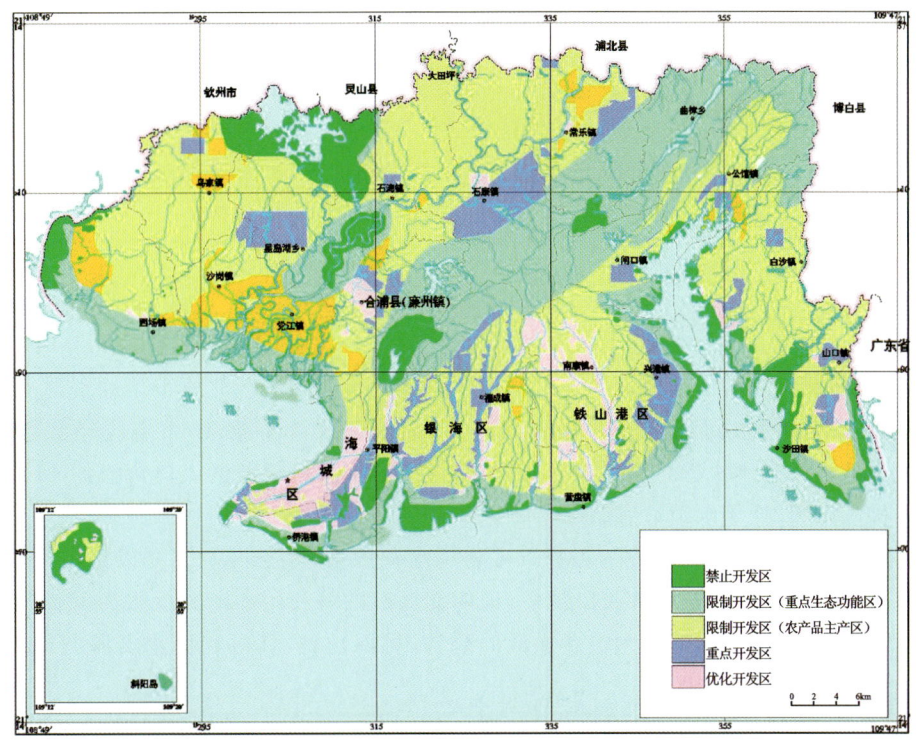

图 12-19　北海市主体功能区划评价图

3. 国土空间开发红线划定

以生态保护区划、地质环境适宜性评价结果为蓝本,结合北海市各类资源环境承载力评价结果综合分析,运用 MapGIS 平台,得到耕地保护红线、城市开发边界红线和生态保护红线 3 条红线划定结果(图 12-20)。

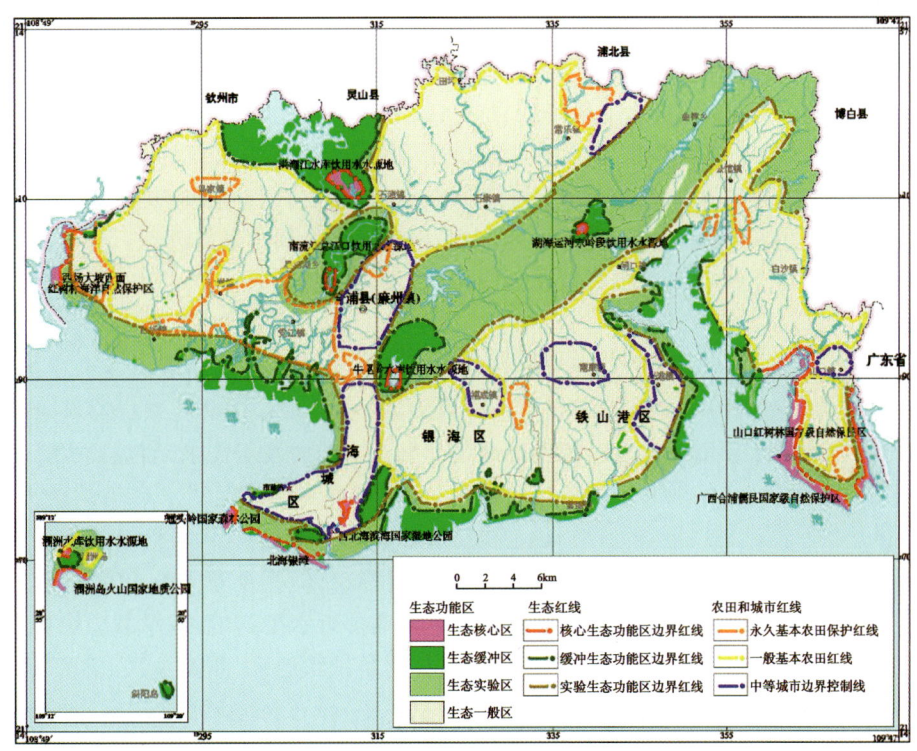

图 12-20　北海市国土空间开发 3 条红线示意图

三、结论

本次北海市资源环境承载力评价研究涉及土地资源承载力评价、水资源承载力评价、矿产资源承载力评价、地质环境承载力评价、土壤环境承载力评价、水环境承载力评价评价,以及资源环境综合承载力评价共 7 个方面的内容,编制应用性成果图件 15 幅。

1. 资源环境承载力评价结果

(1) 土地资源承载力。基于土地资源开发利用适宜性评价结果进行北海市土地资源承载力评价,评价结果表明:北海市土地资源承载力水平整体良好,除海城区严重超载、铁山港区轻微超载外,其他近 80% 的面积都处于承载盈余状态。经过综合分析,全区土地资源可承载的人口规模约 454.7 万人,略高于北海市的现状人口数,处于承载适宜状态。

(2) 水资源承载力。从整体上来说,北海市可利用水资源量较为丰富,主要以地下水为主。北海市可利用水资源承载人口数均小于现状人口规模,说明北海市的可利用水资源承载为可载状态;从纵向上看,承载人口规模随时间推移总体上为缓慢递减的趋势,可以预见,其可利用水资源的用水状态在未来时间将趋于紧张态势。

(3) 矿产资源承载力。北海市矿产品潜在价值最高的为钛铁砂矿,其潜在价值为 2 271.45 亿元;其次为玻璃石英砂,潜在价值为 562.72 亿元;潜在价值最小的为耐火黏土,为 0.88 亿元。

(4) 地质环境承载力。崩塌、滑坡、海水入侵为北海市区域内发生次数最多的 3 种地质灾害,基于以上 3 种地质灾害进行地质环境脆弱性研究,研究结果表明脆弱性严重区域主要集中于北海市中部山地区。对以上 3 种地质灾害的主要影响因素(即降雨量和切坡坡度)进行宏观上呈现出的规律性研究,找出地质环境脆弱性严重、地质环境脆弱性一般、地质环境脆弱性轻度区域上的切坡阈值及降雨量阈值,以期为地质灾害的预警提供可靠的依据。

(5) 土壤环境承载力。基于农业、建设、生态 3 种不同的土地利用类型分别进行土壤环境的静态容量和剩余容量研究。北海地区土壤环境承载力以高承载力区为主,无超载区,表明北海地区整体土壤环境质量良好。中承载力区主要为农业用地和建设用地,受多种重金属含量影响,其中 As、Hg、Zn 元素影响较大。低承载力区分布较为零散,以生态用地为主,发生土壤环境超载的可能性较高,需对该处土地利用方式进行调整,并及时采取措施,防止污染进一步加剧。北海地区土壤环境承载力未出现超载区,但在山口镇以南火山灰土分布处出现警戒区,表明土壤环境承载力极易超载。

总的来看,北海地区土地利用现状规划较为合理,在满足人类生产生活需求的基础上,同时能够维护人体健康和环境质量。

(6) 水环境承载力。水环境承载力有轻微超载现象,难以承受人类活动等对其产生的影响,而且在一定程度上也将成为制约当地社会经济发展的重要因素,需要采取有效措施来提高其承载能力。但是从总体上来看,北海市的水环境承载力现状能够满足北海市当前的发展需求,而想要保障北海市的区域协调发展以及可持续发展,必须采取一系列相关措施,保持和提高该地区的水环境承载力,确保该地区可持续发展。

(7) 综合承载力评价。北海市承载力高区占全区面积的 61%,主要集中在北海市合浦县大部分地区,但不包括合浦东北角工程地质不良地区和星岛湖乡以北邻近水库的地区;承载力中区占全区面积的 37%,主要集中在铁山港区、海城区和银海区南部临北部湾条带状地区、曲樟乡、公馆镇东、星岛湖北、山口镇南和大田坪北;承载力低区占全区面积的 2%,面积很小,分布在海城区的中心地区和铁山港区的临北部湾零星地区。总的来看,北海市发展前景很大,规划潜力高,能更好地支撑经济社会发展。

2. 主体功能区划结果

重点开发区基本为平原或台地地貌,包括银海区中部及西南、铁山港区中部,廉州镇东北、党江镇的冲积平原、白沙镇、山口镇和沙田镇的大部分地区。这些地区不仅资源环境承载力强,且具有一定的经济基础、发展潜力较大、集聚人口和经济条件较好,可以重点进行工业化城镇化开发。

限制开发区(农产品主产区)主要分布于资源环境承载力较低区,分布在合浦县西北部和中部,以及东部的白沙镇、山口镇南,还包括银海区北部和海城区铁、山港零星地区。该区耕地面积较多,发展农业的条件较好,需要以提供农产品为主体功能,同时需要限制大规模高强度工业化城镇化开发,以保持并提高农产品生产能力。

限制开发区(重点生态功能区)主要包括合浦县东北,还有需要保护的水源地,如红朝江水库及南流江水源地等,此外在重要的红树林保护区、北部湾沿岸重要的沙滩等地区亦有零星分布。该区是重要的林地、园地培养区,区内生物物种十分丰富。作为北海市主要江河源头区、重要水源涵养区,具有十分重要的生态功能。由于林地面积广阔,地形起伏较大,应进一步强化封山护林和封山育林工作力度,对于坡度大于25°的山地实施严格保护,稳定天然林的覆盖率。

禁止开发区由自然保护重点区域和文化保护重点区域组成,包括地质遗迹资源和人文文化保护重点区域及自然保护区、风景名胜区、森林公园等。

第十三章 梧州肇庆先行试验区资源环境承载能力评价

一、土地资源承载力评价

（一）土地资源利用区划

基于该区实际情况,参考《生态功能区划暂行规程》中生态服务功能重要性评价方法,进行单项重要性评价与分区,基于生态服务功能重要性评价,利用 MapGIS 平台,叠加各单项评价分区,基于生态保护区划方法（表13-1）,利用取优法对每个评价单元评判、确定其级别；然后,根据评价结果利用 MapGIS 空间分析功能对整个工作区进行生态保护分区（图13-1）。

表13-1 生态保护区划方法

保护区级别	区划方法
核心区	评价单元内有一类及以上的生态系统服务功能重要程度为极重要级别
缓冲区	评价单元内有一类及以上的生态系统服务功能重要程度为重要级别,其他生态系统服务功能重要程度为较重要或不重要级别
试验区	评价单元内有一类及以上的生态系统服务功能重要程度为较重要级别,其他生态系统服务功能重要程度为不重要级别
一般区	评价单元内所有类别的生态系统服务功能重要程度均为不重要级别

由图13-1可知,梧州先行试验区生态核心区占全区面积的65.32%,生态缓冲区占全区面积的11.56%,生态试验区占全区面积的13.65%,生态功能一般区占全区面积的9.47%。从评价结果可以看出梧州肇庆先行试验区生态环境较好,植被覆盖面积广。在开发过程中,应注重对生态核心区的保护,而且在核心区不宜进行开发建设,应着重注意保护生态环境。

1. 土地适宜性评价

运用综合指数法,结合 MapGIS 软件对每个评价单元中各评价指标的属性值和权重进行加权求和,从而得到各个评价单元的综合指数值,按照等距分级的原则将农业用地和建设用地适宜性综合指数值分为适宜区、较适宜区、较不适宜区、不适宜区4个不同的适宜性级别,具体分级标准如表13-2所示。基于 MapGIS 的空间分析功能,绘制农业用地、建设用地适宜性评价分区图（图13-2、图13-3）。

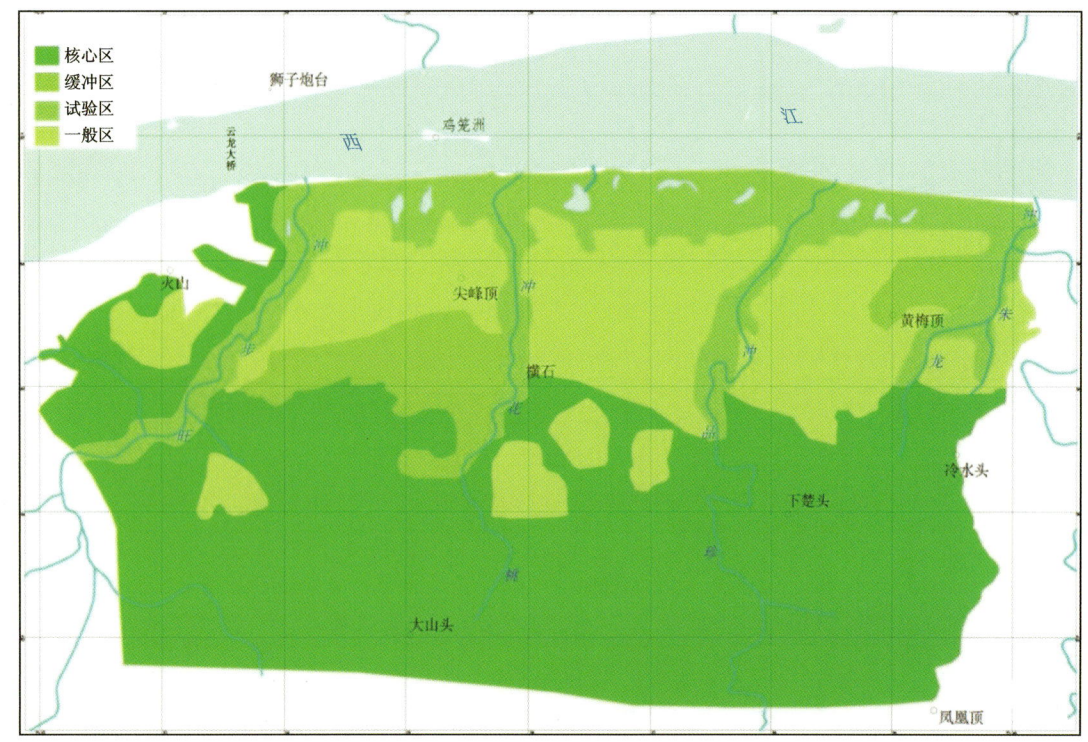

图 13-1 生态功能区划示意图

表 13-2 土地利用适宜性评价综合指数值分级标准

适宜性级别	适宜区	较适宜区	较不适宜区	不适宜区
农业用地和建设用地适宜性综合指数值	1~1.8	1.8~2.6	2.6~3.4	3.4~4.2

由图 13-2 可知,该区农业用地适宜性较低,农业用地的适宜区占全区面积的 11.22%,主要分布在西江沿岸,该区域地形平坦、地表水丰富,适于农作物的耕作;较适宜区占全区面积的 10.86%;较不适宜区占全区面积的 39.22%;不适宜区占全区面积的 38.70%,主要分布在丘陵区,坡度较高,地形较陡,不适宜进行农业种植。从评价结果可以看出,由于该区处于丘陵地带,地势较高,坡度陡,不适宜农业种地,故可用于耕地的面积较少,说明具备较低的开展农业活动的各项基础地质条件,在以后的开发建设中应注重对耕地的保护,避免城市建设占用耕地。

由图 13-3 可知,与农业用地适宜性评价结果相比,建设用地的适宜区及较适宜区占全区的比例较大,适宜区占全区面积的 22.91%,较适宜区占 24.93%,主要分布在该区北部,地形平坦,地壳稳定;较不适宜区占 32.87%,不适宜区占 19.29%,主要分布在丘陵区,地形较陡,地面高程较高,在人类活动的诱发下易发生地质灾害。总体来说,该区除丘陵区等不适宜区外均可进行开发建设,但要注意对地质灾害的防护。

2. 土地利用区划

(1)土地利用功能一级划分。将生态功能区划图与农业用地、建设用地适宜性评价分区图通过 MapGIS 平台进行叠加,按照上述区划方法,遵循用地类型划分原则及生态用地优先、农业用地、建设用地次之的原则,并结合该区土地利用规划从而得到土地利用功能一级区划图(图 13-4)。

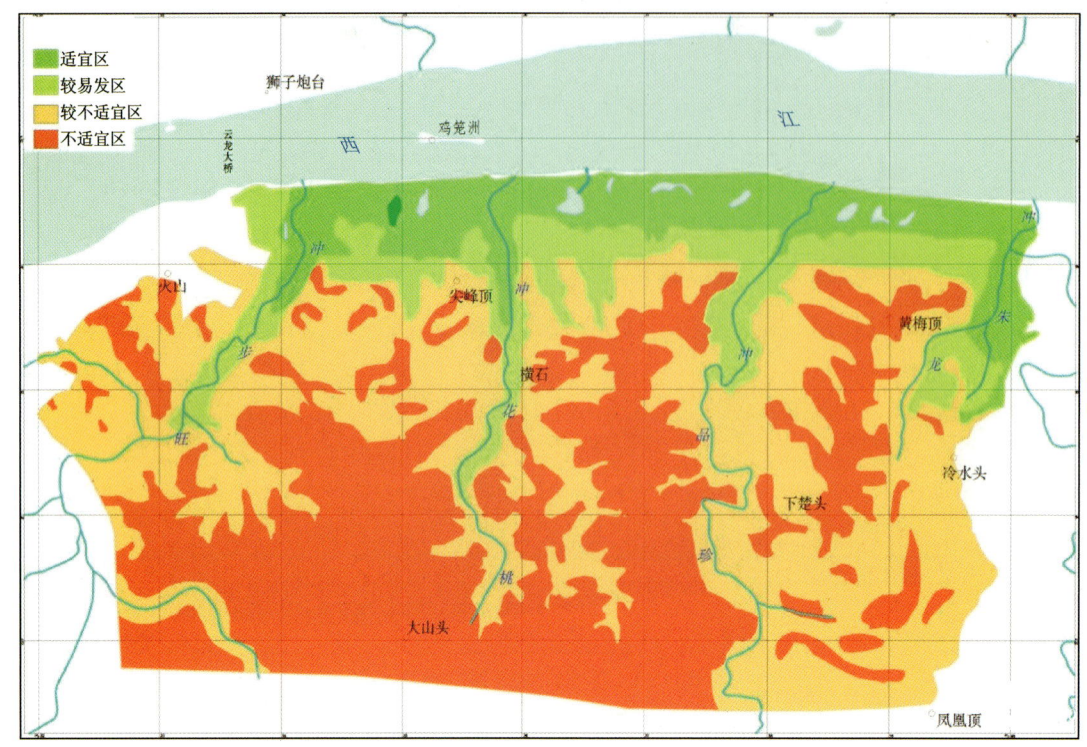

图 13-2　农业用地适宜性评价分区示意图

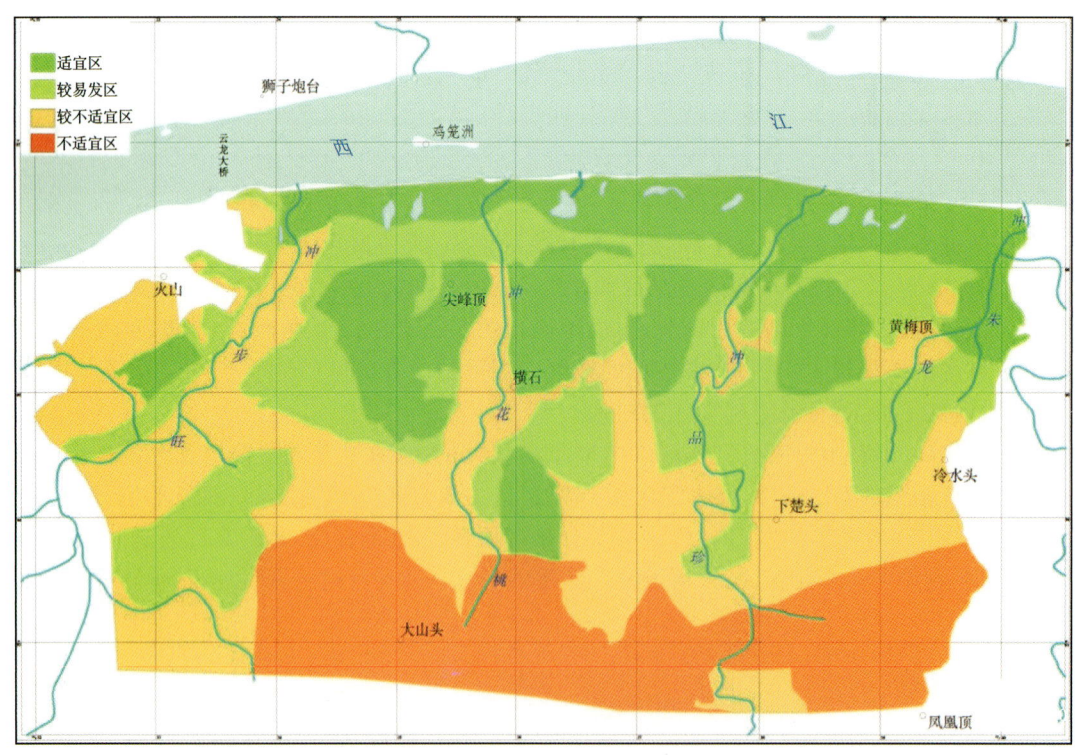

图 13-3　建设用地适宜性评价分区示意图

第十三章 梧州肇庆先行试验区资源环境承载能力评价

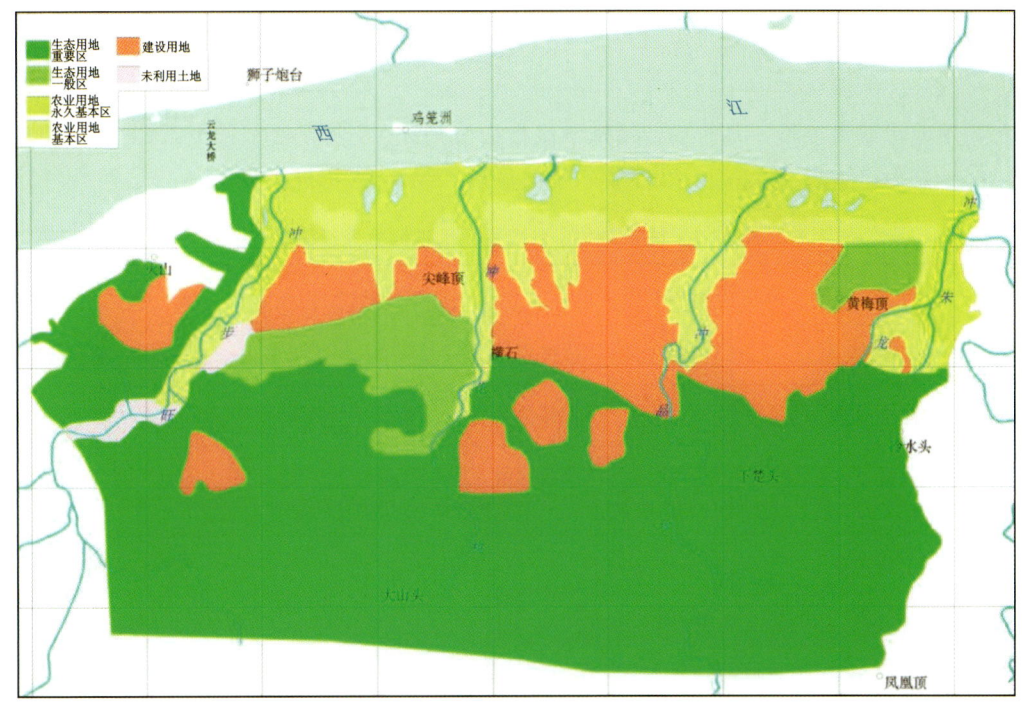

图 13-4　土地利用功能一级区划示意图

从图 13-4 中可以看出,全区生态用地所占比重最大,占该区总面积的 63%,其次为建设用地,约占总面积的 18.1%,农业用地所占比重较小,仅占全区 17.9% 左右,未利用土地仅占 1%。该区生态用地主要为林地,主要分布于该区的南部山地、丘陵区。农业用地主要集中于地势平坦、地面高程相对较低的地区。建设用地所占比重较大,主要集中分布于西江南岸,建设用地规划主要来源于政府对该区的建设规划,在后期开发建设过程中,建设用地面积可向生态用地面积发展,由于该区本身农业用地面积少,在建设开发过程中不应开发占用农业用地。

(2)土地利用功能二级区划。根据一级区划结果,结合梧州肇庆先行试验区的总体规划,首先对该区的各种建设用地进行合理的地理空间布局,再辅以整体协调统筹和经济持续发展的要求,以提高建设用地的社会效益、经济效益和生态效益,促进区域土地资源的可持续利用,划分结果见图 13-5。

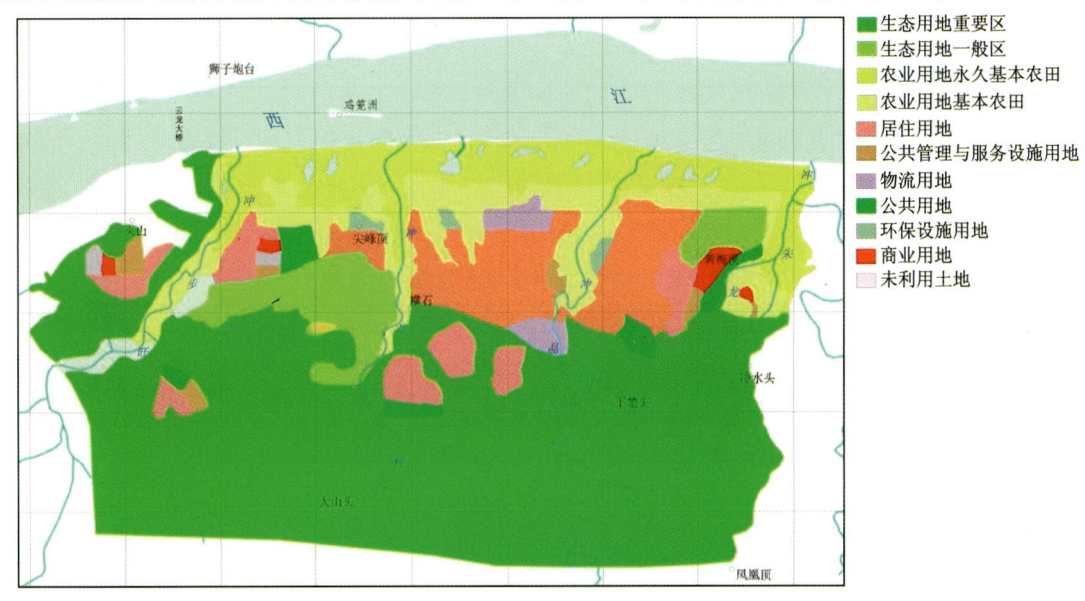

图 13-5　土地利用功能二级区划示意图

(二)土地资源承载力评价

(1)农业用地承载力评价。基于农业用地承载指数($LCCI_n$)及其人粮平衡关系,对农业用地承载力进行等级划分,分为严重超载、超载、承载均衡、承载盈余4级,分级标准见表13-3。

表13-3 基于$LCCI_n$的农业用地承载力分级标准

农业用地承载力状态		承载指数($LCCI_n$)
类型	级别	
粮食盈余	承载盈余	0~0.9
人粮平衡	承载均衡	0.9~1
土地超载	超载	1~2
	严重超载	>2

由计算可得本区农业用地承载力指数为0.652,根据表13-3可知,本区农业承载力盈余。但由于本区对外开放,本区的人口在未来几年可能持续增加,农业承载力可能出现超载现象。

(2)建设用地承载力评价。基于建设用地承载指数($LCCI_j$),按照表13-4的分级标准进行建设用地承载力评价等级划分,由计算结果可知建设用地承载力指数为1.516,故本区按照规划人口计算建设用地承载力,将出现超载。

表13-4 基于$LCCI_j$建设用地承载力分级标准

建设用地承载力状态	承载指数($LCCI_j$)
承载盈余	0~0.9
承载均衡	0.9~1
超载	1~2
严重超载	>2

(3)生态用地承载力评价。根据生态承载力指数以及地区生态资源与人口的关系,按照表13-5的分级标准进行生态用地承载力评价等级划分,由计算结果可知本区生态资源承载力指数为0.365,承载力盈余。

表13-5 基于$LCCI_s$生态用地承载力分级标准

生态用地承载力状态	承载指数($LCCI_s$)
承载盈余	0~0.9
承载均衡	0.9~1
超载	1~2
严重超载	>2

(4)土地资源综合承载力评价。基于农业用地、建设用地以及生态用地资源承载力评价的结果,即农业用地承载力盈余,建设用地承载力超载,生态用地承载力盈余,得到土地资源综合承载力评价,并结合 MapGIS 软件得到该区土地资源综合承载力分布图(图 13-6)。

根据图 13-6 可知,该区土地资源的人口承载力整体处于承载盈余,由于该区正处于大规模的开发建设中,随着不断发展,该区的人口承载力将逐渐下降。按照该区的总体规划人口,土地资源的人口承载力将出现轻度超载的情况,故在规划建设中,应注重对生态环境的保护,减少对耕地的占用,在工程建设中,应避开地质灾害点,做好开挖的防护措施,以提高工程建设的安全性以及人口承载力。

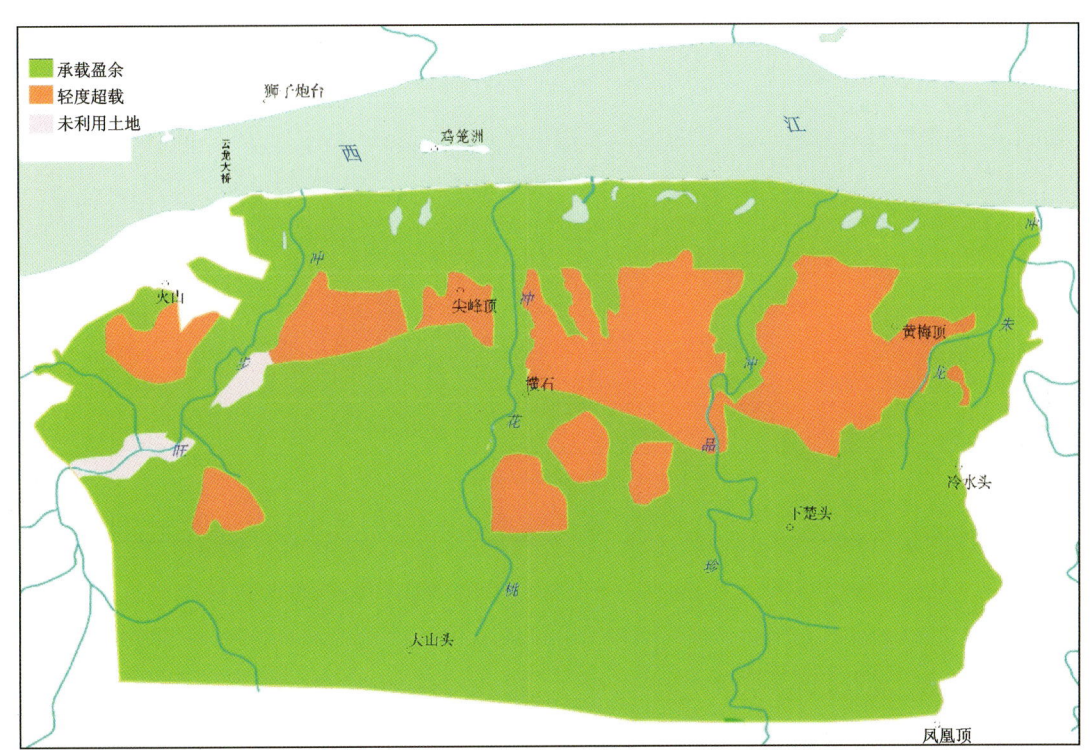

图 13-6　土地资源综合承载力评价分区示意图

二、地质环境承载力评价

1. 地质灾害易发性评价

(1)崩塌易发性评价。根据评价思路,采用综合指数法,获得"崩塌易发值",并将易发性指数值按照等距分级进行易发性划分,分为易发性区、较易发性区、较不易发性区、不易发性区,利用 MapGIS 的空间分析模块绘制崩塌易发性分区图(图 13-7)。

由图 13-7 可知,梧州肇庆先行试验区崩塌易发性区面积占全区面积的 16.7%,主要位于工作区南部丘陵区,降雨频繁,坡度较大且起伏较大;较易发性区面积占全区面积的 24.5%,主要位于工作区中南部丘陵区,坡度变化相对易发性区较小;崩塌较不易发性区面积占 40.5%,主要位于中部和西南角的丘陵和高低岗区,坡度变化较小;崩塌不易发性区面积占 18.3%,主要位于西江南岸的河谷、阶地区,地形起伏小,几乎不发育崩塌。

(2)滑坡易发性评价。根据评价思路,采用综合指数法,获得"滑坡易发值",并将其进行等级分级,将梧州肇庆先行试验区分为不易发性区、较不易发性区、较易发性区、易发性区(图 13-8)。

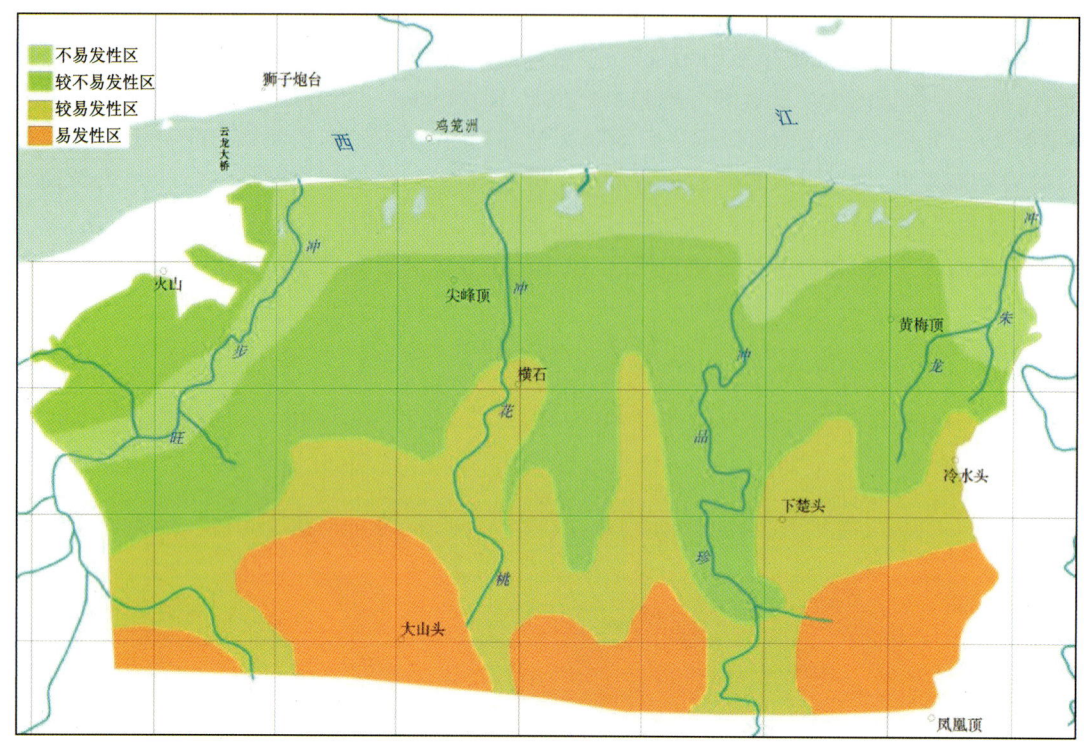

图 13-7 崩塌易发性分区示意图

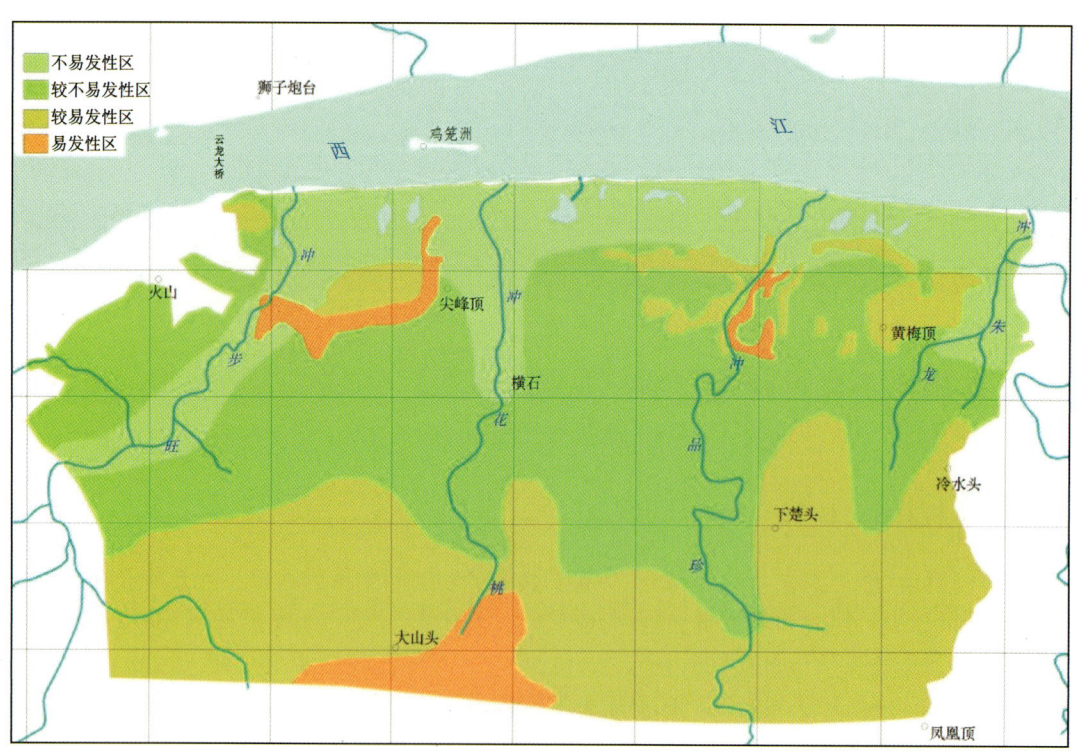

图 13-8 滑坡易发性分区示意图

由图 13-8 可知,梧州肇庆先行试验区滑坡易发性区面积占全区面积的 4.5%,主要位于大山头东南部和尖峰顶西南部等,该区断裂发育,坡度变化大,岩层抗风化能力弱,极易发生滑坡;滑坡较易发性区面积占 36.1%,主要位于工作区南部、尖峰顶西南部以及黄梅顶等地区,多属于丘陵地貌,地形起伏较大,断裂发育;滑坡较不易发性区面积占 41.5%,主要位于中部和西南角的丘陵和高低岗区,坡度变化较小;滑坡不易发性区面积占 17.9%,主要位于西江南部地区,多为河谷阶地地貌,坡度起伏小,岩层抗风化能力强。

(3)泥石流易发性评价。根据评价思路,采用综合指数法,获得"泥石流易发值",并将易发值进行等距等级,分为易发性区、较易发性区、较不易发性区,梧州肇庆先行试验区也相应地被分为易发性区、较易发性区、较不易发性区、不易发性区,利用 MapGIS 的空间分析功能绘制泥石流易发性分区图(图 13-9)。

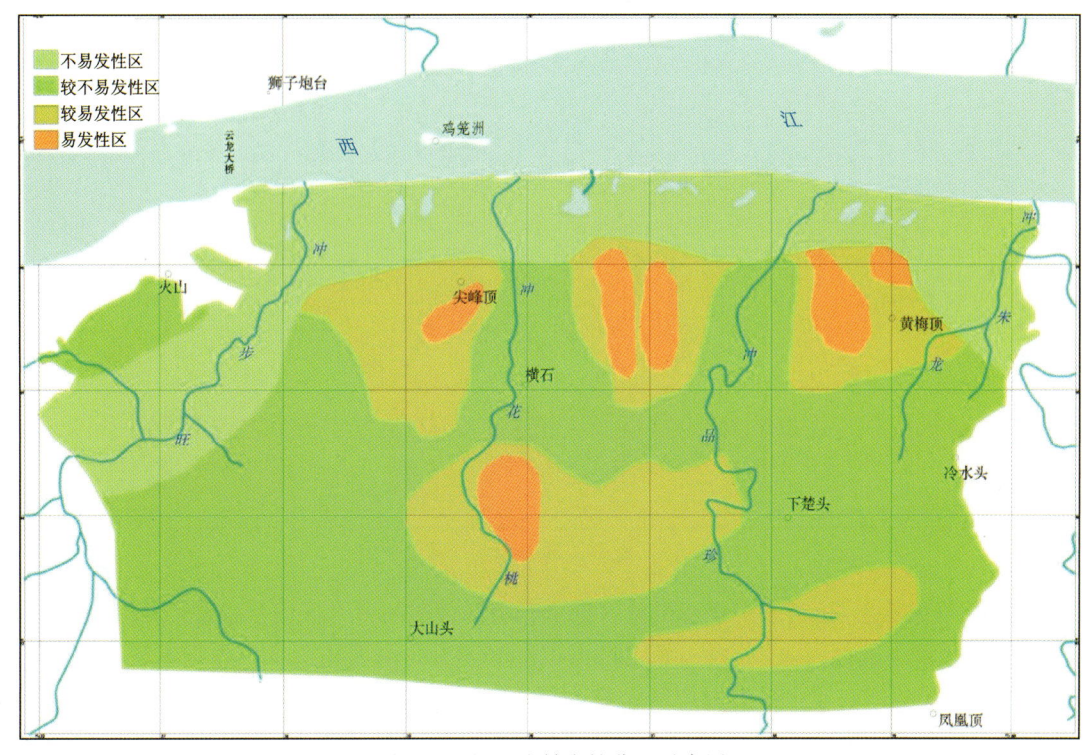

图 13-9 泥石流易发性分区示意图

由图 13-9 可知,梧州肇庆先行试验区泥石流易发性总体上以较不易发性区、不易发性区为主。泥石流易发性区占全区面积的 4.4%,主要呈近圆状分布在工作区中部,植被覆盖率小,地下水埋深在 8~10m 之间,坡度较大;泥石流较易发性区面积占 21.4%,主要位于易发性区外围,植被覆盖率相对较小,坡度变化较大;泥石流较不易发区面积占 51.9%,主要分布在中南部和西南部,地形起伏较大,植被覆盖率较高;泥石流不易发性区面积占 22.3%,主要分布在西江南部河谷阶地区,植被覆盖率高,地形起伏小。

(二)地质环境承载力评价

地质环境脆弱性是指地质环境系统对外力扰动做出的自我调节并恢复自身结构和功能的能力,本专著通过地质环境脆弱性进行地质环境承载力评价,主要通过地质灾害的易发性来表现。

在脆弱性评价中,主要进行崩塌、滑坡、泥石流易发性评价,在主要的 3 种地质灾害易发性评价基础上,采用取差法进行地质环境脆弱性评价,即认为评价单元内只要某一种地质灾害的易发程度较高,则认为该区域整体上地质环境较为脆弱。地质环境高脆弱区的承载力低,低脆弱区的承载力高。本地区存在的主要地质灾害有崩塌、滑坡、泥石流和不稳定斜坡,作者主要进行了崩塌、滑坡、泥石流的易发性评价,在此易发性评价的基础上,采用取差法进行地质环境脆弱性评价,认为评价单元内只要某一种地质灾害的易发程度较高,则认为该区域整体上地质环境较为脆弱,即地质环境承载力较低。借助 MapGIS 软件的空间分析功能绘制地质环境承载力评价分区图(图 13-10)。

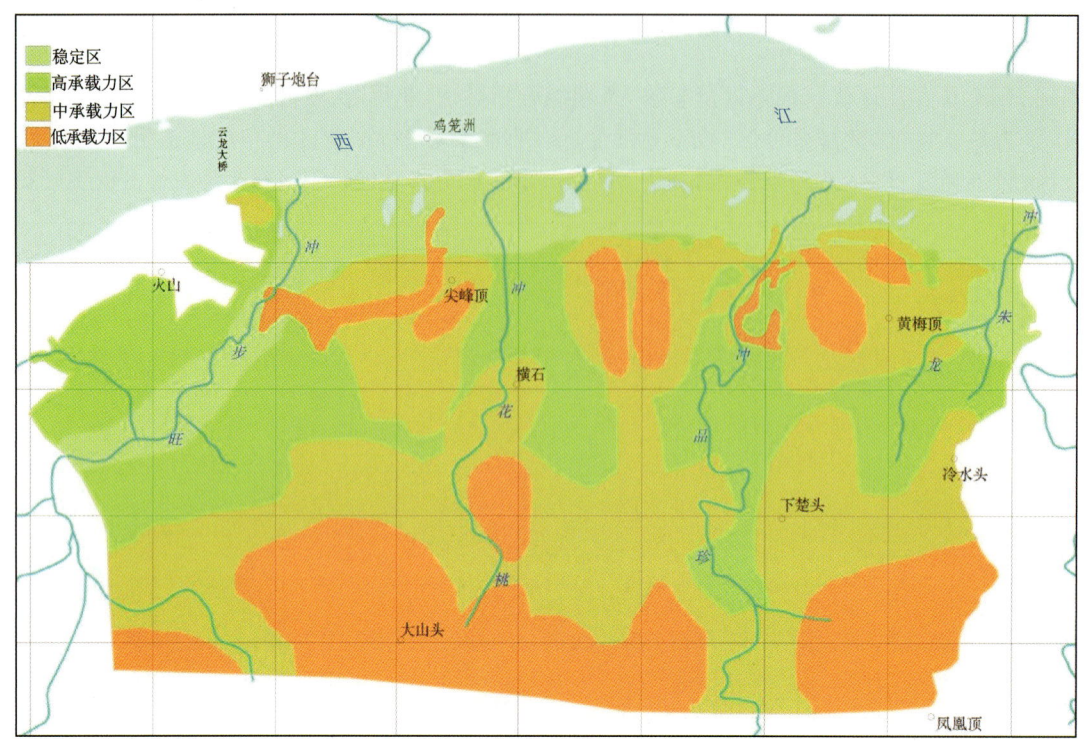

图 13-10 地质环境承载力分区示意图

由图 13-10 可以看出,梧州肇庆先行试验区低承载力区面积约占全区面积的 23.6%;中承载力区面积占 36.6%;高承载力区面积占 24.4%;稳定区面积占 15.4%。说明梧州肇庆先行试验区整体以中、低承载力区为主,主要原因在于该区域为山区丘陵地形,坡度陡,地表岩石风化厉害,易发生崩滑流类地质灾害;高承载力区位于工作区中部,多为高、低岗以及丘陵地貌,地形起伏相对较小,植被覆盖率较高;稳定区主要分布在西江南岸和冲步旺河两岸,地貌为河谷阶地,地形起伏小,坡度较小,岩层抗风化能力较强,地质灾害发育较少。

三、土壤环境承载力评价

(一)土壤环境容量评价

(1)土壤环境静态容量计算分析。根据梧州肇庆先行试验区的土壤样品测试数据分析结果(表 13-6),按照第四章中土地利用功能区划结果,风险基准值采用《土壤环境质量标准(修订)》(GB 15618—2008)(选取土壤无机污染物三级标准)中生态用地标准值,计算各金属土壤环境净容量,计算结果见表 13-7。

表 13-6 梧州肇庆先行试验区土壤采样分析数据　　　　　　单位:mg/kg

样品编号	Cr	Ni	Cu	Zn	As	Pb
wzsf001	96	47	29	26.9	17.1	17.3
wzsf001	95	43	26	25.7	17	17.3
wzsf002	59	26	28	36.5	12.3	26.4

续表 13-6

样品编号	Cr	Ni	Cu	Zn	As	Pb
wzsf003	117	71	63	66	13.3	19.6
wzsf004	55	37	25	33	5.2	40.1
wzsf005	52	23	22	25.3	8.1	11.8
wzsf006	65	62	20	114	4.1	12.5
wzsf007	85	46	34	74	43.8	22.3
wzsf008	56	33	24	28.6	10.9	28.2
wzsf009	91	39	49	39	14.2	50
wzsf0010	73	20	21	26.4	19.1	19.4
wzsf0011	65	48	28	38.4	19	18.6
wzsf0012	81	30	25	30	39.1	11.5
wzsf0013	114	82	35	30.5	43	333
wzsf0014	82	40	18	25.9	21.8	12.9
wzsf0015	79	38	25	29.2	19	78
wzsf0016	138	46	47	69	52.3	38
wzsf0017	80	25	20	45	34.5	17
wzsf0018	93	44	45	102	26.2	31
wzsf0019	77	42	45	198	40.7	64
wzsf0020	74	32	26	28	34.1	25
wzsf0021	52	35	29	61	14.5	33.5
wzsf0022	97	29	29	42	30.7	20.8
wzsf0023	79	44	45	135	27.7	41.1
wzsf0024	74	53	45	107	26.2	26.8
wzsf0025	67	42	43	237	49.1	78
wzsf0026	82	61	56	286	49	87
wzsf0027	35	15	36	71	14	29.7
wzsf0028	94	56	58	339	48	97
wzsf0029	63	37	29	127	29.6	40.3
wzsf0030	67	34	38	112	17.5	30.1
wzsf0031	82	36	29	51	12.7	22
wzsf0032	95	36	35	52	7.3	17.3
wzsf0033	85	40	36	65	17	40
wzsf0034	59	27	28	185	19.6	50.5
wzsf0035	43	16	27	136	11.1	29.7
wzsf0036	62	21	25	49.2	8.1	26.1

续表 13-6

样品编号	Cr	Ni	Cu	Zn	As	Pb
wzsf0037	60	24	26	68	12.2	31.5
wzsf0038	96	44	36	77	14	31.3
wzsf0039	73	40	28	57	14.3	21.5
wzsf0040	71	33	36	70	21	106
wzsf0041	59	29	28	61	10.5	32
wzsf0042	71	27	32	40.6	11	27.1
wzsf0043	110	43	28	36	15.6	17.4
wzsf0044	73	30	24	90	10	21.1
wzsf0045	61	25	19	53	10.9	21
wzsf0046	92	27	32	61	15.5	22
wzsf0047	67	28	21	57	20	129
wzsf0048	72	17	22	28.7	24.9	23
wzsf0049	82	39	33	50	31.2	19.3
wzsf0050	77	30	24	40.3	7.1	32.1
wzsf0051	101	35	44	81	17.6	49
wzsf0052	85	29	35	39	36.6	27.7
wzsf0053	73	47	53	132	ND	49
wzsf0054	55	17	23	57	37.6	20.6
wzsf0055	60	39	29	58	48.9	21.4
wzsf0056	56	29	20	48.6	14.4	28.9
wzsf0057	58	20	24	41	110	22.1
wzsf0058	33	25	14	24.7	11.4	11.8
wzsf0059	94	42	39	69	24.7	25.2
wzsf0060	130	26	34	59	25.1	34
wzsf0061	66	20	23	54	10.3	24.9

表 13-7　梧州肇庆先行试验区重金属土壤环境静态容量　　　　单位：kg/hm²

金属类别	Cr	Ni	Cu	Zn	As	Pb
静态容量 W_{ib}	179.60	127.42	58.99	286.63	65.54	112.61

（2）土壤环境剩余容量计算分析。计算各重金属元素的土壤环境剩余容量,计算结果见表 13-8 和表 13-9。

表 13-8　梧州肇庆先行试验区各采样点重金属土壤环境剩余容量　　　　单位：kg/hm²

样品编号	Cr	Ni	Cu	Zn	As	Pb
wzsf001	54	33	21	173.1	22.9	62.7
wzsf001	55	37	24	174.3	23	62.7

续表 13-8

样品编号	Cr	Ni	Cu	Zn	As	Pb
wzsf002	91	54	22	163.5	27.7	53.6
wzsf003	33	9	−13	134	26.7	60.4
wzsf004	95	43	25	167	34.8	39.9
wzsf005	98	57	28	174.7	31.9	68.2
wzsf006	85	18	30	86	35.9	67.5
wzsf007	65	34	16	126	−3.8	57.7
wzsf008	94	47	26	171.4	29.1	51.8
wzsf009	59	41	1	161	25.8	30
wzsf0010	77	60	29	173.6	20.9	60.6
wzsf0011	85	32	22	161.6	21	61.4
wzsf0012	69	50	25	170	0.9	68.5
wzsf0013	36	−2	15	169.5	−3	−253
wzsf0014	68	40	32	174.1	18.2	67.1
wzsf0015	71	42	25	170.8	21	2
wzsf0016	12	34	3	131	−12.3	42
wzsf0017	70	55	30	155	5.5	63
wzsf0018	57	36	5	98	13.8	49
wzsf0019	73	38	5	2	−0.7	16
wzsf0020	76	48	24	172	5.9	55
wzsf0021	98	45	21	139	25.5	46.5
wzsf0022	53	51	21	158	9.3	59.2
wzsf0023	71	36	5	65	12.3	38.9
wzsf0024	76	27	5	93	13.8	53.2
wzsf0025	83	38	7	−37	−9.1	2
wzsf0026	68	19	−6	−86	−9	−7
wzsf0027	115	65	14	129	26	50.3
wzsf0028	56	24	−8	−139	−8	−17
wzsf0029	87	43	21	73	10.4	39.7
wzsf0030	83	46	12	88	22.5	49.9
wzsf0031	68	44	21	149	27.3	58
wzsf0032	55	44	15	148	32.7	62.7
wzsf0033	65	40	14	135	23	40
wzsf0034	91	53	22	15	20.4	29.5
wzsf0035	107	64	23	64	28.9	50.3
wzsf0036	88	59	25	150.8	31.9	53.9
wzsf0037	90	56	24	132	27.8	48.5
wzsf0038	54	36	14	123	26	48.7

续表 13-8

样品编号	Cr	Ni	Cu	Zn	As	Pb
wzsf0039	77	40	22	143	25.7	58.5
wzsf0040	79	47	14	130	19	−26
wzsf0041	91	51	22	139	29.5	48
wzsf0042	79	53	18	159.4	29	52.9
wzsf0043	40	37	22	164	24.4	62.6
wzsf0044	77	50	26	110	30	58.9
wzsf0045	89	55	31	147	29.1	59
wzsf0046	58	53	18	139	24.5	58
wzsf0047	83	52	29	143	20	−49
wzsf0048	78	63	28	171.3	15.1	57
wzsf0049	68	41	17	150	8.8	60.7
wzsf0050	73	50	26	159.7	32.9	47.9
wzsf0051	49	45	6	119	22.4	31
wzsf0052	65	51	15	161	3.4	52.3
wzsf0053	77	33	−3	68		31
wzsf0054	95	63	27	143	2.4	59.4
wzsf0055	90	41	21	142	−8.9	58.6
wzsf0056	94	51	30	151.4	25.6	51.1
wzsf0057	92	60	26	159	−70	57.9
wzsf0058	117	55	36	175.3	28.6	68.2
wzsf0059	56	38	11	131	15.3	54.8
wzsf0060	20	54	16	141	14.9	46
wzsf0061	84	60	27	146	29.7	55.1

表 13-9　梧州肇庆先行试验区重金属土壤环境剩余容量　　　　　　单位：kg/hm²

金属类别	Cr	Ni	Cu	Zn	As	Pb
现状	77.67	36.41	32.30	75.40	23.48	39.55
C_{ic}-C_{ip}	72.33	43.59	17.70	124.60	16.52	40.45
平均剩余容量	162.74	98.08	39.83	280.35	37.17	90.01

从表 13-9 的计算结果可知，梧州肇庆先行试验区各重金属元素均未超过农业用地土壤环境质量标准，且剩余容量相对较大。由此可知梧州肇庆先行试验区土壤环境较好，土壤未受重金属元素污染。

（3）土壤环境综合指数评价。由上述土壤环境静态容量和土壤环境剩余容量，计算不同土壤类型的土壤环境承载力综合指数，计算结果见表 13-10。

表 13-10 梧州肇庆先行试验区重金属元素土壤环境容量综合指数评价

样品编号	Cr	Ni	Cu	Zn	As	Pb	综合指数
wzsf001	0.68	0.58	0.80	1.36	0.79	1.25	0.91
wzsf001	0.69	0.65	0.92	1.37	0.79	1.25	0.95
wzsf002	1.14	0.95	0.84	1.28	0.95	1.07	1.04
wzsf003	0.41	0.16	−0.50	1.05	0.92	1.21	0.54
wzsf004	1.19	0.76	0.95	1.31	1.19	0.80	1.03
wzsf005	1.23	1.01	1.07	1.37	1.10	1.36	1.19
wzsf006	1.06	0.32	1.14	0.68	1.23	1.35	0.96
wzsf007	0.81	0.60	0.61	0.99	−0.13	1.15	0.67
wzsf008	1.18	0.83	0.99	1.35	1.00	1.03	1.06
wzsf009	0.74	0.72	0.04	1.26	0.89	0.60	0.71
wzsf0010	0.96	1.06	1.11	1.36	0.72	1.21	1.07
wzsf0011	1.06	0.57	0.84	1.27	0.72	1.23	0.95
wzsf0012	0.86	0.88	0.95	1.33	0.03	1.37	0.90
wzsf0013	0.45	−0.04	0.57	1.33	−0.10	−5.05	−0.47
wzsf0014	0.85	0.71	1.22	1.37	0.62	1.34	1.02
wzsf0015	0.89	0.74	0.95	1.34	0.72	0.04	0.78
wzsf0016	0.15	0.60	0.11	1.03	−0.42	0.84	0.39
wzsf0017	0.88	0.97	1.14	1.22	0.19	1.26	0.94
wzsf0018	0.71	0.64	0.19	0.77	0.47	0.98	0.63
wzsf0019	0.91	0.67	0.19	0.02	−0.02	0.32	0.35
wzsf0020	0.95	0.85	0.92	1.35	0.20	1.10	0.90
wzsf0021	1.23	0.79	0.80	1.09	0.88	0.93	0.95
wzsf0022	0.66	0.90	0.80	1.24	0.32	1.18	0.85
wzsf0023	0.89	0.64	0.19	0.51	0.42	0.78	0.57
wzsf0024	0.95	0.48	0.19	0.73	0.47	1.06	0.65
wzsf0025	1.04	0.67	0.27	−0.29	−0.31	0.04	0.24
wzsf0026	0.85	0.34	−0.23	−0.68	−0.31	−0.14	−0.03
wzsf0027	1.44	1.15	0.53	1.01	0.89	1.00	1.00
wzsf0028	0.70	0.42	−0.31	−1.09	−0.27	−0.34	−0.15
wzsf0029	1.09	0.76	0.80	0.57	0.36	0.79	0.73
wzsf0030	1.04	0.81	0.46	0.69	0.77	1.00	0.80
wzsf0031	0.85	0.78	0.80	1.17	0.94	1.16	0.95
wzsf0032	0.69	0.78	0.57	1.16	1.12	1.25	0.93
wzsf0033	0.81	0.71	0.53	1.06	0.79	0.80	0.78
wzsf0034	1.14	0.94	0.84	0.12	0.70	0.59	0.72
wzsf0035	1.34	1.13	0.88	0.50	0.99	1.00	0.97
wzsf0036	1.10	1.04	0.95	1.18	1.10	1.08	1.08

续表 13-10

样品编号	Cr	Ni	Cu	Zn	As	Pb	综合指数
wzsf0037	1.13	0.99	0.92	1.04	0.95	0.97	1.00
wzsf0038	0.68	0.64	0.53	0.97	0.89	0.97	0.78
wzsf0039	0.96	0.71	0.84	1.12	0.88	1.17	0.95
wzsf0040	0.99	0.83	0.53	1.02	0.65	−0.52	0.58
wzsf0041	1.14	0.90	0.84	1.09	1.01	0.96	0.99
wzsf0042	0.99	0.94	0.69	1.25	1.00	1.06	0.99
wzsf0043	0.50	0.65	0.84	1.29	0.84	1.25	0.90
wzsf0044	0.96	0.88	0.99	0.86	1.03	1.18	0.98
wzsf0045	1.12	0.97	1.18	1.15	1.00	1.18	1.10
wzsf0046	0.73	0.94	0.69	1.09	0.84	1.16	0.91
wzsf0047	1.04	0.92	1.11	1.12	0.69	−0.98	0.65
wzsf0048	0.98	1.11	1.07	1.34	0.52	1.14	1.03
wzsf0049	0.85	0.72	0.65	1.18	0.30	1.21	0.82
wzsf0050	0.91	0.88	0.99	1.25	1.13	0.96	1.02
wzsf0051	0.61	0.79	0.23	0.93	0.77	0.62	0.66
wzsf0052	0.81	0.90	0.57	1.26	0.12	1.04	0.78
wzsf0053	0.96	0.58	−0.11	0.53	0.00	0.62	0.43
wzsf0054	1.19	1.11	1.03	1.12	0.08	1.19	0.95
wzsf0055	1.13	0.72	0.80	1.11	−0.31	1.17	0.77
wzsf0056	1.18	0.90	1.14	1.19	0.88	1.02	1.05
wzsf0057	1.15	1.06	0.99	1.25	−2.40	1.16	0.54
wzsf0058	1.47	0.97	1.37	1.38	0.98	1.36	1.26
wzsf0059	0.70	0.67	0.42	1.03	0.53	1.09	0.74
wzsf0060	0.25	0.95	0.61	1.11	0.51	0.92	0.73
wzsf0061	1.05	1.06	1.03	1.15	1.02	1.10	1.07

(二)土壤环境承载力评价

(1)土壤环境重金属元素承载力单项评价。根据重金属元素土壤环境容量单因子指数评价结果并进行等级划分,进行土壤环境单元素承载力评价,结合 MapGIS 分析技术绘制各重金属元素土壤环境承载力评价图。

根据图 13-11,重金属元素 As 的土壤环境承载力较高。高容量区和中容量区占全区面积的 70% 以上。超载区主要分布于下楚头一带及西江附近局部地区。在超载区应注意对重金属元素 As 的检测治理。

根据图 13-12,重金属元素 Cr 在梧州肇庆先行试验区土壤中含量极少。该区绝大部分处于高容量区、中容量区,只有极少部分地区 Cr 元素含量较高。整体土壤环境重金属元素 Cr 剩余承载力高。

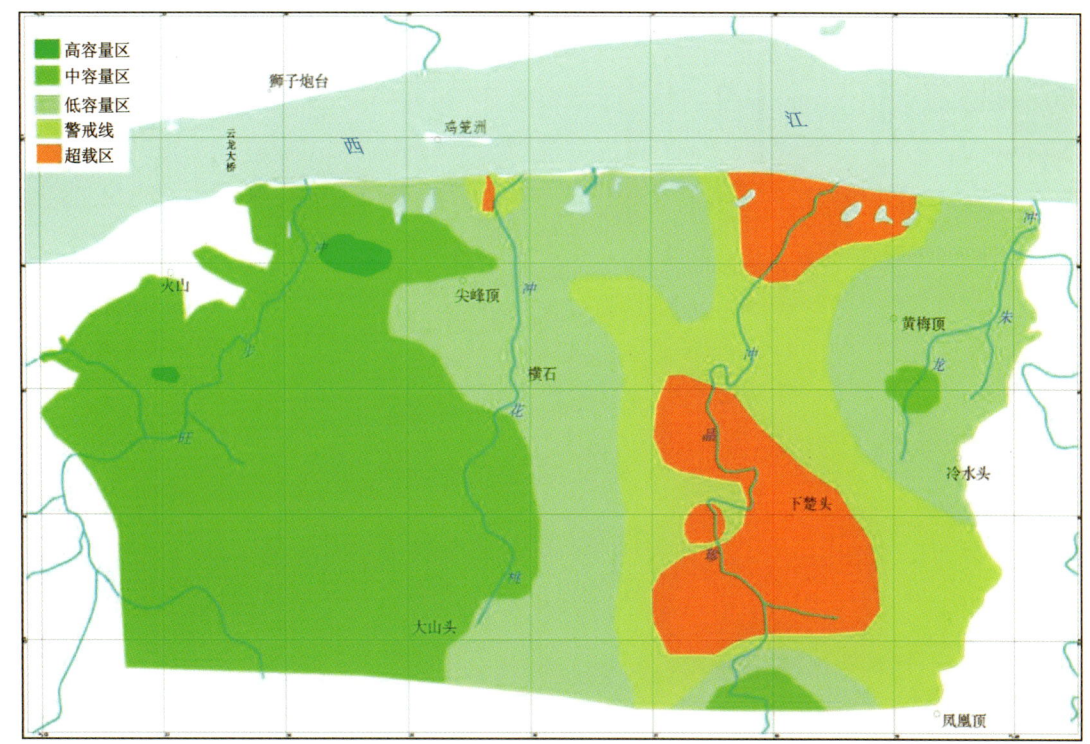

图 13-11　重金属元素 As 土壤环境承载力评价示意图

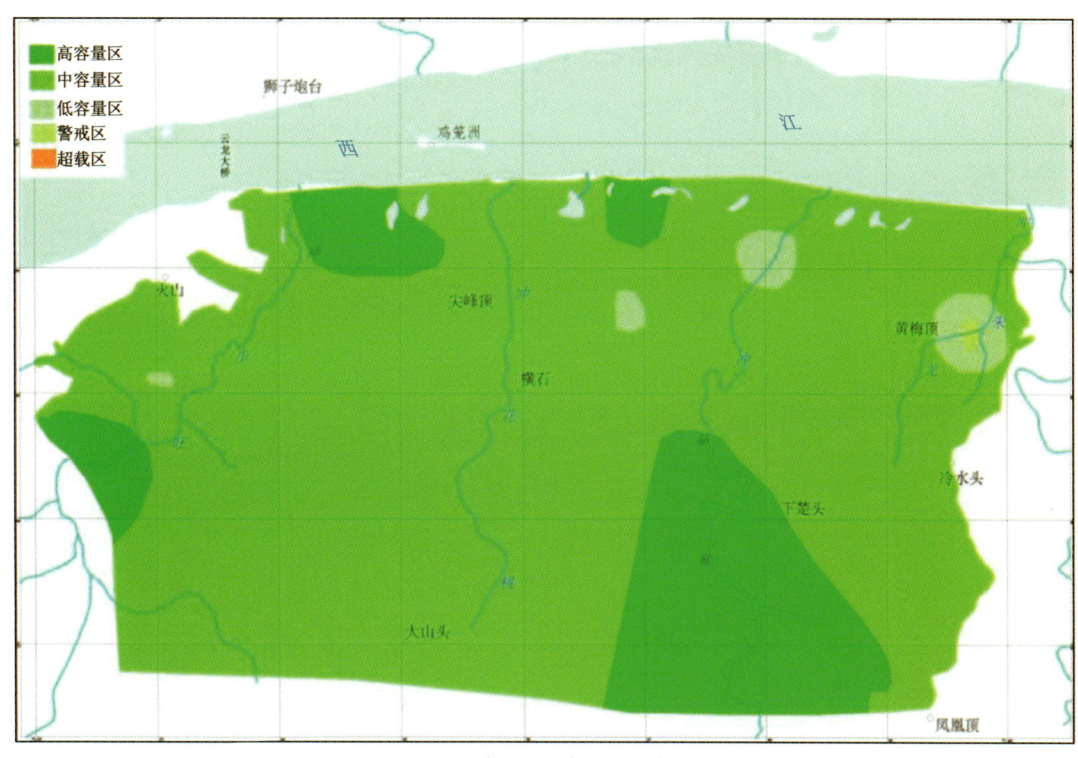

图 13-12　重金属元素 Cr 土壤环境承载力评价示意图

根据图 13-13，重金属元素 Cu 在全区含量较少。高容量区、中容量区面积占全区面积的 80% 以上，土壤环境容量超载区主要分布在西江沿岸，后续开发过程中需对超载区进行检测治理，避免重金属元素 Cu 污染西江水。

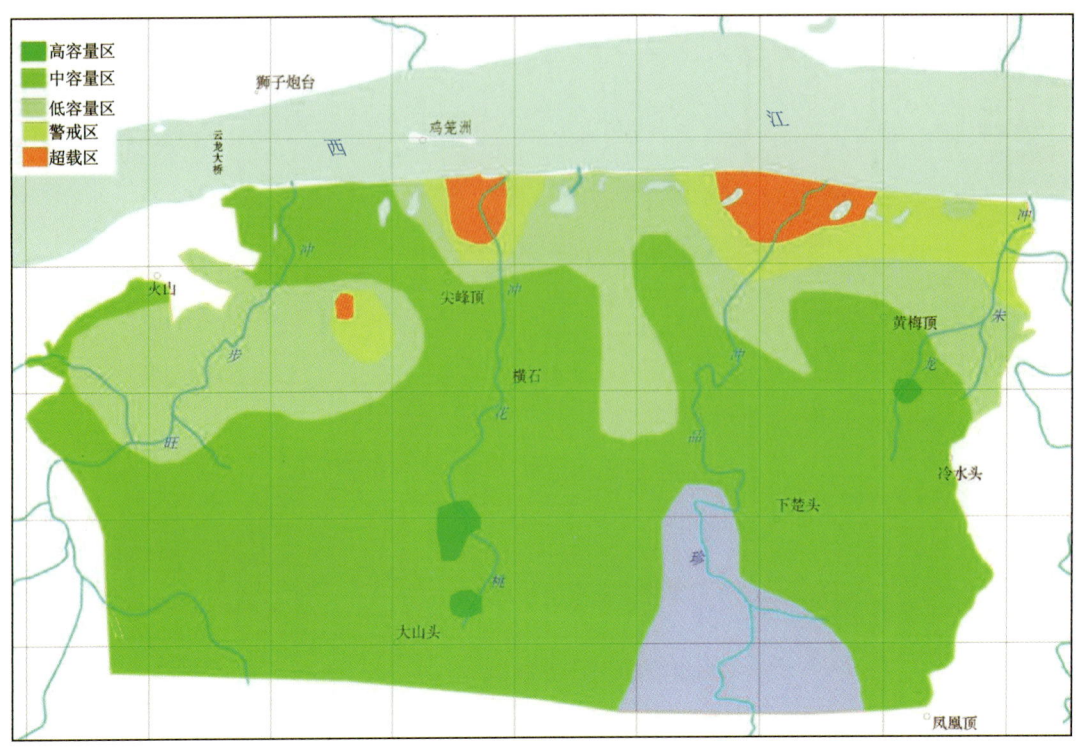

图 13-13　重金属元素 Cu 土壤环境承载力评价示意图

根据图 13-14，重金属元素 Ni 在全区含量极少。高容量区和中容量区面积占全区面积的 90% 以上，其余为低容量区，局部地区为警戒区和超载区，占全区面积极少。全区 Ni 元素剩余容量高，土壤环境承载力高。

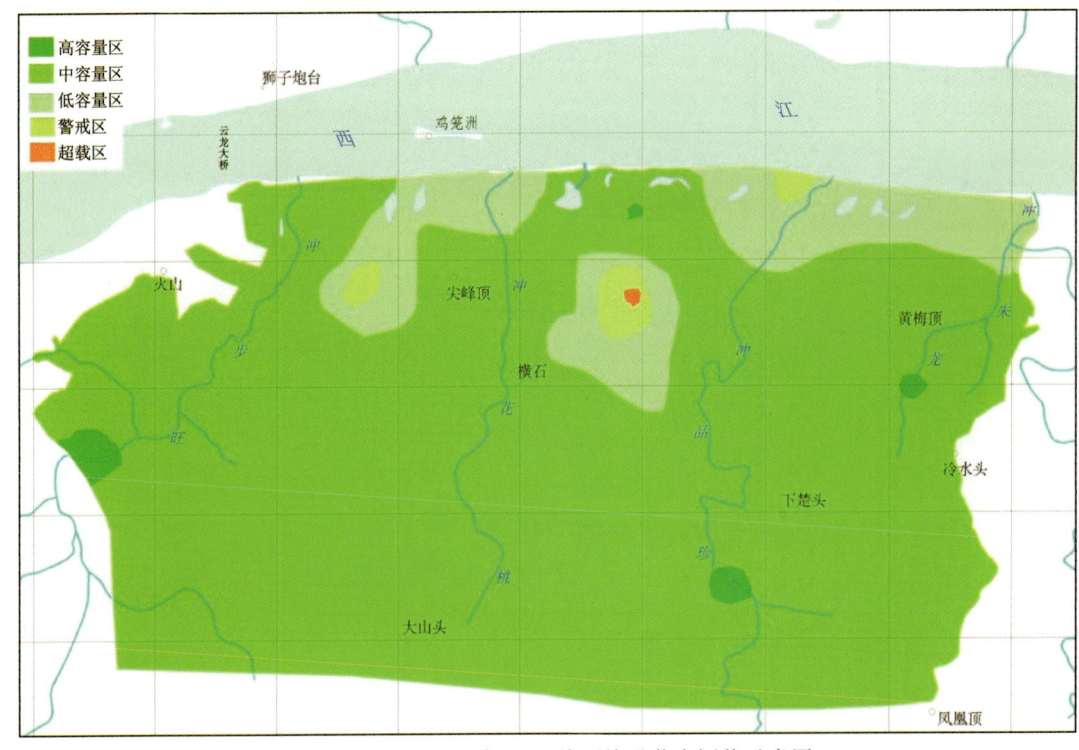

图 13-14　重金属元素 Ni 土壤环境承载力评价示意图

根据图 13-15，重金属元素 Pb 在全区含量较少。全区 85% 以上地区剩余容量为高容量和中容量，大山头一带及西江沿岸 Pb 含量较高，处于警戒区和超载区，在后期开发过程中，应注意对警戒区和超载区的重金属污染治理。

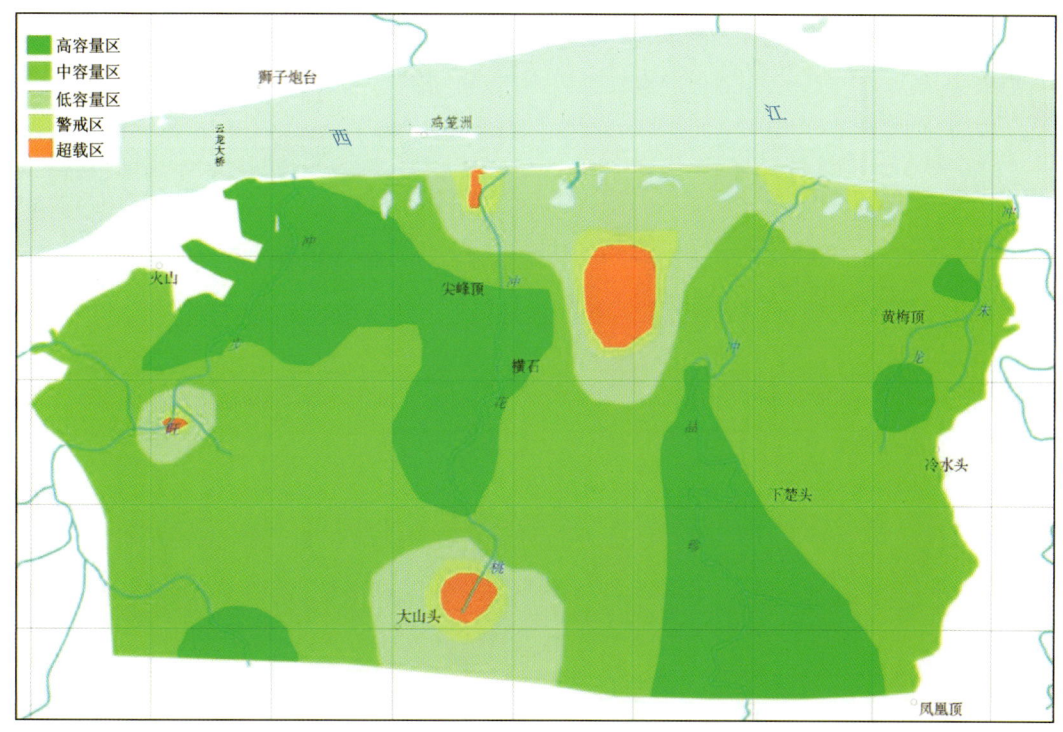

图 13-15　重金属元素 Pb 土壤环境承载力评价示意图

根据图 13-16，重金属元素 Zn 在全区土壤含量极少，该区绝大多数地区处于高容量区、中容量区，只有极少部分地区 Zn 元素含量较高，主要处于西江沿岸。整体土壤环境承载力高、开发潜力高。

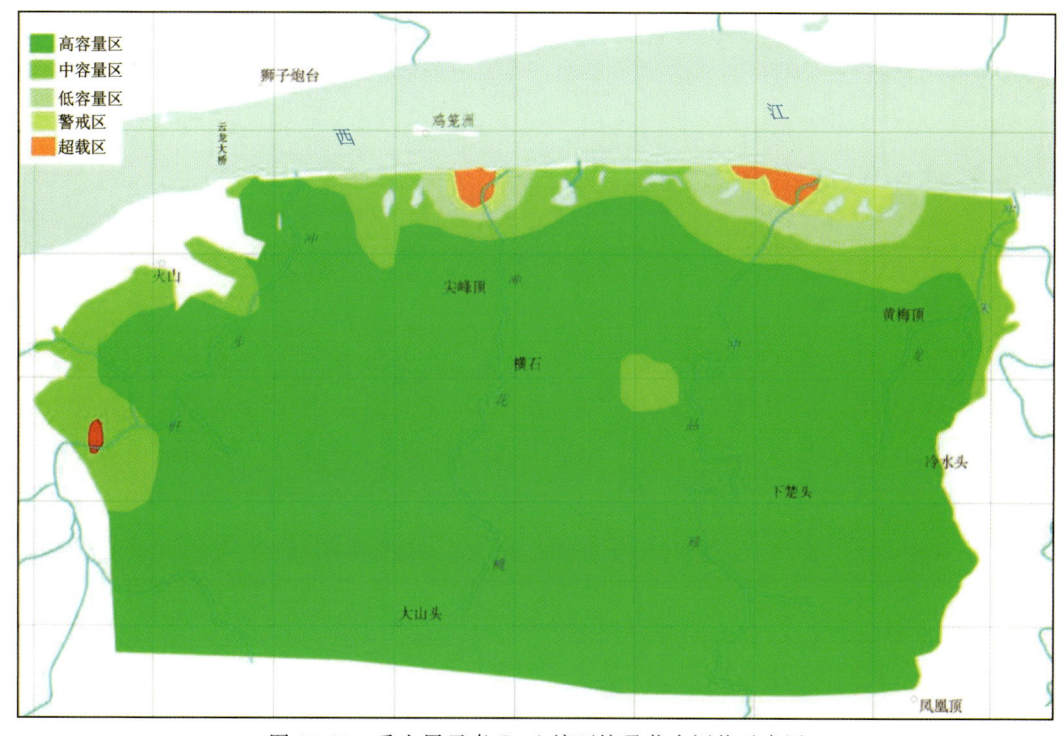

图 13-16　重金属元素 Zn 土壤环境承载力评价示意图

(2) 土壤环境综合承载力评价。计算得出全区表层土壤环境容量综合指数,根据用地类型和划分等级进行土壤环境承载力综合评价分析(图13-17)。

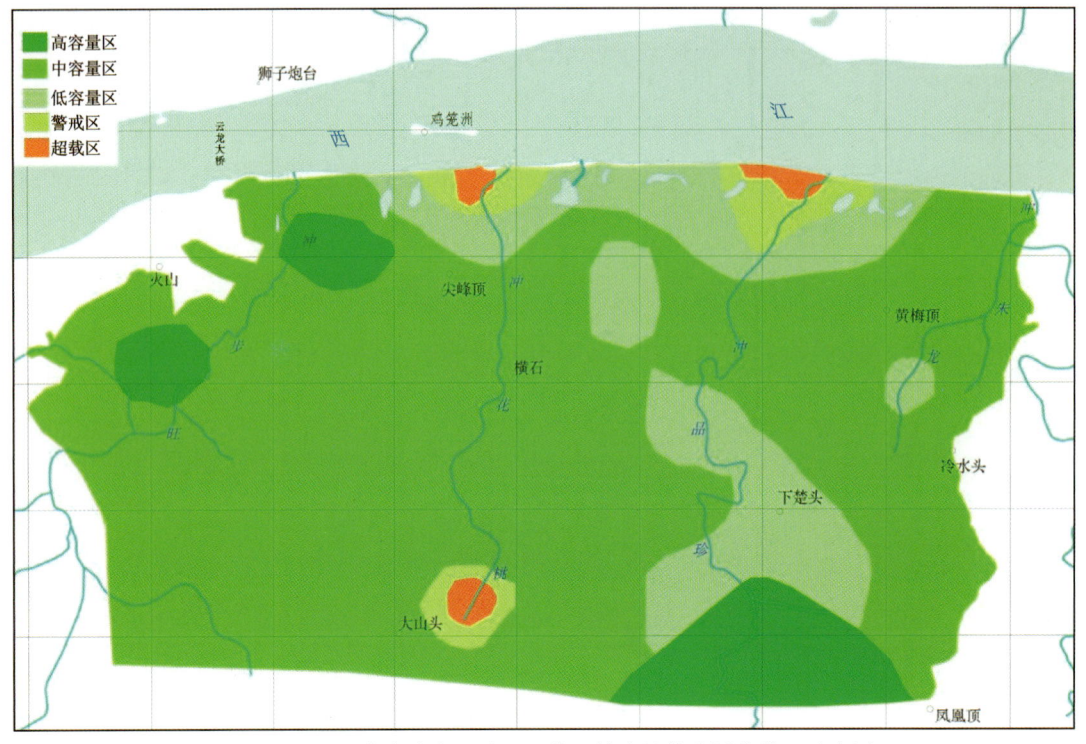

图13-17　梧州肇庆先行试验区土壤环境容量综合评价分区示意图

由图13-17可知,梧州肇庆先行试验区土壤环境的高容量区、中容量区面积分别占全区面积的8.2%、72.4%,低容量区、警戒区、超载区分别占全区面积的16%、2.7%、0.7%。梧州肇庆先行试验区总体土壤环境容量高,承载能力强,具有很好的开发利用前景。局部低容量区、警戒区、超载区主要含Pb、Cu、As重金属元素。需注意的是,重金属元素含量高地区主要分布在西江沿岸,应采取一定的措施对重金属含量高地区进行治理,防止重金属污染西江水及农作物。

四、水环境承载力评价

1. 水环境容量计算结果

根据本区地表水环境质量监测结果,即全区COD、氨氮的浓度分布,结合各区域的水质目标,计算出COD、氨氮的容量,对其进行容量等级划分(表13-11),得到全区COD、氨氮容量的分布图(图13-18、图13-19),再进行水环境容量等级划分,运用MapGIS空间分析技术对该区的水环境承载力进行分析,得到水环境承载力分布图。

表13-11　梧州肇庆先行试验区地表水环境容量等级划分

COD容量	小于-10	-10~0	0~5	大于5
氨氮容量	小于-0.05	-0.05~0	0~0.05	大于0.05
容量状态	低容量区	较低容量区	一般容量区	高容量区

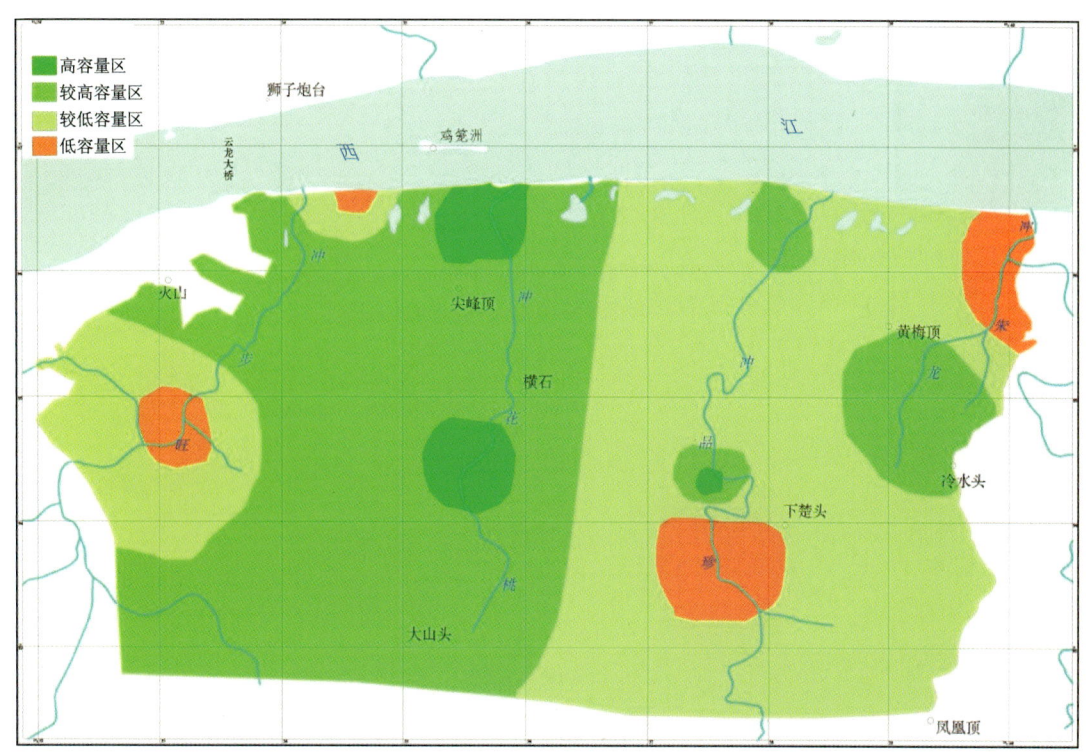

图 13-18　梧州肇庆先行试验区水环境 COD 容量分布示意图

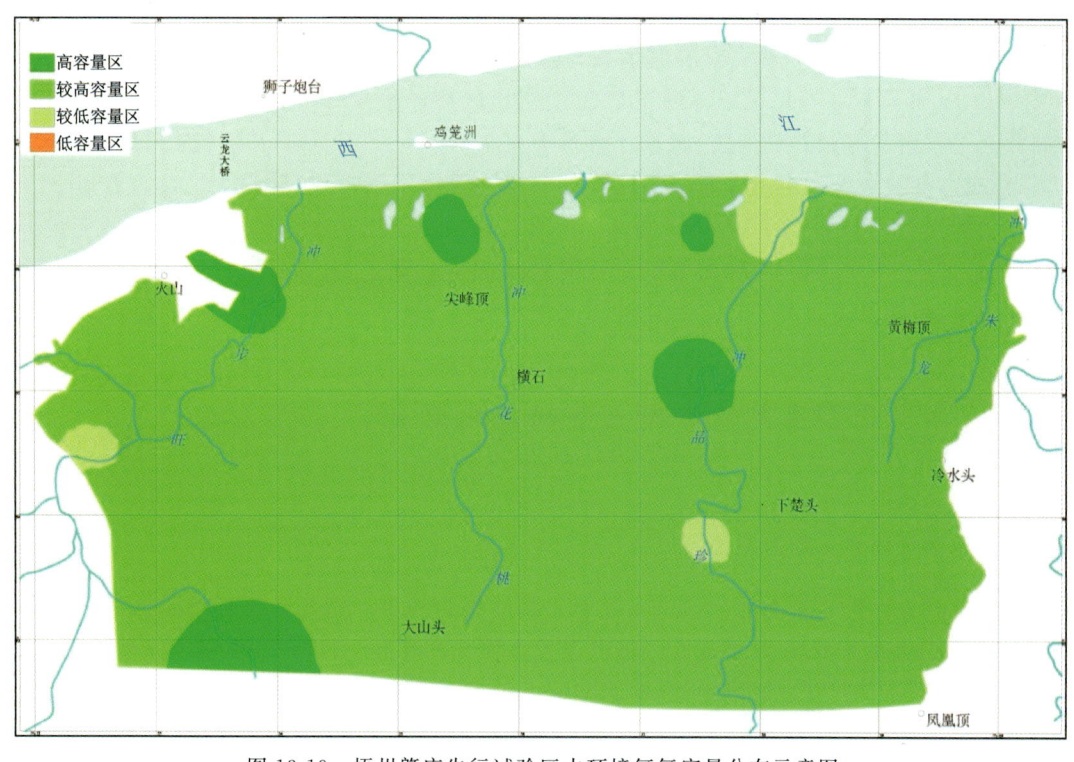

图 13-19　梧州肇庆先行试验区水环境氨氮容量分布示意图

2. 水环境承载力评价

由图 13-18、图 13-19 可知，梧州肇庆先行试验区水环境中氨氮的容纳量较高，而 COD 的容纳量相对较低。根据 COD、氨氮的环境容量综合分析水环境承载力，根据 COD、氨氮容量的均值，并按照等距等级划分法进行等级划分,结合 MapGIS 空间分析技术得到水环境承载力分布图(图 13-20)。

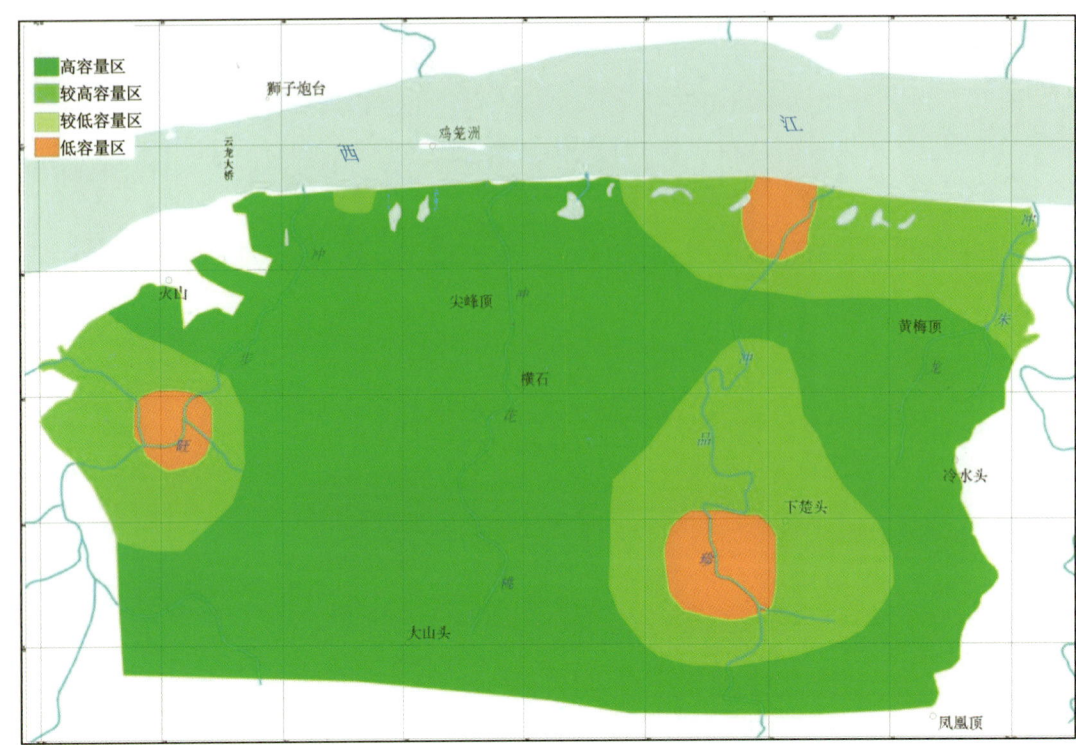

图 13-20　梧州肇庆先行试验区水环境承载力分布图

由图 13-20 可知,梧州肇庆先行试验区承载盈余地区占全区面积的 71.6% 以上,承载均衡占全区面积的 20.2% 以上,超载区占全区面积不到 9.2%,说明该区整体水质好,承载能力高。梧州肇庆先行试验区内的西江是华南地区最长的河流,属珠江水系干流之一,全长 2214km,长度仅次于长江、黄河,航运量居中国第二位,拥有黄金水道的美誉。西江流域径流主要由降雨形成,洪水一般出现在 6—10 月,据梧州站多年实测统计,最枯年份平均流量为 2960m^3/s,梧州属于亚热带季风气候区,雨量充足,年均降雨量达到 1592.9~2022.2mm。梧州肇庆先行试验区总体水质好、水量充足,能保证梧州肇庆先行试验区的长期发展,但在开发过程中也需对其进行合理开发及保护。

五、资源环境综合承载力与国土空间优化配置

1. 国土资源环境综合承载力评价

资源环境承载力评价是对土地、生态、环境等方面的综合评价。做好资源环境承载力评价,一是要分析国土空间开发的适宜性,在尊重现有经济社会发展格局的基础上,进一步明确未来国土空间开发的方向;二是要分析国土空间开发的限制性,明确空间上的红线和数量上的底线,为饮水安全、粮食安全、生态安全预留出足够的空间和资源;三是要注意资源与环境的综合分析,资源决定论、环境决定论均不可取;四是要重视对资源环境可能出现的问题进行预判,进行国土空间开发风险评估。

(1)区域资源承载力评价。资源承载力是指一个国家或地区在可预见的时期内,利用土地能源及其他自然资源和技术等条件,在保证符合其社会文化准则的物质生产条件下所能持续供养的人口数量。本书基于单要素资源承载力评价结果,只对土地资源人口承载力进行了评价,通过土地资源人口承载力来对资源承载力进行综合分析,并借助 MapGIS 空间分析技术,绘制资源承载力评价分区图(图 13-21)。

第十三章 梧州肇庆先行试验区资源环境承载能力评价

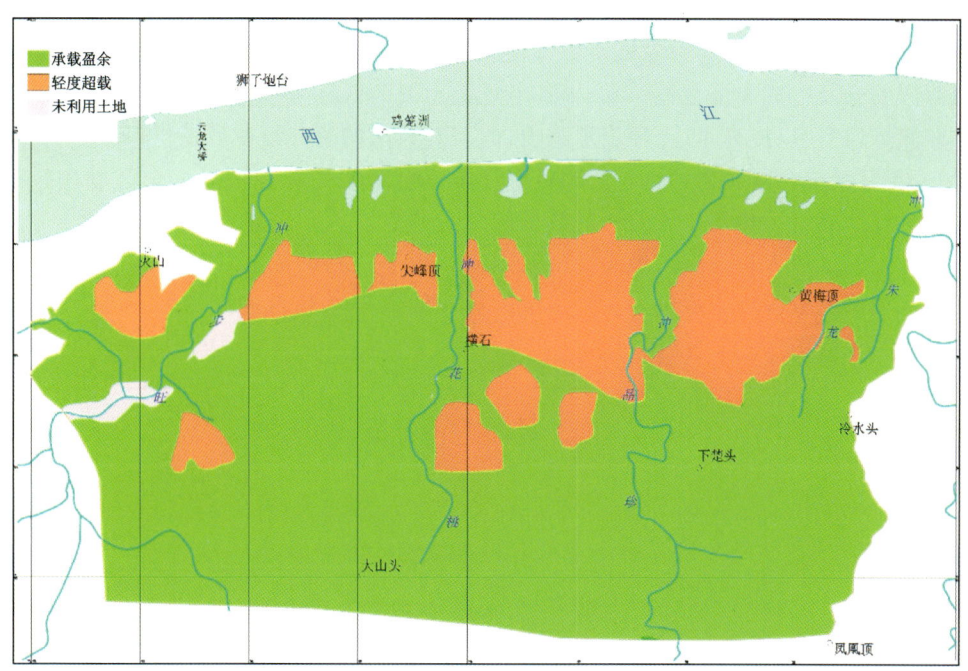

图 13-21 区域资源承载力评价分区示意图

由图 13-21 可知,该区资源人口承载力总体上表现为承载盈余,主要是该区环境良好,目前开发程度较低,故资源人口承载能力较高。但该区是国家区域合作重点战略试验区,将进行大规模的规划建设,城市化程度将增大,人口承载能力随之将下降,故要切实保护现有资源,对资源的开发利用要做到长期规划合理利用。

(2)区域环境承载力评价。区域环境承载力主要通过单要素环境承载力进行表征,本书主要评价了地质环境承载力、水环境承载力和土壤环境承载力,基于上述单要素环境承载力评价结果,采用取差法,即"短板理论",对区域环境承载力进行评价,并借助 MapGIS 空间分析技术,绘制区域资源承载力评价分区图(图 13-22)。此外,还可以通过因子之间的相互补偿效应,避免短板的限制作用,从而提高环境承载力。

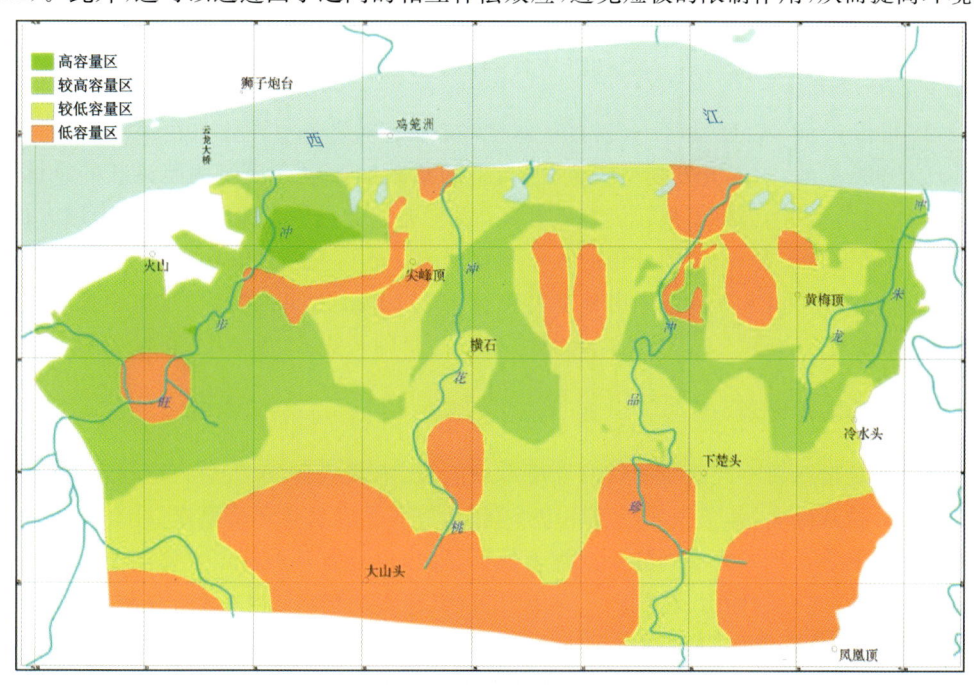

图 13-22 区域环境承载力评价分区示意图

由图13-22可知,该区环境承载能力一般,主要是地质环境承载力较低造成的。丘陵区地形较陡,地层风化,在人类活动的影响下易引发地质灾害,故在规划建设中应加强地质灾害防护工作,避免威胁居民的生命财产安全及造成经济损失。水、土环境承载力低的区域较小,但同样在未来的发展中应加强污染物排放监测与监管,以提高水、土环境承载力,为实现该区的可持续发展提供保障。

(3) 区域资源环境综合承载力评价。区域资源环境综合承载力评价是对一个区域在一定时期内利用其国土资源环境所能持续稳定供养的人口数量的综合评判。人口需求与土地资源生产力、水资源供给能力之间的平衡是区域人口发展的最主要限制因素。由于资料的限制,本书只开展了土地资源承载力评价,所以,区域国土资源环境承载力主要由土地资源的人口承载力进行衡量,故区域国土资源环境综合承载力评价结果如图13-23所示。

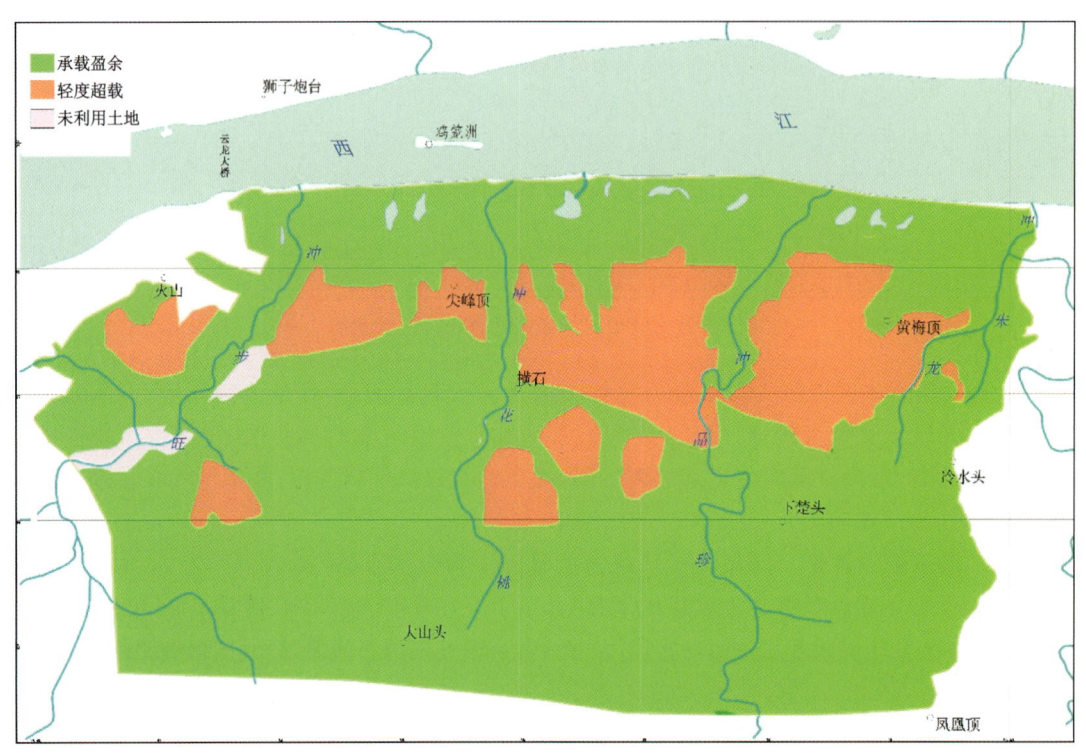

图 13-23　区域国土资源环境综合承载力分区示意图

由图13-23可以看出,该区的综合承载力总体较高,轻度超载区主要分布在中部,主要是建设用地的规划承载力人口造成的,该区开发强度较低,故人口的承载能力较高。但按照该区的总体规划人口,该区的资源环境人口承载能力将出现轻度超载现象,故在规划建设中应发挥城镇在区域人口承载中的增长极作用,通过城镇经济发展,带动城镇的人口承载能力。本区总体以丘陵地势为主,高差较大,坡度变化大,地势起伏崎岖不平,尤其南部地区地势高程在10~300m之间,进行开发建设难度较大,应开展地质灾害防护工作。

2. 国土空间主体功能区划

主体功能区划是指在对不同区域的资源环境承载能力、承载状态、承载潜力以及现有的开发强度等要素进行综合分析的基础上,基于该区资源环境承载力评价,并以自然环境要素、社会经济发展水平、生态系统特征以及人类活动形式的空间分布差异为依据,划分出具有某种特定主体功能的地域空间单元,主要包括优化开发区(建设功能区、超载区)、重点开发区(建设功能区、潜力区)、限制开发区(农业用地、重点生态功能区)和禁止开发区(核心生态功能区)4类区域,并赋予其不同的发展功能定位。梧州肇庆先行试验区国土空间主体功能区划结果如图13-24所示。

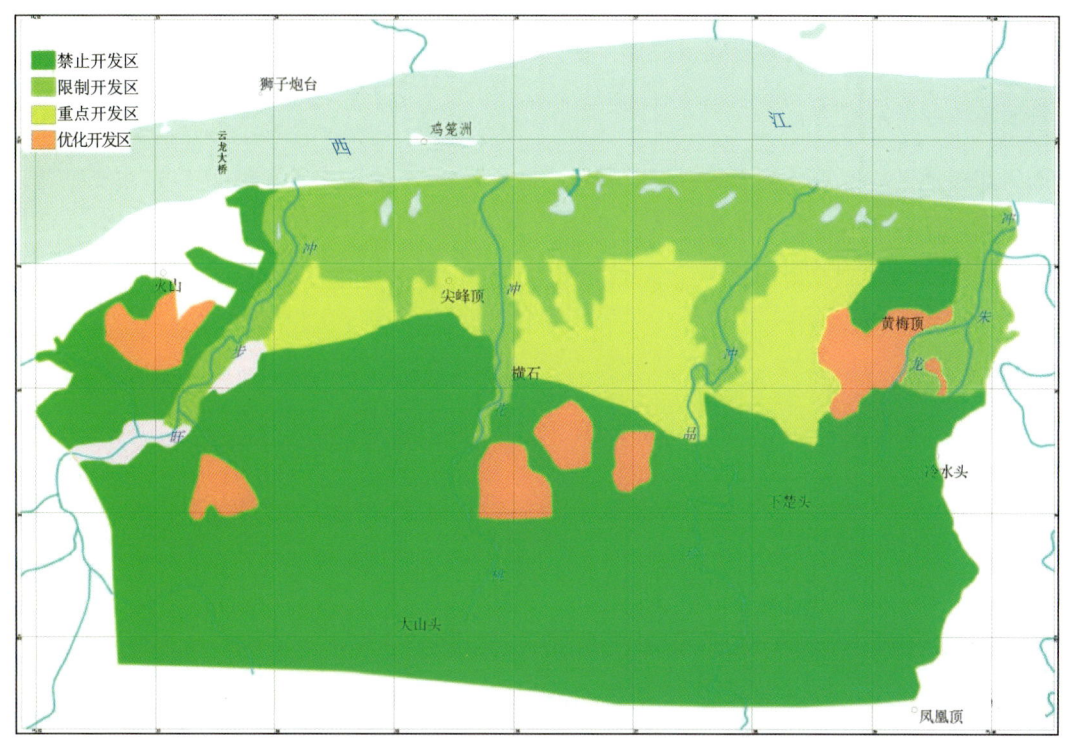

图 13-24 区域国土空间主体功能区划示意图

图 13-24 中优先开发区主要为综合承载力超载区以及生态服务功能一般区；重点开发区主要为生态服务功能一般或实验区、农业用地不适宜的建设区；限制开发区主要为农业用地适宜区以及生态功能缓冲区；禁止开发区主要为生态服务功能核心区。

六、结 论

1. 土地资源承载力

基于土地资源开发利用适宜性评价结果进行该区土地资源承载力评价，评价结果显示该区土地资源承载力总体较好，部分地区出现规划人口承载力超载，如在以后的规划建设中合理开发利用现有资源，做到合理规划，可提高土地资源承载力。

2. 地质环境承载力

梧州肇庆先行试验区，脆弱性严重区约占全区面积的 50%，脆弱性一般区约占全区面积的 40%，地质环境脆弱性轻度区约占全区面积的 10%。梧州肇庆先行试验区整体地质环境较为脆弱，主要原因是该区域为山区地形，坡度陡，地表岩石风化厉害，易发生崩滑流类地质环境灾害。

3. 水环境承载力

梧州肇庆先行试验区水质相对较好，水质基本处于一类水到二类水之间，其中一类水含量较多，证明该区整体水质较好，水环境承载能力高。

4. 土壤环境承载力

梧州肇庆市先行试验区土壤环境容量，高容量、中容量区面积分别占全区面积的 8.2%、72.4%，低容量区、警戒区、超载区分别占全区面积的16%、2.7%、0.7%。梧州肇庆先行试验区总体土壤环境容量高,承载能力强,具有很好的开发利用前景。

5. 资源环境综合承载力

该区大部分地区的资源环境承载力属于承载盈余地区,较小的区域属于轻度超载,主要是建设用地的规划承载力人口造成的。故在规划建设中,应发挥城镇在区域人口承载中的增长极作用,通过城镇经济发展,带动城镇的人口承载能力。

第三篇

经济社会发展与国土空间优化开发

第十四章 泛珠三角城市群经济社会发展国内外对比研究

泛珠三角地区已成为我国经济版图的重要增长极,处在"一带一路"关键节点上,区位优势明显,并且,泛珠三角城市群的建设已上升到国家意志。目前,泛珠三角城市群处于快速发展阶段,经济处于新常态、新旧动能转化、产业结构转型升级过程中,对生态环境的依赖加大,同时生态文明建设对泛珠三角地区地质工作也提出了新的需求和要求。为了满足泛珠三角地区绿色经济发展需要,为国土空间优化开发提供地质学科的科技支撑,本次研究围绕"在遵循城市群形成与演变的客观规律基础上,如何从资源环境供给和约束层面疏解城市群经济社会发展与资源环境之间的内在矛盾与冲突"的科学问题及其4个子问题开展研究。

通过分析泛珠三角城市群社会经济发展现状和空间格局,判断这一地区城市群空间格局的演变趋势。以地质资源环境承载力理论为分析的理论基础,开展水土、空间优化相关地质调查与指标跟踪,选择城市群地质资源环境承载力评价指标,建立泛珠三角地区城市群地质资源环境承载力评价模型,对珠三角城市群地区资源环境问题突出的重点地区开展地质调查研究与评价,比较分析泛珠三角城市群与国内外城市群发展阶段的矿产、能源、环境、生态和水资源的支撑能力,识别泛珠三角地区城市群地质资源环境承载的结构特征和可能出现的过载风险,并结合国内地质调查发展特征,为地质调查工作服务珠江三角洲城市群生态文明建设的路线图的制定提供科学的决策依据。

一、产业结构演变与资源环境耦合特征比较

(一)产业结构演变特征比较

从整体上来看,中美两国城市群产业结构遵循相同的演变路径,经济发展呈现出"路径依赖"性。近年来,城市群产业结构总量变动具有一定的相似性,与此同时,产业结构的演变又表现出一些各自独有的特点。

(1)经济发展遵循路径依赖,中美城市群产业结构变化符合产业结构的演变路径,结构变动的过程具有一定的相似性。中国经济发展起步晚,但是经济的发展速度非常快,特别是改革开放之后,经过短短几十年的发展,中国产业结构就实现了到"三二一"的演变,并且随着经济的不断发展,中美两国三次产业结构的相似程度越来越高。

(2)中美城市群第一产业、第二产业比重不断下降,第三产业不断上升。美国城市群第二产业所占比重不足30%,第三产业占比超过70%;中国城市群第二产业占比仍在40%~50%之间不断波动,第三产业占比50%~60%。从产值结构来看,中美两国第一产业的比重基本都呈下降趋势;同时中美两国第三产业的比重都呈现不断上升的趋势;而在第二产业方面,美国第二产业的比重呈现不断下降的趋

势,中国第二产业的比重则一直保持在40%~50%之间波动,分阶段上升与下降。

(3)中美城市群产业结构比重具有小幅度的波动起伏,但波动的周期与原因不同。中国产业结构演变的波动性在很大程度上受国家政策导向的影响,而美国产业结构演变虽具有一定的波动性,但波动幅度不大。

(4)中美城市群产业内部变动倾向不同,中国城市群第二产业仍以传统重化工业为主,表现出明显的重型化倾向;美国城市群以新型生物、化学、电子、微电子工业为主,绿色化、科技化倾向明显。中国产业结构内部的变动呈现明显的重型化倾向,而美国产业的内部结构则具有相对的稳定性。

(5)中美城市群产业结构转型动力不同。美国产业结构转变主要依赖土地价格的上涨,导致不变成本上升,资本不得不撤出原有地,向外部扩散。而中国产业扩散的基本动力来自城市土地有偿使用制度的建立,住房制度改革和大规模危旧房改造促使人口外迁,城市交通和通信等基础设施条件的改善,国内外的大量投资,以及新经济动力的强烈牵引。

基于现有的研究数据可以看出,中国现在三大城市群的产业结构大体相当于美国两大城市群1962年时的产业结构,而中国当前三大城市群的人均生产总值大体相当于1983年美国两大城市群的人均生产总值水平,中美两国的发展差距还很大。

(二)产业比较优势与资源环境耦合特征

1. 城市群产业分工与资源耦合特征

美国城市群:五大湖城市群、波士华城市群内部产业分工协作,实现城市群产业均衡发展与错位竞争。在国际产业转移的浪潮下,美国城市群率先进行产业转型升级,成为产业转移的先导地区。波士华城市群内部制造业中心逐渐转移,第二产业网状空间格局显著,整体发展稳中有进,以纽约为中心,产业结构以金融、贸易、管理与服务业为主,金融业占据绝对的主导地位;城市群其他城市的第三产业也普遍形成了金融服务的双核结构,但城市仍有自身的特色产业分工;巴尔的摩国防工业带动制造业发展,科技创新推动高新技术工业革新;波士顿依托高等学府科研机构,高新技术、创新驱动显著,生物技术发展势头强劲;费城发展为高科技之城,生物、电子技术成为支柱产业,产业分化趋势明显;华盛顿作为国家政治中心,分工明确。五大湖城市群为美国制造业带,在产业转型的背景下寻求自身的制造业发展道路,在城市群内部形成网状空间分布、优势互补、错位竞争的协同发展模式,主要城市作为区域网络结节点,形成区域城市等级体系,芝加哥作为城市群的中心城市逐渐发展成为新的经济中心,面向城市群甚至全国提供金融贸易管理服务,新技术促进制造业转型升级,制造业集散并存,形成地区占优制造业;匹兹堡的钢铁产业优势下降,国际钢铁生产国竞争加剧,钢铁之城转型高科技之城,生物、电子技术成为支柱产业;克利夫兰化学制造服务医疗产业,建立医学中心领跑医疗产业,发展前瞻性的绿色建筑业,并形成绿色建筑产业链;底特律在传统汽车产业优势下降后,汽车零件制造产业特征仍明显,汽车产业仍为主要产业,受经济危机波动影响显著,但产业结构的调整使得影响程度降低。城市群内部,群体之间通过垂直分工、水平分工实现高度的分工与协作,关联产业在一个地区聚集形成规模效益递增,实现产业的最优布局。

中国城市群:第一产业比重有所下降,第二产业构成仍以重工业为主,第三产业对经济拉动作用日益增加。中国城市群内部第一产业虽然所占比重有所下降,但总体保持增长趋势,然而第一产业仍存在高度分化不足、分工不明确、未形成特色产业等问题;第二产业内部仍保持重工业产值大于轻工业产值的结构特点,但近些年来轻工业增加速度明显加快,而重工业增速减缓,高新技术产业发展加快,但其占经济总量比重仍相对较少;第三产业中金融业增速加快,房地产产业增速相对稳定,传统服务业发展较快,而新兴服务业缺乏竞争力,发展滞后,仍需进一步加强服务业对经济的拉动作用。

2. 城市群市场一体化与资源环境耦合特征

美国城市群：城市群内部、群体之间的高层次产业分工，拓宽企业消费市场，减少消费者本地偏好，减少边界效应影响加速区域市场一体化。五大湖城市群与波士华城市群高层次的产业分工，使得地区产业竞争力上升，地区集聚的规模报酬递增增强了企业的空间运输成本的可承性，企业的消费市场利润损失区向外扩展；地区间产业分工、产业集聚带动地区产业专业化水平的提高，地区企业竞争力的增强促进了产品在更大地区范围参与同等竞争，消费者的消费选择增大，减少了对本地产品的依赖，促进了不同地区间的产品及要素流动，即不同地区间的边界影响减弱；边界效应降低，消费者本地偏好程度降低，推动城市群内部、群体之间市场一体化程度不断扩大。

中国城市群：城市群产业未形成合作趋势，区域之间要素流动存在障碍，企业同质化竞争严重，基础设施建设仍未完善，严重阻碍了市场区域一体化的形成。基于我国现行行政体制，隶属不同行政区域的城市之间往往存在较严重的行政分割现象，各个城市的产业结构构成趋同，产业之间没有形成区域合作，长三角、京津冀、泛珠三角城市群亦是如此。城市群部分城市有意识地限制生产要素的跨区域自由流动，在其行政区域内构建了一套自我封闭、自我配套的经济体系，严重制约整个城市群形成一个公平有序的自由竞争市场，从而限制了优势产业集群的发展壮大。另外，行政分割导致区域合作机制不健全，产业分工低效率，市场未能充分发挥资源优化配置的作用，造成低层次产业重复布局、产业转型无序低效等问题出现，阻碍了优势产业的集聚趋势。同时，近年来，长三角、京津冀、泛珠三角城市群三大产业产值大幅增长，尤其是第二、第三产业，但城市群内部交通、能源、水利、信息等基础设施建设发展速度较为缓慢，仍相对滞后。特别是交通设施建设作为优势产业集群化发展的基础，应当对其给予更多关注。然而，目前三大城市群交通运输网络尚不完善，现有的地域分割、财政体制等障碍，使得面向整个城市群的一体化快速交通网络体系难以形成，交通设施建设存在众多瓶颈，不足以支撑城市群优势产业集群的快速发展。此外，长三角、京津冀、泛珠三角城市群缺乏一个统一的政府、企业、公众信息共享服务平台，信息网络未能互通互联，资源信息开发共享不够，利用效率较低。交通、信息等基础设施建设的相对落后以及各城市间的同质化竞争，影响区域产业结构一体化的形成。

3. 城市群行业竞争与资源环境耦合特征

美国城市群：自由经济理论、比较优势理论支撑下的产业分工形成地区绝对优势与相对优势，促进产业间的适度竞争。利用地区绝对优势带来的绝对成本差异进行分工；相对优势专业化生产地区具有最大优势的商品，通过自由贸易，提高资源利用效率，提高生产率，提高社会福利。五大湖城市群与波士华城市群在城市与城市之间、城市群之间形成良好的产业分工与协作，在产业竞争效应上形成适度竞争，避免了恶性竞争带来的资源浪费等后果。适度竞争可以降低产业的垄断程度，促进生产要素在城市间的自由流动，从而提高全要素生产率的增长率；降低产业的平均成本和价格，扩大总需求，进而增强产业的规模经济效用；推动产业的自主创新和技术革新。

中国城市群：城市群内各城市定位相似，分工不明显，产业结构趋同。由于自然要素禀赋相近、地理区位毗邻、经济文化相似等客观因素的存在，同时社会需求结构对长三角、泛珠三角产业结构演变起导向作用，致使长三角、泛珠三角城市群各城市的功能定位大体相同，分工协作不明显，产业结构趋同。且长三角、泛珠三角城市群产业发展层次发展较低，同质化竞争激烈，相互间频繁争夺资源、资金、人才和市场。许多企业缺乏自主创新意识，市场跟风模仿行为较严重，出现了一大堆同质化产品，在泛珠三角城市群尤为明显。这种同质化竞争现象不利于各企业形成其自主品牌，影响其利润收入，制约其综合竞争力的提升，长期下去，整个行业的技术和产品质量都无法大幅提高。

(三)城市群中心城市产业结构变化与资源环境耦合特征

中美两国中心城市在城市群地区中均发挥重要作用,主导产业带动城市群产业协同发展,在城市群地位显著,职能明确。

美国:波士华城市群的中心城市为纽约,2016年纽约产业结构第一产业比重0.2%,第二产业比重7.9%,第三产业比重91.9%。在产业门类中,第二产业以建筑业、化学制造与高新技术工业为主,工业高技术化、高服务化;第三产业以金融服务业为主,其中金融业在纽约经济发展中起主导地位。通过金融业,依靠资本资金的流动,引导社会物质资源、生产要素的合理配置,为产业发展提供便利的融资渠道、低成本的融资资金,支持企业在本国甚至全球范围内竞争。纽约在波士华城市群占据绝对的经济中心,职能主要为经济职能。五大湖城市群的中心城市为芝加哥,2016年芝加哥的产业结构第一产业比重0.6%,第二产业比重18.5%,第三产业比重80.9%。在产业门类中,第二产业以建筑业、金属制造、机械制造、食品加工业、化学制造、计算机与电子产品制造和石油工业为主,制造业中心特征明显;第三产业以金融服务业为主。芝加哥带动五大湖城市群内部进行产业分工协作,增强城市群制造业的竞争力,同时寻求经济转型升级,芝加哥作为区域次级经济中心,在全国范围内提供金融服务,发挥了重要作用。中国京津冀城市群的中心城市为北京,2016年北京的产业结构中第一产业比重0.51%,第二产业比重19.26%,第三产业比重80.23%,北京作为京津冀以及全国的政治、金融中心,主要带动城市群甚至全国的经济发展。长三角城市群的中心城市为上海,2016年上海的产业结构中第一产业比重0.39%,第二产业比重29.83%,第三产业比重69.78%,上海作为长三角对外发展的门户,积极发展对外贸易,带动整个城市群在全球范围内的发展。泛珠三角城市群的中心城市为广州、深圳,2016年广州的产业结构中第一产业比重1.23%,第二产业比重29.42%,第三产业比重69.35%;深圳的产业结构中第一产业比重0.04%,第二产业比重39.91%,第三产业比重60.05%,广州、深圳作为泛珠三角城市群的两大中心城市,构成了双核心发展模式,产业模式由原来的低端制造业逐渐向高新技术产业转变,同时低附加值产业向周边城市辐射,带动整个城市群的发展。三大城市群的中心城市第二产业的占比均逐渐降低,存在去工业化倾向,经济发展以第三产业尤其是金融业、批发零售业为主。北京、上海、广州、深圳作为城市群的金融中心,引导生产要素在整个城市群内的分配,带动城市群发展。

(四)城市群空间结构变化与资源环境耦合特征

美国城市群:城市群产业结构达到后工业化水平,产业结构服务化,内部职能明确,产业分工协作程度高,中心城市带动城市群在世界范围竞争。五大湖城市群与波士华城市群整体产业结构中第三产业占据优势,产业结构服务化水平高。城市群体内部结构优化合理,如纽约作为城市群经济中心,华盛顿作为政治中心,职能明确。城市群内部产业分工协作程度高,主要城市都拥有城市特色优势产业,产业协同发展,错位竞争。城市群在世界具有一定的影响力,五大湖城市群作为传统的制造业带,在世界范围内的制造业中占据一定份额,波士华城市群以纽约金融业为支柱产业,成为世界性的经济中心。城市群中心城市带动城市群参与世界范围的竞争,带动城市群整体竞争力提升,在世界范围具有影响力。

中国城市群:城市群产业结构分工不明显,产品同质化程度较高,城市间存在产业竞争,中心城市带动城市群内参与全球化竞争。京津冀城市群以北京为核心,主要发展金融业和房地产等第三产业,逐渐向河北省辐射,带动河北省第二产业尤其是重工业发展。泛珠三角城市群围绕着广州、深圳两大中心城市,引领城市群发展以第三产业为主,城市第三产业占比为全国第一梯队水平也成为了该城市群的一大特点。长三角城市群以上海为核心,在空间结构上呈现出圈层形态的特点。长三角城市群可分为3个圈层,联系紧密度从里向外逐渐减弱。第一圈层包括苏州、无锡、杭州和宁波,这一圈层的第三产业比重达到40%左右,企业发达且成为当地的经济支柱和财税来源,开始向发达阶段迈进。第二圈层是南京、嘉兴、绍兴、常州和镇江,这一圈层产业结构处于"三二一"阶段,工业发展迅速,主要集中在机械、汽车、电子等行业。第三圈层包括扬州、南通、湖州和舟山,该圈层的企业发展较晚,第一产业所占比重相对较大,产业结构水平较低,城市规模较小。总的来说,北京、上海、广州、深圳作为三大城市群的中心城市,第三产业成为城市发展的优势产业,逐渐向周边城市发散,带动城市群内其他城市发展。但城市群内部存在优势产业不明显、城市分工不合理的情况。城市与城市之间产业链部分重复,企业产品同质化程度较高,未能形成错位竞争,造成较大的资源浪费。其中,长三角城市群在全球范围内的竞争力最强,泛珠三角城市群次之,主要由于上海作为长三角的中心城市,其金融实力最强,对区域资源有强大的整合能力,带动整个城市群于全球化的竞争中占据一定的优势。

(五)美国城市群经济发展与资源环境耦合特征变化的借鉴

综上所述,产业结构发展是一个漫长的过程,由于中美两国的经历具有一定的相似性,因此美国产业结构演变过程中采取的一些产业政策和产业发展建议对中国具有重要的借鉴意义。为此,提出如下几条对策及建议。

(1)产业结构转型、资源环境协调发展路径不能照搬美国城市群在全球化背景下的发展路径。美国城市群产业转型与全球化背景下的产业转移相关联,中低端产业向全球扩散,产业链结构受全球化影响。尽管城市群的资源环境问题得到有效缓解,走上了资源环境友好发展道路,呈现"后工业化"特征,但从特朗普"产业回归、美国优先"的政策可以看出,由于产业链、价值链在全球离散化,城市产业链面临中低端与高端被隔断的潜在隐患,这种以产业链安全为代价换取城市化资源环境协调发展道路缺乏安全性。中国城市群的经济社会资源环境协调发展路径的两个前提是城市群产业高质量发展与产业链完整。因此,在城市群内部形成产业分工,以城市群为单位构建完整的产业链,从而分散生产总值和产业链的过度集中而带来的城市发展资源环境超载和环境效应的叠加。

(2)产业结构服务化,以城市群为主体实现产业分工,以城市为单位提升产业化水平,错位竞争,推动市场一体化水平,避免同质化竞争带来的负面影响,提高城市群整体竞争力。美国城市群在产业转型升级的路径下,以城市为单位形成特色优势产业,城市群内部产业分工协作程度高,市场服务范围广,加快了城市群内部市场一体化水平,提高产业竞争力,带动城市群整体竞争力的提升。因此,中国城市群提高竞争力的路径在于合理进行产业分工,根据地区优势与特色,承担不同类型的产业转移,依靠政府政策导向,降低产业转型过程中的负面效应,减少产业转型升级的过渡时间,依靠城市群内部的分工协作,拓宽企业发展空间,实现适度竞争。

(3)产业结构转型升级以产业为载体,以金融为武器,中心城市重视金融业在城市群内部整体产业发展当中的核心地位,扩大服务范围,参与世界范围竞争。纽约与芝加哥的产业结构中金融业占据绝对的优势,在促进城市群内部、全国甚至世界范围内的产业发展方面,跨国企业的国际竞争发挥了重要作用,推动要素流动、资本的全球扩张以及资源的合理配置。中国城市群需要以中心城市为前沿窗口,以金融业带动城市群整体竞争力提高,整合区域资源,参与全球范围新一轮的竞争博弈。

(4)产业绿色化、服务化、技术化,推进技术改革创新,增强现代企业的内生增长动力,提升产业整体效益。美国城市群产业转型最终形成了以科技创新为内涵的工业发展模式,传统工业制造业运用新技术创新升级,高技术工业、高科技特征明显,生物、医药、电子产业成为支柱产业。中国产业发展路径的方向应把握科技浪潮,将高新技术、前沿科研成果引入工业生产,工业产业链向高附加值一侧发展。

(六)本节研究认识

本节总结了中美城市群在城市化进程中产业结构的转型路径,并在此基础上,结合产业比较优势理论和各城市群的产业集聚扩散过程,深入挖掘了城市群的资源环境在城市群的产业不断调整、升级过程的响应和耦合特征,归纳本章的研究内容,可以得到的如下认识。

(1)五大湖城市群和波士华城市群高新技术产业的快速发展与现代服务业的提升,加上城市群内部的区域分工协作、产业间错位竞争,从而使得城市群的资源要素得到集约利用,实现了城市群的发展与资源环境的高度耦合,国内城市群发展受社会需求的制约,产品同质化程度高,缺乏有效的协调机制,周边城市之间、产业之间、企业之间存在盲目竞争,城市合作缺乏内在动力,要素自由流动受到干扰,降低了京津冀、长三角和泛珠三角地区城市群的资源配置效率;在发展过程中,城市群的城市化与生态环境建设没有同步,仅重视经济和城市化的发展,其中泛珠三角城市群最为明显,各城市的资源环境耦合程度低,各城市的城市化和生态环境之间存在很大的差距。

(2)五大湖和波士华城市群在经历了工业化、去工业化和再工业化的阶段后,城市群的结构趋于成熟,产业向绿色化和技术化的方向发展,形成了产业结构与资源环境的高度耦合。然而,从整体的发展历程上看,美国城市群在城市化进程中同样经历了资源要素趋紧、污染排放过量的阶段,对于从工业化中期向后期过渡阶段的中国城市群来说,要在已有的基础上,充分利用中心城市的带动能力和经济辐射力,发挥国内完备产业链的独特优势,实现产业结构向高新技术的方向发展,统筹协调核心城市与周边城市之间、城市之间、城市群之间的协调发展,克服追求自身利益的狭隘性和近期性,加强整体上的宏观协调,立足于城市群的整体利益,保证城市群发展的经济性和可持续性。

二、资源环境空间配置格局

(一)泛珠三角城市群资源供给空间格局

1. 土地资源和水资源空间供给格局

(1)泛珠三角地区土地资源变化趋势如下:农用地和耕地整体上维持不变,国家对土地资源的红线政策得到较好的执行,但是广东和四川的耕地面积下降趋势明显,需要从总体上对这两个省的耕地面积实施较为严格的调控。城市用地逐年增加,在国家主体功能区范围内,限制开发的海南、云南等省增幅较缓,广东、湖南等重点开发区土地则由于供给量限制,增加的速度不显著。泛珠三角地区农用地、城市、耕地变化如图14-1~图14-3所示。

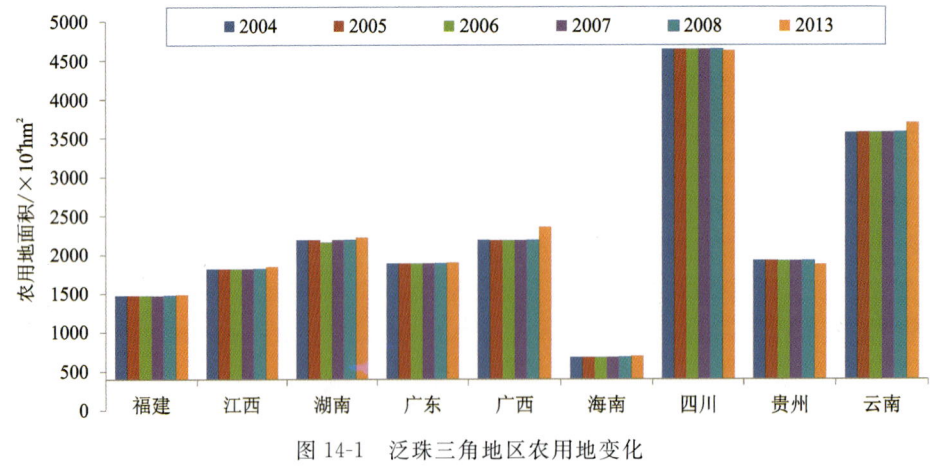

图14-1 泛珠三角地区农用地变化

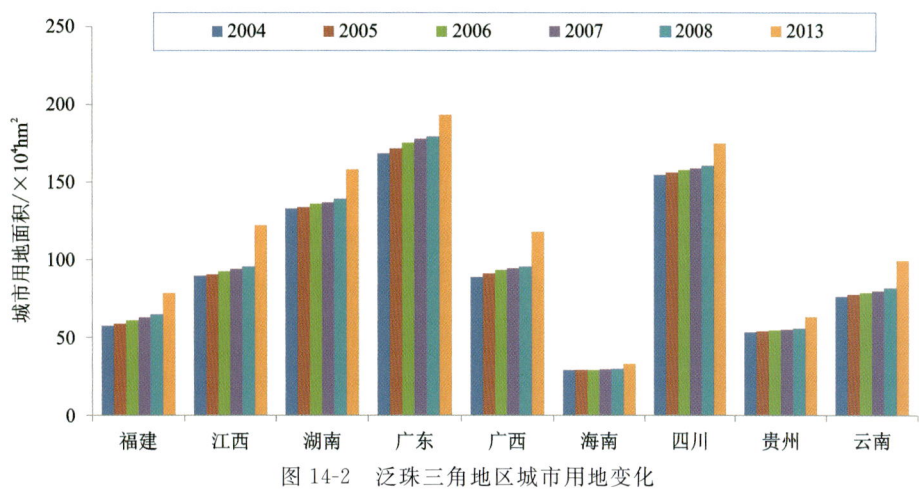

图 14-2　泛珠三角地区城市用地变化

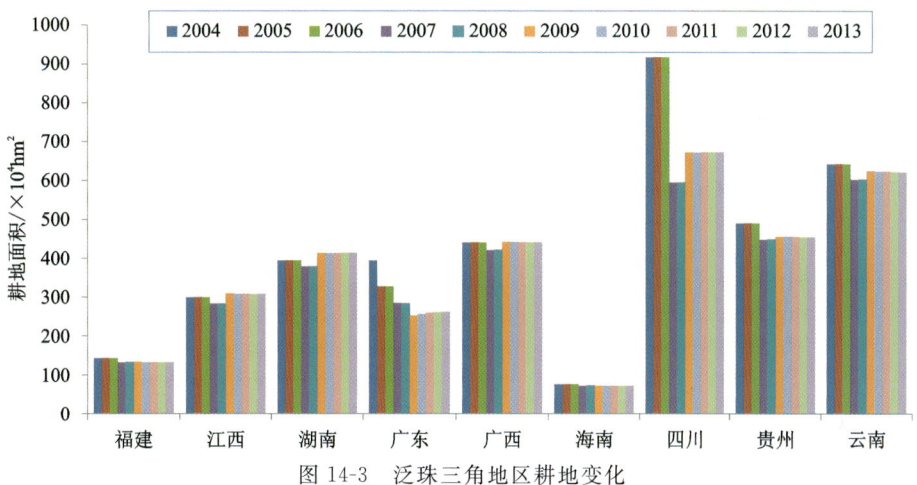

图 14-3　泛珠三角地区耕地变化

(2)泛珠三角地区各省由于其分布空间的气候差异性,水资源禀赋不同,贵州和海南两省属于气候性缺水。总体上看,由于降水分布不均,需要在泛珠三角地区实施大型的调水工程,对整个泛珠三角地区的水资源进行跨区调配。泛珠三角地区水资源空间分布和变化见图 14-4。

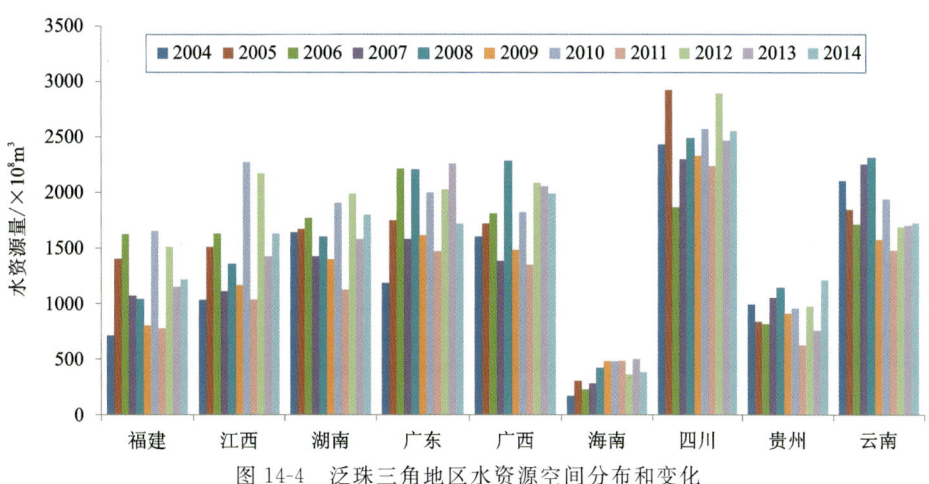

图 14-4　泛珠三角地区水资源空间分布和变化

2. 泛珠三角城市群矿产资源供给格局

从整体上看,泛珠三角城市群拥有丰富的铁矿、磷矿、硫铁矿、高岭土等矿产,而锂、铷、铯、钫、铍等稀有金属矿产较为缺乏,矿产资源整体供给集中在铁等普通金属元素上,对于高端制造产业所需要的锂、铷等稀有金属元素没有足够的供给。

从空间分布上看,泛珠三角城市群矿产资源分布不一,铁矿、原生钛矿等黑色金属和硫铁矿主要集中在四川盆地,铝土矿集中在广东,硫铁矿集中在湖南、江西、四川等地。

稀有金属根据性质的不同可分为以下 6 类:①稀有轻金属,如锂、铷、铯、钫、铍;②难熔稀有金属,如钛、锆、铪、钽、钨、钼、钒、铼、锝;③稀有分散元素,即在自然界中不形成独立矿物而以杂质状态分散存在于其他元素矿物中的元素,包括铼、镓、铟、铊、锗、硒、碲;④稀土元素;⑤稀有贵金属,如铂、铱、锇、钌、铑、钯;⑥放射性稀有金属,如钋、镭、锕系元素。2015 年泛珠三角城市群主要黑色金属、有色金属储量见图 14-5、图 14-6;2015 年泛珠三角地区主要有色金属矿、菱镁矿、铅矿、锌矿和铜矿储量空间分布见图 14-7～图 14-9。

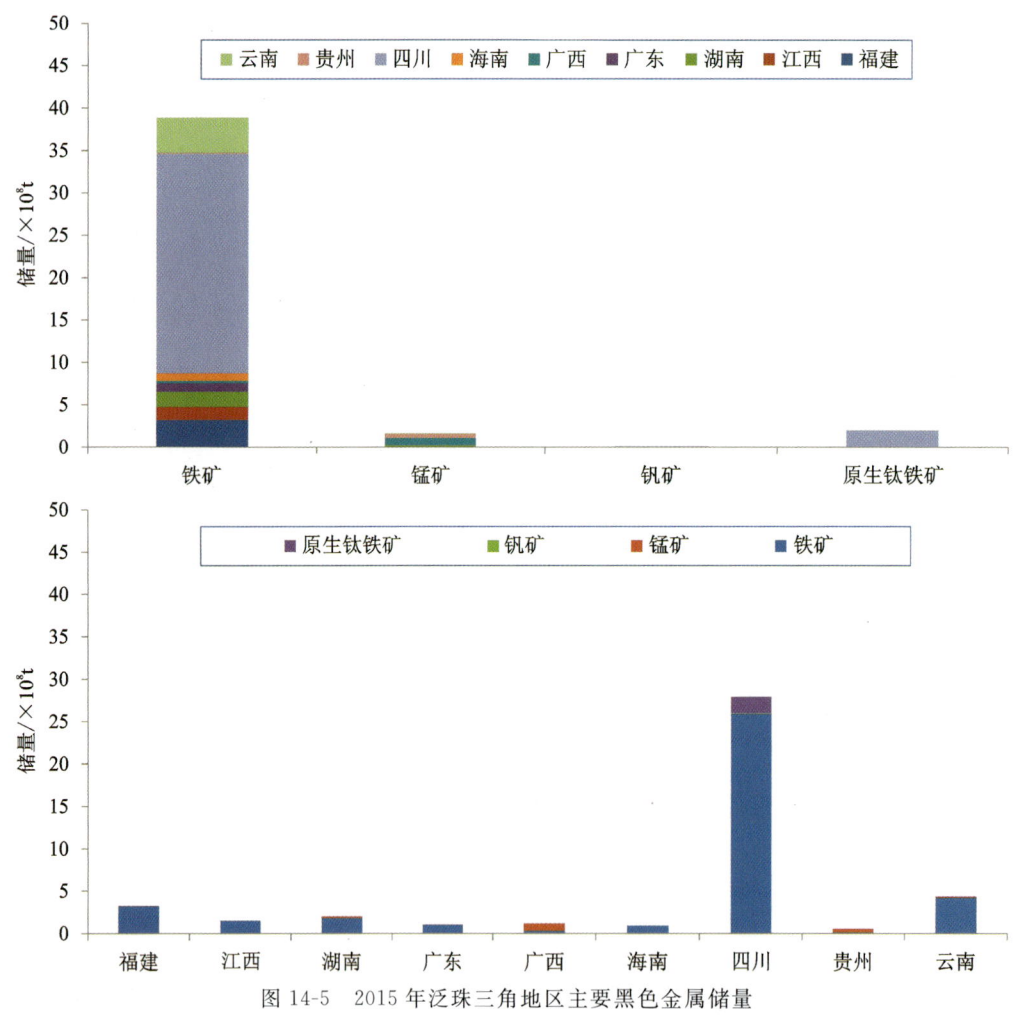

图 14-5 2015 年泛珠三角地区主要黑色金属储量

第十四章 泛珠三角城市群经济社会发展国内外对比研究

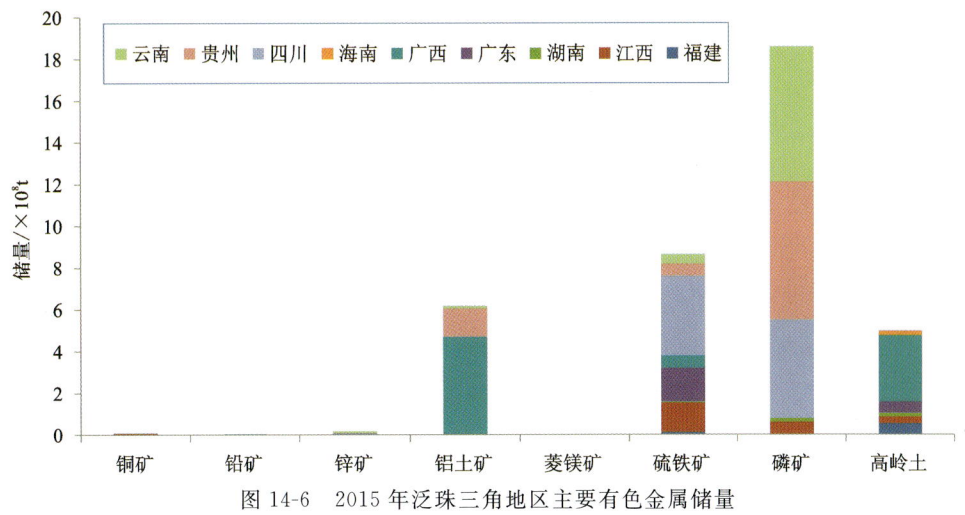

图 14-6 2015 年泛珠三角地区主要有色金属储量

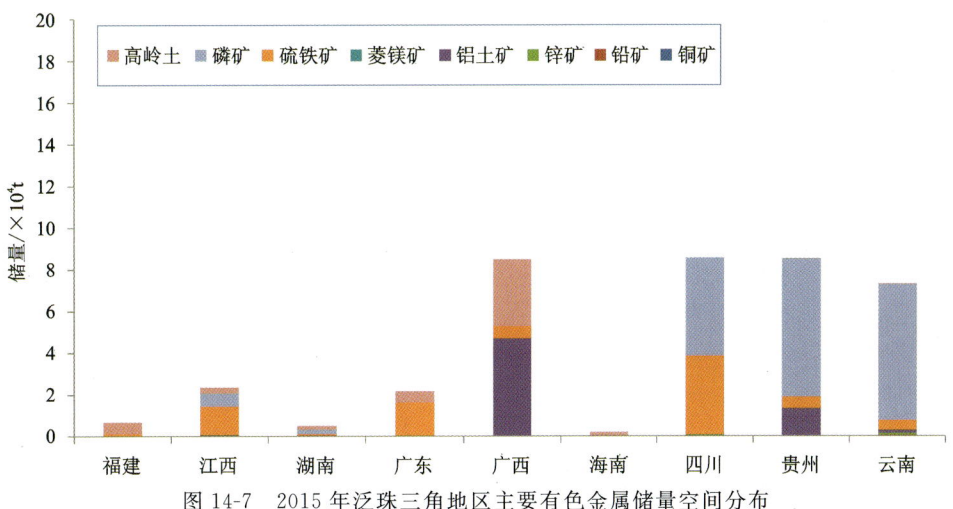

图 14-7 2015 年泛珠三角地区主要有色金属储量空间分布

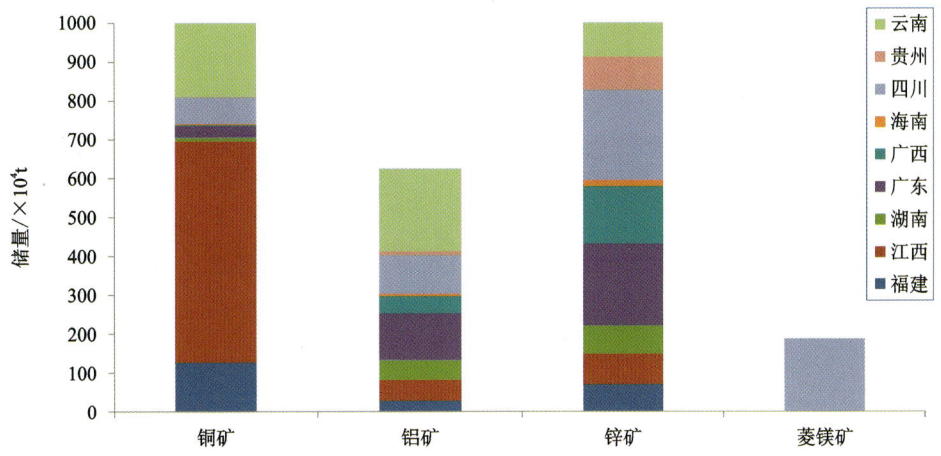

图 14-8 2015 年泛珠三角地区主要有色金属储量空间分布

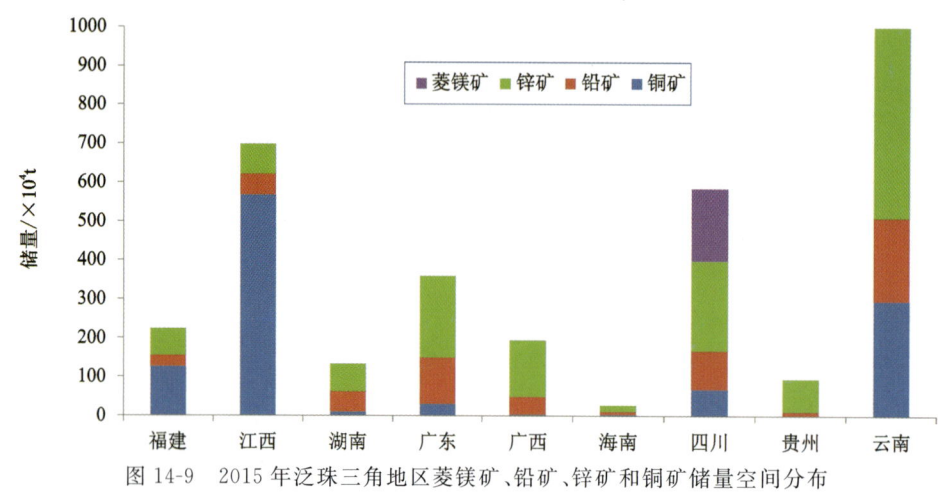

图14-9 2015年泛珠三角地区菱镁矿、铅矿、锌矿和铜矿储量空间分布

3. 泛珠三角地区能源供需配置格局

鉴于煤炭、石油和天然气可以在全国流动或进口,为了研究泛珠三角城市群的能源供需配置格局,本书从能源供需的角度分析能源在各城市群的配置问题,通过产量集中度和消费集中度的对比研究总体认识各地区产—销的供应均衡问题。泛珠三角地区与其他地区煤炭资源空间配置格局见图14-10;泛珠三角地区与其他地区石油资源空间配置格局见图14-11;泛珠三角地区与其他地区天然气资源空间配置格局见图14-12。

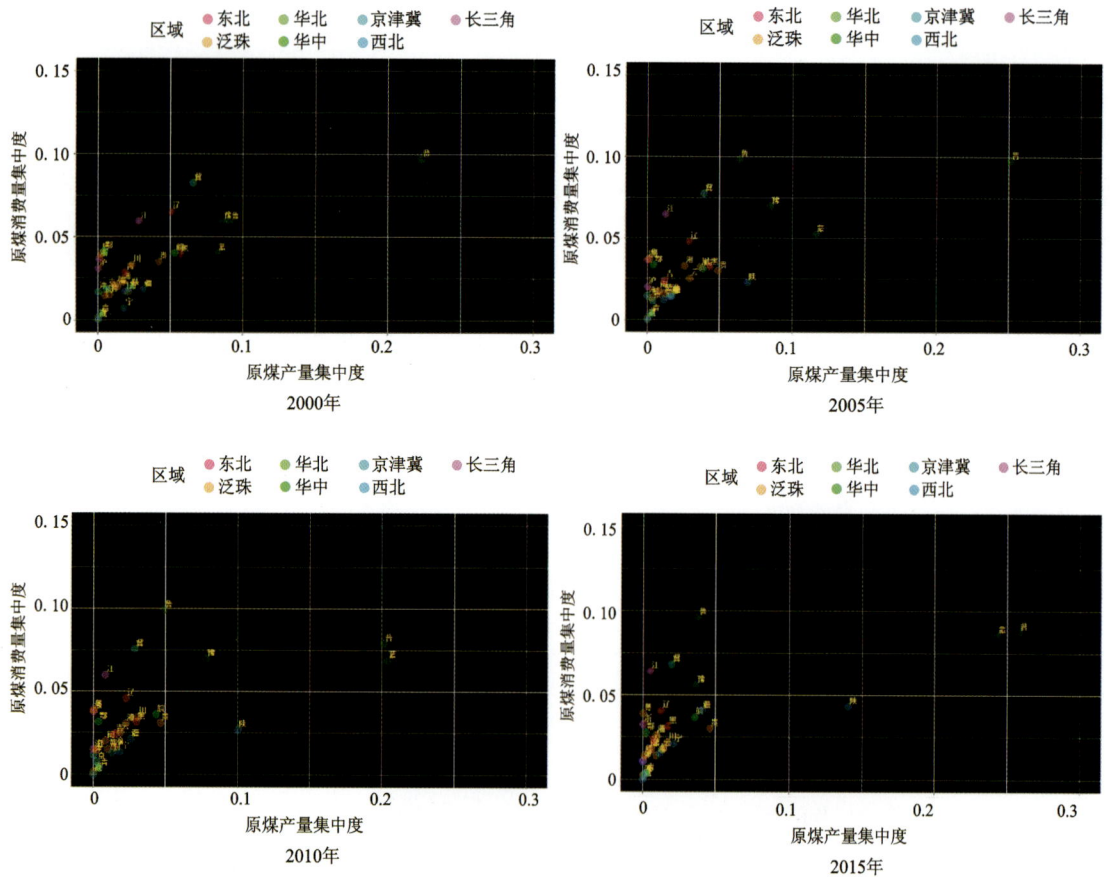

图14-10 泛珠三角地区与其他地区煤炭资源空间配置格局

第十四章　泛珠三角城市群经济社会发展国内外对比研究

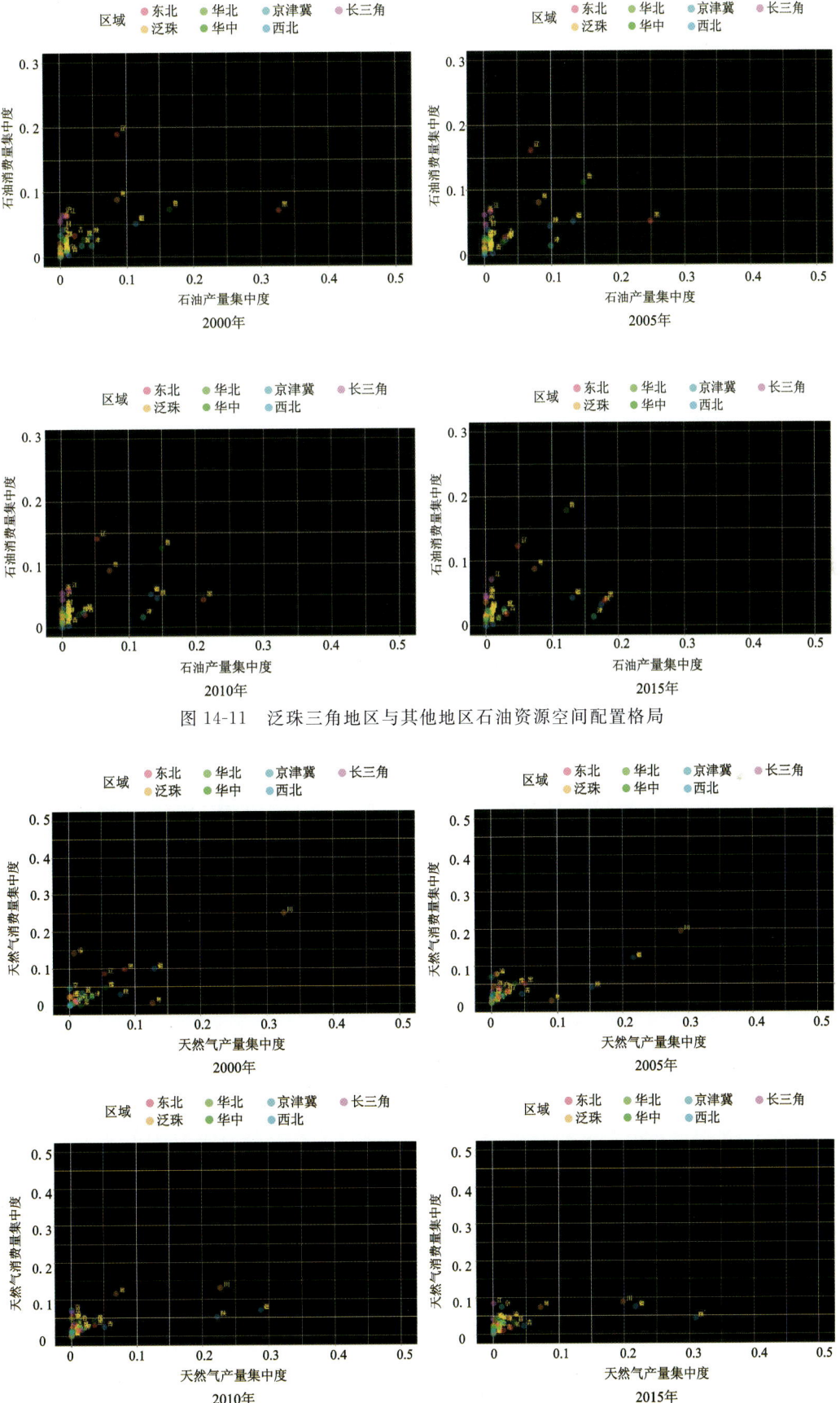

图 14-11　泛珠三角地区与其他地区石油资源空间配置格局

图 14-12　泛珠三角地区与其他地区天然气资源空间配置格局

4. 泛珠三角地区污染区排放时空格局

泛珠三角地区二氧化硫、氮氧化物、粉尘排放变化见图14-13～图14-15，泛珠三角地区固体废弃物利用率变化见图14-16。

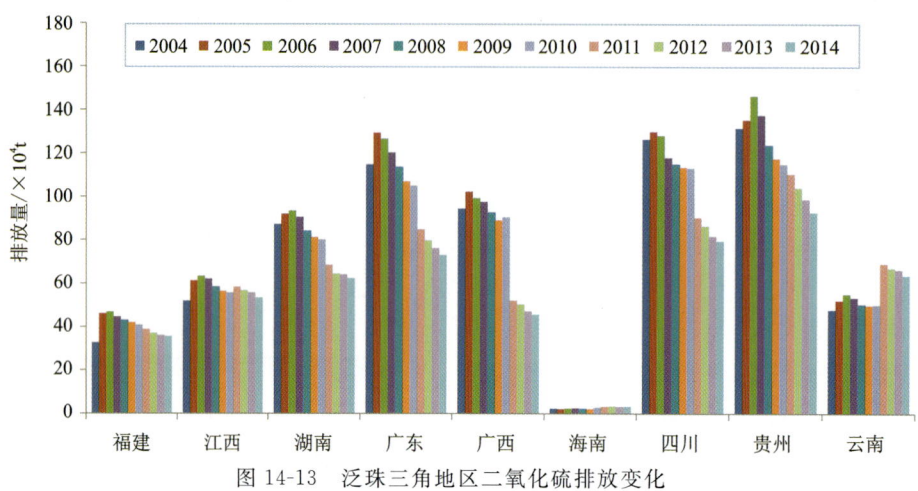

图14-13 泛珠三角地区二氧化硫排放变化

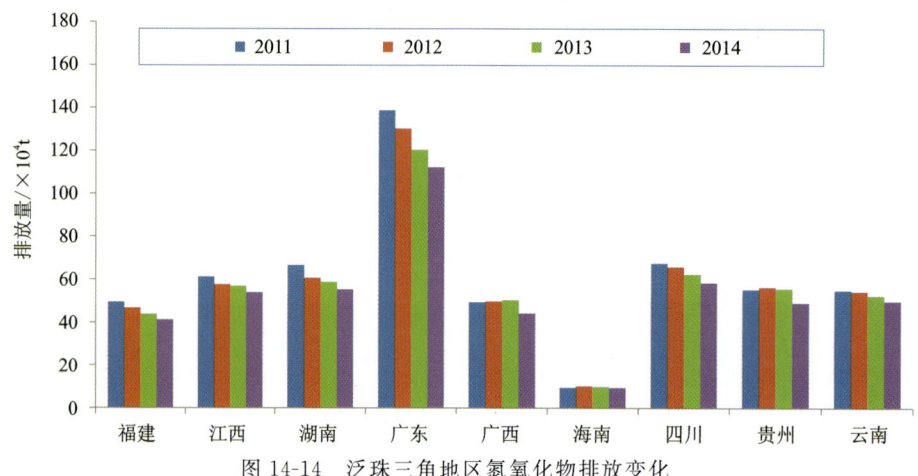

图14-14 泛珠三角地区氮氧化物排放变化

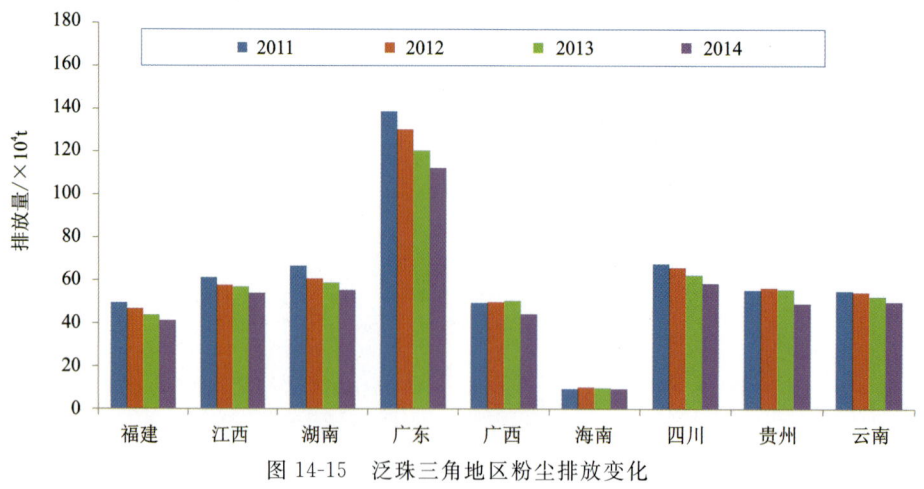

图14-15 泛珠三角地区粉尘排放变化

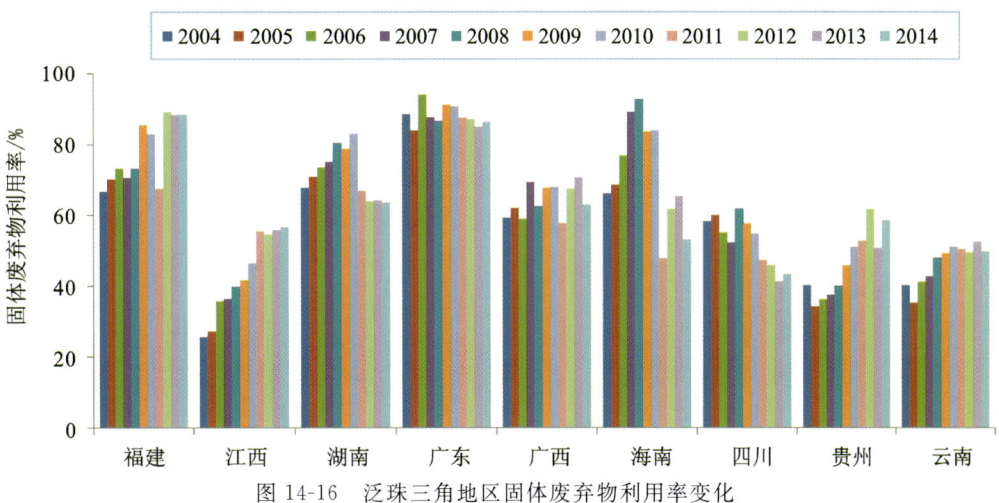

图 14-16　泛珠三角地区固体废弃物利用率变化

（二）国内外城市群资源环境供需时空格局及效率比较

1. 中美典型城市群土地资源供给格局与效率

1）中美典型城市群土地资源变化特征

中美城市群建成面积逐年上升，地区差异显著，上海、北京等城市受土地供给量的限制，增速放缓。中国耕地面积受中央对土地资源的红线政策，基本维持不变。美国耕地面积集中于芝加哥地区，产业分工明确。美国城市群建成区面积见图 14-17；美国城市群耕地面积见图 14-18；中国城市群建成区面积见图 14-19；中国城市群耕地面积见图 14-20。

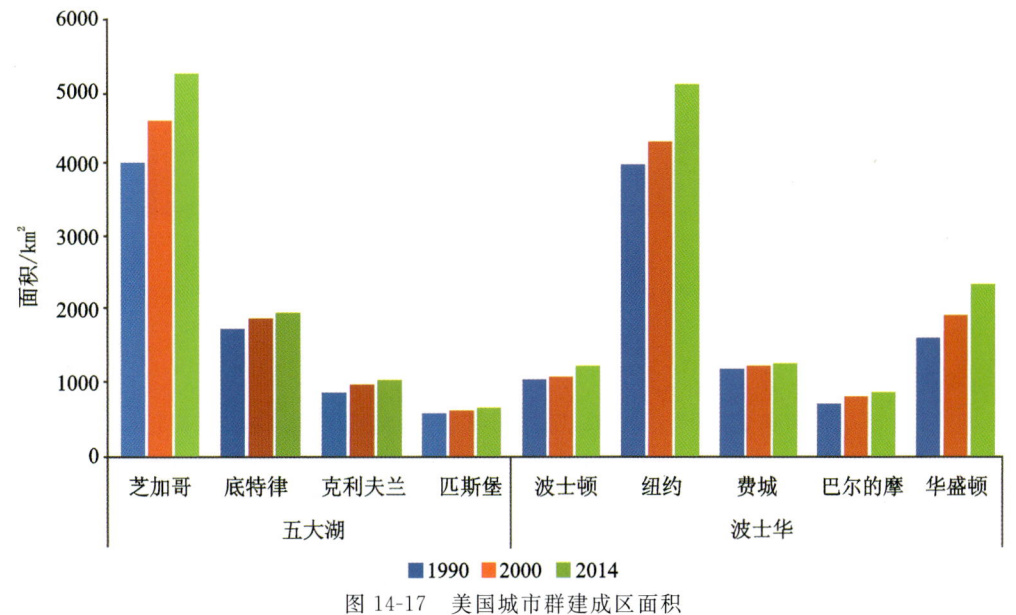

图 14-17　美国城市群建成区面积

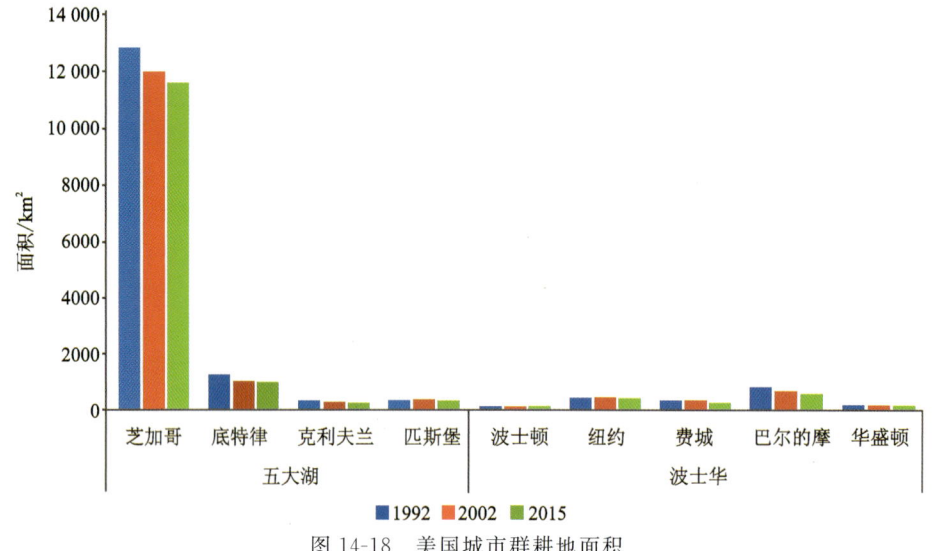

图 14-18　美国城市群耕地面积

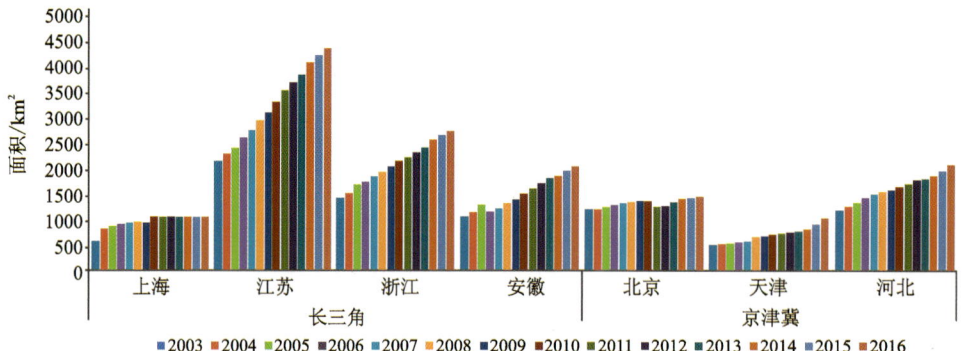

图 14-19　中国城市群建成区面积

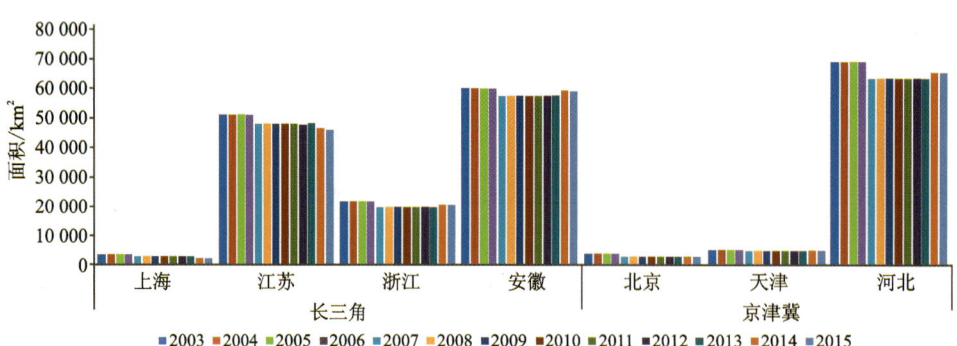

图 14-20　中国城市群耕地面积

2）中美城市群土地利用效率特征

长三角城市群和泛珠三角城市群土地利用效率较低,规模效益和集约效益不足,人口承载力和地均第三产业产值均低于其他城市群。对比中美城市群的土地利用效率,城市群发展早期以要素驱动型的增长方式,通过建设用地的规模扩展为主要动力。城市群发展后期,选择环境友好型和创新驱动型的增长方式。中国城市群人均建设用地规模见图 14-21;美国城市群人均建设用地规模见图 14-22;中美城市群地均生产总值见图 14-23;美国城市群地均生产总值见图 14-24;中国城市群地均第二产业产值见图14-25;美国城市群地均第二产业产值见图 14-26;中国城市群地均第三产业产值见图 14-27;美国城市群地均第三产业产值见图 14-28。

第十四章 泛珠三角城市群经济社会发展国内外对比研究

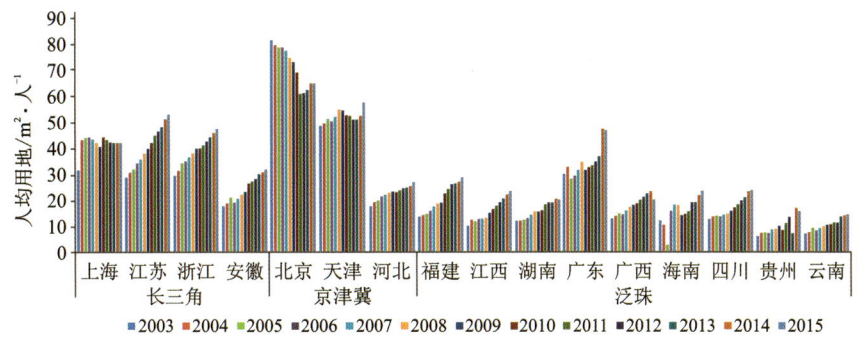

图 14-21 中国城市群人均建设用地规模

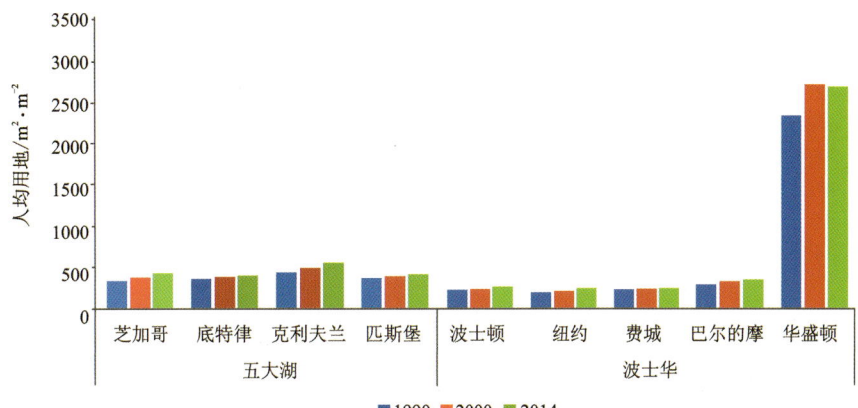

图 14-22 美国城市群人均建设用地规模

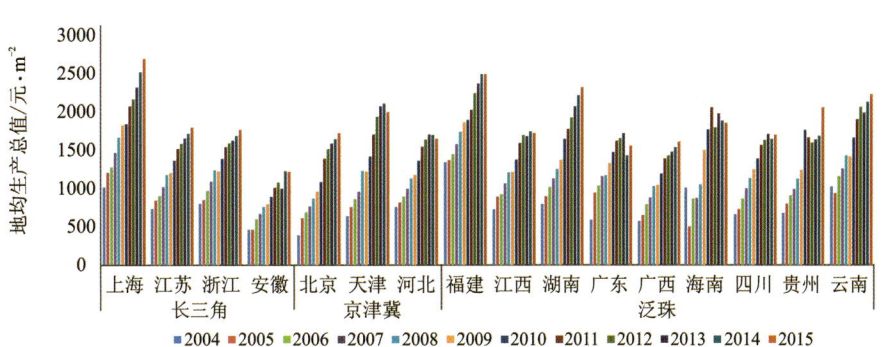

图 14-23 中国城市群地均生产总值

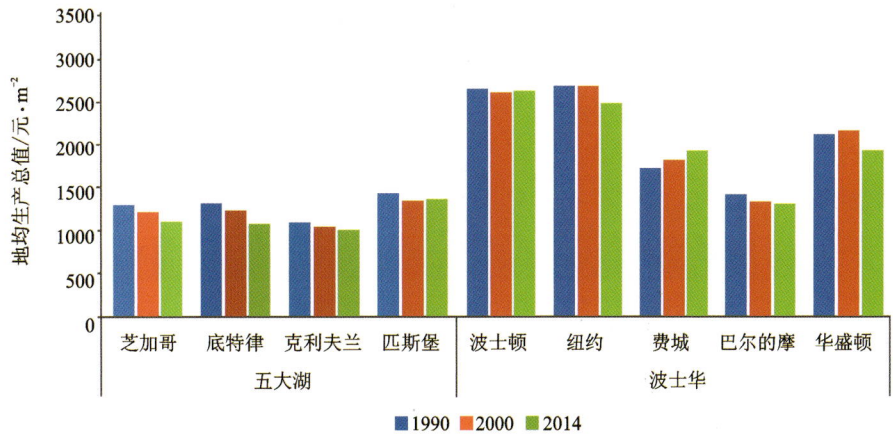

图 14-24 美国城市群地均生产总值

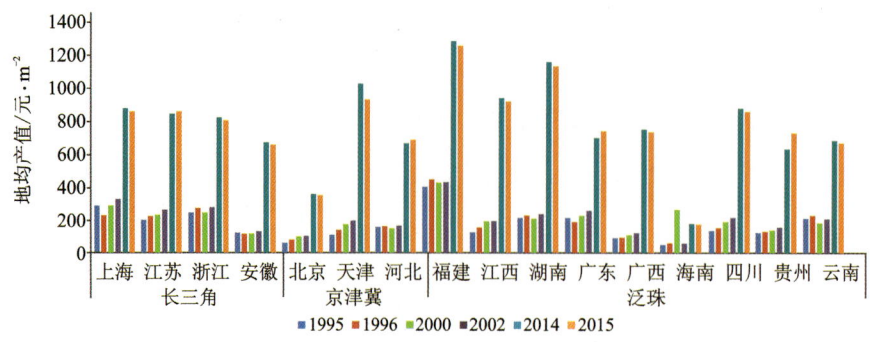

图 14-25　中国城市群地均第二产业产值

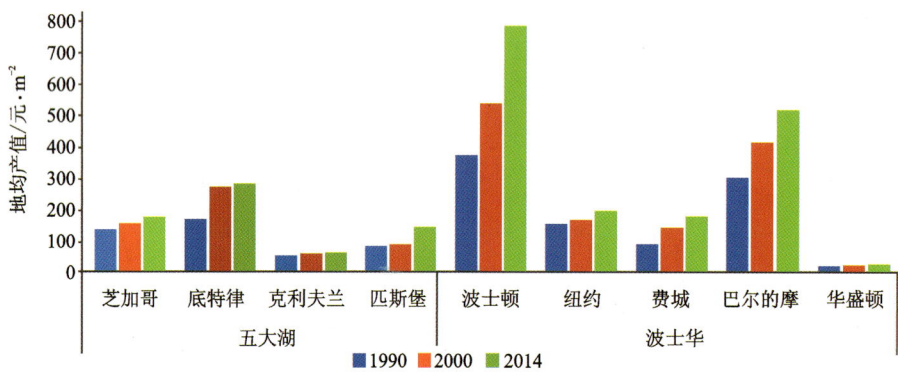

图 14-26　美国城市群地均第二产业产值

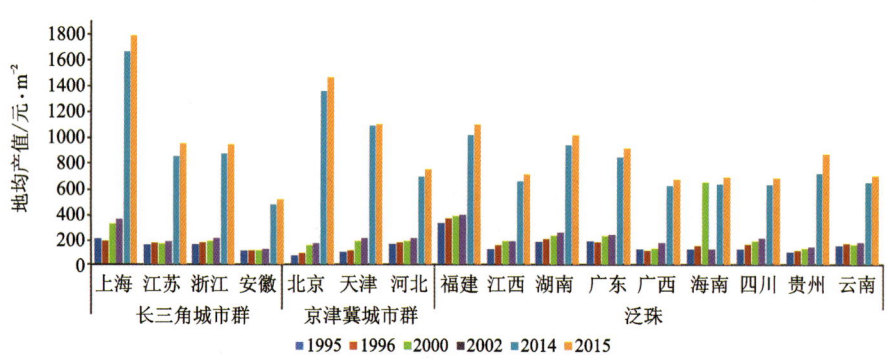

图 14-27　中国城市群地均第三产业产值

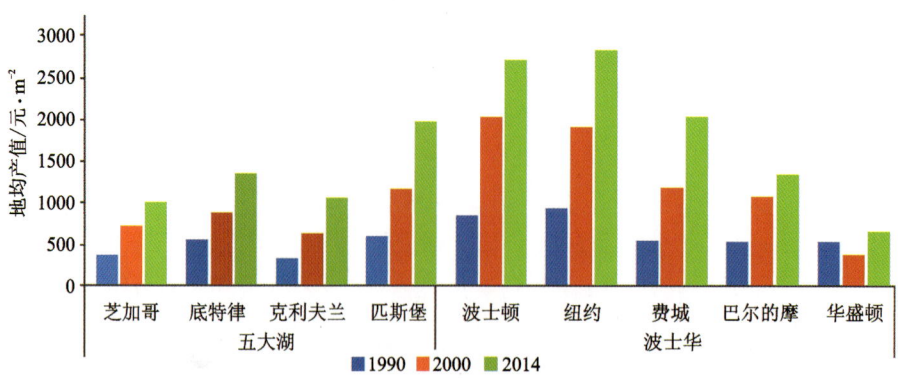

图 14-28　美国城市群地均第三产业产值

3)中美城市群土地资源变化结论分析

本次研究从土地的规模效益和集约效益来分析研究国内外城市群土地利用效益的内在属性。从各项指标综合评价土地利用对城市群经济和社会发展支撑与保障作用。通过对中美两国5个城市群的综合分析得出如下结论:我国城市群整体土地利用效益中等,以规模效益为主;中国与美国城市群之间土地利用效益的差异集中表现在土地人口承载力,这与我国国内体量大、人口密度高的国情有密不可分的关系。

2. 中美典型城市群水资源供给格局与效率

(1)中美城市群水资源供水特征:中国供水总量空间分布不均,地区差异显著,水资源供水集中于核心城市,需通过产业规划对水资源集中调配,满足城市用水需求。美国城市群水资源丰富,用水量已逐渐适应产业结构调整,水资源用途更广泛。中国城市群城市供水总量见图14-29;美国城市群生活供水总量见图14-30;中国城市群工业供水总量见图14-31;美国城市群工业供水总量见图14-32;中国城市群农业供水总量见图14-33;美国城市群农业供水总量见图14-34。

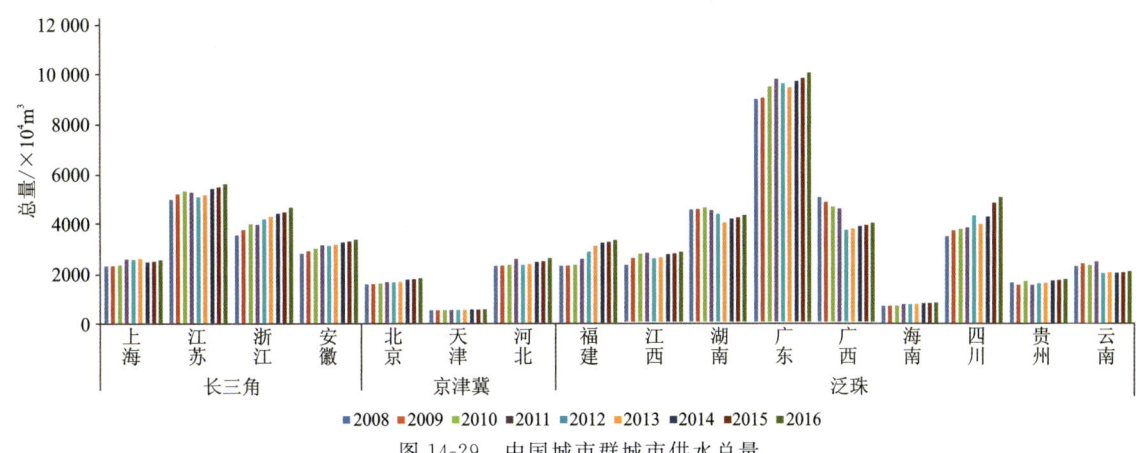

图14-29 中国城市群城市供水总量

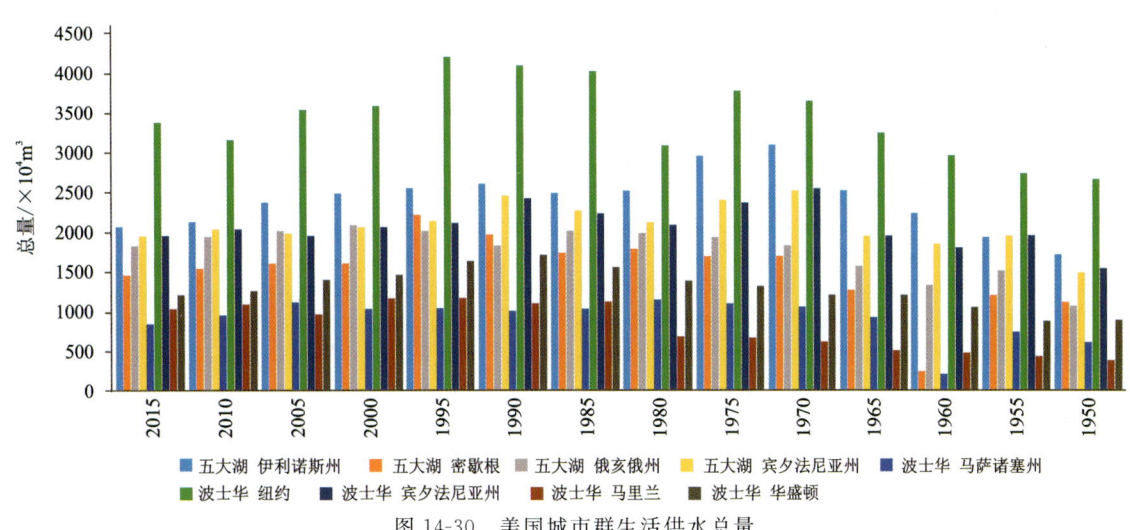

图14-30 美国城市群生活供水总量

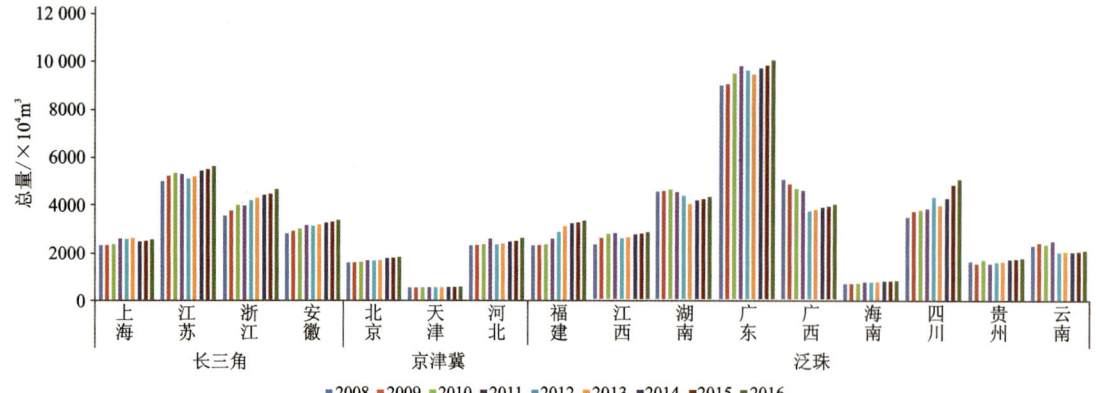

图 14-31 中国城市群工业供水总量

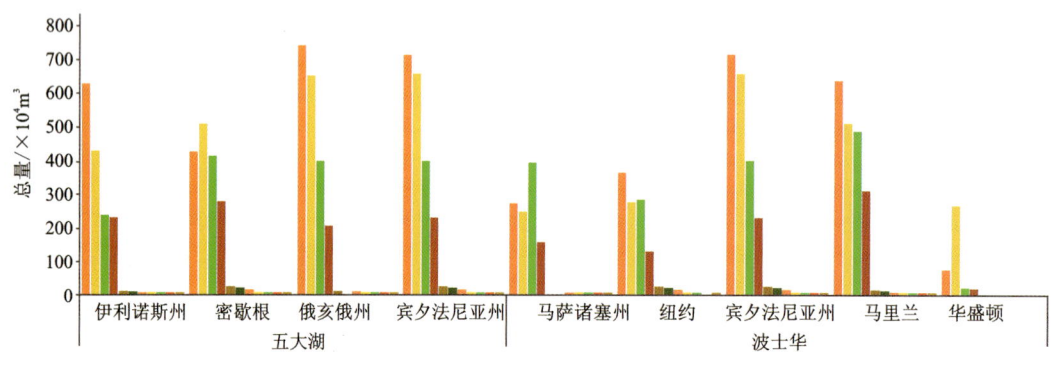

图 14-32 美国城市群工业供水总量

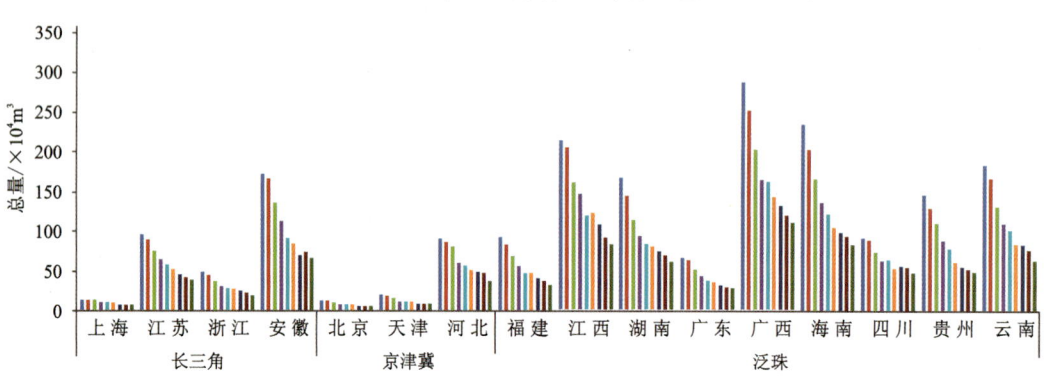

图 14-33 中国城市群农业供水总量

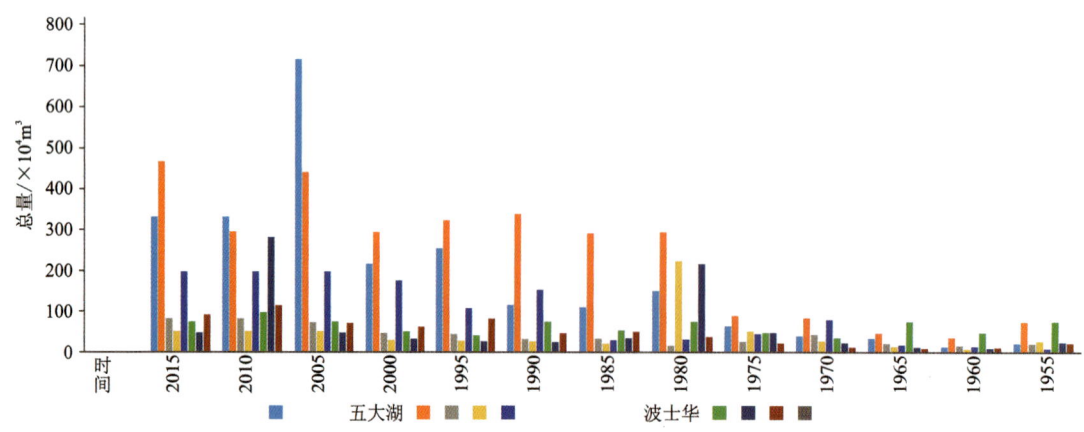

图 14-34 美国城市群农业供水总量

(2)中美城市群水资源用水效率特征:中美城市群万元生产总值城市供水量均出现明显下降的过程,城市用水效率经历"相对均衡→不均衡→又趋均衡"的过程,这与城市群内部的协调发展有关。从产业结构来看,城市群用水效率与城市群发展阶段和国情有关,泛珠三角城市群需合理产业分工,优化产业结构,提升节水水平。中国万元生产总值城市群生活供水量见图14-35;美国万元生产总值城市群生活供水量见图14-36;中国万元生产总值城市群工业供水量见图14-37;美国万元生产总值城市群工业供水量见图14-38;中国万元生产总值城市群农业供水量见图14-39;美国万元生产总值城市群农业供水量见图14-40。

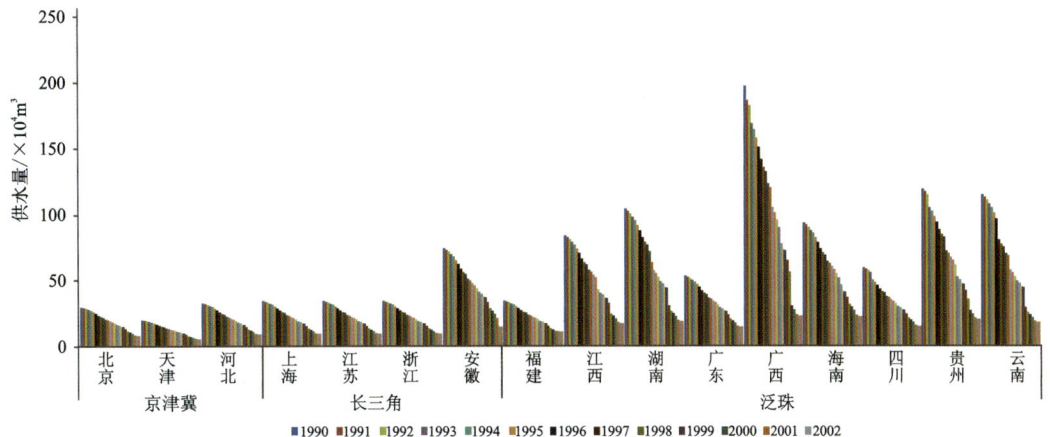

图14-35　中国万元生产总值城市群生活供水量

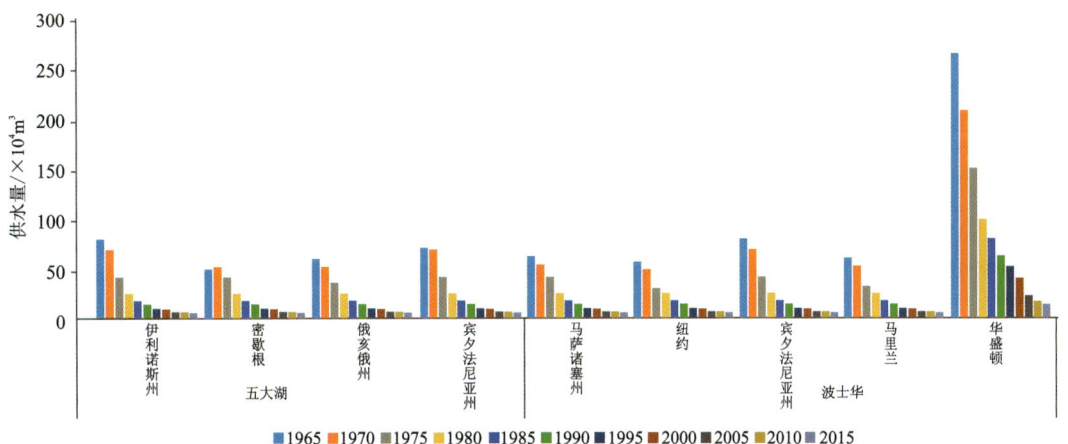

图14-36　美国万元生产总值城市群生活供水量

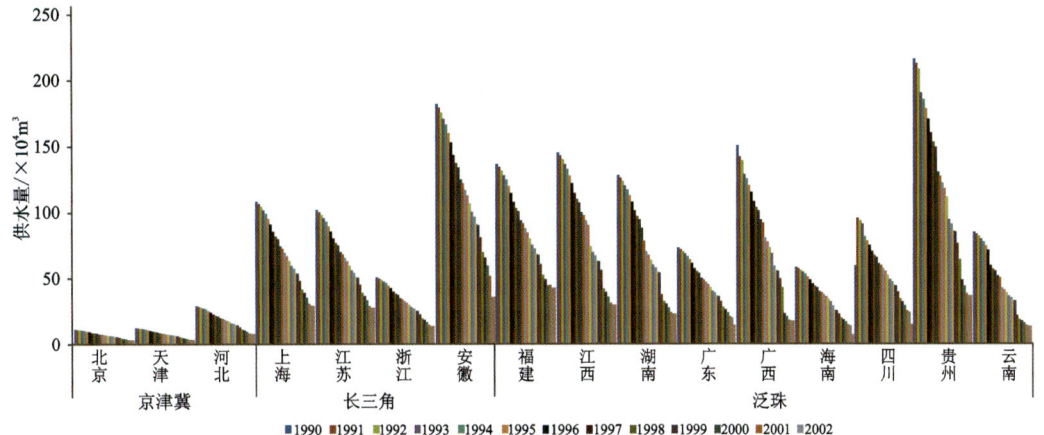

图14-37　中国万元生产总值城市群工业供水量

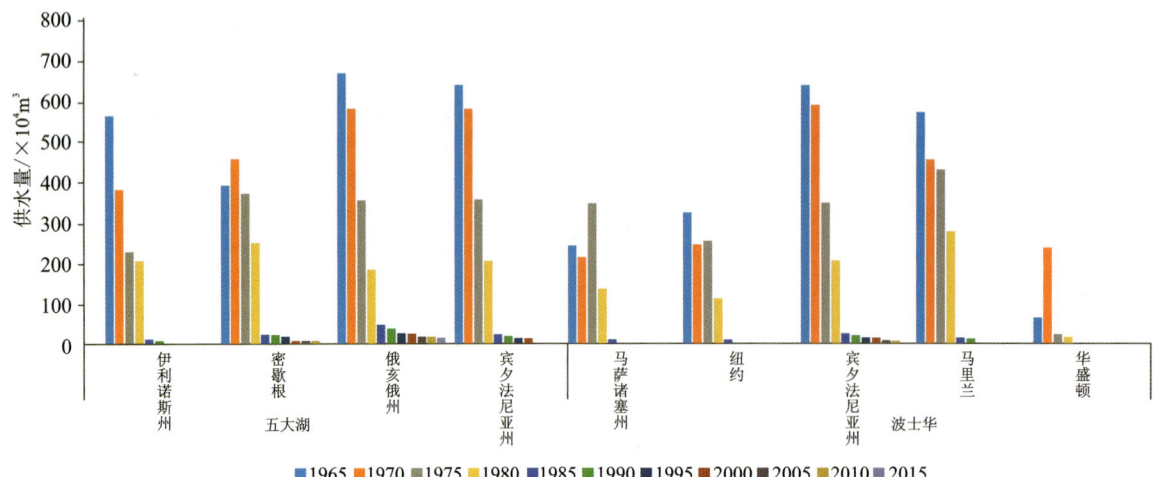

图 14-38　美国万元生产总值城市群工业供水量

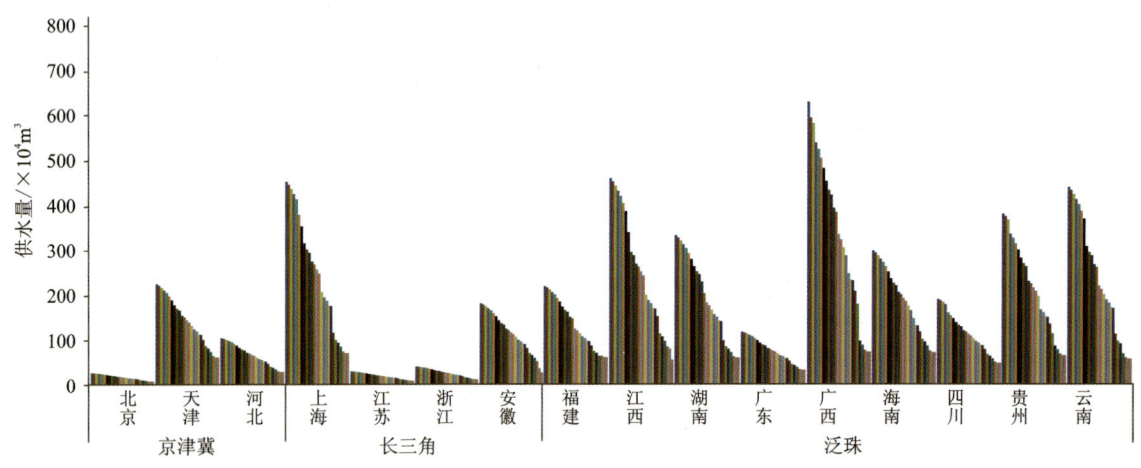

图 14-39　中国万元生产总值城市群农业供水量

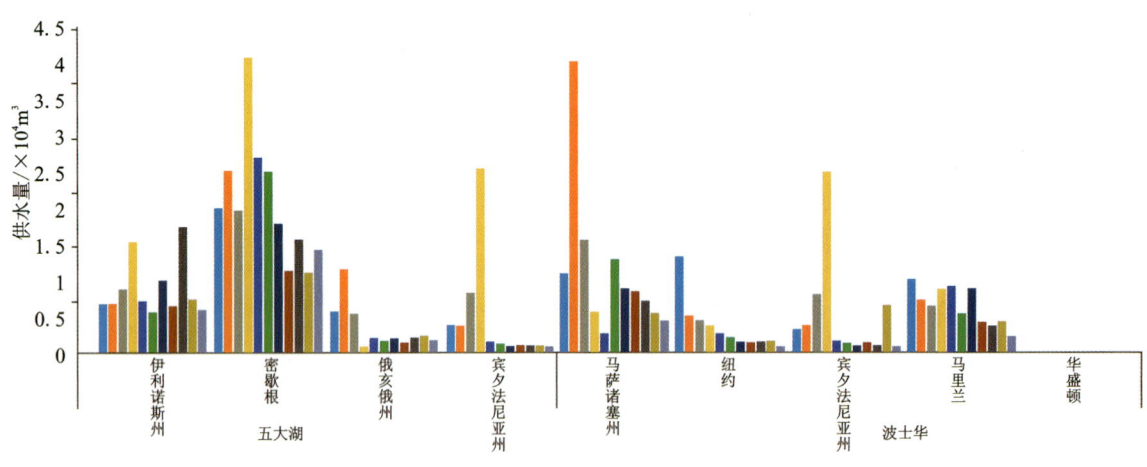

图 14-40　美国万元生产总值城市群农业供水量

(3)城市群水资源供水比较:通过对中美两国5个城市群的综合分析可知,水资源利用与经济增长、产业结构变化之间存在长期均衡的关系,经济增长、产业结构优化会促进水资源的利用效率;中国完整的工业体系和产业链使用水效率更均衡、更稳定;优化产业结构、降低工业用水比例可有效提升泛珠三角地区用水效率,保障城市群协调发展。

(三)国内两大城市群能源需求格局及效率比较

1. 京津冀城市群能源需求格局与效率

(1)能耗巨大增长迅速,向中速过渡,河北省为能耗主体,地区差异显著,从空间上来说,京津冀城市群能耗以河北省为主,以煤炭消费为主导,下降趋势明显。京津冀城市群能源消费量见图14-41,2016年京津冀城市群能源消耗现状见图14-42。

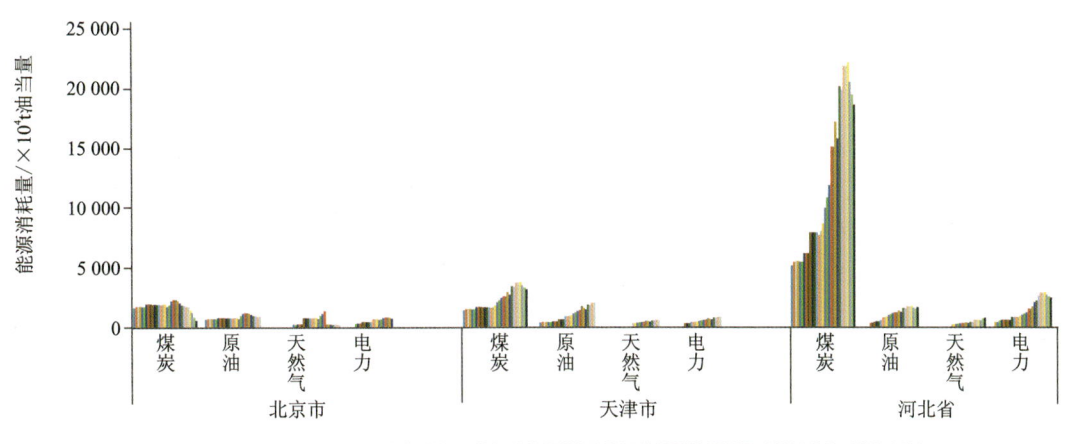

图14-41 京津冀城市群能源消耗量

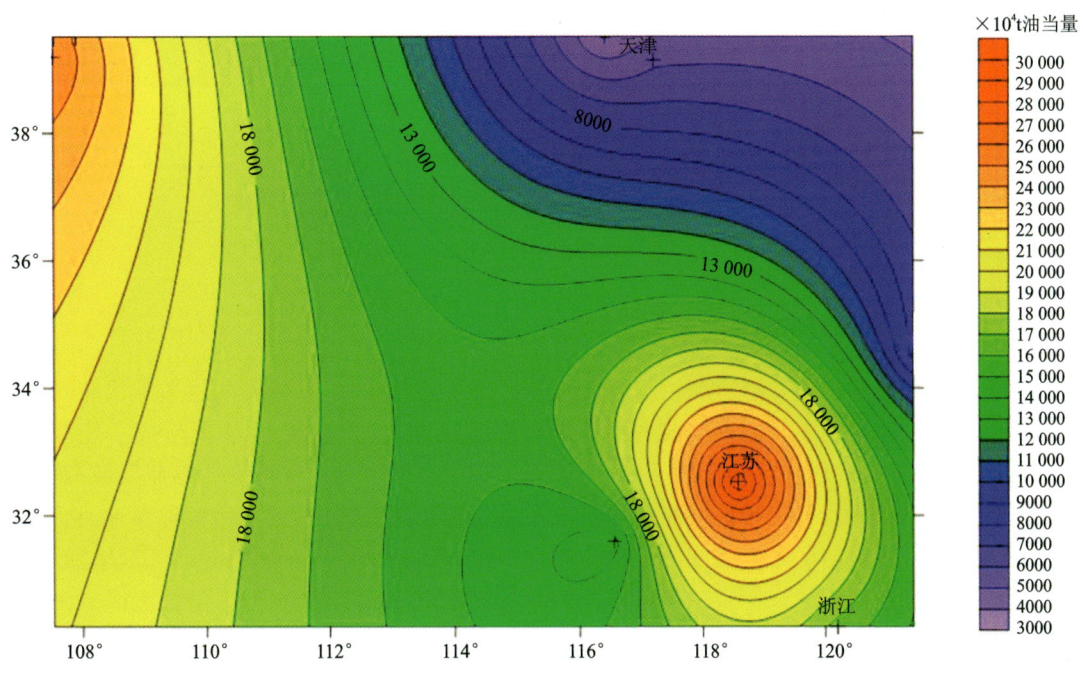

图14-42 2016年京津冀城市群能源消耗现状

(2)电气消费增长迅速,增速远超煤炭需求,保障电力和天然气的有效供应能促进地区经济的消费增长。由于煤炭消费量部分地区过于巨大,掩盖了其他能源的发展趋势,本书选择将其剔除,见图14-43。

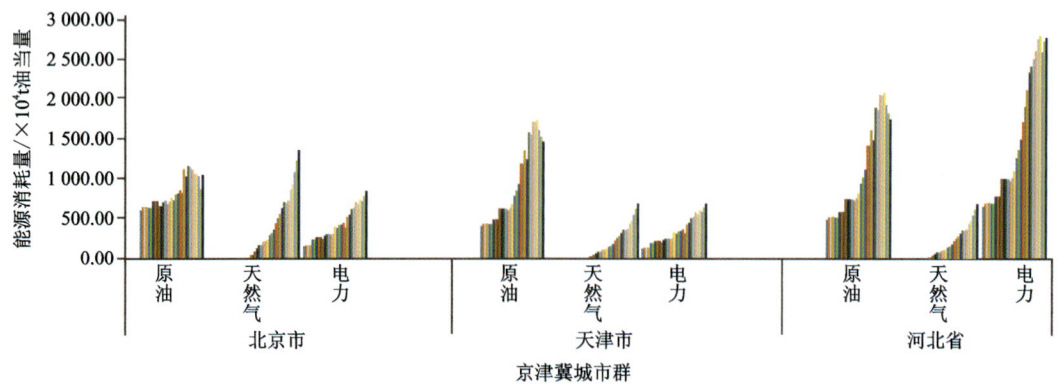

图14-43　京津冀城市群能源消耗量(剔除煤炭)

(3)能源使用效率有如下特征:单位生产总值能耗持续下降,能源使用效率逐年提高,产业升级替代高能耗成为提升生产总值的增长的驱动力;产业结构和能源结构地区差异化严重,北京产业结构调整释放的高能耗转移到河北省,导致其单位生产总值能耗居高不下,产业结构升级迫在眉睫;天然气消费逐渐增加,导致天然气单位生产总值能耗波动上升。京津冀城市群单位生产总值能耗见图14-44。

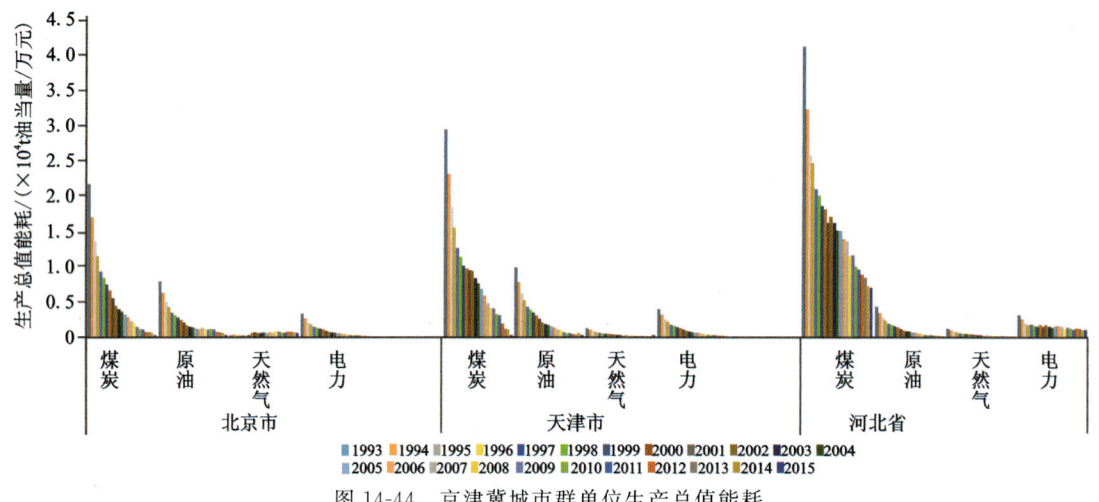

图14-44　京津冀城市群单位生产总值能耗

2. 长三角城市群能源需求格局与效率

(1)能耗巨大且增长迅速,煤炭增长大幅放缓,地区总量差距较大,安徽省的消费结构相对落后。改革开放以来,长三角地区的4种主要能源的消费量增长迅速,加上基量庞大,逐渐形成了能源消耗巨大的现状。近年来部分地区煤炭消费持续下降,但随着一些中小城市和油电消费的迅速发展,总体能耗仍处于上升趋势。总的来说,长三角地区能耗增长水平尚处于正常范围内;近年来各省煤炭消费量也呈现出明显的下降趋势,基本与国家宏观能源结构的调整步调一致;在"西电东送"和"西气东输"政策的支持下,电气消费占比也在稳步增长。长三角城市群能源消耗见图14-45,2016长三角城市群能源消耗现状见图14-46。

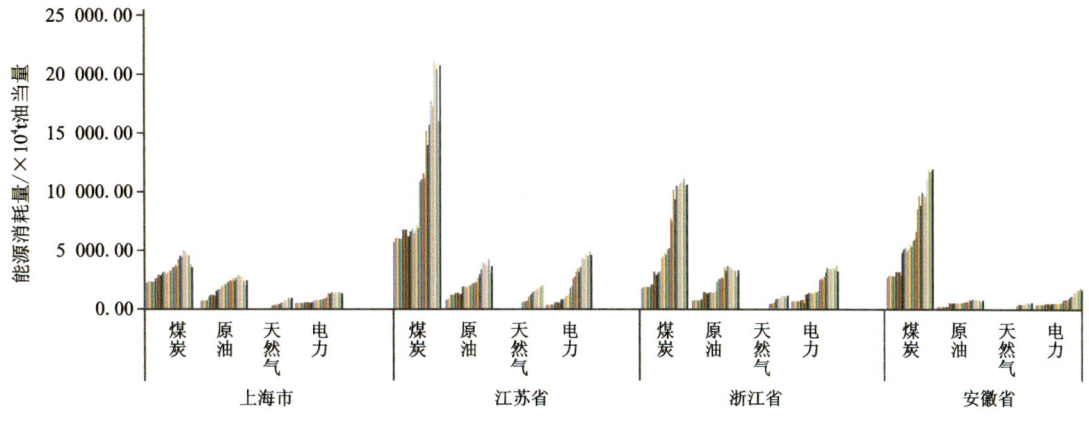

图 14-45　长三角城市群能源消耗

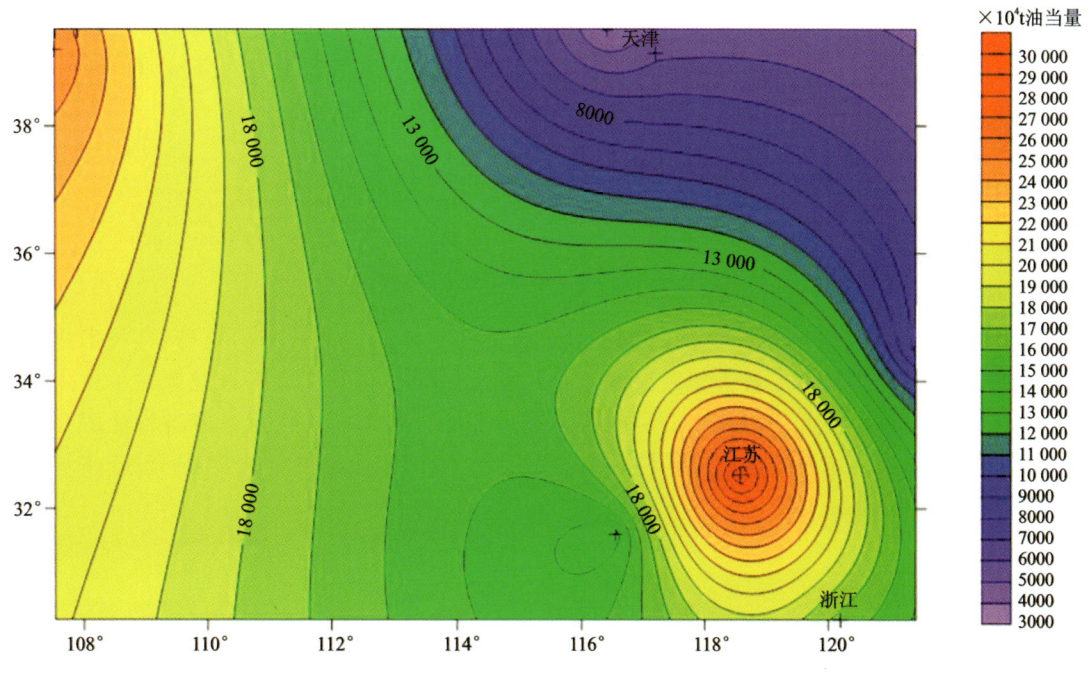

图 14-46　2016 年长三角城市群能源消耗现状

(2)煤炭消费具有如下特征:尽管煤炭地位有所下降,但在长三角城市群的工业化进程中,其仍长期占据能源消费的主导地位;长三角城市群三大能源特征各有千秋,能源消费结构在未来将逐渐呈现出多样化特征。

(3)能源使用效率具有以下特征:技术和管理手段的引入以及产业的升级促使长三角能源使用效率逐年提升、能耗降低;能源使用效率地区差异逐渐缩小,各地趋于同质化;天然气进入历史舞台,单位生产总值能耗逐年上升,利于产业优化升级与转移。

(四)北美两大城市群能源需求格局及效率比较

1. 波士华城市群能源需求格局与效率

(1)美苏冷战和越南战争成为推动波士华城市群工业化发展的重要驱动力。

(2)波士华城市群在进入后工业化期后,大力推动产业结构的转型,城市群的能源需求格局渐渐由煤炭石油转向天然气和水电核电等清洁能源。波士华城市群能源消耗见图14-47。

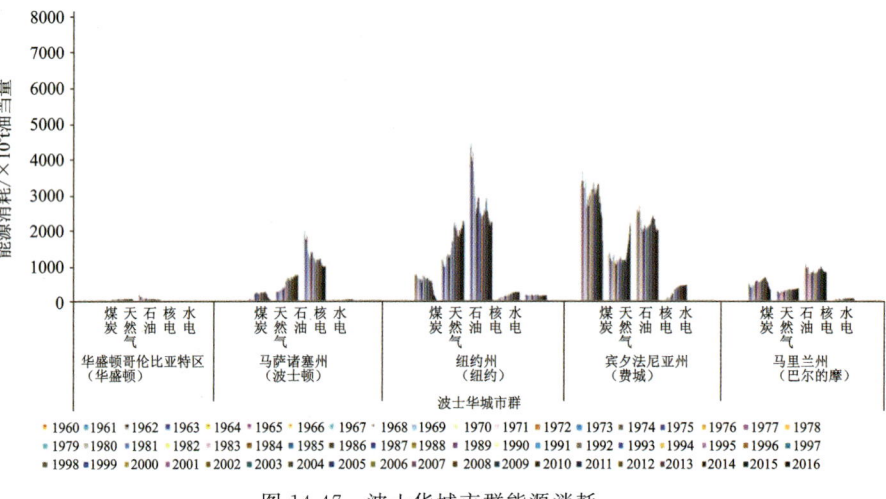

图14-47 波士华城市群能源消耗

(3)能源使用效率:波士华城市群的高新技术产业拉动了区域能源效率的提升,且技术进步导致能源之间出现的替代效应,促进了波士华城市群产业向绿色化的方向发展。各种能源在单位生产总值能耗上的差距显著缩小,在能源使用效率上呈现出同质化特征。这种同质化意味着各种能源在经济上的可替代性增强,对国家的能源结构的多样性有促进作用,利于国家能源供应的安全。波士华城市群单位生产总值能耗见图14-48。

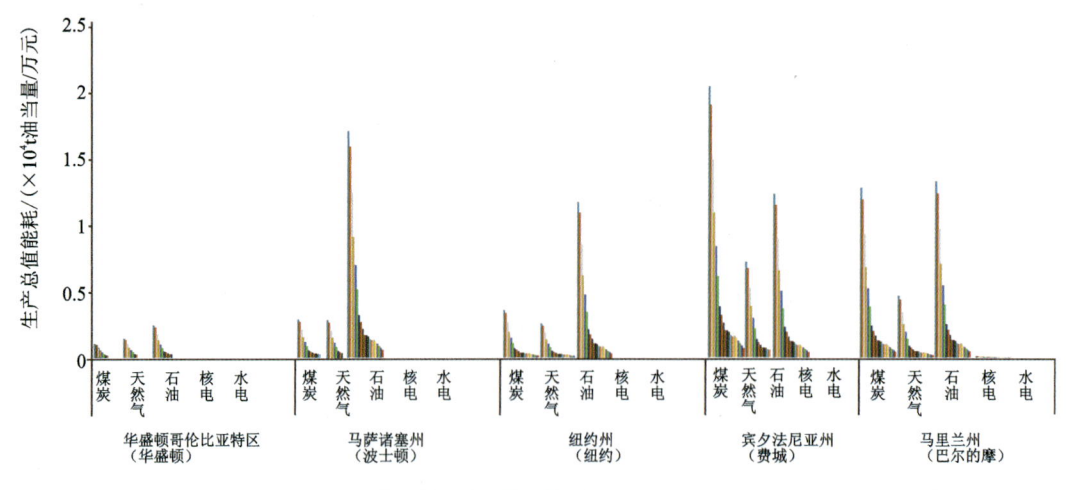

图14-48 波士华城市群单位生产总值能耗

2. 五大湖城市群能源需求格局与效率

（1）政府的宏观调控措施在五大湖城市群工业过程中扮演了重要地位，重构了城市群的能源需求格局。

（2）自然资源要素禀赋和技术转型升级主导了五大湖城市群的能源需求格局，新兴能源技术得到长足发展，各城市的能耗都向核电方向倾斜。五大湖城市群能源消耗见图14-49。

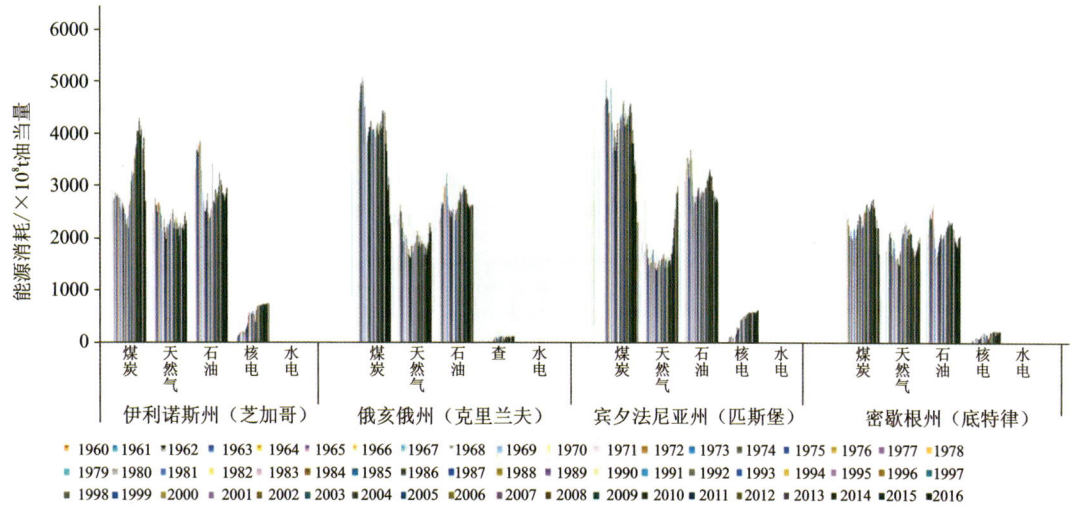

图14-49 五大湖城市群能源消耗

（3）能源使用效率：产业结构的演变路径成为五大湖地区能源使用效率的主要驱动，决定了各类能源的使用效率。五大湖城市群在单位生产总值能耗上也保持着相对稳定的下降态势，五大湖地区大部分位于著名的东北部工业区，随着美国去工业化的实施，五大湖城市群的老工业区失去了发展的动力，这是能源使用效率降低的主要原因。随着单位生产总值能耗的进一步下降，地区间的能源使用效率差距在进一步缩小。由于技术的升级和产业转型后对能源的需求发生变化，煤炭、天然气、石油的能源使用效率出现了断层式的下降；相反，由于技术和资本的集聚，核电的使用效率出现了逐渐上升的态势。五大湖城市群单位生产总值能耗见图14-50。

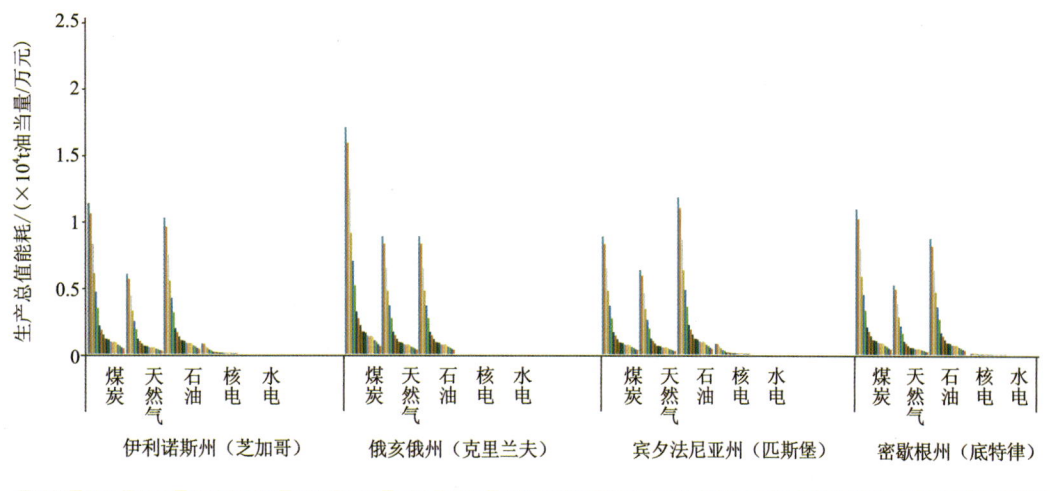

图14-50 五大湖城市群单位生产总值能耗

(五)中美城市群能源环境效率比较

1. 中美典型城市群间能源消耗对比

(1)城市群的城市化和工业化进程的异步性决定了城市群之间能源消耗的差异性。从总量上来看,中美城市群的能源消费出现了巨大的差异,截至2016年,中国城市群的能源消费量成倍地高于美国的城市群。出现这种巨大的消费量差异的原因在于:京津冀、长三角和泛珠三角城市群的绝大多数城市仍处于工业化中期阶段,城市化水平较为分散,此时资源能源利用上仍处于粗放型的利用阶段,对资源环境的依赖程度和耦合程度较高;五大湖城市群和波士华城市群处于后工业化期,在这个阶段中城市发展趋于成熟,能源的投入产出效率较高。

从发展趋势上看,由于基础设施建设不完备和能源使用效率低下,中国城市群在通往工业化的道路上所消费的能源总量的增长速度极快,而对于美国城市群来说,完善的基础设施降低了不必要的能源损耗,高端的技术水平极大提高了能源使用效率,产业结构的调整减少了经济发展对能源的依赖,使得美国城市群的能源消耗处于平稳下降的趋势。

从能源结构上看,中国城市群在工业化发展中过度依赖煤炭消费,煤炭利用效率低下,中国城市群各类能源间的消耗总量差距庞大,由于充分利用天然气、石油,美国城市群一次能源消费的差距很小,其中五大湖城市群出现明显的三足鼎立态势。天然气消费的增长是个世界性的趋势,中国城市群天然气消费开始挑战煤炭主导地位。随着发电技术的提升和国家政策的扶持,中国的电力消费有了巨大的增长;而随着核电在各州的广泛应用,美国的电力消费占比也有了显著的提升。

(2)城市群的发展模式、技术规模和产业结构多方面的因素主导了能源使用效率的提升。中美城市群之间能源的需求格局及能源利用效率变化存在明显的时空差异,美国城市群进入后工业化时期时,已经通过去工业化将高能耗、低附加值的重化工产业和制造业外迁至全球,在这个过程中冲击了美国本土制造业的发展,从而导致能源使用效率出现了断崖式的降低;在中国城市群城市化的发展过程中,构建了完整的工业产业体系,但除了北京、天津、上海、深圳等核心城市,京津冀、长三角和泛珠三角城市群中绝大多数城市仍处于工业化中期或者工业化中期向后工业化期的过渡时期,城市的产业结构处于从资源约束转向质量约束的关键时期,这个阶段随着生产技术的提升,推动制造业向精细化和高端化发展,能源利用效率得到了提升。

2. 中美典型城市群空气变化特征

本次研究通过对中美城市群的SO_2、NO_2浓度等评价指标进行对比分析研究,探讨污染物浓度对空气质量的影响,旨在更深入了解国内外城市群大气环境质量状况,为改善泛珠三角地区大气质量,提供科学依据。

1)国内城市群空气质量变化情况

SO_2、NO_2作为典型的季节性污染物,在不同时期浓度相差较大,冬季和春季浓度高,在夏季相对较低。因此,在考察国内城市群的大气污染物浓度变化情况时,选取2018年1月和2018年6月的数据作为分析依据。

京津冀城市群空气质量变化情况:与2018年1月相比,2018年6月京津冀及周边区域城市优良天数比例为16.7%,同比下降47.8%;在所有的空气污染中,以O_3作为首要污染物,SO_2平均浓度为15μg/m³,同比下降48.3%,NO_2平均浓度为29μg/m³,同比下降44.3%;北京、天津、廊坊、承德、衡水、张家口对SO_2、NO_2浓度控制较好,唐山、沧州、邢台等重工业发达的城市空气污染物浓度较高,空气质量较差;石家庄、邯郸、沧州、秦皇岛、邢台NO_2浓度变化较大,邯郸、保定、沧州、衡水SO_2浓度变化较大。京津冀城市群 SO_2 浓度见图 14-51，NO_2 浓度见图 14-52。

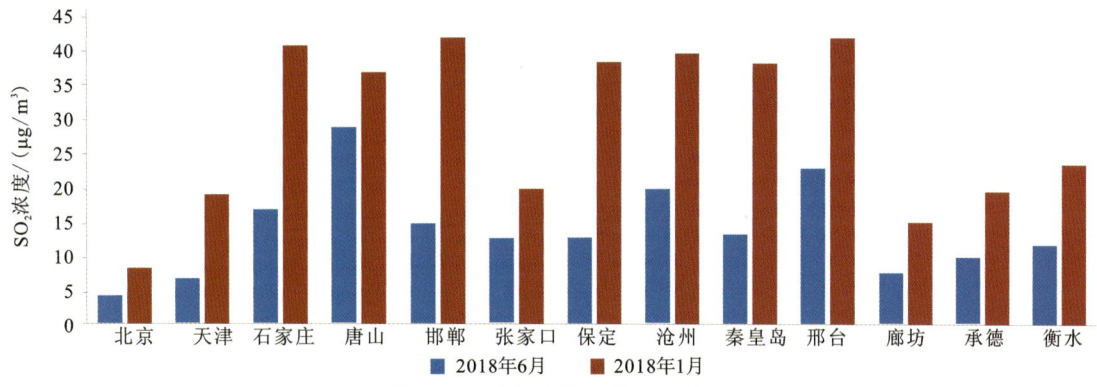

图 14-51 京津冀城市群 SO_2 浓度

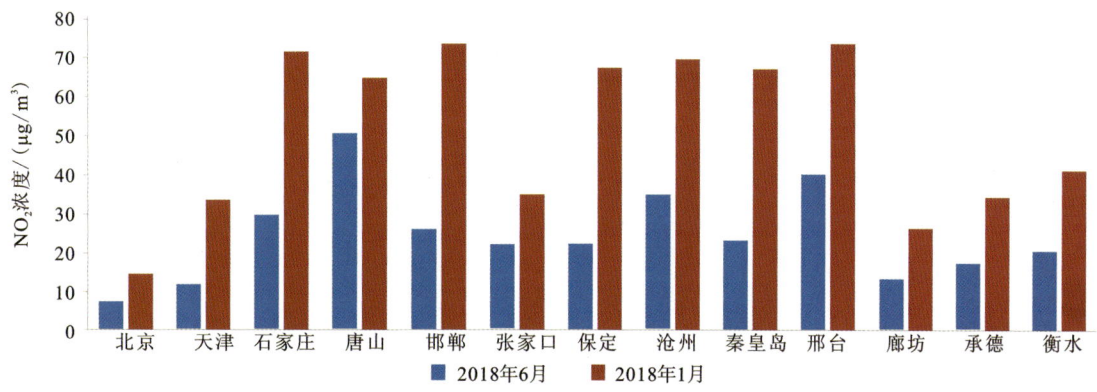

图 14-52 京津冀城市群 NO_2 浓度

长三角城市群空气质量变化情况：与 2018 年 1 月相比，2018 年 6 月长三角及周边区域城市优良天数比例为 58.4%，同比下降 2.8%；在所有的空气污染中，以 O_3 作为首要污染物，SO_2 平均浓度为 $10\mu g/m^3$，同比下降 33.3%，NO_2 平均浓度为 $25\mu g/m^3$，同比下降 48.9%；上海、南京、苏州、杭州、舟山、合肥等城市 SO_2、NO_2 的浓度较低，在全国都属于较低水平。长三角城市群 SO_2 浓度见图 14-53，NO_2 浓度见图 14-54。

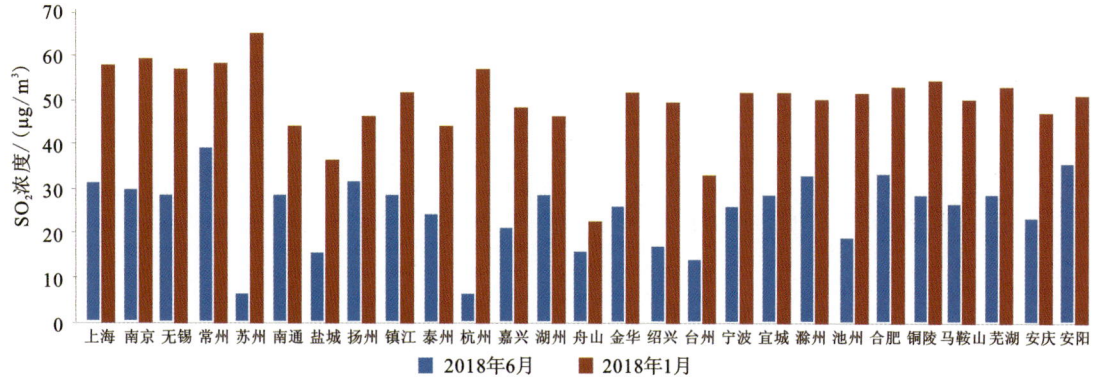

图 14-53 长三角城市群 SO_2 浓度

2）美国城市群空气质量变化情况

从整体上来看，2000—2013 年，五大湖城市群和波士华城市群区域内城市 SO_2、NO_2 浓度呈逐年降低的趋势；2013 年，五大湖城市群 SO_2 平均浓度为 $1.6\mu g/m^3$，与 2000 年相比，同比下降 73.3%，NO_2 平均浓度为 $13.51\mu g/m^3$，与 2000 年相比，同比下降 35%；波士华城市群 SO_2 平均浓度为 $1.2\mu g/m^3$，与

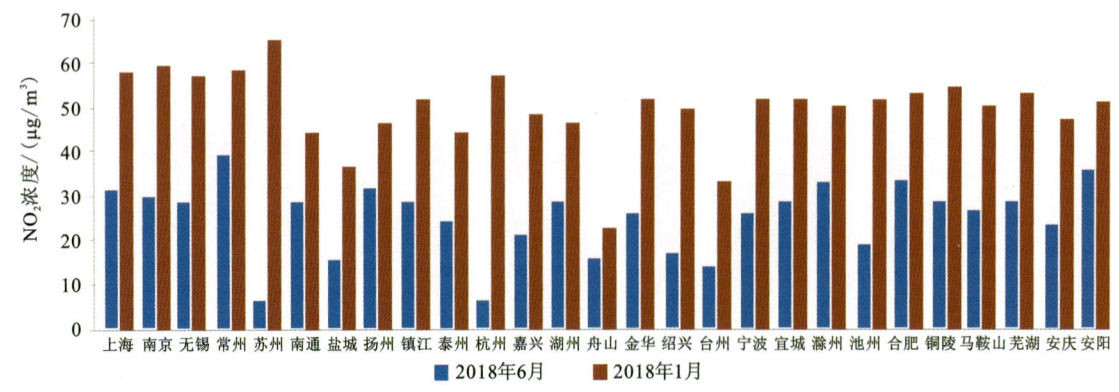

图 14-54 长三角城市群 NO_2 浓度

2000年相比,同比下降81.6%,NO_2平均浓度为14.16μg/m³,与2000年相比,同比下降37.2%。从变化趋势上看,美国城市群 SO_2 浓度下降的趋势明显,变化幅度较大,对空气质量控制较好。美国城市群 SO_2 浓度见图14-55,NO_2 浓度见图14-56。

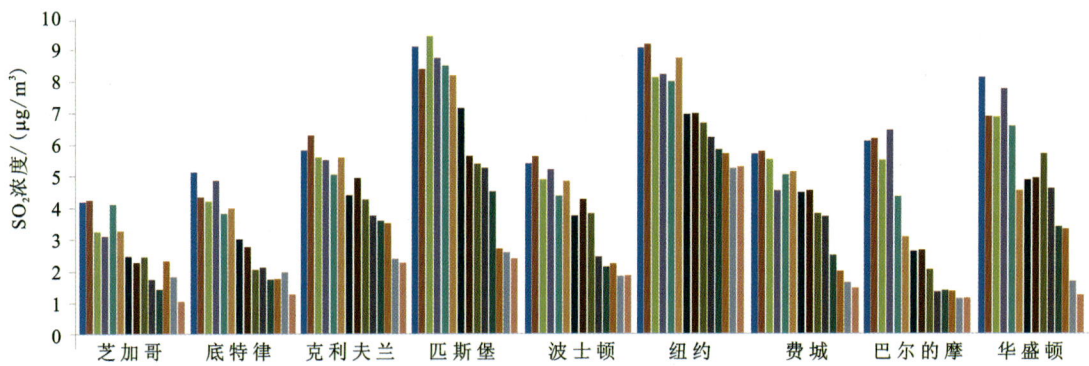

图 14-55 美国城市群 SO_2 浓度

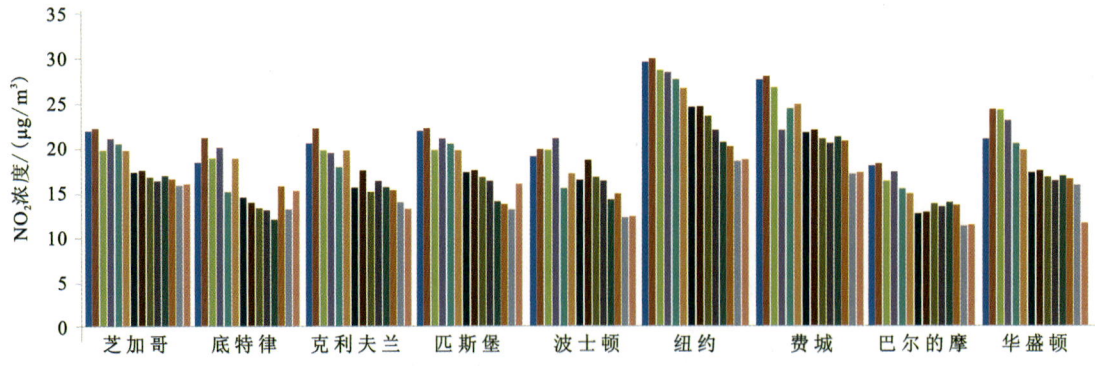

图 14-56 美国城市群 NO_2 浓度

3. 中美典型城市群空气质量变化分析

从中美城市群 SO_2、NO_2 浓度变化特征可以发现,国内外空气质量仍然存在较大的差距,究其原因有以下两点。

(1)中国城市群人口密度大,经济和工业生产活动强度较高,汽车拥有量较高,所以相应的化石能源消耗量大,使得每年 NO_2 的排放量居高不下。

(2)中美两国产业结构之间存在较大的差异。美国将制造业等大量的高能耗产业外迁,使得美国国内的资源环境得到了很好的改善,但是这种做法现在来看存在明显的弊端,从特朗普"美国产业回归"的做法就可以看出,经济社会与资源环境友好协调和城市群产业的高质量必须以产业链的完整与安全为前提。以目前的国情来看,中国首要的任务不是完善产业链,而是优化产业链结构,提升产业链生产效率,应在当前的技术水平下,以维护改善城市生态环境为前提,从支撑城市群区域经济体量、工业化和后工业化产业业态空间发展规律出发,重构城市群结构,依托轻轨、高铁等快速交通走廊形成放射状边缘城市圈,升级改造农业现代化发展的传统区域城镇体系,逐步形成多核心网络巨型核心城市空间。

(六)本节研究认识

本节从泛珠三角城市群资源供给空间格局着手,分析了城市群内土地和水资源、矿产资源、能源、污染区排放的供给时空格局,在此基础上,对比中美典型城市群的环境供需时空格局和资源环境效率,得出以下结论。

(1)泛珠三角城市群资源环境较国外城市群而言具有资源错配的现象,我国城市群整体土地利用效益中等,以规模效益为主。国内与美国城市群之间土地利用效益的差异集中表现在土地人口承载力之间的差异。这与国内体量大、人口密度高的国情有密不可分的关系。长三角城市群和泛珠三角城市群土地利用效率较低,规模效益和集约效益不足,人口承载力和地均第三产业产值均低于其他城市群。国内供水总量空间分布不均,地区差异显著,水资源供水集中于核心城市,需通过产业规划对水资源集中调配,满足城市用水需求。

(2)城市群的城市化和工业化进程的异步性决定了城市群之间能源消耗的差异性。城市群的发展模式、技术规模和产业结构多方面的因素主导了能源使用效率的提升,中美城市群之间能源的需求格局及能源利用效率变化存在明显的时空差异。从总量上来看,中美城市群的能源消费出现了巨大的差异,截至2016年,我国城市群的能源消费量为美国的城市群数倍。从能源结构上看,中国城市群在工业化发展中过度依赖煤炭消费,煤炭利用效率低下,中国城市群各类能源间的消耗总量差距庞大;美国城市群由于充分开发天然气、石油,一次能源消费的差距很小。

(3)对中美城市群的 SO_2、NO_2 浓度等评价指标进行对比分析研究,探讨污染物浓度对空气质量的影响,旨在更深入了解国内外城市群大气环境质量状况,为改善泛珠三角地区大气质量提供科学依据。

三、资源环境承载力测度及响应机制

(一)泛珠三角城市群资源环境承载力评价结果和分析

本书从资源、环境、经济系统角度,构建评价指标体系,运用主成分分析方法,测度我国典型城市群资源环境承载力。评价指标体系与研究数据见表14-1。

泛珠三角城市群整体评分较高,说明城市群承载力较高,且与经济发展水平相对协调,城市群内部深圳、珠海、东莞、佛山、广州在28个城市中评分位居先列,而江门承载力较为落后,结合其经济水平以及资源能源条件,仍需进行产业结构调整,提高承载力,使之与经济协调发展。

长株潭城市群承载力相对稳定,长沙、株洲评分差别不大,湘潭较为落后,结合地区工业化水平以及污染物排放强度,长株潭城市群与泛珠三角城市群相比仍有一定差距,应该在调整产业结构的同时积极探索较低能耗、提高承载力以及效率的途径,形成子城市群特色区域,使泛珠三角城市群内部分工更为清晰。

表 14-1 城市群资源环境承载力评价指标

一级指标	二级指标	三级指标	单位
资源承载力	土地	人均耕地面积	$\times 10^7 m^2/$万人
		人均建设用地面积	万人$/km^2$
		人口密度	万人$/km^2$
		单位工业增加值市区面积	亿元$/km^2$
	交通	道路长度/总面积	km/km^2
		道路面积/总人口	$m^2/$人
	能源	单位生产总值能源消耗强度	t/万元
	水	单位生产总值用水量	$m^3/$万元
		人均水资源量	$m^3/$人
环境承载力	环境污染	工业废水排放强度	t/万元
		工业废气排放强度	scf/万元
	绿化建设	人均绿地面积	$hm^2/$万人
		建成区绿化覆盖率	%
		建成区绿地率	%
经济协调水平	经济	人均生产总值	万元/人

注：$1scf \approx 0.029 m^3$。

成渝城市群承载力较为一般,结合其高能耗以及重庆作为老牌工业城市的地位考虑,成渝城市群承载力仍有着巨大的改进空间。成渝城市群是泛珠三角城市群经济总量巨大的一部分,优化其资源能源配置,改善环境承载力,对泛珠三角城市群意义重大。

海峡西岸城市群、滇中城市群承载力较为落后,只有少数城市评分为正值,结合其经济情况,承载力相对落后的原因主要是经济水平与前3个子城市群相比处于劣势,发展水平也较为落后;但同时也反映出这两个城市群具有极大的潜力,对城市群资源合理开发,进而形成区域特色产业,明确分工,将使承载力产生巨大的改善,为整个泛珠三角城市群发展注入活力。

北部湾城市群作为典型的生态规划区,承载力相比海峡西岸城市群略胜一筹,在城市群内部,湛江与其他两个城市相比较为落后,而海口和北海是典型的生态保护城市,通过一段时间的发展已经逐渐形成特色产业以及较为合理的资源能源利用模式,承载力较高;湛江作为2020年发布的《北部湾规划白皮书》中加入的核心城市,仍需要一定时间进行转型和承载力的优化。泛珠三角城市群资源环境承载力测度结果见图14-57,泛珠三角地区主体功能区分布见图14-58。

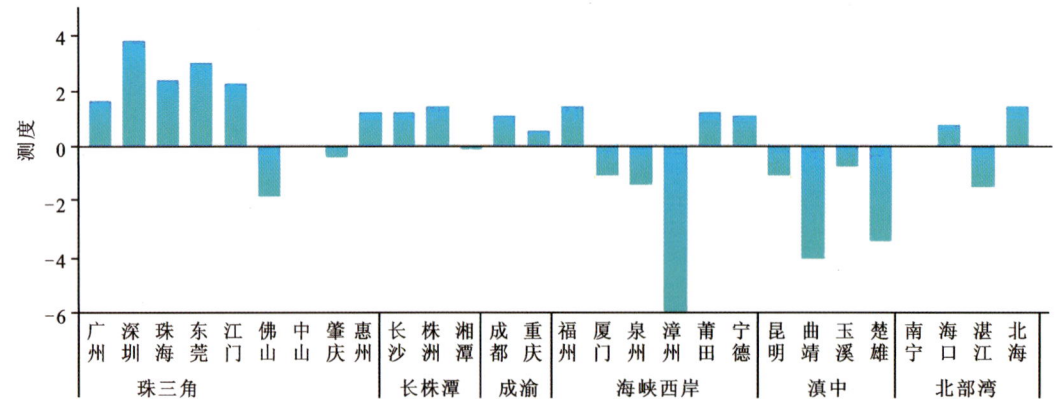

图 14-57 泛珠三角城市群资源环境承载力测度结果

第十四章　泛珠三角城市群经济社会发展国内外对比研究

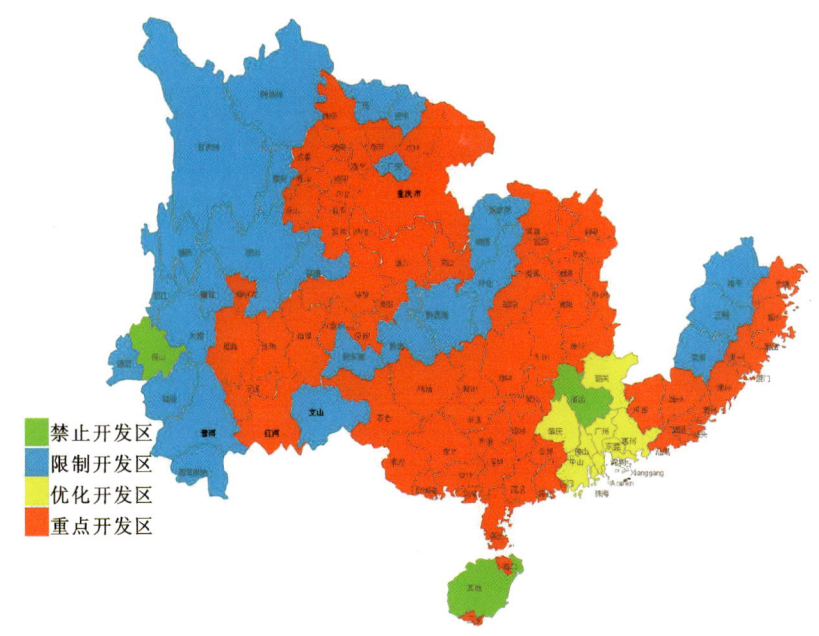

图 14-58　泛珠三角城市群主体功能区分布示意图

（二）中美城市群资源环境承载力评价结果

（1）中国城市群资源环境过载严重，且部分城市仍在恶化。国内城市群承载力远远低于国外典型城市群，部分核心城市具有一定竞争力。而北京、天津、保定等城市资源环境虽能够承载当前经济活动，但承载力正在逐年衰退，说明经济活动强度正在逼近资源环境承载红线，未来城市发展空间受到资源环境恶化的严重制约。

（2）国内城市群内部承载力极化现象严重，地区发展不平衡现象日益突出。从国内几大城市群承载力横向对比来看，城市群内部出现了核心城市资源环境承载力较高，而其他城市资源环境过载严重的情况。这种不平衡的现象一方面来源于核心城市污染向周围扩散；另一方面来源于优质资源过度富集于核心城市。其中，京津冀城市群极化现象最为突出，北京、天津承载力常年远高于其他城市，而石家庄、唐山等城市资源环境过载问题日益恶化，地区之间经济社会与资源环境之间的协调水平差异逐渐扩大，严重不利于城市群内部协调分工和资源的合理配置。中美城市群资源环境承载力测度结果见图14-59。

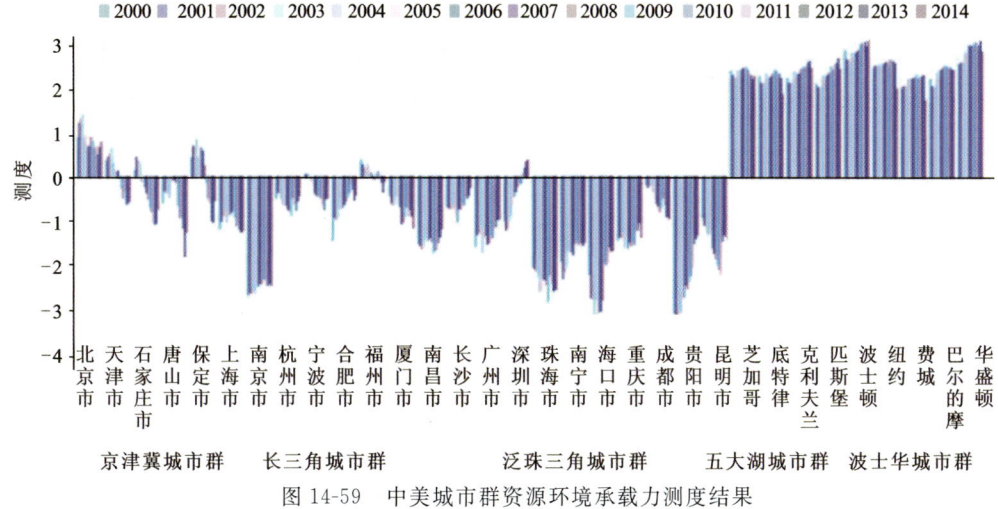

图 14-59　中美城市群资源环境承载力测度结果

(四)中国城市资源环境对经济社会发展的响应机制

1. 资源环境对经济社会发展的响应模型与数据

总体来看,我国城市群资源环境承载力较低,资源环境在一定程度上难以承担高强度资源消耗性的经济活动。本节构建面板计量模型研究我国城市群经济活动的资源环境响应机制,进而识别我国城市群演变过程中冲击资源环境系统的关键因素,揭示资源环境与经济、社会协调发展的可行路径。模型如下:

$$Y_{i,t,m} = \alpha_{i,n} + \beta_{i,n} X_{i,t,n} + \varepsilon \tag{14-1}$$

式中,$Y_{i,t,m}$ 为第 i 个城市群第 t 年第 m 个资源环境指标;$X_{i,t,n}$ 表示第 i 个城市群第 t 年第 n 个经济社会指标;α 为常数项,含义为资源环境对第 m 种资源环境要素第 n 种经济社会活动的刚性(基本)约束;ε 为误差项。

对于 X_m 和 Y_n 的选择,本书从水、土地、能源 3 个与经济活动联系极为紧密的要素入手研究城市群经济社会演进的资源环境响应;本书选取生产总值(1995 年基年折算)、第二产业比重、第三产业比重(产业结构因素)以及城镇化率(社会人口结构),来描述城市群演进过程中经济结构的升级、迁移(表 14-2)。

表 14-2 三大城市群经济增长与资源消耗统计表

因变量	京津冀城市群		长三角城市群		泛珠三角城市群	
	自变量	系数	自变量	系数	自变量	系数
用水总量/ $\times 10^4 \mathrm{m}^3$	lnGDP	13 796.8	lnGDP	11 255.8	lnGDP	26 133.8
	二产比重	−16 204.86	二产比重	7 104.557	二产比重	−1 574.593
	三产比重	−13 589.57	三产比重	4 968.146	三产比重	6 561.439
	城镇化率	2 215.978	城镇化率	500.916 5	城镇化率	5 649.472
	常数项	1 248.119	常数项	−947.2	常数项	−152.074 8
建设用地 面积 /km²	lnGDP	341.204 9	lnGDP	582.087 9	lnGDP	463.581
	二产比重	−194.343 5	二产比重	−64.579 12	二产比重	−14.711 15
	三产比重	−177.942 1	三产比重	−64.263 3	三产比重	30.062 12
	城镇化率	39.636 27	城镇化率	30.799 43	城镇化率	23.560 91
	常数项	137.335 9	常数项	−325.44	常数项	−918.601
天然气消耗 /$\times 10^8 \mathrm{m}^3$	lnGDP	29.642 4	lnGDP	59.193 32	lnGDP	32.444 3
	二产比重	−5.878 441	二产比重	−7.933	二产比重	−2.505 606
	三产比重	−4.898 164	三产比重	−7.031	三产比重	−1.727 24
	城镇化率	2.068 322	城镇化率	2.071	城镇化率	0.860 103
	常数项	128.216 2	常数项	28.375 87	常数项	117.208 1
煤炭消耗 /$\times 10^4 \mathrm{t}$	lnGDP	7 765.22	lnGDP	6 894.846	lnGDP	4 831.753
	二产比重	258.39	二产比重	−873.134	二产比重	172.073 9
	三产比重	−492.69	三产比重	−1 351.673	三产比重	452.139 6
	城镇化率	257.173	城镇化率	234.539 8	城镇化率	−228.428 8
	常数项	2 807.788	常数项	356.874 75	常数项	456.03

续表 14-2

因变量	京津冀城市群		长三角城市群		泛珠三角城市群	
	自变量	系数	自变量	系数	自变量	系数
原油消耗 /×10⁴t	lnGDP	442.144 2	lnGDP	636.664 1	lnGDP	740.485 4
	二产比重	−40.044 62	二产比重	201.795 2	二产比重	−54.750 81
	三产比重	−59.782 68	三产比重	230.481 9	三产比重	−3.932 531
	城镇化率	26.466 1	城镇化率	−46.986 5	城镇化率	53.945 14
	常数项	281.215 8	常数项	−214.847 7	常数项	−589.603

注：二产比重为"第二产业比重"，三产比重为"第三产业比重"。

2. 三大城市群资源环境对经济社会的响应机制

(1)我国城市群仍处于要素驱动、资源依赖型发展模式。三大城市群经济增长与资源消耗呈现显著正相关。从三大能源消耗来看，各城市群由于发展路径不同，对不同能源需求强度也不尽相同：京津冀城市群煤炭消耗强度明显高于其他两者，泛珠三角城市群原油依赖较强，长三角城市群天然气需求较为突出。从土地要素角度分析，三大城市群有着明显的"土地经济"特征，经济发展与建设用地扩张之间存在显著正相关关系。

(2)城市群禀赋、结构、发展模式差异性导致资源环境响应机制分异。城市群禀赋差异性导致不同城市群发展模式分化，产业结构内生于要素禀赋，其结构演变有着严重路径依赖性，累积效应使得不同城市群在发展过程中出现了迥异的资源环境消耗特征。我国城市群处于发展的初级阶段，全国范围内，三大城市群产业分工格局尚未明晰，存在着尖锐的发展同质化矛盾，这就导致了整体资源环境配置格局不合理、资源利用效率严重低下等问题。城市群应充分挖掘禀赋优势，改善区域分工不合理格局，缓解资源要素需求冲突的矛盾。

3. 长三角城市群资源环境对经济社会的响应机制

(1)子城市群所处工业化阶段不同，导致发展过程中资源环境响应机制不同。泛珠三角城市群内部六大子城市群工业化水平、经济规模存在较大差异，珠三角、长株潭城市群处于工业化后期向后工业化转换过程中，工业规模不断深化，而珠三角地区严重依赖外向型经济，技术水平相对落后使其在世界产业链中处于中下游，经济发展呈现出污染过度排放的特征。成渝城市群包含着我国老牌工业重地，处于工业化中期向后期过渡过程中，产业结构的升级转型显著降低了污染排放，而经济增长与常数项系数显著为正，说明历史积累的环境污染效应仍未消除，粗放式发展模式的惯性依然存在(表 14-3)。

(2)城镇化水平与工业化水平不兼容，经济、社会发展与资源环境约束呈现弱协调。泛珠三角城市群中，根据城镇人口数量与总人口数量之比测度城镇化率，部分城市出现了"逆城镇化"的特征，而工业化水平的提升却促进了城市建成区面积的不断扩张，两者之间形成了真空地带。究其原因，近些年泛珠地区尤其是广东省农民工回流现象严重，生产力提高的动力不足，难以支撑产业结构的升级转型。低生产力与大量资源要素富集形成了错配，一方面致使资源利用效率低下，另一方面更加拉大了生产力层面的贫富差距。经济、社会与资源环境约束实现协调发展，依赖于乡村振兴战略和新型城镇化、工业化战略。

(3)能源、资源的刚性需求显著，大部分城市资源环境与经济、社会"解耦"拐点尚未到来。泛珠三角城市群部分城市已经处于工业化后期向后工业化转型进程中，不同城市呈现出不同的资源约束特征，说明地区正在由"相对脱钩"向"绝对脱钩"过渡，但大部分城市资源、能源回归常数项显著，说明资源、能源对经济发展存在刚性约束，需要探索、坚持以效率、创新为主要驱动力驱动的绿色发展路径，实现经济的绿色增长。

表 14-3 典型城市群对资源环境响应统计表

城市群	指标	用水总量 /×10⁴ m²	建设用地面积 /km²	能源消耗总量 /×10⁴ t 标准煤	工业废水排放量/×10⁸ t	工业废气排放量/×10⁸ scf
珠三角城市群	lnGDP	7 599.58	32.097 8	953.731	0.873 8	58.323 7
	二产比重	−5 648.96	−34.617 04	−216.476	0.056 6	35.194
	三产比重	−5 526.913	−31.206 77	−191.007	0.054 3	40.476
	城镇化率	375.735 1	2.033 541	124.540 8	−0.021 9	−2.899
	常数项	8 541.631	452.455	289.85	0.302 742	43.208
长株潭城市群	lnGDP	2 438.59	8.842 8	561.037 7	−0.475 8	−57.103 4
	二产比重	−7 284.672	−5.860 3	70.288 9	0.038 1	47.082 2
	三产比重	−7 398.064	−5.362 9	76.058 1	0.035 4	31.316 6
	城镇化率	1 427.451	1.906 8	28.945 1	0.017 2	18.066 8
	常数项	6 851.514	345.295 4	−19.267 5	2.797	62.514
成渝城市群	lnGDP	4 051.84	55.362 4	584.235	−0.523 3	557.013
	二产比重	−2 681.507	−30.230 5	−270.75	1.043 1	−224.38
	三产比重	−2 689.352	−37.564 6	−245.5	1.098 6	−210.97
	城镇化率	−212.886 3	−19.660 1	−3.230 4	−0.514	−136.494 9
	常数项	−514.112	657.011	−186.93	−8.554 6	214.654
海峡西岸城市群	lnGDP	687.267	61.818	132.263	59.193 32	32.444 3
	二产比重	80.882	−4.579 3	26.598 2	−7.933	−2.505 606
	三产比重	99.631	−3.448 2	11.363 4	−7.031	−1.727 24
	城镇化率	341.982	2.016 5	−3.852 7	2.071	0.860 103
	常数项	−524.75	−48.786 1	−101.64	28.375 87	117.208 1
滇中城市群	lnGDP	542.524	94.950 9	94.950 9	0.090 7	321.624
	二产比重	−129.95	−18.338	−18.338	−0.004 5	120.731
	三产比重	−234.412	−40.619	−40.619	−0.004 8	35.243 1
	城镇化率	712.052	5.554	5.554	0.000 8	29.988 73
	常数项	698.771	−36.275	−324.275	0.175 9	−129.94
北部湾城市群	lnGDP	1 720.72	16.721 8	86.528	0.318 9	175.62
	二产比重	−1 212.14	−7.038	−34.75	−0.029 9	−55.79
	三产比重	−1 101.52	−6.885	−29.752	−0.031 1	−54.109
	城镇化率	383.395	2.221	−1.483 3	−0.001 6	−0.118
	常数项	−1 605.65	−20.71	−166.705	3.522	328.866

（五）本节研究认识

本节首先测算了泛珠三角城市群资源环境承载力，并对国内外典型城市群资源环境承载力进行了对比研究。结果显示，我国城市群资源环境承载力明显低于美国城市群承载力水平，经济社会活动对资源环境造成了较大的冲击，出现这种现象的根本原因是我国城市群经济发展的核心驱动力仍以要素驱动为主，依赖高消耗、高投入换取较低产出的粗放型发展模式导致资源环境的严重过载，各城市群内部

第十四章 泛珠三角城市群经济社会发展国内外对比研究

资源环境承载力极化现象严重,优质要素向核心城市富集,污染却向周边城市扩散。这种要素配置不平衡现象一方面造成了核心城市要素利用冗余,另一方面使得外围城市资源环境进一步恶化。

从我国城市群资源环境对经济活动响应机制研究结果来看,各城市群经济增长严重依赖于各种资源环境要素的投入,不同发展阶段的城市群表现出了不同的响应特征,部分城市产业结构的升级、转型使经济增长逐渐脱离资源环境的高消耗,而大部分城市群结构迁移过程仍体现出了显著的要素依赖性,未来需要针对不同禀赋的地区制订不同的发展方式,协调区域分工,实现城市群内部、各城市群之间的要素合理配置,提升资源环境承载力和要素利用效率,推动我国经济增长极的高质量发展。

四、资源环境绿色经济效率评价

(一)绿色经济效率评价

根据数据可得性,投入变量有:①人力资源投入,以区域从业人数为代理变量;②资本投入,借鉴已有文献,基于"永续盘存法"测算每年的固定资本存量并换算为2000年不变价,将其作为资本投入变量;③水资源投入,选取用水总量为代理变量,该数据涵盖了农业、工业、生活和生态用水等信息;④土地资源投入,选取建成区面积、耕地面积为代理变量;⑤能源投入,选取各种能源的消费总量(换算为标准煤)为代理变量(表14-4)。

在产出方面,本书考虑内容为:①经济产出(好产出),选取国内生产总值(GDP),换算为2000年不变价;②不利于环境的产出(坏产出),环境污染物种类颇多,根据数据可得性、指标高度相关性和数据异常值分布,本书选取3种具有很强代表性的污染物,即废水、固体废物、烟尘进行分析(表14-4)。

表14-4 城市群绿色经济效率评价指标

指标类型	一级指标	二级指标	单位
投入	人力资源	年末从业人员总数	万人
	资本	农林牧渔业固定投资额	亿元
		第二产业固定投资额	亿元
		第三产业固定投资额	亿元
	水资源	供(用)水总量	$\times 10^8 \text{ m}^3$
	土地资源	城市建成区面积	km^2
		年末实有耕地面积	$\times 10^3 \text{ hm}^2$
		年末绿地面积	hm^2
	能源	单位生产总值能耗	吨标准煤/万元
产出	好产出	生产总值	亿元
	坏产出	工业废水排放量	$\times 10^8 \text{ t}$
		工业废气等排放量	$\times 10^8 \text{ m}^3$

采用SBM-DEA模型,对泛珠三角城市群内部各城市绿色经济效率进行测算,制定如表14-5所示分级标准。

表14-5 城市群绿色经济效率分级

协调度阈值	0~0.75	0.75~1.0	大于1.0
协调级别	低效率地区	中等效率地区	高效率地区

高效率地区为海峡西岸城市群、滇中城市群以及北部湾城市群。大部分城市的绿色经济效率都处于较高水平,说明投入产出结构相对于经济发展较为合理,生态效益也相对较好,经济与生态环境实现了一定程度上的协调发展。中等效率地区为珠三角城市群。城市群内部城市综合效率差异极为显著,呈现出了两极分化的现象。低效率地区为长株潭、成渝城市群。从内部城市来看,长沙绿色经济效率水平较高,而株洲、湘潭效率极低;成渝城市群中,成都的综合效率要略好于重庆,成渝城市群绿色经济效率高度不足,生态环境严重超负荷。

国内外典型城市群共同比较下,国内城市群绿色经济水平严重落后,只有少量城市群的核心城市与国外典型城市群绿色经济效率相近。

在城市群内部,国内外城市群都呈现出了"核心—边缘"的结构,而国内城市群内部绿色经济效率差距较大,不平衡问题更加严重,少数城市出现了绿色经济效率负增长的现象。泛珠三角城市群绿色经济效率评价结果见图14-60,中美典型城市群绿色经济效率评价结果见图14-61。

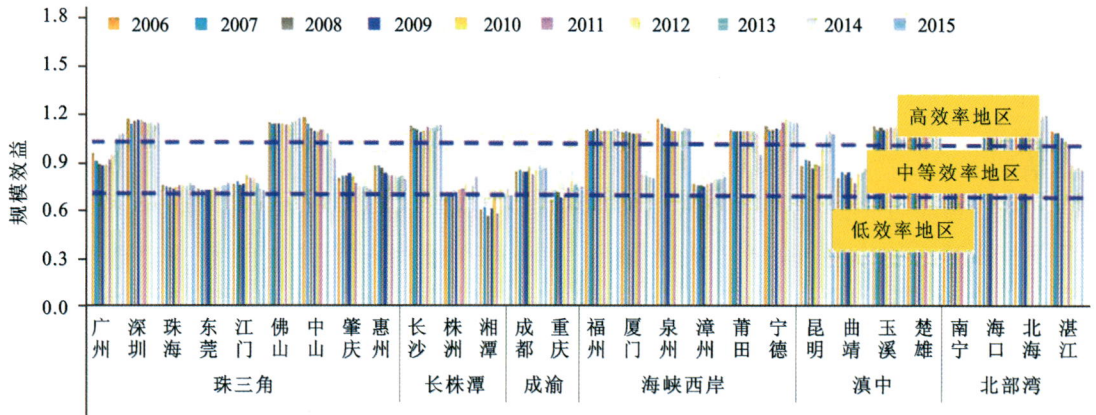

图14-60 泛珠三角城市群绿色经济效率评价结果

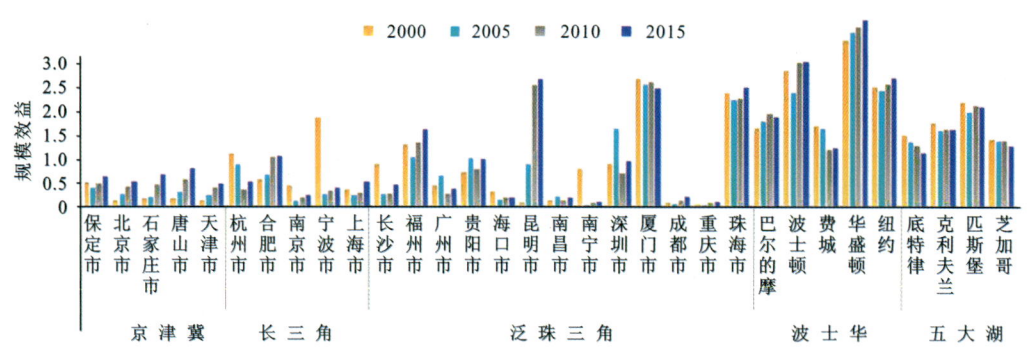

图14-61 中美典型城市群绿色经济效率评价结果

(二)生产规模效益测度

从国内外典型城市群规模效益评价结果来看,绿色经济效率较高的地区却不一定处于生产规模效益递增或不变的阶段,相反很多高效率城市处于规模效益递减的阶段。这种现象从侧面说明了城市群发展过程中,不平衡现象难以避免,不只体现在绿色经济发展水平上,还存在要素过度富集于核心城市,形成了资源配置的"核心—边缘"现象。泛珠三角城市群规模效益评价结果见图14-62;中美典型城市群规模效益评价结果见图14-63。

第十四章　泛珠三角城市群经济社会发展国内外对比研究

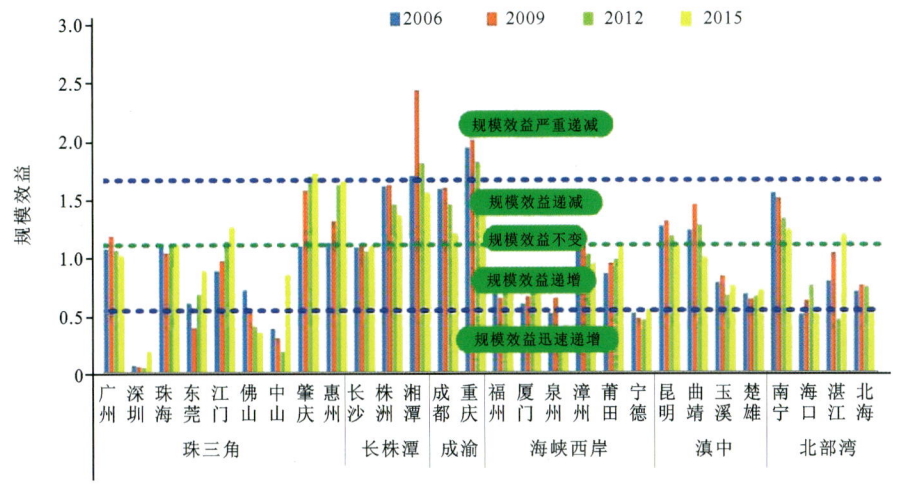

图 14-62　泛珠三角城市群规模效益评价结果

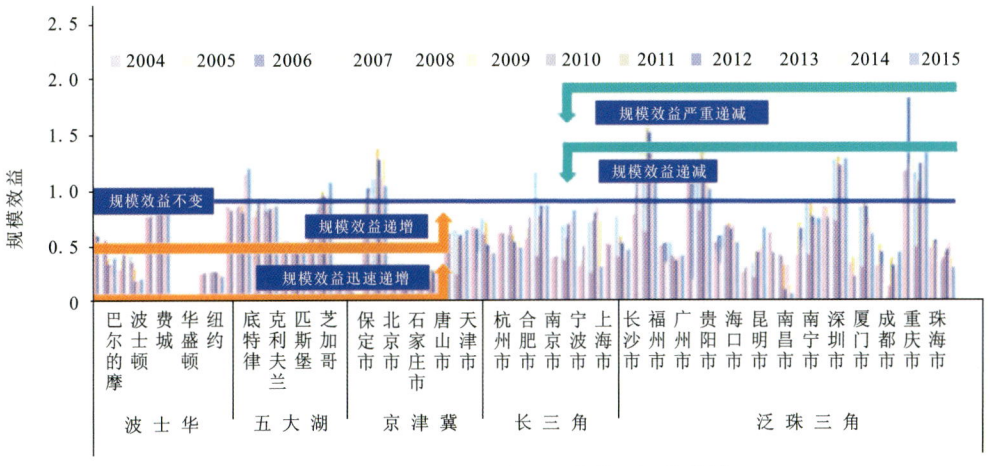

图 14-63　中美典型城市群规模效益评价结果

（三）泛珠三角城市群关键投入要素识别与分析

从投入要素权重和可以看出，泛珠三角城市群投资明显倾向于第三产业，服务业的人口依赖属性导致以珠三角为代表的几大子城市群均出现了劳动力富集效应，从而形成了大量资本、劳动力冗余，其中以成渝城市群最为严重，投资导向与城市群工业化阶段不兼容是出现这种问题的本因。

从资源环境角度来看，泛珠三角城市群能源、水资源、土地投入均存在着大量冗余；工业污染物排放过量，集中出现在成渝、珠三角城市群和滇中城市群。凸显了泛珠三角城市群经济符合高投入、高污染、低效率的粗放型发展模式。泛珠三角城市群投入要素影响程度见图 14-64。

（四）国内外典型城市群关键投入要素识别与分析

1. 资本要素

从资本投入冗余对比来看，国外大部分城市相对不存在资本冗余，我国几大城市群资本冗余现象集中于核心城市群，如京津冀城市群中北京、石家庄等经济发展腹地吸纳了过度的资本投入，且 2000—2015 年问题不断加重，说明我国城市群内部资本要素分配不平衡现象极为严重。中美典型城市群总资本投入冗余见图 14-65。

· 699 ·

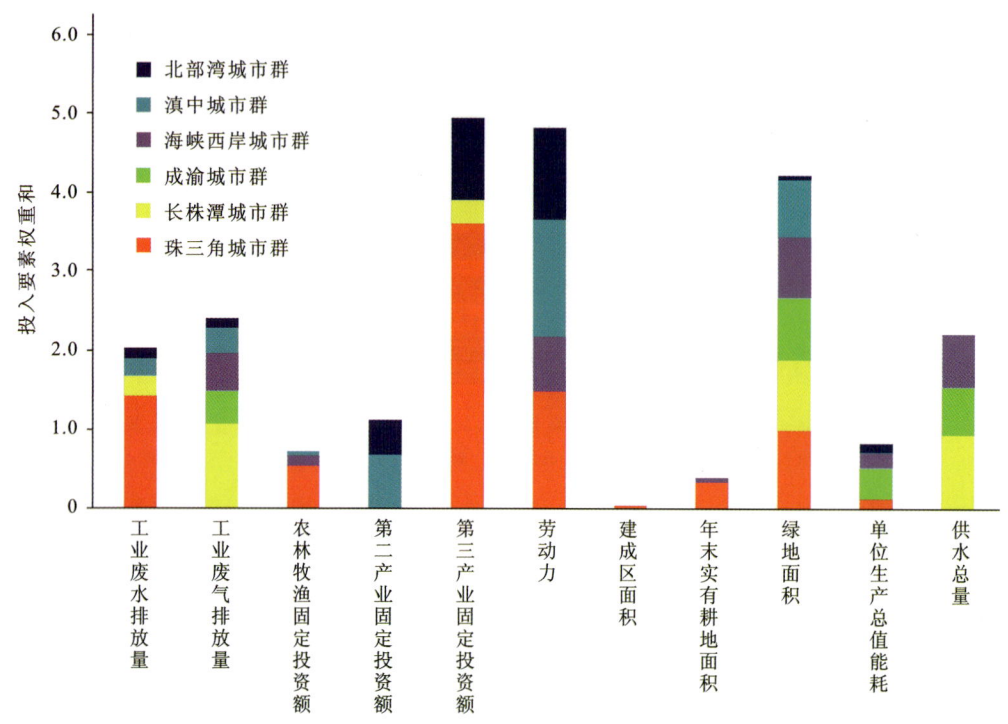

图 14-64 泛珠三角城市群投入要素影响程度

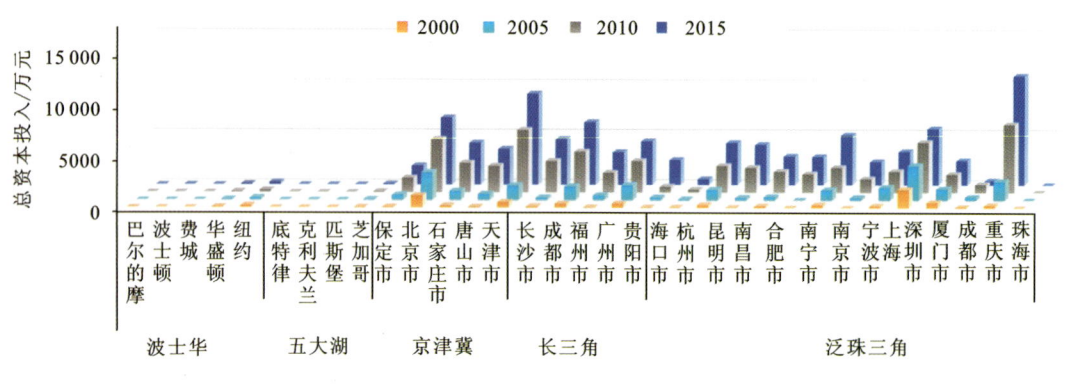

图 14-65 国内外典型城市群总资本投入冗余

2. 水资源要素

2000—2015 年,国内外生活、工业、农业用水(三生用水)冗余均呈现下降趋势,说明用水效率正在逐步提高;国内城市群水资源冗余量普遍高于国外典型城市群,用水结构、用水效率存在较大改进空间。2000—2015 年国内外典型城市群生活、工业、农业用水冗余见图 14-66。

3. 能源要素

2000—2015 年,国内外城市群煤炭、石油、天然气冗余均大幅下降。在 3 种能源中,煤炭冗余占比极高,说明煤炭利用效率偏低;天然气正在成为全球清洁能源的主要来源,冗余极小,能源利用效率极高,反映出天然气应该是未来全球范围内大力推崇的能源消费品。2000—2015 年中美典型城市群能源投入冗余见图 14-67。

第十四章 泛珠三角城市群经济社会发展国内外对比研究

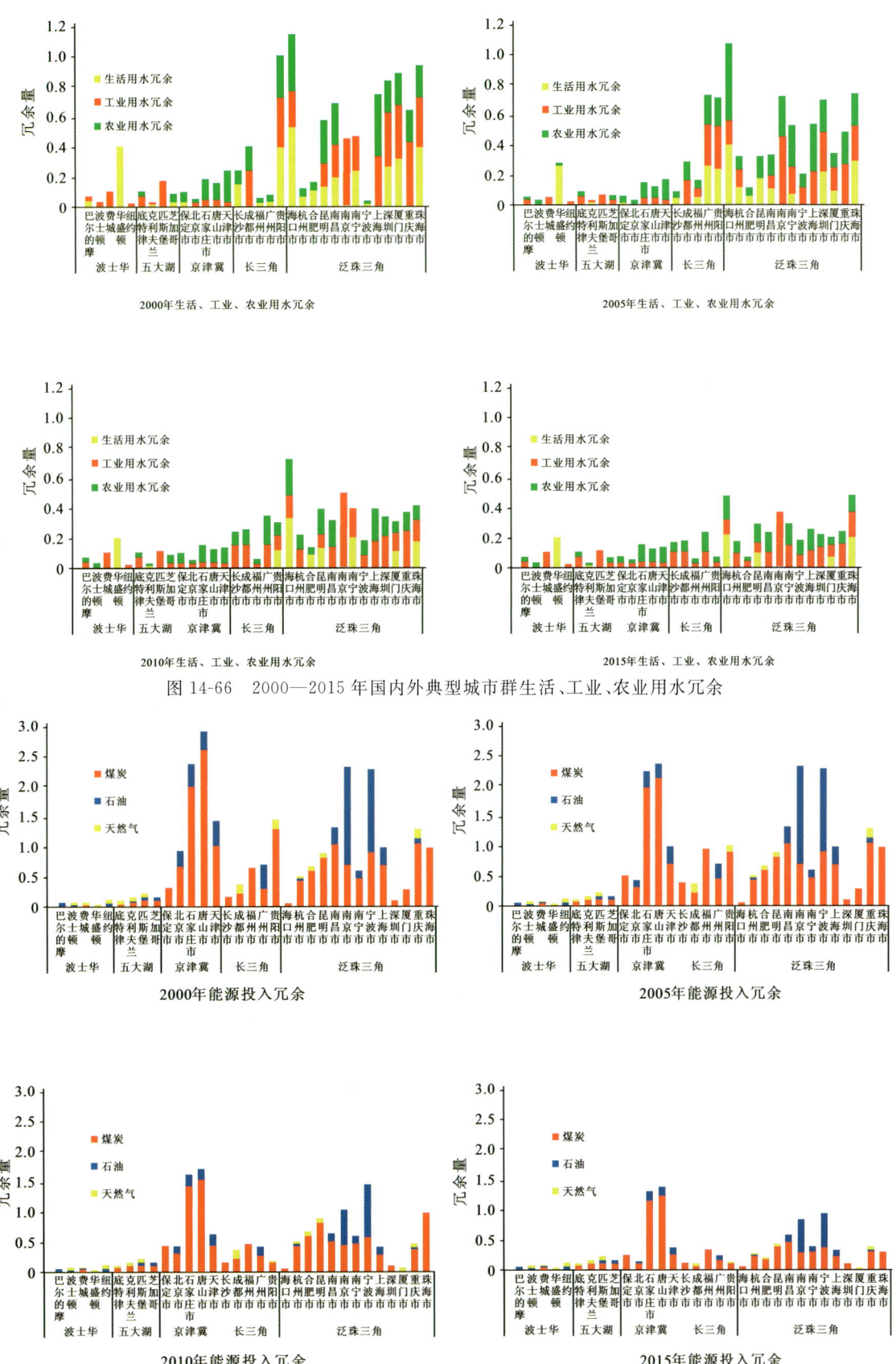

图 14-66　2000—2015 年国内外典型城市群生活、工业、农业用水冗余

图 14-67　2000—2015 年中美典型城市群能源投入冗余

4. 工业污染物排放

从各要素冗余以及产出潜力（冗余）来看，各城市均在不同程度上存在着投入要素冗余的问题；从污染排放冗余来看，泛珠三角城市群过度排放的现象严重，很大程度上是在现有技术条件的制约下，要素过量投入未能转化为足量的期望产出，而非期望产出伴随着生产活动逐渐积累，最终导致了绿色经济效率严重不足的现状；子城市群本身就具有"核心—边缘"的结构特征，内部核心城市发展潜力巨大，是要素高密度富集的地区，也是要素投入冗余、生产效率低下等问题最为凸显的区域。2000—2015 年中美典型城市群污染物排放过量见图 14-68。

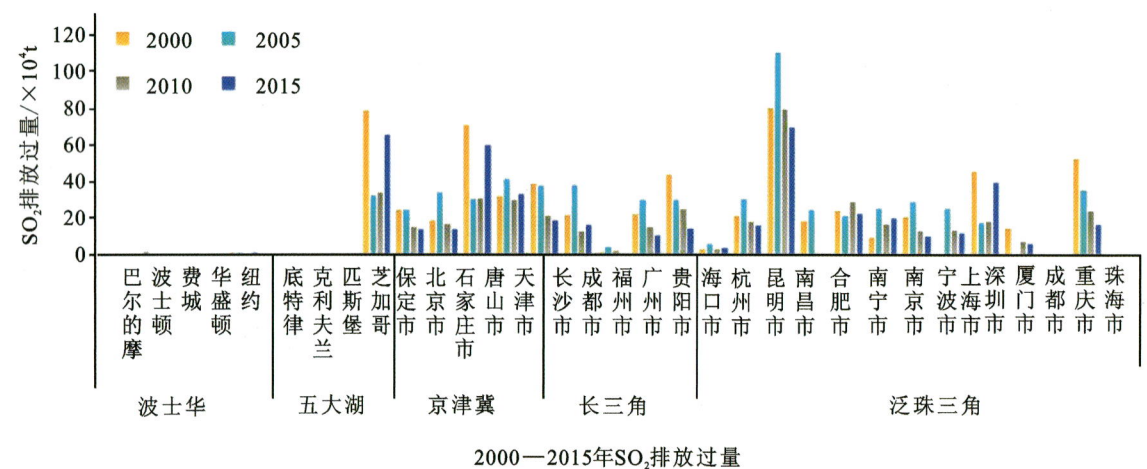

2000—2015 年 SO₂ 排放过量

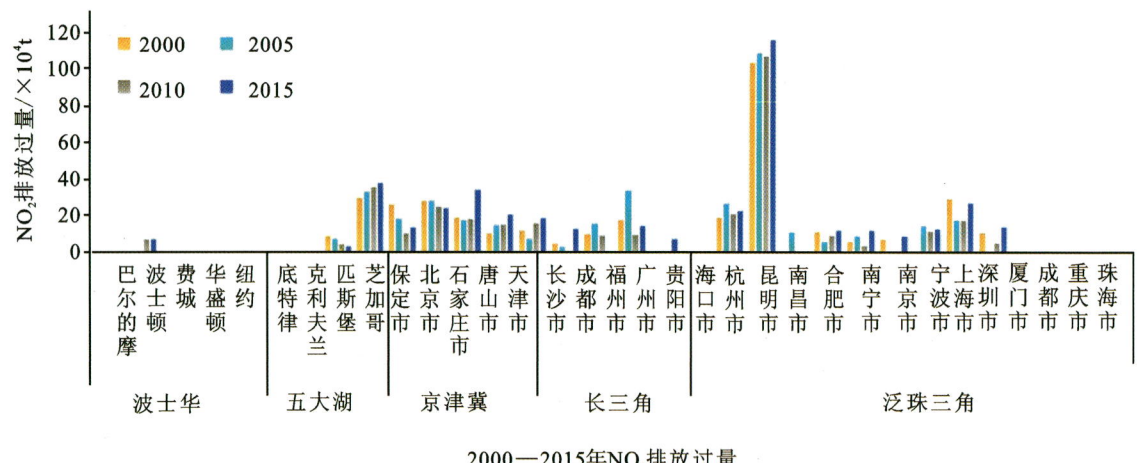

2000—2015 年 NO₂ 排放过量

图 14-68　2000—2015 年中美典型城市群污染物排放过量

（五）国内外典型城市群绿色经济增长驱动力研究

（1）国外绿色经济增长趋于稳定，不同功能型的城市核心驱动力明显分化：以底特律为代表的工业城市经济增长动力主要来源于纯技术进步、纯技术效率提升；而以纽约为代表，第三产业高度发达的城市则以纯技术进步、技术规模变动为主要驱动力。产业分工明确，依据禀赋差异形成了不同的经济增长路径。

（2）国内城市群经济增长核心驱动力处于混沌状态，同质化倾向严重：在国内城市群中，禀赋不同的

第十四章 泛珠三角城市群经济社会发展国内外对比研究

城市之间出现了产业结构、发展路径同质化的现象;从纵向来看,2001—2014年,我国大部分城市群绿色经济增长驱动力呈现发散的态势,核心发展路径未成形。中美典型城市群绿色经济增长驱动力分解见图14-69。

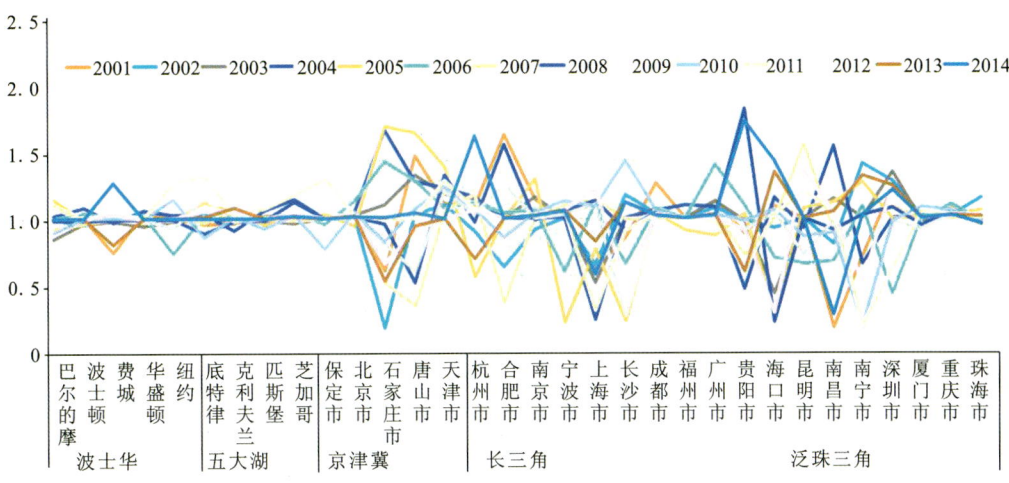

纯技术进步驱动力

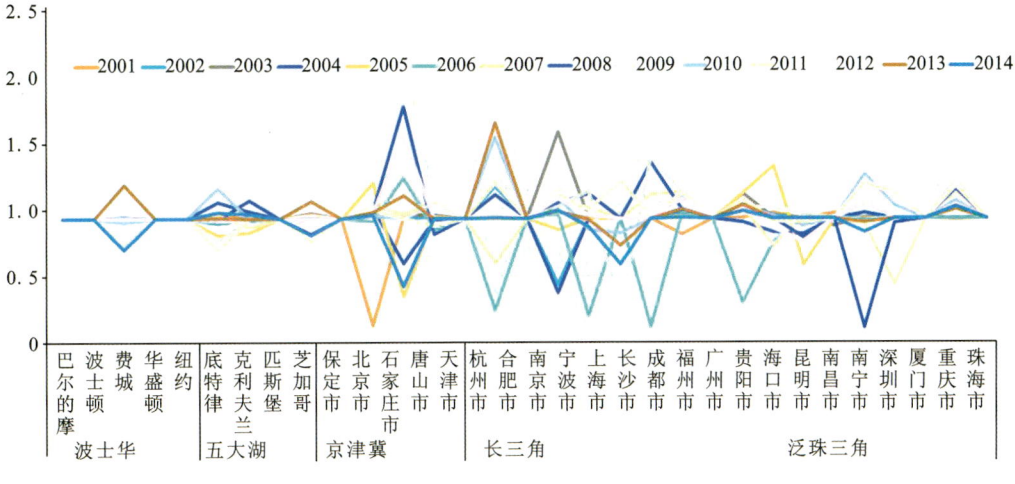

纯技术效率变动

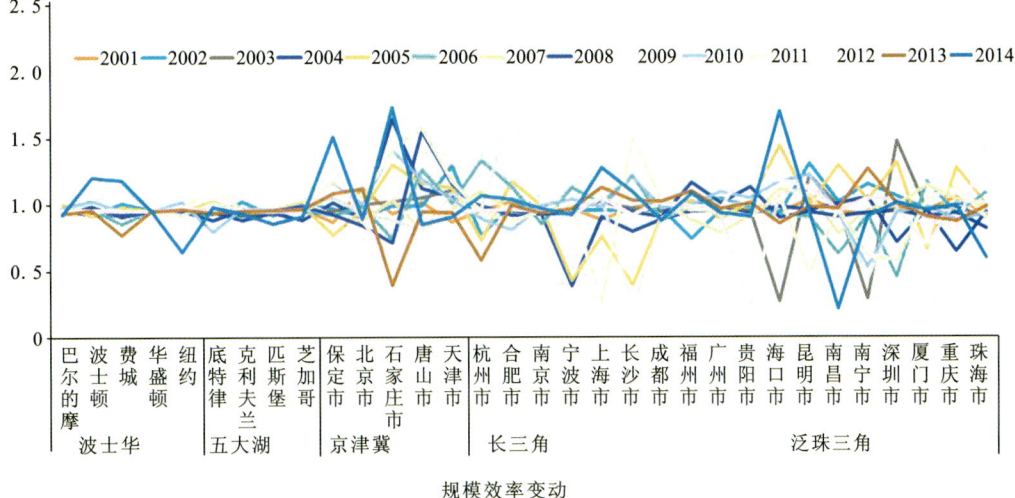

规模效率变动

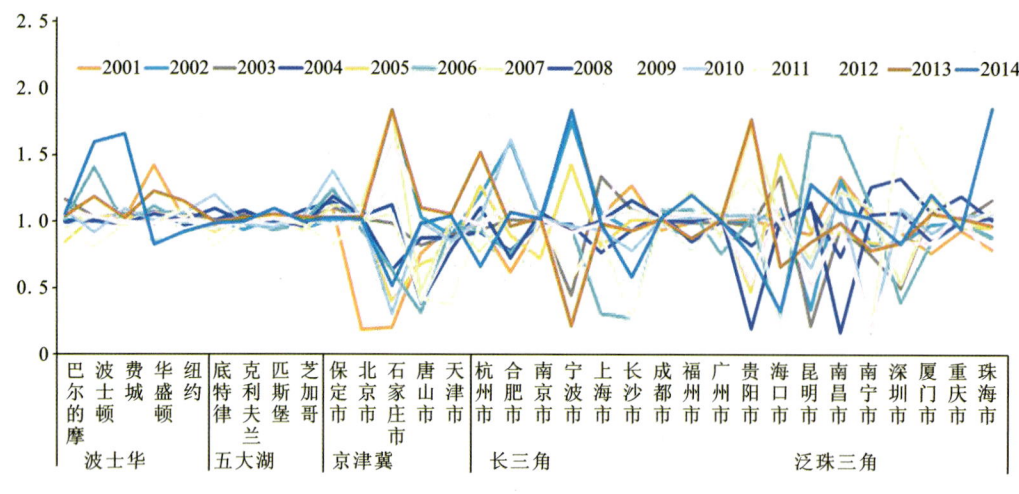

图 14-69　中美典型城市群绿色经济增长驱动力分解图

（3）我国正处于经济增长驱动力转型的关键阶段：国内城市群在纯技术进步、技术规模变动两方面严重落后于国外典型城市群，以北京为代表的核心城市相对具有一定竞争力。这反映出我国经济增长仍处于要素驱动向着效率驱动、创新驱动转型的过程中，要坚持发展科学技术，实现经济的高质量增长。

（六）本节研究认识

本节基于绿色经济效率以及绿色全要素生产率评价方法，测度了泛珠三角城市群内部子城市群、国内外典型城市群绿色经济效率及全要素生产率。对比结果显示，我国城市群绿色经济效率普遍偏低，与国外存在较大差距，这充分说明我国粗放式发展模式存在着高投入、低产出、低效率的弊端，经济活动对资源环境带来了较大负外部性。之后，本节从规模效益以及冗余变量角度，深入挖掘了我国绿色经济效率的关键影响因素，提取投入中大量冗余的生产要素，同时对比国内外城市群各种生产要素冗余量，发现我国城市群生产投入要素存在大量浪费，特别是资源类要素，在生产活动中冗余极多，这是制约我国绿色经济效率提升的关键点。

绿色全要素生产率的评价动态描述了绿色经济效率变化过程，基于其 4 个分解项，首先判断我国城市群仍处于要素结构不稳定、核心驱动力飘忽不定的动荡发展阶段，而国外城市群核心驱动力分化明显，不同功能型的城市群有着不同的驱动力以及驱动机制；另外，我国创新驱动的比重明显不足，凸显了我国经济由要素驱动向创新驱动及进行效率驱动转换的必要性和紧迫性。

五、经济社会与资源环境协调度研究

（一）资源环境与经济社会协调度模型

根据表 14-6 指标体系构建逻辑结构，区域协调度评价包括底层因子无量纲化处理、不同子系统的属性评价、子系统发展水平评价和系统协调度评价 4 个主要步骤。其中底层因子无量纲化处理的重点是根据被评价区域的发展水平、发展潜力、未来的发展目标及其社会经济和资源环境特点，参考国家的有关政策和国内外相关发展经验，建立一套合适的比较分析基础，合理判断被评价区域各因子与某种理想状况的实际差距。因底层因子对系统属性的表达具有相互之间的不可替代性，同时为避免系统属性分析过程中因子整合人为干预,评价结果失真,因而系统属性评价采用底层因子等权值算术平均的方法进行加权,以衡量系统属性层面与理想状况(评价基础)的平均差距。

表 14-6 协调度评价体系指标

一级指标	二级指标	三级指标	单位
区域经济社会水平	社会经济水平	人均生产总值	元/人
	经济结构	第二产业比重	%
		第三产业比重	%
区域环境资源水平	自然资源消耗	万元生产总值生活用水消耗量	m^3/万元
		万元生产总值工业用水消耗量	m^3/万元
		万元生产总值农业用水消耗量	m^3/万元
		单位生产总值建设用地	m^2/万元
		单位生产总值煤炭消耗	吨标准煤/万元
		单位生产总值石油消耗	吨标准煤/万元
		单位生产总值天然气消耗	吨标准煤/万元
	环境容量	SO_2 浓度	$\times 10^{-9}$
		NO_2 浓度	$\times 10^{-9}$
	生态建设	森林覆盖率	%

经济子系统水平计算公式为:

$$x_i = \sum_{j=1}^{m} \frac{a_j}{M} \tag{14-2}$$

环境子系统水平计算公式为:

$$y_i = \sum_{j=1}^{n} \frac{b_k}{N} \tag{14-3}$$

式中,x_i 为社会经济子系统的第 i 种属性特征;a_j 为该属性特征的第 j 个底层评价因子;M 为该属性特征所包含的评价因子数量;y_i 为资源环境子系统的第 i 种属性特征;b_k 为该属性特征的第 k 个底层评价因子;N 为该属性特征所包含的评价因子数量。

在属性特征评价的基础上,子系统发展水平评价为避免不同属性之间的补偿性影响,特别是某些极端情况下(如某一属性特征的值为0)子系统仍具有较高发展水平评价结果,结合前人研究成果,采用等权值属性评价结果的几何平均模型进行不同子系统发展水平评价。

区域社会经济水平计算公示为:

$$x = f(x) = \sqrt[m]{\prod_{i=1}^{m} x_i} \tag{14-4}$$

区域环境资源水平计算公示为:

$$y = f(y) = \sqrt[n]{\prod_{j=1}^{n} y_j} \tag{14-5}$$

式中,x 和 y 分别为社会经济子系统和环境资源子系统发展水平的评价结果;x_i 和 y_j 分别为社会经济子系统、资源环境子系统的第 i 和 j 个属性特征;m 和 n 分别为社会经济子系统、资源环境子系统的属性数量。子系统发展水平评价结果为大于或等于 0 的数,得值越高就意味系统发展水平越高。

在子系统发展水平评价的基础上,协调度评价主要根据两个子系统发展水平的差异性进行评价,差异越大,说明两个子系统之间的协调性越差,具体评价公式为:

$$C = 1 - [x - y/\max(x,y)] \tag{14-6}$$

式中,C 为协调性指数,显然 C 值介于 0~1 之间,且值越大意味着协调情况越好。

(二)泛珠三角城市群与国内外典型城市群资源环境水平评价

1. 国内外城市群资源环境与经济发展的耦合关系

(1)资源环境水平整体呈 U 形结构,长中期随经济发展资源环境水平先增后降。国内各城市群资源环境处于拐点前,国外处于拐点后。在人均生产总值达到 20 000 美元以前,如中国各大城市群,整体资源环境水平随着经济的发展而下降,处于边际环境水平递减的阶段。在人均生产总值超过 20 000 美元以后,如美国两大城市群,其区域资源环境曲线已发展到拐点以后,整体资源环境随经济发展而优化,处于边际环境水平递增的阶段。

(2)资源环境水平与城市化阶段紧密联系,随产业链和价值链的转移而变化。国内城市群在改革开放初期处于城市化初级阶段和城市群形成第一阶段,承接了来自西方大规模的劳动密集型产业和资源密集型产业的转移;在吸收第一桶金的同时也被迫处于全球价值链的最低端,经济发展以大量消耗资源环境为主。2005 年以来,随着城市化进入中期加速阶段,城市群也逐渐形成"中心—边陲"的简单结构,区域间产业出现协作发展,开始产生集聚经济效应,价值链分配仍然处于低端,但具有部分自主发展能力,资源环境的恶化速度也在这一阶段达到顶峰。近几年来,城市化发展到加速阶段后期,出现比较明显的郊区城市群趋势,城市群逐渐转变为多核心结构,主要城市的产业向技术密集型方向发展,出现一些相对占优的高新技术产业和服务业,整体价值链向中高端发展,对资源的依赖程度降低的同时开始注重一定的环境保护,整体资源环境水平下降放缓。

(3)资源环境水平与工业化阶段密切相关,过渡阶段波动较大。在前工业化阶段,资源环境整体水平急速下降;到工业化前期,更多资源密集型企业在城市集聚,资源环境水平下降更为急剧;至工业化中期,部分产业进行转型升级,环境恶化水平放缓;此后随着工业化程度的不断加深,产业链和价值链向中高端转移,对资源环境的依赖程度逐渐缩小。随着工业化程度的进一步深入,美国两大城市群可能出现资源环境水平波动上升的情况。另外,工业化阶段过渡时期资源环境曲线的波动尤为剧烈,尤其是由前工业化阶段过渡到工业化前期时,不少城市的资源环境水平降速都出现了明显的放缓。

泛珠三角城市群资源环境水平见图 14-70,长三角城市群资源环境水平见图 14-71,京津冀城市群资源环境水平见图 14-72,波士华城市群资源环境水平见图 14-73;五大湖城市群资源环境水平见图 14-74。

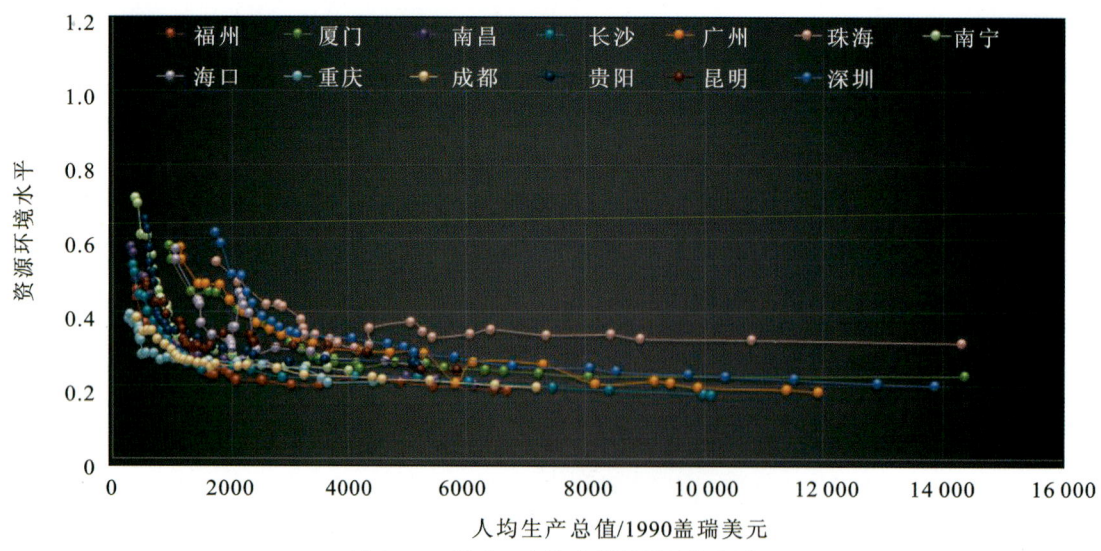

图 14-70 泛珠三角城市群资源环境水平

第十四章 泛珠三角城市群经济社会发展国内外对比研究

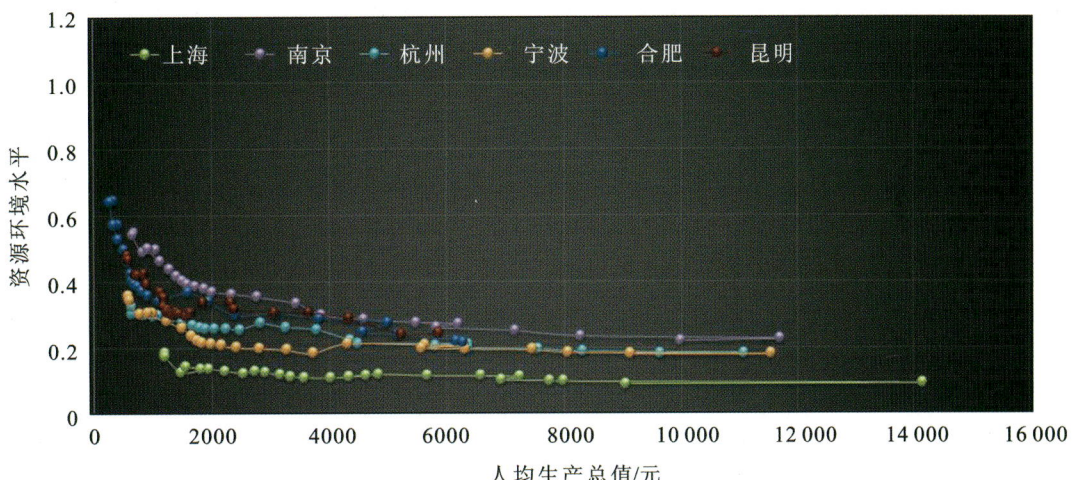

图 14-71 长三角城市群资源环境水平

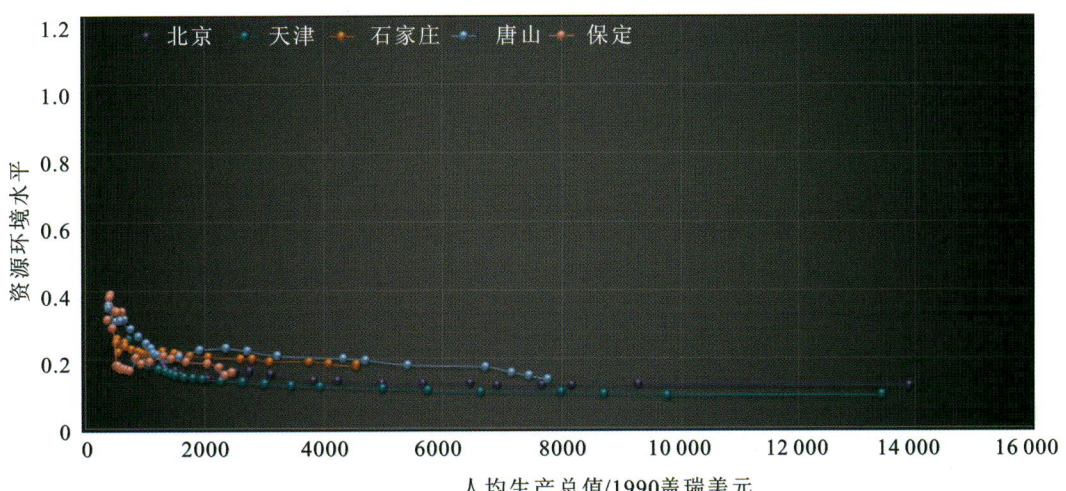

图 14-72 京津冀城市群资源环境水平

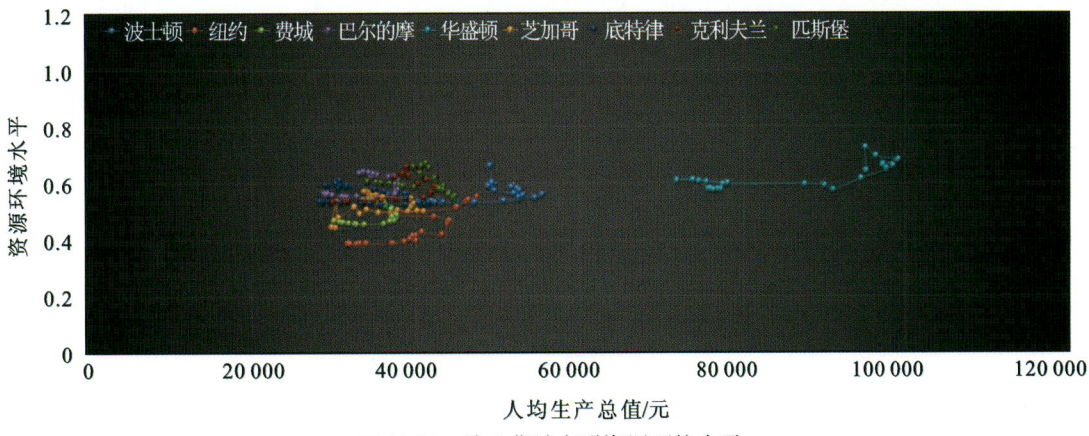

图 14-73 波士华城市群资源环境水平

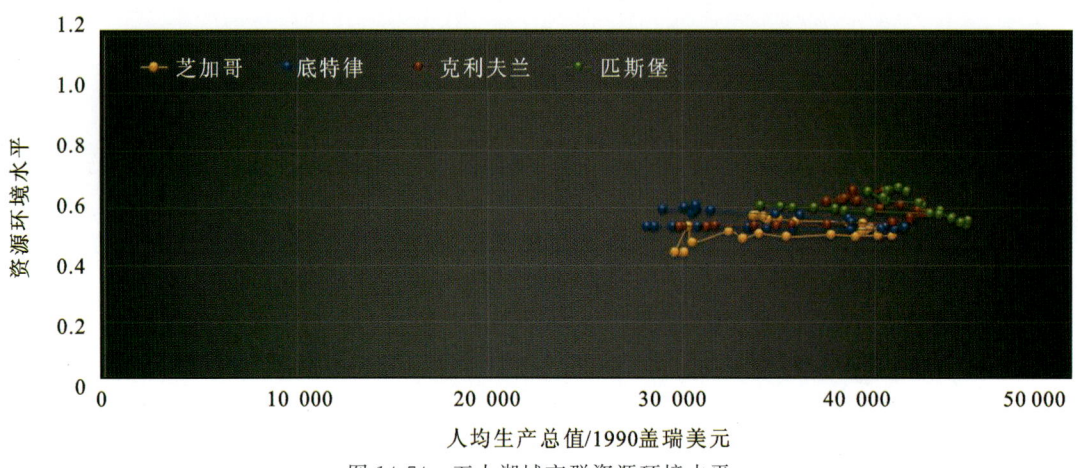

图 14-74 五大湖城市群资源环境水平

2. 国内外城市群资源环境与经济发展的耦合关系比较

国内外城市群资源环境水平对比如下:中国城市群主要城市都处于 U 形曲线的前半段,而国外城市几乎都处于 U 形曲线后半段,这与城市群工业化进程有较大关系。国内城市群部分核心城市刚刚步入工业化后期,大部分城市处于工业化中期阶段。资源要素的聚集扩散效应影响产业升级与转移,带来资源环境水平的改善。中美典型城市资源环境水平见图 14-75。

在城市群的发展过程中,资源要素的聚集作用较明显,带来经济的高速发展,工业化阶段的发展对环境的影响较大,而导致资源环境水平的急速降低。随着城市的发展、产业结构转移与升级,扩散效应开始显著,重工业产业的转移带来资源环境水平的缓慢降低而趋于不变的长期过程。美国城市群大部分城市的城市化进程已经步入后期成熟阶段,城市群内产业分工明确,产业优化升级,而部分地区中心城市衰落(如汽车城底特律),城市群内部城市之间的边缘地区发展很快;注重产品的研发和技术创造,非核心的劳动密集型企业与资源密集型企业几乎全部转移到国外,处于全球价值链的高端;资源环境与经济社会同步发展。

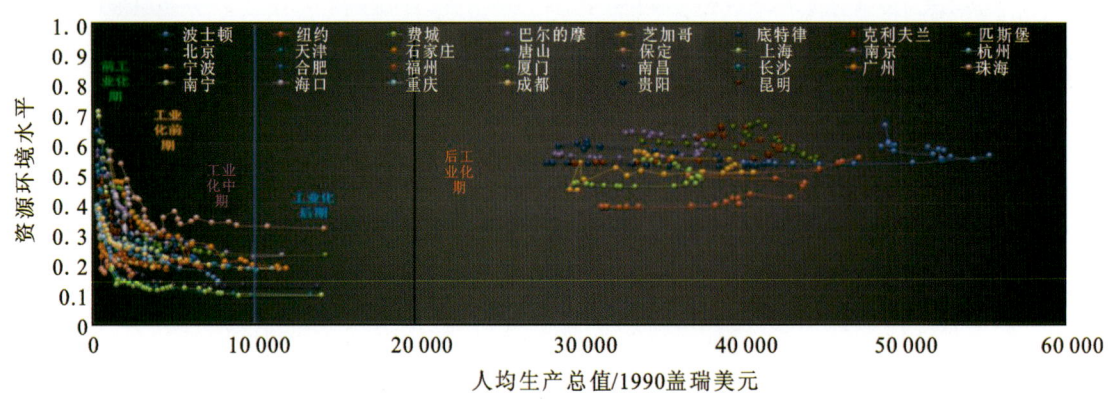

图 14-75 中美典型城市资源环境水平

(三)泛珠三角城市群与国内外典型城市群协调度评价结果分析

1. 城市群协调度分析

(1)国内外城市群协调度呈现类 S 形曲线,协调度发展水平与经济发展紧密联系。从整体上来说,将国内外 30 个处于不同经济发展水平的城市的协调度变化趋势拟合成一个城市在经济发展不同阶段的协调度变化情况,可得到协调度与经济发展之间的类 S 形曲线关系,协调度模拟曲线见图 14-76。由于早期经济发展和环境水平下降,经济与环境间的差距逐渐缩小,即协调度处于持续上升水平。到一定阶段后,由于资源环境与经济社会间发展陷入恶性循环,经济发展停滞,资源环境恶化,经济水平开始逐渐领先于环境水平,协调度出现拐点,波动下降,经济社会面临巨大转型压力。到经济转型完成,环境水平逐渐改善,经济发展出现新的动力,协调度再度上升并保持在较高水平。

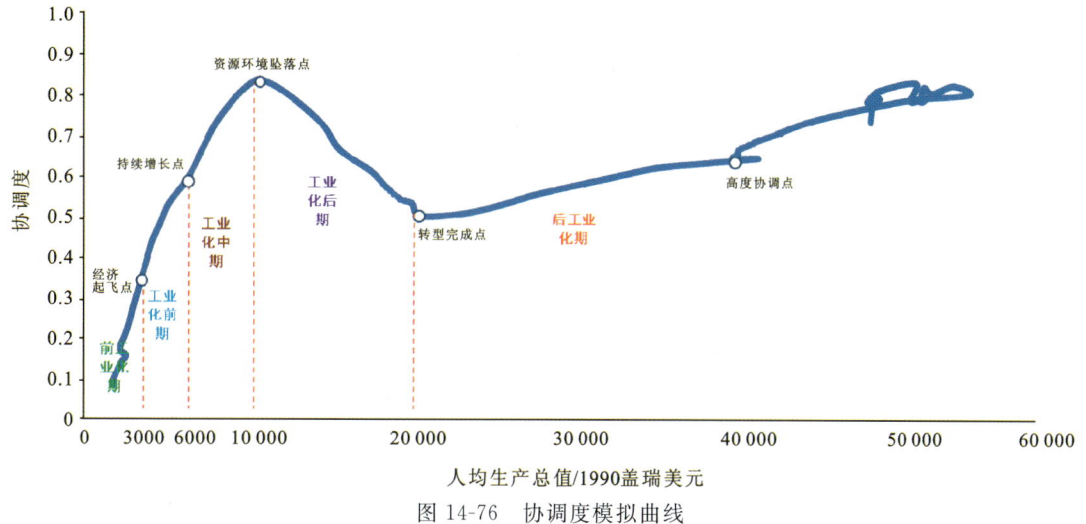

图 14-76　协调度模拟曲线

(2)国内外城市群协调度差异巨大,地区差异明显,集聚与扩散效应显著。泛珠三角城市群刚刚步入城市群协调度下降阶段,长三角与京津冀城市群处于协调度的中后期阶段,而国外城市群协调度已步入曲线后期,开始处于稳定的缓慢上升期。受地区工业发展阶段的影响,国内城市群城市还处于资源要素的聚集阶段,产业结构尚未调整,部分城市刚完成产业升级,进入资源要素的扩散阶段。而国外城市群资源要素的聚集阶段早已完成,正处于资源要素的扩散阶段,且城市间产业分工明确,对资源的要素依赖能力较弱。泛珠三角城市群协调度见图 14-77,长三角城市群协调度见图 14-78,京津冀城市群协调度见图 14-79,波士华城市群协调度见图 14-80,五大湖城市群协调度见图 14-81,中美典型城市协调度见图 14-82。

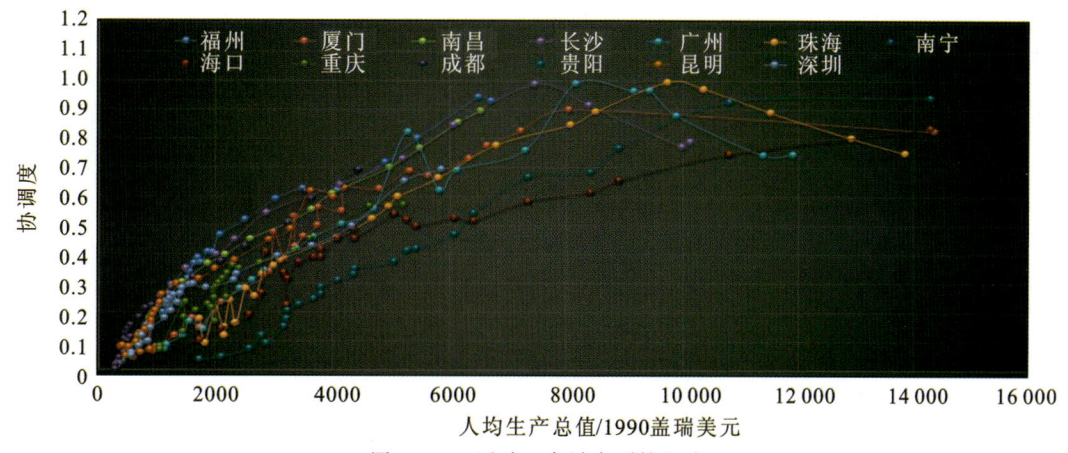

图 14-77　泛珠三角城市群协调度

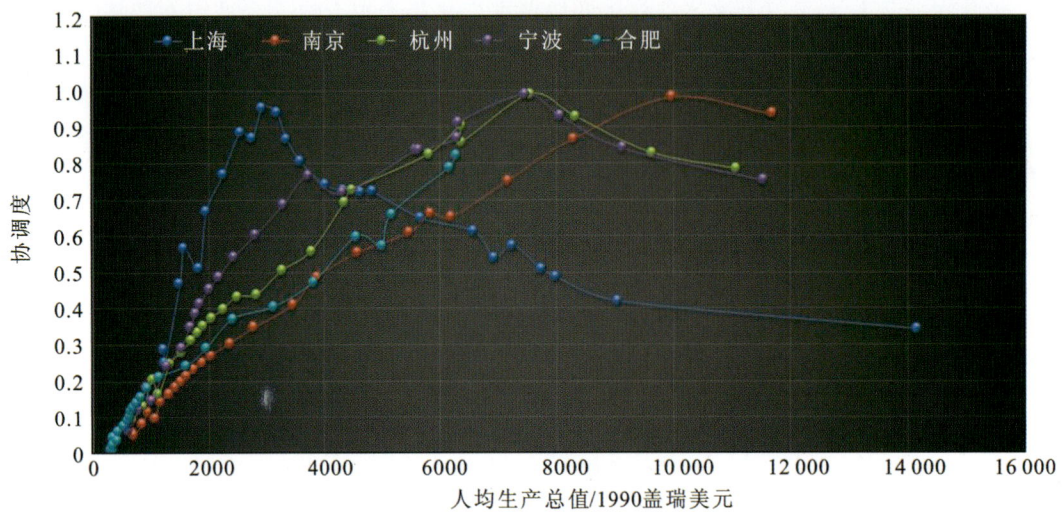

图 14-78　长三角城市群协调度

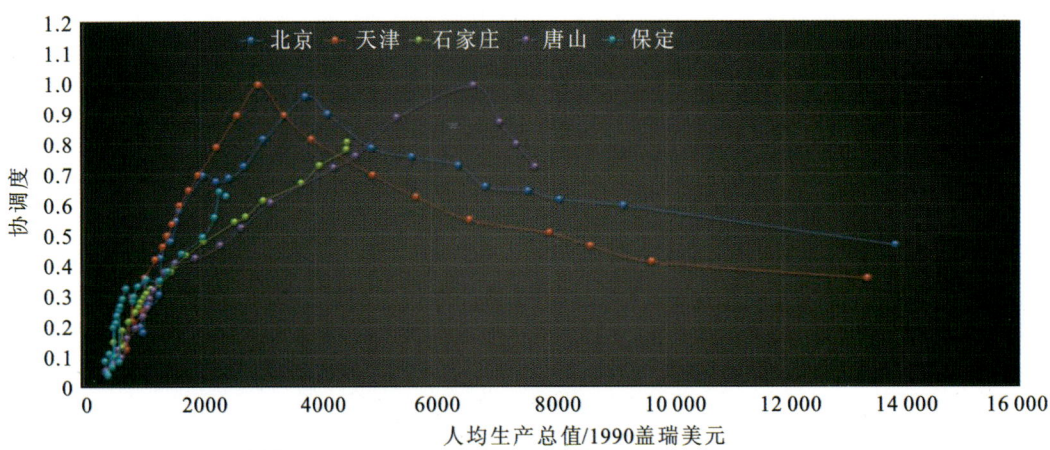

图 14-79　京津冀城市群协调度

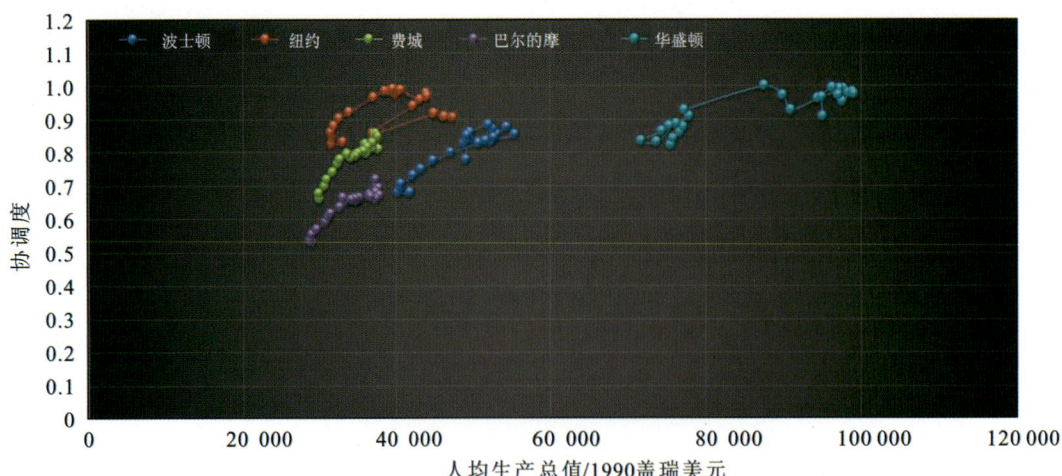

图 14-80　波士华城市群协调度

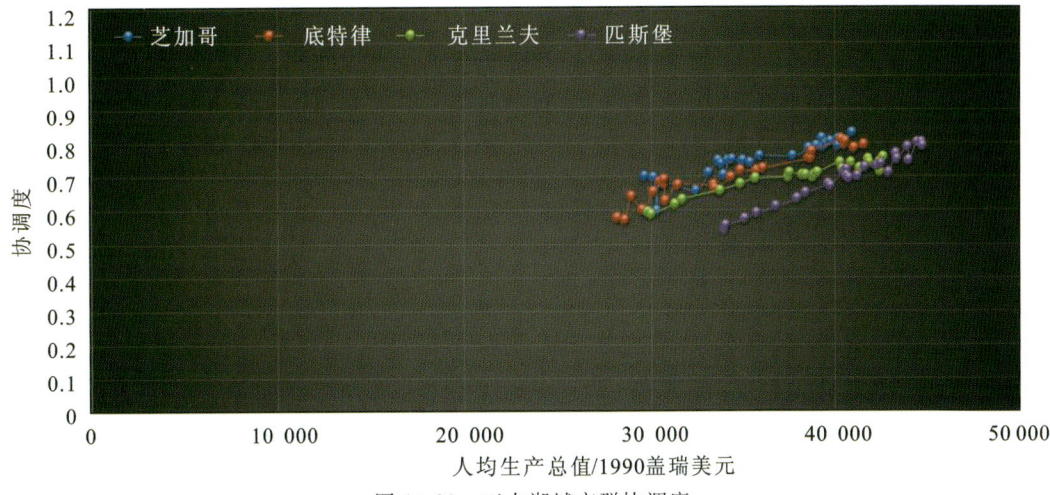

图 14-81　五大湖城市群协调度

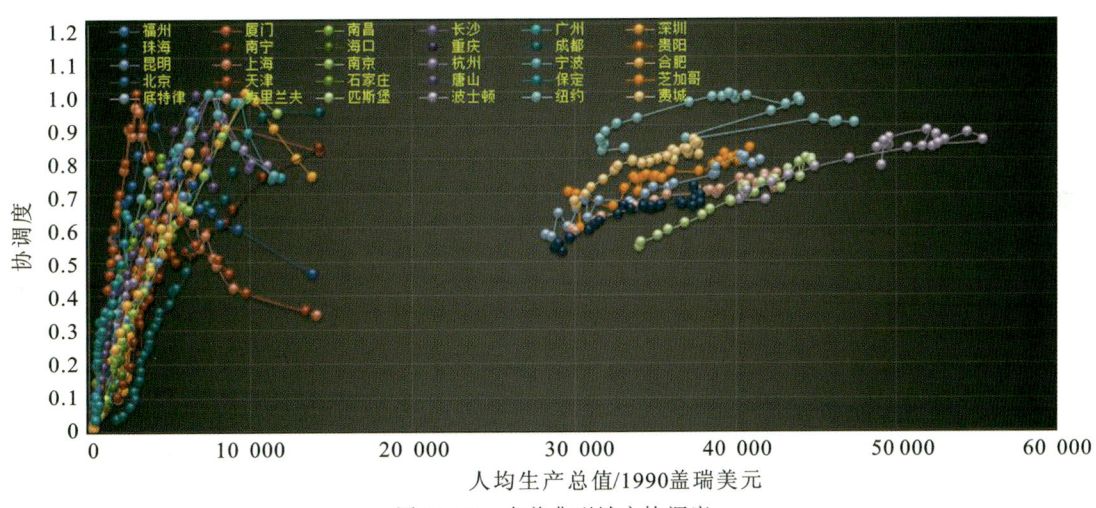

图 14-82　中美典型城市协调度

2. 转折点分析

根据钱纳里一般标准工业化理论,结合购买力评价将各年人均生产总值折算到 1990 年盖瑞美元的购买力水平,并以此量化城市不同经济状况下的工业化水平(表 14-7)。

表 14-7　工业化进程评价标准(以 1990 年为基年)

工业化进程	前工业化	工业化前期	工业化中期	工业化后期	后工业化
人均生产总值/美元	1500～3000	3000～6000	6000～10 000	10 000～20 000	>20 000
人均生产总值对数	7.3	8	8.7	9.2	9.9
工业化率/%	<20	20～30	30～45	45～60	>60
城镇化率/%	<30	30～50	50～60	60～80	>80

基于该工业化进程划分标准,对城市发展类 S 形曲线的前 4 个转折点进行如下分析(分阶段协调度模拟曲线见图 14-83)。

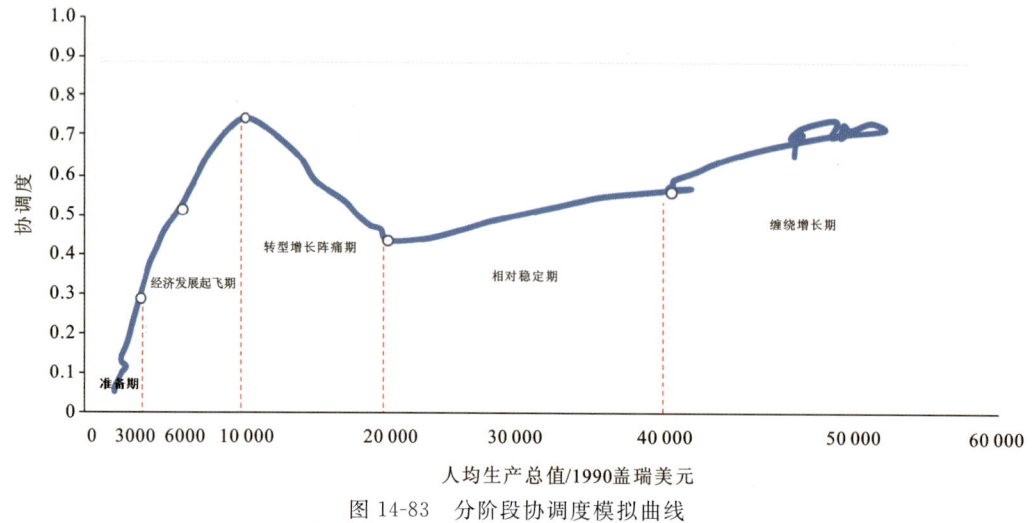

图 14-83　分阶段协调度模拟曲线

(1)经济起飞点:在前工业化期向工业化前期过渡的时期,曲线出现第一个转折点,即经济起飞点,协调度发展由波动上升到加速增长。在前工业化期,工业化基础逐渐完备,各种阻碍工业化进程的因素也逐渐消失,经济发展即将进入起飞阶段。到工业化前期后,经济社会水平迅速上升,但资源利用效率低且环保意识缺乏,资源环境水平迅速下降,即两个子变量群之间的差距稳步缩小,协调度水平呈现稳步上升趋势。

(2)持续增长点:在工业化前期向中期过渡阶段,经济发展即将面临低附加值和高能耗高污染的制约。眼光长远的规划者可能已经意识到了这一点,但资本的逐利性和工业化带来的巨大经济利益使得他们力不从心。经济发展仍然保持着自工业化前期开始的快速增长状态,资源环境水平恶化水平随着技术进步有所缓解但仍在持续恶化。尽管协调度仍保持持续上升趋势,但此时的协调度所反映的社会福利水平正在发生变化。

(3)资源环境坠落点:到工业化中期结束阶段,资源环境水平已下降到贫乏线以下(0.2 以下),成为制约经济发展的重要瓶颈。这意味着一方面经济发展速度有所放缓,另一方面资源环境恶化趋势短时间难以逆转,此时的高协调度实际上是一种不协调的、无未来的增长。到工业化后期开始阶段,资源利用效率有所提高,环保意识和技术有了一定发展,资源环境水平恶化状况得到一定缓解但难以维持和经济社会相同的发展水平,因此整体协调度呈现显著下降趋势。协调度的下降主要是由资源环境水平的恶化和缓慢改善所导致的,因此该拐点被命名为资源环境坠落点。需要注意的是尽管这时的协调度有所下降,但相比工业化中期结束阶段的高协调度,社会整体福利水平实际是有所上升的。

(4)转型完成点:从工业化后期到后工业化期是一场脱胎换骨的转变,一般涉及价值链向中高端的转移,产业链向技术导向性或人才导向性的转变以及城市化集聚效应为主向扩散效应为主的转型。一方面,产业结构的调整意味着经济社会的发展不再过分依赖资源消耗和环境破坏;另一方面,资源利用在结构性和技术性上得到改善,人们的环保意识显著增强,城市的环保技术和管理方式有了长足进步。经济发展有了新的动力,资源环境也得到了有效保护。资源环境子变量群的水平显著上升,与经济社会子变量群之间的差距日益缩小,整体协调度呈现缓慢上升的趋势。

3. 发展阶段分析

(1)基于罗斯托经济成长阶段理论。根据经济环境协调度类 S 形曲线各转折点的特点,将城市发展划分为 5 个阶段,即准备期、经济发展起飞期、转型增长阵痛期、相对稳定期、缠绕增长期(图 14-83)。不同阶段的发展模式随产业链和价值链的转移而改变。

准备期：初期工业基础薄弱，尚未集中利用优势资源进行生产，经济发展较慢且资源环境水平较高；到晚期城市工业应初具规模，拥有相对完备的工业生产能力。该时期的主要任务在于形成完备的工业体系，不应过于急切地承接来自国际市场的产业转移。

经济发展起飞期：工业体系初具规模，在资源或者劳动力上形成比较优势，有条件承接来自国际市场的产业转移。该期的核心在于以资源或劳动力换资本、以市场换技术，为工业化进一步发展和转型作铺垫，经济发展模式的比较贴合柯布-道格拉斯生产函数建立的增长模型。在此影响下，经济社会从较低水平飞速发展，资源环境从较高水平迅速消耗恶化。此消彼长下两大子变量水平迅速接近，经济社会和资源环境协调度水平稳步快速增长。

转型增长阵痛期：工业化进入后期水平，资源消耗巨大，环境污染严重，经济发展受阻，经济发展模式面临巨大的转型压力。一方面价值链上要向中高端转移，为经济发展创造新的动力；另一方面产业链要向技术导向型和人才导向型转型，减少资源消耗和环保压力。当然从另一个角度来说也可以采用逆城市化方式来缓解城市压力，但易造成城市空心化和资源积累浪费，优先度不高。在此情况下，经济发展理论应以内生增长理论为指导，经济发展更强调技术的拉动和产品产业的升级扩充。经济转型过程中经济发展水平有所滞缓，资源环境水平短时间内也得不到显著的改善，因此转型阵痛期内协调度水平呈现急剧下降趋势。

相对稳定期：进入后工业化阶段，三大转型基本完成，城市内价值链和产业链向中高端转移，技术、人才、资本成为经济发展的主要动力。随着资源利用效率和环保意识的提高，资源消耗的总量和结构性呈现出新的特点，环境水平显著改善。经济发展模式向着资源节约型和环境友好型方向发展，经济社会水平和资源环境水平呈现出相对和谐的状态，协调度呈现稳定上升的趋势。

缠绕增长期：经过长期的工业化积累，城市发展不再局限于城市空间内，而是以城市为轴心、产品关联性为半径在全球范围内指挥生产。经济社会发展水平受国际市场影响更为明显，风险与机会并存；伴随着低端产业转移，环境水平持续提高。协调度发展具有缠绕型增长特点。

（2）综合来看，国外各城市集中在相对稳定期和缠绕增长期，呈波动上升型发展趋势；国内协调度曲线随经济发展呈倒U形发展，大部分城市仍集中在转型增长阵痛期，与国外城市群差距较大，经济发展是一项持续而艰难的攻坚战。一方面折合成1990年盖瑞美元购买力平价后，我国各城市整体经济发展水平与美国仍有很大差距，在协调度发展水平上有差距在所难免；另一方面也说明我国之前经济发展过分依赖人口红利，客观上来讲我国的工业化进程至少还需要30年，到国家2050规划达成之际有望整体进入后工业化时期。中美典型城市协调度见图14-84。

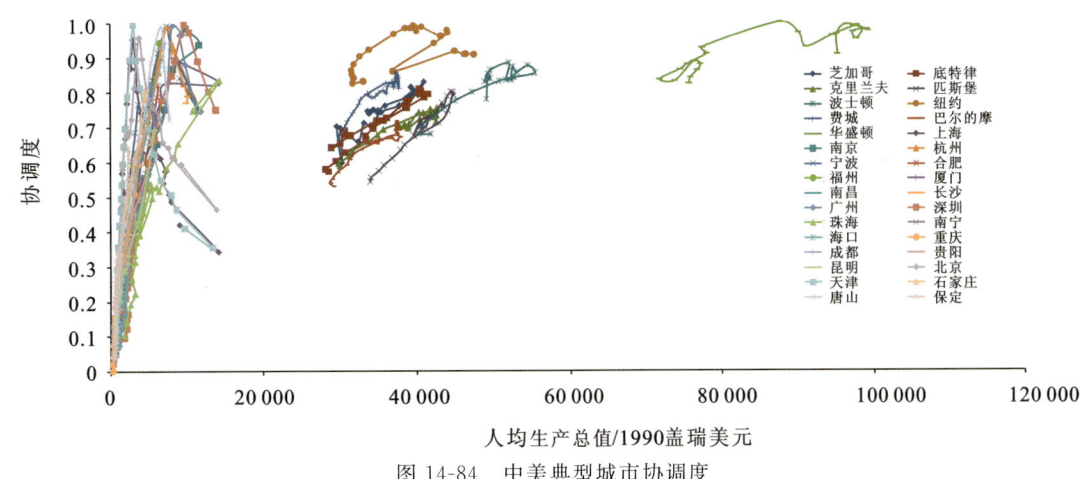

图14-84　中美典型城市协调度

（3）泛珠三角城市群发展备受挑战，需走中国特色转型方式，优化产业升级与分工，保证产业链和价值链的完备性。从协调度的发展阶段来看，目前中国三大城市群大部分城市仍处于转型增长阵痛期。

经济发展面临诸多问题。例如：如何协调经济与环境的关系？如何为经济增长增添新的动力？如何顺利走出中等收入国家陷阱？从历史上来看，国外城市顺利度过此阶段一般有两种模式：一种是将产业链和价值链向中高端转移（华盛顿、纽约）；另一种是逆城市化和城市空心化（费城）。值得一提的是，在转型问题上，除了理论部分提到的两条路径，我国也开辟出一条具有中国特色的转型方式，即基于"一带一路"倡议的产能转移。当然，不论依赖哪种路径，能否顺利走出这段转型增长阵痛期，是泛珠三角城市群能否达到另一个高度、中国能否走出中等收入国家陷阱且实现2050规划的关键。

（4）拐点偏离城市群发展模式和工业基础的影响，转折点的发展与拐点关联需进一步考察，理解经济与环境的协调关系有助于解剖泛珠三角城市群长期持续的协调发展。

尽管大部分城市拐点都集中在10 000美元（1990盖瑞美元）附近，但部分城市的拐点过于偏离常规发展模式。经过对比，京津冀城市群主要城市的拐点普遍靠前，长三角城市群上海拐点提前，而泛珠三角城市群各城市几乎稳定在10 000美元水平左右进入拐点，同为经济发达城市，深圳却没有提前进入拐点。这意味着拐点受各城市群发展模式和工业基础的影响：北京、天津、上海包括唐山都是老牌工业城市，发展模式上都有重化工业崛起的阶段；而深圳作为改革开放的窗口，从低端制造工业到中高端发展，主要还是依赖于轻工业的发展，相对来说资源环境水平降低得较慢，即在城市具有强大重工业基础的情况下，集中区域资源发展一个城市可以使城市拐点提前。拐点提前是否意味着转折点的提前我们还不得而知，但就目前而言先出现拐点的几个城市都未进入转折点，即拐点的提前更大程度上来说是延长了转折增长阵痛期的存在。一方面，转折期的延长给了经济社会足够的适应时间，另一方面，也延长了经济社会和资源环境失调的时间。从人民生活水平角度来说，弊大于利，但从产业安全和长稳运行来说利大于弊。

要深入研究是何种因素在影响和决定拐点需要更多城市的数据，最好能和国外城市的拐点共同对比分析。探究这些城市的拐点问题有利于更深入地理解经济发展和资源环境之间的协调关系，即通过对拐点的分析，理论上是否存在一条不需要转型阵痛期的发展曲线，实践上是否存在经济环境的持续协调，真正达到"既要金山银山又要绿水青山"的发展目标。

（四）本节研究认识

本节从经济社会与环境协同的角度结合经济环境协调度理论、U形发展理论、内生增长理论、倒S形发展理论，构建泛珠三角城市群经济社会协调度评价指标体系，通过测算国内外城市群资源环境水平来衡量城市群资源环境与经济发展的耦合关系，对比泛珠城市群与国内外城市群协调度结果分析，得出以下结论。

（1）资源环境水平整体呈倒U形结构，长中期随经济发展资源环境水平先增后降。资源环境水平与城市化阶段紧密联系，随产业链和价值链的转移而变化。中国城市群主要城市都处于U形曲线的前半段，而国外城市几乎都处于U形曲线后半段，这与城市群工业化进程有较大的关系。国内城市群部分核心城市刚刚步入工业化后期，大部分城市处于工业化中期阶段。资源要素的聚集扩散效应影响产业升级与转移，带来资源环境水平的改善。这是因为国内城市群城市还处于资源要素的聚集阶段，产业结构尚未调整，部分城市刚完成产业升级，进入资源要素的扩散阶段。而国外城市群资源要素的聚集阶段早已完成，现正处于资源要素的扩散阶段，且城市间产业分工明确，对资源的要素依赖能力较弱。

（2）国内协调度曲线随经济发展呈倒U形发展，地区差异显著，大部分城市仍处于转型增长阵痛期，与国外城市群差距较大，发展经济是一项持续而艰难的攻坚战。泛珠三角城市群发展备受挑战，需走中国特色的转型方式，优化产业升级与分工，保证产业链和价值链的完备性。

（3）拐点偏离受城市群发展模式和工业基础的影响，转折点的发展与拐点关联需进一步考察，理解经济与环境的协调关系有助于解剖泛珠三角城市群长期持续的协调发展，这也将是我们未来重点考察的焦点。

六、总结与建议

1. 研究结论

（1）泛珠三角城市群生产总值时空演变特征。泛珠三角地区核心城市主要为各省的省会城市，在城市群形成初期，核心城市对生产要素的聚集功能比较明显，各省市相继进入工业化中后期，核心城市群的产业向周边转移的趋势显现，表现为周边城市生产总值提高。整个泛珠三角地区逐渐形成了"两大走廊一边缘"产业转移与承接地区，一是由西向南沿成渝向滇中的走廊，二是由北向南沿长株潭向珠三角的走廊，还有一个横跨西南部的生态走廊。这要求地质工作重点关注承接区的生态环境容量和约束，走在产业转移之前，未雨绸缪。

（2）泛珠三角城市群第一产业时空演变特征。泛珠三角城市群内部形成了农、林、牧、副、渔特色鲜明的农产品供给基地，在发展农业特色产业的同时在城市群周边形成了相应的生态空间。

（3）泛珠三角城市群第二产业时空演变特征。泛珠三角城市群总体上第二产业仍然向核心城市聚集，向周边扩散的梯度不明显，城市群第二产业仍然处于培育和发展阶段。七大城市中珠三角和长株潭第二产业向周边扩散呈现典型的梯度态势，而其他城市群则呈现专业的断裂状态。从城市群资源环境区域一体化的角度来看，珠三角和长株潭城市群第二产业沿着"核心—边缘"转移带，由此带来的环境问题将随之扩散。其他城市群资源环境问题则集中在核心城市群。

（4）泛珠三角城市群第三产业时空演变特征。泛珠三角城市群第三产业发展仍然聚集在核心城市，人口聚集带来的资源环境拥挤问题将进一步凸显，因而，需要更加关注核心城市的生态产品的供给和"三生空间"的优化。

（5）泛珠三角城市群社会发展时空演变特征。除了珠三角核心城市广州和成渝核心城市为特大城市群外，其他城市人口仍然处于聚集过程中，人口聚集并没有因核心城市的产业扩散而发生大规模的迁移，人口分布没有呈现梯度下降的态势。泛珠三角城市群仍然处于城市化进程中，这一过程将持续相当长一段时间。人口聚集需要城市群中的核心城市提供更好的生态空间和能源消费需求。

（6）泛珠三角城市群城市化率时空演变特征。近10年来泛珠三角地区城镇化率不断增加，城镇化率高的地点大多集中在经济发达的地区。城镇化率空间分布上呈现断裂，城市群内城市化"二元结构"比较明显，人口密度和土地利用强度均没有随着城市群的形成得到疏解。

（7）泛珠三角城市群时空演化总体特征：从城市群的产业区域优势而言，不同城市群产业优势不一样，则必然要求泛珠三角地区各城市群在不同空间对整个资源实现定向性配置。通过资源的定向配置，引导整个产业在泛珠三角地区有序转移，促进整个地区城市群的分工，推动城市群在泛珠三角地区进一步形成与融合。这也决定了地质资源产品和服务提供要有方向性、定向性，通过资源、生态产品的供给约束，形成资源环境区域一体化管理与调控体系，引导整个泛珠三角城市群的产业结构调整和转移路径，重塑整个泛珠三角城市群生态空间与格局。

（8）相较于波士华城市群，泛珠三角城市群第二、三产业集聚效应明显，且产业同质化较为严重。这既加剧了泛珠三角城市群内部各城市之间获取资源的竞争，也造成了相同的资源环境问题，使得资源环境问题不能通过城市群之间的产业分工在空间上稀释和缓解。但是，美国城市群发展过程中第二产业结构降低，金融、电子科技等服务业的高度集聚导致的资源环境与经济过度协调或者不协调的事实需要警惕，也就是说泛珠三角城市群经济社会与资源环境之间的协调应保持一个合理水平和范围，和中国发展阶段相适应。

（9）泛珠三角城市群经济社会与资源环境协调评价。海峡西岸城市群、滇中城市群和北部湾城市群资源环境与经济社会发展总体上较为协调，长株潭城市群和成渝城市群则严重不协调。泛珠三角城市群内部协调程度差异较大。从资源环境投入角度来看,深圳、佛山和宁德等少数城市的资源环境要素投入不足,需要增加要素投入,而其他城市则要素投入拥挤,呈现规模不经济趋势。

(10)泛珠三角城市群经济社会与资源环境协调的关键要素识别。总体上,影响泛珠三角城市群经济社会与资源环境协调的因素主要为第三产业固定投资额、劳动力、绿地面积、供水量、工业废水和废气排放量这6个指标。泛珠三角城市群则表现为工业废水、农业固定资产投入、第三产业固体资产投入、劳动力、年末耕地和绿地面积,这表明泛珠三角城市群环境问题凸显、土地供应紧张和产业转型升级紧迫。长株潭城市群则表现为废水、废气排放的环境较为严重,供水和人居环境的改善成为这一城市群需要考虑的社会和经济问题。其他城市群则主要表现为生态用地供应紧张和第二产业投入不足等问题。

(11)国内外城市群绿色经济效率测度结果。国内城市群绿色经济效率普遍偏低,绿色发展水平严重落后于国外发达城市。在城市群内部,国内外城市群都存在"核心—边缘"的格局,国内绿色经济发展不平衡问题更加严重。国内外出现了不同程度的绿色经济效率负增长现象,说明世界范围内资源环境对于经济增长带来的约束日益明显。

(12)国内外城市群要素投入产出效应的驱动力。国外绿色经济增长趋于稳定,不同功能型的城市核心驱动力明显分化;国内城市群经济增长核心驱动力处于混沌状态,同质化倾向严重。我国正处于经济增长驱动力转型的关键阶段。

(13)泛珠三角城市群资源环境承载力测度结果对比。泛珠三角城市群整体评分较高,说明城市群承载力较高,且与经济发展水平相对协调。长株潭城市群承载力相对稳定,与泛珠三角城市群相比仍有一定差距。成渝城市群承载力较为一般,承载力仍有巨大的改进空间。海峡西岸城市群、滇中城市群承载力较为落后,与前3个子城市群相比处于劣势,但同时也反映出这两个城市群具有极大的潜力。北部湾城市群作为典型的生态规划区,已经逐渐形成特色产业以及较为合理的资源能源利用模式,承载力较高。

(14)国内外城市群资源环境承载力对比。国内城市群资源环境过载严重,且部分城市仍在恶化。国内大部分城市群承载力远远低于国外典型城市群,虽然部分核心城市具有一定竞争力,但承载力却逐年下降,说明经济活动强度的上升正在逼近资源环境承载红线,未来城市发展空间受到资源环境恶化的严重制约。国内城市群内部承载力极化现象严重,地区发展不平衡现象日益突出。国内几大城市群内部出现了核心城市资源环境承载力较高,而其他城市资源环境严重过载的不平衡现象,一方面来源于核心城市污染向周围扩散,另一方面来源于优质资源过度富集于核心城市。地区之间经济社会与资源环境之间的协调水平差异逐渐扩大,严重不利于城市群内部的协调分工和资源的合理配置。

(15)国内外典型城市协调度比较与趋势。中美差异:综合来看,国外各城市集中在相对稳定期和缠绕发展期,呈波动上升发展趋势;国内协调度曲线随经济发展呈倒U形发展,大部分城市仍集中在转型增长阵痛期。一方面折合成1990盖瑞美元购买力平价后,我国各城市整体经济发展水平与美国仍有很大的差距,在协调度发展水平上有差距在所难免;另一方面也说明我国之前经济发展过分依赖人口红利,客观上来讲我国的工业化进程至少还需要30年,到国家2050规划达成之际有望整体进入后工业化时期。中国城市群发展面临挑战:从协调度的发展阶段来看,目前中国三大城市群大部分城市仍处于转型增长阵痛期。从历史上来看,国外城市顺利度过此阶段一般有两种模式:一种是将产业链和价值链向中高端转移(华盛顿、纽约);另一种是逆城市化和城市空心化(费城)。在转型问题上,除了理论部分提到的两条路径,我国也开辟出一条具有中国特色的转型方式,即基于"一带一路"倡议的产能转移。拐点问题:经过研究发现,在城市具有强大重工业基础的情况下集中区域资源发展一个城市可以使城市拐点提前。探究这些城市的拐点问题有利于更深入地理解经济发展和资源环境之间的协调关系,即通过对拐点的分析,看看理论上是否存在一条不需要转型阵痛期的发展曲线,实践上是否存在经济环境的持续协调,真正达到"既要金山银山又要绿水青山"的发展目标。

(16)泛珠三角城市群资源环境与经济社会协调策略。调整优化核心城市核心区人工规模和功能;提升外围城市产业聚集效率和质量;建立核心城市—外围城市污染减量机制和资源环境产权交易体系,优化城市群"三生空间"格局,构建城市群层面污染协同治理机制和生态共享共建机制;通过资源定向性配置,引导整个产业在泛珠三角地区有序转移,促进整个地区城市群的分工,推动城市群在泛珠三角地区的进一步形成与融合。这也决定了地质资源产品和服务提供要有方向性、定向性,通过资源、生态产品的供给约束,形成资源环境区域一体化管理与调控体系,引导整个泛珠三角城市群的产业结构调整和转移路径,重塑整个泛珠三角地区生态空间与格局。

2. 对策与建议

(1)泛珠三角城市群整体上仍然处于城市群进程中,人口和产业将在核心城市聚集,虽然城市群向"核心—边缘"演化,但是城市群的空间优化格局没有形成,核心城市资源环境问题仍将突出,因此需要通过制订环境协调和约束机制,预防产业梯度转移带来环境问题蔓延。

(2)泛珠三角城市群工业化和城镇化水平差异显著,产业结构各有侧重。虽然整个区域内部7个子城市群均由政府制订了城市群发展的空间规划,但是没有从全局考虑资源环境在泛珠三角城市群内部的优化配置,同时产业同质性比较严重,不仅资源、能源和生态供给没有清晰的指向性,而且在整个区域形成环境效应的非线性累积和叠加增加了环境负荷。

(3)同国内外典型城市群比较,整体上泛珠三角城市群协调度不及长三角城市群、五大湖城市群和波士华城市群,主要原因为泛珠三角地区各城市群发展的阶段不同,内在原因由于城市群的发展还没脱离资源环境等要素的投资驱动,需要根据每一子城市群协调度影响的投入要素和特点,提供相应的资源环境服务于产品。

(4)调整优化核心城市核心区人工规模和功能,提升外围城市产业聚集效率和质量。

(5)建立核心城市—外围城市污染减量机制和资源环境产权交易体系,优化城市群"三生空间"格局,构建城市群层面污染协同治理机制和生态共享共建机制。

(6)通过资源定向性配置,引导整个产业在泛珠三角地区有序转移,促进整个城市群的分工,推动城市群在泛珠三角地区的进一步形成与融合。这也决定了地质资源产品和服务提供要有方向性、定向性,通过资源、生态产品的供给约束,形成资源环境区域一体化管理与调控体系,引导整个泛珠三角城市群的产业结构调整和转移路径,重塑整个泛珠三角地区的生态空间与格局。

第十五章 粤港澳大湾区国土空间优化开发研究

一、粤港澳大湾区国土空间开发综合评价

国家区域发展战略的实施促进了区域国土资源开发,同时也对开发的后续适宜性产生了影响,因此,在国家战略背景下,分析国土开发适宜性时空格局变化是优化空间开发格局和促进区域协调发展的科学基础。改革开放以来,粤港澳大湾区充分利用国家给予的特殊优惠政策,推动本区域经济持续高速增长,城市建设步伐不断加快,城市化水平迅速提高。目前,粤港澳大湾区已成为我国经济最发达、增长速度最快、城市化水平最高的地区之一。然而,在经济发展、城市建设取得举世瞩目成就的过程中,由于自然或人为或两者兼而有之的原因,区内的几个主要城市(广州市、深圳市、珠海市等)的经济、城市建设发展与地质、资源以及"三生空间"之间出现了一些不协调的现象,产生了一系列城市发展问题,有些问题已经给当地经济和人民的生命财产造成了巨大的损失与伤害,有些则隐含着巨大的隐患。这些问题的存在与发展必然会严重制约本地区经济和国土空间开发的可持续发展。因此,该区国土开发建设是否与生态环境协调、开发建设方式是否符合可持续发展要求等问题亟须回答。本章在综合分析社会经济需求因素和资源生态限制因素的基础上,以2000年、2005年、2010年和2016年为时间点,在开发约束、开发强度、开发潜力3个准则层上,构建区域国土空间开发适宜性评价指标体系,结合GIS空间聚类方法进行单因子评价,运用加权求和法建立测度模型开展综合评价,以市级为单位,探寻在区域发展战略背景下粤港澳大湾区高效生态经济区国土开发适宜性的时空格局变化。

(一)指标体系构建

评价指标体系是对粤港澳大湾区进行国土空间开发适宜性评价的关键,选取的指标是否准确直接影响综合效益评价,结果是否有正确性,在选取评价指标时,应遵循独立性原则、重要性原则、层次性原则、简明科学性原则,以及可比、可量、可行性原则,并应该综合考虑社会、经济、资源环境等方面的影响。评价指标应该尽量包含影响国土空间开发的各个方面,指标应该分别独立,相互之间不能有包含和并列等关系。

根据粤港澳大湾区国土空间开发的实际情况,综合考虑生产、生活、生态环境三方面的影响因素,选取对国土空间开发影响最大的评价指标,构建粤港澳大湾区国土空间开发适宜性综合评价指标体系,评价指标体系如表15-1所示。指标体系划分为目标层、准则层、支撑层和要素层4个层级。目标层是粤港澳大湾区国土空间开发适宜性,准则层包括开发约束、开发强度和开发潜力3个维度,其中开发约束包含生态、资源与农业等约束,下设生态脆弱性、生态重要性和资源约束3个支撑层指标,为体现流域特色并考虑到资源对开发的重要制约,将人均水资源量、人均耕地面积等指标纳入要素层。开发强度是指目前的开发基础与水平,主要采用开发密度、工业化水平和城镇化水平进行测度,要素层则包括人口密度与经济密度、人均生产总值、二三产业比重、城镇人口比重、城镇用地面积比重等重要的具体表征性指

标。开发潜力主要包括经济发展后劲和交通优势,宏观经济学认为投资、消费与出口是经济发展的"三驾马车",考虑到中国经济发展模式演变和粤港澳大湾区整体实际,并考虑到财政实力对区域发展的显著影响,本书选取人均固定资产投资和人均财政收入测度区域经济发展后劲,同时依据交通引导区域开发理论,考虑到交通建设对区域未来发展的先导性和支撑能力,将交通用地面积比重以及人均道路面积等作为反映开发潜力的重要指标,这些指标越大工业化和城镇化发展的潜力越大。

表 15-1 国土空间适宜性综合评价指标体系

目标层	准则层	支撑层	要素层	功效
粤港澳大湾区国土空间开发适宜性	开发约束	生态脆弱性	平均海拔/m	+
			软土面积比重	−
		生态重要性	林地覆盖度/%	−
			草地覆盖率/%	−
			园地覆盖率/%	−
		资源约束	人均水资源量/m³	+
			耕地面积比重/%	+
			人均耕地面积/hm²	+
	开发强度	开发密度	人口密度/人/km²	+
			经济密度/万元/km²	+
		工业化水平	人均生产总值/元	+
			二三产业比重/%	+
		城镇化水平	城镇用地面积比重/%	+
			城镇人口比重/%	+
	开发潜力	经济发展后劲	人均固定资产投资/元	+
			人均财政收入/元	+
		交通优势	交通用地面积比重/%	+
			人均道路面积/m²	+

(二)评价方法选择

本部分采用 TOPSIS 方法对构建的能源安全模型进行评价。该方法根据有限个评价对象与理想化目标的接近程度进行排序,对现有的对象进行相对优劣评价。TOPSIS 法没有特别要求样本量的大小,不受参考序列选择的干扰,具有几何意义直观、信息失真小、运算灵活及应用领域广等优点。

在确定指标权重方面有多种方法,本书选取了客观赋权法中常用的熵权法,以此方法计算出各变量的权重系数。TOPSIS 综合评价方法具体步骤如下:

① 根据原始数据建立矩阵,由 n 对象的 m 个指标构成的空间矩阵 $\boldsymbol{X}$:

$$\boldsymbol{X} = [X_{ij}]_{n \times m}, i=1,2,3,\cdots,n, j=1,2,3,\cdots,m \tag{15-1}$$

② 将原始矩阵作同趋势化处理,得到标准化矩阵 $\boldsymbol{X}'$:

$$\boldsymbol{X}' = [X'_{ij}]_{n \times m}, i=1,2,3,\cdots,n, j=1,2,3,\cdots,m \tag{15-2}$$

③ 将指标无量纲化,做归一化处理得到标准矩阵 $\boldsymbol{A}$:

$$\boldsymbol{A} = [a_{ij}]_{n \times m}, a_{ij} = X'_{ij} / \sqrt{\sum_{i=1}^{n}(X'_{ij})^2} \tag{15-3}$$

④确定指标权重,对度量层下的每一个指标运用熵权法,计算各个指标 j 的权重系数 w_j:

$$w_j = \frac{1-e_j}{\sum_{j=1}^{m} g_j} \tag{15-4}$$

式中,$e_j = -\ln n \sum_{i=1}^{m} p(A'_{ij}) \ln p(A'_{ij})$,表示指标值在指标下的比值,信息量表示信息的无序度,信息量越大,该属性指标对能源安全评价的贡献越小;反之,贡献越大。

⑤根据矩阵得到有限方案中的正理想方案 A^+ 和负理想方案 A^-:

正理想方案 $A^+ = (a_{i1}^+, a_{i2}^+, a_{i3}^+, \cdots, a_{im}^+)$ $a_{ij}^+ = \max(a_{ij})$ $1 \leqslant i \leqslant n, j = 1, 2, 3, \cdots, m$ (15-5)

负理想方案 $A^- = (a_{i1}^-, a_{i2}^-, a_{i3}^-, \cdots, a_{im}^-)$ $a_{ij}^- = \min(a_{ij})$ $1 \leqslant i \leqslant n, j = 1, 2, 3, \cdots, m$ (15-6)

⑥分别计算各评价对象各指标值与正理想解及负理想解的欧式距离 D_i^+, D_i^-:

$$D_i^+ = \sqrt{\sum_{j=1}^{m} w_j (a_{ij}^+ - a_{ij})^2} \quad D_i^- = \sqrt{\sum_{j=1}^{m} w_j (a_{ij}^- - a_{ij})^2} \tag{15-7}$$

式中,w_j 是 j 指标的权重系数。

⑦计算各评价对象与正理想方案的相对接近程度 C_i:

$$C_i = \frac{D^-}{D^+ + D^-} \tag{15-8}$$

⑧按值大小将各评价对象优劣排序,由于贴近度分值处于 0~1 之间,值越大,则代表安全性更高,值越低,则代表安全性更低。

(三)开发适宜性单因子分析

本章以粤港澳大湾区 9 个市区为单位,采用 18 个要素层在 2005 年、2010 年和 2016 年的实际指标值,进行单因子评价分级,分别计算粤港澳大湾区各市区的国土开发约束、开发需求及水平、开发潜力值。为了分析国土开发空间差异,将单因子得分按照等区间法分为高、较高、中等、较低和低共 5 个等级,并计算 2005—2010 年和 2010—2016 年的两个阶段各地区国土空间开发单因子的变化值。通过分析粤港澳大湾区国土空间开发时间节点的开发条件分值的变化,可以看出粤港澳大湾区各市近 10 年国土空间开发条件的变化情况,进而对粤港澳大湾区各市的国土空间开发情况进行评价。

1. 开发约束分析

由于开发约束对国土开发起限制作用,根据采用的评价方法,其评价值越低,国土开发约束性越强,等级越高。根据本书采用的评价方法,得出粤港澳大湾区各市区的开发约束条件得分,具体如表 15-2 和图 15-1 所示。

表 15-2 粤港澳大湾区各市区国土空间开发约束条件评价得分

城市	2005 年得分	2010 年得分	2016 年得分	平均得分	排名
广州	0.353 8	0.330 6	0.403 0	0.362 5	9
深圳	0.432 4	0.489 5	0.520 1	0.480 7	4
东莞	0.526 5	0.426 6	0.472 4	0.475 2	5
惠州	0.552 2	0.481 6	0.504 7	0.512 8	2
佛山	0.391 3	0.396 5	0.427 0	0.404 9	8
肇庆	0.482 5	0.563 5	0.527 3	0.524 4	1
中山	0.441 6	0.373 8	0.440 1	0.418 5	7
珠海	0.474 5	0.504 4	0.517 1	0.498 7	3
江门	0.401 7	0.445 2	0.458 1	0.435 0	6

第十五章 粤港澳大湾区国土空间优化开发研究

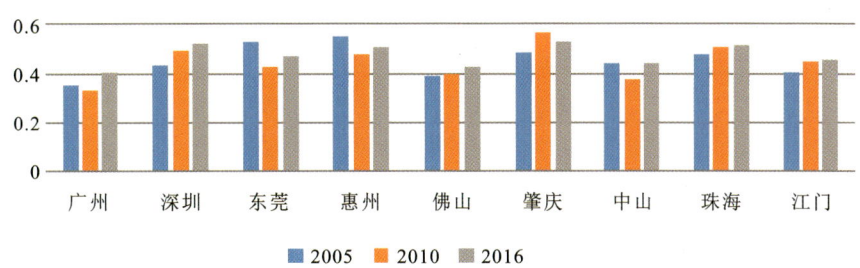

图 15-1 粤港澳大湾区各市区 2005 年、2010 年、2016 年国土空间开发约束条件评价得分对比

从表 15-2 和图 15-1 可以看出,粤港澳大湾区各市区 2005 年、2010 年、2016 年国土空间开发约束条件整体上呈不断改善的态势,2016 年与 2005 年相比,粤港澳大湾区各市区在国土空间开发约束条件上都得到了改善。2010 年,广州、东莞、惠州、中山国土空间约束条件相对于 2005 年有所下降。由于耕地、林地、园地、草地比重指标对国土空间开发起到约束作用,该指标越大起到的约束作用就越大。2010—2016 年,粤港澳大湾区各市区城镇化与工业化不断发展,建设用地不断占用耕地与林地,导致约束指标面积不断缩小,约束作用减小,所以约束评价得分增加。

从图 15-2 可以看出,广州市国土空间开发约束条件评价呈先下降后改善的态势。广州市开发约束条件平均得分为 0.362 5,排名粤港澳大湾区各市区最后一位。2005—2010 年,由于草地面积扩大,林地与园地基本上无变化,对广州市城镇化、工业化的发展用地起到了限制作用,约束开发条件评价得分表现为小幅度下降。2010—2016 年,除草地外,其他资源都在不同程度地减少,为城镇化、工业化的发展提供了多余的土地,所以开发约束条件有所改善。水资源量从 2005 年开始不断减少,但是由于技术进步,工业用水与生活用水效率不断提高,从而使水资源对国土空间开发的约束总用量不断减小。综合来看,广州市的国土空间开发约束条件呈改善状态,但整体上评价得分偏低,需要在接下来的规划中进行重点管理。

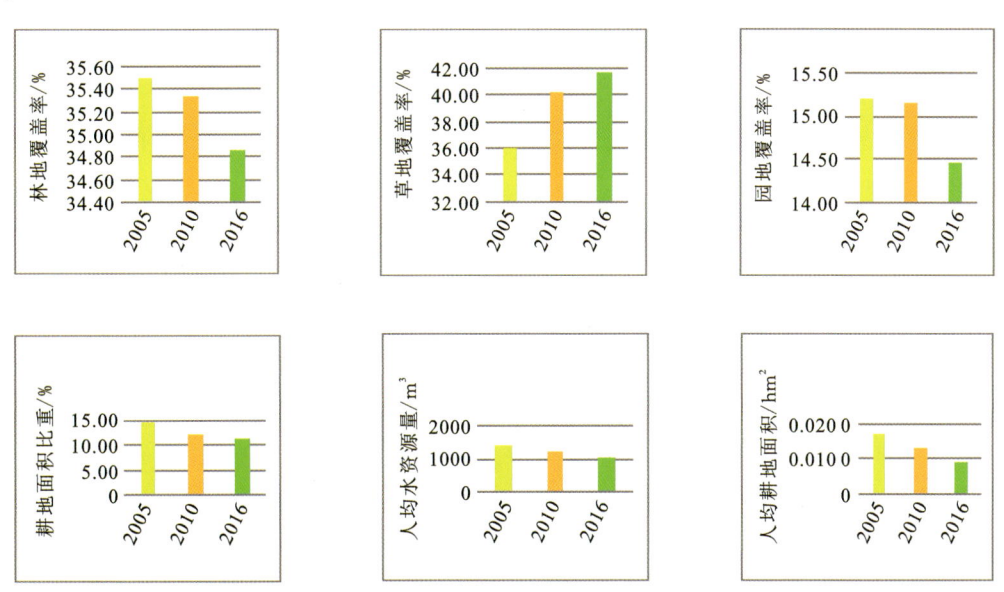

图 15-2 广州市 2005 年、2010 年、2016 年开发约束指标变化情况

从图 15-3 可以看出,深圳国土空间开发约束条件评价在研究期间呈现不断改善的情况,并且改善情况较好。深圳国土空间开发约束条件平均得分为 0.480 7,排名粤港澳大湾区各市区第四位,开发约束条件呈现逐年改善的态势,并且每个阶段的改善水平都较为明显。2000—2016 年,深圳市经济不断

发展,城市化、工业化用地面积不断增长,使得耕地、林地、草地与园地面积都在不断减少,并且人均耕地面积也在急剧缩小。这部分减少的土地为深圳市的城镇化与工业化提供了多余的土地,并且经过调查,这部分土地基本上都转化为城镇用地、工业用地以及交通用地。另外,人均水资源也在逐渐减少,并且减少幅度较大,但是相对而言,人均水资源量还是较为充足,能够满足城镇化与工业化的发展,对国土空间开发的约束力较小。综合来看,随着开发约束指标的作用不断缩小,深圳市国土空间的开发条件将会得到不断改善,促进深圳市经济的进一步发展。

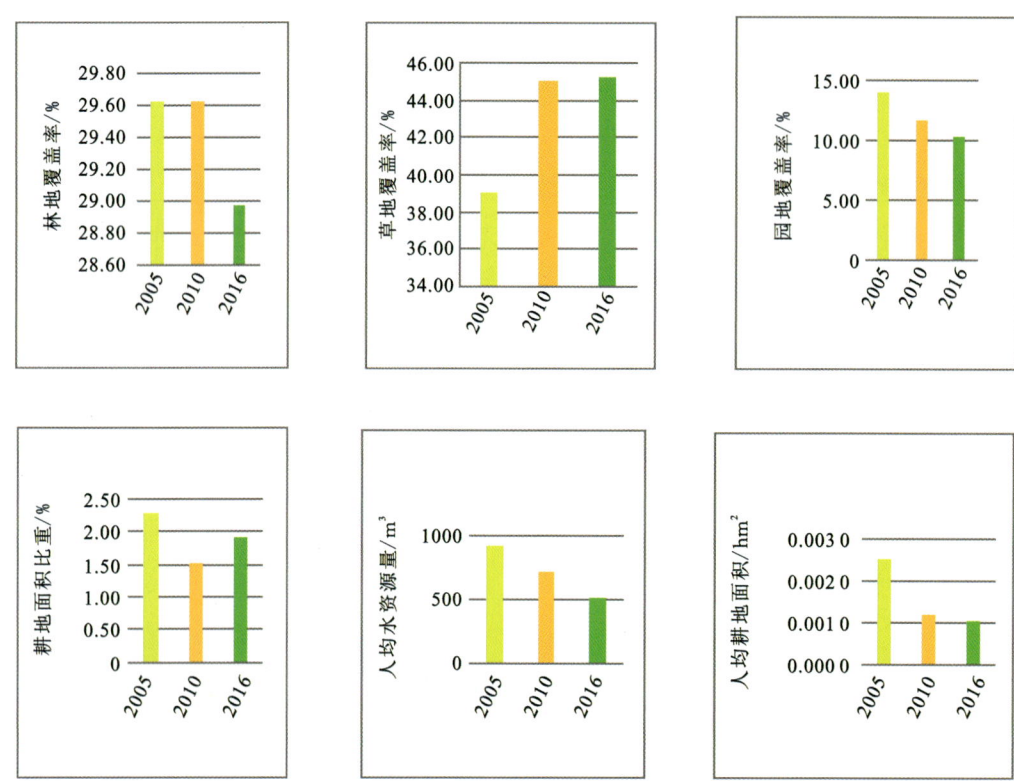

图 15-3　深圳市 2005 年、2010 年、2016 年开发约束指标变化情况

东莞市的国土空间开发约束条件评价整体上呈现下降的态势,中间出现起伏现象,平均得分为 0.475 2,排名粤港澳大湾区各市区第五位。东莞市的国土空间开发约束得分在 2005 年最好,各指标对开发的约束作用也最小。从图 15-4 可以看出,2005—2010 年,除人均水资源量呈现下降趋势外,东莞市的森林、草地、园地与耕地都普遍呈增加态势,人均耕地面积也有所增加。这部分用地面积的增加势必会减少城镇化与工业化的土地供应量,对国土空间开发起到了较强的约束作用,导致东莞市的国土空间约束条件开发在这一阶段表现为较低的趋势。2010—2016 年,东莞市国土空间开发约束条件得分呈现上涨趋势。通过统计数据可以发现,在这一阶段,东莞经济快速发展,城镇化速度不断增加,建设用地随之增多,导致东莞市的林地、园地与耕地面积减少,人均耕地面积也有所缩减,这部分土地的减少为国土空间开发提供了多余的土地,减少了国土空间开发的约束条件,所以评价得分上升。综合来看,东莞市的国土空间开发约束条件整体上表现为下降趋势,需要加强开发约束指标的管理。

惠州市国土空间开发约束调价评价得分变化不大,但是整体上呈下降趋势。开发约束条件评价平均得分为 0.512 8,排名粤港澳大湾区各市区第二位,整体上开发约束条件约束作用不大。从图 15-5 可以看出,惠州市的耕地、草地与园地从 2005—2016 年呈现不断增加的现象,农用地面积的不断增加,使得建设用地的供应量减少,城镇与工业用地的供应量也在不断缩小,但是惠州总的土地面积较大,后备土地面积较大,农用地面积虽然增加,但是建设用地的土地供应面积仍然处在高水平,使得惠州市的国土空间约束指标对国土空间的开发约束作用不强,惠州市的约束条件评价得分处在高位。综合来看,惠州市国土空间开发约束条件评价排名在前,得益于广阔的行政土地,惠州市应该加强对行政区内的土地利用。

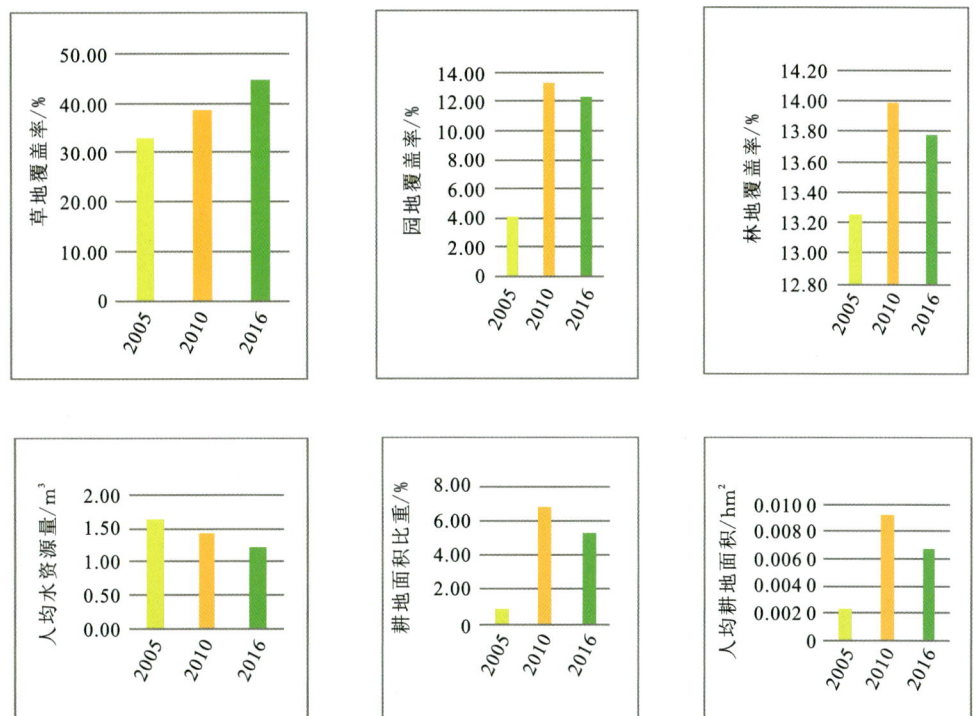

图 15-4　东莞市 2005 年、2010 年、2016 年开发约束指标变化情况

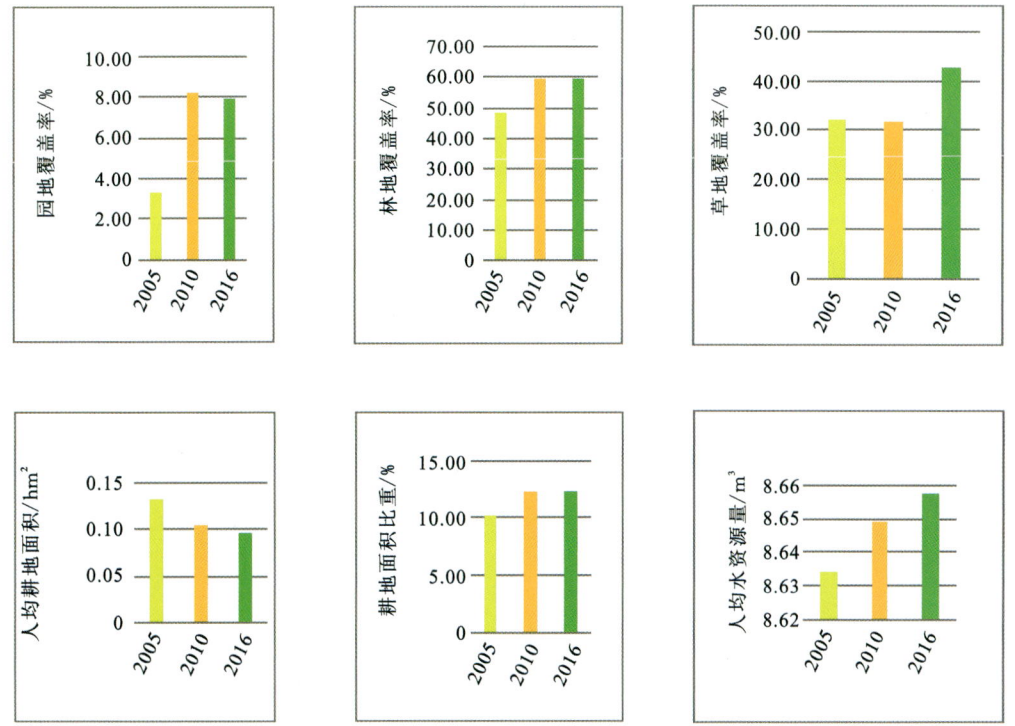

图 15-5　惠州市 2005 年、2010 年、2016 年开发约束指标变化情况

佛山市的国土空间开发约束条件评价得分变化幅度不大，整体上呈现约束作用不断减少，评价得分不断增加的态势。国土空间开发约束条件评价平均得分为0.4049，排名粤港澳大湾区各市区第八位，开发约束作用较为明显。从图15-6可以看出，佛山市总的行政区面积较小，并且在研究期间，佛山市的工业化程度不断提高，工业用地面积快速增加，导致佛山市的耕地、园地在2005—2016年呈现不断减少的趋势，但是林地、草地的面积却在不断扩大，并且增加面积大于耕地与园地的减少面积，林地、草地面积的增加使得建设用地的面积的供应量减少，并且加上总行政区面积较少的约束，使得佛山市的国土空间开发条件受到了较大的约束作用，不利于城镇化与工业化的发展。综合来看，佛山市的国土空间开发约束条件作用较强，开发受到较大的约束。

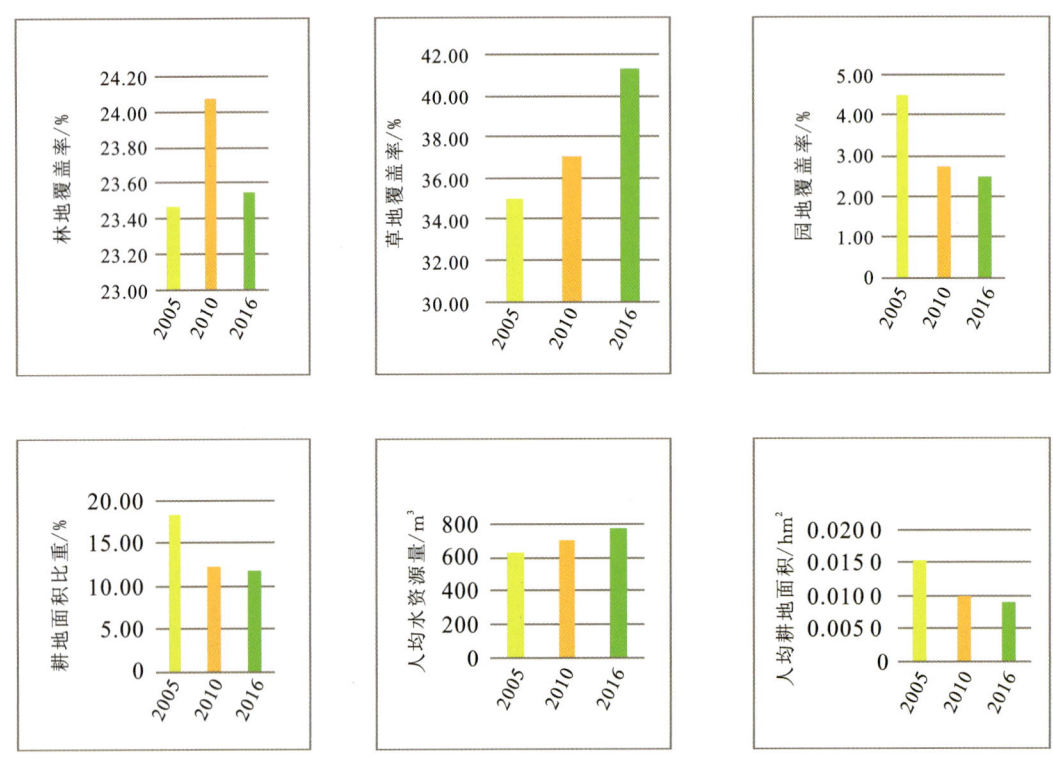

图15-6　佛山市2005年、2010年、2016年开发约束指标变化情况

肇庆市的国土空间开发约束条件作用最小，评价得分最高，表现为先增长后下降的态势，整体上开发约束条件评价得分最高。肇庆市国土空间开发约束条件评价平均得分为0.5244，排名粤港澳大湾区各市区第一位。从图15-7可以看出，除林地外，肇庆市的草地、园地与耕地都在不断减少，并且人均耕地面积也在缩减，农用地在整体上不断减少，为建设用地的供应提供了空间。并且，肇庆市是粤港澳大湾区各市中行政面积最大的市区，是广州市的两倍多。充足的土地为国土空间开发提供了更多的便利，加上农用地等约束指标的面积减少，约束作用不断减小，使得肇庆市的国土空间开发约束条件的评价得分最高，约束作用最小。虽然人均水资源量在不断减少，但是相对还是较为充足，人均水资源量仍在10 000 m³以上。综合来看，肇庆市拥有广阔的行政土地，后备土地资源充足，国土空间开发约束作用最小。

中山市的国土空间开发约束条件评价在整体上表现为先下降后上升的趋势，整体上变化不大，到2016年的约束开发条件评价得分基本与2005年持平。中山市国土空间约束开发条件评价平均得分为0.4185，排名粤港澳大湾区各市区第七位，约束指标对中山市的约束作用相对较大。从图15-8可以看出，中山市的林地、草地与园地的面积在2005—2010年呈现增长的态势，且园地增加的面积较多，耕地呈现大幅度的下降，导致农用地在整体上呈现增加的趋势，所以建设用地的面积供应量受到一定的影响，不利于中山市国土空间的开发，约束开发评价得分下降。2010—2016年，耕地、林地、草地与园地的面积都在一定程度上减小，并且人均耕地面积也在缩减，农用地面积的减小为建设用地面积的增加提供了可能,约束指标的约束作用在减小,使得 2016 年的国土空间约束条件评价得分得到增长,基本与 2005 年持平。综合来看,中山市的开发约束条件总体较明显,还有待改善。

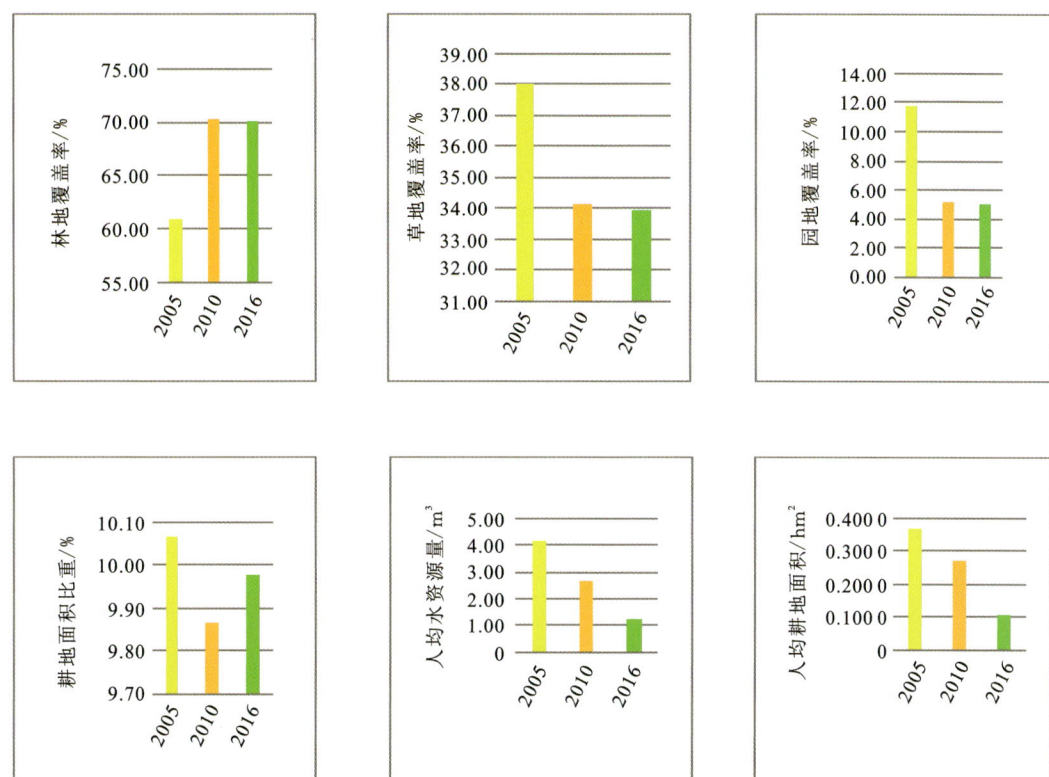

图 15-7 肇庆市 2005 年、2010 年、2016 年开发约束指标变化情况

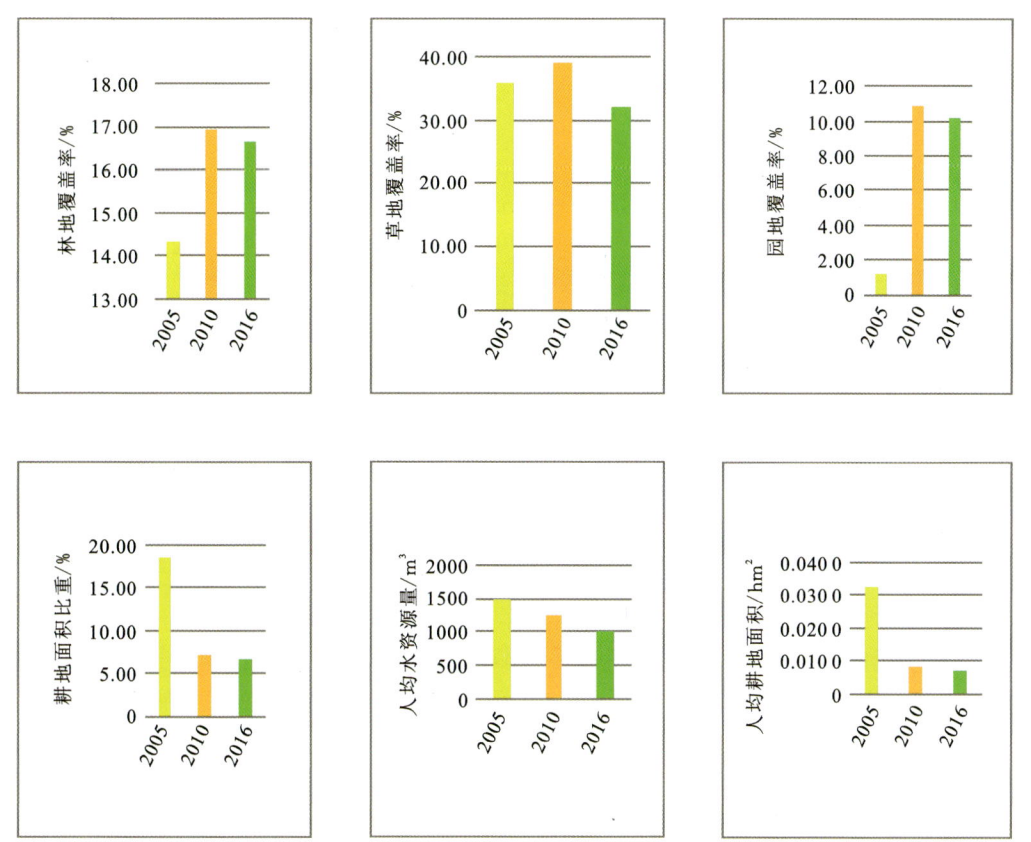

图 15-8 中山市 2005 年、2010 年、2016 年开发约束指标变化情况

珠海市的国土空间开发约束条件得分在研究期间内表现为逐渐提高,表明珠海市的国土空间开发约束指标的约束作用在不断减小。珠海市的国土空间开发约束条件评分平均得分为 0.498 7,排名粤港澳大湾区各市区第三位。从图 15-9 可以看出,2005—2016 年,珠海市的林地、耕地以及人均耕地面积都在不断的缩小,草地与园地的面积从 2005—2016 年有所增加,但是增加面积有限,增加面积小于林地与耕地的减少面积,从而为建设用地的增加提供了多余的土地,开发约束条件则表现为减弱的态势。综合来看,农用地的总面积仍然表现为减小的趋势,为国土空间开发建设用地的发展提供了多余的面积。整体上,珠海市的国土空间开发约束指标对开发的约束作用在不断减小,开发条件在不断改善。

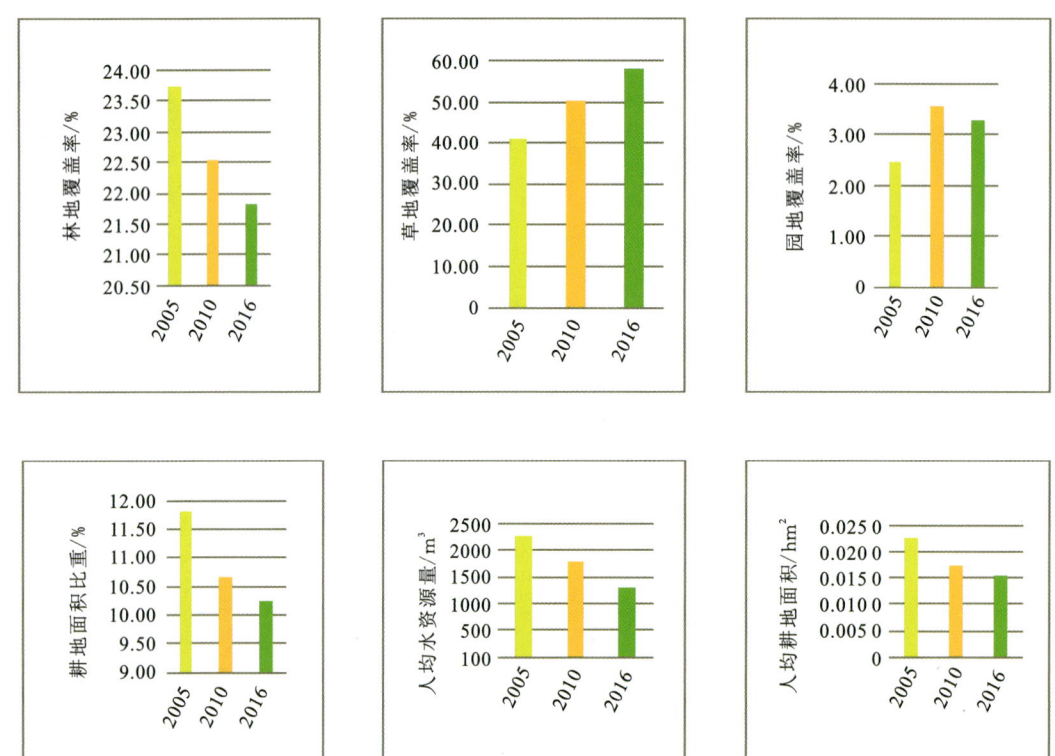

图 15-9 珠海市 2005 年、2010 年、2016 年开发约束指标变化情况

江门市的国土空间开发约束条件评价得分在研究期间内增长较为明显,虽然约束作用在不断减小,但是整体上江门市的开发约束指标对江门市国土空间开发的约束作用仍高于其他市区。江门市国土空间约束开发条件评价平均得分为 0.435 0,排名粤港澳大湾区各市区第六位,仅优于广州、佛山与中山。从图 15-10 可以看出,江门市林地在 2005—2010 年出现面积的增加,耕地、草地与园地减少面积也相对较多,减少的总面积要大于林地增加的面积,约束作用减小,所以 2010 年的江门市开发约束条件得分出现明显的上升。2010—2016 年,林地、园地与耕地面积有所减小,但非常有限,草地面积增加,但也相对较小,使得江门市的国土空间开发约束评价得分在 2016 年上升幅度不大。综合来看,江门市的国土空间开发约束作用整体上不断减小,开发环境在不断改善。

2. 开发强度分析

一般情况下,土地开发强度越高,土地利用经济效益就越高,地价也相应提高;反之,如果土地开发强度不足,亦即土地利用不充分,或因土地用途确定不当而导致开发强度不足,都会减弱土地的使用价值,降低地价水平。粤港澳大湾区各市区在国土空间开发强度在土地利用效益方面整体偏低,区域差异较大。

从表 15-3 可以看出,粤港澳大湾区各市区国土空间开发强度存在地区差异,广州、深圳开发强度明显高于其他市区,惠州、江门与肇庆三市的国土空间开发强度明显要落后于其他市区。从图 15-11 可以

第十五章 粤港澳大湾区国土空间优化开发研究

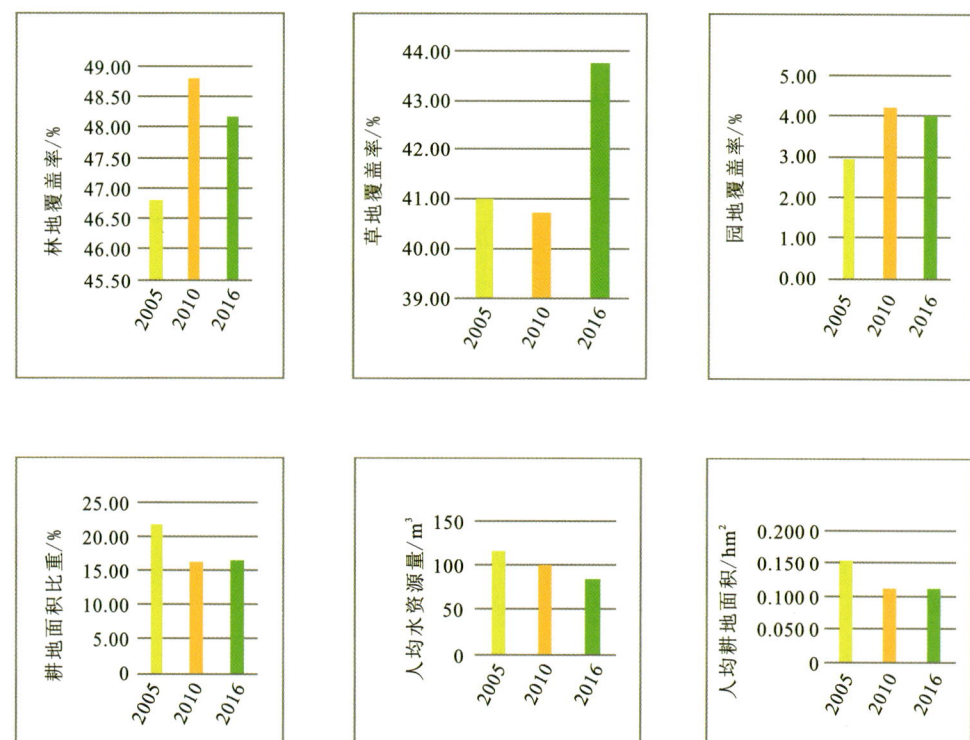

图 15-10 江门市 2005 年、2010 年、2016 年开发约束指标变化情况

看出,深圳的国土空间开发强度基本上已经达到顶点,与其他各市都拉开了较大的差距。广州、佛山与东莞三地的开发强度得分基本都超过 0.5,但从 2010—2016 年开发强度增长有限,佛山的开发强度得分甚至出现下降的态势。惠州、肇庆、中山、珠海与江门五市的开发强度得分低于 0.5,表明这些地区的开发强度有待提升,并且提升空间巨大,各市应加强本地区的国土空间开发强度,提升国土空间开发综合得分。

表 15-3 粤港澳大湾区各市国土空间开发强度评价得分

城市	2005 年得分	2010 年得分	2016 年得分	平均得分	排名
广州	0.583 4	0.622 5	0.622 6	0.609 5	2
深圳	0.778 6	0.870 7	0.986 6	0.878 6	1
东莞	0.311 4	0.512 3	0.520 5	0.448 0	4
惠州	0.145 2	0.161 3	0.258 2	0.188 2	7
佛山	0.383 5	0.574 3	0.528 3	0.495 4	3
肇庆	0.170 2	0.115 5	0.188 6	0.158 1	8
中山	0.227 5	0.453 0	0.412 3	0.364 3	6
珠海	0.390 4	0.388 8	0.442 5	0.407 2	5
江门	0.111 4	0.129 3	0.210 2	0.150 3	9

广州国土空间开发强度整体上呈现上升的态势,但是仍然具有较大的开发空间。广州市开发强度评价平均得分为 0.609 5,排名粤港澳大湾区各市区第二位,处在前列。2005—2010 年,广州市的各项开发强度指标增长明显,尤其是地均生产总值,增长超过 100%,人均生产总值增长幅度也超过 40%,另

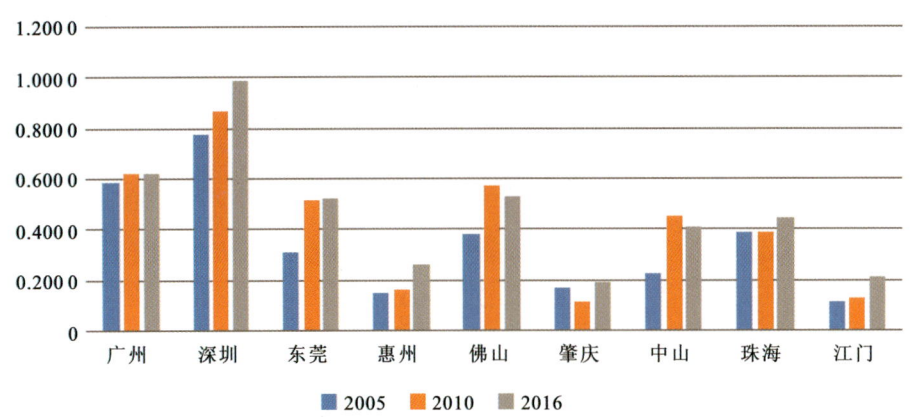

图 15-11 粤港澳大湾区各市 2005 年、2010 年、2016 年开发强度评价

外城镇用地面积也翻了一番。这些指标的快速增长表明广州市在这一阶段国土空间开发强度得到了很大的提升。2010—2016 年，广州市的国土空间开发强度增长几乎可以忽略不计，只有 0.000 1，从图 15-12 也可以看出，除人口密度与地均生产总值增长明显外，其他指标的数据增长有限。广州市应该加强经济与城镇化的管理，促进国土空间开发强度的综合开发。

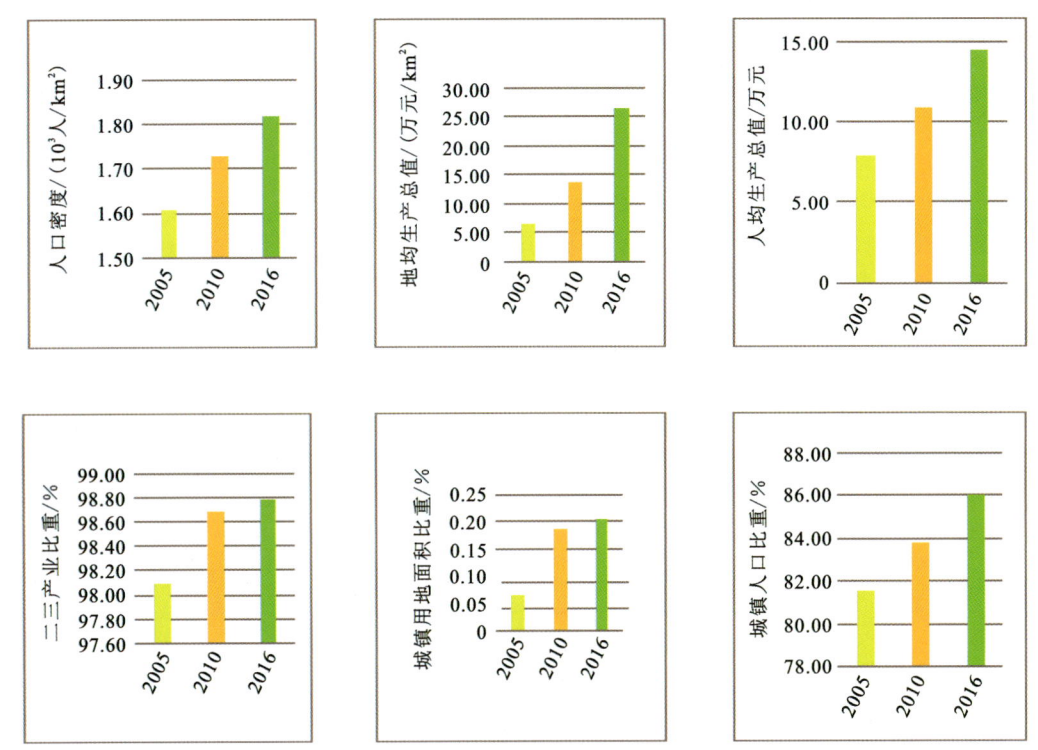

图 15-12 广州市 2005 年、2010 年、2016 年开发强度指标变化情况

深圳国土空间开发强度为粤港澳大湾区各市区第一位，整体上呈现开发强度不断增加的态势，并且每个阶段增长幅度较大，开发强度增长很快。深圳市国土空间开发强度评价平均得分为 0.878 6，远远高于粤港澳大湾区其他 8 市。深圳市的开发强度自被划为经济特区以来，一直呈现快速增长的态势，从图 15-13 可以看出，2005 年到 2010 年除二三产业比重及城镇人口比重已经接近甚至达到峰值，无法快速大幅度增长外，深圳市的人口密度、地均生产总值、人均生产总值与城镇用地面积比重增长幅度都超过了 50%，个别指标增加了近 100%，开发强度指标的大幅度增长直接导致深圳市整体的开发强度增长明显。2010—2016 年深圳市的开发强度指标增长趋势同上一阶段较为相似，但是个别指标的增长幅度超过上一阶段，所以这一阶段深圳市的开发强度增长也较为明显。

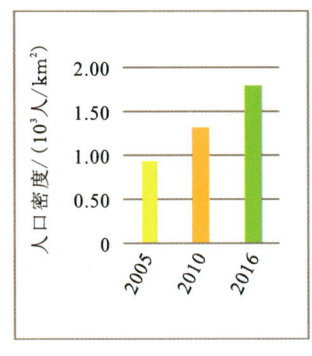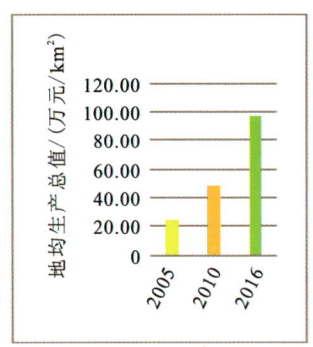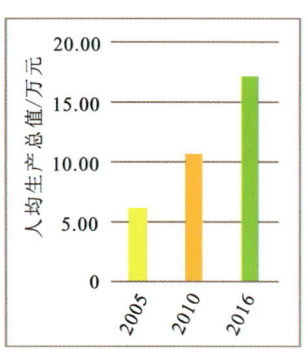
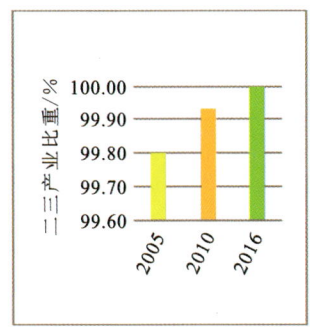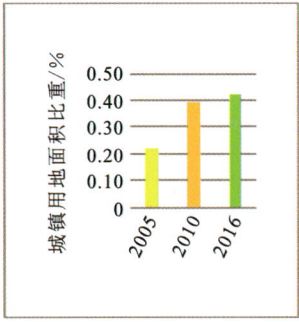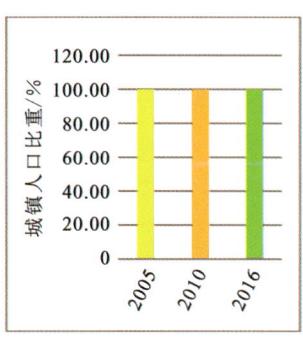

图 15-13 深圳市 2005 年、2010 年、2016 年开发强度指标变化情况

东莞市的开发强度在研究期间呈现不断增加的态势,并且增长幅度较大。东莞市国土空间开发强度评价平均分为 0.448 0,排名粤港澳大湾区各市区第四位。从图 15-14 可以看出,2005—2010 年,东莞市的地均生产总值在 5 年间近乎增长了 2 倍,人均生产总值增长约为 1 倍,城镇用地面积增长也超过了300%,其他指标也有所增长,但是增长幅度要远小于这 3 个指标,开发强度指标的明显增长,使得东莞市这一阶段的开发强度评价得分增长也非常明显,增加超过 0.2。2010—2016 年,经过上一阶段的飞速开发,这一阶段东莞市的开发强度指标增长幅度相对而言较小,但是地均生产总值与人均生产总值的增长幅度分别超过 50%、25%,也在一定程度上促进了东莞市的国土空间开发强度。从得分上看,东莞市的开发强度得分接近 0.5 的界线,仍具有较大空间继续快速增长。

惠州市的国土空间开发强度在研究阶段呈现不断增长的态势,并且增加较为明显,但是整体上开发强度不高。惠州市的国土空间开发强度评价平均得分为 0.188 2,排名粤港澳大湾区各市区第七位。从图 15-15 可以看出,惠州市的国土空间开发强度不高,在 2005—2010 年除地均生产总值与人均生产总值两个指标增长速度与幅度较快,其他指标增长幅度都较小,所以这一阶段的开发强度评价得分增长不明显。2010—2016 年,人口密度、地均生产总值、人均生产总值以及城镇人口比重都有较为明显的增长,直接提高了这一阶段惠州市的开发强度评价得分。综合来看,惠州市的整体开发强度仍然较低,未来一段时间,惠州市的开发强度增长空间仍然巨大。

佛山市的国土空间开发强度在研究期间呈现快速增长随后下降的态势,并且增长幅度明显,增长幅度远大于下降幅度。佛山市的国土空间开发强度评价平均得分为 0.495 4,排名粤港澳大湾区各市区第三位。从图 15-16 可以看出,2005—2010 年,佛山市的地均生产总值、人均生产总值以及城镇用地面积比重在这一阶段都实现了翻倍的增长,并且人口密度与城镇人口比重也有增长,但相对来说幅度不大,这些指标值的翻倍增长,直接使得佛山市的开发强度得到了大幅度的提升,在 2010 年开发强度评价得分上升约 0.2,增加明显。2010—2016 年,这一阶段佛山市的开发强度评价指标都有所增长,但是增长相对较小,这也影响了佛山市的评价得分。综合来看,佛山市的国土空间开发强度优于粤港澳大湾区大部分市区但近几年开发强度有所下降,需要当地政府部门加强管理。

肇庆市的国土空间开发强度在研究期间表现为先下降后增长的态势,整体开发强度不高,开发强度

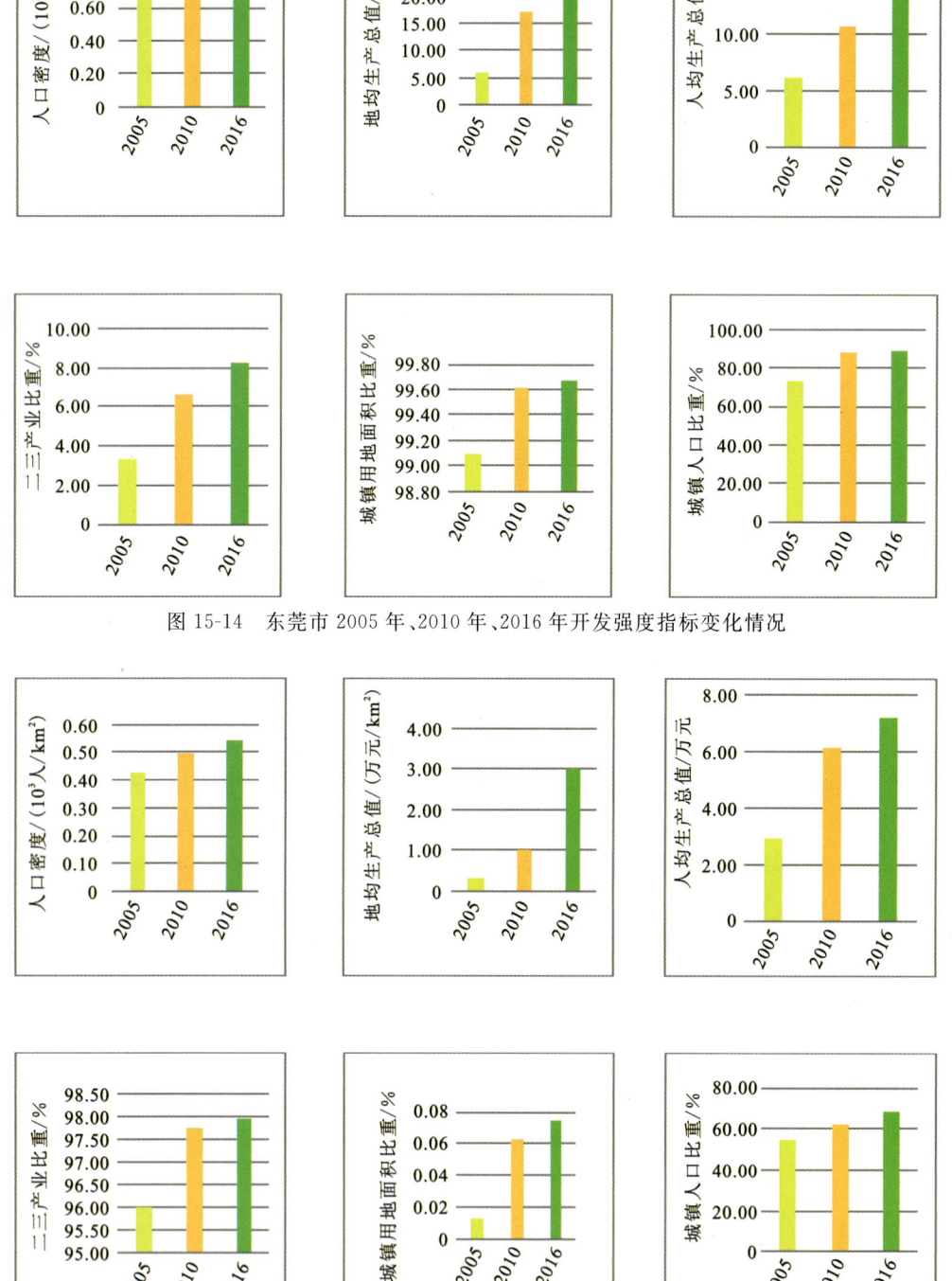

图 15-14　东莞市 2005 年、2010 年、2016 年开发强度指标变化情况

图 15-15　惠州市 2005 年、2010 年、2016 年开发强度指标变化情况

具有巨大潜力。肇庆市国土空间开发强度评价平均得分 0.158 1,排名粤港澳大湾区各市区第八位。从图 15-17 可以看出,肇庆市在 2005—2010 年的人口密度、地均生产总值以及城镇用地面积比重有所下降,其他开发强度评价指标有所上升,但是上升幅度较小,这也导致了肇庆市在 2005—2010 年的开发强度评价得分有所下降。2010—2016 年,肇庆市的地均生产总值、城镇用地面积比重以及城镇人口比重

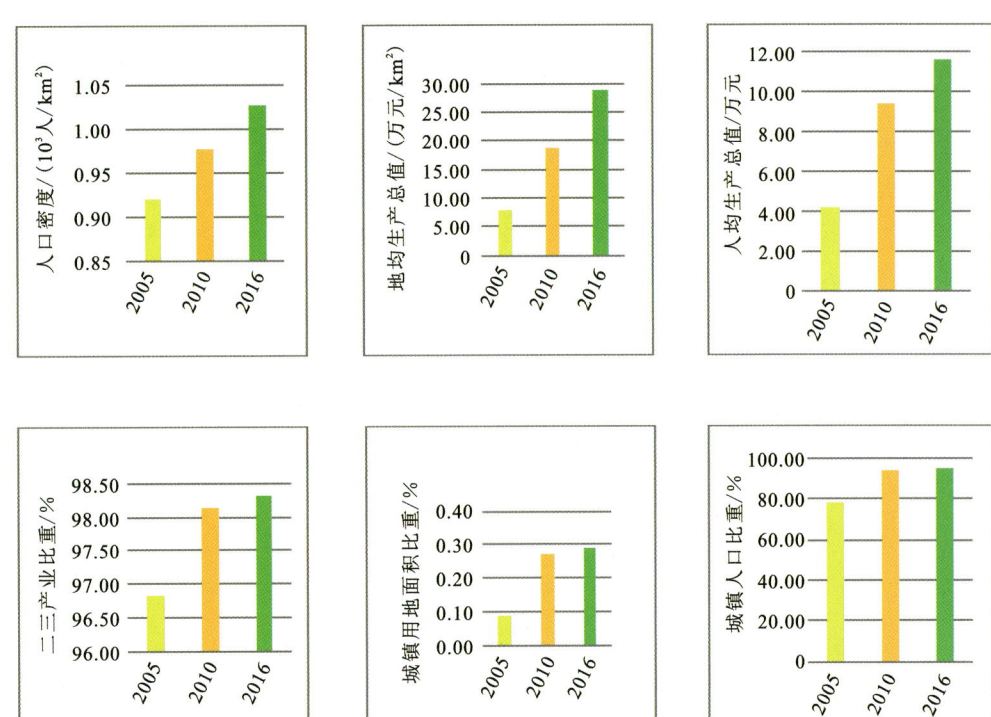

图 15-16 佛山市 2005 年、2010 年、2016 年开发强度指标变化情况

得到发展，增长明显，但是其他指标值则出现下降现象，所以肇庆市在这一阶段的开发强度评价得分增长有限，仅仅略强于 2005 年的评价值。综合来看，肇庆市的开发强度与深圳市、广州市的开发强度相差较大，肇庆市的开发强度有待提高，并且提高空间巨大。

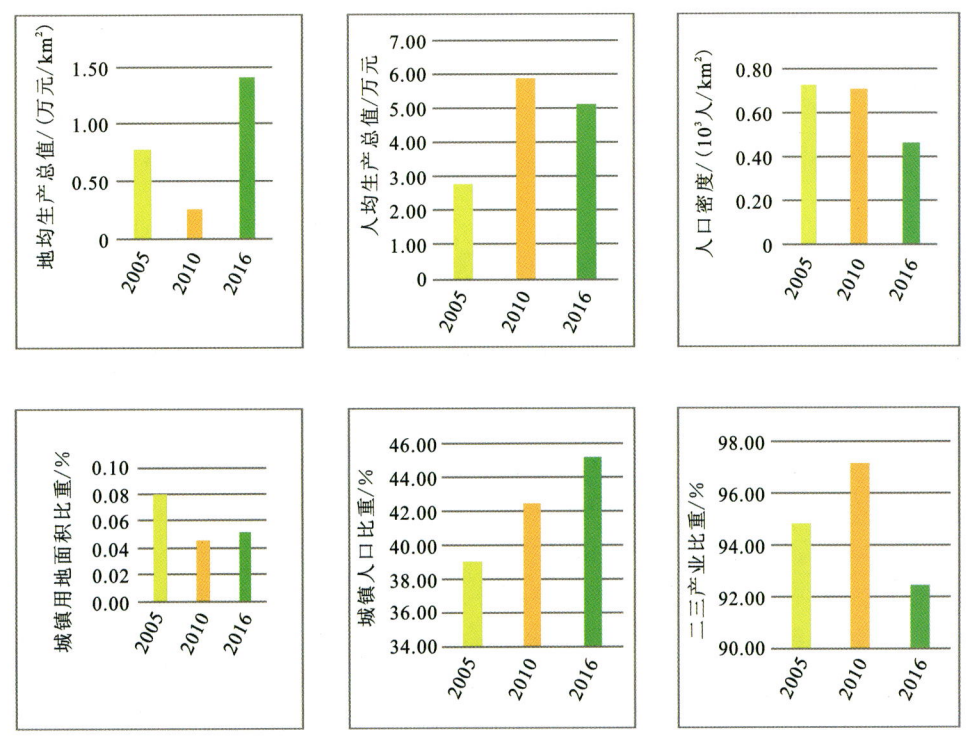

图 15-17 肇庆市 2005 年、2010 年、2016 年开发强度指标变化情况

中山市的国土空间开发强度在研究期间呈现快速增长后下降的态势，与佛山相似，但是开发强度不及佛山市。中山国土空间开发强度评价平均得分为 0.364 3，排名粤港澳大湾区各市区第六位。从图 15-18 可以看出，中山市 2005—2010 年的地均生产总值、人均生产总值与城镇用地面积都实现了翻倍增长，并且人口密度与城镇人口比重增长也较为明显，这些指标的快速增长直接使得中山市的开发强度得到迅速提升，评价得分上升了约 0.2，增长迅速。2010—2016 年，中山市的开发强度评价得分出现下降，主要是由于中山市的开发强度各评价指标增长不明显，开发强度没有得到提升。综合来看，中山市的开发强度仍然处在低水平，应该加强各指标的发展、提升开发强度，促进国土空间的优化开发。

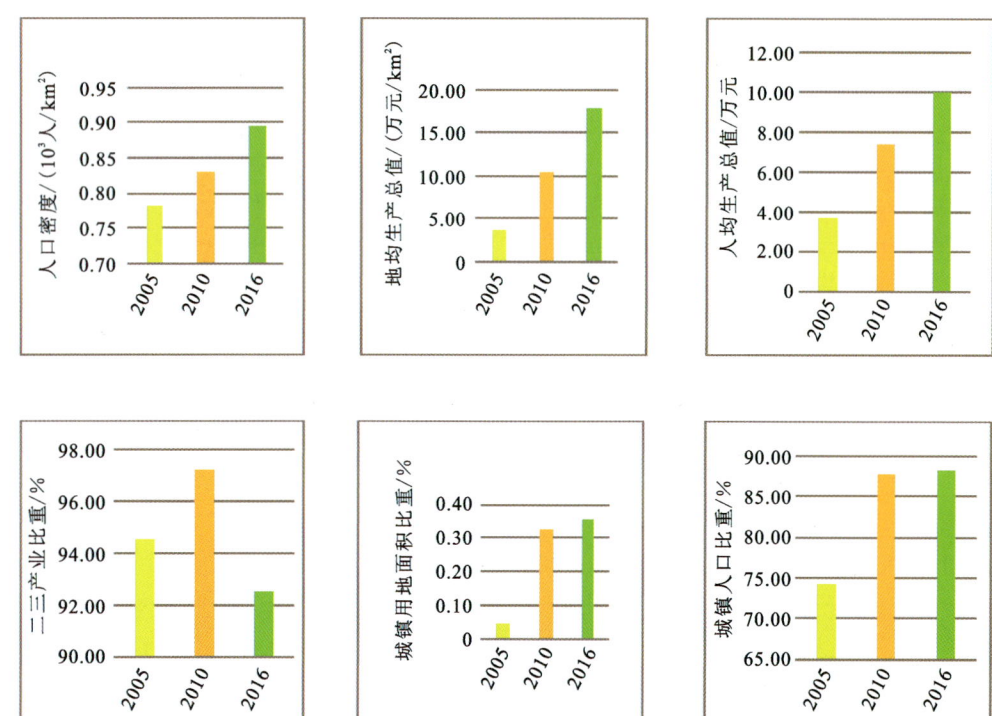

图 15-18 中山市 2005 年、2010 年、2016 年开发强度指标变化情况

珠海市的国土空间开发强度评价得分呈现小幅度下降、较大幅度增长的态势，但是整体上开发强度仍然较低，开发强度潜力较大。珠海市的国土空间开发强度评价平均得分 0.407 2，排名粤港澳大湾区各市区第五位。从图 15-19 可以看出，2005—2010 年，珠海市除城镇人口比重有所下降外，其他指标值都有一定幅度的上升，但增长幅度不明显，这也导致了这一时期珠海市的开发强度评价有所下降。2010—2016 年，珠海市的各指标值都有了一定程度的增加，并且人口密度、地均生产总值与人均生产总值都有了较大幅度的增长，使得珠海市的开发强度在这一阶段评价得分有了一定程度的提高。综合来看，珠海市的开发强度与深圳、广州还是具有一定的差距，未来开发强度也需要逐步快速提升。

江门市的国土空间开发强度整体上表现为不断上升，但第一阶段上升幅度小，第二阶段上升幅度明显。江门市国土空间开发强度评价平均得分 0.150 3，排名粤港澳大湾区最后一位（第九位）。从图 15-20 可以看出，2005—2010 年，江门市的地均生产总值、人均生产总值与城镇用地面积都实现了翻倍增长，但是其他指标的增长幅度不明显，所以这一阶段江门市的开发强度虽然得到了解放，但是评价得分增长不明显。2010—2016 年，这一阶段江门市的地均生产总值增长为原来的近 1 倍，并且其他指标也在不同程度上得到了提高，所以这一阶段的开发强度评价得分增长较为明显。综合来看，江门市的开发强度处在粤港澳大湾区各市区最后一位，开发强度不高，远远低于深圳、广州与佛山等地，江门市未来亟须提高自身的开发强度。

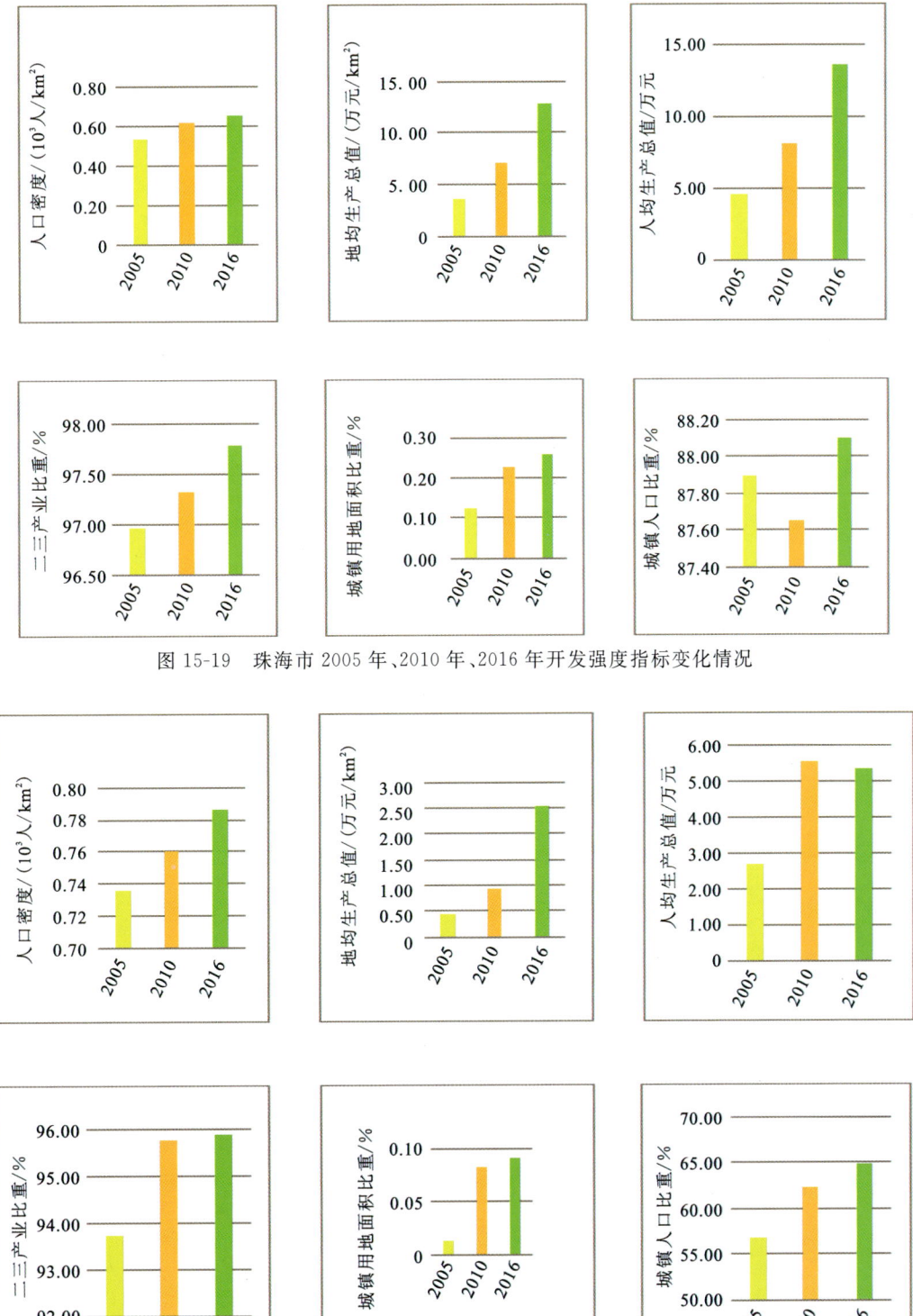

图 15-19　珠海市 2005 年、2010 年、2016 年开发强度指标变化情况

图 15-20　江门市 2005 年、2010 年、2016 年开发强度指标变化情况

3. 开发潜力分析

开发潜力评价支撑层指标主要包括经济发展后劲和交通优势，一个地区人均固定资产投资可以支撑地区的产业发展，人均财政收入反映着该地区的经济发展态势，而交通运输用地面积比重以及人均道路面积则反映的是交通要素对当地经济发展与国土开发的积极作用。

从表 15-4 可以看出，粤港澳大湾区各市国土空间开发潜力同样存在地区差异，深圳、东莞与珠海三市的开发潜力基本达到甚至超过了 0.5，较其他地区开发潜力明显，江门与肇庆开发潜力经过不断的下降，与其他各市的差距越来越大。从图 15-21 可以看出，深圳的国土空间开发潜力巨大，与其他各市都拉开了较大的差距。东莞与珠海两地的开发潜力得分基本上超过 0.5，但东莞从 2010—2016 年开发潜力有所下降，但仍然超过 0.5。佛山的开发强度得分在 2005—2010 年出现下降的态势。惠州、肇庆、中山、广州与江门 5 市的开发强度得分低于 0.5，表明这些地区的开发潜力有待提升，并且提升空间巨大，各市应加强本地区的国土空间开发强度，提升国土空间开发综合得分。

表 15-4 粤港澳大湾区各市国土空间开发潜力评价得分

城市	2005 年得分	2010 年得分	2016 年得分	平均得分	排名
广州	0.280 3	0.354 4	0.319 8	0.318 2	5
深圳	0.782 7	0.884 4	0.775 1	0.814 1	1
东莞	0.375 8	0.585 5	0.504 4	0.488 6	2
惠州	0.127 0	0.193 4	0.288 7	0.203 1	7
佛山	0.377 9	0.294 0	0.357 9	0.343 3	4
肇庆	0.317 5	0.169 1	0.080 0	0.188 9	8
中山	0.147 4	0.231 7	0.242 7	0.207 3	6
珠海	0.251 5	0.473 2	0.569 6	0.431 4	3
江门	0.321 2	0.127 2	0.104 3	0.184 3	9

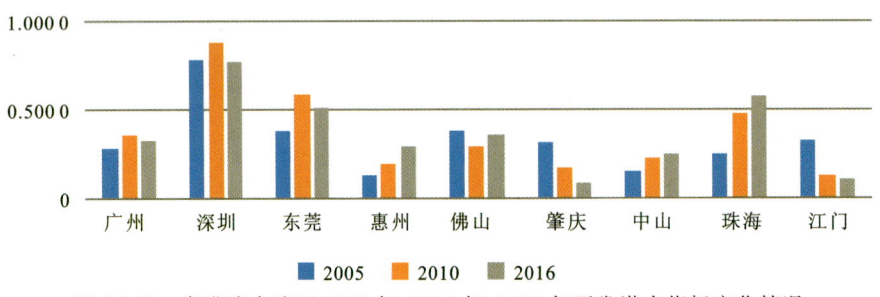

图 15-21 粤港澳大湾区 2005 年、2010 年、2016 年开发潜力指标变化情况

广州国土空间开发潜力在研究期间增长幅度有限，并且在 2010—2016 年开发潜力甚至出现下降的态势。广州市国土空间开发潜力平均得分为 0.318 2，排名粤港澳大湾区第五位。从图 15-22 可以看出，2005—2010 年，广州市的开发潜力指标中人均固定资产投资、人均财政收入以及交通用地面积比重都有明显上升，并且前两个指标增长幅度近 1 倍，但是人均道路面积也下降较快，使得广州市的开发潜力在 2010 年增长有限。2010—2016 年，广州市的各项开发潜力指标虽然都有增长，但是幅度较上一阶段较小，并且人均道路面积也在持续下降。综合来看，广州市的开发潜力不高，与其省会城市的身份有些脱节，在未来一段时间，广州市需要提高自身的开发潜力。

深圳市的国土空间开发潜力仍然是粤港澳大湾区中最高的，表现为先增长后下降的趋势，但下降后的得分仍然远高于其他市区。深圳市国土空间开发潜力评价平均得分 0.814 1，排名粤港澳大湾区各市

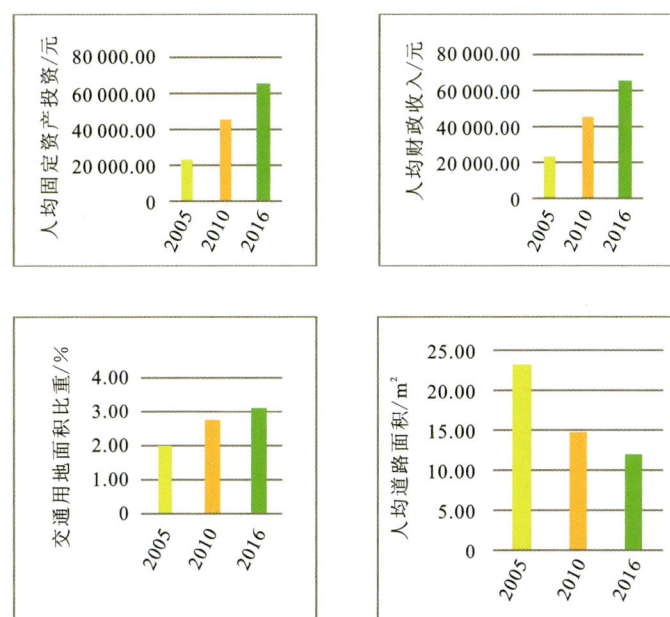

图 15-22　广州市 2005 年、2010 年、2016 年开发潜力指标变化情况

区第一位,远远领先其他市区。从图 15-23 可以看出,2005—2010 年,深圳市的人均固定资产投资与人均财政收入上升幅度明显,交通用地面积比重与人均道路面积有所下降,但下降幅度有限,使得深圳市的开发潜力在这一阶段表现为上升现象。2010—2016 年,除人均道路面积指标有所下降外,深圳市其他开发潜力指标增长有限,这一阶段的开发潜力得分有所下降。综合来看,深圳市的开发潜力远远领先于其他地区,应继续保持这种开发潜力,努力提高国土空间开发综合得分。

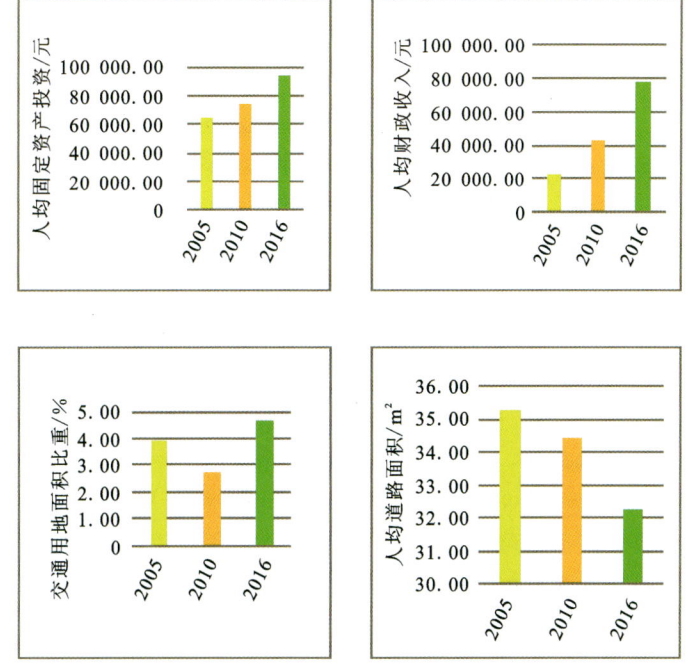

图 15-23　深圳市 2005 年、2010 年、2016 年开发潜力指标变化情况

东莞市的国土空间开发潜力在研究期间表现为先快速增长、后下降的态势,整体上开发潜力较好,领先大部分其他市区。东莞市的国土空间开发潜力评价平均得分为 0.488 6,排名粤港澳大湾区各市区第二位。从图 15-24 可以看出,2005—2010 年,东莞市的人均固定资产投资与人均财政收入上升幅度巨

大,基本上为6~10倍,并且交通用地面积比重增加也较为明显,人均道路面积有所下降,但下降幅度有限,使得东莞市的开发潜力在这一阶段表现为上升现象,并且增加幅度明显,超过0.2。2010—2016年,除人均道路面积指标仍然有所下降外,东莞市其他开发潜力指标增长有限,这一阶段的开发潜力得分有所下降。综合来看,东莞市的开发潜力在粤港澳大湾区具有优势,但是距离深圳仍有较大的差距。

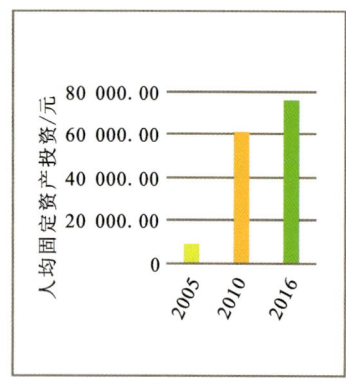
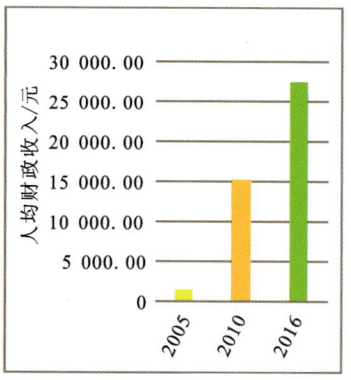
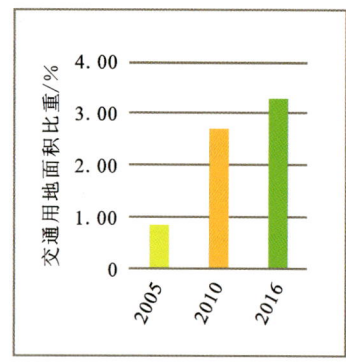
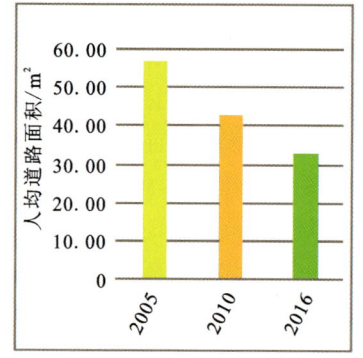

图 15-24　东莞市 2005 年、2010 年、2016 年开发潜力指标变化情况

惠州市的国土空间开发潜力在研究期间表现为不断增长的态势,并且增长幅度较大,但整体上仍然很低。惠州市国土空间开发潜力平均得分为 0.203 1,排名粤港澳大湾区各市区第七位,整体偏低。从图 15-25 可以看出,2005—2010 年,惠州市国土空间开发潜力指标中,除人均道路面积指标外,其他指标都实现了成倍增长,并且交通用地面积比重增长了近 7 倍,这些指标的快速增长使得惠州市的开发潜力在这一阶段得到了快速增长。2010—2016 年,惠州市的交通用地面积比重有所下降,但是其他 3 个指标则实现了增长,这也拉动了惠州市的开发潜力评价得分。综合来看,惠州市的开发潜力在粤港澳大湾区各市中仍然处在低水平地位,虽然从 2005 年到现在有一定程度的增长,但整体上仍然偏低。

佛山市的国土空间开发潜力在研究阶段的变化为先下降后增长的态势,但是 2016 年的评价得分仍然低于 2005 年,开发潜力仍需要提升。佛山市的国土空间开发潜力评价平均得分为 0.343 3,排名粤港澳大湾区各市区第四位。从图 15-26 可以看出,2005—2010 年,佛山市的开发潜力指标中,人均固定资产投资与人均财政收入都实现了较大幅度的增长,交通用地面积比重也实现增长,但是增长幅度较小,人均道路面积则表现为下降的态势。2010—2016 年,人均固定资产投资与人均财政收入基本上都实现了成倍增长,并且交通用地面积比重与人均道路面积也实现了增长,这也使得佛山市在这一阶段的开发潜力实现了增长。综合来看,佛山市的开发潜力处在低水平地位,需要通过不断的改革与发展实现开发潜力的提升。

肇庆市的国土空间开发潜力在研究阶段呈现不断下降的态势,并且下降速度较快。肇庆市国土空间开发潜力评价平均得分为 0.188 9,排名粤港澳大湾区各市区第八位。从图 15-27 可以看出,在 2005—2010 年的肇庆市开发潜力指标中,交通用地面积比重表现为下降的趋势,并且人均道路面积在

第十五章 粤港澳大湾区国土空间优化开发研究

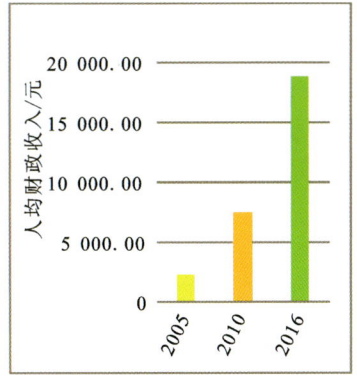
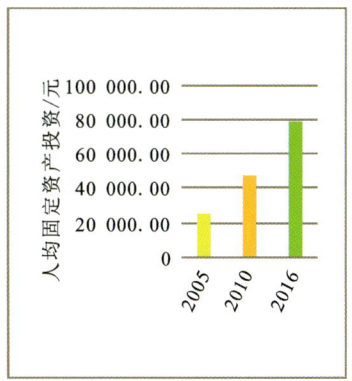
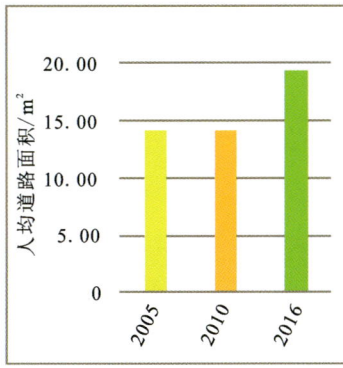
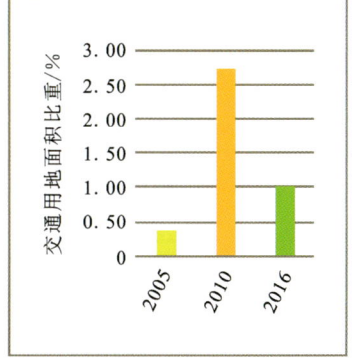

图 15-25　惠州市 2005 年、2010 年、2016 年开发潜力指标变化情况

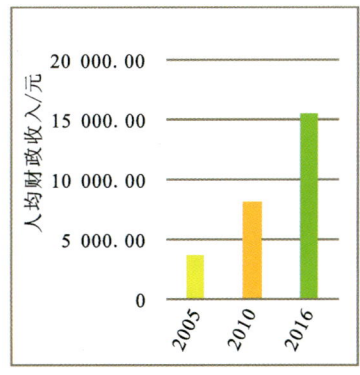
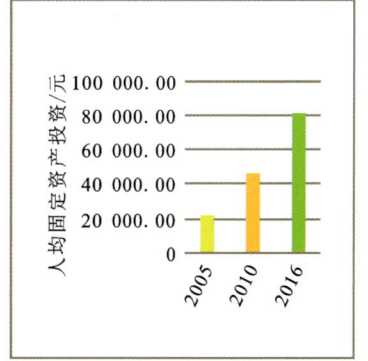

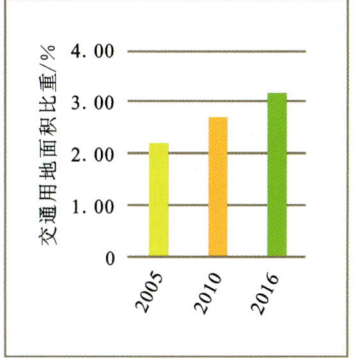

图 15-26　佛山市 2005 年、2010 年、2016 年开发潜力指标变化情况

这一阶段下降明显,而人均固定资产投资与人均财政收入虽然表现为增长的态势,但是数值相对于其他市区差距较大,这也影响了肇庆市的开发潜力评价得分。2010—2016 年,肇庆市的人均固定资产投资表现为增长态势,但是人均财政收入虽然增长,但是非常有限,并且交通用地面积比重与人均道路面积则下降幅度较大,所以在这一时期肇庆市的开发潜力仍然为下降趋势。综合来看,肇庆市的国土空间开发潜力水平很低,与其他市区差距较大,并且开发强度在不断下降,当地政府需要采取相应措施改变这种现状。

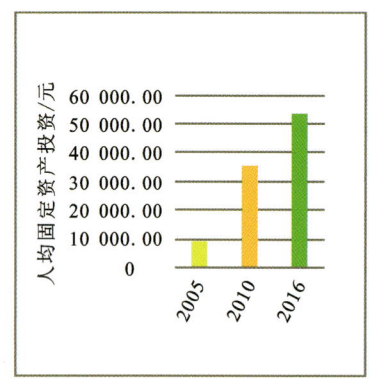
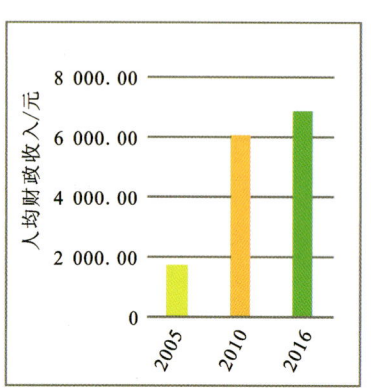
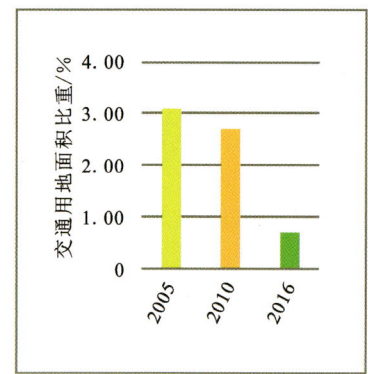
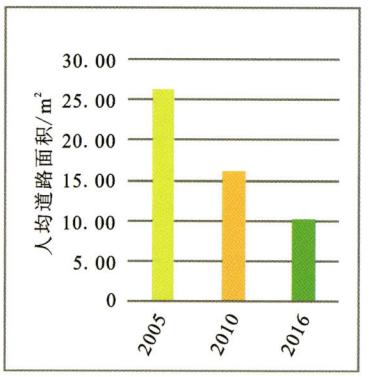

图 15-27 肇庆市 2005 年、2010 年、2016 年开发潜力指标变化情况

中山市的国土空间开发潜力在研究期间表现为不断增长的态势,并且第一阶段增长快速,第二阶段增长幅度较小。中山市国土空间开发潜力评价平均得分为 0.207 3,排名粤港澳大湾区各市区第六位。从图 15-28 可以看出,2005—2010 年,中山市的国土空间开发潜力指标中各指标都呈现出上升的态势,并且人均固定资产投资、人均财政收入增长幅度较大,使得这一阶段中山市的开发潜力上升明显。2010—2016 年,除交通用地面积比重与人均道路面积增长不明显外,其他 2 个指标出现翻倍增长。综合来看,中山市的开发潜力同肇庆市相同,都处在低水平阶段,虽然表现为不断增长,但是增长速度较慢,整体水平不高。

珠海市的国土空间开发潜力在研究阶段表现为快速上升的态势,并且增长速度快,幅度大,超过大部分粤港澳大湾区各市的变化。珠海市国土空间开发潜力评价平均得分为 0.431 4,排名粤港澳大湾区各市区第三位。从图 15-29 可以看出,从 2005—2010 年,珠海市的开发潜力评价指标中人均固定资产投资与人均财政收入增长都超过 1 倍,并且人均道路面积增长幅度也接近 1.5 倍,这使得珠海市的开发潜力在这一阶段增长幅度大,超过 0.2。2010 年到 2016 年,珠海市的人均财政收入实现成倍增长,人均固定资产投资与人均道路面积增长幅度也较大,所以这一阶段珠海市的开发潜力也增长明显。综合来看,珠海市的开发潜力在近 10 年增长速度快、幅度大,很好地促进了当地的国土空间的综合开发,值得其他市区学习。

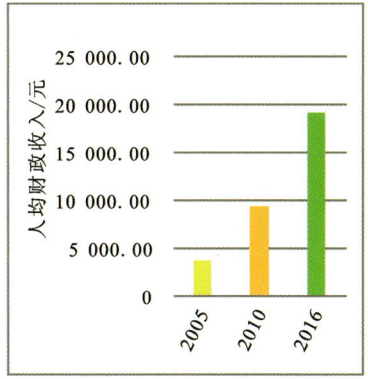
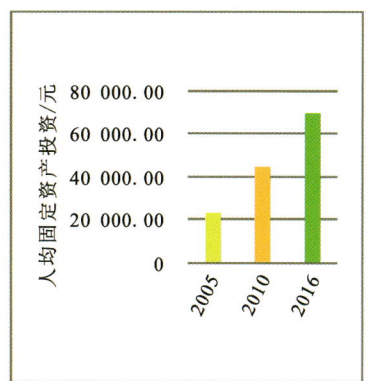
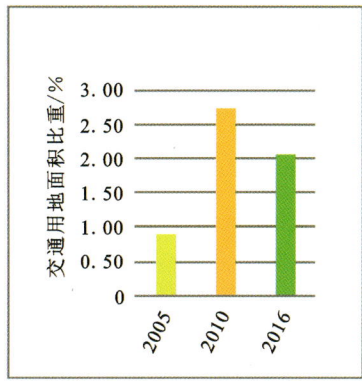
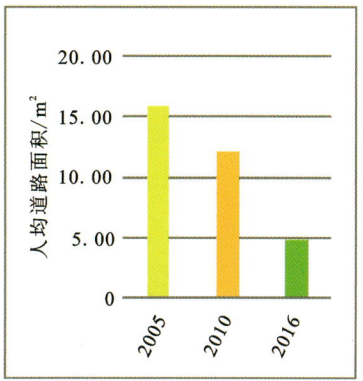

图 15-28　中山市 2005 年、2010 年、2016 年开发潜力指标变化情况

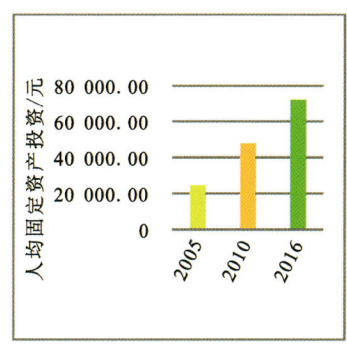
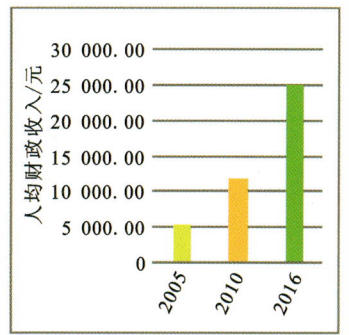
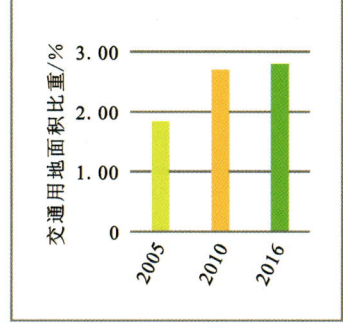
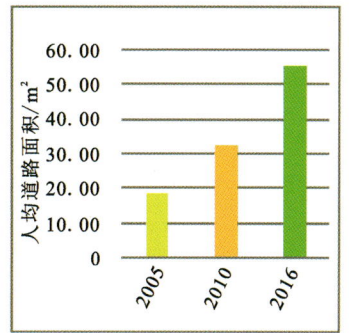

图 15-29　珠海市 2005 年、2010 年、2016 年开发潜力指标变化情况

江门市的国土空间开发潜力在研究阶段表现为不断下降的趋势,并且下降幅度较大,速度也较快。江门市国土空间开发潜力评价平均得分 0.184 3,排名粤港澳大湾区各市末尾。从图 15-30 可以看出,

2005—2010年,江门市开发潜力指标中人均固定资产投资、人均财政收入与交通用地面积比重都实现了增长,但是相对于其他市区来说,江门市的这些指标基数小,与其他市区差距较大,并且人均道路面积下降较快,使得这一时期江门市的开发潜力下降速度快,幅度大。2010—2016年,江门市的交通用地面积比重与人均道路面积继续表现为下降的趋势,并且人均固定资产投资与人均财政收入的基数仍然较小,与其他市区差距明显。综合来看,江门市的开发潜力在研究阶段表现较差,并且开发潜力水平最低,当地主管部门亟须采取相应措施,促进江门市的开发潜力发展,促进国土空间的综合优化开发。

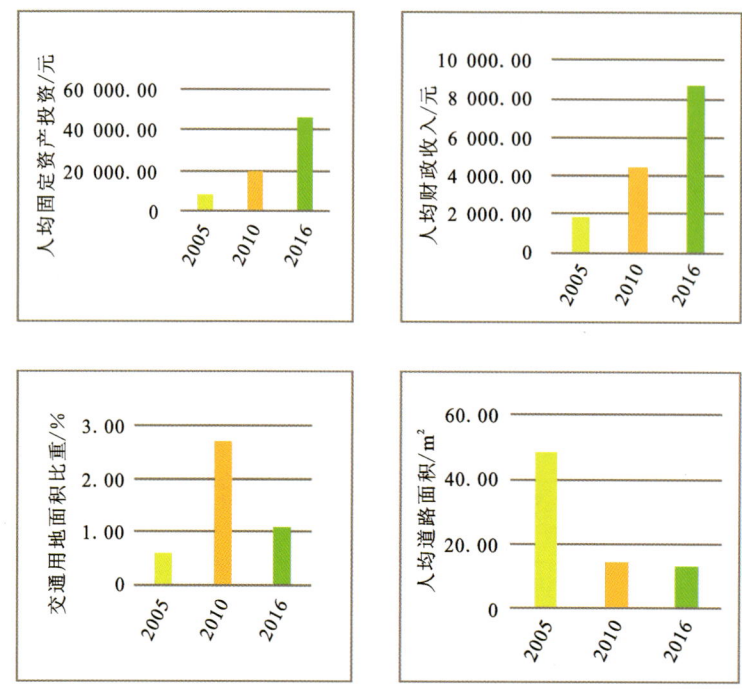

图 15-30　江门市 2005 年、2010 年、2016 年开发潜力指标变化情况

（四）开发适宜性综合分析

在分项评价基础上,集成测算开发适宜性综合评价值,并进行综合评价。

从表 15-5 和图 15-31 可以看出,粤港澳大湾区各市区国土空间开发适宜性整体上仍然偏低,并且存在地区差异。深圳为第一梯队,开发适宜性评价超过了 0.6,较其他地区开发适宜性最高;广州、东莞、珠海与佛山为第二梯队,开发适宜性评价得分在 0.4~0.5 之间,开发适宜性相对较好;惠州、肇庆、中山与江门为第三梯队,开发适宜性在 0.3~0.4 之间,开发适宜性最低。综合来看,除深圳外,其他各市的开发适宜性得分都偏低,都具有较大的开发适宜性提升空间。

表 15-5　粤港澳大湾区各市区国土空间开发适宜性评价得分

城市	2005 年得分	2010 年得分	2016 年得分	平均得分	排名
广州	0.463 2	0.452 2	0.465 9	0.460 4	4
深圳	0.628 4	0.658 5	0.659 1	0.648 7	1
东莞	0.463 1	0.491 3	0.494 6	0.483 0	2
惠州	0.420 8	0.326 5	0.383 0	0.376 8	7
佛山	0.389 1	0.430 9	0.443 7	0.421 2	5

续表 15-5

城市	2005 年得分	2010 年得分	2016 年得分	平均得分	排名
肇庆	0.359 5	0.372 8	0.356 3	0.362 9	8
中山	0.357 4	0.379 9	0.401 3	0.379 6	6
珠海	0.452 2	0.461 9	0.503 0	0.472 4	3
江门	0.308 9	0.292 2	0.333 9	0.311 7	9

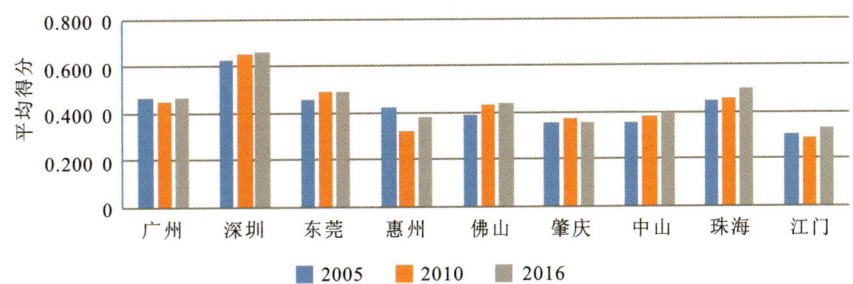

图 15-31　粤港澳大湾区各市区 2005 年、2010 年、2016 开发适宜性评价对比

广州国土空间开发适宜性评价得分在研究阶段表现为先缓慢下降后缓慢上升的态势，整体上变化幅度不大，开发适宜性较好。从图 15-32 可以看出，广州市的国土空间开发适宜性在 2005—2016 年表现为先下降后增长的态势，主要是在研究期间，广州市工业化与城镇化在不断提高，土地开发强度不断增加，但是随着广州重视生态文明的建设，农业用地面积开始增加，开发强度表现为先增长后下降。综合来看，广州市的国土空间开发适宜性整体偏低，虽然出现改善，但是改善程度不大。在未来，广州市需要加强对开发潜力的挖掘，同时改善开发约束条件。

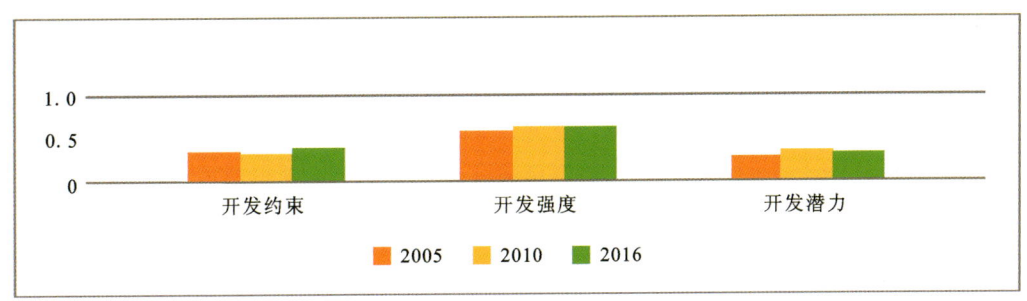

图 15-32　广州市 2005 年、2010 年、2016 年开发适宜性指标变化情况

深圳市的国土空间开发适宜性评价得分在研究阶段呈现不断增长的态势，整体上开发适宜性不断变好，开发适宜性最佳。从图 15-33 可以看出，2005—2010 年，深圳市的国土开发约束呈现增长变化，开发强度与开发潜力同样为增长态势，并且增长明显，使得深圳市的开发适宜性在这一阶段也出现较为明显的增长。2010—2016 年，深圳市的开发约束增长不明显，开发强度增长幅度较大，但是开发潜力下降明显，这也使得深圳市的开发适宜性在这一阶段变化不明显。综合来看，深圳市的开发适宜性要远远好于其他市区，但是深圳市仍需要加强对本地区开发约束条件的改善，促进国土空间的综合优化开发。

东莞市的国土空间开发适宜性在研究期间不断改善。从图 15-34 可以看出，东莞市的国土空间开发适宜性评价指标中 3 个评价指标基本都在 0.5 左右变化，2005—2010 年，开发强度与开发潜力增长变化幅度较大，但是开发约束则表现为下降的趋势，这也导致东莞市的开发适宜性虽然出现增长，但增长幅度不大。2010—2016 年，东莞市的开发约束条件得到改善，开发强度进一步提升，但是开发潜力出现下降趋势，所以这一阶段东莞市的开发适宜性变化不大，与 2010 年基本持平。综合来看，东莞市的开发适宜性虽然排名第二位，但是整体上的适宜度仍然偏低，没有超过 0.5，应采取相应措施促进国土空间的综合优化开发。

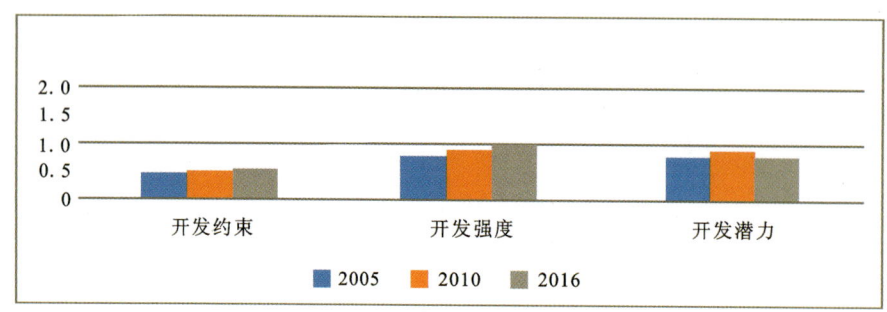

图 15-33　深圳市 2005 年、2010 年、2016 年开发适宜性指标变化情况

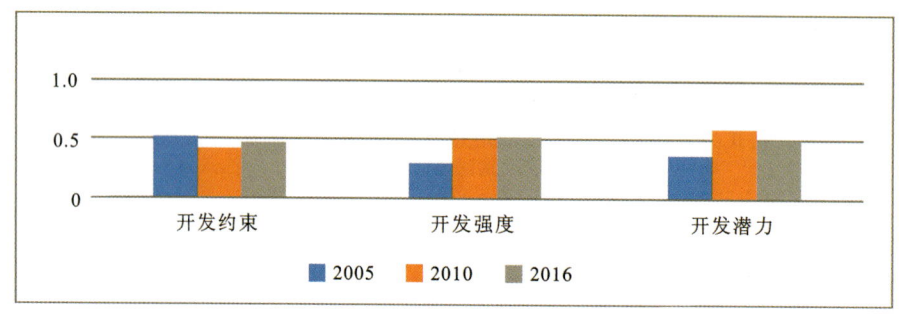

图 15-34　东莞市 2005 年、2010 年、2016 年开发适宜性指标变化情况

惠州市的国土空间开发适宜性在研究阶段变化趋势为先下降后缓慢增长，呈现整体上变差的态势。从图 15-35 可以看出，2005—2010 年，惠州市的开发约束出现大幅度下降的表现，开发强度与开发潜力增长幅度不大，且基数小于开发约束条件，这使得该时期惠州市的开发适宜性出现大幅度下降的变化。2010—2016 年，评价指标都出现了不同程度的增长，并且开发强度与开发潜力增长明显，所以这时期惠州市的开发适宜性得分出现小幅度的增长。综合来看，惠州市的开发适宜性与其他市区差距较大，整体上的得分偏低，并且还出现下降现象，开发适宜性改善空间较大。

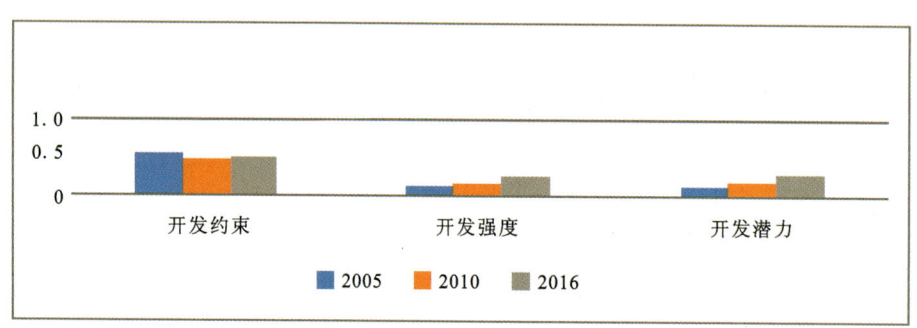

图 15-35　惠州市 2005 年、2010 年、2016 年开发适宜性指标变化情况

佛山市的国土空间开发适宜性在研究期间表现为不断变好的趋势。从图 15-36 可以看出，2005—2010 年，佛山市的开发约束与开发强度都出现增长的态势，并且开发强度增长幅度大，基数也大于开发约束与开发潜力，而开发潜力则表现为下降的变化，使得这一时期，佛山市的开发适宜性虽然出现明显增长，但是幅度不大。2010—2016 年，开发约束与开发潜力出现较为明显的增长，但是开发强度也出现了较为明显的下降，所以这一时期的佛山开发适宜性虽然增长，但是基本上可以忽略不计，与 2010 年基本持平。综合来看，佛山市的开发适宜性虽然不断改善，但是水平整体上仍然偏低，与深圳差距也较大，改善空间也较大。

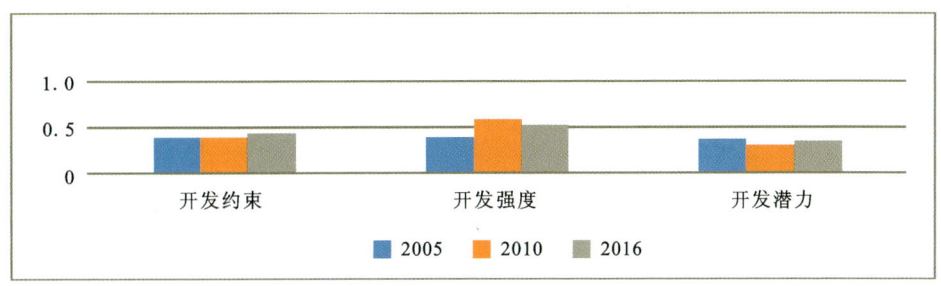

图 15-36　佛山市 2005 年、2010 年、2016 年开发适宜性指标变化情况

肇庆市的国土空间开发适宜性在研究阶段的变化情况为先缓慢增长,后缓慢下降,整体上可以视为无变化。从图 15-37 可以看出,2005—2010 年,开发约束出现较为明显的改善,增长幅度较大,但是开发强度与开发潜力出现较为明显的下降,但是由于其基数较小,使得肇庆市的开发适宜性出现了较小幅度的增长。2010—2016 年,肇庆市的开发约束与开发潜力都出现了明显的下降,虽然开发强度增长,但是影响甚微,使得肇庆市在这一阶段开发适宜性出现小幅度下降。综合来看,肇庆市的开发适宜性仍然处于低水平,个别年份开发适宜性甚至变差,需要当地部门加强管理与规划,促进国土空间的综合优化开发。

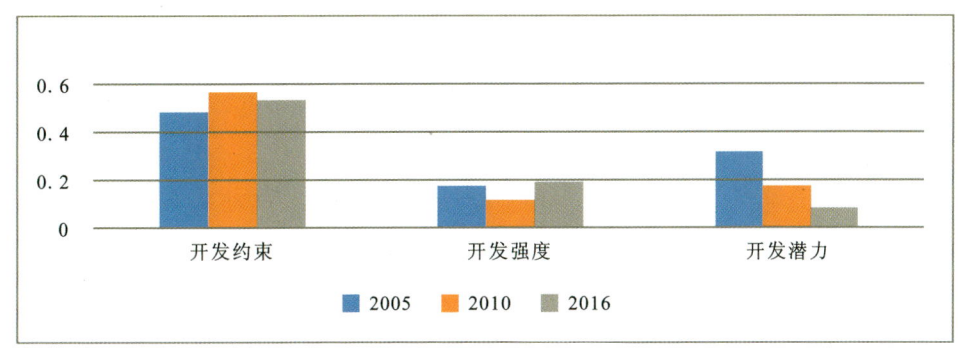

图 15-37　肇庆市 2005 年、2010 年、2016 年开发适宜性指标变化情况

中山市的国土空间开发适宜性评价得分在研究阶段表现为不断增长的态势,但整体上水平仍然偏低。从图 15-38 可以看出,2005—2010 年,中山市开发约束出现小幅度下降,而开发强度与开发潜力则出现较为明显的增长,使得中山市的开发适宜性在这一阶段出现较小幅度的上升。2010—2016 年,中山市的开发约束条件与开发潜力都出现小幅度的上升,但是开发强度则表现为下降的趋势,所以这一时期的中山市开发适宜性增长不明显。综合来看,中山市的开发适宜性水平较低,与其他市区差距不小,当地部门也需要采取措施,改善当地的国土空间综合优化开发情况。

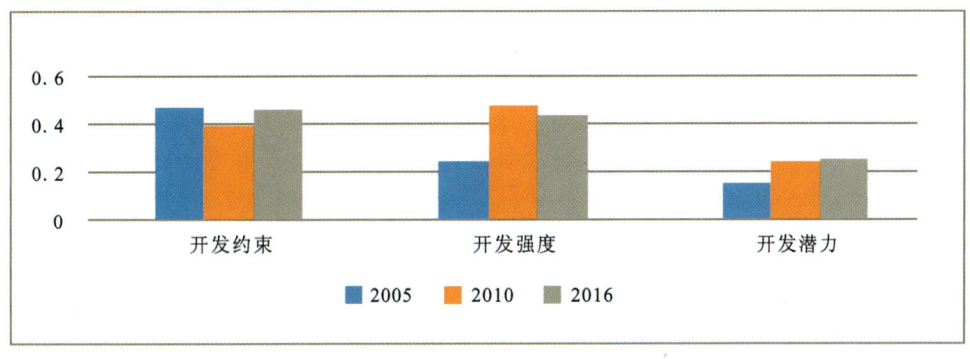

图 15-38　中山市 2005 年、2010 年、2016 年开发适宜性指标变化情况

珠海市的国土空间开发适宜性评价得分在研究期间变化形式为不断增长的态势,整体情况优于大部分市区。从图15-39可以看出,2005—2010年,除开发强度出现下降外,开发约束出现改善情况,并且开发潜力增长幅度较大,使得珠海市在这一阶段的开发适宜性出现小幅度的增长。2010—2016年,珠海市的开发适宜性各个指标都出现了不同程度的增长,并且开发强度与开发潜力增长较为明显,所以这一时期珠海市的开发适宜性得分增长幅度大于上一阶段。综合来看,珠海市的开发适宜性已超过广州与东莞,并且增长速度较快,当地部门应保持这种变化,促进珠海市的国土空间综合优化开发。

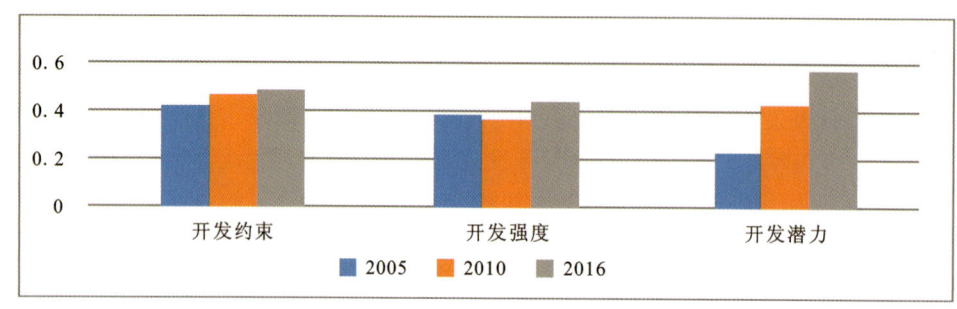

图15-39　珠海市2005年、2010年、2016年开发适宜性指标变化情况

江门市的国土空间开发适宜性评价得分在研究阶段表现为先下降、后增长的变化,增长幅度大于下降幅度。从图15-40可以看出,2005—2010年,珠海市的开发约束得到改善,开发强度出现小幅度的增加,但是开发潜力则出现了大幅度下降,使得江门市开发适宜性出现小幅度下降。2010—2016年,除开发潜力继续保持下降外(但下降幅度较小),江门市的开发约束条件继续改善,并且开发强度得到较大幅度的提升,所以这一阶段江门市的开发适宜性表现为较大幅度的增长。综合来看,江门市的开发适宜性在粤港澳大湾区各市区中最差,整体上仍然处在低水平,当地部门应加强开发强度与开发潜力的管理促进本地的国土空间综合优化开发。

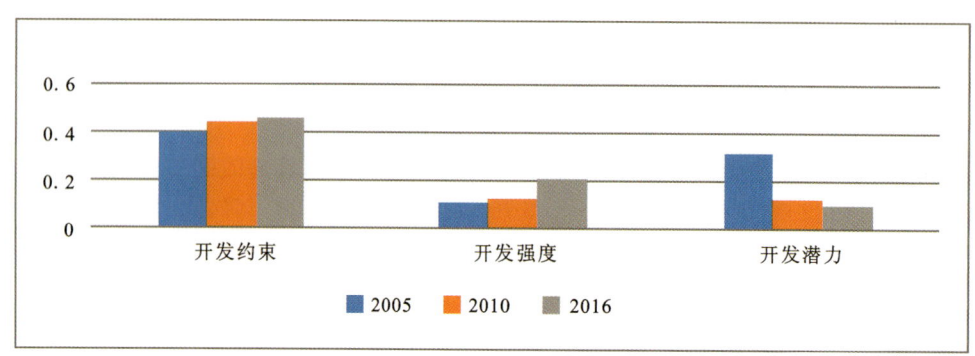

图15-40　江门市2005年、2010年、2016年开发适宜性指标变化情况

(五)小结

粤港澳大湾区各市国土空间开发适宜性整体上偏低,并且地区之间存在较大的差异。深圳为第一梯队,开发适宜性评价超过了0.6,较其他地区开发适宜性明显;广州、东莞、佛山、珠海为第二梯队,开发适宜性评价得分在0.4~0.5之间;惠州、肇庆、中山与江门为第三梯队,开发适宜性在0.3~0.4之间,综合来看,除深圳外,其他各市的开发适宜性得分都偏低,都具有较大的开发适宜性提升空间。

广州国土空间开发适宜性表现为先缓慢下降后缓慢上升的态势,整体上变化幅度不大。深圳市的国土空间开发适宜性呈现不断增长的态势,整体上开发适宜性不断变好,排名粤港澳大湾区各市第一位。东莞市的国土空间开发适宜性在研究期间呈现不断改善的变化,第一阶段改善较为明显,第二阶段变化较小,排名粤港澳大湾区各市第二位。惠州市的国土空间开发适宜性在研究阶段变化趋势为先大幅度下降,然后缓慢增长,整体上表现为变差的态势。佛山市的国土空间开发适宜性表现为不断变好的趋势,第一阶段增长幅度明显,第二阶段变化幅度较小,排名粤港澳大湾区各市第五位。肇庆市的国土空间开发适宜性的变化情况为先增长后下降,排名粤港澳大湾区各市第八位。中山市的国土空间开发适宜性表现为不断增长的态势,但是增长幅度不大,整体上水平仍然偏低。珠海市的国土空间开发适宜性不断增长,整体情况优于大部分市区,排名粤港澳大湾区第三位。江门市的国土空间开发适宜性表现为先下降后增长的变化,增长幅度大于下降幅度。

二、国土空间开发与社会经济发展耦合性评价

近几十年来,随着改革开放政策实施,粤港澳大湾区社会、经济、文化等发展快速推进,国土空间作为一切社会经济活动的载体,为社会经济发展提供了空间与资源,其数量和开发程度与社会经济发展密切相关,两者之间明显具有一定的耦合关系。

在社会经济的发展过程中,国土空间利用格局发生了翻天覆地的变化,城镇化用地迅速扩张,农业用地规模快速萎缩,自然空间持续被侵占。在社会经济快速发展时期,国土资源的需求日益增加,如果国土空间开发利用合理高效,便可以最大限度地满足这种需求,但是受技术条件和意识水平的限制,国土空间资源开发利用不尽合理,一定程度上限制了社会经济的全速发展。国土空间开发与社会经济发展之间可以相互促进,具有紧密联系,本章拟在研究国土空间开发和社会经济子系统相关性的基础上,评价粤港澳大湾区9市区在2009—2016年国土空间开发和社会经济发展耦合关系。

基于土地利用相关理论和方法的国土空间分区研究近年来一直是学术界研究的热点问题,对各种类型国土空间的科学开发利用一直是当地国土规划部门关注的重点,将社会经济发展与国土空间开发的耦合性关系进行研究,具有重要的现实意义。

(一)国土空间开发与社会经济发展评价指标体系的构建

1. 指标体系构建原则

指标体系的建立是进行预测或评价研究的前提和基础,耦合系统是一个由众多要素共同构成的复杂系统,在对这类复杂系统进行定量研究时,首先要建立起一套科学、严谨、系统的指标体系。

本书拟在利用国土空间和区域经济各指标的基础上,综合评价国土空间开发与社会经济发展两个子系统的耦合关系。为了能够更加客观和准确地反映粤港澳大湾区国土空间开发与社会经济发展之间的真实情况,使结果的可用性、准确性更强,可以按照国土空间开发和社会经济发展系统的本质属性和特征,将两个较为抽象的系统分解成若干个因素层,然后再按照各因素层选取若干个可量化、可获取的指标。本章指标体系的构建遵循全面性、系统性、实用性、可获性的原则,采取定性与定量相结合的研究方法,借助定性分析将主观指标量化,运用合理的数学模型处理原始数据得出客观结论,综合定量分析与定性分析之所长,力求使结果更加科学和完整。

指标选取得合理、适当与否会对整个评价过程产生重要影响,同时国土空间开发与社会经济发展均需要较长时间跨度上的研究,在数据的时间跨度上,本书按照粤港澳大湾区9市区2009—2016年时间序列收集相关指标数据,以便有效地描述该时间跨度上的国土空间开发与社会经济发展的变化趋势。

2. 评价指标的选取

在对国土空间开发与社会经济发展关系的研究中,国内外相关学者关于指标体系的构建有大量值得借鉴的成熟经验,各指标体系各有不同的侧重点,但尚未有一个被一致认可且十分全面的指标体系,并且指标的选取并不是越多越好。

关于国土空间开发指标体系的研究,现有研究成果大多从土地利用结构出发。张文忠将土地利用类型分为耕地、林地、草地、水域、城镇及工矿用地和未利用土地,来探讨工业化、城镇化发展进程与土地利用关系的研究思路;谢炳庚在建立土地利用结构、土地投入产出、土地利用强度3个指标,16项指标构成的土地用变化评价指标体系等前人研究的基础上,按照相关专家建立指标体系的思路,按照相关原则选择土地利用规模、土地利用结构、土地利用效率和土地利用强度4个方面作为因素层,以人均土地占有量、城市道路面积、耕地比例、林地比例、草地比例、其他农用地比例、交通水利用地比例、城镇村及工矿用地、未利用地比例、土地经济密度、人口密度11个指标作为指标层来构建国土空间开发评价指标体系。

关于社会经济发展水平评价指标体系的建立,本书参考了国内相关领域专家的研究成果,如刘再兴的由区域经济规模、居民生活质量、区域自我发展能力、经济增长活力、人口文化素质、城镇化水平、工业化结构比重数、技术水平指数、结构转换条件9个指标组成的社会经济发展评价体系;邵霞珍和吴次芳建立的由社会因素、经济因素、技术因素3个指标层及36个指标构成的指标体系;周忠学以生产总值、人均生产总值、财政收入、工农业总产值、人均工农业总产值、社会商品零售总额、城镇化水平、农村劳动力数量及其比重、农业部门结构、产业结构等指标来表征社会经济发展水平的指标体系等。

本书在全面性、科学性、可获性等基本原则的指导下,参考以往学者的研究基础,结合粤港澳大湾区国土空间开发和社会经济发展的具体情况,从国土开发和经济发展两大方面选取了21个指标(表15-6),建立了由准则层、因素层、指标层构成的指标体系。

表15-6 国土空间开发系统指标体系、社会经济发展系统指标体系

准则层(代号)	因素层	指标层(代号)
国土空间开发(X)	土地利用规模	人均土地占有量(X1)
		道路通车里程(X2)
	土地利用结构	耕地比例(X3)
		林地比例(X4)
		草地比例(X5)
		其他农用地比例(X6)
		交通水利用地比例(X7)
		城镇村及工矿用地(X8)
		未利用地比例(X9)
	土地利用效率	土地经济密度(X10)
	土地利用强度	人口密度(X11)
社会经济发展(Y)	经济增长	生产总值(Y1)
		人均生产总值(Y2)
		地方公共财政收入(Y3)
		社会固定资产投资(Y4)
	经济结构	第二产业产值比重(Y5)
		第三产业产值比重(Y6)
	人口发展	年末总户籍人口(Y7)
	消费水平	城镇居民人均可支配收入(Y8)
		社会消费品零售总额(Y9)
	城镇化	城镇化率(Y10)

(二)国土空间开发与社会经济发展评价方法

1. 指标权重的确定

权重是被评价对象的不同侧面重要程度的分量定配,其实质是比较各项指标和各领域层对其目标层贡献程度的大小,合理分配权重是量化评估的基础和关键。确定指标权重的方法可以用定性和定量的方法,常用的方法有熵值法、特尔斐法、回归系数法、等差法等。此处利用熵值法求取国土空间开发和社会经济发展两个子系统体系中各指标的权重。

熵值法基本内容:在信息论中,熵是对不确定性的一种度量。信息量越大,不确定性就越小,熵也就越小;信息量越小,不确定性越大,熵也越大。

根据熵的特性,可以通过计算熵值来判断一个事件的随机性及无序程度,也可以用熵值来判断某个指标的离散程度,指标的离散程度越大,该指标对综合评价的影响(权重)越大,其熵值越小。

2. 指标数据的标准化

两个系统的指标相互独立却又有一定的相关性,为使来自两个子系统的指标能够减少因单位、数量级等量纲原因造成的不适配,消除各数据间的评价壁垒,采用以下公式对各项指标数据进行标准化处理,使其全部映射到[0,1]区间内。

$$X_{ij} = \frac{X_{ij} - \min(X_{ij})}{\max(X_{ij}) - \min(X_{ij})} \text{(正向指标)} \quad (15\text{-}9)$$

$$X_{ij} = \frac{\max(X_{ij}) - X_{ij}}{\max(X_{ij}) - \min(X_{ij})} \text{(负向指标)} \quad (15\text{-}10)$$

3. 国土空间开发与社会经济发展综合指数计算

利用集成法可以计算两个相互影响的子系统及它们所组成的整个系统的综合指数。本书采用加权算术平均法,用 X、Y、K 分别表示国土空间开发子系统、社会经济发展子系统以及整个国土空间开发与社会经济发展系统的综合指数。

$$X = \sum_{j=1}^{n} w_{xj} X_{ij} \quad (15\text{-}11)$$

$$Y = \sum_{j=1}^{n} w_{yj} Y_{ij} \quad (15\text{-}12)$$

$$K = \alpha X + \beta Y \quad (15\text{-}13)$$

式中,w_{xj} 为国土空间开发子系统中各项指标的权重;w_{yj} 为社会经济发展子系统中各项指标的权重;α、β 分别为国土空间开发子系统和社会经济发展子系统的权重。

(三)国土空间开发与社会经济发展子系统协调发展评价

1. 协调度与协调发展度

耦合关系主要反映两个子系统之间相互作用、相互影响的协调性程度,协调度计算模型有很多,本书采用了廖重斌、刘耀彬提出的区域经济发展与环境协调模型。国土空间开发与社会经济发展是两个不同的系统,故可用变异系数来反映二者的协调度。变异系数是一个比值,是标准差 S 与平均值 $\bar{x}$ 的比:

$$CV = \frac{S}{\bar{x}} \tag{15-14}$$

式中，CV 为变异系数；S 为标准差；$\bar{x}$ 为平均值，且 $S = \sqrt{\dfrac{\sum_{i=1}^{n}(x_i - \bar{x})^2}{n-1}}$。

设 $X(t)$、$Y(t)$ 分别是国土空间开发综合指数和社会经济发展综合指数关于时间 t 的函数，则：

$$CV = \sqrt{2 \times \left\{1 - \frac{X(t) \times Y(t)}{\left[\dfrac{X(t) + Y(t)}{2}\right]^2}\right\}} \tag{15-15}$$

协调度越高，则 CV 越小，此时 $\dfrac{X(t) \times Y(t)}{\left(\dfrac{X(t) + Y(t)}{2}\right)^2}$ 就越大，此处选取：

$$C = \left\{\frac{X(t) \times Y(t)}{\left[\dfrac{X(t) + Y(t)}{2}\right]^2}\right\}^n \quad (0 \leqslant C \leqslant 1, 此处 n = 2) \tag{15-16}$$

为国土空间开发与社会经济发展协调度模型。

协调度 C 主要反映协调程度，无法准确反映国土空间开发和社会经济发展的程度是不是处于一个相对吻合的状态，一个可能是高水平的协调，另一个可能是低水平的协调。为了能更好地反映土地利用变化与社会经济发展协调水平的高低，本书引用杨士弘提出的协调发展度计算公式：

$$D = \sqrt{C \times T} \tag{15-17}$$
$$T = \alpha X(t) + \beta Y(t) \tag{15-18}$$

式中，D 为协调发展度；C 为协调度；T 为国土空间开发与社会经济发展综合评价指数；α、β 分别为国土空间开发与社会经济发展子系统的权重。

本书中仅研究国土空间开发与社会经济发展两个子系统之间的耦合度，且其重要性相等，所以在本书中定义 $\alpha + \beta = 1, \alpha = \beta = 0.5$。

协调发展度 D 越大，则国土空间开发与社会经济发展总体水平越高，也表明两个子系统之间的发展越协调。

2. 协调发展判别标准

国土空间开发与社会经济发展协调不仅意味着整体系统发展指数和协调度较大，而且要求两个子系统的综合发展指数 X、Y 之差尽可能小。因此，根据 $X(t)$ 与 $Y(t)$ 的大小关系，本书将两系统协调情况分为 3 种：社会经济发展滞后型 $[X(t) - Y(t) > 0.1]$、国土空间开发滞后型 $[Y(t) - X(t) > 0.1]$、国土空间开发与社会经济发展滞后型 $[0 \leqslant |X(t) - Y(t)| \leqslant 0.1]$。同时，按照协调发展度 D 的大小，将协调发展类型分为严重失调、中度失调、轻度失调、勉强协调、轻度协调、良好协调和优质协调 7 个等级（表 15-7）。

表 15-7 协调发展度分级

协调等级	严重失调	中度失调	轻度失调	勉强协调	轻度协调	良好协调	优质协调
判断标准	$0 < D \leqslant 0.3$	$0.3 < D \leqslant 0.4$	$0.4 < D \leqslant 0.5$	$0.5 < D \leqslant 0.6$	$0.6 < D \leqslant 0.7$	$0.7 < D \leqslant 0.8$	$0.8 < D \leqslant 1.0$

3. 国土空间开发与社会经济协调发展评价

（1）广州市国土空间开发与社会经济发展协调发展评价。根据 2009—2016 年广州市的指标数据，采用上节介绍的评价方法,对 2009—2016 年的国土空间开发综合指数、社会经济发展综合指数以及两子系统协调发展度进行量化计算(表 15-8)。

表 15-8　广州市综合发展指数及协调发展度数据表

指标层	2009 年	2010 年	2011 年	2012 年	2013 年	2014 年	2015 年	2016 年
国土空间开发综合指数	0.640 4	0.666 6	0.650 1	0.632 9	0.617 7	0.492 0	0.460 3	0.359 6
社会经济发展综合指数	0.063 2	0.287 5	0.392 7	0.497 8	0.624 3	0.704 3	0.807 7	0.913 1
协调度 C	0.106 9	0.709 2	0.881 9	0.971 6	0.999 9	0.938 0	0.855 6	0.657 5
综合评价指数 T	0.351 8	0.477 1	0.521 4	0.565 3	0.621 0	0.598 2	0.634 0	0.636 4
协调发展度 D	0.194 0	0.581 7	0.678 1	0.741 1	0.788 0	0.749 1	0.736 5	0.646 9
协调类别	严重失调	勉强协调	轻度协调	良好协调	良好协调	良好协调	良好协调	轻度协调

从图 15-41 中蓝色柱状图可以看出,广州市 2009—2016 年国土空间开发综合指数除 2010 年因以广州中心城区为核心的"四环十八射"环型放射状高快速路网系统的建成,公路通车里程数有较大幅度增加而出现小幅提升之外,整体呈下降趋势。国土空间开发综合指数的下降主要与连年上升的人口密度以及因持续增加建设用地而导致的侵占农用地和未利用土地等其他类型用地占比有关。其中,2013 年以前其下降较为平缓,国土空间开发综合指数平均每年下降在 0.015 左右,到 2013 年仍然保持在 0.6 以上。2014 年,广州市国土空间开发综合指数出现较大程度下降,这应该与 2014 年广东省用地预审项目较 2013 年下降 42.9%、交通水利等用地也出现大幅下降有关,用地预审的下降在一定程度上导致了土地使用统筹规划的缺乏。

从图 15-41 中红色柱状图可以看出,2009—2016 年,广州市社会经济发展综合指数一直呈现快速稳定的上涨,说明广州市在此阶段社会经济发展规划较为成熟稳定,生产总值增速快速稳定,第三产业占比持续提升,产业结构改革较有成效,城镇居民人均可支配收入增长稳定。

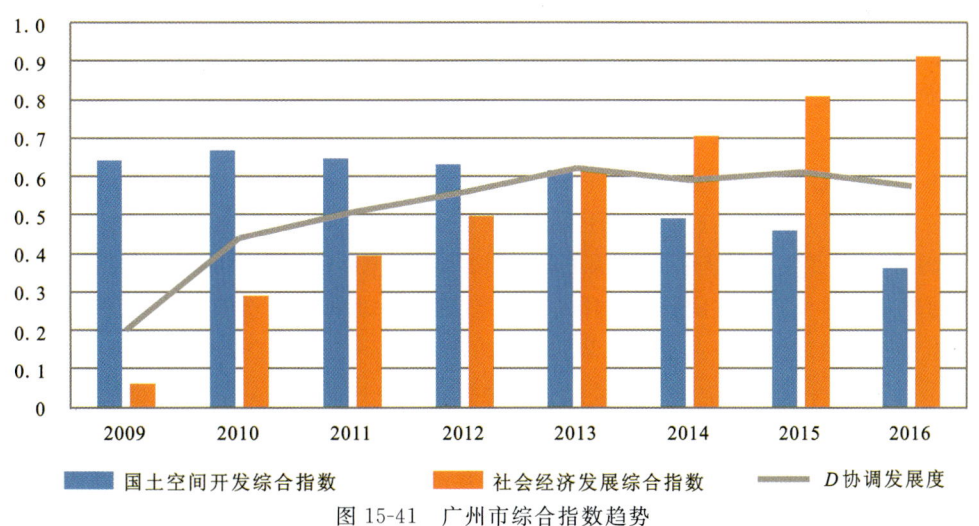

图 15-41　广州市综合指数趋势

从图中折线部分可以看出,在 2009—2016 年期间,广州市国土空间开发与社会经济协调发展度整体呈现先上升后下降的趋势,协调发展度提升了数个等级。从 2009 年的 0.194 0 上升至 2013 年的 0.788 0 最高值,但从 2013 年开始,社会经济发展综合指数开始超越国土空间开发综合指数,并且其差距开始拉大,导致广州市协调发展度也因此以 2013 年作为拐点,并逐年下降到 2016 年的 0.646 9。主要原因是 2009 年社会经济发展综合指数较大幅度地落后于国土空间开发利用综合指数,随着广州市对社会经济发展的大力投入,社会经济发展综合指数一直呈现稳定快速上升趋势,并于2013年达到与国土空间开发综合指数相当的水平,所以2013年国土空间开发综合指数与社会经济发展综合指数协调度达到了此阶段最高值的良好协调,处于同步发展状态。2013—2016年,随着广州市社会经济在各种政策、资源的持续支持下,发展指数继续稳步快速上升,而国土空间的开发利用受到有限国土资源的制约,开发综合指数开始呈持续下降趋势,与社会经济发展指数的差距逐渐越来越大,所以广州市国土空间与社会经济协调发展度开始出现回落趋势,处于国土空间开发滞后型发展。

(2)深圳市国土空间开发与社会经济发展协调发展评价。根据2009—2016年深圳市的指标数据,采用上节介绍的评价方法,对2009—2016年的国土空间开发综合指数、社会经济发展综合指数以及两子系统协调发展度进行量化计算(表15-9)。

表15-9 深圳市综合发展指数及协调发展度数据表

指标层	2009年	2010年	2011年	2012年	2013年	2014年	2015年	2016年
国土空间开发综合指数	0.565 3	0.517 3	0.477 9	0.553 0	0.599 3	0.452 5	0.409 9	0.375 8
社会经济发展综合指数	0.074 7	0.188 6	0.329 9	0.472 6	0.615 8	0.601 4	0.749 7	0.925 3
协调度 C	0.170 0	0.613 3	0.934 1	0.987 8	0.999 6	0.960 5	0.835 6	0.675 1
综合评价指数 T	0.320 0	0.352 9	0.403 9	0.512 8	0.607 5	0.526 9	0.579 8	0.650 6
协调发展度 D	0.233 2	0.465 2	0.614 2	0.711 7	0.779 3	0.711 4	0.696 1	0.662 7
协调类别	严重失调	轻度失调	轻度协调	良好协调	良好协调	良好协调	轻度协调	轻度协调

从图15-42中蓝色柱状图可以看出,2009—2016年深圳市国土空间开发综合指数在波动中呈总体下降的趋势。2011年,深圳市公路通车里程增长停滞,耕地面积比例持续下降,交通水利用地比例出现负增长是导致综合发展指数落入谷底的直接原因。而随着深圳市开始加大耕地、林地补充力度,综合指数开始逐渐提升至2013年的波峰0.599 3。但2013年以后,广东省不再批准新的耕地补充项目,随着建设用地的大量新增,耕地等农用地和未利用土地比例开始逐年下降,国土空间开发综合指数开始明显下降。

从图15-42中红色柱状图可以看出,深圳市社会经济发展综合指数除2014年出现小幅回落之外,基本呈稳定上升的趋势。经对比数据发现,2014年指数的小幅回落可能是居民可支配收入和社会消费品零售总额统计口径的问题。总体来看,2009—2016年深圳市社会经济发展呈现快速稳定上涨的趋势,社会经济发展得到有效统筹规划。

从图15-42中协调发展度折线可以看出,在2009—2016年期间,深圳市国土空间开发与社会经济发展协调度呈现先上升后下降的趋势,协调发展度提升了数个等级。国土空间开发与社会经济协调发展水平从2009年的0.233 2上升至2013年的0.779 3(最大值),主要是因为2009年,社会经济发展综合指数较大幅度地落后于国土空间开发利用综合指数,随着深圳市对社会经济发展的大力投入,社会经济发展综合指数一直呈现稳定快速上升趋势,并于2013年达到与国土空间开发综合指数相当的水平,所以2013年国土空间开发综合指数与社会经济发展综合指数协调度达到了此阶段最高值的良好协调,处于同步发展状态。但从2013年开始,随着深圳市社会经济在各种政策、资源的持续支持下,发展指数继续稳步快速上升,而国土空间的开发利用开始受到有限国土资源的制约,大量新增建设用地挤占了其他类型用地,特别是农用地和未利用地,国土空间开发综合指数开始呈持续下降趋势,与社会经济发展指数逐渐差距越来越大,导致深圳市协调发展度也因此以2013年作为拐点,并开始逐年下降到2016年的0.662 7。

(3)珠海市国土空间开发与社会经济发展协调发展评价。根据2009—2016年珠海市的指标数据,采用上节介绍的评价方法,对2009—2016年的国土空间开发综合指数、社会经济发展综合指数以及两子系统协调发展度进行量化计算(表15-10)。

第十五章 粤港澳大湾区国土空间优化开发研究

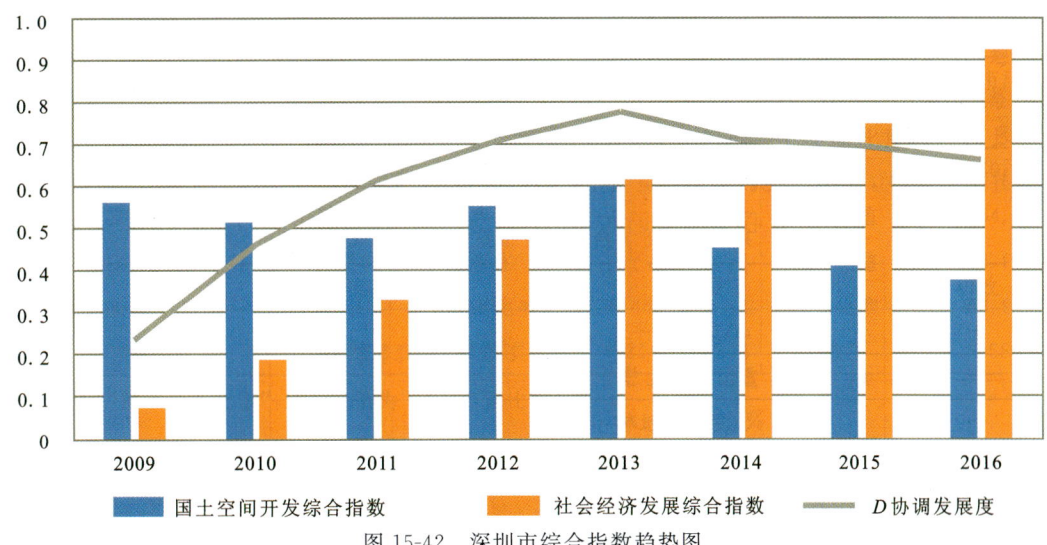

图 15-42 深圳市综合指数趋势图

表 15-10 珠海市综合发展指数及协调发展度数据表

指标层	2009年	2010年	2011年	2012年	2013年	2014年	2015年	2016年
国土空间开发综合指数	0.630 4	0.636 1	0.518 5	0.556 5	0.526 8	0.483 4	0.379 1	0.349 6
社会经济发展综合指数	0.151 4	0.247 4	0.353 5	0.442 2	0.562 5	0.658 9	0.785 4	0.850 6
协调度 C	0.390 3	0.650 3	0.929 6	0.974 0	0.997 8	0.953 3	0.771 4	0.682 0
综合评价指数 T	0.390 9	0.441 7	0.436 0	0.499 3	0.544 6	0.571 1	0.582 2	0.600 1
协调发展度 D	0.390 6	0.535 9	0.636 7	0.697 4	0.737 2	0.737 9	0.670 2	0.639 7
协调类别	中度失调	勉强协调	轻度协调	轻度协调	良好协调	良好协调	轻度协调	轻度协调

从图 15-43 中的蓝色柱状图可以看出,2009—2016 年珠海市国土空间开发综合指数在小幅波动中呈总体下降的趋势。2010 年和 2012 年,珠海市国土空间开发综合指数出现两次小幅提升,主要原因是公路通车里程相比前一年有较大幅度提升以及土地经济密度提升的作用。总体来看,随着珠海市社会经济的发展,建设用地需求持续提升,连年新增建设用地供应量导致以耕地等农用地和未利用土地为主的其他类型用地比例持续下降,同时 2012 年之后广东省不再新批耕地补充项目,国土空间开发综合指数开始连年下降至 2016 年的 0.349 6。

图 15-43 珠海市综合指数趋势

从图 15-43 中红色柱状图可以看出,2009—2016 年珠海市社会经济发展综合指数呈现良好持续上升趋势。依托稳健的经济发展战略,在此阶段珠海市社会经济发展势头良好,生产总值增长快速稳定,第一、二产业比重持续下降,城镇居民人均可支配收入、社会消费品零售综合稳步上升,城镇化率逐年提升。

从图 15-43 中协调发展度折线可以看出,在 2009—2016 年期间,珠海市国土空间开发与社会经济发展协调度总体呈现先上升后下降的趋势,国土空间开发与社会经济协调发展水平从 2009 年的 0.390 6 上升至 2014 年的 0.737 9(最大值),从 2009 年的社会经济发展滞后型中度失调发展到 2014 年的良好协调,跨越 4 个等级。主要是因为 2009 年社会经济发展综合指数较大幅度地落后于国土空间开发利用综合指数,随着珠海市对社会经济发展的大力投入,社会经济发展综合指数一直呈现稳定快速上升趋势,并于 2013 年达到与国土空间开发综合指数相当的水平,所以 2013 年国土空间开发综合指数与社会经济发展综合指数协调度达到了此阶段最高值的良好协调,处于同步发展状态。

从 2014 年开始,珠海市社会经济在各种政策、资源的持续支持下,发展指数继续稳步快速上升,而国土空间的开发利用开始受到有限国土资源的制约,大量新增建设用地,挤占了其他类型用地,特别是农用地和未利用地,国土空间开发综合指数开始呈持续下降趋势,与社会经济发展指数的差距逐渐越来越大,所以珠海市国土空间与社会经济协调发展度开始出现回落趋势,处于国土空间开发滞后型发展,导致珠海市协调发展度也因此以 2014 年作为拐点,逐年下降到 2016 年的 0.639 7。

(4)佛山市国土空间开发与社会经济发展协调发展评价。根据 2009—2016 年佛山市的指标数据,采用上节介绍的评价方法,对 2009—2016 年的国土空间开发综合指数、社会经济发展综合指数以及两子系统协调发展度进行量化计算(表 15-11)。

表 15-11 佛山市综合发展指数及协调发展度数据表

指标层	2009 年	2010 年	2011 年	2012 年	2013 年	2014 年	2015 年	2016 年
国土空间开发综合指数	0.725 2	0.550 0	0.650 0	0.540 0	0.430 0	0.400 0	0.330 0	0.280 0
社会经济发展综合指数	0.123 4	0.292 8	0.410 0	0.500 3	0.593 2	0.674 6	0.799 0	0.840 0
协调度 C	0.247 2	0.820 2	0.897 6	0.996 7	0.950 0	0.869 3	0.681 7	0.569 0
综合评价指数 T	0.424 3	0.422 2	0.528 5	0.521 4	0.511 8	0.535 3	0.563 7	0.559 1
协调发展度 D	0.323 8	0.588 7	0.688 7	0.720 9	0.697 3	0.682 2	0.619 9	0.564 0
协调类别	中度失调	勉强协调	轻度协调	良好协调	轻度协调	轻度协调	轻度协调	勉强协调

从图 15-44 中蓝色柱状图可以看出,2009—2016 年佛山市国土空间开发综合指数在小幅波动中呈总体下降的趋势。随着佛山市社会经济发展,大量外来人口的进入导致人口密度、建设用地、城镇村及工矿用地需求逐年上升,人均土地占有量相应下降,农用地和未利用土地比例被侵占,直接带来了佛山市国土空间开发综合指数的连年下降。2011 年,指数出现小幅回升,主要原因是耕地补偿工作带来的耕地和草地占比上升,以及土地经济密度的提升,缓解了佛山市土地利用多样化比例逐年下降的趋势。但从 2012 年开始,广东省停止审批新的耕地补偿项目,国土空间开发综合指数开始逐年下滑到 2016 年的 0.28。

从图 15-44 中红色柱状图可以看出,2009—2016 年佛山市社会经济发展综合指数呈现良好持续上升趋势。依托稳健的经济发展战略,佛山市社会经济发展势头良好,地方公共财政收入逐年增加,生产总值增长快速稳定,第三产业比重稳步提升,社会消费品零售总额稳步上升,城镇化率逐年提升。

从图 15-44 中折线可以看出,2009—2016 年,佛山市国土空间开发与社会经济发展协调度总体呈现先上升后下降的趋势,2009—2012 年佛山市国土空间开发综合指数一直高于社会经济协调发展综合指数,但随着佛山市社会经济迅速发展,这种差距快速缩小,与此同时两系统协调发展度从 2009 年的

0.323 8上升至2012年的0.720 9(最大值),从社会经济发展滞后型中度失调到国土空间开发滞后型良好协调。2012年之后,佛山市社会经济发展综合指数依然保持着快速稳定上升趋势,这种社会经济的快速发展消耗了佛山市有限的国土空间承载力,而有效的国土空间优化开发政策的缺位导致国土空间开发综合指数从2011年开始逐年下降到2016年的0.280 0。

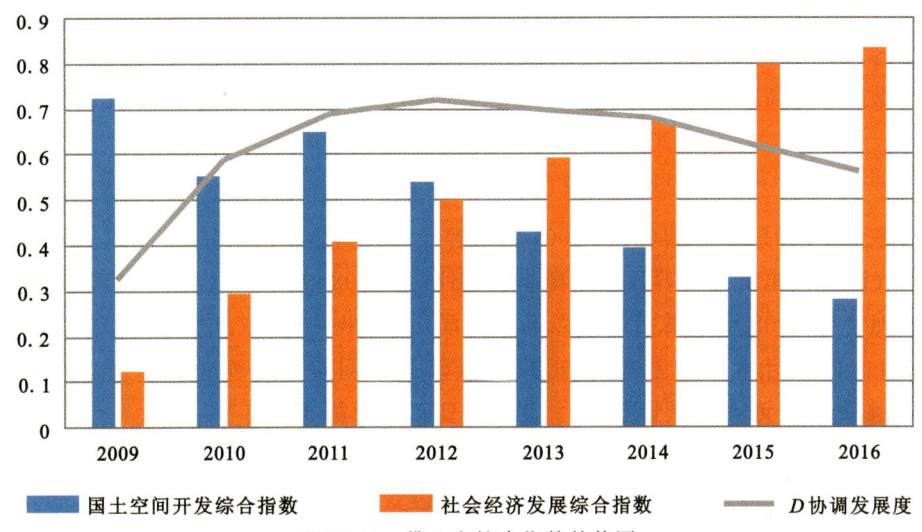

图15-44　佛山市综合指数趋势图

(5)江门市国土空间开发与社会经济发展协调发展评价。根据2009—2016年江门市的指标数据,采用上节介绍的评价方法,对2009—2016年的国土空间开发综合指数、社会经济发展综合指数以及两子系统协调发展度进行量化计算(表15-12)。

表15-12　江门市综合发展指数及协调发展度数据表

指标层	2009年	2010年	2011年	2012年	2013年	2014年	2015年	2016年
国土空间开发综合指数	0.628 2	0.588 5	0.497 7	0.672 7	0.569 0	0.370 8	0.541 1	0.340 2
社会经济发展综合指数	0.144 4	0.294 9	0.486 5	0.450 0	0.620 9	0.588 3	0.655 4	0.882 0
协调度 C	0.369 4	0.791 4	0.999 7	0.922 8	0.996 2	0.899 7	0.981 8	0.645 5
综合评价指数 T	0.386 3	0.441 7	0.492 1	0.561 4	0.594 9	0.479 5	0.598 3	0.611 1
协调发展度 D	0.377 7	0.591 2	0.701 4	0.719 7	0.769 9	0.656 8	0.766 4	0.628 1
协调类别	中度失调	勉强协调	良好协调	良好协调	良好协调	轻度协调	良好协调	轻度协调

从图15-45中蓝色柱状图可以看出,2009—2016年江门市国土空间开发综合指数在波动中呈总体下降的趋势。2012年和2015年国土空间开发综合指数分别有一次跃升,然后随着耕地等农用地、未利用土地的占比连年下降,国土空间开发综合指数呈阶段性下降的趋势。分析2012年和2015年及前一年的数据可知,带来江门市国土空间开发综合指数跃升的主要原因除土地经济密度的增长之外,还有2012年耕地占比的大幅提升,以及两个年份都出现的人口密度的下降现象,人口密度的下降同时也带来了人均土地占有量的提升。

从图15-45中红色柱状图可以看出,江门市社会经济发展综合指数在波动中呈整体上升趋势。2012年和2014年,社会经济发展指数出现两次小幅下滑,主要原因是2012年和2014年江门市生产总值增长势头放缓,2012年末总户籍人口出现下滑(可能是由于统计原因),2014年城镇居民人均可支配收入出现下降。

从图 15-45 中协调发展度折线可以看出,2009—2016 年,江门市国土空间开发与社会经济协调发展度呈现先上升后下降的趋势。2009—2013 年,随着江门市社会经济的快速发展,虽然社会经济发展综合指数与国土空间开发综合指数均出现一定的波动,但两个指数间的差距总体逐渐减小,协调发展度从 2009 年的 0.377 7 上升至 2013 年的 0.769 9(最大值)。2013—2016 年,江门市社会经济发展综合指数总体上升,但因缺乏针对国土空间利用效率的有效统筹规划,国土空间资源未得到充分优化利用,综合指数开始发生较大波动,两个系统的协调发展度也相应出现较大波动,但整体来看,还是呈缓慢下降的总体趋势,2013 年峰值之后,江门市开始处于国土空间开发滞后型发展。

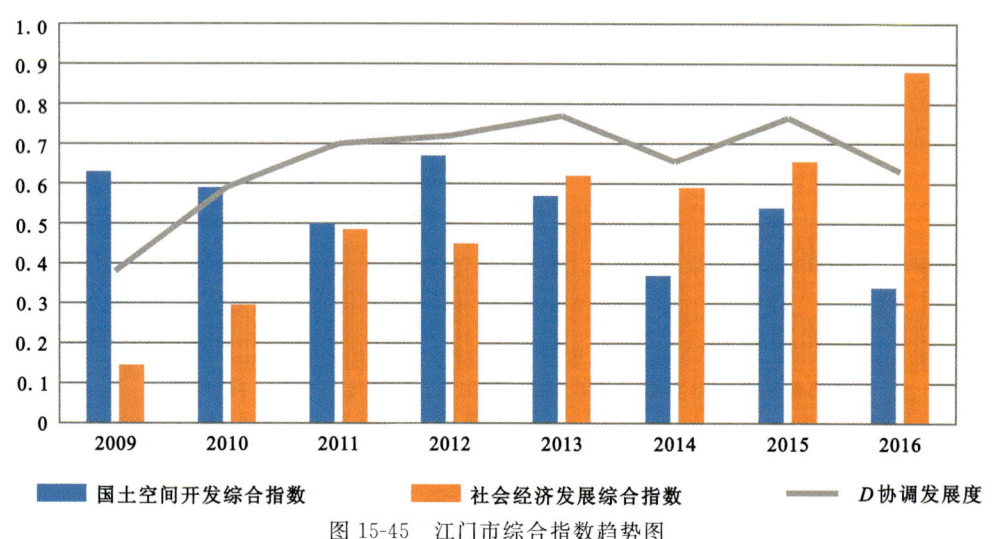

图 15-45　江门市综合指数趋势图

(6)肇庆市国土空间开发与社会经济发展协调发展评价。根据 2009—2016 年肇庆市的指标数据,采用上节介绍的评价方法,对 2009—2016 年的国土空间开发综合指数、社会经济发展综合指数以及两子系统协调发展度进行量化计算(表 15-13)。

表 15-13　肇庆市综合发展指数及协调发展度数据表

指标层	2009 年	2010 年	2011 年	2012 年	2013 年	2014 年	2015 年	2016 年
国土空间开发综合指数	0.583 2	0.560 0	0.560 0	0.570 0	0.570 0	0.580 0	0.570 0	0.550 0
社会经济发展综合指数	0.065 1	0.232 1	0.347 9	0.445 0	0.593 6	0.668 7	0.785 3	0.819 2
协调度 C	0.130 4	1.000 0	0.893 8	0.968 4	0.999 4	0.989 4	0.947 8	0.921 1
综合评价指数 T	0.324 1	0.000 0	0.454 0	0.509 2	0.583 3	0.623 3	0.675 4	0.682 3
协调发展度 D	0.205 6	0.521 4	0.637 0	0.702 2	0.763 5	0.785 3	0.800 1	0.792 8
协调类别	严重失调	勉强协调	轻度协调	良好协调	良好协调	良好协调	优质协调	良好协调

从图 15-46 中蓝色柱状图可以看出,2009—2016 年肇庆市国土空间开发综合指数在小幅波动中呈平稳偏下降的趋势。国土空间开发综合指数在 0.55 左右小幅波动。对比历年数据来看,肇庆市对耕地、林地、草地等其他农用地的保持工作十分重视,现有建设用地供应量充足,各种农用地、未利用土地占比未受到大幅侵占,2012 年广东省停止审批新的耕地补偿项目之前耕地比例呈上升趋势,2013—2016 年耕地、林地及其他农用地占比呈小幅下降,国土空间开发综合指数也随之出现小幅下降趋势。

从图 15-46 中红色柱状图可以看出,2009—2016 年肇庆市社会经济发展综合指数呈现良好稳步上升趋势,社会经济发展基本稳定健康,生产总值增长平稳,地方公共财政收入、城镇居民人均可支配收入连年上升,城镇化率从 2009 年的 41.6% 上升至 2016 年的 46.08%,2016 年第三产业占比达到 51.8%,社会经济发展规划平稳有效。

从图 15-46 中协调发展度折线可以看出,2009—2016 年,肇庆市国土空间开发与社会经济协调发展度呈现良好的上升趋势,从 2009 年社会经济发展滞后型严重失调发展到 2016 年的国土空间开发滞后型良好协调,跨越 5 个等级。2009—2012 年,肇庆市社会经济发展综合指数从较低水平开始发展,社会经济发展综合指数与国土空间开发综合指数间的较大差值导致 2009 年肇庆市协调发展度处于 0.205 6 的较低水平。随着稳健有效的经济发展规划的实施,社会经济综合指数的逐渐赶超,社会经济发展逐渐超越国土空间开发综合指数,2015 年协调发展度上升至最大值 0.800 1 并开始下降至 2016 年的 0.792 8,可以预见这种下降趋势将呈加速趋势。

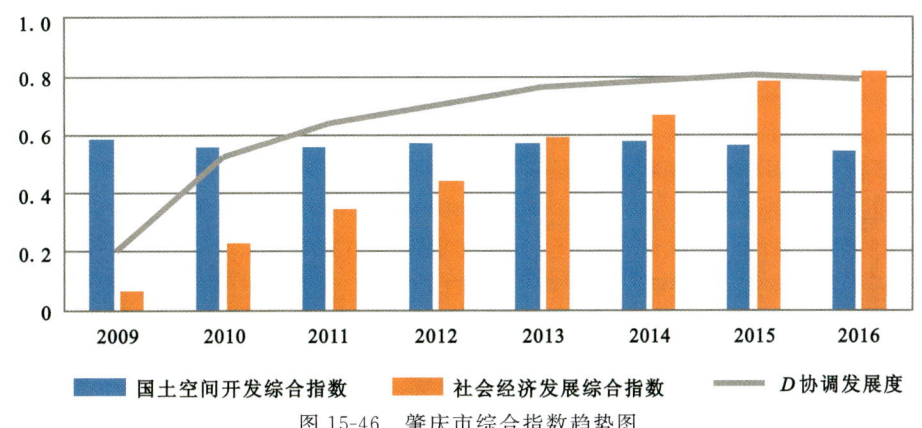

图 15-46 肇庆市综合指数趋势图

(7) 惠州市国土空间开发与社会经济发展协调发展评价。根据 2009—2016 年惠州市的指标数据,采用上节介绍的评价方法,对 2009—2016 年的国土空间开发综合指数、社会经济发展综合指数以及两子系统协调发展度进行量化计算(表 15-14)。

表 15-14 惠州市综合发展指数及协调发展度数据表

指标层	2009 年	2010 年	2011 年	2012 年	2013 年	2014 年	2015 年	2016 年
国土空间开发综合指数	0.699 6	0.600 0	0.450 0	0.410 0	0.380 0	0.400 0	0.380 0	0.280 0
社会经济发展综合指数	0.047 4	0.244 8	0.302 8	0.433 0	0.583 9	0.669 4	0.791 4	0.917 0
协调度 C	0.056 5	0.678 5	0.929 0	0.998 4	0.915 2	0.878 7	0.766 6	0.516 8
综合评价指数 T	0.373 5	0.421 9	0.373 9	0.421 2	0.483 3	0.535 4	0.585 0	0.599 3
协调发展度 D	0.145 3	0.535 1	0.589 4	0.648 5	0.665 1	0.685 9	0.669 7	0.556 5
协调类别	严重失调	勉强协调	勉强协调	轻度协调	轻度协调	轻度协调	轻度协调	勉强协调

从图 15-47 中蓝色柱状图可以看出,2009—2016 年惠州市国土空间开发综合指数整体呈明显下降的趋势。2009—2011 年,国土空间开发综合指数下降速度较快,原因主要有两个方面:一是人口密度大幅上升,以及由此带来的人均土地占有量的大幅下降;二是因新增建设用地而导致的惠州市林地等农用地及未利用地被侵占。随着社会经济的发展,建设用地的需求不断增加,在新增建设用地的同时,耕地、林地等农用地占比不断缩减,导致惠州市国土空间土地利用类型呈单一化发展,综合指数不断下跌,2012 年惠州国土空间开发综合指数的小幅跃升,主要来自多个公路建设项目带来的公路通车里程的大幅增加,但其总体明显呈现下降趋势。

从图 15-47 中红色柱状图可以看出,2009—2016 年惠州市社会经济发展综合指数呈现良好稳步上升趋势,依托稳健的经济发展战略,惠州市社会经济发展势头良好,生产总值增长快速稳定,地方公共财政收入逐年增加,第三产业比重稳步提升至 2016 年的 41.1%,社会消费品零售总额稳步上升,城镇化率逐年提升。

从图 15-47 中协调发展度折线可以看出,2009—2016 年,惠州市国土空间开发与社会经济协调发展度呈现先上升后下降的趋势,2009—2011 年,因相对较落后的社会经济发展综合指数的快速上升,同时国土空间开发指数也在此期间呈快速下降趋势,两子系统指数差值的快速缩小带来了惠州市国土空间开发与社会经济协调发展度的快速上升。由此可以看出,惠州市发展重心倾斜于社会经济发展,国土空间利用较为粗放,缺乏统筹规划。惠州市在此阶段的社会经济发展带来了国土空间开发与社会经济发展协调发展度从 2009 年的 0.145 3 严重失调上升到 2011 年的 0.589 4 勉强协调。2014—2016 年,随着社会经济发展综合指数的进一步上升,在 2014 年协调发展度达到了最大值 0.685 9,进入轻度协调,处于同步发展状态。2014 年之后,现有国土空间结构的承载力已超过最优范围,国土空间开发综合指数缓慢下降,惠州市协调发展度开始回落,处于国土空间开发滞后型发展。

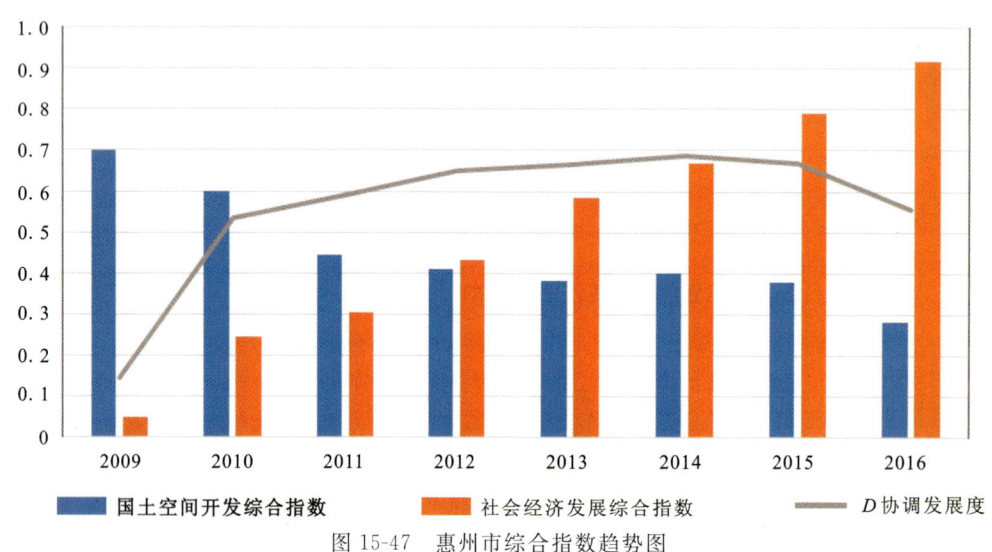

图 15-47 惠州市综合指数趋势图

(8)东莞市国土空间开发与社会经济发展协调发展评价。根据 2009—2016 东莞年市的指标数据,采用上节介绍的评价方法,对 2009—2016 年的国土空间开发综合指数、社会经济发展综合指数以及两子系统协调发展度进行量化计算(表 15-15)。

表 15-15 东莞市综合发展指数及协调发展度数据表

指标层	2009 年	2010 年	2011 年	2012 年	2013 年	2014 年	2015 年	2016 年
国土空间开发综合指数	0.416 1	0.386 5	0.432 5	0.500 0	0.510 0	0.520 0	0.520 0	0.520 0
社会经济发展综合指数	0.176 2	0.334 8	0.432 7	0.506 6	0.612 8	0.612 1	0.711 8	0.767 1
协调度 C	0.698 8	0.989 5	1.000 0	0.999 9	0.982 3	0.986 6	0.950 8	0.928 1
综合评价指数 T	0.296 2	0.360 6	0.432 6	0.503 6	0.560 0	0.565 7	0.614 7	0.643 9
协调发展度 D	0.454 9	0.597 4	0.657 8	0.709 6	0.741 6	0.747 1	0.764 5	0.773 0
协调类别	轻度失调	勉强协调	轻度协调	良好协调	良好协调	良好协调	良好协调	良好协调

从图 15-48 中蓝色柱状图可以看出,2009—2016 年东莞市国土空间开发综合指数整体呈上升趋势。从数据来看,东莞市耕地、林地等农用地及未利用地占比虽呈现下降趋势,但幅度有限,草地占比虽有所波动,但总体呈现上升趋势。由此可见,东莞市对于农用地、未利用土地等其他类型的土地利用尚保持克制态度,建设用地供应量尚有余量。随着社会经济发展,公路通车里程、城镇村及工矿用地以及土地经济密度的提升,东莞市国土空间开发综合指数呈现稳步提升趋势,但从 2014 年开始,这种上升趋势随

着耕地、林地、草地的小幅下降开始趋于停滞。

从图15-48中红色柱状图可以看出,依托稳健的经济发展战略,2009—2016年东莞市社会经济发展综合指数呈现良好稳步上升趋势。社会经济发展基本稳定健康,生产总值增长平稳,地方公共财政收入连年上升,城镇化率从2009年的86.39%上升至2016年的89.14%,除因2014年城镇居民人均可支配收入的降低而导致的社会经济发展综合指数的小幅下滑之外,东莞市社会经济发展综合指数增长平稳。

从图15-48中协调发展度折线可以看出,2009—2016年,东莞市国土空间开发与社会经济协调发展度呈现良好的上升趋势,国土空间开发与社会经济协调发展度从2009年社会经济发展滞后型轻度失调发展到2016年的国土空间开发滞后型良好协调,跨越3个等级。归因于相对落后的社会经济发展综合指数的快速上升,国土空间开发与社会经济发展协调发展度呈现良好上升趋势,但从两综合指数渐渐扩大的差距来看,可以预见这种上升趋势将逐渐减缓并开始反转。

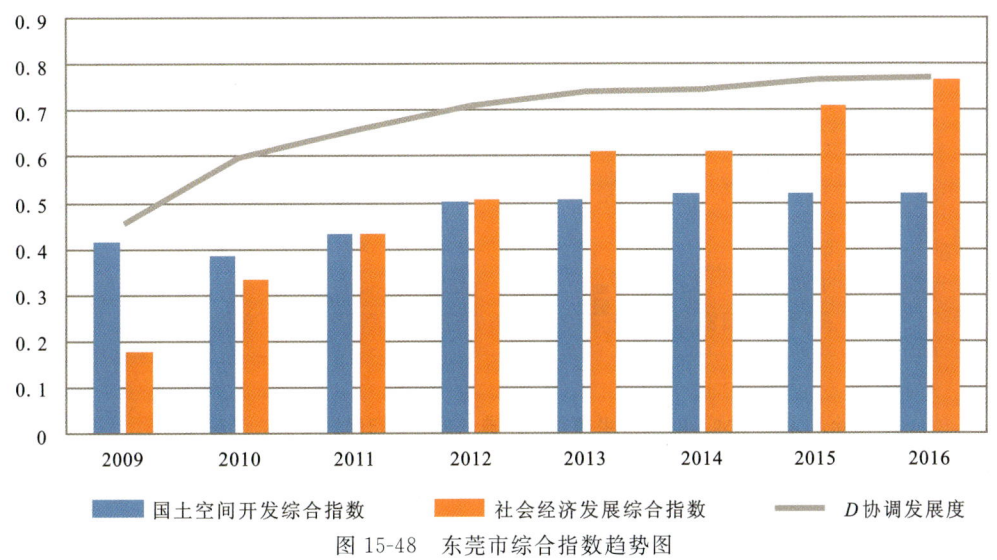

图15-48 东莞市综合指数趋势图

(9)中山市国土空间开发与社会经济发展协调发展评价。根据2009—2016年中山市的指标数据,采用上节介绍的评价方法,对2009—2016年的国土空间开发综合指数、社会经济发展综合指数以及两子系统协调发展度进行量化计算(表15-16)。

表15-16 中山市综合发展指数及协调发展度数据表

指标层	2009年	2010年	2011年	2012年	2013年	2014年	2015年	2016年
国土空间开发综合指数	0.611 3	0.570 0	0.560 0	0.590 0	0.490 0	0.450 0	0.380 0	0.340 0
社会经济发展综合指数	0.117 0	0.282 1	0.408 4	0.513 5	0.612 4	0.673 8	0.797 8	0.829 6
协调度 C	0.290 8	0.782 1	0.954 1	0.990 9	0.974 4	0.923 6	0.760 9	0.686 7
综合评价指数 T	0.364 1	0.427 5	0.481 8	0.550 0	0.550 0	0.562 6	0.587 7	0.586 8
协调发展度 D	0.325 4	0.578 2	0.678 0	0.738 7	0.732 1	0.720 9	0.668 7	0.634 8
协调类别	中度失调	勉强协调	轻度协调	良好协调	良好协调	良好协调	轻度协调	轻度协调

从图15-49中蓝色柱状图可以看出,除2012年中山市实施交通先行战略,助推城市转型升级,城市公路交通建设加快,大量新增公路通车里程带来了国土空间开发综合指数了小幅提升之外,2009—2016年中山市国土空间开发综合指数整体呈下降趋势。根据数据对比发现,随着中山市社会经济发展,建设用地需求不断提升,新增建设用地成为保障社会经济发展的必然选择,因此而来的耕地、林地等农用地,未利用土地比例下降因素,再结合因人口密度不断上升所导致的一系列国土空间承载力的消耗,在未采取更加合理高效的国土空间优化措施之前,中山市国土空间开发综合指数下降趋势无可避免。

从图 15-49 中红色柱状图可以看出,依托稳健的经济发展战略,在此阶段,中山市社会经济发展势头良好,生产总值增长快速稳定,第一、二产业比重持续下降,第三产业占比 2016 年达到 45.5%,城镇居民人均可支配收入、社会消费品零售综合稳步上升,城镇化率逐年提升,2009—2016 年中山市社会经济发展综合指数呈现良好持续上升趋势。

从图 15-49 中协调发展度折线可以看出,2009—2016 年,中山市国土空间开发与社会经济协调发展度呈现先上升后下降的趋势,从 2009 年社会经济发展滞后型中度失调发展到 2012 年的国土空间开发滞后型良好协调,又逐渐回落到 2016 年 0.634 8 轻度协调。2009—2012 年,中山市国土空间开发综合指数有小幅波动,但基本稳定在 0.6 左右,结合此阶段社会经济综合发展指数的变化趋势不难看出,快速发展的社会经济对国土空间承载力有一定的冲击。在协调发展度 2012 年达到峰值 0.738 7 之后,因国土空间结构优化和开发的放缓,相对高速发展的社会经济导致现有结构的国土空间承载能力已不足,中山市国土空间开发利用综合指数开始出现快速下降,国土空间与社会经济协调发展度出现较大程度回落。

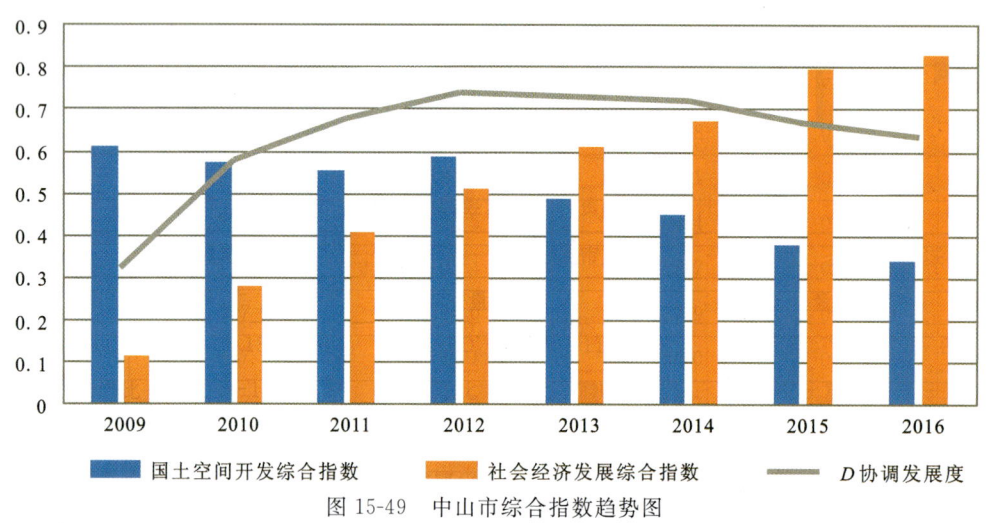

图 15-49 中山市综合指数趋势图

(四)小结

粤港澳大湾区 9 市区从 2009—2016 年,国土空间开发与社会经济的协调发展度有相当大程度的提升,到 2016 年基本均处于轻度协调,但也应注意到,国土空间与社会经济发展协调度变化趋势不容乐观,协调发展度正处于不断递减的过程,各市国土空间开发综合指数均处于连年下降的不利趋势。

总体说来,粤港澳大湾区在 2009—2016 年,为获得社会经济的高速发展,投入了巨大的国土空间资源,建设用地增长过快。为保障建设用地的供应,不仅大量农用地、未利用地被转为建设用地,导致其在国土空间的整体占比日趋下降,而且大量的建设用地供应也带来了建设用地的低效率利用,大量建设用地被粗放型利用,在强调社会经济增长的同时,没有考虑到土地利用效率问题。而且,大量建设用地出现开而不发、圈而未用的现象,预审核机制没有得到有效的全面落实。

三、政策及建议

粤港澳大湾区作为改革开放的领头羊地区,是我国国土空间规划最早的地区之一,但是依然存在许多问题。借鉴已有开发案例中的成功经验,从而形成完善的地下空间系统,优化国土空间开发格局,其政策和采取的有效措施如下。

（一）理念更新

1. 加强统筹意识，注重协调发展关系

随着我国改革开放的不断深入，经济全球化进程加快，要求粤港澳大湾区以新的视角探索国土规划的新理念，破除封闭式国土或区域的概念，重点关注跨区域的大尺度空间规划的研究。在新一轮国土空间规划中，粤港澳大湾区应根据经济全球化发展的新形势，除重视沿海大都市经济区空间发展规划之外，将新的国土空间理念纳入到规划体系中，充分考虑与周边地区、国家的联系和协作。

目前，粤港澳大湾区处在产业结构调整的关键时期，需要从战略规划上统筹考量经济发展与国土空间开发，进一步提升与泛珠三角区域的合作层级，完善区域协调机制，拓展泛珠三角战略腹地，进一步拓展产业空间等。注重发展的统筹和协调，做好粤港澳大湾区之间的协调发展，防止顾此失彼和发展失衡。

例如广州和深圳作为泛珠三角城市群核心城市和华南区域中心，必须发挥在泛珠三角城市群、全省、全国的带动引领和辐射作用，做大国际国内影响力，加强跨区域综合衔接，推进区域融合发展，拓展中心城市腹地，形成协同发展合力，引领区域一体化发展。

深圳、东莞等空间有限的城市，往城际经济圈、泛珠三角地区"要地"。深圳加快深莞惠和河源、汕尾（3+2）经济圈建设，全面推进与粤东西北地区协同发展，确保重大议定事项落到实处。东莞可以将部分产能向惠州、江门等地转移，在佛山不够强势的外向经济上错位发展，实现区域的协同发展。

珠海市可以突出在粤港澳大湾区中的海洋、海岛、滨海特色，以万山区为重点，有序推进整岛开发、"一岛一品"，建设世界一流、中国好的群岛休闲旅游目的地，建设国际旅游名城，统筹推进城市和农村、东部和西部、陆地和海岛协调发展。

2. 提升生态文明水平，打造优质生活圈

粤港澳大湾区需要构建城市生态网络体系。以道路、河流或绿带为基础，构建由纵横交错的廊道和生态斑块有机构建的城市生态网络体系，增强城市生态系统格局的空间整体性和内部关联性，缓解热岛效应，减少噪声，改善空气质量，划定城市生态控制线，进一步改善人居环境。例如珠海市完善城乡一体的森林生态网络，形成"两心、两带、三网、四群、多点"的绿地系统，建设以林荫道为骨架的生态绿廊。

粤港澳大湾区需要构建海洋生态保护红线。推进海洋生态红线空间管护，合理规划围垦用海空间，限制湾内填海和填海连岛，节约集约利用海岸线和海域资源，加强近岸海域环境保护与治理，有效控制陆海污染源，优先配置水生野生动物和水产资源保护空间，构筑以沿岸山体和沿海绿化带为主体的区域生态安全体系，如广州市实施流花湖、麓湖、白云新城、大学城、海珠湿地五大片区绿化建设，推进3个10km景观绿化工程，打造精品景观。

打造宜居宜业宜游的优质生活圈。旅游资源丰富，是宜居宜业宜游的优质生活圈建设的有利地区。例如惠州获得了多项国家森林城市、国家环境保护模范城市等多块"国字号"生态文明建设金牌。瞄准"绿色化现代山水城市"，以其临港、近海、靠近深圳、拥有山河湖海资源的优势，要成为大湾区城市群里的生态担当。与此同时，可以把东莞、惠州、香港等周边城市的生态用地与深圳生态用地作为一个整体，共同作为深圳的城市生态保障系统。另外，把近海海域及沿海红树林作为重要的生态空间，纳入城市生态保障系统范围，从而极大地拓展深圳的存量生态保障能力等，缓解深圳、东莞生态用地过少的矛盾。

(二)政策制定

1. 健全引导城市紧凑发展的城市规划和管理政策

在我国人多地少、适宜大规模进行经济开发活动但国土空间较为有限的国情下,加快城市化步伐也成为优化国土空间开发格局的重要途径。随着城市化发展的加快,粤港澳大湾区需要健全城市规划和管理方面的政策,以使城市能够节约和集约用地,能够在发展产业的同时保护生态空间。一是需要修订《城市规划建设用地标准》,参考东京、中国香港特区等人多地少地区的城市人均建设用地标准,适度降低我国现行的城镇综合用地标准,通过提高建成区人口密度,而不是扩大城市面积提升城市人口容量,提高土地利用强度。二是提高城市规划的科学性和约束力,保证城市内部及组团之间公共绿地、农业用地、防护林以及自然和人工水体不被侵占。三是制定城市综合整治、升级改造、拆除重建等方面的政策法规,防止主观随意性。四是制定加强城市管理的政策法规,使城市管理更加现代化和人性化。

2. 制定对粮食主产区和生态功能区的补偿政策

粤港澳大湾区加强对粮食主产区和生态功能区的保护是规范国土空间开发秩序、优化国土空间开发格局的重要举措。中央政府已逐年加大对粮食主产区的一般性转移支付力度,并逐步加强对农田水利设施建设等的支持力度,改善粮食主产区的财政和金融环境。在此基础上,粤港澳大湾区需要探索建立粮食主销区对主产区的利益补偿机制。可以考虑在主销区由财政资金出资建立商品粮调销补偿基金,按采购粮食每千克粮价的一定比例提取,根据从粮食主产区购入的商品粮的数量,给予从粮食主产区调销商品粮的补偿,多调多补,少调少补。

3. 完善相应的法律法规与政策体系

要想国土空间规划的实施达到预期效果,就离不开法律和政策体系的支持。发达国家的空间规划都以法律作为编制的依据,并在实施过程中制定具体的法规和政策作为保障,以国家的核心法律作为指导。当前我国国土空间规划的法律体系还处于起步阶段,主体功能区规划与其他规划之间的关系、各级政府的权责和利益分配等问题存在法律空白。因此,粤港澳大湾区迫切需要完善地区空间规划的法律法规和政策体系等,以便顺利推进国土空间规划的实施。

4. 加快产业结构转型,制定符合国土空间特点的土地政策

粤港澳大湾区需要把广泛应用高新技术和先进适用技术改造提升传统优势产业作为一项重要任务,从政策上、资金上、人才上给予扶持,推进企业重组和淘汰落后产能,为传统产业转型升级注入生机和活力,利用技术进步提高环境资源的利用率,进而形成对国土空间在内的自然资源的有效利用。

增加对用地数量更加不敏感的第三产业比重。大力发展文化、金融、研发等生产创造性服务业,着眼长远谋发展,立足大局促转型,形成产业集群,优化产业布局,壮大产业发展实力的同时,讲求土地集约化利用,提升发展质量和效益。

5. 健全土地开发评估监测机制

粤港澳大湾区需要在区域内的重大工程、重大项目建设中明确责任主体和实施进度要求,确保项目与工程符合土地利用规划。在土地使用过程中建立建设项目计划、实施和效果的评价指标体系,加强对计划指标、政策措施及重大项目实施情况的跟踪监测,科学评价规划实施效果。加强土地规划实施评估的有关内容,按照国土空间开发要求,认真组织开展规划实施情况中期评估和总结评估,以纳入各专项规划的主要指标、政策措施和重大项目为主要抓手,科学评价土地规划实施结果,及时发现问题,确保土

地规划目标任务顺利完成。充分借助智库等专业资源,适时开展第三方评估。

(三)土地管理

1. 控制用地规模

由于土地利用的规模呈现不断扩大的趋势,未利用土地在不断减少,建设用地在不断地增加,因此需要对土地利用规模进行控制。粤港澳大湾区用地规模的控制可以通过锁定用地总量、盘活存量和将用地间的增减进行挂钩。

(1)锁定用地总量。粤港澳各市通过划定永久基本农田、锁定城市发展边界和确立生态保护红线等形式锁定建设用地的"终极规模",使这些用地基本保持不变,达到对土地开发强度的控制。

(2)盘活存量。控制新增建设用地,加大存量建设用地二次开发力度,强化土地资源的可更新属性,通过土地利用结构的调整和优化,积极推动土地资源循环利用,提高土地利用效率,通过内涵挖潜获得更大的发展空间。比如,湾区耕地面积总量少,约7820km^2,但有较为丰富的滩涂和浅海区等后备土地资源,面积达7225km^2,可作为区域工程建设、城市建设用地。同时还要不断创新土地管理政策,完善管理方式,集约利用地上地下立体空间,综合运用多种手段,提高土地的利用效率和质量。

(3)增减挂钩。一是建设用地与非建设用地的增减挂钩,将耕地、生态保护区内的建设用地清退与新增用地出让工作衔接;二是新增用地与存量用地开发挂钩,存量土地的开发需要巨额的资金,仅靠存量土地开发本身是无法实现资金平衡,新增土地的开发资金必须与存量土地开发相捆绑,才能实现二次开发的可持续推进。

2. 优化土地利用结构

粤港澳大湾区优化土地利用结构,从城镇建设的规划来看,首先要在城镇体系规划编制中加强城乡统筹,加强城镇体系规划的空间结构调整作用,探索土地流转和财政转移支付政策,协调城乡发展;其次在城市总体规划编制中加强对用地结构、土地利用模式的调控,城市的空间结构、土地利用结构、功能结构、组团规模以及交通组织方式从总体上决定城市节约集约用地的总体效率;最后在详细规划和城市设计中注重土地的立体综合开发与混合利用,要鼓励城市用地混合开发利用并结合城市交通进行城市重点地区开发,鼓励"综合区""混合开发区"等城市整体开发单元建设。在综合交通、公共市政配套等专项规划中注重公共基础设施集约高效使用,鼓励城市轴向交通系统,鼓励立体交通组织,探索地下空间系统高效利用。

利用"三旧改造"来促进土地利用结构优化。通过"三旧改造"对土地利用的结构进行重新的布局优化,实现从"旧城镇、旧厂房、旧村居"向"新城市、新产业、新社区"的转变,改善城乡面貌,激活土地的再次利用,缓解建设用地矛盾。注重城市整体利益平衡发展,鼓励引导发展产业和公共设施,建立滚动的"三旧改造"资金政策。例如广州市"三旧改造"重点是以全面改造和微改造方式加快推进存量土地开发,有效拓展城市发展空间。

3. 提升土地利用效益

粤港澳大湾区整体的土地利用效益偏低,单位建设用地的地均产出与发达国家差距较大,要提升粤港澳大湾区的土地利用效益,需要从城市要转变发展模式、农村要大力发展特色农业、针对不同地区要制定不同的用地效益标准3个方面进行考虑。

(1)城市要转变发展模式。粤港澳大多数城市,特别是核心城市,均处于工业化后期或后工业化时期,必须转变从工业化时期以土地替代资本的发展模式,认识到土地及其上的经济社会文化都成为一种资源,将土地利用方式逐步从粗放利用型向集约利用型转变。特别是土地开发强度大的城市,比如东莞已高达 46.7%，接近深圳，但是土地单位产出率仅为深圳的 30.2%，那么东莞必须走一条集约、内涵的新路，改变过去粗放型的发展模式，通过重点扶持一批高精尖企业、高附加值企业实现规模和效益倍增，进而通过产业链的辐射带动，加速东莞整体产业转型升级步伐，实现经济规模突围。

（2）农村要大力发展特色产业。农村建设的核心不仅在于基础设施的投入和环境整治实现"村要像村"，核心在于解决产业发展的问题，否则即使环境提升，仍不能解决其空心化的问题。比如积极发展富硒农产品特色产业，富硒土壤资源丰富，分布面积为 35 830 km²，可占湾区面积的 64%，优质富硒土壤主要分布在江门、肇庆、佛山、惠州等市。特别是肇庆市土地开发强度仅为 6.5%，是当前最具有潜力和承载力的城市，有望打造成农业等传统产业转型升级的齐聚区。

（3）针对不同地区制定不同的用地效益标准。针对重点开发区域，通过利用区域综合优势以及提升资源配置水平，吸引生产要素以及人力资源的聚集，从而不断提升经济规模，优化产业结构的目的。针对禁止开发地区，将重点放置在推行强制性保护的同时，积极发展一定限度的发展以及具有可以很好地实现与开发区相融合的相关产业，真正意义地保护与提升自然和文化遗产所独有的原真性。

4. 加强土地利用强度管控

粤港澳大湾区土地开发强度较大，部分城市土地开发强度接近或超过了国际公认警戒线，因此可以从环境容量出发合理确定开发规模，从房屋密度反推对地的控制。从区位、自然条件等出发，对土地开发的区域进行密度分区，限制各个区域的土地开发强度（表 15-17）。

表 15-17 城市区域内的密度分区表

密度分区	主要区位特征	开发建设特征
密度一区	城市主中心及部分高度发达的副中心	高密度开发
密度二区	城市副中心及部分高度发达的组团中心	中高密度开发
密度三区	城市组团中心及部分高度发达的一般地区	中密度开发
密度四区	城市一般地区，城市各级中心与城市边缘地区的过渡区域	中低密度开发
密度五区	城市边缘地区，紧邻生态控制线周边	低密度开发
密度六区	城市特殊要求地区	滨海、滨水、机场、码头、港口等地区

（四）地下开发

在拥堵、污染、高地价等大城市病突出时，地下空间的利用或许能成为一剂良药。根据 2017 年 9 月自然资源部（原国土资源部）发布的《关于加强城市地质工作的指导意见》，到 2020 年，以地质调查为基础，科学统筹地开发利用上、地下空间资源，并纳入土地利用规划。具体措施如下。

1. 地下空间规划要坚持以人为本的理念

粤港澳大湾区的地下空间开发利用要有完善的规划、先进的设计、严格的管理，特别要注意安全和防灾问题，深圳市频发的火灾已经为我们敲响了警钟，必须予以足够重视。地下空间一体化建设通道应有足够数量的出入和足够的宽度，避免转折过多，应设明显的导向标志，坚持以人为本，最大程度地保证人民的安全。

2. 地铁线路规划和线网布局要合理

粤港澳大湾区城市在规划在建地铁时，应按照线网结构与城市总体规划、运输规划相协调的原则。

合理设计线路的走向、长度和建设序列,车站等与城市布局相互协调、匹配。线网布局、密度科学适度,具有广阔的网络覆盖和良好的通达性。只有保证了乘客可以乘坐地铁到达城市的任何地点,才能够有效地吸引客流。地下空间的利用类型要多样,包括比较浅表层的地下车库、地铁,再深一层的物流管道、污水管道、市政设施建设等。所有的地下空间利用都要考虑到当地的地质条件。

3. 地面开发与地下开发利用要协调统一

粤港澳大湾区其他城市应该更多借鉴深圳市地下空间开发建设经验,避免无序开发现象,设计者应坚持人车立体分流,连接地铁、缓解交通压力,利用下沉广场与城市公共空间相联系等规划与设计原则。通过地下空间的开发,在有限的城市空间布置较高密度的产业和人口,切实解决地下空间规划功能单一的问题,发展公共交通,加快地铁发展步伐,在地下空间布局的框架下为未来留下发展空间。

4. 完善城市地下空间开发利用政策法规体系

针对粤港澳大湾区地下空间开发利用的政策法规建设现状,可以从下面几个方面进行完善。

(1)完善现有法规,对现行有效的与地下建设用地使用权、地下建(构)筑物的产权登记、地下空间规划等有关法律法规进行修订和补充。比如,对于国防、人防、防灾、城市基础设施和公共服务设施等符合《划拨用地目录》[中华人民共和国国土资源部令(第9号)]使用地下建设用地的,可以采用划拨的方式提供用地。

(2)积极推动地下空间投融资政策及相关优惠政策的制定,让市场更多地参与城市地下空间建设,实现城市经济发展与地下空间规划协同推进。比如按照"谁投资、谁受益"的原则,鼓励社会资本投资地下空间资源的开发利用。鼓励政府和社会资本合作(PPP)模式,积极引导社会资本投入。激励原地下建设用地使用权人,结合城市更新改造进行地下空间再开发。鼓励工业、仓储、商业等经营性项目合理开发利用地下空间。

(3)完善地下建设工程的标准体系,理顺地下空间开发利用管理的行政管理架构,实现条块的有机结合。

5. 做好城市地质调查工作,挖掘地下空间潜能

预测地下空间的开发能为地上空间节约出来多少土地。能用多少地下空间,一是依据地质条件本身,二是城市本身的发展。因此,首先要做好城市地质调查工作,但是目前全国只有34个城市开展了三维城市地质工作,且存在调查以浅表层为主等问题,总体上不能满足新型城镇化发展对地质工作的需求。二是根据经济发展需求,如深圳需要开发到地下60m,中型城市只需要30m,小城市只需要10m左右。地下空间的利用要和本地的经济发展水平、地上土地规划统筹结合,比如深圳等大城市需求大,人口稀少地区就不适合。但从理论上讲,除了要保持地下空间的利用比例,其他的都是可以利用的,可以为未来的商业用地、基础设施用地、住宅用地等各种功能的土地节约地上土地资源。

第十六章　珠江口填海造地适宜性评价

一、填海造地工程地质环境适宜性评价体系

（一）地质环境适宜性评价指标体系

正确地选择评价指标是真实地揭示地质环境质量优劣的前提和基础。参照区域环境地质调查总则，根据前几章对珠江口沿海陆域及海区地质环境格局以及地质灾害发育环境条件等综合分析的基础上，在构建填海造地工程地质环境适宜性评价指标时，从珠江三角洲经济区沿海地质环境格局与人类工程经济活动协调发展的角度，确定填海造地工程地质环境系统评价分析层面，进而确立珠江三角洲经济区填海造地工程地质环境的影响层面，其地质环境适宜性评价指标与涵义见表16-1。

表16-1　珠江口填海造地工程地质环境适宜性评价指标及其涵义

评价区	环境质量层面	指标	指标涵义
珠江口沿海陆域工程建设地质环境适宜性评价	地面稳定性	地面坡度	潜在不稳定坡面可提供侵蚀作用位能的表征
		软基沉降	已出现的不稳定地面发育程度的表征
		土壤侵蚀	已出现的不稳定坡面发育程度的表征
	地基稳定性	土体稳定性	地基土体形变程度的表征
	构造稳定	构造活动	潜在震源区出现可能性的表征
		地震烈度	历史地震活跃度的量度
珠江口近岸海域填海造地工程地质环境适宜性评价	地面稳定性	海底坡度	潜在不稳定坡面可提供侵蚀作用位能的表征
		水深	填海工程难易程度的表征
		浅滩	填海工程难易程度的表征
	地基稳定性	土体稳定性	地基土体稳定性程度的表征
		浅层气	潜在地基不稳定程度的表征
	构造稳定	活动断裂	潜在震源区出现可能性的表征

(二)地质环境适宜性分级及评价指标分级

1. 填海造地工程地质环境适宜性分级

从地质环境系统分析中可以看出,地质环境质量优劣并不具有绝对含义,只是对人类活动适宜程度的反映。目前在地质环境适宜性评价研究中,应用较多的质量分级方法一般均采用逻辑信息分类法和特征分析法,将环境质量划分为三态($-1,0,1$),四态($1,2,3,4$),五态($1,2,3,4,5$)等。三态环境质量分级表示为良好、中等和不良,其量化值分别为1、2、3,五态环境质量分级为好、较好、中等、较差和差,其量化值分别为1、2、3、4、5。鉴于珠江口沿海陆域地质环境的复杂性以及地质环境问题和地质灾害的多样性,采用四值逻辑分类体系将沿海陆域工程建设地质环境适宜性划分为4级,即优等(Ⅰ)、良好(Ⅱ)、中等(Ⅲ)、差(Ⅳ)。采用三值逻辑分类体系将珠江口近岸海域填海造地工程地质环境适宜性划分为3级,即良好(Ⅰ)、中等(Ⅱ)、差(Ⅲ)。其级别是根据构置指标的数值来评定的。

2. 评价指标量化分级

1)分级原则

地质环境适宜性评价指标数据源于区域地质、地形地貌和地质灾害等。一般而言,这些环境数据都不能直接作为地质环境适宜性评价指标,需通过一定的数学处理方可构置为地质环境适宜性评价指标。环境数据的处理过程是对地质环境的分析研究的过程,也是深化地质认识和确保评价结果真实性的主要环节。指标分级应遵循如下原则。

(1)预处理的地质环境数据在代入模糊数学评价模型前,必须进行必要的统计分析和研究,反复分析和筛选评价指标的分级取值的界限,以保证获得满意指标的量化组合。

(2)定量地质环境数据通过数据的预处理,一些单值数据可以直接参与分级,有的需经过数学上的加工构置为综合数据,突出指标间内在联系,更好地表达指标的数量规律。

(3)定性指标,一般采用逻辑信息法和特征分析法等进行数量化,为了使环境质量评价结果更接近客观实际,"定量"和"定性"数据均应代入数学评价模型。并设法使"定性"数据转化为"定量"数据的综合指标变量。指标分级的关键是确定转换临界值,一般在统计分析的基础上进行。

2)敏感因子

珠江口近岸海域填海造地工程地质环境适宜性评价的敏感因子有河口位置的淤积海区,与河口位置的距离小于500m的海区范围内,淤积状态为1998年、2003年两个时相珠江口TM遥感影像数据反演的水深变浅大于0.3m区域(表16-2)。

表16-2 珠江口近岸海域填海造地工程地质环境适宜性评价敏感因子及其评价标准

敏感因子	地质环境质量状态(不适宜Ⅲ)
岸线后方陆域土地利用现状	山地、红树林
河口位置的淤积海区	水深>0.3m

3)重要因子量化分级

评价指标体系确定以后,根据评价目标和区域性地质环境特点,拟定各指标的分级标准。首先,在对区域地质环境实际调查数据进行统计分析的基础上,找出各评价因子最优和最差的两个极限值,划定指标的级差范围；其次，根据确定的指标分级值，在两个极限值之间，按取差原则，以阈限递增或递减规律取值划分出 4 个或 3 个级别。

(1) 珠江口沿海陆域工程建设地质环境适宜性评价。

地面坡度：在进行工程建设适宜性地质环境质量综合评价时，地面坡度按＜7°、7°～15°、15°～25°、＞25°界线取值分成 4 级。

土体稳定性：按本区土体的成因类型、岩性及土体承载力，分为以下 4 级：①稳定，包括侵入岩、变质岩、火山熔岩残积土，或第四纪早期沉积的硬塑黏性土、密实砂、碎石等，承载力一般大于 300kPa；②较稳定，包括火山碎屑岩、层状或层状浅变质碎屑岩和红色碎屑岩残积土，或第四纪早中期沉积的可塑性黏土和中密砂土、碎石土。一般承载力 200～300kPa；③较不稳定，包括一般沉积土（软土、易砂化土除外），一般承载力 100～200kPa；④不稳定土体，包括软土、易液化砂土，一般承载力小于 100kPa。

构造稳定性：分稳定的、基本稳定的、次不稳定的、不稳定的 4 级。

地震烈度：分为＜Ⅵ度、Ⅵ度、Ⅶ度、Ⅷ度 4 级。

软基沉降：①无软基沉降区，包括广大无软土分布地段；②轻度沉降区，包括除重度及严重沉降区外全部软土分布区；③重度沉降区，包括软土层厚度较大及地表已有软土分布地段；④严重沉降，包括珠江三角洲河网前沿地段，中期，特别近百年来新围垦地段。

土壤侵蚀：按土壤侵蚀强度分成轻微、轻度、较重、严重 4 级。

(2) 珠江口近岸海域填海造地工程地质环境适宜性评价。

海底坡度：在进行填海造地工程地质环境适宜性评价时，海底坡度按≤1°、＞1°界线取值分成 2 级。

水深：水深按≤1m、1～3m、＞3m 界线取值分成 3 级。

浅滩：无浅滩区包括广大无浅滩分布地段；浅滩分布区包括全部浅滩分布区。

土体稳定性：按本区工程地质条件的基本特征，根据工程地质条件差异性最突出的因素即地貌类型，结合海底土质类型及其物理力学性质等条件综合分析，分为以下 3 级：①稳定，西滩迅速向东南扩淤，海底表层土主要为淤泥，局部分布有流泥、淤泥质土、淤泥混砂。海底表层土的物理力学性质稍好；②较稳定，中滩淤积缓慢，西槽严重淤积，东槽相对稳定，海底表层土主要为流泥和淤泥，局部为淤泥混砂，海底表层土的物理力学性质中等；③较不稳定，东滩淤积缓慢，海底表层土主要为流泥，西北角分布有淤泥和少量的淤泥混砂。海底表层土的物理力学性质差。

浅层气：无浅层气区包括广大无浅层气分布地段；浅层气分布区包括全部浅层气分布区。

活动断裂：按与活动断裂距离≤400m、400～700m、＞700m 界线取值分成 3 级。

(3) 评价指标权重。根据珠江口沿海地质环境特点，建立地质环境因素、因子层次结构。这样从上至下就形成一个递阶层次，处于最上面层次是分析问题的预定目标，中间的层次一般是准则和子准则，最低层是决策方案。权重的分配就成为对不同层次因素和因子重要性判断的问题。下一层次的元素支配着上一层次元素。

发给每位参评者一份评判表，要求按地质环境影响因素和因子层次结构两两比较因素和因子的重要程度，并得出各自的判断结果，把每个成员的表格集中起来，综合专家组成员的重要性判断，求得各因素和因子权重，并将其公布至全体成员征求意见。若专家组成员有意见，则请其修改自己构造的判断，集中修改过的判断，再综合后将其公布于每位成员征求意见，直至所有专家对各自构造的判断满意为止，以最终形成的判断作为权重计算的结果（表 16-3、表 16-4）。

表 16-3 珠江口沿海陆域工程建设地质环境适宜性评价因素及分级标准

评价因素		因子权重	分级标准			
			Ⅰ	Ⅱ	Ⅲ	Ⅳ
地面稳定性(0.50)	地面坡度	0.35	<7°	7°～15°	15°～25°	>25°
	软基沉降	0.10	无软基沉降	轻度沉降	较重沉降	严重沉降
	土壤侵蚀	0.05	轻微	轻度	较重	严重
土体稳定性(0.20)		0.20	稳定	较稳定	较不稳定	不稳定
构造稳定(0.30)	构造活动	0.10	稳定	基本稳定	次不稳定	不稳定
	地震烈度	0.20	<Ⅵ度	Ⅵ度	Ⅶ度	Ⅷ度

表 16-4 珠江口近岸海域填海造地工程地质环境适宜性评价因素及分级标准

评价因素		因子权重	分级标准		
			Ⅰ	Ⅱ	Ⅲ
地面稳定性(0.45)	海底坡度	0.10	≤1°		>1°
	水深	0.30	≤1m	1～3m	>3m
	浅滩	0.05	有		无
地基稳定性(0.35)	土体稳定性	0.20	稳定	较稳定	较不稳定
	浅层气	0.15	无		有
构造稳定性(0.20)	活动断裂	0.20	>700m	400～700m	≤400m

二、典型评价区的填海造地工程地质环境适宜性评价

(一)评价因子的选取

1. 珠江口沿海陆域工程建设地质环境适宜性评价

在分析研究区域地质背景因素的基础上,遵循因子的可计量性、主导性、代表性和适度超前性原则,选取对珠江口沿海陆域已填海区工程建设影响显著的地面坡度、软基沉降、土壤侵蚀、土体稳定性、构造活动、地震烈度6个影响因子,作为珠江口沿海陆域工程建设地质环境适宜性评价的重要因子,并输入每个主要评价因子空间属性数据,对应 MapGIS 中的专题图图层,以实现各因子图层的叠加分析。

(1)地面坡度。地面坡度直接影响斜坡稳定性,制约斜坡重力和流水侵蚀强度,控制水土流失、崩滑流潜在区出现的可能性。坡度的量取是在1∶50万珠江三角洲地形图上进行的,地面坡度按<7°、7°～15°、15°～25°、>25°界线取值分成4级。

(2)软基沉降。软基沉降是指地基中存在工程性能较差的软土,处于上部加载、自重或采取喷浆等物理-化学条件变化的作用下,产生排水→压缩→固结的不可逆变化过程,导致地面或上部构筑物发生水平、垂直变形的一种不良环境地质效应。珠江三角洲软土以淤泥、淤泥质土为主。其特点是天然含水量高、压缩性大、液性指数大、渗透性弱、抗剪强度低、承压力低、灵敏度高、容易震陷,受到超负荷易产生流动变形,对工程建设非常不利。评价区内软基沉降灾害易发程度按无软基沉降区、轻度沉降区、重度沉降区、严重沉降区分为4类(图16-1)。

(3) 土壤侵蚀。土壤侵蚀是土地资源遭到破坏的一种最常见的地质灾害。土壤侵蚀量的大小受自然因素和人类活动的综合影响，除与降水、地面径流有关外，还与岩性、土壤、地质、地貌、植被、土地利用等因素密切相关。按土壤侵蚀强度分成轻微、轻度、较重、严重 4 级（图 16-2）。

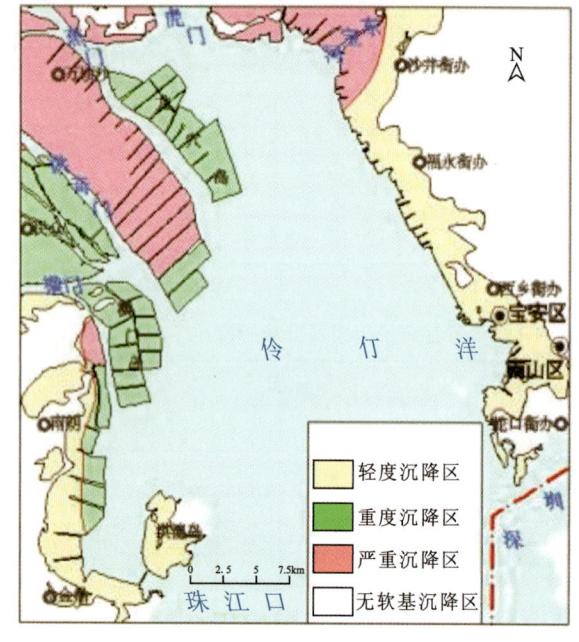

图 16-1 软基沉降灾害易发程度分区图　　　　图 16-2 土壤侵蚀现状图

(4) 土体稳定性。土体包括各类岩石的风化残积土和沉积的黏性土、砂性土、碎石土。依黏性土的沉积时代，又可分为全新世(Qh)新黏性土和更新世(Qp)老黏性土。沉积土体由不同的工程地质类型、岩性呈多层结构叠置而成，不同地段土体结构不同。土体稳定性是指土体作为工程建筑地基时的稳定性。地基土稳定与否除与上部建筑物的荷载大小有关外，还与地基土的类型、工程地质性能相关联。另外，地下水和地表水的活动、台风暴潮对土体稳定性也有很大影响。因此，本次土体稳定性的评价按土体的成因类型、岩性及土体承载力，分为稳定、较稳定、较不稳定、不稳定 4 级（图 16-3）。

(5) 地震烈度及构造活动。地震也是地下热能释放的重要途径之一。从沿海到内陆由 5.75 级逐渐减弱到 5 级以内；内陆地震活动，以珠江口活动断裂为界，西部较东部频度和强度都较高，4.5～5.0 级地震较多。同时，三角洲内断块往复滑动时，滑动面产生应变能量积累和释放的结果，导致地震活动西迁和东迁往复多次。现代地震活动，再次西迁至三水-小榄活动断裂，估计今后的地震将主要发生在三水-小榄与西江断裂之间。依据地震活动空间分布的特点和地震震中烈度，本区为Ⅶ度地震烈度区。

区内大部分断裂挽近期活动强度以弱活动为主，而崖门、鸡啼门、北部湾、顺德和北江断裂活动微弱。本区断裂活动之强弱，大致有北东向者较强，北西向和东西向次之，近于南北向者活动最弱的规律。活动量之大小，因不同断裂或同一断裂的不同活动段而异。西江断裂、官塘断裂、恩平-新丰断裂、白坭-沙湾断裂活动量较大，罗浮山-瘦狗岭断裂、博罗-横沥断裂、莲花山-深圳活动断裂的活动量较小。根据经济区主要活动断裂或活动段现今形变活动量，本区的构造稳定性分稳定、基本稳定、次不稳定、不稳定 4 级（图 16-4）。

第十六章 珠江口填海造地适宜性评价

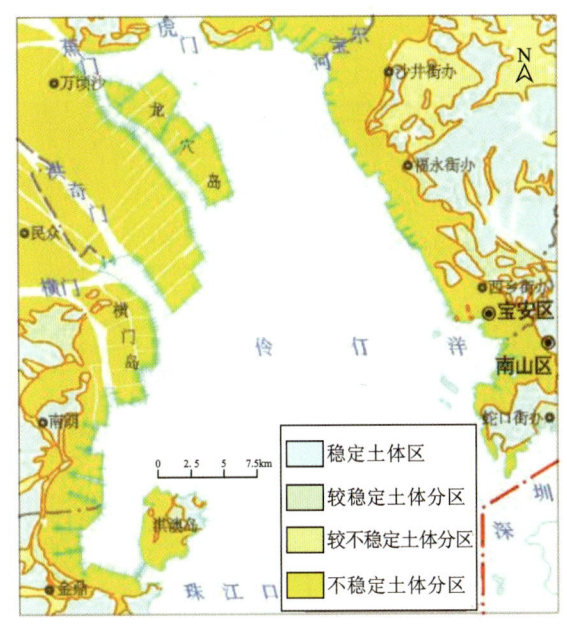

图 16-3 评价区陆地土体稳定性分区图

图 16-4 评价区构造稳定性分区图

2. 珠江口近岸海域填海造地工程地质环境适宜性评价

选取对珠江口近岸海域填海造地工程影响显著的河口位置的淤积海区、岸线后方陆域土地利用现状作为适宜性评价的敏感因子，土体稳定性、浅层气、浅滩、地面坡度、水深、活动断裂 6 个影响因子作为适宜性评价的重要因子，并输入每个主要评价因子空间属性数据，对应 MapGIS 中的专题图图层，以实现各因子图层的叠加分析。

(1) 河口位置的淤积海区。河口位置的淤积海区是填海造地工程适宜性评价的敏感因子。淤积海区是与河口位置的距离小于 500m 的范围内，1998 年、2003 年两个时相珠江口 TM 遥感影像数据反演的水深变浅大于 0.3m 区域。由图 16-5 可见，西滩在淤高的同时将迅速向东南延伸，中滩淤积抬高的速度较为缓慢，东滩淤积也较缓慢。西槽和东槽是伶仃洋的两条深水槽道。西槽受西滩的逼淤威胁，水道严重淤浅萎缩；东槽稳定性较高，但局部有缩窄刷深趋势。

(2) 岸线后方陆域土地利用现状。岸线后方陆域土地有红树林保护区及山地的位置是填海造地工程适宜性评价的敏感因子。岸线后方为山地的陆域开阔程度低，不利于填海造地工程的开展，有红树林保护区的岸线也不宜进行填海造地活动。

(3) 土体稳定性。根据本区工程地质条件的基本特征，按工程地质条件差异性最突出的因素即地貌类型，结合海底土质类型及其物理力学性质等条件综合分析，分为稳定、较稳定、较不稳定 3 级。

(4) 浅层气、浅滩。研究区内对填海造地工程影响较大的地质灾害类型以浅层气为主，浅层气外泄会引起土层压力降低，造成土层不均匀沉陷。浅滩的存在有利于填海工程的开展，研究区内的浅层气及浅滩分布如图 16-6 所示。

(5) 坡度、水深。研究区水深、坡度条件详见图 16-7，水深、坡度条件是填海造地工程的主要决定因子。珠江口内伶仃洋水域水下格局为三滩两槽，地势由湾顶向湾口倾斜，呈漏斗形态向南张开。海底地形在东西向起伏相间、地形变化大。地形主要受滩槽影响，水下地形水深线大致沿水道呈北北西—北西方向分布。区内地形坡降最大可达 115.68×10^{-3}，最小为 0.13×10^{-3}。

(6) 活动断裂。研究区分布有 5 条较大的断裂带，沙角、平沙、博罗-横沥断裂和白坭-沙湾、深圳莲花山弱活动断裂。虽然断裂一般比较稳定，但在适宜性评价中还是要适当考虑断层这个因素对区域未来开发建设的影响，因此分析区域中的地震断裂带情况，对于分析填海造地工程地质环境适宜性具有重要意义。

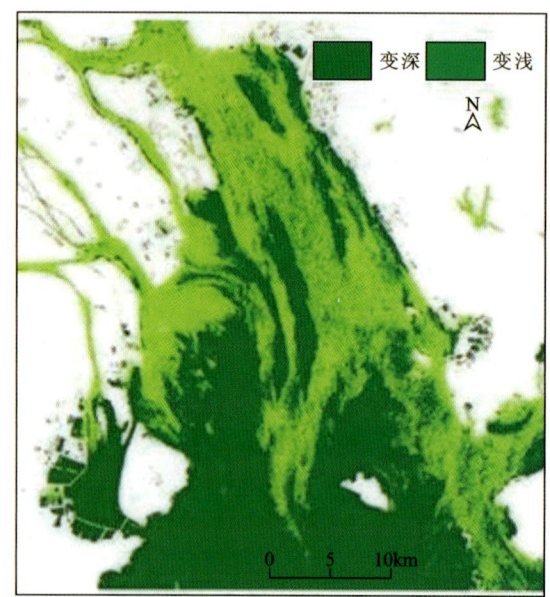

图 16-5 1998—2003 年水深变化

图 16-6 海域土体稳定性分区图

(二) 评价结果输出

研究中先对各影响因子进行数字化和矢量化，生成各评价因子图层，利用设计的模型，通过 MapGIS 软件对各因子图层进行数据重分类和空间叠加分析，完成单因子评价过程；然后依据评价指标体系和权重，将每个评价单元的各图层对应分值进行叠加，得出适宜性属性值。

根据评价单元适宜性属性值进行聚类分析，将整个研究区域陆地划分为工程建设地质环境适宜区、较适宜区、适宜性差区和不适宜区，将近岸海域划分为填海造地工程地质环境适宜区、较适宜区和适宜性差区，如图 16-8 所示。

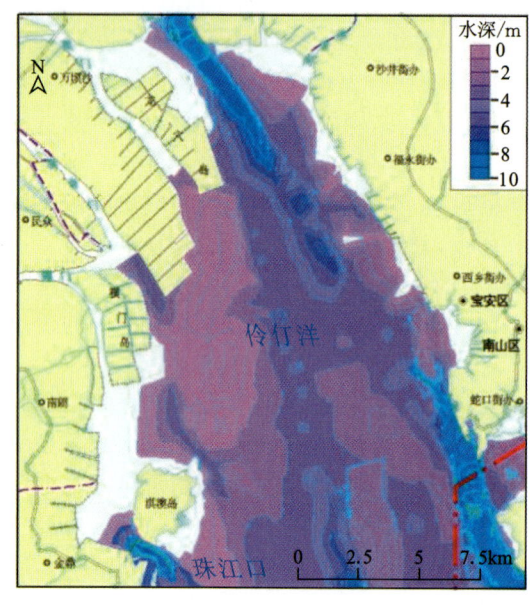

图 16-7 评价区水深图

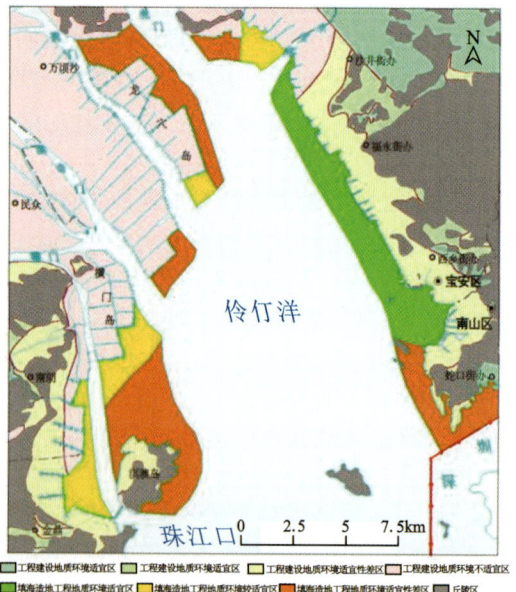

图 16-8 评价区海陆地质环境适宜性分区图

(三)适宜性评价结果分析

从研究区适宜性评价分级图可以看出,研究区陆地工程建设地质环境适宜区面积占研究区陆地面积的16.8%,较适宜区面积占研究区陆地面积的11.6%,适宜性差区占研究区总面积的31.6%,不适宜区约占总面积的40.0%;研究区海域填海造地工程地质环境适宜区面积占研究区陆地面积的26.9%,较适宜区面积占研究区陆地面积的19.5%,适宜性差区占研究区总面积的53.6%。

1. 珠江口沿海陆域工程建设地质环境适宜性分区评价

综合分析认为,影响本区工程建设主要地质环境因素有以下6项,即地面坡度、软基沉降、土壤侵蚀、土体稳定性、构造活动、地震烈度。根据上述6项综合指标把本区工程建设适宜性地质环境质量分为以下4个区进行评价。

(1)陆地工程建设地质环境适宜区。该区包括五桂山东侧台地及深圳公明、西乡等台地及主要盆地地带,面积67.4km²,占评价区陆地总面积的11.3%。一般地面坡度小于5°,地形起伏10~30m。地基土以洪积、冲积土及海积土为主,厚度一般小于10m,局部基岩残积土厚度一般小于10m,局部虽有软土分布,但厚度不大。基底断裂较发育,从北向南北东-南西向平沙断裂、莲花山-深圳断裂。地震烈度Ⅶ度,属构造较不稳定区。

此地段台地地带,由于土地开发建设不断,平整土地和采石活动造成水土流失较严重。沿海岸带是风暴危害重点区,故在建筑物设计中,同时考虑防震、风暴潮的双重影响,因此必须切实做好有关的防范措施。

(2)陆地工程建设地质环境较适宜区。该区包括深圳石岩等地的丘陵地带,分布面积30.4km²,占评价区陆地总面积的5.1%。地面坡度大,一般达15°~25°,地形起伏一般50~150m,部分大于200m。地基土都由侵入岩、沉积岩、火山岩残积土组成,土体稳定性好。但开发建设活动较剧烈,平整土地、道路建设及采石过程中,造成的水土流失较为严重,且易发生滑坡、崩塌、泥石流等地质灾害,加上交通不便,是直接影响建设环境质量的主要因素。

(3)陆地工程建设地质环境适宜性差区。该区包括中山港、深圳宝安沿海等地的软土分布区,地形平坦,地形坡度小于3°。地基土为沉积层,厚度5~30m不等。深圳石岩邻近丘陵地带地面坡度较大,地形起伏,高差50~300m,水土流失较严重。中山市五桂山丘陵地带,地面坡度一般15°~25°,地形起伏,高差50~350m。地基土以花岗岩风化岩土为主,厚度一般1~5m,部分地段基岩裸露,岩土体稳定条件好。地震烈度Ⅶ度,构造较不稳定。

该区分布面积164.4km²,占评价区陆地总面积的27.6%。对工程建设不利的主要因素有三:一是地基土有软土分布,局部有地面沉降发生;二是地面坡度陡大于25°,山地地带地形起伏大;三是沿海岸丘陵地带,地震烈度达Ⅶ度,部分属水土流失严重区。

(4)陆地工程建设地质环境不适宜区。该区成片分布于东莞长安—番禺南沙—中山横门镇等地,地形平坦,地面坡度小于3°。地基土由河流冲积及海积混合沉积土组成,厚度一般10~30m,河口地带厚度常大于40m。另外,该区零星分布于珠海淇澳岛等沿海岸山地地带。地形复杂,高度变化大,局部有软土分布。

该区分布面积332.5km²,占评价区陆地总面积的55.9%。不利于工程建设的主要因素有二:一是地基土为软土,厚度大,成土时间短,承载力小于100kPa,为高压缩土,易发生地面变形;二是沿海岸山地地段,地面坡度大,地形起伏大,加上属构造较不稳定地段,地震烈度达Ⅶ度。

2. 珠江口近岸海域填海造地工程地质环境适宜性评价

综合分析认为,影响本区工程建设主要地质环境因素有以下8项,即河口位置的淤积海区、沿海红树林和山区、海底坡度、水深、浅滩、土体稳定性、浅层气、活动断裂。根据上述8项综合指标把本区填海造地工程建设适宜性地质环境质量分为以下3个区进行评价。

(1)填海造地工程建设适宜区。最适宜区主要分布在深圳沙井、福永、西乡街办及前海地区近岸海域,分布面积276.0km^2,占评价区陆地总面积的26.9%。该区域属内伶仃洋海域的东滩,东滩淤积缓慢,水深多小于3m,地形变化小,灾害地质条件较简单。海底表层土以流泥为主,为含水量高、孔隙比大、压缩性大、强度低的软土,随深度增加,含水量、孔隙比、压缩系数减小,强度增大。

该区域后方陆域主要进行海水养殖,地形平坦,地势较低,较为开阔。沿海工业区密集,且有多个深圳规划重点发展区,交通条件较好。不利于填海造地工程建设的主要因素是地基土为软土。软土厚度大,成土时间短,承载力低,为高压缩土,易在填海后的工程建设中发生地面变形。

(2)填海造地工程建设较适宜区。较适宜区主要分布在东莞长安、中山横门岛、珠海唐家湾、广州南沙龙穴岛南侧等地近岸海域,分布面积199.0km^2,占评价区陆地总面积的19.5%。横门岛、唐家湾、南沙龙穴岛均属内伶仃洋海域的西滩,西滩有向东南扩淤的趋势,在内伶仃洋海域水深最浅,最大水深近8m,灾害地质条件简单。海底表层土主要为淤泥,局部分布有流泥、淤泥质土、淤泥混砂。

唐家湾和横门岛南侧区域有平沙活动断裂通过,在填海造地工程规划设计及开工建设时要充分考虑该断层的影响,龙穴岛南侧区域有浅层气及浅滩,浅层气外泄会引起土层压力降低,造成土体不均匀沉陷。东莞长安沿海紧靠东宝河西侧,应考虑填海后对河道的影响。

(3)填海造地工程建设适宜性差区。适宜性差区主要分布在珠海淇澳岛、广州南沙万顷沙南侧及龙穴岛东北侧、深圳蛇口街办、东莞虎门等地近岸海域,分布面积549.7km^2,占评价区陆地总面积的53.6%。

淇澳岛、南沙万顷沙南侧海域有浅层气地质灾害,浅层气外泄会引起土层压力降低,造成土体不均匀沉陷。且淇澳岛南侧沿岸多为山地,不利于填海造地工程建设的开展,北侧沿岸多为红树林保护区。南沙龙穴岛东北侧为蕉门水道、凫洲水道、虎门水道交汇处,水动力条件复杂,龙穴岛东北侧紧靠川鼻水道大部分水深超过14m,最深可达27m,挖沙使槽沟内地形起伏较大,凹凸不平,大小不等的洼地居于其中。由于此处水动力较强,发育了一些波峰线为北东向的小型沙坡,龙穴岛向东、东莞虎门向南推进填海工程会堵塞部分入海河道。深圳蛇口街办近岸海域紧靠东槽,东槽为内伶仃洋主要航道,测量的最大水深为15m,水深南北向较均匀,水深变化小,东西向则表现为陡坡,坡降较大。

三、珠江三角洲沿海风暴潮与赤潮灾害分析

(一)珠江三角洲及邻近沿海地区风暴潮灾害及其易损性风险区划

1. 珠江三角洲及邻近沿海地区风暴潮灾害特征

台风登陆时间主要集中在每年的6月至9月,1989至2009年间,台风风暴潮潮灾在珠江三角洲及邻近地区造成的直接经济总损失约646.43亿元。农作物累计受灾面积385.59万hm^2,累计受灾人口8 243.86万人,倒塌房屋71.54万间,死亡失踪627人;损坏及损毁堤防长度累计1 691.45km,沉损船只13 145艘。灾害损失详见表16-5。

1990年、1994年台风登陆影响沿岸时正值天文小潮期,沿海各站的风暴潮增水不大,高潮位也未超过警戒水位,珠三角沿岸无明显的台风风暴潮灾发生。1992年、1997年、2002年、2004年、2005年在珠江三角洲沿岸地区登陆台风少,未酿成明显潮灾。1991年、1998年、2000年珠三角风暴潮潮灾经济损失分别为4.7亿、4亿及1.5亿元,无人员伤亡。

表16-5 1989—2009年珠江三角洲及周边风暴潮含(近岸浪)灾害损失统计表

登陆日期 (年.月.日)	编号或 名称	登陆地点	受灾农田/ ×10⁴hm²	受灾人口/ 万人	死亡失踪/ 人	倒塌房屋/ 万间	毁堤/ km	沉损船只/ 艘	经济损失/ 亿元
1989.7.18	8908	阳西	29.2	332	115	2.3	172	536	11.13
1991.7.24	9108	珠海	5.08	—	0	0.8	138.9	—	4.70
1993.6.27	9302	台山—阳江	33.3	525	10	3.2	5	—	12.68
1993.8.21	9309	阳江—阳西	42.5	555.4	1	4.9	24	370	23.70
1993.9.17	9316	台山—斗门	15.2	470	7	0.7	279	—	15.22
1993.9.26	9318	台山	17.75	138.77	3	3.1	—	13	13.59
1995.8.11	9505	惠阳	16.52	503	23	1.3	—	—	13.30
1995.8.31	9509	海丰与惠东	28.1	941	50	4.38	—	—	36.50
1995.10.3	9515	电白—阳西	24.03	398	1	14.8	53	13	13.22
1996.9.9	萨利	湛江—阳江	55.4	930	208	26.8	135.3	3200	129.03
1998.8.11	彭妮	阳江	—	233.5	0	—	—	—	4
1999.8.25	森姆	深圳	—	—	9	0.09	—	—	3.83
1999.9.16	约克	珠江口	—	—	15	—	—	—	2
2000.9.1	玛丽亚	海丰与惠东	0.6	—	0	0.5	—	—	1.50
2001.7.6	尤特	广州—汕头	9.7	532	7	—	—	4418	29.10
2003.7.24	伊布都	阳西—电白	30.9	477.6	3	0.6	73.3		19.07
2003.9.2	杜鹃	深圳、中山	13.9	641	19	0.5	—	—	22.87
2006.8.3	派比安	阳西—电白	33.9	28.18	51	2.49	—	508	70.02
2007.8.1	帕布	香港—中山	4.21	116.55	4	—	3.76	23	24.14
2008.9.24	黑格比	电白		1 107.18	73	4.88	805.7	4064	154.29
2008.6.25	风神	珠江口	6.4	34.17	9	0.1	1.5	—	11.57
2008.8.22	鹦鹉	中山	5.3	91.99	0	0.1	—	—	3.84
2009.9.15	巨爵	台山	11.7	167.82	19	—	—	—	23.93
2009.7.19	莫拉菲	深圳	—	20.7	0	—	—	—	2
2009.8.5	天鹅	台山	1.9	—	0	—	—	—	1.2
合计			385.59	8 243.86	—	—	—	—	—

其余11年风暴潮潮灾均对珠江三角洲沿海地区造成严重伤害。1989年在阳西登陆的8号台风风暴潮潮灾经济损失为11.13亿元,人员失踪及伤亡115人。1993年阳江至潮阳沿岸共经历风暴潮灾害4次,风暴潮潮灾经济损失为65.19亿元,人员失踪及伤亡21人。1995年电白至潮阳沿岸共经历风暴潮灾害5次,风暴潮潮灾经济损失为63.02亿元,人员失踪及伤亡74人。1996年15号台风造成的风暴潮潮灾经济损失为129.03亿元,人员失踪及伤亡208人。1999年风暴潮潮灾经济损失为5.83亿元,人员失踪及伤亡24人。2001年风暴潮潮灾经济损失为29.10亿元,人员失踪及伤亡7人。2003年风暴潮潮灾经济损失为41.94亿元,人员失踪及伤亡22人。2006年台风"派比安"造成的风暴潮潮灾经济

损失为70.02亿元,人员失踪及伤亡51人。2007年风暴潮潮灾经济损失为24.14亿元,人员失踪及伤亡4人。2008年电白至珠江口沿岸共经历风暴潮灾害3次,台风"黑格比"等造成的风暴潮潮灾经济损失为169.70亿元,人员失踪及伤亡82人。2009年台山至深圳沿岸共经历风暴潮灾害3次,台风"巨爵"等造成的风暴潮潮灾经济损失为22.93亿元,人员失踪及伤亡19人。详细数据见图16-9、图16-10所示。

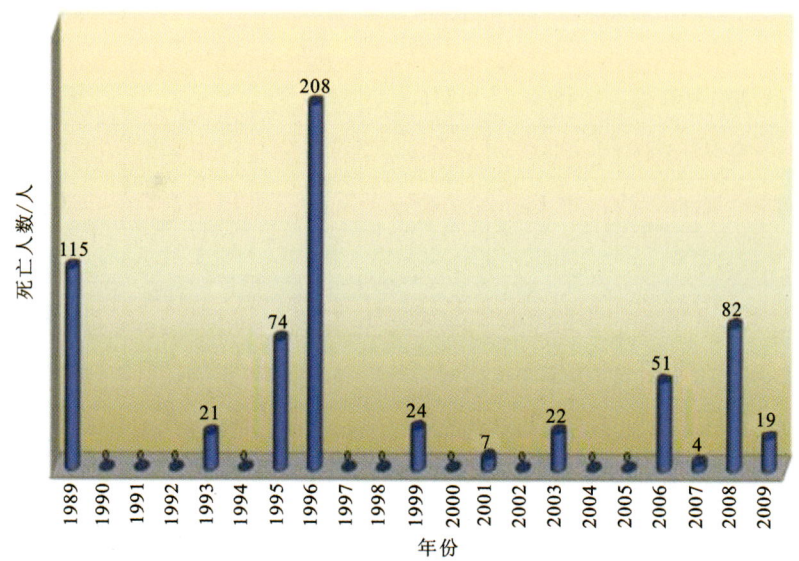

图16-9　1989—2009年珠三角及周边沿海地区风暴潮灾害死亡(含失踪)人数

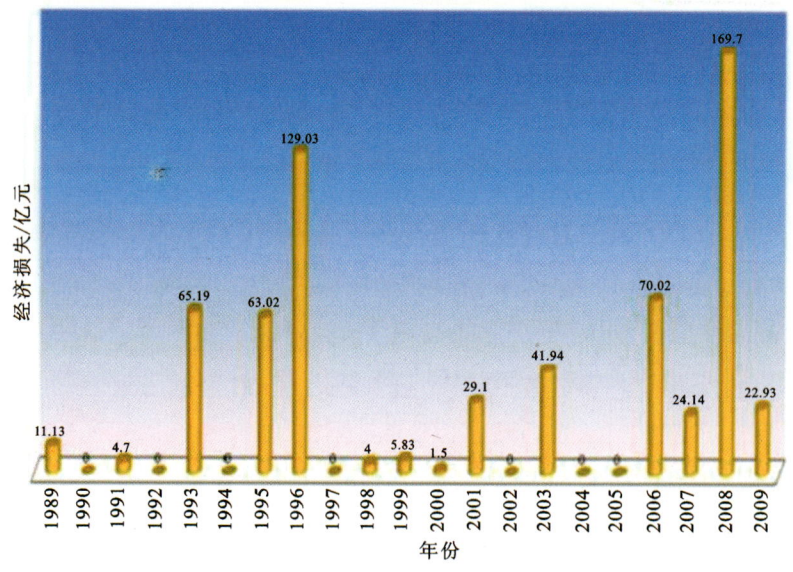

图16-10　1989—2009年珠三角及周边沿海地区风暴潮灾害经济损失

2. 珠江三角洲沿海风暴潮灾害成因及强度影响因素

(1)台风是风暴潮的主要因素。影响珠江三角洲沿海的较大的风暴潮灾害都是台风造成的。根据历史资料分析,珠江三角洲沿海特大风暴潮不全在天文大潮期间发生,例如1996年9月9日("莎莉",农历七月廿七),2008年9月24日("黑格比",农历八月廿五)。相比较而言,损失强度较小的特大风暴潮如1989年7月18日(8号台风,农历六月十六),2001年7月2日("尤特",农历五月十六)等与天文大潮相遇。

(2) 与天文潮作用。风暴潮高峰时正与天文大潮相遇,两者潮势叠加起来,就会使水位暴涨,导致特大风暴潮灾害的发生。历史上几次影响珠江三角洲沿海地区最大风暴潮增水均未与天文大潮相遇,如0307("伊布都",农历六月廿五,最大增水 3.19m)、0606("派比安",农历七月初十,最大增水 2.2m)和0915("巨爵",农历七月廿七,最大增水 2.1m)等。但这并不能否定天文大潮对风暴潮的加强作用,反而意味着珠江三角洲沿海可能发生灾害损失强度更大的风暴潮。一旦最大风暴潮与天文大潮碰头,沿海将可能发生有史以来最大的风暴潮潮灾。

(3) 地形地势的影响。风暴潮灾害强度除了主要受大风和高潮位的影响之外,与当地的地形地势有着密切的关系,即不同的地理位置、海岸形状、岸上和海底地形的受灾程度也不一样。地形条件主要通过风暴潮水的能量聚集和水体入侵范围来影响风暴潮增水值大小。由于珠江三角洲特殊地理位置的影响,在珠江口附近登陆的台风风暴潮几乎每年均发生,珠江三角洲沿海地区是我国沿海台风风暴潮较严重的地区。

(4) 河口地区受上游洪水的作用。珠江口地区除受台风风暴潮影响外,还受珠江流域上游洪水的影响,历史上该地区洪水影响是不可低估的因素。若珠江口洪水、天文大潮和风暴潮相遇,造成的灾害损失将是巨大的。

(5) 海平面上升的影响。在沿海地区,海平面上升应该包括两个方面:气候变暖引起的海平面上升和沿海地区严重的地下水开采等人类活动导致地面沉降而引发的海平面相对上升。全球气候变暖导致的各地海面(包括高、低潮位)上升值和地面沉降引发的海平面相对上升值叠加使得相对潮位大大提高,风暴潮增水与潮位叠加将出现更高的风暴潮潮位,引发更大的潮灾。

珠江三角洲及邻近沿海地区的台风暴发频率、强度和影响程度高,在填海造地工程活动中应该注意台风风暴潮对工程活动的影响,适当提高填海造地工程的抗灾等级。

3. 珠江三角洲沿海地区风暴潮易损性风险区划

风暴潮灾害在理论上是完全可以预防的,但实际上,人类并不能完全避免风暴潮灾害带来的社会经济损失。风暴潮灾害风险除了与致灾因子本身的强度和频率相关外,与承载体的脆弱性和暴露性更为相关。为尽可能地减轻风暴潮灾害造成的损失,需要科学地分析其危险性,评估风暴潮所威胁区域的易损性,明确各个区域遭受风暴潮灾害的易损程度,最终确定各区域风暴潮灾害风险的大小。因此科学完整地选取易损性风险评价指标,采用恰当的分区评价方法构建易损性风险区划模型,对风暴潮灾害承灾体进行科学客观的风险分区对防灾减灾策略的制订意义重大。

(1) 风暴潮易损性评价。对珠江三角洲沿海地区风暴潮易损性评估指标进行选取以及分等定级,并确定了社会经济指标、土地利用指标、生态环境指标、滨海构造物指标和承灾能力 5 个指标的分值。前 4 个指标反映了承灾体面对风暴潮灾害易于遭受损失的程度,而承灾能力指标则反映了各个区县面对风暴潮灾害的抵抗能力。根据 5 个指标之间的相互关系,结合 Gornitz 提出的海岸易损性评估模式,建立珠江三角洲沿海地区风暴潮易损性综合评估模型:

$$V = \left[\frac{A \cdot L \cdot E \cdot C}{K}\right]^{\frac{1}{2}} \tag{16-1}$$

式中,V 为风暴潮易损指数,该指数越大,则海岸面临风暴潮灾害的可能损失程度就越大;A 为社会经济易损指数;L 为土地易损指数;E 为生态环境易损指数;C 为滨海构造物易损指数;K 为承灾能力指数。

针对评估结果,结合珠江三角洲沿海各区县实际情况,运用标准化分析方法,将风暴潮易损程度划分为 5 个等级,并对各个易损程度赋值评分,建立珠江三角洲沿海地区风暴潮易损程度等级划分标准:高易损度(易损指数大于 8.5)、较高易损度(易损指数 7~8.5)、中等易损度(易损指数 5~7)、较低易损度(易损指数 4~5)和低易损度(易损指数<4)。

根据风暴潮易损评估模型的计算结果,珠海市、番禺—南沙区和台山市风暴潮易损程度高;中山市、东莞市、惠阳区风暴潮易损程度较高;新会—蓬江—江海区、惠东县易损程度中等;深圳市易损程度较低;广州市区、顺德区易损程度低(图16-11)。

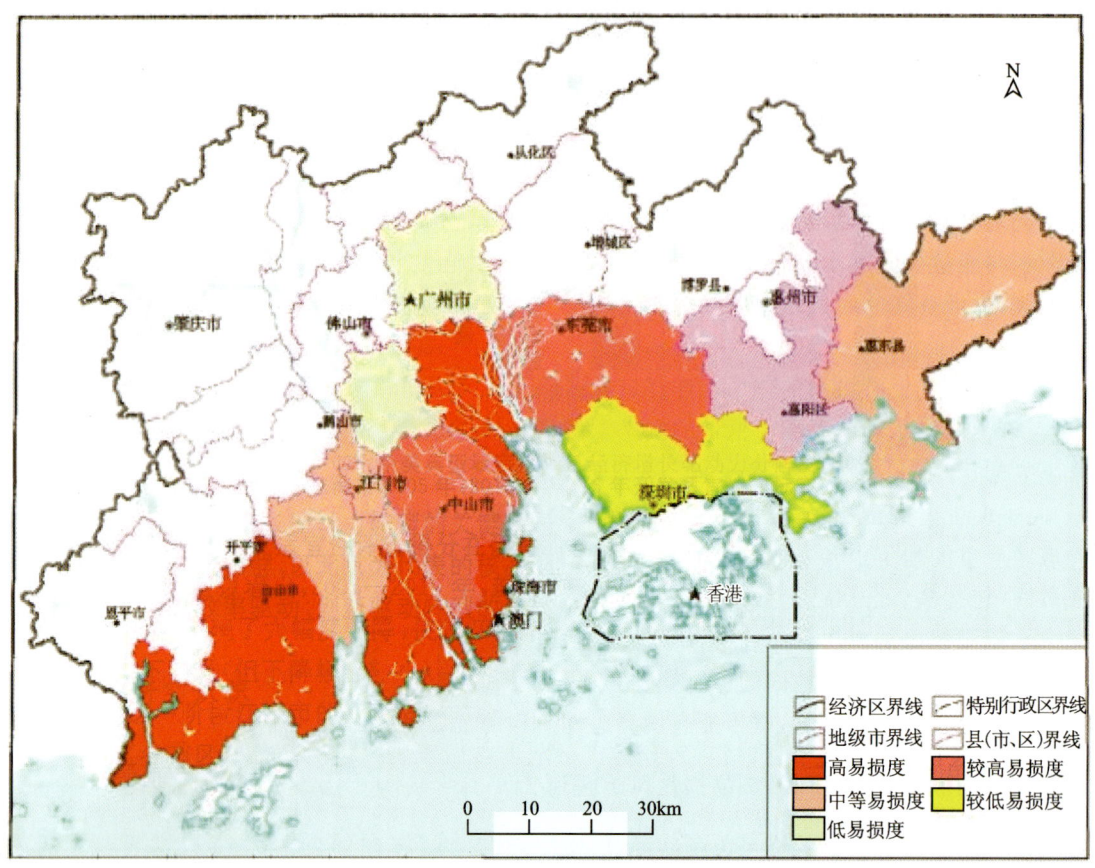

图16-11 珠江三角洲沿海易损程度分区示意图

广州市区和顺德区是珠江三角洲沿海人口最密集、经济最发达的地区,但其风暴潮易损程度却最低,这主要与3个城市的抗灾能力指数高有关。这些城市距离海岸线较远,且防潮减灾工程完善,社会从业人员众多,发生风暴潮灾害时,一方面风暴潮增水能被防潮堤围有效阻隔和延滞;另一方面整个城市能组织大量人力物力开展风暴潮防灾救灾行动。

珠海市、番禺—南沙区和台山市风暴潮易损程度高,主要是社会经济易损指数、土地利用易损指数、生态环境易损指数和滨海构造物指数都高于平均水平,而其抗灾能力指数偏低。因此,各种承灾体遭受风暴潮灾害时易损程度非常高。

其余城市由于各指标易损指数偏中,风暴潮易损程度大多处于上述两者之间。综合以上风暴潮易损性评估结果,未来风暴潮灾害防御的重点应该集中在珠江口周边地区,尤其是珠江口西侧一带。

(2)珠江三角洲沿海台风风暴潮防灾减灾对策。海岸带可能遭受风暴潮灾害破坏或损害的程度取决于海岸自然系统对风暴潮增水、浪涌及台风的敏感性与海岸社会经济系统的脆弱性,还取决于海岸自然和社会经济系统受到保护的水平。《国家气象灾害防御规划(2009—2020年)》中指出,沿海地区以防御台风、大风及其产生的风暴潮、地质灾害和海平面上升为重点,加强海洋气象灾害监测网和多部门联合的海洋监测信息共享平台建设,建立海洋气象灾害监测预警业务和应急服务系统;提高预警发布能力,建设由海洋气象预警电台、卫星广播等组成的气象灾害预警信息发布系统;开展沿海地区气象灾害风险评估和海洋气象资源可持续开发利用的综合评估,开展重点工程建设气候可行性论证,加强沿海气象灾害防御基础设施建设。

第十六章 珠江口填海造地适宜性评价

4. 珠江三角洲沿海台风风暴潮防灾减灾对策

根据规划要求,结合珠三角沿海的实际情况,提出以下风暴潮灾害防灾减灾对策。

(1) 风暴潮灾害监测与预警。风暴潮监测与预警是防灾减灾的基础。完善风暴潮监测体系,利用各种先进的技术手段,获取连续的风暴潮监测的系统信息,包括风暴潮灾害的发生、发展过程的实时监测信息;整合不同行业风暴潮监测平台,加强相关信息的交换和合作,以便能够为风暴潮灾害及时、准确地预报、预警提供支持。

风暴潮灾害监测与预警系统包括:①由气象部门负责热带气旋预报,包括热带气旋消息、热带气旋警报、热带气旋紧急警报、热带气旋特急警报、热带气旋解除消息等,全省各行政区域都设立气象台站、观测、发布气象预报;②由海洋部门负责海浪和风暴潮预报,沿海市县港口均已制订警戒水位预报系统;③由水文部门根据分布于主要江河、水库、区域等地的水文(位)站、雨量站点进行洪水预报;④省防风防汛通信系统直接与市、县三防机构,大中型水库联网,随时传递灾害信息;⑤水产部门无线电通信网,可随时通知海上渔船回港避风;⑥交通部门无线电通信网,可随时通知港口、船只防风避风;⑦电力部门的通信调度网,可随时通知电站防风防汛;⑧农垦部门的通信系统,负责上百个农场的防风救灾的信息传递;⑨利用广播、电视、新闻媒介,邮政通信等向社会发布三防指挥部的信息和指令;⑩利用特殊的通信系统传递灾害信息,在紧急情况下,可利用政府、军队的通信系统传递防灾减灾的信息和指令。

(2) 防卫系统措施。防卫系统措施包括工程措施、生物措施和非工程综合措施。这一方面提高海挡、海堤、海塘等海防工程的防护标准,以应对未来气候变化、海平面上升情境下可能不断上升的潮位;另一方面对现有海防工程进行修缮、加固,使其能有效抗御一定强度风暴潮灾害的侵袭。2011年开始实施的《广东省千里海堤加固达标工程建设方案》中指出:千里海堤加固达标工程建设从 2011 年开始实施。工程总体上按防潮(洪)能力达 20 年一遇以上标准进行建设,其中城市、工业区和第二、三产业聚集区的堤段,必须按照《中共广东省委、广东省人民政府关于加快我省水利改革发展的决定》(粤发〔2011〕9号)的要求进行建设,即到 2015 年,防洪(潮)标准地级以上城市基本达到 100 年一遇,县级城市基本达到 50 年一遇,中心镇达到 20 年一遇。县级以上城市、珠三角中心镇和重点易涝区除涝能力基本达标。

某些海岸带生态系统具有防灾减灾功能,如珊瑚礁、红树林、防护林带等天然屏障,尤其是红树林可以极大地削减台风和浪潮对海岸的冲击。因此,可以在沿海适宜的滩涂大规模种植红树林,营造防风、护林、护胶、护农作物、护路等防护林带组成防护林体系。

(3) 拯救系统。拯救系统包括专业组织和社会组织。在防风防汛中需要特定的设施和装备,组织专业抢险救灾队伍。例如海上救援、输电线路抢修、通信线路抢修、交通抢修、水利工程防汛抢修等专业组织,平时参加正常生产作业,台风期调整待命,一旦有险立即出动;另有社会组织,将部队、武警、机关、学校、工人、农民、医院、运输车队、物资等部门的人员、设备和物资进行登记、编组,当抢险救灾需要,通过行政手段或号召,将力量投入抢险救灾。

(4) 防灾减灾立法。进行防灾减灾立法,目标是最大限度地防御和减轻各种灾害造成的人员伤亡及财产损失,保障海洋经济持续、健康发展和沿海社会安定。通过立法,明确各级政府和有关人员在防御和管理灾害中的责任与权限,同时明确有关机构、设施等的法律地位,使防灾减灾工作"有法可依""违法必究"。

(5) 风暴潮应急管理体系。灾后的应急反应是减轻灾害的关键措施之一,迅速而准确的反应能大大减轻损失。因此,各地区应该制订并完善适合本地区应对风暴潮灾害实际情况的应急预案,包括对平时的宣传、培训和演练,灾害发生时的预警,灾害信息的处理、共享与发布,应急响应时的指挥和各部门的协调与配合,应急抢险救灾设备和工具和物资储备,人员(物资)的疏散和撤离(路径、目的地等),社会力量的动员和参与,风暴潮灾害的调查分析和检测与后果评估,善后处置以及监督检查,预案的及时完善与更新等方面,都要做到目标和责任明确。

（二）珠三角地区沿海赤潮灾害分析

1989—2009年间，珠三角地区较有影响的赤潮灾害如下。

1990年3月19日，在南海执行任务的中国海监71号船发现广东省大鹏湾口附近海域发生赤潮，海面出现粉红色漂浮物，这种现象持续了1天之久。4月9日赤湾附近海域发现大面积赤潮，最大宽度为200m，呈条状，绵延5～6海里（1海里＝1.852km），退潮时已影响到桂山岛附近海域，这次赤潮持续到10日上午才逐渐消失。5月下旬，广东省深圳附近海域发生赤潮，南海水产所试验基地的几十万尾鱼苗死亡。

1991年3月20日8时至21日19时，广东省大鹏湾盐田镇到盐田港长数千米的沿岸水域首次发生褐藻赤潮。海水呈锈褐色，海面出现死鱼，据不完全统计，水产养殖基地及个体养殖户几十万尾鱼苗死亡。

1992年4月22日深圳大鹏湾盐田附近海域发生由夜光藻引起的大面积赤潮；4月27日夜光藻又引发了大亚湾小星山附近海域的赤潮。

1996年沿海赤潮发生次数比1995年略有减少。4月26日至4月30日，在南海深圳西部蛇口至赤湾近海发生了赤潮，面积约20km^2，呈红褐色；4月30日下午突降暴雨，在大量雨水冲击下赤潮消失。

1998年珠江三角洲近海海域发生了历史上最严重的赤潮灾害，灾害造成了严重的危害和经济损失，主要发生在珠江口、大亚湾、深圳西部等海域；3月中旬至4月上旬，在珠江口广东和香港海域发现密氏裸甲藻赤潮；3月18日在香港附近海面发现赤潮，此后赤潮一直向西南海域扩展，与此同时，珠江口附近海域相继发生特大赤潮，受赤潮影响，广东、香港两地的水产养殖业损失3.5亿元。

1999年珠江三角洲发现赤潮较多的沿岸海有：3月14日至3月15日，在广东大鹏湾南澳海域发生小范围的赤潮；3月25日至29日，在广东大亚湾衙前海域和大鹏湾盐田海域发生数平方千米的赤潮；5月20日至26日，在广东大亚湾惠州港间断发生小范围赤潮。

2000年主要的赤潮灾害有：8月17日，广东深圳坝光至惠阳澳头海域发生约20km^{2}赤潮，网箱养殖鱼类和部分底栖生物死亡，直接经济损失200多万元；9月3日至6日，广东大亚湾海域发生约30km^{2}赤潮，养殖鱼类死亡，直接经济损失100多万元。

2002年6月4—13日，广东省深圳西部的赤湾港至桂山岛海域出现块状赤潮。赤潮藻种为中肋骨条藻和无纹环沟藻。赤潮最大面积达到500km^2。

2003年8月12—30日，深圳市坝光和东升养殖区海域赤潮持续19天，最大面积15km^2，赤潮优势藻种为海洋卡盾藻和锥状斯氏藻，直接经济损失33万元。

2005年惠州大亚湾海域发生赤潮1起，为有毒的海洋卡盾藻和锥状斯氏藻赤潮，面积约10km^2；汕尾港湾内发生赤潮1起，面积不到1km^2。

2006年，珠江口海域发生赤潮3起，累计面积约602km^2；汕尾港湾内1起，面积35km^2；大亚湾海域1起，面积20km^2。其中有毒赤潮1起，为2006年4月发生在珠江口桂山港和东澳岛码头附近海域的多环旋沟藻。9月7—21日广东省汕尾港区及附近海域发生赤潮，最大面积约30km^2，主要赤潮生物为棕囊藻，直接经济损失100万元。

2007年深圳海域共发生大小赤潮5例，主要发生在深圳湾海域。其中，面积较小的赤潮有4起，面积超过50km^{2}的赤潮1起。其中6月5—8日发生在深圳蛇口附近海域的无纹环沟藻赤潮，赤潮发生面积超过50km^2。

2008年深圳市海域共发生赤潮7例，发生海域主要集中在大鹏湾（4起）、大亚湾（2起）和深圳湾（1起），赤潮面积累计达28.1km^2，未发生有毒赤潮。其中，2月19—22日期间发生在深圳湾附近海域的赤潮规模较大，赤潮面积达15km^2，赤潮生物为异湾藻。赤潮发生未对海洋渔业活动及水产品质量造成较大影响。

第十六章 珠江口填海造地适宜性评价

2009年珠江三角洲沿海地区发生8次赤潮,累计面积391km²。其中,10月27日至11月9日珠海市淇澳岛附近海域发生赤潮,赤潮面积累计达280km²。赤潮生物为多环旋沟藻、红色裸甲藻和中肋骨条藻。

珠江三角洲经济区赤潮高发区为深圳湾、大鹏湾、大亚湾等海域。据统计,1981—2009年,广东省深圳沿海海域共发生赤潮32起,在深圳沿海的填海活动应该兼顾对赤潮灾害的防治。

四、结论与建议

(一)结论

随着广东省填海造地工程的大量实施,亟须深入研究地质环境与填海造地工程之间相互影响及相互作用关系,为合理、可持续利用海洋资源进行科学的指导。

本次主要完成了以下几部分工作内容。

(1)系统梳理了珠江三角洲填海造地活动的历史,在总结珠江三角洲填海造地规划、评价研究现状、查明珠三角填海造地工程活动存在问题的基础上,明确了填海造地工程地质环境适宜性研究内容。

(2)在充分了解珠江三角洲沿海地质环境概况基础上,选取珠江口内伶仃岛以北的典型填海造地工程地质环境适宜性评价区。

(3)综合国内外填海造地工程评价研究,结合珠江三角洲填海造地工程的地质环境结构特征,建立评价区地质环境适宜性评价的指标体系,划分地质环境适宜性分级及评价指标分级,并选取评价模型。

(4)通过定性与定量相结合的方法,开展珠江口沿海陆域工程建设地质环境适宜性评价及海区填海造地工程地质环境适宜性评价。将整个研究区陆域划分为工程建设地质环境适宜区、较适宜区、适宜性差区和不适宜区,将近岸海域划分为填海造地工程地质环境适宜区、较适宜区和适宜性差区。适宜和较适宜等级分布区域宜作为填海开发区,不适宜区宜作为自然保护区和功能保护区。

(5)运用统计型评价法,统计了1989—2009年珠江三角洲及周边地区发生的台风风暴潮及其损失,对珠江三角洲沿海11个县(市)、区进行了风暴潮灾害易损性评价,并提出了风暴潮灾害防灾减灾对策;对已知的珠三角地区发生的赤潮及其损失进行统计,以明确该灾害的易发区域,在易发区域的填海造地活动应兼顾对赤潮灾害的防治。

(二)问题与建议

1. 问题

新的形势对填海造地工程地质环境适宜性评价的客观性、科学性提出了更高要求。但目前填海造地工程地质环境适宜性评价的决策辅助分析在我国尚处于起步阶段,各地管理部门虽然有强烈的应用需求,同时分析模型的建设与应用普遍存在理论和方法上的不足。要建设符合珠江三角洲规划发展趋势的填海造地工程地质环境适宜性评价辅助系统,还有许多理论和技术方面的问题需要解决。

本填海造地工程地质环境适宜性评价模型是针对广东省现阶段填海工程管理的需要和客观条件提出的,主要目的是完善填海造地工程辅助决策过程中客观性分析的实现途径,起到技术上的引导作用。从研究结果看,本书提出的评价模型客观上对区划分析流程是通畅的,具有较强的可操作性。模型的有效性与评价指标体系和权重密切相关,但本书未对评价指标体系和权重进行详细讨论,主要出于两点考虑:一是填海造地区的资料收集程度较低;二是本书重在研究建立海岸带功能适宜性评价模型的可行性,因此对具体功能适宜性评价的精确性方面的细节,未能给以充分的说明。

2. 建议

本次填海造地工程地质环境适宜性评价选取珠江口内伶仃岛以北的典型评价区,建立评价区地质环境适宜性评价的指标体系,划分地质环境适宜性分级及评价指标分级,并选取评价模型。将整个研究区域陆地划分为工程建设地质环境适宜区、较适宜区、适宜性差区和不适宜区,近岸海域划分为填海造地工程地质环境适宜区、较适宜区和适宜性差区。

建议:下一步在珠江三角洲经济区沿海应针对惠来电厂填海区、汕尾电厂填海区、汕尾新港填海区、大亚湾石化工业填海区、盐田港区填海区、深圳机场填海区、唐家湾填海区、金鼎工业填海区、新洲围垦区、阳西电厂填海区等广东省海洋功能区划规划的重点区域进行填海造地工程定量评价及优选,以获得各海湾填海造地工程推荐方案,为填海区工程建设总体规划、岸线合理利用、海洋环境保护和海岸带综合管理提供科学依据。

第十七章　三亚城市地下空间资源开发潜力评价

一、基于层次分析法的城市地下空间资源开发潜力评价

(一)层次分析法简介

层次分析法(analytic hierarchy process,AHP)是由美国学者 Saaty T L 在 20 世纪 70 年代提出的一种多层次权重解析方法。它将决策者对复杂对象的决策思维过程进行定量处理,是一种定性分析和定量分析相结合的决策方法。层次分析法适用于多因素、多层次(子系统)、多方案系统的综合评价和决策,尤其对于兼有定性因素和定量因素的系统问题,能够方便、有效地进行综合评价和方案优化决策。AHP法的基本思路是把复杂问题分解为多个组成因素,通过划分相互联系的有序层次使之条理化,就每一层次的相对重要性对层次中各因素进行两两比较并给予定量表示(系统分析阶段),并通过分析排序结果来求解出最佳方案(系统综合阶段)。

层次分析法的实施步骤如下。

(1)分析系统中各因素之间的关系,建立问题的递阶层次结构模型。模型中各元素构成了 3 个层次,即最高层(又叫目标层,只有一个元素)、中间层(又叫准则层,可有多层)以及最低层(又叫指标层,是实现目标的措施和方案)。

(2)对同一层次的各元素关于上一层中某一准则的重要性采用"1~9 标度法"(表 17-1)进行两两比较,构造判断矩阵 $\boldsymbol{B}=(b_{ij})$,判断矩阵 $\boldsymbol{B}$ 的形式见表 17-2(假设 $\boldsymbol{A}$ 层次中的 A_i 与其下层次 B_1、B_2、$\cdots$、B_n 共 n 个因素有联系)。

表 17-1　"1~9 标度法"及其描述

标度	定义(比较因素 i 与 j)
1	因素 i 与 j 一样重要
3	因素 i 与 j 稍微重要
5	因素 i 与 j 较强重要
7	因素 i 与 j 强烈重要
9	因素 i 与 j 绝对重要
2、4、6、8	两相邻判断的中间值
倒数	当比较因素 j 与 i 时

通过前期资料的收集和整理,并咨询对三亚城市地质情况比较熟悉的专家,对影响城市地下空间开发潜力的各个因素打分(表17-2),然后将评价指标体系间相互关系量化后作为AHP模型数据输入。

表17-2 层次分析法判断矩阵的构造形式

A_i	B_1	B_2	⋯	B_n
B_1	b_{11}	b_{12}	⋯	b_{1n}
B_2	b_{21}	b_{22}	⋯	b_{2n}
⋯	⋯	⋯	⋯	⋯
B_n	b_{n1}	b_{n2}	⋯	b_{nn}

(3)层次单排序及一致性检验。求解判断矩阵最大特征根 $\lambda_{\max}$ 所对应的特征向量,该向量正规化后的各分量即为相应元素单排序的权重 W。为验证权重的合理性,需要对判断矩阵进行一致性检验。检验公式为:

$$CR = \frac{CI}{RI} \tag{17-1}$$

$$CI = \frac{\lambda_{\max} - n}{n - 1} \tag{17-2}$$

式中,CR 为判断矩阵的随机一致性比率;CI 为判断矩阵的一般一致性指标;RI 为判断矩阵的平均随机一致性指标。

对于1~9阶的判断矩阵,平均随机一致性指标 RI 的值如表17-3所示。

表17-3 平均随机一致性指标

阶数 n	1	2	3	4	5	6	7	8	9
RI	0.00	0.00	0.58	0.90	1.12	1.24	1.32	1.41	1.45

判断准则为 $CR<0.10$,即认为判断矩阵具有满意的一致性,说明权重是合理的;否则需要调整判断矩阵的元素取值,直到具有满意的一致性为止。

(4)层次总排序及一致性检验。层次总排序随机一致性比率为:

$$CR = \frac{\sum\limits_{j=1}^{m} W_j CI_j}{\sum\limits_{j=1}^{m} W_j RI_j} \tag{17-3}$$

式中,W_j 为最低层(指标层)中因素 j 对最高层(目标层)的权重。当 $CR<0.10$ 时,认为层次总排序结果具有满意的一致性,否则需要重新对判断矩阵的元素取值。

(二)城市地下空间资源开发潜力综合指数评价

1. 评价体系

城市地下空间资源开发潜力综合指数评价按下列程序进行(图17-1)。
(1)划分评价单元。
(2)筛选确定城市地下空间资源开发潜力评价因子及每一评价因子相应的数值评价标准及其权值。
(3)对评价单元均按一定的数学模型计算其城市地下空间资源开发潜力指数。
(4)按城市地下空间资源开发潜力等级分区并综合评价。

第十七章　三亚城市地下空间资源开发潜力评价

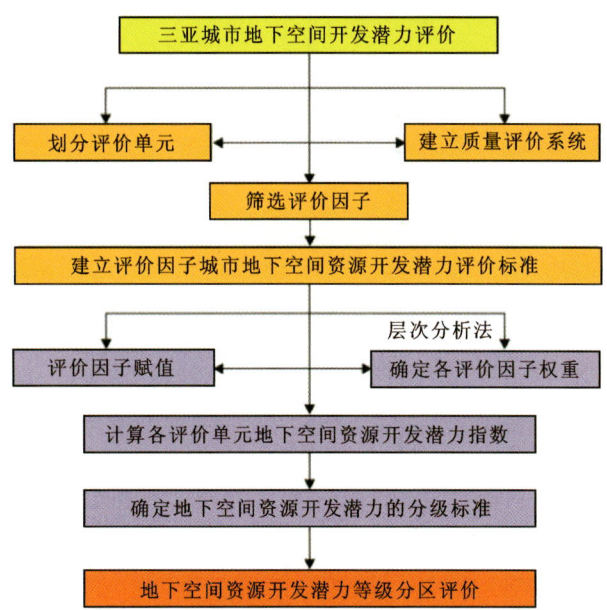

图 17-1　城市地下空间资源开发潜力综合指数评价流程图

2. 评价系统

根据评价体系的分析,将各个影响因素按其性质的不同分类并建立层次关系。所有的因素形成层层联系的递阶结构,对于某一层次的元素,它既对下一层次的某些元素起支配作用,又受上一层次元素的支配。其中,各层次的含义如下。

目标层:表示解决问题的目的,即层次分析要达到的总目标。

准则层:表示采取某种措施、政策、方案等来实现预定总目标所涉及的中间环节。

指标层:表示要选用的解决问题的各种措施、政策、方案等。

3. 评价方法

(1)评价单元划分。利用 ArcGIS 软件,将研究区范围删格化,划分为 30m×30m 的正方形小格,作为评价的基本单元。

(2)城市地下空间资源开发潜力评价因子的筛选。一是所选的评价因子,对城市地下空间资源开发潜力具有一定的影响;二是所选的评价因子在各网格单元的分布存在着较显著的差异性。影响工业区城市地下空间资源开发潜力的主要因素详见本书第五章。

(3)权重的确定。本次城市地下空间资源开发潜力评价中,采用将上述层次分析法来确定权重。该方法将定性分析与定量分析相结合,发挥专家打分和层次分析法的优点,使确定的权重较为科学、合理。该方法同样需要专家的参与,但专家不直接给出各评价因子的权重,而是针对各评价因子之间的重要程度,由此构建一个能够反应评价因子两两之间关系的判断矩阵,再经过层次分析法,计算各评价因子的权重,并进行一致性检验,以保证其客观性。

(4)评价因子分级标准及赋值原则。按各评价因子对城市地下空间资源开发潜力影响效果进行分级,分为优、良、中等、较差 4 个质量状态等级。对城市地下空间资源开发潜力正面影响越大,为优,反之则为较差,中间为良、中等 2 个等级。何种程度才能达到各状态分级界线,具体参考相关部门及行业标准等对各评价因子的定量规定。无定量指标者则根据实际调查成果,提出指标的定量规定及说明。

优等级赋值 5,良等级赋值 4,中等级赋值 3,较差等级赋值 2,赋值的目的是以量化指标,给四级标准以定量的制订、评价。各评价因子分级赋值标准见表 17-4。

表17-4 各评价因子分级赋值标准表

因子			优 5	良 4	中等 3	较差 2
工程地质条件	地形坡度		<10°	10°~20°	20°~40°	>40°
	地层结构	地层岩性	坚硬侵入岩、变质岩等	喷出岩、碎屑岩、碳酸盐岩等	砾质土、砂性土、黏性土等	黄土类土、膨胀土、软土等
		地层组合条件	好	较好	一般	较差
	地层断裂		距离断裂分布大于1000m	距离断裂分布500~1000m	距离断裂分布200~500m	断裂发育
	地基承载力/MPa		>0.25	0.2~0.25	0.15~0.2	<0.15
水文地质条件	地下水埋深	水位埋深/m	>10	5~10	2.5~5	<2.5
		单井涌水量/m³·d⁻¹	<100	100~500	500~1000	>1000
	地下水污染程度		未污染	轻微	中等	严重
地面空间条件	既有工程建筑分布		无、绿地、农田等	城市道路与广场、低层建筑等	工业厂房、中层建筑等	河流、立交桥、高层建筑等
	生态环境保护		滨海二线控制区	滨海一线控制区	山前控制区	文物单元、景点、自然保护区等
特殊类土	软土厚度/m		0	0~3	3~10	>10
	顶板埋深/m		>15	10~15	5~10	<5
不良地质条件	斜坡类地质灾害		不发育	不发育	不发育	发育
社会经济条件	交通条件		有轨电车站点、公交车站点等城市交通节点辐射200m范围内	有轨电车站点、公交车站点等城市交通节点辐射200~500m范围内	交通主干线、次干线辐射500m范围内	交通干线辐射500m以外范围
	基准地价	商业基准地价/元·m⁻²	>5000	4500~5000	3500~4500	<3500
		居住用地基准地价/元·m⁻²	>5000	4000~5000	3000~4000	<3000
	城市用地类型		行政办公区域、商业金融业区域、文娱休闲中心区域等	道路广场区域、高强度居住区域、对外交通区域、市政公用设施区域、文教体卫区域等	低强度居住区域、特殊区域、工业区域、仓储区域等	绿地、水系、其他生态用地等

(5)评价单元评价因子赋值和计算。①评价单元评价因子质量等级单一,直接按评价因子赋值标准进行赋值;②评价单元评价因子存在多个质量等级,分别按评价因子质量等级对应的赋值标准进行赋值后,对每个质量等级对应的面积进行加权平均,数学表达式为:

$$P_k = \sum_{i=1}^{n} X_i A_i / A \tag{17-4}$$

式中,P_k 为评价因子的评价值;X_i 为第 i 个质量等级对应的赋值标准赋值;A_i 为评价因子第 i 个质量等级对应的面积;A 为评价单元面积;n 为评价单元质量等级个数。

(6)评价数学模型。采用"综合指数评价模型"进行评价计算。其数学模型为:

$$I_k = \sum_{i=1}^{n} W_i P_i \tag{17-5}$$

式中,I_k 为 k 评价单元的城市地下空间资源开发潜力质量评价值;W_i 为 i 评价因子的权重值;P_i 为 i 评价因子的评价值;n 为评价因子数量。

(7)评价结果等级划分。参考三亚市从事地质环境监测、工程地质勘察、城市规划等专家意见及看法,综合分析岩土工程性质、水文地质、地面空间条件和社会经济条件等主要因素的特征及其对地下空间开发利用的影响,并结合评价因子的等级划分标准及赋值原则,本次城市地下空间资源开发潜力质量评价值与城市地下空间资源开发潜力等级的对应关系见表 17-5,将研究区地下空间资源开发潜力等级划分高、较高、中等和低 4 个等级。

表 17-5 城市地下空间资源开发潜力等级分级

评价值 I_k	城市地下空间资源开发潜力质量状态等级	城市地下空间资源开发潜力等级
$I_k \geqslant 3.75$	优	高
$3.25 > I_k \geqslant 3.75$	良	较高
$2.75 > I_k \geqslant 3.25$	中等	中等
$I_k < 2.75$	较差	低

二、影响三亚城市地下空间资源开发潜力的主要因素分析

(一)工程地质条件

1. 地形地貌

地形地貌条件对城市空间资源开发潜力的影响主要有以下几个方面。

首先,会影响城市地下空间的开发方式和空间布局走向等。其次,地形坡度对城市地上空间布局、道路走向等也有十分重要的影响,如在雨水较多的城市,在降雨比较急的时候,地势低洼地区经常会形成积水区,严重影响人们的生活和出行,所以在城市地上空间建筑布局、道路规划设计的时候必须考虑排水的影响。最后,地形地貌会影响地下空间与地表界面连接的空间形式和施工方式,在地面坡度较小的平原地形区,地上与地下空间采用垂直交通方式联系,地下空间开发可以采用垂直下挖的施工方式,明挖法比较常见,这种施工方法比较简单,附加费用较少,比较适宜进行地下空间的开发;在地面坡度为

5%～20%地面起伏不大的地区,一般丘陵山体较多,地下空间布局经常采用靠坡式侧面挖掘的形式,施工方式有暗挖法、矿山法等,施工难度不高,有时需要采用附加的围护措施,造价相对较高;在地面坡度较大的地区,山坡、山谷及其他地势起伏较大的地区,地下空间规划布局宜采用垂直下挖法进行施工,出入口结构及其位置的选择应当考虑降水的影响,采取相应的防水、排水工程措施,在这类地区进行地下空间开发时,对于地下停车场、地下交通隧道等形式洞室结构的内部空间,必须有可靠的支护措施,形成足够的岩土体支撑,这就大大增加了工程的附加费用和施工难度,因而这类地区进行地下空间开发的潜力比较小。

选以地面坡度作为评价因子(表17-6)。区内的剥蚀丘陵区,地形坡度一般20°～40°,等级为中等—较差,赋值3～2;山前剥蚀堆积波状平原、滨海堆积平原和河流侵蚀堆积区,地形较为平坦,地形坡度一般小于20°,等级为优—良,赋值5～4。因子赋值区划可根据全岛DEM数据,按表17-6中指标分级,在GIS平台进行评价单元数值化(图17-3)。

表17-6 地形地貌指标分级

质量等级	优	良	中等	较差
地面坡度	<10°	10°～20°	20°～40°	>40°
赋值	5	4	3	2

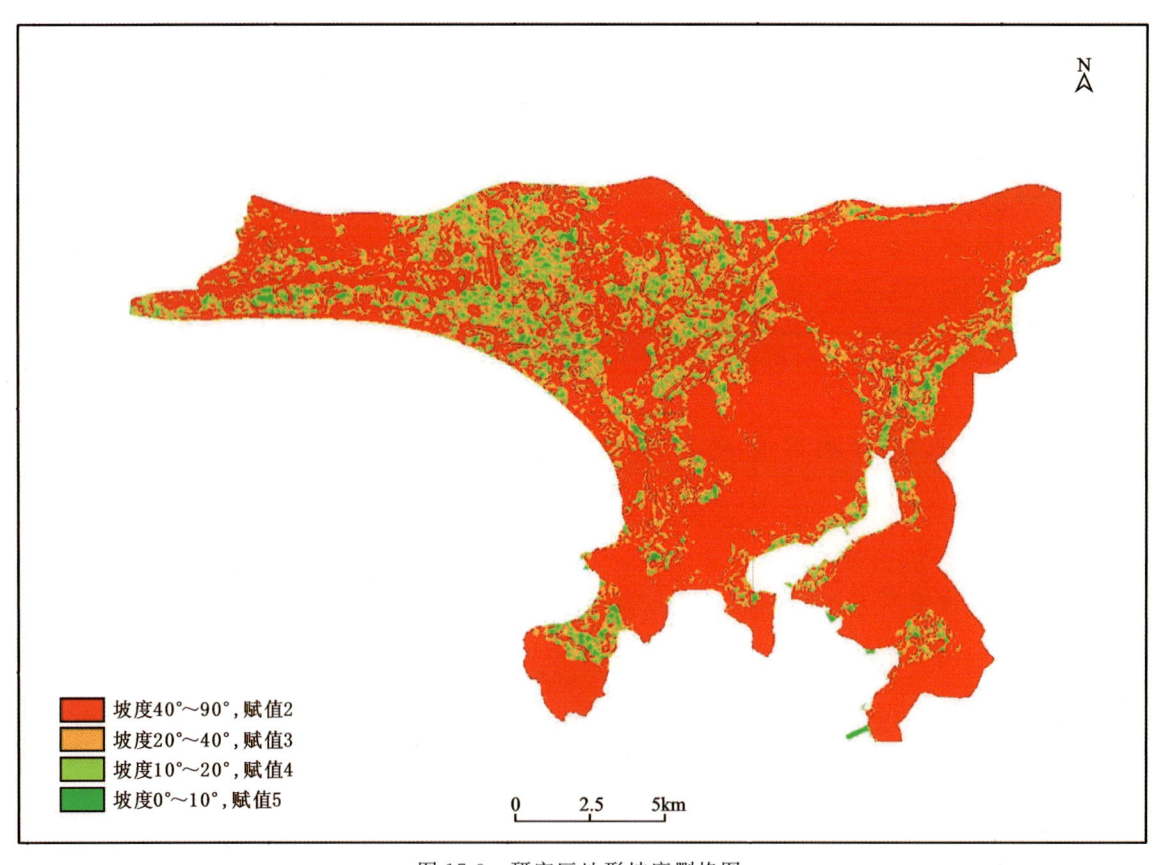

图17-3 研究区地形坡度删格图

2. 地层结构

城市岩土体地层结构,反映了一个地区岩土类型、特殊土层的埋深及厚度的空间分布变化等内容,这些地层结构信息为场地类型的划分、天然地基的分类、科学规划地下空间利用深度与形式等提供了地质资料,具有十分重要的实用价值。

地层结构对地下空间资源开发难易程度有比较显著的影响,黏性土层细颗粒含量较多,具有较强的黏附作用,盾构施工时容易黏附在刀盘和内壁,减小刀盘的锋利程度,造成掘进困难、后舱排土不顺畅;砂性土层流动性差,内摩擦角大,在地下水位较高的时候,容易发生喷砂、管涌现象,造成事故,威胁施工人员的生命安全;坚硬的岩石地层强度较高,盾构刀具要求严格,掘进难度较大、速度较慢,掘进方向不易控制,施工成本较高;在渗透性较好,含水量较高的地层进行开挖时,支护难度较大,防水要求较高,比较容易发生涌水事故,造成大面积塌方和地基地面沉降。

不同地层结构其地下空间开发涉及岩土工程问题不同,可能发生地质灾害类型、开发成本、防治措施等均不同。地下工程开发影响范围内土层的变化对地下工程影响很大,尤其是中深部的岩土体分布特征对地下空间开发的影响更大,在该深度的地下工程可能引发的地质灾害问题几率大,危害程度高。因此,地层组合状况是影响地下空间开发比较重要的因素。

总的来说,在地层结构比较均匀的地方进行地下空间开发,开挖和支护等施工措施比较容易控制,开发难度相对较低;在地层结构不均匀的地方进行地下空间开发,土层的压缩模量变化幅度较大,软硬程度不均匀变化,在进行盾构施工时容易造成盾构方向偏离设计值,方向控制困难,大大增加了施工的难度。

以地层条件、地层组合条件作为地层结构单项评价指标,进行赋值(表17-7)。因子赋值区划可根据三亚-陵水片区工程地质图,按表17-7中的指标分级,在GIS平台进行评价单元数值化(图17-4)。

表17-7 地层结构指标分级

质量等级	优	良	中等	较差
地层条件	坚硬侵入岩、变质岩等	喷出岩、碎屑岩、碳酸盐岩等	砾质土、砂性土、黏性土等	黄土类土、膨胀土、软土等
地层组合条件	好	较好	一般	较差
赋值	5	4	3	2

3. 地层断裂

地层断裂活动对地下空间工程建设的影响显著,地层的断裂错动对于地下天然气管道、供排水管道、电力系统、通信电缆等生命线工程的破坏作用相当严重,断裂直通地表,产生剪切破坏,断裂带两侧的垂直差异会对管道产生竖向张拉,应变达到限值时就会发生断裂,影响人们的基本生活。如果地面建筑位于断裂带影响范围内,容易发生地基不均匀沉降,而且不易修复。另外,断裂还能引发次生灾害,砂土液化、边坡失稳等都在一定程度上受到地层断裂的影响。次生灾害的破坏性大、发生突然、难以预测。断裂发育的地带裂隙密集,内部岩土体破碎,为地层内地下水的流动提供了通道,形成软弱夹层,严重影响地下空间工程的施工安全。地下水富集的地层,还容易发生坍塌、涌水等灾害以及地基承载力特征值突变等现象,如果地下水具有腐蚀性时还会加剧基础的腐蚀,有严重的安全隐患。

本区断裂构造较发育,多期构造的复合和岩浆多次侵入,使断裂构造更趋复杂化,大致可分为东西向、北东向和北西向3组。因子的赋值区划可根据研究区断裂分布位置,按表17-8中指标分级,在GIS平台进行评价单元数值化(图17-5)。

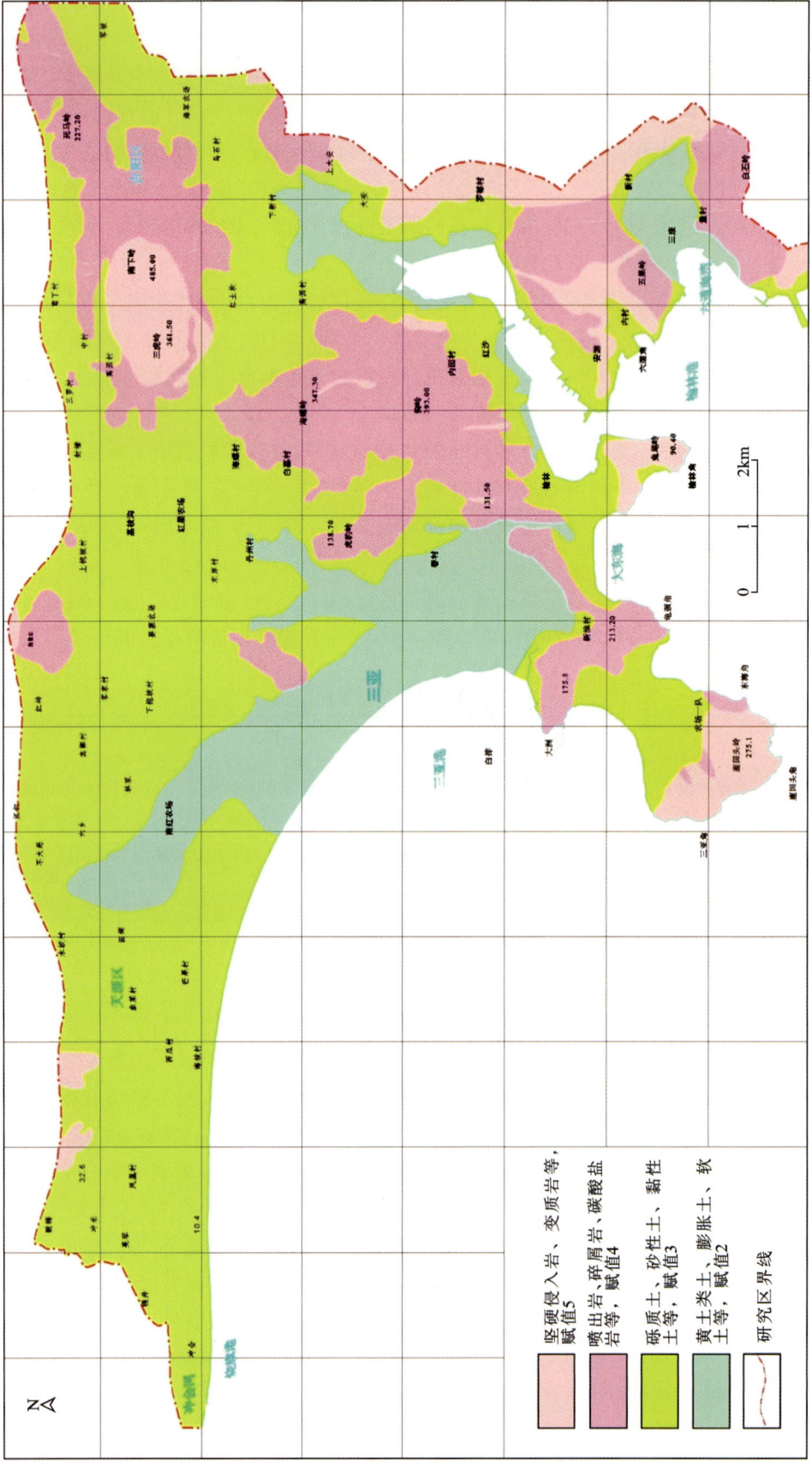

图17-4 研究区地层结构评价指标栅格图

第十七章 三亚城市地下空间资源开发潜力评价

表 17-8 地层断裂指标分级

质量等级	优	良	中等	较差
地层断裂	距离断裂分布大于1000m	距离断裂分布500~1000m	距离断裂分布200~500m	断裂发育
赋值	5	4	3	2

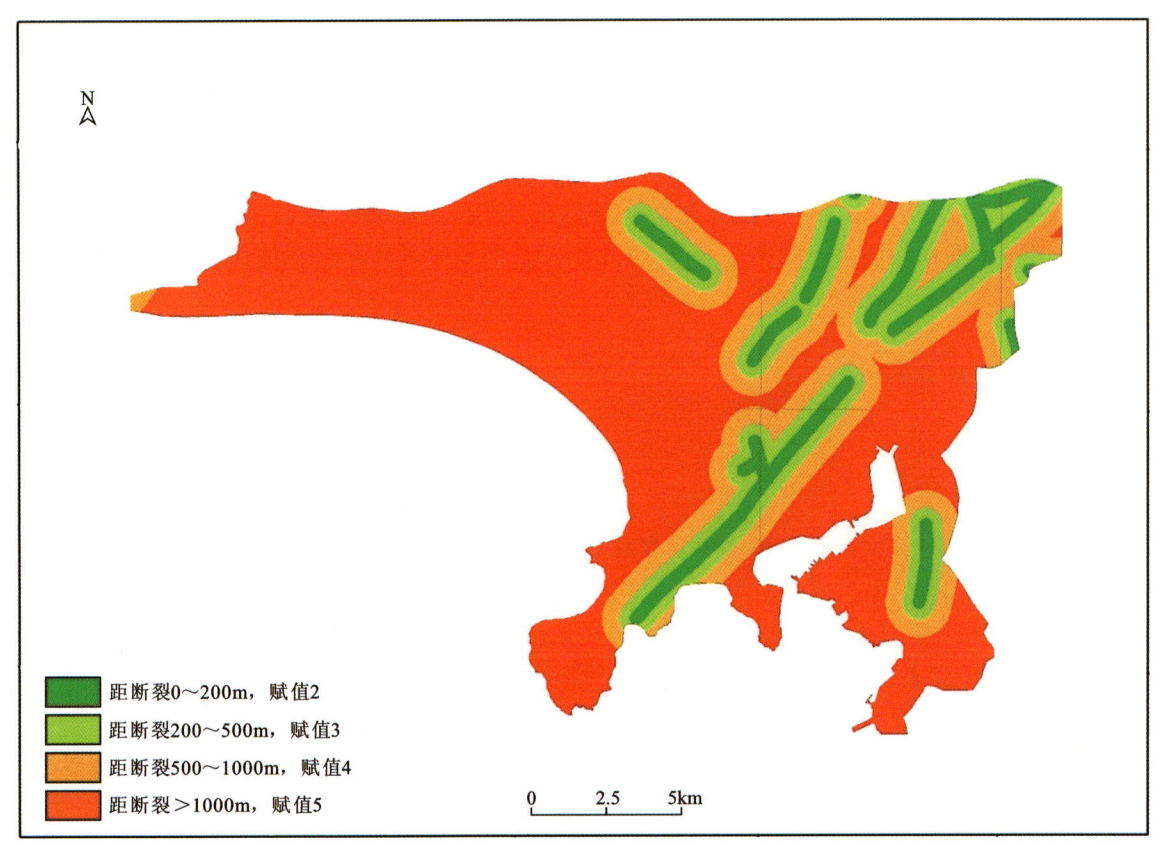

图 17-5 研究区地层断裂删格图

4. 地基承载力

地基承载力对地下空间资源的开发利用有着十分重要的影响,地下建筑就修建在土体和岩体内部。因此,土体的承载力越大,地下结构就越稳定,地下空间开发利用的支护措施就相对比较简单。

岩土体的强度越高,地基承载力的数值就越高。但如果强度过高,会增大地下结构的挖掘难度,增加施工成本。所以,在一定范围内地基承载力越高,地下空间开发潜力越大,因而可以根据地基承载力进行分级(表 17-9)。

表 17-9 地基承载力指标分级

质量等级	优	良	中等	较差
地基承载力/MPa	>0.25	0.2~0.25	0.15~0.2	<0.15
赋值	5	4	3	2

根据地区经验,结合岩土工程勘察相关规程、规范,研究区内地基土以砂类土、残积黏性土、冲积黏性土和人工填土为主。

砂类土具有压缩性低、抗剪强度较高、透水性强、内摩擦角大等特点,地基承载力较大,适宜进行地下空间的开发,但可能产生涌水或渗漏、砂土液化、流砂,需消除砂土液化的影响,防水要求高。

残积黏性土含水量低,天然孔隙比大,地基承载力一般较高,冲积黏性土具有水胶连接和团聚结构,颗粒含量较多,地基承载力一般较高,残积黏性土和冲积黏性土对地下空间开发的影响不大。

填土包括杂填土、冲填土、素填土等类型,一般填土的工程性质与密实度均匀性较差,属于不良地基,需要特殊处理措施。

研究区内残坡积土地基承载力特征值210~340kPa,平均值250kPa,工程性质良好,可作为一般中低层建筑天然地基,该区域评价因子质量状态等级为优,赋值5;第四系更新统八所组和北海组为黏土质砂、含砾粉质黏土等,地基承载力特征值180~320kPa,平均值230kPa,工程性质良好,该区域评价因子质量状态等级为良,赋值4;第四系全新统以松散状为主的砂类土,地基承载力特征值100~170kPa,该区域评价因子质量状态等级为较差—中等,赋值2~3。因子的赋值区划可根据三亚-陵水片区工程地质图,按表17-9中指标分级,在GIS平台进行评价单元数值化(图17-6)。

(二)水文地质条件

1. 地下水埋深

地下空间的布局和开发潜力受到地下水埋深、流向、分布类型、土体渗透系数和腐蚀性等的影响。大范围地进行地下空间开发会改变地下环境的稳定性,破坏地下水的自然循环和流动,可能会对地下水造成污染,影响生态系统平衡及可持续发展。在进行地下空间的开发利用时,进行基坑开挖会使地下稳定的环境发生变化,地下水流场遭到破坏,砂土层中会突发危险性的渗流潜蚀突涌和管涌现象,影响地下工程围护结构的稳定。同时,土层中的地下水水位、水动力特性会影响地下工程的施工方式、工期和工程造价,地下水位高、侧向水压力大会增加支护结构的难度和成本,特别是地下有承压水存在时,在进行基坑开挖时,承压水层的上覆不透水层的厚度必须限制在一定范围内,以免承压水的水头压力冲破不透水层,破坏地基强度,产生基坑突涌现象,顶裂或冲毁基坑底板造成事故,给施工带来极大的损失和不便;地下水的渗透性、杂质含量、渗流补给情况等还会对以后地下工程的使用和耐久性能产生影响,增大设计和施工难度,也影响工期和造价。在水文地质条件不良的地区进行地下空间工程建设时,经常采用注浆等方法提高安全指数;采用降水或隔水、防水帷幕等措施,降低地下水位;对地下构筑物采取防水措施或抗浮措施,避免产生托浮作用,影响地上建筑结构安全运营。可以根据地下水埋深条件进行分级(表17-10)。

表17-10 地下水埋深指标分级

质量等级	优	良	中等	较差
水位埋深/m	>10	5~10	2.5~5	<2.5
单井涌水量/$m^3 \cdot d^{-1}$	<100	100~500	500~1000	>1000
赋值	5	4	3	2

因子的赋值区划可根据三亚—陵水片区水文地质图,按表17-10中指标分级,在GIS平台进行评价单元数值化(图17-7)。

第十七章 三亚城市地下空间资源开发潜力评价

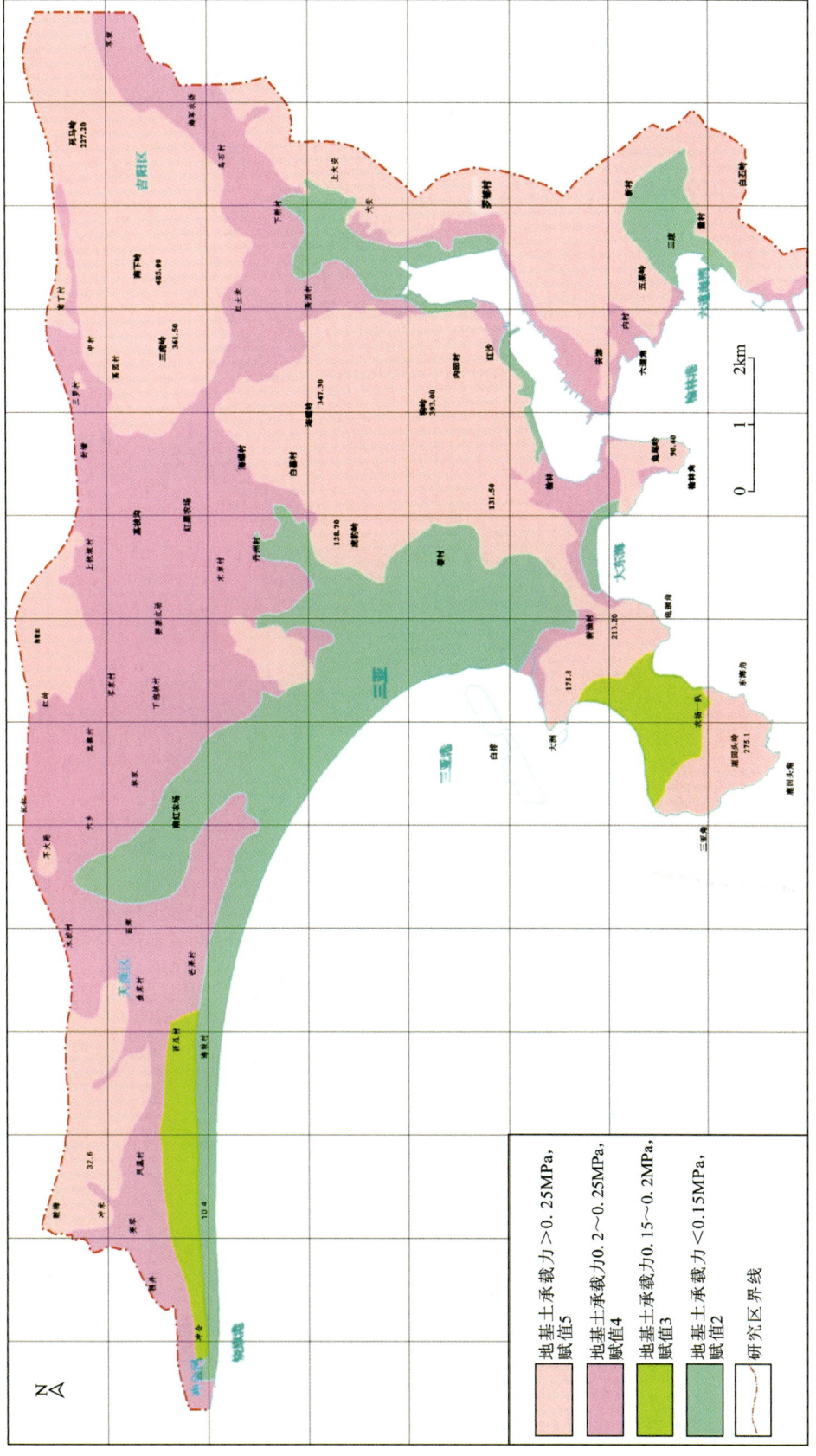

图17-6 研究区地基土承载力评价指标栅格图

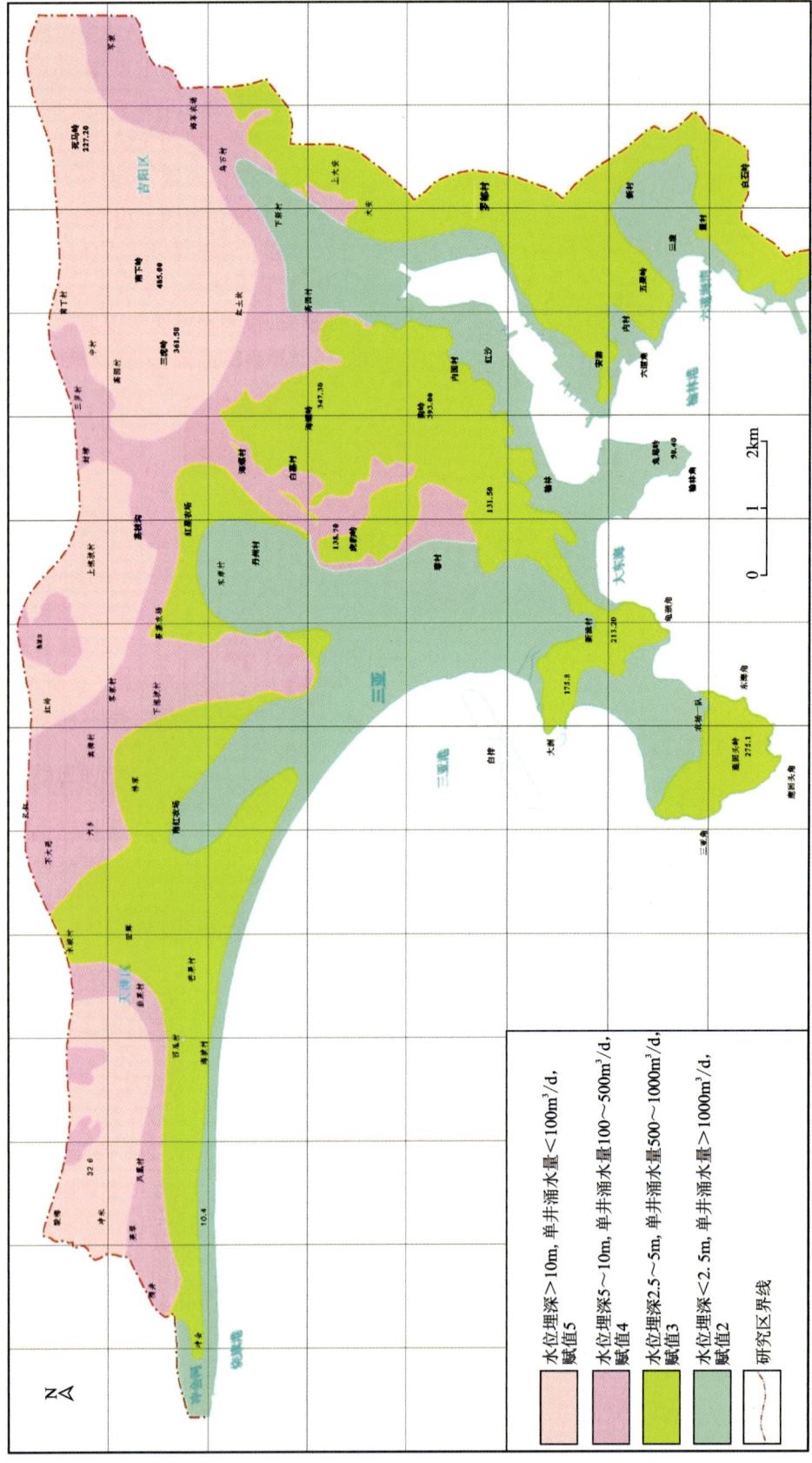

图17-7 研究区地下水埋深评价指标栅格图

第十七章 三亚城市地下空间资源开发潜力评价

研究区第四系松散岩类孔隙潜水主要分布于区内山前斜地、山间谷地及滨海平原，主要有残坡积层孔隙潜水、冲洪积层孔隙潜水、洪积层孔隙潜水和海积沙堤阶地孔隙潜水。

残坡积层孔隙潜水：主要分布于丘陵山区的基岩分布地带，含水层为残坡积层（Q^{edl}），岩性为含砾黏土质砂、砂砾、碎石混土，分选性差，厚度5～20m，局部达30m以上。水位埋深2.10～4.40m，一般与基岩过渡地带水位埋深较大，而与冲洪积层交界地带埋深较小，民井抽水涌水量3～12m³/d。评价因子质量等级为中等—良，赋值3～4。

冲洪积层孔隙潜水：主要分布于红土坎、荔枝沟、羊栏和桶井一带沿河两侧，含水层为全新统冲洪积层（Qh^{apl}），岩性以含砾黏土质砂为主，局部为砂砾或砂层，自上游到下游、由边缘向中部分选性变好、粒度变细。含水层厚度2.03～22.57m，水位埋深0.27～2.92m。不同地段富水性差别较大，钻孔涌水量25～717m³/d，民井抽水涌水量1～12m³/d。在田独上新村和羊栏水蛟村—旧村一带，下段具微承压性质。评价因子质量等级为较差，赋值2。

洪积层孔隙潜水：分布于水蛟村、抱坡村、荔枝沟及榆红、田独等山前地带，含水层为中更新统洪积层（Qp_2b），岩性以含砾黏土质砂土为主，次为中粗砂，含水层厚度1.96～17.78m，水位埋深0.16～2.86m，单井涌水量32～378m³/d。在荔枝沟附近下部为微承压水。评价因子质量等级为较差，赋值2。

海积沙堤阶地孔隙潜水：分布于区内沿海一带，含水层为上更新统八所组（Qp_3bs）和全新统海相沉积地层，以中粗砂、中细砂为主，其次为砾砂。含水层厚度为2.5～12.0m，水位埋深一般为1.3～5.8m。涌水量差别较大，民井涌水量为12～248m³/d，钻孔单孔涌水量为121～378m³/d。评价因子质量等级为较差—中等，赋值2～3。

研究区承压水类型分为新近系松散岩类孔隙承压水和碳酸岩裂隙溶洞承压水。

新近系松散岩类孔隙承压水主要分布于荔枝沟—羊栏、红土坎—榆红一带。含水层的展布受盆地形态和地形的控制，具有多层结构，由1～4个单层组成。顶板埋深18.12～35.0m，边缘地带浅，盆地中部深。厚度变化大，一般5.00～32.40m；颗粒靠山前粗，往盆地中部或海边变细。地下水位埋深一般小于2.00m，最深约为12.0m。荔枝沟、羊栏—桶井等局部地段因地面标高低而自流。不同地段富水性差别较大，单井涌水量49～2736m³/d。评价因子质量等级为较差—中等，赋值2～3。

碳酸岩裂隙溶洞承压水分布于田独、落笔洞—大园、抱坡岭、鹿回头一带，含水层为奥陶系灰岩、白云质灰岩等碳酸岩。除抱坡岭、落笔洞等局部山头灰岩出露外，其余普遍被第四系松散层覆盖。溶洞和裂隙发育程度受构造控制，垂直方向上具有分带性，含水层顶板埋深23.5～58.9m，厚度45.6～77.5m，水位埋深随地形而异，一般小于8.00m。在红沙—欧家园一带，因地形标高较低，水位高出地表0.37～2.25m。在平面展布上，由于构造发育程度不同，含水层的富水程度不均一，单孔涌水量274～3861m³/d。评价因子质量等级为较差—中等，赋值2～3。

2. 地下水污染

钢筋混凝土结构是现阶段主流的建筑材料，软水及pH值为6.5～7.0的水对混凝土是有害的，软水中溶解的石灰质少，能够溶解混凝土中的石灰质，加速混凝土结构裂缝的破坏。对混凝土结构物和钢结构设备的腐蚀破坏比较明显的化学物质包括侵蚀性CO_2、SO_4^{2-}、Cl^-、H^+等，地下水受到的污染越严重，腐蚀性离子的含量就越高，将影响衬砌、隔水材料的耐久性和安全性。若地下水中溶解有有毒气体，会威胁施工人员的生命安全。故在进行地下空间资源开发潜力评价的时候，要考虑对地下水的污染和腐蚀性的问题。可以根据地下水污染程度进行分级（表17-11）。

表 17-11 地下水污染程度指标分级

质量等级	优	良	中等	较差
地下水污染程度	未污染	轻微	中等	严重
赋值	5	4	3	2

根据区内地下水水质特征和污染特点,选择矿化度(TDS)、总硬度、TFe、Cl^-、SO_4^{2-}、F^-、NO_3^-、NO_2^-、NH_4^+ 9项组分作为评价因子。背景值评价标准选用1990年《海南省三亚地区水文地质工程地质勘查报告》的地下水水质分析资料为背景值。背景值按照下列公式计算确定:

$$X_0 = \bar{X} + 2S = \bar{X} + 2\sqrt{\sum(X-X_i)^2/(n-1)} \tag{17-6}$$

式中,X_0 为某项污染物的背景值;$\bar{X}$ 为某项污染物的平均值;X_i 为某种污染物的实际值;n 为样品数;S 为标准偏差。计算结果见表17-12,图17-7。

表 17-12 三亚市地下水环境背景值(mg/L)统计表

项目	TDS	总硬度	TFe	NH_4^+	Cl^-	SO_4^{2-}	NO_3^-	NO_2^-	F^-
背景值	545.55	332.41	0.089	0.65	205.06	94.53	11.18	0.605	0.22

1)地下水污染评价方法

(1)单项指标的污染指数求取,计算公式为:

$$I = \frac{C}{C_0} \tag{17-7}$$

式中,I 为某项污染物的污染指数;C 为某项污染物的实测含量;C_0 为某项污染物的背景值。

(2)多项指标的综合污染指数求取,计算公式为:

$$PI = \sqrt{\frac{\bar{I}^2 + I_{\max}^2}{2}} \tag{17-8}$$

$$\bar{I} = \frac{1}{n}\sum_{i=1}^{n} I_i \tag{17-9}$$

式中,$\bar{I}$ 为各单项组分评分值 I 的平均值;$I_{\max}$ 为单项组分评分值 I 的最大值;n 为项数。

(3)地下水污染分级划分,根据 PI 值计算结果,按以下规定划分地下水污染级别(表17-13)。

表 17-13 地下水污染级别分类表

级别	未污染	轻微污染	中等污染	严重污染
PI	$PI \leqslant 1$	$1 < PI \leqslant 2.5$	$2.5 < PI \leqslant 5$	$PI > 5$

2)地下水污染评价结果

按照上述评价方法,计算结果见表17-14。

根据评价结果,区内的浅层地下水污染划分未污染、轻微污染、中等污染及严重污染4个级别(图17-8);在GIS平台进行评价单元数值化,受调查精度的限制,其他未进行地下水采样测试分析的地段划为未评价区,赋值4(图17-9)。

表 17-14 研究区浅层地下水综合污染指数计算结果表

点号	综合污染指数			污染分级	主要污染组分
	$\bar{I}$	I_{max}	PI		
SW1	2.63	11.18	8.12	严重污染	NO_3^-、SO_4^{2-}
SW2	2.28	14.49	10.37	严重污染	NO_3^-、SO_4^{2-}
SW3	0.80	5.15	3.69	中等污染	NO_3^-
SW4	0.30	1.62	1.16	轻微污染	NO_3^-
SW5	0.90	6.19	4.42	中等污染	NO_3^-
SW6	0.56	1.18	0.93	未污染	
SW7	0.21	0.47	0.37	未污染	
SW8	0.27	1.02	0.75	未污染	
SW9	0.32	0.69	0.54	未污染	
SW10	0.74	2.64	1.94	轻微污染	NO_3^-、NH_4^+
SW11	1.49	9.48	6.79	严重污染	NO_3^-
SW12	0.45	2.59	1.86	轻微污染	NO_3^-
SW13	2.75	7.18	5.44	严重污染	Cl^-、NO_3^-、SO_4^{2-}
SW14	0.79	4.07	2.93	中等污染	NO_3^-
SW15	1.20	7.18	5.15	严重污染	NO_3^-
SW16	2.78	16.91	12.11	严重污染	NO_3^-、TFe
SW17	6.87	26.48	13.91	严重污染	Cl^-、SO_4^{2-}、F^-

未污染区：分布于妙山村、乙边村至凤凰村一带，面积约 18.8km²，区内人类活动相对较少，综合污染指数 PI 为 0.37～0.93，地下水未受污染。评价因子质量等级为优，赋值 5。

轻微污染区：分布于金鸡岭至荔枝沟一带，面积约 17.4km²，区内人类活动较少，地下水受轻微污染，综合污染指数 PI 为 1.16～1.94，主要污染组分为 NO_3^-、NH_4^+。评价因子质量等级为良，赋值 4。

中等污染区：分布于冲会村、羊栏和榆红一带，面积约 8.2km²，区内人类活动较多，地下水受中等污染，综合污染指数 PI 为 2.93～4.42，主要污染组分为 NO_3^-。评价因子质量等级为较中等，赋值 3。

严重污染区：分布于红沙镇、椰林农场、三亚市主城区至海坡一带，面积约 27.2km²，区内人类活动较为强烈，地下水受严重污染，综合污染指数 PI 为 5.15～13.91，主要污染组分为 Cl^-、NO_3^-、SO_4^{2-}。评价因子质量等级为较差，赋值 2。

(三)地面空间条件

1. 既有工程建筑分布

既有工程建筑调查研究是尽可能地系统收集既有(包括在建)地面工程建筑与地下空间工程的基础

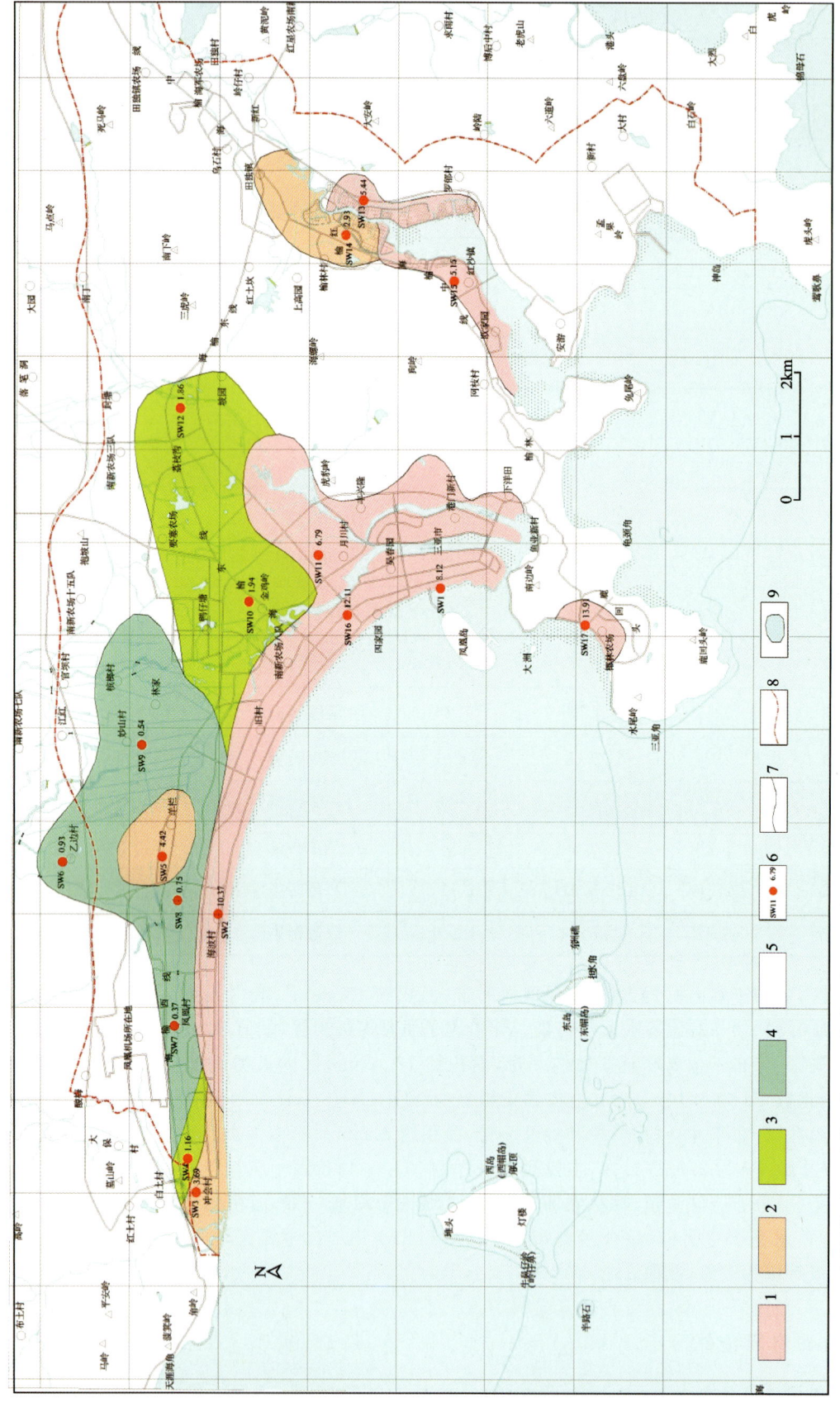

图17-8 研究区浅层地下水污染评价图

1.严重污染区；2.中等污染区；3.轻微污染区；4.未污染区；5.未评价区；6.取样点编号及污染指数；7.地下水污染分区界线；8.研究区界线；9.水体

第十七章 三亚城市地下空间资源开发潜力评价

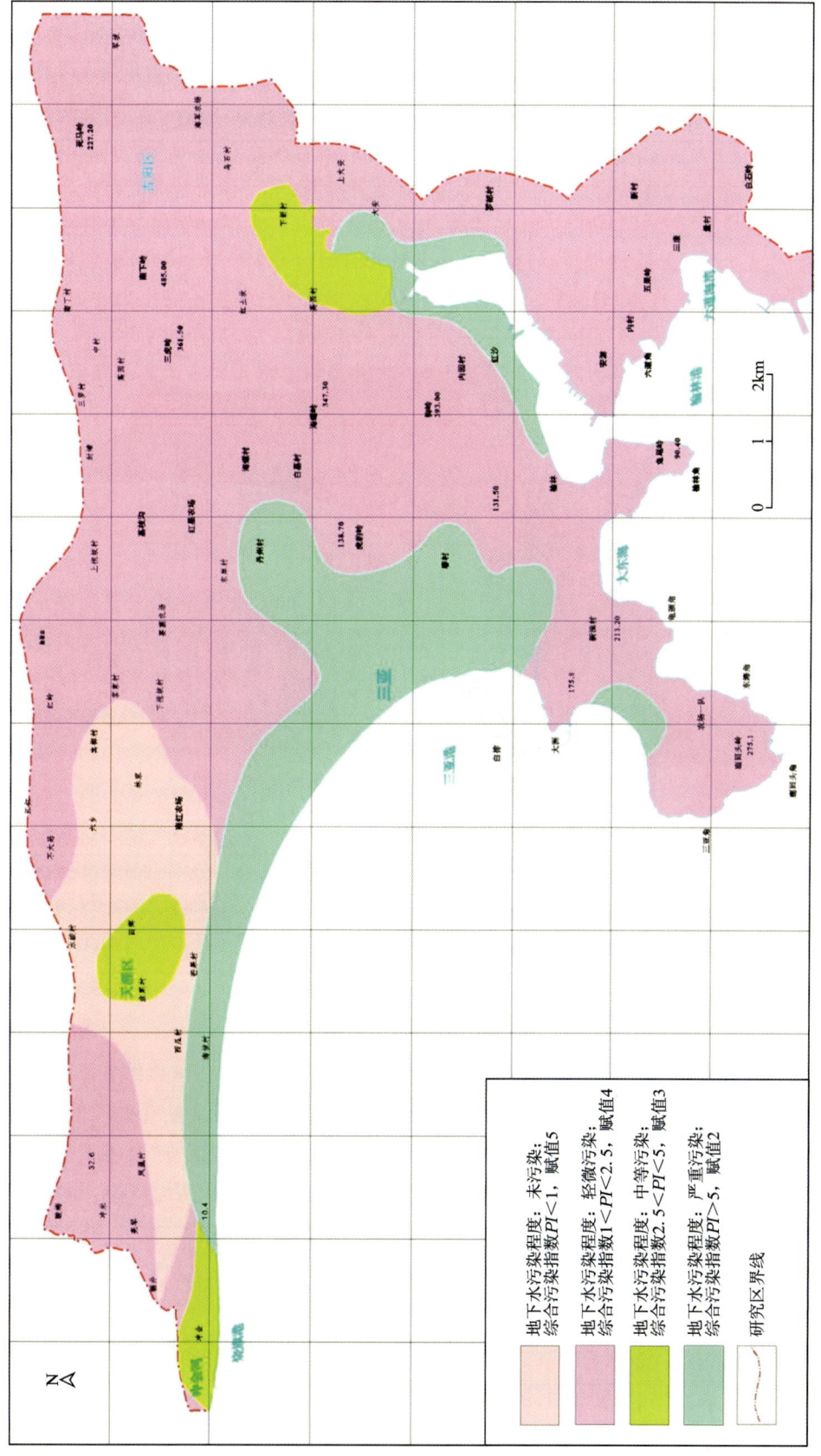

图17-9 研究区地下水污染评价指标栅格图

资料,确定建筑物高度、桩基形式及埋藏深度等,确定既有地面空间和地下空间的利用情况。查明城市建筑、桥梁、绿地和农田等的分布范围,确定其对地下空间开发的影响深度(表17-15,图17-10)。考虑三亚中心城区整体地下空间开发程度很低,本次研究仅选取地面空间条件作为评价因子(表17-16)。

表17-15 各地表空间类型对城市地下空间影响深度一览表

地表空间类型	影响深度
城市建筑物	高层30m、中层15m、低层6m
城市绿地	3m
城市水体	10m
城市道路与广场	5m
农田	3m
文物、风景旅游保护区	30m

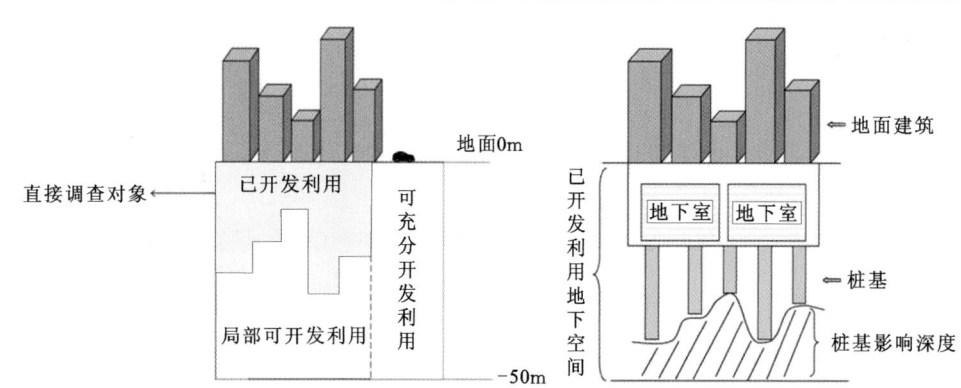

图17-10 建筑工程对地下空间的影响深度

表17-16 既有工程建筑指标分级

质量等级	优	良	中等	较差
地面建筑	无建筑、绿地、农田等	城市道路与广场、低层建筑等	工业厂房、中层建筑等	河流、立交桥、高层建筑等
赋值	5	4	3	2

根据表17-16指标分级进行赋值,在GIS平台进行评价单元数值化(图17-11)。

2. 生态环境保护

近30年来,国家高度重视生态环境保护与建设工作,采取了一系列战略措施,加大了生态环境保护与建设力度。在进行地下空间资源开发潜力评价时,需要考虑这个因素的影响,文物保护、自然保护区与风景名胜区等生态红线的界线分布和管控范围内不适宜进行地下空间的开发利用。可根据城市特色和城市整体设计进行分级(表17-17),详见《三亚市城市总体规划(2011—2020年)》,因子的赋值区划可对照图17-12,在GIS平台进行评价单元数值化(图17-13)。

表17-17 生态环境保护指标分级

质量等级	优	良	中等	较差
地段分区	滨海二线控制区	滨海一线控制区	山前控制区	文物单元、景点、自然保护区等
赋值	5	4	3	2

第十七章 三亚城市地下空间资源开发潜力评价

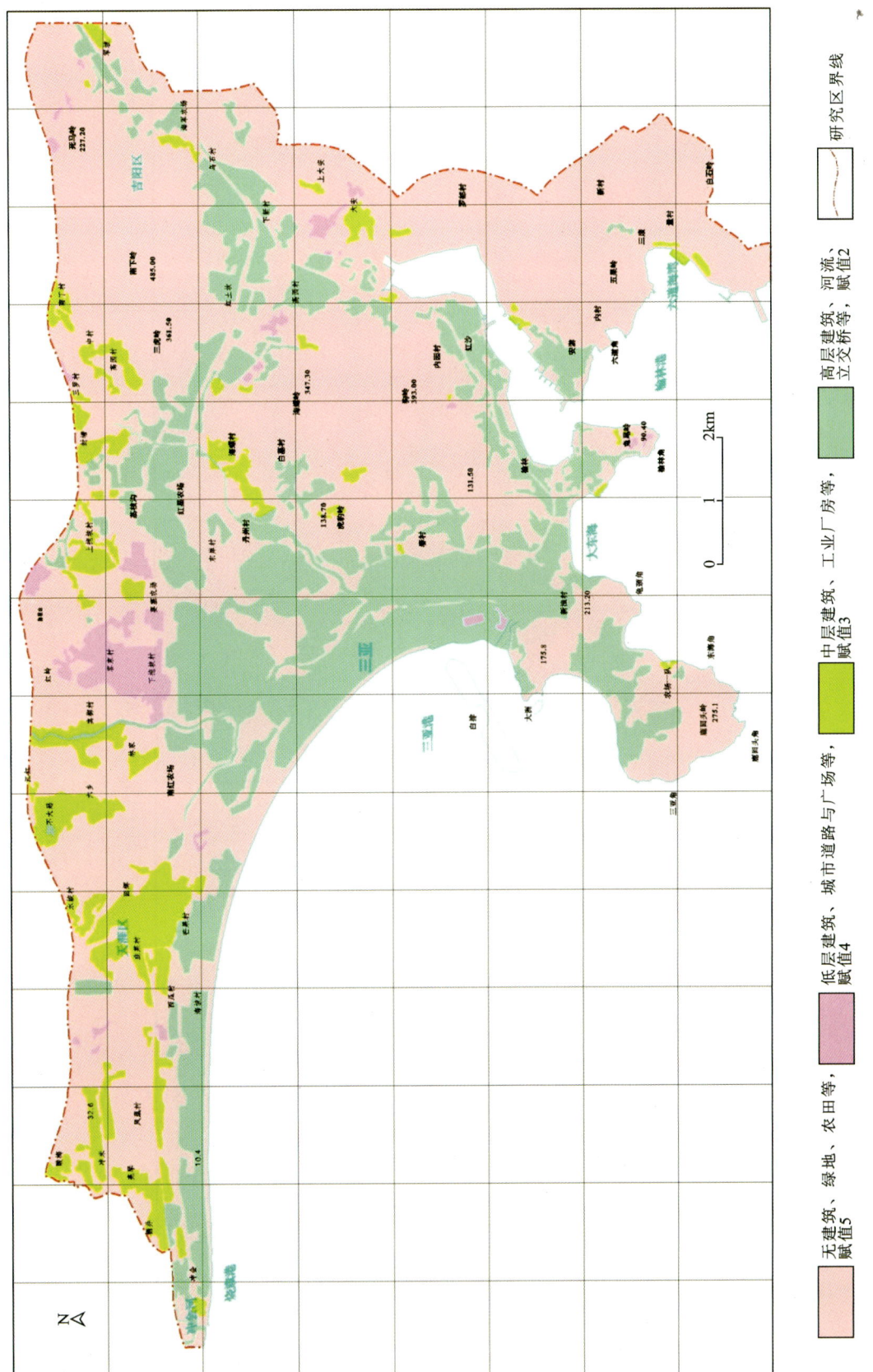

图17-11 研究区地表空间类型评价指标栅格图

图17-12 三亚市城市设计管控规划图(2011—2020年)

第十七章 三亚城市地下空间资源开发潜力评价

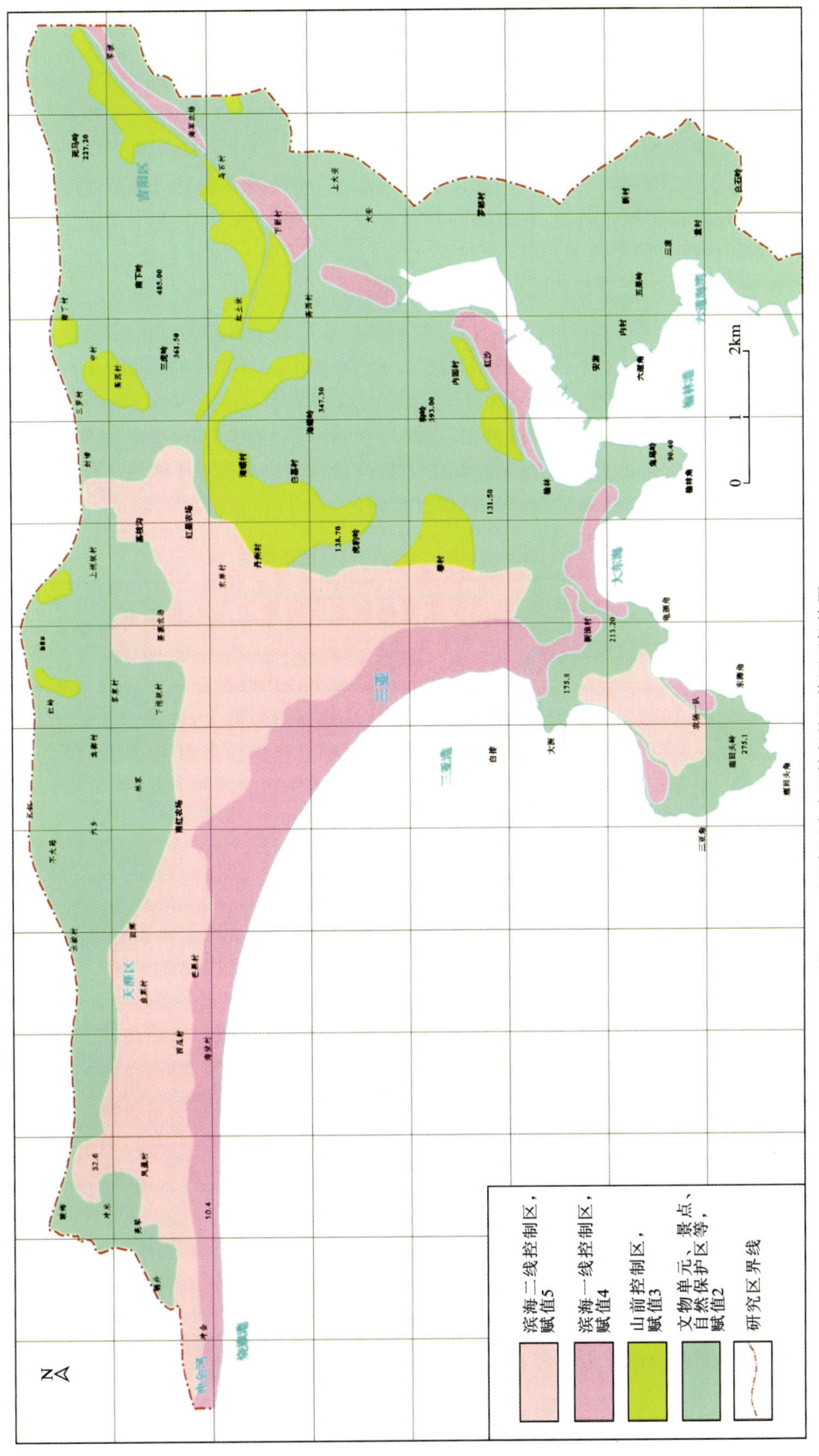

图17-13 研究区生态环境保护评价因子栅格图

(四)不良地质条件

1. 特殊类土

调查区内特殊类土主要为软—流塑状的淤泥和淤泥质土,主要隐伏分布于三亚地区的妙山村—城区、大安村北的河流冲洪积平原及阶地、林旺海漫滩及海成一级阶地地层中,另外在榆林港、铁炉港、三亚河等地的海湾相现代沉积层中也有出露,面积约 25.11km²。岩性以深灰色淤泥为主,次为浅灰色—灰色粉砂质淤泥、淤泥质粉质黏土与其他土层组成多层结构。顶板埋深 0~11.60m,一般 2~6m。单层厚度一般 2.05~7.60m,最大达 15.40m。孔隙比 e 0.868~1.736;液性指数 I_L 1.05~3.32,呈流塑状。轻便触探试验击数 N_{10} 3~8 击,标准贯入试验击数 $N_{63.5}$ 小于 4 击。承载力特征值 40~80kPa。具高含水量、高灵敏度、高压缩性和触变性。

该类土力学强度低,为不良工程性质地基土,易产生滑移或不均匀沉降,造成建筑物的开裂、歪斜,甚至倒塌等,不宜作为基础持力层。该类土对城市工程建设、道路、桥梁、基础设施等具有严重的危害性,一定程度制约着三亚市的城区规划和建设布局。其物理力学性质指标见表 17-18。

表 17-18 特殊类土(软土)物理力学性质指标统计表

土组	土层	项目	含水率 w	孔隙比 e	塑性指数 I_P	液性指数 I_L	饱和度 S_r	压缩模量 E_s	压缩系数 a	黏聚力 c	内摩擦角 ϕ	标贯击数 $N_{63.5}$
			%		%		%	MPa	MPa⁻¹	MPa	(°)	次
软土类土	淤泥	样品个数	13	12	14	13	14	10	10	12	8	8
		最大值	65.0	1.76	22.7	3.32	100.0	4.92	1.520	0.018	8.0	4
		最小值	23.0	0.868	84	1.05	93.9	1.49	0.330	0.002	1.0	0
		算术平均值	46.1	1.349	13.2	2.04	98.9	2.83	0.910	0.008	4.0	1.6

根据研究区软土的顶板埋深及厚度,评价因子质量状态等级为中等—较差,赋值 3~2。因子的赋值区划可根据三亚—陵水片区环境地质图和表 17-19,在 GIS 平台进行评价单元数值化(图 17-14)。

表 17-19 特殊类土(软土)指标分级

质量等级	优	良	中等	较差
软土厚度/m	0	0~3	3~5	>5
顶板埋深/m	>15	10~15	5~10	<5
赋值	5	4	3	2

2. 斜坡类地质灾害

斜坡类地质灾害是指表层物质在重力作用下沿斜坡向下运动,导致人身伤亡和巨大的财产损失而形成的地质灾害。常见的斜坡类地质灾害主要有崩塌、滑坡和泥石流等。斜坡地质灾害不利于地下空间的开发利用,地质灾害影响程度与地质灾害的易发性和危险性等密切相关。

研究区发育的斜坡类地质灾害主要有崩塌、滑坡、不稳定斜坡。斜坡类地质灾害的分布区域,评价因子质量状态等级为较差,赋值 2。因子的赋值区划可根据三亚—陵水片区环境地质图在 GIS 平台进行评价单元数值化(图 17-15)。

第十七章　三亚城市地下空间资源开发潜力评价

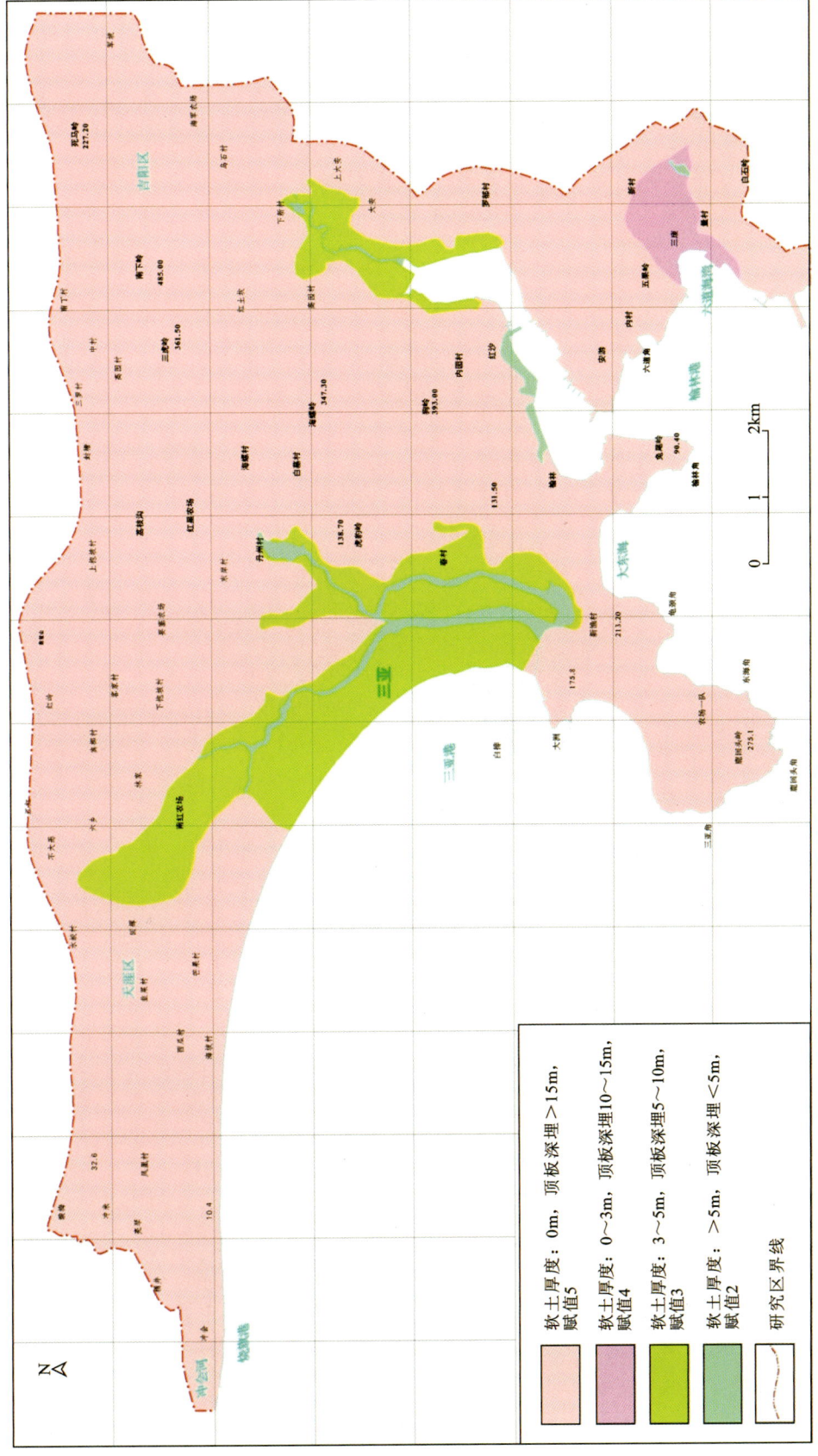

图17-14　研究区特殊类土评价指标栅格图

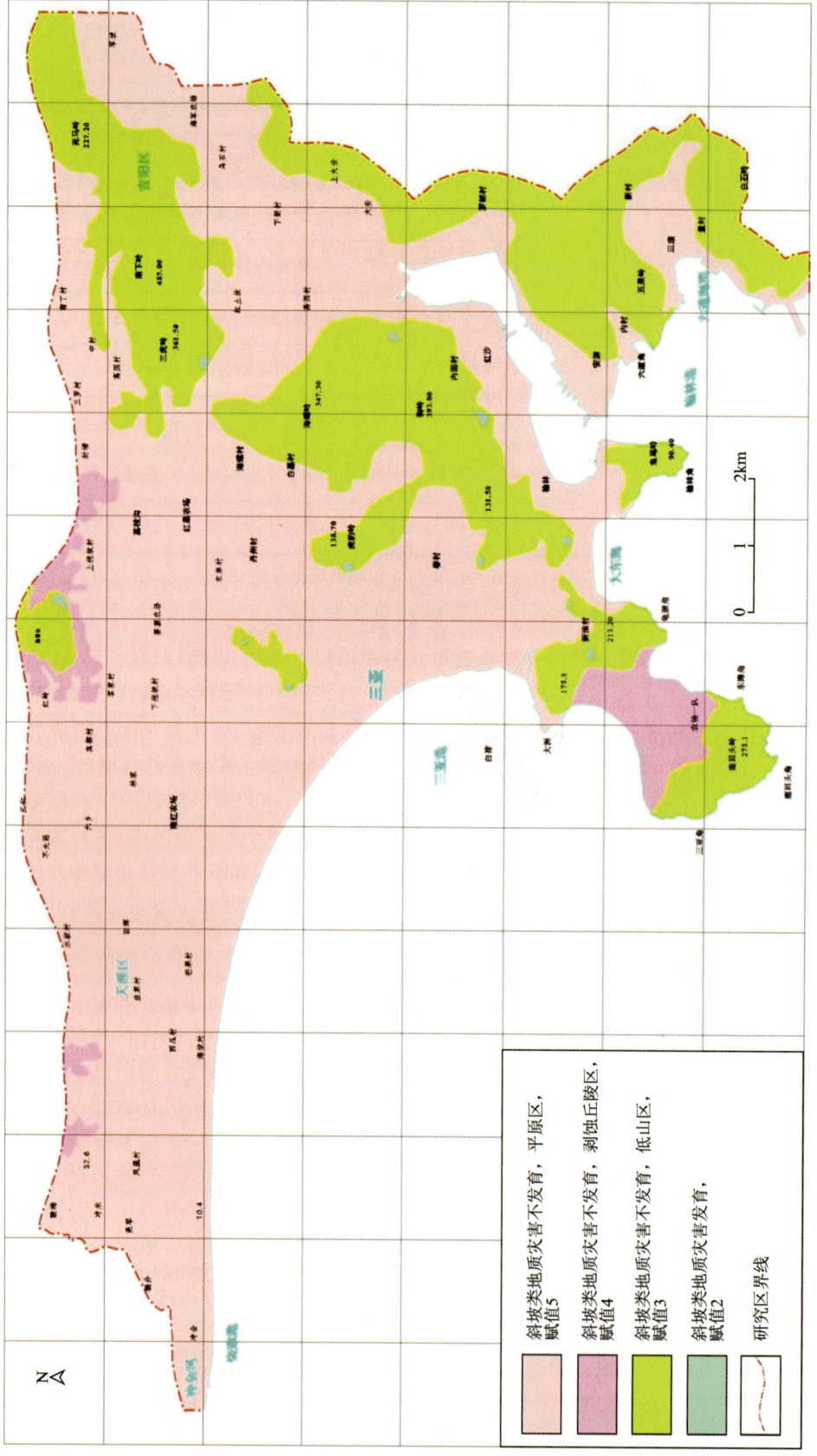

图17-15 研究区斜坡类地质灾害评价指标栅格图

(五) 社会经济条件

1. 交通条件

地下空间开发多数以交通主干线、交通节点为主要发展轴。市区重要干线节点沿线和火车、汽车车站、轨道交通等周围是地下空间开发最具潜力和最有价值的区域。依托有轨电车站点呈发射状构建地下街或站点的公共构筑物,构成地下人流步行通道,则可以疏散越来越多聚集到有轨电车站点的人流。

根据国内外先进城市的发展经验,有轨电车站点、公交车站点等城市交通节点或交通枢纽辐射200m范围内为可开发利用较多的居住体、综合商业体或办公用地,是地下空间开发潜力最大的区域;辐射200～500m范围内的可开发利用潜力次于200m范围内;500m以外范围是可开发利用潜力较小的区域(表17-20)。各相应范围内的地下空间开发价值也有所不一样。研究区综合交通规划详见《三亚市城市总体规划(2011—2020年)》,因子的赋值区划可对照图17-16,在GIS平台进行评价单元数值化(图17-17)。

表17-20 交通条件指标分级

质量等级	优	良	中等	较差
交通条件	有轨电车站点、公交车站点等城市交通节点辐射200m范围内	有轨电车站点、公交车站点等城市交通节点辐射200～500m范围内	交通主干线、次干线辐射500m范围内	交通干线辐射500m以外范围
赋值	5	4	3	2

2. 基准地价

土地的交换价格与土地资源的质量和紧缺程度密切相关,它综合反映了土地资源使用价值的水平和潜力,同时也反映了地下空间开发的潜在价值。基准地价越高,地下空间资源的开发利用可以显著提高单位面积的土地利用容量和土地使用价值,开发的潜在价值也越高。地下空间开发成本和开发技术难度均高于地面开发,对地价的敏感性相对较高。土地价格较高区域的集约应用程度也较大,其地下空间开发的需求会随之变大。依据研究区商业基准地价、居住用地基准地价级别与地下空间开发价值的关系,对研究区城市地下空间利用价值和开发潜力开展研究(表17-21)。研究区商业基准地价和居住用地基准地价详见《三亚市城镇土地定级及基准地价评估成果》(2016年),在GIS平台进行评价单元数值化(图17-18)。

表17-21 基准地价指标分级

质量等级	优	良	中等	较差
商业基准地价/元·m^{-2}	>5000	4500～5000	3500～4500	<3500
居住用地基准地价/元·m^{-2}	>5000	4000～5000	3000～4000	<3000
赋值	5	4	3	2

3. 城市用地类型

根据国内外经验,地上用地功能与地下用地功能和开发价值呈对应关系。城市不一样的土地应用方式对地下空间范围的应用具有不同的促进功效,城市不一样的用地类型的地下空间资源的开发利用潜力和价值也有所不一样(表17-22)。

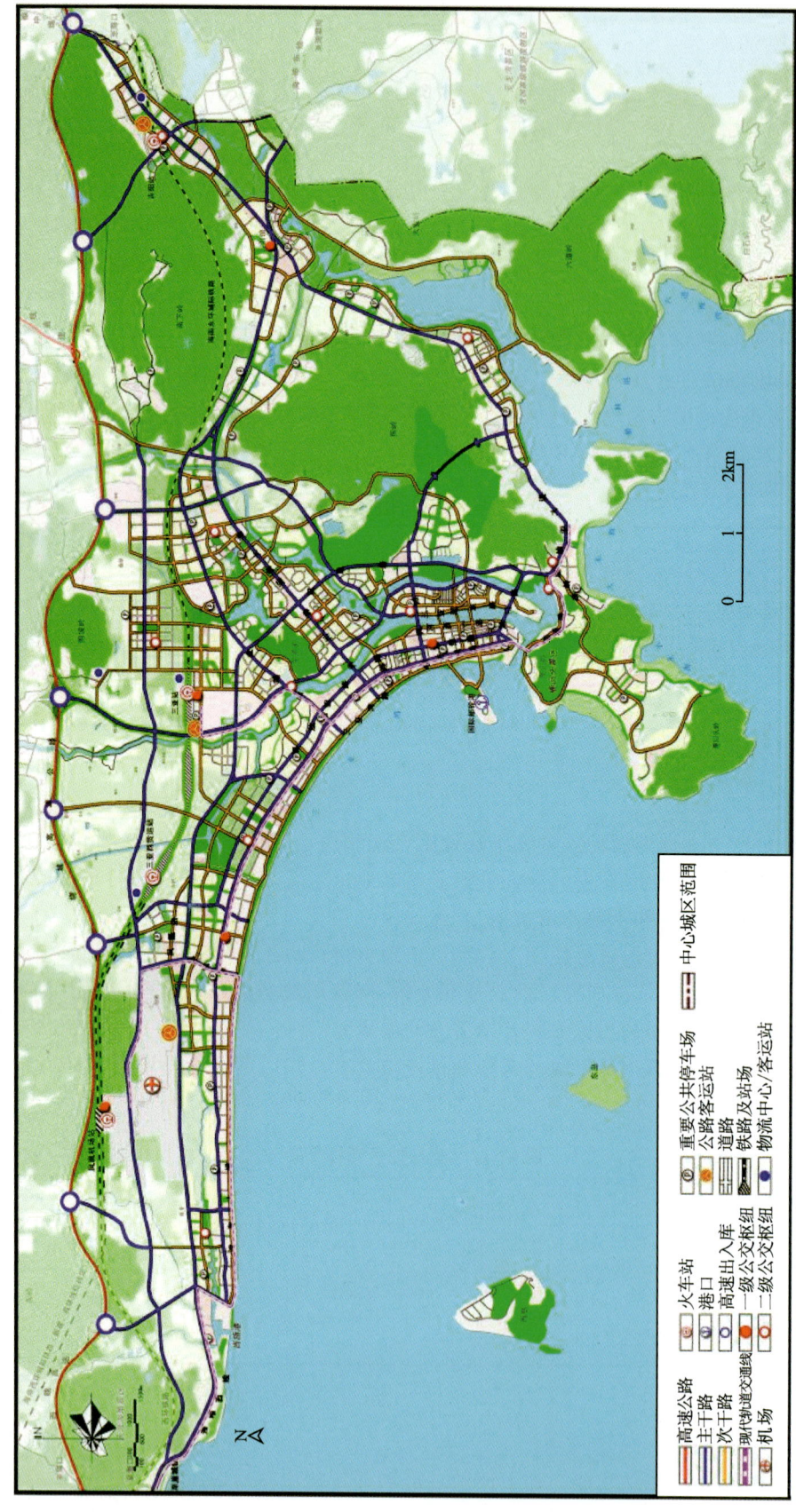

图17-16 三亚市城市综合交通规划图(2011—2020年)

第十七章 三亚城市地下空间资源开发潜力评价

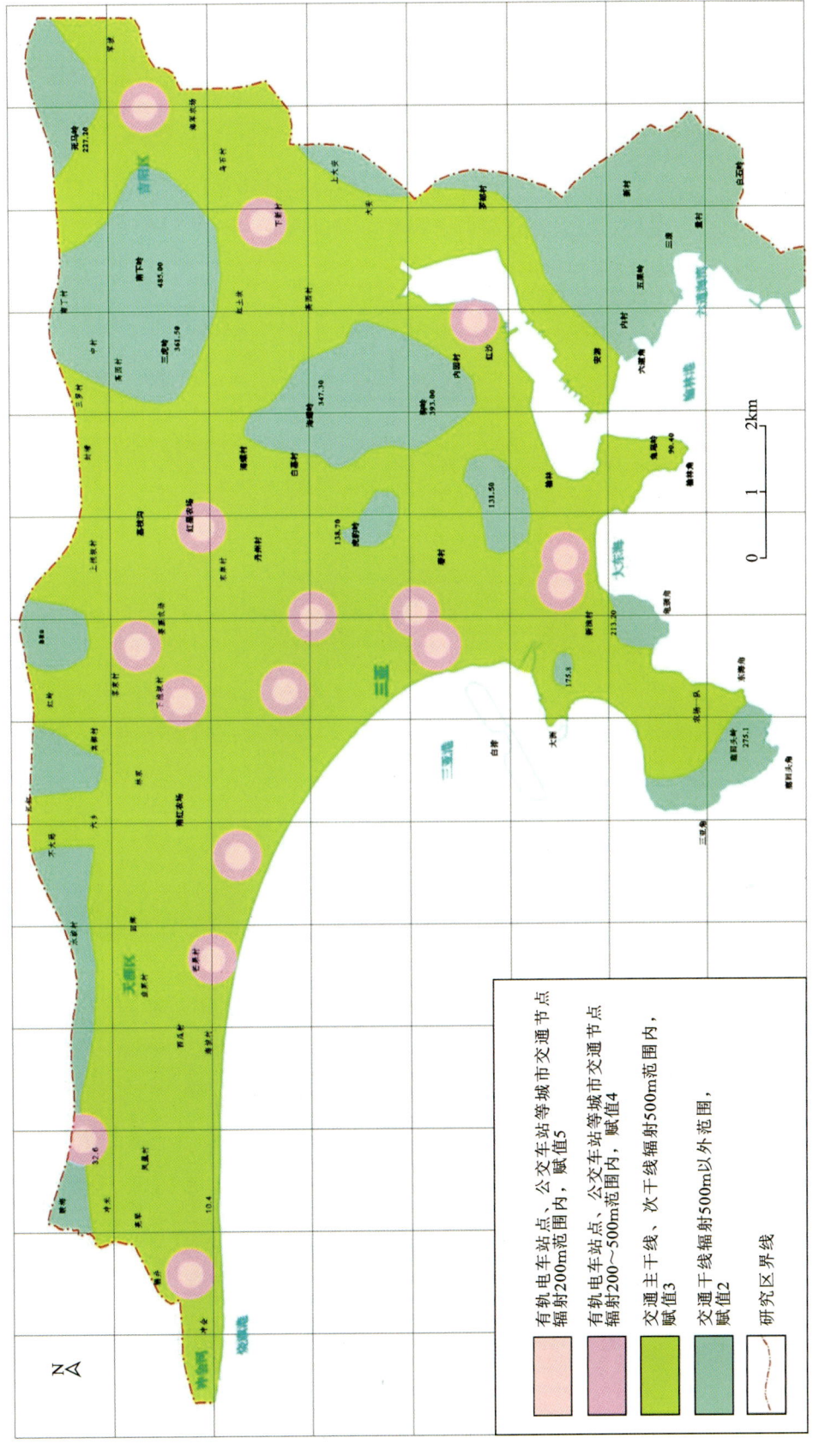

图17-17 研究区交通条件评价指标栅格图

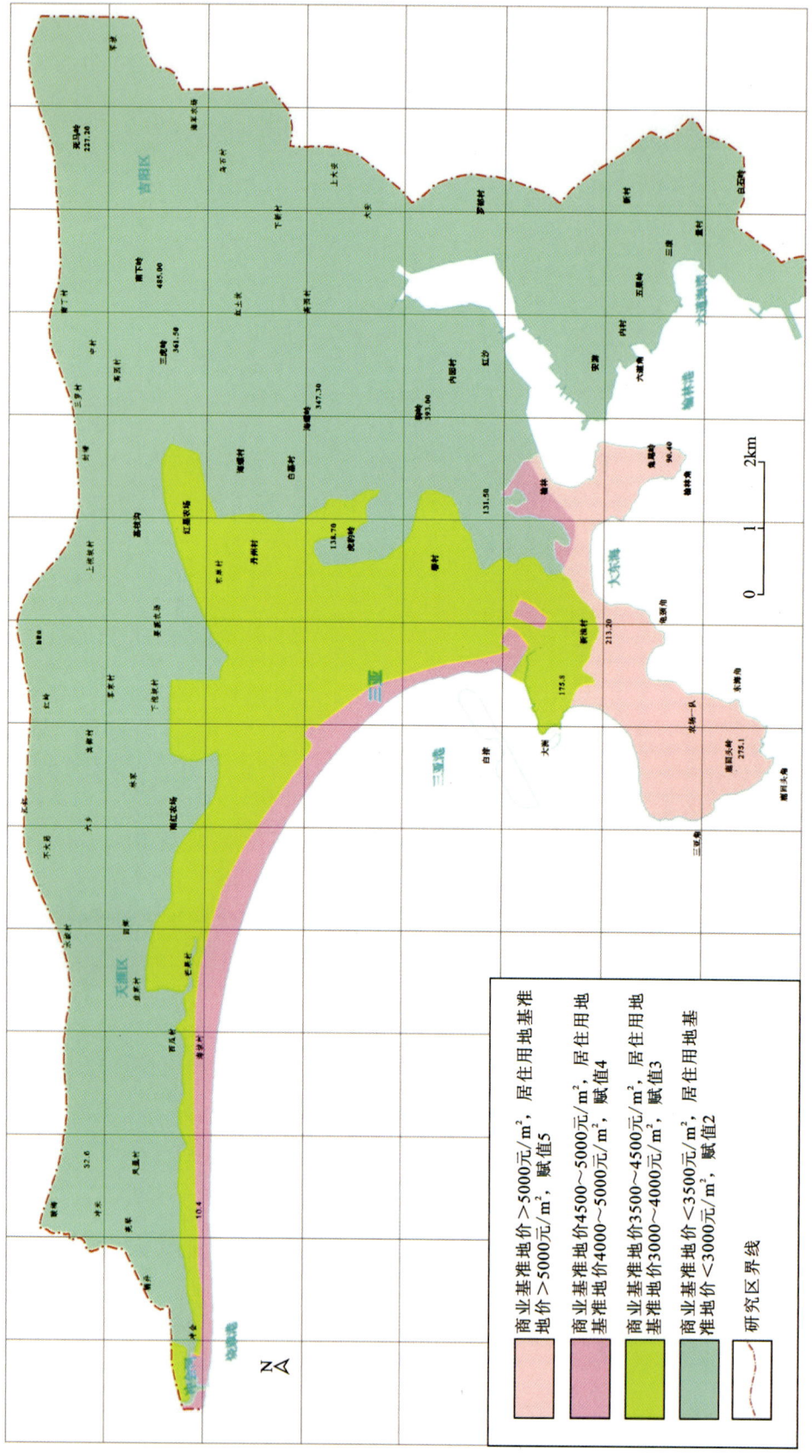

图17-18 研究区基准地价评价指标栅格图

第十七章 三亚城市地下空间资源开发潜力评价

表17-22 城市主要用地类型对地下空间资源需求与价值的影响

用地类型	地下空间开发动力	开发价值	适宜开发的类型
商业用地	扩大城市容量,交通立体化,土地价值最大化	经济效益很高,交通立体化的环境和社会效益高	结合商业、娱乐、交通枢纽等功能的地下综合体
居住用地	停车地下化,设施地下化,改善地面环境	经济效益较低,环境和社会效益高	地下车库、地下基础设施
交通用地	节约地面空间,改善环境	经济效益较低,环境和社会效益高	地铁、市政设施综合管线
工业用地	节约土地资源,建设环境污染	经济效益较低,环境效益较高	地下仓库,需要地下环境的特征工业车间
绿地与水系等	缺乏开发动力	开发价值低	不适合开发

地上为综合商业体、大型文娱等公用设备用地集中的地区,地下空间开发价值相应也较高。地上为居住、商务、办公等用地的区域,地下停车需求相对较高。行政及办公区域、商业及金融业区域、文娱休闲中心区域,地下空间资源的开发利用潜力大;对外交通区域、道路广场区域商业价值一般较高,环境效益也高,高强度生活区域、市政公共设施备区域、文教体卫区域的社会与环境效益高,地下空间资源的开发利用潜力较大。低强度居住用地需求量较低,特殊用地、工业用地、仓储用地以自用为主,以满足功能或生产特殊需要,地下空间资源的开发利用潜力一般;绿地、水系及其他生态用地等自然环境效益较高,地下空间资源的开发利用潜力小。研究区的土地利用现状详见表17-23。

表17-23 研究区现状地类面积统计表

用地类型	面积/km	比例/%
城镇村及工矿用地	68.4	36.4
林地	65.1	34.6
园地	13.6	7.2
耕地	20.8	11.1
草地	0.4	0.2
交通运输用地	8.4	4.4
水域及水利设施用地	9.2	4.9
其他土地	2.1	1.1

通过对研究区城市的各类型用地进行分析汇总,并对各类型用地地下空间资源开发的需求强度及价值影响进行分类。可以根据城市用地类型进行分级(表17-24)。研究区城市用地类型详见《三亚市城市总体规划(2011—2020年)》,因子的赋值区划可对照图17-19,GIS平台进行评价单元数值化的结果见图17-20。

表17-24 城市用地类型指标分级

质量等级	优	良	中等	较差
城市用地类型	行政办公区域、商业金融业区域、文娱休闲中心区域等	道路广场区域、高强度居住区域、对外交通区域、市政公用设施区域、文教体卫区域等	低强度居住区域、特殊区域、工业区域、仓储区域等	绿地、水系、其他生态用地等
赋值	5	4	3	2

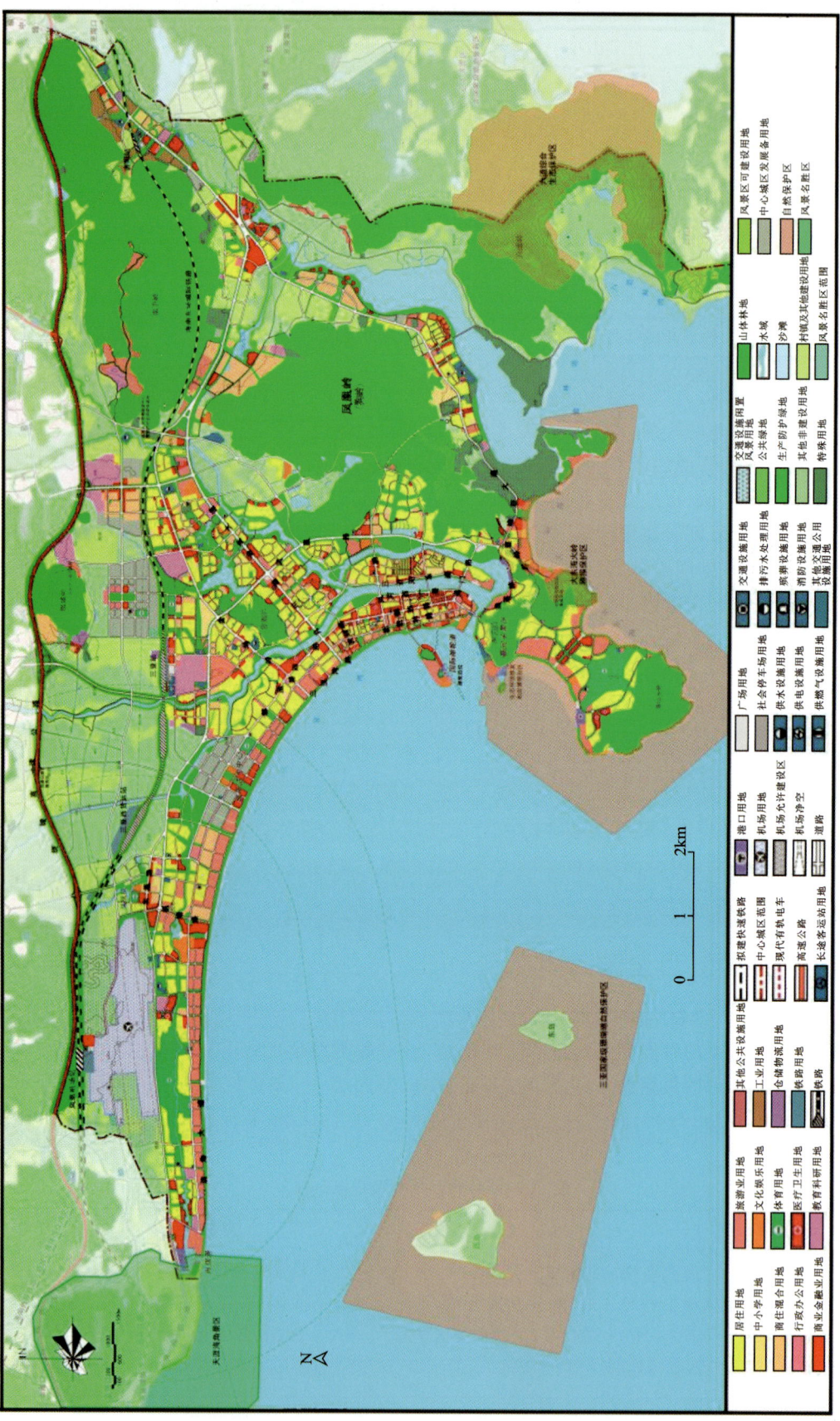

图17-19 三亚市城市用地规划图

第十七章 三亚城市地下空间资源开发潜力评价

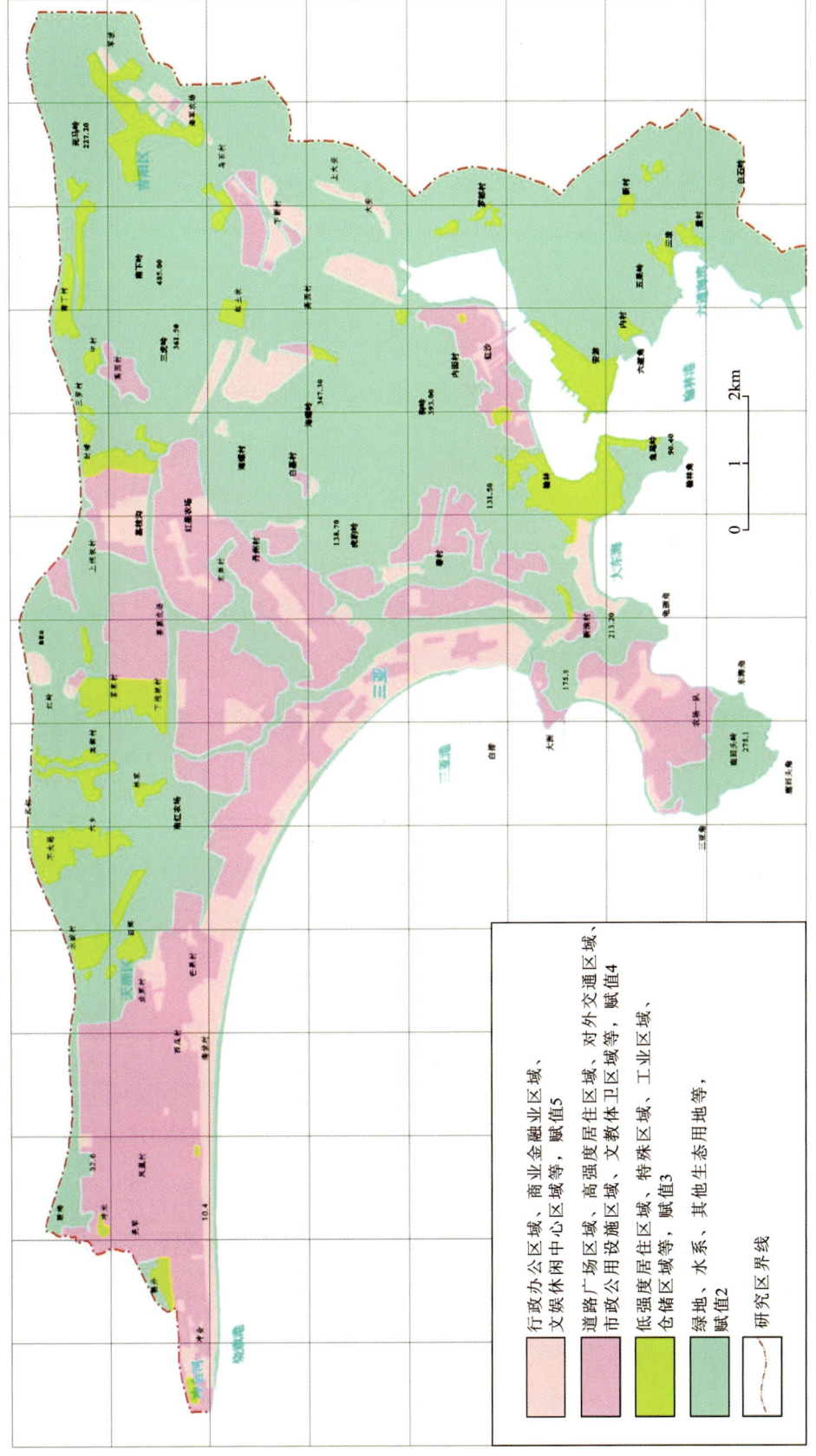

图17-20 研究区城市用地类型评价指标栅格图

三、三亚城市地下空间资源开发潜力评价结果分析

(一)评价指标权重计算及一致性检验

1. 确定判断矩阵

按表 17-1 所示的 Satty TL 1~9 标度,每位专家独立地两两比较所有评价因子后得出各自的判断矩阵,接着把每个专家构建的判断矩阵集中得到综合判断矩阵,并经全体专家讨论修改直至所有专家对综合判断矩阵没有意见为止。

得到准则层的判断矩阵如下:

$$\boldsymbol{A} = \begin{Bmatrix} 1 & 3/2 & 2 & 1/2 & 2/5 \\ 3/2 & 1 & 3/2 & 1/2 & 1/3 \\ 1/2 & 3/2 & 1 & 2/5 & 1/4 \\ 2 & 2 & 5/2 & 1 & 1/2 \\ 5/2 & 3 & 4 & 2 & 1 \end{Bmatrix} \tag{17-10}$$

同理得到各指标层的判断矩阵如下:

$$\boldsymbol{B}_1 = \begin{Bmatrix} 1 & 1/2 & 1/3 & 1/3 \\ 2 & 1 & 1/2 & 2/5 \\ 3 & 2 & 1 & 1/2 \\ 3 & 5/2 & 2 & 1 \end{Bmatrix} \quad \boldsymbol{B}_2 = \begin{Bmatrix} 1 & 5 \\ 1/5 & 1 \end{Bmatrix} \quad \boldsymbol{B}_3 = \begin{Bmatrix} 1 & 3 \\ 1/3 & 1 \end{Bmatrix} \quad \boldsymbol{B}_4 = \begin{Bmatrix} 1 & 3 \\ 1/3 & 1 \end{Bmatrix}$$

$$\boldsymbol{B}_5 = \begin{Bmatrix} 1 & 1/2 & 2 \\ 2 & 1 & 3 \\ 1/2 & 1/3 & 1 \end{Bmatrix} \tag{17-11}$$

2. 计算评价因子权重及判断矩阵的一致性检验

将上述准则层评价指标的判断矩阵输入到 Matlab 软件。

求得 $\lambda_{max} = 5.036\,2$;对应的特征向量为 $\bar{w} = (0.158, 0.121, 0.088, 0.240, 0.393)$;一致性指标 $CI = (5.036\,2 - 5)/(5-1) = 0.009$;平均随机一致性指标 $RI = 1.12$;一致性比率 $CR = CI/RI = 0.009/1.12 = 0.008\,1 < 0.10$,这说明准则层权重值的判断是可靠的。

同理可根据指标层各评价指标的判断矩阵求得各评价指标的权重系数,并分别通过了权重的一致性检验。层次总排序随机一致性比率计算结果 $CR = 0.019\,5 < 0.10$。研究区地下空间资源开发潜力评价指标权重详见表 17-25。

第十七章 三亚城市地下空间资源开发潜力评价

表 17-25 研究区地下空间资源开发潜力评价指标权重

目标层	准则层	权重	指标层	权重
三亚市中心城区地下空间资源开发潜力评价(A)	工程地质条件(B_1)	0.158	地形地貌(C_1)	0.017
			地层结构(C_2)	0.028
			地层断裂(C_3)	0.045
			地基承载力(C_4)	0.068
	水文地质条件(B_2)	0.121	地下水埋深(C_5)	0.101
			地下水污染(C_6)	0.020
	地面空间条件(B_3)	0.088	既有工程建筑分布(C_7)	0.066
			生态环境保护(C_8)	0.022
	不良地质条件(B_4)	0.240	特殊类土(C_9)	0.180
			斜坡类质灾害(C_{10})	0.060
	社会经济条件(B_5)	0.393	交通条件(C_{11})	0.117
			基准地价(C_{12})	0.212
			城市用地类型(C_{13})	0.064

(二)研究区地下空间资源开发潜力评价结果

按城市地下空间资源开发潜力综合指数评价流程,利用 ArcGIS 软件得到基本评价单元的评价值(图 17-21)。根据上述研究区地下空间资源开发潜力等级划分标准(表 17-25),将基本评价单元按信息量重新分类后,通过空间分析工具中的邻域分析功能,采用 30m×30m 的正方形进行平噪处理,达到平滑处理的效果,得出研究区地下空间资源开发潜力等级的分区图(图 17-22)。

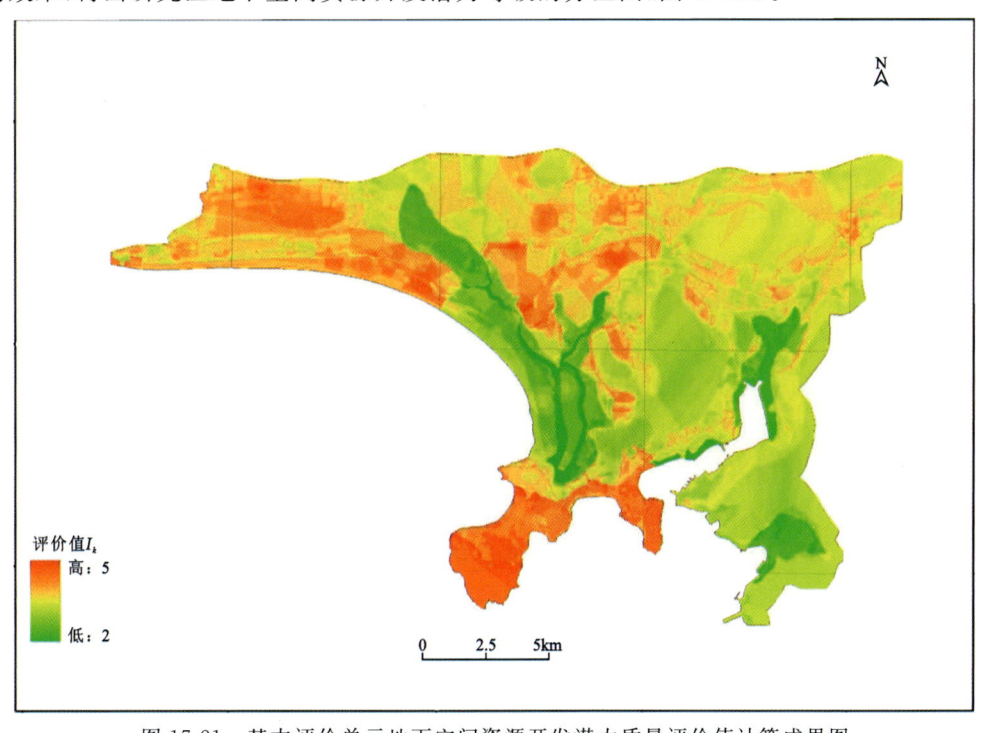

图 17-21 基本评价单元地下空间资源开发潜力质量评价值计算成果图

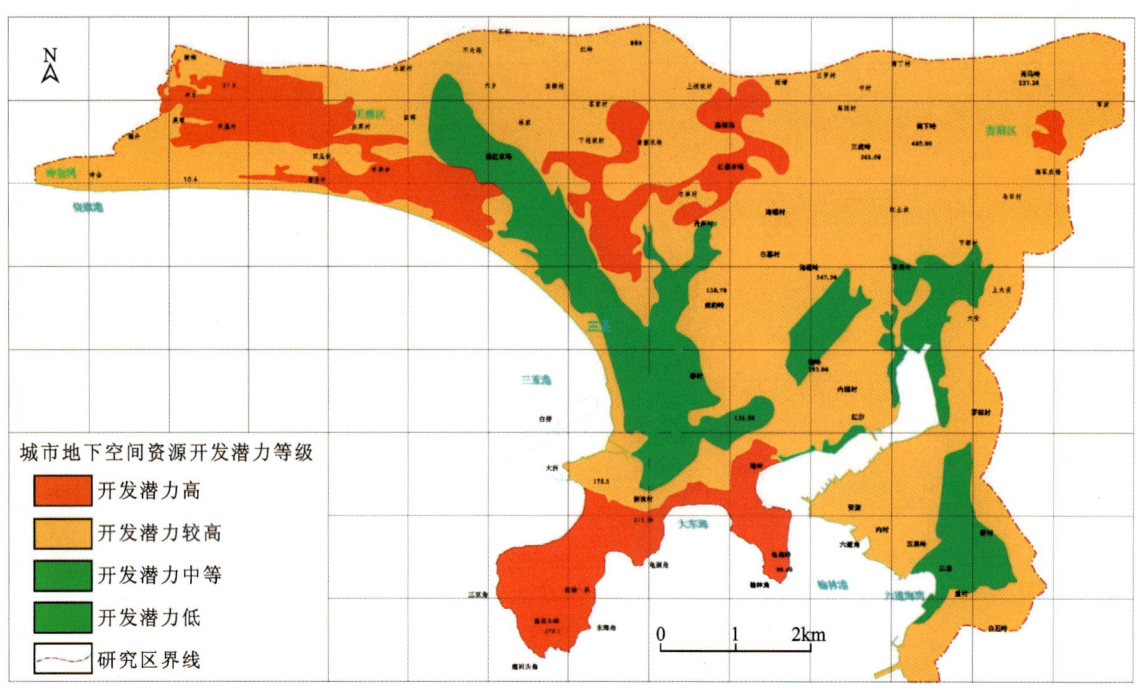

图 17-22 地下空间资源开发潜力等级分区图

地下空间资源开发潜力高的区域主要分布于研究区西部的凤凰机场、海坡—羊栏一带,中部的荔枝沟至红岭村,东北部田独镇吉阳火车站一带,南部鹿回头岭—榆林一带,面积为 32.9km²,占研究区面积的 18.0%。区内地形除鹿回头岭一带,其余地区相对较为平坦;岩土体类型主要为坚硬的花岗岩和黏性土,地基承载力较高,工程性质良好,无软土、湿陷性土分布,地质灾害不发育,围岩整体稳固,工程地质条件较简单;地下水埋藏较深,不含腐蚀性离子;区内交通便利,基准地价高,分布凤凰机场、三亚站和三亚客运站等对外交通枢纽,适宜进行地下空间的开发与利用,地下空间资源开发潜力高。

地下空间资源开发潜力较高区域面积为 118.6km²,占研究区面积的 64.8%,主要分布于三亚河东北和榆林港以东的区域。区内地形起伏较大,岩土体类型主要为坚硬的侵入岩、碎屑岩、基岩风化残坡积土、黏性土和松散状的砂类土,地基承载力较高——一般,工程性质良好,无软土、湿陷性土分布,地质灾害不发育,围岩整体稳固,工程地质条件较简单;地下水埋藏较深,不含腐蚀性离子;区内交通较便利,基准地价较高,地下空间资源开发潜力较高。

地下空间资源开发潜力中等区域主要分布于妙山村—三亚港、上高园—榆林村、大安村北和孟果村等,面积为 28.7km²,占研究区面积的 15.7%。区内广泛分布特殊类土,为软—流塑状的淤泥和淤泥质土,地基承载力低,工程性质较差;区内地表植被较为发育,局部区域应作为生态防护绿地加以保护,禁止破坏地表植被;上高园—榆林村局部区域地层断裂发育和地质灾害发育;地下水埋藏较浅,水动力条件复杂,地下水污染程度中等—严重;区内交通较便利,基准地价较高,地面建筑较密集;工程建筑一般需要采取地基处理措施或采用桩基础;近河、海岸地段的工程建筑应对软土进行特殊处理,注意防范地面沉降,地下空间资源开发潜力中等。

地下空间资源开发潜力低区域条带状分布于月川村和港门新村邻近三亚河周边区域、红沙镇和大安村邻近榆林港区域,面积为 2.8km²,占研究区面积的 1.5%。区内地表主要为水体,水动力条件复杂,承压水水位较浅,地下水污染程度中等—严重;区内广泛分布软—流塑状的淤泥和淤泥质土,地基承载力低,工程性质较差;区内交通不便利,基准地价低,地下空间资源开发潜力低,不适宜进行地下空间开发和利用。

四、三亚城市地下空间资源开发利用对策及建议

(一)地下空间资源开发潜力高区域

1. 凤凰机场、三亚火车站、吉阳火车站

这3个区域具有得天独厚的交通区位优势,将凤凰机场、三亚火车站和吉阳火车站周边地区与交通站点连接,布局组团式商服区。以此为基础,打造集地下交通、商业、文娱、餐饮及服务等为一体的城市地下综合体,形成点面相结合的城市地下空间体系,辐射整个研究区西部地区和东北部地区,成为商贸、金融、信息和文化聚集地,是三亚中心城区地下空间重点开发区域。可依据三亚市地下空间专项规划研究等,结合地面地下空间功能相关性,注重与已有地下空间相衔接,形成功能完善的地下空间网络。以政府政策引导,鼓励市场参与为主,构建多元化投融资模式。

2. 海坡—羊栏一带、中部的荔枝沟至红岭村、鹿回头岭—榆林一带

这3个区域具有优越的地理、经济及交通区位条件,社会经济飞速发展。同时,该区域拥有丰富的地下空间资源及优越的环境条件,城市地下空间开发潜力大,是城市地下空间的重点开发区,可因地制宜发展地下空间商业文娱等公共设施,尤其是海坡片区活力中心和三亚湾城市活力中心。

(二)地下空间资源开发潜力较高区域

该区域社会经济发展迅速,已经形成比较发达的交通运输体系,地下空间开发具备较好的经济条件。同时,境内存在少量断裂带,这给地下空间开发带来一定影响,但根据相关地质资料,更新世以来断裂活动性很弱,境内地下空间开发具有相对稳定的地震环境,在一定程度上满足地下空间开发条件,是次重点开发区。该区域城市地下空间开发总体以满足人防、地下市政及地下停车等公共服务设施建设为基础,根据功能需要,适当建设地下交通、地下商业及地下仓储等设施。开发模式以市场自建、协议连通为主,沿轨道交通干线布局地下商业及公共服务设施。

(三)地下空间资源开发潜力中等和低区域

该区域广泛分布软土,局部区域地表为河流。该区域的地下空间开发受到经济、地形、地质等诸多限制,不适宜规模开发地下空间。可以充分结合区域内自然和交通条件,认真做好城市地下空间开发规划,为地下管廊、地下交通、地下商业街等地下空间预留发展空间,以满足未来发展需求。

第十八章　珠海市地下空间开发利用区划

一、地下空间开发利用与区划

根据任务要求,结合实际的环境地质条件,研究重点集中在珠海主城区香洲区及附近,具体地理范围北以珠海市香洲区凤凰山的白足岭、观音仔横顶一带为界,东、南以南海海岸线为界,西以珠海市南屏镇、前山镇一带为界,总面积约 121.97km^2。

二、地下空间开发利用现状及存在问题

1. 珠海市地下空间开发利用现状

按照项目的研究内容和工作安排,本书通过广州亿动网络科技有限公司提供的网络广州三维地图(图 18-1)和 2015 年 GF-1 卫星遥感数据(图 18-2),圈定了珠海市主城区高层和超高层建筑物、高架桥路、地下隧道和立交桥、地下车库的分布范围。

图 18-1　研究范围内三维立体影像图

图 18-2 地表建筑物分布与土地利用现状解译

重点对香洲区高层建筑及既有地下空间进行初步统计。图 18-2 中红色区域主要为高层建筑物分布区，集中分布在老城区。建筑物主要为近十年修建的商品房、商务办公楼和酒店等。楼层一般在 9~32 层。高层建筑与既有地下车库的分布大致对应。这些既有建筑物对地下空间开发的影响主要影响中、浅层地下空间的利用，对深层地下空间影响较低。

地下车库主要特点为：珠海市主城区地下车库的建设以浅层开发为主，深部开发为辅，地下车库中绝大多数为地下一层、二层，个别为地下三层、四层；既有地下车库分布不均匀，多分布在市商业中心和商品房开发聚集区，总体上由市中心向外方向有减少的趋势；珠海市主城区 20 世纪 90 年代以前地下车库建设很少，2000 年以后地下车库建设受到重视，发展速度很快。近年来随着城市建设用地土地增值和高层建筑物的大幅度出现，地下车库的建设日益受到重视和发展。珠海市主城区既有地下车库对浅层地下空间的开发有明显影响。

改革开放以后，随着城市交通的发展，珠海市主城区开始大规模开展了公路立交桥、隧道建设。相继建成的有前山立交桥、三台石立交桥、梅花西立交桥等，以及凤凰山隧道、人民西路地下隧道等，隧道路面底在地下 5~6m 处。珠海市主城区既有立交桥、高架桥、地下隧道和人行隧道对浅层地下空间的开发有明显影响。

2. 珠海市地下空间开发利用存在问题

根据国外城市的发展经验，一个城市或地区的人均生产总值超过 3000 美元时，就具备大规模有序开发利用城市地下空间资源的经济基础。珠海作为五大经济特区之一,改革开放以来,主城区国民经济高速发展,2015年珠海市实现地区生产总值2025亿元,同比增长10.0%;人均生产总值约1.9万美元;固定资产投资总额1135亿元,同比增长23.5%,增速连续4年位居珠三角地区第一。随着城区面积不断扩大,地下空间的发展日益得到重视、前景广阔。珠海市已具备大规模合理开发城市地下空间的经济基础,但是针对已有的地下空间利用状况未开展过系统的调查研究,存在的主要问题有以下几方面。

(1)浅层地下空间开发利用综合规划落后,统一管理协调有待加强。如部分道路下部并排敷设的市政管线上、下重叠层,管线迁改已成为地铁和地下道路建设的严重阻碍,增加了地铁车站建设费用;地下交通出口与地面交通的衔接,地铁服务与商业网点的连接,过街廊道与交通节点的处理等不够合理;铺设通信光缆、电线、市政管线等反复开挖路面,各类地下管线不清晰等状况,造成浅层地下空间的利用越来越困难。

(2)深部基础地质资料不足,制约了地下空间的开发利用。20世纪60年代以来,地质矿产部门做了大量的基础地质工作,相继完成了珠海市及其周边1∶20万、1∶5万、1∶25万区域地质调查与工程地质调查、水文地质调查,并开展了岩土体工程地质类型和红层风化土工程地质性质专题研究,编制了相应的地质图,但深部地质资料缺乏,现有的钻孔资料掌握在个别部门,无法对这些深部资料作进一步的综合研究,因而在城市地下空间规划和开发建设中无法获得更翔实的深层地下基础地质资料。为此,在地下空间开发过程中经常出现许多不良地质现象。

(3)已有地下空间设施、高层建筑桩基或高架桥的桩基资料不清楚。尽管珠海市既有地下空间的类型、地下空间设施和用途比较清楚,但对每种类型地下空间设施的详细情况(如基础类型、分布、面积、埋深及其总量等)目前还没有展开系统全面的调查。另外,由于城市地基的复杂性,普通建筑、高层建筑、立交桥和高架桥建设普遍使用桩基础,且这些桩基一般都比较深(一般深度在15~23m,个别达到40m)。桩基础对地下空间利用的影响程度研究还远远不够,其后果是既浪费了部分地下空间资源又对地下空间的后续开发增加了难度,迫使地下空间向更深部发展。

(4)不同深度层次地下空间资源分布不清楚。珠海市地下空间开发利用过程中存在较多突出问题,如不同深度层次地下空间资源分布不清楚。由于城市建设发展不平衡,城市地下空间的开发利用的深度层次不同,影响了地下空间的规划和建设。从目前来看,城区受地表建筑物和既有地下空间设施的影响,大部分地段浅层地下空间资源已无法利用,只能向中层、深层地下空间资源方向发展。

(5)地下空间资源开发的地质适应性和资源可利用性区划研究不够。由于缺失深部地质基础资料与既有地下空间设施资料,无法判断地下空间开发利用的地质工程与环境岩土影响因素,所以系统开展地下空间资源开发的地质适应性评价较困难。同样的原因或者因地下地质情况复杂,或者人为原因,在地下空间开发过程中,不可避免地出现地面不均匀沉降或地面塌陷,出现地表建筑物开裂或倾斜等现象,给建筑物安全带来隐患。目前,未见有关珠海市地下空间资源区划的成果发表。因此,开展珠海市地下空间工程地质适宜性评价是一项迫切而重要的基础工作。

三、地下空间利用的地质环境条件评价

1. 主要地质环境因素

城市地下空间以土体或岩体为介质和环境。影响和控制地下空间开发、地下工程规划建设的因素很多,除社会经济因素外,城市工程地质条件直接控制地下空间开发的难易程度,也就是说,地质条件对地下空间的安全和经济起决定作用。地形地貌特征、区域稳定性、岩土的工程性质、地下水和不良地质作用等因素构成一个复杂的系统,相互联系,从不同范围、不同程度以不同方式影响建筑工程选址和建设,且具有影响交叉性和不确定性的特点,对特定的场地,各地质环境因素的影响程度和作用方式也有差异。

2. 主要地质环境条件特征分区

结合珠海市主城区城市的具体情况，经过慎重比选和反复推敲，本书认为影响珠海市主城区城市地下空间的主要地质环境条件有 11 个，分别是：地形地貌类型、区域地质背景、斜坡类地质灾害、建筑场地类别、活断层与断裂破碎带、地下水赋存状态、地下水腐蚀性、地表水分布、地表岩土体类型、软土厚度和地下岩土层可开挖与支护性（分浅层、中层和深层）等。各主要地质环境条件特征及其分区如下。

1）地形地貌特征与分区

（1）地形地貌特征。工作区北部、中部、西南部为丘陵区，地势总体特点是北部及中部高，南部低。地貌以山地丘陵为主，滨海平原次之。山地和丘陵植被覆盖率达 90%，地面坡度一般小于 30°，最高峰为北部的凤凰山，海拔 437.0m；滨海平原分布在南屏、湾仔、拱北、前山街等地。从垂直方向上看，全区地貌单元大致可分为 3 个层次：丘陵区海拔 110~440m，发育 300~350m，200~250m 两级夷平面；台地区一般海拔为 5~90m；平原海拔在 5m 以下，主要由冲积海积平原组成，海积平原较小。

（2）地形地貌分区。按照珠海市主城区的城市规划战略部署，构筑城市绿色屏障，各类工程建设受到严格控制。城市建设的重点在平原区，平原地形对城市扩张发展和地下空间的开发影响相对较少，已经融合在城市发展历史和过程之中。本次评价将珠海市主城区地形地貌类型划分为低山丘陵、台地、平原和河流四大类（图 18-3）。

2）区域地质背景及其分区

区内地质条件较为简单，基岩区均为侵入岩，岩性主要为粗中粒斑状黑云母二长花岗岩（$J_3\eta\gamma$）、粗中粒斑状花岗岩（$J_3\gamma$）、细粒黑（二）云母花岗岩（$J_2\gamma$）等，属于燕山期岩浆活动的产物；第四系主要分布于翠香、前山、南屏、湾仔等地，为全新统桂洲组（Qhg）、上更新统礼乐组（Qpl）地层，岩性以黏性土、砂类土为主，表层多为填土覆盖，零星分布淤泥类土。

根据第二章第一节区域地质背景特征，分区如图 18-4 所示。

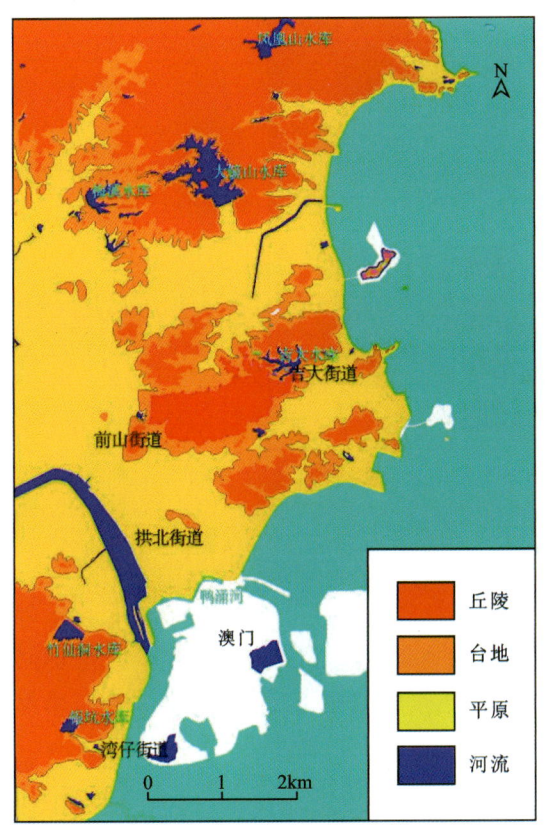

图 18-3 地形地貌分区图

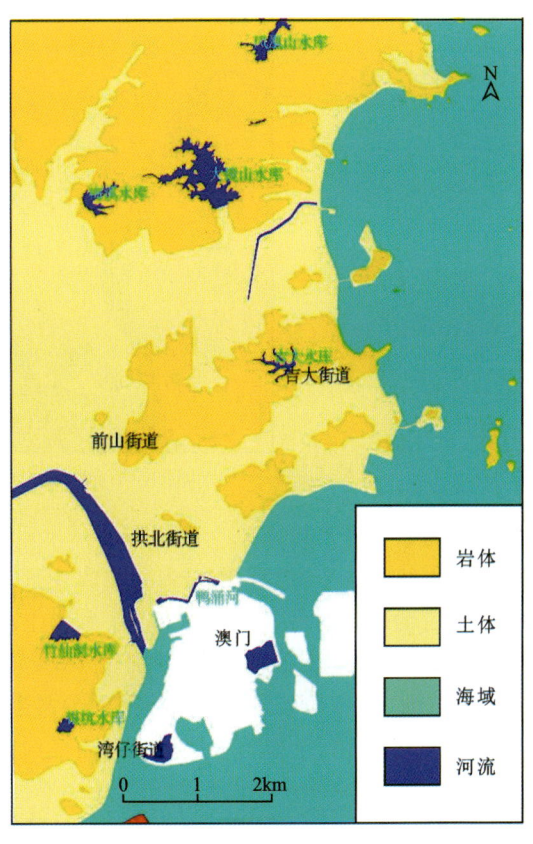

图 18-4 区域地质背景分区图

3）斜坡类地质灾害及其危险性程度分区

斜坡类地质灾害包括崩塌、滑坡。海市主城区的崩塌、滑坡主要分布于中低山丘陵区，规模从几立方米到几万立方米，以小型崩塌、滑坡为主。崩塌和滑坡由人为因素诱发的占74.5%，自然因素诱发的占25.5%。从已发崩塌和滑坡分布的时空特征来看，在地貌上大多分布在低山丘陵区，主要发生在地形切割强烈、边坡陡峻的斜坡地带。崩塌多发生于坡度大于50°的地段，而滑坡则多发生于坡度为30°～60°的斜坡带；从岩性上，多分布在松散层较厚、结构面发育的风化花岗岩；从人类工程活动诱发崩塌和滑坡看，多发育于低山丘陵区公路沿线人工开挖边坡地段。另外，崩塌和滑坡还多发生在矿山开采和居民削坡建房形成的人工边坡地段。在时间上，崩塌和滑坡多发生在每年4—9月，主要受汛期强降水的诱发作用。

结合珠海市地质灾害防治区划，珠海市主城区斜坡类地质灾害危险性程度划分为高易发区、中易发区、低易发区和不易发区（图18-5）。

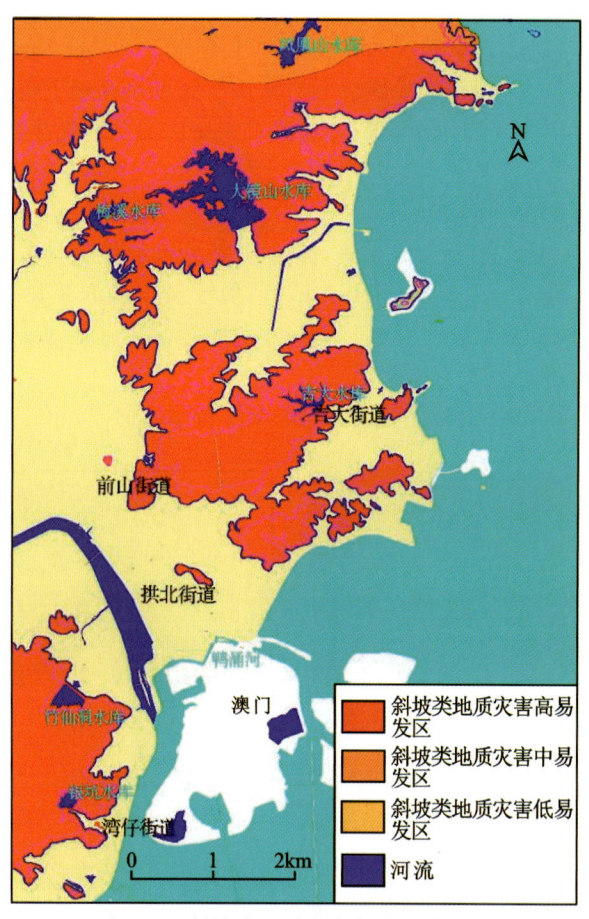

图18-5　斜坡类地质灾害危险性分区图

4）建筑场地类别及其分区

珠海市主城区位于中国东南沿海地震带中部，地震活动具有频度大、强度小的特征。

从地震活动时间与震级关系来看，珠海市主城区历史上较少发生4.0级以上地震，但历史资料记载，曾发生过两次5.0级以上地震，分别于1874年6月23日在担杆列岛以东海域发生以及1905年8月12日在磨刀门一带海域发生。主城区的地震烈度均基本烈度为Ⅶ度。目前我市各种建筑物都按Ⅶ度地震烈度设防，医院、学校等重要建筑按Ⅷ度设防，与汶川灾后重建的建筑设防标准相当。

场地抗震类别（由场地土的刚性和覆盖层厚度决定）对震害大小有直接的影响。一般来说，土质较软，覆盖层较厚的震害就较严重，相反就较轻。按土层等效剪切波速和场地覆盖层厚度，将建筑场地的类别划分为Ⅰ、Ⅱ、Ⅲ、Ⅳ四类。分类标准如表18-1所示。

表18-1 各类建筑场地的分类标准　　　　　　　　　　　　　　　　　　　　　单位：m/s

等效剪切波速 v_{se}	场地类别			
	Ⅰ	Ⅱ	Ⅲ	Ⅳ
$v_{se}>500$	0	—	—	—
$250<v_{se}\leqslant 500$	<5	≥5	—	—
$140<v_{se}\leqslant 250$	<3	3～50	>50	—
$v_{se}\leqslant 140$	<3	3～15	15～80	>80

建筑场地类别直接影响震害大小。一般来说，土质较软，覆盖层较厚的震害就较严重，相反就较轻。根据已有的钻孔资料和勘察报告，将珠海市主城区建筑场地抗震类别分为Ⅰ、Ⅱ、Ⅲ类（图18-7）。珠海市主城区Ⅲ类区分布广泛，Ⅰ、Ⅱ类仅在局部出现。

5) 活断层与断裂破碎带及其分区

(1) 断裂(带)分级。区内无褶皱构造，构造以断裂为主。东西向构造较发育，均为断裂构造。区内主要有大镜山断裂、胡湾断裂、吉大断裂等，一般长2～9km。力学性质以挤压为主兼具扭性，成生发展时间持续较长，燕山早期为其强烈活动时期，燕山晚期甚至喜马拉雅期仍有活动。

北北东向断裂是区内数量最多的一组压扭性构造形迹，规模和连续性略逊于北东向构造带。在区内较普遍，主要有湾仔断裂、新村断裂等。力学性质为压扭性，成生时代为白垩纪，中更新世晚期—晚更新世早期仍有活动。

区内北西向断裂较发育。规模较大的银坑断裂等对本区差异性断块升降运动有着明显的控制作用，与温泉、地震、喜马拉雅期喷出岩及地貌边界关系密切。力学性质以张扭性为主，主要活动时期自白垩纪起，直至近代。

南北向断裂零星分布于香洲赤花山一带，包括燕子埔断裂，规模小，力学性质以压为主兼具扭性，时代为印支末期。

(2) 活断层与断裂破碎带缓冲分区。断裂构造对地下空间的利用具有控制作用，是主控因素之一。断裂构造对地下空间开发的影响，除了与断层本身的级别外，还与断裂的活动性、断裂距地下空间的距离有直接的关系。断裂(带)的活动性对第四系覆盖区可液化砂层和可能发生震陷的淤泥层有重要影响。当断裂(带)在新地壳运动影响下产生移动，沿断裂带会造成建筑物地基失效，影响建筑物的稳定。距离断裂(带)越近，对地下空间利用的影响就越大。

因此，对地下空间利用的环境地质条件评价时，应按照断裂展布对断裂的影响范围进行评价。本研究采取缓冲距离的办法处理，将断裂按表18-2所述的距离分别缓冲，绘制出断裂破碎带缓冲分区图（图18-7）。

表18-2 断裂带缓冲距离划分表　　　　　　　　　　　　　　　　　　　　　单位：m

断裂级别与活动性	缓冲距离				
实测断层	<20	20～40	40～200	200～500	>500
隐伏断层	<10	10～20	20～100	100～300	>300
对应图例	1	2	3	4	5

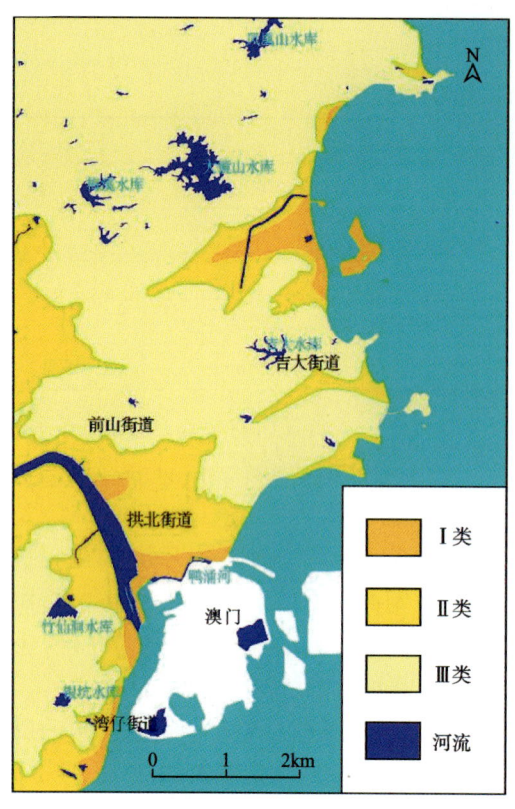
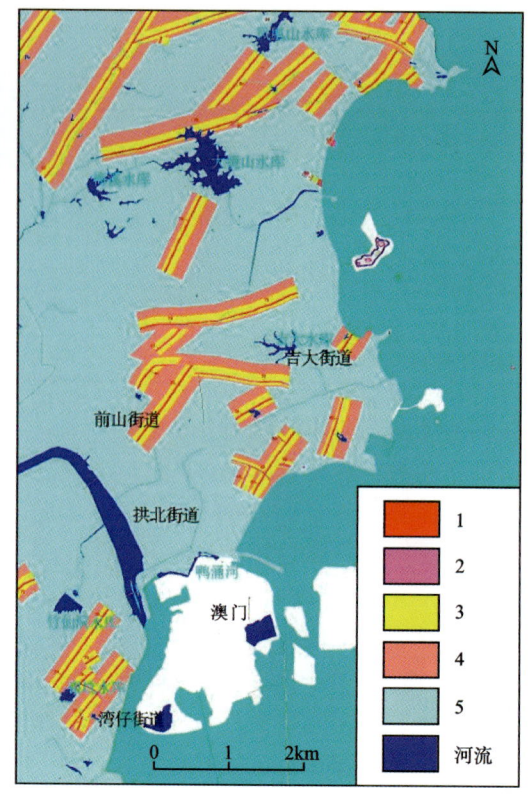

图 18-6 建筑场地类别及其分区图　　　　图 18-7 活断层与断裂破碎带缓分区

6）地下水赋存状态及其分区

(1) 地下水类型。如前所述,珠海市主城区地下水分为松散岩类孔隙水、基岩裂隙水两大类。在覆盖层中开挖地下空间,含水量的多少直接决定了地下水控制方法、造价、难度和对周边环境的影响。

①松散岩类孔隙水：地下水类型为承压水和潜水,以承压水为主。含水层岩性为第四系全新统及更新统的角砾、砾砂、中粗砂及中细砂等。

水量丰富—中等孔隙水：分布于香洲梅溪至拱北一带,水位埋深 2.31~3.13m,含水层岩性主要为砾砂及中粗砂,单井涌水量 223.56~926.33m³/d,地下水化学类型有 $HCO_3-Ca·Na$、$Cl·HCO_3-Na$ 及 $HCO_3·Cl-Na·Ca$ 型,TDS 为 0.241~0.412g/L;另外在香洲柠溪谷地中部零星分布小块富水性中等区域,含水层岩性为泥质角砾、泥质砾砂,水位埋深约 2.21m,抽水层段厚 6.49~13.72m,单孔涌水量 448.87~802.61m³/d,地下水化学类型主要为 $Cl·HCO_3-Na$ 型,TDS 为 0.044g/L。

水量贫乏孔隙水：主要分布于香湾、南屏等谷地及山前地带,含水层以砾砂、黏土质圆砾、黏土质角砾等为主,富水性差,水位埋深 2.17~3.35m,含水层厚 4.05~46.90m,单孔涌水量 15.27~91.91m³/d。地下水水化学类型主要有 $HCO_3-Ca·Na$、$HCO_3·Cl-Ca·Na$ 及 $Cl·HCO_3-Na$ 型,TDS 为 0.02~0.175g/L。

②基岩裂隙水：均为火成岩水量中等区,广泛分布于凤凰山、白面将军山、板障山等地,泉流量一般 0.10~0.577L/s,地下径流模数一般 3.65~6.72L/(s·km²),TDS 小于 0.1g/L,水化学类型以 $HCO_3·Cl-Ca·Na$ 型为主。

(2) 地下水对地下空间开发的影响。珠海市主城区内松散岩类孔隙水和基岩裂隙水发育。沿江河地段,含水砂层被切割,地下水与地表水有直接水力联系,水量丰富,对浅层地下工程排水带来一定困难,因此,松散岩类孔隙水对浅层地下空间开发的影响甚大。

在基坑开挖和隧道施工中,常因施工中切割含水层,或者地下水的水位受到施工或地表水、河水补给,或因潮汐水位涨跌影响到地下水位摆动,造成地下水流失而引起基坑或隧道涌水、变形或路面沉陷等灾害事故。在松散层分布区,建设中遇到的地面塌陷相当一部分是由地下水位变化诱发的,部分地面沉降事故发生在大气降水量少、地下水位低的冬春季节。基岩裂隙水受裂隙节理发育状况控制,分布不均匀,富水性贫乏。在张性、张扭性断裂破碎带或断裂交会处,由于岩石破碎,裂隙发育,地下水较为丰富。在地下工程施工时,应采取在一定范围内禁止抽取地下水以防地下水位突降等工程保护措施。

(3)类型分区。根据水文地质特征,将珠海市主城区地下水类型分为火成岩裂隙水水量中等区、松散岩类孔隙水水量贫乏区和松散岩类孔隙水水量中等区3类(图18-8)。

7)地下水腐蚀性及其分区

进行地下空间开发利用时,经常会使用混凝土和钢筋等材料。对混凝土材料来讲,地下水的腐蚀作用主要有分解性侵蚀、结晶性侵蚀和分解结晶复合性侵蚀3种腐蚀破坏形式。对混凝土中的钢筋和基础的钢构配件而言,腐蚀作用主要有地下水的酸性引起的化学腐蚀、地下水中的电解质(Cl^-和SO_4^{2-})引起的电化学腐蚀以及物理化学腐蚀。

珠海市主城区地下水对混凝土结构大部分属于微腐蚀性,局部出现弱腐蚀性,个别为中等—强腐蚀。对混凝土中的钢筋和基础的钢构配件而言,在大部分地区属于微腐蚀性,但在个别地方,由于特殊的水文地质环境以及人为因素的影响,地下水化学成分异常,局部出现侵蚀CO_2弱腐蚀性。

本次评价中将珠海市主城区地下水的腐蚀性分为弱腐蚀性和微腐蚀性两类(图18-9)。

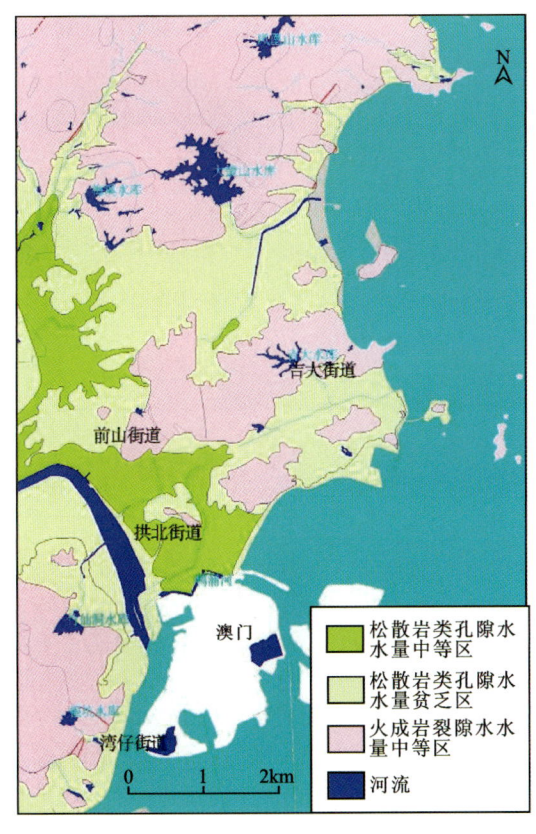

图18-8 地下水类型分区图

图18-9 地下水腐蚀性分区图

8)地表水分布及其缓冲分区

珠海市位于珠江河口区域,区内河流主要为前山河。地表水对地下建筑物中的混凝土结构及其中的钢筋为无腐蚀性,对钢结构为弱腐蚀性。近年来,相继有多条穿越珠江水系或湖泊公路隧道已建或在建,地表水体(如河道、河涌、湖泊等)对地下隧道施工带来诸多难题。穿越水系或湖泊的地铁隧道或公路隧道施工风险较大,设计的地铁轨道面一般都比较深,如广州地铁2号线珠江新城—客村区间轨道埋深达到30m。在富水松散地层、断层或江底等复杂地质条件下,对隧道施工中盾构机的掘进速度等要求特别严格。

在研究地表水体对地下空间的影响时,采取缓冲距离的办法处理,将线状沟渠缓冲10m区、30m区和50m区,面状水域缓冲20m区、50m区和100m区获得地表水体缓冲分区图18-10。

9)地表岩土体类型及其分区

以地貌特征为基础,并按岩土体的成因类型及其物理力学性质细分为工程地质亚区或地段,同一工程地质区的工程地质条件相同或相似,不同的工程地质区的工程地质条件是不同的。全区统一分区统一编号。本区岩土体工程地质分区划分为2个区,2个亚区,4个地段。岩土体工程地质类型及分区详见图18-11和表18-3。

图18-10 地表水分布及其缓冲分区图　　图18-11 地表岩土体类型分区图

表18-3 岩土体工程地质分区

工程地质区及代号	工程地质亚区及代号	地段及代号	主要工程地质特征及工程地质环境问题
丘陵沟谷区（Ⅰ）	丘陵基岩分布亚区（Ⅰ₁）	侵入岩分布地段（Ⅰ$_1^1$）	主要为花岗岩、片麻状花岗岩,以燕山期花岗岩最为发育。一般岩石上部风化强,往深部风化减弱,但岩石的风化程度不均,易形成厚度不一的花岗岩球状风化体。中—微风化岩石以块状结构为主,岩质坚硬,节理裂隙少量发育;岩石完整性较好,可开采,为良好的建筑石料;力学强度大,可承载超高层建筑。工程建设主要受地形高差大、凹凸不平以及边坡等的影响,特别注意花岗岩球状风化岩体的发育,易形成工程建设安全隐患
平原松散堆积区（Ⅱ）	海陆交互相沉积亚区（Ⅱ₁）	一般沉积土地段（Ⅱ$_1^1$）	主要为黏性土和砂土,以单层和双层结构(上为黏性土,下为砂土)为主,局部为多层结构。黏性土以可塑为主,局部为硬塑,砂土呈稍密—中密状。工程地质条件较好,可作为一般低层工民建筑天然地基基础持力层
		软土地段（Ⅱ$_1^2$）	淤泥、淤泥质土发育,厚度较大,流塑为主,土质软弱,工程地质条件差,力学强度低,工程建设需地基处理,不可直接作为工民建筑天然地基基础持力层
		易液化砂土地段（Ⅱ$_1^3$）	以饱和、松散—稍密的粉细砂为主。液化砂土一般松散,承载力较低,为建筑抗震不利地段

10) 软土分布及其厚度分区

(1) 软土分布及其特征。珠海市主城区软土发育在第四纪海陆交互相层和湖相沉积淤泥质土层中，主要为淤泥、淤泥质土、泥炭质土等，分布于水道两岸，其他地方较少发育软土。

软土呈流塑状态，颜色多呈灰色或黑色，光润油滑，有腐烂植物的气味，成分复杂，含有大量的石英和斜长石，少量的钠长石、伊利石、高岭石和有机质，微量的蒙脱石。含水量(50%～80%)、液限值(40%～60%)和压缩性高($1.1～2.5MPa^{-1}$)，孔隙比大(一般 1.0～2.0，少数大于 2.0)，渗透性较好(含较多的粉砂、细砂、粉土颗粒)，触变性中等。岩层面起伏大，分布不均匀，厚度变化大，厚度多小于 5m，一般在前山河两岸软土厚度相对较大。抗剪强度和承载力低，属于软弱的天然地基。

(2) 软土厚度分区。软土对地下空间开发的影响与软土的累积厚度直接相关。首先，根据钻孔资料，提取其软土累计厚度的信息，在 MapGIS 中投影成点文件，利用 TIN 模型，生成软土厚度等值线图，经过再处理，可得到珠海市主城区软土厚度分布图；其次，再根据软土厚度的具体分布情况，把珠海市主城区划分为无软土区、软土厚度 0～2m 区、软土厚度 2～6m 区(图 18-12)。

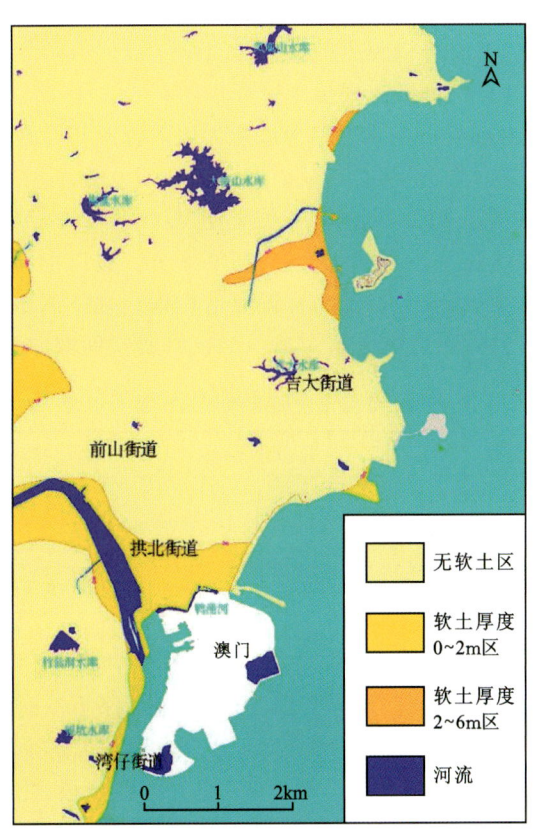

图 18-12 软土分布及其厚度分区图

11) 地下岩土层可开挖与支护性及其分区

(1) 地下岩土层分类及其特征。根据各岩土层的主要特征及其物理力学性质、岩土体工程地质特性以及可开挖性与支护性，将珠海市主城区岩土层划分为以下 9 类。

① 人工填土类。

② 淤积软土类。主要分布于平原区。此类土多呈流塑状，具有含水量高、孔隙比大、中高压缩性、工程性能差、强度低、透水性差、易触变、变形大且稳定历时长等特性。

③ 冲洪积黏性土类。除低山丘陵部分地区外，该类土遍布全区。可塑、硬塑、坚硬状态的黏土和粉质黏土含水量较高，中—低压缩性，透水性差，土体相对较稳定，选择合理的基础形式，承载能力可满足低层—多层建筑工程建设要求。

④冲洪积砂土类。主要为中砂、粗砂和砾砂,砂类土主要分布于平原区,在低山丘陵边缘地带见有少量碎石土。砂类土一般呈现下粗上细的沉积韵律,中砂、粗砂、砾砂颗粒分选性和磨圆度相对较差,质较纯,以稍密、中密为主,储水、透水性能良好,松散、稍密层易产生砂土液化。难以作为多层建筑物持力层。

⑤风化残积土类。包括岩浆岩原岩风化残积成因的砂质黏性土、砾质黏性土与黏性土。石英颗粒含量愈高其压缩模量愈小,属于中低压缩性土。一般风化残积土表层受氧化淋滤作用较为强烈,黏粒流失较多,孔隙比大,多呈中高压缩性的硬塑状,而埋藏的风化残积土则多呈中低压缩性的可塑、硬塑状。

⑥全风化岩石。岩石组织结构已基本破坏,但尚可辨认。岩石已经风化成土状。母岩不同,颜色与物理性质也不同。

⑦强风化岩石。岩石组织结构已大部分破坏,但尚可清新辨认,矿物成分已显著变化。风化裂隙发育,岩芯破碎,手可折断。内夹全风化的软岩层及中风化硬岩层,或见花岗岩球状风化。母岩不同,颜色也不同,岩石结构构造略不同,与岩石全风化层呈渐变过渡关系。

⑧中等风化岩石。支护性较好,开挖性较差。

⑨微风化岩石。支护性好,甚至可以免支护,但开挖性差。

(2)地下岩土层可开挖与支护性分区。根据调查提供的有效钻孔,将珠海市主城区地层进行聚类汇总(表18-4),以编码的第5类土层岩石强风化和全风化为地下资源开发的相对最好土层,并以满分1分计,以第1类土层为最差土层并以0.1分计,其余土层分值介于0.1至1分之间,按相对难易程度分别赋为:第0类土层0.2分,第1类土层0.1分,第2类土层0.4分,第3类土层0.3分,第4类土层0.8分,第5类土层1.0分,第6类土层0.9分,第7类土层0.8分。按以上标准对所有有效钻孔进行统计得分并按厚度加权汇总及归一化,得到各钻孔综合得分数据库。地下岩土层可开挖与支护性综合评价是分别针对浅层(0~15m)、中层(15~30m)和深层(>30m)3种空间域的土层进行综合评价。

表18-4 珠海市主城区域内岩土层分类表

编码	地层描述关键字	打分	编码	地层描述关键字	打分
0	填土类,包括杂填土、素填土、吹填土、耕土	0.2	4	岩石,全风化、强风化	0.8
1	淤泥和淤泥类土	0.1	5	岩石,中风化	1.0
2	冲洪积黏土、粉质黏土	0.4	6	岩石,微风化、未风化	0.9
3	冲洪积砂类土	0.3	7	特殊岩石煤层、溶洞	0.8

具体方法是:根据上述分类编码和打分,分别以浅层、中层和深层各土层的厚度为权进行加权平均,得到该钻孔点地下岩土层可开挖与支护性综合评价得分。然后,根据这个得分,将浅层划分为0~0.30、0.30~0.45、0.45~0.60、0.60~0.75、0.75~1.00共5个得分段;中层和深层划分为0~0.45、0.45~0.60、0.60~0.75、0.75~0.85、0.85~1.00共5个得分段,最后得到珠海市主城区浅层(图18-13)、中层(图18-14)和深层(图18-15)地下岩土层可开挖与支护性分区图。

3. 主要地质环境条件评价

1)地形地貌对地下空间利用的适宜性评价

地形地貌类型对地下空间开发的影响随着深度的不同有所不同。低山丘陵区基岩埋藏较浅,第四系坡残积土层薄且工程地质较好,边坡或硐室支护难度相对较低,但开挖难度大。相对来说,平原区开发容易,但因地表水面差、地下水位埋藏浅、松散层厚度大,地下空间施工难度和风险增高。中部台地相对地下空间开发最为有利。总体而言,台地地貌对地下空间开发最为有利,山间平原阶地次之,丘陵山地和冲海积平原再次之,水面最差。值得一提的是,沉管法的发展和应用使得水面以下的空间也具有一定的开发前景。

第十八章 珠海市地下空间开发利用区划

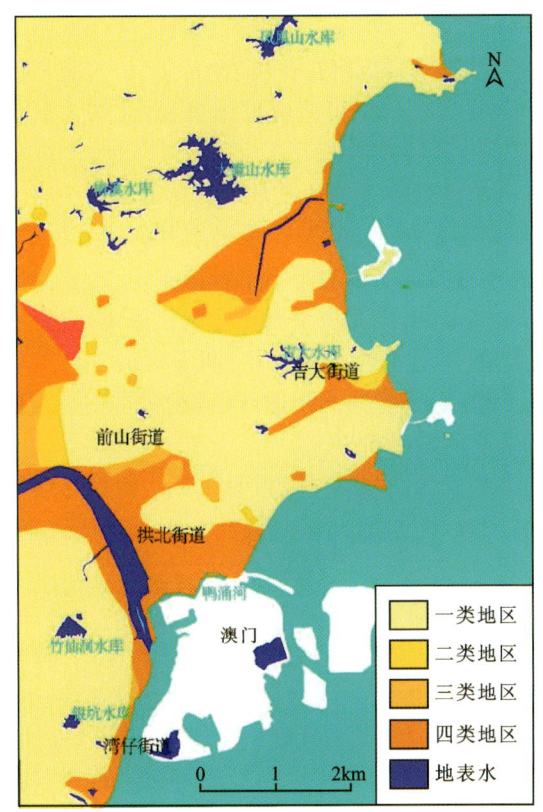
图 18-13 浅层地下岩土层可开挖与支护性分区图

图 18-14 中层地下岩土层可开挖与支护性分区图

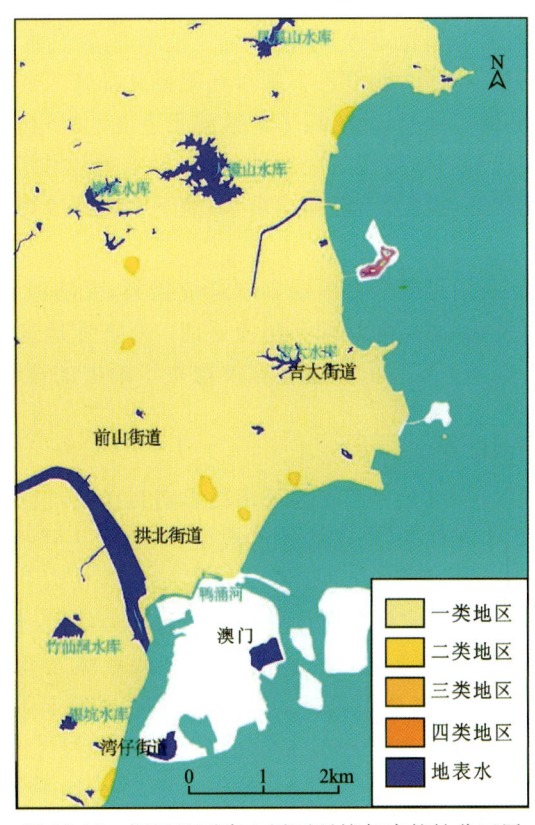
图 18-15 深层地下岩土层可开挖与支护性分区图

2)区域地质背景分区对地下空间利用的适宜性评价

花岗岩丘陵区:基岩埋深不一,存在风化凹槽;地基刚度不均匀,存在花岗岩"石蛋"。这类地区地下空间开发必须注意侵蚀陡坎的稳定,需作场地平整,工程建筑和暴雨可造成坡体失稳,无法大面积地进行填土与开挖,地下空间利用的适宜性差—很差。

平原区:平原地段基岩地基埋深不均匀,局部淤泥分布区影响浅层管道布设。局部断块中心地段基岩埋藏浅,是良好地基持力层,地面建筑可采用桩基础,但注意淤泥、砂层和砂层水及河网发育,需注意边岸稳定性和岩土互层的影响。另外,砂土液化作用及丰富的地下水对地下工程施工十分不利,不宜进行大规模基坑开挖。淤泥和砂层使地下工程施工条件极其复杂,尤其浅层明挖法施工困难,投资大。地下工程施工易受砂层水的不利影响,加之软土的高含水量、弱透水性和触变性,强震时具有产生砂土液化及软土震陷的地质背景,对地下空间开发十分不利。该区地下空间利用适宜性较差。

3)斜坡类地质灾害危险性程度对地下空间利用的不良影响评价

珠海市主城区斜坡类地质灾害危险性程度划分为高易发区、中易发区、低易发区。斜坡类地质灾害易发危险性程度对地下空间开发的影响随深度变化,浅层地下空间开发影响较大,中层次之,深层地下空间开发影响相对较小。

4)建筑场地类别分区对地下空间利用的适宜性评价

建筑场地类别对地下空间开发的影响主要体现在支护结构的抗震设计中。一般来说,一类建筑场地相对设防容易,二类次之,三类较差。

5)断层及其破碎带对地下空间利用的不良影响评价

断裂(带)的存在,破坏了岩体的完整性,加速了岩石风化作用、地下水的活动。其中,断裂对地下空间开发影响表现在以下几个方面。

(1)断裂破碎带岩石破碎,裂隙发育,容易形成强渗区,在基坑开挖或隧道施工时,发生渗漏、管涌等事故。

(2)断裂破碎带降低岩石强度及其稳定性,易造成地下空间地基失稳,造成断裂与倾斜。在隧道工程穿越断裂破碎带时易产生坍塌。另外,地下水丰富对高架桥桩基施工造成了很大影响,使得在冲孔成桩过程中经常出现偏锤、偏桩和漏浆现象,既延缓了地铁施工进度,又增加了建设成本。

(3)断裂控制着水系、第四纪沉积格局及其两侧的地貌,影响着风化壳的厚度。断层破碎带内角砾岩和断层泥呈强风化与全风化状态、裂隙发育、地层富水、地下水埋藏浅等特点,都会增加施工难度以及建设成本。

一般来说,地下空间工程在规划过程中对断层采取避让措施,无法避让的采取垂直穿越,施工过程中对断裂破碎带的处理方法有两种,即加固处理和防渗处理。对贯穿建筑物基面的断层破碎带,其处理范围需要适当地向建筑面以外延伸。延伸的长度和宽度取决于断层的规模和影响程度,必要时还需要通过模型试验和分析计算。

6)地下水对地下空间利用的不良影响评价

在地下空间开发与利用过程中,应充分考虑地下水的影响与作用,包括其化学腐蚀作用、物理作用,以及由工程开挖、施工造成地下水埋藏条件、透水性的改变,从而产生浮托、潜蚀、流砂、管涌、基坑突涌等影响工程安全的不良作用。

(1)地下水的浮托作用。地下水对水位以下岩土体有静水压力作用,并产生浮托力。浮托力可以按阿基米德原理确定。当建筑物位于粉土、砂土、碎石土和节理裂隙发育的岩石地基时,按设计水位100%计算浮托力;当建筑物位于节理裂隙不发育的岩石地基时,按设计水位50%计算浮托力;当建筑物位于黏性地基时,其浮托力较难确切地确定,应结合地区的实际经验考虑。

(2)潜蚀。渗透水流在一定水力梯度下产生较大的动水压力冲刷、挟走细小颗粒或溶蚀岩土体,使岩土体中的孔隙逐渐增大,甚至形成洞穴,导致岩土体结构松动或破坏,以致产生地表裂缝、塌陷,影响建筑工程的稳定。在基坑工程施工中易发生潜蚀,潜蚀产生的条件:一是有适宜的岩土颗粒组成;二是有足够的水动力条件。防治潜蚀的措施是通过改变渗透水流水动力条件和改善岩土性质等手段来实现。

（3）流砂。流砂是指松散细颗粒土被地下水饱和后，在动水压力即水头差的作用下产生的悬浮流动现象。流砂多发生在颗粒级配均匀而细的粉、细砂等砂性土层，变形形式是所有颗粒同时从近似于管状通道被渗透水流冲走。流砂发展结果使基础发生滑移或不均匀下沉、基坑坍塌和基础悬浮等。流砂通常由工程活动引起，但在有地下水出露的斜坡、岸边或有地下水溢出的地表面也会发生。流砂破坏一般是突然发生的，对岩土工程危害很大。在可能发生流砂的地区，应尽量利用上部土层做天然地基，也可利用桩基穿透流砂层。总之，应尽量避免水下大规模开挖施工；若必须时，可利用人工降低地下水位、打板桩、水下开挖等方法防治。

（4）管涌。地基土在具有某种渗透速度（或水力梯度）的渗流作用下，其细小颗粒被冲走，岩土孔隙逐渐增大，慢慢形成穿越地基的细管状渗流通路，从而掏空地基或坝体，使地基或斜坡变形、失稳，此现象称为管涌。管涌通常是由工程活动而引起的，但在有地下水出露的斜坡、岸边或有地下水溢出的地带也时有发生。管涌多发生在级配不良、磨圆度较好、孔隙直径大且互相连通的砂土层中。与防治流砂的方法相同，主要是通过控制渗流、降低水力梯度、设置保护层和打板桩等方法防治。

（5）基坑突涌。当基坑下有承压水存在，开挖基坑减小了含水层上覆不透水层的厚度，在厚度减小到一定程度时，承压水的水头压力能顶裂或冲毁基坑底板，造成突涌现象。基坑突涌将会破坏地基强度，并给施工带来很大困难。应查明基坑范围内不透水层的厚度、岩性和强度，承压水水头的高度和含水量，顶板的埋深等，验算基坑开挖预计深度时基底能否发生突涌。若可能发生突涌，应在基坑位置的外围先设置抽水孔（或井），采用人工方法局部降低承压水水位，防止产生基坑突涌现象。

7）地下水腐蚀性对地下空间利用的不良影响评价

地下水腐蚀性可理解为：无腐蚀性时地基基础不需专门防护；有腐蚀性时，由于地下水长时间作用于材料，基础构配件必须采取表面隔离性防护，防止与腐蚀介质直接接触，可采用调高构配件自身质量措施（如混凝土提高密实性、钢筋加厚混凝土保护层、石砌体提高砂浆强度等级等）或采用表面防护。

8）地表水对地下空间利用的不良影响评价

地表水对地下空间的开发具有控制作用，亦是主控因素之一。在有地面水体的地方进行地下空间开发，要防止地面水进入地下结构中。对于小的沟渠或无流水汇集的水塘，可以采取围堰抽排的办法处理，对于大的水域或无法疏干的水道，需采取盾构法、沉管法并采取专门措施。地表水对地下空间开发的影响与距水体之间的距离有直接的关系，距离越近则影响越大。因此，地表水对地下空间开发的不利影响除了与水量、水底地层、地下空间埋深有关外，还主要受制于地下空间与地表水体的距离，距离越小，影响越大，达到一定距离之后，则影响甚微。

9）地表岩土体类型对地下空间利用的适宜性评价

地表岩土体类型是地下空间的开发控制因素之一，其影响与作用是必须考虑的因素之一。在地下空间开发施工工法中，从经济和施工难易程度的角度考虑，明挖法和矿山法经济性好，在条件允许的情况下优先选择，暗挖法次之，盾构法适合线状工程和深埋工程，沉管法适合水下穿越工程。地表岩土体类型不仅直接决定了地下空间开发可能采取的开挖和支护型式，而且决定了地下工程开挖对周边场地的影响（如沉降和位移的大小）。

10）软土对地下空间利用的不良影响评价

对地下空间开发而言，软土的不良作用主要表现在以下 4 个方面。

（1）地基承载力不能满足要求，在静荷载或动荷载作用下，地基产生局部或整体剪切破坏，影响地下建筑物的安全与正常使用甚至造成破坏。

（2）地基变形（沉降、水平位移、不均匀下沉）超过容许值，将会影响地下空间的安全与正常使用，严重的将造成破坏，在深厚软土区不均匀沉降造成的工程事故比例最高。

（3）渗透问题，主要基坑开挖时，因渗流造成基坑失稳。

(4)长期的次固结沉降和工后沉降,需要很长的时间才能稳定下来。

地下空间开发过程中,对软土地基的处理方法大致分土质改良、土的置换、土的补强3类,细分为置换、排水固结、灌入固化物、振密、挤密、加筋、冷热处理、托换纠偏等。

11)地下不同岩土可开挖性和可支护性对地下空间利用的适宜性评价

地下不同岩土的可开挖性和可支护性对地下空间开发成本、施工工法和运营成本均有很大影响。人工填土的主要特性是结构松散、强度低和压缩性高,一般物理力学性质差异较大。淤积软土类多呈流塑状,具有含水量高、孔隙比大、中高压缩性、工程性能差、强度低、透水性差、易触变、变形大且稳定历时长等特性。冲洪积黏性土类沉积时代越早,标贯击数越大,承载能力越高;颗粒越粗,含砾量越多,标贯击数越大,承载能力越高。中砂、粗砂、砾砂以稍密—中密层分布范围较广,地层厚度较大。冲洪积砂土类储水、透水性能较好,受荷变形大,但稳定历时短;松散、稍密层承载能力低,存在砂土液化的地质背景,无法直接满足工程建设的要求;中密、密实层具有一定承载能力,处置得当可作为低层建筑持力层。冲洪积砂土类由于自稳定性能差,易产生较大的土压力,对基坑开挖等地下工程施工的安全稳定有不良影响。

花岗岩风化残积土中有时含有孤石,造成盾构机施工困难。埋藏的风化土层多呈中低压缩性的可塑、硬塑状,开挖性和支护性均较好,全风化岩石在可挖性方面属于土层,在支护性方面接近岩层。强风化—中等风化岩石可开挖性与支护性均较好。微风化岩石支护性好,甚至可以免支护,但开挖性差。采用盾构法开挖隧道时,对盾构刀盘磨损大,有时需爆破。

四、地下空间开发利用工程地质适宜性评价方法

1. 研究思路

基于既有地下空间调查成果及其利用面临的诸多地质环境问题,充分利用1∶5万地质环境调查成果和其他专题的阶段成果,针对性地收集影响地下空间利用的各种地质环境因素等资料。利用MapGIS软件平台,在开展珠海市主城区城市地下空间利用的地质环境条件的单因子评价的基础上,采用穷举-剔除法,探索适合珠海市城市地下空间开发利用工程地质适宜性综合评价方法,建立地下空间评价多层次评价指标体系,确定各个指标的权重,建立地下空间开发利用工程地质适宜性评价模型和容量评价模型,开展珠海市浅层(0~15m)、中层(15~30m)和深层(30~50m)空间域的地下空间资源评价研究,为珠海市城市地下空间资源的合理开发利用提供基础数据和科学依据。

珠海市城市地下空间资源评价内容包括地下空间开发利用工程地质适宜性评价和容量估算两部分。其中,单因子条件评价的目标在于获得该因子的基本信息、分布特征以及对地下空间资源开发的控制与影响程度,这些既是地下空间开发利用研究的基础资料,也是适宜性评价的基本内容,综合分区评价是指在考虑各因子影响权重的基础上,根据各因子一类地区、二类地区、三类地区、四类地区的隶属度进行综合评判,得出整个研究区范围内的质量等级及其空间分布。容量估算包括可合理开发资源量和可有效利用资源量两部分内容。

2. 建立多层次指标体系

目前,有关地下空间资源综合评价方法有多种,如层次分析法、人工神经网络评价法、模糊综合评判法、灰色综合评价法等。团队通过对地下空间的模糊属性以及相关影响因素的多源复杂性的分析,采用层次分析法与模糊综合评判法相结合的方法,对珠海市主城区城市地下空间开发利用工程地质适宜性和容量进行评价。总体思路是:熟悉评价对象,确立评价的指标体系,确定各个指标的权重,建立评价的数学模型和评价结果的分析等几个环节。其中,确立指标体系、确定各个指标权重和建立数学模型3个

环节是综合评价的关键环节。

指标体系的建立,须根据具体评价的问题而定。一般来说,在建立评价指标体系时,应遵循以下原则。

(1)指标数量合理。评价指标要根据评价目的而选取,并非越多越好,关键在于考虑评价指标在评价过程中所起作用的大小。构建的评价指标体系应涵盖为达到评价目的所需的基本内容,能反映对象的全部信息。

(2)指标的独立性。所选每个指标的含义要明确,彼此之间要相对独立;位于同一个层次的各指标相互之间应尽量满足不存在因果关系和相互重叠。指标体系的构建应围绕评价目的层层展开,层次既分明又简明扼要,得到的评价结论应确实能反映评价意图。

(3)指标的代表性与差异性。指标选取应具代表性,能够很好地反映研究对象某方面的特性。指标之间应具有明显的差异性或可比性。评价指标和评价标准的制定要符合客观实际,便于比较。

(4)指标的可行性。指标的选取应可行,要符合客观实际水平,有稳定的数据来源,具有可操作性。评价指标要内涵清晰,数据要规范,口径要一致,资料的收集要简便易行。

3.层次分析法确定指标权重

1)层次分析法基本原理

层次分析法是在对复杂决策问题的本质、影响因素以及内在关系等进行深入分析之后,构建层次结构模型,然后利用定量信息,把决策思维过程数学化,从而为求解多目标、多准则或无结构特性的复杂决策问题,提供简便决策方法。

应用层次分析法分析问题时,首先要把问题层次化。根据问题的性质和要达到的目标将问题分解为不同的组成要素,并按照因素之间的相互关联影响以及隶属关系,将因素按不同层次聚集组合,形成一个多层次的分析结构模型。最终,把系统分析归结为最底层(供接触的方案、措施等)相对于最高层(总目标)的相对重要性权值的确定或相对优劣次序的排序问题。

2)层次分析法求权重的具体实现方法

(1)明确问题。在分析社会、经济以及科学管理等领域的问题时,首先要对问题有明确的认识,弄清问题的范围、所包含的因素以及因素之间的相互关系,需要得到的解答,并了解所掌握的信息是否充分。

(2)建立层次分析结构。根据对问题的分析,将问题所包含的因素按照是否共有某些特征进行归纳成组,并把它们之间的共同特性看成是系统中新的层次中的一些因素,然后将这些因素本身也按照另外的特性组合起来,形成更高层次的因素,直到最终形成单一的最高层次因素,即决策分析的目标。这样就形成了目标层、若干准则层和方案层的层次分析结构模型。

(3)构造两两比较的判断矩阵。建立层次分析结构模型后,在各层元素中进行两两比较,构造出比较判断矩阵。以上一层次元素 B_k 作为准则,对下一层次元素 $C_1,C_2,\cdots,C_n$ 有支配关系,对于这 n 个元素来说,可得到两两判断矩阵 $C=(C_{ij})n\times n$,其中 C_{ij} 表示因素 C_i 和因素 C_j 相对于目标 B_k 的重要值。

显然判断矩阵 C 具有如下性质:

$$\begin{cases} C_{ij}>0 \\ C_{ij}=1/C_{ij}(i\neq j) \\ C_{ii}=1(i,j=1,2,\cdots,n) \end{cases} \tag{18-1}$$

因此,判断矩阵 C 称之为正反矩阵。对于正反矩阵 C,若对于任意 i,j,k 均有 $C_{ij}\cdot C_{jk}=C_{ik}$,则称判断矩阵 C 为一致矩阵。

在层次分析法中,为使决策判断定量化,形成数值型判断矩阵,常根据一点的比率标度将判断定量化。如表 18-5 所示为一种常使用的 1~9 标度法。

表 18-5 判断矩阵标度及其含义

重要性等级	C_{ij} 赋值
i,j 两元素同等重要	1
i 元素比 j 元素稍重要	3
i 元素比 j 元素明显重要	5
i 元素比 j 元素强烈重要	7
i 元素比 j 元素极端重要	9
i 元素比 j 元素稍不重要	1/3
i 元素比 j 元素明显不重要	1/5
i 元素比 j 元素强烈不重要	1/7
i 元素比 j 元素极端不重要	1/9

注：$C_{ij}=\{2,4,6,8,1/2,1/4,1/6,1/8\}$ 表示重要性等级介于 $C_{ij}=\{1,3,5,7,9,1/3,1/5,1/7,1/9\}$。这些数字是人们根据定性分析的直觉和判断力确定的。

(4) 判断矩阵的一致性检验。为保证应用层次分析法的结论合理，需要对构造的判断矩阵进行一致性检验。该检验程序通常结合排序步骤进行。

根据矩阵理论可知，当 $\lambda_1,\lambda_2,\cdots,\lambda_n$ 是满足式 $A_x=\lambda_x$ 的数，也是矩阵 A 的特征根，且对于所有 $a_{ii}=1$，有 $\lambda=n$。当矩阵具有完全一致性时，$\lambda_1=\lambda_{\max}=n$，其余特征根均为零；当矩阵 A 不具有完全一致性时，则有 $\lambda_1=\lambda_{\max}>n$，其余特征根 $\lambda_1,\lambda_2,\cdots,\lambda_n$ 有如下关系：$\lambda=n=n-\lambda_{\max}$。

由上述结论可知，当判断矩阵不能保证具有完全一致性时，相应判断矩阵的特征根将发生变化，这样就可以利用判断矩阵特征根的变化来检验判断的一致性程度。因此，在层次分析法中引入判断矩阵最大特征根以外的其余特征根的负平均值，作为度量判断矩阵偏离一致性的指标，即通过用 $CI=\dfrac{\lambda_{\max}-n}{n-1}$ 检查决策者判断思维的一致性。CI 值越大，表明判断矩阵偏离完全一致性的程度越大；CI 值越小，越接近于 0，表明判断矩阵的一致性越好。

(5) 层次单排序。根据判断矩阵计算对于上一层某元素而言本层次与之有联系的元素重要性次序的权值。本书拟采用一种近似算法——方根法，近似判断矩阵最大特征根及其对应的特征向量。

(6) 层次总排序。依次沿着递阶层次结构由上而下逐层计算，即可计算出最低层因素相对于最高层（总目标）的相对重要性或相对优劣的排序值日，即层次总排序。层次总排序计算结果要进行一致性检验，其检验是从高层到低层进行。

五、工程地质适宜性评价指标体系与模型

根据珠海市主城区地下空间资源的开发利用现状及趋势，按照浅层（0～15m）、中层（15～30m）、深层（30～50m）3 个空间域，采用层次分析法与模糊综合评判法分别构建指标体系与评估模型。

1. 地下空间资源评价指标体系

影响和制约地下空间资源质量和数量评估的因素很多，本书评价中采用穷举法和剔除法，构建了珠

海市地下空间资源多层次评价体系(表18-6)。

在该体系中,以珠海市主城区城市地下空间资源质量与容量评估为目标层(A),选取工程地质条件、水文地质条件、岩土体条件为主题层(B),将各因素中的若干影响因子作为指标层(X),基于层次分析法(AHP)构建珠海市主城区城市地下空间资源开发潜力的层次结构模型,并研究确定了各层次影响因素的重要性,形成因素论域(U)。

2. 各评价指标的权重确定

运用层次分析法求评价模型中指标权重的步骤如下:
(1)首先形成阶梯层次结构,见表18-6。

表18-6 研究区地下空间资源多层次评价指标体系

目标层(A)	主题层(B)	指 标 层(X)
珠海市主城区地下开发利用工程地质适宜性评价(A)	工程地质条件(B_1)	地貌类型(C_1)
		区域地质构造背景(C_2)
		斜坡类地质灾害(C_3)
		建筑场地类别(C_4)
		活断层与断裂破碎带(C_5)
	水文地质条件(B_2)	地下水赋存状态(C_6)
		地下水腐蚀性(C_7)
		地表水分布(C_8)
	岩土体条件(B_3)	地表岩土体类型(C_9)
		软土厚度(C_{10})
		地下岩土层可开挖与支护性(C_{11})

(2)构造判断矩阵,求取最大特征向量。
(3)经过层次总排序以及一致性检验后,获取各层次权重分配,见表18-7～表18-9。

表18-7 珠海市主城区地下空间开发利用多层次指标体系权重分配(浅层)

目标层(A)	主题层(B)	权重	指标层(X)	权重
珠海市主城区地下开发利用工程地质适宜性评价(A)	工程地质条件(B_1)	0.476 700	地貌类型(C_1)	0.110 356
			区域地质背景(C_2)	0.073 984
			斜坡类地质灾害(C_3)	0.101 871
			建筑场地类别(C_4)	0.110 356
			活断层与断裂破碎带(C_5)	0.080 133
	水文地质条件(B_2)	0.261 600	地下水赋存状态(C_6)	0.090 461
			地下水腐蚀性(C_7)	0.060 639
			地表水分布(C_8)	0.110 500
	岩土体条件(B_3)	0.261 600	地表岩土体类型(C_9)	0.092 816
			软土厚度(C_{10})	0.075 995
			地下岩土层可开挖与支护性综合评价分区(C_{11})	0.092 816

表 18-8 珠海市主城区地下空间开发利用多层次指标体系权重分配（中层）

目标层（A）	主题层（B）	权重	指标层（X）	权重
珠海市主城区地下开发利用工程地质适宜性评价（A）	工程地质条件（B_1）	0.401 8	地貌类型（C_1）	0.088 476
			区域地质背景（C_2）	0.064 248
			斜坡类地质灾害（C_3）	0.081 686
			建筑场地类别（C_4）	0.108 084
			活断层与断裂破碎带（C_5）	0.059 306
	水文地质条件（B_2）	0.269 3	地下水赋存状态（C_6）	0.093 124
			地下水腐蚀性（C_7）	0.062 424
			地表水分布（C_8）	0.113 752
	岩土体条件（B_3）	0.328 9	地表岩土体类型（C_9）	0.102 419
			软土厚度（C_{10}）	0.109 458
			地下岩土层可开挖与支护性综合评价分区（C_{11}）	0.117 023

表 18-9 珠海市主城区地下空间开发利用多层次指标体系权重分配（深层）

目标层（A）	主题层（B）	权重	指标层（X）	权重
珠海市主城区地下开发利用工程地质适宜性评价（A）	工程地质条件（B_1）	0.401 841	地貌类型（C_1）	0.070 034
			区域地质背景（C_2）	0.085 543
			斜坡类地质灾害（C_3）	0.072 887
			建筑场地类别（C_4）	0.108 727
			活断层与断裂破碎带（C_5）	0.064 650
	水文地质条件（B_2）	0.269 3	地下水赋存状态（C_6）	0.101 957
			地下水腐蚀性（C_7）	0.078 097
			地表水分布（C_8）	0.089 246
	岩土体条件（B_3）	0.328 9	地表岩土体类型（C_9）	0.109 622
			软土厚度（C_{10}）	0.109 622
			地下岩土层可开挖与支护性综合评价分区（C_{11}）	0.109 622

3. 地下空间开发利用工程地质适宜性评价模型

1）因素集 U、评语集 V

依据上述地下空间资源多层次评估指标体系，构建珠海市主城区地下空间资源模糊综合评估的因素集 U 为：U＝$\{u_1, u_2, u_3\}$＝{工程地质条件，水文地质条件，岩土体条件}。

而 u_1 又包括以下因素：

$u_1 = \{u_{11}, u_{12}, u_{13}, u_{14}, u_{15}\}$＝{地貌类型，区域地质背景，斜坡类地质灾害，建筑场地类别，活断层与断裂破碎带}

$u_2 = \{u_{21}, u_{22}, u_{23}\}$＝{地下水赋存状态，地下水腐蚀性，地表水分布}

$u_3 = \{u_{31}, u_{32}, u_{33}\}$＝{地表岩土体类型，软土厚度，地下岩土层可开挖与支护性综合评价}

根据珠海市主城区地下空间资源各影响因素对地下空间开发潜力的影响，建立评语集合 V。V＝$\{v_1, v_2, v_3, v_4\}$＝{一类地区，二类地区，三类地区，四类地区}＝{Ⅰ，Ⅱ，Ⅲ，Ⅳ}，分别表示城区某处地下空间资源的开发利用质量等级。

2)隶属度打分

针对各个评价因子,参考《岩土工程勘察规范》(GB 50021—2001)(2009 年版)、《建筑地基基础设计规范》(GB 50007—2011)、《建筑抗震设计规范》(GB 50011—2010)(2016 年版)等规范与规程,依据工程实践经验和专家咨询意见,由专家打分直接给定各因子某等级分区对地下空间开发的适宜性好坏隶属度分布。对其中某一级而言,1 为最适宜,0 为不适宜。各指标隶属度取值见表 18-10。

表 18-10 地下空间开发利用适宜性评价隶属度取值表

取值	0.2	0.4	0.6	0.8	1
地貌类型		水面	丘陵	平原	台地
区域地质背景分区				侵入岩区	第四系区
斜坡类地质灾害分区		高易发区	中易发区	低易发区	不易发区
建筑场地类别			Ⅲ类	Ⅱ类	Ⅰ类
断裂破碎带缓冲距离	距离实测断层小于20m	距离实测断层20~40m	距离实测断层40~200m	距离实测断层200~500m	距离实测断层大于500m
	距离隐伏断层小于10m	距离隐伏断层10~20m	距离隐伏断层20~100m	距离隐伏断层100~300m	距离隐伏断层大于300m
地下水赋存状态			松散岩类孔隙水水量中等区	火成岩裂隙水	松散岩类孔隙水水量贫乏区
地下水腐蚀性				有弱腐蚀性	无腐蚀性
地表水缓冲半径	面状水域 0	面状水域 0~20m	面状水域 20~50m	面状水域 50~100m	其他远离地表水区
		线状沟渠 0~10m	线状沟渠 10~30m	线状沟渠 30~50m	
地表岩土体类型	易液化砂土地段	软土地段	丘陵基岩分布亚区	一般沉积土分布地段	
软土厚度			2~6m	0~2m	无软土区
地下岩土层可开挖与支护性综合评价得分(浅层)	[0.00,0.30]	(0.30,0.45]	(0.45,0.60]	(0.60,0.75]	(0.75,1.00]
地下岩土层可开挖与支护性综合评价得分(中层)	[0.00,0.45]	(0.45,0.60]	(0.60,0.75]	(0.75,0.85]	(0.85,1.00]
地下岩土层可开挖与支护性综合评价得分(深层)	[0.00,0.45]	(0.45,0.60]	(0.60,0.75]	(0.75,0.85]	(0.85,1.00]

至此,珠海市主城区地下空间评价指标体系与模糊综合评价模型建立完毕。将各个因子图进行叠加空间分析,并对空间属性进行统计分析、对综合图进行聚类归并,即可得到珠海市主城区地下空间开发利用工程地质适宜性评价综合图。

六、地下空间开发利用工程地质适宜性评价

1. 地下空间资源质量综合评价

除城市发展历史和现状、技术经济条件、土地利用规划等社会经济因素外,城市工程地质条件直接控制地下空间开发难易程度。换言之,地形地貌、区域稳定性、岩土工程地质、地下水赋存状态及其他不良地质作用等对地下空间起决定作用。各影响因素构成一个复杂的系统,从不同范围、不同程度,以不同方式影响地下建筑工程选址和建设,且具有模糊性和不确定性。对特定场地各因素影响程度和作用有差异,如活动断裂决定大型地下建筑工程的选址,岩土体工程性质影响地下工程的建造方法、投资和工期。因此,需考虑多因素条件下的综合判别。

1)地下空间开发利用工程地质适宜性评价等级划分

(1)综合评价流程。按照突显性、系统科学性、定性和定量指标相结合及可操作性原则,按照以下流程进行珠海市主城区城市地下空间开发利用工程地质适宜性评价:①选择指标体系;②根据层次分析法(AHP)确定各指标体系的权重;③按照科学性与可操作性的原则,对各个因子进行单因子图编制,并根据模糊评价模型的要求建立相应的属性结构,确保各因子图的科学实用性;④利用 MapGIS 的空间分析运算功能,分别对浅层、中层和深层的 11 个因子图进行空间相交叠加运算,得到整体综合评价图,该评价图中综合了 11 个因子及其权重的影响,划分单元的边界完全由各因子图的分界线自动运算确定,避免了人为指定网格的缺点;⑤对综合图进行必要的后期处理,如同类区聚类、去除奇异值等。

(2)地下空间开发利用工程地质适宜性评价等级划分。根据所得各区块的综合评价得分,依据工程实践经验和专家咨询意见,制定出浅层、中层和深层地下空间开发利用工程地质适宜性评价等级为"一类、二类、三类、四类"地区(表 18-11)。

表 18-11　综合评价法得分的划分标准

空间域	浅层			
得分范围	$\geqslant 0.70$	$[0.47, 0.70)$	$[0.39, 0.47)$	$[0, 0.39)$
质量等级	一类	二类	三类	四类
空间域	中层			
得分范围	$\geqslant 0.70$	$[0.47, 0.70)$	$[0.39, 0.47)$	$[0, 0.39)$
质量等级	一类	二类	三类	四类
空间域	深层			
得分范围	$\geqslant 0.70$	$[0.47, 0.70)$	$[0.39, 0.47)$	$[0, 0.39)$
质量等级	一类	二类	三类	四类

依据表 18-11 的划分标准,对研究区浅层、中层和深层 3 个空间域分别进行质量等级划分,得到珠海市主城区浅层、中层和深层各区块的质量等级。然后,利用 MapGIS 进行处理,得到珠海市主城区浅层、中层和深层地下空间资源质量综合评价图(图 18-16～图 18-18)。具体统计数据见表 18-12。

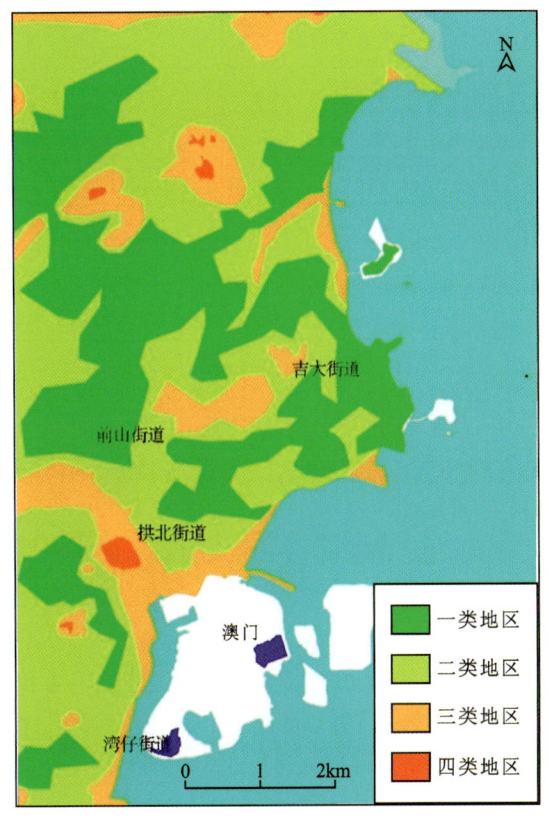

图 18-16 浅层地下空间适宜性综合评价图

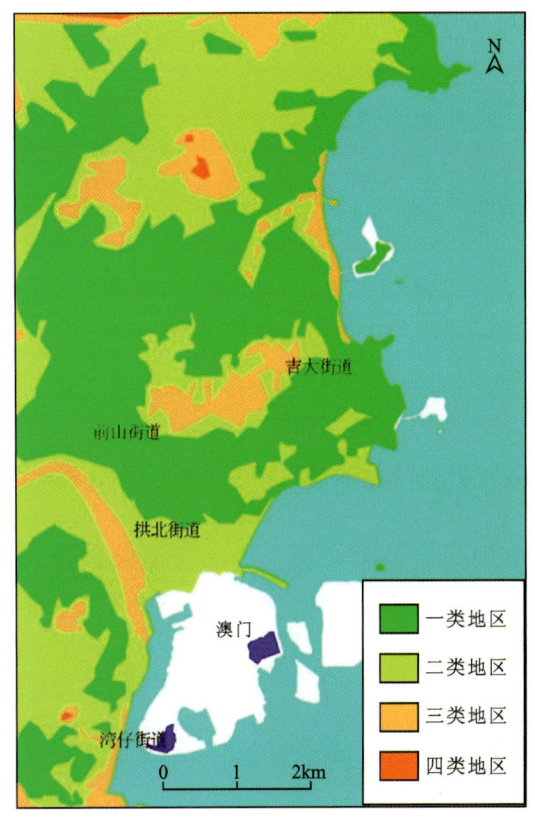

图 18-17 中层地下空间适宜性综合评价图

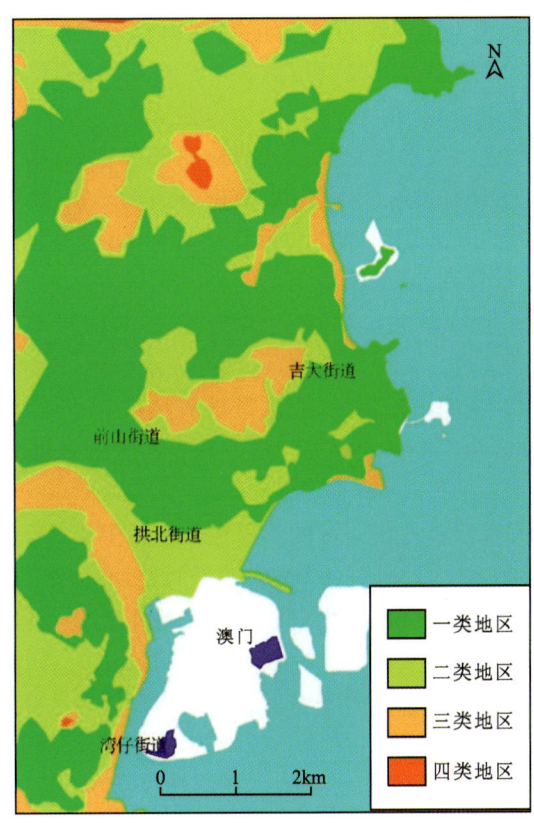

图 18-18 深层地下空间适宜性综合评价图

表 18-12　珠海市主城区各深度层次地下空间资源质量等级评估统计表　　单位：km²

等级	浅层	中层	深层
一类地区	42.71	61.66	57.67
二类地区	58.47	40.12	48.48
三类地区	19.56	19.03	14.98
四类地区	1.23	1.16	0.84
全区总面积	121.97	121.97	121.97

根据表 18-12 可以得到以下分析结果。

A. 浅层(0～15m)地下空间资源质量评价为一类地区的面积约 42.71km²,占全区总面积的 35.02%;二类地区的面积约 58.47km²,占全区总面积的 47.94%;三类地区的面积约 19.56km²,占全区总面积的 16.03%;四类地区的面积约 1.23km²,占全区总面积的 1.01%。

B. 中层(15～30m)地下空间资源质量评价为一类地区的面积约 61.66km²,占全区总面积的 50.56%;二类地区的面积约 40.12km²,占全区总面积的 32.89%;三类地区的面积约 19.03km²,占全区总面积的 15.60%,四类地区的面积约 1.16km²,占全区总面积的 0.95%。

C. 深层(30～50m)地下空间资源质量评价为一类地区的面积约 57.67km²,占全区总面积的 47.28%;二类地区的面积约 48.48km²,占全区总面积的 39.75%;三类地区的面积约 14.98km²,占全区总面积的 12.28%,四类地区的面积约 0.84km²,占全区总面积的 0.69%。

2. 地下空间开发利用的适宜性分区及其特征

根据前述影响因子的分布规律,对地下空间开发的方式、强度和施工工艺特点,参考《城市规划工程地质勘察》(GJJ 57-94)场地工程建设适应性分类规定,将珠海市主城区地下空间浅层、中层和深层 3 个空间域各自划分为 4 个质量区:地下空间开发利用适宜性一类地区、二类地区、三类地区、四类地区。各区特点如下。

(1)地下空间开发利用适宜性一类地区。该区工程地质条件良好,适宜兴建各种形式的地下工程,可采用明挖或暗挖施工工艺。对明挖基坑较深部位,须做好边坡支护,防止基坑侧壁坍塌,常用的基坑支护方法有土钉墙、桩锚支护等。在采用浅埋暗挖手段施工时,应注意岩体软弱夹层的不良影响,以防土顶塌方。应注意施工机械的适宜性,以保证施工进度、安全和稳定。

(2)地下空间开发利用适宜性二类地区。该区工程地质条件较好,采取合适的地基处理方法加固第四系松软土体,可兴建各类地下工程。对明挖基坑,应做好止水措施,加强边坡支护,防止侧壁坍塌或出现流砂、潜蚀、管涌等不良现象。在低山丘陵区,应注意地表植被和边坡保护。常用的基坑支护方法有重力式挡土墙、复合土钉墙(喷锚网)、桩锚支护等。常用的止水方法有水泥土搅拌法、高压旋喷注浆法、冻结法和化学灌浆法。

(3)地下空间开发利用适宜性三类地区。该区工程地质条件中等,地下工程建造应采取合理的施工工艺和防水止水措施。应注意松软土层塌陷、渗漏、流砂等问题,必要时应采取合适的方法加固第四系软土层。常用的明挖基坑支护方法有桩锚支护+桩间止水、地下连续墙等。常用的止水方法有水泥土搅拌法、高压旋喷注浆法和化学灌浆法。在采用浅埋暗挖手段施工时,如盾构法或矿山法,穿越断裂破碎带应注意施工安全措施的可靠性,防止上部松软土层或软弱带坍塌或渗水,诱发安全事故。

(4)地下空间开发利用适宜性四类地区。该区工程地质条件差,属建筑危险区,一般位于保护区、水体区,容易发生地表坍塌、施工机械陷落等安全事故。在明挖基坑深度较大时,止水困难。容易引发二次灾害,支护费用巨大,或者地质灾害频发,岩土体稳定性极差,地下工程造价昂贵。

一般来说,地下空间开发利用的适宜性好坏直接决定了地下空间开发的施工方法和造价,其差别非常大。而地下空间开发制约区则是在当前经济技术条件下,无法利用,属建筑避让和制约区。

3. 地下空间资源容量评价

地下空间资源容量是指可合理开发量、可有效利用量等几个不同量值的数量概念。可合理开发量是指在某一指定时期、指定区域内,排除各种自然因素、地面建筑、法律法规等人为因素的规定和制约,在一定技术条件下可进行开发活动的空间容量。可有效利用量是指在可合理开发量的资源分布范围内,满足城市生态和地质环境安全需要,保持合理的地下空间距离、密度和形态,在一定技术条件下能够进行实际开发并实现使用价值的空间容量。

(1) 容量评价模型的建立。传统的地下空间资源容量评价模型为:

$$V_d = 0.4 S \times H = 0.4 V_n \tag{18-2}$$

式中,V_d 为可利用的城市地下空间容量(m^3);V_n 为天然资源量(m^3);S 为评估面积(m^2);H 为评估深度(m);0.4 为固定利用系数。

如上所述,该评价模型因固定利用系数限制以及受多种因素的影响存在明显的不足,评估结果将产生明显偏差,因此不能准确地评估地下空间资源容量,故需采用变系数评估模型确定地下空间资源容量。

(2) 城市地下空间资源可合理开发容量(V_c),是评估区域内天然资源量减去在当前经济技术条件下受制约的不可开发资源量和已开发资源量,公式为:

$$V_c = V_n - V_a = V_n - \sum V_i \quad (i=1,2,3,\cdots,n) \tag{18-3}$$

式中,V_c 为可供合理开发利用的城市地下空间容量(m^3);V_n 为评估区域的天然资源量(m^3);V_a 为制约资源量(m^3);V_i 为受制约的地下空间量(m^3);i 为受制约的地下空间数目。

基于模糊评价理论,评估区域地下空间资源的可有效利用量应为:

$$V_d = \sum_{i=1}^{n} k_j \cdot S \cdot H \quad (i=1,2,\cdots,n; j=1,2,3,4,5) \tag{18-4}$$

项目认为在质量综合评估中质量等级"三类地区及四类地区"的区域是在当前经济技术条件下不可开发或者开发费用特别大的。因此,运用所建立的容量评估模型可计算出当前经济技术水平下可合理开发量(表 18-13)。

由表 18-13 可知,珠海市主城区地下空间资源浅层(0~15m)可合理开发量面积约 101.18km²,约占全区总面积的 82.95%;中层(15~30m)可合理开发量面积约 101.78km²,约占全区总面积的 83.45%;深层(30~50m)可合理开发量面积约 106.15km²,约占全区总面积的 87.03%。

表 18-13 研究区地下空间资源可合理开发量分级统计表

等级	浅层/km²	中层/km²	深层/km²
全区面积	121.97	121.97	121.97
一类地区	42.71	61.66	57.67
二类地区	58.47	40.12	48.48
三类地区	19.56	19.03	14.98
四类地区	1.23	1.16	0.84
可合理开发量	101.18	101.78	106.15
占全区面积比重/%	82.95	83.45	87.03

(3) 地下空间资源可有效利用量。基于上节的地下空间资源可有效利用量评估模型理论及公式,针对一类地区、二类地区、三类地区、四类地区划分为相应的 4 个等级。在浅层容量计算时,取开发系数分别为 0.5、0.4、0.3、0.2;在中层容量计算时,取开发系数分别为 0.4、0.3、0.2、0.1;在深层容量计算时,

取开发系数分别为 0.3、0.2、0.1、0.05。对研究区 13 个评估因子图进行空间相交叠加运算所剖分的 6 万余单元进行容量计算,即可分别得出研究区浅层、中层和深层地下空间资源各质量等级的可有效开发资源量及各所占的比例(表 18-14)。

由表 18-14 可知,珠海市主城区浅层(0~15m)地下空间资源可有效利用量为 $7.628 \times 10^8 m^3$,中层(15~30m)地下空间资源可有效利用量为 $6.093 \times 10^8 m^3$,深层(30~50m)地下空间资源可有效利用量为 $5.7074 \times 10^8 m^3$。

表 18-14 研究区地下空间可有效利用量统计表

空间域	浅层		中层		深层	
等级	容量/×$10^8 m^3$	比例/%	容量/×$10^8 m^3$	比例/%	容量/×$10^8 m^3$	比例/%
一类地区	3.203	41.99	3.700	60.73	3.4602	60.62
二类地区	3.508	45.99	1.805	29.62	1.9392	33.98
三类地区	0.880	11.54	0.571	9.37	0.2996	5.25
四类地区	0.037	0.48	0.017	0.28	0.0084	0.15
合计	7.628	100.00	6.093	100.00	5.7074	100.00

七、结论及建议

(一)主要结论

(1)对珠海市地下空间开发利用现状及存在的问题进行了分析总结。依托地质环境综合调查和收集的资料,对影响珠海市主城区地下空间利用的地貌类型、区域地质背景、斜坡类地质灾害、建筑场地类别、活断层与断裂破碎带、地下水赋存状态、地下水腐蚀性、地表水分布、地表岩土体类型、软土厚度和地下岩土层可开挖与支护性(分浅层、中层和深层)11 个地质环境条件进行单要素分区评价,并采用穷举-剔除法,以工程地质条件、水文地质条件和岩土体条件为主题层,以地貌类型、区域地质构造背景等 11 个因子为指标层,建立了珠海市主城区地下空间资源多层次指标体系。

(2)采用层次分析法、模糊综合评判法和 GIS 技术相结合,建立地下空间资源质量和容量评估模型。将珠海市主城区地下空间浅层、中层和深层 3 个空间域各自划分为地下空间开发利用适宜性一类地区、二类地区、三类地区、四类地区 4 个质量区;同时进行了珠海市主城区地下空间资源可合理开发量和可有效利用量的计算,浅层可合理开发量面积和可有效利用量分别为 101.18km^2 和 $7.628 \times 10^8 m^3$,中层可合理开发量面积和可有效利用量分别为 101.78km^2 和 $6.093 \times 10^8 m^3$,深层可合理开发量面积和可有效利用量分别为 106.15km^2 和 $5.7074 \times 10^8 m^3$。

(二)问题及建议

1. 存在的主要问题

(1)地下空间开发利用适宜性二类地区主要问题为第四系松软土体;地下空间开发利用适宜性三类地区主要问题为软土层塌陷、渗漏、流砂等;地下空间开发利用适宜性四类地区主要问题为位于保护区、水体区,容易发生地表坍塌、施工机械陷落等安全事故。

(2)收集既有地下空间设施及地表建筑物基础资料困难。尽管对既有空间设施调查做了大量的调查,但仍有一些重要地段和地面建筑物(包括立交桥和高架桥路)桩基础资料因多种原因无法获得,制约了既有地下空间或地表建筑物对地下空间资源利用的适应性评价。

(3)既有地下空间和地表高层建筑物对地下空间开发具有重要影响,将既有地下空间调查成果与地下空间资源区划结合起来,将是今后需要探讨的问题。本书侧重于对地下空间利用的地质环境条件的评价,加之既有地下空间调查范围小,地表建筑物基础资料严重不足,无法对其进行单独评价。因此,将既有地下空间调查成果与地质环境条件评价结合起来,仍需要对评价模型进行深入研究。

2. 建议

(1)针对地下空间适宜性类别区采取相应的防护措施:二类地区,对明挖基坑,应做好止水措施,加强边坡支护,防止侧壁坍塌或出现流砂、潜蚀、管涌等不良现象;三类地区,地下工程建造应采取合理的施工工艺和防水止水措施,可采取桩锚支护+桩间止水、地下连续墙等明挖基坑支护方法,以及有水泥土搅拌、高压旋喷注浆和化学灌浆等常用的止水方法;四类地区,属建筑危险区,在明挖基坑深度较大时,止水困难,对支护方式要求高,支护费用巨大,地下工程造价昂贵。

(2)制定《珠海市主城区地下空间土地权属利用的法律法规》和《珠海市主城区地下空间规划利用管理办法》。珠海市具备了地下空间开发的经济基础,城市地下空间开发力度和规模会持续加大,目前缺乏相关地下空间土地资源利用的法律法规,建议政府有关部门尽快制定涉及地下空间开发利用的相关法律法规,以便地下空间土地开发、土地使用权登记、转让和抵押等方面有一整套严格的土地管理制度、规范要求和技术标准。

(3)在地下空间利用专项法律法规未出台前,建议政府充分利用地面土地使用权属法律规范,在部分地段(或区域)对地下空间开发利用进行规范管理,积累经验,逐步上升到法律层面。

(4)编制珠海市主城区地下空间开发利用的总体规划。建议政府相关部门组织学习城市地下空间开发利用成熟地区的经验,并结合当地实际,编制珠海市主城区地下空间综合开发利用总体规划,以便能合理开发利用地下空间有关资源,保证资源可持续开发。

(5)将城市地下空间利用上升到战略层次给予重视。随着城市快速发展,地面建筑空间越来越紧张,适当向地下发展,能够扩展城市容量。近年来地下空间开发实践也证明了,合理开发地下空间资源,不仅能够解决城市部分地段的交通堵塞、行车速度缓慢等问题,而且能节省地面土地资源,改善市容面貌和城市生态环境,初步实现了城市人口由城内向城外的转移。

第十九章 结 论

一、富硒耕地资源优势显著,可有力支撑富硒产业发展

泛珠三角地区富硒土壤优势显著,已查明富硒土壤4250万亩,主要分布在广东肇庆、江门、化州、中山、惠东、台山、普宁,广西南宁武鸣和西乡塘区西部、钦州钦南区中东部、北海合浦县西部和南康盆地中部、桂平和玉林中部等地及海南文昌—琼海—万宁—琼中—澄迈一带。查明优质耕地1858万亩,圈定富硒优质耕地875万亩,主要分布在广州市、江门市、南宁市、北海市、海口市、琼海市等地。其中珠三角地区土壤硒含量最高值为$2.209\mu g/g$,平均值$0.55\mu g/g$,高于我国表层土壤硒含量平均值。在上述富硒区可着力发展富硒产业,实现"产业兴旺、生态宜居"的目标。

二、地下水资源丰富,水质总体优良,应急/后备供水保障能力强

泛珠三角地区已查明地下水天然资源补给量为每年$1431\times10^8m^3$,可开采资源量为每年$817\times10^8m^3$,水质总体优良。广东地下水资源丰富,天然资源量为每年$469\times10^8m^3$,以浅层、中深层地下水资源为主。浅层地下水可采资源量为每年$420\times10^8m^3$,超过$25\times10^8m^3$的地市有清远、韶关、肇庆、河源、梅州、惠州、茂名、湛江。中深层地下水资源主要分布在雷州半岛,其次是茂名盆地。地下水水质总体优良,浅层多属于Ⅰ—Ⅲ类水;中深层地下水以Ⅰ—Ⅱ类水为主。中深层地下水水质总体优于浅层地下水,雷州半岛优于茂名盆地,但局部区域存在水质咸化、海水入侵和水质恶化问题(珠江三角洲、韩江三角洲局部地区),应密切关注;同时,"工程性缺水"(粤北岩溶石山、雷州半岛)和"水源性缺水"(红层盆地、沿海基岩裸露区)问题有待解决。

广西地下水资源较丰富,多年平均资源量达每年$123\times10^8m^3$,可开采资源量为每年$55\times10^8m^3$,超过62%的区域地下水富水性达中等至丰富。以裂隙水资源量最大,基岩裂隙水多年平均资源量为$71\times10^8m^3$,可开采资源量$36.5\times10^8m^3$,其次为岩溶水和孔隙水。区域上,南宁市地下水多年平均资源总量最大,达$65\times10^8m^3$,以岩溶水和基岩裂隙水为主;其次为钦州市和防城港市,资源总量分别为$32\times10^8m^3$和$16\times10^8m^3$,均以基岩裂隙水为主;北海市资源量最少,为$9.8\times10^8m^3$,主要为松散岩类孔隙水。区内地下水质量现状总体良好,满足饮用水质要求的地下水分布面积达$3.6\times10^4km^2$,占全区面积的84%。地下水质量以良好级为主,多连片分布于全区;水质较差区主要分布于防城港、钦州、北海沿海地区及南宁市邕宁县局部地区;水质极差区仅零星分布于南宁伶俐镇、吴圩镇,北部湾沿海一带。

海南岛地下水天然补给资源量总计每年$158\times10^8m^3$,可开采资源量总计每年$60\times10^8m^3$,主要分布在琼北盆地及其他滨海平原区。已圈定海口长流、文昌东郊、三亚高峰农场等7处应急/后备水源地,可采资源量共计每年$0.78\times10^4m^3$。可为海口、三亚、文昌航天城提供应急供水安全保障。2015年地下水源供水量约$3\times10^8m^3$,占总供水量的6%。地下水水质总体优良,适用于工、农业及生活用水等各种用

途。较差、极差级呈零星点状分布于乐东、东方、三亚等沿海第四系松散层及琼北部分火山岩地层中。

三、地质遗迹类型较多，典型稀有，价值高，可助推旅游产业发展

区内地质遗迹资源丰富，拥有省级及省级以上地质遗迹262处，其中世界级6处，国家级57处。三省（区）均有分布，其中广东158处，广西97处，海南7处，主要集中分布于广东珠江三角洲、广西东北部及海南环岛地区。特色地质遗迹有丹霞地貌及岩溶、火山、海岛等。

目前区内地质遗迹资源开发程度总体较低，已建成地质公园35个，矿山公园25个，仍有大量的地质遗迹点有待进一步开发。

四、地热资源保有量大，可开采量较大，有利于清洁能源产业布局和发展

泛珠三角地区地热资源以水热型为主，出露点多面广，共发现地热点406处，最高温度达118℃。类型可分为隆起山地型和沉积盆地型，主要分布于广东潮州—韶关、中山—阳江及雷州半岛、广西南部和东部、海南中部和南部及沿海地区。

区内水热型资源量较大，仅粤桂地区资源总量合计达4.9×10^{20} J，折合标准煤168×10^8 t。全区可采地热总量9.7×10^{18} J，折合标准煤3.3×10^8 t。目前，区内地热资源开发利用程度普遍较低，开发利用模式单一，利用率低，大部分仅用于洗浴疗养、旅游服务。地热资源综合开发利用潜力大，有利于清洁能源产业布局和发展

五、海岸带资源禀赋优越，但局部存在海岸侵蚀、淤积等环境地质问题

泛珠三角海岸带资源禀赋优越。大陆海岸线全长7866km，占全国大陆岸线总长的43%。初步查明区内滨海湿地面积118×10^4 hm^2，拥有210多处优质港湾资源。区内滨海风光旖旎，旅游资源丰富。区内近年来有人工岸线增加、自然岸线减少的趋势，局部地段存在海岸侵蚀、航道及港湾淤积、海水入侵、生态退化等环境地质问题。

六、矿产资源区域特色鲜明，海上能源资源开发潜力大

泛珠三角地区目前共发现矿产150余种。区内拥有广东韶关铅锌矿、桂西南锰矿、桂西南铝土矿、广西河池钨锡锑多金属矿、贺州稀土矿5个国家资源基地，已探明资源储量铅锌矿1000×10^4 t、锰矿4×10^8 t、铝土矿10×10^8 t、锡矿72×10^4 t、稀土矿17×10^4 t。此外，区内海域天然气水合物、石油、页岩气等战略性资源开发潜力大。

七、工程地质条件总体较好，但局部存在环境地质问题

区域地壳稳定性整体良好。稳定、次稳定区占全区面积的93%；不稳定区面积1454km^2，仅占全区面积的0.3%；不稳定区主要分布于广东南澳和海南海口市东寨港。粤港澳大湾区、北部湾城市群、海

南国际旅游岛工程地质条件好,全区 98.8%的面积适宜—基本适宜城镇与基础设施建设,仅局部地区受岩溶塌陷、活动断裂、崩塌、滑坡、地面沉降等影响,城镇与基础设施建设适宜性差,面积约 1869km²。

区内局部地区崩滑流地质灾害较发育。已查明崩滑流地质灾害隐患点 22 029 个,威胁人口 283 万多人,潜在经济损失 238 亿元;2005 年以来,共发生较大规模崩滑流地质灾害 10 399 起,死亡/失踪 784 人,伤 480 多人。灾害主要在粤东西北山地和珠江三角洲工程活动强烈区,桂东南花岗岩、碎屑岩区,桂中、桂北碎屑岩区,海南五指山区。

广东和广西局部区域岩溶塌陷发育。目前,已查明岩溶塌陷 4300 多处,主要分布于广州、佛山、肇庆地区和柳州、玉林、桂林等地。受岩溶塌陷威胁人数 43 000 多人,潜在经济损失 8 亿多元。岩溶塌陷多发生在 6—9 月,主要诱发因素为地下水位突变和强震动,随着人类工程活动的加剧和极端气候的增加,岩溶塌陷有加剧趋势。受岩溶塌陷威胁的城市主要有桂林、柳州、贵港、广州、佛山、肇庆等。

此外,珠江三角洲、雷州半岛、南宁等局部存在地面沉降、胀缩土、水土污染等环境地质问题。

第二十章 建 议

一、经济社会发展建议

1. 贯彻乡村振兴战略，加大区内富硒土壤、地质遗迹等优势资源的勘查，统筹协调开发程度与保护力度，促进区域协调发展

富硒土壤是发展特色农业的珍贵资源，建议加强保护。一是合理开发利用广东江门、肇庆、惠州，广西南宁武鸣、西乡塘区和海南定安、文昌等地区富硒土壤资源，打造富硒特色农产品产业，推动泛珠三角地区绿色生态农业发展；二是严格实施耕地资源"红线"管控，加强富硒优质耕地集中连片的环境保护；三是加强富硒资源调查力度，加大土壤硒元素的地球化学富集和迁移规律研究，促进珠三角优质生活圈的建设。

地质遗迹资源是不可再生资源，开发利用应遵循开发与保护相结合的原则。一是重点开发潜力较大的地质遗迹，如广东佛山南海古脊椎动物化石产地、紫洞火山岩地貌和七星岗，广西防城港江山半岛、钦州龙门群岛、南宁伊岭岩，海南儋州石花水洞、峨蔓湾、观音洞、保亭七仙岭、万宁东、东方猕猴洞等；二是根据地质遗迹的优势和潜力，优化已开发的地质遗迹，如增城地质公园、巽寮湾、黄圃海蚀地貌等的资源配置，努力打造一批新的国家级地质公园，服务泛珠三角旅游产业发展；三是加强地质遗迹资源的保护，防止地质遗迹资源过度的开发。

2. 贯彻生态文明发展战略，统筹规划地下水资源，推进节水工程，加强海岸带资源调查与地质环境保护与监测

地下水开发利用程度总体较低，具有较大的开采潜力。一是优化泛珠三角地区水资源供给结构，在广州、肇庆、江门、惠州等资源丰富区可适当开发利用地下水，同时配套和完善广州花都、佛山、江门、文昌航天城等地的应急水源地采供水设施；二是进一步加大地下水后备/应急水源地的勘查力度，注重地下水资源环境的保护和监测，为泛珠江三角洲经济区提供应急供水安全保障；三是统筹规划地下水资源，合理调配和综合开发利用地下水，推进地下水资源全面节约和循环利用。

海岸带资源是支撑海上丝绸之路战略的重要基础，建议：一是加强海岸带资源本底调查评价，如湿地、滩涂、海砂等，为海岸带资源开发利用提供基础资料；二是加强临港工业区工程地质调查评价，如港口、码头、跨海工程等，服务海岸带重大工程规划和建设安全；三是强化湿地保护和恢复，加强海岸带地质环境保护与监测，如红树林、旅游海滩、生态海岛等，促进生态文明的建设。

3. 落实创新驱动发展战略，加强地热综合利用技术研发和示范基地建设，加强资源基地建设、海上战略性资源勘查能力

一是采用回灌-开采相结合的开发利用方式，保障地热资源的可持续开发，进一步加大地热发电等资源综合利用技术研发力度，促进地热能梯级开发利用，提高地热资源的综合利用程度；二是推动地热资源综合利用示范基地建设，在广东珠海、中山，海南三亚、保亭，广西合浦盆地等典型地区建立集约化地热能综合利用示范基地，服务区内清洁能源产业发展；三是加强地热资源调查力度，在广东惠州、海南陵水开展干热岩勘查，为泛珠江三角洲经济区清洁能源产业发展提供基础支撑；四是加强地下热水的动态监测，防止过量开采产生环境地质问题；五是加强五大资源基地建设，注重矿山环境保护，加快海上战略性资源勘查，如南海西北部和南沙等天然气、石油富集的新生代沉积盆地，推动海洋关键技术转化应用和产业化，提高资源探测、开发和利用能力，为泛珠三角地区经济发展提供能源资源安全保障的同时支撑海洋强国建设。

4. 落实防灾减灾要求，加强区内活动断裂、地质灾害等地质问题防治与监测，服务国土空间优化和城市规划建设

一是在广东南澳岛、海南东寨港等地壳次不稳定、不稳定区注重抗震设防；二是在南宁市江南区、武鸣县罗波镇—宾阳县陈平乡、灵山县陆屋镇—平山镇等区域进行规划建设，应规避主要断裂活动带，特别是断裂交会处；三是在珠江三角洲、雷州半岛、南宁等地区规划建设中，应高度关注地面沉降、地裂缝、膨胀土等不良地质问题；四是进一步加强广州白云、花都、佛山高明、肇庆高要、怀集、四会、深圳龙岗，广西贵港、玉林、崇左、柳州、桂林等地区岩溶塌陷防治；五是在粤东西北山地，桂东南花岗岩区，桂中、桂北碎屑岩区，海南五指山区，加强崩滑流地质灾害防治；六是进一步加强泛珠三角地区活动断裂、崩塌、滑坡、岩溶塌陷、地面沉降、水土污染等地质问题的调查、评价、监测与研究，着力解决区内突出环境地质问题。

二、下一步地质工作建议

聚焦重大需求，按照"生态优先绿色发展"的理念，以《粤港澳大湾区发展规划纲要》《国家生态文明试验区(海南)实施方案》和《北部湾城市群发展规划》为指导，支撑海洋强国、海上丝绸之路建设和新时期西部大开发，服务泛珠三角地区开放创新转型升级新高地创建、产业转型升级、新型城镇化建设和乡村振兴、海洋经济发展试点区建设、绿色生态廊道打造等重大需求；着力重点地区，以粤港澳大湾区、海南生态文明试验区和环北部湾城市群为重点，着力重要城镇规划区、国家生态环境保护区、重大工程建设区和海岸带；抓住重大问题，针对区内岩溶地面塌陷、地面沉降、水土污染、海岸带变化、崩滑流地质灾害、断裂活动性等环境地质问题，开展综合地质调查；形成重大成果，形成地质调查支撑服务国土空间规划、用途管制及生态保护修复、现代城市规划建设、现代农业产业发展、海岸带开发和保护的地球系统科学解决方案。

加强能力建设，以地球系统科学理论为指导，探索建立生态地质调查方法体系，发展水文地质、工程地质和环境地质调查评价和修复治理技术体系，建设自然资源监测网络，提升自然资源监测预警能力和地质环境问题解决能力；加快"地质云"建设，推动地质调查信息化，提升工作效率，实现成果的高效便捷服务；完善工作机制，建立完善高效顺畅的中央-地方合作协调联动响应机制，构建"地质＋规划""地质＋建设"等联合工作机制，实现地质调查工作的精准对接和地质调查研究成果的有效服务。

附表 多年工作成果汇总

成果类别	单位	数量	成果名称	完成人	完成时间
二级项目报告	部	4	粤港澳大湾区1:5万环境地质调查成果报告	赵信文,曾敏,顾涛等	2019
			珠江-西江经济带梧州肇庆先行试验区1:5万环境地质调查成果报告	刘广宁,黄长生,黎义勇等	2019
			北部湾经济区南宁、北海、湛江1:5万环境地质调查成果报告	刘怀庆,黎清华,陈双喜等	2019
			琼东南经济规划建设区1:5万环境地质调查成果报告	余绍文,王节涛,刘凤梅等	2019
专题研究报告	部	22	珠江-西江经济带梧州-肇庆先行试验区交通密集带降雨型地质灾害成灾机理及防治对策专题研究成果报告	刘广宁,黄长生,齐信,王芳婷	2019
			广佛肇经济圈岩溶地面塌陷对重大工程防控对策专题研究成果报告	齐信,刘广宁,黄长生,黄文龙,王忠	2019
			珠江-西江经济带梧州肇庆先行试验区资源环境承载力评价专题研究成果报告	刘广宁,周爱国,黄长生,齐信,马传明	2019
			广佛经济圈土壤中来元素生态有效性分析专题研究成果报告	刘广宁,张彩香,黄长生,王芳婷,谢梦紫,刘夹	2019
			珠江-西江经济带降雨型地质灾害成灾机理物理模型试验成果报告(2017年度)	刘广宁,李聪,黄长生,王小伟,冯世国	2019
			珠江-西江经济带降雨型地质灾害成灾机理物理模型试验成果报告(2018年度)	刘广宁,李聪,黄长生,王小伟,冯世国	2019
			泛珠三角地区与国内外典型城市群的经济、社会、地质资源环境协调关系调查对比专题研究成果报告	刘广宁,王小林,黄长生,刘占坤,路祥翼	2019
			粤港澳大湾区国土空间优化对策研究成果报告	孙涵,赵信文	2017
			珠三角重点区软土地面沉降调查评价报告	杨群兴,赵信文	2018
			广东省珠海市磨刀门地热田地质资源初步勘察报告	杨群兴,赵信文	2016
			应急地下水源地专题研究成果报告	余绍文,王斌,符尤隆,王晓林,张彦鹏	2019
			海南岛南海岸带含水层调查评价报告	张航飞,余绍文,符尤隆,王晓林,符广卷,余绍文	2019
			三亚南段海岸重金属元素有效性分析研究专题研究报告	刘金	2018
			海南国际旅游岛资源环境承载力评价	周爱国,余绍文,马传明,张晶晶,王齐鑫,胡心洁	2018
			资源环境承载力评价指标体系与评价方法总结报告	马传明,周爱国,余绍文,王东,王齐鑫,张晶晶	2018
			三亚城市地下空间资源开发潜力评价报告	张航飞,赵信文,阮明,王斌,符尤隆	2018
			海岸带含水层调查评价技术方法总结报告	陈双喜,张彦鹏,刘庆	2018
			北海市资源环境承载力研究报告	马传明,刘怀庆,陈雯	2017
			北海市应急水源地调查报告	刘怀庆,黄栋声	2016
			环北部湾海岸带地下水含水层保护专题研究报告	文章,刘怀庆,李旭,杨舒婷	2018
			湛江地下水资源保护研究报告	罗树文,刘怀庆,梁靖,樊保宁	2018
			南宁市膨胀岩土成灾机理研究报告	蒙荣国,刘怀庆,樊保东,陈展为	2016

续附表

成果类别	单位	数量	成果名称	完成人	完成时间
对策建议	份	17	肇庆市岩溶地面塌陷防治对策建议专报	刘广宁、王忠忠、黄长生、庄卓涵、黄文龙	2019
			广佛经济圈重大工程建设区岩溶地面塌陷防控对策专报	刘广宁、王忠忠、黄长生、庄卓涵、黄文龙	2019
			泛珠三角地区地质调查报告	黄长生、黎清华、赵信文、刘广宁、余绍文、刘怀庆	2017
			支撑服务广州市规划建设与绿色发展的地球科学建议	黄长生、郑小战、赵信文、刘宁	2018
			珠三角重点区软土地面沉降防治对策建议	杨群兴、赵信文	2017
			珠海市地下水后备应急水源开发利用建议	涂世亮、赵信文	2017
			三亚地区应急地下水资源开发利用对策建议	阮明、余绍文等	2018
			文昌航天城后备应急水源地开发利用对策与建议	阮明、余绍文等	2016
			海口城市地下水资源开发利用建议	欧业成、刘怀庆	2016
			北海市地下水资源开发利用建议	刘怀庆、张彦鹏	2017
			北海大冠沙高位养殖地质环境保护建议	罗树文、梁靖、罗炜宇	2018
			广东省雷州半岛西北部地下水资源开采建议	蒙荣国、樊保东、陈展为	2018
			南宁市城市地下空间开发利用对策建议	蒙荣国、樊保东、陈展为	2016
			南宁膨胀岩土工程处置建议	蒙荣国、樊保东、陈展为	2016
			南宁地下空间开发对策建议	齐信、陈双喜、陈雯	2017
			防城港地区工业开发与地质环境保护对策建议报告	罗树文、梁靖、罗炜宇	2017
			雷州半岛东北部规划建议简报	黄长生、赵信文	2019
			支撑服务广州市规划建设与绿色发展资源环境图集	赵信文、刘广宁	2019
出版专著	部	7	广州地质环境综合图集	黎清华、刘怀庆、陈雯	2018
			北部湾城市群(广西区)资源环境图集	赵信文、支兵发	2016
			珠江三角洲经济区国土资源环境与环境图集	黄长生、余绍文、黎清华、马传明	2016
			珠江三角洲经济区资源环境承载力评价	中国地质调查局	2015
			中国重要经济区和城市群地质环境图集·珠江三角洲经济区·海南国际旅游岛		2015
			珠江三角洲经济区重大环境地质问题与对策研究	黄长生、董好刚	2015

续附表

成果类别	单位	数量	成果名称	完成人	完成时间
期刊论文	篇	47	Distribution, Ecological Risk Assessment, and Bioavailability of Cadmium in Soil from Nansha, Pearl River Delta, China	Fangting Wang, Changsheng Huang, Zhihua Chen, Ke Bao	2019
			Evaluation Model and Empirical Study on the Competitiveness of the County Silicon Crystal Industry	Yujie Pan, Hongxia Peng, Jing Zhang, Min Zeng, Ke Peng, Changsheng Huang	2019
			Eight Elements in Soils from a Typical Light Industrial City, China: Spatial Distribution, Ecological Assessment, and the Source Apportionment	Yujie Pan, Hongxia Peng, Shuyun Xie, Min Zeng, Changsheng Huang	2019
			Mechanisms of bisulfite/MnO_2-accelerated transformation of methyl parathion	Caixiang Zhang, Mi Tang, Jianwei Wang, Xiaoping Liao, Yanxin Wang, Changsheng Huang	2019
			The influence of wetting-drying alternation on methylmercury degradation in Guangzhou soil	Mengying Xie, Caixiang Zhang, Xiaoping Liao, Changsheng Huang	2019
			Mechanisms of radical-initiated methylmercury degradation in soil with coexisting Fe and Cu	Mengying Xie, Caixiang Zhang, Xiaoping Liao, Zhengfei Fan, Xinmo Xie, Changsheng Huang	2018
			三峡库区巴东李家湾滑坡变形破坏机理研究	刘广宁,黄波林,王世昌	2016
			归州河西沿江高切坡变形破坏及稳定性分析	刘广宁,齐信,黄波林	2016
			干湿-循环状态下岩体劣化过程分析	刘广宁,齐信	2016
			鄂西归州河-泄滩地质灾害分布特征及形成条件分析	刘广宁,齐信,黄波林	2016
			库水变动状况下危岩变形破坏成因机制分析	刘广宁,齐信,王世昌	2017
			西陵峡水田坝区域地质灾害发育特征及成因特性研究	刘广宁,齐信,黄波林	2017
			库水波动带岸坡原位声波测试及劣化特性研究	刘广宁,齐信,黄波林	2017
			单轴压缩条件下消落带岩体应变及声发射特性研究	刘广宁,齐信	2017
			珠江-西江经济带先行试验区启动区地质动区地质灾害发育特征及致灾机理研究	刘广宁,齐信,王芳婷	2017
			三峡库区消落带岩体劣化特性实验研究	刘广宁,童好刚	2018
			珠江-西江经济带梧州段地质灾害发育规律及成因	刘广宁,黄长生,齐信	2019
			粤桂合作特别试验区地质灾害发育特征及形成机理	刘广宁,齐信,黄长生	2019
			降雨诱发安全-强风化岩边坡浅层失稳模型试验研究	刘广宁,李聪,卢波,朱杰兵,王小伟,冯世国	2019
			长江中游城市群矿泉水资源勘查与发现——以咸宁市汀泗桥幅1:5万水文地质调查数据集为例	杨艳林,郜长生,靖晶,陈立德,王世昌,路韬	2019

· 849 ·

续附表

成果类别	单位	数量	成果名称	完成人	完成时间
期刊论文	篇	47	基于GIS技术和频率比模型的三峡地区梯归向斜盆地滑坡敏感性评价	齐信,黄波林,刘广宁,王世昌	2017
			降雨入渗作用下梯归向斜核部南段斜坡稳定性评价	齐信等	2017
			基于环境地质问题的工程建设场地适宜性评价——以粤桂合作先行试验区广西江南片区为例	齐信,刘广宁,黄长生,王芳婷	2017
			基于GIS与信息量模型梧州市幅降雨型地质灾害易发性评价	齐信,刘广宁,黄长生	2017
			梧州市幅巨厚层花岗岩风化壳垂直分带及特征	齐信,刘广宁,黄长生	2017
			麻城-团风断裂带分段活动特征及遥感调查	齐信,刘广宁,黄长生	2018
			泛珠三角地区地质环境综合调查工程进展	黄长生,王芳婷,黎清华,赵信文,刘广宁,余绍文	2018
			广州市污染土壤重金属的空间分布特征及其风险评价	刘奕,胡立嵩,张彩香,谢梦紫,谢新未,李锐	2018
			佛冈岩体南缘晚侏罗世一长花岗岩地球化学特征及构造环境分析	何翔,叶升明,李锐	2018
			广东从化亚髻山角闪正长岩体的地质特征及大地构造意义浅析	何翔,李锐,叶升明	2018
			雷州半岛东部地区地下水环境特征研究	曾敏	2018
			珠海市新马墩村农业园区土壤重金属分布特征及风险评价	顾涛	2018
			沙湾隐伏断裂中段综合探测方法对比研究	曾敏	2017
			某水稻田水土植物系统中镉汞砷元素的分布特征研究	顾涛	2017
			基于珠江三角洲ZK13孔年代和微体古生物重建的晚第四纪环境演化历史	赵信文	2016
			珠江三角洲晚第四纪环境演化的沉积响应	陈双喜	2016
			粤港澳大湾区1:5万斗门镇幅工程地质调查及岩土样品试验数据集	曾敏,赵信文,喻望等	2019
			海南省龙门市幅1:5万环境地质调查数据集	余绍文,黎清华,刘凤梅,张彦鹏	2019
			支撑服务广州市规划建设与绿色发展资源环境图集数据集	刘凤梅,黄长生,赵信文	2019
			The integrated impacts of natural processes and human activities on groundwater salinization in the coastal aquifers of Beihai, southern China	Qinghua Li, Yanpeng Zhang, Wen Chen	2018
			旅游海带水资源环境承载能力研究	刘江宜,窦世全,黎清华	2019
			黄茅海沿岸地区地质分区及特征研究	黄蔚	2019
			广东省沿海景观工程地质条件及地质旅游优势资源讨论	黄蔚,黄长生	2019
			pH对海陆交互相土壤Cd纵向迁移转化的影响	王芳婷,陈植华,包科,赵信文,黄长生	2020

续附表

成果类别	单位	数量	成果名称	完成人	完成时间
期刊论文	篇	47	海陆交互带土壤及河流沉积物中镉含量及形态分布特征	王芳婷,陈植华,包科,赵信文,孟宪萌,黄长生	2020
			珠江三角洲海陆交互相沉积物中镉生物有效性与生态风险评价	王芳婷,包科,陈植华,黄长生,张彩香,赵信文等	2020
			珠江三角洲晚第四纪环境演化的沉积响应	陈双喜,赵信文,黄长生	2016
硕士毕业论文	份	3	梧州肇庆先行试验区边坡稳定性分析研究	中国地质大学(武汉)	2018
			富铁土壤中甲基汞非生物降解过程及环境因素影响机制研究	中国地质大学(武汉)	2018
			溶解性有机质对土壤汞形态迁移转化影响的研究	中国地质大学(武汉)	2018
专利	项	6	地质灾害涌浪快速预测评估系统及方法(ZL 2012 1 0429021.6)	殷跃平,黄波林,陈小婷,刘广宁,王世昌	2016
			一种能模拟复杂岩土环境的预应力筋材腐蚀损伤试验系统(ZL 2018 2 0275464.7)	王小伟,朱杰兵,李聪,卢波,刘小红,刘广宁	2018
			堆积体滑坡大变形柔性监测装置(ZL 2018 2 1487031.4)	李聪,卢波,朱杰兵,刘小红,刘广宁,汪斌	2018
			一种野外水样采集过滤装置(ZL 2018 2 1929018.X)	顾涛,赵信文	2018
			一种简易钻孔地下水水位测量装置(ZL 2016 2 0339799.1)	顾涛,赵信文	2016
			一种自动控制注水的双环入渗实验装置及系统(ZL2019 2 0572531.6)	余绍文,张彦鹏,黎清华,刘怀庆	2020

主要参考文献

蔡鹤生,周爱国,唐朝晖,1998.地质环境质量评价中的专家-层次分析定权法[J].地球科学——中国地质大学学报,23(3):299-302.

陈双喜,黎清华,刘怀庆,等,2019.广西防城港地区地下水现场测试数据集[J].中国地质,46(S2):69-80.

陈双喜,赵信文,黄长生,等,2016.珠江三角洲晚第四纪环境演化的沉积响应[J].地质通报,35(10):1734-1744.

陈松,刘磊,刘怀庆,等,2019.北部湾咸淡水分界面划分中的电法应用分析[J].地球物理学进展,34(4):1592-1599.

陈雯,黎清华,余绍文,等,2017.广西防城区地下水水化学特征及离子来源分析[J].华南地质与矿产,33(2):162-168.

陈晓平,黄国怡,梁志松,2003.珠江三角洲软土特性研究[J].岩石力学与工程学报,(1):137-141.

陈泳周,黄绍派,周东,等,2002.广东花岗岩类岩石风化土的工程地质特征[J].桂林工学院学报,22(3):264-268.

董文,张新,池天河,2011.我国省级主体功能区划的资源环境承载力指标体系与评价方法[J].地球信息科学学报,13(2):177-182.

窦磊,杜海燕,黄宇辉,等,2015.珠江三角洲经济区农业地质与生态地球化学调查成果综述[J].中国地质调查,2(4):47-55.

范秋雁,徐炳连,朱真,2013.广西膨胀岩土滑坡治理工程实录[J].岩石力学与工程学报(增2):3812-3820.

高吉喜,2001.可持续发展理论探索[M].北京:中国环境科学出版社.

高吉喜,2002.可持续发展理论探索:生态承载力理论、方法与应用[M].北京:中国环境科学出版社.

顾涛,赵信文,胡雪原,等,2018.珠海市新马墩村农业园区土壤重金属分布特征及风险评价[J].岩矿测试,37(4):419-430.DOI:10.15898/j.cnki.11-2131/td.201712100190.

顾涛,赵信文,雷晓庆,等,2019.珠江三角洲崖门镇地区水稻田土壤-植物系统中硒元素分布特征及迁移规律研究[J].岩矿测试,38(5):545-555.DOI:10.15898/j.cnki.11-2131/td.201811030118.

顾涛,赵信文,王节涛,等,2017.某水稻田水-土-植物系统中镉、汞、砷元素的分布特征研究[J].安全与环境工程,24(6):70-75.DOI:10.13578/j.cnki.issn.1671-1556.2017.6.11.

广东省地质局海南地质大队,1981.海南岛1:20万区域水文地质普查报告[R].海口:广东省地质局海南地质大队.

郭芳芳,杨农,孟晖,等,2008.地形起伏度和坡度分析在区域滑坡灾害评价中的应用[J].中国地质,35(1):132-143.

郭宇,黄健民,周志远,等,2013.广东广州市白云区金沙洲地区地质灾害现状及防治对策[J].中国地质灾害与防治学报,24(3):100-104.

郭宇,周心经,郑小战,等,2020.广州夏茅村岩溶地面塌陷成因机理与塌陷过程分析[J].中国地质灾害与防治学报,31(5):54-59.

国土资源部中国地质调查局,2011.中华人民共和国多目标区域地球化学图集:广东省珠江三角洲经济区[M].北京:地质出版社.

海南地调院,2004.海南省1:25万琼海县幅区域地质调查报告[R].海口:海南地调院.

韩志轩,王学求,迟清华,等,2018.珠江三角洲冲积平原土壤重金属元素含量和来源解析[J].中国环境科学,38(9):3455-3463.

何翔,李锐,叶升明,2018.广东从化亚髻山角闪正长岩体的地质特征及大地构造意义浅析[J].西部探矿工程,30(9):133-135.

何翔,叶升明,李锐,2018.佛冈岩体南缘晚侏罗世二长花岗岩地球化学特征及构造环境分析[J].西部探矿工程,30(8):151-153.

黄长生,王芳婷,黎清华,等,2018.泛珠三角地区地质环境综合调查工程进展[J].中国地质调查,5(3):1-10.DOI:10.19388/j.zgdzdc.2018.03.01.

黄寰,罗子欣,冯茜颖,2013.灾区重建的技术创新模式研究:汶川地震工业企业实证分析[J].西南民族大学学报(人文社科版)(9):124-128.

黄蔚,黄长生,2019.广东省沿海景观公路工程地质条件及地质旅游优势资源讨论[J].地下水,44(4):105-107.

黄小平,郭芳,黄良民,2010.大鹏澳养殖区柱状沉积物中氮、磷的分布特征及污染状况研究[J].热带海洋学报,29(1):91-97.

惠泱河,蒋晓辉,黄强,等,2001.水资源承载力评价指标体系研究[J].水土保持通报,21(1):30-34.

蒋小珍,雷明堂,2018.岩溶塌陷灾害的岩溶地下水气压力监测技术及应用[J].中国岩溶,37(5):786-791.

劳智炬,欧刚,2009.南宁市地下空间开发的工程问题及其应对措施[J].山西建筑(15):95-98.

李霞,2014.区域承载力评价方法及应用[M].北京:经济管理出版社.

李展强,杨晓艳,莫书伟,等,2010.高强度模拟酸雨量对珠三角地区潮土中重金属元素释放的影响[J].岩矿测试,29(2):136-138.

林镇,王浩,龚匡周,等,2016.球状风化花岗岩边坡滚石灾害防护设计研究[J].福州大学学报(自然科学版),44(5):761-766.

刘凡,2015.珠江三角洲区域地下水酸化机理研究[D].武汉:中国地质大学(武汉).

刘凤梅,黄长生,赵信文,2019.支撑服务广州市规划建设与绿色发展资源环境图集数据集[J].中国地质,46(S2):102-121.

刘广宁,黄长生,齐信,等,2019.珠江-西江经济带梧州段地质灾害发育规律及成因[J].人民长江,50(8):120-125+198.DOI:10.16232/j.cnki.1001-4179.2019.08.021.

刘广宁,齐信,黄波林,等,2016.鄂西归州-泄滩地质灾害时空分布特征及形成条件分析[J].地质灾害与环境保护,27(3):49-54.

刘晓丽,2013.城市群地区资源环境承载力理论与实践[M].北京:中国经济出版社.

刘艳辉,刘丽楠,2016.基于诱发机理的降雨型滑坡预警研究:以花岗岩风化壳二元结构斜坡为例[J].工程地质学报,24(4):543-549.

刘奕,胡立嵩,张彩香,等,2018.广州市污染土壤重金属的空间分布及其风险评价[J].武汉工程大学学报,40(2):127-131.

刘勇健,刘湘秋,刘雅恒,等,2013.珠江三角洲软土物理力学性质对比分析[J].广东工业大学学报,30(3):30-36.

毛汉英,余丹林,2001.环渤海地区区域承载力研究[J].地理学报,56(3):363-371.

蒙彦,殷坤龙,雷明堂,2006.水位波动诱发岩溶塌陷的概率分析[J].中国岩溶,25(3):239-245.

蒙永励,庞清媛,雷金泉,2013.广西南宁市砂井煤矿采空区地面变形稳定性评价及治理对策研究[A].中国地质学会,2013年学术年会论文摘要汇编:35-39.

磨英飞,李轶,劳伟,2006.广西南宁市古近系膨胀岩土分布区地质灾害发育特征[J].四川建材,11(4):232-235.

欧刚,2015.南宁市地下空间开发地质环境适宜性评价[J].理论前沿(15):280-281.

欧业成,陈润玲,黄喜新,等,2009.北海市滨海地下水天然偏酸性特征及其影响因素[J].桂林工学院学报,29(4),449-454.

彭再德,杨凯,王云,1996.区域环境承载力研究方法初探[J].中国环境科学(1):6-10.

齐信,黎清华,焦玉勇,等,2022.梧州市巨厚层花岗岩风化壳垂直分带标准及工程地质特征研究[J].工程地质学报,30(2):407-416.DOI:10.13544/j.cnki.jeg.2020-159.

齐信,刘广宁,黄长生,等,2017.基于环境地质问题的工程建设场地适宜性评价:以粤桂合作先行试验区广西江南片区为例[J].华南地质与矿产,33(1):79-87.

齐亚彬,2005.资源环境承载力研究进展及其主要问题剖析[J].中国国土资源经济,18(5):7-11.

史宝娟,等,2014.资源、环境、人口增长与城市综合承载力[M].北京:冶金工业出版社.

宋子新,钱祥麟,1996.花岗岩成因机制研究综述[J].地质科技情报,15(3):19-24.

唐川,马国超,等,2015.基于地貌单元的小区域地质灾害易发性分区方法研究[J].地理科学,35(1):92-97.

唐剑武,郭怀成,1997.环境承载力及其在环境规划中的初步应用[J].中国环境科学,17(1):6-9.

唐志敏,2017.珠江水系对冲积平原区土壤环境质量的影响[D].北京:中国地质大学(北京).

王芳婷,包科,陈植华,等,2021.珠江三角洲海陆交互相沉积物中镉生物有效性与生态风险评价[J].环境科学,42(2):653-662.

王芳婷,陈植华,包科,等,2020.海陆交互带土壤及河流沉积物中镉含量及形态分布特征[J].环境科学,41(10):4581-4589.

王芳婷,陈植华,包科,等,2021.pH值对海陆交互相土壤镉纵向迁移转化的影响[J].中国环境科学,41(1):335-341.

王奎峰,李娜,于学峰,等,2014.基于P-S-R概念模型的生态环境承载力评价指标体系研究:以山东半岛为例[J].环境科学学报,34(8):2133-2139.

王思敬,1997.地质环境的相互作用极其环境效应[J].地质灾害与环境保护,8(1):21-26.

王腾飞,姚磊华,陈爱华,2014.暴雨条件下麻柳沟坡面泥石流形成过程试验研究[J].水文地质工程地质,41(4):120-124.

王彦华,谢先德,王春云,2000.风化花岗岩崩岗灾害的成因机理[J].山地学报,18(6):497-501.

王友贞,施国庆,王德胜,2005.区域水资源承载力评价指标体系的研究[J].自然资源学报,20(4):597-604.

王照宜,2016.污染场地铬、镍、铜、镉的垂向迁移及地下水可渗透反应墙修复技术[D].广州:华南理工大学.

魏罕蓉,张招崇,2007.花岗岩地貌类型及其形成机制初步分析[J].地质评论,53(s1):148-159.

吴礼舟,黄润秋,2005.膨胀土开挖边坡吸力和饱和度的研究[J].岩土工程学报(8):970-973.

肖桂元,2006.广西公路膨胀土强度机理及边坡稳定性分析-以南宁—友谊关高速公路宁明膨胀土为例[D].桂林:桂林工学院.

许强,2012.滑坡的变形破坏行为与内在机理[J].工程地质学报,20(2):146-151.

杨利柯,2016.广州市南沙区软土分布特征及软基处理对策研究[D].广州:华南理工大学.

余绍文,黎清华,刘凤梅,等,2019.海南省龙门市幅1∶50000环境地质调查数据集[J].中国地质,

46(S2):60-80.

岳维忠,黄小平,2005.珠江口柱状沉积物中氮的形态分布特征及来源探讨[J].环境科学,26(2):195-199.

曾锋,彭静,2011.红层地区软弱夹层地质问题研究[J].人民长江(22):15-18.

曾继杰,2004.南宁盆地膨胀岩边坡稳定性研究[D].南宁:广西大学.

曾敏,董好刚,2016.西江断裂三水-磨刀门段的主体分布及第四纪活动的年代学特征[J].华南地质与矿产,32(4):374-381.

曾敏,彭轲,何军,等,2018.雷州半岛东部地区地下水环境特征研究[J].地下水,40(6):17-20+116.

曾敏,赵信文,喻望,等,2019.粤港澳湾区1∶5万斗门镇幅工程地质调查及岩土样品试验数据集[J].中国地质,46(S2):110-140.

曾维华,王华东,薛纪渝,等,1991.人口、资源与环境协调发展关键问题之一:环境承载力研究[J].中国人口·资源与环境(2):33-37.

张宏鑫,刘怀庆,余绍文,等,2020.防城港地区地质灾害发育特征及成因机制探讨[J].华南地质与矿产,36(1):46-54.

张宏鑫,余绍文,张彦鹏,等,2022.广西防城港地区浅层地下水pH值时空分布、成因及对生态环境的影响[J].中国地质,49(3):822-833.

赵信文,罗传秀,陈双喜,等,2016.基于珠江三角洲ZK13孔年代和微体古生物重建的晚第四纪环境演化历史[J].地质通报,35(10):1724-1733.

赵信文,薛永恒,陈双喜,等,2014.珠江三角洲陈村钻孔剖面沉积特征及有机碳同位素古环境意义[J].地质通报,33(10):1635-1641.

郑小战,2009.广花盆地岩溶地面塌陷灾害形成机理及风险评估研究[D].长沙:中南大学.

郑小战,郭宇,戴建玲,等,2016.岩溶区线性工程影响下的地下水监测及数值模拟研究:以广州市金沙洲为例[J].中国岩溶,35(6):657-666.

中国地质科学院岩溶地质研究所.珠三角地区岩溶塌陷地质灾害综合调查[R].中国地质调查局,2010-2015.

周翠英,牟春梅,2004.珠江三角洲软土分布及其结构类型划分[J].中山大学学报:自然科学版(6):81-84.

周红艺,李辉霞,2014.华南花岗岩风化壳裂隙发育对崩岗侵蚀的影响[J].江苏农业科学,42(10):352-354.

周晖,房营光,禹长江,2009.广州软土固结过程微观结构的显微观测与分析[J].岩石力学与工程学报,28(增刊2):3830-3837.

朱鸿鹄,陈晓平,张芳枝,等,2005.南沙软土固结变形特性试验研究[J].工程勘察,(1):1-3.

ANANTA M, SINGH P, YUN T K, 2015. Application and comparison of shallow landslide susceptibility models in weathered granite soil under extreme rainfall events[J]. Environ. Earth(73):5761-5771.

HIROMITSU, YAMAGISHI, JUNKO I, 2007. Comparison between the two triggered landslides in Mid-Niigata, Japan by July 13 heavy rainfall and October 23 intensive earthquakes in 2004[J]. Landslides,4:389-397.

HU Q J, SHI R D, ZHENG L N, et al, 2018. Progressive failure mechanism of a large bedding slope with a strain-softening interface[J]. Bull. Eng. Geol. Environ.,77:69-85.

HUANG B L, YIN Y P, LIU G N, et al, 2012. Analysis of waves generated by Gongjiafang landslide in Wu Gorge, three Gorges reservoir, on November 23, 2008 [J]. Landslide,9(3):395-405.

LEE SANG-EUN, PARK JAE-HYEON, PARK CHANG-KUN, et al, 2006. Damage process of intact granite under uniaxial compression: microscopic observations and contact stress analysis of grains[J]. Geosciences Journal,10(4):457-463.

LI Q H, ZHANG Y P, CHEN W, et al, 2018. The integrated impacts of natural processes and human activities on groundwater salinization in the coastal aquifers of Beihai, southern China[J]. Hydrogeology, 26(5): 1513-1526.

PAN Y J, PENG H X, XIE S Y, et al, 2019. Eight Elements in Soils from a Typical Light Industrial City, China: Spatial Distribution, Ecological Assessment, and the Source Apportionment[J]. International Journal of Environmental Research and Public Health, 16(14).

PAN Y J, PENG K, PENG H X, et al, 2019. Evaluation Model and Empirical Study on the Competitiveness of the County Silicon Crystal Industry[J]. Sustainability, 11(19).

PARK R E, BURGESS E W, 1921. An introduction to the science of sociology[M]. Chicogo: University of Chicago Press.

PRATO T, 2009. Fuzzy adaptive management of social and ecological carrying capacities for protected areas[J]. Journal of Environmental Management,90(8):2551-2557.

SHANGY J, CHANG U H, DONG H P, et al,2017. The 102 Landslide: human-slope interaction in SE Tibet over a 20-year period[J]. Environ. Earth,76:47-63.

TERRYE TULLIS, JOHN D WEEKS,1986. Constitutive behavior and stability of frictional sliding of granite[J]. Pageoph,124(3):385-411.

WANG F T, HUANG C S, CHEN Z H, et al,2019. Distribution, Ecological Risk Assessment, and Bioavailability of Cadmium in Soil from Nansha, Pearl River Delta, China[J]. International Journal of Environmental Research and Public He-alth,16(19): 3637.

XIE M Y, ZHANG C X, LIAO X P, et al, 2019. Mechanisms of radical-initiated methylmercury degradation in soil with coexisting Fe and Cu[J]. Science of the Total Environment, 652: 52-58.

XIE M Y, ZHANG C X, LIAO X P, et al, 2020. The influence of wetting-drying alternation on methylmercury degradation in Guangzhou soil[J]. Environmental Pollution, 259.

ZHANG C X, TANG M, WANG J W, et al, 2019. Mechanisms of bisulfite MnO_2-accelerated transformation of methyl parathion[J]. Journal of Hazardous Materials, 379.

ZHAO X G, ZHAO J, WANG M C, et al,2014. Influence of Unloading Rate on the Strainburst haracteristics of Beishan Granite Under True-Triaxial Unloading Conditions[J]. Rock Mech. Rock Eng. (47): 67-483.

ZHOU H J, WANG X, YUAN Y, 2015. Risk assessment of disaster chain: Experience from Wenchuan earthquake-induced landslides in China[J]. Journal of Mountain Science,12(5):1169-1180.